기출문제로 한 번에 합격하는

전자기기 기능사 필기

| 권승경 지음 |

BM (주)도서출판 성안당

도서 A/S 안내

성안당에서 발행하는 모든 도서는 저자와 출판사, 그리고 독자가 함께 만들어 나갑니다.

좋은 책을 펴내기 위해 많은 노력을 기울이고 있습니다. 혹시라도 내용상의 오류나 오탈자 등이 발견되면 "좋은 책은 나라의 보배"로서 우리 모두가 함께 만들어 간다는 마음으로 연락주시기 바랍니다. 수정 보완하여 더 나은 책이 되도록 최선을 다하겠습니다.

성안당은 늘 독자 여러분들의 소중한 의견을 기다리고 있습니다. 좋은 의견을 보내주시는 분께는 성안당 쇼핑몰의 포인트(3,000포인트)를 적립해 드립니다.

잘못 만들어진 책이나 부록 등이 파손된 경우에는 교환해 드립니다.

저자 문의 : adam1365@naver.com / cafe.naver.com/kwonedu
본서 기획자 e-mail : coh@cyber.co.kr(최옥현)
홈페이지 : http://www.cyber.co.kr 전화 : 031) 950-6300

머리말

오늘날 국제 정보화 시대를 맞이하여 전기·전자·통신 기술 분야는 최첨단 기술의 선구자적인 역할을 담당하고 있다.

특히 전자 분야는 세계화 개방 추세에 발맞추어 고도의 기술 축적을 필요로 하는 주역이라 할 수 있겠다. 이에 따라 전자 분야에서는 새로운 기술 혁신에 따른 전문 기술 인력을 절실히 요구하고 있으며, 그 수요도 날로 늘어나고 있는 추세이다.

이러한 현실적 요구를 감안하여 미래 정보 산업의 혁신을 위하여 전자 분야에서 전문인이 되고자 하는 많은 수험생들과 공학도들에게 올바른 길잡이가 되고자 현장에서 수십 년간 쌓아온 지식과 실무 경험을 바탕으로 기출문제들을 국가기술자격시험 출제기준에 맞추어 분석·정리하여 이 책을 엮게 되었다.

이 책의 특징

- 단기간에 CBT 자격시험을 준비하는 수험생들을 위하여 총 15년간 출제되었던 기출문제를 과목별로 출제 빈도수가 높은 문제들을 엄선하여 단답형 기출지문으로 구성하였다.
- 기출문제에서 어려운 문제들을 풀이하는 데 맥을 잡을 수 있도록 정답에 해설을 제공하여 문제의 핵심을 암기식으로 학습할 수 있게 구성하였다.
- CBT 시험에 대한 자기 검정을 할 수 있도록 출제 경향이 높은 기출문제들을 과목별로 선별하여 총 3회분의 모의고사를 구성하였다.

이 책은 전자기기기능사 CBT 시험을 준비하는 수험생들을 위해 엮은 것으로, 기출문제 전반에 걸쳐 해설을 활용하여 단답형 암기식으로 학습하도록 구성하였다. 내용 전반에 걸쳐 다소 부족한 부분에 대해서는 수험생과 공학도 여러분의 많은 조언으로 계속 보완하여 나아갈 것을 약속하는 바이다.

끝으로 이 책을 통하여 21세기 첨단 기술 분야에 기여할 수 있는 훌륭한 역군이 되기를 진심으로 기원하며, 이 책이 출간되기까지 모든 면을 지원해주신 성안당 회장님과 편집부 직원 여러분께 깊은 애정과 감사를 드린다.

저자 씀

원 포인트 가이드

ONE POINT GUIDE

1. 출제 빈도수가 가장 높은 문제들을 선별하여 단답형 기출지문으로 구성!

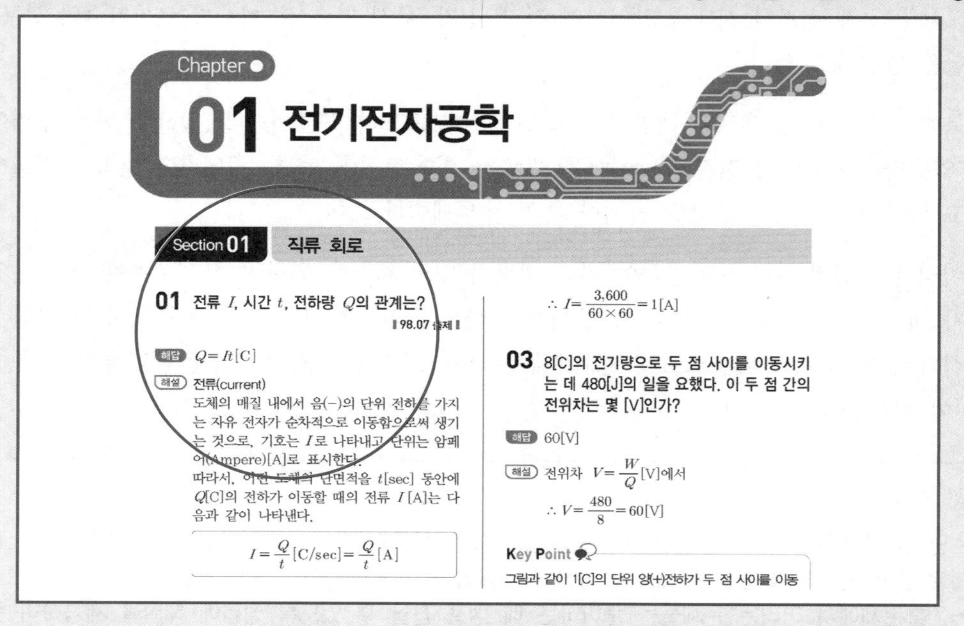

Chapter 01 전기전자공학

Section 01 직류 회로

01 전류 I, 시간 t, 전하량 Q의 관계는? ‖98.07 출제‖

해답 $Q=It$[C]

해설 전류(current)
도체의 매질 내에서 음(−)의 단위 전하를 가지는 자유 전자가 순차적으로 이동함으로써 생기는 것으로, 기호는 I로 나타내고 단위는 암페어(Ampere)[A]로 표시한다.
따라서, 어떤 도체의 단면적을 t[sec] 동안에 Q[C]의 전하가 이동할 때의 전류 I[A]는 다음과 같이 나타낸다.

$$I=\frac{Q}{t}[\text{C/sec}]=\frac{Q}{t}[\text{A}]$$

$$\therefore I=\frac{3,600}{60\times 60}=1[\text{A}]$$

03 8[C]의 전기량으로 두 점 사이를 이동시키는 데 480[J]의 일을 요했다. 이 두 점 간의 전위차는 몇 [V]인가?

해답 60[V]

해설 전위차 $V=\frac{W}{Q}$[V]에서

$$\therefore V=\frac{480}{8}=60[\text{V}]$$

Key Point
그림과 같이 1[C]의 단위 양(+)전하가 두 점 사이를 이동

2. 총 5년간의 기출문제를 연도별로 구성!

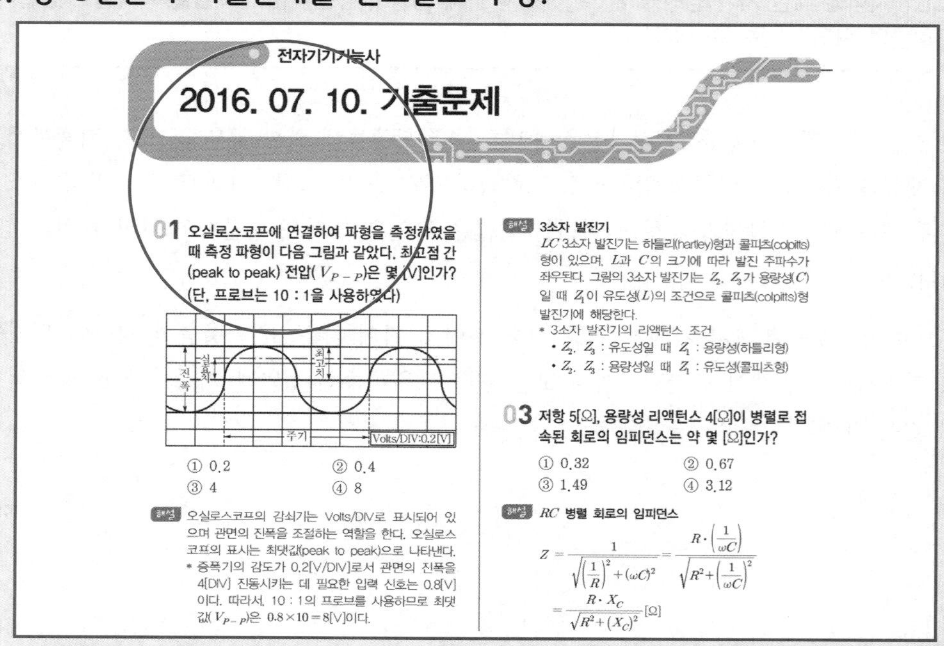

전자기기기능사

2016. 07. 10. 기출문제

01 오실로스코프에 연결하여 파형을 측정하였을 때 측정 파형이 다음 그림과 같았다. 최고점 간(peak to peak) 전압(V_{P-P})은 몇 [V]인가? (단, 프로브는 10 : 1을 사용하였다)

① 0.2 ② 0.4
③ 4 ④ 8

해설 오실로스코프의 감쇠기는 Volts/DIV로 표시되어 있으며 관면의 진폭을 조절하는 역할을 한다. 오실로스코프의 표시는 최댓값(peak to peak)으로 나타낸다.
* 증폭기의 감도가 0.2[V/DIV]로서 관면의 진폭을 4[DIV] 진동시키는 데 필요한 입력 신호는 0.8[V]이다. 따라서, 10 : 1의 프로브를 사용하므로 최댓값(V_{P-P})은 $0.8\times 10=8$[V]이다.

해설 3소자 발진기
LC 3소자 발진기는 하틀리(hartley)형과 콜피츠(colpitts)형이 있으며, L과 C의 크기에 따라 발진 주파수가 좌우된다. 그림의 3소자 발진기는 Z_2, Z_3가 용량성(C)일 때 Z_1이 유도성(L)의 조건으로 콜피츠(colpitts)형 발진기에 해당한다.
* 3소자 발진기의 리액턴스 조건
  - Z_2, Z_3 : 유도성일 때 Z_1 : 용량성(하틀리형)
  - Z_2, Z_3 : 용량성일 때 Z_1 : 유도성(콜피츠형)

03 저항 5[Ω], 용량성 리액턴스 4[Ω]이 병렬로 접속된 회로의 임피던스는 약 몇 [Ω]인가?

① 0.32 ② 0.67
③ 1.49 ④ 3.12

해설 RC 병렬 회로의 임피던스

$$Z=\frac{1}{\sqrt{\left(\frac{1}{R}\right)^2+(\omega C)^2}}=\frac{R\cdot\left(\frac{1}{\omega C}\right)}{\sqrt{R^2+\left(\frac{1}{\omega C}\right)^2}}=\frac{R\cdot X_C}{\sqrt{R^2+(X_C)^2}}[\Omega]$$

3. CBT 시험대비 3회분 모의고사 구성!

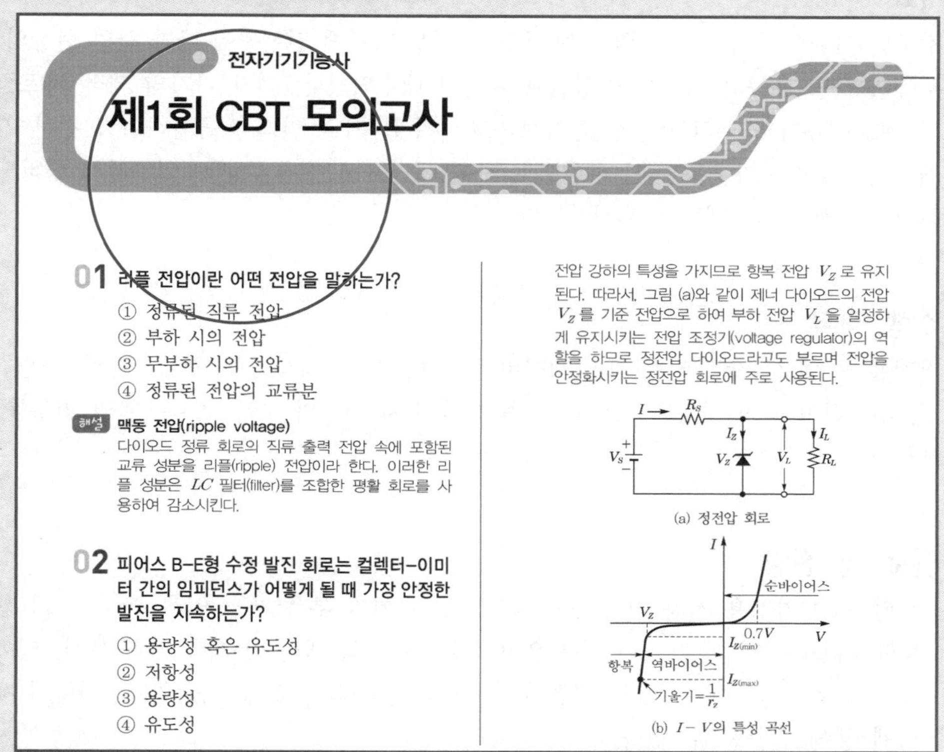

전자기기기능사

제1회 CBT 모의고사

01 리플 전압이란 어떤 전압을 말하는가?

① 정류된 직류 전압
② 부하 시의 전압
③ 무부하 시의 전압
④ 정류된 전압의 교류분

해설 **맥동 전압(ripple voltage)**
다이오드 정류 회로의 직류 출력 전압 속에 포함된 교류 성분을 리플(ripple) 전압이라 한다. 이러한 리플 성분은 LC 필터(filter)를 조합한 평활 회로를 사용하여 감소시킨다.

02 피어스 B-E형 수정 발진 회로는 컬렉터-이미터 간의 임피던스가 어떻게 될 때 가장 안정한 발진을 지속하는가?

① 용량성 혹은 유도성
② 저항성
③ 용량성
④ 유도성

전압 강하의 특성을 가지므로 항복 전압 V_Z로 유지된다. 따라서, 그림 (a)와 같이 제너 다이오드의 전압 V_Z를 기준 전압으로 하여 부하 전압 V_L을 일정하게 유지시키는 전압 조정기(voltage regulator)의 역할을 하므로 정전압 다이오드라고도 부르며 전압을 안정화시키는 정전압 회로에 주로 사용된다.

(a) 정전압 회로

(b) $I-V$의 특성 곡선

GUIDE 시험 가이드

1. 개요

정보화 사회에서 전자 기술의 발전 속도는 매우 빠르게 진행됨에 따라 산업 현장의 실무에 종사할 유능한 인력을 양성할 필요성이 대두되었다. 전자 기기의 제작·제조, 조작, 보수·유지 업무의 전문성을 확보하고 우수한 기술 인력을 공급하고자 전자 기기에 대한 지식과 기술을 가진 사람으로 하여금 전자 분야에 관련된 업무를 수행하도록 하기 위하여 자격 제도를 제정하였다.

2. 수행 직무

가정용, 공업용, 각종 전자 기기(텔레비전, 음향 기기, 영상 기기 등)를 분해, 조립, 조정, 수리하고 공장 자동화 설비의 계측 제어 장치 설비와 조작, 보수, 관리 업무를 수행한다.

3. 진로 및 전망

- 산업용 및 가정용 전자 기기 생산 업체, 전자 기기 부품 제조 업체, 전문 수리 센터 등에 취업하거나 계측 기기 제조 업체, 건설 회사의 계전 및 계측 기기 부서, 데이터 통신 업무를 운용하는 업체, 컴퓨터 시스템을 운용하는 업체, 자동차 및 비행기 제조 업체 등에 진출할 수 있다.
- 통신 제품 및 전자 제품의 사용 증가는 제품의 생산과 함께 수리 및 보수에 관련된 인력의 수요도 증가시킬 것으로 예상된다. 전자 분야는 꼭 자격증이 있어야 취업이 가능한 분야는 아니며 전자 기술만 인정되면 다른 분야보다 취업이 용이한 편이다. 그러나 안정적이고 사회적 지명도가 있는 업체에 취업하려면 자격증을 취득하는 것이 유리하다. 그리고 전자 기술은 그 발전 속도가 매우 빠르게 진행되고 있기 때문에 자격증을 취득하더라도 첨단 기술에 적응할 수 있는 기술과 지식을 습득하는 노력이 필요하다.

4. 관련 학과

실업계 고등학교의 전자과, 전자제어과, 전자기계과, 제어계측과 등이 있다.

5. 시행처

한국산업인력공단

6. 시험 과목

필기	실기
• 전기전자공학 • 전자계산기일반 • 전자측정 • 전자기기 및 음향영상기기	전자기기 및 음향영상기기 작업

7. 검정 방법

- **필기** : 전 과목 혼합, 객관식 60문항 → 시험 시간 : 60분
- **실기** : 작업형 → 시험 시간 : 4시간 30분 정도

8. 합격 기준

- **필기** : 100점 만점에 60점 이상
- **실기** : 100점 만점에 60점 이상

9. 출제기준

필기 과목명	출제 문제수	주요 항목	세부 항목	세세 항목
전기전자공학, 전자계산기일반, 전자측정, 전자기기 및 음향영상기기	60	1. 직·교류 회로	(1) 직류 회로	① 직·병렬 회로 ② 회로망 해석의 정리, 응용
			(2) 교류 회로	① 교류 회로 해석 및 표시법, 계산의 기초
		2. 전원 회로의 기본	(1) 전원 회로	① 정류 회로 ② 평활 회로 ③ 정전압 전원 회로
		3. 각종 증폭 회로	(1) 증폭 회로	① 각종 증폭 회로 ② 연산 증폭 회로
		4. 발진 및 펄스 회로	(1) 발진 및 변·복조 회로	① 발진 회로 ② 변·복조 회로
			(2) 펄스 회로	① 펄스 발생의 기본 ② 펄스 응용 회로의 기본 ③ 멀티바이브레이터 회로
		5. 논리 회로	(1) 조합 논리 회로	① 수의 진법 및 코드화 ② 기본 조합 논리 회로
			(2) 순서 논리 회로	① 기본 플립플롭 동작
		6. 반도체	(1) 반도체의 개요	① 반도체의 종류 ② 반도체의 성질 ③ 반도체의 재료 ④ 전자의 개념
			(2) 반도체 소자	① 다이오드 ② BJT ③ FET ④ 특수 반도체 소자(광전 소자, 사이리스터 등)
			(3) 집적 회로	① 집적 회로의 개념 ② 집적 회로의 종류

필기 과목명	출제 문제수	주요 항목	세부 항목	세세 항목
전기전자공학, 전자계산기일반, 전자측정, 전자기기 및 음향영상기기	60	7. 컴퓨터의 구조 일반	(1) 컴퓨터의 기본적 구조	① CPU(중앙 처리 장치)의 구성 ② 기억 장치 ③ 입출력 장치
		8. 자료의 표현과 연산	(1) 자료의 표현	① 자료의 구조 ② 자료의 표현 방식
			(2) 연산	① 산술 연산 ② 논리 연산
		9. 소프트웨어 일반	(1) 소프트웨어의 개념과 종류	① 프로그래밍 개념 및 순서도 작성
		10. 마이크로프로세서	(1) 마이크로프로세서 구조 및 응용	① 구조와 특징 ② 명령어(instruction) 형식 및 데이터 형식 ③ 주소 지정 방식 ④ 서브루틴과 스택
		11. 측정 오차	(1) 측정과 오차	① 전기 표준기 ② 측정 방법과 오차
		12. 전자 계측 기기	(1) 지시 계기	① 지시 계기의 구성 요소 ② 각종 지시 계기의 용도와 특성 ③ 지시 계기의 측정 범위 확대
			(2) 오실로스코프	① 오실로스코프의 원리 및 구성 ② 주기와 주파수 및 파형의 측정
			(3) 반도체 소자 시험기	① 반도체 소자 시험기의 용도와 특성
			(4) 패턴 발생기	① 패턴 발생기의 용도와 특성
		13. 직·교류의 측정	(1) 전압 측정	① 직·교류의 전압 측정
			(2) 전류 측정	① 직·교류의 전류 측정
			(3) 전력 측정	① 전력계의 기본 원리 및 전력 측정
		14. 브리지 회로	(1) 각종 브리지의 기본 원리	① 각종 브리지 회로의 기본 원리 및 사용법
		15. 고주파 펄스 측정, 잡음 측정	(1) 주파수의 측정	① 고주파 측정의 기본 원리 및 사용법

필기 과목명	출제 문제수	주요 항목	세부 항목	세세 항목
전기전자공학, 전자계산기일반, 전자측정, 전자기기 및 음향영상기기	60	15. 고주파 펄스 측정, 잡음 측정	(1) 주파수의 측정	② 잡음 측정의 기본 원리 및 방법
		16. 발진기	(1) 발진기의 기본 원리 및 사용법	① 표준 신호 발생기(S.S.G) ② 저주파 발진기(audio oscil-lator) ③ 소인 발생기(sweep generator) ④ 패턴 발생기(pattern gen-erator)
		17. 디지털 계기	(1) 디지털 계측	① 각종 디지털 계측기 사용법
		18. 응용 기기	(1) 고주파 가열기	① 고주파 가열기의 종류, 기본 원리
			(2) 초음파 응용 기기	① 초음파 응용 기기의 종류, 기본 원리
			(3) 의용 전자 기기	① 의용 전자 기기의 종류, 기본 원리
		19. 자동 제어기	(1) 자동 제어의 개념	① 자동 제어의 개념 및 제어계의 구성
			(2) 신호 변환 및 검출기	① 신호 변환 및 검출 방법
			(3) 서보 기구	① 서보 기구의 기본 원리
			(4) 자동 조정 기구	① 자동 조정 기구의 종류 및 기본 원리
		20. 전파 응용 기기	(1) 전파 항법 응용 기기	① 전파 항법 응용 기기의 원리 및 특성
		21. 반도체 응용	(1) 전자 냉동	① 전자 냉동의 원리 및 응용
			(2) 태양 전지	① 태양 전지의 원리 및 응용
			(3) LED	① LED의 원리 및 응용

필기 과목명	출제 문제수	주요 항목	세부 항목	세세 항목
전기전자공학, 전자계산기일반, 전자측정, 전자기기 및 음향영상기기	60	22. Audio system	(1) 스피커와 마이크로폰	① 스피커와 마이크로폰의 원리 및 특징
			(2) 증폭기의 종류 (main, tone, EQ)	① 증폭기의 기본 원리(main, tone, EQ)
			(3) CD/DVD 플레이어	① CD/DVD 플레이어의 기본 원리 및 특징
			(4) Audio system의 기본 원리	① Audio system의 기본 원리 및 특징
		23. 디스플레이	(1) LCD	① LCD의 원리 및 특징
			(2) OLED	① OLED의 원리 및 특징

CONTENTS

차 례

Ⅰ 자주 출제되는 단답형 기출지문

Ⅱ 과년도 출제문제

Ⅲ CBT 모의고사

I

자주 출제되는 단답형 기출지문

단답형 기출지문은 단기간에 CBT 자격 시험을 준비하는 수험생들을 위하여 다년간 출제되었던 기출문제를 집중 분석하여 출제 빈도수가 가장 높은 문제들을 선별·구성하였다. 특히 암기력을 높이기 위하여 문제마다 맥을 짚어주는 해설과 중요 공식을 수록하였으므로 해설을 중심으로 반복 학습을 한다면 반드시 자격 시험에 성공할 수 있다고 확신한다.

Chapter

01 전기전자공학

Section 01 직류 회로

01 전류 I, 시간 t, 전하량 Q의 관계는?

▌98.07 출제▐

해답 $Q=It[\mathrm{C}]$

해설 전류(current)

도체의 매질 내에서 음(−)의 단위 전하를 가지는 자유 전자가 순차적으로 이동함으로써 생기는 것으로, 기호는 I로 나타내고 단위는 암페어(Ampere)[A]로 표시한다.

따라서, 어떤 도체의 단면적을 t[sec] 동안에 Q[C]의 전하가 이동할 때의 전류 I[A]는 다음과 같이 나타낸다.

$$I=\frac{Q}{t}[\mathrm{C/sec}]=\frac{Q}{t}[\mathrm{A}]$$

Key Point

그림에서 자유 전자는 도체의 매질 내에서 전하의 이동 구실을 하므로 자유 전자의 이동은 전류의 흐름을 나타낸다. 따라서, 도체에 흐르는 전류 I[A]는 공급되는 전원 E[V]에 의해서 자유 전자가 이동하는 방향과는 반대로 고전위(+)에서 저전위(−)로 흐르므로 양(+)전하가 이동하는 방향으로 정한다.

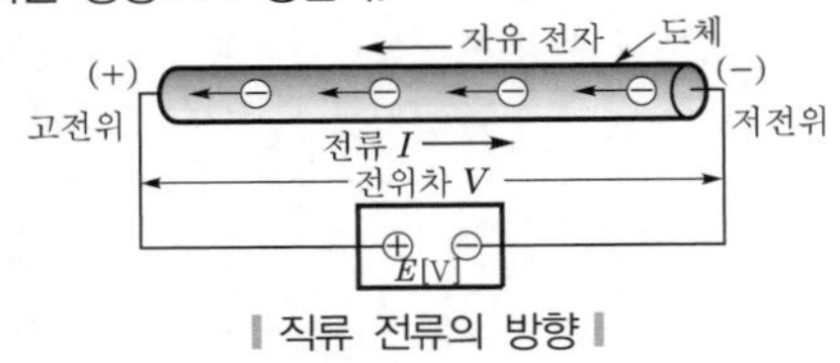

▌직류 전류의 방향▐

02 어떤 도체의 단면을 60분 동안에 3,600[C]의 전기량이 이동했다면, 이때 흐르는 전류는 몇 [A]인가?

▌05.08.10.11.12 출제▐

해답 1[A]

해설 전류 $I=\frac{Q}{t}$[A]에서 t의 단위는 초[sec]를 나타낸다.

$$\therefore I=\frac{3,600}{60\times60}=1[\mathrm{A}]$$

03 8[C]의 전기량으로 두 점 사이를 이동시키는 데 480[J]의 일을 요했다. 이 두 점 간의 전위차는 몇 [V]인가?

해답 60[V]

해설 전위차 $V=\frac{W}{Q}$[V]에서

$$\therefore V=\frac{480}{8}=60[\mathrm{V}]$$

Key Point

그림과 같이 1[C]의 단위 양(+)전하가 두 점 사이를 이동할 때 얻거나 잃는 에너지를 두 점 간의 전위차 또는 전압(voltage)이라고 하며 기호는 V로 나타내고 단위는 볼트(volt)[V]로 표시한다.

따라서, 어떤 도체에 Q[C]의 전하가 두 점 사이를 이동하여 W[J]의 일을 하였다면 전위차 V[V]는 다음과 같이 나타낸다.

$$V=\frac{W}{Q}[\mathrm{J/C}]=\frac{W}{Q}[\mathrm{V}]$$

1[J]의 일
고전위 (+)A B(−) 저전위
1[C] ⊕ → 전하의 이동 ⊕ →
전위차 1[V]

▌전위차▐

04 5[C]의 양전하를 +20[V]인 점에서 −20[V]인 점까지 이동시킬 때 이루어지는 일은 몇 [J]인가?

▌07 출제▐

해답 100[J]

해설 전위차 $V=\frac{W}{Q}$[V]에서

$\therefore W=VQ=20\times5=100$[J]

05 도체에 전압이 가해졌을 때 흐르는 전류는 전압에 비례한다는 법칙은? ▌07.14.15 출제▐

해답 옴의 법칙

해설 옴의 법칙(Ohm's Law)

"전기 회로에 흐르는 전류는 전압에 비례하고 도체의 저항에 반비례한다."

전류를 I, 전압을 V, 비례 상수를 $\frac{1}{R}$이라 할 때 옴의 법칙을 식으로 나타내면 다음과 같다.

$$I=\frac{V}{R}\text{[A]}$$

이 식에서 R은 회로의 상태에 따라 정하는 상수로서, R의 값이 크면 흐르는 전류는 작고 R의 값이 작으면 흐르는 전류는 크다. 따라서, R은 전류의 흐르는 정도를 나타내므로 전기 저항(electric resistance)이라고 하며 단위는 옴(ohm, [Ω])을 사용한다.

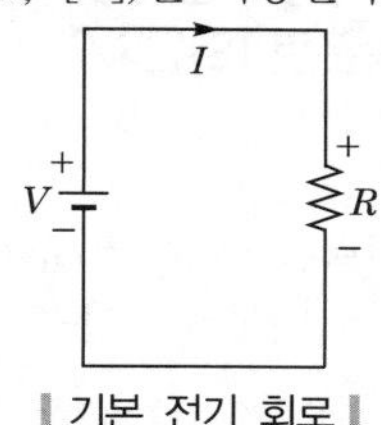

▌기본 전기 회로▐

06 4[A]의 전류가 흐르는 전기 회로에서 저항을 일정하게 하고 전압을 2배로 증가시키면 흐르는 전류[A]는 얼마인가?

해답 8[A]

해설 전류 $I=\frac{V}{R}$[A]에서 R이 일정할 때 I는 V에 비례하므로 V를 2배로 증가시키면 I는 2배로 증가한다.

$\therefore$ 전류 $I=4\times2=8$[A]

07 100[Ω]과 400[Ω]인 저항 2개를 직렬로 연결할 때 합성 저항은 몇 [Ω]인가?

해답 500[Ω]

해설 직렬 합성 저항 $R_S=R_1+R_2$[Ω]에서

$\therefore R_S=100+400=500$[Ω]

08 50[Ω]의 저항과 100[Ω]의 저항을 병렬로 접속했을 때 합성 저항은 몇 [Ω]인가?

해답 33.3[Ω]

해설 병렬 합성 저항 $R_P=\frac{R_1R_2}{R_1+R_2}$[Ω]에서

$\therefore R_P=\frac{50\times100}{50+100}=33.3$[Ω]

09 10[Ω]의 저항 10개를 이용하여 얻을 수 있는 가장 큰 합성 저항값은 몇 [Ω]인가?

해답 100[Ω]

해설 직렬 합성 저항 $R_S=nR$[Ω]에서

$\therefore R_S=10\times10=100$[Ω]

Key Point

저항값이 같은 저항 n개를 직렬로 접속하면 그 합성 저항값은 n배로 커지고, 병렬로 접속하면 그 합성 저항값은 $\frac{1}{n}$배로 작아진다.

10 10[Ω]의 저항 10개를 직렬로 연결했을 때의 저항은 병렬로 연결했을 때 합성 저항의 몇 배가 되는가? ▌01.05.09 출제▐

해답 100배

해설
- 직렬 합성 저항 $R_S=nR=10\times10=100$[Ω]
- 병렬 합성 저항 $R_P=\frac{R}{n}=\frac{10}{10}=1$[Ω]

$\therefore \frac{R_S}{R_P}=\frac{100}{1}=100$배

11 그림과 같은 회로에서 $R_1 = 150[\text{k}\Omega]$, $R_2 = 20[\text{k}\Omega]$, 인가 전압 $V = 170[\text{V}]$라면 R_2 양단의 전압 V_2는 몇 [V]인가?

▌98 출제▐

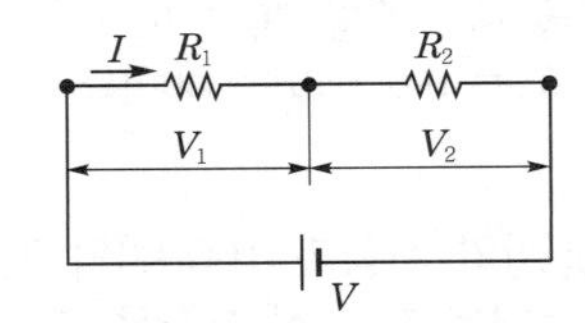

해답 20[V]

해설 전압 분배 법칙을 적용하면

- $V_1 = IR_1 = \dfrac{R_1}{R_S}\ V = \dfrac{R_1}{R_1 + R_2}\ V[\text{V}]$

  $\therefore\ V_1 = \dfrac{150}{150+20} \times 170 = 150[\text{V}]$

- $V_2 = IR_2 = \dfrac{R_2}{R_S}\ V = \dfrac{R_2}{R_1 + R_2}\ V[\text{V}]$

  $\therefore\ V_2 = \dfrac{20}{150+20} \times 170 = 20[\text{V}]$

12 10[Ω]과 15[Ω]의 저항을 병렬로 연결하고 여기에 50[A]의 전류를 흘렸을 때 15[Ω]에 흐르는 전류는 몇 [A]인가?

해답 20[A]

해설 전류 분배 법칙을 적용하면

- 15[Ω]에 흐르는 전류

  $\therefore\ I_{15} = \dfrac{10}{10+15} \times 50 = 20[\text{A}]$

- 10[Ω]에 흐르는 전류

  $\therefore\ I_{10} = \dfrac{15}{10+15} \times 50 = 30[\text{A}]$

[증명] 전 전류

$I = I_{10} + I_{15} = 30 + 20 = 50[\text{A}]$

13 저항의 역수를 무엇이라고 하는가?

▌99 출제▐

해답 컨덕턴스

해설 컨덕턴스(conductance)

전원과 부하를 연결해 주는 물질이 얼마나 전기를 잘 통하는가를 알 수 있게 하는 양으로서, 전기 저항의 역수 G로 나타내며 단위는 지멘스(Siemens,[S]) 또는 모(mho, [℧])를 사용한다.

14 저항을 $R[\Omega]$이라고 하면 컨덕턴스 G는 어떻게 표현되는가?

▌16 출제▐

해답 $G = \dfrac{1}{R}[\text{S}]$

해설 컨덕턴스 G는 저항의 역수로서, 그 값은 클수록 저항률은 작아지고 도전성은 높아진다.

예 $1[\text{k}\Omega]$의 저항은 $10^{-3}[\text{S}]$의 컨덕턴스 값을 가진다.

15 100[Ω] 저항의 컨덕턴스는 몇 [S]인가?

해답 0.01[S]

해설 $G = \dfrac{1}{R}[\text{S}]$에서

$\therefore\ G = \dfrac{1}{100} = 10^{-2} = 0.01[\text{S}]$

16 3[S]와 5[S]의 컨덕턴스를 병렬로 접속할 때 합성값은 몇 [S]인가?

▌19 출제▐

해답 8[S]

해설 합성 컨덕턴스 $G_T = G_1 + G_2[\text{S}]$에서

$\therefore\ G_T = 3 + 5 = 8[\text{S}]$

17 전지 내부에서 화학 작용에 의하여 전압을 발생시켜 양극 간의 전위차를 발생시켜 연속적으로 전류를 흘리게 하는 원동력이 되는 전압을 무엇이라 하는가?

▌99.01.05.07 출제▐

해답 전원 또는 기전력

해설 전기 회로 중에서 에너지를 소비하는 어떤 요소 R이 있을 때 여기에 일정한 전류를 연속적으로 흐르게 하려면 소비되는 에너지를 계속적으로 보충해 주는 에너지원(energy source)이 필요하게 된다. 따라서, 전기 회로에 에너지를 공급하는 원천을 전원(electric source) 또는 기전력(electromotive source)이라 한다.

18 전류의 3대 작용은?

Ⅰ09 출제Ⅰ

해답 발열 작용, 자기 작용, 화학 작용

해설
- 발열 작용 : 도선에 전류가 흐르면 열(줄열)이 발생하며, 이때 소비되는 전기 에너지는 모두 열로 바뀐다.
- 자기 작용 : 도선에 전류가 흐르면 그 주위에는 자기장이 발생하며 이것은 앙페르의 오른나사 법칙에 따른다.
- 전기 분해 : 어떤 종류의 용액을 전류가 통과할 때 화학 작용이 발생하여 용액이 전류에 의해 분해되는 현상을 말한다.

19 전류의 흐름을 방해하는 소자를 무엇이라 하는가?

해답 저항

해설 저항(resistance)
어떤 도체를 통하여 전하가 이동할 때 전자와 전자 간이나 물질 내의 다른 원자와의 충돌에 의하여 생기는 것으로, 전류의 흐름을 방해하는 소자이다. 이것은 전기 에너지를 열 에너지로 바꾸어 전기 에너지를 소비하는 소자이다.

20 "임의의 접속점에 유입되는 전류의 합은 접속점에서 유출되는 전류의 합과 같다." 라는 법칙은?

해답 키르히호프의 제1법칙($\Sigma I=0$)

해설 키르히호프의 제1법칙(전류 법칙 : Kirchhoff's current Law)
임의의 접속점에서 전류의 평형을 나타내는 법칙이다. 이것은 그림과 같이 a점을 회로망 중의 1접속점으로 하여 흘러들어오는 전류 I_1, I_3을 (+)로 하고 흘러나가는 전류 I_2, I_4, I_5를 (–)라고 가정하면 다음의 관계식이 성립된다.

$I_1+I_3=I_2+I_4+I_5$

$\therefore\ I_1+I_3-I_2-I_4-I_5=0$

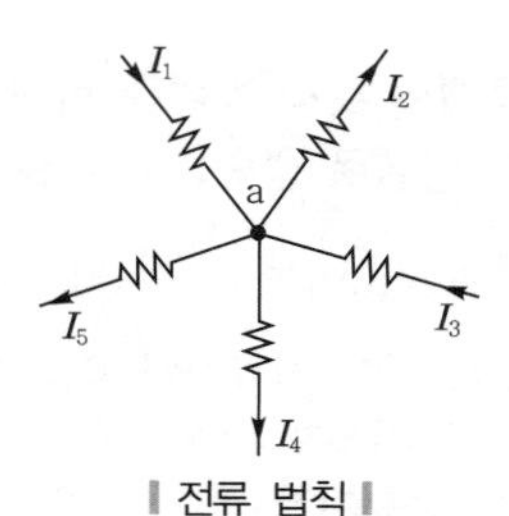

Ⅰ전류 법칙Ⅰ

21 회로망의 임의 접속점에서 들어오는 전류 $I_1=3$[A], $I_2=4$[A], $I_3=2$[A]라 하면, 나가는 전류는 I_4는 몇 [A]인가?

해답 9[A]

해설 $I_1+I_2+I_3-I_4=0$에서

$\therefore\ I_4=3+4+2=9$[A]

22 그림과 같은 회로에서 $R_1=4[\Omega]$, $R_2=2[\Omega]$, $R_3=3[\Omega]$, $R_4=5[\Omega]$, $V_1=12$[V], $V_2=8$[V], $V_3=6$[V]일 때 폐회로에 흐르는 전류 I는 몇 [A]인가?

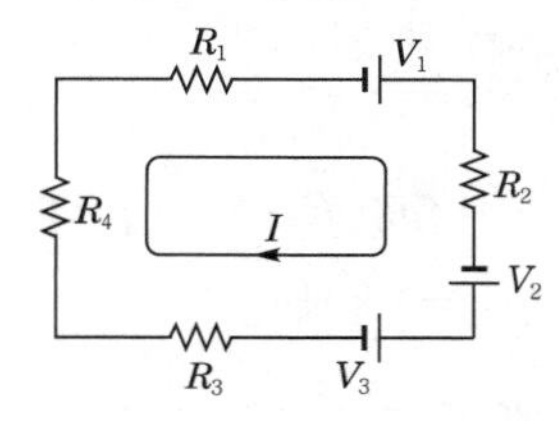

해답 1[A]

해설 키르히호프의 제2법칙(전압 법칙 : Kirchhoff's voltage law)
폐회로(경로)에서 기전력의 평형을 나타낸 것으로, 회로망 중의 임의의 폐회로에서는 그 회로 중의 기전력의 대수합은 전압 강하의 대수합과 같다($\Sigma V=\Sigma IR$).
따라서, 그림과 같이 전류의 방향을 화살표 방향으로 가정하고 이 전류의 흐름과 일치하는 방향의 전압 강하와 기전력은 (+), 이와 반대로 되는 방향을 (–)로 하면 다음과 같은 관계식이 성립한다.

$V_1+V_2-V_3=I(R_1+R_2+R_3+R_4)$에서

$12+8-6=I(4+2+3+5)$

$\therefore\ I=\dfrac{14}{14}=1$[A]

23 전류계의 측정 범위를 확대하기 위해 전류계와 병렬로 접속하는 저항기는? ▌08 출제▐

해답 분류기(shunt)

해설 그림과 같이 전류계의 측정 범위를 확대하기 위하여 전류계 Ⓐ와 병렬로 접속한 저항기 R_s를 분류기라 한다. 이와같은 분류기는 전류계에 허용 전류 이상의 전류가 흐르지 않도록 하기 위해서 사용되는 것으로, R_s의 값은 전류계의 내부 저항 r_a의 값보다 항상 작은 저항을 사용해야 한다.

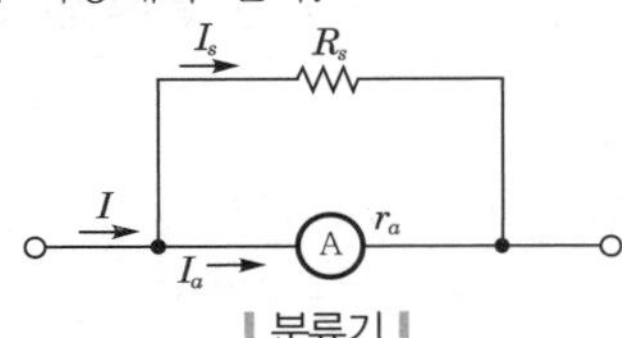

▌분류기▐

24 전류계 측정 범위를 100배로 하기 위한 분류기의 저항은 전류계 내부 저항의 몇 배인가? ▌04.07 출제▐

해답 $\frac{1}{99}$배

해설 분류기 저항 $R_s = \frac{r_a}{n-1}$[Ω]

배율 $n = 100$배

$\therefore\ R_s = \frac{r_a}{100-1} = \frac{1}{99}r_a$

따라서, 분류기의 저항 R_s는 전류계의 내부 저항 r_a보다 $\frac{1}{99}$배 작은 저항을 사용하여야 한다.

25 전압계의 측정 범위를 확대하기 위하여 전압계와 직렬로 접속하는 저항기는?

해답 배율기(multimeter)

해설 그림과 같이 전압계의 측정 범위를 확대하기 위하여 전압계 Ⓥ와 직렬로 접속한 저항기 R_m을 배율기라 한다. 이러한 배율기는 측정할 전압이 인가될 때 전압계에 흐르는 전류를 제한하는 저항기로서, R_m의 값은 전압계의 내부 저항 r_m값 보다 항상 큰 저항을 사용해야 한다. 따라서, 측정 전압이 인가될 때 전압계에 흐르는 전류를 제한할 수 있다.

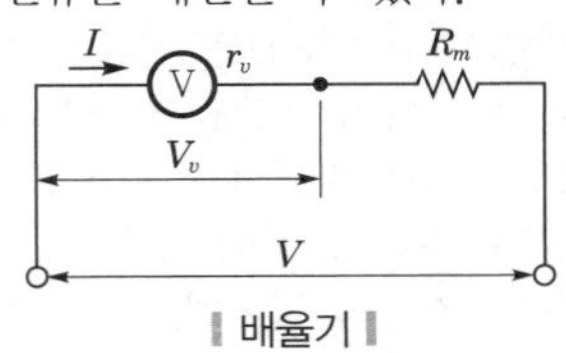

▌배율기▐

26 다음 그림에서 측정 범위를 5배로 하기 위한 배율기의 저항값[kΩ]은 얼마인가?

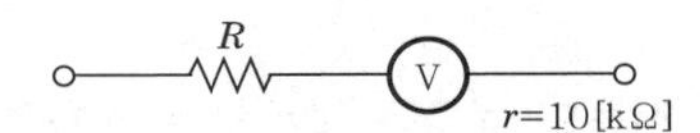

해답 40[kΩ]

해설
- 배율 $m = \frac{V}{V_v} = 5$
- 배율기 저항 $R_m = (m-1)r_v$[Ω]에서

$\therefore\ R_m = (5-1)10 \times 10^3 = 40$[kΩ]

따라서, 배율기의 저항 R_m은 전압계의 내부 저항 r_v보다 4배의 큰 저항을 사용하여야 한다.

27 어떤 부하에 흐르는 전류와 전압 강하를 측정하려고 한다. 전류계와 전압계의 접속 방법은?

해답 전류계 Ⓐ는 부하와 직렬로 접속하고 전압계 Ⓥ는 부하와 병렬로 접속한다.

해설 전류계와 전압계의 측정 방식

회로망에서 회로의 동작 상태를 점검하거나 예측에 대한 효과 등을 알아내기 위해서 전류의 값을 측정하는 계기를 전류계(ammeter)라 하며 전압의 값을 측정하는 계기를 전압계(volt-meter)라 한다.

- 전류계 : 전하의 흐름이 계기를 통하도록 하여 전류를 측정해야 하므로 회로의 도선을 열어 전원의 단자가 회로와 분리되도록 하여 전류계를 연결해야 한다. 따라서, 그림 (b)와 같이 (+)와 (−)의 두 단자 사이에 전류계 Ⓐ는 부하에 대해서 직렬로 접속하여 사용한다.
- 전압계 : 그림 (a)와 같이 두 점 간의 전압의 차를 측정하는 데 사용되므로 측정 단자

를 두 점 간의 (+)점과 (−)점의 극성에 맞추어 접촉함으로써 측정할 수 있다. 따라서, 그림 (b)와 같이 전압계 ⓥ는 부하에 대해 병렬로 접속하여 사용한다.

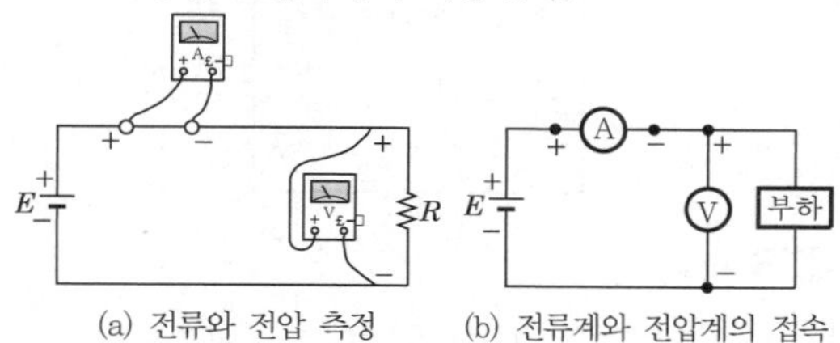

(a) 전류와 전압 측정 (b) 전류계와 전압계의 접속

28 "도선에 전류를 흐르게 하면 열이 발생하고, 그 열은 전류의 제곱 및 흐르는 시간에 비례한다."는 법칙은?

▌04.12 출제▐

해답 줄의 법칙

해설 줄의 법칙(Joule's law)
전류에 의하여 단위 시간에 발생하는 열량은 도체의 저항과 전류의 제곱에 비례한다.
따라서, 저항 $R[\Omega]$의 도체에 전류 $I[A]$를 t[sec] 동안 흘렸을 때 저항 R에 발생하는 열량 H는 다음의 식과 같다.

$$H = I^2Rt[J]$$

29 전류의 열작용과 관계가 깊은 법칙은?

▌08.10 출제▐

해답 줄의 법칙

30 전류에 의해서 단위 시간에 이루어지는 일의 양, 즉 일의 공률을 무엇이라 하는가?

▌05 출제▐

해답 전력

해설 전력(electric power)
전기 에너지에 의한 일의 속도를 1[sec] 동안의 전기 에너지로 P로 표시하고, 단위는 와트(Watt, [W])를 사용한다. 즉, 1[W]는 1[sec] 동안에 1[J]의 비율로 일을 하는 속도를 나타낸다.
지금 $V[V]$의 전압을 가하여 $I[A]$의 전류가 t[sec] 동안 흘러서 $Q[C]$의 전하가 이동하였을 때 전력 $P[W]$는 다음과 같이 된다.

$$P = \frac{W}{t} = \frac{VQ}{t} = VI\,[W]$$

따라서, 전력 $P[W]$는 전류 $I[A]$에 의해서 단위 시간에 이루어지는 일의 양을 나타낸다.

31 1마력 1[HP]는 몇 [kW]인가?

해답 $1[HP] \fallingdotseq \frac{3}{4}[kW]$

해설 전동기와 같은 기계 동력의 단위로는 마력(Horse Power, [HP])이 사용된다.
$1[HP] = 746[W] \fallingdotseq \frac{3}{4}[kW]$

32 어떤 도선의 저항은?

▌06.10.14 출제▐

해답 도선의 길이에 비례하고 단면적에 반비례한다.

해설 전기 저항 $R = \rho\frac{l}{A} = \rho\frac{l}{4\pi r^2}[\Omega]$에서 비례 상수를 ρ라 하면 도선의 길이 l에 비례하고 단면적 A에 반비례한다.

33 고유 저항의 역수를 무엇이라고 하는가?

▌03.20 출제▐

해답 전도율

해설 전도율은 고유 저항 ρ의 역수로서, 물질 내의 전류가 흐르기 쉬운 정도를 나타내는 것으로, σ(mho)로 표시하고 단위는 [℧/m]를 사용한다.

$$\sigma = \frac{1}{\rho} = \frac{1}{\frac{RA}{l}} = \frac{l}{RA}[℧/m]$$

34 두 금속을 접속하고 이 두 접점 사이에 서로 다른 열을 가했을 때 전류가 흐르는 현상은?

▌06 출제▐

해답 제벡 효과

해설 그림과 같이 두 종류의 다른 금속 A와 B를 열전쌍으로 폐회로를 만들어 접속하고 접속점 J_1과 J_2를 서로 다른 온도로 유지하면 폐회로 내에는 J_1, J_2의 두 접속점 사이의 온도차에 의해 생긴 열기전력에 의해 일정 방향으로 전류가 흐른다. 이 현상을 제벡 효과(Seekbeck effect)라 한다.

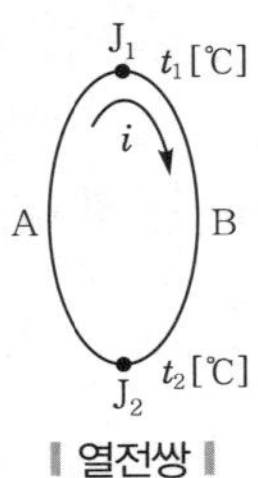

▮ 열전쌍 ▮

35 2종류의 금속으로 구성되는 회로에 전류를 흘렸을 때 그 접합점에 열의 흡수 발생이 일어나는 현상은? ▮ 05.10.12 출제 ▮

해답 펠티에 효과

해설 그림과 같이 종류가 다른 두 금속을 접속하여 전류를 통하면 줄(Joule)열 외에 그 접점에서 열의 발생 또는 흡수가 일어난다. 또 전류의 방향을 반대로 하면 이 현상은 반대로 되어 열의 발생은 흡수로 되고 열의 흡수는 발생으로 변한다. 이와 같은 현상을 펠티에 효과(Peltier effect)라 한다.

* 펠티에 효과는 제벡 효과의 역효과로서, 반도체 열전재료의 실용화로 전자 냉동 · 난방 등에 응용되고 있다.

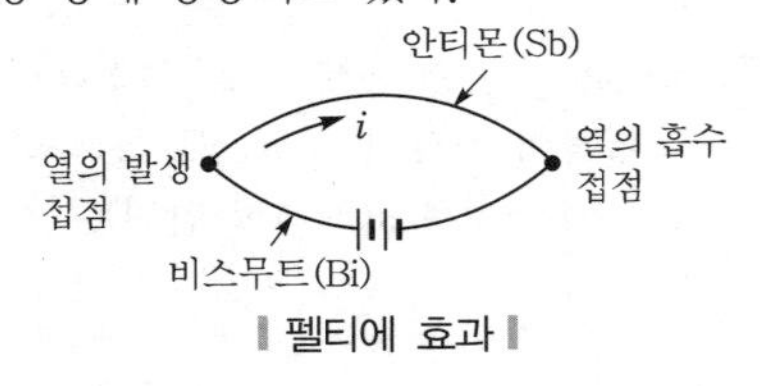

▮ 펠티에 효과 ▮

36 그림 같은 회로에서 부하 R을 접속했을 때 얻을 수 있는 최대 출력 전압은 몇 [V]인가?

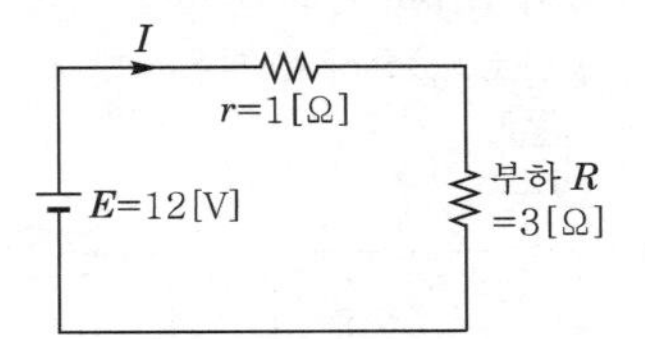

해답 9[V]

해설 기전력 $E=I(r+R)=Ir+V_R$[V]에서

전류 $I=\dfrac{E}{r+R}=\dfrac{12}{1+3}=3$[A]

∴ 출력 전압 $V_R=IR=3\times3=9$[V]

Key Point

기전력 $E=I(r+R)=Ir+IR=Ir+V_R$[V] 식에서 E의 내부 전압 강하 $Ir < V_R$일 때 부하 저항 R에 흐르는 전류를 크게 할 수 있다. 따라서, 전원의 내부 저항값이 작을수록 내부 전압 강하의 손실을 줄일 수 있으므로 부하 R 양단에서 최대 출력 전압을 얻을 수 있다.

37 전원 회로에서 부하로 최대 전력을 공급하기 위한 조건은? ▮ 10 출제 ▮

해답 전원의 내부 저항과 부하 저항이 같아야 한다.

해설 부하를 연결하여 최대 전력을 얻을 수 있는 조건은 전원의 내부 저항(r)과 부하 저항(R)이 같아야 한다. 즉, $r=R$의 조건에서 부하 R에 흐르는 전류 I는 최대로 되므로 전력 $P=I^2R$[W]에서 최대 전력을 얻을 수 있다.

Section 02 정전기

01 "두 정전하 사이에 작용하는 정전력의 크기는 두 전하의 곱에 비례하고 두 전하 사이의 거리의 제곱에 반비례한다."는 법칙은?

▮98.02 출제▮

해답 쿨롱의 법칙(Coulomb's law)

해설 그림과 같이 두 정전하의 양을 Q_1[C], Q_2[C]라 하고 거리를 r[m]이라 하면 진공 중에서 두 정전하 사이에 작용하는 정전력의 크기는 다음의 식과 같이 나타낸다.

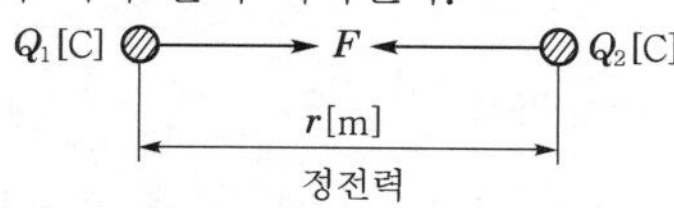

정전력

$$F = K\frac{Q_1 Q_2}{r^2}$$

$$= \frac{1}{4\pi\varepsilon_0}\cdot\frac{Q_1 Q_2}{r^2}$$

$$= 9\times10^9\frac{Q_1 Q_2}{r^2}[\text{N}]$$

이 식에서 ε_0을 진공 중의 유전율이라고 하며 다음의 값을 가진다.

$$\varepsilon_0 = \frac{1}{\mu_0 C^2} = \frac{10^7}{4\pi C^2} = 8.855\times10^{-12}[\text{F/m}]$$

여기서, 투자율 $\mu_0 = 4\pi\times10^{-7}$, 빛의 속도 $C \fallingdotseq 3\times10^8$[m/sec]이므로 진공 중에서 매질의 상수 K는 다음과 같다.

$$K = \frac{1}{4\pi\varepsilon_0} = \frac{1}{4\pi\times\frac{10^7}{4\pi C^2}} \fallingdotseq \frac{C^2}{10^7}$$

$$= 9\times10^9[\text{N}\cdot\text{m}^2/\text{C}^2]$$

진공 이외의 매질(절연물) 중에서 상수 $K = \frac{1}{4\pi\varepsilon}$이 되므로 $F = \frac{1}{4\pi\varepsilon}\cdot\frac{Q_1 Q_2}{r^2}$[N]의 관계가 있다.

이 식에서 ε을 매질의 유전율이라고 하며 $\varepsilon = \varepsilon_0\varepsilon_s$로 나타낸다.

여기서, $\varepsilon_s = \frac{\varepsilon}{\varepsilon_0}$로 하면 임의 매질의 유전율 ε과 진공의 유전율 ε_0의 비를 나타내는 것으로 비유전율이라 한다.

따라서, 비유전율 ε_s을 사용하면 진공 이외의 매질 중의 정전력 F는 다음과 같이 된다.

$$F = \frac{1}{4\pi\varepsilon}\cdot\frac{Q_1 Q_2}{r^2} = \frac{1}{4\pi\varepsilon_0\varepsilon_s}\cdot\frac{Q_1 Q_2}{r^2}$$

$$= 9\times10^9\frac{Q_1 Q_2}{\varepsilon_s r^2}[\text{N}]$$

02 진공 중의 유전율의 단위는? ▮98.04 출제▮

해답 [F/m]

03 정전 용량을 나타내는 식은? ▮02 출제▮

해답 정전 용량 $C = \frac{Q}{V}$[F]

해설 콘덴서의 정전 용량

콘덴서(condenser)는 2개의 금속판으로 된 전극 사이에 유전체(절연물)를 넣어 전하를 축적하는 용량을 가지게 한 소자로서, 두 전극 판 사이에 전압을 가하면 전하가 축적된다. 이때, 축적된 전하 Q[C]는 가하는 전압 V[V]에 비례하므로 그 비례 상수를 C라고 하면 $Q = CV$[C] 식이 성립한다.

여기서, 콘덴서가 전하를 축적할 수 있는 능력을 표시하는 양으로 정전 용량(electrostatic capacity)이라 하며 $C = \frac{Q}{V}$[F]로 정의된다.

이러한 정전 용량은 콘덴서에 같은 크기의 전압을 가했을 경우 어느 정도의 전하량을 축적할 수 있는가의 능력을 나타내는 물리량으로, 단위는 패럿(Farad)이며 [F]을 사용한다.

Key Point

실용상 [F]의 단위는 대부분의 응용에 있어 매우 크므로 보조 단위로 $1[\mu\text{F}] = 10^{-6}$ 또는 $1[\text{pF}] = 10^{-12}$의 단위가 주로 사용된다.

04 1[μF]을 [F]으로 표시하면 얼마인가?

▮15 출제▮

해답 $1[\mu\text{F}] = 10^{-6}[\text{F}]$

05 300[V] 전압에 축적되는 전하가 30×10^{-4}[C]이었다. 이때, 정전 용량은 얼마인가?

해답 $1[\mu F]$

해설 정전 용량 $C=\frac{Q}{V}$[F]에서

$\therefore\ C=\frac{3\times10^{-4}}{300}=1\times10^{-6}[F]=1[\mu F]$

06 정전 용량의 역수를 무엇이라고 하는가? ▌02.07.10 출제▐

해답 엘라스턴스

해설 엘라스턴스(elastance)

정전 용량의 역수 $\frac{1}{C}$로서, 단위는 다라프(daraf)이다.

$\therefore$ 엘라스턴스$=\frac{1}{C}=\frac{1}{\frac{Q}{V}}=\frac{V}{Q}$

$=\frac{\text{전위차}}{\text{전기량}}$

07 5[μF]의 콘덴서에 1[kV]의 전압을 가할 때 축적되는 에너지[J]는? ▌07.10.12.15 출제▐

해답 2.5[J]

해설 정전 에너지 $W=\frac{1}{2}CV^2$[J]에서

$\therefore\ W=\frac{1}{2}\times5\times10^{-6}\times(1\times10^3)^2=2.5[J]$

08 2, 3 및 4[μF]의 콘덴서 3개를 조합하여 얻을 수 있는 최대 정전 용량은 얼마인가? ▌20 출제▐

해답 $9[\mu F]$

해설 병렬 합성 정전 용량 $C_P=2+3+4=9[\mu F]$

Key Point

콘덴서 소자를 직렬로 연결하면 합성 정전 용량은 감소하고 병렬로 연결하면 합성 정전 용량은 증가한다.

09 9[μF]의 같은 콘덴서 3개를 병렬로 접속하면 콘덴서의 합성 용량[μF]은? ▌15 출제▐

해답 $27[\mu F]$

해설 병렬 합성 정전 용량 $C_P=3C$[F]에서

$\therefore\ C_P=3\times9=27[\mu F]$

10 용량이 같은 콘덴서 n개를 직렬로 접속하면 콘덴서 용량은 1개일 경우의 몇 배로 되는가? ▌03 출제▐

해답 $\frac{1}{n}$배

해설 직렬 합성 정전 용량 $C_S=\frac{C}{n}$에서

콘덴서 용량이 1개일 경우 $C=1$이므로

$\therefore\ C_S=\frac{1}{n}$배

11 정전 용량이 같은 콘덴서 5개를 병렬로 연결하였을 때 합성 용량은 5개를 직렬로 접속할 때의 몇 배인가? ▌01.04 출제▐

해답 25배

해설
- 직렬 합성 정전 용량 $C_S=\frac{C}{n}=\frac{C}{5}$
- 병렬 합성 정전 용량 $C_P=nC=5C$

$\therefore\ \frac{C_P}{C_S}=\frac{5C}{\frac{C}{5}}=25$배

따라서, 정전 용량이 같은 콘덴서 n개를 직렬로 접속하면 합성 정전 용량은 $\frac{1}{n}$배로 작아지고 병렬로 연결하면 n배로 커진다.

12 그림과 같은 콘덴서 회로의 합성 정전 용량은 몇 [F]인가? ▌05 출제▐

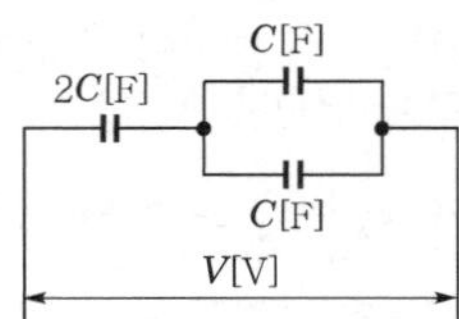

해답 C[F]

해설 2개의 병렬 합성 정전 용량 $C_P = 2C$에서

$\therefore$ 직렬 합성 정전 용량 $C_S = \dfrac{2C}{2} = C$[F]

13 그림과 같은 4개의 콘덴서 회로의 합성 정전 용량[μF]은? (단, 각 콘덴서의 값은 4[μF]이다)

▮15 출제▮

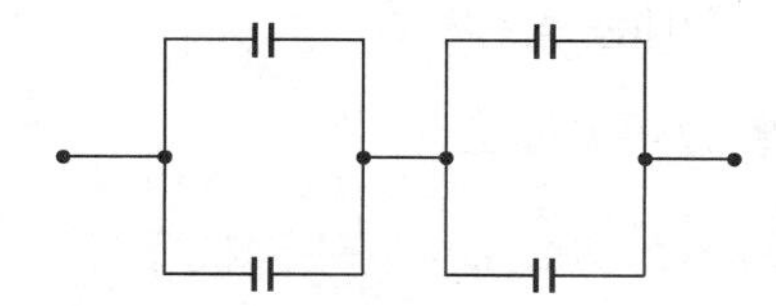

해답 4[μF]

해설 그림의 회로를 등가 해석하면

8[μF]　8[μF]

합성 정전 용량 $C_S = \dfrac{C}{n}$에서

$\therefore \ C_S = \dfrac{8}{2} = 4$[$\mu$F]

14 콘덴서의 용량을 증가시키기 위한 방법은?

▮08 출제▮

해답 콘덴서 C를 병렬로 연결한다.

해설 콘덴서 C를 직렬로 조합하여 연결하면 정전 용량이 감소하고 병렬로 조합하여 연결하면 정전 용량이 증가한다.

15 재질과 두께가 같은 1[μF], 2[μF], 3[μF] 콘덴서 3개를 접속하고 전압을 서서히 증가시킬 경우에 가장 먼저 파괴되는 것은?

▮99.03.04 출제▮

해답 1[μF]의 콘덴서가 가장 먼저 절연이 파괴된다.

해설 콘덴서(condenser)는 2개의 금속판으로 된 전극 사이에 유전체(절연물)를 넣어 전하를 축적하는 정전 용량을 가지게 한 장치로서, 두 전극 판 사이에 전압을 가하면 전하가 축적된다. 이때, 콘덴서가 전하를 축적할 수 있는 능력의 대소를 나타내는 물리량을 정전 용량(electrostatic capacity)이라 하며 $C = \dfrac{Q}{V}$[F]로 정의된다. 이러한 정전 용량 C는 콘덴서의 모양과 절연물의 종류에 따라 정해지는 값으로, C가 크면 낮은 전압에서 많은 양의 전하를 축적할 수 있고, C가 작으면 높은 전압에서도 약간의 전하밖에 축적되지 않는다. 이러한 콘덴서에 직류 전압을 가하여 0[V]에서부터 점차로 전압을 높여가면 어느 임계 전압에서 유전체(절연물)를 손상시켜 통전 상태에 이르게 된다. 이와 같은 현상을 절연 파괴(dielectric breakdown)라 하며 콘덴서에서 어느 정도의 전압까지 견딜 수 있는가를 나타내는 값을 콘덴서의 내압(withstand voltage)이라고 한다. 따라서, 콘덴서에 가하는 전압은 그 내압 이하의 전압에서 사용할 필요가 있다.

* 결과적으로 콘덴서는 정전 용량이 작은 콘덴서가 내압이 낮으므로 전압을 0에서부터 서서히 증가시킬 경우 1[μF]의 콘덴서가 가장 먼저 절연이 파괴된다.

16 전장 중에 전하를 놓았을 때 전하에 작용하는 힘을 무엇이라 하는가?

▮05.06.10 출제▮

해답 전장의 세기

해설 전장의 세기(intensity of electric field)
단위 전하에서 작용하는 힘의 크기를 나타내는 것으로, E로 나타내며 단위는 미터당 볼트(volt per meter, [V/m])를 사용한다. 따라서, 그림과 같이 Q[C]의 점전하에서 r[m] 떨어진 점 P의 전장의 세기는 다음과 같이 나타낸다.

$$E = \frac{Q}{4\pi\varepsilon_0\varepsilon_s r^2} = 9\times10^9\frac{Q}{\varepsilon_s r^2}\,[\text{V/m}]$$

Q[C]　r　P　F, E
ε[F/m]　+1[C]
r[m]

▮전장의 세기▮

17 전장의 세기가 500[V/m]인 전장에 5[μC]의 전하를 놓았을 경우에 이 전하에 작용하는 힘 F[N]는?

▮01 출제▮

해답 $F = 25\times10^{-4}$[N]

해설 전하에서 작용하는 힘 $F=EQ$[N]에서

$\therefore\ F=500\times5\times10^{-6}=25\times10^{-4}$[N]

18 유전율 ε의 유전체 내에서 전체 전하량 Q[C]를 둘러싼 폐곡선을 통하고 밖으로 나가는 전기력선의 총수는?

해답 $\dfrac{Q}{\varepsilon_0}$개

해설 단위 구도체에 의한 전장의 세기 E는 그림과 같이 단위 점전하 $+Q$[C]에서 반경 r[m]의 떨어진 단위 구면상의 전장의 세기로서, $E=\dfrac{Q}{4\pi\varepsilon_0 r^2}$[V/m]로 나타낸다. 여기서, 전기력선은 점대칭의 방사상으로 나오므로 구면상의 어느 점에서도 전장의 세기(전기력선 밀도)는 같다.
따라서, 단위 구면 밖으로 나오는 전기력선의 총수는 다음과 같이 된다.

$\therefore\ N=E\times S=\dfrac{Q}{4\pi\varepsilon_0 r^2}\times4\pi r^2=\dfrac{Q}{\varepsilon_0}$[개]

여기서, $S=4\pi r^2$: 단위구의 표면적

- 진공 중에서 단위 점전하 $+Q$[C]에서 나오는 전기력선수는 $\dfrac{Q}{\varepsilon_0}$[개]이다.
- 단위 양전하 $+1$[C]에서 나오는 전기력선 수는 $\dfrac{1}{\varepsilon_0}$[개]이다.

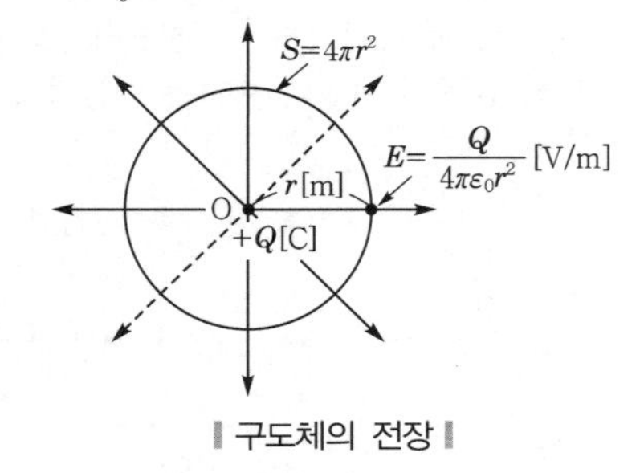

‖ 구도체의 전장 ‖

19 진공 속에 놓인 반지름 r[m]의 도체구에 전하가 있을 때 표면에 있어서의 전속 밀도 D는 몇 [C/m^2]인가?

해답 $D=\dfrac{Q}{4\pi r^2}$[C/m^2]

해설 전속 밀도(dielectric flux density)
금속판 전극에 Q[C]의 전하가 있을 때 Q[C]의 전속이 나온다. 이때, 1[m^2]에 대해서 몇 [C]의 전속이 나오고 있는가를 나타내는 양을 전속 밀도라고 하며 단위는 [C/m^2]를 사용한다.

20 전속 밀도 D와 전장의 세기 E의 관계를 나타내는 식은?

해답 $D=\varepsilon E$[C/m^2]

해설 전속 밀도 $D=\dfrac{Q}{4\pi r^2}$[C/m^2]

전장의 세기 $E=\dfrac{Q}{4\pi\varepsilon r^2}$[V/m]

$\therefore\ D=\varepsilon E=\varepsilon_0\varepsilon_s E$[C/m^2]

21 점전하 1[C]로부터 1[m] 떨어진 점의 전속 밀도 D[C/m^2]는?

‖ 01 출제 ‖

해답 $\dfrac{1}{4\pi}$

해설 전속 밀도 $D=\dfrac{Q}{A}=\dfrac{Q}{4\pi r^2}$[C/m^2]에서

$\therefore\ D=\dfrac{1}{4\pi\times1^2}=\dfrac{1}{4\pi}$[C/m^2]

22 평행판 도체의 정전 용량을 나타내는 식은?

‖ 03 출제 ‖

해답 $C=\dfrac{\varepsilon A}{l}$[F]

해설 정전 용량 $C=\dfrac{\varepsilon A}{l}$[F]에서 평행판 도체의 정전 용량은 전극판의 면적 A에 비례하고 극판의 간격 l에 반비례한다.
그림과 같이 넓이 A[m^2]의 두 금속판 사이에 두께 l[m]인 절연물을 넣고 전압 V[V]를 가한 경우 정전 용량은 다음과 같이 된다.

$\therefore\ C=\dfrac{Q}{V}=\dfrac{DA}{El}=\dfrac{D}{E}\dfrac{A}{l}=\varepsilon\dfrac{A}{l}$[F]

여기서, 전속 밀도 $D=\varepsilon E=\varepsilon_0\varepsilon_s E$의 관계식을 대입하면

$$\therefore\ C=\varepsilon_0\varepsilon_s\frac{A}{l}[\mu\text{F}]$$

$$=8.855\times10^{-6}\frac{\varepsilon_s A}{l}$$

$$=8.855\times\frac{\varepsilon_s A}{l}[\text{pF}]$$

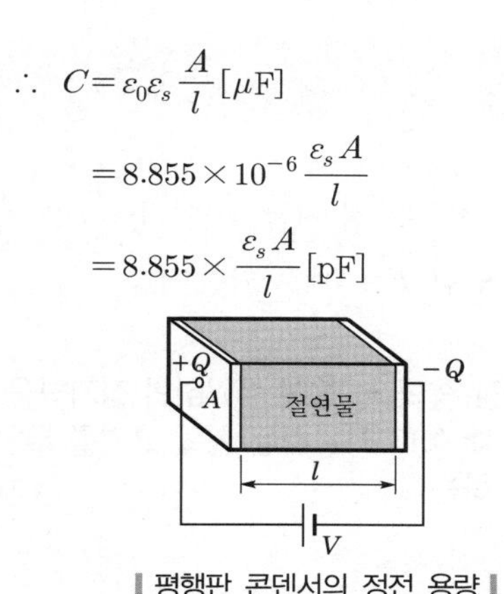

▌평행판 콘덴서의 정전 용량▐

23 **공기 평행판 콘덴서에 일정한 전압을 가하고 판 사이의 간격을 2배로 할 때 극판이 갖는 전하량은 몇 배가 되는가?**

해답 $Q=\frac{1}{2}$배

해설 전하량 $Q=CV=\varepsilon\frac{A}{l}V[\text{C}]$에서

전극판의 간격 l을 2배로 하면 전하량 $Q=\frac{1}{2}$배가 된다.

Section 03 자기

01 **"두 자극 사이에 작용하는 힘은 두 자극의 곱에 비례하고 두 자극 사이의 거리의 제곱에 반비례한다."는 법칙은?**

해답 쿨롱의 법칙(Coulomb's law)

해설 그림과 같이 진공 중에 같은 크기의 두 자극 m_1, m_2를 r[m]의 거리에 놓았을 때 두 자극 사이에 작용하는 힘은 다음의 식과 같이 나타낸다.

$$F = K\frac{m_1 m_2}{r^2} = \frac{1}{4\pi\mu_0}\cdot\frac{m_1 m_2}{r^2}$$

$$= 6.33\times10^4\frac{m_1 m_2}{r^2}[\text{N}]$$

m₁ N F S m₂ r[m]

▍자극에 작용하는 힘▍

이 식에서 두 자극을 진공 이외의 물질 중에 놓으면 작용하는 힘은 다음과 같이 표시된다.

$$F = \frac{1}{4\pi\mu_0\mu_s}\cdot\frac{m_1 m_2}{r^2}$$

$$= 6.33\times10^4\frac{m_1 m_2}{\mu_s r^2}[\text{N}]$$

여기서, μ_s을 비투자율이라 하며 진공 중에는 $\mu_s = 1$, 공기 중에서는 $\mu_s \doteq 1$이다.
따라서, 물질의 투자율 $\mu = \mu_s\mu_0 = \mu_s\times4\pi\times10^{-7}$[H/m]로 나타낸다.

02 **점 자극 간의 거리를 $\frac{1}{2}$배로 하면 이때 힘은 전의 힘에 비해 몇 배가 되는가? (단, 다른 조건은 불변이다)**

해답 4배

해설 $F = K\frac{m_1 m_2}{r^2}$[N]에서

$$F' = K\frac{m_1 m_2}{\left(\frac{1}{2}r\right)^2} = 4K\frac{m_1 m_2}{r^2} = 4F[\text{N}]$$

$\therefore\ F' = 4F$

따라서, 두 점 자극 간의 거리 r을 $\frac{1}{2}$배로 하면 힘 $F = 4$배로 커진다.

03 **자장 중의 한 점에 1[Wb]의 점자극을 놓았을 때 이에 작용하는 힘의 크기를 무엇이라고 하는가?** ▍03 출제▍

해답 자장의 세기

해설 자장의 세기
자장 중에 임의의 단위 점자극 +1[Wb]을 놓았을 때 점자극에서 작용하는 힘 F[N]의 크기와 방향을 나타내는 것으로, 기호는 H로 나타내고 단위는 [AT/m]를 사용한다.

$$\therefore\ H = \frac{1}{4\pi\mu_0}\cdot\frac{m}{r^2}[\text{AT/m}]$$

m[Wb] N r[m] P F, H +1[Wb]

▍자장의 세기▍

04 **H[AT/m]의 자장 안에 m[Wb]의 자극을 놓았을 때 작용하는 힘 F[N]은?**

해답 $F = mH$[N]

해설 m[Wb]의 자극에서 작용하는 힘 F는 그 자극에서 작용하는 자장의 세기 H를 나타낸다.

$F = \frac{1}{4\pi\mu_0}\cdot\frac{m\times m}{r^2}$[N]에서

$H = \frac{1}{4\pi\mu_0}\cdot\frac{m}{r^2}$[AT/m]의 식을 대입하면

m[Wb]의 자극에서 작용하는 힘 F는 다음과 같다.

$F = mH$[N]

05 **진공 중에 $+m$[Wb]의 자극이 있는 경우 자극으로부터 나오는 자력선 수는?**

해답 $\frac{m}{\mu_0}$개

해설 그림과 같이 $+m$[Wb]의 자극을 중심으로 반지름 r[m]의 구면상에서 나오는 자력선은 각

방향에 균등하게 나오므로 구면상 자장의 세기 H는 모두 같다.

이것은 반지름을 r로 하는 구면상의 $1[\text{m}^2]$에 대하여 H개의 자력선이 통과하는 것을 의미한다.

따라서, 구의 표면적 $S=4\pi r^2$이므로 구면 전체를 지나는 자력선의 총수는 다음과 같이 된다.

$$N=H\times S=\frac{m}{4\pi\mu_0 r^2}\times 4\pi r^2=\frac{m}{\mu_0}\,[\text{개}]$$

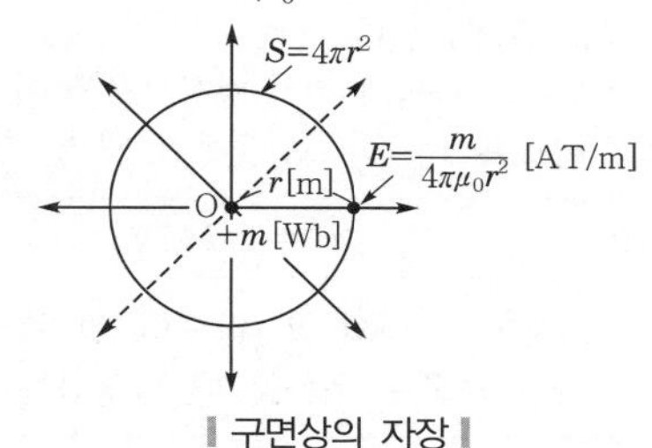

‖ 구면상의 자장 ‖

06 전류에 의한 자장의 방향을 결정하는 법칙은?

해답 앙페르의 오른 나사 법칙

해설 그림 (a)와 같이 도선에 전류가 흐르면 그 주위에는 원형의 자력선(자장)이 생긴다. 이때, 전류의 방향과 자장의 방향은 각각 오른 나사의 진행 방향과 회전 방향에 일치한다. 이것은 그림 (b)와 같이 오른 나사가 진행하는 방향으로 전류가 흐르면 나사가 회전하는 방향으로 자장이 생기고, 반대로 나사가 회전하는 방향으로 전류가 흐르면 나사가 진행하는 방향으로 자장이 생긴다.

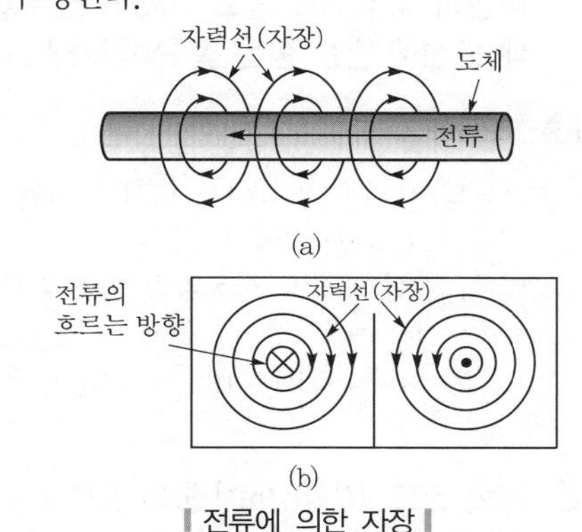

‖ 전류에 의한 자장 ‖

* 그림 (b)에서 ⊗표시 도는 전류가 도체 내부로 흘러 들어가는 방향을 나타내는 기호이고 ⊙표시 도는 전류가 도체의 외부로 흘러나오는 방향을 나타내는 기호이다.

07 비오 – 사바르의 법칙은 어떤 관계를 나타내는 법칙인가? ‖ 07 출제 ‖

해답 전류와 자장의 세기

해설 그림과 같이 도선에 $I[\text{A}]$의 전류가 흐르고 있을 때 미소 길이 Δl의 점 O로부터 $r[\text{m}]$ 떨어진 점 P에 생기는 자장의 세기 $\Delta H[\text{AT/m}]$는 각도 θ에 관계하며, 전류 $I[\text{A}]$ 및 미소 길이 Δl에 비례하고 거리 $r[\text{m}]$의 제곱에 반비례한다.

$$\Delta H=\frac{I\Delta l}{4\pi r^2}\sin\theta\,[\text{AT/m}]$$

여기서, $\angle\theta$: Δl과 OP 사이의 각

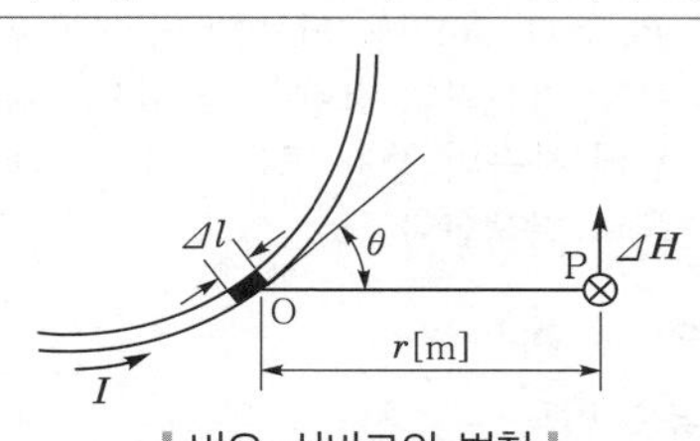

‖ 비오–사바르의 법칙 ‖

08 자장 안에 놓여 있는 도선에 전류가 흘러서 힘의 방향을 결정하는 법칙은? ‖ 99 출제 ‖

해답 플레밍의 왼손 법칙(Fleming's hand rule)

해설 그림과 같이 왼손의 세 손가락을 서로 직각이 되도록 펴고 검지는 자장(B), 중지는 전류(I)의 방향으로 향하게 하면 엄지의 방향이 힘(F)의 방향과 일치한다. 이와 같이 자장 내의 도체에 전류가 흐르고 있으면 그 전류의 방향에 따라 도체에 작용하는 힘(전자력)의 방향을 알아낼 수 있는 법칙을 말한다.

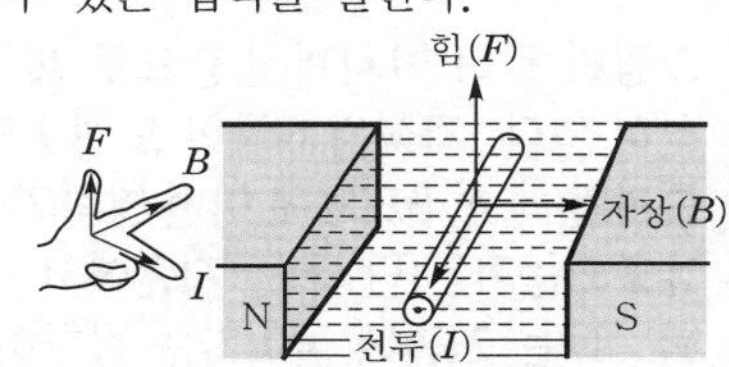

‖ 플레밍의 왼손 법칙 ‖

- 도체를 직각으로 놓은 경우 : $F=BIl\,[\text{N}]$
- 도체를 평행하게 놓은 경우 : $F=0\,[\text{N}]$
- 도체를 θ의 각도로 놓은 경우 : $F=BIl\sin\theta\,[\text{N}]$

09 전동기에서 전기자에 흐르는 전류와 자속, 회전 방향의 힘을 나타내는 법칙은?

▌99.03.14.15 출제▐

해답 플레밍의 왼손 법칙

10 전자 유도에 의한 유도 기전력의 방향을 표시하는 법칙은? ▌07.13 출제▐

해답 렌츠의 법칙

해설 렌츠의 법칙(Lenz's law)
전자 유도에 관한 법칙으로, 유도 전류와 유도 기전력의 방향을 결정하는 법칙이다. 이것은 전자 유도에 의하여 발생한 유도 전류와 유도 기전력의 방향은 그 유도 전류가 만드는 원래 자속의 증가 또는 감소를 방해하는 방향으로 발생한다.

Key Point

전자 유도 법칙

그림과 같이 코일 주위에 자석을 가까이 하거나 멀리하는 경우 자석의 운동 방향에 의해서 코일에는 자속이 변화하여 유도 전류가 흐르고 코일 양 끝에는 유도 전압(기전력)이 발생한다. 이러한 현상을 전자 유도(electromagnetic induction)라고 한다.

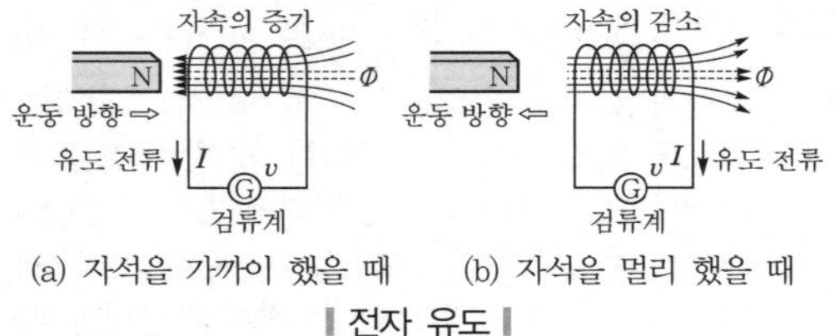

(a) 자석을 가까이 했을 때 (b) 자석을 멀리 했을 때

▌전자 유도▐

11 그림과 같이 반시계 방향으로 회전하는 자석이 있다. 자석의 N극이 도체 A의 부근을 통과할 때 A, B도체에 어떤 방향의 기전력이 유도되는가? (단 ⊙는 지면에서 나오는 방향, ⊗는 지면에 들어가는 방향이다)

▌05.20 출제▐

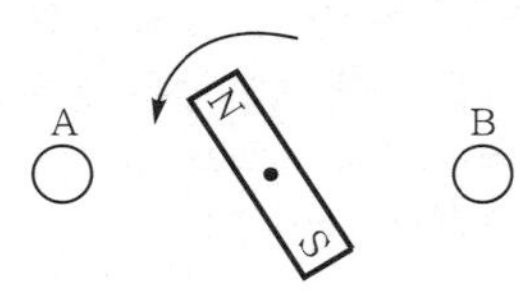

해답 A는 ⊙, B는 ⊗

해설 플레밍의 오른손 법칙(Fleming's right handed rule)
자장 속에서 도체가 움직일 때 자장의 방향과 도체가 운동하는 방향으로 유도 전류 또는 유도 기전력의 방향을 결정할 수 있는 법칙이다. 그림과 같이 오른손의 엄지, 검지, 중지를 서로 직각이 되도록 펴고 엄지를 도체의 운동 방향, 검지를 자장의 방향으로 하면 중지가 가리키는 방향이 유도 전류 또는 유도 기전력의 방향이 된다.

- 도체가 자장과 직각 방향으로 놓여 있는 경우 u[m/sec] 속도로 운동할 때 발생하는 전압

$$v' = Blu[\mathrm{V}]$$

- 도체가 자장과 θ 각도의 방향으로 u[m/sec] 속도로 운동할 때 발생하는 전압

$$v' = Blu\sin\theta[\mathrm{V}]$$

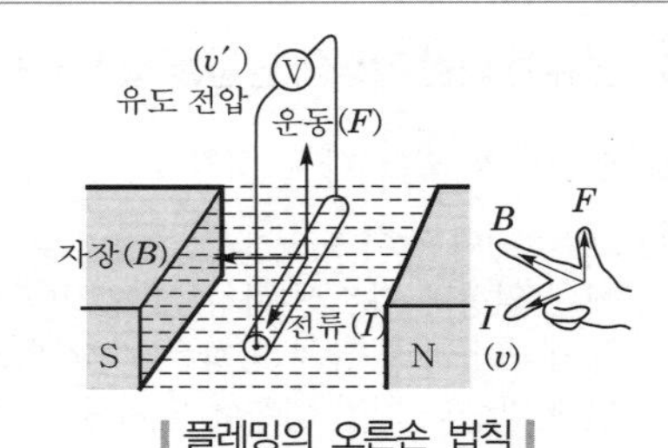

▌플레밍의 오른손 법칙▐

12 공기 중에서 자속 밀도 3[Wb/m^2]의 평등 자장 속에 길이 10[cm]의 직선 도선을 자장의 방향과 직각으로 놓고 4[A]의 전류를 흘릴 때 도선에 받는 힘은 몇 [N]인가? ▌04 출제▐

해답 1.2[N]

해설 플레밍의 왼손 법칙에서 도선에 받는 힘
$F = BIl\sin\theta$ [N]에서
이때, 직선 도선이 자장의 방향과 직각이므로
$\sin\theta = 90° = 1$
$\therefore F = 3 \times 4 \times 10 \times 10^{-2} = 1.2$[N]

13 자속 밀도 B[Wb/m^2] 중의 길이 l[m]의 도체가 B에 직각으로 u[m/sec]의 속도로 운동할 때 도체에 유도되는 기전력은 몇 [V]인가?

해답 Blu[V]

해설 플레밍의 오른손 법칙에서 자속 밀도 B의 자장 내를 운동하는 도체가 자장과 직각 방향으로 u[m/sec]의 속도로 운동할 때 도체에 발생하는 유도 기전력 $v' = Blu$[V]이다.

14 전자 유도 현상에 의해서 생기는 유도 기전력의 크기를 정의하는 법칙은? ▌04.05 출제▐

해답 패러데이의 법칙

해설 그림에서 코일 A에 흐르는 전류 I가 0에서 어떤 값으로 증가하면 철심 내의 자속 Φ도 0에서 어떤 값으로 증가하므로, 이때 자속 Φ의 변화에 의하여 코일 B에는 v'의 전압이 발생한다. 이때, 자속 $\Phi = 0$일 때는 v'의 전압이 발생하지 않으며 자속 Φ가 변화했을 때에만 전압이 유도된다.

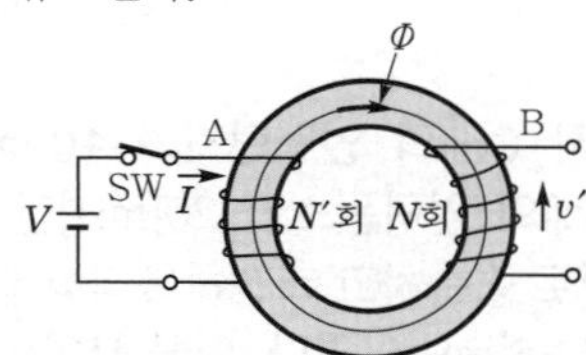

▌전자 유도에 의한 패러데이의 법칙▐

여기서, 전압 v'[V]는 코일의 권수 N회가 클수록 크고, 자속 Φ가 크게 변화할수록 크다. 따라서, Δt[sec] 동안에 $\Delta\Phi$[Wb]의 자속이 변화하면 발생 전압 v'는 다음의 식과 같이 된다.

$$\therefore\ v' = N\frac{\Delta\Phi}{\Delta t}[\text{V}]$$

이와 같이 전자 유도에 의해서 발생하는 전압 v'의 크기는 코일을 쇄교하는 자속의 변화율과 코일의 권수의 곱에 비례한다. 이러한 현상을 패러데이의 전자 유도 법칙(Faraday's law of electromagnetic induction)이라고 한다.

15 3회 감은 코일을 지나가는 자속이 $\frac{1}{100}$초 동안 3×10^{-1}[Wb]에서 5×10^{-1}[Wb]로 증가하였다. 유도되는 기전력은 몇 [V]인가?

해답 60[V]

해설 $v' = N\frac{\Delta\Phi}{\Delta t}$[V]에서

$$\therefore\ v' = 3\times\frac{(5\times10^{-1})-(3\times10^{-1})}{1\times10^{-2}} = 60[\text{V}]$$

16 자체 인덕턴스가 0.2[H]의 코일에 흐르는 전류를 0.5초 동안에 10[A]의 비율로 변화시키면 코일에 몇 [V]의 기전력이 유도되겠는가? ▌06.14 출제▐

해답 4[V]

해설 유도 전압 $v = L\frac{\Delta I}{\Delta t}$[V]에서

$$\therefore\ v = 0.2\times\frac{10}{0.5} = 4[\text{V}]$$

그림에서 코일에 흐르는 전류 I가 어떤 값으로 증가하게 하게 되면 코일을 관통하는 자속 Φ가 변화하여 증가하게 된다. 이때, Φ의 변화에 의하여 코일에는 화살표 방향으로 v'의 전압이 발생한다. 이와 같이 코일 자체에 전압이 발생하는 작용을 자체 유도(self induction)라 한다.

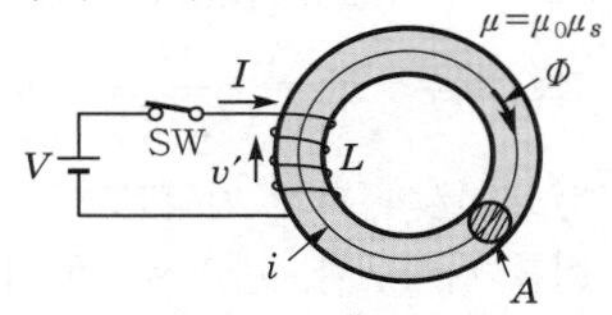

▌자체 인덕턴스▐

이때, 전류 I가 Δt[sec] 동안에 ΔI[A] 만큼 변화했을 때 발생하는 유도 전압 v'의 크기는 다음과 같다.

$$\therefore\ v' = L\frac{\Delta I}{\Delta t}[\text{V}]$$

여기서, 비례 상수 L은 코일 특유의 값으로서, 자체 인덕턴스(self inductance)라고 하며 단위는 헨리(henry, [H])를 사용한다.

Key Point

보조 단위는 [mH]$=10^{-3}$[H]와 [μH]$=10^{-6}$[H]가 사용된다.

17 감은 횟수가 1회인 코일에 2[A]의 전류를 흘려서 0.8[Wb]의 자속이 생겼다면, 이때 코일 자체의 인덕턴스는 몇 [H]인가?

해답 0.4[H]

해설 인덕턴스 $L = \frac{N\Phi}{I}$[H]에서

$\therefore \ L = \dfrac{1 \times 0.8}{2} = 0.4[H]$

18 그림과 같은 상호 유도 회로에서 결합 계수 K는? ▮ 07.14 출제 ▮

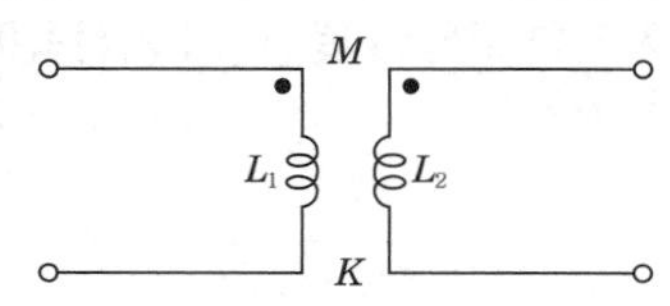

해답 $K = \dfrac{M}{\sqrt{L_1 L_2}}$

해설 그림과 같이 하나의 자기 회로에 L_1과 L_2의 2개 코일이 감겨져 있는 경우 1차 코일 L_1의 전류를 변화시키면 자체 유도에 의해 전압 v_1'가 발생하고 동시에 2차 코일 L_2에도 전압 v_2'가 발생한다. 이와 같은 현상을 상호 유도(mutual induction)라 하며 M을 상호 인덕턴스(mutual inductance)라고 한다.

- 결합 계수 : $K = \dfrac{M}{\sqrt{L_1 L_2}}$ 으로서, 상호 인덕턴스 M과 자체 인덕턴스 $\sqrt{L_1 L_2}$ 크기의 비를 나타낸다. 따라서, K의 크기에 의해서 1차 코일과 2차 코일의 자속에 의한 결합의 정도를 나타낸다.
- 상호 인덕턴스
  $K = \dfrac{M}{\sqrt{L_1 L_2}}$ 에서
  $\therefore \ M = K\sqrt{L_1 L_2}$

19 자체 인덕턴스가 L_1, L_2이고 결합 계수가 1일 때의 상호 인덕턴스 M의 관계는? ▮ 13.14 출제 ▮

해답 $M = \sqrt{L_1 L_2}$

해설 결합 계수 $K = \dfrac{M}{\sqrt{L_1 L_2}}$ 에서

$K = 1$일 때

$\therefore \ M = \sqrt{L_1 L_2}$

20 자체 인덕턴스가 100[mH], 50[mH]의 두 코일이 있다. 상호 인덕턴스가 70[mH]이며, 누설 자속이 없는 2개의 코일을 차동으로 접속하면 합성 인덕턴스는 몇 [mH]인가? ▮ 02 출제 ▮

해답 10[mH]

해설 차동 접속

그림과 같이 1차 코일 a와 2차 코일 b를 반대 방향으로 직렬 연결한 경우이다.

합성 인덕턴스 $L_{ab} = L_1 + L_2 - 2M$[H]에서

$\therefore \ L_{ab} = 100 + 50 - 2 \times 70 = 10$[mH]

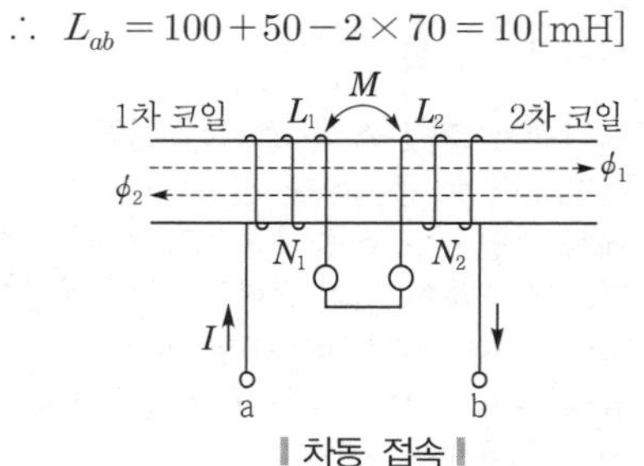

▮ 차동 접속 ▮

21 1차 Coil의 인덕턴스가 10[mH]이고, 2차 Coil의 인덕턴스가 20[mH]인 변성기를 직렬로 접속하고 측정하였더니 합성 인덕턴스가 36[mH]이었다. 이들 사이의 상호 인덕턴스[mH]는? ▮ 01.03.06.08.14 출제 ▮

해답 3[mH]

해설 가동 접속

그림과 같이 1차 코일 a와 2차 코일 b를 동일 방향으로 직렬 연결한 경우이다.

합성 인덕턴스 $L_{ab} = L_1 + L_2 + 2M$[H]에서

$36 = 10 + 20 + 2M$에서

$\therefore \ M = \dfrac{36 - 30}{2} = 3$[mH]

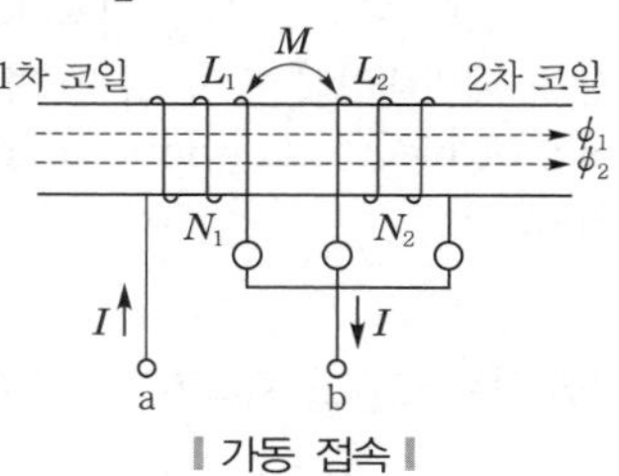

▮ 가동 접속 ▮

Key Point

코일의 극성

합성 인덕턴스 $L_{ab} = L_1 + L_2 \pm 2M$[H]의 식에서 $M < 0$이면 차동 접속, $M > 0$이면 가동 접속이라 한다.

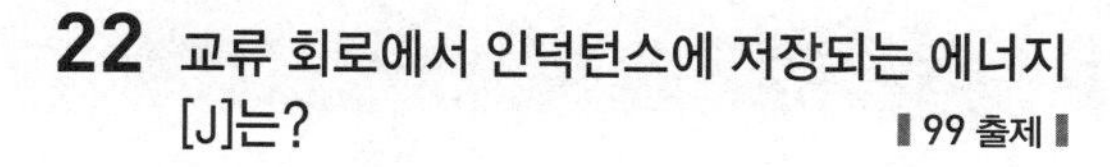

22 교류 회로에서 인덕턴스에 저장되는 에너지 [J]는?

▌99 출제▐

해답 $W = \frac{1}{2}LI^2$[J]

해설 전자 에너지 W는 자기 인덕턴스 L[H]의 코일에 I[A]의 전류가 흐를 때 코일이 만드는 자장 내에 축적되어 있는 전자 에너지를 말한다. 이것은 전류가 만드는 자장의 에너지로서, 그림에서 코일의 자기 인덕턴스 L은 SW를 열기 전에 흐르고 있는 전류에 I[A]에 관계된다. 따라서, 코일에 전류 I[A]가 흐르고 있을 때는 전력량 W에 상당하는 에너지가 항상 자기 회로 내에 저장되어 있으나 SW를 열어 $I=0$으로 하면 에너지 W는 자기 회로 내에서 전부 방출된다. 따라서, 자기 인덕턴스 L[H]의 코일에 I[A]의 전류가 흐르고 있을 때는 전력량 $W = \frac{1}{2}LI^2$[J]에 상당하는 전자 에너지가 항상 코일 내에 축적되어 있는 것이 된다.

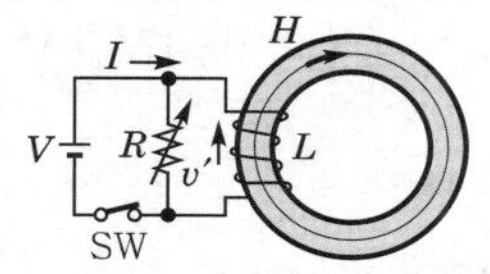

▌코일에 축적되는 에너지▐

23 자체 인덕턴스가 10[H]인 코일에 1[A]의 전류가 흐를 때 저장되는 에너지[J]는?

▌15 출제▐

해답 5[J]

해설 전자 에너지 $W = \frac{1}{2}LI^2$[J]에서

$\therefore\ W = \frac{1}{2} \times 10 \times 1^2 = 5$[J]

Section 04 교류 회로

01 우리나라 전압의 주파수는 몇 [Hz]인가?

▌04 출제▐

해답 60[Hz]

해설 현재 우리나라에서 사용되고 있는 교류 전압의 상용 주파수는 60[Hz]이다.

* 북미에서 사용되는 표준 주파수는 60[Hz]이고 유럽에서 사용되는 주파수는 50[Hz]이다.

02 가정용 전원의 교류 전압은 220[V]이다. 이것은 무슨 값인가?

▌10 출제▐

해답 실횻값

해설 실횻값(effective value)

그림의 회로에서 저항 $R[\Omega]$에 같은 값의 직류 전류와 교류 전류를 동일한 시간 동안 흘렸을 경우 직류에서 발생하는 열량 $I^2Rt\,[\mathrm{J}]$과 교류에서 발생하는 열량 $I^2Rt\,[\mathrm{J}]$이 서로 같을 때 교류에서 발생하는 열량을 실횻값의 크기 $I[\mathrm{A}]$로 정의한 것이다.

따라서, 실횻값은 $I^2Rt\,[\mathrm{J}] = i^2Rt\,[\mathrm{J}]$의 평균으로 $I = \sqrt{i^2\text{의 1주기 간의 평균}}$으로 나타내며 이것을 순시값 i^2의 1주기 평균의 평방근(root mean square value ; rms)이라고 한다.

03 우리나라의 사용 전기의 주파수는 상용 주파수는 60[Hz]이다. 주기는 약 몇 초인가?

▌05.07 출제▐

해답 0.0167[sec]

해설 $T = \frac{1}{f}$[sec]에서

$\therefore\ T = \frac{1}{60} \fallingdotseq 0.0167$[sec]

04 정현파의 주기가 0.002[sec]일 때 주파수는 몇 [Hz]인가?

▌01.09 출제▐

해답 500[Hz]

해설 주파수 $f = \frac{1}{T}$[Hz]에서

$\therefore\ f = \frac{1}{2\times10^{-3}} = 500$[Hz]

05 최댓값이 I_m[A]인 전파 정류 정현파의 평균값은?

▌09.14 출제▐

해답 $I_a = \frac{2}{\pi}I_m$[A]

해설 평균값 $= \frac{2}{\pi}$최댓값에서

$\therefore\ I_a = \frac{2}{\pi}I_m = 0.637I_m$[A]

Key Point

평균값(average value)

그림과 같이 정현파에 있어서 양(+)의 반주기파 곡선의 최댓값과 π와 0의 구간의 면적을 근사화시키면 평균 면적은 $2V_m$이 되므로 일반적으로 양(+)의 반주기파의 평균을 취한 값으로 한다.

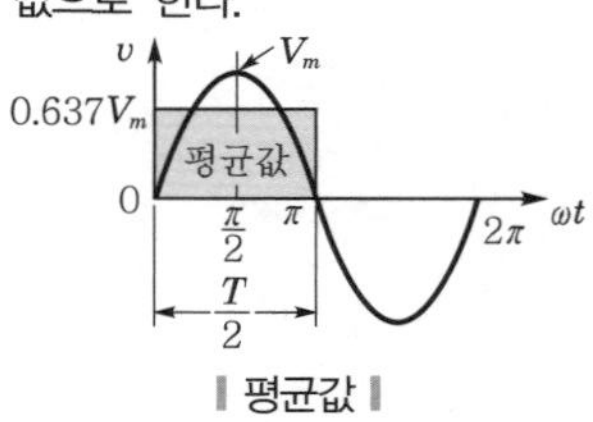

▌평균값▐

06 정현파 교류의 최댓값을 I_m이라 할 때 실횻값은?

해답 $0.707I_m$

해설 실횻값 $= \frac{1}{\sqrt{2}}$최댓값에서

$\therefore\ I = \frac{1}{\sqrt{2}}I_m \fallingdotseq 0.707\,I_m$[A]

07 사인파 교류의 실횻값이 100[V]일 때 평균값은 몇 [V]인가?

해답 90[V]

해설 평균값 $= \frac{2}{\pi}$최댓값 $= \frac{2}{\pi}\sqrt{2}$실횻값

$V_a = \frac{2}{\pi}V_m = \frac{2}{\pi}\sqrt{2}\,V$에서

$\therefore\ V_a = 0.637 \times \sqrt{2} \times 100 = 90[\text{V}]$

08 정현파에서의 파형률은 얼마인가?

해답 1.11

해설 파형률 $= \dfrac{\text{실횻값}}{\text{평균값}} = \dfrac{\frac{1}{\sqrt{2}} \times \text{최댓값}}{\frac{2}{\pi} \times \text{최댓값}}$

$= \dfrac{\pi}{2\sqrt{2}} \fallingdotseq 1.11$

09 정현파의 파고율은 얼마인가?

▌04.14 출제 ▌

해답 1.414

해설 파고율 $= \dfrac{\text{최댓값}}{\text{실횻값}} = \dfrac{\text{최댓값}}{\frac{1}{\sqrt{2}} \times \text{최댓값}}$

$= \sqrt{2} = 1.414$

10 다음 그림과 같은 구형파의 파고율의 값은 얼마인가?

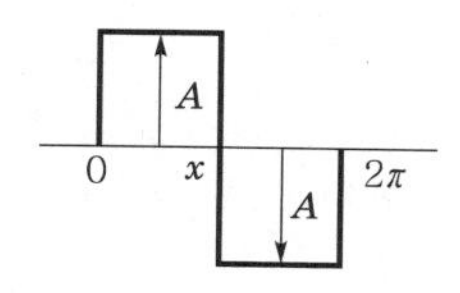

해답 1

해설 정현파에 있어서 파고율과 파형률은 구형파(직사각형파)로부터 파형의 일그러짐 정도를 나타내는 계수이다. 따라서, 그림과 같은 구형파에 있어서 최댓값, 평균값, 실횻값은 모두 같은 값으로 A를 나타내므로 파형률과 파고율의 값은 1이다.

11 가정용 전등선의 전압이 실횻값으로 100[V]라 할 때 이 교류의 최댓값은 몇 [V]인가?

▌98.03.06.08 출제 ▌

해답 141[V]

해설 최댓값 $= \sqrt{2}$실횻값에서

$\therefore\ V_m = \sqrt{2}\,V = \sqrt{2} \times 100 = 141[\text{V}]$

12 순시값 $v_1 = V_m \sin(\omega t + \Phi_1)$, $v_2 = V_m \sin(\omega t + \Phi_2)$인 두 사인파 전압에서 위상이 동위상이 될 수 있는 조건은?

해답 $\Phi_1 = \Phi_2$

해설 동위상(in phase)

순시값 v_1과 v_2의 두 파형이 수평축 ωt를 따라 같은 점 0의 축을 통과하고 두 파형의 위상차 Φ_1과 Φ_2가 0이 되는 조건을 말한다.

13 다음 전압과 전류는 어느 편이 얼마나 위상이 앞서는가?

$$v = \sqrt{2}\,V\cos(\omega t + 30°)[\text{V}]$$
$$i = \sqrt{2}\,I\sin(\omega t + 60°)[\text{A}]$$

해답 v가 i보다 60° 앞선다.

해설 $v = \sqrt{2}\,V\cos(\omega t + 30°)$

$= \sqrt{2}\,V\sin(\omega t + 30° + 90°)$

$= \sqrt{2}\,V\sin(\omega t + 120°)[\text{V}]$

$\therefore$ 위상차 $\Phi = 120° - 60° = 60°$이므로 v가 i보다 60° 위상이 앞선다.

14 인덕턴스 L만의 회로에 전류와 전압의 위상 관계는?

해답 전류는 전압보다 $90°\left(\frac{\pi}{2}\right)$ 위상이 뒤진다.

해설 그림 (a)와 같이 인덕턴스 L만의 회로에 전원 전압 v를 가했을 때 코일에 흐르는 전류 i에 의해 코일에는 유도 전압 $v_L = L\frac{di}{dt}$[V]가 발생한다. 이때, 유도 전압 v_L은 전류 i의 급

격한 변화(증가나 감소)를 억제하는 작용을 하므로 코일에 전류 i를 흐르게 하려면 전원 전압 v와 크기가 같고 방향이 반대인 $v = -v_L$의 관계가 얻어진다. 따라서, 그림 (b)와 같이 v가 i보다 90° 위상이 앞서거나 i가 v보다 90° 위상이 뒤진다.

- $i = I_m \sin\omega t$[A]
- $v = \omega L I_m \sin(\omega t + 90°)$[V]

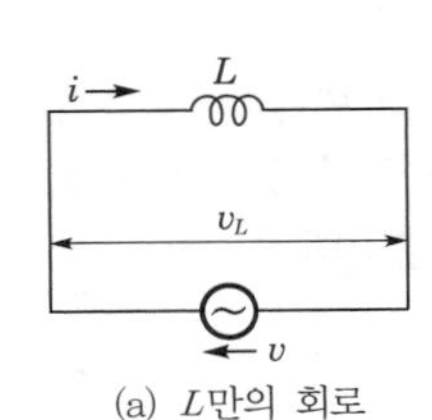

(a) L만의 회로

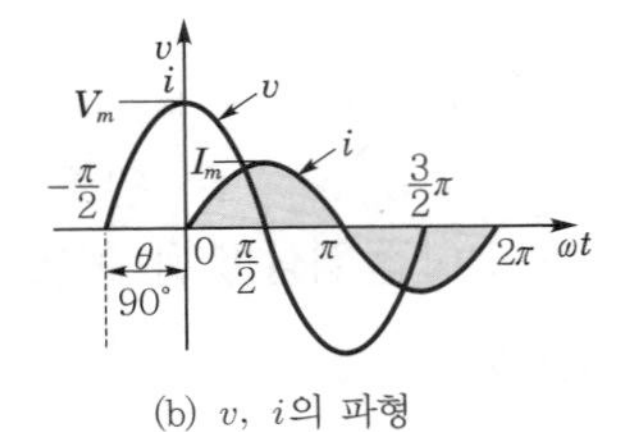

(b) v, i의 파형

15 자체 인덕턴스가 20[mH]의 코일에 60[Hz]의 전압을 가했을 때 유도 리액턴스[Ω]는 얼마인가?

해답 7.5[Ω]

해설 유도 리액턴스 $X_L = \omega L = 2\pi f L$[Ω]에서

$\therefore\ X_L = 2\pi \times 60 \times 20 \times 10^{-3}$

$\fallingdotseq 7.5$[Ω]

Key Point

유도 리액턴스(inductive reactance)

코일(inductor)에서 ωL은 교류 저항의 일종으로 유도성 리액턴스라 하며 X_L로 표시하고 단위는 [Ω]을 사용한다.

$X_L = \omega L = 2\pi f L$[Ω]

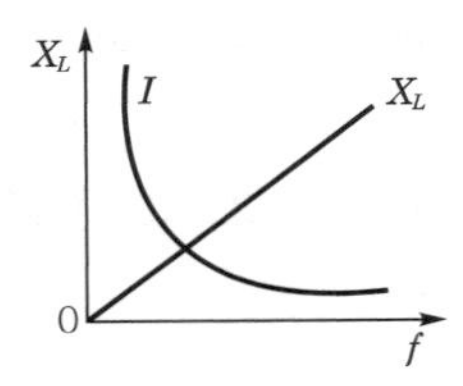

‖ 리액턴스와 주파수의 관계 ‖

* 유도성 리액턴스 X_L은 주파수 f에 비례하여 그 값이 커지므로 전류 I는 f에 반비례하여 감소한다. 따라서, 코일(inductor)에 흐르는 전류는 주파수가 높을수록 흐르기 어려우므로 여러 가지 주파수의 신호 전압이 인가되는 회로에서 고주파 신호는 차단하고 저주파 신호는 잘 통과시킨다.

16 커패시턴스 C만의 회로에 기전력 $v = V_m \sin\omega t$[V]를 가할 때 흐르는 전류 i는?

해답 $i = \sqrt{2}\,\omega C V \sin(\omega t + 90°)$[A]

해설 그림 (a)와 같이 정전 용량(capacitance) C만의 회로에 전원 전압 $v = \sqrt{2}\, V \sin\omega t$[V]를 가했을 때 콘덴서에 축적되는 전하 $q = Cv$[V]로서, q는 v에 의해서 교번적인 변화를 하므로 v의 주파수(ω)와 동일하고 위상은 v와 동위상이 된다. 이때, v가 Δt[sec] 동안에 Δv 만큼 변화하면 전하도 $\Delta q = C\Delta v$로 변화되므로 전하의 변화량을 순시 전류값으로 나타내면 $i = C\dfrac{dv}{dt}$[A]로 된다. 따라서, 회로에 흐르는 전류 i는 v와 동일한 주파수(ω)의 최댓값으로 C에 직접 관련되므로 그림 (b)와 같이 i가 v보다 90° 위상이 앞서거나 v가 i보다 90° 위상이 뒤진다.

- $v = V_m \sin\omega t$[V]
- $i = \omega C V_m \sin(\omega t + 90°)$[V]

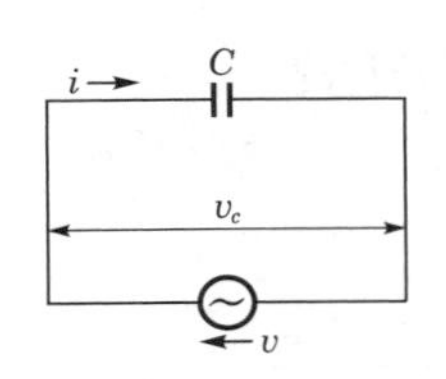

(a) C만의 회로

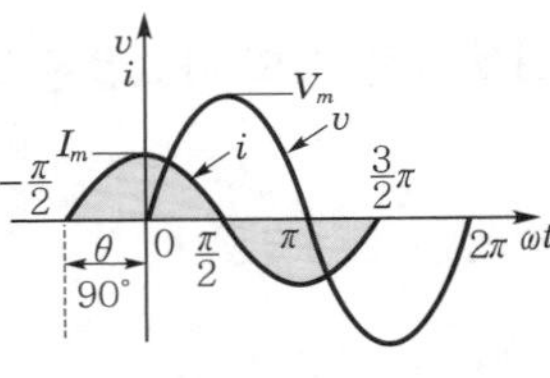

(b) v, i의 파형

17 콘덴서의 정전 용량을 3배로 늘리면 용량 리액턴스는 몇 배로 되는가? (단, 주파수는 일정하다)

해답 $\dfrac{1}{3}$배

해설 용량 리액턴스 $X_C = \dfrac{1}{\omega C}$[Ω]에서 정전 용량 C를 3배로 늘리면 X_C는 $\dfrac{1}{3}$배로 된다.

Key Point

콘덴서(capacitor)에서 $\dfrac{1}{\omega C}$은 용량 리액턴스(capacitive reactance)라 하고 X_C로 표시하며 단위는 [Ω]을 사용한다.

$\therefore\ X_C = \dfrac{1}{\omega C} = \dfrac{1}{2\pi f C}$[Ω]

이러한 X_C는 전류의 흐름을 방해하며 전원과 콘덴서의 전장 사이에서 에너지 교환을 이루는 요소로서, 코일(inductor)과 마찬가지로 에너지를 소비하지 않는다.

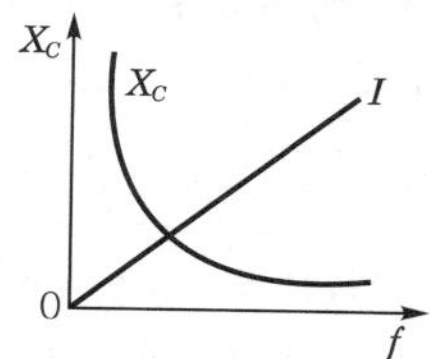

‖ 리액턴스와 주파수의 관계 ‖

이와 같은 X_C는 주파수에 반비례하므로 f가 높을수록 또 정전 용량 C가 클수록 리액턴스의 값은 감소하므로 전류 I는 f에 비례하여 증가한다. 따라서, 콘덴서(capacitor)는 주파수 f가 낮을수록 전류 I가 콘덴서를 통하여 흐르기 어려우므로 여러 가지 주파수의 신호 전압이 인가되는 회로에서 저주파 신호는 차단하고 고주파 신호는 잘 통과시킨다.

18 RL 직렬 회로의 합성 임피던스는?

해답 $Z=\sqrt{R^2+X_L^2}$ [Ω]

해설 RL 직렬 회로의 합성 임피던스

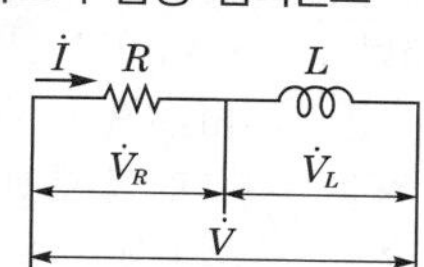

그림에서 인가 전압 $\dot{V}=\dot{V}_R+\dot{V}_L$로서 다음과 같이 된다.

$$V=\sqrt{V_R^2+V_L^2}=\sqrt{(IR)^2+(IX_L)^2}$$
$$=I\sqrt{R^2+X_L^2}=IZ[\text{V}]$$

이 식에서 Z를 임피던스(impedance)라 한다.

$$\therefore\ Z=\sqrt{R^2+X_L^2}=\sqrt{R^2+(\omega L)^2}$$
$$=\sqrt{R^2+(2\pi fL)^2}\ [\Omega]$$

19 3[Ω]의 저항과 4[Ω]의 유도 리액턴스가 직렬로 연결되었을 때 합성 임피던스는 몇 [Ω]인가?

‖ 99 출제 ‖

해답 5[Ω]

해설 $Z=\sqrt{R^2+X_L^2}$ [Ω]에서

$$\therefore\ Z=\sqrt{3^2+4^2}=\sqrt{25}=5[\Omega]$$

20 4[Ω]의 저항과 8[mH]의 인덕턴스가 직렬로 접속된 회로에 10[Hz], 100[V]의 교류 전압을 가하면 전류는 약 몇 [A]인가?

‖ 10.11.14 출제 ‖

해답 20[A]

해설
- 유도 리액턴스 $X_L=2\pi f_L[\Omega]$에서

  $X_L=2\times3.14\times60\times8\times10^{-3}=3[\Omega]$
- 임피던스 $Z=\sqrt{R^2+X_L^2}$ [Ω]에서

  $Z=\sqrt{4^2+3^2}=5[\Omega]$

$$\therefore\ I=\frac{V}{Z}=\frac{100}{5}=20[\text{A}]$$

21 RC 직렬 회로의 합성 임피던스의 크기는?

해답 $Z=\sqrt{R^2+X_C^2}=\sqrt{R^2+\left(\frac{1}{\omega C}\right)^2}$ [Ω]

해설 RC 직렬 회로의 합성 임피던스

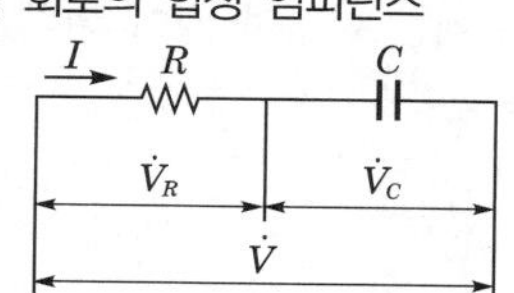

그림에서 인가 전압 $\dot{V}=\dot{V}_R+\dot{V}_C$로서 다음과 같이 된다.

$$V=\sqrt{V_R^2+V_C^2}=\sqrt{(IR)^2+(IX_C)^2}$$
$$=I\sqrt{R^2+X_C^2}=IZ[\text{V}]$$

이 식에서 임피던스(impedance) Z는 다음과 같이 나타낸다.

$$\therefore\ Z=\sqrt{R^2+X_C^2}=\sqrt{R^2+\left(\frac{1}{\omega C}\right)^2}$$
$$=\sqrt{R^2+\left(\frac{1}{2\pi fC}\right)^2}\ [\Omega]$$

22 저항 3[Ω]과 용량 리액턴스 4[Ω]의 직렬 회로에서 합성 임피던스는 몇 [Ω]인가?

해답 5[Ω]

해설 $Z=\sqrt{R^2+X_C^2}$ [Ω]에서

$$\therefore\ Z=\sqrt{3^2+4^2}=5[\Omega]$$

23 RLC 직렬 회로의 합성 임피던스 크기는?

해답 $Z=\sqrt{R^2+X^2}=\sqrt{R^2+(X_L-X_C)^2}$

$=\sqrt{R^2+\left(\omega L-\dfrac{1}{\omega C}\right)^2}$ [Ω]

해설 RLC 직렬 회로의 합성 임피던스

그림에서 $X_L > X_C$ 일 때 $V_L > V_C$ 가 되므로 $\dot{V}_L$과 $\dot{V}_C$의 합성은 $\dot{V}_L-\dot{V}_C$로 계산된다.

$V=\sqrt{{V_R}^2+(V_L-V_C)^2}$

$=\sqrt{(IR)^2+(IX_L-IX_C)^2}$

$=I\sqrt{R^2+(X_L-X_C)^2}$

$=I\sqrt{R^2-X^2}=IZ$[V]

이 식에서 합성 리액턴스 X와 임피던스 Z의 관계는 다음과 같이 된다.

$Z=\sqrt{R^2+X^2}=\sqrt{R^2+(X_L-X_C)^2}$

$=\sqrt{R^2+\left(\omega L-\dfrac{1}{\omega C}\right)^2}$ [Ω]

24 저항 4[Ω], 유도 리액턴스 8[Ω], 용량 리액턴스 5[Ω]인 RLC 직렬 회로의 임피던스는 몇 [Ω]인가?

해답 5[Ω]

해설 $Z=\sqrt{R^2+X^2}=\sqrt{R^2+(X_L-X_C)^2}$ [Ω]에서

$\therefore\ Z=\sqrt{4^2+(8-5)^2}=5$[Ω]

이 식에서 리액턴스 $X_L > X_C$로서 합성 리액턴스 $X=X_L-X_C$로 되고 $V_L > V_C$로 되므로 $\dot{V}$의 위상은 $\dot{I}$보다 앞서고 회로 전체는 유도성의 성질을 나타낸다. 이때, 합성 리액턴스 X는 양의 값으로 유도성 리액턴스라고 한다.

25 $R=4$[Ω], $X_L=5$[Ω], $X_C=8$[Ω]의 직렬 회로에 100[V]의 교류 전압을 가할 때 회로에 흐르는 전류[A]는?

해답 20[A]

해설 $Z=\sqrt{R^2+(-X^2)}$

$=\sqrt{R^2+(X_C-X_L)^2}$ [Ω]에서

$Z=\sqrt{4^2+(8-5)^2}=5$[Ω]에서

$\therefore\ I=\dfrac{V}{Z}=\dfrac{100}{5}=20$[A]

이 식에서 리액턴스 $X_C > X_L$로서 합성 리액턴스 $X=X_C-X_L$로 되고 $V_L < V_C$로 되므로 $\dot{I}$의 위상은 $\dot{V}$보다 앞서고, 회로 전체는 용량성의 성질을 나타낸다. 이때의 합성 리액턴스 $-X$는 음의 값으로 용량성 리액턴스라고 한다.

26 어떤 회로에서 $\dot{Z}=j10$[Ω]의 복소수가 나타내는 것은? ❙ 09 출제 ❙

해답 10[Ω]의 유도 리액턴스

해설 그림과 같이 직각 좌표의 수평축에 실수를 취하고 수직축에 허수 j를 취하는 평면을 복소평면이라 한다. 여기서, 수평축을 실수축 또는 저항 R축이라고 하며 수직축을 허수 j축 또는 리액턴스 X축이라고 한다.

따라서, $\dot{Z}=j10$[Ω]을 나타내는 복소수는 양(+)의 허수 j축으로 유도성 리액턴스를 나타내고, $\dot{Z}=-j10$[Ω]의 경우에는 음(−)의 허수 j축으로 용량성 리액턴스를 나타낸다.

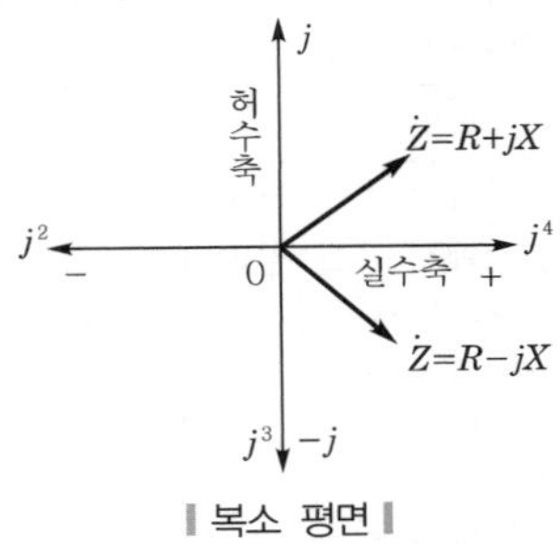

❙ 복소 평면 ❙

27 그림의 RLC 직렬 회로에서 공진 조건은?

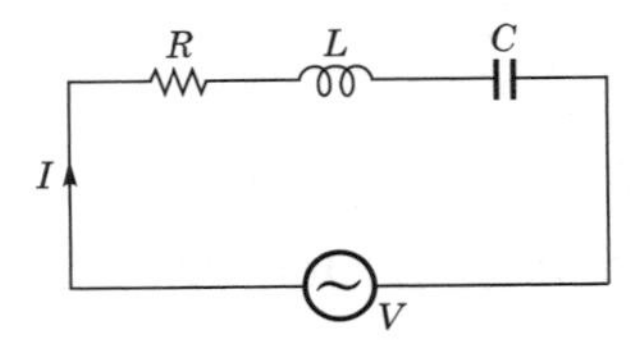

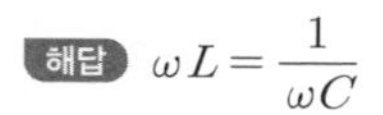

해답 $\omega L = \dfrac{1}{\omega C}$

해설 RLC 직렬 회로의 공진 조건은 $X_L = X_C$에서 $\omega L = \dfrac{1}{\omega C}$일 때이다.

$\omega^2 = \dfrac{1}{LC}$, $\omega = \dfrac{1}{\sqrt{LC}}$[rad/sec]에서

$\therefore$ 공진 주파수 $f_s = \dfrac{1}{2\pi\sqrt{LC}}$[Hz]

28 RLC 직렬 회로에서 인가 전압이 일정할 때 공진 시 임피던스의 조건은?

해답 임피던스는 최소로 된다.

해설 직렬 공진의 조건 $X_L = X_C$에서

$$\therefore Z = \sqrt{R^2 + \left(\omega L - \frac{1}{\omega C}\right)^2}$$
$$= \sqrt{R^2 - (0)^2} = R[\Omega]$$

여기서, 임피던스 $Z = R$로서 최소로 되므로 RLC 직렬 회로는 순저항성으로 회로에 흐르는 전류 $I = \dfrac{V}{R}$[A]로서 최대가 된다.

29 RLC 직렬 공진 회로에서 선택도 Q를 나타내는 식은? ▌11.14 출제▐

해답 $Q = \dfrac{\omega L}{R} = \dfrac{1}{\omega CR}$

해설 선택도(quality factor) Q

직렬 공진 회로에서 V_L 또는 V_C와 전원 전압 V와의 비를 나타낸다. 이것은 회로의 상수 RLC에 의해 정해지는 값으로, 공진의 조건 $X_L = X_C$에서 $V_L = V_C$로서 다음의 관계식이 성립한다.

$V_L = V_C = \dfrac{\omega L}{R} V = \dfrac{1}{\omega CR} V$[V]에서

$$\frac{V_L}{V} = \frac{V_C}{V} = \frac{\omega L}{R} = \frac{1}{\omega CR} = Q$$

여기서, $V_L = \dfrac{\omega L}{R} V$, $V_C = \dfrac{1}{\omega CR} V$로서 L과 C단자에는 전원 전압 V보다 Q배 만큼 높은 전압이 나타나므로 선택도 Q를 전압 확대율 또는 공진의 Q라고도 한다.

30 저항 R만의 회로에서 교류 전력을 나타내는 식은? ▌05 출제▐

해답 $P = VI$[W]

해설 그림 (a)와 같이 저항 R만의 회로에서의 교류 전력은 v와 i에 의해서 생기는 순시 전력 $p = vi$[W]를 평균한 전력으로, $P = VI$[W]로 나타낸다. 이것은 그림 (b)와 같이 전원 주파수 v의 2배의 주파수 파형의 평균값을 교류 전력으로 표시한 것으로, 평균 전력 또는 실효 전력이라 한다.

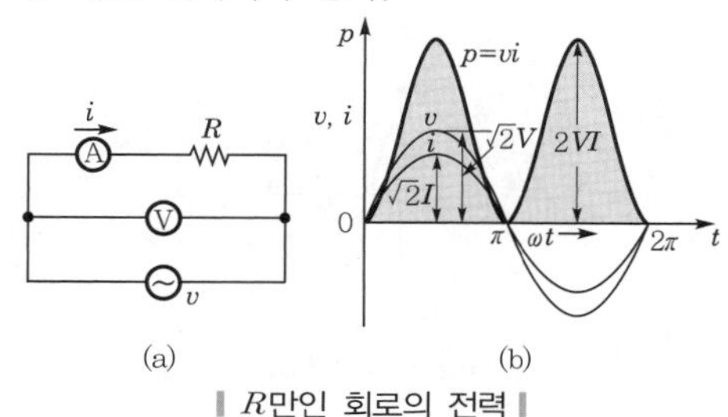

▌R만인 회로의 전력▐

Key Point

그림 (a)에서 VI의 평균은 시간에 대해서 변하지 않고 일정한 크기를 가지고 부하에 전달되어 소비되는 전력으로, 이것을 평균 전력 혹은 실효 전력이라 한다.

31 단상 유효 전력을 구하는 식은? ▌11 출제▐

해답 $P = VI\cos\theta$[W]

해설 교류 회로의 평균 전력 $P = VI\cos\theta$[W]는 유효 전력을 의미하는 것으로, 부하가 소비하는 전력을 말한다.

Key Point

그림 (a)와 같이 RL 직렬 회로에 정현파 전압 $v = \sqrt{2}\,V\sin\omega t$[V]를 가했을 때 회로에 흐르는 전류 $i = \sqrt{2}\,V\sin(\omega t - \theta)$[A]로서, 위상각 $\theta = \tan^{-1}\dfrac{\omega L}{R}$만큼 뒤진다.

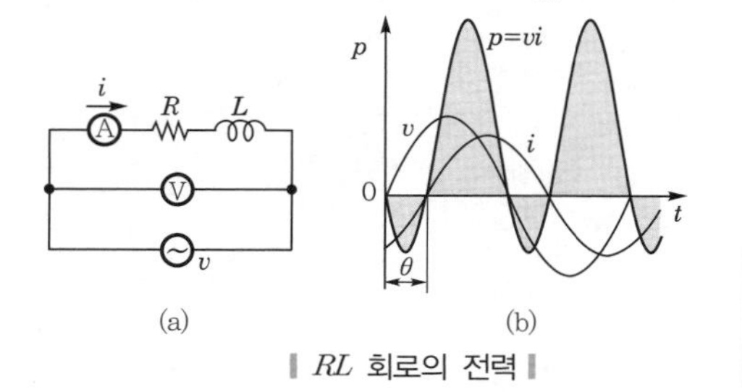

▌RL 회로의 전력▐

이때, 회로의 순시 전력 p[W]는 다음과 같이 된다.

$$p = vi$$
$$= \sqrt{2}V\sin\omega t \cdot \sqrt{2}I\sin(\omega t - \theta)$$
$$= 2VI\sin\omega t\sin(\omega t - \theta)$$
$$= VI\cos\theta - VI\cos(2\omega t - \theta)[\text{W}]$$

이 식에서 제2항의 평균은 그림 (c)와 같이 0이 되므로 평균 전력 $P = VI\cos\theta$[W]가 된다.

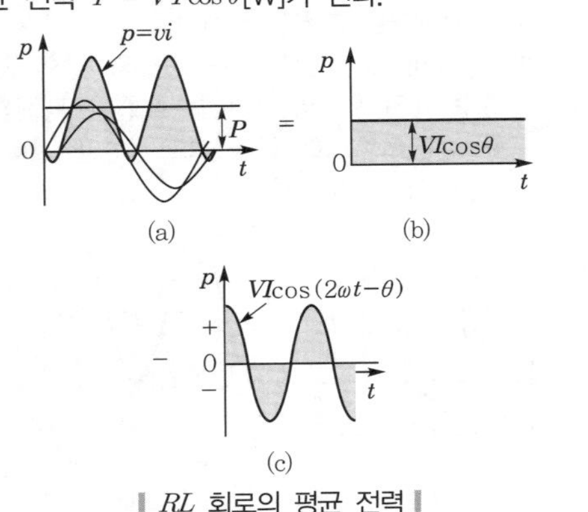

‖ RL 회로의 평균 전력 ‖

32 부하에 공급되는 피상 전력 중에서 어느 정도가 실제의 전력으로서 유효하게 작용하는가를 나타내는 비율을 무엇이라고 하는가?

해답 역률(power factor)

해설 교류 회로의 전력 $P = VI\cos\theta$[W]로 나타낸다. 여기서, θ는 회로에 가해지는 전압 V와 전류 I의 위상차로서, RL이나 RC 회로와 같이 리액턴스 성분 때문에 위상차가 생겨 $VI\cos\theta$만큼의 전력이 소비된다. 이때, $\cos\theta$를 역률(power factor)이라고 하며 θ를 역률각이라 한다. 이러한 역률은 수치 또는 백분율로서 0~1(0~100[%])의 값을 가진다.

* 역률 $\cos\theta = \dfrac{P}{VI} = \dfrac{\text{유효 전력}}{\text{피상 전력}}$

33 피상 전력은?

‖ 02 출제 ‖

해답 전압의 실횻값 × 전류의 실횻값으로, 단위는 [VA]를 사용한다.

해설 교류 회로의 평균 전력 $P = VI\cos\theta$[W]는 회로에 가해진 전압 V[V]와 전류 I[A]의 곱 VI는 반드시 실제의 전력이 되지 않는다. 그러므로 이것을 겉보기 전력이라는 의미로서 피상 전력(apparent power)이라고 하며 단위는 볼트 암페어[VA] 또는 킬로볼트 암페어[kVA]를 사용한다.

* 피상 전력은 전기기기에 있어서 전압이 몇 [V]일 때 몇 [A]의 전류가 흐르는가를 판단하는 데 편리하므로 전기기기의 용량을 나타내는 데 사용된다.

Key Point

벡터 전력의 관계

- 유효 전력 $P = VI\cos\theta$[W]
- 무효 전력 $P_r = VI\sin\theta$[Var]
- 피상 전력 $P_a = VI$ [VA]

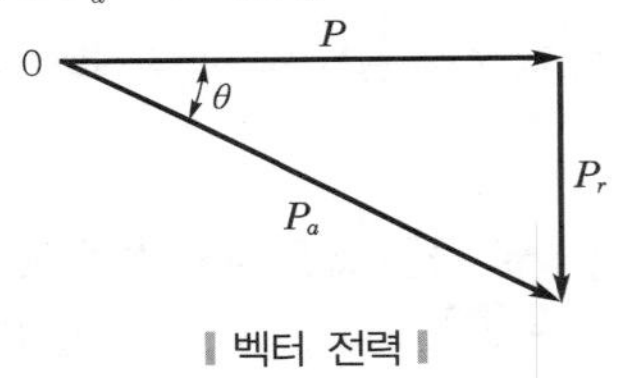

‖ 벡터 전력 ‖

34 단상 교류 회로에서 전압이 100[V], 전류가 5[A], 전력이 400[W]일 때의 역률은?

‖ 09.11 출제 ‖

해답 0.8

해설 유효 전력 $P = VI\cos\theta$[W]에서

$$\therefore \text{ 역률 } \cos\theta = \frac{P}{VI} = \frac{400}{100 \times 5} = 0.8$$

Section 05 전자 현상

01 전자의 전하는 몇 [C]인가?

해답 $e = 1.602 \times 10^{-19}$[C]

해설 전자는 음(−)의 단위 전하를 가지는 소립자의 하나로서, 전하의 절댓값 e을 전기 소량이라고 하며 이 값보다 작은 전기량은 존재하지 않는다.

∴ 전기량 $e = 1.602 \times 10^{-19}$[C]

02 전자의 정지 질량 m_0는 몇 [kg]인가?

▮ 99.03 출제 ▮

해답 $m_0 = 9.109 \times 10^{-31}$[kg]

해설 정지 질량

전자가 정지하고 있을 때의 질량 $m_e \fallingdotseq 9.109 \times 10^{-31}$[kg]로서, 수소 원자 질량의 $\frac{1}{1,840}$에 해당한다.

03 1[eV]는 무엇을 나타내는가?

▮ 07 출제 ▮

해답 전자에 1[V]의 전위차를 가했을 때 전자에 주어지는 에너지이다.

해설 전자 볼트(electron volt, [eV])

전자가 가지는 전하의 절댓값 $e = 1.602 \times 10^{-19}$[C]을 단위 전자당 에너지[J]로 정의한 것이다.

따라서, 1[eV]는 전자 1개에 1[V]의 전위차를 가했을 때 전자에 주어진 에너지로서, 1.602×10^{-19}[J]에 해당하며 에너지의 기본 단위로 사용한다.

04 운동하고 있는 전자에 자장을 가하면 운동 방향을 변화시킬 수 있다. 만약 전자의 운동 방향이 자장의 운동 방향과 직각이면 무슨 운동을 하는가?

▮ 98.03 출제 ▮

해답 원운동

해설 자장 중의 전자 운동

전자가 운동하고 있는 전장에 자장을 가하면 자장에 의한 전자의 편향으로 운동 방향이 변화하게 된다. 이때, 전자의 운동 방향이 자장의 방향과 수직이면 전자는 자기력과 같은 크기의 원심력을 가지며 원운동을 하게 된다. 그리고 수직이 아닌 임의각을 가지면 나선 운동을 하여 원운동과 직선 운동을 겸하게 되고 평행이면 자장의 영향을 받지 않는다.

Key Point

원운동(회전 운동)

전자가 운동 속도 v[m/sec]를 가지고 균일한 자장의 자속 밀도 B[Wb/m^2]에 수직으로 운동하게 되면 이때 전자가 받는 자기력 $F = Bev$[N]로서, 속도 v의 방향과 수직이고 일정하므로 회전 방향은 플레밍의 왼손 법칙에 따라 원운동을 하게 된다.

▮ 전자의 회전 운동 ▮

05 물질에서 전자 방출에 필요한 에너지를 무엇이라 하는가?

해답 일함수

해설 일함수(work function)

금속 내부의 자유 전자를 금속 외부의 자유 공간으로 방출시키는 데 필요한 최소한의 에너지를 말한다.

그림과 같이 1개의 전자를 금속체 내부에서 공간으로 방출시키는 데 필요한 에너지 W[J]는 전자의 전기량을 e[C]이라 할 때 $W = e\phi$이다. 여기서, ϕ는 전자가 금속 내부에서 방출될 때 뛰어넘어야 할 전위차로 물질의 일함수(work function)라 하며 단위는 [eV]로 표시한다.

$$\therefore \ \phi = \frac{W}{e}[\text{eV}]$$

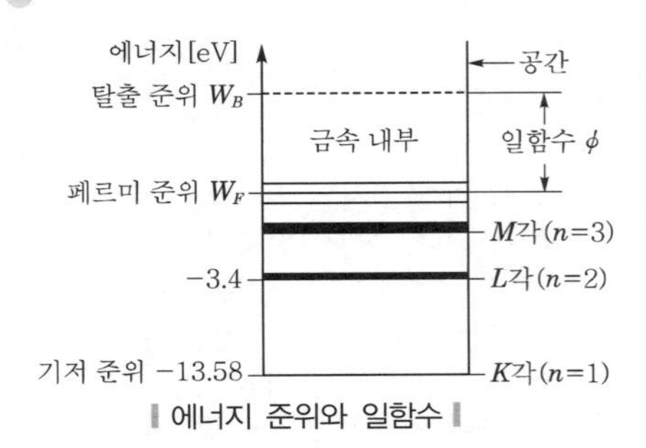

▌에너지 준위와 일함수▐

06 페르미 준위와 이탈 준위의 차이점은 무엇인가?

해답 이탈 준위는 0준위를 말하고, 페르미 준위는 0준위에서 일함수를 뺀 준위가 된다.

해설
- 페르미 준위(fermi level) : 결정체를 구성하고 있는 물질의 에너지 상태를 나타내기 위하여 사용하는 에너지 준위로서, 전자가 가지는 최고의 준위를 말한다. 이것은 실온에서 전자가 존재할 수 있는 확률의 값이 $\frac{1}{2}$이 되는 에너지 준위를 가진다.
- 이탈 준위 : 기저 준위에 있는 전자를 금속 밖으로 방출시키기 위한 에너지 준위로서, 0준위를 말한다. 이것은 W_0의 에너지가 필요하므로 $W=e\phi$ 이상의 에너지가 공급되면 전자가 방출된다.
  $W=e\phi=W_0-W_F$ [eV]

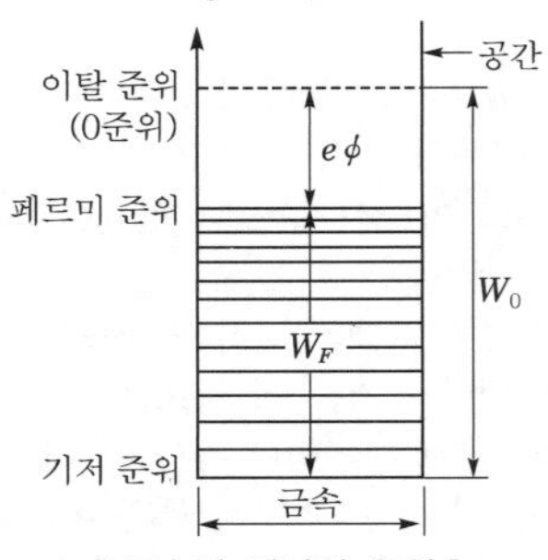

▌금속의 에너지 준위▐

07 도체에 빛을 비추면 그 표면에서 전자를 방출하는 현상은?

해답 광전자 방출

해설 광전자 방출
도체에 빛을 비추면 그 표면에서 전자를 방출하는 현상으로, 광전 효과라고도 하며 이때 방출된 전자를 광전자라 한다.

08 충돌된 1차 전자의 운동 에너지에 의하여 방출된 자유 전자의 명칭은? ▌11.12 출제▐

해답 2차 전자

해설 2차 전자 방출(secondary electron emission)
외부에서 금속에 전자를 입사시킬 때 금속 내에 있는 자유 전자가 입사 전자로부터 에너지를 받아 외부로 탈출하는 현상을 말한다. 이때, 방출된 전자를 2차 전자(secondary electron)라 하며 처음에 충돌한 전자를 1차 전자(primary electron)라 한다.

09 200개의 1차 전자가 물질에 부딪혔을 때 800개의 2차 전자가 방출되었다면 2차 전자 방출비는 얼마인가?

해답 4

해설 2차 전자 방출비 $\delta=\frac{n_S}{n_P}=\frac{800}{200}=4$
2차 전자 방출비(secondary electron emission ratio)는 2차 전자 방출에 대한 금속 표면의 성질을 나타내는 값으로, 2차 전자수와 1차 전자수의 비를 2차 전자 방출비라 하며 보통 δ로 나타낸다.

$$\delta=\frac{n_S}{n_P}=\frac{\text{2차 전자수}}{\text{1차 전자수}}$$

10 물질에 빛을 비춤으로써 기전력이 발생하는 현상은? ▌06.09.10 출제▐

해답 광기전력 효과

해설 광기전력 효과
광전 효과의 일종으로, 반도체의 PN 접합부나 정류 작용이 있는 금속과 반도체의 접합부에 빛을 비추면 반도체의 접합면에 전자와 정공이 확산되어 한 쌍의 이온이 만들어지고 공핍층이 형성된다. 이때, 공핍층의 전위차에 의해 접합면 사이에 광기전력이 발생하는 효과를 말한다. 이것은 포토다이오드나 광전지 등에 응용된다.

11 전자 방출에서 전장에 의해 일함수가 작아져서 전자 방출이 쉬워지는 현상은?

해답 쇼트키 효과

해설 **쇼트키 효과(schottky effect)**

금속 표면에 전장을 가하면 전위 장벽이 낮아져서 일함수 $e\phi$가 작게 되어 전자가 금속 밖으로 방출되는 현상을 말한다.

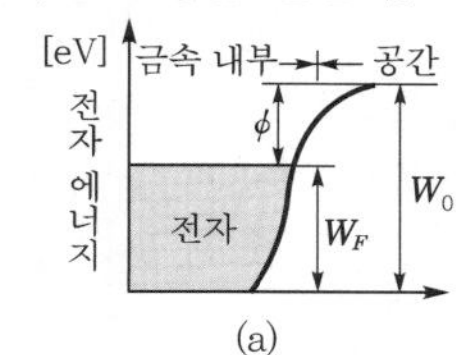

(a)

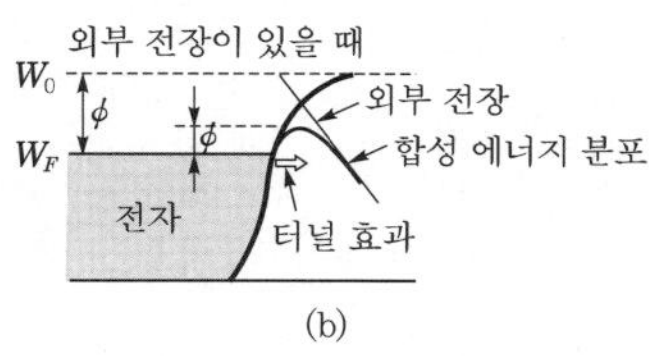

(b)

▌쇼트키 효과▐

그림 (a)는 0[K]에서 금속 내의 전자가 가지고 있는 에너지 상태를 나타낸 것으로, 금속 외부의 공간으로 전자를 방출시키는 데 필요한 최소한의 에너지를 W_0라 하면 일함수 $e\phi = W_0 - W_F$[J]이다. 이때, 금속 표면에 (+)의 전극을 놓아 외부 전장을 가하면 그림 (b)와 같이 전위 장벽이 낮아지고 일함수 $e\phi$가 작게 되어 전자가 공간으로 방출된다.

12 금속 표면에 10^8[V/m] 정도의 아주 강한 전기장을 가하면 상온에서도 금속의 표면에서 전자가 방출되는데 이 현상을 무엇이라고 하는가? (단, 진공 상태에서 금속에 열을 가하지 않는다) ▌16 출제▐

해답 전계 방출

해설 **전계 방출(field emission)**

쇼트키 효과에 의해서 금속 표면의 전장이 강해짐에 따라 전위 장벽이 낮아질 뿐만 아니라 그 폭 d도 좁아진다. 따라서, 금속 표면에 전장의 세기가 10^8[V/m]정도의 강한 전장을 가하면 상온에서도 금속 표면에서 전자가 방출하는 현상으로, 고전장 방출(high field emission) 또는 냉음극 방출(cold cathode emission)이라고도 한다.

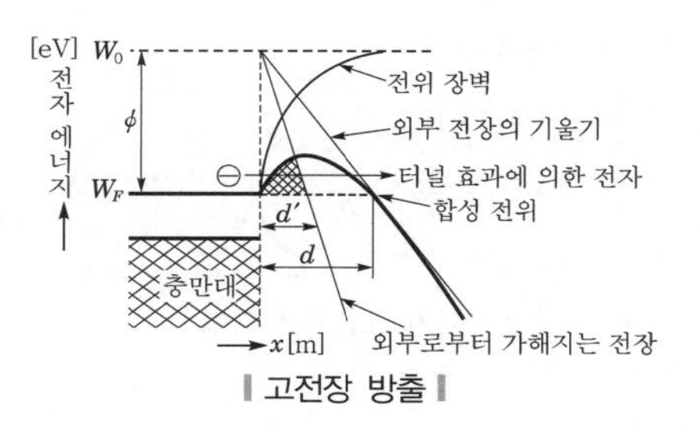

▌고전장 방출▐

13 열전자 방출 재료의 구비 조건은? ▌10.12.13 출제▐

해답
- 일함수가 작을 것
- 방출 효율이 좋을 것
- 융점이 높을 것
- 진공을 유지하기 위하여 증기압이 클 것
- 가공, 공작이 용이할 것

해설 **열전자 방출(thermionic electron emission)**

금속 내의 자유 전자는 온도가 높아짐에 따라서 높은 에너지를 가지는 전자의 수효가 증가하게 된다. 따라서, 금속을 가열하여 온도가 어느 정도 고온에 도달하게 되면 열에너지가 표면 장력 에너지보다 크게 되어 금속 안의 자유 전자가 외부 공간으로 탈출하게 된다. 이와 같은 현상을 열전자 방출이라 하고 가열에 의해 방출된 전자를 열전자라고 한다.

14 전자파의 성질에 해당되는 것은? ▌16 출제▐

해답 회절, 반사, 굴절, 간섭

해설 **전자기파(electromagnetic wave : 전자파, 전파)**

- 전장(E)과 자장(H)이 서로 직각을 이루어 주기적으로 그 크기를 변화하면서 공간을 전파하는 횡파이다.
- 전장에 의한 파동(전자파)과 자장에 의한 파동(자기파)은 각각 단독으로 존재할 수 없고 반드시 동시에 존재하며 이들의 진동면은 서로 수직(직각 방향)이다.
- 전파는 회절, 굴절, 반사, 간섭을 한다.
- 전파는 자유 공간에서 직진하고 그 속도는 빛의 속도($C \fallingdotseq 3 \times 10^8$[m/sec])와 같다.

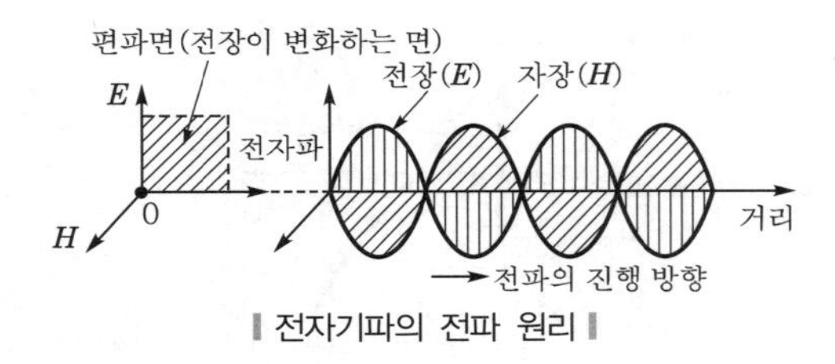

▌전자기파의 전파 원리▐

15 1[GHz]는 몇 [Hz]인가?

해답 10^9[Hz]

해설 k(kilo)=10^3, M(mega)=10^6
G(giga)=10^9, T(tera)=10^{12}

16 주파수가 30[MHz]인 전파가 공중에 퍼질 때 파장은? (단, 전파의 속도$=3\times10^8$[m/sec])

해답 10[m]

해설 파장 $\lambda=\dfrac{C}{f}$[m]에서

$\therefore\ \lambda=\dfrac{3\times10^8}{30\times10^6}=\dfrac{300}{30}=10$[m]

Section 06 반도체

01 가전자란 무엇인가? ▌02 출제▐

해답 원자의 가장 외각에 위치하며 전류의 캐리어이다.

해설 가전자(valence electron)

원자핵으로부터 가장 멀리 떨어진 최외각 궤도(가전자대)를 돌고 있는 전자를 말한다. 이러한 가전자는 에너지 준위가 가장 높은 궤도에서 최대의 위치 에너지를 가지므로 핵의 인력을 거의 받지 않는다. 따라서, 온도를 절대 온도(0[K]) 이상으로 상승시키면 열에너지에 의해 쉽게 가전자를 전도대(conduction band)로 이동할 수 있으므로 가전자대에서 정공 전류를 형성하게 된다.

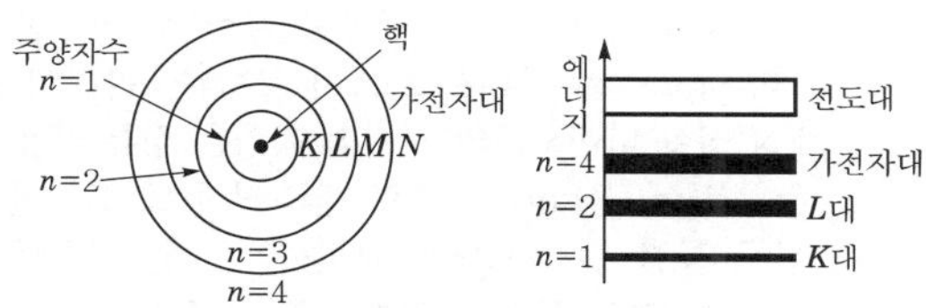

(a) 원자핵과 전자 궤도 (b) 절대 온도 0[K]의 에너지대

02 원자핵의 구속력을 벗어나 물질 내에서 자유롭게 이동이 가능한 것은? ▌02 출제▐

해답 자유 전자

해설 자유 전자(free electron)

열, 빛 또는 복사와 같은 외부 에너지의 영향으로 가전자가 원자핵의 구속력을 벗어나 더 높은 에너지 준위의 전도대로 이동했을 때 전도대의 전자를 자유 전자라 한다. 이러한 자유 전자는 금속 원자에 많고 부도체일수록 적으며 동선(구리선)의 경우 자유 전자는 전도대에 존재하며 전류를 생성시킨다.

03 전자 결합으로 빠져나간 빈자리는? ▌11 출제▐

해답 정공

해설 정공(hole)

외부 에너지가 가전자를 전도대로 이동시킬 때 이동된 전자는 가전자대 궤도에 빈자리를 남겨 놓는다. 이때, 이동된 전자의 빈자리를 정공(hole)이라 한다.

04 진성 반도체란 무엇인가? ▌14 출제▐

해답 불순물을 첨가하지 않은 순수한 반도체

해설 진성 반도체(intrinsic semiconductor)

불순물이 첨가(doping)되지 않은 순수한 4가의 Ge이나 Si 결정체로서, 4개의 가전자를 포함하는 4족의 원소를 가지므로 공유 결합이 완전하여 절연체와 비슷한 구조를 가진다. 이것은 결정체 내에 전류를 생성할 수 있는 충분한 자유 전자와 정공이 존재하지 않으므로 전류가 흐르지 않는 절대 온도 0[K](−273[℃])에서는 절연체가 된다.

05 P형 반도체에서 정공을 만들어 주기 위해서 공급하는 불순물을 무엇이라 하는가? ▌08.09.13.14 출제▐

해답 억셉터

해설 P형 반도체

여분의 정공을 얻기 위하여 4가에 속하는 진성 반도체(Ge, Si)에 3가의 불순물을 첨가(doping)시킨 것으로, 3가 원자가 만드는 정공은 재결합 중에 전자를 받아들이기 때문에 억셉터(acceptor)라고 한다.

Key Point

불순물 반도체(doped semiconductor)

자유 전자나 정공의 수를 증가시키기 위해 진성 반도체에 소량의 불순물 원자를 첨가시킨 반도체로서, 외인성(extrinsic) 반도체라고도 한다. 이러한 불순물 반도체는 전자나 정공 중 어느 하나의 반송자(carrier)가 지배적으로 형성되므로 다수 반송자가 전자인 불순물 반도체를 N형(negative type)이라 하고 다수 반송자가 정공인 불순물 반도체를 P형(positive type)이라 한다.

06 N형 반도체를 만드는 도핑 물질은?

▌10.11.15.16 출제▐

해답 도너

해설 N형 반도체
4가에 속하는 진성 반도체(Ge, Si)에 5가의 불순물을 첨가(doping)시킨 것으로, 5가 원자는 전도대 전자를 만들어 내기 때문에 도너(doner)라고 한다.

07 P형 반도체를 만드는 억셉터의 불순물은?

해답 3가의 불순물(acceptor)
Al(알루미늄), B(붕소), Ga(갈륨), In(인듐)

08 N형 반도체는 Ge나 Si에 무슨 물질을 섞은 것인가?

▌99.03 출제▐

해답 5가의 불순물(doner)
비소(As), 안티몬(Sb), 인(P), 비스무트(Bi)

09 N형 반도체의 다수 반송자(carrier)는?

해답 전자

해설 N형 반도체
여분의 자유 전자를 얻기 위하여 4가에 속하는 진성 반도체(Ge, Si)에 5가의 불순물을 첨가(doping)시킨 것으로, 도핑(doping)으로 생성된 자유 전자는 열적 에너지로 생성된 정공의 수보다 훨씬 많으므로 다수 반송자는 전자이고 소수 반송자는 정공이다.

10 열평형 상태에서 PN 접합의 페르미 준위는?

▌01 출제▐

해답 같은 위치에 있다.

해설 페르미 준위(fermi level)
일반적으로 결정체를 구성하고 있는 물질의 에너지 상태를 나타내기 위하여 사용하는 에너지 준위를 말한다. 이것은 열운동이 없는 상태의 금속 내에 전자가 가지고 있는 에너지의 최댓값으로서, 물질이 0[K]일 때 기저 상태에 있는 전자가 가지는 최고 준위를 말한다. 따라서, 열평형 상태에서의 PN 접합의 페르미 준위는 같은 위치에 있다.

11 PN 접합 다이오드의 기본 작용은?

▌10.11.14 출제▐

해답 정류 작용

해설 PN 접합 다이오드
그림 (a)와 같이 P형 반도체와 N형 반도체의 결정이 서로 접합을 이루어 하나의 단일 실리콘 결정체로 형성된 2단자 소자를 PN 접합 다이오드(PN junction diode)라 한다. 여기서, 다이오드의 P형측 단자를 애노드(anode), N형측 단자를 캐소드(cathode)라 하며 기호는 각각 A와 K로 표시하고 단자와 외부 전선과의 접속은 금속(알루미늄) 접촉을 통해서 이루어진다.
그림 (b)는 정류용 다이오드의 기호도를 나타낸 것으로, 화살표는 다이오드의 순방향 바이어스일 때 전류의 방향을 나타낸다. 이것은 P측에서 N측으로 많은 전류를 흘릴 수 있지만 역방향으로는 전류가 흐르지 못한다. 따라서, PN 접합 다이오드의 전기적 특성은 정류 작용(rectifying action)으로 한쪽 방향으로만 전류를 흘릴 수 있으므로 교번하는 교류 신호를 단일 방향의 신호로 변환시킬 수 있다.

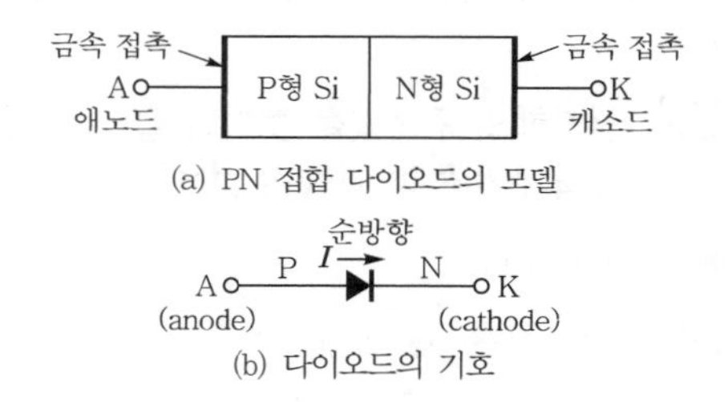

(a) PN 접합 다이오드의 모델

(b) 다이오드의 기호

12 PN 접합 다이오드에 가한 역방향 전압이 증가할 때 공핍층의 정전 용량은?

▌14 출제▐

해답 공핍층의 정전 용량이 감소한다.

해설 PN 접합 다이오드에서 역방향 전압을 증가시키면 N영역의 전자는 전압의 (+)단자에 이끌리게 되고 P영역의 정공은 전압의 (−)단자에 이끌리게 되어 공핍층의 폭이 넓어지므로 결과적으로 정전 용량이 감소한다.

13 (−)방향의 전류에 대해서는 무한대의 저항이고 (+)방향의 전류에 대해서는 저항값이 0인 저항을 가져야 하는 것은? ▮ 99.03 출제 ▮

해답 다이오드

해설 일반적으로 다이오드를 근사화하면 순방향으로는 P측에서 N측으로 많은 전류를 흘릴 수 있지만 역방향으로는 전류가 흐르지 못한다. 따라서, 이상적인 다이오드는 순방향일 때 완전한 도체(저항값이 0)처럼 동작하고 역방향일 때는 절연체(저항값이 ∞)처럼 동작한다. 이것은 회로에서 볼 때 스위치처럼 동작하므로 순방향으로는 단락 회로처럼 동작하고, 역방향으로는 개방 회로처럼 동작한다.

14 다음 회로에서 다이오드 양단에 걸리는 전압은 몇 [V]인가? (단, Si 다이오드이며, $V_s = 5$[V], $R = 470$[Ω]이다) ▮ 09 출제 ▮

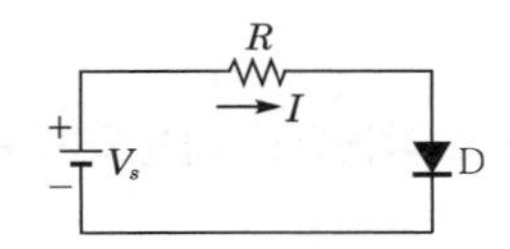

해답 0.7[V]

해설 전압 V_s에 대한 실리콘(Si) 다이오드 D의 순방향 전압 강하는 0.7[V]이다.
따라서, $V_s = IR + 0.7$[V]에서 5[V]=4.3[V]+0.7[V]로 각각 분배된다.
* 전압 V_s에 대해 다이오드 D가 역방향일 때는 개방 상태로 되어 D 양단에서의 전압은 5[V]를 나타낸다.

Key Point

PN 접합 다이오드의 특성

그림 (a)와 같이 PN 접합 다이오드에 순방향 바이어스 시키면 다이오드는 전위 장벽을 극복할 때까지 도통되지 않는다. 그러나 전위 장벽에 도달하면 많은 양의 자유 전자와 정공이 접합면을 통과하여 전류를 급속하게 증가시킨다. 이때의 전압을 오프셋 전압(offset voltage) 또는 문턱 전압(threshold voltage)이라 한다. 이 전압을 전위 장벽이라고 하며 실리콘(Si) 다이오드는 0.7[V], 게르마늄(Ge) 다이오드는 0.3[V] 정도를 나타낸다. 따라서, 그림 (b)와 같이 PN 접합 다이오드는 순방향 바이어스에서 오프셋 전압으로 다이오드의 도통이 이루어진다.

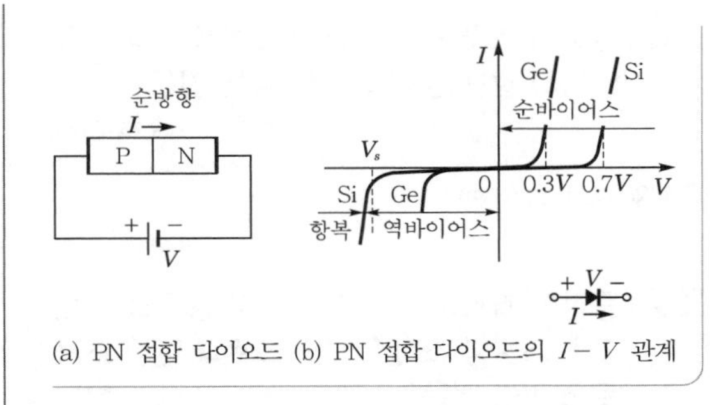

(a) PN 접합 다이오드 (b) PN 접합 다이오드의 $I-V$ 관계

15 제너 다이오드를 사용하는 회로는? ▮ 02.04.07.13 출제 ▮

해답 전압 안정화 회로

해설 제너 다이오드(zener diode)
소신호 다이오드나 정류용 다이오드와는 달리 항복 영역에서 잘 동작할 수 있도록 만들어진 특수 목적용 다이오드로서, 항복 다이오드(breakdown diode)라고도 한다. 이것은 그림 (b)와 같이 $I-V$ 특성이 항복 영역에서 전류와 무관하게 거의 일정한 전압 강하의 특성을 가지므로 항복 전압 V_Z로 유지된다.
그림 (a)에서 입력 전압 V_S의 증가에 따르는 입력 전류 I의 증가를 제너 다이오드로 흡수하여 부하의 전류 I_L을 일정하게 유지시키는 전압 조정기(VR : Voltage Regulator)의 역할을 하므로 출력전압에 아무런 영향을 주지 않는다. 따라서, 출력 전압 V_L은 제너 다이오드의 기준 전압에 의해 결정되므로 정전압 다이오드라고 부르며 전압을 안정화시키는 정전압 회로에 사용된다.

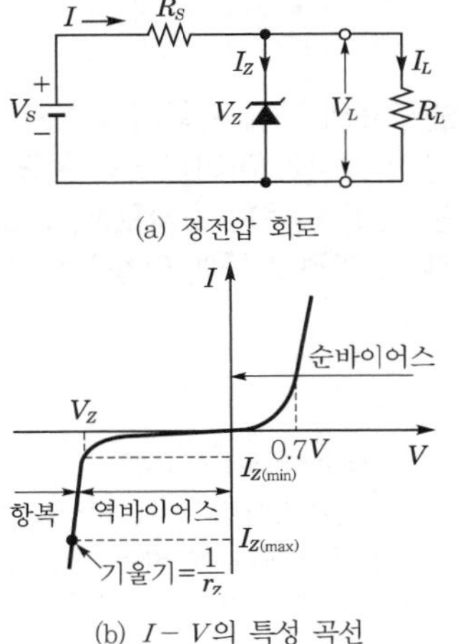

(a) 정전압 회로

(b) $I-V$의 특성 곡선

16 반도체 소자 중 정전압 회로에서 전압 조절(VR)과 같은 동작 특성을 갖는 것은?

▌14 출제 ▌

해답 제너 다이오드

17 동작이 빠르며 고주파 특성이 양호하여 초고속 스위칭 소자 및 마이크로파 발진 소자로 쓰이는 것은?

▌98.10 출제 ▌

해답 터널 다이오드

해설 터널 다이오드(tunnel diode)

보통의 PN 접합 다이오드에 불순물 농도를 매우 높게(10^{19}[cm^{-3}] 이상) 도핑(doping)하여 만든 다이오드이다. 이것은 PN 소자의 도핑 레벨을 증가시킴으로써 공핍층의 폭이 매우 좁아져서 캐리어(carrier)의 터널 효과가 일어난다. 이를 처음 발견하여(1958년) PN 소자의 특성을 이론적으로 해명한 일본의 물리학자 에사키(Esaki)의 이름을 따서 에사키 다이오드(Esaki diode)라고도 한다.

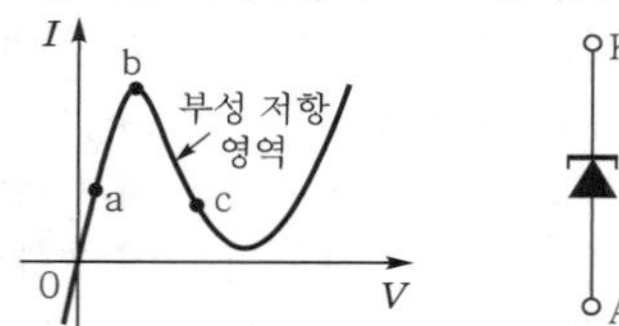

(a) 순바이어스 전류 특성　　(b) 기호

특징은 그림 (a)와 같이 작은 순바이어스 상태에서 부성 저항 특성을 나타내고 터널 효과로 이동하는 전자는 광속도(10^{-9}초)로 운동하므로 고속 스위칭 소자 및 마이크로파 발진 소자로 쓰인다.

18 반도체의 고유 저항의 특성으로서, 열에 대한 민감성과 마이너스의 온도 계수를 가지는 것을 이용한 소자로서, 온도 측정, 온도 제어, 계전기 등에 이용되는 것은?

▌01.05 출제 ▌

해답 서미스터

해설 서미스터(thermistor)

- 열 가변 저항기의 일종으로 반도체의 전도율이 온도 변화에 따른 민감한 현상을 이용한 반도체 소자이다. 이것은 일반적인 금속과는 달리 온도 계수가 음(−)의 값으로 매우 크기 때문에 온도가 높아지면 저항값이 감소하는 부저항 온도 계수의 특성을 가지므로 NTC(Negative Temperature Coefficient thermistor)라고도 한다.
- 구조는 그림과 같이 열로 저항 변화를 일으키는 직열형과 가열용 저항성을 따라 저항이 변화하는 방열형이 있다.

(a) 직열형　　(b) 방열형

- 재료 : 니켈(Ni), 코발트(Co), 망간(Mn), 철(Fe), 구리(Cu) 등의 산화물을 소결해서 만든 것이다.

19 일반적으로 서미스터의 온도가 증가할 때 저항은?

▌01 출제 ▌

해답 감소한다.

20 온도 보상용으로 사용되는 반도체는?

▌04 출제 ▌

해답 서미스터

해설 서미스터(thermistor)

- 열에 민감한 반도체 소자로서, 미소한 온도 변화에도 저항이 급격하게 변화되므로 회로 내에서 전류가 규정치 이상으로 증가하는 것을 방지하거나 회로 내의 온도를 감지하는 센서(sensor)로 주로 이용된다. 이것은 현재 대표적인 온도 검출용 반도체 소자로 일반화 되었다.
- 용도 : 자동 제어 온도계, 트랜지스터의 온도 보상, 통신 기기의 자동 이득 조정, 마이크로파 전력 측정 등에 이용된다.

21 배리스터(varistor)의 주된 목적은?

▌01.07.13 출제 ▌

해답 충격 전압에 대한 회로 보호

해설 배리스터(varistor)

- 배리어블(variable)과 레지스터(resistor)가 합쳐진 가변 저항체(variable resistor)를 의미하는 것으로, 전압에 의해 저항이 크게 변화하는 양방향성 소자로서 전압 가변 커패시

터이다. 이것은 온도에 의한 저항의 변화는 서미스터보다 작지만 과부하에 강하다.

- 배리스터는 낮은 전압에서 큰 저항을 나타내므로 전기 기기에 병렬로 연결해 두면 높은 전압에서 작은 저항을 나타내므로 큰 전류를 흡수한다. 따라서, 갑자기 고압이 걸리는 등의 이상 전압이 발생하면 단락 상태로 되어 전기 기기를 보호할 수 있다.
- 용도 : 송전선, 통신 선로의 피뢰침, 과전압(spike)의 필터링, 전기 기기의 충격 전압의 흡수기, 릴레이 접점 보호 등에 이용된다.

22 그림은 어느 반도체 소자의 소신호 모델을 나타낸 것으로, 이 소자는 동조 회로 또는 주파수 변조 회로 등에 응용되는 소자이다. 이 소자는 무엇인가?

▮05 출제▮

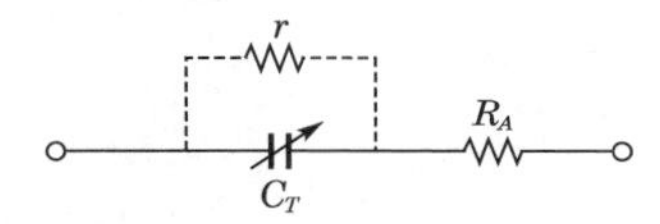

해답 가변 용량 다이오드

해설 가변 용량 다이오드(variable capacitance diode)

- PN 접합 다이오드에 역방향 전압을 가했을 때 접합부의 정전 용량이 공핍층의 공급 전하에 따라 광범위하게 변화하는 특성을 이용한 것으로, 일명 버랙터 다이오드(varactor diode)라고도 한다.
- 그림은 가변 용량 다이오드에 대한 소신호 모델을 나타낸 것으로 C_T는 접합 용량, r은 교류 저항, R_S는 중성 영역의 저항을 나타낸다.
  접합 용량 $C_T \propto \dfrac{K}{\sqrt{V}}$ 로서 역바이어스 전압 V의 제곱근에 반비례한다.
- 가변 용량 다이오드는 역방향 전압을 증가시키면 공핍층의 폭이 넓어져서 정전 용량이 감소하므로 역바이어스 조건에서 정전 용량이 변화되는 가변 커패시터로 작용한다.
- 용도 : 동조 회로(FM 라디오, TV 튜너 등), 마이크로파 회로, 자동 주파수 제어기와 파라메트릭 증폭기 등에 사용된다.

23 사이리스터 중 대표적인 단방향성 소자는?

▮11.14 출제▮

해답 SCR

해설 실리콘 제어 정류 소자(SCR : Silicon Controlled Rectifier)

그림 (a)와 같이 PNPN 구조를 가진 역저지 3단자 사이리스터(reverse blocking triode thyristor)로서 다이오드의 P_2 반도체 영역에 게이트(gate) 전극을 붙여서 게이트 전류 I_G로서 off 상태에서 on 상태로 들어가기 위한 브레이크오버(breakover) 전압을 제어할 수 있도록 한 정류 소자이다. 이것은 사이리스터 중에서 가장 대표적인 단방향성 스위칭 소자이다.

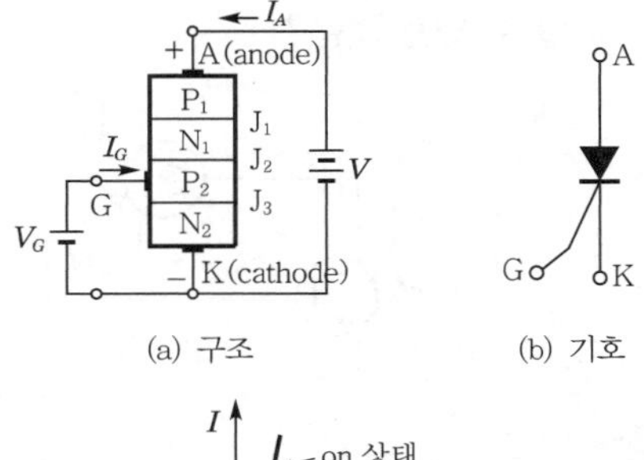

(a) 구조　　(b) 기호

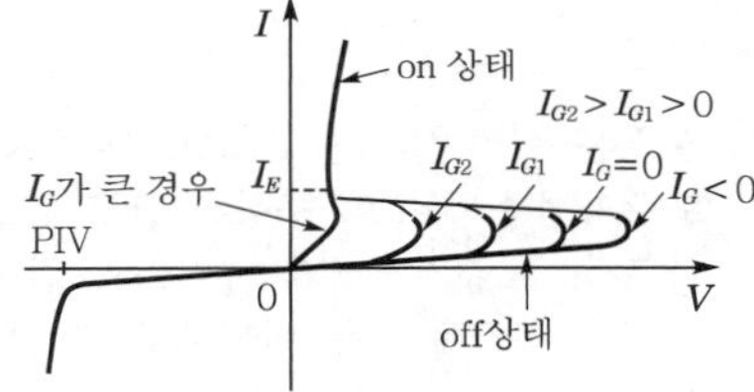

(c) 전류-전압의 특성

[SCR의 특징]

- SCR은 게이트(G)에 전류가 흘러 한번 도통(on) 상태가 되면 PNPN 다이오드의 모든 접합은 전도 상태(on state)가 되므로 게이트 회로를 차단(off)해도 애노드 전류 I_A가 흘러 on을 유지하게 된다. 따라서, 이를 정지시키기 위해서는 I_A 전류를 유지 전류(holding current) 이하로 낮게 하거나 전원의 극성을 바꾸지 않으면 차단(off) 상태로 되지 않는다.
- 트랜지스터로는 할 수 없는 대전류, 고전압의 스위칭 소자이다.
- 소형이며 응답 속도가 빠르고 수명이 반영구적이다.
- 대전력 제어용 및 고압의 대전류 정류에 사용된다.

24 실리콘 제어 정류기(SCR)의 게이트는 어떤 형의 반도체인가? ▌15 출제▐

해답 P형 반도체

해설 SCR은 PNPN 다이오드의 P형 반도체에 게이트(gate) 전극을 붙여서 N형 반도체의 캐소드(K) 전극과 순방향 바이어스로 한다.

25 SCR의 용도는? ▌01.11 출제▐

해답 SCR은 전동기 속도 제어, 조명 조광 장치, 온도 조절 장치, 릴레이 장치, 인버터, 펄스 회로 등에 사용된다.

26 그림에서 표시된 2개의 트랜지스터로 나타낼 수 있는 것은? ▌20 출제▐

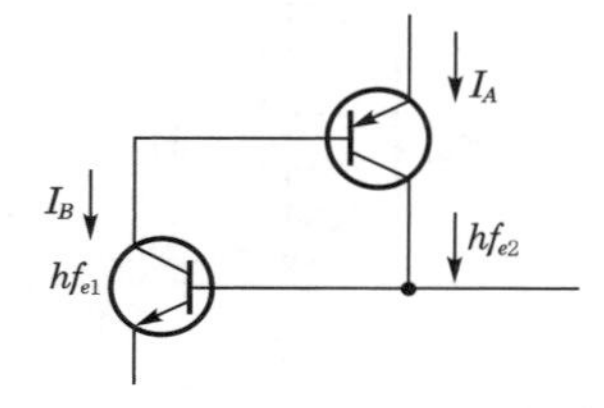

해답 SCR

해설 SCR은 실리콘(Si)을 재료로 한 PNPN 다이오드의 4층 구조로 구성된 반도체 스위칭 소자로서, 트랜지스터의 베이스와 같이 게이트(gate) 전극을 P층 반도체로 한 것으로 on 상태에서는 PN 접합 다이오드의 순방향과 같이 저항이 매우 작고, off 상태에서의 저항은 매우 크다. 따라서, 그림과 같이 2개의 NPN 트랜지스터의 결합으로 나타낼 수 있다.

27 그림은 어떤 반도체의 특성 곡선인가? ▌05 출제▐

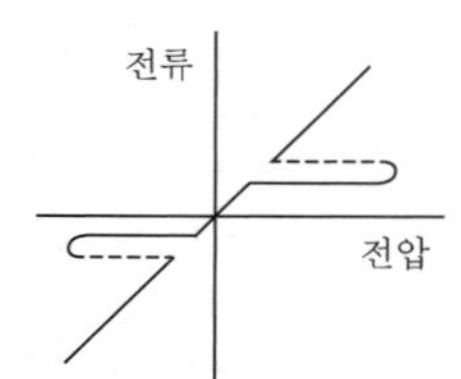

해답 다이액(SSS)

해설 다이액(DIAC : Diode AC switch, trigger diode)

- 2극 다이오드의 교류 스위치의 뜻으로, 역방향으로 통전 상태와 차단 상태를 가지는 쌍방향 2단자 사이리스터로서 상품명으로 SSS(Silicon Symmetric Switch) 혹은 bi-switch라고도 부른다.

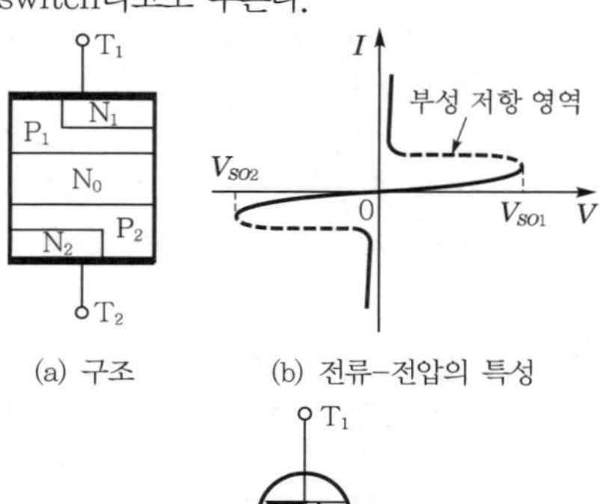

(a) 구조 (b) 전류-전압의 특성

T_1

T_2

(c) 기호

- 구조는 그림 (a)와 같이 교류 전류를 제어하기 위하여 2개의 SCR을 역병렬로 접속하여 사용한 것으로 교류 전원으로부터 직접 트리거 펄스(trigger pulse)를 얻는 회로에서 사용된다.
- 특성은 그림 (b)와 같이 쌍방향 대칭으로 브레이크 오버 전압(V_{BO})을 가지며 부성 저항 특성을 나타낸다.
- 용도 : 조명 조정 회로, 온도 조절 회로, 전류 제어 회로 등에 사용된다.

28 다이액(DIAC) 소자에 게이트(gate)를 붙인 쌍방향성 교류 스위치로서, 교류 전력 제어에 사용하는 소자는? ▌20 출제▐

해답 트라이액(TRIAC)

해설 트라이액(TRIAC)

- 다이액(DIAC) 소자에 게이트(gate)를 붙인 3단자 교류 스위치이다. 이것은 쌍방향 3단 사이리스터(thyristor)로서, FLS(Fine Layer Switch)라고도 한다.

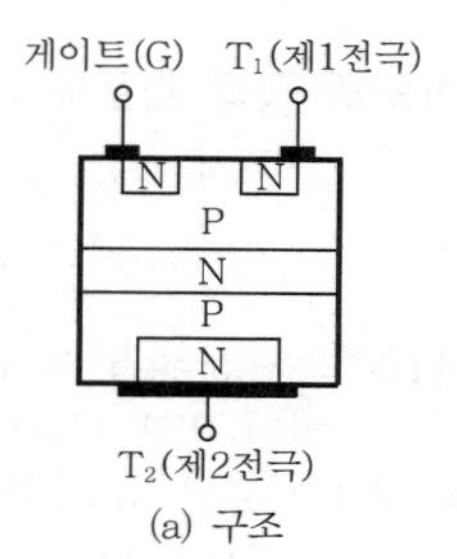

(a) 구조

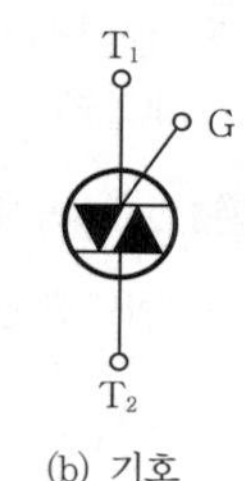

(b) 기호

• 특징
 – 쌍방향성 소자로 교류 전력 제어에 적합하다.
 – 제어 회로가 간단하고 비교적 약한 전력으로 동작시킬 수 있다.
 – 용도 : 교류 전류 제어 조광기, 직권 전동기의 속도 제어 등에 사용된다.

29 SCR의 게이트 펄스(gate pulse)를 발생하는 데 이용되는 소자는? ▌05 출제▐

해답 단접합 트랜지스터(UJT)

해설 단접합 트랜지스터(UJT : Uni-Junction Transistor)
• UJT의 구조는 그림 (a)와 같이 N형 실리콘(Si) 단결정의 양단에 단자 B_1, B_2를 만들고 중간 부분에 P층을 형성하여 제어 전극 이미터(emitter)를 만든 것이다.
• 이것은 단자는 3개이나 PN 접합부는 1개인 트랜지스터로서, 단자 B_1, B_2가 베이스 역할을 하므로 더블 베이스 다이오드(double base diode)라고도 한다.

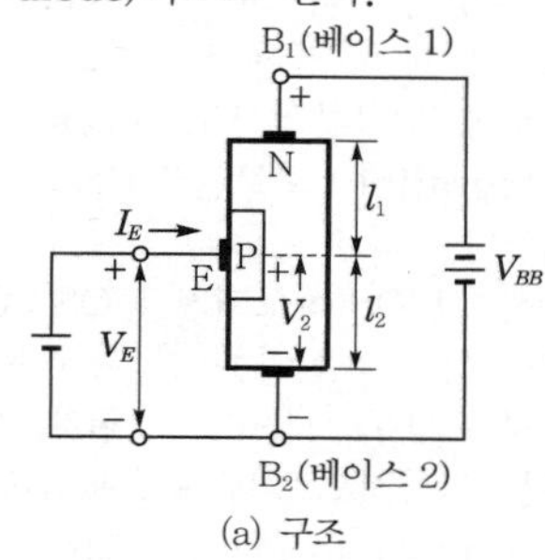

(a) 구조

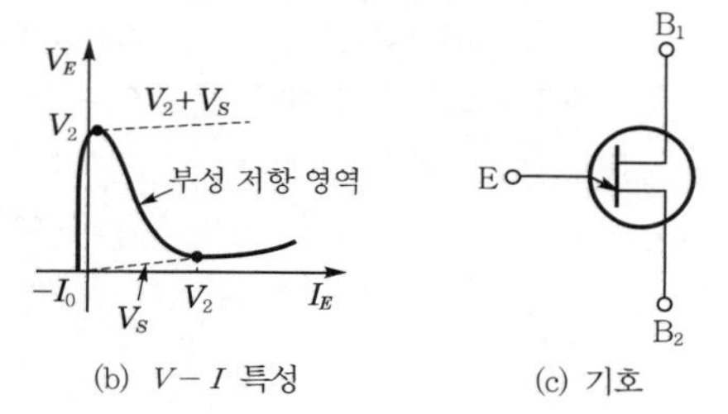

(b) $V-I$ 특성 (c) 기호

• 특징
 – 대표적인 반도체 트리거(trigger) 소자이다.
 – 구조가 간단하며 큰 전력을 취급할 수 있다.
 – 부성 저항 특성을 이용한 발진기 회로에 사용된다.
 – 저주파 및 중간 주파수 범위에서 스위칭 소자로 이용된다.
 – SCR에서 게이트 펄스를 발생하는 데 이용된다.
 – 톱니파 발생 회로 및 계수기의 플립플롭 회로에 사용된다.

30 단접합 트랜지스터(UJT)의 전극은? ▌13 출제▐

해답 이미터 전극 1, 베이스 전극 2

31 트랜지스터와 비교한 전계 효과 트랜지스터(FET)의 특징은? 필수 암기

해답 • BJT와 FET의 비교
 – 바이폴라 접합 트랜지스터(BJT : Bipolar Junction Transistor) : 2개의 PN 접합으로 3층의 구조를 이루는 3단자 소자로서, PNP형과 NPN형 트랜지스터가 있다. 이것은 전류의 흐름이 전자와 정공의 두 전하 반송자(charge carrier)에 의해 전도되므로 BJT 또는 쌍극접합 트랜지스터라고 한다. 이와 같은 BJT는 소수 반송자의 베이스 전류로 다수 반송자의 컬렉터 전류를 제어하는 전류 제어형 소자이다.
 – 전장 효과 트랜지스터(FET : Field Effect Transistor) : BJT와 같이 3단자를 가지는 소자로서, N채널형과 P채널형 FET가 있다. 이것은 채널(channel)을 통해 흐르는 전류가 전자 또는 정공의 단일 전하 반송자에 의해 전도되므로 유니폴라 트랜지스터(unipolar transistor)라고 한다. 이와 같은 FET는 다수 반송자에 의해서 전류가 흐르며 인가된 전압으로 전류를 제어하는 전압 제어형 소자이다.

• BJT와 비교한 FET의 특징
 – 역방향 바이어스로 입력 임피던스가 수십[MΩ]으로 매우 높다.
 – 열 안정성이 좋고 파괴에 강하다.

- BJT보다 저주파에서 우수한 잡음 특성을 가진다.
- 높은 입력 임피던스가 요구되는 증폭기에 주로 사용된다.
- 직류 증폭으로부터 VHF대의 증폭기와 초퍼(chopper)나 가변 저항 등으로 널리 사용된다.

32 FET에서 핀치 오프(pinch off) 전압이란?

▌13.20 출제▐

해답 채널 폭이 막힌 때의 게이트 역방향 전압

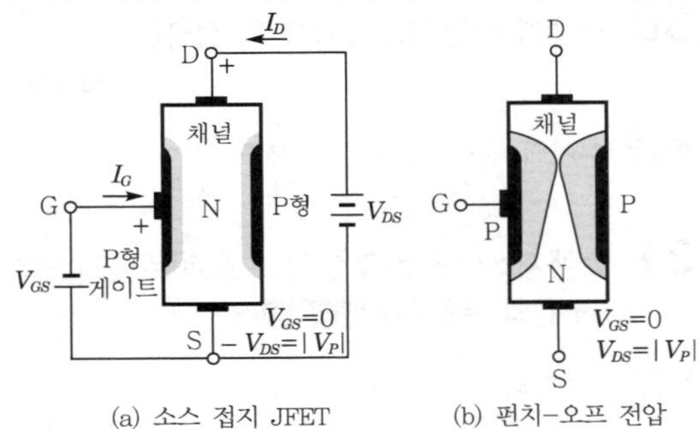

(a) 소스 접지 JFET (b) 핀치-오프 전압

해설 핀치 오프 전압(pinch off voltage)

그림 (a)와 같이 모든 FET는 게이트(G)에 전류가 흐르지 않도록 하기 위해 언제나 역바이어스를 사용하므로 입력 임피던스가 매우 크다. 여기서, N채널의 전자는 V_{DS}의 (+)전원에 의해 소스에서 드레인쪽으로 이동하게 되므로 드레인 전류 I_D는 채널을 통해 흐르게 된다. 이때, 역바이어스 전압 V_{GS}는 그림 (b)와 같이 P영역 부근에 공핍층(depletion layer)을 형성하므로 V_{GS}를 (−)로 증가시키면 공핍층이 넓게 형성되어 채널 폭이 좁아지므로 드레인 전류 I_D는 감소한다. 따라서, V_{GS}를 계속하여 (−)로 증가시키면 공핍층은 더욱 넓어져서 채널이 맞닿게 되어 완전히 막히는 상태로 된다. 이것을 핀치 오프(pinch off)라 하며 이때의 전압 V_{GS}를 핀치 오프 전압이라고 한다. 이와 같이 채널을 통해 흐르는 드레인 전류 I_D는 V_{GS}에 의해 제어되므로 FET를 전압 제어형 소자라 한다.

33 일반적으로 반도체 집적 회로에 해당되는 IC는?

▌05 출제▐

해답 모놀리식 IC

해설 반도체 집적 회로(IC : Integrated Circuit)

특정한 기능을 수행하기 위해 하나의 실리콘 칩(chip) 위에 전자 회로를 집적화하여 구현한 시스템이다. 제작 형식에 따르는 IC의 종류는 모놀리식(monolithic : 단식 비운 양식) IC와 하이브리드(hybrid : 혼성 양식) IC가 있으며 현재 주축을 이루고 있는 것은 모놀리식 IC로서 대부분 반도체 IC는 모놀리식 IC를 의미한다.

[집적 회로(Integrated Circuit)의 장점 필수 암기]

- L과 C가 필요 없고 R의 값이 극히 작은 회로이다.
- 출력 전력이 작다.
- 회로를 초소형화할 수 있다.
- 신뢰도가 높고 부피가 작으며 소형 경량이다.
- 대량 생산으로 가격이 저렴하며 경제적이다.

34 MOS IC는?

▌98.01 출제▐

해답 유니폴러 IC

해설 유니폴러(unipola) IC

고속을 요하지 않는 고집적도(LSI) IC에 사용되는 것으로, MOSFET를 주체로 한 것이다. MOS 기술은 디지털 논리 회로나 메모리 회로를 저항이나 다이오드가 필요 없이 MOSFET 만으로 IC칩 상에서 소형으로 만들 수 있기 때문에 대부분의 VLSI(Very Large Scale Integration) 회로는 MOS 기술에 의해 만들어진다.

특히 CMOS(상보대칭 MOS : COSMOS) 회로는 하나의 실리콘 칩 위에 N채널과 P채널 소자를 모두 사용하므로 현재 CMOS 논리 회로는 이상적으로 매우 유용하게 쓰이고 있다.

* 바이폴러(bipolar) IC : 고속 논리 회로 및 선형 회로에 사용되는 것으로 PNP형과 NPN형 트랜지스터를 주체로 한 것이다.

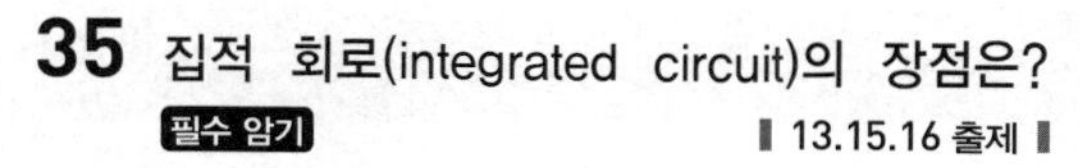

35 집적 회로(integrated circuit)의 장점은?

필수 암기 ▌13.15.16 출제▐

해답 L과 C가 필요 없고 R값이 극히 작은 회로이다.

- 출력 전력이 작다.
- 회로를 초소형화 할 수 있다.
- 신뢰도가 높고 부피가 작으며 소형 경량이다.
- 대량 생산으로 가격이 저렴하며 경제적이다.

36 하나의 집적 회로 속에 들어 있는 집적 소자의 개수가 10개 이하 범위에 속하는 집적 회로는? ▌16 출제▐

해답 SSI

해설 집적도에 의한 IC의 분류

- SSI(Small Scale Integration) : 소자의 수가 10개 이하이며, 집적도가 100 이하의 소규모 IC
- MSI(Medium Scale Integration) : 소자의 수가 100 ~ 1,000개 정도이며 집적도가 300 ~ 500 정도의 중규모 IC
- LSI(Large Scale Integration) : 소자의 수가 1,000 ~ 10,000개 정도이며 집적도가 1,000 이상의 대규모 IC
- VLSI(Very Large Scale Integration) : 소자의 수가 10,000개 이상이며 집적도가 수십 ~ 수백만의 최대 규모 IC

Section 07 전원 회로

01 리플 전압이란 어떤 전압을 말하는가?
▌99.03.07.10 출제▐

해답 정류된 전압의 교류 성분

해설 일반적으로 다이오드 정류기의 출력은 완전한 직류가 아닌 맥동하는(pulsating) 교류 성분을 포함하고 있다. 이것을 리플(ripple)이라고 하며 정류된 직류 전압 속에 교류 성분이 포함되어 있는 것을 리플 전압이라 한다.

02 정류 회로의 직류 전압이 V_d, 리플의 (+)최댓값에서 (−)최댓값까지의 값$(p-p)$이 ΔV라면 리플 함유율[%]을 나타내는 식은?
▌10 출제▐

해답 $\gamma=\dfrac{\Delta V}{V_d}\times 100[\%]$

해설 맥동률(ripple 함유율)

$$\gamma=\frac{\text{출력 교류 성분의 실횻값}}{\text{출력 직류 성분의 평균값}}\times 100[\%]$$

$$\therefore\ \gamma=\frac{\Delta V}{V_d}\times 100[\%]$$

여기서, ΔV는 맥동(ripple)분으로 1주기의 peak and peak$(p-p)$치로서 실횻값을 나타낸다.

* 정류 회로는 리플 함유율(ripple factor)이 작은 것일수록 좋다.

03 어떤 정류기 부하 양단의 직류 전압이 300[V]이고 맥동률이 2[%]라면 교류 성분의 실횻값[V]은?
▌01.06.10.13 출제▐

해답 6[V]

해설 맥동률 $\gamma=\dfrac{\Delta V}{V_d}\times 100[\%]$에서

$$\therefore\ \Delta V=\gamma\cdot V_d=0.02\times 300=6[\text{V}]$$

04 DC 부하 전류의 변화에 따라서 DC 출력 전압이 변화하는 정도를 무엇이라 하는가?
▌98 출제▐

해답 전압 변동률

해설 전압 변동률

전원이 가지는 내부 저항 때문에 부하의 크기에 따라 출력 전압이 달라지는 것을 전압 변동률이라 한다. 이것은 정전압 전원 장치에서 무부하일 때와 규정된 부하를 걸었을 때 출력 전압의 변화율을 나타내는 것으로, 전압 안정도를 나타내는 평가 지수로 사용된다. 따라서, 전압 변동률은 직류 출력 전압에서 부하에 관계없이 일정한 것이 이상적이므로 되도록 작은 것이 좋다.

$$\text{전압 변동률 }\varepsilon=\frac{V_o-V_L}{V_L}=\frac{I_L(r_f+R_L)-I_LR_L}{I_LR_L}=\frac{r_f}{R_L}\times 100[\%]$$

05 전압 변동률을 나타내는 식은? (단, V_o : 무부하 시 정류기의 출력 단자 전압, V_L : 부하 시 정류기의 출력 단자 전압)
▌04.07.09 출제▐

해답 $\varepsilon=\dfrac{V_o-V_L}{V_L}\times 100[\%]$

해설 전압 변동률

직류 출력 전압이 부하의 변동에 대하여 어느 정도 변화하는 가를 나타내는 것

06 무부하 시 단자 전압이 100[V]이고 부하가 연결됐을 때 단자 전압이 80[V]이면 이때의 전원 전압 변동률[%]은?
▌01.07.08.09.11 출제▐

해답 25[%]

해설 전압 변동률 $\varepsilon=\dfrac{V_o-V_L}{V_L}\times 100[\%]$에서

$$\therefore\ \varepsilon=\frac{100-80}{80}\times 100=25[\%]$$

07 **반도체 정류기에서 1[V] 순바이어스 전압에 대해 10[mA]의 전류가 흐르고 1[V]의 역바이어스 전압에 대해 4[μA]의 전류가 흘렀다면 정류비는?** ▮ 03.07 출제 ▮

해답 2,500

해설 $정류비 = \dfrac{순방향\ 전류}{역방향\ 전류}$

$$= \frac{10\times10^{-3}}{4\times10^{-6}} = 2{,}500$$

08 **다이오드를 이용한 반파 정류 회로의 맥동률은 얼마인가?** ▮ 04 출제 ▮

해답 맥동률 $\gamma = 1.21$

해설 반파 정류 회로의 맥동률

$$F = \frac{실횻값}{평균값} = \frac{I_{rms}}{I_{DC}} = \frac{\frac{I_m}{2}}{\frac{I_m}{\pi}} = \frac{\pi}{2} = 1.57$$

$$\therefore \gamma = \sqrt{F^2 - 1} = \sqrt{(1.57)^2 - 1} = 1.21$$

09 **단상 반파 정류 회로에서 정류 효율의 이론적 최댓값은 몇 [%]인가?** ▮ 99.02 출제 ▮

해답 정류 효율 $\eta = 40.6[\%]$

해설 반파 정류 회로의 이론적 정류 효율

교류 입력 전력 $P_i = I_{rms}^2(R_L + r_f)$

$$= \left(\frac{I_m}{2}\right)^2 (R_L + r_f)$$

직류 출력 전력 $P_{dc} = V_{dc} I_{dc} = \left(\dfrac{I_m}{\pi}\right)^2 R_L$

$$\therefore \eta = \frac{P_{dc}}{P_i} \times 100[\%]$$

$$= \frac{\left(\frac{I_m}{\pi}\right)^2 R_L}{\left(\frac{I_m}{2}\right)^2 (R_L + r_f)} \times 100$$

$$= \left(\frac{2}{\pi}\right)^2 \frac{R_L}{R_L + r_f} = \frac{\frac{4}{\pi^2}}{1 + \frac{r_f}{R_L}}$$

$$= \frac{40.6}{1 + \frac{r_f}{R_L}}[\%]$$

여기서, $R_L = r_f$일 때

$$\eta = \frac{40.6}{1 + \frac{r_f}{R_L}} = \frac{40.6}{2} = 20.3[\%]$$

* 이론적 최대 효율은 40.6[%]이며 $R_L = r_f$일 때 출력은 최대이며 효율은 20.3[%]이다.

10 **실효 전압 E[V]를 다이오드로 반파 정류했을 때 다이오드의 역내 전압은 몇 [V]인가?** ▮ 06 출제 ▮

해답 $\Pi V = V_m = \sqrt{2}E$[V]

해설 첨두 역전압(PIV : Peak Inverse Voltage)

정류 다이오드에 걸리는 최대 역방향 전압으로서, 다이오드가 차단 상태에 있을 때 캐소드와 애노드 사이의 전압 차를 말한다.

반파 정류 회로의 $PIV = V_m$에서

$PIV = \sqrt{2}E$[V]

11 **콘덴서 입력형 평활 회로를 사용한 반파 정류기의 입력 전압이 실횻값으로 100[V]일 때 정류 다이오드의 첨두 역전압은 약 몇 [V]인가?** ▮ 06 출제 ▮

해답 282.8[V]

해설 콘덴서를 입력으로 사용한 반파 정류 회로에서 PIV는 단자 전압에 충전된 콘덴서의 최대 전압 V_{Cm}의 합으로 된다.

$PIV = V_{Dm} + V_{Cm} = \sqrt{2}(V_D + V_C)$[V]

에서

$\therefore PIV = \sqrt{2}(100 + 100) = 282.8$[V]

12 **콘덴서 입력형 전파 정류 회로의 입력 전압이 실횻값으로 12[V]일 경우 정류 다이오드의 최대 역전압[V]은?** ▮ 14 출제 ▮

해답 34[V]

해설 콘덴서 입력형 전파 정류 회로는 전파 브리지 배전압 정류 회로로서, 최대 역전압 $PIV = 2V_m$이다.

$\therefore\ PIV = 2V_m = 2\sqrt{2}\,V$
$= 2\sqrt{2} \times 12 \fallingdotseq 34[\text{V}]$

13 그림에서 직류 최대 출력을 얻기 위한 부하 저항 R_L은 몇 [Ω]인가?

▌98.03 출제 ▌

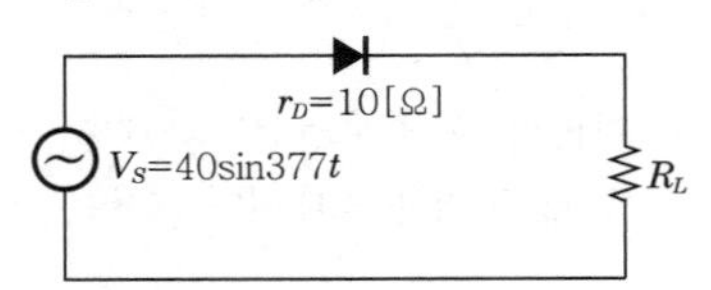

해답 $R_L = 10[\Omega]$

해설 단상 반파 정류 회로에서 최대 출력을 얻기 위한 조건은 $r_p = R_L$일 때이다.
따라서, 다이오드의 내부 저항 $r_p = 10[\Omega]$이므로 $R_L = 10[\Omega]$이다.

14 단상 전파 정류 회로의 이론적 최대 정류 효율은 약 몇 [%]인가?

▌01.06.11 출제 ▌

해답 정류 효율 $\eta = 81.2[\%]$

해설 전파 정류 회로의 정류 효율

- 교류 입력 전력 $P_i = {I_{rms}}^2(R_L + r_f)$

$$= \left(\frac{I_m}{\sqrt{2}}\right)^2(R_L + r_f)$$

$$= \left(\frac{{I_m}^2}{2}\right)(R_L + r_f)$$

- 직류 출력 전력 $P_{dc} = {I_{dc}}^2 R_L = \left(\frac{2I_m}{\pi}\right)^2 R_L$

$$\therefore\ \eta = \frac{P_{dc}}{P_i} \times 100[\%]$$

$$= \frac{\left(\frac{2I_m}{\pi}\right)^2 R_L}{\left(\frac{{I_m}^2}{2}\right)(R_L + r_f)} \times 100$$

$$= \frac{\left(\frac{2}{\pi}\right)^2}{\frac{1}{2}} \frac{1}{1 + \frac{r_f}{R_L}} = \frac{81.2}{1 + \frac{r_f}{R_L}}[\%]$$

따라서, 전파 정류 회로에서 이론적 최대 효율은 81.2[%]이며 반파 정류 회로의 2배이다. 또 맥동률은 0.482로서 반파 정류 때의 1.21보다 훨씬 작아진다. 이러한 전파 정류는 반파 정류보다 더 효과적인 정류 방식으로 교류 입력 전력이 직류 전력으로 변환되는 비율이 훨씬 증대한다.

15 그림 같은 단상 전파 정류 회로의 맥동률은?

▌99.02 출제 ▌

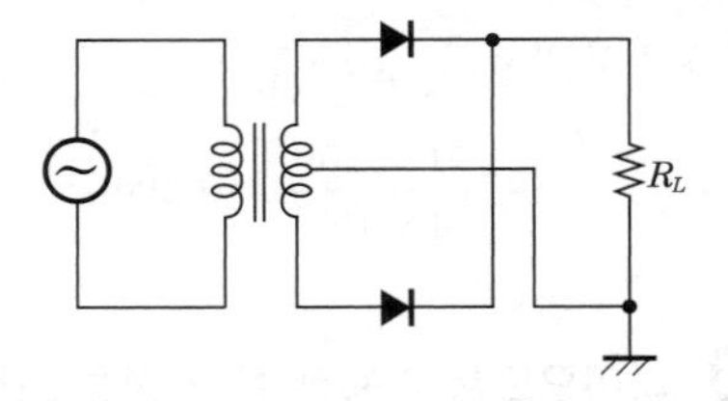

해답 맥동률 $\gamma = 0.482$

해설 전파 정류 회로의 맥동률

$$F = \frac{I_{rms}}{I_{DC}} = \frac{\frac{I_m}{\sqrt{2}}}{\frac{2I_m}{\pi}} = \frac{\pi}{2\sqrt{2}} = 1.11$$

$$\therefore\ \gamma = \sqrt{F^2 - 1} = \sqrt{(1.11)^2 - 1} = 0.482$$

16 교류의 최댓값이 V_m일 때 전파 정류 회로가 무부하 시 직류 출력(평균) 전압은 얼마인가?

▌08 출제 ▌

해답 직류 출력의 평균값 $V_{DC} = \frac{2}{\pi}V_m$

17 단상 전파 정류기의 DC 출력은 단상 반파 정류기 DC 출력의 몇 배인가?

▌98.07.14.16 출제 ▌

해답 2배

해설
- 반파 정류기의 직류 출력 전압

$$V_{DC} = \frac{V_m}{\pi}$$

- 전파 정류기의 직류 출력 전압

$$V_{DC} = \frac{2}{\pi}V_m$$

따라서, 단상 전파 정류기의 DC 출력 전압은 단상 반파 정류기의 DC 출력 전압의 2배가 된다.

18 다이오드를 사용한 브리지 정류 회로는 주로 어떤 정류 회로인가? ▌05 출제▐

해답 전파 정류 회로

해설 브리지 정류 회로(bridge rectifier circuit)
항상 전파 출력을 만들어내는 정류기로서, 전파 정류 회로와 거의 같다.
그림 (a)에서 정류 회로에 흐르는 전류 i는 전파 정류와 같이 2차 전압의 정(+)의 반주기에서는 D_2, D_3가 순방향으로 바이어스되어 $D_2 \rightarrow R_L \rightarrow D_3$을 통해 흐르고 부(−)의 반주기에서는 D_1, D_4가 순방향으로 바이어스되므로 $D_4 \rightarrow R_L \rightarrow D_1$을 통해 흐른다. 따라서, 어느 반주기에서도 부하 R_L에 흐르는 전류 i는 같은 방향이므로 2차 전압은 같은 극성으로 부하 R_L 양단에 나타나므로, 정류 출력 전압의 최댓값 $V_m = v_L$로 된다. 이와 같은 점은 2차 전압의 $\frac{1}{2}(0.5\,V_m)$만이 출력에 나타나는 전파 정류 회로보다 훨씬 좋은 특성을 가진다.

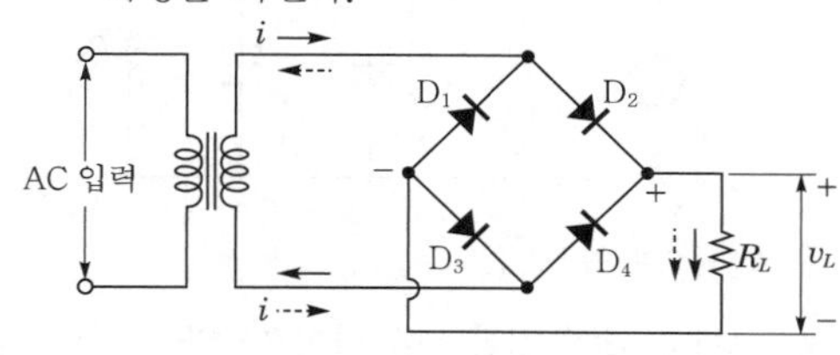

(a) 브리지 전파 정류 회로

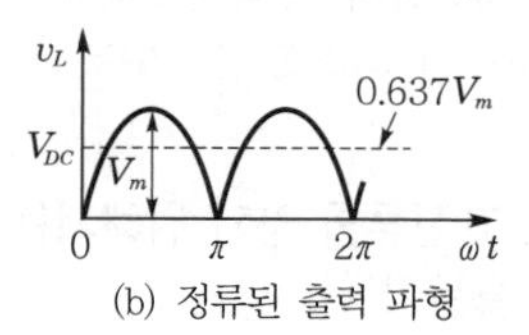

(b) 정류된 출력 파형

Key Point

전파 정류 회로와 비교 시 특징

- 전원 변압기의 2차 코일에 중간 탭이 필요 없다.
- 출력이 같은 경우 2차 코일이 절반으로 되므로 전원 변압기가 소형이다.
- 각 다이오드의 최대 역전압은 2차 전압의 최댓값을 가지므로 $PIV = V_m$으로 작다. 이것은 전파 정류 회로에 비해 PIV값이 $\frac{1}{2}$이 되므로 고압 정류 회로에 적합하다.

19 브리지 정류 회로에서 입력 전압이 9[V]의 정현파라면 다이오드 1개에 걸리는 최대 역전압 PIV는 몇 [V]인가? ▌02.08 출제▐

해답 $9\sqrt{2}$ [V]

해설 최대 역전압 $PIV = V_m$[V]에서
$\therefore\ PIV = \sqrt{2}\,V = 9\sqrt{2}$ [V]

20 그림과 같은 정류기의 어느 점에 교류 입력을 연결해야 하는가? ▌98.02 출제▐

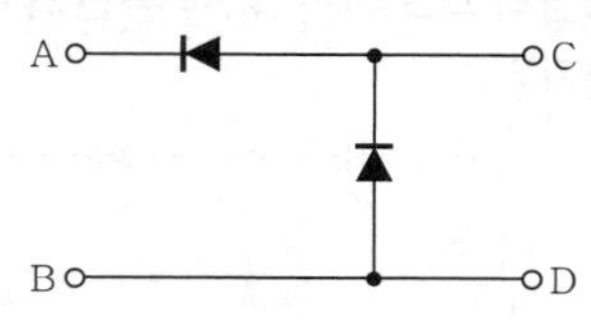

해답 C−D점

해설 그림의 회로는 반파 배전압 정류기에 대한 다이오드 접속을 나타낸 것으로, 교류 입력점은 두 단자 사이에 접속된 다이오드의 방향이 교류 입력 신호 전압에 대해 순방향으로 바이어스되어야 하므로 C−D점이 된다.

21 그림의 회로에서 부하 R_L의 조건은? ▌05 출제▐

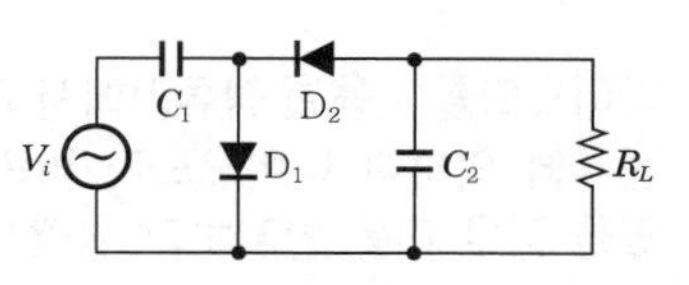

해답 고임피던스

해설 그림의 회로는 반파 배전압 정류 회로를 나타낸 것으로, 처음 반주기에서는 D_1이 도통되어 입력 신호 전압 V_i의 최댓값 V_m이 C_1에 충전되고, 다음 반주기에서는 C_1의 충전 전압은 D_2를 통하여 방전하므로 C_2에는 C_1의 충전 전압을 합한 것으로 $2\,V_m$ 충전된다. 이때, 부하 R_L이 대단히 크고 콘덴서의 용량이 충분히 크다고 할 때 출력 전압은 $2\,V_m$으로 유지되므로 R_L은 고임피던스의 조건으로 하여야 한다.

22 그림의 회로에서 출력 전압 V_o의 크기는?

▌99.05.16 출제▐

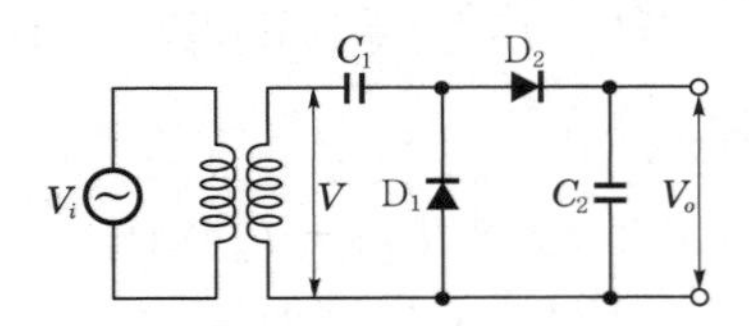

해답 $V_o = 2V_m = 2\sqrt{2}\,V$[V]

23 그림의 회로에서 V_{C2} 양단의 전압은 몇 [V]인가?

▌01.06 출제▐

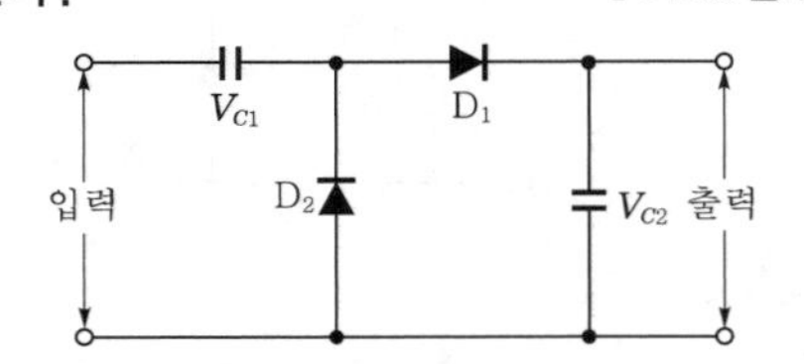

해답 $V_{C2} = 2V_{C1}$

해설 처음 반주기 동안은 D_2를 통하여 입력 전압의 최댓값이 C_1에 V_{C1}으로 충전되고 다음 반주기에서는 D_1을 통하여 방전하므로 C_2의 충전 전압은 V_{C1}의 최대 방전 전압을 합한 것으로 충전되므로 $V_{C2} = 2V_{C1}$으로 된다.

24 다이오드를 사용한 정류기에서 과대한 부하 전류에 의하여 다이오드가 파손될 우려가 있을 경우 이를 방지하기 위해서는 어떻게 해야 하는가?

▌01.02.16 출제▐

해답 다이오드를 병렬로 추가한다.

해설 정류 회로에서 2개의 다이오드를 병렬로 연결하여 사용하면 전류 용량이 증가하므로 과전류로부터 다이오드를 보호할 수 있다.

예 규격 250[V] 2[A] 용량 다이오드의 경우 전류의 용량은 2[A]+2[A]=4[A]로 증가하므로 과전류로부터 다이오드를 보호할 수 있다.

* 실제적으로 다이오드의 정전압 특성(실리콘은 0.7[V], 게르마늄 0.3[V] 정도)은 다이오드마다 일정하지 않으므로 다이오드를 병렬로 연결하여 사용하면 통전 전압이 낮은 쪽으로 더 많은 전류가 흐르므로 열 폭주 현상이 발생하여 결국 다이오드는 파손된다. 따라서, 다이오드의 접속은 직렬 접속의 사용은 가능하지만 병렬 접속의 사용은 불가능하다.

25 다이오드를 사용한 정류 회로에서 2개의 다이오드를 직렬로 연결하여 사용하면?

▌05.10 출제▐

해답 다이오드는 과전압으로부터 보호된다.

해설 정류 회로에서 2개의 다이오드를 직렬로 연결하여 사용하면 내전압이 높아져서 다이오드를 과전압으로부터 보호할 수 있다.

예 규격 400[V] 1[A] 용량 다이오드의 경우 정류 입력 전압은 400[V]+400[V]=800[V]로 증가하므로 다이오드는 과전압으로부터 보호된다.

26 다음 그림의 반파 정류 회로에서 저항 r의 역할은?

▌02.11 출제▐

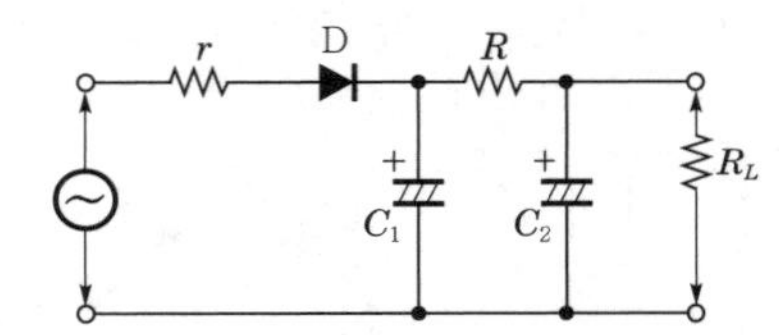

해답 다이오드의 보호

해설 그림과 같이 저항 r을 다이오드와 직렬로 연결하면 내전압이 높아지므로 다이오드를 과전압으로부터 보호할 수 있다.

27 고전압, 고전류를 얻기 위해서는 어느 정류 회로가 좋은가?

▌13 출제▐

해답 배전압 정류 회로

해설 배전압(voltage doubling) 정류 회로는 커패시터(capacitor)의 용량과 다이오드의 통전(on)과 차단(off)의 기능을 이용하여 교류 입력 전압의 최댓값 V_m을 2배 또는 3배 이상의 배율로 증가시켜 직류 출력 전압을 얻는 회로이다.

28 그림의 회로는 어떤 회로인가? ▮ 03.05 출제 ▮

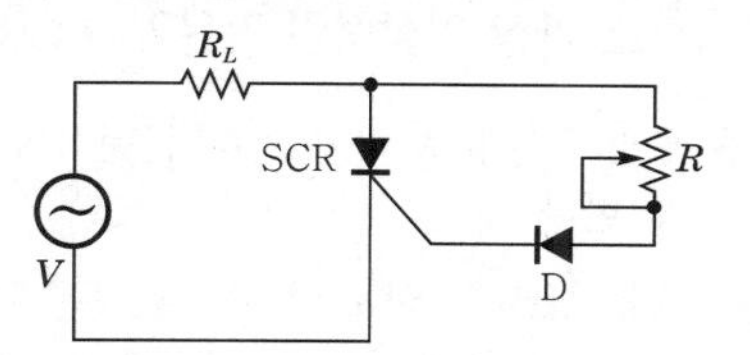

해답 위상 제어 반파 정류 회로

해설 그림은 SCR을 응용한 위상 제어 반파 정류 회로를 나타낸 것이다. 회로에서 입력의 전원 전압 V의 정(+)의 반주기에서 SCR은 도통(on)상태로 되어 애노드에서 캐소드로 순방향 전류가 흐르므로 이 전류가 유지 전류(holding current) 이상으로 유지되는 동안에는 게이트 신호 전류의 유무에 관계없이 SCR은 계속적으로 on 상태를 유지하므로 게이트 신호의 제어 작용은 상실된다. 이때, 전원 전압 V의 부(−)의 반주기에서 차단(off) 상태로 되어 있는 게이트 신호는 다시 제어 작용을 회복하게 되므로 부하 R에 흐르는 전류는 게이트 신호의 위상에 의해서 제어된다.
따라서, SCR은 입력 전원 전압 V의 반주기에서 turn on과 turn off를 반복적으로 유지하게 되므로 반파 정류된 전류가 흐른다.

29 정류기의 평활 회로는 어느 여파기에 속하는가? ▮ 98.05.07.09.16.20 출제 ▮

해답 저역 여파기(저역 필터)

해설 평활 회로(smoothing circuit)
정류기의 출력 성분에 포함된 맥동(ripple) 성분을 줄이기 위하여 정류기와 LC 필터를 조합한 회로이다. 이 회로는 맥동하는 파형 내의 고조파 성분을 필터링하여 강하시키는 역할을 하므로 저역 여파기(low pass filter)라고 한다.

30 그림과 같은 여파기는? ▮ 02.04 출제 ▮

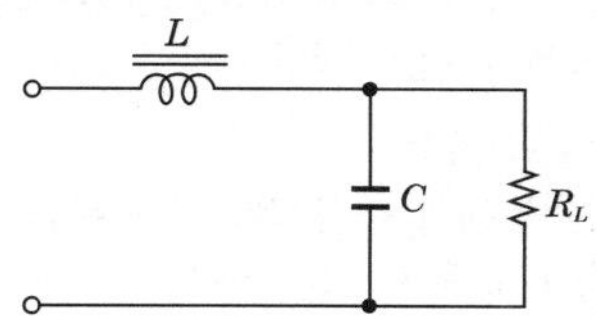

해답 LC 여파기

해설 그림은 L 양단에서 리플을 감소시키기 위한 L 입력형 여파기이다. 이것은 인덕터 L과 콘덴서 C의 두 가지 필터를 조합하여 구성한 것으로 흔히 LC 여파기라고도 부른다. 회로에서 인덕터 L은 리플(교류 성분)에 대해서 높은 임피던스를 나타내며 C는 낮은 임피던스를 나타내므로 리플 주파수에서 $X_L \gg X_C$로서 L 양단에서 리플(ripple) 성분을 매우 낮은 값으로 감소시킬 수 있다.

31 그림과 같은 전원 회로에서 C_1, C_2 및 CH는 직류분과 교류분에 대해서 어떤 역할을 하는가? ▮ 02.08 출제 ▮

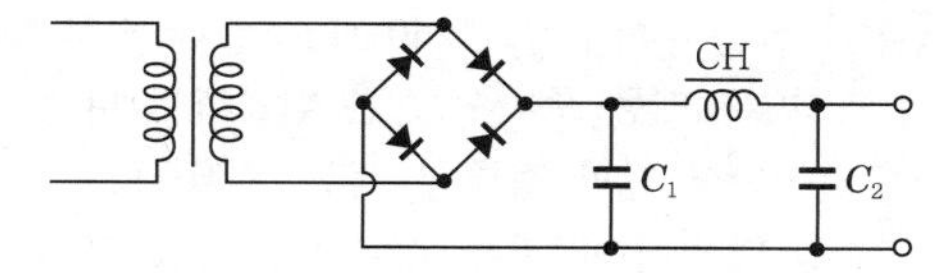

해답 • C_1, C_2의 역할 : 교류분 통과
• CH의 역할 : 직류분 통과

해설 그림의 회로는 콘덴서 입력형 여파기(π형 여파기)를 나타낸 것으로, 회로에서 CH는 초크 필터(chock filter)로서 리플 주파수에 대해 높은 임피던스를 나타내므로 직류분만 통과시키고 C_1과 C_2는 낮은 임피던스를 나타내므로 교류분만 바이패스(bypass) 시킨다.
이것은 회로의 출력 전압이 콘덴서 필터 C_1에서 CH의 전압 강하를 뺀 것이 되므로 출력에 포함되는 리플은 CH−C_2 필터로 감소시키는 결과가 되므로 리플이 매우 작은 출력 전압을 얻을 수 있다.

32 초크 입력형 평활 회로에서 리플을 작게 하려면 어떻게 하여야 하는가? ▮ 10.12.15 출제 ▮

해답 C와 L을 크게 한다.

해설 초크 입력형 여파기(chock filter)
L 입력형 여파기로서 출력 전압의 리플을 더욱 감소시키기 위하여 정류 회로의 부하 R_L에 인덕터 L을 직렬로 접속하고 콘덴서 C를 병렬로 접속하여 구성한 여파 회로이다. 이것은 L과 C를 크게 할수록 L 양단에서 리플(ripple)을 감소시킬 수 있다.

33 정류 회로에서 그림과 같은 출력 파형이 얻어지는 정류 회로는? ▌11 출제▌

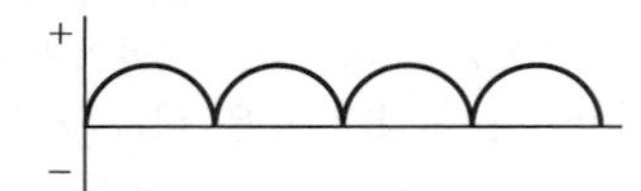

해답 전파 정류 회로

34 전원 주파수가 60[Hz]인 정류 회로에서 출력 120[Hz]의 리플 주파수를 나타내는 정류 회로는? ▌06.09.12 출제▌

해답 단상 전파 정류기

해설 전원 주파수 f_0가 60[Hz]일 때 정류 방식에 따른 맥동 주파수 f_r은 다음과 같다.

- 단상 반파 정류 $f_r = f_0 = 60$[Hz]
- 단상 전파 정류 $f_r = 2f_0 = 120$[Hz]
- 3상 반파 정류 $f_r = 3f_0 = 180$[Hz]
- 3상 전파 정류 $f_r = 2 \times 3f_0 = 360$[Hz]

* 단상 전파 정류기는 전원 주파수 60[Hz]를 2배로 정류하는 방식으로 출력의 맥동 주파수는 120[Hz]를 나타낸다.

35 60[Hz] 전원을 사용하는 정류기로 360[Hz]의 맥동 주파수를 나타내는 정류 방식은? ▌05.07.13.15 출제▌

해답 3상 전파 정류기

해설 3상 전파 정류기는 맥동 주파수 f_r이 전원 주파수 f_0의 6배가 정류 회로로서 출력의 리플 주파수는 360[Hz]를 나타낸다.
∴ 3상 전파 정류 $f_r = 6f_0 = 360$[Hz]

36 맥동률이 가장 작은 정류 방식은? ▌06.08.09 출제▌

해답 3상 전파 정류 방식

해설 정류 회로에서의 출력 파형은 맥동(ripple) 주파수가 높을수록 맥동률(ripple factor)이 작아지므로 3상 전파 정류 방식일 때 맥동률이 가장 작다.

37 정류 회로에서 리플 함유율을 줄이는 방법으로 가장 이상적인 것은? ▌99.02.10 출제▌

해답 브리지 정류로 하고 필터 콘덴서의 용량을 크게 한다.

해설 정류 회로에서의 출력 파형은 맥동 주파수가 높을수록 리플 함유율(ripple factor)이 작아지므로 브리지 정류로 하고 필터 콘덴서의 용량(C)을 크게 하는 것이 이상적이다.

38 평활 회로의 출력 전압을 일정하게 유지시키는 데 필요한 회로는? ▌10.12.15 출제▌

해답 안정화(정전압) 회로

해설 **안정화(정전압) 회로**

정류 회로와 필터(filter)를 조합한 평활 회로를 사용하면 리플(ripple) 성분이 작은 직류 출력 전압을 얻을 수 있다. 그러나 전원 전압이나 부하의 변동에 따라 직류 출력 전압이 변화하며, 특히 반도체 소자를 사용한 경우 직류 출력 전압은 온도에 따라 변한다. 그러므로 출력 전압을 안정화시키는 동시에 맥동률을 작게 하기 위한 방법의 하나로 필터를 포함한 정류 회로와 부하 사이에 넣은 안정화 회로를 정전압 회로라 하며 이것을 정전압 전원(regulated dc power supply)이라고 부른다.

39 그림은 트랜지스터 및 제너 다이오드를 사용한 직렬형 정전압 회로의 구성도이다. 빈칸에 맞는 것은? ▌98.01 출제▌

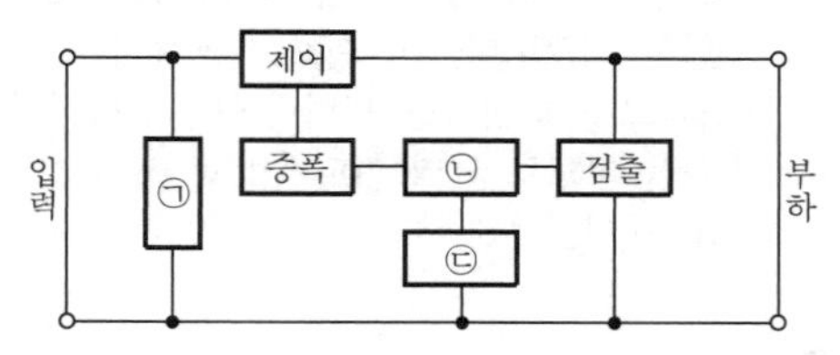

해답 ㉠ 정류 회로(diode) ㉡ 비교부(TR) ㉢ 기준부(제너 다이오드)

해설 **회로의 동작**

검출부에서 출력 전압의 일부를 검출하여 비교부에 보내고 비교부에서는 제너 다이오드의 기준 전압과 비교하여 차 신호(difference signal)를 증폭용 트랜지스터에서 증폭한 다음 가변 저항이 역할을 하는 제어용 트랜지스터에 보내어 출력이 항상 일정하게 유지되도록 조정한다.

40 그림과 같은 정전압 안정화 회로에서 제너 다이오드 Z_D의 역할은?

▮04.16 출제▮

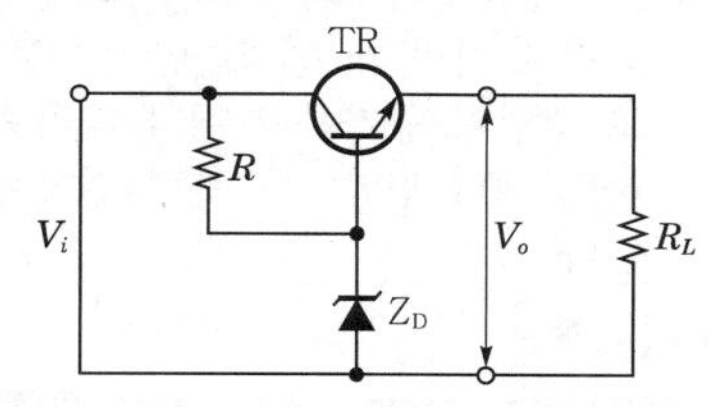

해답 기준 전압 유지

해설 그림은 이미터 폴로어(emitter follower)를 이용한 직렬 제어형 정전압 회로로서 널리 사용되고 있다. 회로에서 제너 다이오드 Z_D는 기준 전압(reference voltage) V_Z를 공급하기 위해 사용되며 부하 R_L과 직렬로 접속되어 있는 제어형 트랜지스터는 가변 저항기의 역할을 한다. 이것은 출력 전압 V_o를 기준 전압 V_Z와 비교하여 그 전압차를 트랜지스터의 V_{CE}로 분담하여 항상 출력 전압을 일정하게 유지시킨다.

41 그림의 정전압 회로에서 부하 R_L의 양단에 걸리는 전압은 몇 [V]인가?

▮04 출제▮

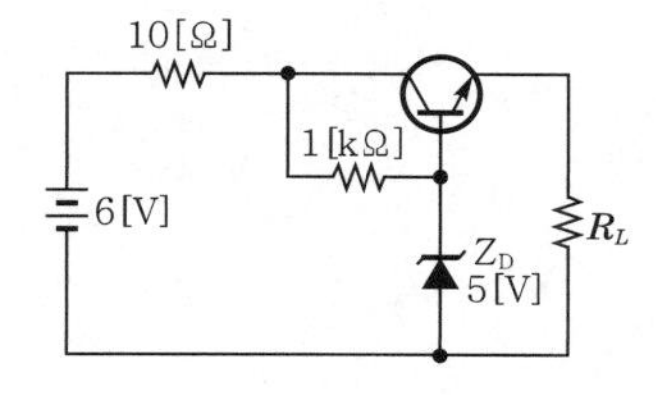

해답 4.4[V]

해설 그림의 회로는 직렬형 정전압 회로로서, 출력 전압 V_o는 제너 다이오드의 기준 전압 V_Z와 V_{BE}에 의해서 결정된다.

$$\therefore\ V_o = V_Z - V_{BE} = 5[\text{V}] - 0.6[\text{V}] = 4.4[\text{V}]$$

42 그림과 같은 정전압 회로에서 TR_1과 TR_2의 역할은?

▮99 출제▮

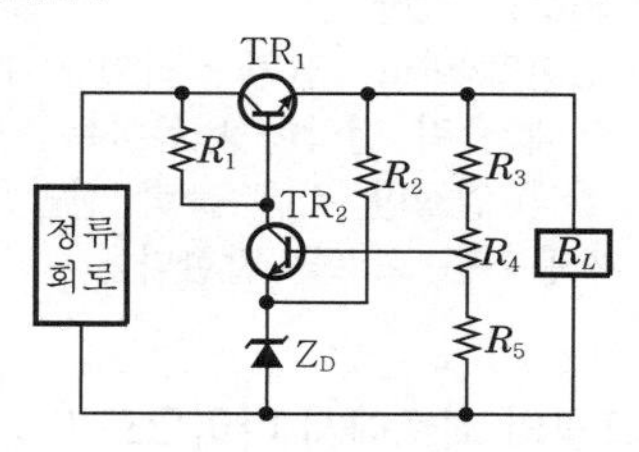

해답
- TR_1 : 증폭용 트랜지스터
- TR_2 : 제어용 트랜지스터

해설 그림은 높은 직류 안정화 전원을 얻기 위해 직렬 제어형 정전압 기본 회로에 증폭단을 증가시켜 출력 전압을 가변할 수 있도록 설계한 회로로서, TR_1은 증폭용 트랜지스터이고 TR_2는 직렬 제어용 트랜지스터로서 가변 저항기의 역할을 한다.

회로의 동작은 TR_2의 C-E 사이의 내부 저항은 TR_2의 V_{BE}의 함수로서 TR_1에 흐르는 컬렉터 전류에 따라 변화한다. 여기서, TR_1의 V_{BE}는 R_5의 양단 전압과 Z_D 기준 전압의 차가 되므로 TR_1은 출력 전압의 일부를 기준 전압과 비교하여 차 신호를 증폭한다. 만일, 입력 전압이 증가하면 이에 따라 출력 전압도 증가하므로 TR_1의 V_{BE}가 증가하여 TR_1의 컬렉터 전류가 크게 증가한다. 이 전류의 증가는 R_1에서 전압 강하(TR_2의 $V_{CB} \cong V_{CE}$)의 증대를 초래한다. 이것은 TR_2의 V_{CE}의 증가로 나타나므로 출력 전압은 실질적으로 일정하게 유지된다. 여기에서 증폭부의 이득을 올리면 보다 높은 안정도를 얻는다. 또한, R_4의 값을 변화시키면 출력의 정전압 레벨을 가변시킬 수 있다.

43 전원 회로의 구조 순서는?

▮15 출제▮

해답 변압 회로 → 정류 회로 → 평활 회로 → 정전압 회로

해설
- 변압 회로 : 철심이나 코일을 사용한 변압기의 1차측과 2차측 코일의 권선비를 이용하여 2차측에 교류 전압을 공급하는 회로이다.
- 정류 회로 : 2극관이나 다이오드와 같은 정류 소자를 사용하여 교류를 직류로 바꾸어 주는 회로를 말한다.

- 평활 회로 : 정류된 전압 속에는 포함된 리플(ripple) 전압을 줄이기 위하여 사용되는 회로를 말한다.
- 정전압 회로 : 전원 전압이나 부하의 변동에 의해 출력 전압이 변동하는 것을 방지하고 항상 일정한 직류 출력 전압을 얻기 위한 사용되는 회로를 말한다.

44 그림의 회로에서 다이오드 D의 역할은?

▌02.20 출제 ▌

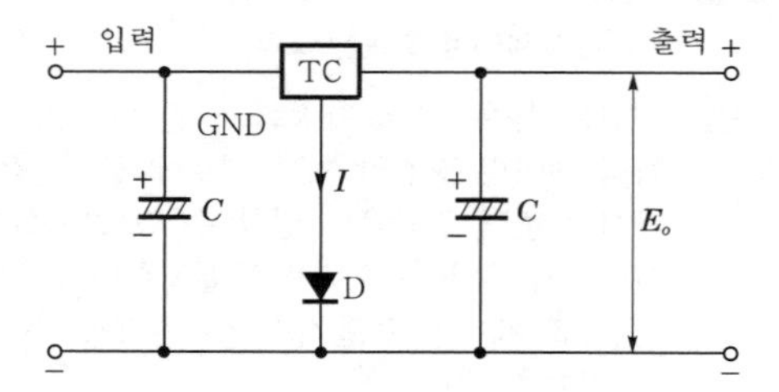

해답 출력 전압의 상승

해설 그림의 회로는 정전압용 IC 3단자 조정기(three terminal requlator)이다. 이것은 3개의 핀을 지닌 IC 전압 조정기로서, 원하는 출력 전압에 따라 5[V]에서 24[V]까지 여러 종류의 IC가 있다.

회로에서 핀 1은 비조정 입력 전압, 핀 2는 출력 전압, 핀 3은 다이오드의 접지점을 나타낸다. 여기서, 핀 1의 입력 콘덴서는 발진을 방지하는 바이패스(bypass) 콘덴서이고 핀 2의 출력 콘덴서는 출력 전압의 과도 응답을 개선하기 위한 바이패스 콘덴서이다.

* 회로에서 IC 접지점을 나타내는 핀 3에 일반 다이오드 D를 넣으면 출력 전압은 0.7[V] 상승한다. 따라서, 이러한 다이오드를 직렬로 여러 개 연결하면 0.7[V]의 배압으로 전압이 증가하고 제너 다이오드를 사용하면 제너 전압만큼 출력 전압은 상승하게 된다.

Key Point

3단자 레귤레이터 정전압 회로의 특징 필수 암기

▌15.16 출제 ▌

- 입력 전압이 출력 전압보다 높다.
- 회로의 구성이 간단하며, 발진 방지용 커패시터가 필요하다.
- 소비 전류가 작은 전원 회로에 사용한다.
- 전력 손실이 높아 많은 전력이 필요한 경우에는 적합하지 않다.

Section 08 증폭 회로

01 베이스 접지 회로의 전류 증폭률은 어떻게 정의되는가?

해답 $\alpha = \left|\dfrac{\Delta I_C}{\Delta I_E}\right|$ (단, V_{CB} 일정)

해설 직류 전류 증폭률(DC alpha, α)
α는 컬렉터 전류가 이미터 전류와 얼마만큼 가까운 값을 가지는가를 나타내는 것으로, 이미터 전류에 대한 컬렉터 전류의 비로서 정의한다.
여기서, α는 대부분의 트랜지스터에서 0.95 ~ 0.98[%] 정도를 가지므로 $\alpha \fallingdotseq 1$로 근사화시킬 수 있다.

02 이미터 접지 회로의 전류 증폭률은 어떻게 정의되는가? ▌99.07 출제▐

해답 $\beta = \left|\dfrac{\Delta I_C}{\Delta I_B}\right|$ (단, V_{CE} 일정)

해설 직류 전류 증폭률(DC beta, β)
β는 베이스 전류의 변화량에 대한 컬렉터 전류 변화량의 비로서 정의한다.
여기서, β는 20 ~ 100 정도이며 베이스 전류 ΔI_B의 변화에 대하여 컬렉터 전류 ΔI_C는 β배로 증폭된 값을 갖는다.

03 이미터 접지 회로에서 $I_B = 10[\mu A]$, $I_C = 1[mA]$일 때 전류 증폭률 β는 얼마인가? ▌98.07.08.14 출제▐

해답 $\beta = 100$

해설 $\beta = \dfrac{\Delta I_C}{\Delta I_B}$에서

$$\therefore \beta = \frac{1 \times 10^{-3}}{10 \times 10^{-6}} = 100$$

04 α가 0.99인 트랜지스터의 β값은? ▌01 출제▐

해답 $\beta = \dfrac{\alpha}{1-\alpha} = \dfrac{0.99}{1-0.99} = 99$

해설 α와 β의 관계
그림의 NPN 트랜지스터에서 키르히호프의 전류 법칙을 적용하면 다음과 같다.
$I_E = I_C + I_B$
여기서, $I_C \cong I_E$, $I_B \ll I_C$, $I_B \ll I_E$
위 식의 양변을 I_C로 나누어 정리하면

$\dfrac{I_E}{I_C} = 1 + \dfrac{I_B}{I_C}$, $\dfrac{1}{\alpha} = 1 + \dfrac{1}{\beta}$ 에서

$\therefore \alpha = \dfrac{\beta}{\beta+1}$, $\beta = \dfrac{\alpha}{1-\alpha}$

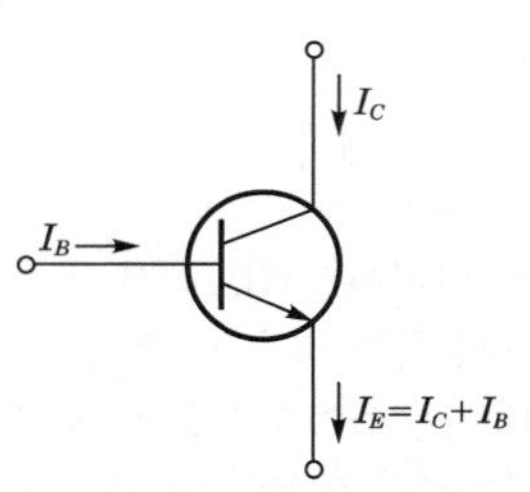

▌NPN 트랜지스터의 전류 흐름▐

05 주위 온도가 상승하면 트랜지스터의 전류 증폭률은 어떻게 변화하는가? ▌10 출제▐

해답 증가한다.

해설 트랜지스터는 주위 온도가 상승하면 I_C에 의한 컬렉터 손실($I_C V_{CE}$)로 인하여 CB 접합의 온도가 상승하여 I_{CO}가 증가한다. 이때, I_{CO}의 증가는 I_C의 증가를 초래하므로 트랜지스터의 특성이 변화하여 β의 값이 변동하므로 전류 증폭률이 증가한다.

06 이미터 접지 증폭 회로에서 고정 바이어스 회로의 안정 지수 S를 나타내는 식은? ▌02.14 출제▐

해답 $S = 1 + \beta$

해설 안정 지수(stability factor) S

트랜지스터 바이어스 회로에서 주위 온도의 변화로 컬렉터 차단 전류 I_{CO}가 컬렉터 전류 I_C에 얼마나 영향을 미치는가를 나타내는 비율로서, $S=\frac{\Delta I_C}{\Delta I_{CO}}$로 나타낸다. 이것은 바이어스 회로를 설계할 때 고려해야 할 대상으로 보통 안정 지수 또는 안정 계수라고 할 때는 I_{CO}에 관한 S를 의미하는 것으로 S의 값이 작을수록 좋은 안정도를 나타낸다.

* 고정 바이어스 회로에서는 I_B가 I_C에 관계없이 일정하므로 안정 지수 $S=1+\beta$로 나타낸다.

07 고정 바이어스 회로를 사용한 트랜지스터의 β가 50이다. 안정 지수 S는 얼마인가?

▌04.05.09.14 출제▐

해답 $S=51$

해설 $S=1+\beta$에서

$\therefore\ S=1+50=51$

고정 바이어스 회로에서 $\beta=50$의 트랜지스터를 사용하는 경우 I_C가 I_{CO}의 51배 만큼 빨리 증대하는 셈이 되므로 안정 지수 S가 큰 회로는 열 폭주 현상이 발생할 가능성이 높고 시스템의 안전성에 심각한 영향을 미친다. 보통 안정 지수는 $S=5\sim10$ 정도가 가장 적당하다. 고정 바이어스는 회로의 구성이 간단한 특징은 있으나 안정 지수 S가 크기 때문에 온도 변화에 따른 β의 영향으로 안정된 동작점(Q)을 잡는 것이 불가능하다. 따라서, 이 방식은 선형 동작을 위한 바이어스 방법 중에서 가장 나쁜 방식으로 사용하지 않는다.

08 트랜지스터의 베이스 폭을 얇게 하는 이유는 어느 특성을 좋게 하기 위함인가?

▌04 출제▐

해답 전도 특성

해설 트랜지스터는 2개의 PN 접합으로 베이스(base), 이미터(emitter), 컬렉터(collector)의 3부분의 영역을 가지는 3단자 소자로서, 서로 다른 도핑 레벨(doping level)을 가지므로 공핍층의 폭과 영역이 각각 다르다. 여기서, 베이스 폭을 얇게 하는 이유는 그림 (a), (b)와 같이 이미터에서 주입되는 대부분의 전자들을 베이스 영역 쪽으로 깊게 침투시켜 많은 양의 전자들을 컬렉터 영역 속으로 흐르게 하는 것이다. 이것은 그림 (c)와 같이 순방향 바이어스 V_{EB}에 위해 이미터 영역에서 베이스 영역 속으로 주입된 전자 중 5[%] 이하의 전자들은 베이스 영역의 정공과 재결합하여 외부의 베이스 단자로 흘러나가고 95[%] 이상의 전자들은 컬렉터 영역에 도달하여 외부 컬렉터 단자에 의해 V_{CB}의 (+) 단자로 흘러 들어가게 된다. 따라서, 컬렉터 전류는 이미터 전류와 거의 같게($I_C \cong I_E$) 되므로 베이스 폭을 얇고 약하게 도핑할수록 전도 특성이 좋아지며 전류 증폭률은 증가한다.

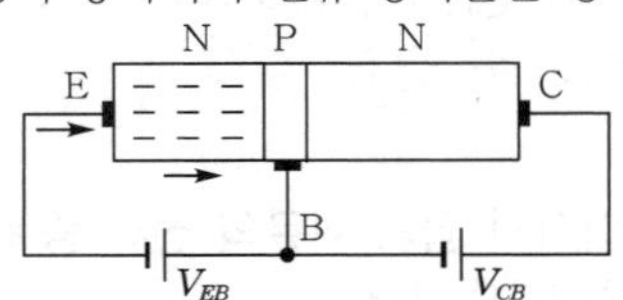

(a) 이미터의 다수 전자

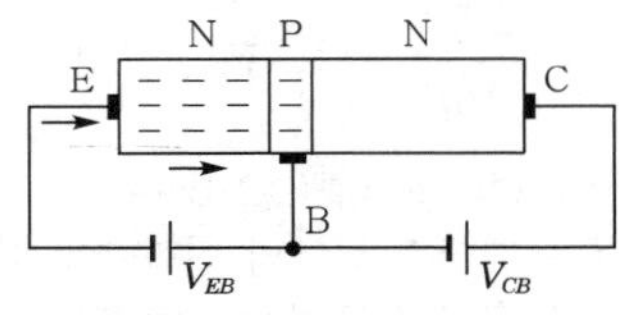

(b) 베이스 내의 전자 주입

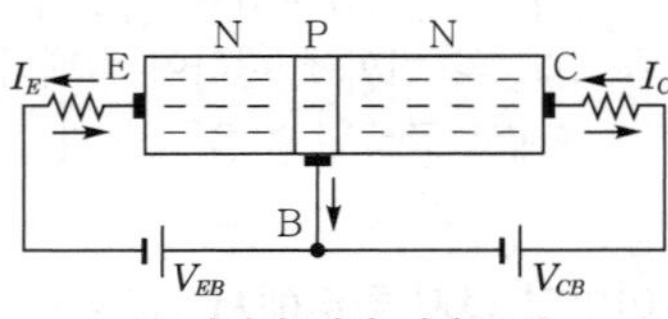

(c) 컬렉터 내의 전자 흐름

09 트랜지스터를 활성 영역에서 사용하고자 할 때 E-B 접합부와 C-B 접합의 바이어스는 어떻게 공급하여야 하는가?

▌02.07 출제▐

해답
- E－B 접합 : 순방향 바이어스
- C－B 접합 : 역방향 바이어스

해설 트랜지스터는 기본적으로 비선형(nonlinear) 소자이므로 선형 증폭기(linear amplifier)로서 활성 영역에서 사용하고자 할 때는 그림과 같이 EB 접합은 순방향으로 바이어스하고 CB 접합은 역방향으로 바이어스한다. 이 조건들이 만족되면 트랜지스터는 능동 소자로서 작은 입력 신호를 증폭하여 큰 출력 신호를 만들어 낸다.

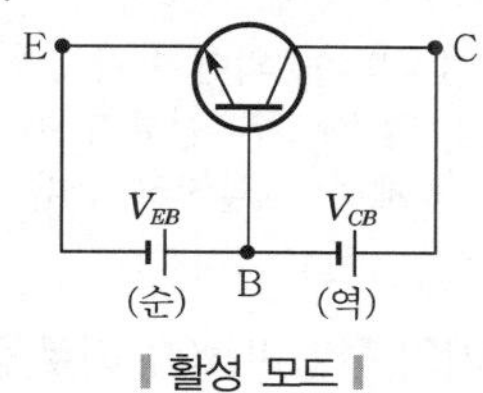

❙ 활성 모드 ❙

10 트랜지스터가 정상적으로 증폭 작용을 하는 영역은?

❙ 07.08.09.13.14 출제 ❙

해답 활성 영역(active region)

해설 활성 영역(active region)
트랜지스터의 동작점이 정해지는 영역으로서, 트랜지스터는 능동 소자로서 선형 동작을 유지하며 증폭기로서 동작한다. 여기서, 역활성 영역은 실제로 사용되지 않는다.

	V_{EB}	
활성 영역 (순)(역)		포화 영역 (순)(순)
차단 영역 (역)(역)		역활성 영역 (역)(순) V_{CB}

❙ 트랜지스터의 동작 영역 ❙

11 트랜지스터가 on, off 스위치로 동작하기 위한 영역으로 가장 적합한 것은?

❙ 11.15.20 출제 ❙

해답 포화 영역과 차단 영역

해설 포화 영역(saturation region)과 차단 영역(cutoff region)
트랜지스터를 논리 회로 등에서 스위치로 사용될 때 동작점을 갖는 영역으로, 주로 펄스 및 디지털 전자 회로에서 응용된다.

12 TR의 컬렉터 손실의 표현식은?

❙ 07 출제 ❙

해답 컬렉터 손실 $P_C = V_{CE} \times I_C$

해설 최대 컬렉터 손실(PC, maximum collector loss)
트랜지스터의 최대 정격의 하나이며, 동작 시에 컬렉터에서 소비되는 전력은 컬렉터 접합부에서 열로 소비되므로 접합부의 온도를 상승시킨다. 이때, 소비되는 전력을 컬렉터 손실 P_C라 하며 이때 접합부의 최고 온도 상태의 허용값을 최대 컬렉터 손실이라 하고 $PC_{\max}$로 나타낸다.

- 컬렉터 손실 전력 $P_C = V_{CE} I_C$ [W]는 V_{CE}, I_C가 최대 정격값 이내라도 $PC_{\max}$ 이내라야 한다.
  이것은 주위 온도 25[℃]를 기준으로 했을 때 트랜지스터 내부에 허용되는 최대 전류 손실로서 트랜지스터는 어떠한 경우라도 최대 정격 내에서 사용하여야 한다.
- 최대 정격 : 트랜지스터에 인가할 수 있는 최대 전압과 흘릴 수 있는 최대 전류를 말한다.

13 증폭기에서 바이어스가 적당하지 않으면 일어나는 현상은?

❙ 13 출제 ❙

해답
- 이득이 낮아진다.
- 파형이 일그러진다.
- 전력 손실이 많아진다.
- 동작점이 변화한다.
- 열폭주 현상으로 트랜지스터가 파손된다.

14 그림과 같은 이미터 접지형 증폭기에서 콘덴서 C_2를 제거하면 어떤 현상이 일어나는가?

❙ 01.02 출제 ❙

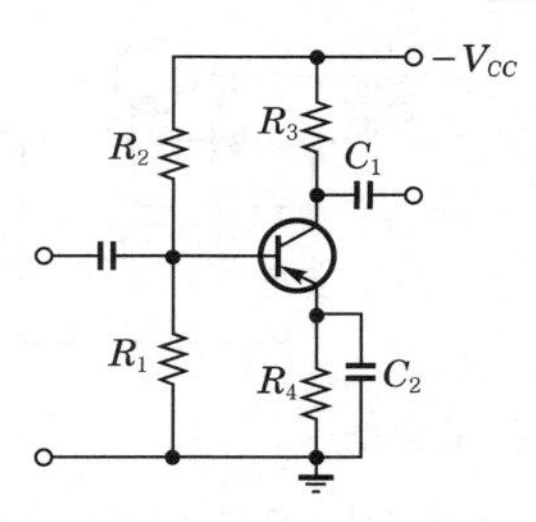

해답 이득 감소

해설 그림은 이미터(Common Emitter ; CE) 접지형 증폭기로서 이미터 저항 R_4는 온도 변화에 따른 컬렉터 전류 I_C의 변화를 방지하기 위한 안정 저항이며 C_2는 측로 콘덴서(bypass cond- ener)이다. 회로에서 C_2는 교류 신호를 바이패스하므로 교류 신호에 대해서는 단락 상태로 접지된다. 이것은 이미터가 교류 해석에서는 접지임을 의미하지만 직류에서는 접지가 아니므로 C_2를 제거하면 이득이 감소한다.

15 그림의 회로에서 R_E의 역할은?

▌05.10 출제 ▌

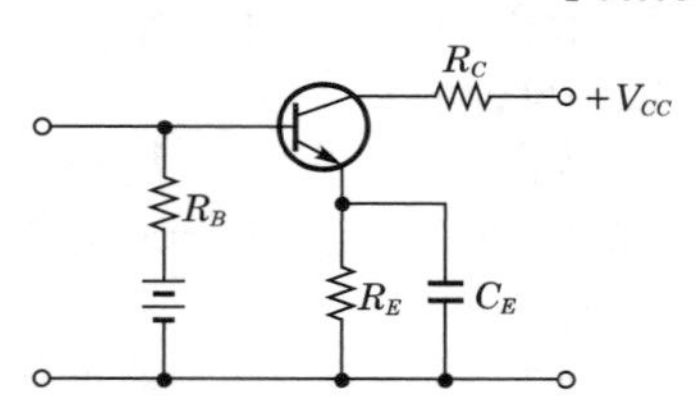

해답 동작점의 안정화

해설 회로에서 이미터 저항 R_E는 온도 변화에 따른 컬렉터 전류 I_C의 변화를 방지하기 위한 안정 저항이다. 이것은 온도 상승으로 I_{CO}가 증대하면 I_C의 증가를 초래하므로 R_E에 흐르는 이미터 전류는 증가하게 된다. 이때, R_E의 전압 강하는 온도 상승에 따른 베이스-이미터 전압 V_{BE}의 증가를 억제시키므로 컬렉터 전류 I_C의 증가를 제한하여 일정하게 유지시킨다. 따라서, 동작점 Q의 위치(I_C, V_{CE})를 트랜지스터의 특성 변화에 관계없이 일정하게 유지되도록 하여 안정화시킨다.

16 그림 같은 바이어스 회로에서 D의 역할은?

▌01 출제 ▌

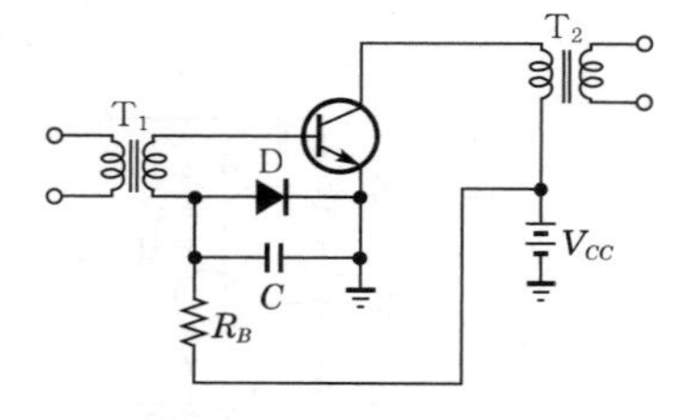

해답 온도 보상용

해설 회로에서 D는 온도 변화에 따른 I_C의 증가를 억제하는 온도 보상용 다이오드이다. 여기서, 온도 상승에 따른 이미터 순방향 전압 V_{BE}의 변화는 I_C의 증가와 더불어 증가하게 되므로 특성 곡선 상에서 동작점 Q가 이동하여 불안정하게 된다. 따라서, 온도에 따라 증가하는 I_C를 일정하게 유지하려면 온도가 1[℃] 상승할 때마다 V_{BE}를 2.5[mV]씩 줄여 주어야 한다. 이때, 다이오드 D가 트랜지스터와 같은 재료이면 다이오드 양단 전압은 V_{BE}와 마찬가지로 −2.5[mV/℃]의 온도 계수를 갖는다. 그러므로 온도 상승에 의한 V_{BE}의 증가는 다이오드 전압의 변화에 의하여 감소하므로 I_C의 증가는 V_{BE}의 감소로 I_B 전류가 감소하므로 I_C의 증가를 억제하여 일정하게 유지시킨다.

17 10[V]의 전압이 100[V]로 증폭되었다면 증폭도는?

▌13.14.20 출제 ▌

해답 $G=20[\text{dB}]$

해설 전압 증폭도 $A_v = \dfrac{V_o}{V_i}[\text{dB}]$

$$G = 20\log_{10}\frac{V_o}{V_i} = 20\log A_v$$

$$\therefore G = 20\log_{10}\frac{100}{10} = 20\log_{10}10 = 20[\text{dB}]$$

18 전압 이득이 100일 때 이것을 [dB]로 나타내면?

▌07.08.09 출제 ▌

해답 $G=40[\text{dB}]$

해설 데시벨(Decibel) 전압 이득

[dB]는 보통 전압 증폭도나 전력 이득 또는 감쇠량의 배수를 대수로 표현하는 단위이다.

전압 증폭도 $A_v = \dfrac{V_o}{V_i}$

전압 이득 $G = 20\log_{10}A_v$

$$= 20\log_{10}\frac{V_o}{V_i}[\text{dB}]$$

$$\therefore G = 20\log_{10}\frac{100}{10} = 20\log_{10}10^1 = 1\times 20 = 20[\text{dB}]$$

19 증폭 회로에서 전압 증폭도가 10,000배이면 데시벨 이득 G는?

▌04.12.13 출제 ▌

해답 $G=80[\text{dB}]$

해설 이득 $G = 20\log_{10}10{,}000 = 20\log_{10}10^4 = 4\times 20 = 80[\text{dB}]$

20 증폭기의 입력에 1[mW]를 공급했을 때 출력이 1[W]가 얻어졌다면 이때의 이득(gain)은 몇 [dB]인가?
▌01.02.03.04.05 출제▐

해답 $G_p = 30[\text{dB}]$

해설 전력 이득 $G_p = 10\log_{10}\dfrac{\text{출력전력 } P_o}{\text{입력전력 } P_i}[\text{dB}]$에서

$$\therefore\ G_p = 10\log_{10}\frac{1}{1\times10^{-3}}$$
$$= 10\log_{10}10^3 = 3\times10 = 30[\text{dB}]$$

21 전압 증폭도가 30[dB]과 50[dB]인 증폭기를 직렬로 연결시켰을 때 종합 이득은?
▌10.15 출제▐

해답 10,000배

해설 종합 이득 $G_T = G_1 + G_2 = 30 + 50 = 80[\text{dB}]$

$80 = 20\log_{10}A_v$ 에서

$\therefore\ A = 10^4 = 10,000[\text{배}]$

22 증폭기를 통과하여 나온 출력 파형이 입력 파형과 닮은꼴이 되지 않는 경우의 일그러짐은?
▌01.04.09.20 출제▐

해답 진폭 일그러짐(비직선 일그러짐)

해설 진폭 일그러짐(amplitude distortion)

트랜지스터의 특성이 비직선일 때 발생하는 것으로, 입력 전압의 과대 또는 동작점의 부적당으로 동작 범위가 특성 곡선의 비직선 부분을 포함하여 발생하므로 비직선 일그러짐(nonlinear distortion)이라고도 한다. 이것은 입력 파형(기본파) 이외에 기본파의 2배, 3배……의 고조파 성분을 포함하게 되기 때문에 특성 곡선의 직선 부분에서 얻을 수 있는 전류와 전압의 크기를 제한하므로 출력 파형이 입력 파형과 다르게 된다.

이러한 진폭 일그러짐은 그 정도를 일그러짐률 K로 나타내며 다음과 같이 정의한다.

$$K = \frac{\sqrt{\text{제 2고조파}^2 + \text{제 3고조파}^2 + \cdots\cdots}}{\text{기본파}} \times 100[\%]$$

23 증폭 회로의 L, C에 의하여 생기는 일그러짐은?
▌99 출제▐

해답 주파수 일그러짐

해설 주파수 일그러짐(frequency distortion)

일반적으로 증폭 회로의 부하는 순저항이 아니고 리액턴스를 포함한 임피던스 성분이므로, 입력 신호의 주파수가 변화하면 부하 임피던스가 변화하여 증폭기의 이득이 주파수의 변화에 따라 달라진다.

아래 그림은 주파수 특성을 나타낸 것으로, 증폭기가 중역대에서 동작할 때는 전압 이득(A_{mid})이 최대이다. 여기서, 중역대보다 낮은 주파수(f_1)의 저역에서는 결합 커패시터 및 바이패스 커패시터 때문에 전압 이득이 낮아지며 중역대보다 높은 주파수(f_2)의 고역에서는 내부 용량과 표유 용량으로 인해 전압 이득이 감소한다. 이것은 트랜지스터의 동작 특성이 직선이라 하더라도 발생하기 때문에 직선 일그러짐(liner distortion)이라고도 한다.

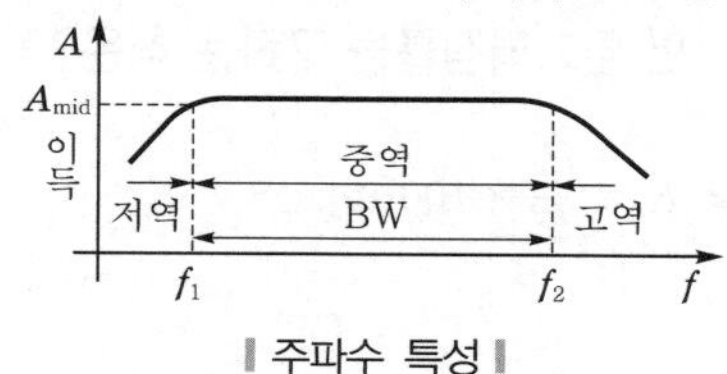

▌주파수 특성▐

24 RLC 등의 영향으로 신호가 주파수에 따라서 시간의 늦어짐이 일정하지 않기 때문에 생기는 일그러짐의 원인은?
▌02 출제▐

해답 위상 일그러짐

해설 위상 일그러짐(phase distortion)

일반적으로 증폭 회로에 가해지는 입력 신호는 단일 주파수가 아니고 많은 주파수 성분을 포함하고 있다. 이들의 주파수 성분이 동일한 위상으로 출력단에 나타나면 일그러짐은 발생하지 않는다. 그러나 실제로는 입력 전압에 포함된 주파수는 서로 다른 것으로 각각 전달 시간의 지연으로 위상차가 발생하여 출력단에 나타난다. 이것을 위상 일그러짐 또는 지연 일그러짐이라고 한다.

아래 그림은 주파수 성분 및 크기가 같은 기본파에서 위상 지연으로 파형이 달라지는 위상 일그러짐 파형을 나타낸 것이다.

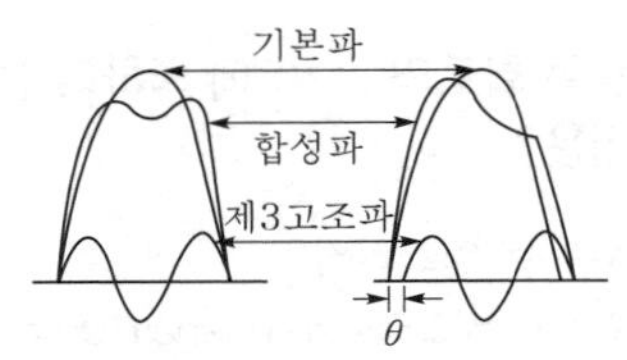

▌위상 일그러짐 파형▐

25 **전고조파의 실횻값과 기본파의 실횻값의 비를 무엇이라 하는가?** ▌13 출제▐

해답 일그러짐률

해설 일그러짐률
일정 주파수의 정현파에 대한 변조파로 반송파를 변조했을 경우 직선 검파한 출력에 포함되는 고조파분의 기본파분에 대한 퍼센트 또는 데시벨로 표시되는 것으로 왜율이라고도 한다.

26 **기본파 전압을 E_f, 고조파 전압을 E_h라 하면 일그러짐률을 구하는 식은?** ▌10.11 출제▐

해답 $K = \dfrac{E_h}{E_f} \times 100[\%]$

27 **어떤 전류의 기본파 진폭이 50[mA], 제2고조파 진폭이 4[mA], 제3고조파 진폭이 3[mA]라면 이 전류의 왜형률[%]은?** ▌99.05.06.10.11.20 출제▐

해답 10[%]

해설 왜형률

$$K = \frac{\text{고조파의 실횻값}}{\text{기본파의 실횻값}} \times 100[\%]$$

$$= \frac{\sqrt{\text{제2고조파}^2 + \text{제3고조파}^2 + \cdots\cdots}}{\text{기본파}}$$

$\times 100[\%]$ 에서

$$\therefore\ K = \frac{\sqrt{I_2^{\,2} + I_3^{\,2}}}{I} \times 100$$

$$= \frac{\sqrt{4^2 + 3^2}}{50} \times 100 = 10[\%]$$

28 **진공관에서 음극 표면의 상태가 고르지 못하여 전자의 방사가 시간적으로 일정하지 않으므로 발생하는 잡음으로 가청 주파수대에서만 일어나는 잡음은?** ▌11.15 출제▐

해답 플리커 잡음

해설 플리커 잡음(flicker noise)
진공관에서 음극 표면의 상태가 고르지 못하여 전자의 방사가 시간적으로 불규칙할 때 발생하는 잡음으로서, 잡음의 크기는 주파수에 반비례하는 특징이 있어 $\dfrac{1}{f}$ 잡음이라고도 한다. 이 잡음은 주로 가청 주파수대에서 많고 고주파대에서는 발생하지 않는다.

29 **증폭기에서 잡음 지수가 얼마일 때 가장 이상적인가?** ▌06.10.16 출제▐

해답 잡음 지수 $F = 1$일 때

해설 잡음 지수(NF : Nose Figure)
증폭기나 수신기 등에서 발생하는 잡음이 미치는 영향의 정도를 표시하는 것으로, 수신기 입력에서의 S_i/N_i비와 수신기 출력에서의 S_o/N_o 비로서 나타낸다.

$$\therefore\ NF = \frac{S_i/N_i}{S_o/N_o} = \frac{S_i N_o}{S_o N_i}$$

이러한 잡음 지수는 증폭기의 내부 잡음을 나타내는 합리적인 표시 방법으로서, 잡음이 없는 이상적인 잡음 지수는 $F = 1$, 잡음이 있으면 $F > 1$로 표시된다. 따라서, F의 크기에 따라 증폭기나 수신기의 내부 잡음의 정도를 알 수 있다.

30 **S/N비가 클수록 잡음은 상대적으로 어떻게 변화하는가?** ▌09 출제▐

해답 작아진다.

해설 신호대 잡음비(S/N비 : Signal-to-Noise ratio)
수신기 및 증폭기를 포함하여 일반 전송계에서 취급하는 신호(Signal ; S)와 잡음(Noise ; N)의 비율을 나타내는 척도로서 보통 S/N으로 쓴다. 이것은 신호와 동반하는 잡음 성분의 양을 수치로 표시한 것으로, 신호의 세기를 잡음의 세기로서 나눈 값으로 단위는 [dB]을 사용하며 S/N비가 높을수록 잡음은 상대적으로 작음을 나타낸다.

31 트랜지스터의 h파라미터 중 h_{fe}는?

▌04 출제▐

해답 이미터 접지 시의 전류 증폭도

해설 이미터 접지 트랜지스터의 h파라미터 해석

트랜지스터는 그림 (a)와 같이 한 단자를 입력과 출력으로 공통으로 사용하면 능동 4단자 회로망(tow port network) 이론에 적용할 수 있다. 여기서, 점선의 블랙 박스(black box)는 한 쌍의 입력과 출력 단자를 가지는 임의의 회로를 나타내므로 입력측은 테브난의 정리를 이용하고 출력측은 노턴의 정리를 적용하면 그림 (b)와 같은 하이브리드 모델(hybrid model)을 얻을 수 있다.

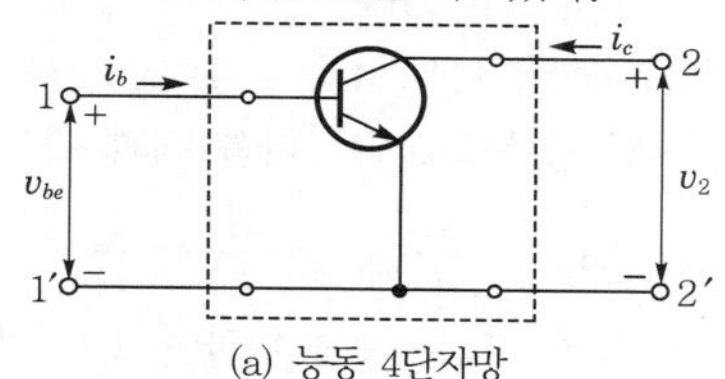

(a) 능동 4단자망

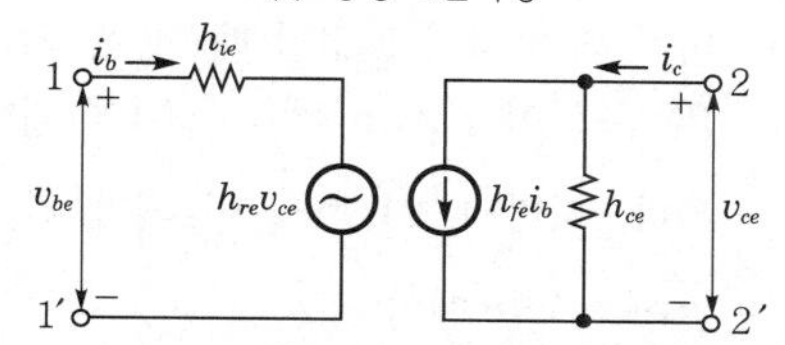

(b) 하이브리드 4단자망 등가 회로

따라서, 능동 4단자망의 h 파라미터는 4개의 변수 i_b, v_{be} 및 i_c, v_{ce} 가운데 임의의 2개가 주어지면 나머지는 회로의 특성으로부터 결정될 수 있다. 여기서, 독립 변수로 입력측의 i_b와 출력측의 v_{ce}를 택하여 키르히호프의 식을 적용하면 하이브리드(hybrid) 관계식은 다음과 같이 성립한다.

$$\begin{cases} v_{be} = h_{ie} i_b + h_{re} v_{ce} \\ i_c = h_{fe} i_b + h_{oe} v_{ce} \end{cases}$$

- $h_{ie} = \left.\dfrac{v_{be}}{i_b}\right|_{v_{ce}=0}$: 출력 단락 입력 임피던스 [Ω]
- $h_{re} = \left.\dfrac{v_{be}}{v_{ce}}\right|_{i_b=0}$: 입력 개방 전압 되먹임률 [무명수]
- $h_{fe} = \left.\dfrac{i_c}{i_b}\right|_{v_{ce}=0}$: 출력 단락 전류 증폭률 [무명수]
- $h_{oe} = \left.\dfrac{i_c}{v_{ce}}\right|_{i_b=0}$: 입력 개방 출력 어드미턴스 [℧]

따라서, h_{fe}는 출력 단자를 단락시켜 $v_{ce}=0$으로 했을 때 입력 전류에 대한 출력 전류의 비로서, 단위가 없고 출력 단락 순방향 전달 전류비 파라미터라고 한다.

이와같은 h 파라미터의 해석은 트랜지스터의 접지 방식에 따라 베이스(CB) 접지일 때는 b, 이미터(CE) 접지일 때는 e, 컬렉터(CC) 접지일 때는 c의 첨자를 붙여서 구별한다.

32 트랜지스터의 h_f 측정 시 필요한 조건은?

▌98.08 출제▐

해답 출력 단자를 단락시킨다.

해설 h 파라미터의 측정

트랜지스터 증폭기를 하이브리드 관계식을 적용하여 출력측을 교류적으로 단락시키거나 입력측을 교류적으로 개방시켜 소신호 특성을 h 파라미터로 측정한다.

33 실리콘 트랜지스터와 관련된 파라미터 중 온도의 변화에 따른 변동이 가장 작은 것은?

▌09 출제▐

해답 h_i

해설 실리콘(Si) 트랜지스터에서 모든 h파라미터들은 상온 $T=25$[℃]의 정규화 값에서 접합부의 온도 변화는 온도의 증가에 따라 크게 증가한다. 이 중에서 h_i는 온도의 변화가 가장 작다.

34 트랜지스터 접지 증폭 회로의 조건은?

▌08.11.12.14 출제▐

해답
- 베이스 접지(CB) : 입력 이미터, 출력 컬렉터
- 이미터 접지(CE) : 입력 베이스, 출력 컬렉터
- 컬렉터 접지(CC) : 입력 베이스, 출력 이미터

35 트랜지스터 접지 증폭 회로에서 출력 임피던스가 가장 작은 회로는? ▌07 출제▐

해답 컬렉터 접지 회로

해설 접지 증폭 회로의 출력 임피던스
- 베이스 접지 : 가장 크다.
- 이미터 접지 : 중간이다.
- 컬렉터 접지 : 가장 작다.

Key Point

① **베이스 접지 증폭 회로의 특징** 필수 암기
- 전류 이득이 약 1이다($\alpha \approx 0.95 \sim 0.98$).
- 전압 이득은 이미터 접지와 같은 정도로 약 ≤10이다.
- 입력 저항이 가장 작다(수 ~ 수십[Ω]).
- 출력 저항이 가장 크다(수[kΩ] 이상).
- 입력 신호와 출력 신호는 동위상으로 위상이 반전되지 않는다.

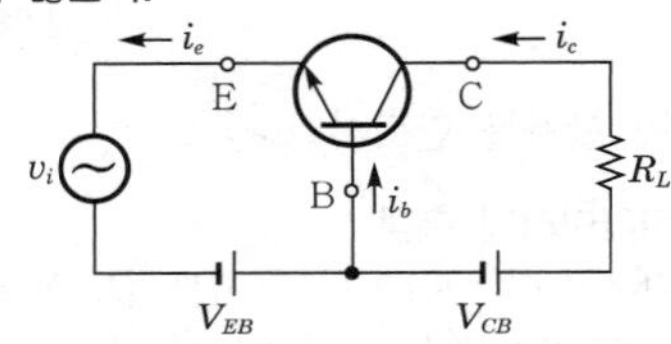

▌베이스 접지 회로▐

② **컬렉터 접지 증폭 회로(이미터 폴로어)의 특징**
필수 암기 ▌99.07.08.09.10.11.15 출제▐
- 전류 이득이 가장 크고, 전압 이득은 1보다 작다(거의≥1이다).
- 입력 저항은 접지 방식 중 가장 크다(수백[kΩ] 이상).
- 출력 저항은 가장 작다(수 ~ 수십[Ω]).
- 입력 신호와 출력 신호는 동위상으로 위상은 반전되지 않는다.

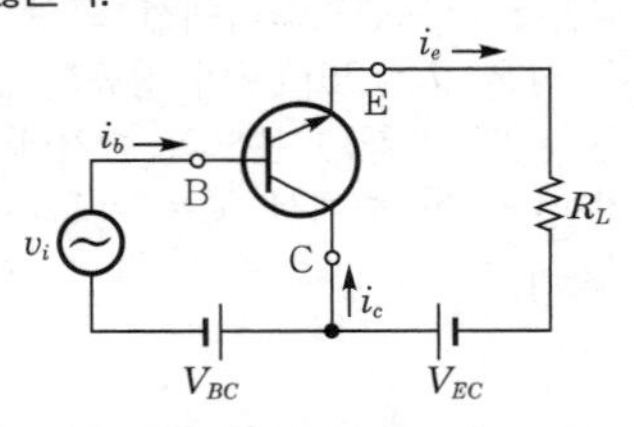

▌컬렉터 접지 회로▐

이와 같은 컬렉터 접지 회로는 입력 저항이 매우 크고 출력 저항은 아주 작기 때문에 주로 임피던스 변환용 완충 증폭(buffer amplifier)기로 응용되며 넓은 주파수 범위에서 전압 이득이 1인 저항 변환기의 역할을 한다.

36 음되먹임(부귀환) 증폭 회로에서 되먹임 증폭도 $A_f = \frac{1}{\beta}$이 되기 위한 조건은? ▌07.20 출제▐

해답 $|\beta A| \gg 1$

해설 음되먹임

출력 쪽에서 입력 쪽으로 보내어지는 귀환 신호의 위상이 입력 신호의 위상과 반대임을 의미하는 것으로 부귀환(negative feedback)이라 한다.

그림의 회로에서 출력 전압 V_o의 일부를 샘플(sample)하여 되먹임 회로 β에 의해 입력 쪽으로 되먹임시키면 기본 증폭기의 증폭도 $A = \frac{V_o}{V_s}$에서 회로의 입력 전압 $V_i = V_s - V_f = V_s - \beta V_o$이다.

이 식에서 $V_o = A V_i = A(V_s - \beta V_o)$이므로 되먹임 증폭도 A_f는 다음 식과 같이 된다.

$$\therefore\ A_f = \frac{A}{1+\beta A} \cong \frac{A}{\beta A} \approx \frac{1}{\beta}$$

여기서, A_f는 A에 비하여 $|1+\beta A|$배로 감소하게 되며 A가 고정일 때 A_f는 되먹임 회로의 루프 이득(loop gain) βA에 의해서 결정된다. 따라서, $A_f = \frac{1}{\beta}$ 이 되기 위한 조건은 $|\beta A| \gg 1$일 때이다.

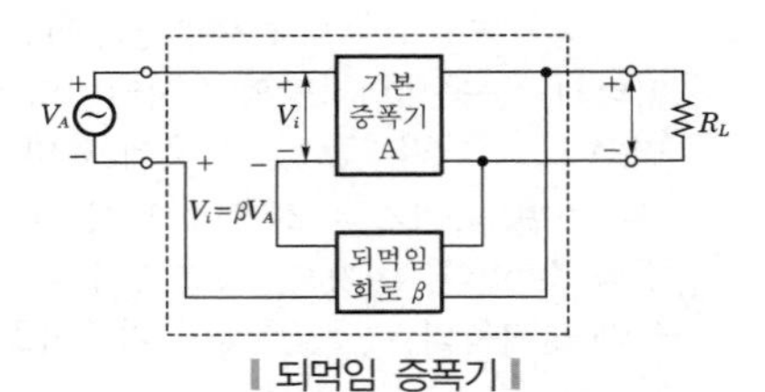

▌되먹임 증폭기▐

[A와 A_f의 비교]
- $|1+\beta A| > 1$일 때 $|A_f| < |A|$: 음되먹임(NFB)으로 이득은 되먹임에 의해 감소한다.
- $|1+\beta A| < 1$일 때 $|A_f| > |A|$: 양되먹임(PFB)으로 이득이 증가한다.
- $|1+\beta A| = 1$일 때 $A_f = \infty$: 입력 신호가 없더라도($V_s = 0$) 출력 전압은 유한값을 가지므로 증폭기는 발진기로 동작한다.

37 음되먹임(부귀환) 증폭 회로에서 되먹임 증폭도 A_f는?
▌02.05 출제▐

해답 $A_f \approx \dfrac{1}{\beta}$

해설 음되먹임(부귀환) 증폭기의 특징 **필수 암기**
- 이득의 안정
- 비직선 일그러짐의 감소
- 잡음의 감소
- 음되먹임으로 증폭기의 전압 이득은 감소하지만 대역폭이 넓어져서 주파수 특성이 개선된다. 이때, 상한 3[dB] 주파수와 하한 3[dB] 주파수를 갖는다.
- 귀환 결선의 종류에 따라 입력 및 출력 임피던스가 변화한다.

38 A급 저주파 증폭기의 최대 효율은 몇 [%]인가?
▌14 출제▐

해답 50[%]

해설 A급 증폭기의 특징 **필수 암기**
- A급 증폭기는 단순하고 안정된 바이어스 회로로 구성된 것으로, 트랜지스터를 항상 활성 영역에서 동작시키기 위한 가장 일반적인 증폭 방식이다.
- 출력 신호의 유통각은 $2\pi = 360°$로서, 입력 신호의 한주기 전체에 걸쳐 변화하는 동작 상태를 가지므로 파형의 일그러짐이 거의 없다.
- 컬렉터 전류가 입력 신호의 전주기 동안 흐르므로 전력 소모가 많고 효율이 낮다.
- 증폭기의 동작점은 정특성 곡선 직선부의 중앙부에 잡는다.
- 최대 효율은 직렬 공급 부하의 경우는 25[%]이고, 변압기 부하의 경우는 50[%]이다.
- 전력 효율이 매우 나쁘기 때문에 대신호 증폭기로는 부적당하다.

39 B급 푸시풀(push-pull) 증폭기의 최대 전력 효율[%]은?
▌09.11 출제▐

해답 78.5[%]

해설 B급 푸시풀(push-pull) 증폭기
그림 (a)는 변압기 결합 푸시풀 증폭기를 나타낸 것으로, 2개의 트랜지스터를 푸시풀 회로(push pull circuit)로 구성하여 사용하므로 각 트랜지스터가 서로 반대로 반주기의 입력 신호를 High로 Push하고, Low로 Pull하여 부하에서 입력 신호의 전주기 동안 교번하는 출력 신호를 얻는다. 따라서, 1개의 트랜지스터를 사용하는 A급 증폭기에 비해 컬렉터 효율이 매우 높다.
회로의 동작은 그림 (b)와 같이 출력 신호가 입력 신호의 반주기 범위에서 변화하는 것으로, 컬렉터 전류의 유통각은 180°이다. 따라서, 동작점 Q는 직류 부하선과 교류 부하선의 차단점에 위치하게 되므로 직류 바이어스점은 0[V]이며 출력 신호는 바이어스점에서 입력 신호의 반주기 동안 변화한다. 따라서, A급 동작보다 트랜지스터의 소비 전력이 적고 전류 유출이 작다는 장점을 가진다.

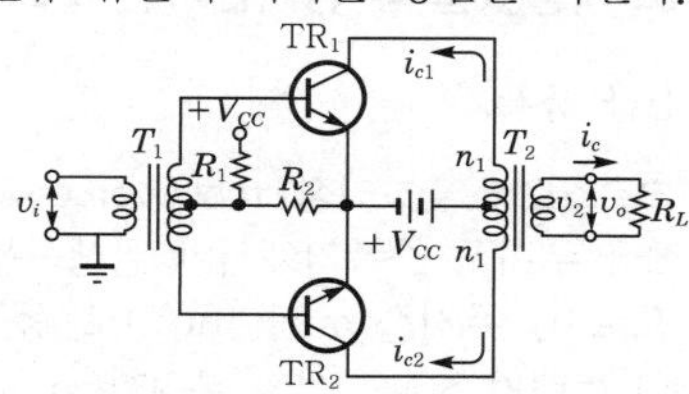

(a) 푸시풀 증폭 회로

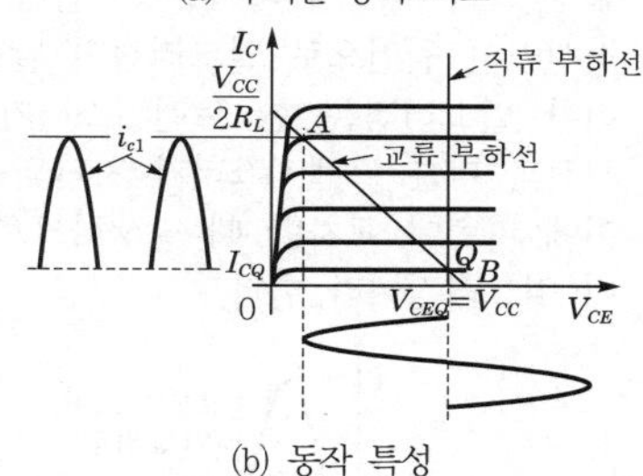

(b) 동작 특성

Key Point

B급 푸시풀 증폭기의 특징 **필수 암기**
- 동작점은 직류 전류가 거의 흐르지 않는 차단점을 선정하여 동작시키므로 직류 바이어스 전류가 매우 작아도 된다.
- A급보다 큰 출력을 얻을 수 있으며 컬렉터 효율이 높다(78.5[%]).
- 우수(짝수) 고조파가 상쇄된다.
- 입력 신호가 없을 때는 트랜지스터가 차단 상태에 있으므로 전력 손실을 무시할 수 있다.

40 푸시풀 전력 증폭기에서 출력 파형의 찌그러짐이 작아지는 주요 이유는?

▌99.02.03.05.13.14 출제▐

해답 우수차 고조파가 상쇄되기 때문이다.

해설 대신호 A급 증폭기의 출력은 fin, 2fin, 3fin, 4fin, 5fin 등의 고조파를 발생시키지만 B급 푸시풀 증폭기의 출력은 fin, 3fin, 5fin 등의 기수(홀수) 고조파만을 발생시킨다. 따라서, 출력에는 우수(짝수) 고조파 성분이 제거되고 기수 고조파 성분만 나타나므로 출력 파형의 왜곡(일그러짐)이 작아진다.

41 크로스오버 일그러짐은 증폭기의 어느 급으로 사용했을 때 생기는가?

▌02.03.14 출제▐

해답 B급 증폭기

해설 크로스오버 일그러짐(crossover distortion)
B급 푸시풀 증폭기에서만 발생하는 일그러짐으로서, 푸시풀(push pull)로 동작하는 2개의 트랜지스터 특성의 부정합(mismatching) 및 컬렉터 특성의 비직선성, 입력 특성의 비직선적인 원인으로 일그러짐이 발생한다. 이러한 일그러짐은 한 트랜지스터가 도통하는 시간과 다른 트랜지스터가 차단되는 시간 사이에 파형이 교차할 때 발생하므로 크로스오버 일그러짐이라 한다.

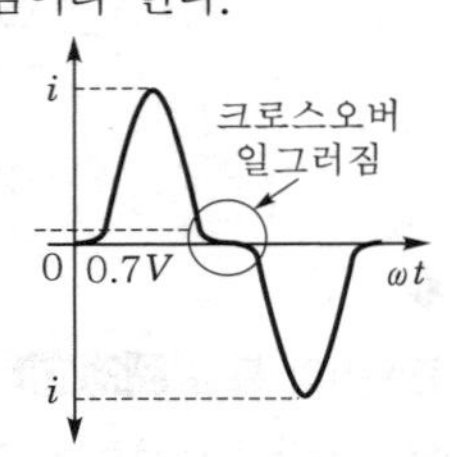

42 2개의 트랜지스터가 부하에 대하여 직렬로 동작하고, 직류 전원에 대해서는 병렬로 접속되는 회로는?

▌04.05.09.20 출제▐

해답 DEPP 회로

해설
- DEPP 회로 : 그림 (a)와 같이 2개의 트랜지스터가 부하 R_L에 대해서는 직렬로 전원 V_{CC}에 대해서는 병렬로 동작하는 푸시풀 회로를 DEPP(Double Ended Push Pull) 회로라 한다.
- SEPP 회로 : 그림 (b), (c)와 같이 2개의 트랜지스터가 부하 R_L에 대해서는 병렬로, 전원 V_{CC}에 대해서는 직렬로 동작하는 푸시풀 회로를 SEPP(Single Ended Push Pull) 회로라 한다. 이러한 SEPP 회로를 사용하면 트랜지스터의 출력을 변압기를 거치지 않고 직접 스피커의 음성 코일에 접속하여 입력 신호를 재생할 수 있다. 여기서, 그림 (b)의 SEPP 회로는 2개의 분리된 전원이 필요하므로 실용적으로는 그림 (c)와 같이 변형된 1전원 방식이 널리 사용된다.

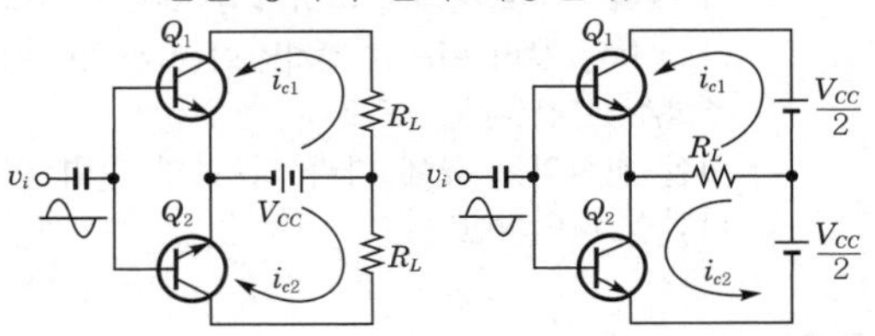

(a) DEPP 회로　　(b) SEPP 회로(2전원 방식)

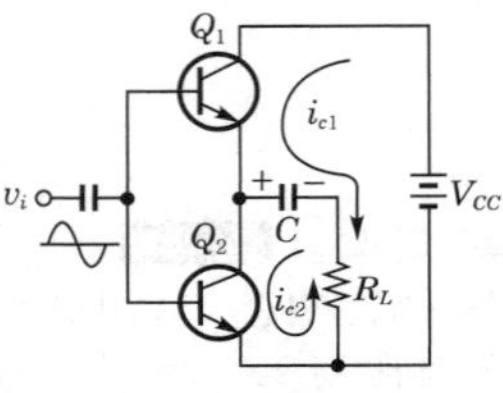

(c) SEPP 회로(1전원 방식)

43 상보 대칭식 SEPP 회로에서는 트랜지스터 특유의 크로스오버 일그러짐(crossover distortion)이 생기는데 이것을 없애기 위한 방법은?

▌02.20 출제▐

해답 B급 증폭을 시킨다.

해설 상보 대칭형(complementary) SEPP 회로
전류와 전압의 방향이 반대이고 특성(V_{BE} 곡선, 최대 정격)이 같은 NPN과 PNP 트랜지스터를 병렬로 조합시켜 위상 반전과 푸시풀(push pull) 동작을 하도록 설계된 것을 상보 대칭 SEPP 회로라 한다.

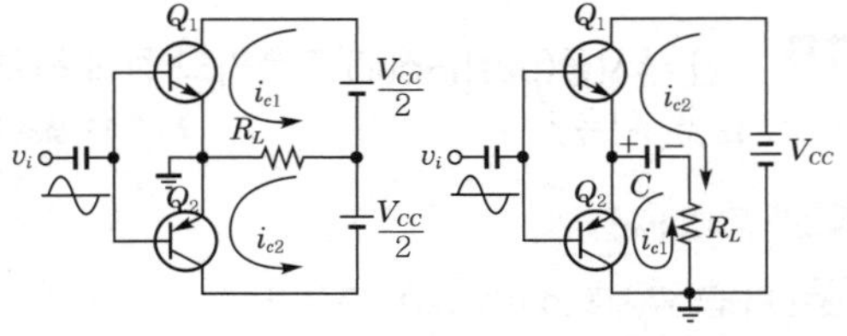

(a) 2전원 방식　　(b) 1전원 방식

▌Complementary SEPP의 방식▐

그림 (a)는 2전원 방식으로 2개의 트랜지스터 Q_1과 Q_2가 CE 증폭기로 동작한다. 실제로 쓰이는 회로는 그림 (b)의 1전원 방식으로, 이미터 폴로어(emitter follower)로 동작한다. 이것은 콘덴서 C와 부하 R_L 사이의 접속점을 접지하면 CE 증폭기로 동작시킬 수 있다.

* B급 푸시풀 증폭기에서는 2개의 트랜지스터 특성이 동일하지 않는 경우 출력 전압의 0[V] 부근에서 크로스오버 일그러짐(crossover distortion)이 생긴다. 따라서, 두 종류의 상보 대칭형 트랜지스터를 0.6 ~ 0.7[V] 사이의 정확한 V_{BE}와 온도 및 기타 요소들을 고려하여 푸시풀 회로를 사용함으로써 왜곡 현상을 개선할 수 있다.

44 1개의 NPN형 트랜지스터를 직결하여 등가 PNP형 트랜지스터로 동작시키는 접속은?

01.05 출제

해답 달링턴 접속

해설 달링턴(darlington) 접속

그림과 같이 한 쌍의 이미터 폴로어(emitter follower)가 직렬로 연결로 되어 있는 것으로 그 자체가 증폭 회로인 것이 아니고 2개의 트랜지스터를 직결하여 등가적으로 큰 값의 h_{fe}을 얻는 것을 목적으로 하는 회로이다.

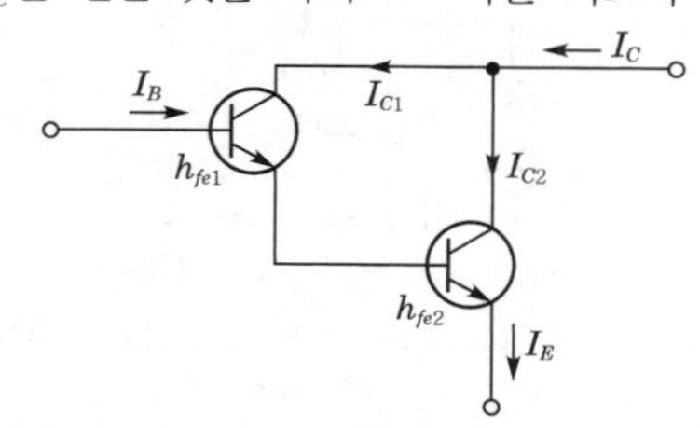

그림은 h_{fe1}, $h_{fe2} \gg 1$인 2개의 NPN형 트랜지스터를 직결한 회로이다.

- $I_{C1} = h_{fe1} I_B$ 에서 $I_E = (1+h_{fe1}) I_B$
- $I_{C2} = h_{fe2}(1+h_{fe1}) I_B$

이 식에서 이미터에 흐르는 전류 I_E를 구하면 다음과 같다.

$$I_E = I_{C1} + I_{C2} = h_{fe1} I_B + h_{fe2}(1+h_{fe1}) I_B \cong h_{fe1} h_{fe2} I_B$$

이 식으로부터 전류 증폭률은 약 $h_{fe1}h_{fe2}$가 되는 하나의 NPN형 트랜지스터와 등가임을 알 수 있다.

이러한 달링턴 회로는 보통 수천에 이르는 큰 전류 이득을 갖는 Super beta 트랜지스터이다.

45 저주파 특성이 가장 좋은 결합 방식은?

20 출제

해답 RC 결합

해설 저주파 증폭기

약 50 ~ 10,000[Hz]정도의 보통 음악이나 음성을 증폭할 목적으로 사용되는 증폭기이다. 이것은 오디오 시스템 전체에 대한 재생 주파수 특성을 넓은 주파수 범위의 대역에서 고르게 증폭하기 위해 보상 증폭기로서, RC 결합 증폭기와 변압기 결합 증폭기 등이 쓰인다.

그림 (a)는 기본 이미터 접지(CE) 증폭 회로에 R, L, C 소자를 추가하여 설계한 RC 결합 증폭기의 한 예를 나타낸 것이다. 이것은 2개의 트랜지스터 증폭기를 결합 콘덴서 C_{C2}로 결합한 방식으로 RC 결합 또는 C 결합이라고 한다. 이와 같은 RC 결합 증폭기는 바이어스 전압과 부하 저항의 크기 및 신호 전압을 넣는 방법을 적당히 선택하면 그림 (b)와 같이 저역과 고역의 넓은 주파수 범위에서 진폭 왜곡이 없이 고르게 증폭할 수 있으므로 결합 방식에서 가장 많이 이용되고 있다.

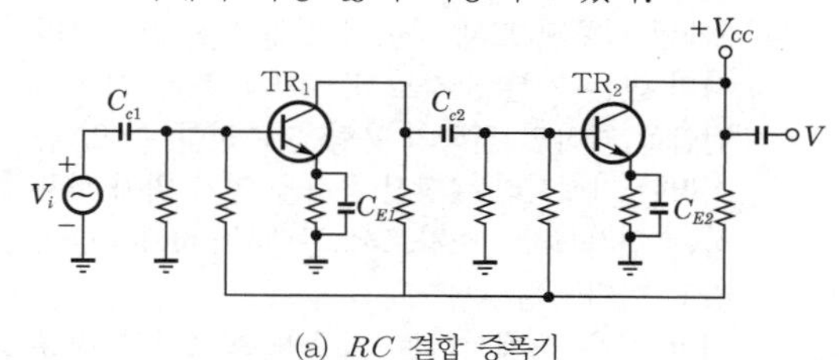

(a) RC 결합 증폭기

A
A_{mid}
저역 주파수대
중역 주파수대
고역 주파수대
3[dB]
주파수 대역폭
0[dB]
f_L
f_E
f

(b) 주파수 응답

46 저주파 증폭기의 핵심 능동 소자는?

14 출제

해답 트랜지스터

해설 트랜지스터(transistor)

바이어스 전압과 같은 Operation power가 인가

되어야 증폭기로 동작하는 핵심 능동 소자이다.

- 능동 소자(active element) : 전원으로부터 신호 에너지를 발생시켜서 에너지 변환을 하는 소자로서, 신호의 증폭 및 주파수 변환 등에 적용된다. 이러한 능동 소자는 전류나 전압이 인가되어야 동작 상태가 결정되는 것으로 수동 소자와 같이 사용된다. 대표적인 능동 소자로는 부하 저항과 전원을 포함한 전자관이나 트랜지스터, IC 등이 이에 속한다.
- 수동 소자(passive element) : 능동 소자와는 반대로 에너지를 소비하는 소자로서, 수동적으로 작용하며 단독으로 기능을 구현할 수 있다. 이것은 만들어진 후에는 소자의 특성 변화가 불가능하고 전류나 전압이 인가되지 않은 상태에서 결정되어 있는 소자이다. 대표적인 수동 소자로는 저항 R(resistance), 인덕터 L(inductor), 커패시터 C(capacitor)가 있다.

47 저주파 회로에서 직류 신호를 차단하고 교류 신호를 잘 통과시키는 소자는?

▌09.10.12 출제 ▌

해답 커패시터

해설 커패시터(capacitor)

2개의 평행판 도체 사이에 절연물을 넣어 분리시켜 만든 기본 소자로서, 2개의 도체 사이에 전압을 가하면 전하의 용량을 축적할 수 있다. 이러한 커패시터는 정전 용량을 얻기 위해 사용하는 전자 회로 소자로서 콘덴서(condenser)라고 한다.

이와 같은 커패시터는 저주파 회로에서 직류 신호(낮은 주파수)는 차단하고 교류 신호(높은 주파수)는 잘 통과시킨다.

48 저주파 증폭기에서 결합 콘덴서의 용량이 부족할 때 발생하는 현상은? ▌08.10 출제 ▌

해답 저역 주파수의 이득이 감소한다.

해설 결합 커패시터(coupling capacitor)

RC 결합 증폭기에서 직류 바이어스 전압을 변화시키지 않고 트랜지스터 증폭단의 입력과 출력단에 교류 신호를 연결해주는 소자로서, 결합 콘덴서라고도 한다. 이러한 결합 커패시터의 크기는 연결하고자 하는 신호의 가장 낮은 주파수에 의해 결정되므로 용량성 리액턴스(X_C)는 직렬 저항들 값보다 작아야 한다. 따라서, 결합 커패시터는 직류 신호에 대해서는 개방되고 교류 신호에 대해서는 단락되는 스위치와 같이 동작한다. 저주파 증폭기에서 결합 콘덴서의 용량이 부족하면 저역에서 리액턴스 성분이 커져서 저역 주파수의 이득이 감쇠한다.

49 RC 결합 저주파 증폭 회로의 이득이 고주파수에서 감소되는 이유는? ▌08.14 출제 ▌

해답 출력 회로의 병렬 커패시턴스 때문이다.

해설 RC 결합 저주파 증폭 회로의 주파수 특성

RC 결합 증폭기에서 저주파 영역의 이득이 감소되는 원인은 주파수가 낮아지면 결합 커패시터 및 바이패스 커패시터의 리액턴스 $\left(X_c = \dfrac{1}{2\pi fc} = \infty\,[\Omega]\right)$가 증가하기 때문에(두 커패시터를 단락 상태로 대치할 수 없음) 이들 두 커패시터의 영향으로 증폭기의 저주파 영역의 특성이 제한된다(저역 차단 주파수(f_L)가 존재한다).

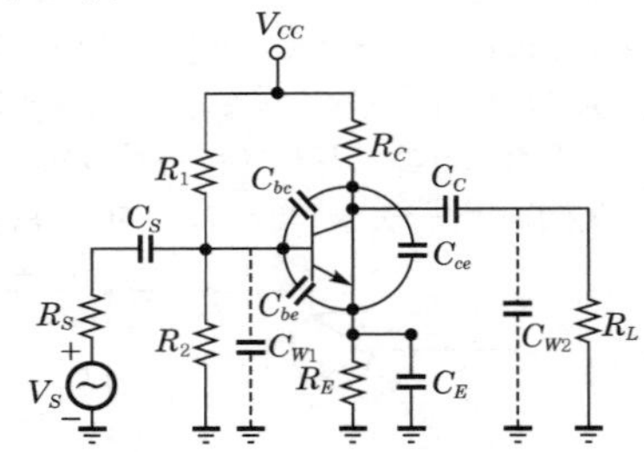

- C_{be}, C_{bc}, C_{ce} : 기생 커패시턴스
- C_{W1}, C_{W2} : 회로 내의 분포 커패시턴스
- C_s, C_c : 결합 커패시턴스
- C_E : 바이패스 커패시턴스

* 회로에서 주파수가 높아지는 고역 주파수 영역에서는 결합 커패시터 및 바이패스 커패시터의 영향$\left(\text{단락 상태, } X_C = \dfrac{1}{2\pi fc} \cong 0\,[\Omega]\right)$은 무시할 수 있으나 트랜지스터 자체의 특성 $h_{fe}(\beta)$의 주파수 의존성 및 트랜지스터 극간의 기생 커패시터와 회로 내의 배선 사이에 존재하는 분포 용량의 병렬 효과 영향 등으로 인하여 이득이 감소한다. 그러므로 증폭기의 고주파 영역의 특성이 제한된다(고역 차단 주파수(f_H)가 존재한다).

50 RC 결합 저주파 증폭 회로의 저역 차단 주파수는? ▮02.03 출제▮

해답 $f_L = \dfrac{1}{2\pi RC}$[Hz]

해설 • 저역 차단 주파수는 그림 (a)와 같이 RC 결합 회로에 의해서 결정된다.

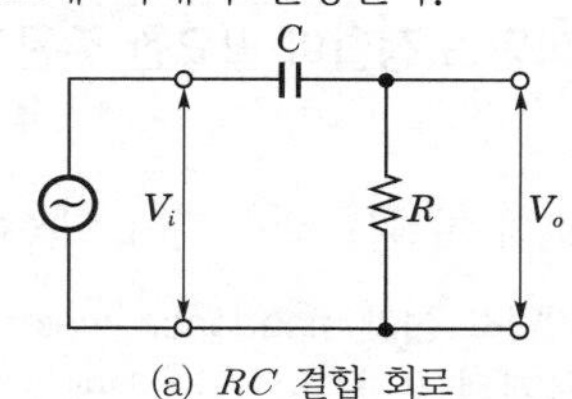

(a) RC 결합 회로

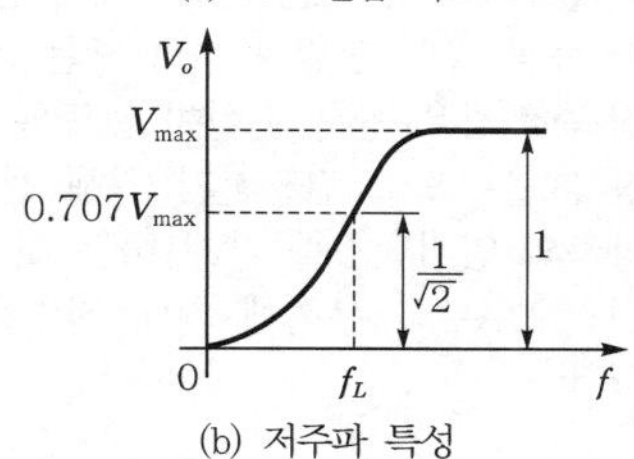

(b) 저주파 특성

• 저역 차단 주파수(low cutoff frequency) : $\dfrac{1}{\omega C} = R$일 때 V_i와 V_o의 비가 $\dfrac{1}{\sqrt{2}}$이 되는 주파수로서 다음과 같이 나타낸다.

$$f_L = \frac{1}{2\pi RC}[\text{Hz}]$$

51 라디오 수신기의 증폭기에서 중역대 증폭도를 A라 하면 저역 차단 주파수의 증폭도는 A의 몇 배인가? ▮02.03.04.07 출제▮

해답 $\dfrac{1}{\sqrt{2}}$배

해설 입력 주파수 $f = f_L$일 때 증폭기의 이득은 다음과 같다.

$$\therefore\ A_L = \frac{V_o}{V_i} = \frac{1}{\sqrt{2}} = 0.707(-3[\text{dB}])$$

따라서, $f = f_L$일 때 중간 대역으로부터 이득이 하한 3[dB] 주파수만큼 감소하는 주파수를 저역 차단 주파수라고 하며 이때 차단 주파수의 이득은 중간 대역 이득(mid band gain)의 70.7[%]이다.

52 저역 차단 주파수에서 트랜지스터의 상관 이득을 [dB]로 표시하면 어떻게 되는가? ▮06 출제▮

해답 −3[dB]

해설 이득 $G = 20\log_{10}A = 20\log_{10}\dfrac{1}{\sqrt{2}}$

$= -3[\text{dB}]$

53 이상적인 증폭기에서 대역폭을 2배로 하려면 이득을 약 몇 [dB] 내려야 하는가? ▮08 출제▮

해답 6[dB]

해설 [G · B]=constant이므로 이득은 $\dfrac{1}{2}$이어야 한다.

$\therefore\ G = 20\log_{10}A = 20\log_{10}\dfrac{1}{2}$

$= 20(\log 1 - \log 2) = 20(0 - 0.3)$

$= -6[\text{dB}]$

* 이득과 대역폭의 적([G · B])=constant) : 광대역 증폭기를 설계하는 경우 이득과 대역폭을 서로 독립적으로 결정할 수 없음을 뜻하는 것으로 이득과 대역폭을 서로 절충할 때 [G · B] 값이 기준이 된다.

54 단일 동조 고주파 증폭기의 이득은 LC 회로의 공진 주파수에서 최대가 되는데 그 이유는? ▮05.07 출제▮

해답 병렬 공진 회로이기 때문에

해설 C급 동조 증폭기

그림 (a)와 같이 단일 동조 회로를 부하로 사용하는 고주파 증폭기로서, LC 병렬 공진 회로의 공진 주파수를 정현파 입력 신호와 일치시켜 공진 주파수 근처의 고주파만을 선택하여 증폭하므로 협대역(narrow band) 증폭기라 한다.

회로에서 LC 병렬 공진 회로는 전류 공진으로 공진 시 임피던스는 무한대(∞)로서 컬렉터 전류 $I=0$으로 된다. 따라서, 회로가 공진 주파수 f_r에 동조되었을 때 증폭기의 이득은 최대가 되므로 그림 (b)와 같이 공진 주파수 f_r에서 선택도 Q가 큰 정현파 전압으로 된다.

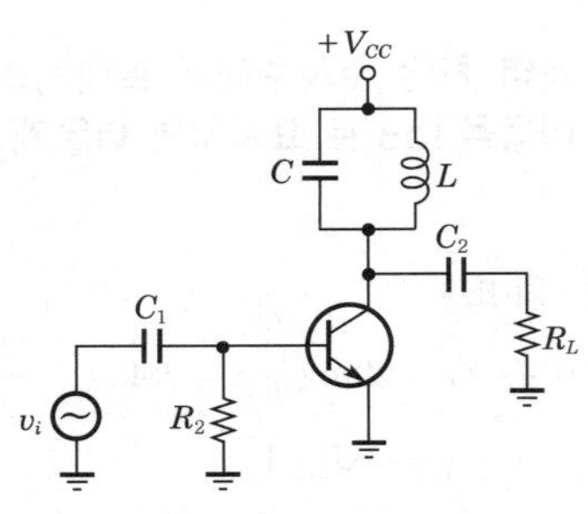

(a) C급 동조 증폭 회로

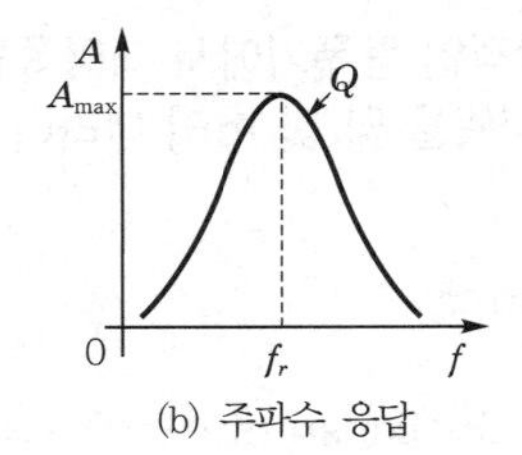

(b) 주파수 응답

55 동조 회로에서 최대 이득을 얻기 위한 조건으로 옳은 것은? (단, K : 코일의 결합 계수, Q : 선택도)

▮16 출제▮

해답 결합 계수 $K=\frac{1}{Q}$

해설 단일 동조 회로에서 결합 계수 $K=\frac{1}{Q}$일 때 임계 결합으로 단봉 특성 곡선을 가지며 회로가 공진 주파수$\left(f=\frac{1}{2\pi\sqrt{LC}}[\text{Hz}]\right)$에 동조되었을 때 출력은 최대의 전압 이득을 얻는다.

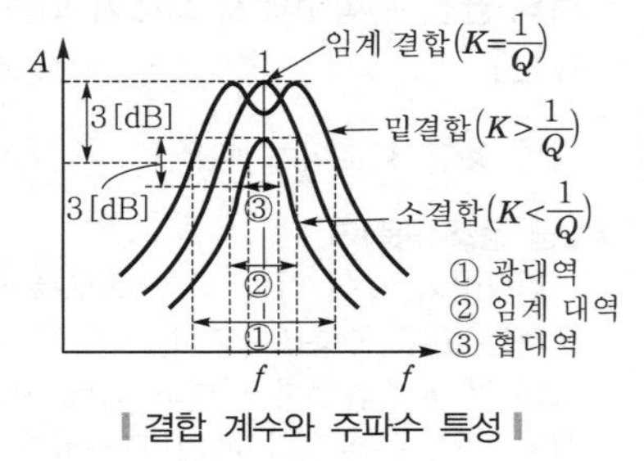

▮결합 계수와 주파수 특성▮

56 전력 증폭기에서 저항을 측정하는 이유는?

▮04 출제▮

해답 부하 저항과의 정합을 이루기 위하여

해설 전력 증폭기(power amplifier)
부하에 전력을 공급하는 것을 목적으로 한 증폭기로서, 보통 증폭 회로의 최종단에 두므로 종단 전력 증폭기라고도 한다. 이러한 전력 증폭기는 일그러짐이 적고 효율적으로 전력을 부하에 공급할 수 있는 것이 중요하므로 부하 저항과의 정합을 이루기 위하여 저항을 측정하여야 한다.

57 임피던스 정합이 필요한 주된 이유는?

▮02.06.08 출제▮

해답 회로의 손실을 작게 하기 위하여

해설 임피던스 정합(impedance matching)
증폭기의 부하 혹은 급전선에서 안테나의 접속점 등과 같이 전원과 부하 또는 2개의 회로를 접속할 경우 반사 손실이 없도록 에너지를 가장 효율적으로 전달하기 위해 접속점에서 본 양측의 임피던스를 같게 하는 것으로서, 이때 전원으로부터 부하에 최대 전력을 공급할 수 있다.

58 왜율이 가장 작은 저주파 증폭 방식은?

▮08.09 출제▮

해답 A급

해설 A급 증폭 방식은 단순하고 안정된 바이어스 회로로 구성된 것으로, 트랜지스터를 항상 활성 영역에서 동작시키기 위한 가장 일반적인 증폭 방식이다. 이것은 출력 신호가 입력 신호의 한 주기($2\pi=360°$) 전체에 걸쳐 변화하는 동작 상태를 가지므로 증폭 방식 중 파형의 일그러짐(왜율)이 거의 없고 가장 안정된 증폭 방식이다.

59 증폭기 중 효율이 가장 좋은 방식은?

▮08.10 출제▮

해답 C급

해설 C급 증폭 방식은 입력 신호에 대한 출력 신호의 유통각이 180° 이하로 에너지 소비가 적으므로 고주파 전력 증폭기에서는 효율을 높이기 위해 C급으로 증폭한다(효율 $\eta=78.5\sim100$ [%]).

60 차동 증폭기를 사용하여 직류로부터 특정한 주파수 범위 사이의 되먹임 회로를 구성하여 일정한 연산을 할 수 있도록 한 직류 증폭기를 무엇이라 하는가?

해답 연산 증폭기

해설 연산 증폭기(OP–Amp)
직류에서 수[MHz]의 주파수까지 종합 응답 특성이 요구되는 범위에서 되먹임(feed back) 증폭기를 구성하여 일정한 연산을 할 수 있도록 한 고이득 직류 증폭기이다. 이것은 여러 가지 함수(미분, 적분, 대수 등)의 연산 처리 회로용으로 사용되기 때문에 연산 증폭기(operational amplifier)라고 한다. 이러한 연산 증폭기는 대단히 큰 전압 이득과 큰 입력 임피던스(10^6[Ω] 정도), 작은 출력 임피던스(100[Ω] 이하)를 가지는 소자로서, 큰 전압 이득을 얻기 위하여 직결합 차동 증폭기를 여러 단으로 구성하여 입력단으로 사용한다.

61 IC 연산 증폭기의 입력은 일반적으로 무엇으로 되어 있는가? ▮ 99.02.14 출제 ▮

해답 차동 증폭기

해설 차동 증폭기(differential amplifier)
두 입력 신호의 차를 증폭하는 것으로, 연산 증폭기에서 큰 전압 이득을 얻기 위하여 입력단으로 사용한다. 따라서, 차동 증폭기는 연산 증폭기의 입력 특성을 결정하므로 파라미터(parameter)의 영향을 받지 않고 외부에 접속된 되먹임 소자에 의해 전압 이득 및 대역폭을 조정할 수 있다.

62 연산 증폭기의 두 입력 단자에 동일한 신호를 가했을 경우 출력 신호에 영향을 받지 않는 정도를 나타내는 것은? ▮ 07.11 출제 ▮

해답 동상 신호 제거비(CMRR)

해설 동상 신호 제거비(CMRR : Common Mode Rejection Ratio)
차동 증폭기의 성능을 평가하는 파라미터로서, 공통 모드 제거 능력을 숫자로 표시한 값을 말한다.

$$\therefore\ CMRR = \frac{\text{차동 이득}}{\text{동상 이득}} = \frac{A_d}{A_c}$$

63 차동 증폭기에서 동위상 제거비($CMRR$)가 어떻게 변할 때 우수한 평형 특성을 가지는가? ▮ 06.08.09.10.12 출제 ▮

해답 차동 이득이 크고 동위상 이득이 작을수록 우수한 평형 특성을 가진다.

해설 동상 신호 제거비($CMRR$)는 차동 이득(A_d)이 크고 동상 이득(A_c)이 작을수록 우수한 평형 특성을 가지므로 이상적인 차동 증폭기의 경우는 A_d가 큰 값을 가져야 하며 A_c는 0이어야 한다. 따라서, $CMRR=\infty$이어야 하며 $CMRR$이 클수록 동상 신호에 대한 공통 모드 제거는 더 잘 된다.

64 차동 증폭기에서 두 입력 신호의 전압이 $V_1=V_2=1$일 때 차동 신호 이득 A_d는 어떻게 되는가? ▮ 09 출제 ▮

해답 $A_d=0$

해설 차동 증폭기의 출력 신호 전압 V_o는 다음과 같다.
$V_o = A_d V_d = A_d(V_1 - V_2)$
여기서, A_d : 차동 신호 이득
이 식에서 두 입력 신호 $V_1=V_2=1$[V]일 때 차동 성분 $V_d=0$이므로 차동 신호 이득 $A_d=0$이다.

65 그림과 같은 연산 증폭기의 완전한 평형 조건은? ▮ 01.14 출제 ▮

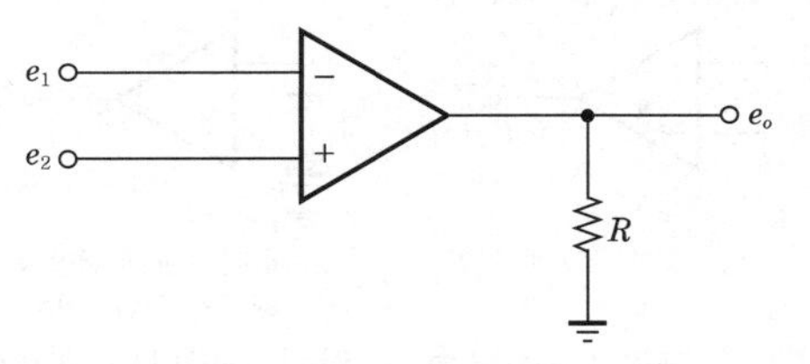

해답 $e_o=0$

해설 연산 증폭기의 차동 입력

- e_1 : 전압 이득 $\frac{e_o}{e_1}$는 출력 전압(e_o)이 입력 전압(e_1)과 역위상(−)으로 반전(inverting) 입력이라 한다.

- e_2 : 전압 이득 $\frac{e_o}{e_2}$는 출력 전압(e_o)이 입력 전압(e_2)과 동위상(+)으로 비반전(noninverting) 입력이라 한다.

여기서, 차동 입력 전압 $e_d = e_2 - e_1$에서 연산 증폭기의 완전한 평형 조건일 때는 $e_1 = e_2$이므로 $e_o = 0$이다.

66 이상적인 연산 증폭기의 두 입력 전압이 같을 때의 출력 전압은? ▌98.07.12 출제▐

해답 출력 전압은 0이다.

해설 이상적인 연산 증폭기에서 두 입력 전압 $V_1 = V_2$일 때 출력 전압 V_o의 크기에 관계없이 $V_o = 0$이다.

67 연산 증폭기에서 차동 출력을 0[V]가 되도록 하기 위하여 입력 단자 사이에 걸어 주는 것은? ▌08.14.15 출제▐

해답 입력 오프셋 전압

해설 입력 오프셋(offset) 전압

이상적인 연산 증폭기의 경우 차동 입력 전압이 0[V]일 때 그 출력도 0[V]이어야 하지만 능동 소자의 특성 불균일, 저항의 특성 차이 등으로 출력 전압이 0[V]가 되지 않고 약간의 오프셋 전압이 발생한다. 이때, 출력에 나타나는 오프셋 전압을 0[V]로 하기 위하여 입력 단자 사이에 공급하는 전압을 입력 오프셋 전압이라 한다.

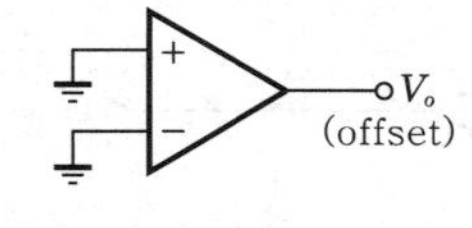

(a) 출력 오프셋 전압

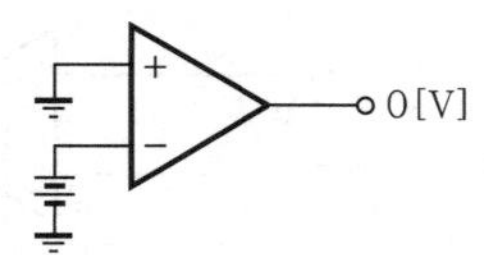

(b) 출력 오프셋 전압을 0[V]로 해주기 위한 방법

그림 (a)와 같이 출력에 나타나는 오프셋 전압은 입력 신호에 따른 것이 아니라 회로 자체에서 발생하는 잡음으로, 회로에 따라 입력 오프셋 전압과 증폭기의 전압 이득에 의해 정해진다. 이러한 오프셋 전압은 제조 회사에서 정한다.

68 이상적인 연산 증폭기의 주파수 대역폭은? ▌09.11.15 출제▐

해답 무한대(∞)

Key Point

이상적인 연산 증폭기(ideal op amp)의 특징 필수 암기

- 입력 저항 $R_i = \infty$
- 출력 저항 $R_o = 0$
- 전압 이득 $A_v = -\infty$
- 동상 신호 제거비가 무한대($CMRR = \infty$)
- $V_1 = V_2$일 때 V_o의 크기에 관계없이 $V_o = 0$
- 대역폭이 직류(DC)에서부터 무한대(∞)일 것
- 입력 오프셋(offset) 전류 및 전압은 0일 것
- 개방 루프(open loop) 전압 이득이 무한대(∞)일 것
- 특성은 온도에 대하여 변하지 않을 것(zero drift)

69 그림 같은 연산 증폭기의 출력 전압 V_o는? ▌02.08 출제▐

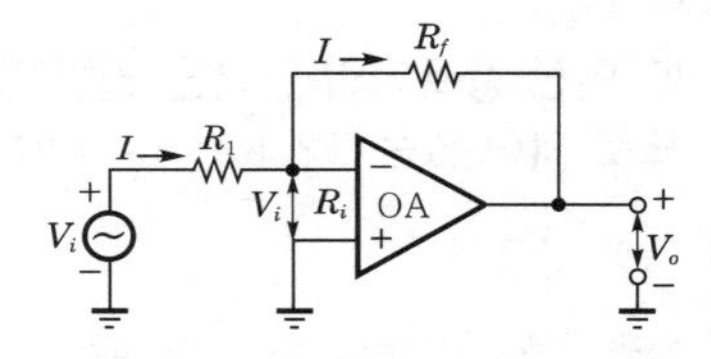

해답 출력 전압 $V_o = -\frac{R_f}{R_i} V_s$

해설 그림의 회로는 반전 연산 증폭기(inverting operational amplifier)로서 상수를 곱하는 연산 증폭기 중에서 가장 널리 사용된다.

회로에서 입력 신호 V_s는 (−)단자에 가해지므로 출력 신호 V_o는 입력 신호와 역위상이다. 이것은 이상적인 연산 증폭기의 경우 입력 저항 $R_i = \infty$이므로 R_1에 흐르는 전류 I는 되먹임 저항 R_f를 통해서 흐르고 $A_v = -\infty$로서 $V_i = \frac{V_o}{A_v} = 0$이므로 반전(−) 입력 단자는 실효적으로 접지된 것과 같다.

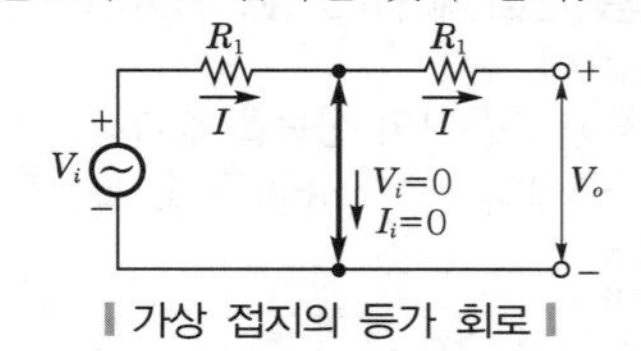

▌가상 접지의 등가 회로▐

그림은 가상 접지를 적용한 등가 회로로서, 입 · 출력에 대한 전류 I를 나타내는 관계식은 다음과 같다.

$I=\frac{V_s}{R_1}+\frac{V_o}{R_f}$ 에서 $I=\frac{V_s}{R_1}=-\frac{V_o}{R_f}$

여기서, 전압 이득 $A_v=\frac{V_o}{V_s}=-\frac{R_f}{R_1}$ 이므로

$\therefore$ 출력 전압 $V_o=-\frac{R_f}{R_i}V_s$

이 식에서 $K=-\frac{R_f}{R_1}$로서, 회로의 전압 이득은 외부 저항 소자인 R_1과 R_f에 의해서 결정되므로 연산 증폭기의 파라미터와는 관계가 없다. 따라서, 연산 증폭기는 계수$(-K)$를 곱하는 연산을 하게 되므로 음되먹임을 적용하면 부호가 변한다.

만일, $R_f=R_1$이면 전압 이득의 크기는 1이 되어 출력 $V_o=-V_s$로서 신호의 위상만을 반전시키므로 결과적으로 입력 신호의 부호를 바꾸어 주는 부호 변환기의 역할을 한다.

Key Point

가상 접지(virtual ground) 의미는 출력에서 입력으로 R_f를 통한 되먹임이 V_i를 0[V]로 유지하기 위한 것으로, 그 점의 전압이 0[V]가 되어도 증폭기의 입력 단자를 통하여 접지점으로 전류가 흐르지는 않는다는 뜻이다.

70 그림과 같은 연산 증폭기의 기능은? (단, $R_i=R_f$, 연산 증폭기는 이상적인 것으로 본다)

▌02.07.14 출제▐

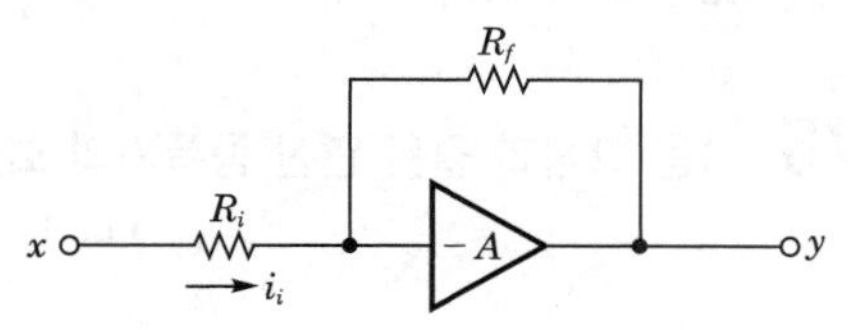

해답 부호 변환기

71 다음 연산 증폭 회로에서 $Z_i=50[\text{k}\Omega]$, $Z_f=500[\text{k}\Omega]$일 때 전압 증폭도(A_v)는?

▌15 출제▐

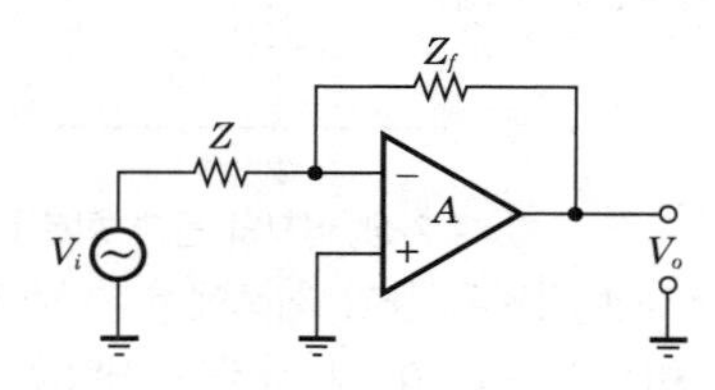

해답 $A_v=-10$

해설 출력 $V_o=-\frac{Z_f}{Z}V_s$ 에서

$\therefore A_v=\frac{V_o}{V_s}=-\frac{Z_f}{Z}=-\frac{500\times10^3}{50\times10^3}=-10$

72 다음 연산 증폭기의 전압 증폭도 A_v는?

▌11.16.20 출제▐

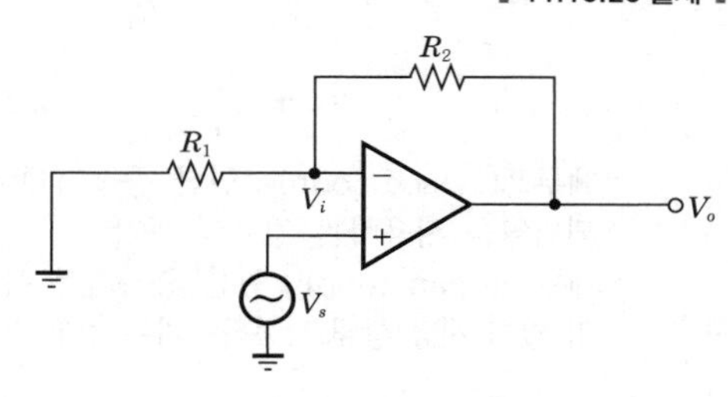

해답 $A_v=\frac{V_o}{V_s}=\frac{R_1+R_2}{R_1}=1+\frac{R_2}{R_1}$

해설 비반전 증폭기(noninverting operational amplifier)

그림에서 입력 신호 V_s는 비반전(+) 입력 단자에 연결되어 있고, 출력 신호 V_o는 되먹임 저항 R_2를 통하여 반전(−) 입력 단자에 연결되어 있으며 R_1을 통하여 접지되어 있다. 여기서, 입력 신호 V_s는 (+)단자에 입력되므로 출력 신호는 입력 신호와 동위상이다.

이러한 비반전 증폭기는 높은 입력 임피던스와 낮은 출력 임피던스로 안정된 전압 이득을 가지며 폐루프 이득이 항상 1보다 크고 근사적으로 이상적인 전압 증폭기이다. 그러나 주파수 안정성의 문제 때문에 비반전 증폭기보다 반전 증폭기가 훨씬 널리 사용된다.

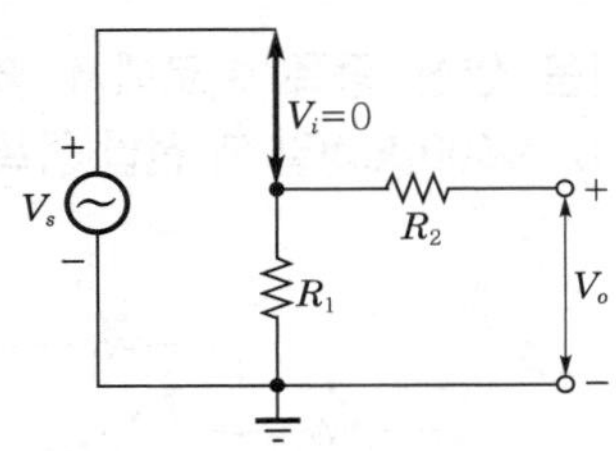

▌가상 접지의 등가 회로▐

가상 접지의 등가 회로에서 가상 접지 $V_i \approx 0$[V]이므로 R_1에 걸리는 전압은 입력 전압 V_s이다. 따라서, 전압 V_s는 출력 전압 V_o가 R_1과 R_2의 크기에 의해 분압되어 나타난 전압이다.

$V_s = \dfrac{R_1}{R_1+R_2} V_o$에서

$V_o = \dfrac{R_1+R_2}{R_1} V_s$이므로

$\therefore$ 전압 이득 $A_v = \dfrac{V_o}{V_s} = \dfrac{R_1+R_2}{R_1} = 1+\dfrac{R_2}{R_1}$

- 폐루프(closed loop) : 연산 증폭기에서 음되먹임을 사용하는 경우의 동작
- 개루프(open loop) : 연산 증폭기를 음되먹임 없이 개방 상태로 동작시키는 경우의 동작

73 그림과 같은 연산 증폭기의 전압 증폭도는 얼마인가?

▌03.08 출제▐

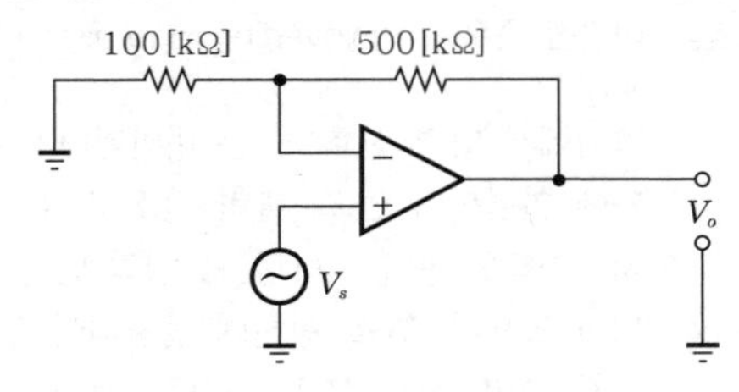

해답 $A_v = 6$

해설 전압 증폭도 $A_v = \dfrac{V_o}{V_s} = \dfrac{R_1+R_2}{R_1} = 1+\dfrac{R_2}{R_1}$

에서

$\therefore \; A_v = \dfrac{V_o}{V_s} = 1+\dfrac{500}{100} = 6$

74 다음과 같은 회로에서 $R_1 = R_2 = R_3 = R_f$일 때 출력 e_o는?

▌07.09.13 출제▐

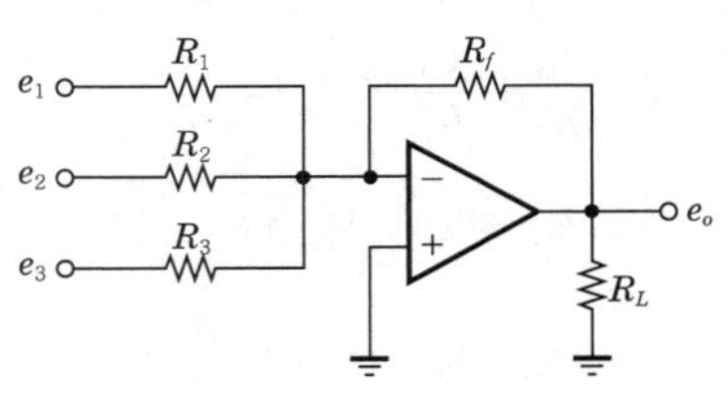

해답 $e_o = -(e_1+e_2+e_3)$

해설 그림의 회로는 아날로그 컴퓨터에서 가장 많이 사용되는 반전 가산 증폭기를 나타낸 것으로, 반전(−) 입력 단자에 가해진 세 입력 신호는 각각 입력에 상수가 곱해진 다음 합해져서 출력으로 나타난다.

따라서, 세 입력 신호의 각 저항에 흐르는 전류 i의 관계식은 다음과 같다.

$i = \dfrac{e_1}{R_1} + \dfrac{e_2}{R_2} + \dfrac{e_3}{R_3}$에서

출력 $e_o = -R_f i$

$$= -\left(\frac{R_f}{R_1}e_1 + \frac{R_f}{R_2}e_2 + \frac{R_f}{R_3}e_3\right)$$

여기서, $R_1 = R_2 = R_3 = R_f$이면

$\therefore \; e_o = -(e_1+e_2+e_3)$가 되어 부호가 반전된다.

결과적으로 가산 증폭기의 각 입력 신호는 위상 반전이 일어나는 증폭기에 의해 증폭된 다음 서로 합해진 것으로, 더 많은 수의 입력을 가해주면 출력도 그만큼 증가하게 된다. 이것은 가상 접지 때문에 입력 신호 사이에는 상호 작용이 거의 없다.

75 다음 그림과 같은 연산 증폭기의 회로는?

▌08.11.16 출제▐

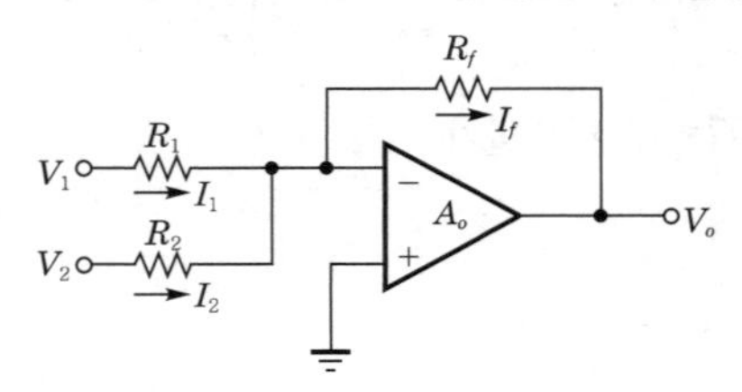

해답 반전 가산기

해설 그림은 반전 가산기 회로로서, 가상 접지가 연산 증폭기의 입력에 존재하므로 두 입력 신호에 흐르는 전류는 다음과 같다.

$$i = \frac{V_1}{R_1} + \frac{V_2}{R_2}$$

여기서, 출력 전압은 다음과 같다.

$$V_o = -R_f\, i = -\left(\frac{R_f}{R_1}V_1 + \frac{R_f}{R_2}V_2\right)$$

만일, $R_1 = R_2 = R_f$이면 출력 $V_o = -(V_1 + V_2)$로 되어 부호가 반전된다.

76 다음과 같은 연산 증폭 회로의 명칭은?

▌98.07.10.13.14 출제 ▌

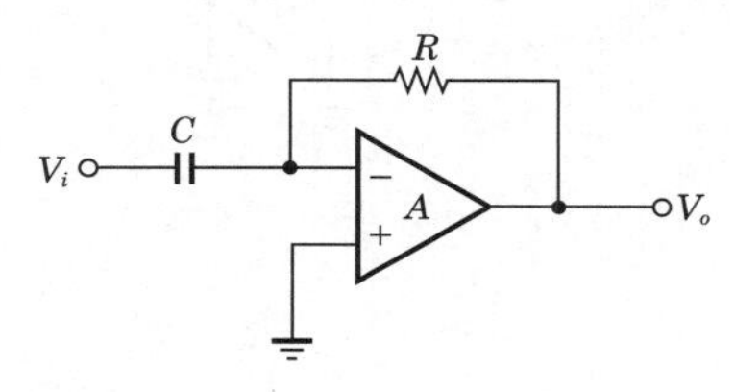

해답 미분기

해설 미분기(differentiator)

수학적인 미분 연산을 수행하는 것으로, 입력 경사에 비례하는 출력 전압을 산출한다. 적분기와 차이점은 되먹임 소자를 저항 R로 변경한 것으로 입력을 커패시터 C로 하고 되먹임 소자로 저항 R을 사용하면 미분기로 동작한다.

그림 (a)의 등가 회로에서 입력 전압 V_i가 변할 때 C는 충·방전을 하므로 V_i는 C를 통해 나타나고 가상 접지로 인해 C에 흐르는 전류 i는 되먹임 저항 R을 통해 흐르므로 출력 전압 V_o는 그림 (b)와 같이 V_i의 경사에 비례하는 전압을 발생시킨다.

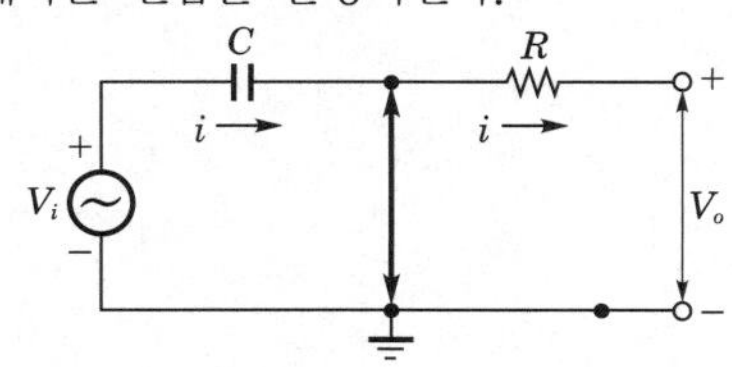

(a) 가상 접지의 등가 회로

(b) 입력과 출력 파형

이와 같은 미분기는 일반적으로 구형파의 선단과 후단을 검출하거나 램프(ramp) 입력으로부터 구형파 출력을 만들어 내는데 응용된다.

77 그림과 같은 연산 증폭기의 명칭은?

▌02.06.07 출제 ▌

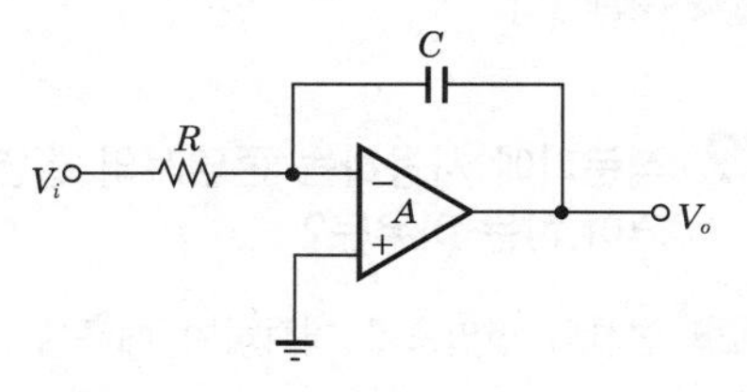

해답 적분기

해설 적분기(integrator)

그림의 연산 증폭기는 미분기와 반대로 되먹임 저항 R을 커패시터 C로 변경한 것으로 적분기로 동작한다.

그림 (a)의 등가 회로에서 R과 C의 접속점은 가상 접지점으로 0[V]이므로 이 점으로는 전류가 흐르지 않는다. 따라서, 입력 전압 V_i는 저항 R을 통하여 나타나며 저항 R에 흐르는 전류 I는 되먹임 커패시터 C를 통해서 흐르므로 그림 (b)와 같이 일정한(상수) 전압이 적분기에 입력되면 출력 전압은 한 주기 내에서 계속 증가하여 입력의 적분에 비례하는 램프 신호(ramp signal)를 출력하게 된다. 이때, 램프 신호는 입력 신호와 극성이 반대이고 입력에 $\frac{1}{RC}$을 곱한 신호이다.

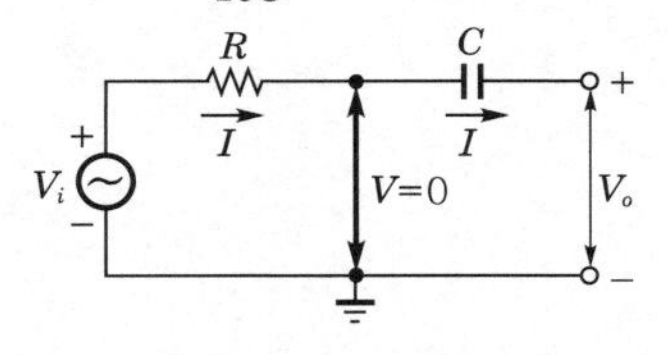

(a) 가상 접지의 등가 회로

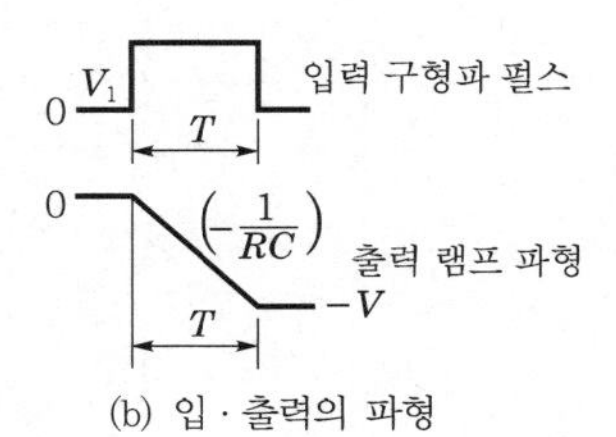

(b) 입·출력의 파형

이러한 적분은 한 주기 내에서 파형이나 곡선이 포함하고 있는 영역을 더하는 일종의 덧셈이다.

78 연산 증폭 회로에서 되먹임 저항을 되먹임 콘덴서로 변경한 것은? ▌13 출제▌

해답 적분기

79 적분기에 사용하는 콘덴서의 절연 저항이 커야 하는 이유는? ▌03 출제▌

해답 연산의 정밀도가 저하하기 때문에

해설 그림의 적분기는 입력 오프셋(off set)의 영향을 감소시키기 위한 방법으로, 콘덴서 C 에 병렬로 저항($10R$)을 연결한 것으로 낮은 주파수에서 전압을 롤 오프(rolling off)하는 것이다. 여기서, $10R$ 은 콘덴서의 절연 저항으로 입력 저항 R_i보다 10배 이상 큰 저항으로, 절연 저항값이 $10R$ 이면 폐루프 이득도 10이 되어 출력 오프셋 전압은 크게 감소시켜 연산의 정밀도를 높일 수 있다.

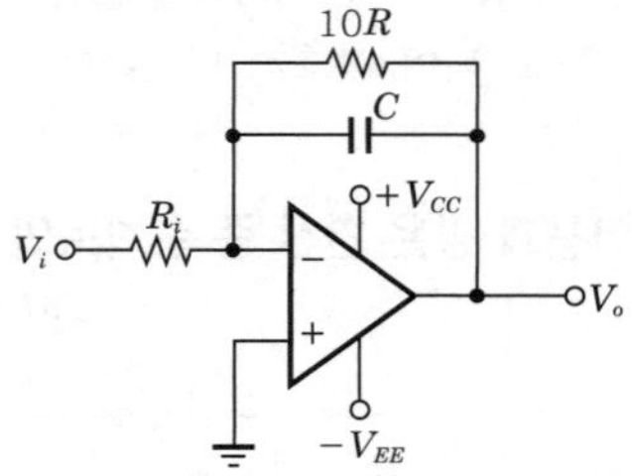

Section 09 발진 회로

01 증폭도 A인 증폭기에 되먹임률 β로 양되먹임을 걸 경우 발진이 되는 조건은?

▮ 98.07.20 출제 ▮

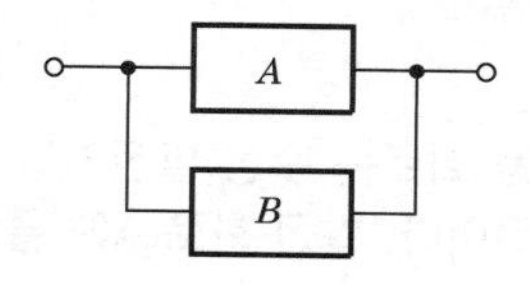

해답 $A\beta = 1$

해설 되먹임 발진기(feedback oscillator)

그림과 같이 이득이 A인 증폭기에 정현파 입력 신호 전압 V_s를 가하면 출력 전압은 $V_o = AV_s$로 된다. 이때, 출력 신호의 일부가 되먹임 회로 β를 거쳐서 입력쪽으로 되먹임되었을 때 출력 전압은 $\beta V_o = \beta(AV_s)$로 된다.

이 식에서 되먹임 전압 $V_f = \beta A V_s$로서 βA를 루프 이득(loop gain)이라고 한다. 여기서, V_f의 크기와 위상이 증폭기의 입력 신호 V_s와 동일하다면 입력 신호가 없어도 동작 상태는 변함없이 계속해서 출력 신호를 얻을 수 있다.

따라서, 되먹임 증폭기가 발진기로 되기 위한 조건은 $\beta V_o = \beta(AV_s) = V_s$, 즉 $\beta A V_s = V_s$로서 $\beta A = 1$이 된다. 이것을 바크하우젠(Barkhausen)의 발진 조건이라 한다.

이러한 되먹임 증폭기는 $\beta A = 1$이 되는 조건에서 입력 신호가 없어도 자기 유지 발진(self sustained oscillator) 동작을 하므로 루프 이득 βA가 1보다 크고 위상 조건을 만족하는 양되먹임(정귀환) 증폭기는 발진기로 동작한다.

02 귀환 발진기의 바크하우젠의 감쇠 진동 조건을 나타낸 것은? (단, A : 증폭도, β : 귀환율)

▮ 07 출제 ▮

해답 $\beta A < 1$

해설 발진의 메커니즘(mechanism)은 피드백(feed back)에 의해서 이루어지므로 바크하우젠의 발진 조건에 따라 다음과 같이 루프 이득 βA에 의해 물리적 해석이 이루어진다.

- $\beta A < 1$: $V_f < V_s$로서 귀환 입력이 작아지므로 발진이 소멸된다(감쇠 진동).
- $\beta A > 1$: $V_f > V_s$로서 귀환 입력이 커지므로 발진이 증가한다(성장 진동).
- $\beta A = 1$: $V_f = V_s$로서 귀환 입력과 같으므로 안정된 발진을 한다(정귀환 발진).

03 LC 발진 회로에서 귀환 회로에 3소자의 연결 형태에 따라 발진 회로를 구분할 수 있다. 다음 발진 회로의 발진 조건은? (단, 항상 Z_1, Z_2, Z_3 소자는 부호가 같다고 가정한다)

▮ 16 출제 ▮

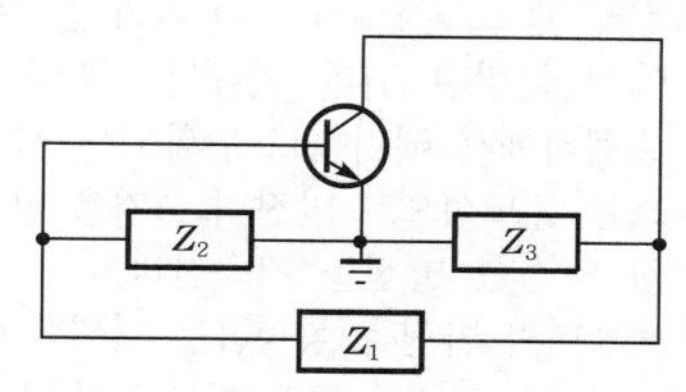

해답 Z_1 : 유도성, Z_2 : 용량성, Z_3 : 용량성

해설 그림의 회로는 트랜지스터와 3개의 리액턴스 소자로 구성된 3소자 발진기로서, 발진 조건은 다음과 같이 두 가지가 있다.

- Z_2, Z_3 : 유도성, Z_1 : 용량성 : 유도성 발진기[하틀리(Hartley)형]
- Z_2, Z_3 : 용량성, Z_1 : 유도성 : 용량성 발진기[콜피츠(Colpitts)형]

04 그림은 하틀리형 발진기의 일반적인 구성도이다. Z_{CE}는 어떤 성분인가? ▮ 01.05 출제 ▮

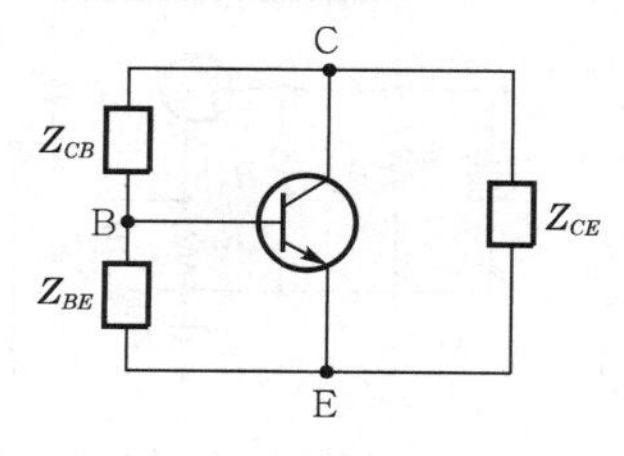

해답 유도성

해설 하틀리(Hartley)형 발진기

트랜지스터의 3접속점에서 코일 L이 Z_{BE}와 Z_{CE}에 의해 L_1과 L_2로 분할된 발진기로서,

Z_{BE}와 Z_{CE}는 유도성을 나타내고 Z_{CB}는 용량성을 나타내므로 유도성 발진기로 동작한다.

05 피어스 B – E형 수정 발진 회로는 컬렉터–이미터 간의 임피던스가 어떻게 될 때 가장 안정한 발진을 지속하는가? ▌04.05.07 출제▐

해답 유도성

해설 피어스 B–E형 수정 발진 회로
그림과 같이 트랜지스터의 베이스와 이미터 사이에 수정 진동자(X–tal)를 넣은 것으로, 하틀리(Hartley)형 발진기에 해당한다. 이것은 입력측의 수정 진동자는 유도성으로 동작하므로 LC 공진 회로를 구성하는 탱크 회로가 공진일 때 코일(inductor) L의 인덕티브 분압기에서 분리된 귀환 전압이 얻어진다. 따라서, 컬렉터에서 베이스로 귀환되는 신호의 임피던스는 유도성으로 발진의 조건을 만족하므로 가장 안정한 발진을 지속한다.

* 정현파 발진을 형성하는 정귀환 발진기는 통상적으로 LC 공진 회로에 의해 귀환 회로를 구동시키므로 LC 탱크 회로가 공진일 때 귀환 신호를 얻을 수 있다.

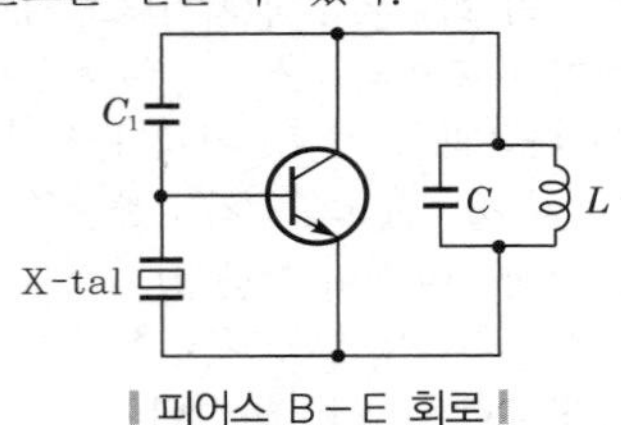

▌피어스 B – E 회로▐

06 그림과 같은 회로의 명칭은? ▌99.13.15 출제▐

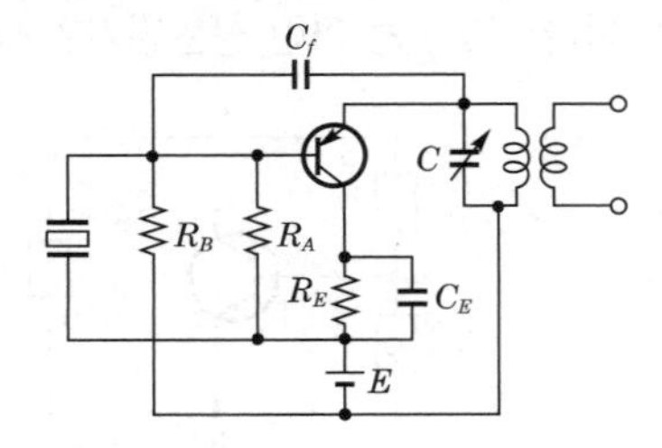

해답 피어스 B – C형 발진 회로

해설 그림의 회로는 트랜지스터의 베이스와 컬렉터 사이에 수정 진동자를 넣은 것으로, 피어스 B – C형 수정 발진 회로라 하며 콜피츠(Colpitts) 발진 회로에 해당한다. 회로에서 수정 진동자(X–tal)는 유도성으로 동작하므로 LC 공진 회로를 구성하는 탱크 회로가 공진일 때 콘덴서(capacitor) C의 커패시티브 분할기에서 분리된 귀환 전압을 얻을 수 있다. 이때, C_f에 의해 베이스를 구동시키는 귀환 전압의 임피던스는 용량성으로 발진 조건을 만족하므로 안정된 발진을 한다.

07 다음 회로는 수정 발진기의 가장 기본적인 회로이다. 발진 회로 A에 들어갈 부품은? ▌16 출제▐

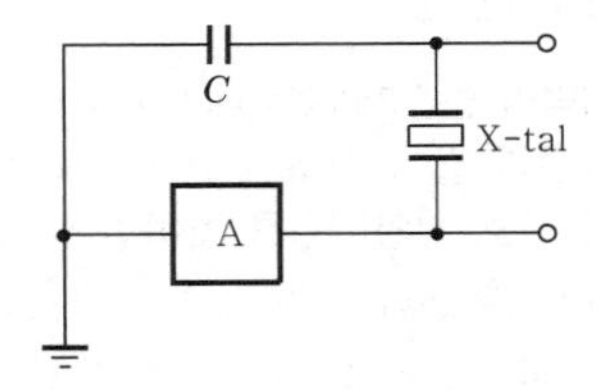

해답 코일

해설 그림의 회로에서 수정편 전극과 연결된 커패시터(capacitor) C는 정전 용량을 가지는 콘덴서로서 정전 에너지를 축적하는 소자이다. 여기서, A에 전자 에너지를 축적하는 코일(inductor) L을 넣으면 이들 사이에는 에너지 교환이 발생하므로 복합 에너지 회로가 구성된다.
따라서, 회로 내에는 전력량 W에 해당하는 에너지가 저장되어 있으므로 C와 L의 에너지 교환으로 수정편(X–tal)의 금속판 전극에 전압이 가해지므로 수정편을 진동자로 하는 기본적인 수정 발진 회로를 구성한다.

08 하틀리 발진 회로와 비교할 때 콜피츠 발진 회로의 이점은? ▌99 출제▐

해답 높은 주파수 발진에 적합하다.

해설 콜피츠 발진기의 특징

- 코일의 인덕턴스를 작게 할 수 있으므로 매우 높은 주파수를 얻을 수 있다.
- 고주파에 대하여 리액턴스가 매우 낮으므로 발진 주파수의 안정도가 좋다.
- 발진 파형이 좋고 극간 용량의 영향이 작다.
- 1 ~ 500[MHz]대의 주파수에서 사용되며 FM 수신기, TV 등의 초단파대의 발진 회로에 주로 사용된다.

09 수정 발진기는 무엇을 이용한 것인가?

▮06 출제▮

해답 압전기 현상

해설 수정 발진기(crystal oscillator)

수정편의 압전기 현상을 이용한 발진기로서, 그림 (a)와 같이 특수하게 자른 판 모양의 수정편에 압력이나 장력을 가하면 수정편의 표면에 전하가 나타난다. 이것을 그림 (b)와 같이 수정편에 금속판 전극을 만들어 전극 간에 전압을 가하면 전압의 극성에 따라 두 가지 방향으로 기계적 일그러짐(신장 혹은 압축)이 발생한다. 이러한 전기-기계적 상호 작용을 압전기 효과(piezolectric effect) 또는 압전기 현상(Piezo effect)이라고 한다.

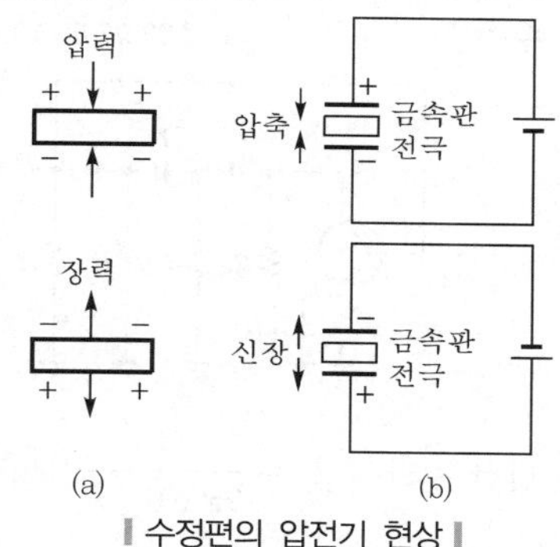

▮수정편의 압전기 현상▮

10 보통 발진 회로에 많이 사용되는 수정의 전기적 등가 회로는?

▮11 출제▮

해답

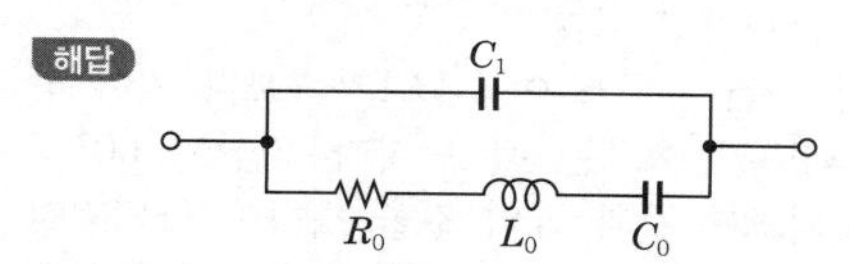

해설 수정 진동자(crystal resonator)

전자 회로에서 수정편은 그림 (a)와 같이 2개의 금속판 사이에 끼워져서 사용되므로 수정편 양단에 교류(AC) 전압을 가하면 압전기 현상에 의해 전기적으로 진동을 한다. 이것을 전기 회로의 소자로 해석하면 그림 (b)와 같이 $R_0L_0C_0$가 되는 직렬 공진 회로와 수정편의 정전 용량 C를 포함하는 병렬 공진 회로의 특성을 가지는 등가 회로로 바꾸어 놓을 수 있다.

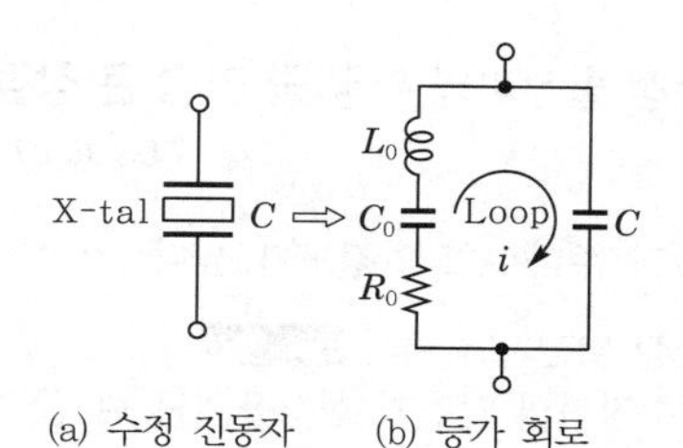

(a) 수정 진동자 (b) 등가 회로

11 수정 진동자의 직렬 공진 주파수를 f_0, 병렬 공진 주파수를 f_s라 할 때 수정 진동자가 안정한 발진을 하기 위한 리액턴스 성분의 주파수 f의 범위는?

▮14 출제▮

해답 $f_0 < f < f_P$

해설 수정 진동자의 유도성 범위

수정 진동자는 그림 (a)와 같이 전기적으로 직렬 공진과 병렬 공진 특성을 가진다. 따라서, 그림 (b)와 같이 수정 진동자는 직렬 공진 주파수 f_s와 병렬 공진 주파수 f_P 사이의 유도성 리액턴스의 주파수 범위 $f_s < f < f_P$ 안에서 동작한다.

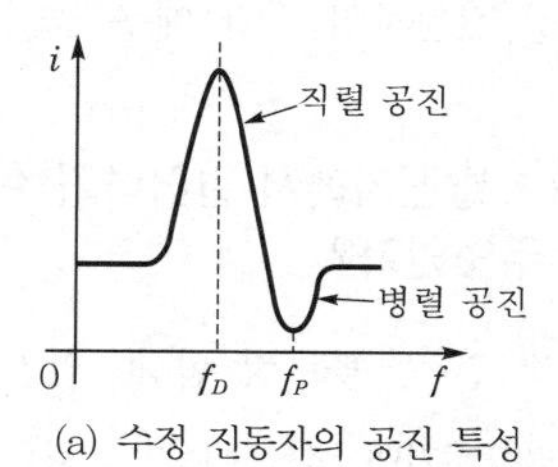

(a) 수정 진동자의 공진 특성

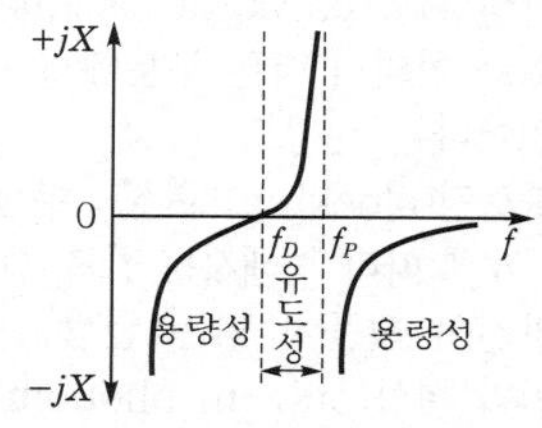

(b) 주파수대 리액턴스의 특성

* 수정 진동자가 발진 소자로 사용되는 이유는 수정 진동자는 공진의 Q가 매우 높아 리액턴스가 존재하는 유도성 주파수 범위가 매우 좁기 때문에 발진 주파수의 변화가 작고 주파수 안정도가 매우 높기 때문이다.

12 수정 발진기의 특징 중 가장 큰 장점은?

▌03.06.09.15 출제▐

해답 발진 주파수의 안정도가 높다.

해설 수정 발진기의 특징 **필수 암기**

- 수정편의 압전기 현상을 이용한 발진기이다.
- 주파수 안정도가 매우 높다($10^{-3} \sim 10^{-6}$).
- 수정 진동자의 Q가 매우 높다($10^4 \sim 10^6$).
- 수정 진동자의 발진 조건을 만족하는 유도성의 주파수 범위가 매우 좁다.
- PLL 회로의 기준 주파수용으로 사용된다(온도 보상용 수정 발진기).
- 수정 진동자를 항온조(thermostatic oven)에 넣어 주위 온도 변화로부터 발진 주파수의 변동을 방지한다.
- 수정 진동자는 기계적으로나 물리적으로 안정하다.

13 수정 발진기의 주파수가 안정된 이유는?

▌03 출제▐

해답 수정 진동자의 Q가 매우 높기 때문이다.

14 LC 발진기에서 일어나기 쉬운 이상 현상은 무엇인가?

▌16 출제▐

해답 기생 진동, 블로킹 현상, 인입 현상

해설 LC 발진기의 이상 현상

- 기생 진동(parasitic oscillation) : 주 공진 회로 이외의 다른 부분에서 주파수의 발진이 일어나는 현상
- 블로킹(blocking) 현상 : 발진 회로의 시정수 CR에 따라 정해지는 반복 주기($T \fallingdotseq CR$)로 발진이 되풀이 되는 현상
- 인입 현상(pull-in phenomenon) : LC 발진기가 다른 주파수 전원의 영향을 받아서 LC 발진기 자체의 발진 주파수가 변화되지 않고 외부의 주파수에 끌려가는 현상

15 낮은 주파수에서도 주파수 안정도와 파형이 좋기 때문에 저주파 발진기로 가장 널리 사용되는 것은?

▌01.04.08.10.12.13 출제▐

해답 CR 발진기

해설 CR 발진기

LC 발진기에서 저주파 발진을 하려면 개별 소자인 L과 C의 값이 커야만 한다. 이 경우 L은 철심을 가진 초크 코일(chock coil)을 사용해야 하므로 무겁고 부피가 크며 또한 제작 비용이 비싸므로 경제적이지 않다. 따라서, 낮은 주파수에서의 발진기로는 L을 쓰지 않고 C와 R만으로 되먹임 회로를 구성한 CR 발진기를 사용한다. 이러한 CR 발진기는 동조 회로를 포함하고 있지 않기 때문에 LC 발진기에 비하여 사용 주파수의 범위도 좁고 주파수 가변이 어려우므로 1[MHz] 이하의 저주파의 정현파 발진기로 널리 사용된다.

16 그림은 CR 발진 회로이다. 발진기의 주파수는?

▌03.07.08.13.14.16 출제▐

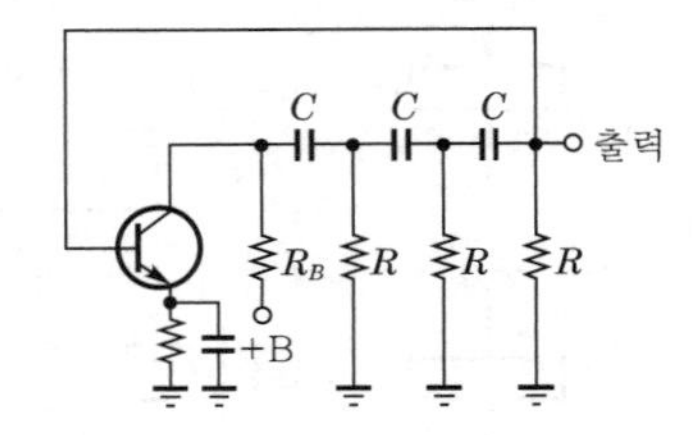

해답 발진 주파수 $f_0 = \dfrac{1}{2\pi\sqrt{6}\,CR}$[Hz]

해설 그림의 회로는 트랜지스터를 증폭단으로 사용한 이상형 CR 발진기를 나타낸 것으로, 되먹임 경로에서 3개의 CR 진상 회로를 가지므로 위상 이동 발진기(phase shift oscillator)라고 한다.

발진 조건은 루프 이득 βA가 1보다 커야 하고 되먹임 회로는 각 단마다 위상이 60°씩 이동되도록 C와 R의 값을 정하여 양되먹임 시킴으로써 트랜지스터 증폭기에 되먹임 신호가 반전되어 베이스 입력을 구동한다. 따라서, 전체의 위상차가 180°가 되는 주파수에서 $\beta A > 1$일 때 발진이 시작된다.

발진 주파수 $f_0 = \dfrac{1}{2\pi\sqrt{6}\,CR}$[Hz]

$\beta = \dfrac{1}{29}$

위 식에서 루프 이득 $\beta A > 1$이어야 하므로 증폭기의 이득 $A > \dfrac{1}{\beta}$에서 $A > 29$이다.

이와같은 이상형 CR 발진기는 저주파 발진용으로 주로 사용한다.

17 이상형 CR 발진 회로의 CR을 3단 계단형으로 조합할 경우 컬렉터 측과 베이스 측의 총 위상 편차는 몇 도인가? ▮14.20 출제▮

해답 180°

해설 이상형 CR 발진 회로에서 CR을 3단 계단형으로 조합할 경우 되먹임 회로는 각 단마다 위상이 60°씩 이동되도록 C와 R의 값을 정하여 양되먹임시켜 베이스 입력을 구동한다. 따라서, 전체의 위상 편차가 180°가 되는 주파수에서 $\beta A > 1$일 때 발진이 시작된다.

18 그림과 같은 이상적인 발진기에서 발진 주파수를 결정하는 소자는? ▮05.11 출제▮

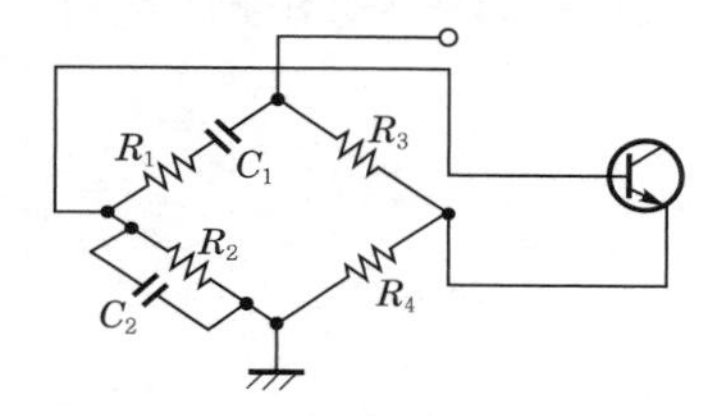

해답 C_1, C_2, R_1, R_2

해설 그림의 회로는 브리지형 RC 발진기로서, 회로 요소에서 R_1, R_2와 C_1, C_2는 발진 주파수를 결정하는 소자이고 R_3, R_4는 되먹임 회로의 일부를 형성한다.

$\omega_0 R_1 C_1 - \dfrac{1}{\omega_0 R_2 C_2} = 0$에서 발진 주파수

$f_0 = \dfrac{1}{2\pi\sqrt{C_1 C_2 R_1 R_2}}$[Hz]이다.

여기서, $R_1 = R_2 = R$, $C_1 = C_2 = C$일 때

$\therefore\ f_0 = \dfrac{1}{2\pi CR}$[Hz]

19 그림과 같은 빈 브리지가 발진을 지속하기 위한 증폭기의 전압 이득은 얼마인가? ▮98.01 출제▮

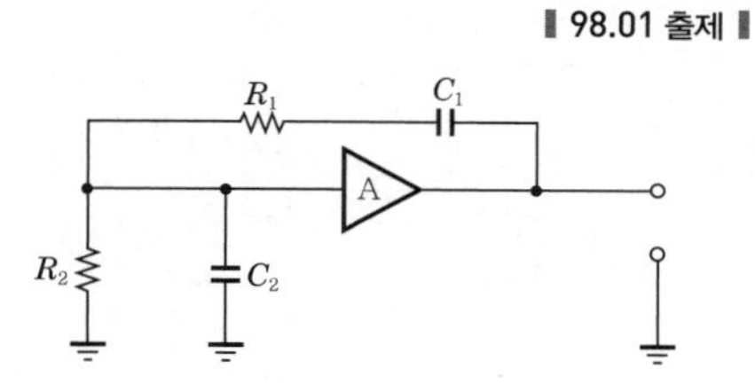

해답 $A \geq 3$

해설 그림은 연산 증폭기를 사용한 빈 브리지(Wien bridge)형 발진 회로이다. 이 회로는 저항 R과 콘덴서 C 성분으로 발진 주파수가 결정되는 것으로, 특별히 입력의 소스가 없어도 정현파를 발생시키는 자기 유지 발진기(self sustained oscillator)이다. 이것은 이상형 CR 발진기에 비하여 안정도가 좋고 보통 5[Hz]~1[MHz]의 주파수 범위를 가지는 저주파용 발진기로서 상업용 오디오 발진기나 다른 저주파 응용에 많이 사용된다.

- 발진 주파수 : $f_0 = \dfrac{1}{2\pi\sqrt{C_1 C_2 R_1 R_2}}$[Hz]
- 발진의 조건 : $A \geq 1 + \dfrac{R_1}{R_2} + \dfrac{C_2}{C_1}$

여기서, $R_1 = R_2 = R$이고 $C_1 = C_2 = C$라 하면 증폭기의 전압 이득 $A \geq 3$이고 이때의 발진 주파수 $f = \dfrac{1}{2\pi CR}$[Hz]이다.

따라서, 빈 브리지형 발진기는 증폭기 전압 이득이 3 이상이면 발진한다.

20 이상형 병렬 저항형 CR 발진 회로의 발진 주파수는? ▮13 출제▮

해답 $f_0 = \dfrac{1}{2\pi\sqrt{6}\,CR}$

21 Audio 발진기에서 주로 쓰이는 발진기는? ▮98 출제▮

해답 CR 발진기

해설 이러한 CR 발진기는 보통 5[Hz]~1[MHz]의 주파수 범위를 가지는 저주파용 발진기의 대표적인 것으로, 상업용 오디오(audio) 발진기나 다른 저주파 응용에 많이 사용된다.

22 주파수가 안정된 고주파 발진기로 적합한 것은? ▮02.16 출제▮

해답 수정 발진기

해설 수정 발진기(crystal oscillator)

LC 발진기 회로의 일부에 수정 진동자를 넣어 높은 주파수에 대한 안정도를 유지하기 위한 발진기이다. 이것은 LC 발진기에 비해 Q

가 매우 높고 발진 주파수가 공진 주파수에 가깝기 때문에 발진 주파수의 변화가 작고 주파수 안정도가 매우 높은 장점을 가진다.

* 용도 : 측정기, 송 · 수신기, 표준용 기기 등의 정밀도가 높은 주파수 장치에 쓰인다.

23 압전 효과를 이용한 발진기는? ▮09.14 출제▮

해답 수정 발진기

24 시계, 송신기, PLL 회로 등의 용도로 주로 사용하는 발진기는? ▮11 출제▮

해답 수정 발진기

해설 PLL 회로(Phase Locked Loop circuit)
입력 신호와 출력 신호의 위상차를 검출하고 이것에 비례한 전압으로 출력 신호 발생기의 위상을 제어하며, 출력 신호의 위상과 입력 신호의 위상을 같게 하는 회로이다. 이것은 위상 비교기, 저역 통과 필터, 오류 증폭기, 전압 제어 발진기로 구성되는 자동 위상 제어 루프 회로로서 주파수 합성기 또는 각 무선 송 · 수신기의 주파수 발진원으로 많이 사용된다.

* PLL 회로의 기준 주파수로 이용되는 것은 외부 온도의 영향을 거의 받지 않고 출력 주파수를 매우 안정적으로 유지할 수 있는 고품질의 온도 보상용 수정 발진기(TCXO : Temperature Compansated X-tal Oscillator)를 사용한다.

Section 10 변 · 복조 회로

01 정보의 신호에 따라 반송파의 진폭이 변화되는 것을 무슨 변조라 하는가?

▌05.20 출제 ▌

해답 진폭 변조(AM)

해설 진폭 변조(AM)

반송파의 진폭을 신호파(정보를 포함하고 있는 저주파 신호)에 따라 변화시키는 변조 방식을 말한다.

일반적으로 변조 방식은 반송파가 여현파일 때 다음과 같은 식으로 표시된다.

$$v_c(t) = V_c \cos(\omega_c t + \theta) = V_c \cos(2\pi f_c t + \theta)$$

이 식에서 반송파의 특성을 규정하는 요소는 진폭 V_c, 주파수 f_c, 위상 θ로서 이들 3가지 요소를 각각 신호파에 따라 변화시키면 반송파에다 신호파를 실어서 전송할 수 있다.

- 진폭 변조(AM : Amplitude Modulation) : 반송파의 진폭 V_c를 신호파에 따라 변화시키는 방식
- 주파수 변조(FM : Frequency Modulation) : 반송파의 주파수 f_c를 신호파에 따라 변화시키는 방식
- 위상 변조(PM : Phase Modulation) : 반송파의 위상 θ를 신호파에 따라 변화시키는 방식

Key Point

FM과 PM은 본질적으로 반송파의 각속도 ω를 변화시키는 것으로, 각도 변도(angle modulation)라 하며 넓은 의미로 FM이라고 한다.

02 반송파의 전류 $i_c = I_c \sin(\omega t + \theta)$에서 I_c가 의미하는 변조 방식은?

▌11 출제 ▌

해답 진폭 변조(AM)

해설 진폭 변조(AM)

반송파의 순시 전류 i_c를 나타내는 방정식에서 반송파의 진폭 I_c를 신호파에 따라 변화시키는 변조 방식이다.

03 피변조파 전압 v가 다음과 같은 식으로 표시될 때 변조도 m을 구하면?

▌04 출제 ▌

$$v = (25 + 20\cos 5{,}000t)\sin 5\times 10^6 t$$

해답 $m = 0.8$

해설 변조도 $m = \dfrac{\text{신호파}(V_s)}{\text{반송파}(V_c)}$에서

$\therefore\ m = \dfrac{20}{25} = 0.8$

04 신호파의 진폭과 반송파의 진폭의 비를 m이라 할 때 $m > 1$이면 어떤 상태인가?

▌14 출제 ▌

해답 과변조

해설 과변조(over modulation)

변조도 $m > 1$일 때로서 이때 전파를 수신하며 피변조파의 포락선(envelope)이 변조파(신호파)와 많이 틀리게 되므로 충실한 신호의 전송을 기대할 수 없고 검파할 때 음성파가 많이 일그러짐으로 실용상으로 적합하지 않다. 따라서, AM 변조 시 변조도는 $m = 1(100[\%])$ 이내로 제한되어야 한다.

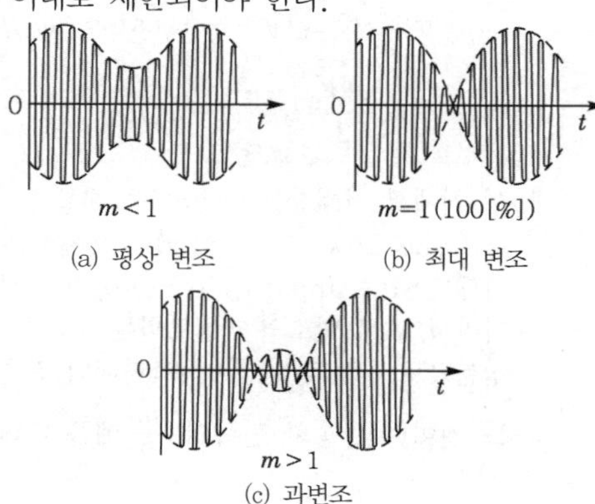

(a) 평상 변조 (b) 최대 변조 (c) 과변조

05 변조도 $m > 1$일 때 과변조(over modulation) 전파를 수신하면 어떤 현상이 생기는가?

▌02.07.11.13.14 출제 ▌

해답 음성파가 많이 일그러진다.

해설 과변조도($m>1$)일 때 전파를 수신하면 피변조파 일부가 결여되어 검파 시 원래의 신호와는 음성파가 많이 일그러짐으로써 측파대가 넓어져서 인근 통신에 의한 혼신이 증가한다.

06 진폭 변조에서 피변조 파형의 최대 전압이 35[V]이고 최소 전압이 5[V]일 때 변조도 [%]는?

▌10 출제 ▌

해답 75[%]

해설 변조도 $M = \dfrac{\text{긴 것} - \text{짧은 것}}{\text{긴 것} + \text{짧은 것}} \times 100[\%]$ 에서

$\therefore\ M = \dfrac{35-5}{35+5} \times 100 = 75[\%]$

07 AM 변조의 피변조파에서 상측파의 진폭과 반송파의 진폭 관계는? (단, M : 변조도)

▌04 출제 ▌

해답 반송파 진폭의 $\dfrac{M}{2}$배

해설 피변조파 $v = (V_c + V_s\cos\omega_s t)\cos\omega_c t$
$= V_c(1 + m\cos\omega_s t)\cos\omega_c t$ 를 삼각함수의 공식을 적용하면 다음과 같이 된다.

$$\cos\alpha\cos\beta = \frac{1}{2}[\cos(\alpha+\beta) + \cos(\alpha-\beta)]$$

$$\therefore\ v = V_c\cos\omega_c t + \frac{mV_c}{2}\cos(\omega_c+\omega_s)t + \frac{mV_c}{2}\cos(\omega_c-\omega_s)t$$

이 식에서 첫째항을 반송파, 둘째항을 하측파대(LSB : Low Side Band), 셋째항은 상측파대(USB : Upper Side Band)라고 부른다. 따라서, AM 변조의 피변조파는 3개의 주파수 성분으로 구성되며 상 · 하측파대의 진폭은 어느 것이나 반송파 진폭의 $\dfrac{m}{2}$배를 나타낸다.

08 진폭 변조 시 발생하는 측파대의 수는?

▌16 출제 ▌

해답 2개

해설 진폭 변조(AM) 시 반송파를 중심으로 상측파대와 하측파대의 2개의 측파대가 발생한다.

09 1,600[kHz]의 반송파를 5[kHz]의 주파수로 진폭 변조(AM)하였을 때 주파수 대역폭은 몇 [kHz]인가?

▌09 출제 ▌

해답 10[kHz]

해설 점유 주파수 대역폭

$BW = f_2 - f_1$
$= (f_c + f_s) - (f_c - f_s) = 2f_s$ 에서

$\therefore\ BW = 2f_s = 2\times5 = 10[\text{kHz}]$

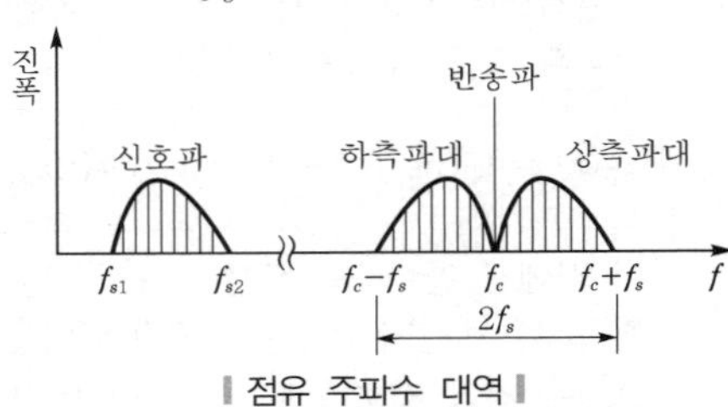

▌점유 주파수 대역 ▌

10 8,100[kHz] 반송파를 5[kHz]의 주파수로 진폭 변조하였을 때 그 주파수 대역은 몇 [kHz]인가?

▌01.05 출제 ▌

해답 $BW = 8{,}100 \pm 5$

해설 주파수 대역폭 $BW = f_c \pm f_s$ 에서

- 상측파대 : $f_c + f_s = 8{,}100 + 5 = 8{,}105[\text{kHz}]$
- 하측파대 : $f_c - f_s = 8{,}100 - 5 = 8{,}095[\text{kHz}]$

$\therefore\ BW = 8{,}100 \pm 5[\text{kHz}]$

11 어떤 사람의 음성 주파수 폭이 100[Hz]에서 18[kHz]인 음성을 진폭 변조하면 점유 주파수 대역폭은 얼마나 필요한가?

▌14.16 출제 ▌

해답 36[kHz]

해설 $BW = 2f_s = 2\times18 = 36[\text{kHz}]$

12 반송파 전력이 10[kW]일 때 변조도를 100[%]로 변조하면 피변조파 전력은 몇 [kW]인가?

▌07.13 출제 ▌

해답 15[kW]

해설 피변조파 전력 $P_m = P_c\left(1+\frac{m^2}{2}\right)$[W]

$\therefore\ P_m = 10\left(1+\frac{1^2}{2}\right) = 15$[kW]

피변조파의 전력은 AM 변조파의 전류가 복사 저항 R인 안테나에서 복사될 때 소비되는 전력을 말하며, 이때 소비 전력은 다음과 같이 3가지 전력 성분으로 나타낸다.

- 반송파의 전력 : $P_c = \left(\frac{I_c}{\sqrt{2}}\right)^2 R = \frac{1}{2}I_c^2R$[W]
- 상측파대의 전력 : $P_u = \left(\frac{m\,I_c}{2\sqrt{2}}\right)^2 R = \frac{1}{8}m^2I_c^2R$[W]
- 하측파대의 전력 : $P_L = \left(\frac{m\,I_c}{2\sqrt{2}}\right)^2 R = \frac{1}{8}m^2I_c^2R$[W]

여기서, 피변조파의 전력은 다음 식과 같이 된다.

$$P_m = P_c + P_u + P_L$$
$$= \frac{1}{2}I_c^2R + \frac{1}{8}m^2I_c^2R + \frac{1}{8}m^2I_c^2R$$
$$= \frac{1}{2}I_c^2R\left(1+\frac{m^2}{4}+\frac{m^2}{4}\right)$$
$$= \frac{1}{2}I_c^2R\left(1+\frac{m^2}{2}\right)$$

$\therefore\ P_m = P_C\left(1+\frac{m^2}{2}\right)$[W]

13 전력이 10[kW]인 반송파를 변조도 80[%]로 진폭 변조했을 때 양측파대 전력은 몇 [kW]인가?

▌03.07.09.10 출제 ▌

해답 13.2[kW]

해설 피변조파 전력 $P_m = P_c\left(1+\frac{m^2}{2}\right)$[W]에서

$\therefore\ P_m = 10\left(1+\frac{0.8^2}{2}\right) = 13.2$[kW]

14 단일 주파수로 100[%]로 변조한 진폭 변조파의 반송파와 상 · 하측파대의 전력비는?

▌98.02 출제 ▌

해답 $1 : \frac{1}{4} : \frac{1}{4} = 1 : 0.25 : 0.25$

해설 반송파와 상 · 하측파대의 전력비

$P_C : P_U : P_L = 1 : \left(\frac{m}{2}\right)^2 : \left(\frac{m}{2}\right)^2$

$= 1 : \frac{m^2}{4} : \frac{m^2}{4}$에서

100[%] 변조 시 $m = 1$이므로

$\therefore\ P_C : P_U : P_L = 1 : \frac{1}{4} : \frac{1}{4} = 1 : 0.25 : 0.25$

15 그림과 같은 변조 회로에서 출력측에 나타나는 주파수 성분은?

▌99.02.04.05.11.13 출제 ▌

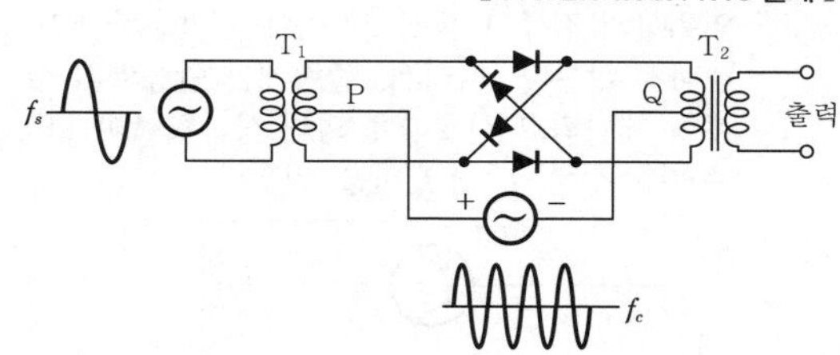

해답 $f_c \pm f_s$

해설 그림의 회로는 평형 변조기로 널리 알려진 링(ring) 변조 회로를 나타낸 것이다. 이 회로는 4개의 다이오드를 브리지형으로 접속한 것으로, 트랜스 T_1의 1차측에 신호파 f_s를 가하고 T_1과 T_2의 중성점(P, Q)에 반송파 f_c를 가하면 반송파의 정(+), 부(−)의 반주기에 따라 다이오드는 on과 off로 스위칭 작용을 하게 되므로 출력 트랜스 T_2의 1차측에는 서로 반대 방향의 전류가 흘러 2차측에는 반송파가 나타나지 않는다. 이때, 신호파 f_s에 의해 T_2의 1차측에 나타나는 반송파 전류는 정 · 부의 반주기마다 2차측으로 유도되어 합성된 출력 전압 파형으로 상 · 하측파대($f_c \pm f_s$)를 얻는다.

16 반송파 f_c와 신호파 f_s를 링(ring) 변조시켰을 때 출력 주파수 성분은?

▌02.04.11 출제▐

해답 $f_c \pm f_s$

17 푸시풀 평형 변조에서 반송파가 제거되는 이유는?

▌03 출제▐

해답 출력 트랜스 양단에 나타나는 반송파의 위상이 역위상이므로

해설 푸시풀 평형 변조 회로(push pull balance modulator circuit)
다이오드 대신 전기적으로 특성이 같은 트랜지스터를 대칭으로 접속하여 사용한 것으로, SSB파를 만들기 위해 변조 과정에서 출력쪽에 반송파가 나타나지 않도록 하는 변조 회로를 말한다. 회로에서 반송파는 트랜지스터를 정(+), 부(−)의 반주기마다 High로 Push하고 Low로 Pull하는 동작으로 on, off시키므로 트랜스 T_2의 1차측에는 서로 반대 방향으로 역위상의 전류가 흘러 2차측에는 반송파가 나타나지 않는다. 따라서, 출력에는 반송파의 성분이 제거되고 신호파에 의해 상·하측파대의 주파수 성분 $f_c \pm f_s$만을 얻는다.

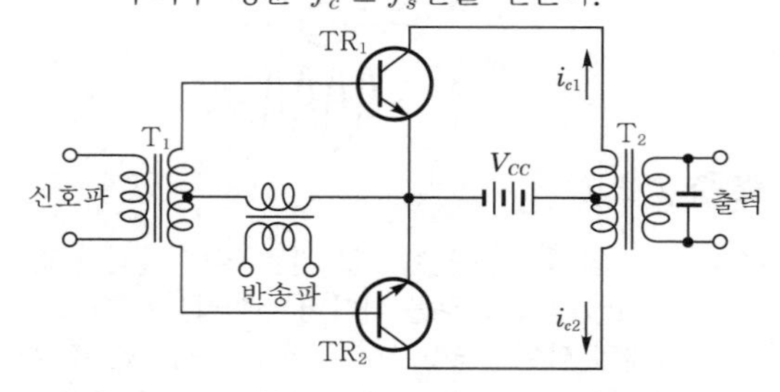

18 단측파대(single side band) 통신에 사용되는 변조 회로는?

▌15 출제▐

해답 링(ring) 변조 회로

해설 필터법에 의한 SSB파를 만드는 방법
그림과 같이 링(ring) 변조기(평형 변조기)의 출력 상·하측파대로부터 한쪽 측파대를 필터(filter)로 제거하면 SSB파를 얻을 수 있다.

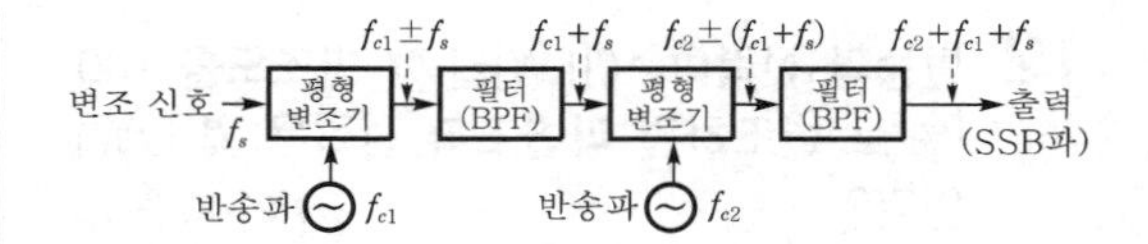

Key Point

정보의 전송 방식

AM의 피변조파 주파수 스펙트럼에서 정보를 포함하고 있는 것은 상측파대와 하측파대 성분이다. 이것은 정보를 송신하는 관점에서 보면 피변조파의 3가지 성분을 전부 전송할 필요가 없다. 따라서, 반송파의 변조 형식에 따라서 전송 방식은 다음과 같이 구분된다.

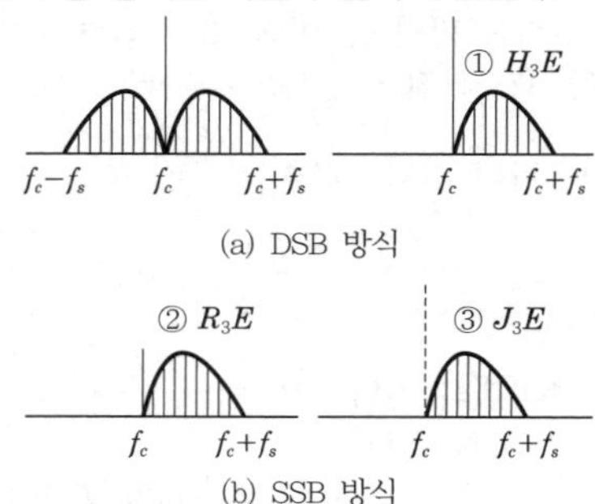

- 양측파대 방식(DSB : Double Side Band) : 그림 (a)와 같이 피변조파의 3가지 성분의 반송파와 상·하측파대의 전력을 모두 전송하는 방식으로, 라디오 방송에서 사용하고 있다.
- 단측파대 방식(SSB : Single Side Band) : 그림 (b)와 같이 DSB파에서 한쪽 측파대만 꺼내어 전송하는 방식으로, 가장 적은 전력으로 정보를 전송하는 방식이다. SSB의 전송 방식은 전파 형식에 따라 다음과 같이 구분한다.
  - 전반송파(H_3E) 방식 : 한쪽 측파대와 반송파를 전력으로 그대로 전송하는 방식으로, 보통의 DSB 수신기로도 수신이 가능하다.
  - 저감 반송파(R_3E) 방식 : 반송파의 전력을 어느 정도까지 저감시켜 전송하는 방식이다.
  - 억압 반송파(J_3E) 방식 : 반송파의 전력을 억압하여 전송하지 않는 방식으로, 송신 전력을 전부 신호파 성분으로 할 수 있으므로 전력이 가장 경제적이다.
  - 특징
    ⓐ 점유 주파수 대폭이 DSB 방식의 $\frac{1}{2}$로 축소된다.
    ⓑ DSB 방식보다 소비 전력이 적고 양질의 통신이 가능하다.
    ⓒ 선택성 페이딩의 영향이 작고 S/N비가 개선된다.
    ⓓ 송신 및 수신 장치가 복잡하고 가격이 비싸다.

19 발진을 이용하지 않는 검파 방식은?

▮ 04 출제 ▮

해답 다이오드 검파

해설 다이오드 검파

AM파를 검파하는 데 가장 일반적으로 사용되는 검파 방식으로, 직선 검파기(liner diode detector) 또는 포락선 검파기(envelope detector)라 한다. 이것은 다이오드 특성 곡선의 직선 부분을 검파(복조)에 사용하는 것으로, 입력 전압은 0.5 ~ 수[V] 정도이다. 이 검파기는 다이오드의 특성 곡선에서 전압이 작은 범위에서는 제곱 특성을 나타내며 전압이 큰 범위에서는 직선 특성을 나타내므로 동작 특성에 따라 직선 검파와 제곱 검파로 구분된다.

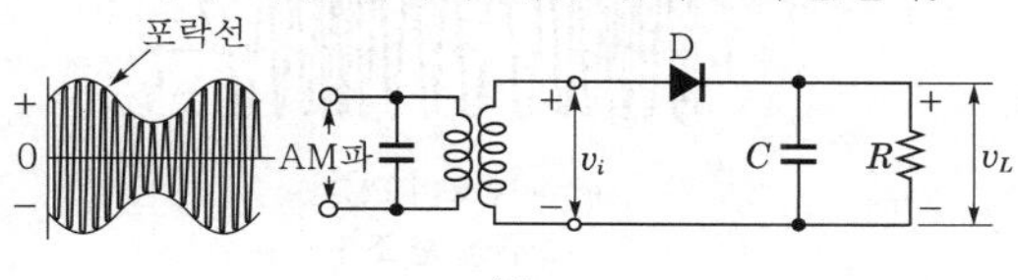

(a)

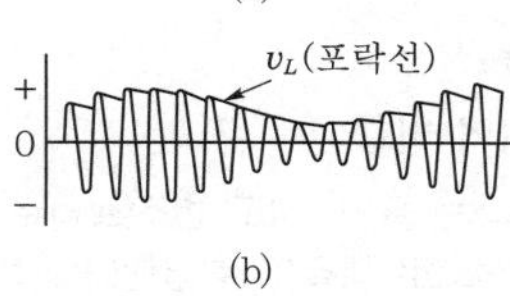

(b)

▮ 직선 검파 회로 ▮

20 변조도 80[%]의 진폭 변조파를 자승 검파했을 때 나타나는 신호파 출력의 왜율은?

▮ 02.03 출제 ▮

해답 20[%]

해설 왜율 $K=\frac{m}{4}$ (m : 변조도)에서

$\therefore\ K=\frac{80}{4}=20[\%]$

Key Point

제곱 검파(square law detection)

그림과 같이 다이오드 특성 곡선의 비직선 특성을 이용한 방식으로, $i-V$ 특성이 전압의 작은 범위의 비직선 곡선에서 제곱 특성을 가지므로 자승 검파라고도 한다. 이것은 비교적 진폭이 작은 AM파의 검파에 사용되며 다이오드 직선 검파 때와 같이 출력 파형에서 고주파(반송파) 성분을 제거하면 AM파의 포락선에 해당하는 저주파 신호를 얻을 수 있다.

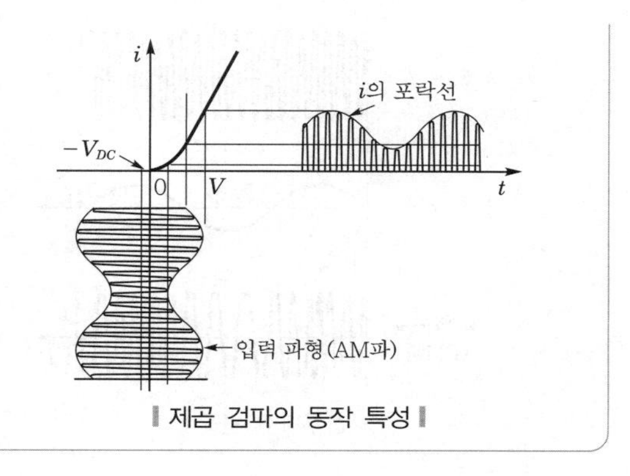

▮ 제곱 검파의 동작 특성 ▮

21 주파수 변조 방식은?

▮ 08.15 출제 ▮

해답 반송파의 주파수를 신호파의 크기에 따라 변화시킨다.

해설 주파수 변조(FM : Frequency Modulation) 방식

반송파의 주파수를 신호파의 크기(진폭)에 따라 변화시키는 것으로, 반송파의 진폭은 일정하게 하고 반송파의 주파수를 신호파의 크기에 따라 증감시키는 변조 방식이다.

이것은 그림과 같이 반송파의 주파수 f_c가 변화하는 비율은 신호파의 주파수 f_s와 일치하고 주파수의 폭은 신호파의 진폭에 비례한다. 반송파 $i_c=I_c\sin\omega_c t$, 신호파 $i_s=I_s\cos\omega_s t$라 하면 반송파의 각주파수 ω_c를 신호파의 진폭에 비례하도록 $\Delta\omega_c$로 변화시키면 피변조파의 순시 각주파수는 $\omega(t)=\omega_c+\Delta\omega_c\cos\omega_s t$로 된다.

이때, 피변조파의 순시 위상은

$$\theta(t)=\int_0^t \omega_c t+\frac{\Delta\omega_c}{\omega_s}\sin\omega_s t$$

따라서, FM변조파의 순시값은

$$\therefore\ i_{FM}(t)=I_c\sin\left(\omega_c t+\frac{\Delta\omega_c}{\omega_s}\sin\omega_s t\right)$$

여기서, $\frac{\Delta\omega_c}{\omega_s}=\frac{\Delta f_c}{f_s}=m_f$로서 변조 지수라 한다.

$$\therefore\ i_{FM}(t)=I_c\sin(\omega_c t+m_f\sin\omega_s t)$$

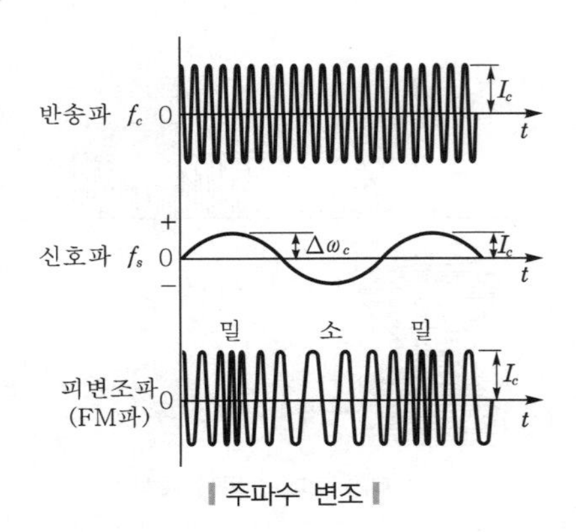

▌주파수 변조▌

22 FM에서 주파수 편이는 무엇에 비례하는가?

▌10 출제▌

해답 변조파의 진폭

해설 최대 주파수 편이(maximum frequency deviation ; Δf)
반송파 $i_c = I_c \sin \omega_c t$ 에서 각주파수 ω_c를 변조파의 진폭에 비례하도록 $\Delta\omega_c = 2\pi\Delta f_c$로 변화시켰을 때 반송파의 주파수 Δf_c가 중심 주파수 f_c에서 벗어나는 최대 주파수 변화분을 말한다.

23 위상 변조파의 경우 변조 지수는?

▌06 출제▌

해답 신호의 진폭에만 관련된다.

해설 위상 변조(PM : Phase Modulation)
반송파의 위상을 신호파의 진폭에 따라 $\Delta\theta$ 만큼 위상이 변화되도록 한 것으로, 신호파의 진폭에만 관련된다.
반송파 $i_c = I_c \sin(\omega_c t + \theta)$, 신호파 $i_s = I_s \cos \omega_s t$ 일 때 위상 θ는 그림 (b)와 같이 0을 중심으로 신호파의 진폭에 따라 $\Delta\theta$의 진폭으로 변화하므로 PM은 다음과 같이 된다.
$\theta(t) = I_c \sin(\omega_c t + \Delta\theta \cos \omega_s t)$
이 식에서 PM파의 순시각 주파수 $\omega_c(t) = \dfrac{\Delta\theta(t)}{dt}$ 로서 적분 파형 $\theta(t) = \int_0^t \omega_c(t) dt$로 주파수 변조한 FM파와 일치한다.
따라서, $\Delta\theta$[rad]는 반송파의 중심 주파수로부터 위상이 벗어난 것을 나타낸 것으로, 최대 위상 편이(maximum phase deviation)라 한다. 여기서, $\Delta\theta = m_p$라 하면
$\therefore\ i_{PM}(t) = I_c \sin(\omega_c t + m_p \cos \omega_s t)$
여기서, m_p를 위상 변조 지수(modulation index phase of phase modulation)라 한다.

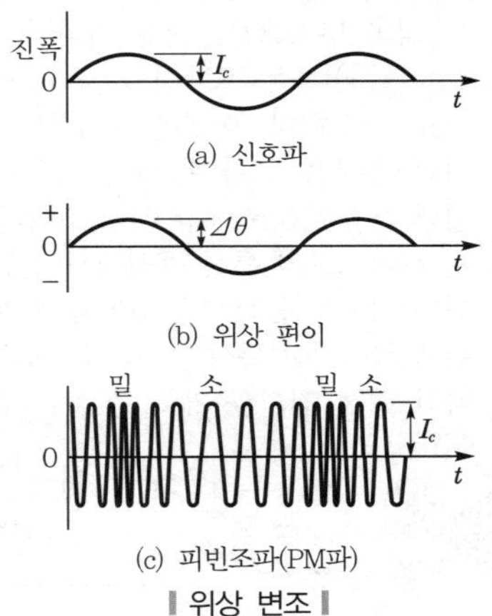

▌위상 변조▌

Key Point

FM파와 PM파의 비교

- FM파와 PM파는 둘 다 각도 변조(angle modulation)이므로 해석적으로 똑같이 취급한다. 단, 피변조파의 위상각이 90° 위상차를 가진다.
- FM의 변조 지수 m_f는 신호파의 진폭에 비례하고 신호파의 주파수에 반비례한다.
- PM의 변조 지수 m_p는 신호파의 진폭에만 관련되며 신호파의 주파수에는 관계하지 않는다.

24 신호 주파수가 2[kHz], 최대 주파수 편이가 12[kHz]이면 변조 지수는 얼마인가?

▌03.10.14 출제▌

해답 $m_f = 6$

해설 변조 지수 $m_f = \dfrac{\Delta f}{f_s}$

$\therefore\ m_f = \dfrac{12}{2} = 6$

여기서, f_s : 신호 주파수
Δf : 최대 주파수 편이

25 FM 변조에서 변조 지수가 6이고 신호 주파수가 3[kHz]일 때 최대 주파수 편이는 몇 [kHz]인가?

▮ 07.08 출제 ▮

해답 18[kHz]

해설 $m_f = \dfrac{\Delta f}{f_s}$ 에서

$\therefore \Delta f = m_f \cdot f_s = 6 \times 3 = 18[\text{kHz}]$

26 FM 방식에서 변조를 깊게 했을 경우 최대 주파수 편이가 Δf_m 이라면 필요한 대역폭 BW는?

▮ 03 출제 ▮

해답 $BW = 2\Delta f_m$

해설 대역폭 $BW = 2(f_s + \Delta f_m) = 2(f_s + m_f f_s)$
$= 2f_s(1 + m_f)$ 에서

$m_f > 1$의 경우

$\therefore BW = 2f_s m_f = 2\Delta f_m$

27 주파수 변별기(frequency discriminator)에 대한 옳은 설명은?

▮ 99.04 출제 ▮

해답 FM파에서 원래의 신호파를 꺼내는 FM 검파기이다.

해설 주파수 변별기(frequency discriminator)

FM파에서 원래의 신호파를 꺼내는 FM파 검파기를 말한다. 이것은 FM파(주파수 편이된 반송파)를 AM파(저주파 신호)로 변화시킨 다음 원래의 신호파를 재생시키는 FM 검파(복조)기로서, 주파수 판별기라고도 한다.

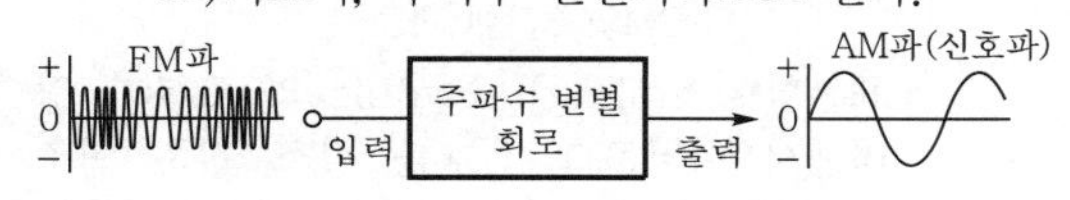

28 포스터 실리 변별기(foster seeley discriminator)에서 어느 때 복조 왜곡이 가장 크게 되는가?

▮ 01 출제 ▮

해답 주파수 편이가 클 때

해설 주파수 변별 회로의 S자 특성

포스터 실리 변별기에서 입력의 중심 주파수(f_c)를 변화시켰을 때 출력 전압을 나타낸 것으로, 판별 특성은 직선 부분(P − P' : 최대 분리 간격) 내에 주파수 편이(Δf)의 범위가 포함되도록 하여야 한다. 이때, 특성 곡선은 그림과 같이 S자 커브의 좌우가 대칭이고 직선부가 길수록 좋으며 또 직선일수록 복조 시 왜곡이 작고 중심 주파수(f_c) 부근의 경사가 급준할수록 감도가 양호하다. 따라서, 주파수 편이(Δf)가 클 때는 판별 특성의 범위를 벗어나므로 복조 시 왜곡이 크게 된다.

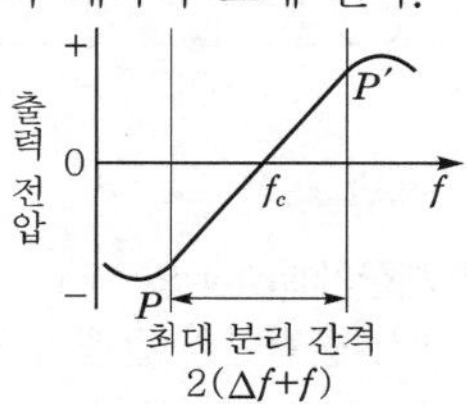

▮ 주파수 판별 회로의 특성 ▮

29 FM 검파 회로에서 비검파(ratio) 회로가 사용되는 주된 이유는?

▮ 02.09.16 출제 ▮

해답 진폭 제한 작용을 하므로

해설 비검파기(ratio detector)

그림과 같이 포스터 실리 판별 회로의 다이오드 D_1과 D_2의 극성을 반대로 하여 개량한 것으로, 입력 신호의 진폭 변동에 대하여 민감하지 않도록 진폭 제단기(limiter)의 기능을 겸할 수 있도록 만들어진 검파기이다.

[특징]

- 판별 회로의 출력단에 대용량의 콘덴서(C_o)가 있어 진폭 제한 작용을 겸한다.
- 효율은 포스터 실리 검파기보다 $\dfrac{1}{2}$ 정도로 낮다.
- 회로가 간단하여 일반 방송용 수신기(FM이나 TV 수신기)에 널리 쓰인다.

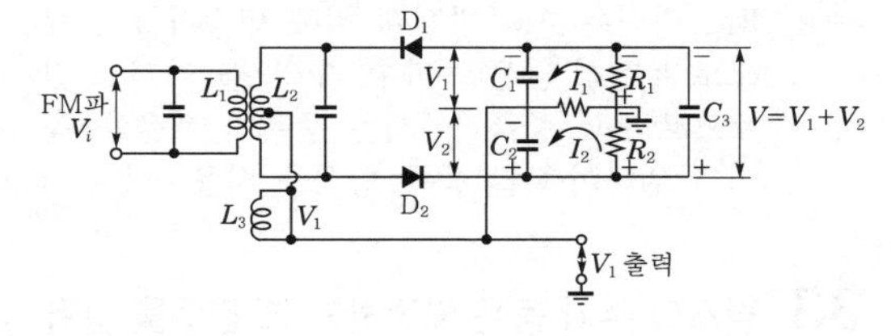

30 그림의 비검파 회로에 삽입된 대용량 콘덴서 C_o의 목적은?
▮ 06 출제 ▮

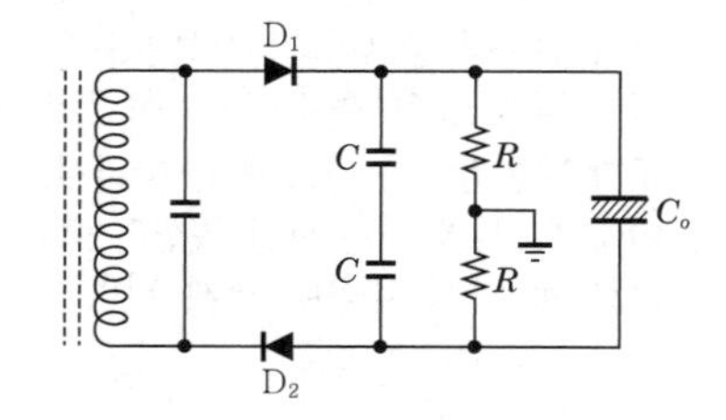

해답 진폭 제한 작용

해설 진폭 제한기(limiter)의 역할
회로에서 출력단의 콘덴서 C_o는 수[μF]의 대용량을 가지므로 C_o의 단자 전압은 입력 신호 진폭의 평균값을 유지한다. 이것은 수신 신호의 정보에 영향을 주지 않고 진폭(AM) 성분의 양쪽 부분을 일정하게 제한하여 수신 신호의 진폭 변화를 없애고 일정하게 유지 시키는 것으로 진폭 제한 작용을 겸한다. 따라서, FM파의 진폭이 변동되거나 강한 충격성(펄스) 잡음이 혼입되었을 경우 C_o의 작용으로 잡음을 흡수하여 혼신을 제거한다.

31 비검파기가 리미터 역할을 하는 이유는?
▮ 12 출제 ▮

해답 출력단의 대용량 콘덴서의 작용으로 펄스성 잡음을 흡수하기 때문에

32 FM 증폭기에 C급 증폭 방식이 많이 쓰이는 이유는?
▮ 07 출제 ▮

해답 증폭 효율을 올리기 위하여

해설 FM 방식은 AM 방식에 비해 반송파를 중심으로 무한히 넓은 주파수 대역폭을 가지고 있으므로 FM 증폭기에서는 증폭의 효율을 높이기 위하여 C급 증폭 방식을 사용한다.

33 펄스의 주기 등은 일정하고 그 진폭을 입력 신호 전압에 따라 변화시키는 변조 방식은?
▮ 10.14 출제 ▮

해답 PAM(펄스 진폭 변조)

해설 펄스 진폭 변조(PAM : Pulse Amplitude Modulation)
신호의 표본값에 따라 펄스의 주기와 폭 등은 일정하게 하고 펄스의 진폭만을 변화시키는 변조 방식이다. 이것은 펄스열의 진폭을 정보 신호의 표본값에 비례하여 변화시킨다.

34 정보가 부호화되어 있는 변조 방식은?
▮ 13.15.16 출제 ▮

해답 펄스 부호 변조(PCM)

해설 펄스 부호 변조(PCM : Pulse Code Modulation)
신호의 표본값에 따라 펄스의 높이를 일정한 진폭을 갖는 펄스열로 부호화하는 과정을 PCM이라고 한다. 즉, PCM은 아날로그를 디지털로 변환(A/D 변환)시키는 변조 방식으로, 아날로그 신호를 3개의 분리 과정(표본화 → 양자화 → 부호화)에 의하여 디지털 신호로 변환시킨다.

35 음성 신호를 펄스 부호 변조 방식(PCM)을 통해 송신측에서 디지털 신호로 변환하는 과정으로 옳은 것은?
▮ 10.15 출제 ▮

해답 표본화 → 양자화 → 부호화

해설 펄스 부호 변조(PCM)에서 A/D 변환의 순서는 표본화 → 양자화 → 부호화의 3단계 과정으로 이루어진다.

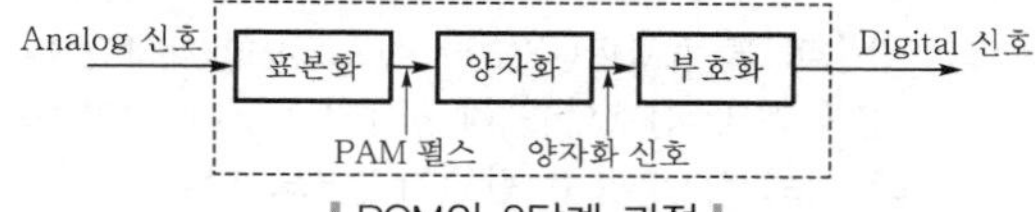

▮ PCM의 3단계 과정 ▮

- 표본화(sampling) : Nyquist의 표본화 정리에서 아날로그 신호를 펄스 진폭 변조(PAM)의 펄스로 변환하는 과정으로, 아날로그 신호를 일정한 간격으로 표본화하면 신호의 순시 진폭값을 얻는다.
- 양자화(quantization) : 표본화된 각각의 PAM 진폭을 이산적인 양자화 레벨(2^n)에 가장 가까운 레벨로 근사시키는 과정을 말한다.
- 부호화(encoding) : 양자화된 PAM 펄스 진폭의 레벨을 2진 부호(binary code)로 변환하는 과정을 말한다.

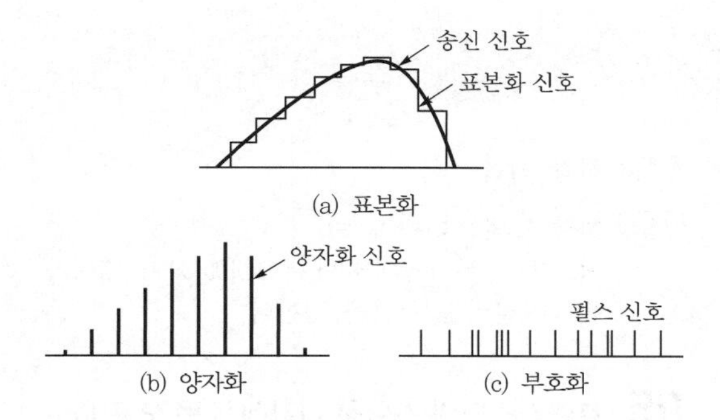

(a) 표본화

(b) 양자화 (c) 부호화

36 A－D 컨버터는 어떤 회로인가?

▌98.99.02.04.06.10 출제▐

해답 아날로그양을 디지털양으로 변환하는 회로

해설 A/D 변환기(Analog to Digital converter)
아날로그양을 디지털양으로 변환하는 회로를 말한다. 이것은 전압, 전류, 저항, 시간, 속도, 압력 등과 같이 연속적으로 변화하는 아날로그양을 불연속 디지털양으로 변환하는 것을 말한다.

* 아날로그양을 A/D 변환 → 디지털 처리 → D/A 변환으로 처리하면 정확도가 높아지고 취급하기가 쉽다.

37 디지털 신호를 아날로그 신호로 바꾸는 것을 무엇이라 하는가?

▌01.04.07 출제▐

해답 D/A 변환기

해설 디지털－아날로그 변환기(D/A converter)
디지털 신호를 아날로그 신호로 변환하는 회로를 말한다.

Section 11 펄스 회로

01 펄스의 폭 T_w가 1초, 반복 주기 T_r이 5초이면 반복 주파수는 몇 [Hz]인가? ▮07 출제▮

해답 $f_r = 0.2\text{Hz}]$

해설 반복 주파수 $f_r = \dfrac{1}{T_r}$[Hz]에서

$\therefore\ f_r = \dfrac{1}{5} = 0.2[\text{Hz}]$

02 펄스 폭이 2[μsec]이고 주기가 20[μsec]인 펄스의 듀티 사이클은? ▮03.13 출제▮

해답 0.1

해설 듀티 사이클(duty cycle)
펄스의 점유율 또는 충격 계수(duty factor)라고 한다.

$D = \dfrac{\tau}{T_r}$ (τ : 펄스 폭, T_r : 반복 주기)

$\therefore\ D = \dfrac{2\times10^{-6}}{20\times10^{-6}} = 0.1$

03 펄스 회로에서 펄스가 0에서 최대 크기로 상승될 때를 100[%]로 한다면 상승 시간(rise time)은 몇 [%]로 하는가? ▮98 출제▮

해답 10[%]에서 90[%]

해설 상승 시간(t_r : rise time)
펄스 진폭이 10[%]에서 90[%]까지 올라가는 데 걸리는 시간을 말한다.

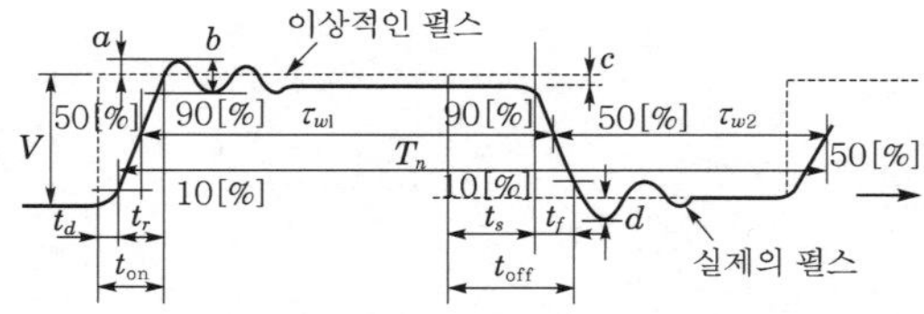

▮트랜지스터 스위칭 작용에 의한 펄스 파형▮

04 이상적인 펄스 파형 최대 진폭 A_{max}의 90[%]되는 부분에서 10[%]되는 부분까지 내려가는 데 소요되는 시간은? ▮13 출제▮

해답 하강 시간

해설 하강 시간(t_f : fall time)
펄스의 진폭이 90[%]에서 10[%]까지 내려가는 데 걸리는 시간을 말한다.

05 트랜지스터의 스위칭 시간에서 턴 오프(turn off) 시간은? ▮05 출제▮

해답 축적 시간 + 하강 시간

해설 턴 오프 시간(t_{off} : turn-off time)
축적 시간 + 하강 시간으로 이상적 펄스 진폭 V의 90[%]가 되기까지의 시간과 10[%]까지 하강하는 시간의 합을 말한다.
* 축적 시간(t_s : storage time) : 이상적 펄스의 하강 시간에 실제 펄스가 진폭 V의 90[%]가 되기까지의 시간이다.

06 고속 스위칭 트랜지스터의 구비 조건은? ▮05 출제▮

해답 시정수가 작고 상승 시간과 하강 시간이 짧아야 한다.

해설 고속 스위칭 트랜지스터에서 스위칭 속도를 높이기 위해서는 시정수(τ)가 작아야 하며 상승 시간(rise time)과 하강 시간(fall time)이 짧아야 한다.

07 그림은 펄스파를 확대하여 나타낸 그림이다. 여기에서 a는 무엇이라 하는가? ▮02.15 출제▮

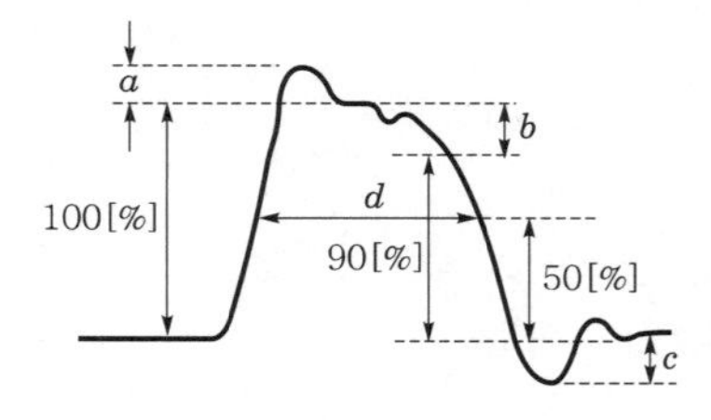

해답 오버슈트(overshoot)

해설 펄스의 파형은 회로망의 특성에 따라 펄스의 정상부가 상하로 진동하는 오버슈트(overshoot)와 펄스의 정상부가 평탄성을 잃어 감쇠되는 새그(sag)를 일으킬 수 있으며 또 펄스가 끝나는 하강 부분에서 언더슈트(undershoot)를 일으킬 수 있다.

- 오버슈트 : 펄스의 상승 파형에서 이상적 펄스파의 진폭보다 높은 부분의 높이 a를 말한다.
- 새그 : 펄스 진폭의 뒷부분이 감쇠되어 내려가는 부분의 정도로서, 펄스파의 기울기(tilt)를 나타내는 b를 말한다.
- 언더슈트 : 펄스의 하강 파형에서 이상적 펄스파의 기준 레벨보다 낮은 부분의 높이 c를 말한다.

08 펄스의 상승 부분에서 진동의 정도를 말하며 높은 주파수 성분에 공진하기 때문에 생기는 것은? ▌13 출제▐

해답 링깅

해설 링깅(ringing)

펄스의 상승 부분에서 진동의 정도를 말하며 높은 주파수 성분에서 공진하기 때문에 펄스의 후속 방향으로 진동하여 발생하는 일그러짐을 말한다(문7의 그림 참조).

09 그림의 RC 회로에서 시정수가 1[μsec]일 때 상승 시간은 몇 [μsec]인가? ▌07 출제▐

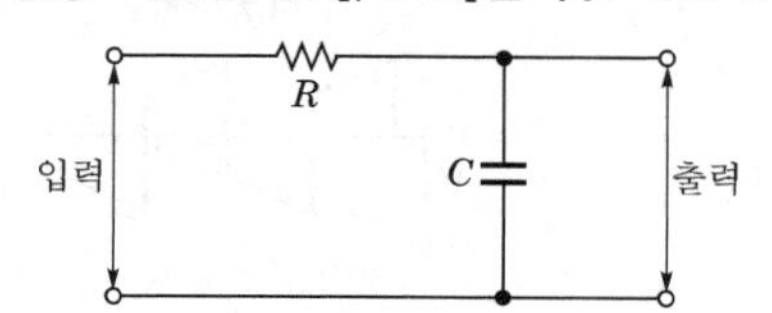

해답 2.2[μsec]

해설 RC 직렬 회로의 충 · 방전

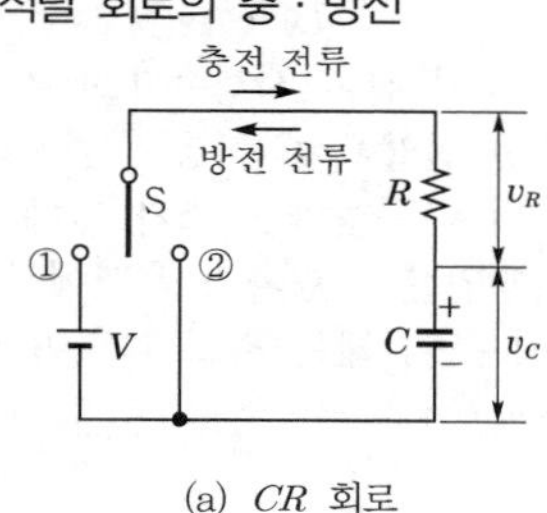

(a) CR 회로

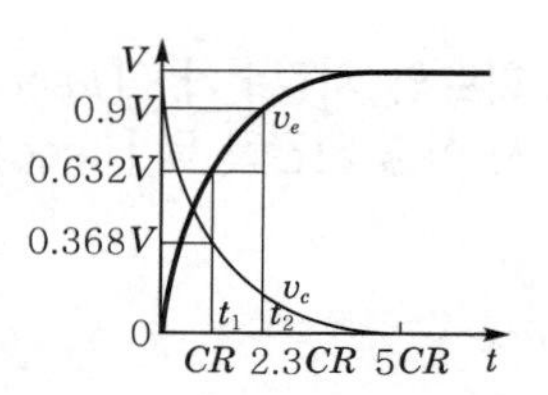

(b) CR 회로의 충전 특성

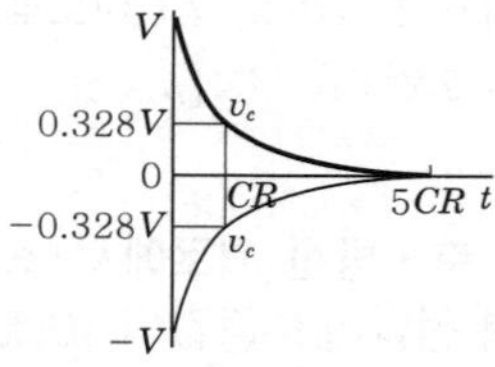

(c) CR 회로의 방전 특성

그림 (a)에서 시간 t_1에서 스위치 S를 ①에다 넣고 CR 회로에 전압 V[V]를 가하면 콘덴서 C는 저항 R을 통하여 충전된다. 이때, 초기 충전된 전하가 없었다면 $\frac{V}{R}$의 충전 전류가 흐르고 전하가 축적됨에 따라 C의 단자 전압 v_C는 상승하여 $v_C = V$[V]가 되었을 때 충전 전류는 멎는다. 이때, 단자 전압이 변화되는 모양은 그림 (b)와 같고 다음의 식으로 나타낸다.

- R의 단자 전압 : $v_R = V - v_C$

$$= Ve^{-\frac{t}{CR}}[\text{V}]$$

- C의 단자 전압 : $v_C = V(1-e^{-\frac{t}{CR}})[\text{V}]$

여기서, $t_1 = CR$일 때 v_R과 v_C는 다음과 같이 된다.

- $v_C = V(1-e^{-1}) = V\left(1-\frac{1}{2.718}\right)$
  $= V(1-0.368) = 0.632\,V$
- $v_R = Ve^{-1} = V\frac{1}{e} = V\frac{1}{2.718} = 0.368\,V$

이 식에서 v_C의 변화분 $0.632\,V$와 v_R의 변화분 $0.368\,V$를 $\tau = CR$[sec]로 나타내고 이것을 회로의 시정수(time constant)라 한다.
따라서, 그림 (b)에서 v_C의 변화가 $0.9\,V$로 되기까지의 시간을 구하면 $t_2 = 2.3CR$이므로 상승 시간 $t_r = t_2 - t_1$에서 $t_r = 2.3CR - 0.1CR = 2.2\,CR$이 된다.

∴ 상승 시간 $t_r = 2.2 \times \tau = 2.2 \times 1$
$= 2.2$[μsec]

10 RC 회로의 시정수가 2[μsec]이다. 펄스 응답 시 상승 시간은 몇 [μsec]가 되는가?

▌05.07 출제▐

해답 4.4[μsec]

해설 시정수 $\tau = RC = 2[\mu\text{sec}]$에서
상승 시간 $t_r = 2.2 \times RC$이므로
$\therefore \; t_r = 2.2 \times 2 = 4.4[\mu\text{sec}]$

11 CR의 충 · 방전 회로에서 스위치를 넣은 후 출력 전압이 최종값의 10[%]에서 90[%]까지 소요되는 시간은?

▌08 출제▐

해답 상승 시간

해설 상승 시간(t_r : rise time)
CR 충 · 방전 회로에서 스위치를 넣은 후 출력 전압이 최종값의 10[%]에서 90[%]까지 상승하는 데 소요되는 시간을 말한다. 이때, $t_r = 2.2 \times CR$(시정수)의 관계가 있다.

12 RC가 직렬로 구성되어 있는 회로의 시정수 τ[sec]는?

▌99.06 출제▐

해답 $\tau = RC$[sec]

13 그림에서 $R = 100$[kΩ], $C = 100$[pF]일 때 시정수 τ는 몇 [μsec]인가?

▌02 출제▐

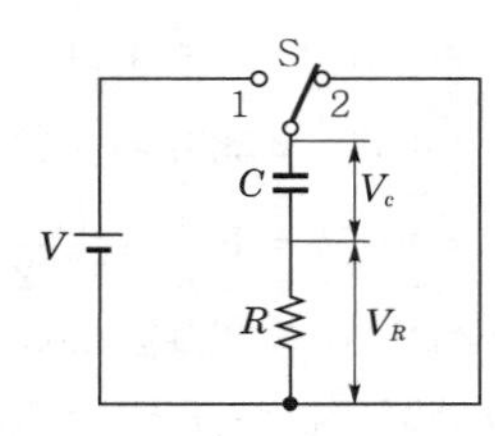

해답 10[μsec]

해설 시정수 $\tau = CR$[sec]

$$= 100 \times 10^{-12} \times 100 \times 10^{3}$$
$$= 1 \times 10^{-5} = 10[\mu\text{sec}]$$

14 RL 직렬 회로의 시정수는?

▌04 출제▐

해답 $\tau = \dfrac{L}{R}$[sec]

15 RL 직렬 회로에서 $L = 50$[mH], $R = 5$[Ω]일 때 이 회로의 시정수[msec]는?

▌11 출제▐

해답 10[msec]

해설 시정수 $\tau = \dfrac{L}{R}$[sec]에서

$$\therefore \; \tau = \frac{50 \times 10^{-3}}{5} = 10[\text{msec}]$$

16 구형파의 입력을 가하여 폭이 좁은 트리거 펄스를 얻는 데 사용되는 회로는?

▌13.16 출제▐

해답 미분 회로

해설 그림은 미분 회로를 나타낸 것으로, 입력에 구형파를 가했을 때 시정수 CR의 대소에 따라 충 · 방전 특성이 변화되므로 그림 (b), (c)와 같은 출력 전압의 파형을 얻는다.

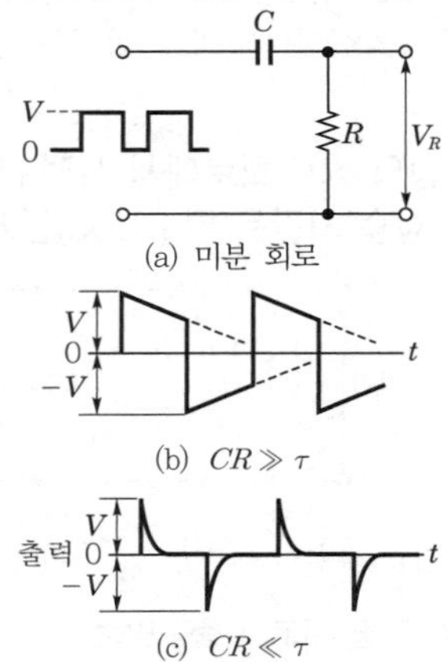

(a) 미분 회로

(b) $CR \gg \tau$

(c) $CR \ll \tau$

- 그림 (b)와 같이 시정수가 매우 클 때는 C의 충전 전압이 R을 통해 완전히 방전하기 전에 다음 구형파 펄스가 가해지므로 R의 단자 전압은 구형파의 후단에서 서서히 감소하여 폭이 넓은 펄스 파형이 얻어진다.

• 그림 (c)와 같이 시정수가 매우 작을 때는 R의 단자 전압이 급격히 감소하기 때문에 폭이 좁은 트리거(rigger) 펄스 파형이 얻어진다.

* 이와 같은 미분 회로는 파형의 상승 시와 하강 시에 입력 신호의 변화분을 추출하는 것으로, 고역 통과 여파기(HPF : High Pass Filter)의 기능을 가지므로 저주파 성분은 차단하고 고주파 성분을 통과시키는 성질을 가진다. 따라서, 미분 회로는 고주파 성분으로 잡음이 증가하게 되므로 잡음이 많아서 적분기 만큼 많이 사용되지 않는다.

17 **다음과 같은 회로는 무슨 회로인가? (단, $CR > \tau_\omega$이고, τ_ω는 입력 신호의 펄스 폭이다)** ▌12 출제▐

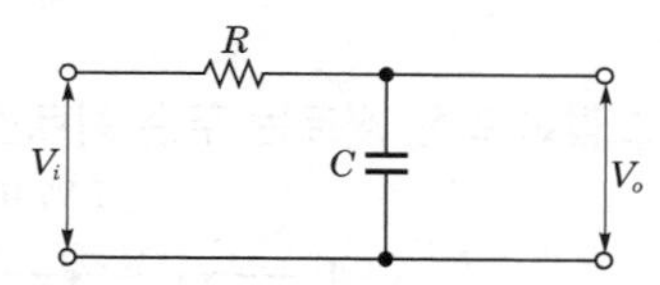

해답 적분 회로

해설 그림의 회로는 RC 적분 회로를 나타낸 것으로, 저역 통과 여파 회로의 기능을 가진다. 이것은 콘덴서 C의 단자 전압 V_o를 출력으로 하여 시간에 비례하는 톱니파 전압 또는 전류의 파형을 발생하거나 신호를 지연시키는 회로에 사용된다.

그림 (a)와 같이 입력에 구형파 전압을 가했을 경우 시정수 CR의 대소에 따라 충·방전 특성이 변화되므로 그림 (b), (c)와 같은 출력 전압의 파형을 얻는다.

• $CR \ll \tau$: 그림 (b)와 같이 시정수가 충분히 작으면 C의 단자 전압 V_o는 거의 구형파에 가까운 출력 파형이 얻어지므로 적분 파형으로 되지 않는다.

• $CR \gg \tau$: 그림 (c)와 같이 시정수가 매우 클 때는 출력 전압 V_o는 거의 직선적으로 변화하는 톱니파 전압을 얻을 수 있다. 이 때, 완전한 삼각 파괴 톱니 파형을 얻을 수 있으나 출력은 작아진다.

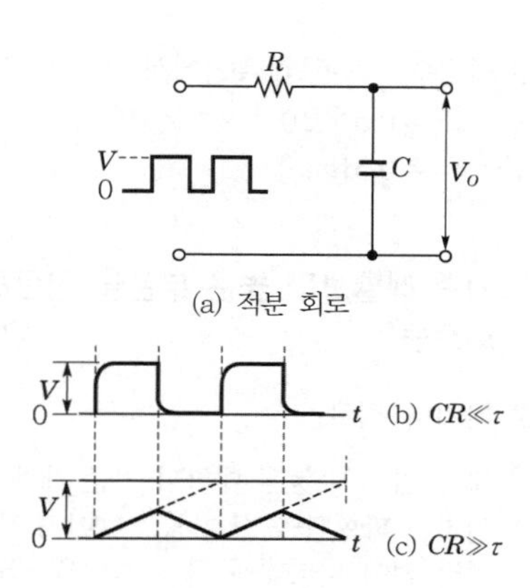

18 **다음 회로에 입력 V_i 파형으로 펄스 폭이 Δt[sec]인 구형파를 가할 때 출력 V_o의 파형은? (단, 회로의 시정수 CR은 입력 파형의 펄스 폭보다 훨씬 크다고 가정한다)** ▌16 출제▐

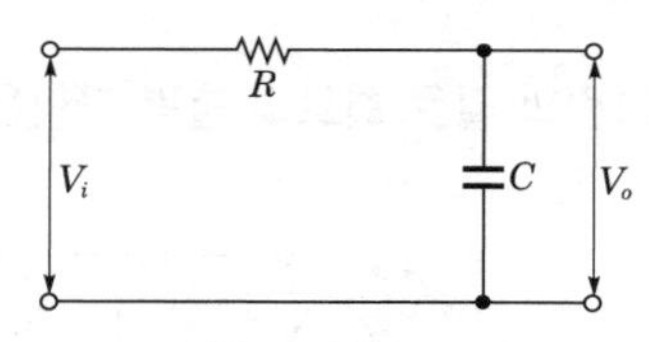

해답 삼각파

19 **시정수가 매우 큰 RC 저역 통과 여파 회로의 기능으로 적합한 것은?** ▌20 출제▐

해답 적분 회로

해설 적분기는 RC 저역 통과 여파(LPF : Low Pass Filter) 회로로서, 시간에 비례하는 톱니파의 전압 또는 전류의 신호 파형을 발생하거나 신호를 지연시키는 회로에 사용된다. 이러한 적분기는 시정수가 매우 클 때($CR \gg \tau$) 완전한 톱니파의 적분 파형을 얻을 수 있다.

20 **다음 그림과 같은 적분 회로의 시정수는?** ▌06.08 출제▐

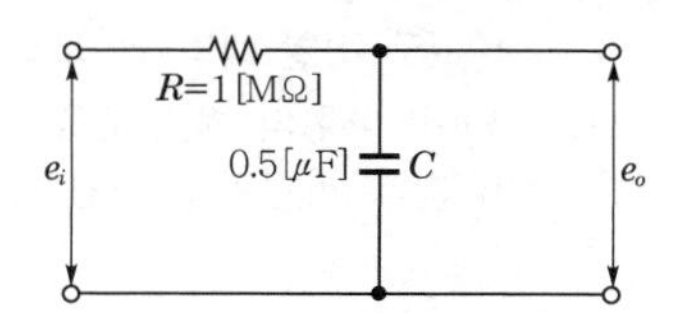

해답 0.5[sec]

해설 시정수 $\tau = CR$[sec]에서
$\therefore \ \tau = 0.5 \times 10^{-6} \times 1 \times 10^{6}$
$= 0.5$[sec]

21 기준 레벨보다 높은 부분을 평탄하게 하는 회로는? ❚ 04.07 출제 ❚

해답 리미터 회로

해설 교류 입력 파형에 대하여 기준 레벨 이상 또는 이하의 파형만을 잘라내고 나머지 부분은 찌그러짐 없이 나타내게 하는 작업을 클리핑(clipping)이라 하며 이러한 기능을 가진 회로를 클리핑 회로 또는 클리퍼(clipper)라고 한다.
* 리미터(limiter) 회로 : 클리퍼를 직렬 또는 병렬로 결합한 것으로, 기준 레벨의 위아래 양쪽을 잘라내어 출력 파형을 평탄하게 하는 것으로 진폭 제한 회로라고 한다.

22 그림과 같은 회로의 출력 파형은? ❚ 02 출제 ❚

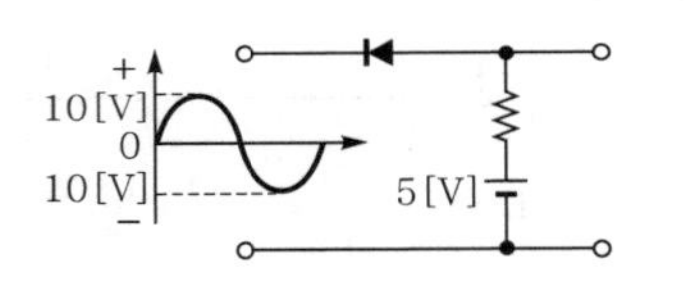

해답
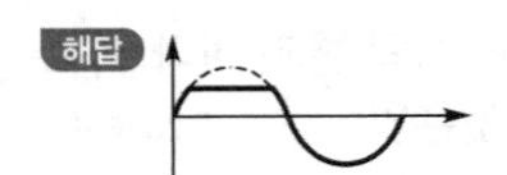

해설 그림은 직류 전원이 부가된 부하와 다이오드가 직렬로 연결된 피크 클리퍼(peak clipper)로서 파형의 윗부분을 잘라내는 회로이다.
입력 신호 전압이 기준 전압 5[V]보다 작을 때는 다이오드는 통전 상태(on)로 되어 단락 소자로 동작하므로 출력 전압은 입력 신호 전압 그대로의 파형이 나타난다. 그리고 입력 신호 전압이 기준 전압 5[V]보다 클 때는 다이오드는 차단 상태(off)로 되어 개방 소자로 동작하므로 출력은 기준 전압(reference voltage) 5[V]와 같다.
* $V_i > V_R$ (5[V])일 때 : 다이오드 D는 off 상태로 되어 파형의 윗부분을 잘라낸 출력 V_o = 5[V]의 파형이 나타난다.

23 다음 그림은 무슨 회로인가? (단, V_i의 최댓값은 E보다 크다) ❚ 01.08 출제 ❚

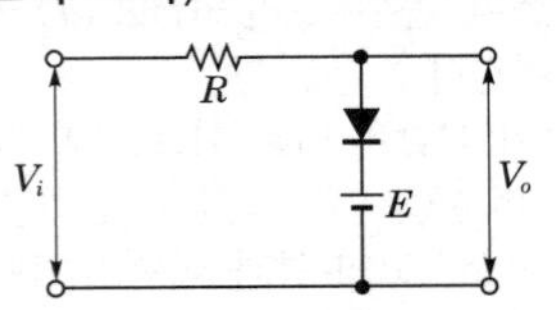

해답 피크(peak) 클리퍼 회로

해설 그림은 병렬형 피크 클리퍼 회로(peak clipper)로서, 다이오드의 on, off 상태는 직렬형과 반대이나 출력 전압은 같다.
- $V_i < E$일 때 다이오드 D는 off 상태로 출력 $V_o = V_i$
- $V_i > E$일 때 다이오드 D는 on 상태로 출력 $V_o = E$

24 그림과 같은 회로는 무슨 회로인가? ❚ 99.03.04.15 출제 ❚

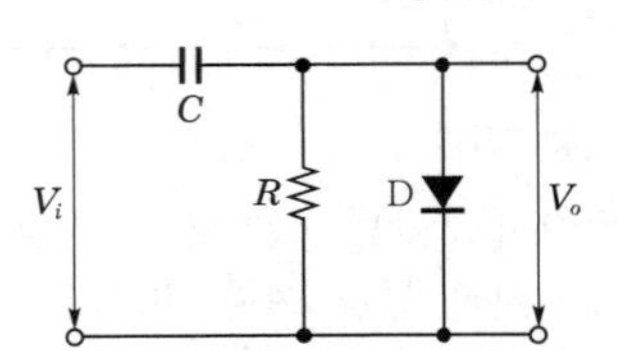

해답 클램핑 회로(clamping circuit)

해설 클램핑 회로(clamping circuit)
입력 신호의 정(+) 또는 부(−)의 피크(peak)를 어느 기준 레벨로 바꾸어 고정시키는 회로로서, 커패시터, 다이오드, 저항 소자로 구성된다. 이것은 클램프(clamper)라고도 하며 직류분 재생을 목적으로 할 때는 직류 재생 회로(DC restorer)라고도 한다.

Key Point

회로에서 다이오드 D는 입력 구형파 신호의 정(+)의 반주기에서 단락 상태로 되므로 저항 R을 단락시킨다. 이때, C는 급속히 충전되고 출력 전압 $V_o = 0$[V]로 된다. 그리고 입력이 부(−)로 바뀔 때 다이오드 D는 개방 상태로 되어 C는 R을 통하여 방전하므로 시정수 CR 기간 동안에 출력 전압 $V = \frac{Q}{C}$의 값을 유지하게 된다. 이때, 입력 신호 파형의 정(+)의 피크값을 0레벨로 클램퍼(clamper)시키므로 파형의 위치가 바뀌게 되어 부(−)의 파형이 출력에 나타난다. 따라서, 이 회로를 부(−) 클램프(minus clamper) 회로라 한다.

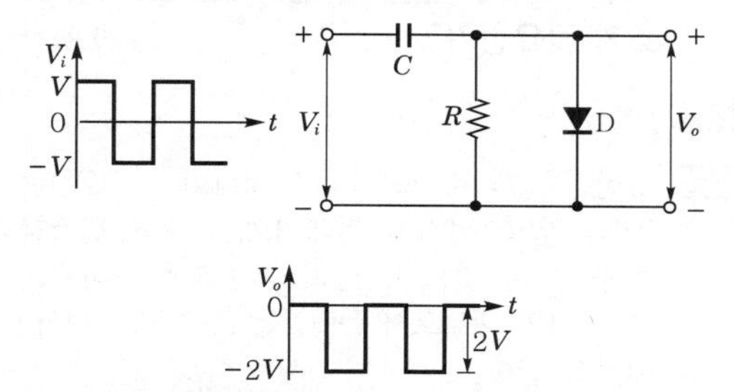

* 이것은 회로에서 다이오드 D의 방향을 반대로 하면 정(+)의 클램핑(pulse clamping) 회로로 된다. 이때는 입력 신호의 부(−)의 반주기에서 다이오드 D는 단락 상태가 되므로 입력 신호의 부(−)의 피크값을 0레벨로 클램프시키므로 정(+)의 파형이 출력에 나타난다.

25 멀티바이브레이터의 단안정, 무안정, 쌍안정은 무엇으로 결정되는가? ▮ 03.14 출제 ▮

해답 결합 회로의 구성

해설 멀티바이브레이터(MV : multivibrator)
2개의 트랜지스터를 사용하여 RC 조합으로 구성된 2단 증폭기로서 정귀환(positive feedback) 회로를 형성하는 발진기의 일종이다. 이것은 2개의 트랜지스터를 on, off시켜 교환 발진을 반복하도록 하여 출력에 구형파 펄스를 발생시키는 회로로서, RC 결합 회로의 구성에 따라 결정된다. 이것은 발진 동작의 종류에 따라 비안정(astable MV), 단안정(monostable MV), 쌍안정(bistable MV) 멀티바이브레이터가 있다. 여기서, 단안정 MV와 비안정 MV는 주로 구형파 발진기로 사용되며 쌍안정 MV를 플립플롭(flip−flop)이라고 한다.

26 그림에서 C_2가 방전 중이면 각 TR의 on, off 상태는? ▮ 06 출제 ▮

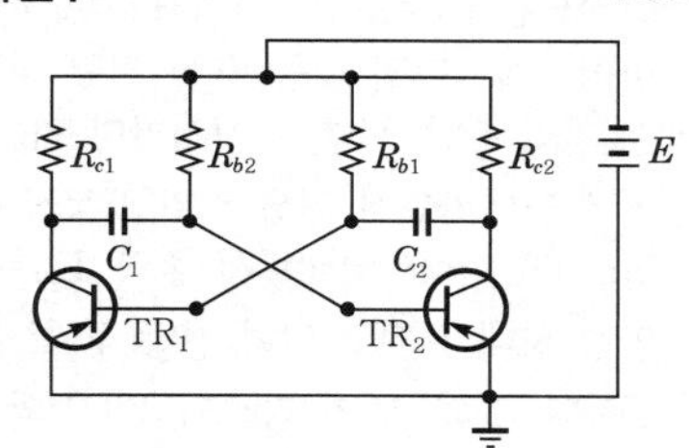

해답 TR_1 : off, TR_2 : on

해설 그림은 비안정 멀티바이브레이터(astable MV)로서, 2개의 RC 결합 회로는 교류(AC) 결합으로 구성되어 있다. 이것은 안정 상태가 하나도 없이 2개의 준안정 상태를 가지며 외부 트리거 없이 트랜지스터 TR_1과 TR_2가 on, off를 반복하여 컬렉터에서 구형파 전압을 얻는 회로로서 Free running MV라고도 한다.
회로에서 C_2가 방전 중일 때는 TR_1 : on, TR_2 : off 상태로 되고 TR_1 : off, TR_2 : on 상태로 되어 2개의 준안정 상태로 펄스 폭과 주기가 반복되는 펄스를 발생시킨다. 이때, 반복 주기 $T_r \fallingdotseq 0.7(C_1R_{b2} + C_2R_{b1})$[sec]이다.

27 그림과 같은 회로의 명칭은? ▮ 99.04 출제 ▮

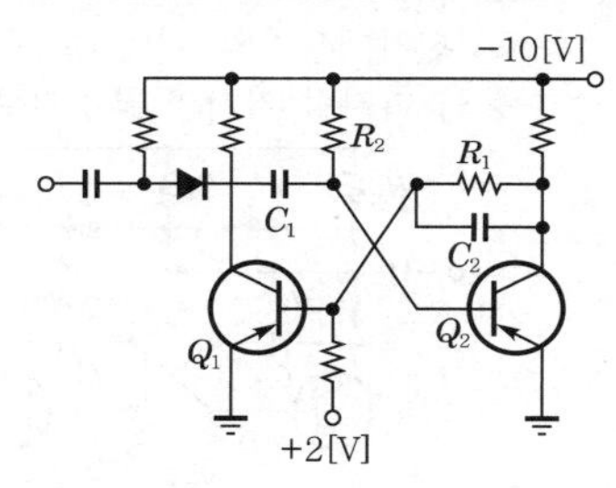

해답 단안정 멀티바이브레이터

해설 그림의 회로는 단안정 멀티바이브레이터(monostable MV)로서, 2개의 RC 결합 회로는 AC − DC 결합으로 형성되어 있으며 입력 단자에 특정한 트리거 펄스(trigger pulse)가 들어올 때마다 일정한 폭의 구형파 펄스를 만들어 내는 회로이다. 이것은 하나의 안정 상태와 하나의 준안정 상태를 가지는 것으로, 외부로부터 트리거 펄스를 가하면 안정 상태에서 준안정 상태로 되었다가 일정한 시간이 경과한 후 다시 안정 상태로 된다.
회로에서 반복 주기 $T_r \fallingdotseq 0.7R_2C_1$[sec]이며 C_2는 가속 콘덴서(speed up condenser)로서 입력 트리거 펄스에 따라 반전 작용을 정확히 하고 스위칭 동작을 빠르게 하는 역할을 한다. 이 회로는 구형파의 발생이나 펄스 폭의 신장 및 펄스 지연 등에 쓰인다.

28 2개의 안정 상태를 가지고 2진 계수 회로 등에 사용되는 것은?

▮ 06.07.08.09.10.13.15 출제 ▮

해답 쌍안정 멀티바이브레이터

해설 쌍안정 멀티바이브레이터(bistable MV)
그림과 같이 결합 소자에 C를 사용하지 않고 모두 저항 R을 사용한 것으로 2개의 트랜지스터를 직류(DC)적으로 결합 회로를 형성한다. 이것은 스스로 발진하지 않고 외부로부터 트리거(trigger) 펄스가 들어올 때마다 TR_1 : on, TR_2 : off 또는 TR_1 : off, TR_2 : on이 되는 2개의 안정 상태를 가진다. 따라서, 입력에 2개의 트리거 펄스가 들어올 때 1개의 구형파 펄스를 발생시키는 것으로 이 회로를 플립플롭(flip flop)이라고 한다.
* 용도 : 전자계산기의 기억 회로, 2진 계수기 등의 디지털 기기의 분주기로 이용된다.

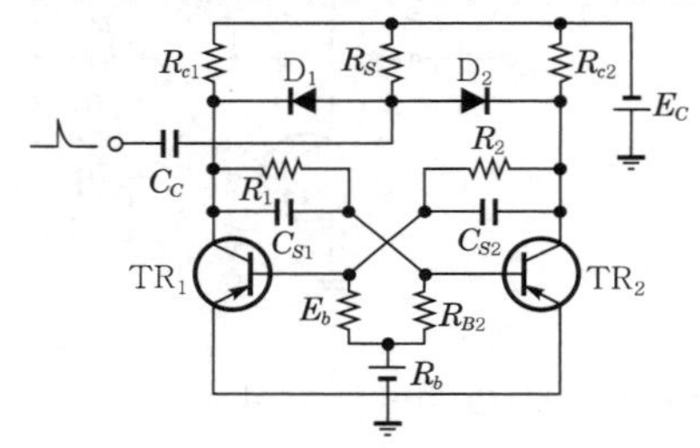

29 쌍안정 멀티바이브레이터의 결합 저항에 병렬로 접속한 콘덴서의 목적은?

▮ 14 출제 ▮

해답 가속 콘덴서로서 스위칭 속도를 높이는 동작을 한다.

해설 가속 콘덴서(speed up condenser)
결합 저항 R_1 및 R_2에 병렬로 부가한 콘덴서로서, 스위칭 속도를 빠르게 한다. 쌍안정 MV에는 2개의 가속 콘덴서가 있으며 이것을 반전(commutating) 콘덴서 또는 전이(transpose) 콘덴서라고도 한다.
* 전이 시간(transpose time) : 트리거 펄스가 입력에 가해진 후 TR_1과 TR_2가 on, off의 상태로 바뀌는 데 소요되는 시간을 말한다.

30 쌍안정 멀티바이브레이터 회로의 출력에 1개의 펄스를 얻을 때 입력에는 몇 개의 펄스가 필요한가?

▮ 20 출제 ▮

해답 2개

해설 쌍안정 멀티바이브레이터(bistable MV)는 2개의 입력 펄스에 의해 1개의 출력 펄스를 발생시키는 것으로, 입력과 출력의 주파수비가 2 : 1인 회로로서 플립플롭(FF : Flip Flop)이라고 한다.

31 플립플롭이라고도 하며 데이터 기억 소자로 많이 사용되는 것은?

▮ 08.09.11.13 출제 ▮

해답 쌍안정 멀티바이브레이터

해설 쌍안정 MV는 플립플롭(flip-flop) 회로로서, 기억 소자(CPU의 레지스터)로 많이 사용된다.

32 입력 상태에 따라 출력 상태를 안정하게 유지하는 멀티바이브레이터는?

▮ 15 출제 ▮

해답 쌍안정 멀티바이브레이터

해설 쌍안정 MV는 스스로 발진하지 않고 외부로부터 트리거 펄스(trigger pulse)가 들어올 때마다 TR_1과 TR_2가 on, off의 상태로 바뀌어 2개의 안정 상태를 가지므로 입력 상태에 따라 출력 상태를 안정하게 유지시킨다.

33 정현파와 구형파 발진기에서 정현파가 만들어진 상태에서 구형파를 출력하기 위하여 사용되는 회로는?

▮ 02.03.07.14.15.16 출제 ▮

해답 슈미터 트리거 회로

해설 슈미트 트리거 회로(Schmitt trigger circuit)
2개의 논리 상태 중에서 어느 하나의 상태로 안정되는 회로로서, 이미터 결합 쌍안정 멀티바이브레이터의 일종이다. 그림 (a)의 회로에서 입력 전압 V_i를 증가시키면 TR_1이 활성 영역에 들어가면서 재생 스위칭 동작으로 TR_1 : on, TR_2 : off 상태로서 출력 $V_H = V_{CC}$로서 안정 상태가 되고 입력 전압 V_i를 감소시키면 TR_1의 I_B와 I_C가 감소되고 TR_2의 V_{BE}가 증대하여 이미터 전압이 낮아지므로 출력은 V_L

에서 TR_1 : off, TR_2 : on의 안정 상태로 전이된다. 따라서, 이 회로는 입력 전압이 어떤 정해진 값 이상으로 높아지면 출력 파형이 상승하고 어떤 정해진 값 이하로 낮아지면 출력 파형이 하강하는 동작을 한다. 그러므로 그림 (b)와 같이 정현파형의 전환 레벨에 해당하는 2개의 트리거(trigger) 전압에서 LTP(Low Trigger Point)와 UTP(Upper Trigger Point)의 동작을 행하므로 입력 전압에 대해서 높거나(high) 낮은(low) 2가지 논리 상태를 구현하는 구형파 출력을 나타낸다.

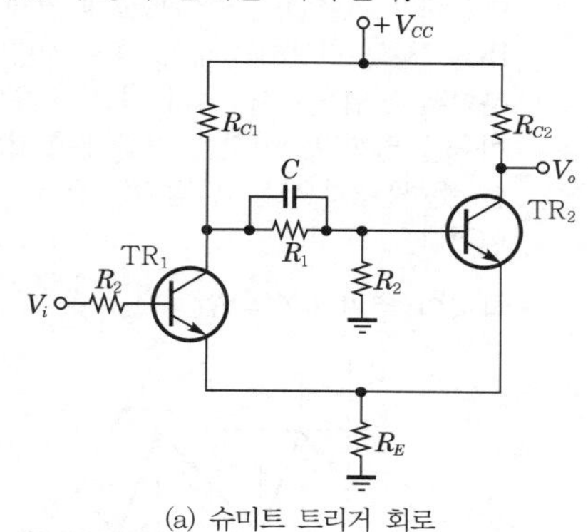

(a) 슈미트 트리거 회로

(b) 출력 파형

34 다음 그림과 같은 회로는? ▮07 출제▮

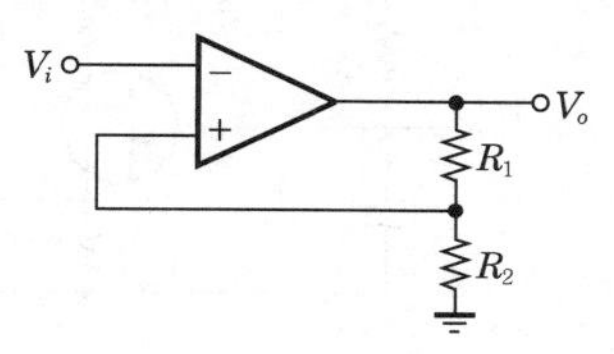

해답 슈미트 트리거 회로

해설 그림은 연산 증폭기를 이용한 OP 앰프 슈미트 트리거 회로를 나타낸 것이다. 비반전 (+)입력에 대한 양되먹임에 의해 출력은 H(High)나 L(Low)의 방향에 관계없이 포화된다. 여기서, 출력이 H로 포화되었다고 가정하면 비반전 입력에는 H의 전압이 되먹임되므로, 이때 입력 전압을 상승시키면 UTP보다 더 높은 지점에 도달하게 되므로, 이때 극성을 바꾸어서 OP 앰프를 L의 포화 상태로 구동한다. 그러면 출력은 L로 되어 분압기가 L의 전압을 비반전 입력쪽으로 피드백한다. 여기서, 입력 전압이 LTP보다 높을 때는 출력은 L의 포화 상태를 유지하므로 이때 입력 전압을 LTP보다 작게 감소시키면 출력은 다시 H의 포화 상태로 바뀌게 된다. 따라서, 입력 파형은 서서히 변화되는 정현파(sin파)이고 출력은 높고(H) 낮은(L) 2개의 논리 상태를 형성하는 구형파이다.

35 블로킹 발진 회로의 진동(back-swing) 현상을 방지하기 위한 방법은? ▮02 출제▮

해답 다이오드를 접속한다.

해설 블로킹 발진(blocking oscillator) 회로

그림 (a)와 같이 입력과 출력을 변압기로 결합한 발진기로서, 트랜지스터의 재생 스위치 동작으로 상승과 하강이 예민하고 시간 폭이 매우 좁은 펄스파(톱니파 등)를 발생시키는 것이 특징이다. 회로에서 콘덴서 C_B는 R_B를 거쳐서 V_{CC}로 충전된다. 이때, C_B의 충전 전압이 오프셋 전압에 이르면 트랜지스터는 포화상태가 되므로 C_B는 I_B에 의해서 방전된다. 이때, C_B의 충전 전압은 다시 부(−)의 방향으로 증대하고 I_B는 감소하여 트랜지스터는 차단 상태로 되돌아간다.

* 진동(back-swing) 현상의 방지 : 펄스 종료 시에 발생하는 진동으로 변압기와 병렬로 연결된 다이오드 D에 의해서 단락 흡수된다.

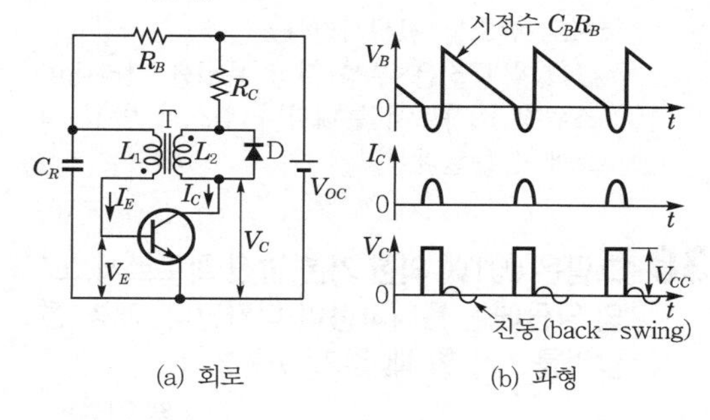

(a) 회로 (b) 파형

36 이미터 접지 블로킹 발진 회로에서 베이스 회로의 콘덴서나 저항값을 크게 증가시켰을 때 발생하는 현상은? ▮05 출제▮

해답 발진 주파수가 낮아진다.

해설 블로킹 발진(blocking oscillator) 회로에서 펄스파의 반복 주기는 시정수 $\tau = CR$에 의해서 정해지므로 CR값을 증가시키면 발진 주파수는 낮아진다.

37 **그림은 UJT를 사용한 펄스 발생 회로의 한 예이다. UJT에 전류를 흘려서 펄스를 발생할 때 콘덴서 C_1의 동작은 어떤 상태인가?** ▌06 출제▐

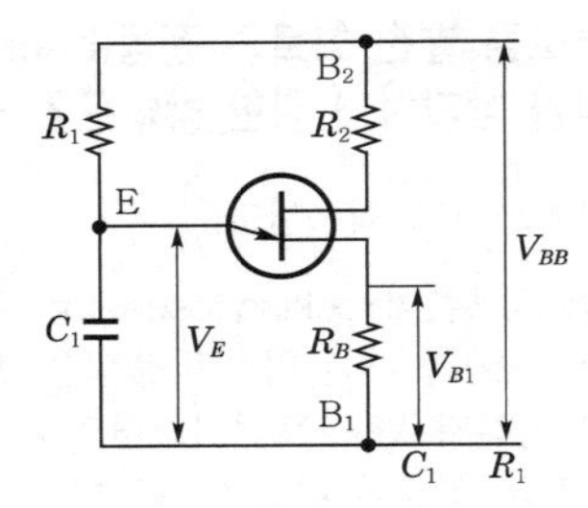

해답 방전 상태

해설 회로에서 콘덴서 C_1은 R_1을 거쳐서 V_{BB}로 충전된다. 이때, UJT의 이미터(E) 전극에는 정(+) 전압 V_E가 공급되므로 E−B_1 사이의 도전율이 증가한다. 이때, 이미터 전류 I_E의 증가에 따라 동시에 V_{B1}의 저항이 감소하므로 C_1은 다시 부(−)의 방향으로 증대하여 R_1을 통해 방전한다. 이때, 이미터(E)는 역방향으로 되어 $V_E=0$의 상태로 되돌아간다. 따라서, 이 회로는 콘덴서 C_1의 충·방전에 의한 시정수 RC에 따라 V_{B1} 양단에서 주기적으로 펄스를 발생시킨다.

* UJT의 특징은 부성 저항 특성을 나타내며 스위칭 소자로서 톱니파나 펄스파 발생 회로에 응용된다.

38 **그림은 UJT에 의한 기본 발진 회로로서, C의 양단에는 톱니파형이 나타난다. 개방 전압비를 η라 할 때 주기 T는?** ▌98.03 출제▐

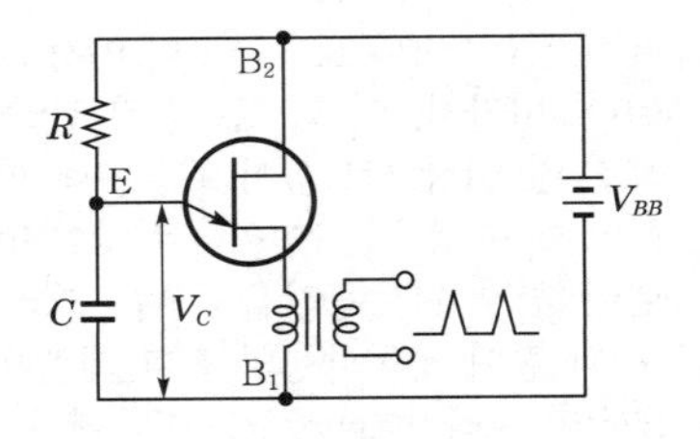

해답 $T = RC\log\left(\dfrac{1}{1-\eta}\right)$

해설 • 개방 전압비(standoff ratio ; η) : 이미터(E) 개방 시 직류 전원 V_{BB}에 의해 베이스 B_1과 B_2의 전압이 2개의 직렬 저항에 의해 분할된 전압비로서, η의 양은 고유의 분리 비율을 말한다. 이것은 전압 분할기의 계수를 뜻하는 것으로 그 범위는 0.5~0.8 사이이다.

• 파형의 주기 : $T = RC\log\dfrac{1}{1-\eta}$

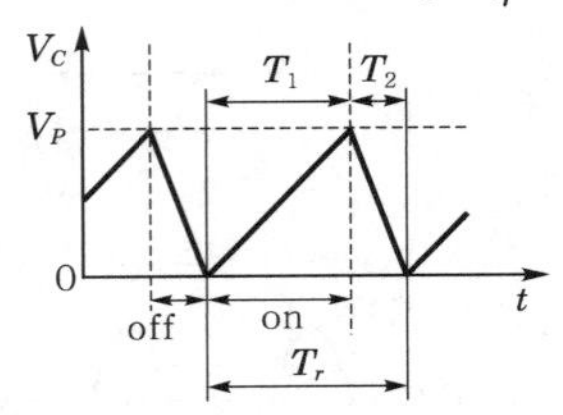

T_1 : 스위프 시간(sweep time)
T_2 : 귀선 시간(flyback time)
T_r : 반복 주기

39 **그림과 같은 발진기에서 A점과 B점의 파형을 옳게 나타낸 것은?** ▌15 출제▐

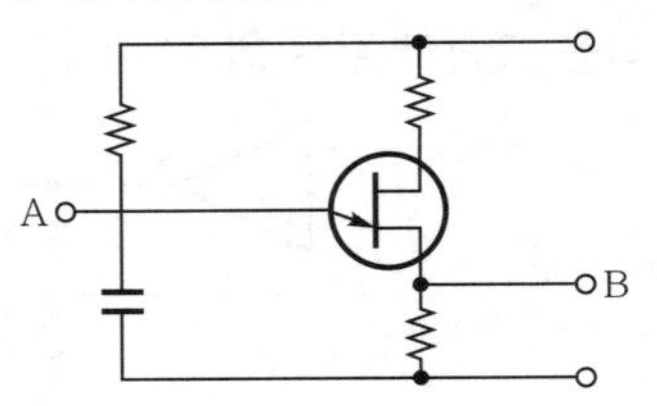

해답 A : 톱니파, B : 펄스

해설 그림의 회로는 UJT를 이용한 발진기로서, A점에서 이미터(E)를 기준으로 C의 충·방전에 의한 시정수 RC에 따라 톱니파를 발생시키고 B점에서는 주기적으로 펄스파를 발생시킨다.

Section 12 논리 회로

01 그림과 같은 논리 회로는 어떠한 논리 동작을 하는가? (단, 정논리로 가정한다)

▌99.01.02 출제▐

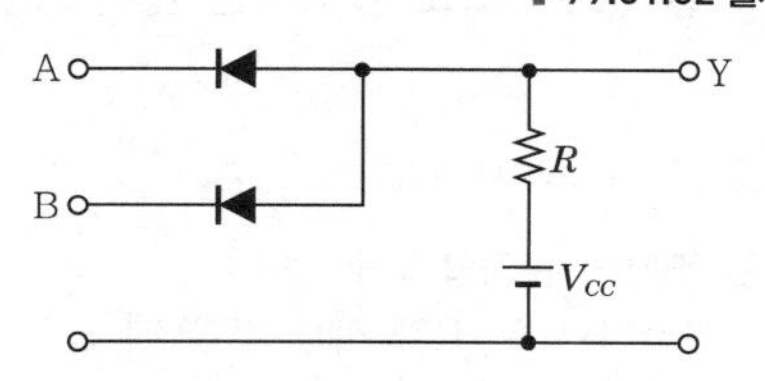

해답 AND 회로

해설 그림의 논리 회로는 두 입력 A와 B가 모두 '1'인 경우에 출력이 '1'이 되는 것으로, AND 회로라 한다.
* 논리식 $Y = AB$

02 다음 회로도는 어떤 논리 게이트를 나타내는가?

▌06.10.20 출제▐

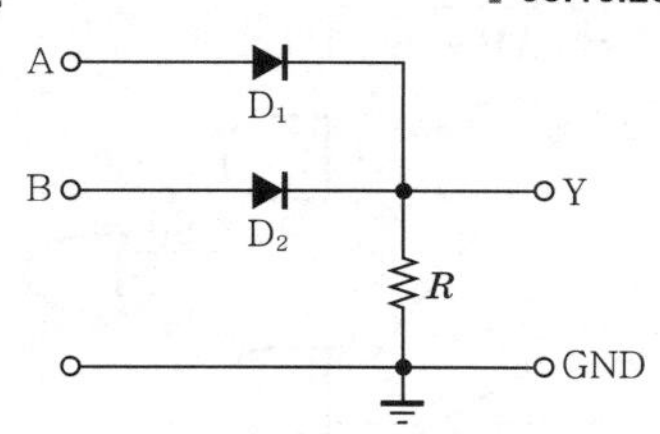

해답 OR 회로

해설 그림의 논리 회로는 두 입력 A와 B 중 어느 하나라도 '1'인 경우에 출력이 '1'이 되는 것으로, OR 회로라 한다.
* 논리식 $Y = A + B$

03 그림의 스위치 회로와 관련이 있는 논리 게이트는?

▌03 출제▐

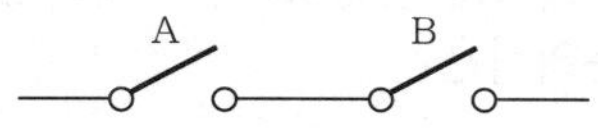

해답 AND 게이트

해설 그림의 회로는 스위치 A와 B가 동시에 on인 경우에만 출력이 on이 되는 회로로서, 논리 AND 게이트라고 한다.

04 그림에 해당하는 논리 게이트는?

▌99.04.10 출제▐

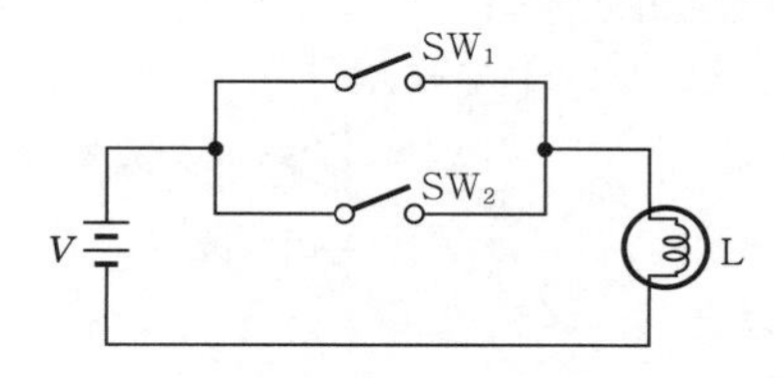

해답 OR 게이트

해설 그림의 회로는 스위치 SW_1과 SW_2 중 어느 하나라도 on 상태일 때 램프 L이 on이 되므로 논리 OR 게이트라고 한다.

05 다음 스위치 회로를 불대수로 표현하면?

▌04.14 출제▐

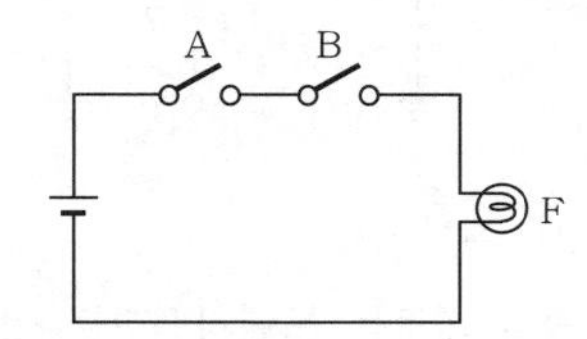

해답 $F = AB$

해설 그림의 회로는 스위치 A와 B 모두가 on 상태일 때 램프 F가 on되므로 논리 AND 게이트를 나타낸다.
∴ 논리식 $F = AB$

06 A와 B는 입력, X를 출력이라 할 때 OR 회로는?

▌98.99 출제▐

해답 $X = A + B$

해설 OR 회로
논리합 회로로서, 두 입력 A, B 중 어느 하나라도 '1'인 경우에 출력 X가 '1'이 되는 회로를 말한다.
∴ 논리식 $X = A + B$

07 입력 신호가 반전되어 출력으로 나타나는 게이트는?

▌01 출제▐

해답 NOT

(해설) NOT 회로
부정(inverter) 회로로서 입력 신호가 반전되어 입력과 반대되는 부정이 출력된다. 이것은 입력이 '1'일 때 출력은 '0', 입력이 '0'일 때 출력이 '1'이 되는 회로로서, 논리 NOT 게이트라고 한다.

∴ 논리식 $Y = \overline{A}$

A — $Y = \overline{A}$

‖ 논리 기호 ‖

08 **그림과 같은 회로를 논리 회로에 이용하려고 한다. 어떤 논리 회로인가?**

‖ 05 출제 ‖

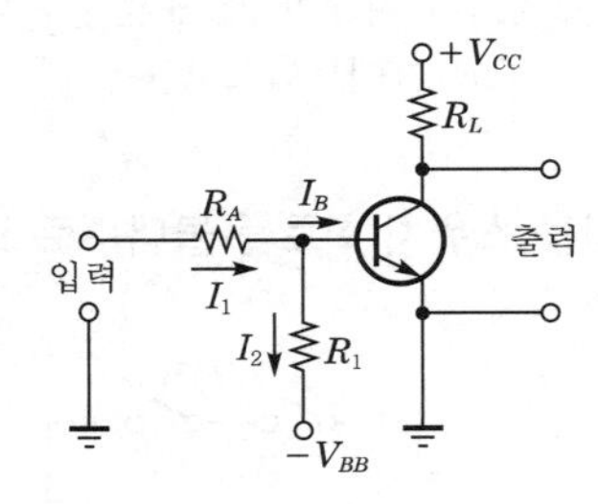

(해답) NOT 회로

(해설) 그림의 회로는 트랜지스터를 이용한 논리 회로로서, 입력쪽의 순방향 베이스 전류 I_B 대해 출력쪽의 컬렉터 전류 I_C는 역방향 전류를 나타낸다. 따라서, 입력과 반대되는 부정이 출력되므로 논리 부정(NOT) 회로라고 한다.
이 회로는 정논리에서 입력의 논리가 '1'일 때 출력은 '0'의 상태를 나타내고 입력의 논리가 '0'일 때 출력은 '1'의 상태를 나타낸다.

09 **그림과 같이 2개의 게이트를 상호 접속할 때 결과로 얻어지는 논리 게이트는?**

‖ 16 출제 ‖

(해답) NAND 게이트

(해설) 부정 논리곱(NAND) 회로
AND와 NOT 게이트의 상호 결합으로 이루어져 있는 게이트로서, AND 게이트의 부정 출력을 나타내므로 NAND 게이트라고 한다.

A, B + = A, B — $Y = \overline{A \cdot B}$

‖ 논리 기호 ‖

10 **입력값이 서로 다를 경우 출력이 1, 서로 같을 경우 0으로 출력되는 게이트(gate)는?**

‖ 09 출제 ‖

(해답) EOR 게이트

(해설) 배타적 논리합 회로
두 입력 A, B가 서로 같을 때 출력이 '0'이 되고 서로 다를 때는 출력이 '1'이 되는 회로로서, EOR 게이트(Exclusive OR gate) 회로라고도 한다.

* 기본 논리식 $Y = A\overline{B} + \overline{A}B = A \oplus B$
여기서, ⊕기호는 Ring sum으로 표시한다.
위의 식을 불대수의 정리 및 드모르간의 정리를 적용시키면 다음 식과 같다.

$$Y = A\overline{B} + \overline{A}B = (A+B)(\overline{A}+\overline{B})$$
$$= (A+B)(\overline{AB})$$
$$= (\overline{\overline{AB + \overline{A} + \overline{B}}})$$

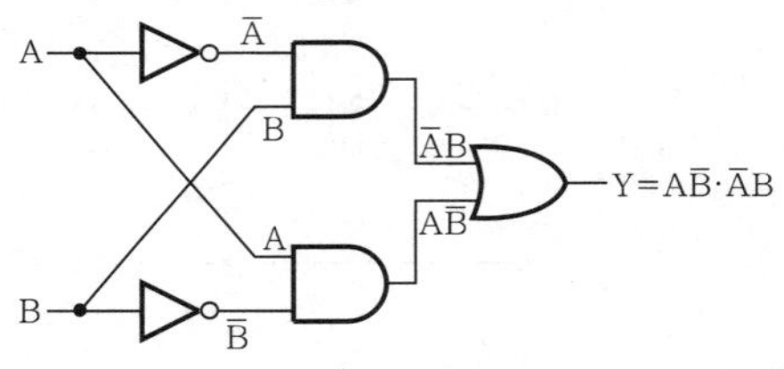

(a) 회로

A, B — $Y = A \oplus B$

(b) 논리 기호

입력		출력
A	B	Y
0	0	0
0	1	1
1	0	1
1	1	0

(c) 진리표

11 **배타적(exclusive) OR 게이트를 나타내는 논리식은?**

‖ 15 출제 ‖

(해답) $Y = \overline{A}B + A\overline{B}$

12 다음 진리표는 무슨 회로인가? ▌03.05 출제 ▌

입력 1	입력 2	입력 3
1	1	1
1	0	1
0	1	1
0	0	0

해답 OR 회로

해설 진리표는 두 입력 중 어느 하나라도 '1'이 있으면 출력이 '1'이 되는 것으로, 논리 OR 회로를 나타낸다.
∴ 논리식 $Y = A + B$

13 주어진 표는 논리 게이트의 진리값 표 중 일부를 보인 것이다. 빈칸 ( )에 해당되는 것은? ▌02 출제 ▌

입력 신호		게이트		
A	B	AND	( )	NOR
0	0	0	1	1
0	1	0	1	0
1	0	0	1	0
1	1	1	0	0

해답 NAND 게이트

해설 부정 논리곱(NAND) 회로
AND 게이트와 NOT 게이트의 결합으로 이루어져 있으며 AND 게이트의 반대의 출력을 나타낸다. 이것은 AND 게이트와 출력이 반대로 나타나는 회로로서, NAND 게이트라고 한다.
논리식 $Y = \overline{AB}$

▌논리 기호 ▌

14 다음 진리표를 불대수로 표현하면? ▌05.07 출제 ▌

A	B	Y
0	0	0
0	1	0
1	0	0
1	1	1

해답 $Y = AB$

해설 진리표는 두 입력이 모두 '1'일 때만 출력이 '1'이 되는 것으로, 논리 AND gate를 나타낸다.
∴ 논리식 $Y = AB$

15 그림과 같은 AND 게이트의 출력은? ▌98.01 출제 ▌

해답 $Y = ABC$

해설 AND 게이트는 논리곱 회로로서, 입력이 모두 '1'인 경우에만 출력이 '1'이 되는 회로이다.
∴ $Y = ABC$

16 그림과 같은 게이트 회로에서 A = B = C = 1일 때 출력 Y는? ▌06.10 출제 ▌

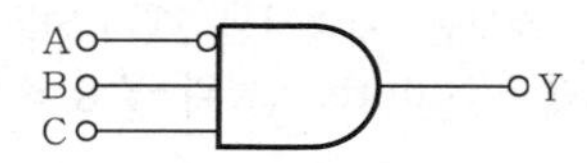

해답 $Y = 0$

해설 입력 $A = B = C = 1$일 때 A는 부논리이므로 $A = 0$, $B = 1$, $C = 1$의 조건에서
∴ $Y = \overline{A}BC = 0 \cdot 1 \cdot 1 = 0$

17 다음 회로의 입력이 $X_1 = 1$, $X_2 = 0$일 때 출력은? ▌99.03 출제 ▌

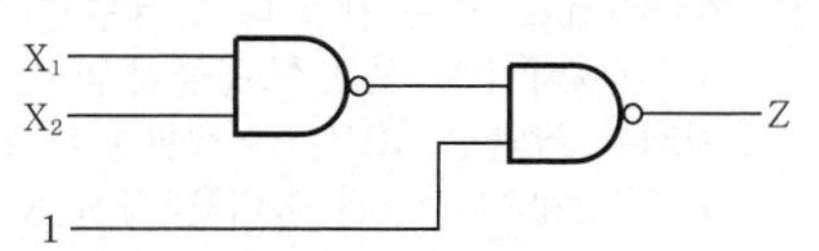

해답 출력 $Z = 0$

해설 출력 $Z = \overline{\overline{X_1 X_2} \cdot 1}$에서
$X_1 = 1$, $X_2 = 0$일 때 $X_1 \cdot X_1 = 1$이므로
∴ 출력 $Z = 0$

18 논리 회로 중에서 Fan-out 수가 가장 많은 회로는? ▌02.04.09 출제 ▌

해답 CMOS

해설 출력 분기수(fan-out)
1개의 출력 단자에 다수의 입력 신호를 연결할 수 있는 최대 연결 개수를 나타내는 것으로, 즉 1개의 출력 단자에 다른 회로의 입력 신호를 연결할 수 있는 개수를 말한다.

논리 회로	RTL	DTL	TTL	ECL	CMOS
출력 분기수	5	8	10	25	50 이상

19 순서 논리 회로에 해당하는 것은?

07.11 출제

해답 플립플롭(flip-flop)

해설 순서 논리 회로(sequential logic circuit)
시간에 의존하는 회로로서, 조합 논리 회로에 대해서 현재의 입력과 그 이전의 입력에 의해서 입력의 변수뿐만 아니라 회로의 내부 상태에 따라 출력이 결정되는 회로를 말한다. 이 회로의 대표적인 예는 플립플롭(flip-flop)으로 정보를 기억하는 레지스터(register) 및 카운터(counter) 등의 구성 소자로 쓰인다.

20 플립플롭 회로의 출력 Q 및 $\overline{Q}$ 는 리셋(reset) 상태에서 어떠한 논리값을 갖는가?

04 출제

해답 $Q=0$, $\overline{Q}=1$

해설 쌍안정 멀티바이브레이터(bistable multivibrator)
플립플롭(flip flop)이라고도 부르며 정보의 저장(storage) 또는 기억 회로, 계수(counter) 회로, 데이터 정보 전송 회로 등에 많이 사용된다. 이러한 쌍안정 MV는 Set(설정)과 Reset(복귀)의 2개의 안정된 출력을 가지는 플립플롭 회로로서, 그림 (a)와 같이 입력은 R(Reset)과 S(Set)를 가지고 출력은 Q, $\overline{Q}$ 로서 2개의 입력단과 2개의 출력단을 가진다.
그림 (b)는 NOR 게이트로 구성된 플립플롭 회로로서, 2가지 안정 상태를 가진다.

① 입력 R=0, S=1일 때 Q=1, $\overline{Q}$=0의 상태로 Set의 안정 상태를 유지한다.
② 입력 R=1, S=0일 때 Q=0, $\overline{Q}$=1의 상태로 Reset의 안정 상태를 유지한다.

따라서, 플립플롭 회로에서는 항상 출력 Q=1일 때를 Set 상태, $\overline{Q}$=1일 때를 Reset이라고 부른다.

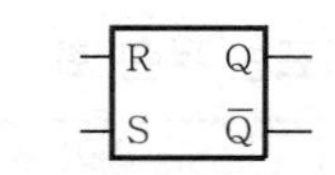

(a) 기본적인 플립플롭 회로의 구성도

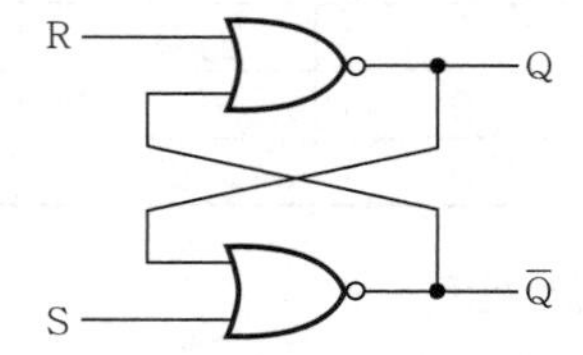

(b) NOR 게이트로 구성한 플립플롭 회로

21 RS-FF에서 R = 1, S = 1일 때 출력은?

04.06.16 출제

해답 불확정

해설 RS 플립플롭(RS-FF)
Reset-Set 플립플롭의 약자로서, 일반적으로 래치(latch) 회로라 한다. 이것은 R과 S의 두 입력 상태에 따라 한번 결정되면 입력을 '0'으로 하여도 출력 상태는 변하지 않는다. 따라서, 이 회로는 논리 게이트의 경우와는 달리 앞의 상태에 따라 현재의 입력 조건이 결정된다.

(a) 구성도

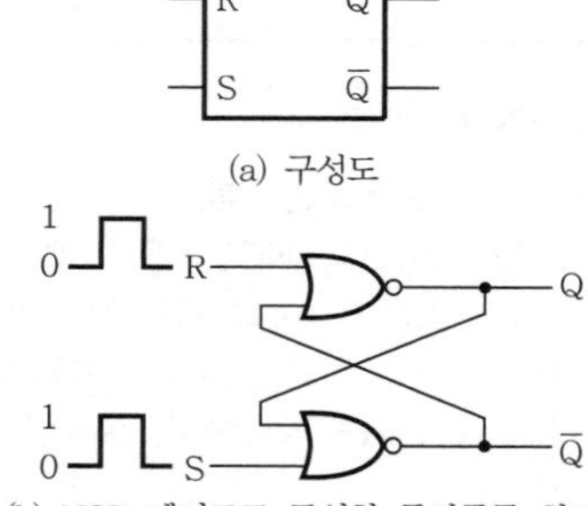

(b) NOR 게이트로 구성한 플립플롭 회로

R	S	Q_{n+1}	
0	0	Q_n	불변
0	1	0	Set(Q =1)
1	0	1	Reset($\overline{Q}$ =1)
1	1	불확정	금지 입력

(c) 진리표

그림 (b)에서 R=1, S=1의 입력 신호가 동시에 공급되면 출력의 응답은 어느 쪽이 될 것인지 불확정 상태가 되므로 2진 논리에 위배된다. 따라서, 이러한 입력은 1개의 플립플롭 회로의 동작에서는 허용되지 않으므로 금지 입력이라 한다.

22 불확정 상태가 되지 않도록 반전기를 부가한 회로는?

▌03 출제▐

해답 D-FF

해설 D 플립플롭(D-FF)

D-FF의 D는 정보(data) 또는 지연(delay)형의 플립플롭을 의미하며 RS-FF에 인버터(NOT)를 추가하여 클록 펄스(CP) 입력과 1개의 데이터 입력 D를 가지는 플립플롭 회로이다. 이것은 단일 입력 D가 클록(clock)에 따라 일시적으로 데이터를 기억하는 회로로서, D의 신호는 CP가 공급되면 토글(toggle) 작용없이 출력에 전달되고 다음의 CP가 공급될 때까지 출력은 현재 상태를 유지하므로 데이터 신호의 저장 기능을 가지고 있다.

이것은 그림 (c)와 같이 CP가 L(Law)에서 H(High)로 바뀔 때 입력 신호 D는 CP에 의하여 시간적으로 지연되어 출력에 나타나므로 1비트를 지연시키는 기능을 가지게 된다. 따라서, 결과적으로 CP의 동기만큼 입력 신호를 시프트(shift)시키는 작용을 하므로 데이터 전송용 레지스터(register)에 이용할 수 있다.

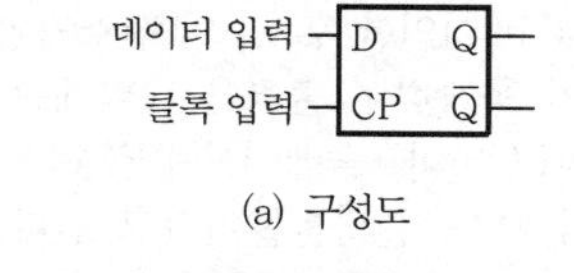

(a) 구성도

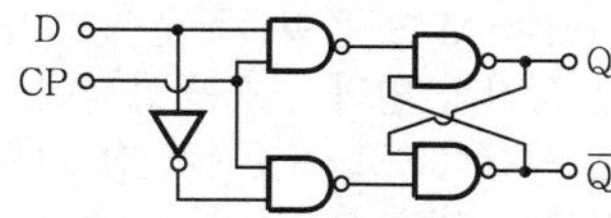

(b) NAND 게이트를 이용한 D-FF

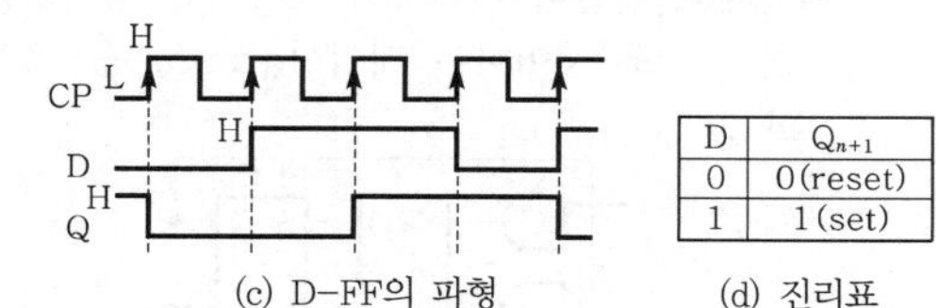

D	Q_{n+1}
0	0(reset)
1	1(set)

(c) D-FF의 파형 (d) 진리표

* 이와 같은 D-FF는 R=S=1의 경우에 불확정 상태가 되지 않도록 하기 위해 그림 (b)와 같이 입력 D에 NOT 게이트를 연결하여 'Set'과 'Reset'의 입력이 서로 반대가 되도록 한 것으로, D-FF에서는 금지 입력이 허용되지 않는다. 이 기능은 그림 (d)의 진리표와 같이 D=1이면 항상 셋(set) 상태이고 D=0이면 항상 리셋(reset) 상태를 유지한다.

23 다음 회로는 RS-FF이다. D-FF로 변환하려면 어떻게 하여야 하는가?

▌01.02.14 출제▐

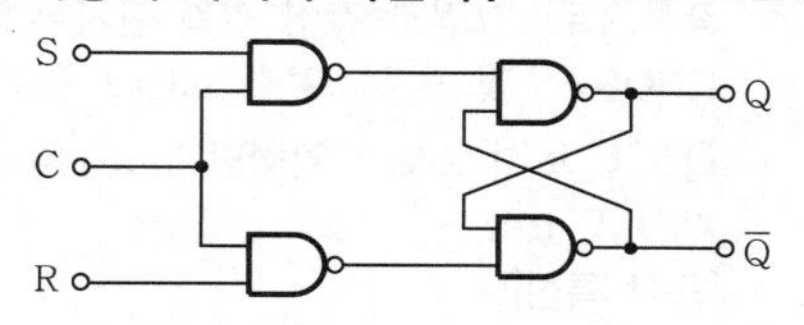

해답 S에서 NOT를 통하여 R에 연결하고 S를 D로 대체한다.

해설 RS-FF에서 D-FF로의 변환

D-FF의 입력 신호는 CP가 공급되면 토글(toggle) 작용없이 출력에 전달되고 다음의 CP가 공급될 때까지 출력은 변함없이 Set 상태를 유지한다. 따라서, RS-FF의 S에 NOT 게이트를 부가하여 R에 연결하고 S를 데이터 입력 D로 대체하면 R=S=1이 되는 금지 입력이 발생하지 않는다.

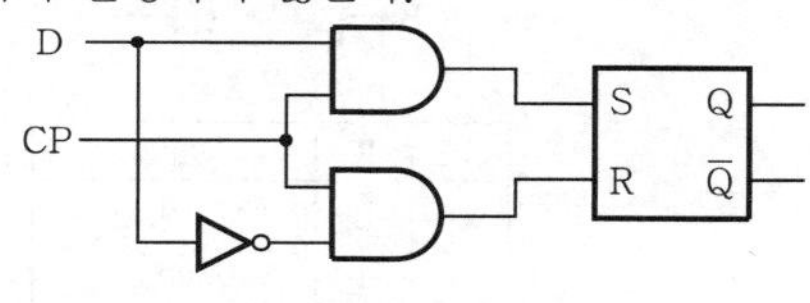

▌RS-FF에서 D-FF로의 변환▐

24 ( ) 안에 들어갈 내용으로 알맞은 것은?

▌14 출제▐

> D 플립플롭은 1개의 S-R 플립플롭과 1개의 ( ) 게이트로 구성할 수 있다.

해답 NOT

해설 D-FF는 토글(toggle) 작용이 일어나지 않도록 하기 위하여 1개의 RS-FF에 1개의 NOT 게이트를 연결하여 구성한 플립플롭 회로이다.

25 그림과 같은 회로의 명칭은?

▌98.03 출제▐

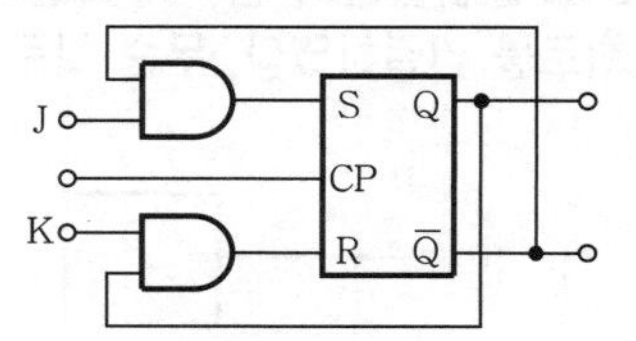

해답 J-K 플립플롭

해설 J-K 플립플롭(J-K FF)

디지털 시스템에서 가장 많이 사용되는 플립플롭으로, 그림과 같이 입력 단자는 J(Jack), K(King) 및 클록 펄스 CP와 출력 단자는 Q, $\overline{Q}$로서 2개의 입력단과 2개의 출력단을 가지고 있다.

[동작 특징]

- 클록 펄스 CP의 입력 신호가 있을 때만 J, K의 입력 신호가 출력에 전달된다.
- RS-FF에서는 R=1, S=1일 때 금지 입력으로 허용되지 않지만 J-K FF에서는 J=1, K=1일 때 CP=1이면 출력은 현 상태에서 반전(toggle)되어 0과 1을 반복하게 되므로 동시에 2개의 신호가 들어와도 상관없다. 이것이 J-K FF이다.

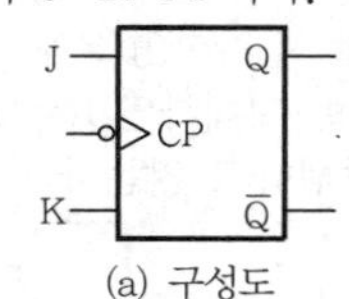

(a) 구성도

J	K	Q_{n+1}
0	0	Q_n(불변)
0	1	0(clear)
1	0	1(set)
1	1	$\overline{Q_n}$(반전)

(b) 진리표

26 J-K Flip-flop에서 입력이 J = 1, K = 1일 때 Clock pulse가 계속 들어오면 출력의 상태는?

▌14 출제▐

해답 Toggle

해설 토글(toggle)

입력 J=1, K=1일 때 CP(Clock Pulse)가 계속 들어오면 출력 상태가 전 상태의 역으로 반전(complementing)되는 것을 말한다.

27 J-K 플립플롭의 입력에 그림과 같이 NOT 회로를 연결하였다. 무슨 회로가 되는가?

▌07.16 출제▐

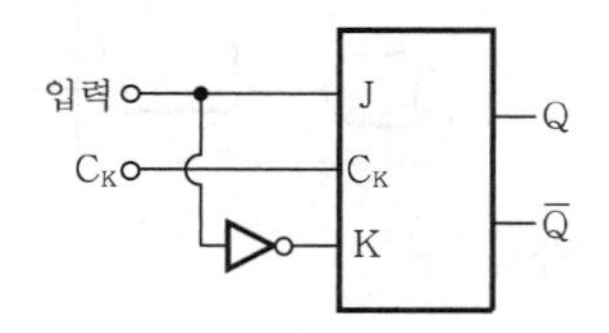

해답 D 플립플롭

해설 그림의 회로는 JK 플립플롭을 사용하여 D 플립플롭 회로를 만든 것이다. 이것은 그림과 같이 JK-FF의 입력 J를 외부 결선하여 NOT 게이트를 통하여 K에 연결하고 J를 D로 대체하면 D-FF로 변환된다.

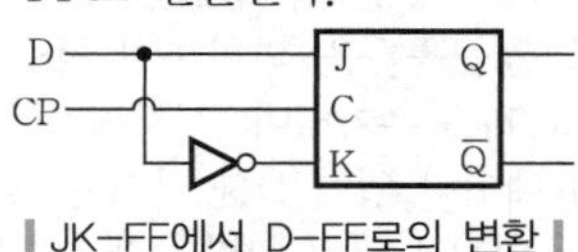

▌JK-FF에서 D-FF로의 변환▐

28 마스터 슬레이브 JK-FF에서 클록 펄스가 들어올 때마다 출력 상태가 반전되는 것은?

▌99.04.13 출제▐

해답 J=1, K=1

해설 마스터 슬레이브 JK-FF

그림 (a)와 같이 마스터(master) FF(1)과 슬레이브(slave) FF(2)의 두 플립플롭으로 구성된 것으로, 외부적으로는 단일 플립플롭으로 동작하며 각각에 대한 클록 펄스(CP) 신호가 서로 반전되도록 한 플립플롭 회로이다. 이것은 그림 (b)와 같이 마스터 FF에서 입력 신호를 읽고 기억한 후 CP의 신호에 따라 슬레이브 FF가 동작하여 출력을 나타내는 것으로 마스터 FF(주)와 슬레이브 FF(종)는 주종 관계가 있어 M/S 플립플롭이라고 한다.

이러한 M/S 플립플롭은 입력 신호를 기억하는 동작과 입력 신호를 출력에 전송하는 동작을 시간적으로 어긋나게 한 것으로 2개의 FF 사이에 전달 회로를 두고 출력의 상태가 변화할 때 입력측이 변화하여 오동작을 일으키는 것을 CP로 제어하여 레이싱(racing)을 방지한다.

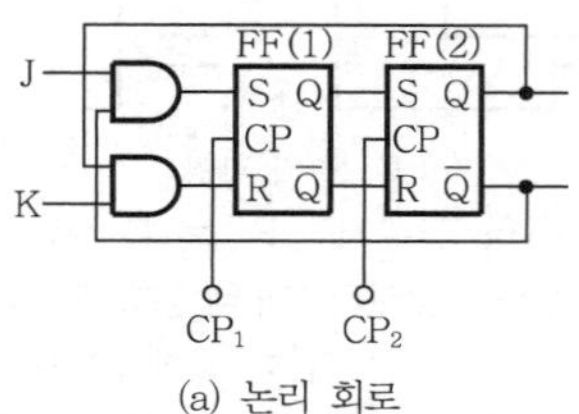

(a) 논리 회로

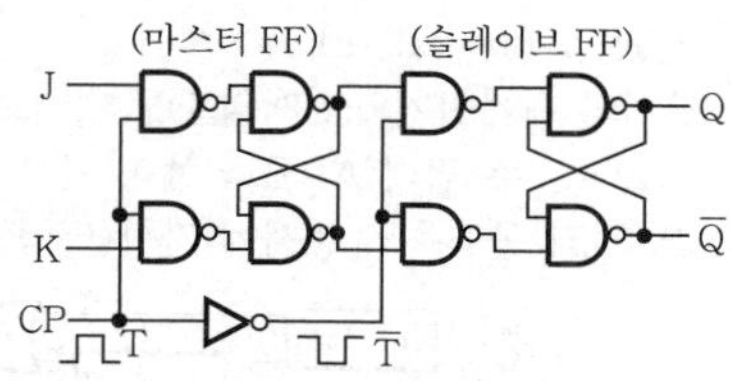

(b) 마스터-슬레이브 JK-FF의 구성

* 따라서, M/S JK-FF는 입력 J=1, K=1 일 때 FF(1)은 CP_1에 의해 출력 상태가 반전된다. 이때, FF(2)는 CP_2가 '0'이므로 앞의 상태를 계속 유지한다.

29 J-K 플립플롭을 이용하여 10진 카운터를 설계할 때 최소로 필요한 플립플롭의 수는?

▌15 출제▐

해답 4개

해설 • N진 카운터 설계
- 요구되는 플립플롭(flip flop)의 수를 결정한다.
  $2^{n-1} \leq N \leq 2^n$ (n : 플립플롭의 수)
- n개의 플립플롭으로 2^n 카운터를 구성한 다음 $(N-1)$에 대한 2진수를 구한다.

• 10진 카운터의 설계
- $2^{n-1} \leq 10 \leq 2^n$에서 $n=4$이므로 4개의 플립플롭이 필요하다.
- $n-1=10-1=(9)_{10}=(1001)_2$이므로 1단, 4단의 출력과 클록(CP) 입력을 회로의 입력으로 하여 그 출력을 2단과 3단에 연결하여 얻는다.

30 JK 플립플롭의 J 입력과 K 입력을 묶어 1개의 입력 형태로 변경한 것은?

▌15 출제▐

해답 T 플립플롭

해설 T 플립플롭(T-FF)
J-K 플립플롭의 입력 J와 K를 묶어 1개의 입력 T(Toggle)의 형태로 변경한 것으로, 그림 (a)와 같이 1개의 입력 T와 출력 Q, $\overline{Q}$를 가지는 플립플롭 회로이다. 이것은 그림 (b)와 같이 입력의 클록 펄스(CP)를 이용하는 플립플롭으로서, 매번 T에 클록 펄스가 들어올 때마다 출력의 위상이 반전되어 나타나므로 토글 플립플롭(Toggle flip flop)이라고 부른다.
이러한 T-FF에서의 출력 파형은 클록 펄스 신호 주파수의 $\frac{1}{2}$을 얻는 회로가 되므로 2분주 회로 또는 2진 계수 회로에 많이 사용된다.

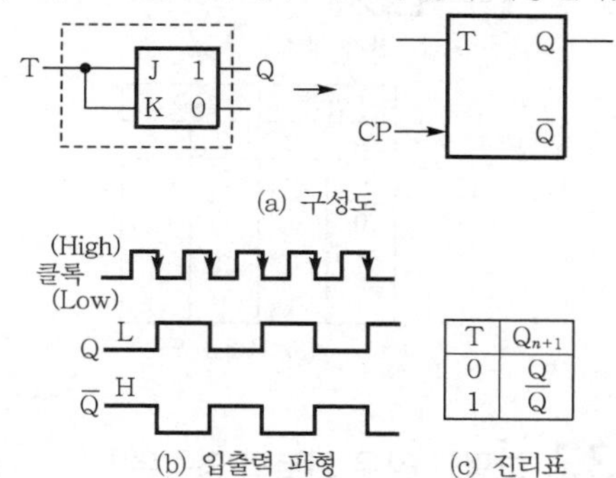

T	Q_{n+1}
0	Q
1	$\overline{Q}$

(c) 진리표

31 2진 리플 카운터에서 T 플립플롭을 3단으로 연결했을 때 계수할 수 있는 가장 큰 수는?

▌05.08 출제▐

해답 7

해설 T-FF는 입력 단자 T에 클록 펄스(clock pulse)가 들어올 때마다 출력 파형은 입력 클록 신호 주파수의 $\frac{1}{2}$을 얻는 2분주 회로로서 T-FF를 3단으로 직렬 연결하면 (2분주)×(2분주)×(2분주)=8분주가 되므로 3bit형 카운터로 0 ~ 7까지 계수할 수 있다.

32 다음 그림은 2진수의 0과 1을 입력하는 논리 회로이다. 이 회로의 이름은? ▌20 출제▐

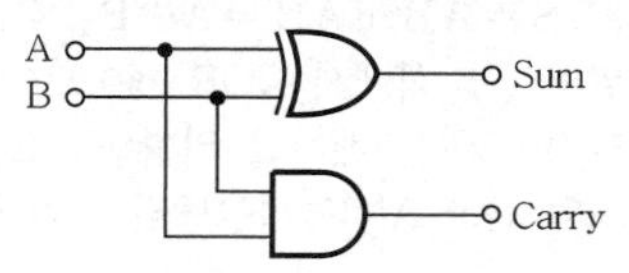

해답 반가산기

해설 반가산기(half adder)
그림과 같이 배타 논리합(EOR)과 AND 회로로 구성된 것으로, 두 입력 A와 B의 2진수 '0'과 '1'을 더한 경우 합(sum)과 자리올림(carry)이 발생하는데 이때 두 출력 S와 C를 동시에 나타내는 논리 회로이다.

* 논리식 $S=\overline{A}B+A\overline{B}=A\oplus B$
  $C=AB$

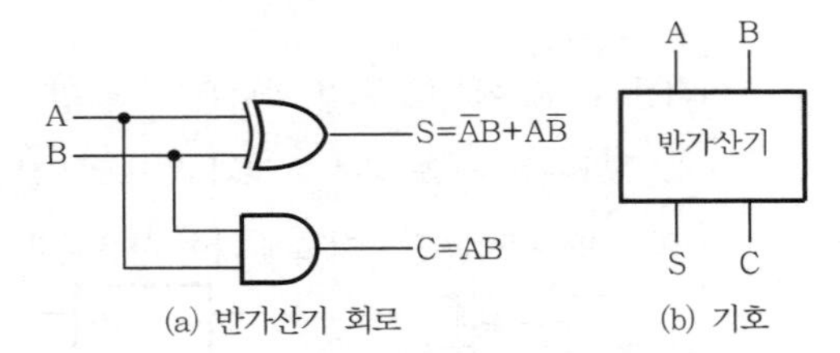

(a) 반가산기 회로 (b) 기호

입력		출력	
A	B	C	S
0	0	0	0
0	1	0	1
1	0	0	1
1	1	1	0

(c) 진리표

33 그림과 같은 회로의 명칭은? ▌05 출제 ▌

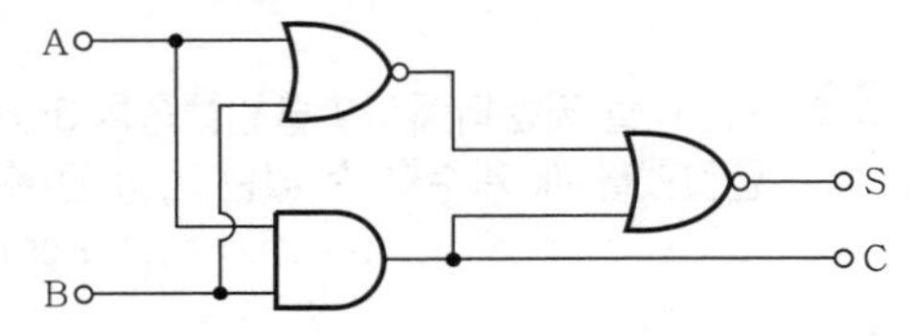

해답 반가산기(half adder)

해설 그림의 회로는 두 입력의 2진수 A와 B를 NOR 게이트로 더한 경우 합(sum) S와 AND 게이트로 A와 B를 곱한 경우 자리 올림수(carry) C를 조합 회로로 만들어 NOR 게이트로 출력을 동시에 나타내는 반가산기(half adder) 회로이다.

논리식 $S=\overline{AB+\overline{A}\overline{B}}=(A+B)(\overline{AB})$

$=(A+B)(\overline{A}+\overline{B})$

$=A\overline{B}+\overline{A}B$

$\therefore\ S=A\overline{B}+\overline{A}B=A\oplus B,\ C=AB$

위의 논리식에서 NOR 게이트의 출력 S의 논리적 표현은 배타 논리합(Exclusive OR) 회로와 같고 AND 게이트의 출력 $C=AB$이다.

34 다음 그림의 회로도의 이름은? ▌07 출제 ▌

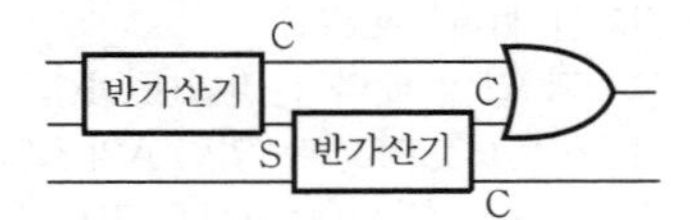

해답 전가산기

해설 전가산기(full adder)

2개의 반가산기와 1개의 OR 게이트로 구성된 것으로, 두 입력 A, B 외에 앞단으로부터 1개의 자리 올림수도 동시에 가산을 행할 수 있다.

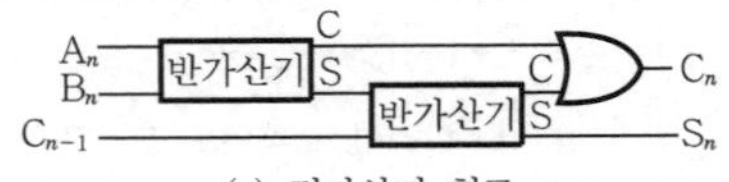

(a) 전가산기 회로

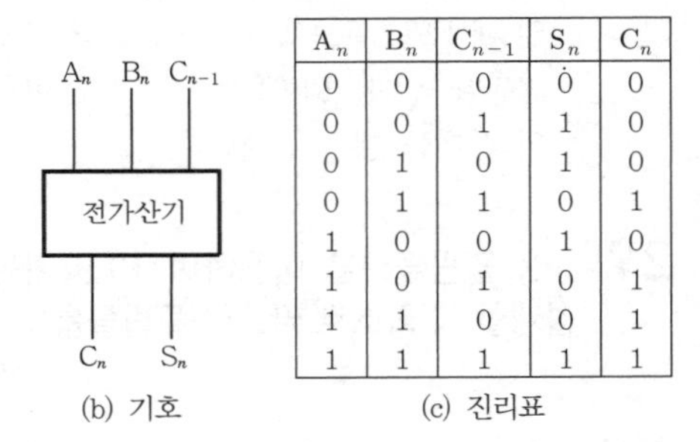

A_n	B_n	C_{n-1}	S_n	C_n
0	0	0	0	0
0	0	1	1	0
0	1	0	1	0
0	1	1	0	1
1	0	0	1	0
1	0	1	0	1
1	1	0	0	1
1	1	1	1	1

(b) 기호 (c) 진리표

35 전가산기(full adder) 입력과 출력의 구성은? ▌06 출제 ▌

해답 입력 3개, 출력 2개로 구성된다.

해설 전가산기(full adder)

2개의 반가산기와 1개의 OR 게이트로 구성된 것으로, 3개의 입력과 2개의 출력을 갖는다.

36 두 입력 반감산기(half subtracter)에서 차가 1이 될 수 있는 경우는 몇 회 발생하는가? ▌01 출제 ▌

해답 2번

해설 반감산기는 EOR 회로에서 두 입력 A, B가 서로 다른 경우 차가 발생하므로 차가 '1'이 될 수 있는 경우는 2회이다.

* 차$(D)=\overline{A}B+A\overline{B}=A\oplus B$

37 디코더(decoder)는 일반적으로 어떤 게이트를 사용하여 만들 수 있는가? ▌15 출제 ▌

해답 AND, NOT 게이트

해설 해독기(decoder)

일반적으로 표준 해독기(decoder)는 AND, NOT를 조합한 NAND 게이트를 사용하여 만든 것으로, 2진수로 표시된 입력의 조합에 따라 1개의 출력만으로 동작하게 할 수 있다. 이것은 2진수 4비트(2^4)에 대한 입력은 16개로 이루어진 조합이 되므로 4비트 1개의 조합에 대하여 1개의 출력선만 동작하게 할 수 있으므로 디멀티플렉서(demultiplexer)로 쓸 수 있다.

38 **다음은 2×4 해독기의 진리표이다. X_2의 값은? (단, A, B는 입력이다)** ▌10 출제▐

A	B	X_0	X_1	X_2	X_3
0	0	1	0	0	0
0	1	0	1	0	0
1	0	0	0	1	0
1	1	0	0	0	1

해답 $X_2 = A \cdot \overline{B}$

해설 그림의 진리표는 2개의 입력 A, B와 4개의 출력을 나타낸 2×4 해독기의 진리표이다. 출력 X_2의 2진수 1의 값은 입력 A=1, B=0일 때이므로 $X_2 = A \cdot \overline{B}$를 나타낸다.

39 **4개의 입력과 2개의 출력으로 구성된 회로에서 4개의 입력 중 하나가 선택되면 그에 해당하는 2진수가 출력되는 논리 회로는?** ▌12.14 출제▐

해답 인코더(encoder)

해설 부호기(encoder)
해독기(decoder)의 반대 기능을 수행하는 것으로, 여러 개의 입력을 가지고 그 중 하나만이 '1'일 때 이로부터 n비트의 코드를 발생시키는 장치이다.

40 **2^n개의 입력 중에 선택 입력 n개를 이용하여 하나의 정보를 출력하는 조합 회로는?** ▌08.15 출제▐

해답 멀티플렉서(multiplexer)

해설 멀티플렉서(multiplexer)
다중 변환기로서 기능은 n개의 입력 중에서 1개의 입력만 선택하여 단일 정보를 출력하는 조합 회로를 말한다.

Chapter

02 전자계산기일반

Section 01 전자계산기일반

01 세계 최초의 상용 전자계산기로, 미국 통계국에 설치하였던 것은? ▮99 출제▮

해답 UNIVAC I

해설 유니백 원(UNIVAC I : Universal Automatic Computer)
1951년에 펜실베니아 대학의 에커트(J. P. Eckert)와 모컬리(J. W. Mauchly)에 의해 만들어진 세계 최초의 전자식 디지털 전자계산기로서, 무려 18,000개의 진공관을 사용하였으며 무게가 30톤이나 나가는 거대한 것이었다. 입력과 출력의 매체로는 자기 테이프를 사용하였으며 데이터 처리용으로만 이용된 상업용 전자계산기로서 1세대의 효시를 이루었다.

02 전자계산기의 특징은? ▮05.10.15 출제▮

해답 ① 처리의 신속성, ② 정확성, ③ 신뢰성

해설 전자계산기의 자료 처리(data processing)는 사용자들에게 정보의 지식을 생산하는 중요한 역할을 하므로 빠른 처리 속도와 정확성은 전자계산기의 신뢰성을 나타내는 중요한 특징이다. 그밖에 기록 보관 및 이용의 편의성 및 이동성 등은 인간이 수행할 업무를 대행해 줌으로써 시간을 창조적인 곳에 활용할 수 있도록 해준다.

03 컴퓨터를 구성하는 기본 소자의 발전 과정은? ▮14 출제▮

해답 진공관(tube) → 트랜지스터(TR) → 집적 회로(IC)

04 디지털과 아날로그의 장점만을 취한 컴퓨터는? ▮99.02 출제▮

해답 하이브리드 컴퓨터

해설 하이브리드 컴퓨터(hybrid computer)
아날로그 컴퓨터와 디지털 컴퓨터의 장점만을 결합하여 하나의 시스템으로 조합한 컴퓨터이다. 이것은 아날로그 컴퓨터의 정확도보다 훨씬 정확하고 디지털 컴퓨터보다 속도가 빠르며 어떤 유형의 데이터라도 모두 처리할 수 있다.

05 컴퓨터를 구성하는 요소를 크게 2부분으로 분류하면? ▮08.11 출제▮

해답 중앙 처리 장치와 입출력 장치

해설 그림과 같이 컴퓨터를 구성하는 장치는 크게 나누어 중앙 처리 장치(CPU)와 입출력 장치로 구성된다. 여기서, 입력 장치, 제어 장치, 기억 장치, 연산 장치, 출력 장치를 컴퓨터의 5대 기능 장치라고 부른다.

① 입력 장치(input unit) : 프로그램이나 데이터를 입력하는 장치
② 제어 장치(control unit) : 입력, 기억, 연산 및 출력의 각 장치에 필요한 지시를 주어 요소들의 동작을 제어하는 장치
③ 기억 장치(memory unit) : 프로그램이나 데이터를 기억하는 장치
④ 연산 장치(arithmetic unit) : 4칙 연산이나 비교, 판단 등을 행하는 장치
⑤ 출력 장치(output unit) : 처리, 결과 등을 내보내는 장치

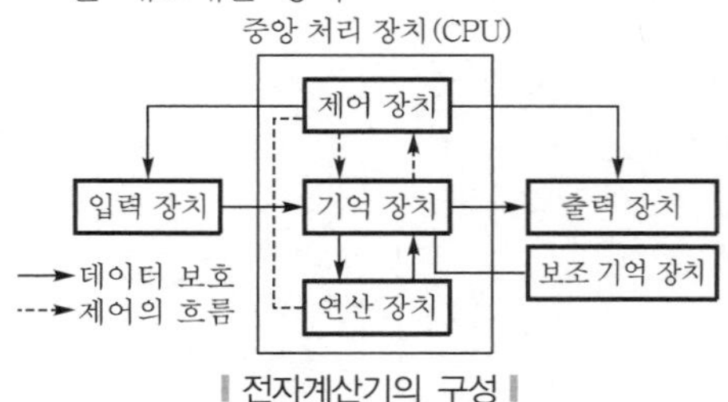

▮전자계산기의 구성▮

06 **중앙 처리 장치를 크게 두 부분으로 분류하면?** ▌99.01.02.03.04.05.06.07.08.14 출제▐

해답 연산 장치와 제어 장치

해설 중앙 처리 장치(CPU : Central Processing Unit)는 컴퓨터의 핵심 부분으로 제어 장치와 연산 장치로 분류된다. 여기에 기억 장치를 넣어서 3개의 장치를 CPU라고도 한다.

07 **누산기, 가산기, 데이터 레지스터 등과 관계있는 장치는?** ▌07 출제▐

해답 연산 장치

해설 연산 장치(ALU : Arithmetic and Logic Unit)
제어 장치의 명령에 따라 입력 자료, 기억 장치 내의 기억 자료 및 레지스터에 기억된 자료들의 산술 연산과 논리 연산을 수행하는 장치로서, 연산에 사용되는 데이터나 연산 결과를 임시적으로 기억하는 레지스터(register)를 사용한다.

08 **연산 장치에서 사칙 연산이나 논리 연산의 결과를 일시적으로 기억하는 레지스터는?** ▌08 출제▐

해답 누산기

해설 누산기(accumulator)
사용자가 사용할 수 있는 레지스터(register) 중에서 가장 중요한 것으로, 연산 장치(ALU)에서 수행되는 산술 연산이나 논리 연산의 결과를 일시적으로 기억하는 장치이다.

09 **플립플롭으로 구성되는 레지스터의 역할은?** ▌08.11 출제▐

해답 기억 기능

해설 레지스터(register)
연산 장치에 사용되는 데이터나 연산 결과를 일시적으로 기억하거나 어떤 내용을 시프트(shift)할 때 사용하는 기억 장치로서, 플립플롭(flipflop)을 병렬로 연결해 놓은 것이다. 이것은 1개의 플립플롭은 1비트(bit)의 2진 정보를 저장할 수 있는 기억 소자의 역할을 하므로 플립플롭의 집합은 수비트에서 수십 비트까지 임시적으로 기억할 수 있는 레지스터를 구성한다.

10 **사칙 연산 명령을 내리는 장치는?** ▌03.09.15 출제▐

해답 제어 장치

해설 제어 장치(control unit)
주기억 장치에 기억되어 있는 프로그램 명령들을 하나씩 호출하여 해독하고 각 장치에 제어 신호를 줌으로써 각 장치의 동작을 자동적으로 제어하는 장치이다. 이것은 입력 장치에 기억되어야 할 기억 장소의 번지 지정, 출력하는 출력 장치의 지정, 연산 장치의 연산 회로 지정과 각 장치의 동작 상태에 필요한 전기 신호를 발생시킨다.

11 **주기억 장치로 사용되는 반도체 기억 소자 중 읽기, 쓰기를 자유롭게 할 수 있는 것은?** ▌98.07.12.15.16 출제▐

해답 RAM(휘발성 메모리)

해설 RAM(Random Access Memory)
전원 공급이 차단되면 기억된 내용이 모두 지워지는 소멸성 기억 소자로서, 기억된 내용을 파괴하지 않고 읽기와 쓰기가 가능하다.

12 **읽기 전용 메모리로서, 기억된 정보를 읽기는 자유롭지만 내용을 바꾸어 넣을 수 없는 기억 소자는?** ▌05.08.11.13.15 출제▐

해답 ROM(비휘발성 메모리)

해설 ROM(Read Only Memory)
전원 공급이 차단되어도 기억된 내용을 계속 가지고 있는 비소멸성 기억 소자이다. 이것은 저장된 내용을 불러내어 읽어내기(판독)만 할 수 있고 일단 프로그램이 쓰여지면 그 내용이 고정되어 버리므로 고정 메모리(fixed memory)라고도 한다.

13 **메모리 내용을 보존하기 위해 일정 기간마다 재충전(refresh)이 필요한 기억 소자는?**

▮ 01.02.03.04.05.06.07.09.10 출제 ▮

해답 DRAM

해설 동적 RAM(Dynamic RAM ; DRAM)
하나하나의 비트를 전하 충전(electric charge)으로 저장하기 때문에 주기적으로 재생 클록(refresh clock)을 받아야 하는 RAM이다. 이것은 하나의 비트를 저장하기 위한 회로가 정적 RAM(SRAM)보다 간단하므로 메모리의 용량을 높일 수 있고 동작 속도가 빠르며 소비 전력이 작고 집적도가 높으면서도 가격이 싸기 때문에 널리 사용되고 있다.

14 **전원이 끊겨도 저장된 데이터를 보존하는 ROM의 장점과 정보의 입출력이 자유로운 RAM의 장점을 모두 지니고 있어 DRAM의 수요를 대신하는 메모리는?** ▮ 08 출제 ▮

해답 플래시 메모리

해설 플래시 메모리(fresh memory)
전기적으로 데이터의 소거와 프로그램이 가능한 고집적 · 비휘발성 기억 소자로서, 반도체 소자인 EPROM과 EEPROM의 기술을 기초화하여 두 소자의 장점만을 조합해 개발한 플래시 EEPROM이 있다. 이것은 주로 디지털 카메라나 MP3, 휴대폰, USB 드라이브 등 휴대용 기기에서 대용량의 정보를 저장하는 용도로 사용된다.

15 **기억 장치 중 600[Mbyte] 이상의 대용량을 저장할 수 있으며 원판형으로서 비교적 가볍고 휴대가 간편한 것은?** ▮ 09 출제 ▮

해답 CD-ROM

해설 CD-ROM(Compact Disk ROM)
읽기 전용의 대용량 기억 장치로서, 많은 양의 데이터가 디지털 형태로 저장되어 있는 원판형의 콤팩트 디스크이다. CD 음반의 음성 신호는 PCM에 의한 디지털 신호로 변환되어 기록하고 재생에는 광학계의 레이저 광선(빔)을 이용한 픽업을 사용하여 재생 신호를 판독한다.

16 **외관상 CD-ROM과 동일하지만 동영상 비디오 정보 등의 대용량을 저장하기 위해 개발되었으며, CD-ROM에 비해 약 7배의 저장 용량이 가능하고 약 4.9[GB] 정도 용량이 기본적인 정보 기억 매체는?** ▮ 07 출제 ▮

해답 DVD-ROM

해설 DVD-ROM(Digital Versatile Disk ROM)
CD-ROM 이후에 출시된 읽기 전용의 기억 장치로서, 오디오 CD와 DVD 미디어를 읽을 수 있는 영상 기록 매체이다. 이것은 영상 데이터를 압축하기 위해 MPEG-2를 사용하며 레이저 CD와 같은 선명한 화질과 입체 음향을 제공한다.

17 **소프트웨어를 하드웨어화한 것으로, 어떤 특정한 목적이나 기능을 갖는 프로그램 등을 하드웨어에 영구적으로 저장하는 것을 무엇이라 하는가?** ▮ 09 출제 ▮

해답 펌웨어

해설 펌웨어(firmware)는 특정한 프로그램을 ROM writer에 의해 적어 넣어 하드웨어(hardware)와 유사한 형태로 그 내용이 영구적으로 고정되는 PROM을 말한다.

18 **순차 액세스(sequential access)만이 가능한 보조 기억 장치는?** ▮ 03.06.20 출제 ▮

해답 자기 테이프

해설 자기 테이프(magnetic tape)
자기 테이프에 의해 데이터를 읽거나 기록하는 대용량의 기억 장치로서, 순차 접근만 가능하며 정보의 추가 및 삭제가 어렵고 호출 시간(access time)이 오래 걸린다.
* 순차 접근 기억 장치(sequential access memory) : 기억 장소들이 독자적인 주소(address)를 가지고 있지 않은 기억 장치(기억 소자 : 자기 테이프, 천공 카드)

19 **순차 액세스와 직접 액세스가 가능한 보조 기억 장치는?** ▮ 08.11 출제 ▮

해답 자기 디스크

해설 자기 디스크(magnetic disk)
축음기의 음반과 같이 생긴 원판을 기억 공간으로 사용하는 대용량의 보조 기억 장치로서, 자기 디스크에 데이터를 써 넣거나 읽는 기억 장치로서 순차 처리와 비순차 처리가 모두 가능하다. 이러한 자기 디스크는 원하는 정보가 들어 있는 주소를 임의로 선택하여 사용할 수 있으므로 주로 임의 접근(random access)을 많이 한다. 따라서, 자기 디스크를 임의 접근 기억 장치(random access memory)라고도 한다.

20 DASD(Direct Access Storage Device)의 대표적인 것은? ▌08 출제▐

해답 자기 디스크

해설 직접 액세스 기억 장치(DASD)
원하는 정보가 위치하는 주소(address)를 지정하여 직접 접근(access)하는 기억 장치로서, 자기 디스크가 대표적이다.
* 직접 접근 기억 장치(direct access memory) : 각 기억 장소가 독자적인 주소를 가지고 있어서 원하는 정보가 들어 있는 주소를 임의로 선택하여 사용할 수 있는 기억 장치로서 임의 접근 기억 장치라고도 한다(기억 소자 : 자기 드럼, 자기 디스크, 플로피 디스크).

21 자기 디스크에서 하나의 트랙을 몇 개의 구간으로 나누어 사용할 때 하나의 단위는? ▌20 출제▐

해답 섹터

해설 섹터(sector)
자기 디스크를 표현하는 데 쓰이는 하나의 단위로서, 자기 디스크에서 하나의 트랙(track)을 여러 구획으로 나누어 데이터를 단위별로 읽어 들여 기억시킨다.

22 주기억 장치의 용량보다 크게 사용하기 위한 것으로, 하드 디스크 장치의 용량을 주기억 장치와 같이 사용할 수 있도록 한 메모리는? ▌02.03.11.13.16 출제▐

해답 가상 기억 장치

해설 가상 기억 장치(virtual memory)
보조 기억 장치를 사용하여 주기억 장치가 실제 메모리보다 확장된 것처럼 취급할 수 있도록 해주는 가상의 기억 장치를 말한다. 이것은 운영 시스템에 의해 주기억 장치와 서로 전송(transfer)이 가능하므로 실제로 큰 기억 용량을 가지고 있는 것처럼 사용할 수 있다.

23 가상 기억 장치(virtual memory)에서 주기억 장치의 내용을 보조 기억 장치로 전송하는 것을 무엇이라고 하는가? ▌14 출제▐

해답 롤 아웃

해설 롤 아웃(roll – out)
여러 가지 크기의 파일이나 컴퓨터 프로그램과 같은 데이터의 집합을 주기억 장치에서 보조 기억 장치로 전송하는 것으로, 다중 프로그램의 구조를 갖는 컴퓨터 시스템에서 우선 순위가 높은 작업이 들어오면 우선 순위가 낮은 작업을 주기억 장치에서 외부의 보조 기억 장치로 전송하는 것을 말한다.

24 중앙 처리 장치와 주기억 장치 사이의 속도 차이를 해결하기 위해 장치한 고속 버퍼 기억 장치는? ▌99.01.02.03.04.05.06.08.10.15.16 출제▐

해답 캐시 기억 장치

해설 캐시 기억 장치(cache memory)
초고속 소용량의 메모리로서, 중앙 처리 장치의 빠른 처리 속도와 주기억 장치의 느린 속도 차이를 해소하기 위해 사용하는 것으로 효율적으로 컴퓨터의 성능을 높이기 위한 반도체 기억 장치이다. 이것은 특히 그래픽 처리 시 속도를 높이는 결정적인 역할을 하므로 시스템의 성능을 향상시킬 수 있다.

25 컴퓨터의 기억 용량을 의미하는 것은? ▌98.07 출제▐

해답 기억 장치의 크기

해설 컴퓨터는 기억 용량에 따라 소형, 중형, 대형, 초대형 등으로 구분하며 기억 용량은 기억 장치의 크기를 의미하는 것으로, 기억 용량이 큰 사양일수록 많은 데이터를 처리할 수 있다.

26 기억 장치의 성능을 평가할 때 가장 큰 비중을 두는 것은? ▮04.14 출제▮

해답 기억 장치의 용량과 접근 속도

해설 기억 장치의 기억 용량은 바이트(byte)로 표시되며 현재 사용되고 있는 기억 용량의 단위는 kB, MB, GB 정도이며 메모리에 기억된 데이터 액세스는 나노세컨드($1/10^9$)로 측정된다. 이러한 기억 장치의 성능은 기억 용량과 호출 시간에 따른 접근 속도에 의해 컴퓨터의 성능을 평가한다.

27 여러 하드 디스크 드라이브를 하나의 저장 장치처럼 이용 가능하게 하는 기술은? ▮15 출제▮

해답 RAID

해설 RAID(Redundant Array of Inexpensive Disks)의 기술
- 여러 개의 하드 디스크를 하나의 Virtual disk로 구성하여 대용량의 저장 장치로 사용할 수 있으며 데이터를 분할 저장하여 전송 속도를 향상시킬 수 있다.
- 시스템 가동 중에 생길 수 있는 하드 디스크의 에러(error)를 시스템의 정지 없이 교체나 데이터를 자동 복구할 수 있다.

28 카드 리더(card reader)에서 카드를 읽기 전에 카드를 쌓아 놓는 곳은? ▮01.05 출제▮

해답 호퍼

해설 호퍼(hopper)
중앙 처리 장치에서 카드 판독 명령이 오면 카드 판독기(card reader)에서 카드를 읽기 전에 카드를 쌓아 두는 곳을 말한다.

29 카드 리더(card reader)에서 롤러의 회전에 의해 왼쪽으로 움직이고 읽는 부분을 지나서 마지막에 쌓이게 되는 장소를 무엇이라고 하는가? ▮06.20 출제▮

해답 스태커(stacker)

해설 스태커(stacker)
카드 판독기(card reader)에서 호퍼(hopper)에 차례로 쌓여 있는 천공된 카드는 카드 전송 장치에 의해서 1매씩 판독 기구를 통해서 식별되어 판독이 완료된 카드는 롤러에 의해서 스태커에 쌓인다.

30 컴퓨터와 오퍼레이터 사이에 필요한 정보를 주고받을 수 있는 장치는? ▮01.02.06 출제▮

해답 콘솔

해설 콘솔(console)
- 컴퓨터를 직접 외부에서 제어(control)하기 위한 입출력 장치로서, 컴퓨터 관리자와 데이터 처리 시스템 사이에서 대화할 수 있는 특수한 기능의 단말 장치로서 조작 탁이라고도 한다.
- 컴퓨터 시스템의 일부분으로 본체와 가까운 곳에 설치되며 관리자는 단말기를 통하여 컴퓨터의 동작 상태를 확인하고 동작 개시나 정지를 명령하거나 가동 상태를 감시하는 작업 등을 수행한다. 개인용 컴퓨터(PC)의 경우 키보드와 모니터가 콘솔에 해당한다.

[콘솔 장치의 기능]
- 입출력 장치의 선택 점검
- 동작(가동) 상태의 확인 및 감시
- 동작 개시와 정지

31 평판과 펜으로 구성되어 펜을 평판 위로 움직임으로써 그 위치를 컴퓨터로 입력하는 장치는? ▮01.06 출제▮

해답 디지타이저

해설 디지타이저(digitizer)
아날로그 데이터를 디지털 형식으로 변환시키는 장치(device)로서, 그림이나 설계 도면, 도형 등의 $X \cdot Y$ 축 좌표를 검출하여 디지털 신호로 입력하는 장치이다.

32 그림이나 사진 또는 도형을 이미지 형태로 변환하는 입력 장치는? ▮05 출제▮

해답 스캐너

해설 스캐너(scanner)
이미지 리더(image reader)라고도 부르며 컴퓨터 내부에서 처리할 수 있도록 그림이나 사

진, 도형 또는 종이 위의 화상 정보를 읽어 들이는 장치를 말한다.

33 컴퓨터의 확장 슬롯에 장착하여 내부적으로 컴퓨터에 연결되는 것은? ▌08 출제▐

해답 사운드 카드

해설 사운드 카드(sound card)
개인용 컴퓨터(PC)의 멀티미디어 환경을 구축하기 위해 있어야 할 기본적인 장치로서, 고음질의 음향 기능을 수행하기 위한 확장 카드이다. 이것은 모뎀 카드나 그래픽 카드처럼 메인 보드의 확장 슬롯에 장착하여 사용하는 형태의 하드웨어로서, FM의 원음이나 PCM의 원음 등이 탑재되어 있어 우수한 음향 출력이 가능하다.

Section 02 데이터의 표현과 연산

01 컴퓨터의 입력 과정을 통해 들어오는 것을 무엇이라고 하는가?
▌09 출제 ▌

해답 자료(data)

해설 자료(data)
컴퓨터가 이해하고 처리를 할 수 있는 조건의 정보를 가진 값으로, 상태를 숫자나 문자로 나타낸 것을 말한다. 이러한 자료의 기본 단위는 비트(bit)로 이루어지며 디지털 데이터는 '0'과 '1'의 수치 배열로 만들어진다.

02 자료의 최소 단위를 나타내는 것은?
▌98.99 출제 ▌

해답 비트(bit)

해설 비트(bit)
binary digit의 약자로, 2진수 '0'과 '1'의 값을 가지는 자료의 최소 단위로서 컴퓨터에서 사용하는 가장 작은 정보의 기본 단위이다.

03 16bit는 몇 byte인가?
▌05 출제 ▌

해답 2byte

해설 바이트(byte)
몇 개의 비트가 모여서 하나의 문자, 숫자, 기호 등을 나타내는 데이터의 기본 단위로서, 8bit의 모임을 1byte라 한다.
8bit = 1byte
∴ 16bit = 2byte

04 컴퓨터의 용량 1kbyte는 몇 byte를 나타내는가?
▌02.05.08 출제 ▌

해답 1,024byte

해설 $1\text{kbyte} = 2^{10}\text{byte} = 1,024\text{byte}$

05 컴퓨터의 용량 1Mbyte를 이론적으로 나타낸 것은?
▌01.03.04 출제 ▌

해답 1,048,576byte

해설 $1\text{kbyte} = 2^{10}\text{byte} = 1,024\text{byte}$
$\therefore\ 1\text{Mbyte} = 2^{20}\text{byte} = 1,048,576\text{byte}$

06 1byte는 8개의 데이터 bit로 되어 있다. 8bit를 서로 조합하면 몇 종류의 문자를 표현할 수 있는가?
▌02 출제 ▌

해답 256문자

해설 1byte = 8bit이므로
$\therefore\ 8\text{bit} = 2^8 = 256$문자

07 일반적으로 가장 작은 bit로 표현이 가능한 데이터는?
▌99.08.11.13.14 출제 ▌

해답 논리 데이터

해설 논리 데이터(logic data)
AND, OR, NOT를 이용한 논리 판단과 시프트 등을 포함한 논리 연산을 행할 수 있는 것으로 정보를 나타내는 가장 작은 원소인 비트(binary digit)로 데이터의 표현이 가능하다.

08 '0'에서 '9'까지의 10진수를 4비트의 2진수로 표현하는 코드는?
▌16 출제 ▌

해답 BCD 코드

해설 2진화 10진 코드(binary coded decimal code)
2진수를 사용하여 수치를 표현하는 가장 보편적인 코드로서, 10진수의 0 ~ 9까지의 숫자를 표현하는데 각 자리 마다 4비트씩 할당하여 1자리씩의 값을 8, 4, 2, 1로 나타내어 2진수로 표현하는 방법이다. 이것을 2진화 10진 표기법(binary coded decimal notation)이라 하며 이 표기법으로 표현된 코드를 BCD code라고 부른다.

09 8비트로 한 문자를 표현하며 4개의 Zone bit와 4개의 Digital bit로 구성되는 코드는?
▌01.02 출제 ▌

해답 EBCDIC 코드

해설 EBCDIC 코드(Extended Binary Decimal Interchange Code : 확장 2진화 10진 코드)
BCD 코드를 확장한 코드로서, 4비트 2조를 1조(set)로 하여 8비트의 2진수를 한 문자로 표현하는 코드이다. 8비트를 사용하면 $2^8 = 256$ 종류의 문자를 표현할 수 있으므로 숫자 이외에 영자의 대문자와 소문자, 한글, 특수 문자 등의 넓은 범위에 이르기까지 표현할 수 있다.

존(zone)				숫자(numeric)			
0	1	2	3	4	5	6	7

10 미국 표준 코드로서 Data 통신에서 많이 사용되는 자료의 표현 방식은?

▮ 01.09.15 출제 ▮

해답 ASCII 코드

해설 ASCII(American Standard Code for Information Interchange) 코드
미국 표준 협회에서 제정한 것으로, 7비트 또는 8비트의 두 가지 형태로 한 문자를 표시한다. 이 코드는 통신의 시작과 종료, 제어 조작 등을 표시할 수 있으므로 데이터 통신에서 널리 이용되고 있다.

ASCII-7		7	6	5	4	3	2	1
ASCII-8	8	7	6	5	4	3	2	1

11 컴퓨터 내부에서 10진수를 표현하는 방식은 무엇인가?

▮ 10 출제 ▮

해답 팩 방식

해설 팩 10진수 형식(packed decimal number format)
10진수를 나타낼 때 0 ~ 9까지의 표현은 4비트만으로 숫자 부분(numeric part)의 표현이 가능하다. 이것은 10진수 연산에서 존 10진수 형식을 사용하게 되면 처리 시간이 오래 걸리고 기억 장치의 기억 장소를 낭비하는 결과가 된다. 이러한 이유로 1바이트(8bit)에 두 자리의 10진수를 기억시키는 형식을 말한다.

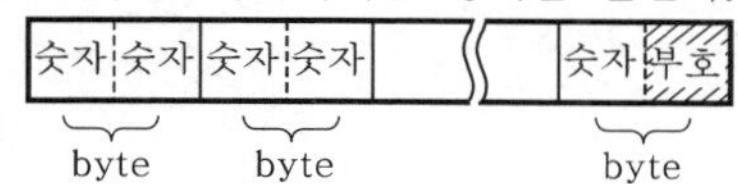

12 비가중치 코드이며 에러 발생률이 작아서 A/D 변환 및 데이터의 전송, 입출력 장치 등에 많이 사용되는 코드는?

▮ 05.07.09.10.14 출제 ▮

해답 그레이 코드

해설 그레이 코드(gray code)
회전축과 같이 연속적으로 변화하는 양을 표시하는 데 널리 이용되고 있는 비가중치 코드로서, 연산에는 부적당 하지만 A/D 변환기나 입출력 장치의 코드로 주로 사용된다.

13 자료 전송에 발생하는 에러(error) 검색을 위하여 추가된 비트는?

▮ 01.03.07.16 출제 ▮

해답 패리티 비트

해설 패리티 비트(parity bit)
2진수를 사용하는 디지털 시스템에서 데이터 전송 시 '1'과 '0'의 에러(error)가 생길 경우 오류 검출 코드인 패리티 체크(parity check)에서 사용하는 비트이다. 이것은 character, byte 또는 word의 데이터를 나타내는 단위마다 1bit 여분으로 검사용 체크 비트(check bit)를 첨가하여 사용하므로 이것을 기우 검사(parity check)라 한다.

14 잘못된 정보를 패리티 체크에 의해 착오를 검출하고 이를 교정까지 할 수 있는 코드는?

▮ 02.03.06.20 출제 ▮

해답 해밍 코드

해설 해밍 코드(hamming code)
오류 검출 코드에서는 오류(error)는 검출할 수 있지만 오류에 대한 교정(detecting)은 불가능하다. 이러한 불합리한 점을 보완하여 오류의 검출은 물론이고 교정도 할 수 있는 원리의 코드를 해밍 코드라고 한다.

15 기억 장소나 레지스터에 기억된 데이터를 다른 장소 또는 레지스터로 옮길 경우 사용되는 연산은?

▮ 01.03.06.09.16 출제 ▮

해답 Move 연산

해설 Move 연산
논리 연산에서 사용되는 데이터 전송 명령어로서, 하나의 레지스터에 기억된 데이터를 다른 레지스터로 이동(move)할 때 사용되는 연산이다. 이것은 하나의 입력 데이터를 갖는 연산으로 입력 데이터를 그대로 출력하기 때문에 데이터에 대하여 처리나 변형을 가하는 것이 아니므로 논리적인 의미는 없다.

16 데이터를 중앙 처리 장치에서 기억 장치로 저장하는 마이크로 명령어는?

▮15 출제▮

해답 Store

해설 저장(store)
동일한 데이터를 시간이 지난 후 다시 얻기 위하여 연산 장치에서 기억 장치로 이동시키는 논리 명령어이다.

17 연산의 기능 중 Load나 Store의 명령은?

▮03.11 출제▮

해답 전달 기능

해설 로드(load)
주기억 장치나 외부 기억 장치에서 내부의 연산 장치로 데이터를 이동시키는 논리 명령어이다. 따라서, Load나 Store의 논리 명령은 데이터를 이동시키는 전달 기능을 한다.

18 레지스터 내의 필요 없는 특정한 비트 또는 문자를 지워버리고 원하는 비트만을 가지고 처리하기 위하여 사용되는 연산자는?

▮99.01.02.03.04.06.09.12.16 출제▮

해답 AND 연산자

해설 AND 연산자
레지스터 내의 원하지 않는 비트들을 '0'으로 만들어 나머지만 처리하고자 할 때 사용하는 연산자로서, 2개의 입력 변수에서 하나의 입력 변수가 '1'일 때 다른 변수의 값을 출력하며 '0'일 때는 무조건 '0'을 출력한다.
따라서, AND 연산은 삭제(mask) 연산으로 필요 없는 bit 혹은 문자는 지워버리고 원하는 bit나 문자만을 가지고 연산을 행한다.

19 문자를 삽입할 때 필요한 연산은?

▮03.06 출제▮

해답 OR 연산

해설 OR 연산
AND 연산과 반대로 레지스터 내의 원하는 비트를 '1'로 만들 수 있으며 연산에 의하여 문자 삽입이 가능하다. 이것은 OR 진리표에 의해서 2개의 입력 변수에서 어느 하나라도 '1'이면 '1'을 출력하고 '0'일 때는 무조건 '0'을 출력한다.

20 대응되는 비트가 같으면 '0'으로, 다를 경우 '1'로 처리하는 연산 명령은?

▮01 출제▮

해답 XOR

해설 XOR
입력 정보가 대응되는 비트(bit)가 같으면 '0'으로, 다를 경우 '1'로 처리하는 연산 명령으로서 데이터의 특정 비트를 반전시키고자 하는 경우에 사용한다.

21 그림의 연산 장치에서 C레지스터에 저장되는 값은?

▮01.02.08 출제▮

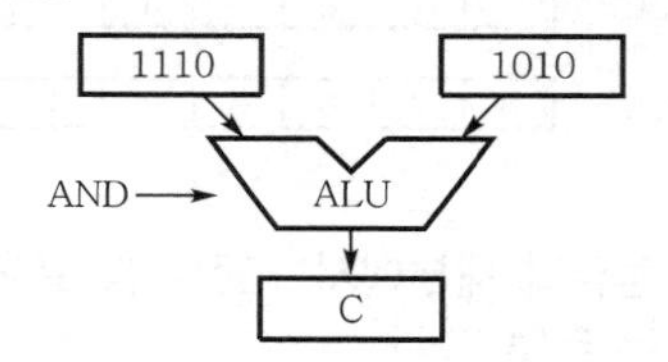

해답 C=1010

해설 ALU의 AND 연산
2개의 입력 변수 A, B가 모두 '1'일 때 '1'일 때만 '1'을 출력하고 서로 다른 입력 변수일 때는 무조건 '0'을 출력한다.

$$\text{AND} \rightarrow \begin{array}{r} 1110 \\ 1010 \\ \hline 1010 \end{array}$$

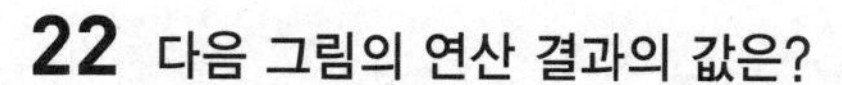

22 다음 그림의 연산 결과의 값은?

▌99.03.06 출제▐

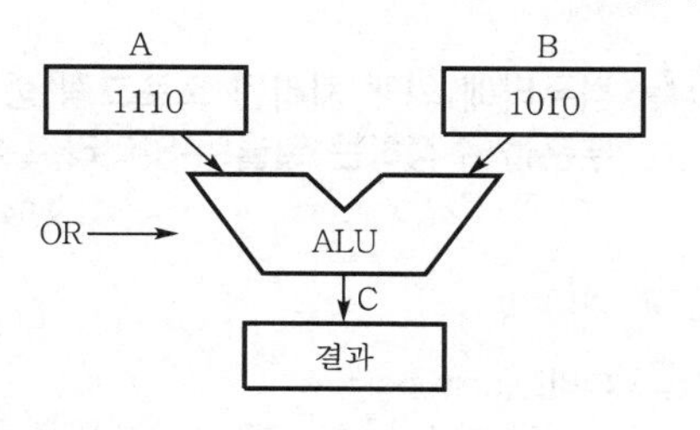

해답 C=1110

해설 ALU의 OR 연산

AND 연산과 반대로 2개의 입력 변수 A, B 중 어느 하나라도 '1'이면 '1'을 출력하고 두 입력이 모두 '0'일 때는 '0'을 출력한다.

$$\text{OR} \rightarrow \frac{\begin{array}{r}1110\\1010\end{array}}{1110}$$

23 다음 그림은 연산 장치를 나타낸 것이다. 이 연산 장치의 논리 연산 결과 Ⓐ는?

▌04 출제▐

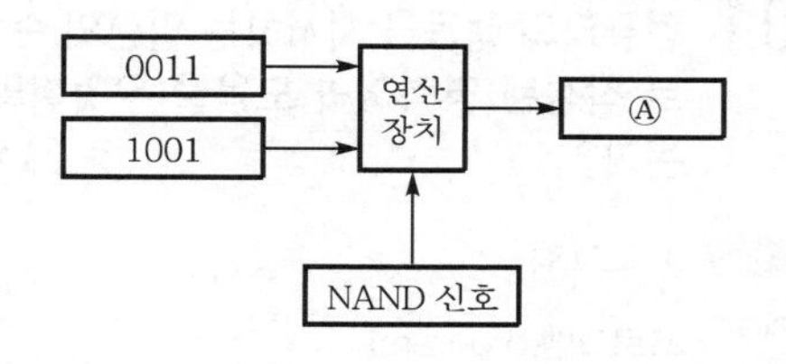

해답 Ⓐ=1110

해설 ALU의 NAND 연산

2개의 입력 변수가 모두 '1'일 때 출력은 '0'이고 나머지 경우에는 모두 '1'로 출력한다.

$$\text{NAND} \rightarrow \frac{\begin{array}{r}0011\\1001\end{array}}{1100}$$

Section 03 프로그래밍 언어

01 컴퓨터의 행동을 지시하는 일련의 순차적으로 작성된 명령어의 모음을 무엇이라고 하는가?

▌12 출제▐

해답 프로그램

해설 프로그램(program)
컴퓨터를 실행시키기 위해 차례대로 작성된 명령어들의 집합으로, 프로그래밍 언어를 사용하여 작업 처리의 방법과 순서를 체계화하여 지시하는 명령의 순서를 말한다. 이러한 프로그램의 처리 과정은 프로그램을 실행시키거나 프로그램이 실행될 수 있도록 준비하기 위하여 어셈블러, 컴파일러, 번역기 등의 언어 번역 프로그램의 사용을 포함한다.

02 목적 프로그램(object program)을 바르게 설명한 것은?

▌09 출제▐

해답 기계어로 번역된 프로그램

해설 목적 프로그램(object program)
원시 프로그램이 컴파일러에 의해서 기계어로 번역(compile)된 상태의 프로그램을 말한다.

03 원시 프로그램을 컴파일러에 의해 번역하면 목적 프로그램이 생성되는데 이목적 프로그램은 즉시 실행할 수 없는 상태의 기계어이다. 이를 실행 가능한 로드 모듈로 변환하는 것을 무엇이라 하는가?

해답 연계 프로그램

해설 연계 편집 프로그램(link editor)
목적 프로그램은 컴퓨터가 해독할 수 있는 기계어 프로그램으로 되어 있지만 직접 주기억장치에서 읽어 넣고 실행할 수는 없다. 이때, 목적 프로그램을 실행 가능한 형태로 만들어주는 프로그램을 말한다. 이 연계 편집 프로그램의 결과로 만들어지는 실행 가능한 형태의 프로그램을 로드 프로그램(lode program) 또는 로드 모듈(lode module)이라고 한다.

04 컴퓨터에 의해 처리된 프로그램 중 잘못된 부분을 수정하는 일을 무엇이라고 하는가?

▌04.05 출제▐

해답 디버깅

해설 디버깅(debugging)
작성된 컴퓨터 프로그램의 오류를 검출하여 수정하는 작업으로, 순서도를 보면서 작성된 프로그램들이 정확한가를 찾아가는 과정을 말한다.

05 컴퓨터가 이해할 수 있는 언어로서 변환 과정이 필요 없는 언어는?

▌01.02.03.04.06.09 출제▐

해답 기계어

해설 기계어(machine language)
컴퓨터가 직접 이해할 수 있는 2진 숫자(binary digit)의 '0'과 '1'로 이루어진 언어로서, 프로그래밍 언어의 기본이 된다. 이러한 기계어는 2진 숫자(0과 1)로 나타낸 고유의 명령 형식을 가지고 있으므로 프로그램은 어셈블러(assembler)와 컴파일러(compiler)를 통하여 기계어로 번역되어야만 컴퓨터가 그 내용을 이해할 수 있다.

06 고급 프로그래밍 언어를 기계어로 바꾸어 주는 번역기를 무엇이라고 하는가?

▌08.11 출제▐

해답 컴파일러

해설 컴파일러(compiler)
컴파일러 언어(compiler language)를 기계어로 번역하는 프로세스이다. 이러한 컴파일러 언어는 일상 생활에서 사용하는 언어와 유사한 형태로 된 언어로서, 고급 언어(high-level language)에 해당하며 FORTRAN, ALGOL, COBOL, PASCAL, PL/1, C, BASIC 등이 있다. 이것은 컴퓨터가 처리하기에는 복잡하나 사용자가 이해하고 프로그램을 작성하기에 편리하며 기종에 관계없이 사용할 수 있는 범용어이다.

07 목적 프로그램을 만들지 않고 원시 프로그램을 명령문 단위로 번역하여 실행하는 언어는?

▮ 11 출제 ▮

해답 베이식(BASIC)

해설 베이식 언어(BASIC language)

1964년에 미국 다트머스대학의 존 켐니(John G. Kemeny)와 토머스 커츠(Thomas E. Kurtz) 교수가 개발한 언어로서, 초심자용 다목적 기호 명령 부호(Beginner's All-purpose Symbolic Instruction Code)의 첫 자를 모아서 만든 BASIC의 우리말 약자이다.

베이식 언어는 인터프리터(interpreter)에 의해 번역되는 대화형 언어로서, 명령어의 수가 적고 명령이나 문법이 간단하여 프로그래밍 언어에 대한 전문적인 지식이 없는 초보자도 쉽게 배울 수 있는 언어이다. 또한, 프로그램의 수정이나 삭제, 추가 등이 용이하고 프로그램을 실행하는 데 편리하며 주로 퍼스널 컴퓨터에 채용되고 있다.

08 고급 언어로 작성된 원시 코드 명령문들을 한 번에 한 줄씩 읽어 들여서 실행하는 프로그램은?

▮ 08 출제 ▮

해답 인터프리터

해설 인터프리터(interpreter)

프로그램을 자동적으로 해석하는 방법 중 하나로서, 고급 언어로 작성된 명령문들을 하나씩 꺼내어 번역해 가면서 실행하는 프로그램이다. 이것은 컴퓨터가 이해할 수 있는 기계어로 바꾸어 주는 역할을 하는 것으로 프로그램 전체를 번역하는 컴파일러보다 실행 속도가 늦다. 이 원리의 대표적 예는 베이식(BASIC)이다.

09 베이식 언어로 작성된 프로그램을 기계어로 번역하는 것은?

▮ 06.08 출제 ▮

해답 인터프리터

해설 원시 프로그램의 언어를 하나씩 번역해가면서 실행하는 언어 번역자로서, 원시 프로그램의 한 문장을 읽고 곧이어 그 문장을 실행한다.

10 기계어를 단순히 기호화한 기계 중심 언어는 무엇인가?

▮ 08.09.10 출제 ▮

해답 어셈블리어

해설 어셈블리어(assembly language)

기계어의 명령부와 주소부를 사람이 이해하기 쉽도록 알파벳 등으로 기계어와 1대 1로 대응시켜 기호화한 언어(symbolic language)이다. 어셈블리 언어로 작성된 프로그램은 어셈블러(assembler)를 사용하여 기계어로 번역되어야만 실행이 가능하다.

[특징]

- 기계어를 단순히 기호화한 기계 중심 언어이다.
- 데이터가 기억된 번지를 기호로 지정한다.
- 저급 언어이나 기초화된 코드를 사용하므로 기계어보다는 프로그램 작성이나 수정이 쉽다.
- 다른 기종 간에 언어의 호환성이 없어 전문가 외에는 사용하기 어렵다.

11 어셈블리어 프로그램에 반복적으로 나타나는 코드들을 묶어 하나의 새로운 명령으로 정의할 수 있게 한 응용 프로그램의 기능은?

▮ 98 출제 ▮

해답 매크로 기능(macro function)

해설 매크로(macro)

매크로 명령어(macro instruction)의 줄임말로서, 어셈블리 언어에서 주로 사용된다. 이것은 여러 개의 명령에 동일한 작업을 반복할 경우 하나의 블록으로 명령어들을 묶어 특정 명령키로 정의한 후 필요할 때 호출하여 일괄적으로 실행되도록 하는 응용 프로그램의 한 기능이다.

12 네트워크상에서 쓸 수 있도록 미국 선 마이크로시스템사에서 개발한 객체 지향 프로그래밍 언어는?

▮ 02.07.09 출제 ▮

해답 자바(JAVA)

해설 자바(JAVA)

미국의 선마이크로시스템(Sun microsystem)사가 개발한 인터넷용 객체 지향 프로그래밍 언어이다. 이것은 월드 와이드 웹(world wide web)에서 애니메이션(animation)과 같은 기능을 지원해 주는 프로그래밍 언어로서, 오늘날 전 세계적으로 많은 호응을 얻고 있다.

13 객체 지향 언어의 종류는? ▌09.11 출제▐

해답 JAVA, C++, 닷넷, 델파이(Delphi), 파워빌더(power builder) 등

해설 객체 지향 언어
데이터나 정보의 표현에 비중을 둔 언어로, 절차적인 언어와는 반대적인 개념의 언어이다. 객체 지향 언어가 도입되기 전의 대부분 언어는 프로그램의 프로세스 흐름을 표현하는 데 비중을 둔 반면에 객체 지향 언어는 점진적 프로그램 개발의 용의성이 있고 요구 사항의 변화에 대해 안정적으로 대응할 수 있는 언어이다.

14 다음 내용이 설명하는 것은 어떤 프로그래밍 언어인가? ▌08 출제▐

㉠ UNIX 시스템 프로그래밍 언어
㉡ 수식이나 시스템 제어 및 자료 구조를 간편하게 표현
㉢ 연산자가 풍부
㉣ 범용 프로그래밍 언어

해답 C 언어

해설 C 언어(C language)
1971년에 미국 벨연구소의 데니스 리치(Dennis Ritchie)가 설계하여 1972년 PDP-11에 구현시킨 시스템 기술용 프로그래밍 언어이다. 이것은 UNIX 운영 체제를 위한 시스템 기술에 적합한 프로그래밍 언어로서, 기능적인 면보다 신뢰성, 규칙성, 간소성 등의 사용상 편리함을 내포하고 있으며, 프로그램을 간결하게 쓸 수 있고 프로그래밍하기 쉬운 구조화 프로그램 기법을 채택하고 있다. 이러한 C 언어는 저급 언어와 유사한 기능뿐만 아니라 융통성과 이식성이 높으며 풍부한 연산자와 데이터형 식의 제어 구조를 가지고 있어 범용 프로그래밍 언어로서 컴파일러나 소프트웨어 개발용 도구로도 사용된다.

15 C 언어에서 모든 프로그램의 실행 시작을 의미하는 함수는? ▌10 출제▐

해답 main

해설 C 언어는 main( ) 함수에서 시작되며 반드시 존재해야 한다.

16 정해진 데이터를 입력하여 원하는 출력 정보를 얻기 위하여 처리할 방법과 순서를 설계하는 것을 무엇이라고 하는가? ▌01.02.03.04.05.14.15 출제▐

해답 순서도

해설 순서도(flowchart)
국제 표준화 기구(ISO : International Organization for Standardization)에서 규정한 표준 기호(symbol)로서, 프로그램을 작성하기 전에 각 과정에서 처리되는 내용의 순서를 약속된 기호를 사용하여 표현한 프로그램 설계도를 말한다.

17 데이터 흐름을 중심으로 시스템 전체의 작업 내용을 종합적으로 나타내는 순서도는? ▌02.03 출제▐

해답 시스템 순서도

해설 시스템 순서도(system flowchart)
데이터(data)의 흐름을 중심으로 시스템 전체 또는 부분 시스템의 작업 내용을 총괄적으로 표시한 순서도로서, 진행 순서도(process flowchart)라 한다.

18 코딩(coding) 작업이 1대 1로 가능하도록 작성한 순서도는? ▌01 출제▐

해답 상세 순서도

해설 상세 순서도(detail flowchart)
코딩(coding)이 가능하도록 작성한 흐름도로서, 일반 순서도를 세분하여 자세히 풀어 놓은 순서도를 말한다.
* 코딩(coding) : 어떤 문제를 처리하기 위해 그 처리 순서와 내용이 규정된 기호로 작성된 순서도에 따라서 사용할 프로그래밍의 언어 규칙에 맞추어 프로그래밍을 기술하는 것을 말한다.

19 순서도의 기본 유형은?

▮ 99.01.02.05.12.20 출제 ▮

해답 ① 직선형, ② 분기형, ③ 반복형

20 조건에 따라 처리를 반복 실행하는 흐름도(flowchart)의 기본형은?

▮ 03 출제 ▮

해답 루프형

해설 루프(loop)형

흐름도의 조건에서 비교 · 판단하여 조건에 맞으면 YES로 분기하고 조건에 맞지 않으면 NO로 되돌아가는 루프를 나타낸다.

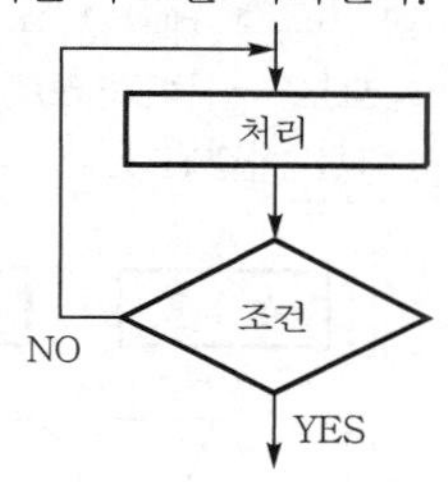

21 컴퓨터를 이용하여 어떤 문제를 해결하기 위한 절차와 방법을 무엇이라고 하는가?

▮ 02.06 출제 ▮

해답 알고리즘

해설 알고리즘(algorithm)

프로그램의 구성에서 전체의 처리 시간이나 기억 장치의 크기, 데이터의 양, 사용하는 컴퓨터의 기종, 범용성 등을 두고 적절한 해법을 찾기 위한 절차와 방법을 말한다.

22 프로그램 작성 시 구조화 프로그래밍(structured programming)을 작성하는 목적은?

▮ 01 출제 ▮

해답 내용 파악이 용이하고 수정하기 쉽게 하기 위해

해설 구조화 프로그래밍(structured programming)

프로그램 작성 시 과학적인 방법을 사용하여 규칙적인 접근으로 논리적 프로그램을 작성할 수 있도록 개발된 것이다. 이것은 순차 제어 구조, 조건 제어 구조, 반복 제어 구조를 가진 프로그래밍 방법으로, 이 세 가지 제어 구조를 이용하면 프로그램의 내용 파악이 용이하고 운용하기 쉽게 프로그램을 작성할 수 있다.

Section 04 마이크로컴퓨터

01 데이터 처리를 위하여 연산 능력과 제어 능력을 가지도록 하나의 칩 안에 연산 장치와 제어 장치를 집적시킨 것은? ▌14 출제 ▌

해답 마이크로프로세스

해설 마이크로프로세스(microprocessor)
하나의 LSI 실리콘 칩(chip) 내에 기억 장치, 연산 장치, 제어 장치 등의 CPU 기능을 집적시킨 것으로, 수많은 정보들의 작업을 수행하기 위한 프로그램을 넣을 수 있다. 이것은 사람의 두뇌 부분에 해당하는 대용량의 논리 회로로서, 주기억 장치에 저장되어 있는 명령을 해석하고 실행하는 기능을 한다.

02 마이크로프로세스의 구성 장치는? ▌04.06.08.10.13.20 출제 ▌

해답 연산부, 제어부, 레지스터부

해설 마이크로프로세서(MPU)는 하나의 LSI칩 내에 산술 논리 연산 장치(ALU), 레지스터, 프로그램 카운터(PC), 명령 디코드, 제어 회로 등으로 구성되며 이밖에 해독기의 역할을 하는 디코더(decoder)와 버스(bus)선이 있다.

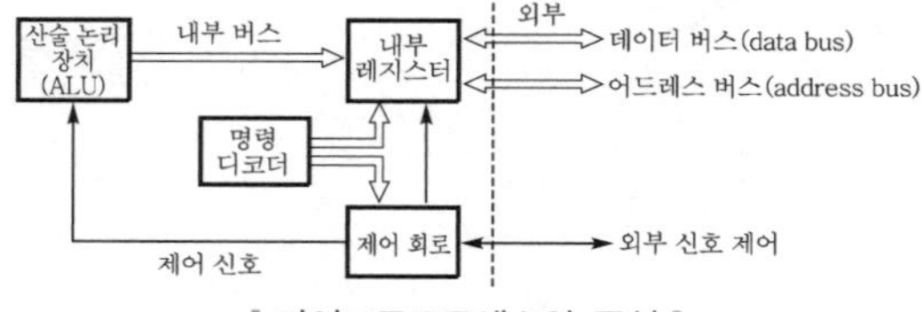

▌마이크로프로세스의 구성 ▌

03 마이크로프로세스의 산술 및 논리 연산을 행하는 장치는? ▌02.03.04.05.14.15 출제 ▌

해답 산술 논리 연산 장치(ALU)

해설 ALU(Arithmetic Logic Unit)
기억 장치에서 읽어온 데이터를 산술 연산 및 논리 연산을 수행하는 장치이다.

04 마이크로프로세스의 누산기(accumulator)의 용도는? ▌99.01.02.04.05.06.09.11.12.15.16 출제 ▌

해답 연산 결과를 일시적으로 저장하는 레지스터

해설 누산기(accumulator)
사용자가 사용할 수 있는 레지스터 중에서 가장 중요한 것으로, ALU의 연산 결과가 기억되고 ALU의 입력으로도 사용된다.
* MPU와 외부 기기 사이에서 이루어지는 데이터의 전송은 대부분 누산기를 통하여 이루어지므로 누산기의 크기와 능력은 MPU의 능력과 직결된다.

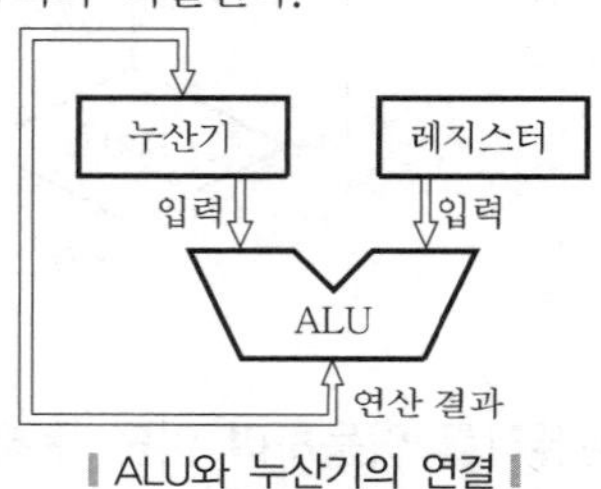

▌ALU와 누산기의 연결 ▌

05 마이크로프로세스에서 가산기를 주축으로 구성된 장치는? ▌11.16 출제 ▌

해답 연산 장치

해설 연산 장치(ALU)
외부에서 들어오는 입력 데이터, 기억 장치 내의 기억 데이터 및 레지스터에 기억되어 있는 데이터들의 산술 연산과 논리 연산을 수행하는 장치로서, 가산기(adder)를 주축으로 구성되어 있다. 여기서, 가산기는 여러 개의 전가산기(full adder)와 병렬 연결하여 덧셈 연산을 수행한다.

06 CPU는 제어 장치, 연산 장치, 기억 장치로 구성되어 있다. 이들 중 누산기를 가지고 있는 장치는? ▌08 출제 ▌

해답 연산 장치

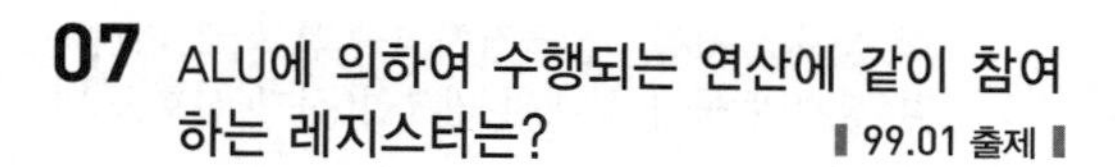

07 ALU에 의하여 수행되는 연산에 같이 참여하는 레지스터는? ▮ 99.01 출제 ▮

해답 명령 레지스터(IR)

해설 ALU의 레지스터(register)는 데이터나 연산 결과를 일시적으로 기억하거나 어떤 내용을 시프트(shift)할 때 사용하는 기억 장치로서, 플립플롭(flipflop)을 병렬로 연결해 놓은 것으로 플립플롭의 집합으로 수비트에서 수십비트까지 임시적으로 기억할 수 있다. 이때, 명령 레지스터(instruction register)는 실행해야 할 명령을 보관하는 레지스터이다.

08 연산 결과가 양수(0) 또는 음수(1), 자리올림(carry), 넘침(overflow)이 발생했는가를 표시하는 레지스터는? ▮ 08.12.13.15 출제 ▮

해답 상태 레지스터

해설 상태 레지스터(status register)
MPU에서 각종 산술 연산 결과의 상태를 표시하고 저장하기 위해 사용되는 레지스터이다. 이것은 여러 개의 플립플롭(flipflop)으로 구성된 플래그(flag) 비트들이 모인 레지스터로서 플래그 레지스터(flag register)라고도 한다.

[상태의 종류]

- 올림수 발생(carry flag) : 부호가 없는 2진 연산 결과가 비트의 범위를 넘었을 때 참값이 된다.
- 넘침(overflow flag) : 부호가 있는 2진 연산 결과가 비트의 범위를 넘었을 때 참값이 된다.
- 누산기에 들어 있는 데이터의 Zero 여부(Z flag) : 2진 연산의 결과가 0일 때 참값이 된다.
- 그 이외 특수한 용도로 사용되는 몇 개의 플래그

* 플래그(flag) : ALU의 어떤 조건이 성립했는 지의 상태 여부를 판단하기 위하여 데이터에 붙여지는 표시기로서, 보통 1비트가 사용된다. 이때, 어떤 조건이 만족된 한계를 넘은 상태를 표시하는 플립플롭 또는 레지스터를 말한다.

09 상태 레지스터 중 2진 연산의 수행 결과로 나타난 자리 올림 또는 내림 상태를 판별하는 것은? ▮ 14 출제 ▮

해답 캐리 비트(carry bit)

10 컴퓨터에서 명령문이 실행될 때 다음에 실행할 명령의 주소를 기억하는 레지스터는? ▮ 98.01.02.04.06.07.09.10.11.12.13.16 출제 ▮

해답 프로그램 카운터(PC) : 명령어 번지 레지스터

해설 프로그램 카운터(PC : Program Counter)
현재의 메모리에서 데이터를 읽어와 다음에 수행할 명령어의 주소(address)를 기억하는 레지스터이다. 이것은 일종의 포인터(point)로서 실행 중인 명령어의 주소를 지시한다.

11 서브루틴 호출이나 인터럽트 처리와 같은 동작에서 임시 저장을 위해 지정된 메모리의 다음 주소를 보관하는 것은? ▮ 98.03 출제 ▮

해답 스택 포인터

해설 스택 포인터(SP : Stack Pointer)
일종의 인덱스 레지스터(index register)로서, 스택(stack)이라고 불리는 메모리의 일정 부분의 주소를 지시하는 레지스터이다. 이것은 후입 선출(LIFO : Last In First Out)의 원리로 동작하는 자료의 구조로서, 나중에 입력된(last in) 데이터가 먼저 출력(first out)된다.

12 서브루틴의 복귀 어드레스가 보관되는 곳은? ▮ 02.03.04.07.10.11.15.16 출제 ▮

해답 스택

해설 스택(stack)
프로그램 내에서 서브루틴(subroutine)을 호출할 경우 서브루틴 호출 명령어 바로 다음 번에 있는 명령어의 메모리 주소를 스택에 일시 저장한 후 서브루틴 프로그램으로 점프(jump)한다. 이러한 스택의 사용은 프로그램에서 서브루틴을 사용하거나 외부 장치로부터 인터럽트(interrupt) 요구를 처리할 때 꼭 필요한 것이다.

13 자료의 입력 및 출력이 후입 선출(LIFO)로 동작하는 것은? ▮01.02.04.06.07.11.14 출제▮

해답 스택

해설 스택(stack)은 나중에 저장한 데이터를 가장 먼저 꺼내는 후입 선출(LIFO) 원리의 구조로 되어 있다.

14 데이터를 일시 저장하거나 스택으로부터 데이터를 불러내는 명령은? ▮01.04.06.09.15 출제▮

해답 Push / Pop 명령

해설 스택의 조작 명령
- POP : 스택에서 데이터를 읽어내는 과정
- PUSH : 스택에서 데이터를 저장하는 과정

15 자료의 입력 및 출력 형태가 선입 선출(FIFO)로 동작하는 것은? ▮99.01.02.16.20 출제▮

해답 큐

해설 큐(queue)
선입 선출(FIFO : First In First Out)의 원리로 동작하는 자료의 구조이다. 이것은 스택(stack)과 마찬가지로 동일한 자료의 집합을 다루는 점은 동일하지만 먼저 들어온 값이 먼저 나간다는 점이 다르다. 따라서, 큐는 자료를 차례로 저장하고, 차례로 꺼낼 수 있는 구조로서, 자료의 삽입은 끝(rear)에서만 가능하고 자료의 반환은 앞(front)에서만 일어난다.

16 주기억 장치에서 기억된 프로그램을 읽고 해독한 후, 각 장치에 지시 신호를 전달함으로써 프로그램에서 지시한 동작이 실행되도록 하는 것은? ▮10 출제▮

해답 제어 장치

해설 제어 장치(control unit)
주기억 장치에 기억되어 있는 프로그램 명령들을 하나씩 호출하여 해독하고 각 장치에 제어 신호를 줌으로써 각 장치의 동작을 자동적으로 제어하는 장치이다. 이것은 입력 장치에 기억되어야 할 기억 장소의 번지 지정, 출력하는 출력 장치의 지정, 연산 장치의 연산 회로 지정과 각 장치의 동작 상태에 필요한 전기 신호를 발생시킨다.

17 레지스터 상호 간에 지정된 데이터의 이동에 의해 이루어지는 동작을 무엇이라 하는가?

해답 마이크로 오퍼레이션

해설 마이크로 오퍼레이션(micro operation)
레지스터에 저장된 2진 정보의 데이터를 가지고 클록 펄스(clock pulse)의 1주기 동안에 실행되는 기본 동작을 말한다.
[레지스터에 저장된 2진 정보의 데이터]
- 산술 연산에 쓰이는 2진수나 2진 코드화 10진수 등의 숫자
- 영문 숫자, 제어 정보, 2진 코드화 기호 등과 같은 숫자가 아닌 모든 정보
- 덧셈(add), 자리 이동(shift), 계수(counter), 클리어(clear), 로드(load) 등이 있다.

18 인스트럭션을 수행하기 위해 중앙 처리 장치 내부에서 실행하는 것은? ▮99.02 출제▮

해답 마이크로 오퍼레이션 동작

해설 중앙 처리 장치에서 명령어의 수행은 제어 장치가 주기억 장치로부터 명령어를 꺼내어 명령어 레지스터(IR)에 저장하는 동작으로 명령어의 실행 단계가 이루어진다. 이때, 데이터를 ALU로 가져와 레지스터에 임시 저장하여 명령어를 실행하고 제어 장치에서 처리된 결과를 주기억 장치에 넣어서 기계어 명령으로 저장한다. 이와 같이 레지스터에 저장되는 2진 정보들에 관해 행해지는 동작을 마이크로 오퍼레이션(micro operation)이라 한다.

19 중앙 처리 장치(CPU)에서 마이크로 오퍼레이션이 순서적으로 일어나게 하려면 무엇이 필요한가? ▮01.04.07 출제▮

해답 제어 신호

해설 제어 장치(control unit)는 컴퓨터 시스템 전체를 지시하고 조정하는 장치로서, 중앙 처리 장치(CPU)에서 마이크로 동작(micro operation)이 순차 회로에 의해서 순서적으로 진행

되도록 주기억 장치로부터 명령어를 하나씩 꺼내어(fetch) 해독하고 제어 신호를 발생시킨다.

20 CPU의 내부 동작에서 실행하고자 하는 명령의 번지를 지정한 후 명령 레지스터에 불러오기까지의 기간을 무엇이라고 하는가?

▌20 출제 ▌

해답 패치 사이클(인출 사이클)

해설 패치 사이클(fetch cycle)
중앙 처리 장치(CPU)가 하나의 명령어를 수행하기 위하여 제어 장치가 주기억 장치에 있는 명령어를 꺼내는 것을 인출(fetch)이라 하며, 이때 주기억 장치로부터 실행할 명령어를 꺼내어 명령어 레지스터(IR)에 불러오기까지 요하는 시간을 인출 사이클(fetch cycle)이라 한다. 이것을 명령어 인출(instruction fetch)이라 하며, 이때 요하는 시간을 사이클 타임(cycle time)이라고도 한다.

21 어떤 데이터를 읽거나 기억시키는 명령이 시작되는 순간부터 명령의 수행이 완료되는 순간까지 소용되는 시간을 무엇이라고 하는가?

▌01.03.20 출제 ▌

해답 접근 시간

해설 접근 시간(access time)
장치들 간에 데이터를 주고받을 때 걸리는 시간으로, 어떤 데이터에 대해서 전송 명령을 요구하는 시작의 순간부터 전송 명령이 개시되기 전까지 소요되는 시간을 말한다.

22 명령을 수행할 때마다 어드레스를 하나씩 증가시켜 순차적으로 수행할 어드레스를 제공하는 기능 갖는 것은?

해답 명령 계수기

해설 명령 계수기(instruction counter)
컴퓨터 프로그램을 순차적으로 실행키기 위하여 하나의 명령이 수행될 때마다 다음에 실행할 명령어 주소를 기억하는 레지스터로서, 순차 제어 계수기(sequential control counter) 또는 프로그램 카운터(program counter)라고도 한다.

23 컴퓨터의 기억 장치로부터 명령이나 데이터를 읽을 때 제일 먼저 하는 일은?

▌99.03.05.07 출제 ▌

해답 어드레스 지정

해설 주소 지정(addressing)
주소(address)는 한 단위의 데이터가 기억 장치에 기억된 정보를 기억하는 장소를 나타내는 것으로, 바이트(byte) 단위로 구분되며 16bit로 구성되어 있다. 이것은 기억 장치로부터 명령이나 데이터를 읽기 위해서는 각종 데이터가 들어 있는 주소를 정하기 위한 주소 지정을 제일 먼저 하여야 한다. 따라서, 주소 지정 방식은 데이터가 부여되어 있는 주소를 오퍼랜드(operand)로부터 얻는 방식이다.

24 명령어의 기본적인 2가지 구성 요소는?

▌02.03.04.08.14 출제 ▌

해답 명령부(operation part), 오퍼랜드부(operand part)

해설 명령어 형식은 기본적으로 명령부(OP-Code : Operation Code)와 주소부(operand)로 구성되며 오퍼랜드의 각 주소(address)는 콤마(,)로 구분한다.

- 명령부(OP-code) : 연산자부로서 실행할 명령어가 들어 있는 것으로, 덧셈(add), 뺄셈(subtract), 읽기(read), 쓰기(write) 등을 지시한다.
- 주소부(operand) : 자료부로서 주기억 장치, 보조 기억 장치, 입출력 장치 내의 실제 데이터나 명령어의 주소를 기억한다.

OP-code	Operand
명령부	주소부

▌명령어의 구성 ▌

25 스택(stack)을 필요로 하는 명령 형식은?

▌07.16 출제 ▌

해답 0-주소

해설 주소부(operand)가 없이 명령부(OP-code)만으로 구성된 명령어 형식으로, 모든 연산은 스택(stack)에 있는 데이터(피연산자)를 이용하여 수행하는 것으로 기존의 데이터는 소멸된다. 이것은 실행 속도가 가장 빠르므로 스택 머신(stack machine)이라고도 한다.

OP–code	stack

26 범용 레지스터에서 이용하며 가장 일반적인 주소 지정 방식은? ▌02.08.09 출제▐

해답 2–주소 지정 방식

해설 2개의 주소부(operand)로 구성된 형식으로 연산 결과가 Operand 1에 저장되며 기존 연산에 사용되는 값은 소멸된다. 이것은 3주소 지정 방식에 비해 명령어가 짧아 실행 속도가 빠르고 기억 장소를 작게 차지하므로 일반적으로 가장 많이 사용되는 형식이다.

OP–code	Operand 1	Operand 2	자료 2주소

27 주기억 장치상에 부여된 고유 번지를 의미하는 주소는? ▌01.03 출제▐

해답 절대 주소

해설 절대 주소(absolute address)
컴퓨터 설계자에 의해서 하드웨어상의 기억 위치에 할당되는 주소이다. 이것은 기억 장치에 미리 붙여져 있는 유일한 고유 번지로서, 실제 데이터가 들어가 있는 메모리의 주소인 경우를 말한다.

28 연산될 데이터의 값을 직접 오퍼랜드에 나타내는 주소 지정 방식은? ▌09.11.16 출제▐

해답 직접 주소 지정 방식

해설 직접 주소 지정 방식(direct addressing mode)
오퍼랜드가 기억 장치에 위치하고 있으며 기억 장치의 주소가 명령어 주소에 직접 주어지는 방식이다. 이것은 기억 장치에 정확히 한 번만 접근한다.

29 짧은 길이의 오퍼랜드로 긴 주소에 접근할 때 사용되는 주소 방식은? ▌15 출제▐

해답 간접 주소 지정 방식

해설 간접 주소 지정 방식(indirect addressing mode)
오퍼랜드가 존재하는 기억 장치 주소의 데이터로 기억 장치 내의 주소를 지정한 후 그 주소의 내용으로 한번 더 기억 장치를 지정하는 방식이다. 이것은 기억 장치를 두 번 읽어서 오퍼랜드를 얻고 짧은 인스트럭션 내에서 상당히 큰 용량을 가진 기억 장치의 주소를 나타내는 데 적합하다.

30 명령어의 피연산자 부분에 데이터의 값을 저장하는 방식은? ▌07.10.16 출제▐

해답 즉시 주소 지정 방식

해설 즉시 주소 지정 방식(immediate addressing mode)
사용자가 원하는 임의의 오퍼랜드를 직접 지정하는 방식으로, 데이터를 기억 장치에서 읽어야 할 필요가 없으므로 다른 주소 지정 방식들보다 신속하다.

31 명령어의 오퍼랜드 부분과 프로그램 카운터의 내용이 더해져서 실제 데이터의 위치를 찾는 주소 지정 방식은? ▌15 출제▐

해답 상대 주소 지정 방식

해설 상대 주소 지정 방식(relative addressing mode)
계산에 의한 주소 지정 방식의 하나로 어떤 특정 레지스터값에 오퍼랜드(operand)의 값을 더하여 유효 주소를 계산하는 방식이다. 이것은 분기 명령에 많이 사용되는 방식으로, 주어진 주소를 다음 실행될 주소에 더한 주소의 내용을 누산기로 보낸다.
* 명령어의 오퍼랜드 + 프로그램카운터(PC)

32 컴퓨터에서 프로그램 수행 중에 정전 등의 예기치 않은 사태가 발생했을 때 컴퓨터 내부의 상태나 프로그램의 상태를 보존하기 위해 사용되는 것은? ▌03.04 출제▐

해답 인터럽트

해설 인터럽트(interrupt)
CPU와 입출력 장치 사이의 데이터 전달에 중요한 역할을 하는 것으로, 프로그램 수행 도중에 정전 등의 예기치 않은 사태로 인하여 컴퓨터 내부에서 비정상적인 상황이 발생했을 때 컴퓨터 내부의 상태를 보존하기 위하여 사용된다. 이러한 인터럽트는 예기치 않은 사태가 발생하더라도 실행을 중지하지 않고 사태에 대비하도록 한 운영 체제의 한 기능으로, CPU에서는 인터럽트 확인 신호를 주변 장치에 보내고 인터럽트 처리 루틴(interrupt handing routine)에 의해 처리된 후에는 원래의 자리로 되돌아간다.

33 마이크로프로세스에서 어떤 특정한 문제를 처리하기 위해 준비되어 호출 명령으로 쓰이는 것은? ▌09 출제▐

해답 서브루틴

해설 서브루틴(subroutine)
주프로그램의 하나 이상의 장소에서 필요할 때마다 반복해서 사용할 수 있는 부분적 프로그램으로, 주프로그램 내에서 반복되어 사용되는 프로그램의 문제를 처리하기 위하여 준비된 호출 명령으로 쓰이는 루틴(routine)을 말한다.

* 루틴(routine)은 컴퓨터 프로그램 내에서 하나의 순서로 준비되어 있는 일련의 명령어로 프로그램을 구성하는 기본 단위를 말한다. 이러한 프로그램은 여러 가지 크고 작은 루틴의 조합으로 구성되어 있으며, 메인 루틴(main routine)과 서브루틴(subroutine)으로 구분된다. 여기서, 메인 루틴은 주프로그램으로서 서브루틴을 호출하고 서브루틴에 의해서 프로그램을 실행한다. 이때, 서브루틴은 프로그램의 일부만을 담당하는 부분 프로그램으로 주프로그램으로부터 호출되어 실행되므로 자체적으로 독립되어 사용되지 않는다.

34 주프로그램 내에서 같은 프로그램의 반복을 피하기 위한 방법은? ▌03 출제▐

해답 서브루틴

해설 서브루틴은 주프로그램의 루틴 내에서 공동으로 사용되는 프로그램의 반복을 피하기 위하여 사용되는 준비된 루틴으로, 프로그램 중에서 사용 빈도수가 많은 프로그램을 공동화하여 서브루틴으로 사용하면 메모리와 프로그래밍의 효율을 상승시킬 수 있다.

35 지정 어드레스로 분기하고 후에 그 명령으로 되돌아오는 명령은? ▌10.12.15 출제▐

해답 서브루틴 분기 명령

해설 서브루틴 분기 명령
서브루틴은 독립된 명령으로 프로그램의 수행 도중에 주프로그램의 여러 곳에서 그 기능을 수행하기 위하여 호출된다. 이것은 호출될 때마다 처음으로 분기가 일어나며 서브루틴의 수행이 완료된 후에는 다시 주프로그램으로 분기가 일어난다. 이러한 서브루틴의 분기와 주프로그램의 귀환은 공동으로 작용하기 때문에 모든 처리 과정은 분기를 위해 특별한 명령을 가지고 있다. 이것을 분기 명령(branch instruction)이라 하며, 특정한 조건에 따라 분기를 지시하는 조건적 분기 명령과 무조건적 분기 명령이 있다.

36 프로그램에서 자주 반복하여 사용되는 부분을 별도로 작성한 후 그 루틴이 필요할 때마다 호출하여 사용하는 것으로, 개방된 서브루틴이라고 하는 것은? ▌04.14 출제▐

해답 매크로

해설 매크로(macro)
매크로 명령어(macro instruction)의 줄임말로서, 여러 개의 명령에 동일한 작업을 반복할 경우 하나의 블록으로 명령어들을 묶어 특정 명령키로 정의한 후에 필요할 때 호출하여 일괄적으로 실행되도록 하는 응용 프로그램의 한 기능이다. 이것은 프로그램 내에 같은 처리의 반복이 여러 번 있을 때 그것을 매크로 정의를 하여 같은 처리가 반복된다는 것을 지시하는 것을 말한다. 이를 통해 자주 수행하는 여러 단계의 과정으로 이루어진 복잡한 작업을 자동화하여 불필요한 소요 시간을 줄일 수 있다.

- 열린 서브루틴(open subroutine) : 하나의 프로그램 중에서 정의를 주어 그 프로그램 내에서만 사용되는 루틴
- 닫힌 서브루틴(closed subroutine) : 어떤 프로그램에서도 사용할 수 있도록 하나의 프로그램으로 작성되어 있는 루틴

37 컴퓨터에서 각 구성 요소 간의 데이터 전송에 사용되는 공통의 전송로를 무엇이라고 하는가? ▌05.12 출제▐

해답 버스

해설 CPU의 버스(bus)
마이크로 컴퓨터 내부에서 마이크로프로세스(CPU)와 기억 장치 및 입출력(I/O) 장치의 모듈 간에 정보를 전달하기 위해 사용되는 공동의 전송로를 버스(bus)라 한다. 이러한 버스는 단일 방향의 주소 버스(address bus)와 양방의 데이터 버스(data bus)가 있으며, 8비트 CPU 내부에서는 8개의 데이터선과 16개의 주소선이 나온다.

Ⅰ 마이크로 컴퓨터의 구성 Ⅰ

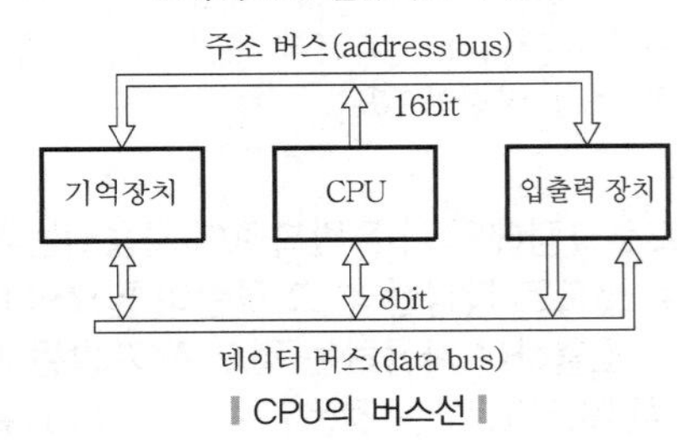

Ⅰ CPU의 버스선 Ⅰ

38 컴퓨터 회로에서 Bus line을 사용하는 가장 큰 목적은?

Ⅰ 99.11.14 출제 Ⅰ

해답 결합선수의 축소

해설 마이크로 컴퓨터의 CPU에서는 데이터선과 주소선이 나오는데 이들의 선을 기억 장치와 입출력 장치 사이를 독립적으로 연결할 경우에는 시스템이 복잡해지므로 버스(bus)를 이용하여 데이터선과 주소선을 공동으로 사용하면 결합선수를 축소시킬 수 있으므로 시스템을 간략화할 수 있으며 CPU는 버스선(bus line)을 통하여 데이터를 쉽게 주고받을 수 있다.

39 마이크로프로세스의 버스(bus)의 종류 3가지는?

Ⅰ 99.01.03.05.06 출제 Ⅰ

해답 ① 데이터 버스(data bus)
② 주소 버스(address bus)
③ 제어 버스(control bus)

40 기억 장치의 기억 장소를 지정하는 신호의 전송 통로는?

Ⅰ 07 출제 Ⅰ

해답 주소 버스

해설 주소 버스(address bus)
마이크로프로세스(CPU)가 기억 장치나 입출력 장치들의 주소를 지정할 때 사용하는 전송로로서, 시스템에 연결된 많은 인터페이스 장치들 중에서 하나를 선택하거나 인터페이스 장치 내의 특정 주소를 선택하는 데 사용한다. 이 버스는 CPU에서만 주소를 보낼 수 있으므로 단방향 버스(unidirectional bus)라고 한다.

* 주소 버스선의 수는 보통 16개로 구성되며 시스템이 수용할 수 있는 최대 메모리의 크기를 결정한다.
  예 16개 주소 버스는 $2^{16}=65{,}536$ 번지까지 주소를 지정할 수 있다.

41 버스란 MPU, Memory, I/O 장치들 사이에서 자료를 상호 교환하는 공동의 전송로를 말하는데, 양방향성 버스에 해당하는 것은?

Ⅰ 02.03 출제 Ⅰ

해답 데이터 버스 – 양방향 전송 통로

해설 데이터 버스(data bus)
마이크로프로세스(CPU)와 기억 장치와 입출력 장치 또는 주소 버스로 선택된 인터페이스 사이에서 데이터를 주고받을 때 사용되는 버스로서, 데이터를 어느 방향으로나 보낼 수 있으므로 양방향 버스(bidirectional bus)라고 한다.
예 CPU가 8bit의 경우 8개, 16bit의 경우 16개의 버스선이 나온다.

42 중앙 처리 장치와 모든 주변 장치의 인터페이스에 공통으로 연결된 버스는?

Ⅰ 05 출제 Ⅰ

해답 제어 버스

해설 제어 버스(control bus)
마이크로프로세스(CPU)가 기억 장치 또는 입출력 장치와 데이터를 전송할 때 자신의 현재 상태를 다른 장치에 알리기 위하여 신호를 전달하는 전송로로서, 인터페이스와 공통으로 연결된 버스이다. 이 버스는 단방향성의 기능을 가지며 시스템에 필요한 제어 신호의 정보를 운반한다.

* 제어 신호의 종류 : 기억 장치의 동기 신호, 입출력 동기 신호, CPU의 상태 신호, 인터럽트 요구 및 허가 신호, 클록 신호 등이 있다.

43 컴퓨터의 기억 장치에서 번지가 지정된 내용은 어느 버스를 통해서 중앙 처리 장치로 가는가? ▌02.06.13 출제▐

해답 데이터 버스(data bus)

44 R/W, Reset, INT와 같은 신호는 마이크로컴퓨터의 어느 부분에 있는가? ▌15.20 출제▐

해답 제어 버스(control bus)

45 16비트 어드레스 버스(address bus)를 갖는 마이크로컴퓨터의 주기억 장치의 최대 용량은? ▌05.09 출제▐

해답 64kB

해설 $16bit = 2^{16} = 2^{10} \times 2^{6} = 64kB$

46 주소선이 8개, 데이터선이 8개인 ROM의 기억 용량은? ▌03 출제▐

해답 256byte

해설 주소 버스선수는 시스템이 수용할 수 있는 최대 메모리의 크기를 결정한다.
- 8개의 주소선 : $8bit=2^{8}=256byte$
- 8개의 데이터선 : 8bit=1byte

47 1,024×8bit의 용량을 가진 ROM에서 Address bus와 Data bus의 필요한 선로수는? ▌99.02.03 출제▐

해답 Address bus=10선, Data bus=8선

해설 ROM의 용량 1,024×8bit에서
$1,024byte = 2^{10}byte$이므로 Address bus는 10선
8bit 방식이므로 Data bus는 8선

48 데이터의 입출력 전송이 직접 메모리 장치와 입출력 장치 사이에서 이루어지는 인터페스는? ▌01.14 출제▐

해답 직접 메모리 액세스(DMA)

해설 직접 메모리 액세스(DMA : Direct Memory Access)
마이크로프로세스에서 하드 디스크, 그래픽 카드, 네트워크 카드 등과 같은 주변 장치들 사이의 데이터 전송은 CPU를 통하여 전송 작업을 하면 프로세스의 속도 때문에 제한을 받는다. 따라서, 주변 장치가 CPU를 거치지 않고 독자적으로 메모리와 입출력 장치 사이에서 직접 이루어지는 인터페이스를 말한다.

49 마이크로프로세스에서 버스 요구 사이클(bus request cycle)은 주변 장치가 CPU로부터 버스 사용을 허락받아 CPU의 간섭 없이 독자적으로 메모리와 데이터를 주고받는 방식인 ( ) 동작이 필요하다. ( ) 안에 들어갈 내용은? ▌02.05.07 출제▐

해답 DMA

해설 직접 메모리 액세스(DMA)는 주변 장치들이 CPU로부터 버스(bus) 사용의 허락을 받아 시스템 메모리에 직접 접근하여 데이터를 전송하는 방식으로, CPU의 개입이 필요 없으므로 CPU가 다른 작업을 할 수 있도록 사용률을 높일 수 있다.

50 메모리 주소 레지스터(MAR)의 역할은?

해답 플래그(flag)의 유지

해설 메모리 주소 레지스터(MAR : Memory Address Register)
마이크로프로세스(CPU)는 동작 중에 많은 명령이나 데이터가 필요하므로 메모리에 저장된 데이터를 찾아서 사용하려면 메모리 주소를 지정해 주어야 한다. 이때, 메모리 주소를 기억하는 레지스터를 MAR이라 하며 주기억 장치 주소 레지스터 또는 주소 레지스터라고도 부른다.
이러한 MAR에서는 CPU의 명령 레지스터(IR) 또는 프로그램 카운터(PC)의 내용이 세트되므로 이때 PC는 다음 번에 수행할 명령어의 주소를 유지하고 있어 MAR은 데이터 전송 직후에 그 내용은 1만큼 늘어나게 되므로 플래그(flag)를 유지한다.

51 **메모리로부터 읽거나 쓴 데이터를 일시적으로 저장하기 위한 레지스터는?** ▮09 출제▮

해답 메모리 버퍼 레지스터(MBR)

해설 메모리 버퍼 레지스터(MBR : Memory Buffer Register)
메모리로부터 읽거나(read), 쓴(write) 데이터를 일시적으로 저장하기 위한 레지스터를 말한다.

52 **마이크로컴퓨터 시스템에서 CPU와 주변 장치 사이의 통신이 이루어지며 창구 역할을 하는 것은?** ▮02.04 출제▮

해답 I/O Port

해설 입출력 장치(I/O Port)
외부로부터 데이터를 입력하여 CPU와 기억 장치로 보내 주거나 데이터를 외부로 출력시키는 기능을 한다.

53 **I/O 장치와 주기억 장치를 연결하는 역할을 담당하는 것은?** ▮03.08 출제▮

해답 채널

해설 채널(channel)
주기억 장치와 입출력 장치 사이의 데이터 전송을 담당하는 특수 목적의 마이크로프로세서로서, CPU 대신에 입출력 장치 및 입출력 제어 장치를 독립적으로 직접 제어하는 전용 처리 장치이다. 이러한 채널의 기능에 의해서 CPU는 입출력을 조작하는 시간에 연산 처리를 동시에 할 수 있으므로 컴퓨팅 시스템(computing system)의 모든 구성 장치를 유용하게 이용할 수 있고 처리 능력을 대폭 향상시킬 수 있다. 따라서, 채널을 서브 컴퓨터(sub computer)라고도 부른다.
[채널의 기능]
- 입출력에 지시된 명령을 해독하고 명령 실행을 지시하고 제어한다.
- CPU의 방해를 주지 않고 독립적으로 입출력을 제어한다.
- 입출력 장치의 느린 동작 속도를 CPU와 동기가 되도록 조정하여 속도차를 줄인다.
- CPU의 시작 명령에 의해 작업을 수행하고 작업이 완료되었을 때는 입출력 인터럽트를 일으켜 CPU에 보고한다.

54 **입출력 장치와 CPU의 실행 속도차를 줄이기 위해 사용하는 것은?** ▮13.16 출제▮

해답 채널

해설 채널(channel)
주기억 장치와 입출력 장치 사이의 데이터 전송 통로로서, 입출력 장치의 동작 속도는 CPU의 처리 속도에 비해 늦기 때문에 CPU와 동기가 되도록 조정하여 입출력 장치의 동작 속도와 CPU의 실행 속도차를 줄이기 위하여 사용한다. 이러한 채널은 간략화한 용어로서 채널 제어 장치 또는 입출력 제어 장치라고도 부른다.

55 **CPU는 처리 속도가 빠르고 주변 장치는 처리 속도가 늦기 때문에 효율적으로 사용하기 위한 방안으로 주변 장치에서 요청이 있을 때만 취급하고 그 외에는 CPU가 다른 일을 하는 방식은?**

해답 Isolated I/O

해설 고립형 입출력(Isolated I/O)
CPU가 주변 장치의 요청이 있을 때만 I/O에 액세스하는 방법으로, I/O 장치는 CPU와 클록 동기화가 되었을 때 입출력 명령에 따라 주어진 I/O 포트에 접속되어 명령을 수행한다. 이것은 기억 장치의 전송 명령과는 다른 입출력 명령을 사용하므로 기억 장치의 명령과는 구분되며 입출력 포트 지정은 1바이트로 할 수 있다.

56 **컴퓨터의 주기억 장치와 주변 장치 사이에서 데이터를 주고받을 때 둘 사이의 전송 속도 차이를 해결하기 위해 전송할 정보를 임시로 저장하는 고속 기억 장치는?** ▮13.16 출제▮

해답 버퍼

해설 버퍼(buffer)
컴퓨터의 주기억 장치와 주변 장치 사이에서 데이터를 주고받을 때 각 장치들 사이의 전송 속도 차로 인해 발생되는 문제점을 해결할 수 있는 고속의 임시 기억 장치를 말한다. 이것은 서로 다른 두 장치 사이에서 데이터를 전송할 경우 전송 속도나 처리 속도의 차를 보상하여 양호하게 결합할 목적으로 사용되는 임시 기억 영역을 말한다. 따라서, 버퍼를 이용하면 처리 속도가 빨라지고 느린 시스템 구성 요소의 동작을 기다리는 동안 유용하게 사용된다.

57 CPU와 입출력 사이에 클록 신호에 맞추어 송 · 수신하는 전송 제어 방식은?

▌16 출제▐

해답 동기 인터페이스

해설 동기 인터페이스(synchronous interface)
입출력 인터페이스(interface)는 마이크로프로세서와 I/O 버스에 연결된 외부 입출력 장치 사이에 있어서 정보 전송에 필요한 통로를 제공하는 장치이다. 이때, CPU와 입출력 장치 간에 데이터 전송을 할 때 클록 신호에 맞추어 전송을 하는 방식을 동기 인터페이스라고 한다. 이것은 데이터의 전송 시점을 미리 알고 있고 CPU와 입출력 장치 간의 전송 속도가 거의 같을 때 사용되는 방식이다.

58 마이크로컴퓨터에서 입출력 인터페이스가 사용되지 않는 곳은?

해답 기억 장치

해설 기억 장치는 프로그램이나 데이터를 저장하기 위한 장치로서, 정보 전송에 필요한 인터페이스(interface)는 사용되지 않는다.

59 입출력 장치와 기억 장치 사이의 가장 중요한 동작의 차이점은?

해답 동작 속도

60 영상 편집을 위해 캠코드와 컴퓨터를 연결하기 위한 인터페이스는?

▌16 출제▐

해답 IEEE 1394

해설 IEEE 1394
USB와 같은 새로운 시리얼 버스 규격으로, 고속 데이터 통신을 실행하기 위한 직렬 버스 방식의 디지털 인터페이스로서 파이어 와이어(fire wire)라고도 한다. 이것은 미국의 애플사와 텍사스 인스트루먼트사가 공동으로 디자인한 파이어 와이어(fire wire)를 미국의 전기전자기술자협회(IEEE : Institute of Electrical and Electronics Engineers)에서 표준화한 것으로 PC와 디지털 캠코더, VCR 같은 큰 크기의 데이터를 전송하는 관련 장비에서 표준으로 사용되고 있다.

Section 05 데이터 통신

01 데이터 통신에서 데이터 신호의 전송 매체를 적합한 형태로 바꾸어 주거나 또는 원상 복구시켜주는 신호 변환 장치는 무엇인가?

해답 모뎀

해설 모뎀(modem)
데이터 통신 프로세스와 단말 장치를 통신 회선으로 연결하는 경우 신호 변환기(signal converter)로서 변조기(modulator)와 복조기(demodulator)의 양쪽 기능을 모두 갖춘 변복조 장치를 말한다.

02 전송 방식 중 한쪽 방향으로만 전송이 가능한 것으로, 수신측에서는 송신측으로 응답할 수 없는 통신 방식은?

해답 단방향 통신 방식

해설 단방향 통신(simplex communication) 방식
회선을 오직 한 가지 방향으로만 사용하는 방식으로, 단방향으로만 신호를 전송할 수 있다. 이것은 송신기와 수신기가 결정되어 있는 통신 방식으로 한쪽에서는 송신만 행하고 다른 쪽에서는 수신만 행한다. 따라서, 데이터 통신에서는 데이터나 제어 신호를 양방향으로 교환하는 것이 대부분이므로 이 방식은 잘 사용되지 않는다.

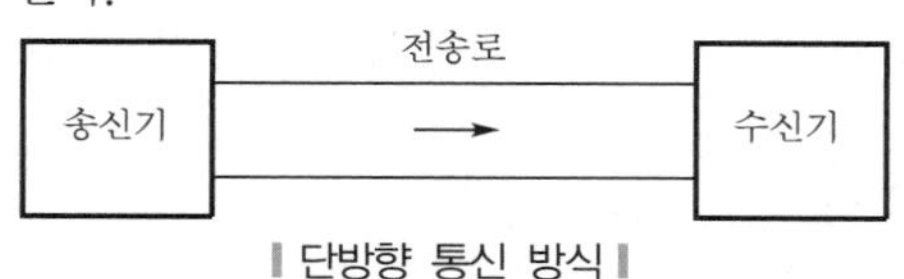

❙ 단방향 통신 방식 ❙

03 양방향으로 데이터의 전송이 가능하나 동시에 양방향으로 전송할 수 없고 어느 시점에서는 반드시 한 방향으로만 데이터를 전송할 수 있는 통신 방식은?

해답 반이중 통신 방식

해설 반이중 통신(half duplex communication) 방식
어떤 시각에 한쪽 방향으로만 회선을 사용하는 방식으로, 데이터의 전송은 어느 방향으로나 일어날 수 있지만 동시에 양방향으로는 일어나지 않는다. 이것은 단일 회선을 통해서 송·수신을 행하므로 하나의 통신 시스템이 송신과 수신 기능을 동시에 수행할 수 없는 통신 방식이다.

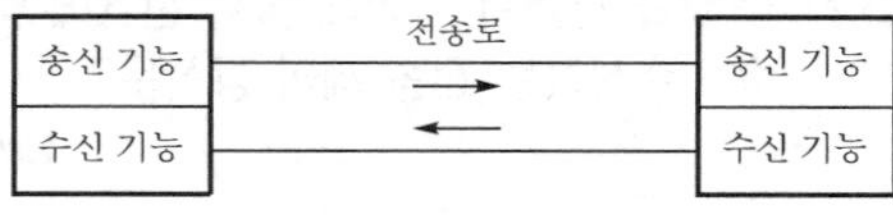

❙ 반이중 통신 방식 ❙

04 입출력 정보 전송이 동시에 가능하고 송·수신 반전 시간이 필요 없는 통신 방식은?

해답 전이중 통신 방식

해설 전이중 통신(full duplex communication) 방식
데이터를 동시에 양쪽 방향으로 전송할 수 있는 방식으로, 전송 횟수와 시간이 필요 없다. 이것은 두 개의 통신 시스템이 동시에 데이터를 송·수신할 수 있는 통신 방식으로, 송신과 수신 회선이 따로 존재하는 4선식으로 구성된다. 이 방식은 가장 전송 효율이 높은 통신 방식으로 고속의 데이터 전송에서 사용된다.

전송로

송신 기능	→ ←	송신 기능
수신 기능	← →	수신 기능

❙ 전이중 통신 방식 ❙

05 데이터 전송 속도의 단위는?

❙ 98.08.14 출제 ❙

해답 보(baud)

해설 보(baud)
데이터의 전송 속도를 나타내는 단위로서, [Bd]로 나타낸다. 이것은 데이터 회선의 전송로(line)에서 디지털로 변조된 신호 부호의 펄스 수 또는 심벌(symbol)의 수(문자와 블록)가 초 당 몇 번 변화하는지를 나타내는 변조율을 말한다.

* bps와 baud
  - bps(bit per second) : 통신 속도의 단위로서, 1초당 전송되는 비트(bit)의 수를 나타낸다.

• baud : 초당 몇 개의 펄스가 다른 상태로 변화되는지를 나타내는 신호 속도의 단위이다.

06 **데이터 통신용 코드로서, 특히 마이크로컴퓨터에 많이 채택되는 것은?**

해답 ASCII 코드

해설 ASCII(American Standard Code for Information Interchange) 코드
미국 표준 협회에서 제정한 것으로, 7비트 또는 8비트의 두 가지 형태로 한 문자를 표시하는 코드이다. 통신의 시작과 종료, 제어 조작 등을 표시할 수 있으므로 데이터 통신에서 널리 이용되고 있다.

07 **여러 개의 연산 장치를 가지고 여러 개의 프로그램을 동시에 처리하는 방법의 용어는?**

해답 다중 프로세싱

해설 다중 프로세싱(multiprocessing)
여러 개의 CPU를 가지고 있는 체제를 의미하는 것으로, 여러 개의 프로그램을 동시에 처리할 수 있는 방법이다. 이러한 시스템을 다중 프로세스(multiprocesser)라 한다.

08 **여러 개의 회로가 단일 회선을 공동으로 이용하여 신호를 전송하는 장치는?** ▌20 출제▐

해답 멀티플렉서

해설 멀티플렉서(multiplexer)
여러 개의 신호원으로부터 데이터를 선택하여 하나의 출력으로 또는 하나의 신호원으로부터 여러 개의 출력에 접속할 때 사용한다.

09 **데이터 통신 시스템에서는 상호 간에 데이터 링커(data link)를 통한 에러(error)가 없는 효율적인 데이터의 전송과 정보의 송수신을 위하여 사전에 약속된 통신 규약을 무엇이라 하는가?**

해답 프로토콜(protocol)

10 **컴퓨터를 효율적으로 이용하기 위한 프로그램의 집합체를 무엇이라고 하는가?** ▌01.09 출제▐

해답 운영 체제(OS)

해설 운영 체제(operating system)
컴퓨터를 효율적으로 사용하기 위한 소프트웨어의 집합체를 말한다. 이것은 모든 하드웨어를 제어하고 응용 소프트웨어를 위한 기반 환경을 제공하며, 데이터 처리에 요하는 시간을 단축하여 컴퓨터 사용자에게 편의성과 신뢰성을 제공해준다.

11 **운영 체제(operating system)의 소프트웨어는?** ▌02.07.20 출제▐

해답 MS-DOS, DR-DOS, UNIX, WINDOW 98, LINUS, WINDOW XP 등

12 **운영 체제의 구성 요소 중 모든 자원을 관리하고 제어하는 프로그램은?** ▌08 출제▐

해답 제어 프로그램

해설 제어 프로그램(control program)
컴퓨터 시스템의 자원(기억 장치, 처리 장치, 주변 장치의 정보 등)을 관리하는 프로그램으로, 사무 처리용 프로그램의 실행을 관리하거나 제어하는 프로그램들의 집합을 말한다.
* 제어 프로그램의 종류 : 감독 프로그램, 데이터 관리 프로그램, 작업 관리 프로그램

13 **시스템에서 취급하는 각종 자료를 표준화된 방법으로 처리할 수 있는 프로그램은?** ▌01 출제▐

해답 데이터 관리 프로그램

해설 데이터 관리 프로그램(data control program)
컴퓨터 시스템에서 취급하는 데이터의 독립성을 유지시키기 위하여 각종 데이터를 표준화된 방법으로 처리할 수 있는 프로그램을 말한다.

14 **운영 체제로 컴퓨터의 동작 상태를 감독하고, 처리 프로그램의 실행 과정을 제어해 주는 소프트웨어는?** ▌02 출제▐

해답 감시 프로그램

해설 감시 프로그램(supervisor program)
제어 프로그램의 핵심을 이루는 프로그램으로, 시스템 구역에 상주하여 시스템 전체의 운용 효율을 향상시키기 위해 시스템 자원을 통합적으로 제어하는 프로그램이다.

Chapter 03 전자측정

Section 01 측정일반

01 피측정량과 일정한 관계가 있는 몇 개의 서로 독립된 양을 측정하고, 그 결과로부터 계산해서 피측정량의 값을 구하는 방법은?

▌02.03.12 출제 ▌

해답 간접 측정

해설 측정의 종류

① 직접 측정(비교 측정) : 측정량을 같은 종류의 기준량과 비교하여 그 양의 크기를 측정량으로 결정하는 방법
- 눈금자를 이용하여 길이를 재는 것
- 전류계로 전류를 측정하는 것
- 전압계로 전압을 측정하는 것

② 간접 측정(절대 측정) : 측정할 양과 어떤 관계가 있는 독립된 양을 직접 측정한 다음 그 결과로부터 계산에 의하여 측정량의 값을 결정하는 방법
- 회로의 저항에 흐르는 전류(I)와 저항에 나타나는 전압(V)을 측정해 저항 $R=\frac{V}{I}[\Omega]$을 계산하여 구하는 것
- 부하에 흐르는 전류(I)와 부하 양단의 전압(V)을 측정하여 부하 전력 $P=IV$[W]를 계산하여 구하는 것

02 $R=\frac{V}{I}$의 계산식으로부터 저항 R을 구하는 측정 방법은?

▌11 출제 ▌

해답 간접 측정

03 측정 감도가 높아 정밀 측정에 적합한 것은?

▌05.20 출제 ▌

해답 영위법

해설 영위법(zero method)

모르는 양과 미리 알고 있는 양을 비교할 때 측정기의 지시가 0이 되도록 평형을 취하여 측정하는 방법으로, 편위법에 비하여 감도가 높고 정밀 측정에 적합하다. 다만, 측정 조건이 불안정하면 영위를 구하기 어렵기 때문에 공업상 측정에는 부적당하다.

04 측정기가 외부의 자극 작용에 대해 반응하는 예민성의 정도를 나타내는 것으로, 최소의 측정량이 되는 것은?

▌09.13 출제 ▌

해답 감도

해설 감도(sensitivity)

측정기가 외부의 자극 작용에 대하여 반응하는 예민성의 정도를 나타내는 것으로, 측정기가 측정해 낼 수 있는 최소의 측정량을 말한다.

05 미지의 값을 측정할 때 참값에 얼마나 일치하는가를 나타내는 것은?

▌08 출제 ▌

해답 확도

해설 확도(accuracy)

측정기에서 측정의 정확성을 양적으로 나타내는 것으로, 측정값의 평균값과 참값의 차로 나타낸다.

06 배전반용 계기 사용에 적합한 정확도는?

▌99 출제 ▌

해답 1.5급

해설

계급	용도	허용 오차
0.5급	정밀 측정용 휴대용 계기	±0.5[%]
1.0급	일반 측정 계기	±1.0[%]
1.5급	배전반용 계기	±1.5[%]
2.5급	패널용 계기	±2.5[%]

07 측정기의 정밀도나 정확도를 나타내는 이유는?

▌07.09 출제▐

해답 측정기마다 그 지시값의 신뢰도가 조금씩 차이가 있기 때문이다.

해설 측정기는 그 지시값에 대한 신뢰도가 조금씩 차이가 있기 때문에 정밀도와 정확도를 나타낸다.

- 정밀도 : 모르는 양을 측정할 경우에 얼마만큼 미세하게 식별하여 측정할 수 있는가를 나타내는 것
- 정확도 : 측정값에 대한 오차가 얼마나 작은가를 의미하는 것으로, 측정값의 신뢰도를 나타내며, 측정의 정도에 따라 결정된다.

08 측정 계기 눈금의 부정확, 외부 자장 등에 의하여 생기는 오차는?

▌98.01.03.05.06.07.08 출제▐

해답 계통적 오차

해설 계통적 오차(systematic error)
어떤 일정한 발생 원인을 알고 있어 원인 시정 등에 의한 보정이 가능한 오차를 말한다.

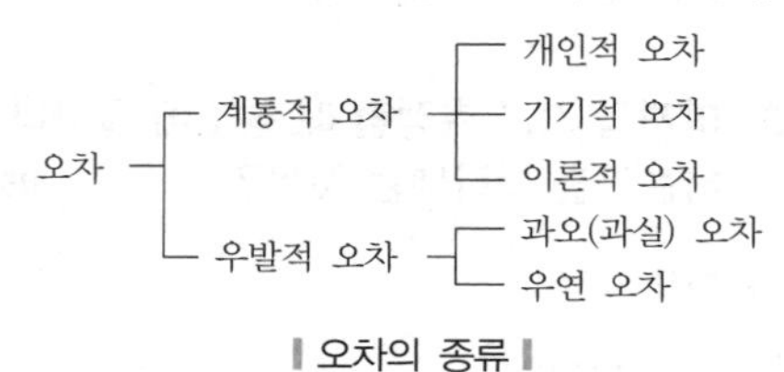

▌오차의 종류▐

09 측정 조건이 나쁘거나 측정하는 사람의 주의력 부족에서 발생하는 오차는?

▌04 출제▐

해답 우연 오차

해설 우연 오차(accidental error)
측정 조건의 변화나 측정자의 주의력이 갑자기 동요했을 때 발생하는 오차로서, 측정을 되풀이하여 얻은 결과를 통계적으로 계산하여 오차를 시정할 수 있다.

10 측정자의 부주의에 의하여 발생하는 것으로서, 눈금 오독, 계산의 실수 등에 의하여 발생하는 오차는?

▌02.04.05.10.15.16 출제▐

해답 개인적 오차

해설 개인적 오차(personal error)
측정자의 습관이나 성격에 따라 발생하는 오차로서, 측정 눈금의 오판독, 측정기의 부정확한 조정 및 측정 데이터의 기록 실수 등에 의한 것으로 측정자의 세심한 주의가 필요하다.

11 측정자의 훈련에 의하여 제거할 수 있는 오차는?

▌01 출제▐

해답 개인적 오차

12 오차와 정도에서 측정값을 M, 참값을 T라고 할 때 오차(error)를 나타내는 관계식은?

▌02.08.13 출제▐

해답 오차 $\varepsilon = M - T$

해설 오차(error)
피측정량의 측정값 M과 피측정량의 참값 T의 차를 측정 오차라 한다.

13 참값이 100[mA]이고 측정값이 102[mA]일 때 오차율은?

▌99.02.04.05.14.16 출제▐

해답 2[%]

해설 오차율 $\varepsilon_0 = \dfrac{M-T}{T} \times 100\,[\%]$ 에서

$\therefore\ \varepsilon_0 = \dfrac{102-100}{100} \times 100 = 2\,[\%]$

14 참값 100[V]인 전압을 측정하였더니 측정값이 80[V]였다. 보정 백분율[%]은?

▌09.11 출제▐

해답 25[%]

해설 보정 백분율 $\alpha_0 = \dfrac{\alpha}{M} \times 100$

$= \dfrac{T-M}{M} \times 100\,[\%]$ 에서

$\therefore\ \alpha_0 = \dfrac{100-80}{80} \times 100 = 25\,[\%]$

Section 02 전자 계측 기기

01 지시 계기의 3대 요소는?

▮ 04.05.06.07.08.09.10.11.12.14.15 출제 ▮

해답 ① 구동 장치, ② 제어 장치, ③ 제동 장치

해설 지시 계기의 3대 요소
- 구동 장치(driving device) : 측정하고자 하는 전기적 양에 비례하는 회전력(토크) 또는 가동 부분을 움직이게 하는 구동 토크를 발생시키는 장치
- 제어 장치(controlling device) : 구동 토크가 발생되어서 가동 부분이 이동되었을 때 되돌려 보내려는 작용을 하는 제어 토크 또는 제어력을 발생시키는 장치
- 제동 장치(damping device) : 제어 토크와 구동 토크가 평행되어 정지하고자 할 때 진동 에너지를 흡수시키는 장치

* 구동 토크=제어 토크일 때 가동부가 정지하며 이때 제동 토크는 0이 된다.

02 지시 계기의 구성 요소 중 구동 토크가 발생되어서 가동부가 움직일 때 반대 방향으로 힘을 발생시키는 장치는?

▮ 08 출제 ▮

해답 제동 장치

해설 제동 장치(controlling device)
구동 토크가 발생되어서 가동 부분이 이동되었을 때 가동 부분의 변위나 회전에 맞서 원래의 위치로 되돌려 보내려는 작용을 하는 제어 토크 또는 제어력을 발생시키는 장치를 말한다.

03 가동 코일형 계기의 기본 원리는?

▮ 98.20 출제 ▮

해답 플레밍의 법칙

해설 가동 코일형 계기(moving coil type meter)
영구 자석의 자장 내에 가동 코일을 두고, 이 코일에 전류를 흘려 자석의 자속과 전류의 상호 작용력에 의해 생기는 토크(torque)로 지침을 움직이는 계기로서, 기본 원리는 플레밍의 법칙을 이용한 것이다.

04 그림같은 가동 코일(coil)형 계기에서 미터 축에 아래 위로 인청동으로 된 스프링이 장치되어 있을 때 스프링의 역할은 무엇인가?

▮ 99.03.15 출제 ▮

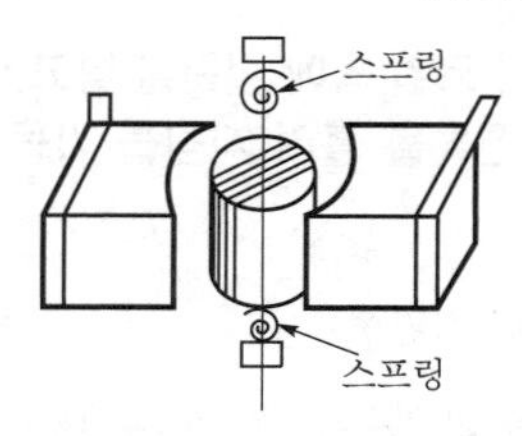

해답 제어력

해설 인청동으로 된 스프링 장치는 제어력을 발생시키는 것으로, 구동 토크(T_d)=제어 토크(T_c)일 때 미터의 바늘이 정지한다.

05 가동 코일형 계기로 교류 전압을 측정하고자 한다. 어떤 장치가 필요한가?

▮ 01.02.06.08.14.16 출제 ▮

해답 정류기

해설 가동 코일형 계기는 직류(DC) 전용으로 교류(AC) 측정 시 정류기를 조합하여 사용한다.

06 가동 코일형 전류계에서 측정하고자 하는 전류가 50[mA] 이상으로 클 때에는 계기에 무엇을 접속하여 측정하는가?

▮ 04.08.13 출제 ▮

해답 분류기

해설 분류기(shunt)
전류계의 측정 범위를 확대하기 위하여 전류계와 병렬로 접속한 저항기를 말한다. 따라서, 가동 코일형 전류계는 측정하려고 하는 전류가 50[mA] 이하로 작을 경우 가동 코일에 직접 전류를 흐르게 할 수 있으나 그 이상의 전류를 측정하고자 할 때에는 계기에 분류기(shunt)를 접속하여 측정하여야 한다.

07 **가동 코일형 계기에 있어서 지침의 경사각 θ는 전류 I와 어떤 관계가 있는가?**

▌99.10.17 출제 ▌

해답 $\theta \propto I$

해설 지침의 경사각 θ는 전류 I에 비례한다.

08 **고정 코일 속에 철편을 넣고, 고정 코일에 측정 전류를 흘려 지침을 가동하는 계기는?**

▌06.07 출제 ▌

해답 가동 철편형

해설 가동 철편형 계기(moving iron type instrument, AC 전용)

고정 코일(영구 자석) 내에 고정 철편과 가동 철편을 부착시켜 넣고, 고정 코일에 전류를 흘리면 전류에 의해 생기는 자장이 고정 코일 속에 놓인 가동 철편에 흡인력 또는 반발력의 힘을 미치게 한다. 이 전자력의 힘을 구동 토크로 하여 지침을 움직이게 하는 계기로서 상용 주파수 교류의 전류계나 전압계로 가장 많이 사용된다.

09 **가동 철편형 계기의 회전각 θ와 전류 I의 관계는?**

▌01.02.04.05.07.20 출제 ▌

해답 $\theta \propto I^2$

해설 가동 철편형 계기의 구동 토크 $T_D = KI^2F(\theta)$ [Nm]에서 회전각 θ는 전류의 제곱에 비례하므로 $\theta \propto I^2$이다.

10 **분류기 없이 상당히 큰 전류까지 측정할 수 있고 취급이 용이하지만 감도가 높은 것은 제작하기 어려운 계기는?**

▌14 출제 ▌

해답 가동 철편형

해설 가동 철편형 계기

교류(AC) 전용으로 분류기를 사용하지 않고 대전류 측정용 전류계를 만들 수 있으나 히스테리시스 오차가 많기 때문에 감도가 높은 것은 제작하기 어렵다.

11 **정밀급으로 많이 사용되며 교류, 직류에 사용하여도 동일 지시를 하지만 외부 자계의 영향을 받기 쉬운 계기는?**

▌03.04.05.10 출제 ▌

해답 전류력계형

해설 전류력계형 계기(electro dynamic type instrument, AC · DC 양용)

가동 코일형 계기의 영구 자석 대신 고정 코일로 바꾸어 놓은 계기로서, 고정 코일과 가동 코일에 흐르는 전류 사이에 작용하는 전자력을 이용한 계기이다.

[특징]

- 직 · 교류 양용으로 동일 눈금을 사용하며 정밀급 계기이다.
- 외부 자장의 영향을 받기 쉬우므로 자기 차폐를 하여야 한다.
- 실횻값을 지시하며 직류값과 실횻값을 서로 비교할 수 있기 때문에 직 · 교류 비교기라고도 한다.
- 전류계, 전압계 및 전력계가 있으나 소비 전력이 커서 주로 전력계로 사용된다.

12 **전압, 전류에서의 직류와 교류의 측정값이 동일하고 상용 주파수 교류의 부표준기로 사용되는 계기는?**

▌10 출제 ▌

해답 전류력계형

해설 전류력계형 계기(AC · DC 양용)

직 · 교류 양용으로 같은 눈금을 사용하므로 직류와 교류의 측정값이 동일한 실횻값을 지시하며, 상용 주파수 교류의 부표준기용으로 사용된다.

13 **회전 자기장 내에 금속편을 놓으면 여기에 맴돌이 전류가 생겨서 자기장이 이동하는 방향으로 금속편을 이동시키는 토크가 발생하는 원리를 이용한 계기는?**

▌98.01.02.04.05.07.08.09.10.13.15 출제 ▌

해답 유도형 계기

해설 유도형 계기(induction type instrument, AC 전용)

회전 자장과 이동 자장에 의한 유도 전류와의 상호 작용을 이용한 것으로, 회전 자장 내에 금속편을 놓으면 맴돌이 전류가 생겨서 자장이 이동하는 방향으로 금속편을 이동시키는 구동 토크가 발생하는 원리를 이용한 계기이다. 이것은 전류계, 전압계, 전력계 및 적산 전력계로 사용된다.

14 유도형 적산 전력계의 구동 토크 T_D는?

▮ 03.08 출제 ▮

해답 전류에 비례한다.

해설 구동 토크 $T_D = KEI\cos\theta$
여기서, K : 계기 정수, E : 전압, I : 전류
∴ 토크 T_D는 전류 I에 비례한다.

15 지시 계기의 제어 장치 중 교류 적산 전력계에 대표적으로 사용되는 제어 방법은?

▮ 06.11.15 출제 ▮

해답 맴돌이 전류 제어

해설 유도형 계기는 맴돌이 전류 제어에 의한 구동 토크(driving torque)를 이용한 것으로, 전력량을 지시하는 교류용 적산 전력계에 대표적으로 사용되는 계기이다. 이것은 교류(AC) 전용으로 직류(DC)에는 사용할 수 없다.

16 충전된 두 물체 간에 작용하는 정전 흡인력 또는 반발력을 이용하며, 주로 전압계로 쓰이는 계기는?

▮ 98.02.04.05.07.08.15.20 출제 ▮

해답 정전형 계기

해설 정전형 계기(electrostatic type instrument, AC · DC 양용)
대전된 두 전극 간의 전하 사이에서 작용하는 정전력을 이용하여 구동 토크를 발생시키는 계기이다. 이것은 수[kV]의 고전압만을 측정하는 계기로서, 정전 전압계 또는 전위계로 직접 전압을 측정한다.

17 고주파 전류 측정에 적합한 계기는?

▮ 03.16 출제 ▮

해답 열전대형 계기

해설 열전대형 계기(thermoelectric instrument, AC · DC 양용)
열전대(열전쌍)의 열선에 전류를 통했을 때 발생하는 열로서 열전쌍의 접점을 가열하고, 이때 온도 상승에 따른 열전대의 열기전력을 가동 코일형 계기로 측정한다. 이것은 교류(AC)이건 직류(DC)이건 열선의 발열량은 같기 때문에 직 · 교류 양용으로 쓰이며, 특히 고주파 전류의 측정에 적합하고 미소 전류의 직 · 교류 비교기로도 사용된다.

18 열전쌍형 전류계는 어느 효과를 이용한 것인가?

▮ 99.02.03 출제 ▮

해답 제벡 효과

해설 제벡 효과(Seeback effect)
그림과 같이 2개의 다른 금속 A, B를 환상으로 접속하고 접속점 J_1과 J_2를 각각 다른 온도로 유지하면 두 접점 사이의 온도차에 의해서 생긴 열기전력에 의해 회로에 일정한 방향으로 열전류가 흐르는 효과이다.
* 열전쌍(열전대) : 동-콘스탄탄, 백금-백금로듐 등이 있으며 온도 측정이나 온도 제어에 응용된다.

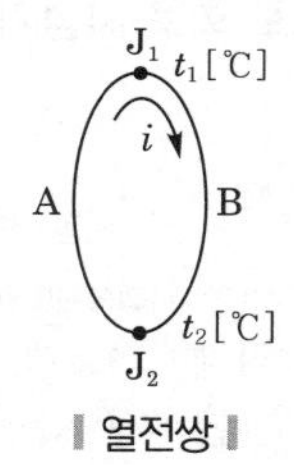

▮ 열전쌍 ▮

19 열전대형 계기의 눈금은?

▮ 02 출제 ▮

해답 균등 눈금

해설 열전대형 계기는 균등 눈금이며 계기의 지시는 파형에 관계없이 실횻값을 나타낸다.

20 고주파 전류 측정 시 주파수가 높아지면 열선의 저항이 높아져 오차를 발생한다. 이 오차는?

▮ 01.20 출제 ▮

해답 표피 오차

해설 열전형 계기의 오차
- 공진 오차 : 도입선의 인덕턴스와 표유 용량의 직렬 공간에 의한 오차
- 배분 오차 : 열선의 굵기나 저항값이 다를 때 생기는 오차
- 전위 오차 : 계기의 정전 용량을 통하여 고주파 전류가 흘러 열전대를 가열함으로써 가열 열선을 훼손시키는 경우의 오차
- 표피 오차 : 주파수가 높아지면 열선 저항의 표피 작용으로 증가하여 발생하는 오차

21 정류형 계기가 저전압용으로 적합한 이유는?

▌01.04 출제▐

해답 소비 전력이 적으므로

해설 정류형 계기(rectifier type instrument, AC 전용)
가동 코일형 계기에 정류기를 접속하여 교류를 직류로 정류한 다음 가동 코일형 계기로 지시하는 것으로, 전류계와 전압계로 사용된다. 이것은 가동 코일형 계기를 이용하므로 교류(AC)용 계기로는 감도 및 확도가 제일 높고 소비 전력이 적으므로 저전압용으로 사용된다.

22 일반적으로 회로 시험기에 사용되는 계기는?

▌98 출제▐

해답 가동 코일형

해설 회로 시험기(multicircuit tester)
직류용 전압계, 전류계, 교류용 전압계 및 저항계를 조합한 다중 측정 범위의 계기로서, 휴대가 가능하며 전기 · 전자 부품의 점검 및 수리에 편리하게 이용되는 계측기이다. 이것은 정격 전류(수십[μA]~ 1[mA])가 작은 가동 코일형 전류계에 여러 개의 배율기와 분류기를 스위치로 전환하여 측정 범위를 확대할 수 있도록 구성되어 있다.

23 DC 전용으로 쓰이면서 균등 눈금인 계기는?

▌02.03 출제▐

해답 회로 시험기

해설 직류(DC) 전용이며 지시 계기는 균등 눈금으로 평균값을 지시한다.

24 회로 시험기로 측정이 곤란한 것은?

▌02.06.11.13 출제▐

해답 교류 전압의 주파수

해설 회로 시험기의 측정 범위
직류 전류, 직류 전압, 교류 전압, 저항값, 통신 기기의 레벨([dBm]) 등을 측정할 수 있으며 통전 시험, 절연 시험 등을 할 수 있다. 단, 교류 전류 및 교류 전압의 주파수는 측정이 불가능하다.

25 회로 시험기를 사용할 때 극성을 구분해서 측정해야 하는 것은?

▌10.15 출제▐

해답 직류 전압

해설 회로 시험기로 직류 전압 측정 시 적색 리드 봉은 (+)극성으로, 흑색 리드 봉은 (−)극성으로 구분해서 측정해야 한다.

26 진공관 전압계의 프로브(probe)의 기능은?

▌01.02.04 출제▐

해답 정류 작용

해설 진공관 전압계(VTVM : Vacuum Tube Volt Meter)
진공관과 직류 전류계를 조합시킨 고주파 전압 측정기로서, 가장 많이 사용되는 진공관 전압계는 P형 진공관 전압계이다. 이것은 정류부, 직류 증폭부, 전압 지시부 및 전원부로 구성되어 있다.

* 프로브(probe) : 진공관 전압계의 피측정 점에 접촉시키기 위해 사용하는 접촉자로서, 정류 기능을 가지며 2극 진공관 및 저항, 콘덴서 등으로 구성되어 있다.

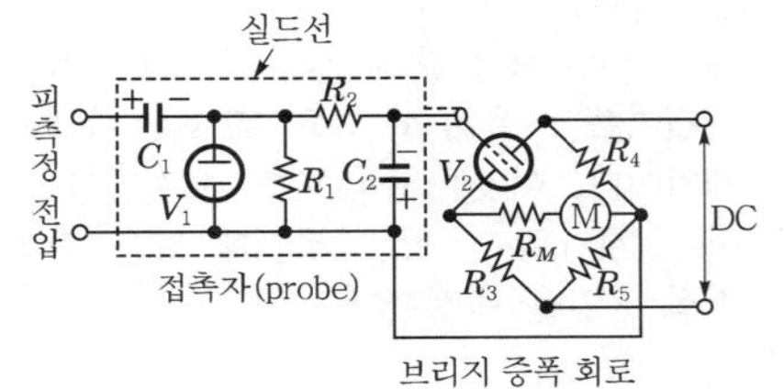

V_1 : 2극 진공관(정류관)
V_2 : 3극 진공관(정류관)
M : 가동 코일형 계기

▌P형 진공관 전압계▐

27 교류 전압을 다이오드로 정류하여 직류로 변환시켜 측정하는 전압계는? ▮05 출제▮

해답 교류 전자 전압계

해설 전자 전압계(electronic voltmeter)

진공관 대신 다이오드와 FET 등으로 대치된 전압계로서, 트랜지스터의 증폭 작용과 다이오드의 정류 작용을 이용하여 교류 전압을 직류로 변환시켜 측정하는 고감도 교류 전압계이다. 이것은 증폭기의 입력단에 전계 효과 트랜지스터(FET)를 사용하므로 입력 임피던스를 높일 수 있으며 1[μV] 이하의 미소 전압을 측정할 수 있어 영위 검출기로도 이용된다. 특히 주파수 특성이 좋아 무선 주파수 영역까지 사용이 가능하므로 주로 고주파 전압 측정에 사용된다.

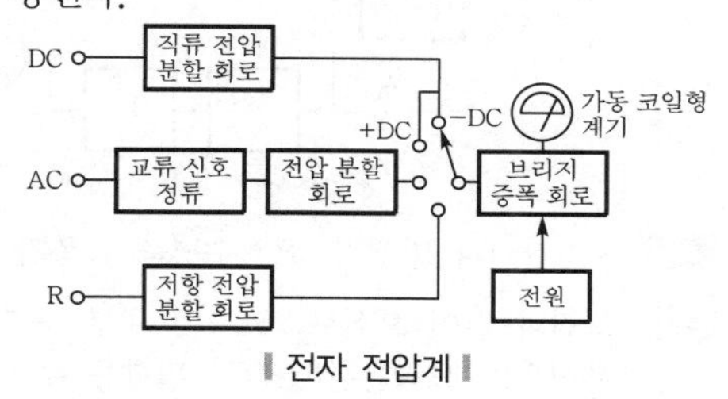

▮전자 전압계▮

28 레벨계 단위(dBm)의 정의는? ▮99.02 출제▮

해답 1[mW]를 0[dB]로 하여 눈금을 정한 것

해설 레벨 미터(level meter)

통신 회로나 전송 선로의 신호 레벨(전류, 전압, 전력 크기의 비율)을 데시벨(decibel[dB])로 판독하여 측정하는 계기로서, 레벨계 또는 데시벨계라고도 한다.

* 전력 레벨의 표시 : 레벨계의 1[mW]를 0[dB]로 기준하여 mW의 m을 붙여 dBm라 한다.

$$\therefore \text{dBm} = 10\log_{10}\frac{P\,[\text{W}]}{1[\text{mW}]}$$

29 직동식 기록 계기의 동작 원리 방식은? ▮14 출제▮

해답 편위법

해설 직동식 기록 계기(direct type recorder)

지시 계기의 지침 끝에 달린 펜(pen)의 흔들림을 기록지에 직접 기록하는 형식의 계기로서, 측정 방식은 편위법에 해당하며 기록 기구에 따라서 연속적인 펜식 기록 방식과 간헐적인 타점식 기록 방식으로 나누어진다.

30 편위법을 이용한 기록 계기는? ▮15 출제▮

해답 펜식 기록 계기

해설 펜식 기록 계기(pen type recorder)

직동식 기록 계기의 하나로서, 측정 방식은 편위법에 해당하며 계기의 계급은 1.5급의 공업 측정에 해당한다.

31 기록 계기의 동작 원리 중 서보 기구에 의한 기록 계기는? ▮01.20 출제▮

해답 자동 평형식 기록 계기

해설 자동 평형식 기록 계기(automatic balancing recorder)

전위차계나 브리지 회로에 의해 불평형 전압 검출하여 증폭시키고 서보 모터(평형용 전동기)로 다이얼을 자동적으로 평형 상태가 되도록 조정한 후 다이얼에 기록용 펜을 붙여 기록하는 계기이다.

여기서, 브리지식은 측정값과 표준값의 차를 검출하는 방식으로, 교류 전원을 사용하므로 직교(AC − DC) 변환기가 불필요하다.

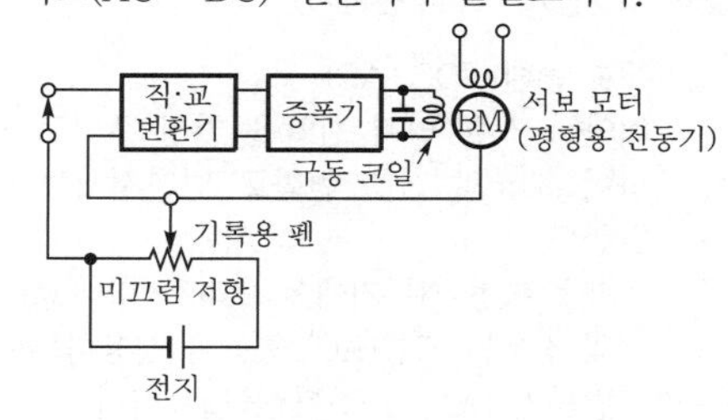

▮전위차계식▮

▮브리지식▮

32 자동 평형 기록 계기의 측정 원리는?

▌99.06.07.09.11.13 출제▐

해답 영위법

해설 자동 평형 기록 계기
전위차계 및 브리지 회로에 의해 서보 모터를 자동적으로 평형 상태가 되도록 하여 측정하는 방식으로 영위법에 해당한다.

33 브리지나 전위차계에서 불평형 전압을 검출하여 증폭시켜 서보 모터로 다이얼을 돌려 평형시키고 다이얼에 펜 또는 타점용 핀을 붙여 기록하는 계기는?

▌01 출제▐

해답 자동 평형 기록 계기

34 펜과 기록 용지에서 생기는 마찰 오차를 피하기 위하여 고안된 것으로, 영위법에 의한 측정 원리를 이용한 기록 계기는?

▌06.11.14 출제▐

해답 자동 평형 기록 계기

35 자동 평형 기록기에서 직류 입력 전압을 교류로 바꾸는 장치로서, 기계적인 부분이 없으므로 수명이 긴 것은?

▌15 출제▐

해답 초퍼(DC-AC 변환기)

해설 직교 변환기(DC-AC)
미약한 직류 입력 전압을 일정 주기로 세분화하여 교류의 진폭 변화로 변환시키는 장치를 말한다.
* 자동 평형 기록기에서 브리지식(bridge type)의 경우는 교류(AC) 전원을 사용하므로 직교 변환기(DC - AC)가 불필요하다.

36 피측정 신호에 포함된 전 주파수 성분을 분석하여 진폭의 크기로써 표시하는 계측기는?

▌07 출제▐

해답 오실로스코프

해설 오실로스코프(oscilloscope)
전기 신호의 파형을 브라운관에 직시하여 눈으로 직접 볼 수 있도록 한 측정 장치로서, 브라운관 오실로스코프 또는 음극선관(CRT) 오실로스코프라고도 한다. 이것은 전자 장비를 수리할 때 사용하는 테스터의 일종으로, 전자 현상의 관측이나 파형의 측정 · 분석 등에 사용되며 저주파로부터 수백[MHz]의 고주파 신호까지 관측할 수 있기 때문에 전기 · 전자 계측의 모든 분야에서 사용된다.

- 기본 측정 : 전압, 전류, 시간 및 주기 측정, 위상 측정, 주파수 측정
- 응용 측정 : 영상 신호파형, 펄스 파형, 오디오 파형, 변조도 측정, 과도 현상 측정 등

37 다음은 오실로스코프의 기본 구성도이다. 빈칸 A, B에 들어갈 내용은?

▌11.15 출제▐

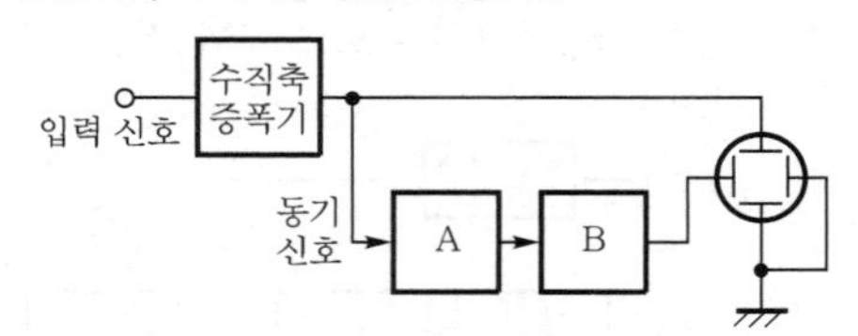

해답 A : 톱니파 발생기, B : 수평축 증폭기

해설 그림과 같이 오실로스코프의 내부 구조는 기본적으로 브라운관(CRT), 편향용 수직 증폭기 및 수평 증폭기, 시간축 발진기 등으로 구성된다.

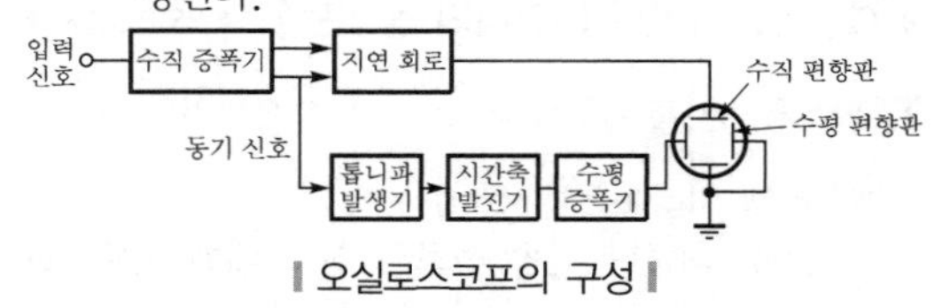

▌오실로스코프의 구성▐

38 오실로스코프의 음극선관의 주요 부분은?

▌02.07.08.09.20 출제▐

해답 전자총, 편향판, 형광판

해설 브라운관(음극선관 CRT : Cathode Ray Tube)
브라운관(braun tube)은 전기장과 자기장에 의해 편향된 전자가 형광판에 충돌할 때 발생하는 빛을 영상으로 만든 장치이다. 이것은 그림과 같이 전자총, 편향판, 형광판으로 이루어져 있다.

- 전자총 : 전자빔을 집속시켜 방출시키는 것
- 편향판 : 전자빔을 수직과 수평 방향으로 움직이게 하는 것
- 형광판 : 형광 물질이 발라진 유리면

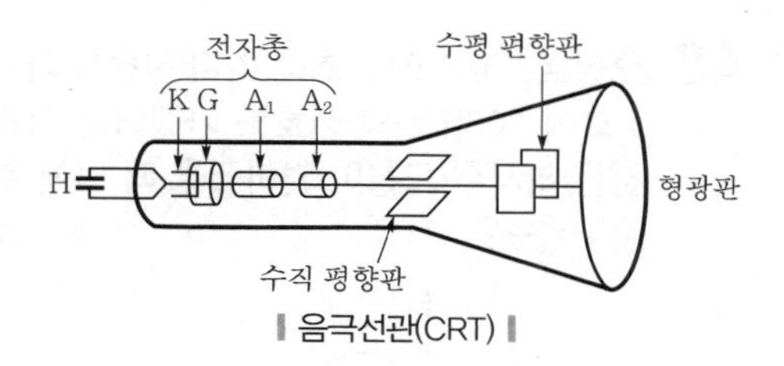

▌음극선관(CRT)▌

39 오실로스코프에서 휘도(intensity)를 조정하는 것은?
▌01.07.09 출제▌

해답 제어 그리드 전압

해설 제어 그리드(control grid) 전압
휘도를 조정하는 것으로 형광판에서 형광 점의 밝기를 조절한다. 이것은 브라운관(CRT)의 열전음극(H)인 캐소드(K)에 대해서 음(−)이다.

40 오실로스코프의 파형을 관측할 때 수평 편향판에 가하는 전압은?
▌11.13 출제▌

해답 톱니파 전압

해설 오실로스코프로 파형을 관측할 때는 수직 편향판에는 관측하고자 하는 정현파 신호 전압을 가하고, 수평 편향판에는 시간축 소인 발진기(sweep OSC)의 톱니파 전압을 각각 가하여 파형을 관측한다.

41 오실로스코프의 수평축 입력 단자를 이용하여 교류 측정 시 피측정 전압의 소인폭 조절과 관계있는 회로는?
▌99.07 출제▌

해답 수평 증폭 회로

해설 수평 증폭 회로
소인(sweep) 발진기는 오실로스코프 상에서 증폭기의 주파수 응답을 관찰하기 위한 시험용 발진기로서, 시간축으로 변화하는 톱니파 전압을 발생시킨다. 이것은 수평축 증폭기에 의해 증폭되고 수평 편향판에 가해지면 스위프(sweep)를 시작하여 주파수 특성을 직시한다.

42 오실로스코프의 수직축 단자에 측정하고자 하는 신호를 가하고 수평축 단자에는 톱니파를 가하는 주된 이유는?
▌99.02 출제▌

해답 동기를 맞추려고

해설 오실로스코프의 수직축 단자(수직 편향판)에 관측하려는 정현파 입력 신호 전압을 가하고, 수평축 단자(수평 편향판)에는 톱니파를 가하는 이유는 동기(synchronism)를 맞추기 위한 것으로, 이때 수평 시간축 소인 발진기(sweeo OSC)의 톱니파 전압 주파수를 관측 파형의 반복되는 주파수와 정수배의 관계로 유지시키면 파형을 정지시킬 수 있다.

43 오실로스코프에서 동기를 취하는 목적은?
▌03.07.20 출제▌

해답 파형을 정지시키기 위하여

44 오실로스코프로 직류에 포함된 리플(ripple)만을 측정하고자 할 때 IN PUT Mode는?
▌02.12 출제▌

해답 AC

해설 맥동률(ripple)은 정류된 직류 전류(전압) 속에 교류 성분이 얼마나 포함되어 있는지를 나타내는 것으로, IN PUT Mode는 AC Mode로 하여 측정한다.

45 오실로스코프 프로브(probe) 교정을 위하여 어떠한 파형을 이용하는가?
▌15 출제▌

해답 구형파

해설 전압 프로브(probe)
측정점으로부터 신호를 오실로스코프에 전달하는 중요한 역할을 하는 것으로, 저항과 콘덴서로 구성되어 있다. 그림에서 프로브의 교정은 사용 전에 교정 전압으로 사용되는 약 1[kHz]의 구형파(직사각형파)로 가변 보상용 콘덴서 C_c 돌려서 보정하고 저항 R_a, R_b, R_c로 고주파 부분을 각각의 시상수로 보정한다.

* 구형파는 크기가 1이고 펄스 폭이 1인 사각 펄스로 정의되는 것으로, 정현파(주기파)에서 파고율과 파형률에 대한 파형의 일그러짐 정도를 나타내는 계수이다. 이러한 구형파에 대하여 파형을 정리하면 평균값=실효값=최댓값= V_m이며, 파형률과 파고율=1로 계산된다.

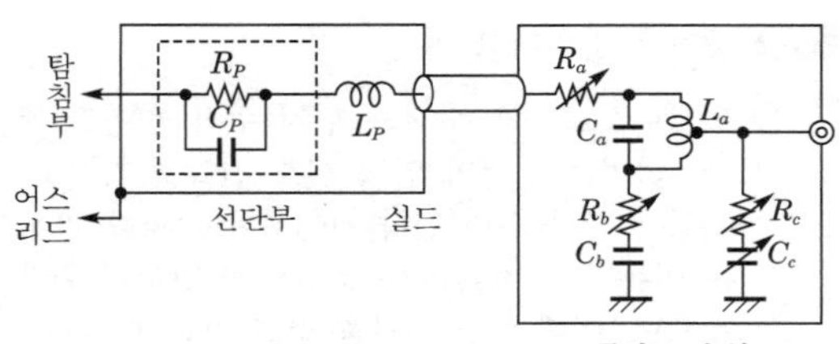

▌고주파용 전압 프로브의 구성▌

46 오실로스코프 측정 시 파형이 정지하지 않고 움직일 때 조정해야 하는 것은?

▌16 출제▌

해답 트리거 제어

해설 오실로스코프의 트리거(trigger) 기능
오실로스코프의 조작에서 가장 중요한 것은 트리거의 기능 조작으로, 파형 측정 시 신호 파형이 정지하지 않고 움직일 때는 트리거 기능을 선택하여 조정하여야 한다. 이상적으로는 신호의 종류에 관계없이 자동적으로 파형이 정지하는 것이 바람직하나 신호 파형의 특성에 따라 트리거의 기능을 선택하고 조작하여 사용하여야 한다. 이때, 트리거의 신호원은 내부 트리거(INT), 외부 트리거(EXT), 전원 트리거(LINE)의 3종류를 선택할 수 있다.

47 다음 그림은 오실로스코프 상에 나타난 정현파이다. 주파수는 몇 [Hz]인가?

▌11.14 출제▌

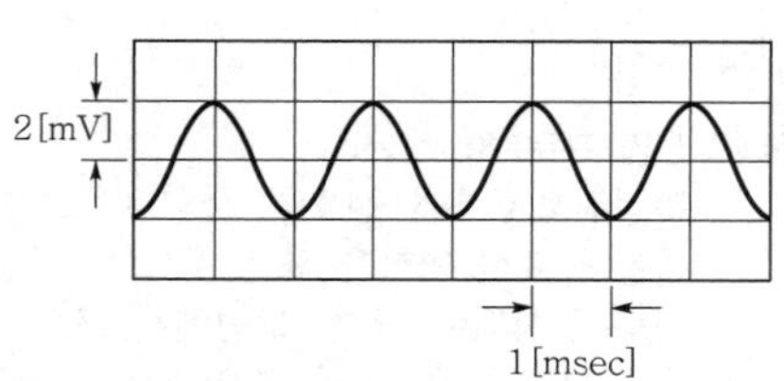

해답 500[Hz]

해설 주파수 $f=\dfrac{1}{T}$[Hz]에서

주기 $T=2\times1\times10^{-3}=2\times10^{-3}$[sec]

$\therefore\ f=\dfrac{1}{2\times10^{-3}}=500$[Hz]

48 오실로스코프의 X축에 미지 신호를 가하고 Y축에 100[Hz]의 신호를 가했더니 그림과 같은 리사주 도형이 얻어졌을 때 미지 주파수[Hz]는?

▌15 출제▌

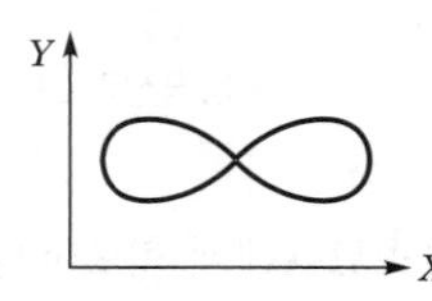

해답 50[Hz]

해설 리사쥬 도형의 주파수비는 수평(f_H) : 수직(f_V)의 비로 나타낸다.

수평(f_x) : 수직(f_y) = 1 : 2 에서

$\therefore\ f_x=\dfrac{1}{2}f_y=\dfrac{1}{2}\times100=50$[Hz]

49 다음 그림의 변조도는?

▌10.16 출제▌

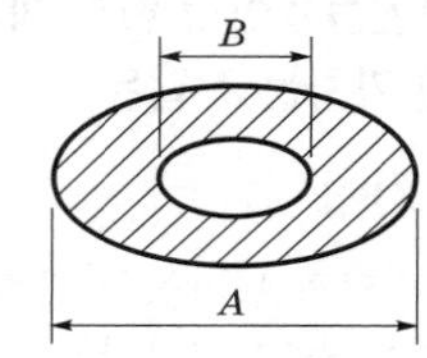

해답 $m=\dfrac{A-B}{A+B}\times100$[%]

해설 변조도 $m=\dfrac{\text{긴 것}-\text{짧은 것}}{\text{긴 것}+\text{짧은 것}}\times100$[%]

50 오실로스코프에서 다음과 같은 파형을 얻었다. 무엇을 측정한 파형인가? (단, $A=3$, $B=1$)

▌03.16 출제▌

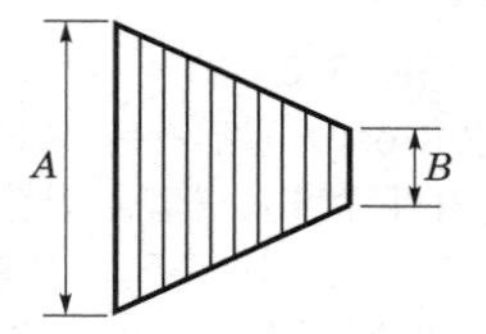

해답 50[%] AM 변조파

해설 변조도 $m=\dfrac{A-B}{A+B}\times100$[%] 에서

$\therefore\ m=\dfrac{3-1}{3+1}\times100=50$[%]

따라서, AM 변조 시 50[%]의 피변조파의 변조도를 나타낸다.

51 그림과 같은 파형이 오실로스코프에 나타났을 때 두 신호의 위상차는? (단, $A=1.414$, $B=1$)

▮ 03.04.06 출제 ▮

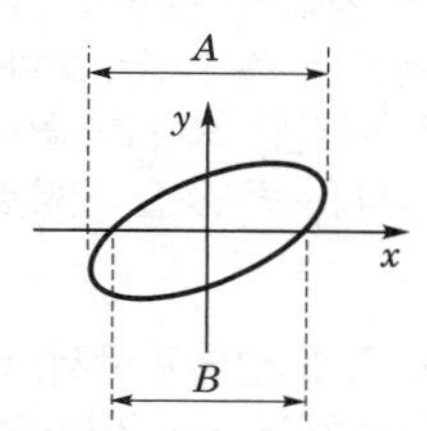

해답 위상차 45°

해설 위상차 $\theta=\sin^{-1}\dfrac{B}{A}$ 에서

$$\therefore\ \theta=\sin^{-1}\frac{1}{1.414}=\frac{1}{\sqrt{2}}=45°$$

52 진폭 변조 신호의 변조도, 주파수 변조 신호의 편차, 잡음 등의 신호로부터 여러 가지 정보를 얻는 데 사용하는 계측기는?

▮ 09 출제 ▮

해답 스펙트럼 분석기

해설 스펙트럼 분석기(spectrum analyzer)

- 변조파를 수신해 측파를 분해하여 그 주파수 스펙트럼 성분의 분포를 표시하는 브라운관(CRT)과 특수한 슈퍼헤테로다인 수신기를 조합한 측정기이다.
- 국부 발진기는 스위프(sweep) 발진기로 되어 있으며, 입력 신호의 주파수 스펙트럼이 스위프 발진기의 주파수 변화에 대응하여 차례대로 수신되며, 그 출력이 CRT의 종축에 스위프 발진기를 스위프하고 있는 스위프 반복 신호가 수평축에 가해진다.
- 용도 : AM, FM 등의 피변조 신호의 에너지 분포, 잡음의 주파수 분석, 신호의 고 · 저주파 성분, 혼 · 변조곱이나 전송 선로의 특성 등을 측정하는 데 사용된다.

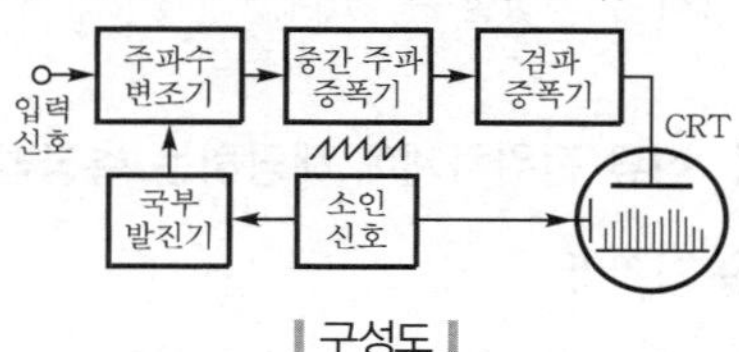

▮ 구성도 ▮

Section 03 전압, 전류 및 전력 측정

01 표준 전지의 기전력과 미지 전지의 기전력을 비교하여 1[V] 이하의 직류 전압을 정밀하게 측정할 수 있는 계기는?

▮ 01.04.07.13.14 출제 ▮

해답 직류 전위차계

해설 직류 전위차계(DC potentiometer)
미지의 직류 전압을 표준 전지의 기전력과 비교하여 미지의 직류 전압을 측정하는 계기이다. 이것은 피측정 전원에 전류가 흐르지 않으므로 지침의 편위에 의존하지 않고 표준 전지의 확도에만 좌우되므로 직류 전압을 정밀하게 측정할 수 있다.

02 직류 전위차계에 해당하는 측정법은?

해답 영위법

해설 직류 전위차계는 측정의 정밀도가 매우 높은 측정 방식으로, 영위법에 해당한다.

03 직류 전압을 측정할 때 측정 범위를 확대시키는 것은?

▮ 04.06 출제 ▮

해답 분압기(voltage divider)

해설 분압기(voltage divider)
전위차계의 검류계 단자를 표준 전지와 연결된 미끄럼식 저항 소자에 연결하고 미끄럼식 저항 소자의 접점을 계단식으로 이동시켜 저항값을 변화시키므로 전압을 분압시키는 계기이다. 이것은 미끄럼식 저항 소자의 이동에 따라 전압의 크기를 분할하여 측정 범위를 확대할 수 있다.

04 전압 측정 시 계측기에 흐르는 미소 전류에 의한 전압 강하로 발생되는 오차를 줄이는 방법은?

▮ 05 출제 ▮

해답 계측기의 입력 저항을 크게 한다.

해설 전압 측정 시 계측기 접속에 의한 부하의 효과
전압 측정에 있어 피측정 전압원에 계기나 측정기를 접속하면 미소한 전류가 흐르게 된다. 이러한 미소 전류가 전압원의 내부 저항에 의한 전압 강하의 원인이 되어 실제 전압보다 낮은 전압이 측정되는 오차 현상을 말한다. 따라서, 이러한 오차를 줄이기 위해 계측기의 입력 저항은 큰 것을 사용한다.

05 고감도 미소 전류계로서, 미소한 전류의 유무를 검출하거나 영위법을 이용하는 브리지 회로의 검출기는?

▮ 99.02 출제 ▮

해답 검류계

해설 검류계(galvanometer)
일반적으로 비교적 큰 전류를 측정할 때는 전류계(ammeter)를 사용하고, 매우 작은 미소 전류(μA)를 측정할 때에는 검류계를 사용한다. 이러한 검류계는 미소한 전류의 유무를 검출하는 고감도 검류계로서, 직류용과 교류용이 있으며 그 원리는 서로 다르다.

06 그림과 같은 동작 특성을 가진 계기는?

▮ 98 출제 ▮

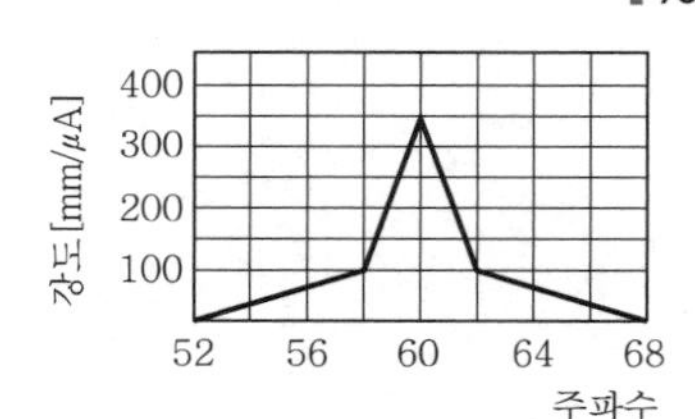

해답 진동 검류계

해설 진동 검류계
가동 코일의 길이 또는 장력을 조정하여 가동체의 고유 주파수를 측정 전류의 주파수에 일치하도록 하면 가동 부분은 전류에 의한 토크에 공진하므로 이때 미약한 전류라도 진동하게 된다.

07 교류 검류계로서, 주로 상용 주파수에 사용되는 것은?

▮ 98.02 출제 ▮

해답 진동형 검류계

해설 진동형 검류계는 교류(AC)용 검류계로서, 주로 상용 주파수(60[Hz])에서 사용된다.

08 균등 눈금을 갖고 상용 주파수에 주로 사용하며 두 코일의 전류 사이에 전자력을 이용하여 단상 실효 전력의 직접 측정에 많이 사용되는 전력계는?

▌09.15 출제▐

해답 전류력계형 계기

해설 전류력계형 계기(AC · DC 양용)

고정 코일과 가동 코일에 흐르는 전류 사이에 작용하는 전자력을 이용한 계기로서, 직 · 교류 양용으로 같은 균등 눈금을 사용하며 정밀급 계기이다. 이것은 전류계, 전압계 및 전력계가 있으나 주로 단상 교류용 전력계로 사용된다.

09 클램프 미터(후크 미터)의 주된 특징은?

▌15 출제▐

해답 교류 전류 측정

해설 클램프 미터(clamp meter)

전기 회로를 열거나 배선을 분리하지 않고 교류 전류를 측정하기 위하여 사용하는 계기로서, 흔히 후크 미터(hook meter)라고 부른다. 후크 미터의 측정 헤드는 클램프(clamp)형으로서, 직접 열고 닫을 수 있으므로 측정할 때는 계기의 Range를 맞추어 놓고 배선에 측정 헤드(hook)를 걸어서 측정한다.

Section 04 저항, 인덕턴스 및 정전 용량 측정

01 저저항(1[Ω] 이하) 측정 방법의 종류는?

▌99.08.09 출제▐

해답 ① 전압 강하법, ② 전위차계법, ③ 캘빈 더블 브리지법

해설 저저항 측정
1[Ω] 이하의 저저항 측정법에는 전압 강하법, 전위차계법, 켈빈 더블 브리지법이 있다.

02 휘트스톤 브리지에 보조 저항을 첨가한 브리지로서, 접촉 저항이나 도선 저항의 영향이 작아서 저저항 측정에 사용되는 브리지는?

▌08 출제▐

해답 켈빈 더블 브리지

해설 켈빈 더블 브리지(Kelvin double bridge)
1[Ω] 이하의 저저항을 정밀하게 측정하기 위하여 사용되는 브리지로서, 휘트스톤 브리지에 2개의 보조 저항변을 추가한 것으로 1회의 평형 조작으로 정밀하게 측정할 수 있다. 이것은 미지 저항 단자의 접촉 저항 및 리드선 저항의 영향을 무시할 수 있으므로 도체의 낮은 고유 저항을 측정하는 데 적합하다.

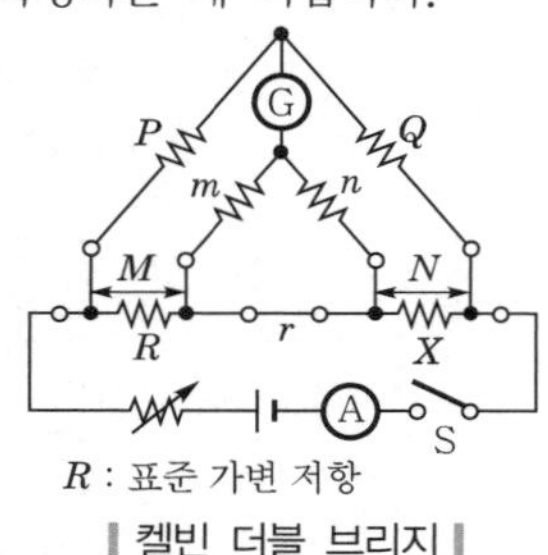

▌켈빈 더블 브리지▐

03 켈빈 더블 브리지로 저저항을 측정할 수 있는 이유는?

▌04.06 출제▐

해답 단자의 접촉 저항 및 리드선 저항의 영향을 무시할 수 있으므로

해설 1[Ω] 이하의 저저항을 휘트스톤 브리지로 측정하면 미지 저항 단자의 접촉 저항 및 리드선의 저항 등이 포함되어 정밀 측정이 어려워진다. 따라서, 켈빈 더블 브리지는 휘트스톤 브리지에 2개의 보조 저항변을 추가하여 비례변의 저항과 평형이 되도록 조정하여 1회의 평형 조작으로 정밀하게 측정할 수 있도록 한 브리지로서, 단자의 접촉 저항 및 리드선 저항의 영향을 무시할 수 있다.

04 전기 저항의 분류에서 1[Ω] ~ 1[MΩ]에 해당하는 것은?

▌98.01.02.07.10.13.14 출제▐

해답 중저항

해설 중저항(1[Ω] ~ 1[MΩ]) 측정법
- 전압 강하법 : 옴의 법칙을 이용한 것
  - 전압계 – 전류계법 : 전압계와 전류계를 사용하여 미지 저항을 구한다.
  - 전압계법(편위법) : 전압계나 전위차계로 미지 저항을 구한다.
- 브리지법
  - 휘트스톤 브리지법
  - 미끄럼줄(습동선) 브리지법

05 회로 내부 검류계 전류가 0이 되도록 평형시키는 영위법을 이용하여 미지 저항을 구하는 방법으로, 주로 중저항 측정에 사용되는 브리지는?

▌02.03.07.11 출제▐

해답 휘트스톤 브리지

해설 휘트스톤 브리지(Wheatstone)
영위법을 이용하여 미지 저항을 구하는 방법으로, 중저항 측정에서 가장 확도가 높고 널리 사용된다.
그림에서 R을 조정하여 평형 조건이 성립하면 검류계 G에 흐르는 전류 $I_G=0$이다.
브리지의 평형 조건에서 $PX=QR$이므로

$$\therefore\ X=\frac{Q}{P}R\,[\Omega]$$

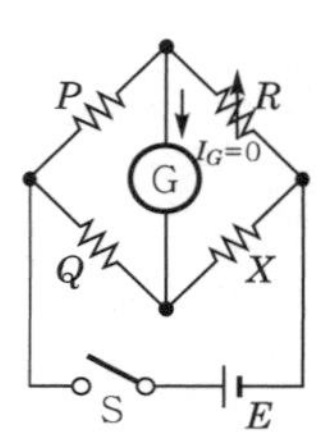

▌휘트스톤 브리지▐

06 휘트스톤 브리지를 사용하는 영위법은 어디에 속하는가?

▌10 출제 ▌

해답 비교 측정

해설 비교 측정
모르는 양과 미리 값을 알고 있는 양을 비교하는 측정 방법으로, 측정 방법이 간단하여 공업상의 실제 측정에 많이 사용된다.
* 휘트스톤 브리지는 가변 저항을 조정하여 검류계(G)의 지시가 0이 되도록 평형을 취하는 방법으로 영위법을 사용한다.

07 브리지법에서 주로 정밀 측정에 사용하는 방법은?

해답 영위법

해설 영위법
모르는 양과 미리 알고 있는 양을 비교할 때 측정기의 지시가 0이 되도록 평형을 취하는 방법이다. 편위법에 비하여 감도가 높은 측정법으로 주로 정밀 측정에 사용된다.

08 고저항(1[MΩ] 이상) 측정 방법의 종류는?

▌03.06.16 출제 ▌

해답 ① 직접 편위법, ② 전압계법, ③ 콘덴서의 충·방전에 의한 측정

해설 고저항(high resistor) 측정
고저항([MΩ] 이상)은 절연 재료의 고유 저항이나 전기 기기의 권선과 철심 사이의 절연 저항 등으로 그 자체의 흐르는 전류가 극히 작으므로 측정할 때는 고저항에 직접 걸어서 측정한다.
* 측정법 : 직접 편위법, 전압계법, 콘덴서의 충·방전을 이용하는 방법 등이 있다.

09 절연 저항 측정기(megger)에 사용하는 지시 계기로 대표적인 것은?

▌99 출제 ▌

해답 가동 코일형 계기

해설 절연 저항계(megger)
메거(megger)는 전기, 전자 및 통신 기기나 선로의 절연 저항 측정에 사용되는 계기로서, 메거 옴([MΩ]$=10^6$[Ω])의 단위로 표시하며 지시 계기로는 가동 코일형 계기를 사용한다.

10 전해액의 저항 측정에 사용되는 브리지는?

▌98.13 출제 ▌

해답 콜라우시 브리지

해설 콜라우시 브리지(Kohlraush bridge)
휘트스톤 브리지의 일종으로, 전지의 내부 저항, 전해액의 저항, 접지 저항 등의 직류로서는 측정이 곤란한 저항 측정에 사용되는 것으로 평형 조정용 저항으로 미끄럼선 저항을 사용하는 것이 특징이다.
* 전해액의 저항 측정 : 전해액에 전류를 흘리면 전기 분해가 일어나며 전극 표면에 가스가 발생하여 분극 작용이 발생하므로 전해액의 저항값이 변화하게 된다. 따라서, 그림과 같이 전해액을 U자 용기에 넣어 콜라우시 브리지로 측정한다.

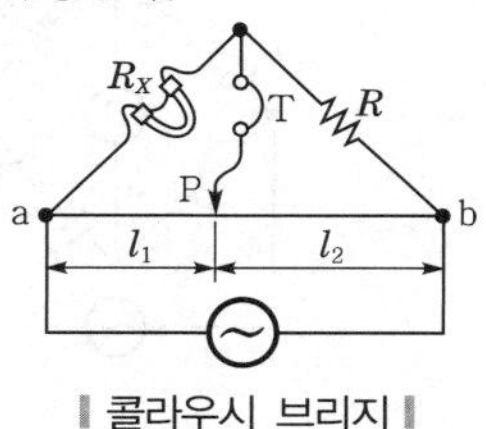

▌콜라우시 브리지 ▌

11 전해액이나 접지 저항을 측정할 때 사용되는 전원은?

▌04.15 출제 ▌

해답 교류

해설 콜라우시 브리지에 사용되는 측정용 전원은 피측정물의 분극(성극) 작용을 없애기 위해 가청 주파수의 교류를 사용한다.

12 인덕턴스 측정에 사용되는 브리지 종류는?

▌06.16 출제 ▌

해답 ① 맥스웰 브리지법, ② 캠벨 브리지법, ③ 헤비사이드 브리지법, ④ 헤이 브리지법

해설 인덕턴스 측정법
- 자체 인덕턴스 측정법 : 맥스웰 브리지, 정전 용량을 표준으로 하는 맥스웰 브리지, 헤비사이드 브리지, 헤이 브리지
- 상호 인덕턴스 측정법 : 맥스웰 브리지, 캠벨 브리지

13 헤이 브리지로 측정할 수 있는 것은?

▮ 11 출제 ▮

해답 자기 인덕턴스

해설 헤이 브리지(hey bridge)

자체 인덕턴스 측정에 사용되는 교류 브리지의 일종으로, 그림과 같이 미지 임피던스 $R_1 + j\omega L_1$의 인접한 두 변은 순저항이고 대항변이 저항과 커패시터의 직렬 분기인 브리지로서 브리지의 평형은 주파수에 관계한다.

- $L_1 = \dfrac{R_2 R_3 C}{1+\omega^2 C^2 R_4^2}$
- $R_1 = \dfrac{\omega^2 C^2 R_2 R_3 R_4}{1+\omega^2 C^2 R_4^2}$

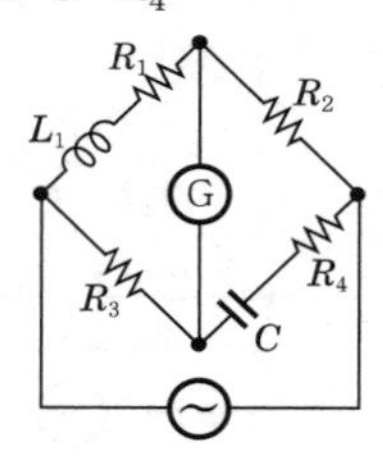

14 캠벨 브리지(Campbell bridge)는 주로 무엇을 측정하는가?

▮ 08 출제 ▮

해답 상호 인덕턴스 측정

해설 캠벨 브리지(Campbell bridge)

표준 상호 인덕턴스 M_s를 조정하여 수화기 T에 소리가 들리지 않을 때 평형을 잡으면 $M_x = M_s$이다. 이때, M_s의 다이얼 눈금으로 M_x의 값을 측정할 수 있다.

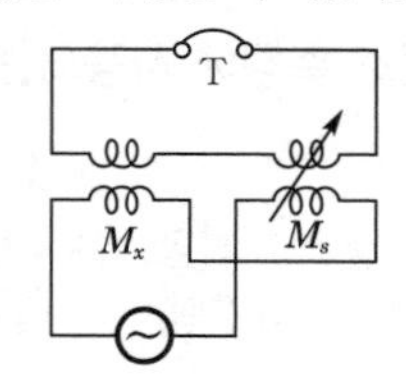

▮ 캠벨 브리지법 ▮

15 정전 용량이나 유전체 손실각의 측정에 사용되는 브리지는?

▮ 02.03.06.08.09.10.11.14.15 출제 ▮

해답 셰링 브리지

해설 셰링 브리지(schering bridge)

정전 용량과 유전체 손실각을 정밀하게 측정할 수 있는 고주파 교류용 브리지로서, 측정 범위가 넓어 미소 용량에서 대용량까지 측정할 수 있는 특징이 있다.

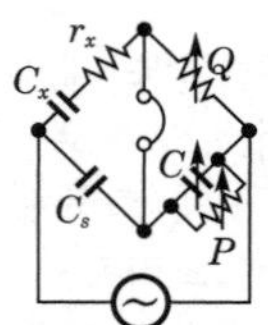

▮ 셰링 브리지 ▮

16 Wein bridge는 무엇을 측정하는 데 사용하는가?

▮ 02.04.10 출제 ▮

해답 정전 용량

17 Q미터의 구성 요소는?

▮ 13 출제 ▮

해답 고주파 발진부(RF OSC), 고주파 전류계(입력 감시부), 동조 회로, 전자 전압계(VTVM)

해설 Q미터(Q meter, quality factor meter)

직렬 공진 시 코일(L) 또는 콘덴서(C)의 단자 전압이 고주파 전원 전압의 Q배가 되는 것을 이용하여 L과 C에 대한 선택도 Q를 측정하는 계기로서, 고주파 발진부(RF OSC), 고주파 전류계(입력 감시부), 동조 회로, 진공관 전압계(VTVM, 전자 전압계)로 구성된다.

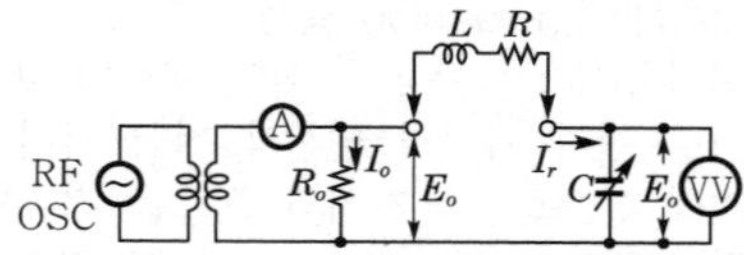

여기서, RF OSC : 고주파 발전기, C : 표준 가변 콘덴서
A : 고주파 전류계, VV : 진공관 전압계

▮ Q미터 측정 ▮

18 Q미터의 구성에서 측정 중 주파수의 잡음이 생기지 않도록 다른 부분과 차폐시키는 부분은?

▮ 05.06 출제 ▮

해답 고주파 발진부

해설 고주파 발진부(RF OSC)

고주파 발진부(1차측)와 고주파 전류계(2차측)와 동조 회로로 구성되어 있으며 2차측 전류가 1차측의 전원에 흐르지 않도록 하여야 한다.

이때, 고주파 발진부는 측정 중에 주파수의 잡음이 생기지 않도록 다른 부분과 차폐를 시켜야 한다.

19 **Q미터(Qmeter)는 무엇을 측정하는 것인가?** ▌14 출제▐

해답 코일의 리액턴스와 저항의 비

20 **계기 중에서 R, L, C, Q를 모두 측정할 수 있는 것은?** ▌13 출제▐

해답 Q미터

Section 05 주파수 측정

01 지침형 주파수계의 동작 원리에 따른 분류에 속하는 계기는? ▌05 출제 ▌

해답 ① 진동편형, ② 가동 철편형, ③ 전류력계형

해설 지침형 주파수계(pointer type frequency meter)
지침에 의해 주파수를 직독하는 계기로서, 상용 주파수 측정에 사용되며 진동편형 주파수계, 가동 철편형 주파수계, 전류력계형 주파수계 등이 있다.

02 [보기]의 계기와 관련있는 측정 계기는? ▌15 출제 ▌

> [보기]
> 공진 브리지, 캠벨 브리지, 빈 브리지

해답 가청 주파수 측정 계기

해설 공진 브리지, 캠벨 브리지, 빈 브리지는 교류 브리지의 평형 조건을 이용한 주파수 측정용 브리지로서, 가청 주파수(20 ~ 20,000[Hz])를 측정하는 계기이다.

03 다음 그림은 주파수 측정 브리지의 일종이다. 어떤 브리지 회로를 나타내는가? (단, M : 상호 인덕턴스, C : 콘덴서의 용량) ▌05.08.15 출제 ▌

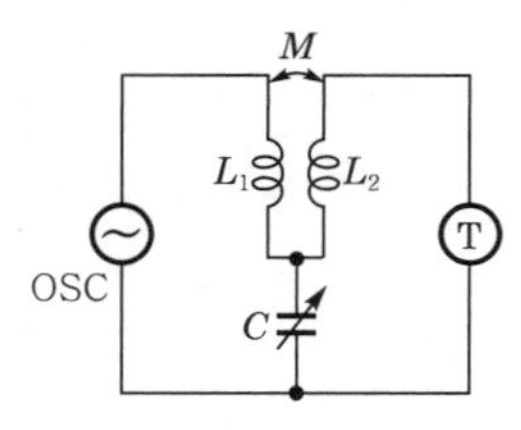

해답 켐벨 브리지

해설 캠벨 브리지(campbell bridge)
가청 주파수 측정에 사용되는 교류 브리지로서, 그림과 같이 L_1, L_2의 결합에 의한 상호 인덕턴스 M과 표준 가변 콘덴서 C로 구성된다. 회로에서 C와 M을 조정하여 수화기 T에 음이 들리지 않을 때 평형을 잡으면 T에는 전류가 흐르지 않는다.

$$\frac{1}{j\omega C}\cdot I = -j\omega M\cdot I$$

여기서, I : OSC의 출력 전류

$$M = \frac{1}{\omega^2 C},\quad \omega^2 = \frac{1}{MC}$$

∴ 전원(OSC)의 주파수 $f = \frac{1}{2\pi\sqrt{MC}}$[Hz]

04 캠벨(compbell) 주파수 브리지가 평형되었을 때 전원의 주파수는? ▌05.08.11 출제 ▌

해답 $f = \frac{1}{2\pi\sqrt{MC}}$[Hz]

05 RLC 등을 직렬로 연결시켜 직렬 공진 회로의 특성을 이용한 주파수계는? ▌13.16 출제 ▌

해답 흡수형 주파수계

해설 흡수형 주파수계(absorption type frequency meter)
그림과 같이 직렬 공진 회로의 주파수 특성을 이용하여 무선 주파수를 측정하는 계기로서, 주로 100[MHz] 이하의 고주파 측정에 사용된다. 이것은 공진 회로의 Q가 150 이하로 낮고 측정확도가 1.5급(허용 오차 ±1.5[%]) 정도로서 정확한 공진점을 찾기 어렵기 때문에 공진 주파수를 개략적으로 측정하는 주파수계이다.

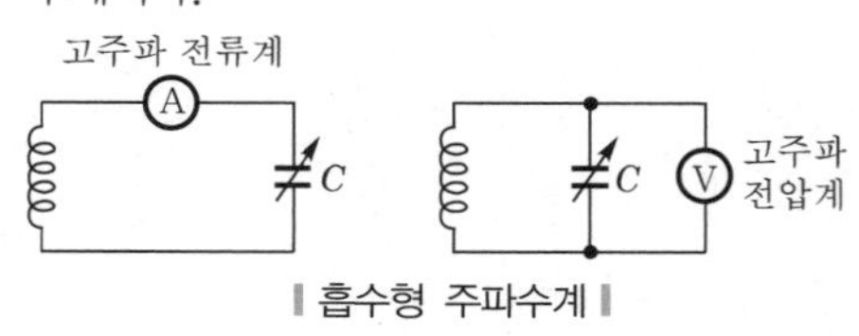

▌흡수형 주파수계 ▌

06 인덕턴스를 L, 커패시턴스를 C 라고 했을 때 흡수형 주파수계의 공진 주파수를 나타내는 식은? ▌03.09 출제 ▌

해답 공진 주파수 $f = \frac{1}{2\pi\sqrt{LC}}$[Hz]

07 다음과 같은 특징을 가지는 측정 계기는?

> ㉠ 직렬 공진 회로의 주파수 특성을 이용
> ㉡ RLC로 구성된 회로의 공진 주파수를 개략적으로 측정
> ㉢ 대체로 100[MHz] 이하의 고주파 측정에 사용

해답 흡수형 주파수계

08 비트법을 이용한 고주파 측정 주파수계는?

▌02 출제▐

해답 헤테로다인 주파수계

해설 헤테로다인 주파수계(heterodyne frequency meter)
두 주파수의 차에 해당하는 비트 주파수(beat frequency)를 이용하여 주파수를 측정하는 계기이다. 이것은 주파수를 매우 정밀하게 측정(측정확도는 $10^{-3} \sim 10^{-5}$)할 수 있으며 가청 주파수뿐만 아니라 고주파 영역의 주파수까지도 측정할 수 있다.

09 헤테로다인 주파수계에서 더블 비트(double bit)법이 싱글 비트(single bit)법보다 좋은 이유는?

▌98.04.05.08.10 출제▐

해답 오차가 작다.

해설 헤테로다인 주파수계는 단일 비트법과 2중 비트법이 있다.
- 단일 비트(single beat)법 : 측정 신호의 주파수와 가변 주파 발진기의 주파수를 합성하여 두 주파수의 차인 비트음을 수화기로 들을 수 있도록 한 방법이다.
- 2중 비트(double beat)법 : 가청의 능력은 20[Hz] 이상으로 그 이하의 비트음은 들을 수 없으므로 단일 비트법을 사용하면 정확한 제로 비트를 구하기 어렵고 오차가 발생한다. 따라서, 단일 비트법으로 20[Hz] 이하로 한 다음, 이것을 다시 변조기에 넣어서 가청 주파수(500 ~ 1,000[Hz])로 변조시킨 다음 가변 주파 발진기로 조정하여 제로 비트로 만들어 가청 주파수만 들리게 하는 방법이다. 이것은 단일 비트법보다 오차가 작다.

10 헤테로다인 주파수계의 정밀도를 높이기 위하여 교정용 발진기로 사용되는 것은?

▌99.02.11.14 출제▐

해답 수정 발진기

해설 수정 발진기(crystal oscillator)
피에조 효과를 갖는 수정편의 기계적 공진에 의하여 주파수가 결정되는 발진기로서, 헤테로다인 주파수계에서 측정 주파수의 정밀도를 높이기 위해 사용되는 교정용 발진기이다.

11 그리드 딥 미터(grid dip meter)의 측정 범위는?

▌98 출제▐

해답 300[MHz] 정도까지

해설 그리드 딥 미터(grid dip meter)
흡수형 주파수계를 변형시킨 것으로, 자려 발진기의 그리드(grid) 회로에 직류 전류계 Ⓐ를 접속하여 LC 공진 회로의 공진 주파수를 측정하기 위한 계기로서, 그림과 같이 자려 발진기와 흡수형 주파수계의 LC 공진 회로를 합친 것으로 구성되어 있다. 소형이며 가볍고 조작이 간단하다.
- 송신기의 송신 주파수, 수신기의 중간 주파수, 안테나의 동조 주파수 등에 사용된다.
- 측정 범위 : 300[MHz] 정도까지이며 측정 오차는 1 ~ 2[%] 정도이다.

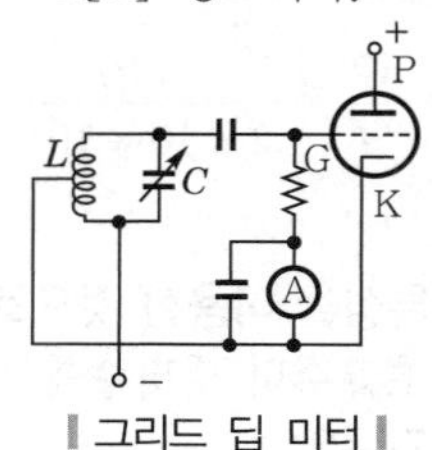

▌그리드 딥 미터▐

12 레헤르선 주파수계의 측정 범위는?

▌02 출제▐

해답 초단파(VHF) 30 ~ 300[MHz]대의 주파수

해설 레헤르선 주파수계(Lecher wire frequency meter)
평행 2선으로 구성된 레헤르선을 공진기로 사용하여 전압파나 전류파의 파장 또는 초단파(VHF : Very High Frequency)대의 발진 주파수를 측정하는 계기로서, 레헤르선 파장계라고도 한다. 이것은 과거에 사용되었으며 현재는

동축 주파수계와 공동 주파수계로 측정된다.
* 측정 범위 : 30 ~ 300[MHz]의 초단파(VHF) 대 주파수

그림과 같이 열전형 검류계를 삽입한 단락편을 레헤르선을 따라 이동시키면 발진 주파수의 반파장(2/λ)마다 레헤르선이 공진하여 큰 전류가 흐른다. 이때, 공진점의 간격을 측정하면 $l=\dfrac{\lambda}{2}$ 가 되므로 파장 $\lambda=2l$[m]에서 주파수 $f=\dfrac{C}{\lambda}=\dfrac{C}{2l}$[Hz]로 되므로 파장 및 주파수를 측정할 수 있다.

❙ 레헤르선 파장계 ❙

13 10[MHz] 정도의 전파 파장을 측정하고자 한다. 레헤르선의 길이가 최소 몇 [m] 이상이어야 하는가? ❙ 01.03 출제 ❙

해답 15[m]

해설 주파수 $f=\dfrac{C}{\lambda}$에서 $l=\dfrac{\lambda}{2}$(l : 최대와 최소의 간격)에서

$$\therefore l=\frac{C}{2f}=\frac{3\times10^8}{2\times10\times10^6}=15[\text{m}]$$

14 공진 특성을 이용한 것으로, 2,500[MHz]까지의 초고주파 주파수를 측정하는 데 사용되는 것은? ❙ 01 출제 ❙

해답 동축 주파수계

해설 동축 주파수계(coaxial frequency meter)

동축 공진기를 사용한 마이크로파(UHF)대의 주파수계로서, 동축 공간 내의 전장과 자장의 파장 측정법의 원리를 이용한 것으로 동축 파장계(coaxial wavemeter)라고도 한다.

- 동축 공진기의 공진 특성을 이용한 것으로 비교적 Q(1,000 ~ 5,000)가 큰 공진기로 할 수 있다.
- 단락판의 이동 장치가 양호하며 0.05[%] 정도의 확도로 측정할 수 있다.
- 비교적 소형으로 측정 주파수의 범위를 넓게 잡을 수 있다.
- 구조가 간단하며 취급이 편리하다.

* 측정 범위 : 2,500[MHz] 정도까지의 UHF 대(파장 10 ~ 100[cm])

그림과 같이 내부 도체의 동축 길이와 공진 파장 사이에 직선적인 관계를 이용한 것으로, 내부 도체의 길이 l을 습동 피스톤으로 조절하면 동축 공간 내에 형성된 전장과 자장의 파장이 $\lambda=4l,\ 12l,\ 20l,\ \cdots$일 때 공진이 일어나므로 이때 공진점의 값을 측정하면 주파수를 구할 수 있다. 이것은 정류용 다이오드로 검파하고 출력 전압을 직류 전류계로 측정한다.

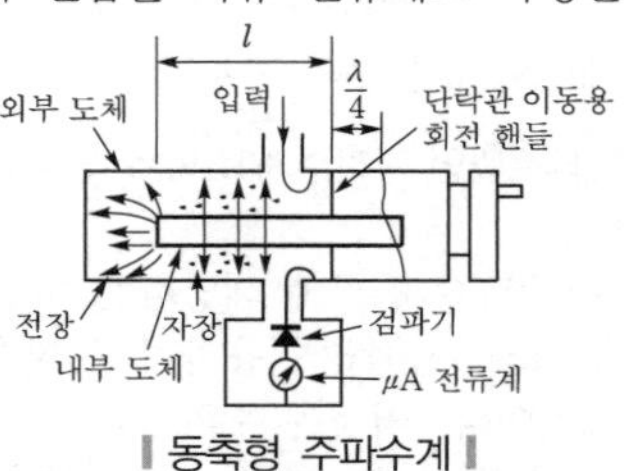

❙ 동축형 주파수계 ❙

15 고주파수 측정에서 가장 높은 주파수를 측정할 수 있는 계기는? ❙ 10.11.12.13.14.16 출제 ❙

해답 공동 주파수계

해설 공동 주파수계(cavity frequency meter)

공동 공진기를 사용한 마이크로파대(SHF)의 주파수 측정기로서, 보통 원통형 도파관이 널리 사용되고 있으며 공동 파장계(cavity wavemeter)라고도 한다.

- 공진기의 Q는 10,000 정도로서 비교적 정확한 주파수를 측정할 수 있다.
- 측정 주파수의 범위 : 20[GHz]까지의 마이크로파대(SHF)

그림과 같이 원통형 도파관의 한쪽 단부를 고정적으로 단락시키고 다른 쪽 단부를 가동판에 의해 단락하여 공동(cavity)을 형성하고 습동 피스톤을 변화시켜 공동의 용적을 피측정 파장에 공진이 되도록 한 것이다. 이것은 공동 내에 형성된 전장과 자장의 파장(λ)이 공동의 축 방향의 길이 l의 2배($\lambda=2l$)일 때 공진한다. 이때, 마이크로미터로 l을 읽고 공진점에서 l을 측정하면 주파수를 구할 수 있다.

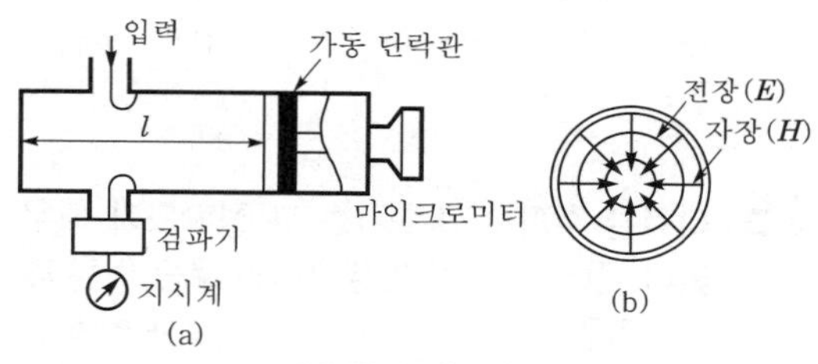

▌공동 주파수계▐

16 주파수계 중 초당 반복되는 파를 펄스로 변환하여 주파수를 측정하는 주파수계는?

▌06.10 출제▐

해답 계수형 주파수계

해설 계수형 주파수계(counter type frequency meter)
피측정 주파수를 초 당 반복되는 펄스파로 변환시켜 계수부에서 계수한 다음 계수 표시부에서 지시하도록 한 주파수계로서, 피측정 주파수가 디지털로 직접 표시되므로 측정 확도 및 정도가 10^{-6} 이상으로 양호하여 고정밀도로 측정할 수 있다. 이것은 시간 t[sec]의 계수값을 N으로 하여 피측정 주파수 $f = \frac{N}{t}$[Hz]를 구할 수 있다.

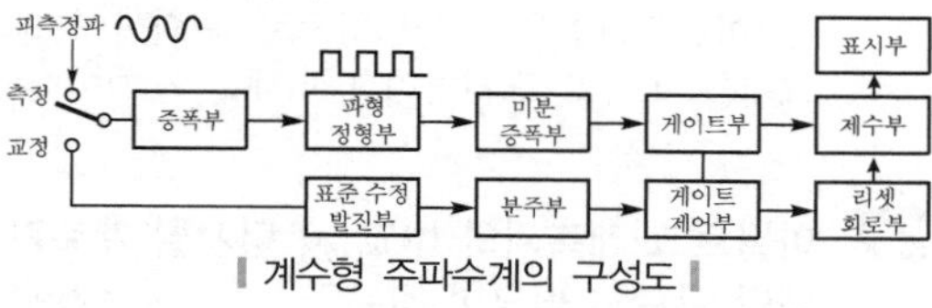

▌계수형 주파수계의 구성도▐

17 주파수 계수기에서 정현파의 입력 신호를 상승이 빠른 펄스로 바꾸어 주는 회로는?

▌01.20 출제▐

해답 파형 정형 회로

해설 파형 정형 회로
피측정 주파수의 신호를 상·하로 절취하여 입력 신호를 상승이 빠른 구형파(펄스)로 만든 다음 미분 증폭부에 보낸다.

18 계수형 주파수계의 계수 회로에 가해지는 전압 파형은?

▌99 출제▐

해답 펄스 전압

해설 계수 회로
게이트부를 통과한 펄스 전압의 수를 세어서 계수부의 표시부에서 표시한다.

19 계수형 주파수계의 구성도 중에서 계수부의 회로는?

해답 플립플롭(flip flop) 회로

해설 계수부 회로
게이트(gate)를 통과한 펄스 전압의 수를 세어서 계수 표시부에서 계수한 수를 나타내는 것으로, 플립플롭(flip flop) 회로의 종속에 의한 10진 회로로 계수하여 지시한다.

20 7세그먼트 표시 장치(seven segment display)의 용도로 적합한 것은?

▌16 출제▐

해답 10진수 표시

해설 7세그먼트 표시 장치(seven segment display)
그림과 같이 LED 조명을 사각형으로 배치하고, A ~ G까지 표시된 7개의 LED가 각각 숫자의 한 부분을 구성하고 있으므로 7세그먼트(seven segment)라 불린다. 이것은 7개의 LED 저항을 한 개 또는 여러 개로 조합하여 접지시키면 0 ~ 9까지의 디지트(digit)를 구성할 수 있으므로 7개의 세그먼트로 10진수를 표시할 수 있다.

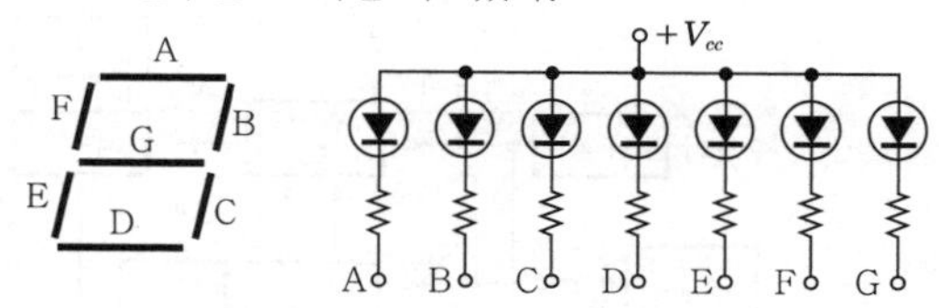

21 계수형 주파수계에서 각 부의 오동작 유·무를 확인하는 회로는?

▌03 출제▐

해답 자기 교정 회로

해설 자기 교정 회로
각부의 오동작에 대한 유·무를 수정 발진 주파수를 표준으로 하여 계수(count)의 정확도를 높인다.

22 **피측정 주파수를 계수형 주파수계로 측정하였더니 1분 동안에 반복 횟수가 72,000회였다면 피측정 주파수는 몇 [Hz]인가?**

▌05.06.07.10.16 출제▐

해답 1,200[Hz]

해설 피측정 주파수 $f_x = \frac{N}{t}$[Hz]에서

$$\therefore\ f_x = \frac{72,000}{60} = 1,200[\text{Hz}]$$

23 **디지털 주파수계에서 입력 주파수가 너무 높아서 계수가 어려울 경우 입력 회로와 게이트 사이에 추가하는 회로는?**

▌14 출제▐

해답 분주 회로

해설 디지털 주파수계(digital frequency counter)
피측정 전압을 펄스로 변환하여 기준 시간 내에 발생한 반복 펄스의 수를 계수기에서 계수하여 디지털 표시기로 나타낸다. 이것은 입력 펄스의 주파수가 너무 높아서 반복 펄스의 수를 계수하기 어려울 때에는 입력 회로와 게이트 회로 사이에 분주기 회로를 추가로 넣어서 높은 주파수를 낮은 주파수로 분주하여 측정하고 그것을 다시 높은 주파수로 환산하여 출력할 수 있다.

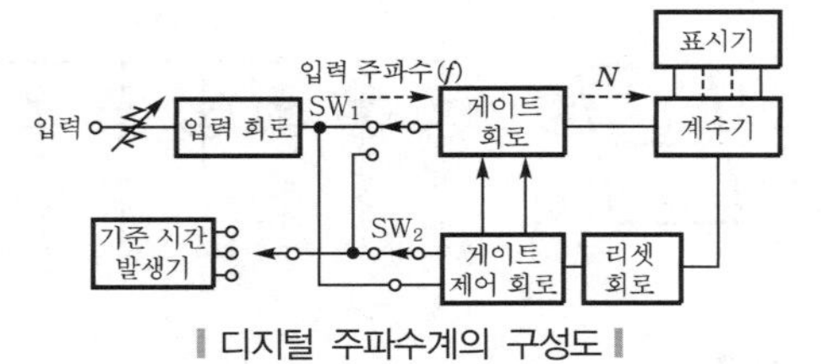

▌디지털 주파수계의 구성도▐

24 **디지털 주파수 계수기에서 원리상 피할 수 없는 오차가 있는데 그 크기는?**

▌98.99 출제▐

해답 ±1[Hz]

해설 디지털 주파수 계수기는 입력 주파수의 계수에서 시간 주기 동안에 항상 ±1[Hz]의 오차가 존재하므로 정확도는 보통 ±1[count]의 오차를 나타낸다. 이러한 오차를 방지하기 위해서는 필요한 값으로부터 한자리수 정도를 높게 읽을 수 있도록 게이트 시간을 길게 하여야 한다.

25 **디지털 주파수 계수기는 그 정확도가 매우 높다. 만약 오차가 발생한다면 무슨 이유 때문인가?**

▌98.99 출제▐

해답 수정 발진자의 온도 계수

해설 디지털 주파수계의 기준 시간 발생기는 수정 제어 발진기로서, 측정의 정밀도를 위하여 주위 온도나 전원 전압의 변동으로 인한 안정도를 향상시키기 위해 수정 발진자를 항온조에 넣어서 사용한다.
* 오차의 원인 : 온도의 변화, 전원 전압의 변동, 수정의 노후(aging) 현상 등의 원인으로 발생한다.

26 **전압이나 전류의 크기를 숫자로 표시하는 장치는?**

▌03.11 출제▐

해답 A/D 변환기

해설 A/D 변환기(Analog to Digital converter)
전압이나 전류 등과 같이 연속적으로 변화하는 아날로그양을 디지털양으로 변환하여 그 크기를 숫자로 표시하여 나타내는 장치이다.

27 **아날로그 계측기와 비교 시 디지털 계측기에만 반드시 필요한 것은?**

▌16 출제▐

해답 A/D 변환기

해설 디지털 계측기(digital testers)
측정값이 계측기에 내장된 A/D 변환기에 의해 디지털 숫자로 변환되어 표시창(LED display panel)에 일련의 숫자로 직접 표시하여 나타내는 계기로서, A/D 변환기는 디지털 계측기의 핵심이 되는 장치이다.

28 **디지털 전압계의 원리는 어느 것과 가장 유사한가?**

▌13.14 출제▐

해답 A/D 변환기

해설 디지털 전압계(DVM : Digital Volt Meter)
전압을 측정하는 계기로서 피측정 전압을 디지털 숫자로 직접 표시하여 나타낸다. 이것은

입력의 아날로그 전압을 일정 주기로 샘플하여 디지털값으로 변환하여 표시하는 것으로, 측정이 고속인 점에서 지침으로 측정값을 지시하는 아날로그 전압계보다 높은 정확도와 분해력을 가지는 고정밀도 전압계로서 가장 많이 사용된다.

29 디지털 전압계에서 계기의 심장부이며 아날로그양을 디지털양으로 변환시키는 부분은?

❚ 12 출제 ❚

해답 A/D 변환기

30 디지털 계측에서 레지스터는 무슨 역할을 하는가?

❚ 07 출제 ❚

해답 디지털 신호를 기억하는 장치

해설 디지털 계측기는 측정에서 얻어진 '0'과 '1'의 디지털 신호를 직접 전자계산기에 입력하여 데이터를 처리하는 것으로, 레지스터는 2진 정보의 디지털 신호를 임시로 기억하는 장치이다.

31 아날로그 계기에 비해서 디지털 멀티미터의 장점은?

❚ 03.05 출제 ❚

해답 개인적 오차를 줄일 수 있다.

해설 디지털 계측기(digital multimeter)의 장점

- 조작이 간단하여 측정이 매우 쉽고 신속히 이루어진다.
- 대부분의 측정이 자동적으로 수행되므로 사용이 편리하고 수명이 길다.
- 측정 결과를 계수기를 통하여 숫자로 직접 알아낼 수 있어 측정값을 읽을 때 개인적 오차가 발생하지 않는다.
- 잡음 및 외부 영향에 덜 민감하고 정확도가 높기 때문에 소수점까지도 정확하게 읽을 수 있다.
- 측정 결과에서 얻어진 정보를 직접 컴퓨터에 입력하여 데이터 처리를 할 수 있다.
- 파형 및 전압에 의한 영향이 작고 응용 측정이 가능하며, 온도에 의한 영향이 없다.

32 디지털 계측 방식 중의 하나인 비교법에 의한 측정에서 시간에 따라 직선적으로 증가하는 전압을 무엇이라고 하는가?

❚ 15 출제 ❚

해답 램프 전압

해설 램프 전압(lamp voltage)

입력 신호가 시간적 변화에 따라 미리 정해진 기울기를 가지고 일정한 비율로 직선적으로 증가하는 전압을 말한다.

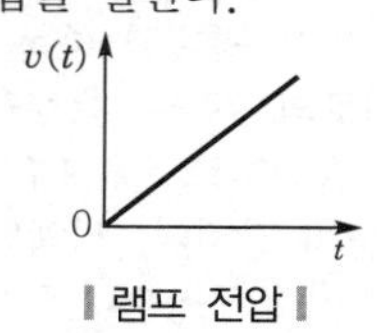

❚ 램프 전압 ❚

33 디지털 측정 시 파형의 변화가 빠른 고주파 신호를 변환할 때 A/D 변환기와 함께 사용하는 회로는?

❚ 06.08.09.11.15 출제 ❚

해답 샘플 홀드 회로

해설 샘플 홀드 회로(sample hold circuit)

A/D 변환기를 사용하여 표본화(sampling)된 아날로그 신호를 양자화할 경우 변환 조작 시간이 충분히 짧지 않을 때는 입력 전압이 변동하여 광대역의 신호 변환이 불가능해진다. 때문에 A/D 변환기 입력단에 샘플－홀드(sample-hold) 동작 회로를 부가하여 아날로그 신호 입력 전압을 표본(sample)하여 유지하고, 신호의 변환이 끝날 때까지 입력 전압을 일정하게 유지(hold)시키는 회로를 말한다.

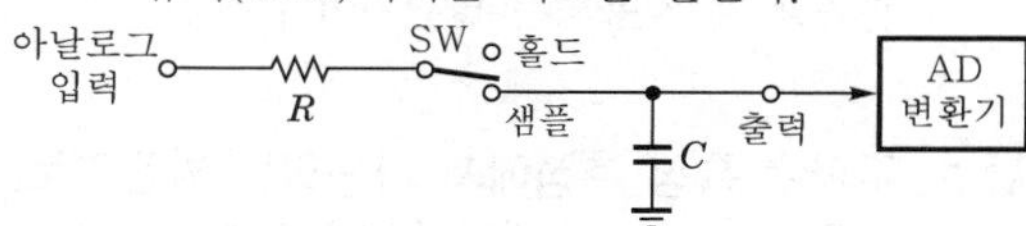

Section 06 측정용 발진기

01 소인 발진기의 구성 요소는? 필수 암기

해답 ① 고주파 발진기, ② 진폭 제한기, ③ 출력 감쇠기, ④ 리액턴스관, ⑤ 톱니파 발진기

해설 소인 발진기(sweep generator)
수신기의 중간 주파 증폭기의 특성, 주파수 변별기 또는 광대역 증폭 회로 등 각종 무선 주파 회로의 주파수 특성을 관측하기 위해 사용하는 발진기로서, 고주파 발진기, 진폭 제한기, 출력 감쇠기, 리액턴스관 및 톱니파 발진기 등으로 구성된다.

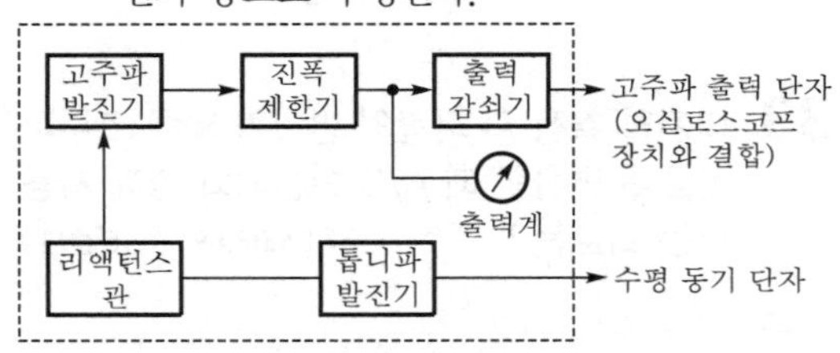

▌소인 발진기의 구성도▐

02 각종 무선 기기의 주파수 특성이나 수신기의 중간 주파 증폭기의 특성을 관측할 때 사용되는 발진기는? ▌98.02.07.13.14 출제▐

해답 소인 발진기

해설 소인(sweep) 발진기는 오실로스코프와 조합하여 CRT상에서 전자 회로의 주파수 특성을 관측할 때 사용되는 발진기이다.

03 주파수 특성 측정에서 사용되는 발진기로, 소용 주파수 대역 내에서 발진 주파수가 자동으로 걸려 연속적으로 변화하는 발진기는? ▌15.16 출제▐

해답 소인 발진기

해설 소인 발진기(sweep oscillator)
발진 주파수가 주어진 주파수의 범위 내에서 주기적으로 어느 일정한 시간율로 되풀이를 반복하도록 변화시키는 시간축(time base) 발진기로서, 톱니파 전압을 발생시킨다. 이때, 소인 발진기의 출력 주파수를 검파하여 오실로스코프의 수직축에 넣고 수평축에는 톱니파 주기와 일치하는 소인(sweep) 전압을 가하면 CRT 상에서 주파수 특성을 관측할 수 있다.
* 톱니파의 소인(sawtooth sweep)은 톱니파의 경사 전압에 의해 만들어지는 소인 동작으로 오실로스코프의 CRT상에서 톱니파를 왼쪽 단에서 오른쪽 단으로 일정 속도로 움직이게(sweep)하기 위해 행해진다.

04 스위프(sweep) 발진기의 발진 주파수 소인에 사용되는 전압 파형은? ▌05.08.11 출제▐

해답 톱니파

해설 소인 발진기(sweep generator)
오실로스코프의 CRT상에서 주파수 응답을 관찰하기 위한 발진기로서, 발진 주파수를 시간축(time base)에 따라 주기적으로 주파수가 반복하는 톱니파 전압을 발생시킨다.
그림과 같이 고주파 발진기의 발진 주파수 f_0라 할 때 리액턴스관을 통하여 FM 변조시키면 f_0는 시간축 t에 따라 Δf만큼 증가되었다가 다시 f_0로 되돌아오는 것을 반복하는 톱니파(saw tooth wave)를 발생시킨다. 이때, 소인 발진기의 출력 주파수를 검파하여 오실로스코프의 수직축에 넣고 수평축에는 톱니파 주기와 일치하는 소인(sweep) 전압을 가하면 CRT상에서 주파수 특성을 관측할 수 있다.

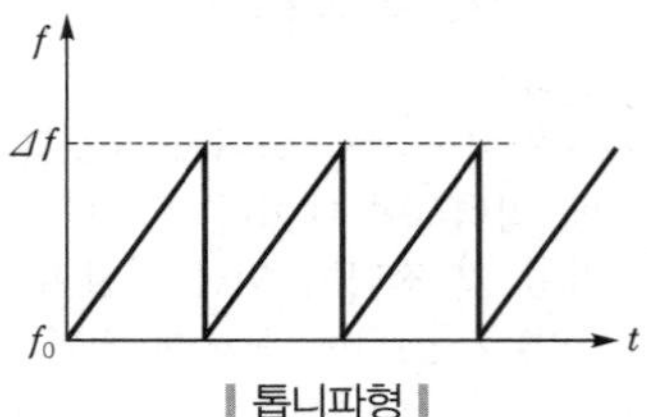

▌톱니파형▐

05 표준 신호 발생기의 출력 전압이 0[dB]이라면 몇 [V]인가?

❙ 01 출제 ❙

해답 표준 신호 발생기(SSG)는 출력단 개방 시 기준 전압은 1[μV]를 0[dB]로 한다.

Key Point

표준 신호 발생기(SSG)가 갖추어야 할 구비 조건

필수 암기

- 넓은 범위에 걸쳐서 발진 주파수가 가변일 것
- 발진 주파수의 확도 및 안정도가 양호할 것
- 변조도는 정확하고 자유롭게 조정될 수 있을 것
- 출력 레벨은 가변적이고 정확할 것
- 누설 전류가 작고 장기간 사용에 견딜 것
- 출력 임피던스가 일정할 것
- 차폐가 완전하고 출력 단자 이외로 전파가 누설되지 않을 것

Section 07 통신 측정

01 볼로미터(bolometer) 전력계의 용도는?

▮ 05.08.10 출제 ▮

해답 마이크로파 전력 측정

해설 볼로미터(bolometer)

1 ~ 3[GHz]까지의 마이크로파를 흡수하여 미지의 전력을 볼로미터 소자에 흡수시켜 그 온도의 상승으로 인한 저항값의 변화를 브리지로 검출하여 마이크로파대의 전력을 측정한다. 이것은 일종의 저항 온도 검출기로서, 1[W] 이하의 소전력 측정의 표준이 되는 계기이다. 볼로미터의 저항 소자로는 서미스터(thermistor)와 배러터(barretter)가 사용되고 있다.

* 전력 측정 방식은 볼로미터(bolometer) 소자와 휘트스톤 브리지의 평형을 이용하는 방식으로, 그림과 같이 저항 R_V를 조정하여 브리지를 평형시키고 미지의 전력을 서미스터(T)에 흡수시켜서 그 온도 상승으로 인한 저항의 변화를 브리지의 전류계로 검지하여 수[μW] ~ 1[W] 정도의 전력을 측정한다.

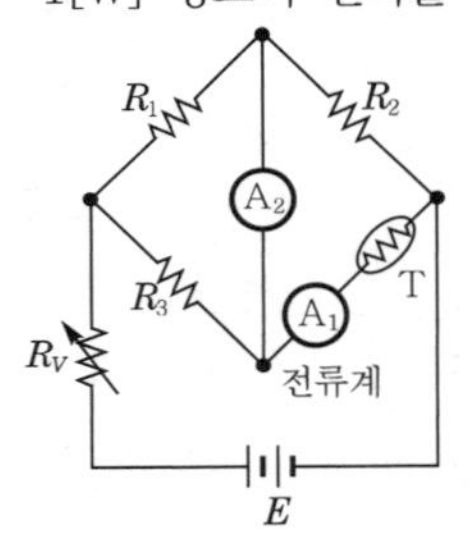

02 볼로미터 전력계의 저항 소자는?

▮ 06.08.12.15 출제 ▮

해답 서미스터(thermistor), 배러터(barretter)

해설 볼로미터(bolometer) 전력계의 저항 소자

- 서미스터(thermistor) : 반도체로서 온도 계수가 부(−)이며, 과부하에 약하다.
- 배러터(barretter) : 백금선으로 온도 계수가 정(+)이며, 과부하에 강하다.

03 대전류로 서미스터 내부에서 소비되는 전력이 증가하면 온도 및 저항값은?

▮ 14 출제 ▮

해답 온도는 높아지고, 저항값은 감소한다.

해설 서미스터(thermistor)

열가변 저항기의 일종으로, 반도체의 전도율이 온도 변화에 따른 민감한 현상을 이용한 소자이다. 이것은 일반적인 금속과는 달리 저항 온도 계수가 음(−)의 값으로 매우 크기 때문에 온도가 높아지면 저항 값이 감소하는 부저항 온도 계수의 특성을 가지므로 NTC(Negative Temperature Coefficient thermistor)라고도 한다.

04 볼로미터 전력계의 구성 소자 중 서미스터의 용도는?

▮ 14 출제 ▮

해답 온도 감지용

05 볼로미터로 측정할 수 있는 것은?

▮ 01.05.09.11 출제 ▮

해답 고주파 전압, 전류 및 마이크로파 전력 측정

06 마이크로파(1 ~ 3[GHz])에서 소전력(1[W] 이하)을 정밀하게 측정할 수 있는 계기는?

▮ 04.07.09.10 출제 ▮

해답 볼로미터 전력계

07 볼로미터 전력계의 계기 내부에서 고주파 반사가 일어나지 않도록 설치한 정합용 금속의 이름은?

▮ 08 출제 ▮

해답 볼로미터 마운트

해설 볼로미터 마운트(bolometer mount)

볼로미터 소자를 수용하는 도파관이나 전송선로의 종단 장치에 볼로미터 소자가 삽입되었을 때 볼로미터 전력계 내부에서 고주파 반사가 일어나지 않도록 적당한 바이어스 전력을 주어 특성 임피던스 조건을 만족시키는 내부 정합 장치를 말한다.

08 **고주파 전력을 측정하는 방법 중 콘덴서를 사용해 부하 전력의 전압 및 전류에 비례하는 양을 구하고, 열전쌍의 제곱 특성을 이용하여 부하 전력에 비례하는 직류 전류를 가동 코일형 계기로 측정하도록 한 전력계는?**

▮ 02.04.09.14 출제 ▮

해답 C-C형 전력계

해설 C-C형 전력계(C-C type watt meter)
열전대의 특성을 이용한 것으로 임의의 부하에서 소비되는 전력을 입력 단자에서 측정한다. 이것은 부하에 보내는 통과 전력(유효 전력)만을 측정할 수 있는 전력계로서, 단파대 이하에서 보통 100[W] 정도의 전력 측정에 이용된다.

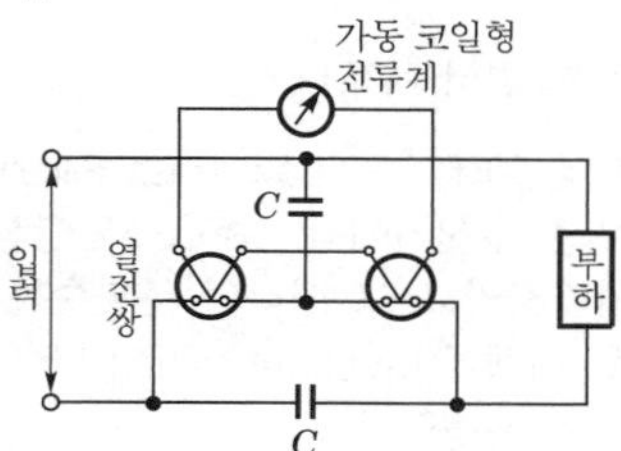

09 **고주파 전력 측정에서 동축 케이블로 전달되는 초단파대의 전력 측정에 사용되는 전력계로서 방향성 결합기를 내장하고 있는 전력계는?**

▮ 04.07.11 출제 ▮

해답 C-M형 전력계

해설 C-M형 전력계(C-M type watt meter)
방향성 결합기의 일종으로, 통과 전력을 측정하는 전력계이다. 이것은 동축 케이블과 같은 불평형 회로에서 사용하는 경우 C-C형 전력계는 부적당하므로 C-M형 전력계를 사용한다.

- 입사 전력, 반사 전력, 진행파 전력, 반사파 전력, 정재파비, 반사 계수를 측정할 수 있으며 부하의 정합 상태를 알 수 있다.
- 부하에 전달되는 전력은 진행파 전력과 반사파 전력의 차이다.
- 초단파대에서 1,000[MHz] 정도의 범위에 걸쳐 1[kW] 이하의 전력 측정 및 전력 감시용으로 많이 사용된다.

10 **C-M형 전력계에서 진행파 전력을 P_f, 반사파 전력을 P_r이라 했을 때 측정하고자 하는 부하의 전력은?**

▮ 05 출제 ▮

해답 부하 전력 $P_L = P_f - P_r$

해설 C-M형 전력계에서 부하에 전달되는 전력은 진행파 전력(P_f)과 반사파 전력(P_r)의 차이다.
$\therefore$ 부하 전력 $P_L = P_f - P_r$

Key Point

방향성 결합기에 의한 전력 측정

그림과 같이 주동축 선로의 도파관 끝에 부하를 걸었을 때 입사파 A에서 a, b를 통하여 각각 C로 향하는 두 진행파는 통로의 길이 l이 같기 때문에 C단의 전력계에 나타난다. 그러나 B로 향하는 파는 a를 통하여 오는 것보다 b를 통하여 오는 것이 통로의 길이 $l = \frac{\lambda}{2}$만큼 길어지므로 두 파의 위상이 역위상으로 되어 상쇄된다. 이때, 부하에서의 반사파는 A와 같은 원리로 B단의 전력계에 나타나므로 부하에 전달되는 전력은 입사파(진행파) 전력과 반사파 전력의 차로서 구한다.

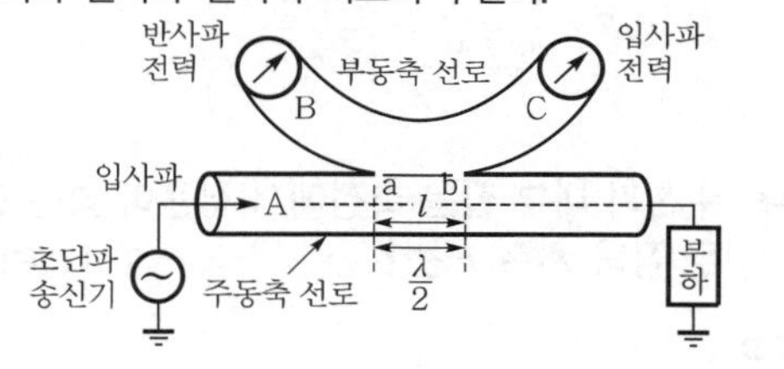

11 **마이크로파 측정에서 정재파비가 2일 때 반사 계수는?**

▮ 98.04.07.10 출제 ▮

해답 $m = \frac{1}{3}$

해설 반사 계수 $m = \frac{\text{반사파}}{\text{입사파}} = \frac{S-1}{S+1}$에서
$\therefore m = \frac{S-1}{S+1} = \frac{2-1}{2+1} = \frac{1}{3}$
여기서, S : 정재파비

12 **다음 중 충격 전압의 측정에 적합한 계기는?**

▮ 05.08.09 출제 ▮

해답 클리도노 그래프

해설 클리도노 그래프(klydonograph)
송전 선로에서 발생되는 서지 전압(낙뢰 등에 의한 충격성이 높은 이상 전압)으로 생기는 충격 전압의 파고값과 극성 및 파형을 기록하는 측정 장치를 말한다.

13 계측기로 측정한 입력측 S/N비와 출력측 S/N비에 대한 비를 나타내며, 단위로 [dB]을 쓰는 통신 품질 평가 척도를 무엇이라 하는가? ▮05.13 출제▮

해답 잡음 지수

해설 잡음 지수(NF : Nose Figure)
증폭기나 수신기 등에서 발생하는 잡음이 미치는 영향의 정도를 표시하는 것으로, 수신기 입력에서의 S_i/N_i비와 수신기 출력에서의 S_o/N_o 비로 나타낸다.
잡음 지수(NF)= $\dfrac{\text{입력에서 신호 전압과 잡음 전압의 비}}{\text{출력에서 신호 전압과 잡음 전압의 비}}$

$$\therefore\ NF=\frac{S_i/N_i}{S_o/N_o}=\frac{S_i/N_o}{S_o/N_i}$$

14 수신기 내부 잡음 측정에서 잡음이 없는 경우 잡음 지수 F는? ▮07.12 출제▮

해답 $F=1$

해설 잡음 지수(F)는 내부 잡음을 나타내는 합리적인 표시 방법으로서, 잡음이 없으면 $F=1$, 잡음이 있으면 $F>1$이 된다. 따라서, 잡음 지수(F)의 크기에 따라 증폭기나 수신기의 내부 잡음의 정도를 알 수 있다.

15 잡음 지수 측정기에 사용되는 계기의 종류는? ▮08 출제▮

해답 ① 잡음 발생기, ② 수신기, ③ 레벨계

해설 잡음 지수 측정기는 그림과 같이 잡음 발생기, 수신기, 레벨계로 구성된다.

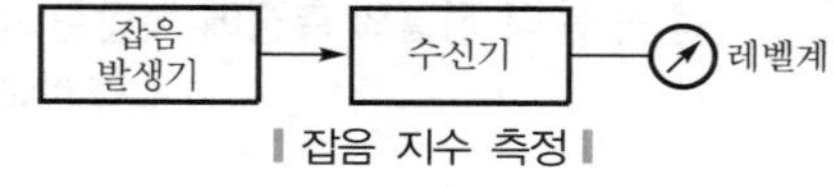

▮잡음 지수 측정▮

16 무선 수신기의 랜덤 잡음(random noise)을 측정하기 위하여 레벨 미터(level meter) 앞에 설치하는 필터는? ▮14 출제▮

해답 고역 필터(HPF)

해설 고역 필터(HPF : High Pass Filter)
무선 수신기에서 차단 주파수 이상의 주파수는 통과시키고 그 이하의 주파수는 감쇠를 주어 차단시키는 필터로서 레벨 미터(level meter) 전단에 설치하여 랜덤 잡음을 측정한다.

17 수신기에서 잡음을 측정할 때 300[Hz] 이상을 차단시키는 경우 사용하는 필터는? ▮16 출제▮

해답 저역 필터(LPF)

해설 저역 필터(LPF : Low Pass Filter)
무선 수신기에서 300[Hz] 이상의 주파수를 차단시키고 그 이하의 주파수를 통과시킬 경우 레벨계(level meter) 전단에 설치하여 잡음을 측정한다.

18 다음은 수신기의 감도 측정 회로의 구성도이다. 빈칸의 내용을 순서대로 나열하면? ▮13.15 출제▮

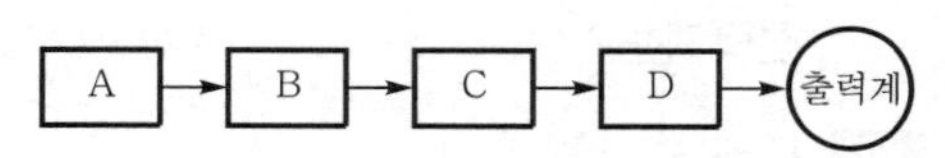

해답 A(표준 신호 발생기) → B(의사 안테나) → C(수신기) → D(무유도 저항)

19 수신기의 감도를 측정할 때 의사 안테나에 변조파를 인가하는 것은? ▮13.15 출제▮

해답 표준 신호 발생기(standard signal generator)

20 수신기에 관한 측정 중 주파수 특성 및 파형의 일그러짐률에 관계되는 것은? ▮14 출제▮

해답 충실도 측정

해설 충실도(fidelity) 측정

수신기에서 전파된 통신 내용을 수신하였을 때 본래의 신호를 어느 정도 정확하게 재생시키느냐 하는 능력을 표시하는 것으로, 주파수 특성, 일그러짐률(왜곡), 잡음 등으로 결정된다.

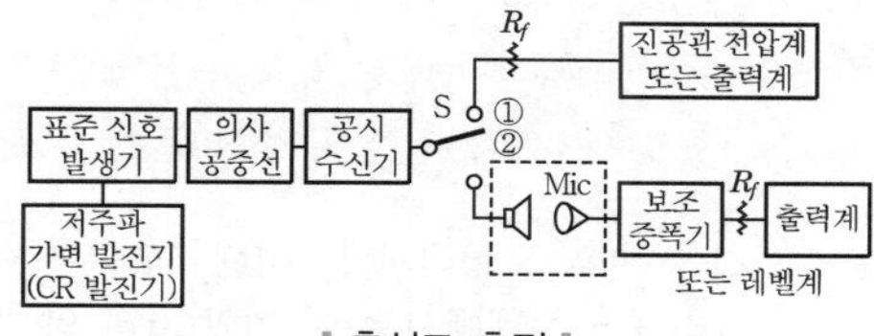

▌충실도 측정▐

21 회로의 어느 부분에서 신호 전력과 잡음 전력의 크기의 비를 무엇이라고 하는가?

▌15 출제▐

해답 SNR

해설 신호대 잡음비(S/N ratio)

동일한 잡음량이라도 신호가 약할 때와 강할 때는 그 영향력이 다르므로 입력 신호가 충분히 크다 하더라도 잡음 입력이 그에 수반하여 크다면 만족한 수신을 바랄 수 없다. 따라서, 신호와 잡음의 양자 관계는 상대적인 크기로 생각할 수 있다. 이것을 신호 전력 대 잡음 전력비(signal power to noise power ratio) 또는 SNR이라고 하며 일반적으로 S/N으로 표시하고 단위는 [dB]을 사용한다.

$$* \ S/N = 10\log \frac{P_s}{P_n} \,[\text{dB}]$$

$$= 20\log \frac{V_s}{V_n} \,[\text{dB}]$$

$$= 20\log \frac{I_s}{I_n} \,[\text{dB}]$$

여기서, P_s : 입력 신호 전력, P_n : 잡음 전력

Chapter 04 전자기기 및 음향영상기기

Section 01 응용 기기

01 초음파(ultrasonic wave)로 이용하는 진동수는 얼마인가?

해답 10[kHz] 이상의 진동수

해설 인간이 귀로 들을 수 있는 가청 주파수(20 ~ 20,000[Hz])의 영역을 넘어 그 파장이 너무 길거나 짧아서 들을 수 없는 소리를 초음파(ultrasonic wave)라고 부른다. 이러한 초음파는 10[kHz] 이상의 진동수를 가진 음파로서, 실제로 사용되는 초음파는 10[MHz]까지이다.

02 초음파의 속도는? ▮ 99.01.02.03.04 출제 ▮

해답 $V=\sqrt{\dfrac{K}{\rho}}$ [m/sec]

여기서, K : 기체나 액체의 체적 탄성률
ρ : 물질의 밀도

해설 초음파의 전파 속도는 매질의 물리적 상수로 정해지며 주파수에 관계없이 일정하다.

03 초음파는 기체 중에 어떤 파형으로 전파되는가? ▮ 04.07.08.10.14 출제 ▮

해답 종파

해설 초음파는 기체나 액체 중에 파동의 전파 방향으로 입자가 진동하는 종파만 존재한다.

04 초음파 전파에 있어서 캐비테이션(cavitation)이란? ▮ 04.07.09.11.14.16 출제 ▮

해답 액체인 매질에서 기포의 생성과 소멸 현상

해설 캐비테이션(cavitation, 공동 현상)
강력한 초음파가 액체 내를 전파할 때 소밀파(종파)의 소부에서 공기 또는 증기의 기포가 생기고 다음 순간에는 소밀파의 소부가 밀부로 되어 기포가 없어진다. 이때, 주위의 액체가 말려들어 수백에서 수천 기압(atm)의 커다란 충격이 일어나는 것으로 기포의 생성과 소멸 현상을 말한다.

05 초음파의 캐비테이션(공동 작용)을 이용한 것은? ▮ 01.02.03.04.05.06.07.10.11.14.15 출제 ▮

해답 초음파 세척기, 초음파 가습기

해설
- 초음파 세척기 : 초음파가 액체 내를 전파할 때 세척액 중에서 기포가 발생하고 소멸되는 현상을 되풀이하며 기포가 소멸할 때 약 1,000[atm] 정도의 압력이 생긴다. 이 압력에 의해서 세척물에 부착된 먼지가 흡인 또는 분리되어 세척이 행해진다.
- 초음파 가습기 : 강력한 초음파가 액체 내를 전파할 때 소밀파의 소부에서 아주 작은 입자나 분자로 나누어지는 분산 작용 현상이 발생하여 공기 또는 증기의 기포가 생기고, 이것이 공기 중에 분출되어 안개 모양의 분사 현상이 발생한다.

06 초음파 세척은 초음파의 무슨 작용을 이용한 것인가? ▮ 06.07.14.15 출제 ▮

해답 공동(진동) 작용

해설 초음파 세척은 캐비테이션을 일으키는 공동(진동) 작용을 이용한 것이다.

07 공기 중에 떠 있는 먼지나 가루를 제거하는 장치에 응용한 초음파의 작용은? ▮ 01.02.04.07.09.14 출제 ▮

해답 응집 작용

해설 응집 작용
강력한 초음파가 기체나 액체 내를 전파할 때

매질은 진동하게 되며, 이때 매질 속의 고체 미립자는 유체 매질과 같은 속도로 진동하지 못하고 미립자끼리 서로 뭉치게 되는 현상을 말한다.

08 초음파 집진기는 초음파의 어떤 작용을 이용한 것인가?

▌16 출제 ▌

해답 응집 작용

해설 초음파 집진기
기체 중에 떠도는 미립자나 공기 중에 떠 있는 먼지나 가루, 액체 속의 고체 미립자를 제거하는 데 이용되는 초음파 응용 기기로서, 초음파의 응집 작용을 이용한 것이다.

09 섬유 제품의 염색에 이용되는 초음파의 작용은?

▌99.02.03.04 출제 ▌

해답 확산 작용

해설 확산 작용
액체 중에 있는 고체를 용해시킬 때 초음파를 가하면 반응 속도가 빨라져서 액체 중에 있는 고체 입자의 확산을 촉진시킬 수 있다. 이 작용은 주로 섬유 제품의 염색에 이용된다.

10 포마드, 크림 등의 화장품이나 도료의 제조에 이용되는 초음파의 작용은?

▌06.11.14 출제 ▌

해답 에멀션화 작용

해설 유화(emulsification)
서로 섞이지 않는 두 종류의 액체를 혼합하여 안정한 에멀션(emulsion)을 만드는 일을 유화라고 한다. 이것은 한 액체 속에 그것과 용해되지 않는 다른 액체를 미세하게 분산시켜 에멀션을 생성시키는 조작으로서, 에멀션화(emulsification)의 작용은 20[kHz] 정도의 초음파를 사용하여 화장품이나 도료의 재료 및 기름의 탈색 · 탈취 등에 이용된다.

11 납땜이 잘 되지 않는 알루미늄의 납땜에 이용되는 초음파의 성질은?

▌03.08.13 출제 ▌

해답 초음파 진동

해설 초음파 납땜(ultrasonic soldering)
납땜하는 인두를 자기 왜형 진동자로 구동하여 그 끝에 강력한 초음파의 진동을 주어 납땜하는 것을 말한다. 이것은 납땜할 때 금속 표면의 산화물 피막이 제거되므로 페이스트나 다른 용제를 쓰지 않고도 쉽게 납땜을 할 수 있다.

12 초음파 진동자에서 전기 왜형 진동자로 사용되는 소자는?

▌06.13 출제 ▌

해답 티탄산바륨, 지르콘티탄산납(PZT)

해설 전기 왜형 진동자
티탄산바륨과 지르콘티탄산납(PZT) 진동자가 사용되고 있으며 최근에는 200[kHz] ~ 2[MHz]의 PZT 진동자가 사용되고 있다. 초음파의 진동자는 두께, 모양, 크기에 따라서 진동 형태가 달라진다.

13 초음파 진동자에서 자기 왜형 진동자로 사용되는 소자는?

▌03.08.14.20 출제 ▌

해답 니켈, 페라이트

해설 자기 왜형 진동자는 강자성체를 자화하여 자기장의 방향으로 길이가 변화하는 자기 왜형 현상(줄 효과)을 이용한 것이다.

- 니켈 진동자 : 맴돌이 전류에 의한 전력 손실이 커서 변환 효율(60[%])은 좋지 않으나 기계적으로는 견고하므로 50[kHz] 이하의 초음파 가공기에 주로 사용된다.
- 페라이트 진동자 : 맴돌이 전류에 의한 전력 손실이 적어 변환 효율(95[%])이 좋다. 이것은 기계적으로 강도는 약하나 효율이 높아 100[kHz] 이하의 초음파 세척기에 주로 사용된다.

14 자기 왜형 진동자를 만들 때 철심을 엷은 판 모양으로 하고 절연하여 겹쳐 쌓아 만드는 이유는?

▌03.05 출제 ▌

해답 맴돌이 전류를 작게 하기 위하여

해설 자기 왜형 진동자
강자성체를 자화시킬 때 발생하는 맴돌이 전류를 작게 하기 위하여 철심을 얇은 판 모양으로 하여 절연하고 성층으로 겹쳐 쌓아 만든다.

15 초음파 가공기의 공구로 사용되는 것은?

▌13 출제 ▌

해답 연강, 황동, 피아노선과 같이 질긴 성질의 것

16 초음파 가공에서 사용되는 연마 가루는?

▌14 출제 ▌

해답 산화알루미늄, 탄화붕소, 탄화실리콘, 다이아몬드 등의 고운 가루

17 초음파 가공기에서 혼(horn)의 역할은?

▌98.04.06.09.13.20 출제 ▌

해답 공구의 진폭을 크게 하기 위해

해설 혼(horn)
초음파 가공기에서 공구의 진폭은 가공 능률에 영향을 주므로 16 ~ 30[kHz]의 낮은 주파수를 사용하여 진폭을 크게 한다. 이때, 혼과 진동자의 고유 진동수를 일치시켜 혼의 뾰족한 끝부분에서 공구의 진폭을 증대하도록 한다. 이러한 혼은 금속으로 된 기계적 변성기로서 황동 및 연강, 스텐리스강으로 만든다.

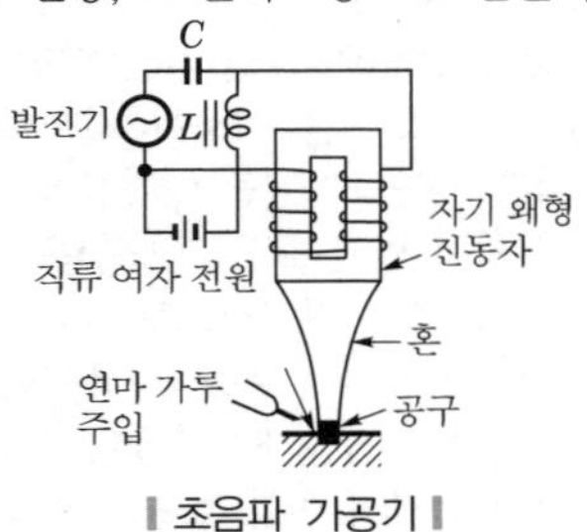

▌초음파 가공기 ▌

18 초음파를 수중에 발사해 그 반사파를 수신하여 목표물의 유무, 목표물의 거리나 방향을 알아내는 장치는?

▌05 출제 ▌

해답 소나(SONAR)

해설 소나(SONAR : Sound Navigation And Ranging)
물속에 초음파를 발사하고 그 반사파를 측정하여 표적의 유무 및 거리와 방향을 알아내는 장치이다. 이것은 선박에서 물속의 암초 및 장애물의 발견 또는 해안으로부터의 거리를 측정하여 자국의 위치나 해저의 상태를 알기 위해 전자파를 사용할 수 없는 곳에서 사용한다.

19 소나의 원리를 응용한 것은?

▌98.10.14 출제 ▌

해답 ① 수중 레이더, ② 어군 탐지기, ③ 측심기

20 초음파 측심기로 물의 깊이를 측정하는 식은?

▌02.03.05.06.07.09.14.20 출제 ▌

해답 $h = \frac{vt}{2}$

여기서, v : 초음파 속도, t : 시간

해설 측심기(depth finder)
선박에 비치하여 바다의 수심을 측정하는 계기로서, 배 밑에서 초음파를 발사하여 반사파가 되돌아오는 시간을 측정하여 물의 깊이를 측정한다.

물의 깊이 $h = \frac{vt}{2}$ [m]

여기서, v : 속도, t : 왕복 시간

21 초음파를 이용하여 강물의 깊이를 측정하려고 한다. 반사파가 도달하기까지 0.5초 걸렸을 때 강물의 깊이는 몇 [m]인가? (단, 강물에서 초음파의 속도는 1,400[m/sec]이다)

▌98.02.03.04.06.09.13 출제 ▌

해답 350[m]

해설 강물의 깊이 $h = \frac{vt}{2}$ [m]에서

$\therefore\ h = \frac{1,400 \times 0.5}{2} = 350$ [m]

22 초음파 펄스를 금속 등의 물체에 발사하여 물체 내부의 홈, 균열, 불순물의 위치와 크기를 알아내는 것은?

▌05.07 출제 ▌

해답 초음파 탐상기

해설 초음파 탐상기(ultrasonic inspection meter)
그림과 같이 탐촉자를 통하여 초음파 펄스를 피측정판에 전달하여 반사파를 관측함으로써 물체 내부의 홈이나 균열 또는 불순물 등의 위치와 크기를 나타내는 것으로 비파괴 검사에 많이 이용된다.

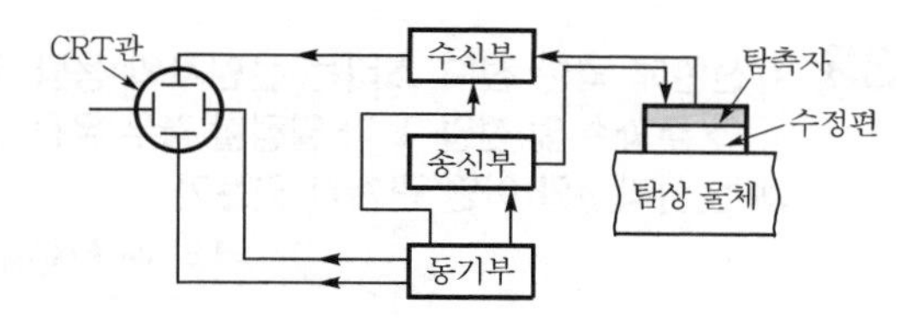

23 보일러나 파이프 등의 두께를 측정하는 경우 초음파 탐상법을 이용하는데 이는 초음파의 어떤 성질을 이용하는 것인가?

▌98.01.04.11 출제▐

해답 공진법

해설 공진법

피검사체의 금속판 속으로 입사하는 초음파 펄스의 파장을 연속적으로 변화시킬 때 발생하는 공진 현상을 이용한 초음파 탐상법으로 10[mm] 이하의 얇은 금속판의 두께를 측정하는데 사용되는 방식이다.

24 고주파 유도 가열의 열 발생의 원인이 되는 현상은?

▌98.04.05.09 출제▐

해답 맴돌이 전류(와류), 줄열

해설 유도 가열

그림과 같이 가열하고자 하는 도체에 코일을 감고 고주파 전류를 흘리면 가열 코일 내에 있는 도체에 교번 자속(고주파 자속)이 통하게 되어 도체 내에는 전자 유도 작용에 의한 맴돌이 전류(와류)가 흐르게 되어 전력 손실이 일어난다. 이러한 전력 손실을 맴돌이 전류손이라 하며 이로 인하여 발생하는 줄열(Joule's heat)을 이용하여 가열하는 방식이다.

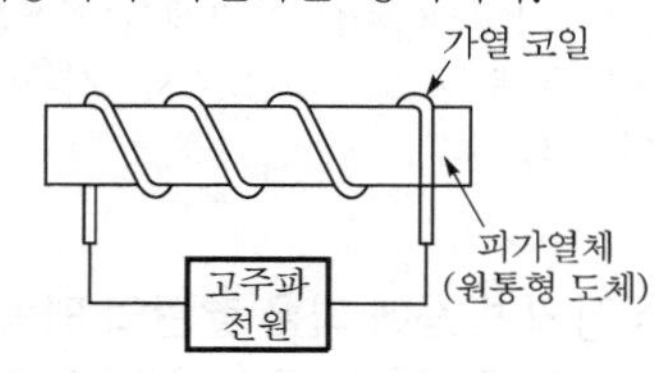

25 유도 가열은 어떤 원리를 이용하여 가열하는 방식인가?

▌01.03.15 출제▐

해답 맴돌이 전류손

26 원통형 도체를 유도 가열할 때 주파수를 높게 하여 가열하면 맴돌이 전류 밀도는 어떻게 되는가?

▌15 출제▐

해답 표면에 가까워질수록 커진다.

해설 유도 가열에서 고주파 전원의 주파수가 높아질수록 표피 효과 때문에 맴돌이 전류 밀도는 원통형 도체의 중심부(원의 축 위치)는 가장 작고 표면에 가까워질수록 커진다. 이때, 주파수를 높게 하면 맴돌이 전류는 도체의 표면 가까이에만 흐르고 중심부에는 거의 흐르지 않는다.

27 고주파 유도 가열에서 전류의 침투 깊이 S의 값은 주파수가 높아짐에 따라 어떻게 변하는가?

▌99.01.02.13 출제▐

해답 S의 값은 감소한다.

해설 고주파 유도 가열에서 고주파 전원의 주파수가 매우 높아지면 맴돌이 전류는 도체의 표면 가까이에만 흐르고 중심부에는 거의 흐르지 않는다. 따라서, 도체 내부에 전류의 침투 깊이 S의 값은 가열 주파수와 재료에 따라 정해지는 상수로서, 주파수가 높아짐에 따라 그 값은 감소한다.

28 유도 가열에서 가열 목적에 따라 피열물을 거의 균등한 온도로 가열하는 것은?

▌99.01.02 출제▐

해답 표면 가열

해설 표면 가열

무접촉 가열로서 피열물을 거의 균등한 온도로 가열하는 방식이다. 이것은 도체의 표면에만 흐르는 맴돌이 전류를 이용하여 가열하는 방법으로 표면 가열이 쉽게 이루어진다.

29 유도 가열로에 사용되는 전원 장치는?

▌01.03 출제▐

해답
- 전동 발전기식 고주파 유도로
- 스파크 갭(불꽃 방전)식 유도로
- 전자관(진공관)식 고주파 유도로

(해설) 유도 가열로 전원 장치에서 가장 큰 발생 주파수(수[MHz] 이상)를 내는 고주파 가열 전원은 모두 전자관(진공관)식 고주파 유도로이다.

30 고주파 유도로에서 도가니 용량의 10배 정도의 용량을 가진 콘덴서를 병렬로 넣어서 사용하는 이유는?

▮98.04.08.09 출제▮

해답 역률 개선

(해설) 고주파 유도로(용해로)는 10 ~ 500[kHz] 정도의 고주파 교류를 만들어 사용하므로 역률 개선을 위하여 도가니 용량의 약 10배 정도의 용량을 가진 콘덴서를 병렬로 접속하여 사용한다.

31 고주파 유전 가열의 원리에 해당하는 가열 방식은?

▮01.02.03.04 출제▮

해답 유전체손

(해설) 유전 가열
그림과 같이 유전체를 두 전극판 사이에 넣고 고주파 전압을 극판에 가하면 유전체 내부에 고주파 전기장이 형성되며, 전기장과 유전체를 구성하는 물질 분자의 상호 작용에 의해 전력 손실이 일어난다. 이 전력 손실을 유전체손(dielectric loss)이라 하며 이 유전체손에 의하여 물질을 가열하는 방법이다.

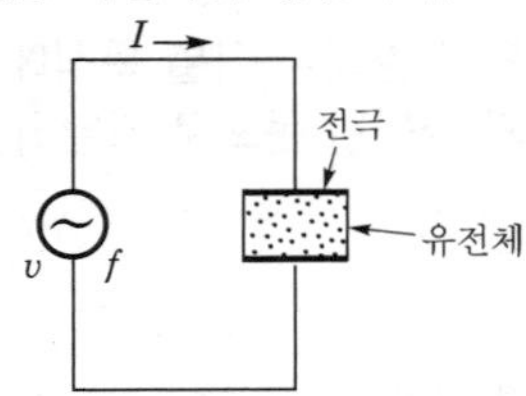

32 유전체 내에서 구속 전자 변위가 생기는 현상은?

▮01.04 출제▮

해답 유전손

(해설) 유전손(dielectric loss)
유전체 내에서 물질을 구성하는 분자들의 상호 작용에 의해서 구속 전자에 변위가 발생하여 일어나는 전력 손실을 유전체손 또는 유전손이라 한다.

33 유전손에 의한 전력 소비는 콘덴서의 용량 C와 주파수 및 전압 V가 일정할 경우 유전체 손실각 δ와 어떤 관계가 있는가?

▮01.04 출제▮

해답 유전체 손실각 δ가 클수록 커진다.

(해설) 유전체에 고주파 전기장이 가해지면 매 주기마다 각 분자가 회전하여 분자 사이의 마찰에 의해 열이 발생하며 에너지를 소비하게 된다. 이것은 교번 전기장이 가해지면 매 주기마다 전기장이 바뀌기 때문에 전원의 주파수가 높을수록 분자의 방향 전환 속도가 빠르게 되어 전력 소비가 증가하게 된다. 따라서, 유전체 손실각 δ가 클수록 소비 전력은 커진다.
소비 전력 $P = \omega C V^2 \tan\delta$
$= 2\pi f C V^2 \tan\delta$

34 유전 가열의 응용에 해당하는 것은?

▮99.03.04.06.07.09.10.11.12.14.15 출제▮

해답 유전 가열의 응용 **필수 암기**
- 목재 공업(건조, 성형, 접착)
- 플라스틱의 접착
- 고주파 의료 기기
- 농수산물의 가공
- 식품의 가열
- 합성 섬유의 열처리 가공

35 유전 가열과 유도 가열의 공통점은?

▮01 출제▮

해답 직류를 사용할 수 없다.

(해설) 유도 가열과 유전 가열에서 사용되는 고주파 전원은 모두 교류(AC)로서, 직류(DC)는 사용되지 않는다.

36 심장의 박동에 따른 혈관의 맥동 상태를 측정하고 기록하는 의용 전자 기기는?

▮07.11 출제▮

해답 맥파계(sphygmograph)

(해설) 맥파계(sphygmograph)
심장의 박동에 따르는 혈관의 맥동 상태를 측정하고 그래프로 나타내어 맥파를 기록하는 장치이다. 이것은 맥파의 상태를 혈관 위에서 반응점으로 측정하는 것으로, 압력의 변화를 기록하는 압맥파와 혈관 팽창에 의한 용적 변화를 기록하는 용적 맥파가 있다.

37 의용 전자 장치 중 치료에 이용되는 것은?

▌09.15 출제▐

해답 심장용 페이스메이커

해설 심장용 페이스메이커(cardiac pacemaker)
심장 장애로 인하여 일시적으로 심장이 정지하거나 심박수가 고르지 못한 경우 심장에 직접 전기적 자극을 주어 심수축 운동을 정상으로 되돌리기 위한 심장 박동 조율 장치이다.

38 귀의 청력을 검사하기 위하여 가청 주파수 영역의 여러 가지 레벨의 순음을 전기적으로 발생하는 음향 발생 장치는?

▌06.08.10.11.13.14.15 출제▐

해답 오디오미터

해설 오디오미터(audiometer)
귀의 청력에 대한 능력의 정도를 검사하기 위하여 가청 주파수 영역의 여러 가지 레벨의 순음을 전기적으로 발생하는 음향 발생 장치이다.

39 오디오미터(audiometer) 의료 기기의 이용은?

▌08.15 출제▐

해답 청력계(귀) 사용

해설 귀의 청력 검사에 사용되는 음향 발생 장치로서, 가청 주파 발진기, 감쇠기, 단속기 및 수화기로 구성되어 있다. 이것은 귀의 정밀한 청력 검사를 위하여 가청 주파수를 여러 가지 순차적인 레벨로 소리의 세기를 변화시켜 단속하여 귀의 최소 가청값을 측정하고 그 결과를 청력도로 나타낸다.

40 청력 검사기(audiometer)에서 신호음으로 사용하는 신호의 파형은?

▌13.16 출제▐

해답 사인파

해설 청력 검사기(audiometer)에서 사용되는 음향의 신호음은 가청 주파수(20 ~ 20,000[Hz]) 범위의 사인파를 사용한다.

41 뇌파에서 나오는 신호 형태의 종류는?

▌16 출제▐

해답 α 파, β 파, θ 파

해설 뇌파(brain wave)
뇌에서 나오는 미약한 주기성 전류로서, 뇌 속의 신경 세포가 활동하면서 발산하는 전파를 뇌파라고 한다. 이것은 대뇌피질의 신경 세포에서 일어나는 흥분의 전위 변화를 증폭해서 오실로그래프(oscillograph)로 나타내면 뇌의 기능 상태를 알 수 있으며 파동형의 곡선을 이룬 사인파 모양의 규칙성 파형을 기록할 수 있다. 이때, 기록된 파형을 뇌전도(EEG : electroencephalogram)라고 한다. 이러한 뇌파는 개인적인 차이가 매우 크고 연령, 정신 활동, 의식(수면) 등에 의해서 뇌전도가 달라진다.
[뇌파의 종류]

- α 파(8 ~ 13[Hz]) : 정상인이 눈을 감고 명상을 하는 등 안정되어 있을 때 나오는 파형
- β 파(14 ~ 25[Hz]) : 사람이 활동을 하거나 흥분되었을 때 나오는 불규칙성 파형
- θ 파(4 ~ 7[Hz]), δ파(0.5 ~ 3.5[Hz]) : 뇌 기능이 저하 상태일 때 나타나는 파형으로, 뇌 종양 및 뇌혈관 장애 등에서 볼 수 있다.

Section 02 자동 제어기

01 **제어량의 변화를 일으킬 수 있는 신호 중에서 기준 입력 신호 이외의 것을 무엇이라 하는가?** ▌03.06.08.10.12 출제▐

해답 외란

해설 외란(disturbance)

제어계의 제어 대상을 교란시켜 제어계의 상태를 바꾸려는 외적 작용으로 목푯값이 아닌 입력을 말한다.

02 **제어하려는 양을 목표에 일치시키기 위하여 편차가 있으면 그것을 검출하여 정정 동작을 자동으로 행하는 의미는?** ▌98.02.03.04.06.13 출제▐

해답 자동 제어

해설 자동 제어(automatic control)

제어 대상이 희망하는 상태에 적응하도록 필요한 조작을 가하여 그 조작이 제어 장치에 의하여 자동적으로 행해지는 것을 말한다.

- 시퀀스 제어(sequence control) : 미리 정해진 순서(프로그램)에 따라 제어의 각 단계가 순차적으로 진행되는 제어 방식으로, 제어 결과가 희망값과 일치하지 않은 경우 정정 동작이 되지 않는다.
- 되먹임 제어(feedback control) : 물리계 스스로가 제어의 필요성을 판단하여 수정 동작을 행하는 제어 방식으로, 제어 결과를 희망값과 비교하여 일치시키도록 정정 동작을 가한다.

03 **그림은 자동 제어계의 블록 선도이다. 빈칸에 알맞은 것은 무엇인가?** ▌06 출제▐

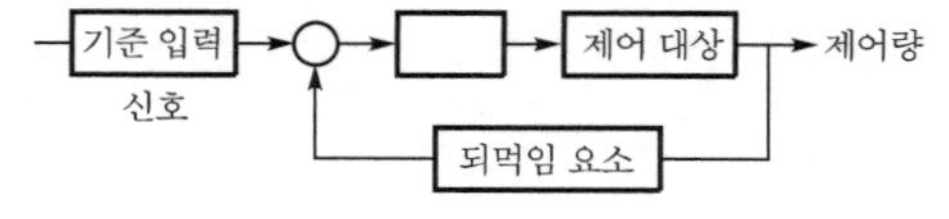

해답 제어 요소

해설 자동 제어계의 구성

- 기준 입력 신호(설정부) : 목푯값을 기준 입력 신호로 변환하는 요소
- 되먹임 요소(검출부) : 제어량을 되먹임 신호로 변환하는 요소
- 제어 요소 : 제어 동작 신호를 조작량으로 변환하는 요소

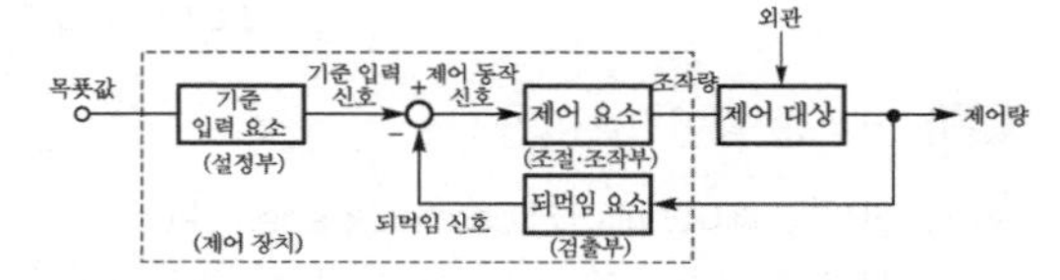

04 **자동 제어 장치로부터 제어 대상으로 보내지는 것을 무엇이라고 하는가?** ▌13 출제▐

해답 조작량

해설 조작량

제어를 하기 위해 제어 대상에 가하는 양으로서, 제어 대상은 기계, 프로세스, 시스템 등에서 제어 대상이 되는 전체 또는 부분을 말한다.

05 **제어 대상에 속하는 양, 제어 대상을 제어하는 것을 목적으로 하는 양은 무엇인가?** ▌16 출제▐

해답 제어량

해설 제어량

제어 대상에 속하는 양 중에서 제어하는 것을 목적으로 하는 것으로 보통 출력이라고 한다.

06 **자동 제어의 요소 분류 중 사람의 두뇌에 해당되는 부분은?** ▌15 출제▐

해답 조절부

해설 자동 제어의 제어 요소는 제어 동작 신호를 조작량으로 변환하는 요소로서, 조절부와 조작부가 있다.

- 조절부 : 제어 장치의 핵심이 되는 부분으로, 기준 입력 신호와 검출부의 출력 신호를 기준 신호로 해서 제어계가 요소 작용에 필요한 신호를 만들어 조작부로 보낸다.
- 조작부 : 조절부로부터의 신호를 조작량으로 바꾸어 제어 대상에 작용시키는 부분으로, 제어 대상은 기계, 프로세스, 시스템 등에서 대상이 되는 전체 또는 부분을 말한다.

07 온도, 압력, 습도, 유량 등을 제어량으로 하는 것은? ▌98.01.02.04.07.13.14.15 출제 ▌

해답 공정 제어

해설 공정 제어(process control)
온도, 유량, 압력, 레벨(level), 액위, 혼합비, 효율 등 공업 프로세스의 상태량을 제어량으로 하는 제어이다.

08 제어량의 종류에 따른 자동 제어계의 분류에서 자동 조정 제어량의 종류는?

▌02.03.05.08.13 출제 ▌

해답 전압, 전류, 주파수, 장력, 속도

해설 자동 조정(automatic regulation)
전압, 전류, 주파수, 장력, 속도 등을 제어량으로 하는 것으로 응답 속도가 대단히 빠르다.

09 자동 제어의 제어 목적에 따른 분류 중 어떤 일정한 목푯값을 유지하는 것에 해당하는 것은? ▌14 출제 ▌

해답 정치 제어

해설 정치 제어(constant value control)
목푯값이 시간에 대하여 변하지 않고 일정 값을 취하는 경우의 제어로서, 프로세스 제어 및 자동 조정에 이용된다.

10 되먹임 제어계에서 프로세스는 어느 제어에 속하는가? ▌98.01.02.04.07.10.16 출제 ▌

해답 정치 제어

해설 정치 제어는 목푯값이 시간적으로 일정한 목표치로 유지하는 자동 제어로서 제어계는 주로 외란의 변화에 대한 정정 작용을 한다.

11 목푯값이 시간에 따라 변하고 출력이 이것을 추종할 때의 제어는?

▌01.03.05.06.09 출제 ▌

해답 추치 제어

해설 추치 제어(variable valve control)
출력의 변동을 조정하는 동시에 목푯값에 제어량을 정확하게 추종시키기 위한 자동 제어를 말한다.

12 목푯값이 변화하지만 그 변화가 알려진 값이며, 예정 스케줄에 따라 변화하는 제어는?

▌99.04.05.06.08.15 출제 ▌

해답 프로그램 제어

해설 프로그램 제어(program control)
목푯값이 사전에 정해진 시간적 변화를 하는 경우의 제어를 말한다.

13 자동 온수기의 제어 대상은? ▌07.08.13 출제 ▌

해답 물

해설 자동 온수기는 물의 온도를 자동적으로 유지시키기 위한 장치로서, 제어 대상은 물이다.

14 전달 함수의 정의는?

해답 모든 초기값을 0으로 한다.

해설 전달 함수(transfer function)
제어계에 가해진 입력 신호에 대하여 출력 신호가 어떤 모양으로 나오는가 하는 신호의 전달 특성을 제어 요소에 따라 수식적으로 표현한 것으로, '선형 미분 방정식의 초기값을 0으로 했을 때 입력 변수의 라플라스 변환과 출력 변수의 라플라스 변환의 비'로 정의된다.

15 제어계의 출력 신호와 입력 신호의 비를 무엇이라고 하는가? ▌15 출제 ▌

해답 전달 함수

해설 전달 함수=

$$\frac{\text{초기값을 0으로 한 출력의 라플라스 변환}}{\text{초기값을 0으로 한 입력의 라플라스 변환}}$$

16 다음 전달 함수를 합성할 때 $G(S)$는?

▌16 출제 ▌

$\rightarrow$ [$G_1(S)$] $\rightarrow$ [$G_2(S)$] $\rightarrow$ = [$G(S)$]

해답 $G(S) = G_1(S) \cdot G_2(S)$

해설 직렬 접속

그림과 같이 전달 요소가 2개 이상 직렬로 결합되어 있는 방식이다.

$\therefore\ G(S) = \dfrac{Y(S)}{X(S)} = G_1(S) \cdot G_2(S)$

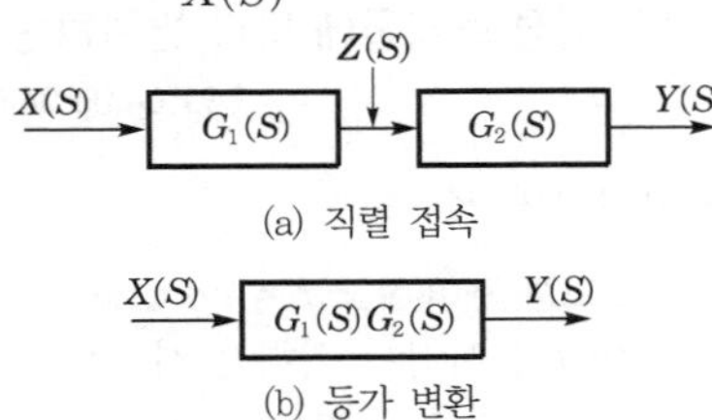

(a) 직렬 접속

(b) 등가 변환

17 다음 블록선도의 전달 함수는? ‖ 00.03 출제 ‖

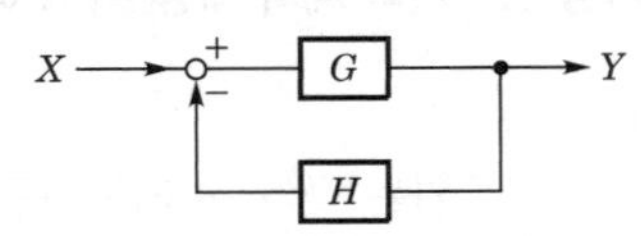

해답 $G = \dfrac{G}{1+GH}$

해설 블록선도는 전달 함수의 되먹임 결합으로 출력 Y는 H를 통하여 입력측에 되먹임하는 접속이다.

$Y = (X - HY)\,G = GX - GHY$

$Y = \dfrac{G}{1+GH}X$에서

$\therefore\ G = \dfrac{Y}{X} = \dfrac{G}{1+GH}$

18 전달 함수 G_1, G_2, H를 갖고 있는 요소를 아래와 같이 접속할 때 등가 전달 함수 $\dfrac{y}{x}$는? ‖ 15 출제 ‖

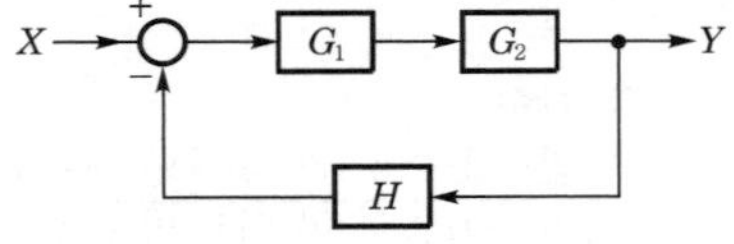

해설 그림의 블록선도는 전달 요소 G_1, G_2가 직렬로 결합되어 있는 방식으로, 출력 y는 전달 요소 H를 통하여 입력측에 되먹임하는 접속이다.

$y = (x - Hy)\,G_1G_2 = G_1G_2x - G_1G_2Hy$

$y = \dfrac{G_1G_2}{1+G_1G_2H}x$ 에서

$\therefore\ G = \dfrac{y}{x} = \dfrac{G_1G_2}{1+G_1G_2H}$

19 다음 그림에서 종합 전달 함수는?

‖ 02.04.06.08.10 출제 ‖

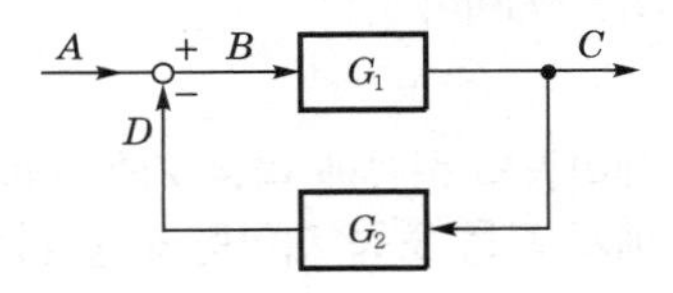

해답 종합 전달 함수 $G = \dfrac{C}{A} = \dfrac{G_1}{1+G_1G_2}$

해설 블록선도는 전달 함수의 되먹임 결합으로 출력 C는 G_2를 통하여 입력측에 되먹임하는 접속이다.

$C = (A - G_2C)\,G_1 = AG_1 - G_1G_2C$

$C(1+G_1G_2) = G_1A$

$C = \dfrac{G_1}{1+G_1G_2}A$ 에서

$\therefore\ G(S) = \dfrac{C}{A} = \dfrac{G_1}{1+G_1G_2}$

20 다음 제어계 블록선도에서 전달 함수 $\dfrac{C}{R}$는?

‖ 10.11.14 출제 ‖

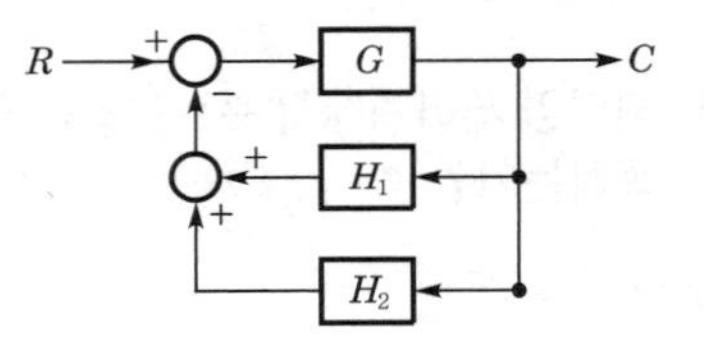

해답 종합 전달 함수 $G = \dfrac{C}{R} = \dfrac{G}{1+G(H_1+H_2)}$

해설 블록선도는 전달 함수의 되먹임 결합으로, 출력 C는 H_1과 H_2를 통하여 입력측에 되먹임하는 접속이다.

$C = \{R - (H_1+H_2)C\}G$

$\quad = RG - (H_1+H_2)GC$

$C = \dfrac{G}{1+G(H_1+H_2)}R$ 에서

$$\therefore\ G = \frac{C}{R} = \frac{G}{1+G(H_1+H_2)}$$

21 다음 회로의 전달 함수는? ▮ 01.04.09 출제 ▮

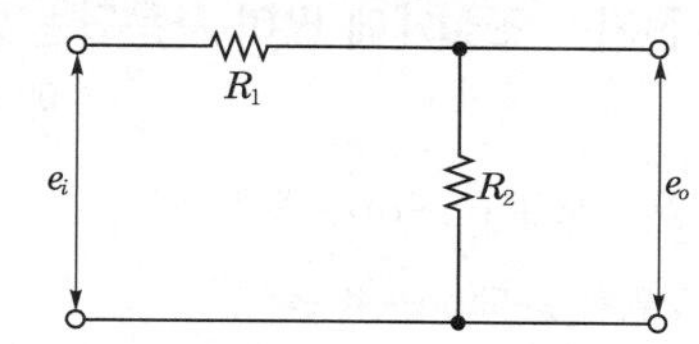

해답 $G = \dfrac{R_2}{R_1+R_2}$

해설 $G = \dfrac{e_o}{e_i}$에서 $(e_i = R_1+R_2,\ e_o = R_2)$

$$\therefore\ \text{전달 함수}\ G = \frac{e_o}{e_i} = \frac{R_2}{R_1+R_2}$$

22 그림의 회로에서 $C=1[\mu\text{F}]$, $R=1[\text{M}\Omega]$일 때 전달 함수 $G(s)$는? ▮ 16 출제 ▮

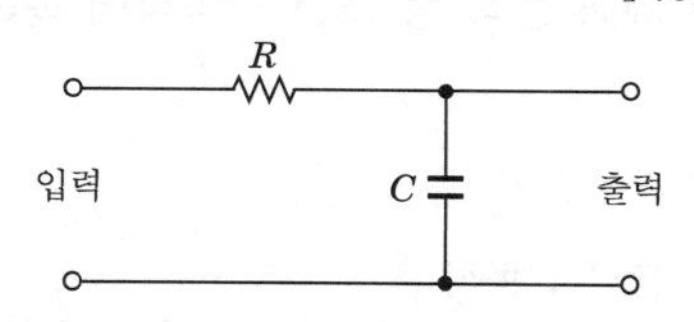

해답 $G(s) = \dfrac{1}{1+s}$

해설 $G(s) = \dfrac{\text{출력}}{\text{입력}}$

$$\left(\text{입력}: R+\frac{1}{j\omega C},\ \text{출력}: \frac{1}{j\omega C},\ s=j\omega\right)$$

$$G(s) = \frac{\frac{1}{Cs}}{R+\frac{1}{Cs}} = \frac{1}{1+RCs}$$

$$\therefore\ G(s) = \frac{1}{1+1\times10^6\times1\times10^{-6}\times s} = \frac{1}{1+s}$$

23 자동 제어계에서 인디셜 응답을 조사할 때 입력 파형은? ▮ 03.08.11 출제 ▮

해답 스텝(step)파(계단 응답)

해설 자동 제어계의 과도 응답(indicial response)은 다음과 같이 대표적인 시험용 입력 신호를 선정하여 평가한다.

- 계단 응답(step response) : 제어계의 입력이 정상 상태에서 갑자기 변화하여 변화된 상태로 일정하게 유지될 때 출력에 대한 과도 응답으로, 인디셜 응답(indicial response)이라 한다. 제어계의 과도 평가는 계단 입력을 만드는 것이 쉽기 때문에 계단 응답을 대표적인 과도 응답으로 사용한다.
- 램프 응답(ramp response) : 입력의 신호가 시간적 변화에 따라 일정한 비율로 변화하는 경우의 과도 응답
- 포물선 응답(parabola response) : 입력의 신호가 시간의 제곱에 따라 변화하는 경우의 과도 응답

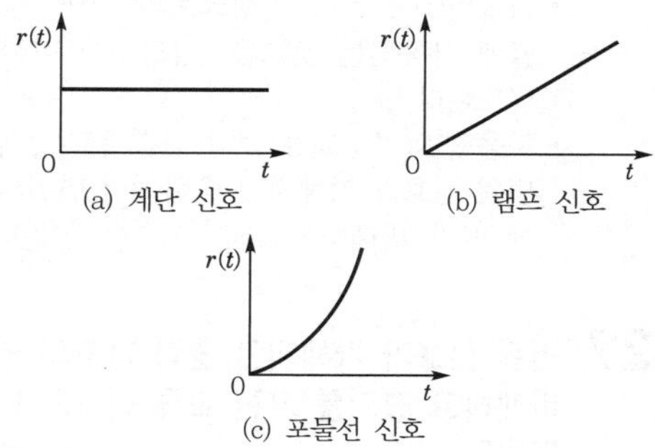

24 시간에 따라서 직선적으로 증가하는 전압을 무엇이라고 하는가? ▮ 06.14 출제 ▮

해답 램프 전압

해설 램프 전압
램프 응답 신호(ramp response signal)와 같이 시간적 변화에 따라 일정한 비율로 직선적으로 증가하는 전압을 말한다.

25 자동 제어 장치를 나타내는 서보 기구의 제어량은? ▮ 08.09.13.15.20 출제 ▮

해답 위치, 방위, 자세(각도)

해설 서보 기구(servo mechanism)
제어량이 기계적 위치인 자동 제어계를 서보 기구라 한다. 이것은 물체의 위치, 방위, 자세(각도) 등의 기계적 변위를 제어량으로 하여 목푯값의 임의의 변화에 항상 추종하도록 구성된 제어계로서, 추종 제어계라고도 한다.

26 서보 기구의 구성은?

▌07.08.10.11.15.16 출제▐

해답 ① 전위차계형 편차 검출기, ② 싱크로, ③ 리졸버, ④ 차동 변압기

해설 서보 기구의 편차 검출기 요소

편차 검출기는 목푯값과 제어량을 비교하여 그 차를 만들어 내는 부분으로, 신호 변환부의 주역을 담당하는 부분이다.

- 전위차계형 편차 검출기 : 위치 편차 검출기(습동 저항을 사용)로서, 직류 서보계에 사용한다.
- 싱크로(synchro) : 싱크로 발진기, 싱크로 제어 변압기로 사용하며 교류 서보계에 사용한다.
- 리졸버(resolver) : 싱크로와 같이 각도 전달에 사용되는 것으로, 싱크로에 비해 고정밀도이다.
- 차동 변압기 : 교류 편차 검출기로서, 입력에 변위 신호가 가해지면 출력에서 변위의 크기에 따라 비례하는 교류 신호를 얻는다.

27 변위 신호가 가해지면 출력 단자의 변위에 비례하고 크기를 가진 교류 신호가 나오는 것은?

▌09.14 출제▐

해답 차동 변압기

해설 차동 변압기

교류 편차 검출기로서 입력에 변위 신호가 가해지면 출력에서 변위의 크기에 따라 비례하는 교류 신호를 얻을 수 있다.

28 다음은 공정 제어계의 시스템이다. 신호 변환기나 지시 기록계 등이 포함될 수 있는 부분은?

▌01.02.03.09 출제▐

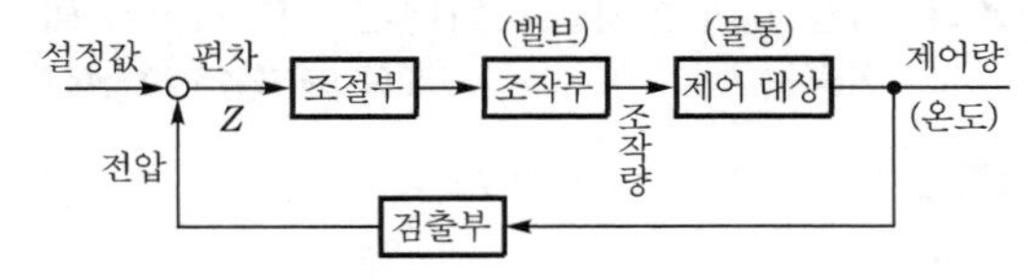

해답 조절부

해설 조절부

검출부에 의해서 측정된 제어량을 받아서 설정값과 제어량의 차에 해당하는 제어 동작 신호를 구하고, 이것에 적당한 연산을 가하여 다음 단의 조작부에 정정 신호로 보내는 부분으로 공정 제어계의 두뇌 부분에 해당한다.

29 전기식 조절계에 많이 사용되는 방식은?

▌09.10.12 출제▐

해답 온 · 오프(on-off) 동작

해설 2위치 동작(on-off 동작)

그림과 같이 동작 신호를 가로축에, 조작량을 세로축에 잡고 동작 신호의 부호에 따라 조작량을 on-off하는 방식으로 이것은 조작단이 2위치만 취하므로 목푯값 주위에서 사이클링(cycling)을 일으킨다.

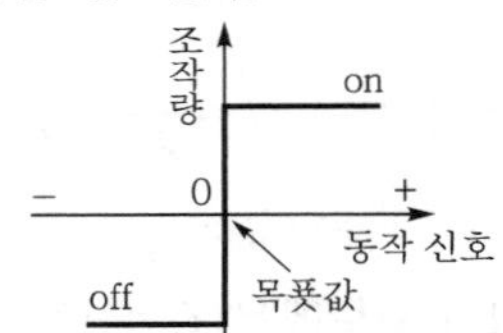

30 제어 동작 중 불연속 동작에 속하는 것은?

▌08 출제▐

해답 온 · 오프 동작

해설 불연속 동작

제어 동작이 목푯값에서 어느 이상 벗어나면 미리 정해진 조작량이 제어 대상에 가해지는 것으로, 단속적인 제어 동작을 말한다.

31 제어 요소 동작 중 연속 동작이 아닌 것은?

▌08.11.12.13.14.15 출제▐

해답 2위치 동작(on-off 동작)

32 조절계에서 P 동작이라 하는 것은?

▌98.01.02.03.06 출제▐

해답 비례 동작

해설 비례 동작(P 동작 : proportional action)

조작량이 동작 신호의 현재 값에 비례하는 동작으로, 어느 하나의 부하 조건에서는 정확한 정정 동작을 하지만 부하가 변화하면 제어량이 설정점과 불일치하는 잔류 편차(off-set)가 생긴다. 이것은 조절부가 비례적인 전달 특성

을 가진 제어계로 서보에서의 이득 조정과 본질적으로 같다.

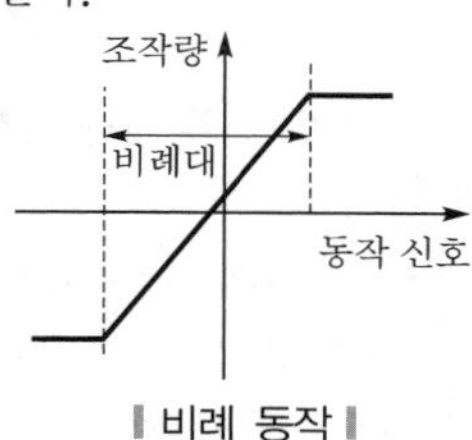

▮ 비례 동작 ▮

33 다음 그림은 동작 신호량(Z)과 조작량(Y)의 관계를 나타낸 것이다. 그림의 ( ) 안에 알맞은 것은?

▮ 08.11.12.13 출제 ▮

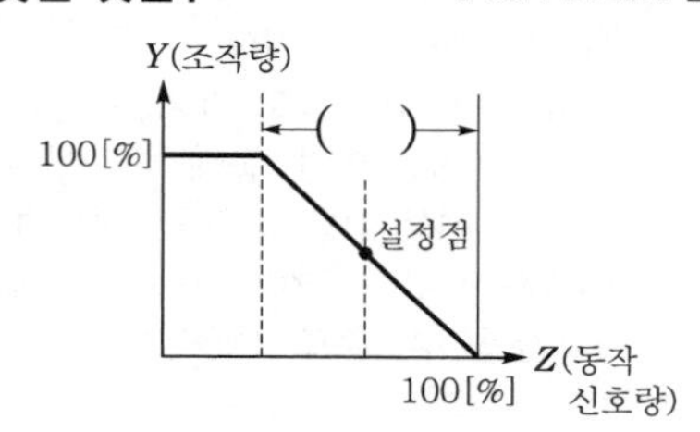

해답 비례대

해설 비례대(proportional band)
비례 동작을 하는 조작단의 전체 조작 범위에 대응하는 동작 신호값의 범위를 말한다.

34 자동 제어 조절계의 제어 동작에서 D 동작은?

▮ 10 출제 ▮

해답 미분 동작

해설 미분 동작(D 동작 : Deriavtive action)
제어 편차가 검출될 때 편차가 변화하는 속도에 비례하여 조작량을 가감하도록 하는 동작으로, 조작량이 동작 신호의 미분값(변화 속도)에 비례하는 것을 말한다.

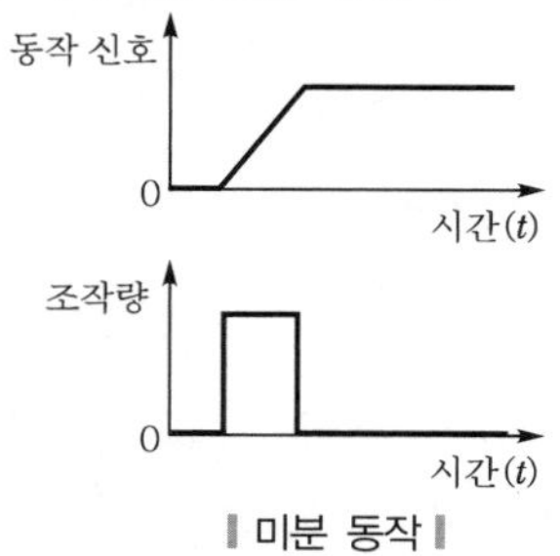

▮ 미분 동작 ▮

35 잔류 편차가 없는 제어 동작은?

▮ 05.07.14 출제 ▮

해답 PI 동작(비례 적분 동작)

해설 비례 적분 동작(PI 동작)
비례 동작에서 발생하는 잔류 편차를 없애기 위해 적분 동작을 부가시킨 제어 동작으로, P 동작에 I 동작을 결합하면 자동적으로 잔류 편차를 소멸시킬 수 있다.

36 사이클링과 오프셋(off-set)이 제거되고 안정성이 좋은 제어 동작은?

▮ 99.03.05.14 출제 ▮

해답 PID 동작

해설 비례 적분 미분 동작(PID 동작)
PI 동작에 D 동작을 부가한 것으로, 각각의 결점을 제거할 목적으로 결합시킨 방식으로 연속 동작 중 가장 고급의 제어 동작에 해당한다.

37 다음 그림은 자동 제어 검출부의 구성을 나타낸 것이다. ㉡에 해당하는 것은?

▮ 09.11 출제 ▮

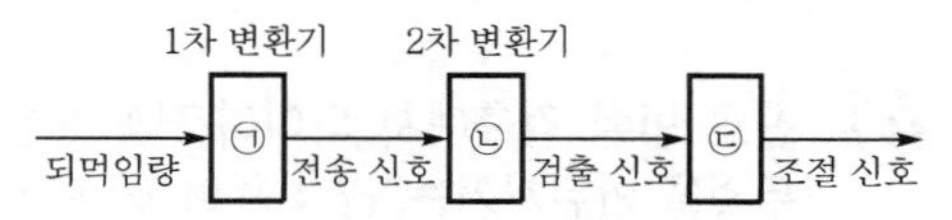

해답 검출기

해설 그림은 자동 제어의 되먹임 제어(feedback control) 방식으로 검출부의 구성도를 나타낸 것이다
검출부는 제어량의 출력값을 측정하여 정보를 끄집어내어 검출 요소를 만들어 내는 부분이다.

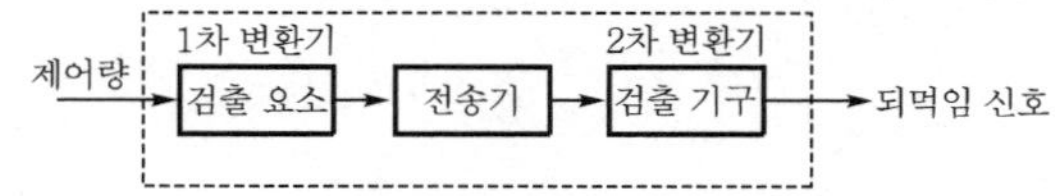

- 1차 변환기(검출 요소) : 제어량을 검출하여 기준 입력 신호로 변환하는 장치로서, 제어량은 검출 요소에 의해서 기계적 변위, 힘 또는 전기 신호 등으로 변환된다.
- 2차 변환기(검출기) : 1차 변환 신호를 물리량으로 변환하여 제어 동작 신호를 조작량으로 변환하는 요소의 조절부에 가해진다.

* ㉠ 검출 요소, ㉡ 검출기, ㉢ 조절부

▎변환 요소의 종류▎

변환량	변환 요소
변위 → 압력	스프링, 유압 분사관
압력 → 변위	스프링, 다이어프램
변위 → 전압	차동 변압기, 전위차계
전압 → 변위	전자 코일, 전자석
변위 → 임피던스	가변 저항기, 용량 변환기, 유도 변환기
온도 → 전압	열전대(백금-백금로듐, 철-콘스탄탄, 구리-콘스탄탄)

38 압력-변위로 변화하는 변환기는?

▎03.04.05.08.09.10.11.16.20 출제▎

해답 스프링, 다이어프램

39 프로세스 제어에서 각종 공업량을 임피던스로 변환하는 데 필요한 것은?

▎04 출제▎

해답 슬라이드 저항기

40 변위-임피던스 변환기는?

▎13.14 출제▎

해답 가변 저항기, 용량 변환기, 유도 변환기

41 신호 변환 검출에서 다이어프램 조절기는 무엇을 변위시키는가?

▎99.01.02.06.11 출제▎

해답 압력

해설 다이어프램

압력을 변위로 하는 요소로서, 검출기의 2차 변환기에 다이어프램 조절기를 사용하면 압력이 변위된다.

42 직류 전동기의 속도 제어 방식의 종류는?

▎98.07 출제▎

해답 ① 전압 제어법, ② 계자(여자) 제어법, ③ 저항 제어법

해설 직류 전동기의 속도 제어 방식의 종류

- 전압 제어법(voltage control) : 전동기에 인가되는 전원 전압의 크기를 변화시키는 제어 방식이다.
- 계자 제어법(field control) : 계자(여자) 회로의 전류를 변화시키는 제어 방식이다.
- 저항 제어법(rheostatic control) : 전기자 회로에 직렬 저항을 접속하여 전류를 변화시키는 제어 방식이다.

* 직류 전동기의 속도 제어는 전원 전압, 주파수, 온도, 외란 등에 대하여 일정 기간 동안에 전동기의 속도를 지정 편차 안에서 일정하게 유지시키기 위한 것으로 직류 분권 전동기가 주로 사용된다.

43 제어계 방식에 따른 제어용 증폭기의 조작 형식에 속하는 종류는?

▎08.15 출제▎

해답 ① 공기식, ② 유압식, ③ 전기식

해설 제어계 방식에 따른 제어용 증폭기의 조작 형식에는 공기식, 유압식, 전기식 및 이러한 것들을 조합시킨 방법 등이 사용된다.

Section 03 전파 응용 기기

01 레이더에 사용되는 전파는? ▌08.10 출제▐

해답 펄스형의 초단파

해설 레이더(RADAR : Radio Detection And Ranging)
레이더에서 사용되는 전파는 펄스형의 초단파로서, 전파의 직진성과 정속도성 및 반사성을 이용하여 전파를 먼 거리에 있는 목표물에 발사하고 그 반사파를 수신하여 목표물에 대한 정보(거리, 방향, 종류)를 얻는 장치이다.

02 레이더에 초단파가 사용되는 이유는? ▌99.01.03.20 출제▐

해답 지향성이 강하므로

해설 레이더에 사용되는 주파수는 1 ~ 30[GHz]대의 극초단파(SHF)대의 마이크로파로서, 전파의 파장이 30[cm] 이하로 매우 짧고 지향성이 강하므로 직진성과 정속도성을 가진다.

03 레이더에 사용되는 초단파 발진관은? ▌99.01.03.06.07.11.12 출제▐

해답 자전관(magnetron)

해설 자전관(magnetron)
레이더에 사용되는 송신용 발진관으로, 균일한 자장 내에서 전자의 원운동에 의해 주파수가 매우 높은 극초단파 발진(마이크로파 진동)을 일으키는 전자관이다.

04 원거리용에 사용되는 레이더(radar)의 주파수는 몇 [GHz]인가? ▌15 출제▐

해답 3[GHz]

해설 원거리용으로 사용되는 레이더의 주파수는 1.5 ~ 3.9[GHz]대의 S밴드 레이더를 사용한다. 일반적으로 선박(상선)의 경우 원거리용 S밴드의 레이더와 근거리 정밀용으로 X밴드의 레이더 두 가지를 모두 탑재하여 운항하며 보통 S밴드의 레이더로서 선박을 운항한다.

▌레이더에 사용되는 주파수 대역▐

밴드	주파수 범위[GHz]
UHF	0.3 ~ 1
L	1 ~ 1.5
S	1.5 ~ 3.9
C	3.9 ~ 8.0
X	8.0 ~ 12.5
Ku	12.5 ~ 18
K	18 ~ 26.5
Ka	26.5 ~ 40

05 펄스 레이더에서 전파를 발사하여 수신할 때까지 2.8[μsec]가 걸렸다면 목표물까지의 거리는? ▌02.04.07.08.09.13 출제▐

해답 420[m]

해설 레이더의 거리 측정
거리 $d = \frac{ct}{2}$[m]에서

$\therefore d = \frac{1}{2} \times 3 \times 10^8 \times 2.8 \times 10^{-6} = 420$[m]

여기서, c : 전파의 속도(3×10^8[m/sec])
t : 전파의 왕복 시간

06 선박이 A 무선 표지국이 있는 항구에 입항하려고 할 때 그 전파의 방향, 즉 진북에 대한 α도의 방향을 추적함으로써 A 무선 표지국이 있는 항구에 직선으로 도달하는 것을 무엇이라고 하는가? ▌01.04.15 출제▐

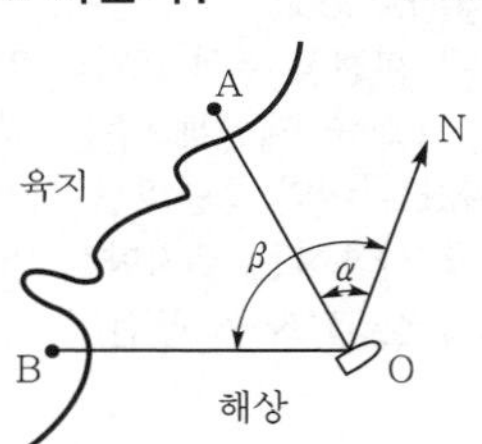

해답 호밍(homing)

해설 무지향성 무선 표지(NDB : Non-Directional Beacon)
가장 많이 사용되는 무선항행 보조 방식으로, 고정된 비컨국(공항이나 항구에 설치된 송신국)

에서 전파를 모든 방향(무지향성)으로 발사하면 이 전파를 항공기와 선박에서 지향성 안테나를 가진 방향 탐지기로 측정하여 전파의 도래 방향을 구하여 이동국 자신이 자국의 위치를 결정하도록 하는 지향성 수신 방식이다. 이것은 선박이 항구에 입항할 때나 항공기 착륙에 필요한 진입로 형성에 사용될 때 호밍 비컨(homing beacon) 또는 호머(homer)라고 한다.

07 선박에 이용되며 방향 탐지기 없이 라디오 수신기를 이용하여 방위를 측정하는 것은?

▮98.03.05.10.15.20 출제▮

해답 회전 비컨

해설 회전 비컨(rotary beacon)
지향성 안테나를 가지고 있지 않는 소형 선박을 대상으로 지향성을 가진 비컨을 회전시켜서 전 방향에 지시하도록 한 것으로, 사용 주파수는 285 ~ 325[kHz]이며, 송신 전파는 8자 지향 특성으로 빔을 만들어 최소 감도를 남북으로 일치시킨 다음 2°마다 단점 부호를 시계 방향으로 회전하면서 발사한다.
이것은 측정 시간이 너무 길어서 항공기에서는 사용되지 않고 주로 소형 선박에서만 사용된다.

08 전방향식 AN 레인지 비컨이라고도 하며 108 ~ 118[MHz]의 초단파를 사용하는 전파 항법은?

▮10 출제▮

해답 VOR

해설 전방향 레인지 비컨(VOR : VHF Omnidirectional Range beacon)
VOR은 회전식 무선 표지의 일종으로, 항공기의 비행 코스를 제공해 주는 장치로서, 108 ~ 118[MHz]대의 초단파를 사용한다. 이것은 중파대를 사용하는 무지향성 비컨(NDB)보다 정밀도가 높고 지구 공전의 방해를 덜 받는다.

09 AN 레인지 비컨에서 등신호 방향을 나타내는 각도는?

▮08.09.13.16 출제▮

해답 등전계 강도 방향의 각도
45°, 135°, 225°, 315°

해설 AN(Arrival Notice) 레인지 비컨
항공기의 비행 항로를 전파로 유도하는 일종의 항공 표시 장치로서, 200 ~ 415[kHz]대의 중파대를 사용하며, 비컨 국을 중심으로 4개의 항공로를 만든다.

10 항공기나 선박이 전파를 이용하여 자기 위치를 탐지할 때 무지향성 비컨 방식이나 호밍 비컨 방식을 이용하는 항법은?

▮08.09.11.14 출제▮

해답 방사상 항법(1)

해설 방사상 항법
- 방사상 항법(1)(지향성 수신 방식)
  - 공항이나 항구에 설치된 송신국에서는 전파를 모든 방향으로 발사하며 항공기나 선박에서는 지향성 공중선으로 전파의 도래 방향을 탐지한다.
  - 종류 : 무지향성 비컨(NDB), 호밍 비컨(homing beacon)
- 방사상 항법(2)(지향성 송신 방식)
  - 지상국에서 전파를 발사할 때 방위를 표시하는 신호를 포함시켜 지향적으로 발사한다.
  - 종류 : 회전 비컨, AN 레인지 비컨, VOR

11 두 점으로부터의 거리차가 일정한 점의 궤적으로서, 이때 두 점은 쌍곡선의 초점이 되는 것을 이용한 항법은?

▮99.01.05.13 출제▮

해답 쌍곡선 항법(hyperbolic navigation)
어느 두 지점으로부터 거리의 차가 일정하게 되는 점의 궤적은 두 지점을 초점으로 하는 쌍곡선이 된다는 원리를 이용한 전파 항법으로, 로란과 데카의 2가지 방식의 시스템이 있다.

12 주국과 종국의 전파 도래 시간차를 측정하는 방식은?

▮16 출제▮

해답 로란(loran)

해설 로란(loran : long range navigation)
주파수 90 ~ 110[kHz]의 저주파 펄스를 이용한 쌍곡선 항법으로, 1쌍의 두 송신국(주국과 종국)으로부터 발사된 펄스파의 도달 시간차를 측정하여 자국의 위치를 결정하는 방식이다. 이것은 선박에 항법상의 데이터를 제공해 주는 장거리 항법 장치로서, 북대서양과 북태평양 지역에서 이용되고 있다.

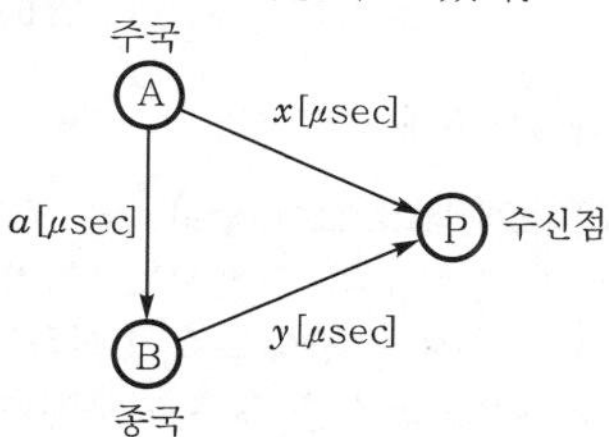

* 현재는 인공위성을 기반으로 하여 전 세계 어느 곳에서나 위치를 구할 수 있는 방식의 위성 항법 장치(GPS : Global Positioning System)의 이용이 늘고 있어 현재의 로란 방식은 연안 항해용으로 로란 C만 사용되고 있다.

13 한 조를 이루는 지상국에서 펄스 대신에 연속파를 발사하여 수신 장소에서 그 위상차를 이용하여 거리치를 알아내는 쌍곡선 항법은?

▌98.01.02.05 출제 ▌

해답 데카(decca)

해설 데카(DECCA : Decca navigation system)
펄스파 대신 100[kHz]의 장파대를 사용한 중거리용 쌍곡선 항법 장치로서, 1개의 주국과 3개의 종국에서 발사된 지속전파의 도달 시간 차에 의한 무선 주파수의 위상차를 측정하여 데카 차드에서 자국의 위치선을 결정하는 방식으로 로란의 시간차에 의한 것보다 위치 측정의 정확도가 더 크다. 이것은 영국의 데카사에서 제조한 계기를 사용하여 항행하는 전파 항법으로 북해 · 지중해 지역 등에서 이용된 것으로 2000년경에 거의 폐쇄되고 지금은 운영되지 않고 있다.

14 8자형 안테나의 합성 출력을 수신기로 받아서 지향성 안테나를 회전시켜 방향을 자동적으로 탐지하는 기기는?

▌06.20 출제 ▌

해답 자동 방향 탐지기(ADF)

해설 자동 방향 탐지기(ADF : Automatic Direction Finder)
항공기에서 사용되는 ADF는 항공기의 기수 방향에 대한 전파의 도래 방향을 루프 안테나가 갖는 8자 지향성 특성을 이용하여 자동적으로 측정한다.

15 항법 보조 장치의 ILS란?

▌06.07.08.10.11.14 출제 ▌

해답 계기 착륙 장치

해설 계기 착륙 장치(ILS : Instrument Landing System)
야간이나 안개 등의 악천후로 시계가 나쁠 때 항공기가 활주로를 따라 정확하게 착륙할 수 있도록 지향성 전파(VHF, UHF)로 항공기를 유도하여 활주로에 바르게 진입시켜주는 장치를 말한다. 이것은 국제 표준 시설로서, 로컬 라이저, 글라이드 패스, 팬 마크 비컨이 1조로 구성되어 계기 착륙 방식이 이루어진다.

16 계기 착륙 방식이라고도 하며 로컬라이즈, 글라이드 패스 및 팬 마크로 구성되는 것은?

▌07.09.14 출제 ▌

해답 ILS

해설 계기 착륙 장치(ILS)의 구성

- 로컬라이저(localizer) : 항공기가 활주로의 연장 코스 상을 정확하게 진입하고 있는 지를 지시하는 장치로서, 사용 반송 주파수는 108 ~ 112[MHz]의 초단파(VHF)이며 출력은 200[W]로 송신된다. 이때, 진입 코스의 좌측은 90[Hz], 우측은 150[Hz]로 변조된 두 전파에 의하여 표시된다.
- 글라이드 패스(glide path) : 항공기가 강하할 때 수직면 내에서 올바른 코스를 지시하는 장치로서, 사용 반송 주파수는 328.6 ~ 335.4[MHz]의 UHF대이며 출력은 10[W]정도이다. 이때, 진입 코스는 로컬라이저와 마찬가지로 윗측은 90[Hz], 아랫측은 150 [Hz]의 변조된 두 주파수로 표시된다.
- 팬 마크 비컨(fan maker beacon) : 항공기가 착륙 자세에 들어갈 때 활주로까지의 일정한 거리를 알려주기 위하여 수직 방향으로 발사하는 부채꼴 모양의 지향성 전파의 표시로서, 반송 주파수는 75[MHz], 변조 주파수는 400, 1,300, 3,000[Hz]를 사용한다. 이것은 항공기가 진입 코스를 통과하면 변조 주파수에 의한 가청음을 들을 수 있고 자색, 등색, 백색 램프가 점등됨으로써 진입 경로의 위치를 판단할 수 있다.

17 항공기가 강하할 때 수직면 내의 올바른 코스를 지시하는 것은?

❚ 01.05.07.10.14 출제 ❚

해답 글라이드 패스

해설 글라이드 패스(glide path)
항공기가 활주로에 진입하여 강하할 때 수직면 내의 진입 코스를 지시하는 장치이다.

18 공항에 수색 레이더(SRE)와 정측 레이더(PAR)의 두 레이더가 설치된 항법 보조 장치는?

❚ 99.02.03.04.15 출제 ❚

해답 지상 제어 진입 장치(GCA)

해설 지상 제어 진입 장치(GCA : Ground Controled Approach)
ILS와 마찬가지로 시계가 불량할 때 사용하는 장치로서, 지상에 설치된 감시용 수색 레이더(SRE) 및 정측 진입 레이더(PAR)와 연락용 VHF 또는 UHF 대 무선 전화 장치로 구성되어 있다. 이것은 두 레이더로 항공기를 유도하고 무선 통신으로 항공기의 위치를 조정하여 활주로에 착륙시키는 장치이다.

- 정측 진입 레이더(PAR : Precision Approach Radar) : 항공기가 정해진 코스로부터 이탈되는 것을 막기 위하여 빔을 상하 · 좌우로 주사하는 방식으로, 사용 주파수는 3[GHz]이며 최대 출력은 25 ~ 45[kW]이다.
- 수색 레이더(SRE : Surveillance Radar Element) : 항공기가 관제 영역에 들어올 때 이를 포착하여 활주로로 유도하기 위한 레이더로서, 사용 주파수는 2.7 ~ 2.9[GHz] 이며, 최대 출력은 500[kW]로서 정측 진입 레이더에 의해 유도된다. 이것은 모든 방향으로 예측할 수 없는 진입물이나 장애물을 감시 수색하는 레이더로서 안테나를 회전시켜 브라운관상 위에 표적물의 방향과 거리를 나타내는 PPI(Plane Position Indicator)가 사용된다.

19 기구에 관측 장치를 적재하여 대기로 띄워 보내는 것을 무엇이라고 하는가?

❚ 02.05.06.13 출제 ❚

해답 라디오존데

해설 라디오존데(radiosonde)
대기 상층부의 기상 요소(기압, 온도, 습도)를 관측하여 지상으로 송신하는 측정 장치로서, 수소 가스를 채운 기구에 기상 관측 장비와 소형 무선 발진기를 설치하여 띄우고 결과를 무선 발진기를 통해 전파로 발신하는 대기 탐측 기기이다.
이것의 측정값은 모스 부호식이나 주파수 변조 방식을 사용하여 송신하며 지상의 자동 추적 장치로 그 위치(방위각과 고도각 또는 직선 거리)를 추적하여 측정한다.

20 라디오존데(radiosonde)의 주된 측정은?

❚ 99.01.02.05.06.09.14.16 출제 ❚

해답 기압, 온도, 습도

해설 기상 관측 측정 센서

- 기압 감지기 : 아네로이드 기압계(저항 접점식 공항 기압계)
- 온도 감지기 : 바이메탈 온도계(서미스터 온도계)
- 습도 감지기 : 모발 습도계(카본 습도계)

Section 04 반도체 응용

01 전자 냉동기는 어떤 효과를 응용한 것인가?

Ⅰ 98.01.02.03.04.05.06.07.10.13.14.15.20 출제 Ⅰ

해답 펠티에 효과

해설 펠티에 효과(Peltier effect)

그림과 같이 종류가 다른 두 종류의 금속을 접속하여 전류를 통하면 줄(juole)열 외에 그 접점에서 열의 발생 또는 흡수가 일어나고 또 전류의 방향을 반대로 하면 이 현상은 반대로 되어 열의 발생은 흡수로 되고 열의 흡수는 발생으로 변한다. 이 효과는 제벡 효과(seebeck effect)의 역효과로서, 현재 반도체 열전재료의 실용화로 전자 냉동 · 난방 등에 널리 응용되고 있다.

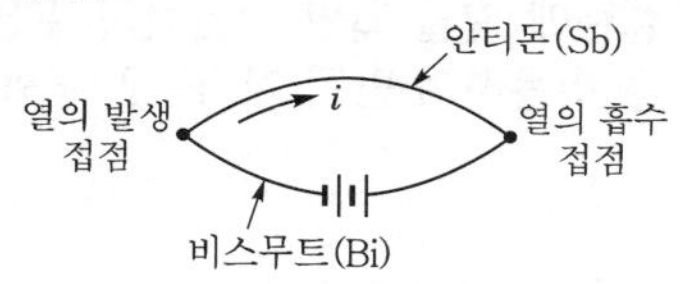

02 전자 냉동기의 기본 원리를 나타낸 것이다. 'ㄷ' 점에서 발열이 있었다면 흡열 현상이 나타나는 곳은?

Ⅰ 01.02.04 출제 Ⅰ

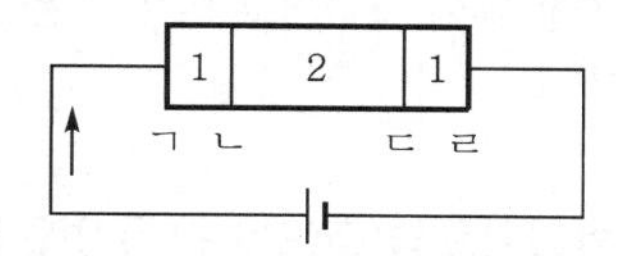

해답 ㄴ점

해설 그림과 같이 ㄱ과 ㄹ 사이에 직류 전압을 가하면 도체 1과 2를 통해서 전류가 흐르므로 도체 1과 2의 접합부 ㄴ과 ㄷ에서 열의 흡수 및 발산이 일어난다. 이때, ㄷ점에서 발열이 생기면 ㄴ점에서는 흡열 현상이 나타난다.

03 전자 냉동기의 효율은?

Ⅰ 01.02.06 출제 Ⅰ

해답 $\dfrac{\text{흡열량}}{\text{소비 전력}}$

해설 전자 냉동기의 특징

- 회전 부분이 없으므로 소음도 없고 배관도 필요하지 않다.
- 온도 조절이 용이하다.
- 전류의 방향만 바꾸어 냉각과 가열을 쉽게 변환할 수 있다.
- 성능이 고르며 수명이 길고 취급이 간단하다.
- 열용량이 작은 국부적인 냉각에 적합하며, 대용량에서는 효율에 많은 단점이 있다.

* 전자 냉동기의 효율 $= \dfrac{\text{흡열량}}{\text{소비 전력}}$

04 태양 전지는 무슨 효과를 이용한 것인가?

Ⅰ 99.01.02.03.04.05.07.13.16 출제 Ⅰ

해답 광기전력 효과

해설 광기전력 효과(photovoltaic effect)

반도체의 PN 접합부나 정류 작용이 있는 반도체의 접합면에 강한 빛을 입사시키면 경계면의 접촉 전위차로 인하여 반도체 중에 생성된 전도 전자와 정공이 분리되어 양쪽 물질에 서로 다른 종류의 전기가 발생하여 광기전력이 생기는 효과이다. 이 효과는 포토다이오드, 포토트랜지스터, 광전지 등으로 실용화되고 있다.

05 아래 그림은 태양 전지의 구조도이다. 음극(−) 단자가 연결된 A를 구성하는 물질은?

Ⅰ 99.01.02.03.04.05.08.10.16.20 출제 Ⅰ

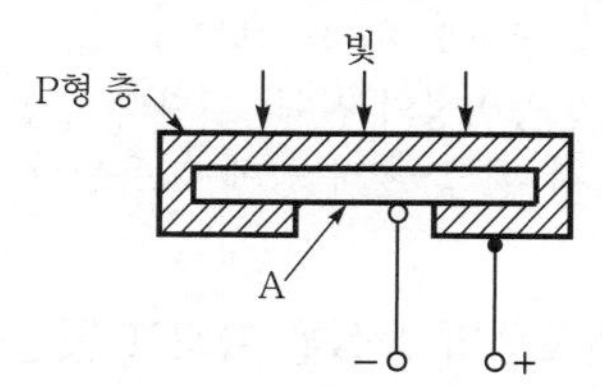

해답 N형 실리콘

해설 태양 전지의 구조

- 태양 전지는 광전지의 일종으로, 태양의 반사 에너지를 직접 전기 에너지로 변환하는 장치이다. 현재 사용되고 있는 태양 전지는 반도체 실리콘 기판으로 되어 있는 PN 접합을 이용한 것이 실용화되고 있다.
- 두께가 0.5[mm]이고 저항률이 0.1 ~ 1[Ω · cm]인 N형 실리콘 기판을 사용하여 PN 층에 니켈 도금 또는 금, 알루미늄을 증착시켜 전극 단자를 연결한다.

• 양극(+) 단자 : P형 실리콘층
음극(−) 단자 : N형 실리콘판

06 태양 전지를 연속적으로 사용하기 위하여 필요한 장치는?

▮99.06.07.08.09.11.14.15.16 출제▮

해답 축전 장치

해설 태양 전지를 연속적으로 사용하기 위해서는 태양 광선을 얻을 수 없는 경우를 대비하여 축전 장치가 필요하다.

07 태양 전지의 이점은?

▮98 출제▮

해답 종래에 이용되지 않는 풍부한 에너지원으로 이용된다.

해설 태양 전지(solar cell)
태양의 방사 에너지를 이용한 광전지의 일종으로, 태양 광선으로 풍부한 에너지원으로 이용된다.
[태양 전지의 특징]
• 연속적으로 사용하기 위해서는 축전 장치가 필요하다.
• 에너지원이 되는 태양 광선이 풍부하므로 이용이 용이하다.
• 빛의 방향에 따라 발생 출력이 변하므로 출력에 여유를 두어야 한다.
• 장치가 간단하고 보수가 편리하다.
• 대전력용으로는 부피가 크고 가격이 비싸다.
• 인공위성의 전원, 초단파 무인 중계국, 조도계 및 노출계 등에 이용된다.

08 반도체의 성질을 가지고 있는 물질에 전장을 가하였을 때 생기는 현상은?

▮98.02.03.04.05.10.15.16 출제▮

해답 전장 발광

해설 전장 발광(EL : Electro Luminescence)
도체 또는 반도체에 전장을 가하면 빛이 방출되는 현상으로, 열방사에 의하지 않는 발광 현상을 일반적으로 루미네선스(luminescence)라고 한다.

09 형광체를 포함한 반도체에 전기장을 가하면 빛이 방출되는 현상은 무엇인가?

▮05.07 출제▮

해답 일렉트로 루미네선스(Electro Luminescence ; EL)

해설 루미네선스의 종류
• 포토 루미네선스(photo luminescence) : 빛에 의하여 형광체를 자극하는 것으로, 자외선이 가시광선으로 변환된다.
• 음극선 루미네선스(cathode luminescence) : 음극선에 의하여 형광체를 자극하는 것이다.
• 전기 루미네선스(electro luminescence) : 전장에 의해서 형광체를 발광시키는 것으로, 전장 루미네선스라고도 한다.

10 셀렌에 빛을 쬐면 기전력이 발생하는 원리를 이용하여 만든 계기는?

▮98.04.16 출제▮

해답 조도계

해설 조도계(illuminometer)
반도체의 광기전력 효과를 이용하여 셀렌에 빛을 쬐면 기전력이 발생하는데 이 기전력의 크기로 빛의 입사량을 검출할 수 있는 계기이다. 이것은 조도를 측정하는 계기로서, 현재 가장 많이 보급되고 있는 것은 광전지 조도계이다.

11 황화카드뮴(CdS)이란 무엇인가?

▮04.06 출제▮

해답 광전도 소자

해설 황화카드뮴(CdS)
황과 카드뮴의 화합물로서, 반도체의 일종으로 빛 에너지에 의해 전기 전도율이 변화하는 대표적인 광전도체 소자이다. CdS의 특성은 빛이 높아지면 저항값이 작아지고 빛이 낮아지면 저항값이 높아지는 성질을 이용하여 빛의 유무를 파악하는 광전도 소자로서, 가시광선 영역의 빛에 감광하여 높은 감도를 나타낸다.
* CdS 셀은 카메라의 노출계, 자동 점멸기, 광 센스, 각종 검출 장치 및 계측기 등에 쓰인다.

Section 05 오디오 시스템(audio system)

01 음압의 단위는? ▮08.10.11.12.14.16 출제▮

해답 [μbar]

해설 음압(sound pressure)
스피커에서 음향 에너지로 방사되는 음파가 매질 속을 통과할 때 생기는 압력으로, P로 나타내며 단위는 [μbar]를 사용한다.

02 스피커의 출력 음압 수준의 기준은? ▮98 출제▮

해답 0.002[μbar]를 기준으로 0[dB]로 정한다.

해설 출력 음압 수준(output sound pressure lebel)
1[V]의 입력 전력을 스피커에 가하여 스피커의 정면축에서 1[m] 떨어진 점에서 생기는 음압 수준을 어떤 정해진 주파수 범위 내에서 평균한 것으로, 음압 수준은 0.002[μbar]를 기준으로 0[dB]로 정한다.

03 −80[dB]의 감도를 가진 마이크로폰에 1[μbar]의 음압을 주었을 경우 출력 전압은 몇 [mV]인가? ▮02.03 출제▮

해답 0.1[mV]

해설 감도(sensitivity)
마이크로폰에 일정한 세기의 음압을 가했을 때 얼마만 한 전기적인 출력이 얻어지는가를 표시하는 것으로 보통 1,000 [Hz], 1[μbar]의 음압을 가했을 때 개방 단자에 나타나는 전압이 1[V]인 경우를 0[dB]로 정한다.
감도 표시법은 음압이 P[μbar]일 때 출력 전압 E[V], 감도 S는 다음과 같이 나타낸다.

$$\therefore\ S=20\log_{10}\frac{E}{P}\,[\text{dB}]$$

$$-80=20\log_{10}\frac{E}{1[\mu\text{bar}]}\,[\text{dB}]\text{에서}$$

$$\frac{-80}{20}=\log_{10}\frac{E}{1}$$

$$-4=\log_{10}E$$

$$\therefore\ E=10^{-4}=0.1[\text{mV}]$$

04 스피커의 감도 측정에 있어서 표준 마이크로폰이 받는 음압이 4[μbar]이면 스피커의 전력 감도[dB]는? (단, 스피커의 입력에는 1[W]를 가한 것으로 한다) ▮04.06.08.09.14.15 출제▮

해답 12[dB]

해설 전력 감도 $S=20\log_{10}\dfrac{P}{\sqrt{W}}$ [dB]
(W : 입력 전력, P : 음압)

$$\therefore\ S=20\log_{10}\frac{4}{\sqrt{1}}=20\log_{10}4\fallingdotseq 12\,[\text{dB}]$$

$*\ 10\log_{10}4=6\,[\text{dB}],\ 2\times 6=12\,[\text{dB}]$

05 소리의 3요소는? ▮16 출제▮

해답 ① 소리의 세기, ② 소리의 고저, ③ 소리의 음색

해설 소리의 3요소
- 소리의 세기(강약) : 진폭(데시벨[dB])
- 소리의 고저(높낮이) : 진동수(16 ~ 20,000 [Hz])
- 소리의 음색(맵시) : 음의 파형

06 원래 사운드의 잔향 효과를 나타내기 위해 사용하는 이펙터(effect)는? ▮16 출제▮

해답 리버브

해설 리버브(reverb)
여러 가지 지연 시간을 가진 다수의 반사음(에코)이 합성되어 얻어지는 잔향 효과로서, 음에 현장감이 있는 입체적 효과를 주어 마치 넓은 공간의 연주홀 등에서 연주하는 것과 같은 공간감을 표현할 수 있는 효과를 주는 사운드이다. 이러한 효과는 음악에서는 음에 두께와 깊이를 더해주는 중요한 요소로서 대중음악을 녹음할 때에는 반드시 리버브가 들어간다.

07 주파수 특성이 평탄하고 음질이 좋아서 현재 주로 사용되고 있는 스피커는?

▌08.11.15 출제▐

해답 콘(cone)형 다이내믹 스피커

해설 콘(cone)형 다이내믹 스피커
원추(cone)형 종이를 진동판으로 사용한 스피커로서, 음파의 진동이 직접 진동판에 전달되어 공간으로 방출되므로 주파수 특성이 평탄하고 넓은 주파수대를 재생할 수 있으며 음질이 좋아서 현재 가장 널리 사용되는 스피커이다.

08 주파수 특성이 평탄하고 음질이 좋아서 현재 주로 사용되는 동전형 스피커의 동작 원리는?

▌05 출제▐

해답 전류와 자계에서 생기는 힘

해설 콘(cone)형 다이내믹 스피커
스피커의 기본 형식은 그림과 같이 가동 코일형으로, 자기 회로와 진동계로 구성된 스피커이다. 이것은 진동판으로는 원추(cone)형의 종이를 사용한 것으로, 가동 코일의 자장 속에 음성 전류를 흘리면 플레밍의 왼손 법칙에 따라 코일이 전류와 자장에서 생기는 힘을 받아 축 방향으로 진동하며 이 진동은 스프링처럼 진동판을 제어하는 댐퍼(damper)를 통해 축에 연결된 원추형 진동판에 전달되어 음파가 공간으로 방출된다.

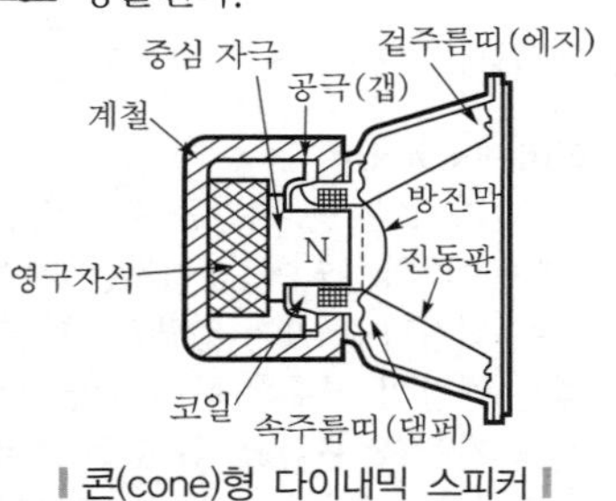

▌콘(cone)형 다이내믹 스피커▐

09 스피커의 재생 음력을 3분할(tree way)하는 방식의 유닛은?

▌07.09.14 출제▐

해답 3웨이 스피커 시스템
- 저역 전용(low rang) : 우퍼(W : Woofer)
- 중역 전용(medium rang) : 스쿼커(S : Squawker)
- 고역 전용(hight rang) : 트위트(T : Tweeter)

해설 복합형 스피커
고충실도의 음향 재생을 위해 스피커의 재생 음역을 저음, 중음, 고음의 음역대로 3분할하는 방식의 유닛(unit)으로, 멀티웨이 시스템 방식이라고 한다. 그림에서 음역대별 진동판의 크기는 저음 > 중음 > 고음으로 작고 LC 필터는 3웨이 시스템으로 음역대별로 접속된 스피커의 종합 주파수 특성을 하나의 평탄한 주파수로 만들어주기 위한 것이다.

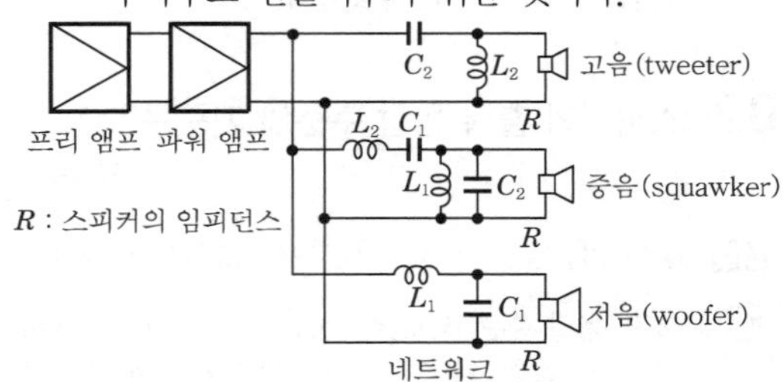

▌3웨이 스피커 시스템의 구성도▐

10 중음 재생을 전용으로 하는 스피커는?

▌10 출제▐

해답 스쿼커(squawker)

11 메인 증폭기라고도 하는 전력 증폭기의 구성은?

▌05.13.15 출제▐

해답 ① 전치 구동단, ② 전압 증폭단, ③ 출력단

해설 주증폭기(main amplifier)
전치 증폭기로부터 받은 작은 신호 전압을 전력 증폭하고 스피커에 출력 전력을 공급하여 규정 출력을 재생하는 증폭기로서, 오디오 앰프의 핵심이 되는 증폭기이다. 이것은 그림과 같이 전치 구동단, 전압 증폭단, 출력 전력을 증폭하는 출력단으로 구성된다.

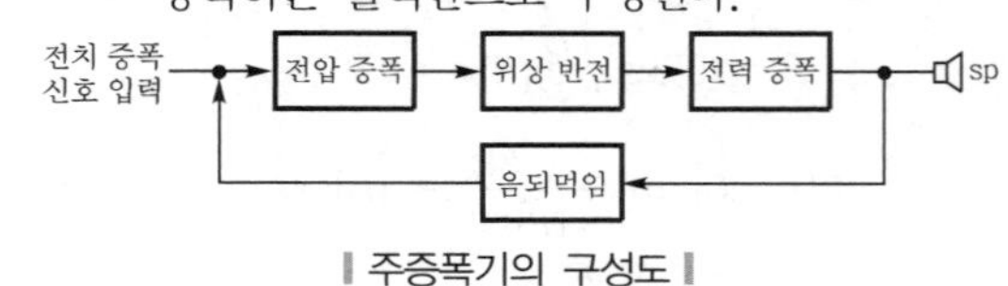

▌주증폭기의 구성도▐

Key Point

오디오 앰프(audio amp)의 구성

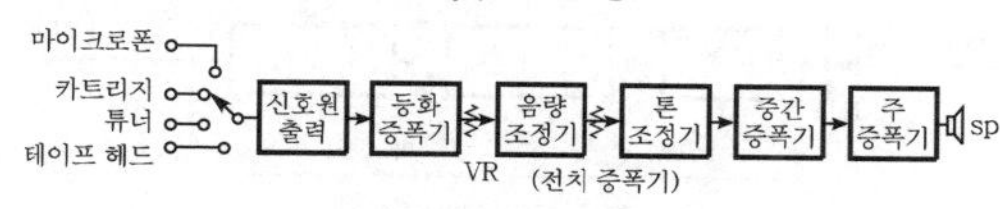

▌재생 증폭기의 구성도▐

- 전치 증폭기(pre amplifier) : 마이크로폰이나 튜너 및 테이프 헤드 등으로부터 나오는 작은 신호 전압을 증폭하고 음량 조절기와 음질 조정기로 신호를 증폭하여 주증폭기로 보낸다.
- 등화 증폭기(equalizing amplifier) : 고역음과 저역음에 대한 출력 주파수 특성이 균일하게 되도록 증폭기로 보정하여 주파수 특성을 전체적으로 평탄한 특성으로 만들어 주는 것으로 주파수 보상 또는 등화라고도 한다.

12 메인 앰프의 구비 조건은? ▌99.07.11 출제▐

해답
- 전력 효율이 좋은 B급 푸시풀(DEPP 또는 SEPP) 증폭 회로로 구성할 것
- 증폭 회로는 부귀환으로 할 것
- 일그러짐(distortion)과 잡음이 작을 것
- 신호 대 잡음(S/N)비가 우수할 것
- 고역과 저역에 대한 주파수 특성이 전체적으로 평탄할 것

13 마이크로폰이나 테이프 헤드 등으로부터 나오는 비교적 작은 신호 전압을 증폭하는 증폭기는? ▌02.03.05.20 출제▐

해답 전치 증폭기

해설 전치 증폭기(pre-amplifier, 톤 증폭기)
마이크로폰이나 테이프 헤드 등으로부터 나오는 작은 신호 전압을 조정 회로를 통하여 증폭하고 주증폭기(main amplifier)로 보내어 규정 출력을 낼 수 있게 하는 증폭기이다. 이것은 음량을 조절하는 볼륨 조정기(VR : Volume Regulate)와 저음과 고음을 조정하는 톤(tone : 음질) 조정기가 있으며 음반을 틀 때 생기는 진동이나 바늘 잡음을 제거하기 위한 로 컷(low cut) 필터, 하이 컷(high cut) 필터 및 음량을 작게 하여 소리를 들을 때 부족한 고음과 저음을 높이게 하는 로드니스(lowdness) 조정기 등으로 구성되어 있다.

14 오디오 시스템에서 마이크로폰 신호가 입력되는 증폭기는? ▌14 출제▐

해답 전치 증폭기

해설 전치 증폭기(pre-amplifier)
주증폭기(main- amplifier) 앞단에 설치한 증폭기로서 오디오 시스템에서 마이크로폰이나 테이프 헤드 등으로부터 나오는 비교적 작은 신호 전압을 증폭하여 주증폭기로 보내어 규정 출력을 낼 수 있게 하는 증폭기이다.

15 오디오 시스템(audio system)에서 잡음에 대하여 가장 영향을 많이 받는 부분은? ▌11.13.16 출제▐

해답 등화 증폭기

해설 등화 증폭기(EQ amp)는 오디오 시스템(audio system)에서 고역과 저역에 대한 주파수를 보상하여 전체 주파수 특성을 평탄하게 하는 재생 증폭기로서 잡음에 대한 영향을 가장 많이 받는다.

16 등화 증폭기의 역할은? ▌99.03.05.07.11.13.14 출제▐

해답
- 고역에 대한 이득을 낮추어 원음 재생이 실현되도록 한다.
- 고역음의 잡음을 감쇠시킨다.
- 미약한 신호를 증폭한다.

해설 등화 증폭기(EQ amp : equalizing amplifier)
녹음기에서는 테이프와 자기 헤드의 손실 때문에 출력의 주파수 특성이 평탄해지지 않는다. 이때, 고역음과 저역음에 대한 음향 특성이 균일하게 재생되도록 보정하여 전체 주파수 특성을 평탄한 특성으로 만들어주는 증폭기로서, 저역음은 강조하고 고역음에 대한 이득은 낮추어 원음 재생이 실현되도록 한다. 이것은 재생 특성을 보상하기 위한 것으로 주파수 보상 또는 등화(equalization)라고도 한다.

17 오디오 앰프(audio amp)에 부귀환을 걸어 줄 때의 장점은? ▌98.01.02.06.13 출제 ▌

해답 부귀환의 장점
- 이득의 감소
- 안정도 향상
- 일그러짐 및 잡음의 감소
- 부귀환(음되먹임)에 의해 증폭기의 이득은 감소하나 대역폭이 넓어져서 주파수 특성이 개선된다.

18 음색 조절이 가능한 음향 장치는? ▌15 출제 ▌

해답 이퀄라이저

해설 이퀄라이저(equalizer)
음향 신호 내에 포함된 가청 주파수(20 ~ 20,000[Hz]) 범위의 주파수 대역을 분할하여 각각의 주파수대로 레벨 강도를 조정함으로써 음색을 보정하는 기기이다. 이것은 PA(Public Address)의 모든 부분에서 사용되는 필수 음향 기기이다.

19 오디오의 재생 주파수 대역을 몇 개의 대역으로 나누어 각각의 대역 내의 주파수 특성을 자유롭게 바꿀 수 있는 기능은? ▌06.11.12 출제 ▌

해답 그래픽 이퀄라이저

해설 그래픽 이퀄라이저(graphic equalizer)
음색을 조절하는 이퀄라이저의 재생 주파수 대역을 각각의 음력대로 그래픽 레벨을 만들어 시각적으로 음향 효과를 추가시킨 이퀄라이저이다.

20 아날로그 오디오를 디지털 오디오로 변환하는 방법은? ▌13 출제 ▌

해답 PCM의 A/D 변환 순서
표본화 → 양자화 → 부호화

해설 펄스 부호 변조(PCM)는 펄스 변조의 일종으로, 아날로그 신호에서 표본화된 펄스열의 진폭을 부호화하여 디지털 신호로 변환시키는 변조 방식이다. 따라서, PCM에서의 A/D 변환은 아날로그 신호를 3단계의 분리 과정(표본화 → 양자화 → 부호화)에 의해 디지털 신호로 변환시킨다.

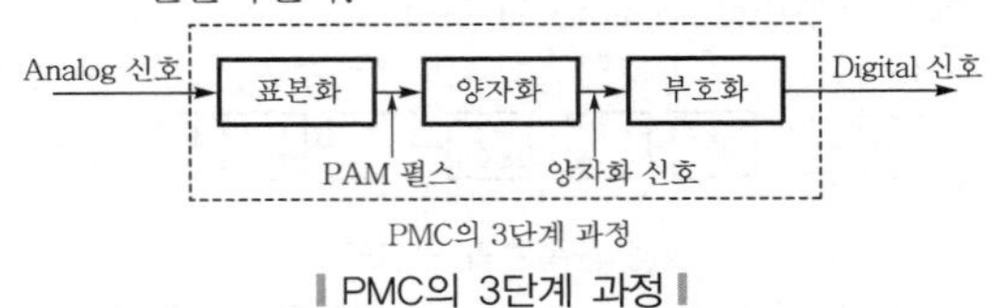

▌PMC의 3단계 과정 ▌

[부호 변환]
- 표본화(sampling) : Nyquist의 표본화 정리에서 아날로그 신호를 펄스 진폭 변조(PAM)로 변환하는 과정으로, 아날로그 신호를 일정한 간격으로 표본화하면 신호의 순시 진폭값을 얻는다.
- 양자화(quantization) : 표본화된 각각의 PAM 진폭을 이산적인 양자화 레벨(2^n)에 가장 가까운 레벨로 근사시키는 과정을 말한다.
- 부호화(encoding) : 양자화된 PAM 펄스 진폭의 레벨을 2진 부호(binary code)로 변환하는 과정을 말한다.

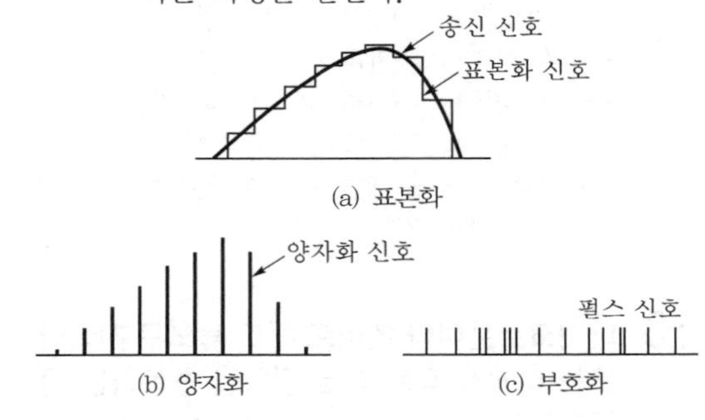

21 CD 플레이어의 구조에서 광학부의 역할은? ▌16 출제 ▌

해답 디스크의 정해진 위치에 레이저를 비추어 그 반사광을 픽업하는 부분

해설 CD 플레이어(compact disc player)
CD 음반의 정해진 위치에 레이저 빔을 비추어 CD에 녹음된 소리를 재생하는 장치로서, 기계적 접촉이 없는 비접촉 방식으로 프리앰프(preamp) 부분이나 이퀄라이저 부분은 불필요하다. 이것은 휴대용으로도 제조되며 가정용 스테레오 시스템, 카오디오 시스템, 개인용 컴퓨터에도 설치된다. 그리고 DVD 및 오디오 파일이 포함된 CD-ROM, 비디오 CD와 같은 다른 포맷도 지원하며 MP3 CD도 재생한다.

22 표준 12[cm] 오디오 CD 규격의 재생 및 녹음이 가능한 최대 시간[min]은? ▮15 출제▮

해답 74[min]

해설 콤팩트 디스크(CD : Compact Disk)
소니사와 필립스사가 공동으로 개발하여 만든 오디오 규격으로, 아날로그 신호를 녹음한 음반에서 발생하는 접촉 잡음 및 와우 플러터의 결점을 제거한 비접촉 방식이다. CD 음반은 소리의 신호가 PCM에 의한 디지털 신호로 기록되어 있으며 광학계의 레이저 광선(빔)을 이용한 픽업을 사용하여 재생하므로 음악 신호의 대부분은 왜곡 없이 그대로 담아내어 선명한 음질을 재생할 수 있다.

* CD의 세계 표준 직경은 12[cm]이며 재생 및 녹음이 가능한 시간은 74분으로 표준 모드의 경우 약 680Mbyte의 데이터를 저장할 수 있으며 현재는 700Mbyte로 80분 길이의 CD가 가장 많이 사용된다.

23 60[Hz]의 주파수와 8 V_{p-p}의 직사각형파를 입력 공급 전압으로 사용하는 표시기는? ▮15 출제▮

해답 LCD 표시기

해설 LCD(Liquid Crystal Display) 표시기
액체와 고체의 중간적인 특성을 가지는 액정의 전기 · 광학적 성질을 표시 장치에 응용한 것이다. 이것은 액체와 같은 유동성을 갖는 유기 분자인 액정이 결정처럼 규칙적으로 배열을 갖는 것으로, 분자 배열이 외부 전계에 의해 변화되는 성질을 이용하여 표시 소자로 만든 액정 디스플레이(LCD)이다.

24 디지털 LCD TV에서 전체 화면이 무지개색으로 나올 경우 증상은? ▮15 출제▮

해답 패널 TAP 불량

해설 LCD(Liquid Crystal Display) TV
LCD 패널을 장착하여 픽셀 하나하나를 액정을 이용해 영상을 구현하는 TV이며 LCD 패널은 디스플레이를 구현하는 장치로서 모니터 화면에 해당한다.

* 패널 TAP칩 불량 : LCD 패널의 상단 및 좌우측에는 영상을 전달받아 할당하는 TAP이 붙어 있는데 이 TAP이 손상되면 가로줄과 세로줄이 생기며 화면이 깨지는 현상이 나타난다. 이러한 패널 TAP은 필름 재질로 되어 있어 손상 및 파손이 쉽다. 따라서, TAP 칩이 불량일 경우에는 무지개색 잡음과 백화 현상이 생기며 색만 나타난다.

25 전자 기기에 사용되는 평판 디스플레이의 동작 방식의 발광형은? ▮15 출제▮

해답 전계 방출 디스플레이(FED)

해설 전계 방출 디스플레이(FED : Field Emission Display)
TV 브라운관이나 컴퓨터 모니터로 사용되었던 CRT와 유사한 새로운 형태의 자체 발광형 평판 디스플레이로서, 화질이 우수한 CRT와 평면 화면 구현이 가능한 PDP의 장점을 동시에 갖기 때문에 차세대 평판 브라운관이라고 한다. 이것은 상 · 하판으로 구성된 이중 구조로서, 상판(양극판 패널)에는 형광 물질이 발라져 있고 하판(음극판 패널)에는 미세한 마이크로미터(μm) 크기의 전자 발사체들이 무수히 부착된 형태를 갖고 있다. 따라서, 디스플레이 내부 전자 발사체에 전기장이 작용하면 전자가 방출되고 이 전자가 형광체를 발광시키는 원리에 따라 화면에 영상이나 이미지를 나타낸다.
이와 같은 평판 FED 기존 디스플레이에 비해 동영상에 대한 구현역이 뛰어나고 색상을 밝게 낼 수 있으며 어두운 곳에 있는 물체의 윤곽이나 색상을 섬세하게 표현하는 계조 표현력도 우수한 것으로 알려져 있다.

MEMO

II 과년도 출제문제

과년도 출제문제는 수험생들에게 시험 유형을 파악할 수 있도록 CBT 변경 이전 출제되었던 2012 ~ 2016년 총 5년간의 기출문제로 구성하였다. 문제마다 맥을 짚어주는 상세한 해설을 수록하여 문제의 이해도를 높였다. 과년도 출제문제를 통해 출제 경향을 파악하여 학습한다면 반드시 자격 시험에 합격할 수 있다고 확신한다.

2012. 02. 12. 기출문제

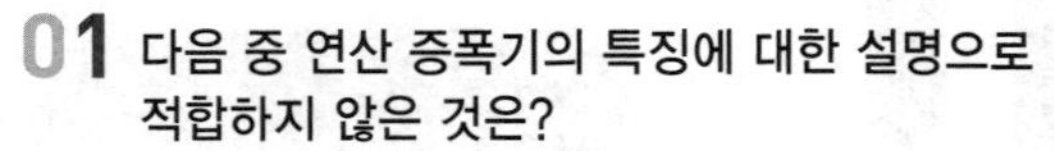

01 다음 중 연산 증폭기의 특징에 대한 설명으로 적합하지 않은 것은?

① 전압 이득이 매우 크다.
② 출력 저항이 매우 작다.
③ 주파수 대역폭이 매우 작다.
④ 동상 신호 제거비(CMRR)가 매우 크다.

해설 **이상적인 연산 증폭기(ideal OP Amp)의 특징**
- 입력 저항 $R_i=\infty$
- 출력 저항 $R_o=0$
- 전압 이득 $A_v=-\infty$
- 동상 신호 제거비가 무한대(CMRR = ∞)
- $V_1=V_2$일 때 V_o의 크기에 관계없이 $V_o=0$
- 대역폭이 직류(DC)에서부터 무한대(∞)일 것
- 입력 오프셋(offset) 전류 및 전압은 0일 것
- 개방 루프(open loop) 전압 이득이 무한대(∞)일 것
- 온도에 대하여 변하지 않을 것(zero drift)

02 실생활 중에서 정전기의 원리를 응용하는 것과 거리가 먼 것은?

① 전자 복사기
② 공기 청정기
③ 전기 도금
④ 차량 도장

해설 **전기 도금(electroplating)**
전기 분해의 원리를 이용하여 물체의 표면을 다른 금속의 얇은 막으로 덮어 씌우는 방법으로, 물질의 표면을 매끄럽게 하고, 쉽게 닳거나 부식되지 않도록 보호한다. 보통 금, 은, 구리, 니켈 등을 사용한다.

03 저주파 회로에서 직류 신호를 차단하고 교류 신호를 잘 통과시키는 소자로 가장 적합한 것은?

① 커패시터(capacitor)
② 코일(coil)
③ 저항(R)
④ 다이오드(diode)

해설 **커패시터(capacitor)**
2개의 도체판 사이에 절연판을 넣어서 만든 기본 회로 소자로서, 두 판 사이에 전하를 저장할 수 있는 충전용 소자이다. 저주파 회로에서 직류 신호(낮은 주파수)는 차단하고 교류 신호(높은 주파수)를 통과시킨다.

04 차동 증폭기에 대한 설명으로 옳은 것은?

① 공통 성분 제거비(CMRR)가 작을수록 잡음 출력이 작다.
② 교류 증폭에서는 사용하지 않으며 직류 증폭에만 사용한다.
③ 두 입력의 차에 의한 출력과 합에 의한 출력을 동시에 얻는 방식이다.
④ 차동 이득이 크고 동상 이득이 작을수록 공통 성분 제거비(CMRR)가 크다.

해설 **차동 증폭기(differential amplifier)**
- 차동 증폭기는 모놀리틱 IC 증폭단으로 측로 커패시터(bypass capacitor)를 사용하지 않고 직결합(direct coupled) 시켜서 사용하는 가장 우수한 증폭기 중 하나로 연산 증폭기의 입력단으로 널리 사용된다.
- 특징은 2개의 입력 단자에 공통으로 들어오는 신호를 제거하고 위상이 반대인 신호의 차를 증폭하는 것으로 직결합으로 인해 입력 신호의 주파수는 직류(0[Hz])에서 수[MHz]까지 증폭이 가능하다.
- 동상 신호 제거비(CMRR : Common Mode Rejection Ratio)
  차동 증폭기의 성능을 평가하는 파라미터로, 공통 모드 제거 능력을 숫자로 표시한 값이다.
  $$CMRR=\frac{\text{차동 이득}}{\text{동상 이득}}=\frac{A_d}{A_c}$$
  이것은 2개의 입력 단자에 동일한 신호를 가했을 때 출력 신호에 영향을 받지 않는 정도를 나타내는 것으로, 차동 이득(A_d)이 크고 동상 이득(A_c)이 작을수록 우수한 평형 특성을 가지므로 CMRR이 클수록 동상 신호에 대한 공통 모드 제거는 더 잘 된다. 따라서, 이상적인 차동 증폭기가 되려면 A_d는 대단히 크고 A_c는 0이어야 하며 $CMRR=\infty$이어야 한다.

정답 01. ③ 02. ③ 03. ① 04. ④

05 이상적인 연산 증폭기의 두 입력 전압이 같을 때의 출력 전압은?

① 1[V]이다.
② 입력의 2배이다.
③ 입력과 같다.
④ 0[V]이다.

해설 **이상적인 연산 증폭기(ideal OP-Amp)**
이상적인 연산 증폭기는 차동 입력 전압이 0[V]일 때 그 출력 전압도 0[V]이어야 하므로 두 입력 전압이 $V_1 = V_2$일 때 출력 전압 $V_o = 0$[V]이다.

06 다음 같은 회로는 무슨 회로인가? (단, $CR > \tau_\omega$이고, τ_ω는 입력 신호의 펄스폭이다)

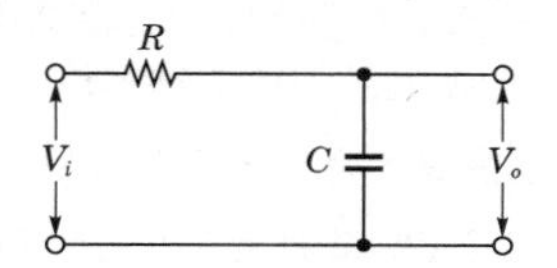

① 미분 회로 ② 적분 회로
③ RC 발진 회로 ④ 분주 회로

해설 **적분 회로(integration circuit)**
그림은 RC 적분 회로를 나타낸 것으로, 콘덴서 C의 단자 전압 V_o를 출력으로 하여 시간에 비례하는 톱니파 전압 또는 전류의 파형을 발생하거나 신호를 지연시키는 회로에 사용된다. 이것은 그림 (a)와 같이 입력에 구형파 전압을 가했을 때 시정수 CR의 대소에 따라 충 · 방전 특성이 변화되므로 그림 (b), (c)와 같은 출력 전압의 파형을 얻는다.

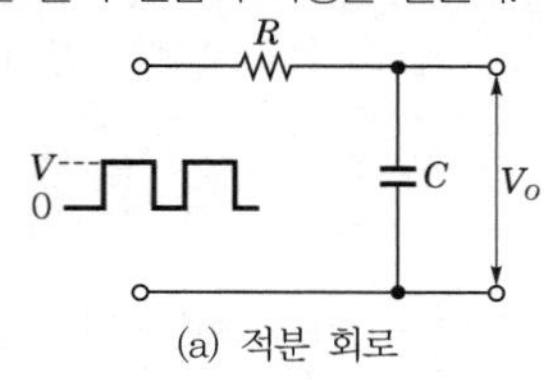

(a) 적분 회로

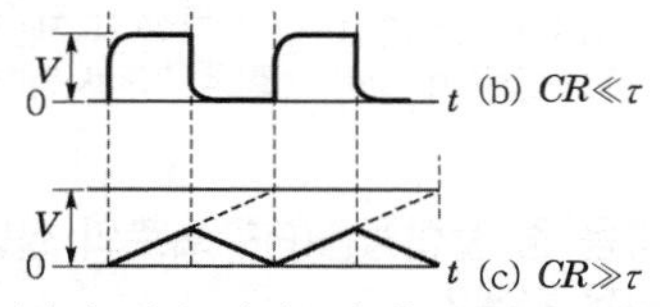

- 그림 (b)와 같이 시정수가 충분히 작으면 C의 단자 전압 V_o는 거의 구형파에 가까운 출력 파형이 얻어지므로 적분 파형으로 되지 않는다.
- 그림 (c)와 같이 시정수가 매우 클 때는 C의 단자 전압 V_o는 진폭이 거의 직선적으로 변화하는 톱니파 전압을 얻을 수 있다. 이때, 완전한 톱니파 파형을 얻을 수 있으나 출력은 작아진다.

07 평활 회로의 출력 전압을 일정하게 유지시키는 데 필요한 회로는?

① 안정화(정전압) 회로
② 정류 회로
③ 전파 정류 회로
④ 브리지 정류 회로

해설 **안정화(정전압) 회로**
역바이어스된 다이오드의 정전압 특성(다이오드 전류에 관계없이 전압이 일정하게 유지되는 특성)을 이용한 전원 안정화 회로를 말한다.

08 다음 중 스위프(sweep) 발진기를 옳게 설명한 것은?

① RC 발진기의 일종이다.
② 2차 전자 방사를 이용한 것이다.
③ 발진 주파수가 주기적으로 어느 비율로 변화하는 것이다.
④ 인입 현상을 이용한 것이다.

해설 **소인 발진기(sweep generator)**
- 소인 발진기는 수신기의 중간 주파수 증폭기의 특성, 주파수 변별기 또는 광대역 증폭 회로 등 각종 무선 주파 회로의 주파수 특성을 관측하기 위하여 사용하는 발진기이다.
- 그 주파수가 주어진 주파수의 범위($f_1 \sim f_2$) 사이를 주기적으로 주파수가 일정한 시간율로 반복하여 발진 주파수를 변화시키는 시간축 발진기로서, 리액턴스관을 통하여 FM 변조시켜 톱니파를 발생시킨다.
- 소인 발진기의 출력을 검파하여 오실로스코프의 수직축에 넣고 수평축에는 톱니파 주기와 일치하는 전압을 가하면 CRT 상에서 중간 주파 증폭기의 주파수 특성을 나타낼 수 있다.

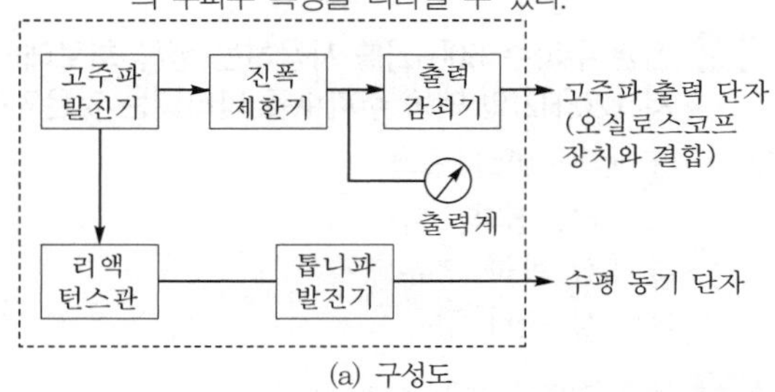

(a) 구성도

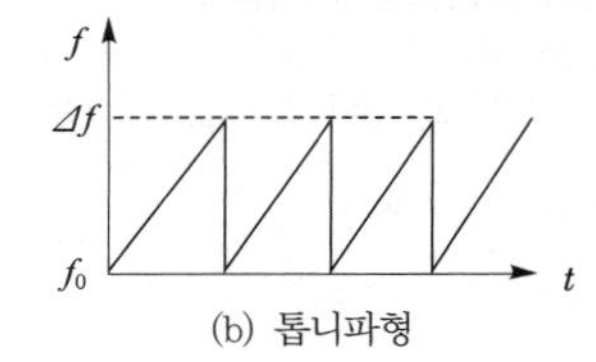

(b) 톱니파형

정답 05. ④ 06. ② 07. ① 08. ③

09 2[μF] 콘덴서에 60[V]를 인가할 때 저장되는 에너지는?

① 3.6×10^{-3}[J] ② 4.0×10^{-3}[J]
③ 4.5×10^{-4}[J] ④ 6.5×10^{-4}[J]

해설 **정전 에너지(electrostatic energy)**
콘덴서 전극 사이의 전장에 축적되는 에너지이다.
축적 에너지 $W=\frac{1}{2}CV^2$[J]에서
$W=\frac{1}{2}\times2\times10^{-6}\times(60)^2=3.6\times10^{-3}$[J]

10 10분 동안에 600[C]의 전기량이 이동했다고 하면 이때 전류의 크기[A]는?

① 0.1 ② 1
③ 6 ④ 60

해설 **전류(electric current)**
$I=\frac{Q}{t}$[A]
$=\frac{600}{10\times60}=1$[A]

11 RC 직렬 회로에서 $R=30$[kΩ], $C=1$[μF]인 회로에 직류 전압 10[V]를 가했을 때의 시상수(time constant)[msec]는?

① 3 ② 30
③ 60 ④ 90

해설 **RC 회로의 시상수(time constant)**
시상수 $T=CR$[sec]
$=1\times10^{-6}\times30\times10^3=30$[msec]

12 전원 주파수 60[Hz]를 사용하는 정류 회로에서 120[Hz]의 맥동 주파수를 나타내는 것은?

① 단상 반파 정류
② 단상 전파 정류
③ 3상 반파 정류
④ 3상 전파 정류

해설 **맥동 주파수(ripple frequency)**
단상 전파 정류기는 전원 주파수 60[Hz]를 2배로 정류하는 방식으로, 출력의 맥동 주파수는 120[Hz]를 나타낸다.

13 비검파기가 리미터 역할을 하는 이유는?

① 잡음 제한기가 설치되기 때문에
② 단 동조 회로를 이용하여 위상 검파를 하기 때문에
③ 디엠파시스 회로의 동작으로 잡음 제한을 하기 때문에
④ 출력단 대용량의 콘덴서 작용으로 펄스성 잡음을 흡수하기 때문에

해설 **비검파(ratio detector) 회로**
포스터-실리 회로의 다이오드 D_1과 D_2의 접속 극성을 반대로 하여 개량한 것으로, 신호파 전압을 꺼내는 방법을 달리하여, 진폭 변동에 대하여 민감하지 않도록 만들어진 것이다.
[특징]
- 판별 회로의 출력단에 대용량의 콘덴서(C_o)가 있어 진폭 제한 작용을 겸한다.
- 효율은 포스터-실리 검파기 보다 $\frac{1}{2}$ 정도로 낮다.
- 회로가 간단하여 일반 방송 수신기(FM, TV 수신기)에 널리 쓰인다.

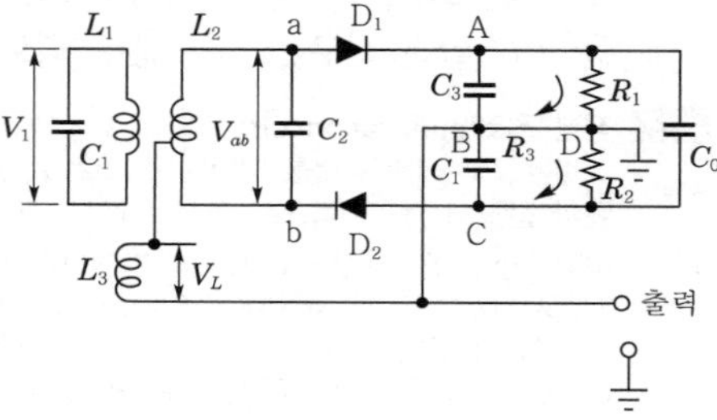

- 진폭 제한기(limiter)의 역할 : 판별 회로 출력단의 대용량(수[μF] 정도) 콘덴서 C_o의 단자 전압은 거의 입력 신호 진폭의 평균값을 유지하므로, 수신 신호의 진폭을 일정하게 유지할 수 있으며, 진폭 변조로 수반되는 충격성 잡음이나 혼신을 제거할 수 있다.
즉, FM파의 진폭이 변동되거나 충격성 잡음이 혼입되면 검파(복조) 후에 음성에 영향을 주게 되므로 검파(복조)를 하기 전에 진폭 제한기를 거쳐 충격성 잡음에 대한 영향을 경감시킨다.

14 다음 중 플립플롭(FF) 회로의 설명으로 옳지 않은 것은?

① 비안정 멀티바이브레이터 회로이다.
② 구형파 출력을 낸다.
③ 직류 결합으로 되어 있다.
④ 계수기 회로에 쓰인다.

정답 09. ① 10. ② 11. ② 12. ② 13. ④ 14. ①

해설 **플립플롭(flip flop) 회로**

- 결합 콘덴서를 사용하지 않고 2개의 트랜지스터를 직류(DC)적으로 결합시켜, 2개의 안정 상태를 가지는 쌍안정 멀티바이브레이터(bistable multivibrator) 회로를 말한다.
- 트리거 펄스가 들어올 때마다 on, off 상태가 되며, 2개의 트리거 펄스에 의해 하나의 구형파를 발생시킬 수 있다. 즉, 2개의 입력 트리거 펄스가 들어올 때 1개의 출력 펄스를 내는 회로이다.
- 전자 계산기의 기억 회로, 2진 계수기 등의 디지털 기기의 분주기로 이용된다.

15 다음 중 RC 결합 증폭 회로에 대한 설명으로 적합하지 않은 것은?

① 주파수 특성이 좋다.
② 회로가 복잡하고 경제적이다.
③ 입력 임피던스가 낮고 출력 임피던스가 높으므로 임피던스 정합이 어렵다.
④ 전원 이용률이 나쁘다.

해설 **RC 결합 증폭 회로**

- TR 증폭 회로를 콘덴서(C)로 결합하는 방법을 RC 결합 또는 C 결합이라 하며, 이 콘덴서를 결합 콘덴서(C_c : coupling condenser)라 한다. 주파수 특성은 주로 고역에서는 분포 용량에 의해서, 저역에서는 C_c나 C_E에 의해서 결정되나 다른 결합 방식에 비하여 주파수 특성이 좋아 넓은 대역폭을 가지고 있다.
- 트랜스(변성기) 결합에 비해 주파수 특성이 좋고, 회로가 소형으로 경제적인 이점은 있으나, 저항(R)에 직류 전압 강하 및 전력 소비가 생기고, 임피던스 정합이 어려운 결점이 있다.

16 다음 중 옴의 법칙으로 가장 적합한 것은?

① $V=I^2R$ ② $W=IQt$
③ $V=IR$ ④ $W=IQ$

해설 **옴의 법칙(Ohm's law)**

전기 회로에 흐르는 전류는 전압(전위차)에 비례하고, 도체의 저항(R)에 반비례한다.

$I=\frac{V}{R}$[A]

여기서, R : 회로에 따라서 정해지는 상수

17 특정한 비트 또는 문자를 삭제하는 데 가장 적합한 연산은?

① AND ② OR
③ MOVE ④ Complement

해설 **AND 연산**

레지스터 내의 원하지 않는 비트들을 '0'으로 만들어 나머지만 처리하고자 할 때 사용하는 것으로, 2개의 입력 변수에서 하나의 입력 변수가 '1'일 때 다른 변수의 값을 출력하며, '0'일 때는 무조건 '0'을 출력한다. 따라서, AND 연산은 삭제(mask) 연산으로서, 필요 없는 bit 혹은 문자는 삭제하고 원하는 bit나 문자를 가지고 연산을 행한다.

18 다음은 데이터의 크기를 나타내는 단위들이다. 데이터의 크기순으로 옳게 나열된 것은?

① byte < word < record < bit
② bit < byte < field < record < file
③ file < field < record < bit < byte
④ field < record < file < byte

해설 **데이터 크기의 순서**

bit < byte < field < record < file

- 비트(bit) : binary digit의 약자로서 2진수 '0'과 '1'의 값을 가지는 데이터의 최소 기본 단위이다.
- 바이트(byte) : 데이터의 기본 단위로서 8bit의 모임이다.
- 필드(field) : 1byte 이상의 단일 조합으로 구성된 데이터의 기본 단위이다.
- 레코드(record) : 서로 관련된 항목(field)들의 집합으로 프로그램상에서 처리되는 기본 단위이다.
- 파일(file) : 관련된 record의 집합으로 하나의 단위로 취급되는 데이터의 최종 단위이다.

19 순서도의 기본 유형에 속하지 않는 것은?

① 직선형 순서도 ② 회전형 순서도
③ 분기형 순서도 ④ 반복형 순서도

해설 순서도의 기본 유형은 직선형, 분기형, 반복형의 기본 구조를 사용하여 읽기 쉽고 운영하기 쉽게 작성할 수 있다.

20 4개의 입력과 2개의 출력으로 구성된 회로에서 4개의 입력 중 하나가 선택되면 그에 해당하는 2진수가 출력되는 논리 회로는?

① 디코더 ② 인코더
③ 반가산기 ④ 플립플롭

해설 **부호기(encoder)**

해독기(decoder)의 반대 기능을 수행하는 회로로서, 여러 개의 입력을 가지고 그 중 하나만이 '1'일 때 이로부터 N비트의 코드를 발생시키는 장치이다.

정답 15. ② 16. ③ 17. ① 18. ② 19. ② 20. ②

21 컴퓨터에서 제어 장치의 일부로, 컴퓨터가 다음에 실행할 명령의 로케이션이 기억되어 있는 레지스터는?

① 스택 포인터
② 명령 해독기
③ 상태 레지스터
④ 프로그램 카운터

해설 **프로그램 카운터(program counter)**
현재 메모리에서 읽어와 다음에 수행할 명령어의 주소를 기억하는 레지스터로서, 메모리로부터 데이터를 읽어오면 프로그램 카운터의 값은 자동적으로 1 증가하여 다음번 메모리의 주소를 가리킨다.

22 컴퓨터의 행동을 지시하는 일련의 순차적으로 작성된 명령어 모음을 무엇이라고 하는가?

① 하드웨어
② 플립플롭
③ 프로그램
④ 정보

해설 **프로그램(program)**
컴퓨터로부터 원하는 결과를 얻을 수 있도록 컴퓨터에게 일련의 작업을 수행시키기 위하여 순차적으로 작성된 명령어들의 집합체를 말한다.

23 D형 플립플롭을 사용하여 토글(toggle) 작용이 일어나도록 하려 한다. 어떻게 결선하면 좋은가?

① D단 입력에 인버터를 연결한다.
② 클록펄스 입력단에 인버터를 연결한다.
③ D단 입력과 출력단 $\overline{Q}$를 외부 결선한다.
④ 클록 펄스 입력단과 출력단 Q를 외부 결선한다.

해설 **D 플립플롭(D-FF)**
D-FF는 그림과 같이 1개의 RS-FF에 NOT 게이트를 추가하여 구성한 것으로 단일 입력 D와 클록 펄스(CP)를 가지는 플립플롭이다. 이것은 CP가 공급되면 반전(toggle) 작용 없이 입력 D = 1일 때 1로, D = 0일 때 0으로 입력값과 같은 상태의 출력이 나타난다. 여기서, RS-FF의 입력 R = S = 1의 경우는 Q = $\overline{Q}$ = 1로서 불확정 상태가 되므로 플립플롭의 동작에서는 금지 입력으로 허용되지 않는다.
따라서, D-FF는 불확정 상태가 되지 않도록 D단 입력을 직접 S에 연결하고 NOT 게이트를 거쳐 R과 연결하여 RS-FF의 입력 S와 R이 동일한 값을 가질 수 없도록 구성한 것이다. 이 기능은 CP가 인가되면 입력 D = 1일 때 1로서, 항상 셋(set) 상태를 유지하고 D = 0이면 0으로 항상 리셋(reset) 상태를 유지하므로 D의 입력이 변화하지 않는 한 CP가 인가되더라도 출력은 반전되지 않는다.

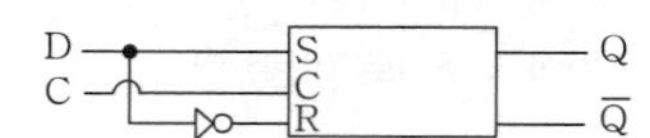

* 이와 같은 D-FF에서 D단 입력과 출력단 $\overline{Q}$를 외부 결선을 하면 클록 펄스 CP가 들어올 때마다 플립플롭의 상태를 반전시키는 토글(toggle) 작용이 일어난다.

24 다음 Dynamic RAM에 관한 설명 중 옳지 않은 것은?

① Static RAM보다 속도가 느리다.
② Static RAM보다 용량이 크다.
③ 주기적으로 재충전(refresh)을 해주어야 한다.
④ MOS RAM 동작 방식에 속한다.

해설 **동적 RAM(dynamic RAM)**
하나하나의 비트를 전하(charge)의 충전으로 저장하기 때문에 주기적으로 재충전을 위해 재생 클록을 공급받아야 하며, 하나의 비트를 저장하기 위한 회로가 정적 RAM(static RAM)보다 간단하므로 메모리의 용량을 높일 수 있다.
* 동작 속도가 빠르며 소비 전력이 작고, 집적도가 높으면서 가격이 싸기 때문에 널리 활용하고 있다.

25 마이크로프로세서에서 누산기의 용도는?

① 명령의 해독
② 명령의 저장
③ 연산 결과의 일시 저장
④ 다음 명령의 주소 저장

해설 **누산기(accumulator)**
사용자가 사용할 수 있는 레지스터(register) 중 가장 중요한 레지스터로서, 산술 논리부에서 수행되는 산술 논리 연산 결과를 일시적으로 저장하는 장치이다.

정답 21. ④ 22. ③ 23. ③ 24. ① 25. ③

26 지정 어드레스로 분기하고 후에 그 명령으로 되돌아오는 명령은?

① 강제 인터럽트 명령
② 조건부 분기 명령
③ 서브루틴 분기 명령
④ 분기 명령

해설 **서브루틴 분기 명령(subroutine branch instruction)**
서브루틴은 독립된 명령으로 프로그램의 수행 도중에 주프로그램의 여러 곳에서 그 기능을 수행하기 위해 호출되고 호출이 될 때마다 처음으로 분기가 일어나며 서브루틴의 수행이 완료된 후에는 다시 주프로그램으로 분기가 일어난다. 이러한 서브루틴 분기와 주프로그램의 귀환은 공동으로 작용하므로 모든 처리 과정은 분기를 위해 특별한 명령을 가진다. 이것을 서브루틴 분기 명령이라 하며 특정한 조건에 따라 분기를 지시하는 조건적 분기 명령과 무조건적 분기 명령이 있다.

27 2진수 $(11001)_2$에서 1의 보수는?

① 00110 ② 11001
③ 10110 ④ 11110

해설 **2진수의 1의 보수**
2진수의 '0'을 '1'로, '1'을 '0'으로 바꾸어주면 1의 보수가 된다.
∴ $(11001)_2$의 1의 보수 → 00110

28 컴퓨터에서 각 구성 요소 간의 데이터 전송에 사용되는 공통의 전송로를 무엇이라 하는가?

① 버스(bus)
② 포트(port)
③ 채널(channel)
④ 인터페이스(interface)

해설 **CPU의 버스선(bus line)**
마이크로컴퓨터의 CPU에서는 데이터선과 주소선이 나오는데(8비트 CPU에서는 데이터선 8개, 주소선은 16개이다), 이들 선이 필요한 기억 장치와 입·출력 장치에 독립적으로 연결할 경우에 시스템이 복잡해지므로 버스선을 사용하여 데이터선과 주소선을 공통으로 사용하면 시스템을 간단화할 수 있다.
* CPU는 항상 클록에 의해서 동기되어 동작하므로 버스선을 통해서 데이터를 쉽게 주고받을 수 있다.

29 지시 계기는 고정 부분과 가동 부분으로 구성되어 있는데 기능상 지시 계기의 3대 요소에 속하지 않는 것은?

① 구동 장치 ② 가동 장치
③ 제어 장치 ④ 제동 장치

해설 **지시 계기의 3대 요소**
- 구동 장치(driving device) : 측정하고자 하는 전기적 양에 비례하는 회전력(토크) 또는 가동 부분을 움직이게 하는 구동 토크를 발생시키는 장치
- 제어 장치(controlling device) : 구동 토크가 발생되어서 가동 부분이 이동되었을 때 되돌려 보내려는 작용을 하는 제어 토크 또는 제어력을 발생시키는 장치

* 가동부의 정지는 구동 토크 = 제어 토크의 점에서 정지

- 제동 장치(damping device) : 제어 토크와 구동 토크가 평행되어 정지하고자 할 때 진동 에너지를 흡수시키는 장치

* 가동 부분이 정지하면 제동 토크는 '0'이다.

30 볼로미터(bolometer) 전력계의 저항 소자는?

① 서미스터 ② 터널 다이오드
③ 바리스터 ④ FET

해설 **볼로미터(bolometer) 전력계**
반도체 또는 금속이 마이크로파를 흡수하여 온도가 상승하면 저항이 변화하는 소자를 이용하여 마이크로파대의 전력을 측정하는 것으로 0.1[μW]~1[W] 정도의 미소 전력 측정의 표준이 되는 계기이다. 이것은 일종의 저항 온도 검출기로서, 볼로미터 소자로는 서미스터(thermistor)와 배러터(barretter)가 사용되고 있다.
- 서미스터 : 반도체로서 저항 온도 계수가 부(−)이며 과부하에 약하다.
- 배러터 : 백금선으로 저항 온도 계수가 정(+)이며 과부하에 강하다.

31 수신기 내부 잡음 측정에서 잡음이 없는 경우 잡음 지수는?

① 0 ② 1
③ 10 ④ 무한대

해설 **잡음 지수(nose figure) 측정**
잡음 지수는 증폭기나 수신기 등에서 발생하는 잡음이 미치는 영향의 정도를 표시하는 것으로, 수신기 입력에서의 S_i/N_i비와 수신기 출력에서의 S_o/N_o비로서 내부 잡음을 나타내는 것을 말한다.

정답 26. ③ 27. ① 28. ① 29. ② 30. ① 31. ②

잡음 지수$(F)=\dfrac{S_i/N_i}{S_o/N_o}=\dfrac{S_iN_o}{S_oN_i}$

잡음 발생기 → 수신기 → 레벨계

▌잡음 지수 측정▐

잡음 지수(F)는 내부 잡음을 나타내는 합리적인 표시 방법으로서 잡음이 없으면 $F=1$, 잡음이 있으면 $F>1$이 된다. 따라서, 잡음 지수(F)의 크기에 따라 증폭기나 수신기의 내부 잡음의 정도를 알 수 있다.

32 1차 코일의 인덕턴스 4[mH], 2차 코일의 인덕턴스 10[mH]를 직렬로 연결했을 때 합성 인덕턴스는 24[mH]이었다. 이들 사이의 상호 인덕턴스는?

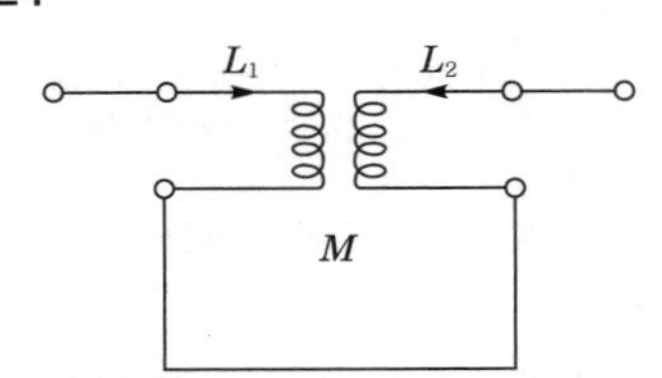

① 2[mH] ② 5[mH]
③ 10[mH] ④ 19[mH]

해설 **가동 접속**
동일 방향으로 직렬 연결
$L=L_1+L_2+2M$[H]에서
$24=4+10+2M$
$\therefore\ M=5$[mH]

33 다음과 같은 특징을 가지는 측정 계기는?

> ㉠ 직렬 공진 회로의 주파수 특성을 이용
> ㉡ RLC로 구성된 회로의 공진 주파수를 개략적으로 측정
> ㉢ 대체로 100[MHz] 이하의 고주파 측정에 사용

① 동축 주파수계 ② 공동 주파수계
③ 계수형 주파수계 ④ 흡수형 주파수계

해설 흡수형 주파수계는 직렬 공진 회로의 주파수 특성을 이용한 것이다.
공진 주파수 $f_0=\dfrac{1}{2\pi\sqrt{LC}}$[Hz]
이 주파수계는 100[MHz] 이하의 고주파 측정에 사용되며 공진 회로의 Q가 150 이하로 낮고 측정확도가 1.5[%] 정도로 공진점을 정확히 찾기 어려우므로 정밀한 측정이 어렵다.

34 증폭 회로에서 전압 증폭도가 100이면 데시벨 이득 G는?

① 5[dB] ② 10[dB]
③ 20[dB] ④ 40[dB]

해설 이득 $G=20\log_{10}A$[dB]
$=20\log_{10}100=20\log_{10}10^2=40$[dB]
$\therefore\ G=40$[dB]

35 디지털 전압계에서 계기의 심장부이며, 아날로그 양을 디지털 양으로 변환시키는 부분은?

① 측정량 입력부
② 입력 전환부
③ A/D 변환기부
④ D/A 변환기부

해설 **A/D 변환기(Analog to Digital Converter)**
전압, 전류, 저항, 시간, 속도, 압력 등과 같이 연속적으로 변화하는 아날로그 양을 불연속적인 디지털 양으로 변환시키는 장치로서, 간단히 ADC라고도 한다. 이것은 디지털 전압계(DVM)의 심장부에 해당하는 부분으로 피측정 전압을 표시 창(LED display panel)에 일련의 디지털 숫자로 표시하여 나타낸다.

36 측정하고자 하는 양과 일정한 관계가 있는 다른 종류의 양을 각각 직접 측정으로 구하여 그 결과로부터 계산에 의하여 측정량의 값을 결정하는 측정을 무엇이라 하는가?

① 직접 측정(비교 측정)
② 간접 측정(절대 측정)
③ 편위법
④ 영위법

해설 **간접 측정**
측정한 양과 어떤 관계있는 독립된 양을 직접 측정한 다음, 그 결과로부터 계산에 의하여 측정량의 값을 결정하는 방법
- 회로의 저항에 흐르는 전류(I)와 저항에 나타나는 전압(V)을 측정하여 저항 $R=\dfrac{V}{I}$[Ω]을 계산하여 구하는 것
- 부하에 흐르는 전류(I)와 부하 양단의 전압(V)을 측정하여 부하 전력 $P=IV$[W]를 계산하여 구하는 것

정답 32. ② 33. ④ 34. ④ 35. ③ 36. ②

37 다음 중 정류형 계기의 정류기 접속 방식으로 옳은 것은?

①
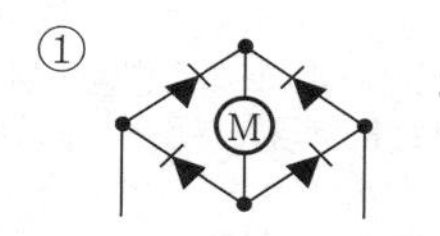

②
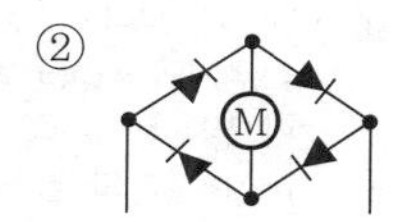

③
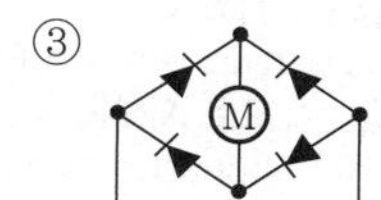

④
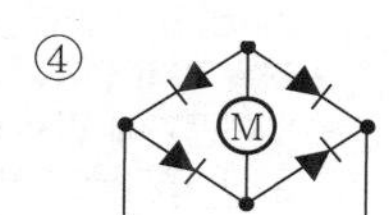

해설 **정류형 계기(AC 전용)**

가동 코일형 계기에 정류기를 접속하여 교류를 직류로 정류한 다음 가동 코일형 계기로 측정하도록 한 것으로, 전류계 및 전압계로 사용된다.

* 정류기의 접속 방법 : 다이오드의 결선이 브리지형으로 서로 마주보는 쪽에서 접속 방향이 같도록 접속하고, 가동 코일형 계기(M)에 전류가 흐르도록 구성되어야 한다.

38 정재파비(SWR)가 2일 때 반사 계수는?

① $\frac{1}{2}$　② $\frac{1}{3}$

③ $\frac{1}{4}$　④ $\frac{1}{5}$

해설 **정재파비(SWR : Standing Wave Ratio)**

급전선상에서 진행파와 반사파가 간섭을 일으켜 전압 또는 전류의 기복이 생기는 것을 정재파라 하며 그 전압 또는 전류의 기복이 생기는 최댓값과 최솟값의 비를 정재파비(SWR)라고 한다.

$$SWR = \frac{V(I)_{\max}}{V(I)_{\min}} = \frac{\text{입사파}+\text{반사파}}{\text{입사파}-\text{반사파}} = \frac{1+m}{1-m}$$

반사 계수 $m = \frac{\text{반사파}}{\text{입사파}} = \frac{S-1}{S+1}$에서

$$\therefore m = \frac{S-1}{S+1} = \frac{2-1}{2+1} = \frac{1}{3}$$

39 주파수 안정도와 파형이 좋기 때문에 저주파대의 기본 발진기로 사용되는 발진기는?

① 음차 발진기
② RC 발진기
③ 비트 발진기
④ 수정 발진기

해설 **RC 발진기(RC oscillator)**

저항 R과 콘덴서 C만으로 되먹임(feedback) 회로를 구성한 발진기로서 낮은 주파수에서 출력 파형이 좋고 취급이 간편하여 보통 1[MHz] 이하의 저주파대의 기본 정현파 발진기로 널리 사용된다.

40 오실로스코프로 직류에 포함된 리플(ripple)만을 측정하고자 할 때 Input mode로 옳은 것은?

① DC　② AC

③ GND　④ DUAL

해설 **오실로스코프(oscilloscope)**

시시각각으로 빠르게 변화하는 전기적 변화를 파형으로 브라운관에 직시할 수 있도록 한 장치로서, 과도 현상의 관측 및 다른 현상 등을 측정·분석하는 데 사용하며, 수백[MHz]의 고주파까지 사용할 수 있다.

* 맥동률(ripple)은 정류된 직류 전류(전압) 속에 교류 성분이 얼마나 포함되어 있는지를 나타내는 것으로, Input mode는 AC mode로 측정하며, 접지를 하지 않는 장소의 측정에는 2 현상 ADD mode를 사용하면 좋다.

41 제어량의 변화를 일으킬 수 있는 신호 중에서 기준 입력 신호 이외의 것은?

① 제어 동작 신호　② 외란

③ 주되먹임 신호　④ 제어 편차

해설 **외란(disturbance)**

제어계의 제어 대상을 교란시켜 제어계의 상태를 바꾸려는 외적 작용으로 목푯값이 아닌 입력을 말한다.

42 2 종류의 금속으로 구성되는 회로에 전류를 흘렸을 때 그 접합점에 열의 흡수 발생이 일어나는 현상은?

① 펠티에 효과　② 톰슨 효과

③ 제벡 효과　④ 줄 효과

해설 **펠티에 효과(Peltier effect)**

2개의 다른 물질의 접합부에 전류를 흘리면 전류의 방향에 따라 열을 흡수하거나 발산하는 효과이다. 이 효과는 제벡 효과의 역효과로서, 반도체나 금속을 조합시킴으로써 전자 냉동 등에 응용되고 있다.

43 다음 중 레이더의 초단파 발진관으로 사용되는 것은?

① 전자 혼(horn)
② 자전관(magnetron)
③ TR관(Transmit-Receive tube)
④ ATR관(Anti-Transmit-Receive tube)

해설 **자전관(magnetron)**

균일한 자장 내에서 전자 운동(원운동)에 의하여 주파수가 매우 높은 마이크로파 진동을 일으키는(초단파 발진) 전자관

정답　37. ①　38. ②　39. ②　40. ②　41. ②　42. ①　43. ②

44 수신기의 성능을 표시하는 요소 중 틀린 것은?

① 선택도 ② 충실도
③ 변조도 ④ 안정도

해설 **수신기의 종합 특성**

- 감도 : 어느 정도까지 미약한 전파를 수신할 수 있느냐 하는 것을 표시하는 양으로, 종합 이득과 내부 잡음에 의하여 결정된다.
- 선택도 : 희망 신호 이외의 신호를 어느 정도 분리할 수 있느냐의 분리 능력을 표시하는 양으로, 증폭 회로의 주파수 특성에 의하여 결정된다.
- 충실도 : 전파된 통신 내용을 수신하였을 때 본래의 신호를 어느 정도 정확하게 재생시키느냐 하는 능력을 표시하는 것으로, 주파수 특성, 왜곡, 잡음 등으로 결정된다.
- 안정도 : 일정한 입력 신호를 가했을 때 재조정하지 않고 얼마나 오랫동안 일정한 출력을 얻을 수 있느냐 하는 능력을 말한다.

45 FM 수신기에 필요한 요소가 아닌 것은?

① 저주파 증폭 회로
② 주파수 판별 회로
③ 변조 회로
④ 주파수 혼합 회로

해설 **FM 수신기의 구성도**

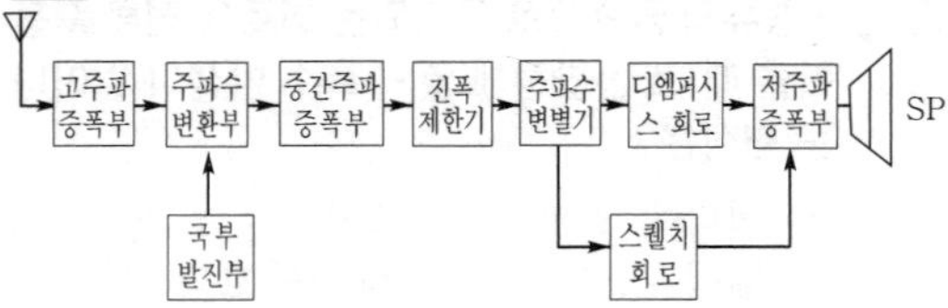

무선 송신 시스템에서 안테나의 효율적인 신호 복사를 위하여 저주파(가청주파) 신호를 100[kHz] 이상의 고주파에 합성시키는 과정을 변조(modulation)라 하며 변조된 신호를 전송하는 회로를 변조 회로(modulation circuit)라 한다.

46 다음 각 항법 장치의 설명 중 옳은 것은?

① TACAN : 전파의 도래 방향을 자동적으로 측정한다.
② ADF : 두 국 A, B의 전파의 도래 시간차를 측정한다.
③ VOR : 사용 주파수는 108 ~ 118[MHz]의 초단파를 사용한다.
④ 로란(loran) : 지상국으로부터 방위와 거리를 측정하는 시스템이다.

해설

- 태컨(TACAN : Tactical Air Navigation) : 항공기의 질문기와 지상국의 응답기에 의해서 항공기에 정확한 방위와 거리 정보를 제공해 주는 시스템으로 $\rho-\theta$항법과 같으나 사용 주파수가 962 ~ 1,213[MHz]의 UHF대를 사용하는 점이 다르다.
- 자동 방향 탐지기(ADF : Automatic Direction Finder) : 항공기에 탑재되어 있는 ADF로 지상의 무지향성 무선 표지국(NDB)이나 비컨국(beacon station) 등에서 발사된 전파를 루프 안테나로 수신하여 자국의 방위를 자동 · 연속적으로 지시하는 항행 장치이다.
- 전방향 레인지 비컨(VOR : VHF Omnidirectional Range beacon) : 108 ~ 118[MHz]의 초단파(VHF)대를 사용하는 회전식 무선 표지의 일종으로 항공기의 비행 코스를 제공해 주는 장치이다. 이것은 중파대를 사용하는 무지향성 비컨(NDB)보다 정밀도가 높고 지구 공전의 방해를 작게 받는다.
- 로란(loran : long range navigation) : 쌍곡선 항법 시스템의 하나로, 1쌍의 두 송신국(주국과 종국)에서 발사된 펄스파의 도착 시간 차를 측정하여 로란 차트에서 자국 위치를 결정하는 방식이다. 이것은 선박에 항법상의 데이터를 제공해 주는 장거리 항법 장치이다.

47 VTR의 기록 방식에서 기록 헤드와 재생 헤드의 갭을 ϕ도만큼 기울여 재생할 때 장점은?

① 휘도 신호의 크로스 토크가 제거된다.
② 테이프 속도가 증가한다.
③ 장시간 기록 재생된다.
④ 테이프를 좁게 사용할 수 있다.

해설 **애지머스 고밀도 기록 방식**

2개의 비디오 헤드 갭의 기울기를 θ만큼 벗어나게 하여 재생 시 인접 트랙으로부터 휘도 신호에 대한 크로스토크(crosstalk)를 제거하는 방식이다.

48 다음 중 음압의 단위는?

① [N/C] ② [dB]
③ [μbar] ④ [Neper]

해설 **출력 음압 수준(output sound pressure level)**

1[V]의 입력 전력을 스피커에 가하여 스피커의 정면 축에서 1[m] 떨어진 점에서 생기는 음압 수준을 어떤 정해진 주파수 범위 내에서 평균한 것으로, 음압 수준은 0.002[μbar]를 기준으로 0[dB]로 정한다.

정답 44. ③ 45. ③ 46. ③ 47. ① 48. ③

49 VHS 방식 VTR의 설명으로 옳지 않은 것은?

① 병렬(parallel) 로딩 기구에 의한 M자형 로딩
② 큰 헤드 드럼에 낮은 테이프 속도
③ 리드 테이프에 의한 종단 검출 방식
④ 1모터에 의한 안정된 구동 방식

해설 VTR은 강자성체를 칠한 자기 테이프에 자기 헤드를 접촉시켜 영상과 음성을 기록하고 재생하는 장치로서, 헤드 드럼에 테이프가 U자 형태로 로딩된다고 U-Matic이라고 이름을 붙였다.

50 슈퍼헤테로다인 수신기에서 영상 주파수는?

① 중간 주파수와 같다.
② 국부 발진 주파수와 같다.
③ (국부 발진 주파수 - 중간 주파수)와 같다.
④ (국부 발진 주파수 + 중간 주파수)와 같다.

해설 **영상 주파수(image frequency)**
영상 주파수 = 수신 주파수 + 2 × 중간 주파수
국부 발진 주파수 = 수신 주파수 + 중간 주파수
∴ 영상 주파수 = 국부 발진 주파수 + 중간 주파수

51 채널을 선택하고 수신된 고주파를 증폭, 주파수를 변환하여 중간 주파수를 얻는 회로는?

① 편향 회로
② 튜너 회로
③ 음성 신호 회로
④ 동기 분리 회로

해설 **튜너 회로(tuner circuit)**
슈퍼헤테로다인 수신 방식으로 각 채널의 입력 신호를 중간 주파수로 변환하는 회로로서, 고주파 증폭, 국부 발진, 주파수 변환 회로로 구성되어 있다.

52 전자 냉동의 원리에 대한 설명으로 틀린 것은?

① 펠티에 효과를 이용한 것이다.
② 펠티에 효과는 물질에 따라 다르다.
③ 펠티에 효과는 접점을 통과하는 전류에 반비례한다.
④ 펠티에 효과가 클수록 효과적인 냉각기를 얻을 수 있다.

해설 **전자 냉동기의 원리**
펠티에 효과(Peltier effect)를 이용한 것으로, 그림과 같이 도체 A와 B의 외부에 전압 V를 가하면 두 도체 사이에 흐르는 전류 I에 의해 도체 A의 접합부 ㉠에는 열의 발산이 일어나고 도체 B의 접합부 ㉡에는 열의 흡수가 일어난다. 따라서, 펠티에 효과는 도체의 접점을 통과하는 전류 I에 비례한다. 이와 같은 원리는 전류 I의 방향을 바꾸어 줌으로써 냉각 시에도 쓸 수 있고 가열 시에도 쓸 수 있다.

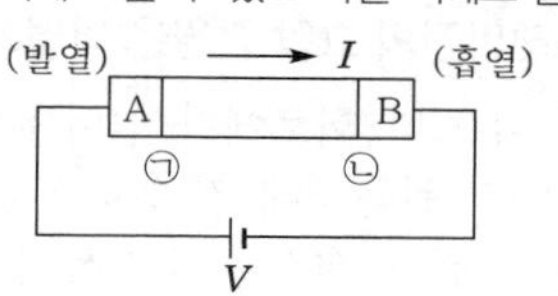

53 광학 현미경과 전자 현미경의 차이점에 대한 설명으로 가장 옳은 것은?

① 광학 현미경에서는 시료 위의 정보를 전하는 매개체로 빛과 전자를 동시에 사용한다.
② 광학 현미경은 매개체로 빛과 광학 렌즈를, 전자 현미경은 매개체로 전자 빔과 전자 렌즈를 사용한다.
③ 전자 현미경은 전자선을 오목 렌즈에 이용하고, 광학 현미경은 볼록 렌즈를 사용한다.
④ 전자 현미경은 볼록 렌즈에 전자선을 사용하고, 광학 현미경은 오목 렌즈에 전자선을 이용한다.

해설 **광학 현미경과 전자 현미경**
- 광학 현미경 : 정보 전달의 매개체로 빛을 사용하며, 상의 확대 방법은 광학 렌즈를 사용한다.
- 전자 현미경 : 정보 전달의 매개체로 전자 빔을 사용하며, 상의 확대 방법은 전자 렌즈를 사용한다.

54 수면에서 수직으로 초음파를 방사해 수신되기까지의 시간이 3초 소요되었다면 물의 깊이는? (단, 물속에서 초음파의 속도는 1,530[m/sec]이다)

① 1,530[m]　　② 3,060[m]
③ 4,590[m]　　④ 2,295[m]

해설 **측심기(depth finder)**
선박에 비치하여 바다의 수심을 측정하는 계기로서, 배 밑에서 수직으로 초음파를 발사하여 반사파가 되돌아오는 시간을 측정하여 물의 깊이를 측정한다.

정답 49. ① 50. ④ 51. ② 52. ③ 53. ② 54. ④

물의 깊이 $h=\frac{vt}{2}$[m]

여기서, v : 속도, t : 왕복 시간

$\therefore\ h=\frac{1,530\times 3}{2}=2,295$[m]

55 텔레비전의 고압 전원은 어떻게 얻어 내는가?

① 부스터 회로에서 얻어낸다.
② B전원을 3배 전압하여 얻어낸다.
③ 전원 트랜스를 승압하여 얻어낸다.
④ 수평 귀선 기간에 일어나는 펄스를 승압하여 얻어낸다.

해설 **고압 회로**
수평 출력 회로가 귀선 기간에 발생하는 플라이백 펄스를 정류하여 수상관의 양극(anode)에 필요한 직류 고압(10[kV] 이상)을 만드는 회로이다.
* 플라이백 변압기(fly-back trans) : 고압 정류 회로(승압용 트랜스)

56 유전 가열의 공업상의 응용에 있어서 옳지 않은 것은?

① 고무의 가황 ② 섬유류의 염색
③ 목재의 건조 ④ 섬유류의 건조

해설 **유전 가열의 응용**
- 목재 공업(건조, 성형, 접착)
- 플라스틱의 용접 가공
- 고주파 의료 기기
- 식품 가열(전자 레인지)
- 수산물 가공
- 합성 수지의 열처리 가공

57 전기식 조절계에서 가장 많이 사용되는 것은?

① 비례 동작
② 온 · 오프 동작
③ 비례 적분 동작
④ 비례 적분 미분 동작

해설 **2위치 동작(on-off 동작)**
제어 동작이 목푯값에서 어느 이상 벗어나면 미리 정해진 일정한 조작량이 제어 대상에 가해지는 단속적인 제어 동작으로 불연속 동작에 해당한다.
이것은 동작 신호를 가로축에, 조작량을 세로축에 잡고 동작 신호의 부호에 따라 조작량을 on-off하는 방식으로, 조작단이 2위치만 취하므로 목푯값 주위에서 사이클링(cycling)을 일으킨다.

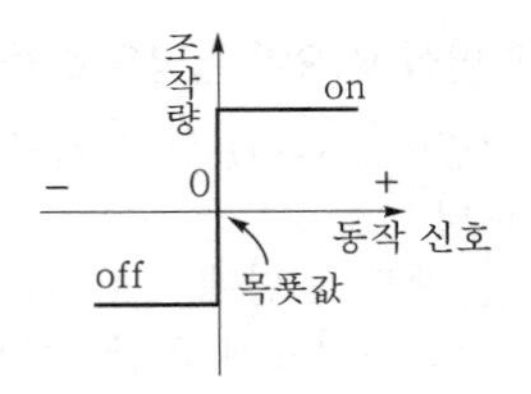

‖ on-off 동작 ‖

58 서보 기구에 대한 설명으로 옳지 않은 것은?

① 추종 속도가 빨라야 한다.
② 서보 모터의 관성은 작아야 한다.
③ 일반적으로 조작력이 약해야 한다.
④ 제어계 전체의 관성이 클 경우 관성의 비가 작을지라도 토크가 큰 편이 좋다.

해설 **서보 기구(servo mechanism)**
제어량이 기계적 위치인 자동 제어계를 서보 기구라 한다. 이것은 물체의 위치, 방위, 자세 등의 기계적 변위를 제어량으로 하여 목푯값의 임의의 변화에 항상 추종하도록 구성된 제어계로서 추종 제어계라고 한다.
[특징]
- 조작량이 커야 한다.
- 추종 속도가 빨라야 한다.
- 서보 모터의 관성은 작아야 한다.
- 회전력에 대한 관성의 비가 커야 한다.
- 제어계 전체의 관성이 클 경우 관성의 비가 작을지라도 토크가 큰 편이 좋다.
- 유압식 서보 모터나 전기식 서보 모터가 사용된다.
- 전기식인 경우 증폭부에 전자관 증폭기나 자기 증폭기가 사용된다.

59 오디오의 재생 주파수 대역을 몇 개의 대역으로 나누어 각각의 대역 내의 주파수 특성을 자유자재로 바꿀 수 있는 기능은?

① 믹싱 앰프
② 채널 디바이더
③ 그래픽 이퀄라이저
④ 라우드니스 컨트롤

해설 **그래픽 이퀄라이저(graphic equalizer)**
오디오의 재생 주파수(가청 주파수 20~20,000[Hz]) 범위를 몇 개의 주파수 대역으로 분할하여 각각의 음역 대역의 주파수를 그래픽 레벨로 만들어 시각적으로 음향 효과를 추가시킨 이퀄라이저이다. 이것은 대역 내의 주파수 특성을 자유롭게 조정하여 음색을 보정하는 기기로서 PA(Public Address)의 모든 부분에서 사용되는 필수 음향 장치이다.

정답 55. ④ 56. ② 57. ② 58. ③ 59. ③

60 녹음기에서 테이프를 일정한 속도로 움직이게 하는 것은?

① 핀치 롤러와 캡스턴
② 핀치 롤러와 텐션암
③ 캡스턴과 테이프 가이드
④ 테이프 가이드와 테이프 패드

해설 **핀치 롤러와 캡스턴**

- 캡스턴(capstan) : 테이프의 주행 속도와 거의 같은 원주 속도를 가진 금속으로 된 회전축으로, 테이프를 핀치 롤러와 캡스턴 사이에 끼워서 핀치 롤러를 압착시켜 일정한 속도로 움직이게 한다.
- 핀치 롤러(pinch roller) : 원형으로 된 고무 바퀴이다.

정답 60. ①

2012. 04. 08. 기출문제

01 다음 중 압전 효과를 이용한 발진기는?

① LC 발진기
② RC 발진기
③ 블로킹 발진기
④ 수정 발진기

해설 **수정 발진기(crystal oscillator)**

- 수정편의 압전기 현상을 이용한 발진기로서, LC 발진기 회로에 수정 진동자를 넣어서 높은 주파수에 대한 안정도를 유지하기 위한 발진기이다.
- 수정 진동자는 고유 진동수가 공진 주파수에 가깝기 때문에 Q가 매우 높고 안정한 발진을 유지한다. 그 반면에 발진 주파수를 가변(variable)으로 할 수 없다.
- 용도 : 측정기, 송·수신기, 표준용 기기 등의 정밀도(정확도)가 높은 주파수 측정 장치에 사용된다.

* 압전기 효과(piezolectric effect) : 그림 (a)와 같이 특수하게 자른 판 모양의 수정편에 압력이나 장력을 가하면 수정편의 표면에 전하가 나타난다. 이것을 그림 (b)와 같이 수정편에 금속판 전극을 만들어 전극 간에 전압을 가하면 전압의 극성에 따라 두 가지 방향으로 기계적 일그러짐(신장 혹은 압축)이 발생한다. 이러한 전기-기계적 상호 작용을 압전기 효과 또는 압전기 현상이라고 한다.

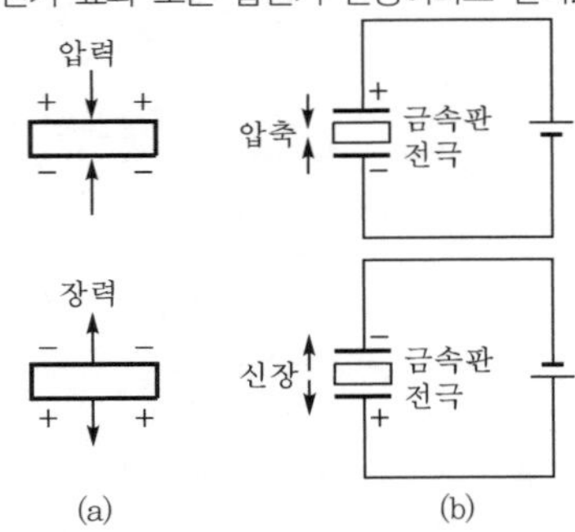

▌수정편의 압전기 현상▐

02 트랜지스터의 전류 증폭률 α와 β의 관계는?

① $\alpha = \dfrac{\beta}{1+\beta}$ ② $\alpha = \dfrac{\beta}{1-\beta}$

③ $\alpha = \dfrac{1+\beta}{\beta}$ ④ $\alpha = \dfrac{1-\beta}{\beta}$

해설 $I_E = I_B + I_C$에서

$$\frac{I_E}{I_C} = 1 + \frac{I_B}{I_C},\ \frac{1}{\alpha} = 1 + \frac{1}{\beta}$$

$$\therefore\ \beta = \frac{\alpha}{1-\alpha},\ \alpha = \frac{\beta}{1+\beta}$$

03 그림과 같은 구형파 펄스의 충격 계수(duty factor) D는?

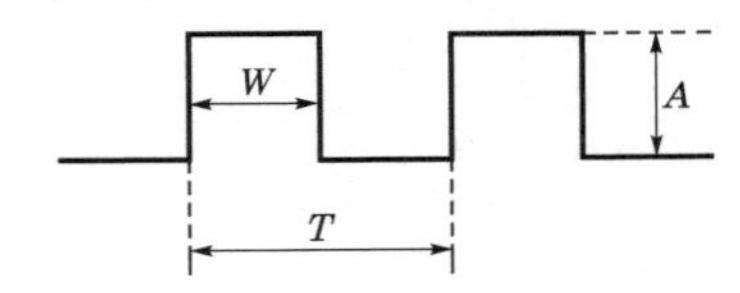

① $D = \dfrac{1}{T}$ ② $D = \dfrac{W}{T}$

③ $D = \dfrac{A}{T}$ ④ $D = \dfrac{1}{A}$

해설 **듀티 사이클(duty cycle)**

펄스의 점유율

$$D = \frac{W}{T}$$

여기서, W : 펄스 폭, T : 펄스의 반복 주기

04 이상적인 연산 증폭기에 대한 설명으로 옳지 않은 것은?

① 주파수 대역폭이 무한대이다.
② 출력 임피던스가 무한대이다.
③ 입력 바이어스 전류는 0이다.
④ 오픈 루프 전압 이득이 무한대이다.

해설 **이상적인 연산 증폭기(ideal OP Amp)의 특징**

- 입력 저항 $R_i = \infty$
- 출력 저항 $R_o = 0$
- 전압 이득 $A_v = -\infty$
- 동상 신호 제거비가 무한대(CMRR $= \infty$)
- $V_1 = V_2$일 때 V_o의 크기에 관계없이 $V_o = 0$
- 대역폭이 직류(DC)에서부터 무한대(∞)일 것
- 입력 오프셋(offset) 전류 및 전압은 0일 것
- 개방 루프(open loop) 전압 이득이 무한대(∞)일 것
- 온도에 대하여 변하지 않을 것(zero drift)

정답 01. ④ 02. ① 03. ② 04. ②

05 연산 증폭기의 특징에 대한 설명으로 옳지 않은 것은?

① 전압 이득이 크다.
② 입력 임피던스가 높다.
③ 출력 임피던스가 낮다.
④ 단일 주파수만을 통과시킨다.

해설 **연산 증폭기(OP-Amp : Operational Amplifier)의 특징**

- 직류에서 수[MHz]의 주파수까지 종합 응답 특성이 요구되는 범위에서 되먹임(feed back) 증폭기를 구성하여 일정한 연산을 할 수 있도록 한 고이득 직류 증폭기이다.
- 큰 전압 이득과 높은 입력 임피던스(10^6[Ω] 정도) 및 낮은 출력 임피던스(100[Ω] 이하)를 가지는 소자로서, 직접 결합 차동 증폭기를 여러 단으로 구성하여 입력단으로 사용한다.
- 주파수 대역폭은 직류(0[Hz])에서부터 무한대(∞)이므로 낮은 주파수부터 높은 주파수까지 모두 증폭할 수 있다.

06 다음 중 부귀환 증폭 회로에 대한 설명으로 적합하지 않은 것은?

① 증폭도가 저하된다.
② 안정도가 감소한다.
③ 주파수 특성이 개선된다.
④ 입·출력 임피던스가 귀환에 의해 변화된다.

해설 **음되먹임(부귀환) 증폭기의 특성**

- 이득이 안정된다.
- 일그러짐이 감소(주파수 일그러짐, 위상 일그러짐, 비직선 일그러짐)한다.
- 잡음이 감소된다.
- 부귀환에 의해서 증폭기의 전압 이득은 감소하나, 대역폭이 넓어져서 주파수 특성이 개선된다(상한 3[dB] 주파수를 대역폭으로 사용).
- 귀환 결선의 종류에 따라 입·출력 임피던스가 변화한다.

07 운동하고 있는 전자에 자장을 가하면 운동 방향을 변화시킬 수 있다. 만약 전자의 운동 방향이 자장의 운동 방향과 직각이면 전자는 무슨 운동을 하는가?

① 수직 운동 ② 수평 운동
③ 원운동 ④ 지그재그 운동

해설 **원운동(회전 운동)**

전자가 균일한 자장의 자속 밀도 B[Wb/m^2]에 운동 속도 V[m/sec]를 가지고 수직으로 운동하게 될 때 원운동을 한다.

08 비검파 회로에 삽입된 대용량 콘덴서 C_o의 목적은?

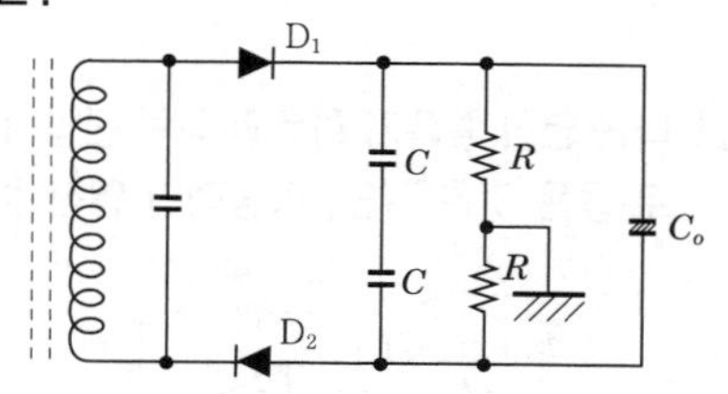

① 결합 작용
② 직류 차단 작용
③ 진폭 제한 작용
④ 측로(by pass) 작용

해설 **비검파(ratio detector) 회로**

포스터-실리 판별 회로의 일부를 개량한 것으로, 다이오드 D_1과 D_2의 극성을 반대로 하여 신호파의 전압을 꺼내는 방법을 달리하여 입력 신호 전압의 진폭 변동에 대해 민감하지 않도록 만들어진 FM 검파 회로이다.

이것은 판별 회로의 출력단에 대용량의 콘덴서 C_o를 사용하여 진폭 제한(limiter) 작용을 겸할 수 있도록 만들어진 것으로 C_o의 작용으로 FM파의 진폭이 변동되거나 강한 충격성(펄스) 잡음이 혼입되었을 경우 잡음을 흡수하여 혼신을 제거한다.

09 그림은 연산 회로의 일종이다. 출력을 바르게 표시한 것은?

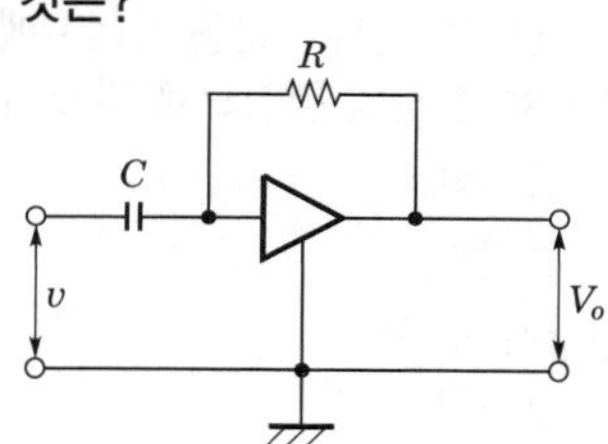

① $V_o = \frac{1}{CR}\int_0^1 vdt$

② $V_o = -\frac{1}{CR}\int_0^1 vdt$

③ $V_o = -RC\frac{dv}{dt}$

④ $V_o = RC\frac{dv}{dt}$

정답 05. ④ 06. ② 07. ③ 08. ③ 09. ③

해설 **미분 회로(differential circuit)**
그림은 수학적인 미분 연산을 수행하는 미분 회로를 나타낸 것으로, 입력 커패시터 C에 구형파를 가하면 되먹임 저항 R을 통해서 입력 경사에 비례하는 출력 전압을 얻을 수 있다.
따라서, 출력 V_o를 나타내는 방정식은 다음과 같다.

$$V_o = -Ri = -RC\frac{dv}{dt}$$

10 다음 연산 증폭기 회로의 입력 전압 V_i의 값으로 옳은 것은? (단, 이상적인 연산 증폭기임)

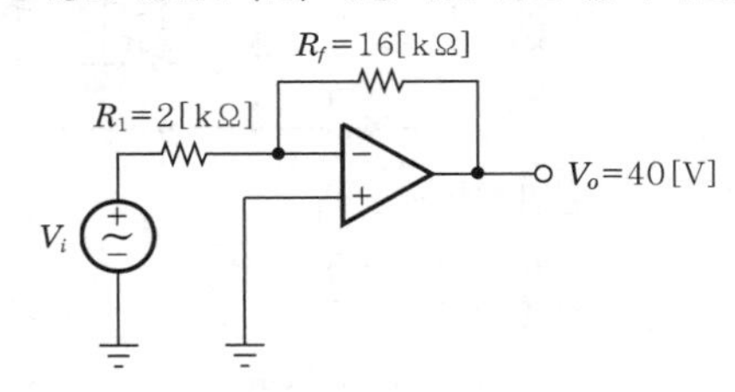

① −5[V] ② 7.5[V]
③ −10[V] ④ 12.5[V]

해설 **반전 연산 증폭기(inverting operational amplifier)**
상수를 곱하는 증폭 회로 중 가장 널리 사용되는 것으로, 출력 신호는 입력 신호의 위상을 반전시키고 R_1과 R_f에 의해 주어지는 상수를 곱하여 얻는다.

전압 증폭도 $A_v = \frac{V_o}{V_i} = -\frac{R_f}{R_1}$에서

$$V_i = -\frac{R_i}{R_f}V_o$$
$$= -\frac{2}{16}\times 40 = -5[\text{V}]$$

11 충돌된 1차 전자의 운동 에너지에 의하여 방출된 자유 전자의 명칭으로 바르게 된 것은?

① 열전자
② 광전자
③ 2차 전자
④ 전기장 전자

해설 **2차 전자 방출(secondary electron emission)**
외부에서 금속에 전자를 입사시킬 때 금속 내에 있는 자유 전자가 입사 전자로부터 에너지를 받아 외부로 탈출되는 현상을 2차 전자 방출이라 한다. 이때, 방출된 전자를 2차 전자라 하며 처음에 충돌한 전자를 1차 전자라 한다.

12 베이스 접지 트랜지스터 회로에서 입력과 출력 신호 사이의 위상차는?

① 동상 ② 90°
③ 180° ④ 270°

해설 **베이스 접지 증폭 회로의 특징**
- 전류 증폭도는 약 1이다($\alpha \approx 0.95 \sim 0.98$).
- 전압 증폭도는 높다(이미터 접지 증폭과 같은 정도).
- 입력 저항이 가장 작다(수 ~ 수십[Ω]).
- 출력 저항이 가장 크다(수[kΩ] 이상).
- 입 · 출력 신호의 위상은 동위상이다.

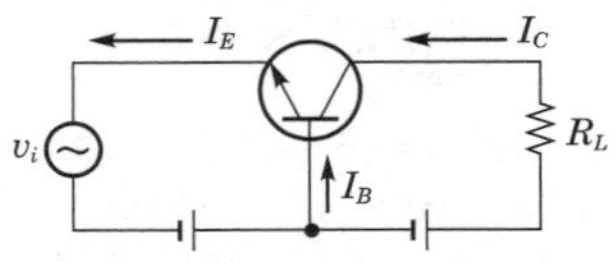

- 베이스 접지 회로는 전류 이득은 거의 1이지만 입 · 출력 임피던스의 비가 크기 때문에 큰 전압의 이득을 얻을 수 있다. 따라서, 매우 작은 내부 저항을 가진 신호원을 정합시키거나 매우 높은 임피던스 부하를 구동시킬 때 사용된다.

13 직류 안정화 전원 회로의 기본 구성 요소로 가장 적합한 것은?

① 기준부, 비교부, 검출부, 증폭부, 지시부
② 기준부, 비교부, 검출부, 증폭부, 제어부
③ 기준부, 발진부, 검출부, 제어부, 증폭부
④ 기준부, 지시부, 검출부, 증폭부, 발진부

해설

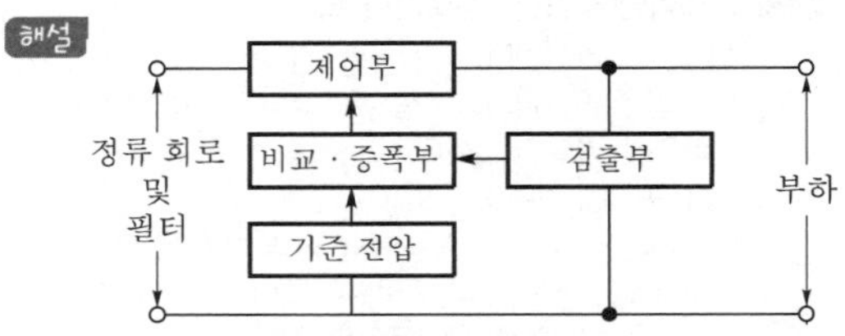

그림은 직렬형 정전압 회로이다. 기준 전압 발생은 제너 다이오드를 사용한다.

14 정류 회로의 직류 전압이 300[V]이고 리플 전압이 3[V]였다. 이 회로의 리플률은 몇 [%]인가?

① 1 ② 2
③ 3 ④ 5

해설 **맥동률(ripple 함유율)**
정류된 직류 전류(전압) 속에 교류 성분이 얼마나 포함되어 있는가를 나타내는 것이다.

정답 10. ① 11. ③ 12. ① 13. ② 14. ①

맥동률(γ) =

$$\frac{\text{출력 전류(전압)의 교류 성분(맥동분)의 실횻값}}{\text{출력 전류(전압)의 직류 성분(평균값)}} \times 100[\%]$$

$$\gamma = \frac{\Delta V}{V_d} \times 100 = \frac{3}{300} \times 100 = 1[\%]$$

15 다음 중 이미터 폴로어에 대한 설명으로 옳지 않은 것은?

① 입력 임피던스는 낮다.
② 전압 증폭도는 대략 1이다.
③ 입·출력 위상은 동위상이다.
④ 부하 효과를 최소화하는 버퍼 증폭기로 많이 사용된다.

해설 **컬렉터 접지 증폭 회로(이미터 폴로어)의 특징**
- 전류 증폭도가 가장 높다.
- 전압 증폭도 ≤ 1이다.
- 입력 저항이 매우 크다(수백[kΩ] 이상).
- 출력 저항이 가장 작다(수 ~ 수십[Ω]).
- 입·출력 신호의 위상은 동위상이다.
- 임피던스 변환용 완충(buffer) 증폭단으로 사용된다.
- 전력 증폭기로도 사용된다.

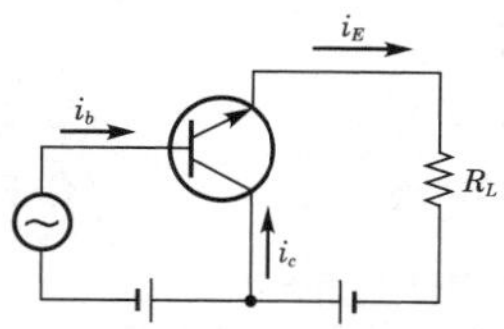

* 컬렉터 접지 회로는 접지 방식 중 출력 임피던스가 가장 낮고 전압 이득이 거의 1에 가깝다. 이것은 베이스 전압의 변동과 이미터에 있는 부하 전압의 변동이 똑같기 때문에 이미터 폴로어(emitter follower)라 하며 고임피던스 전원과 저임피던스 부하 사이의 완충 증폭단으로 널리 사용된다.

16 다음 중 정류 회로의 종류가 아닌 것은?

① 브리지 정류 회로
② 반파 정류 회로
③ 전파 정류 회로
④ 정전압 정류 회로

해설 **정류 회로(rectifier circuit)**
반도체 다이오드(diode)를 사용하여 교류를 한쪽 방향만 흐르는 직류로 변환(convert)하는 회로이다. 즉, 다이오드의 정류 작용으로 교류로부터 직류를 얻는 회로를 말한다.

* 정류 회로의 종류 : 반파 정류 회로, 전파 정류 회로, 브리지 정류 회로, 배전압(반파, 전파) 정류 회로, 3상(반파, 전파) 정류 회로 등이 있다.

17 주기적으로 재기록하면서 기억 내용을 보존해야 하는 반도체 기억 장치는?

① SRAM ② EPROM
③ PROM ④ DRAM

해설 **DRAM(Dynamic RAM)**
하나하나의 비트를 전하(charge)의 충전으로 저장하기 때문에 주기적으로 재충전을 위해 재생 클록을 공급받아야 한다.
- DRAM : 주기억 장치에 사용
- SRAM : 캐시 메모리에 사용

18 컴퓨터와 오퍼레이터 사이에 필요한 정보를 주고받을 수 있는 장치는?

① 자기 디스크 ② 라인 프린터
③ 콘솔 ④ 데이터 셀

해설 **콘솔(console)**
컴퓨터 외부에서 조정(control)하기 위한 입·출력 장치로, 컴퓨터 동작의 시작이나 정지를 명령하여 실행 상황을 제어하기 위한 장치이다.

19 다음 그림은 어떤 주소 지정 방식인가?

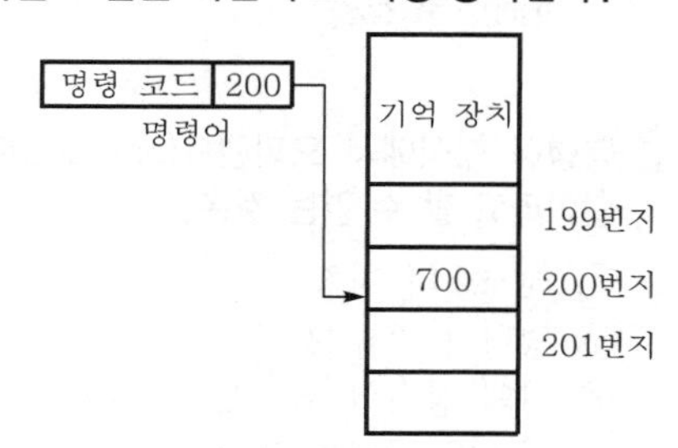

① 즉시 주소 지정(immediate address)
② 직접 주소 지정(direct address)
③ 간접 주소 지정(indirect address)
④ 상대 주소 지정(relative address)

해설 **직접 주소 지정 방식(direct addressing mode)**
오퍼랜드가 기억 장치에 위치하고 있고 기억 장치의 주소가 명령어의 주소에 직접 주어지는 방식으로, 기억 장치에 정확히 한번만 접근한다.

정답 15. ① 16. ④ 17. ④ 18. ③ 19. ②

20 컴퓨터 내부에서 문자를 표현하는 방식은?

① 팩 방식
② 아스키 코드 방식
③ 고정 소수점 방식
④ 부동 소수점 방식

해설 **ASCII 코드(American Stand Code of Information Interchange)**
미국 표준 협회에서 제정한 것으로, 7개 또는 8개의 비트로 한 문자를 표시하는 것이다. 데이터 통신에 널리 이용되며, 통신의 시작과 종료, 제어 조작 등을 표시할 수 있다.
- 7비트 ASCII 코드 : 3개의 존 비트와 4개의 숫자 비트로 구성되고, 코드 표현은 $2^7=128$개(영문자, 숫자의 표기)로 한다.
- 8비트 ASCII 코드 : 패리티 비트가 추가된 것으로, 자료의 전송 시에 발생하는 오류 검색을 위해서 사용한다.

* 아스키 데이터 형식은 외부적 자료 표현 형식이다.

21 16진수 $(28C)_{16}$를 10진수로 변환한 것으로 옳은 것은?

① 626 ② 627
③ 628 ④ 652

해설 **16진수에서 10진수로의 변환**

$$(28C)_{16} = 2\times16^2 + 8\times16^1 + C\times16^0$$
$$= 512 + 128 + 12 = (652)_{10}$$
$$\therefore\ (28C)_{16} = (652)_{10}$$

22 명령어 형식에서 오퍼랜드(operand)부의 역할이라고 할 수 없는 것은?

① 레지스터 지정
② 명령어 종류 지정
③ 기억 장치의 어드레스 지정
④ 데이터 자체의 표현

해설 명령어의 구성은 명령 코드(OP-code)와 오퍼랜드(operand)로 구성된다.
- 명령 코드(operation code) : 덧셈, 뺄셈, 읽기, 쓰기 등 무엇을 할 것인가를 지시하는 부분
- 오퍼랜드(operand) : 주기억 장치, 보조 기억 장치의 데이터나 명령어의 어드레스 기억 및 입 · 출력 장치의 어드레스 기억

23 프로그래밍에 사용하는 고급 언어 중 절차 지향 언어에 포함되지 않는 것은?

① 코볼(COBOL)
② C언어
③ 자바(JAVA)
④ 베이직(BASIC)

해설 **절차 지향 언어(procedure-oriented language)**
컴퓨터에서 연산, 대입, 판단, 입 · 출력, 실행 순서 등의 기본적인 처리를 쉽게 기술할 수 있고 그런 실행 순서(절차)를 지정해서 프로그램을 작성하기 위한 프로그래밍 언어로, C언어, 베이직, 파스칼, 코볼, 포트란, 알골, PL/1 등이 있다. 일반용 고수준 프로그래밍 언어의 대부분은 절차 중심 언어이다.

* 자바(JAVA)는 미국의 선마이크로시스템(Sun microsystem)사가 개발한 인터넷용 객체 지향 프로그래밍 언어이다. 이것은 월드와이드웹(World Wide Web)에서 애니메이션(animation)과 같은 기능을 지원해 주는 프로그래밍 언어로서 오늘날 전 세계적으로 많은 호응을 얻고 있다.

24 다음 논리 연산 명령어 중 누산기의 값이 변하지 않는 것은? (단, X는 임의의 8bit 데이터이다.)

① CP X ② AND X
③ OR X ④ EX-OR X

해설 **논리 연산 명령어**
- 단항(unary) 연산 : Shift, Rotate, Complement, MOVE
- 이항(binary) 연산 : AND, OR, 사칙 연산

* CP(complement)는 연산에 사용하는 자료가 한 개뿐인 단항 연산으로, 입력 자료의 1의 보수를 얻는 것으로 누산기의 값이 변하지 않는다.

25 컴퓨터가 직접 인식하여 실행할 수 있는 언어로서, 2진수 '0'과 '1'만을 이용하여 명령어와 데이터를 나타내는 언어는?

① 기계어 ② 어셈블리 언어
③ 컴파일러 언어 ④ 인터프리터 언어

해설 **기계어(machine language)**
2진 숫자로만 사용된 컴퓨터의 중심 언어이며, 컴퓨터가 직접 이해할 수 있는 언어로서 프로그램의 작성과 수정이 곤란하다.

정답 20. ② 21. ④ 22. ④ 23. ③ 24. ① 25. ①

26 **다음 중 '0'에서 '9'까지의 10진수를 4비트의 2진수로 표현하는 코드는?**

① 아스키 코드　② 3－초과 코드
③ 그레이 코드　④ BCD 코드

해설 **BCD 코드(Binary Coded Decimal : 2진화 10진 코드)**
2진수를 사용하는 가장 보편화된 코드로서, 4자리의 2진수 표시로 1개의 10진수를 표시하는 것이다.
* 각 비트 자리가 자리값(weight)을 갖는데, 4개의 자리 중 왼쪽부터 $2^3=8$, $2^2=4$, $2^1=2$, $2^0=1$의 값을 가지므로 8421코드라 부른다.

27 **속도가 빠른 중앙 처리 장치와 속도가 느린 주기억 장치 사이에 위치하며 두 장치 간의 속도 차를 줄여 컴퓨터의 전체적인 동작 속도를 빠르게 하는 기억 장치는?**

① 캐시 메모리(cache memory)
② 가상 메모리(virtual memory)
③ 플래시 메모리(flash memory)
④ 자기 버블 메모리(magnetic bubble memory)

해설 **캐시 기억(cache memory) 장치**
초고속 소용량의 메모리로서, 주기억 장치보다 속도가 빠르고 중앙 처리 장치의 빠른 처리 속도와 주기억 장치의 느린 속도 차이를 해소하기 위해 사용하는 것으로, 효율적으로 컴퓨터의 성능을 높이기 위한 반도체 기억 장치이다.
특히 그래픽 처리 시 속도를 높이는 결정적인 역할을 하며, 시스템의 성능을 향상시킬 수 있다.

28 **각 세그먼트를 하나의 프로그램이 되도록 연결하고, 어셈블러가 번역한 목적 프로그램을 실행 모듈로 바꾸어 주는 프로그램은?**

① 에디터　② ASM
③ LINKER　④ EXE 2BIN

해설 **EXE 2BIN 프로그램**
EXE 2BIN은 어셈블러(assember)의 확장자 EXE 파일을 COM 파일로 변환시킬 때 사용하는 프로그램이다.
이것은 EXE 형식의 프로그램은 완전 세그먼트와 단순 세그먼트의 2가지 문법을 다 사용할 수 있지만 COM 형식의 프로그램은 완전 세그먼트 문법만 사용해서 작성해야 한다. 따라서, COM 형식의 프로그램을 작성 후 컴파일(compile)하면 확장자가 EXE 형식의 파일로 만들어지는데 이 파일을 실행하면 에러가 발생하여 제대로 작동하지 않으므로 이때 EXE 2BIN 프로그램을 이용해서 EXE 형식의 프로그램을 COM 형식의 프로그램으로 바꾸어서 실행하면 제대로 된 결과를 얻을 수 있다.

29 **내부 저항이 20[kΩ]인 전압계의 측정 범위를 크게 하려고 80[kΩ]의 배율기를 직렬로 연결했을 때 전압계의 지시값이 50[V]였다면 측정 전압[V]은?**

① 220　② 250
③ 280　④ 320

해설 **배율기(multimeter)**
그림과 같이 전압계의 측정 범위를 확대하기 위하여 전압계 Ⓥ와 직렬로 접속한 저항기 R_m 을 배율기라 한다.

$$V_v = r_v \cdot I \frac{r_v V}{r_v + R_m} [\text{V}]$$

$$\therefore\ V = \frac{r_v + R_m}{r_v} V_v = \left(1 + \frac{R_m}{r_v}\right) V_v = m V_v$$

$m = \dfrac{V}{V_v} = \left(1 + \dfrac{R_m}{r_v}\right)$을 배율기의 배율이라 한다.

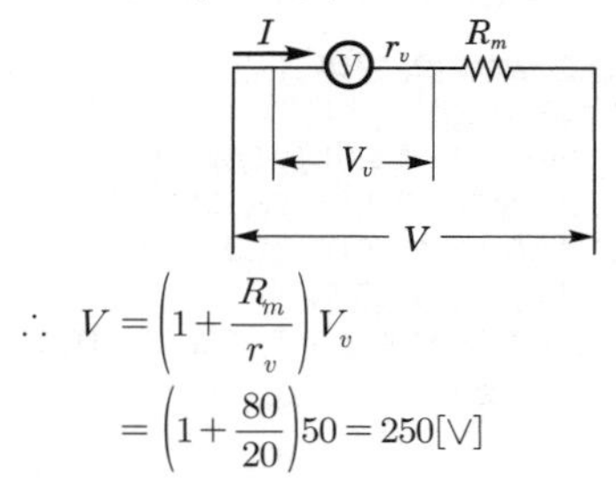

$$\therefore\ V = \left(1 + \frac{R_m}{r_v}\right) V_v$$

$$= \left(1 + \frac{80}{20}\right) 50 = 250[\text{V}]$$

30 **적산 전력계의 알루미늄 원판에 유기되는 전류는?**

① 여자 전류　② 맴돌이 전류
③ 자화 전류　④ 최대 전류

해설 **적산 전력계**
• 유도형 계기(AC 전용)로서 회전 자장과 이동 자장에 의한 유도 전류와의 상호 작용을 이용한 것으로, 회전 자장이 금속 원통과 쇄교하면 맴돌이 전류가 흐른다. 이 맴돌이 전류와 회전 자장 사이의 전자력에 의하여 알루미늄 원통에 구동 토크가 발생하는 원리를 이용한 계기이다.
• 교류 배전반용 기록 장치와 전력계 및 이동 자장형은 적산 전력계로 사용되며, 현재 사용되는 교류(AC)용 적산 전력계는 모두 유도형이다.

정답 26. ④ 27. ① 28. ④ 29. ② 30. ②

31 일반적으로 1[Ω] 이하 10^{-5}[Ω] 정도의 저저항 정밀 측정에 사용되는 브리지는?

① 켈빈 더블 브리지
② 휘트스톤 브리지
③ 콜라우시 브리지
④ 맥스웰 브리지

해설 **켈빈 더블 브리지법**
휘트스톤 브리지에 2개의 보조 저항변을 추가한 것으로서, 저저항 측정에 널리 사용되며 1회의 평형 조작으로 정밀하게 측정할 수 있는 특징이 있다. 이것은 접촉 저항 및 리드선 저항의 영향이 작고 도체의 낮은 고유 저항을 측정하는 데 적합하다.

32 표준 신호 발생기의 필요 조건으로 옳지 않은 것은?

① 주파수가 정확하고 가변 파형이 양호할 것
② 변조 특성이 좋으며 지시 변조도가 정확할 것
③ 출력 임피던스가 가변될 것
④ 불필요한 출력을 내지 않을 것

해설 **표준 신호 발생기의 구비 조건**
- 넓은 범위에 걸쳐서 발진 주파수가 가변일 것
- 발진 주파수 및 출력이 안정할 것
- 변조도가 정확하고 변조 왜곡이 작을 것
- 출력 레벨이 가변적이고 정확할 것
- 출력 임피던스가 일정할 것
- 차폐가 완전하고 출력 단자 이외로 전자파가 누설되지 않을 것

33 오실로스코프에서 휘도(intensity)를 조정하는 것은?

① 양극 전압
② 편향판 전압
③ 캐소드 전압
④ 제어 그리드 전압

해설 **제어 그리드(grid)**
오실로스코프에서 휘도 조정을 하는 것으로, 형광점의 밝기를 조절한다.
* 제어 그리드 전압은 휘도를 조정하며 열전 음극인 캐소드에 대해서 음(−)이다.

34 다음 중 자동 평형식 기록 계기의 구성 요소가 아닌 것은?

① 함수 발생기
② 증폭 회로
③ 서보 모터
④ DC − AC 변환 회로

해설 **자동 평형식 기록 계기**
- 기록용 펜과 용지 사이에 생기는 마찰 오차를 피하기 위하여 만들어진 것으로, 영위법에 해당하며 피측정량을 충분히 증폭하여 사용하므로 감도가 매우 양호하다.
- 자동 평형식 기록 계기의 구성도

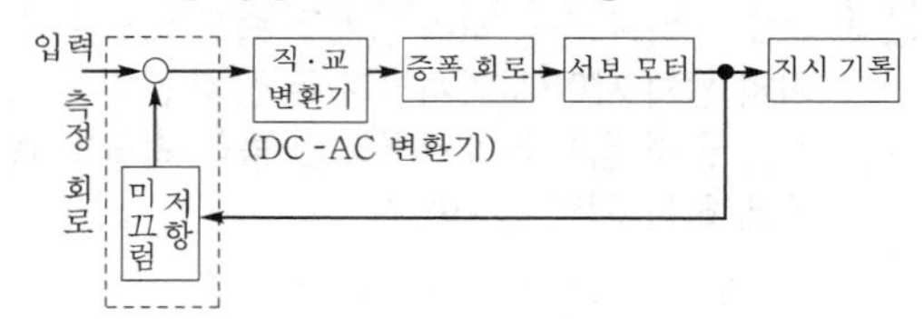

- 전위차계 및 평형 브리지 회로에 의해서 회로가 자동적으로 평형 상태가 되도록 한 후 가동 부분(서보 모터)에 기록용 펜 또는 타점용 핀을 부착하여 기록하도록 한 것이다.

35 유도형 계기의 특징에 대한 설명 중 옳지 않은 것은?

① 가동부에 전류를 흘릴 필요가 없으므로 구조가 간단하고, 견고하다.
② 공극이 좁고 자장이 강하므로 외부 자장의 영향이 작고, 구동 토크가 크다.
③ 주파수의 영향이 다른 계기에 비하여 크므로 정밀급 계기에는 부적합하다.
④ DC 전용 계기로 주로 사용된다.

해설 **유도형 계기의 특징**
- 회전력이 크며 조정이 용이하다.
- 공간 자장이 강하기 때문에 외부 자장의 영향을 작게 받는다.
- 주파수, 파형, 온도의 영향이 커서 정밀용 계기로는 부적당하다.
- 교류(AC) 전용으로 직류(DC)에는 사용할 수 없다.
- 구동 토크가 크고 구조가 견고하기 때문에 내구력을 요하는 배전반용 및 기록 계기용으로 사용된다.
- 교류 배전반용 기록 장치와 전력계 및 이동 자장형은 적산 전력계로 이용된다.

* 현재 쓰이는 교류(AC) 적산 전력계는 모두 유도형 계기이다.

정답 31. ① 32. ③ 33. ④ 34. ① 35. ④

36 저주파 증폭기의 출력측에서 기본파의 전압이 50[V], 제2고조파의 전압이 4[V], 제3고조파의 전압이 3[V]임을 측정으로 알았다면, 이때 일그러짐률[%]은?

① 5 ② 6
③ 8 ④ 10

해설 일그러짐률(K)

$$= \frac{\text{고조파의 실횻값}}{\text{기본파의 실횻값}} \times 100[\%]$$
$$= \frac{\sqrt{\text{제2고조파}^2 + \text{제3고조파}^2}}{\text{기본파}} \times 100$$
$$= \frac{\sqrt{V_2^{\ 2} + V_3^{\ 2}}}{V} \times 100$$
$$= \frac{\sqrt{4^2 + 3^2}}{50} \times 100 = 10[\%]$$

37 아날로그 계측기와 비교 시 디지털 계측기에만 반드시 필요한 것은?

① 비교기 ② 증폭기
③ A/D 변환기 ④ D/A 변환기

해설 **A/D 변환기(Analog to Digital converter)**
아날로그 신호에 입력 신호를 가하여 디지털 신호를 출력으로 꺼내는 회로를 말한다.
즉, 전압, 전류, 저항, 시간, 속도, 압력 등과 같이 연속적으로 변화하는 아날로그 양을 정보 처리 시스템, 즉 전자 계산기 등에서 불연속 디지털 양으로 변환하는 것을 말한다.
* 아날로그 양을 A/D 변환 → 디지털 처리 → D/A 변환으로 처리하면 정확도가 높아지고 취급하기가 쉽다.

38 가장 높은 주파수를 측정할 수 있는 것은?

① 헤테로다인 주파수계
② 공동 주파수계
③ 흡수형 주파수계
④ 동축 주파수계

해설 **고주파 주파수계의 측정범위**
- 헤테로다인 주파수계 : 20~20,000[Hz]의 가청 주파수대에서부터 단파대(HF)까지
- 흡수형 주파수계 : 100[MHz] 이하의 초단파대(VHF)
- 동축 주파수계 : 2.5[GHz]까지의 극초단파대(UHF)
- 공동 주파수계 : 20[GHz]까지의 마이크로파대(SHF)

* 공동 주파수계(cavity frequency meter) : 공동 공진기를 이용한 마이크로파대의 주파수 측정기로서, 보통 원통형 도파관이 널리 사용되고 있으며 공동 파장계(cavity wavemeter)라고도 한다. 이것은 고주파수 측정에서 가장 높은 주파수를 측정할 수 있는 계기이다.

39 250[V]인 전지의 전압을 어떤 전압계로 측정하여 보정 백분율을 구하였더니 0.2이었다. 전압계의 지시값[V]은?

① 250.5 ② 250.2
③ 249.5 ④ 249.8

해설 **보정 백분율**

보정률 $\alpha_0 = \frac{\alpha}{M} \times 100[\%]$
$$= \frac{T - M}{M} \times 100[\%]$$
$$\therefore\ T = M\left(1 + \frac{\alpha_0}{100}\right) = 250\left(1 + \frac{0.2}{100}\right) = 250.5[\text{V}]$$

40 전압 측정 시 계측기에 흐르는 미소 전류에 의한 전압 강하로 발생되는 오차를 줄이는 방법은?

① 계측기의 입력 저항을 크게 한다.
② 미끄럼 줄의 마찰에 의한 저항 변화를 줄인다.
③ 전압 분압기로 1[V] 정도 전압을 낮춰 측정한다.
④ 계측기에 배율기를 사용하여 측정 범위를 넓힌다.

해설 **전압 측정**
피측정 전압원에 계기나 측정기를 접속하면 미소한 전류가 흐르는데, 이 전류가 전압원의 내부 저항에 의한 전압 강하의 원인이 되어 실제의 전압보다 낮은 전압이 측정되어 오차가 발생한다.
따라서, 전압 측정 시 계측기의 입력 저항을 크게 함으로써 계측기에 흐르는 미소 전류에 의한 전압 강하로 발생하는 오차를 줄일 수 있다.

41 캡스턴의 원주 속도가 고르지 않을 때 생기는 현상은?

① 험 ② 와우 플러터
③ 모터 보팅 ④ 잡음

해설 **와우 플러터(wow flutter)**
캡스턴의 원주 속도가 고르지 않아 주행 속도가 변동하며 회전 상태가 상하 또는 좌우로 요동하여 재생 신호에 동요를 주는 현상이다.

정답 36. ④ 37. ③ 38. ② 39. ① 40. ① 41. ②

42 초음파 집진기는 초음파의 어떤 작용을 이용한 것인가?

① 응집 작용
② 분산 작용
③ 확산 작용
④ 에멀션화 작용

해설 **응집 작용**
- 강력한 초음파가 기체나 액체 내를 전파할 때 매질은 진동하게 되며, 이때 매질 속의 고체 미립자는 유체 매질과 같은 속도로 진동하지 못하고 미립자끼리 서로 뭉쳐지게 되는 현상을 말한다.
- 초음파의 응집 작용은 기체 중에 떠도는 미립자나 공기 중에 떠 있는 먼지나 가루, 액체 속의 고체 미립자를 제거하는 데 이용되며, 시멘트의 침전, 폐수 처리, 매연, 가스의 정화 장치 등에 사용된다.

* 초음파 집진기는 초음파의 응집 작용을 이용하여 기체 중에 떠도는 미립자를 포집하는 초음파 응용 기기이다.

43 기본파 진폭 20[mA], 제2고조파 진폭 4[mA]인 고조파 전류의 왜율은 몇 [%]인가?

① 10 ② 20
③ 50 ④ 80

해설 **왜율**

$$K=\frac{\text{고조파의 실횻값}}{\text{기본파의 실횻값}}\times100[\%]$$
$$=\frac{\sqrt{4^2}}{20}\times100=20[\%]$$

44 고주파 가열 중 유전 가열에 대한 설명으로 거리가 먼 것은?

① 가열이 골고루 된다.
② 온도 상승이 빠르다.
③ 피가열물의 모양에 제한을 받지 않는다.
④ 내부 가열이므로 표면 손상이 되지 않는다.

해설 **유전 가열의 특징**
- 내부 가열이므로 표면의 손상이 없고 국부적인 가열이 된다.
- 발열은 전압의 제곱에 비례하기 때문에 온도 상승이 빠르고, 상승 온도의 속도를 제어할 수 있다.
- 열전도율이 나쁜 물체나 두께가 두꺼운 물체 등도 단시간에 골고루 가열된다.
- 전원을 끊으면 가열이 즉시 정지되어 열의 이용이 쉽다.
- 설비 비용이 비싸고 고주파 발생 장치의 효율이 나쁘다(50[%] 정도).

45 주파수 특성의 표현법과 관계없는 것은?

① 벡터 궤적
② 나이퀴스트 선도
③ 보드 선도
④ 스칼라 궤적

해설 **주파수 응답 특성의 표현법**
- 보드 선도(bode diagram) : 가로축에 주파수, 세로축에 출력 강도와 위상각을 표시하여 자동 제어계의 주파수 응답을 나타내는 선도이다.
- 나이퀴스트 선도(Nyquist diagram) : 위상과 크기로 이루어진 극좌표 선도를 말하며, 자동 제어 공학이나 전기 통신 공학에서 폐루프계의 주파수 특성을 벡터 궤적으로 나타낸 선도이다.
- 벡터 궤적(vector locus) : 크기와 방향을 동시에 나타내는 물리량을 복소 평면상에 위상 특성과 이득 특성을 나타낸 것을 벡터 궤적이라 한다. 이것은 전 주파수 범위에 걸친 시스템의 주파수 응답 특성을 나타낼 수 있다.

46 한 조를 이루는 지상국에서 펄스 대신에 연속파를 발사하여 수신 장소에서는 그 위상차를 이용하여 거리차를 알아내는 쌍곡선 항법을 유럽에서 사용했는데 이를 무엇이라고 하는가?

① 데카(decca)
② 로란 A(loran A)
③ TACAN(tactical air navigation)
④ AN 레인지(AN range)

해설 **쌍곡선 항법(hyperbolic navigation)**

어느 두 지점으로부터 거리의 차가 일정하게 되는 점의 궤적은 두 지점을 초점으로 하는 쌍곡선이 된다는 원리를 이용한 전파 항법으로 로란과 데카의 2가지 방식의 시스템이 있다.
- 로란(Loran C : long range navigation) : 주파수 90~110[kHz]의 저주파 펄스를 이용한 것으로, 1쌍의 두 송신국(주국과 종국)으로부터 발사된 펄스파의 도달 시간 차를 측정하여 로란 차트에 두 송신국에 대한 위치 선이 존재하도록 한 다음, 또 다른 1쌍의 두 송신국을 선택하여 다른 위치 선을 구하여 먼저의 위치 선과 교차하는 지점에서 자국의 위치를 결정하는 방식이다. 이것은 선박에 항법상의 데이터를 제공해 주는 장거리 항법 장치로서 북대서양과 북태평양 지역에서 이용되고 있다.

* 로란 방식은 미국의 MIT에서 처음으로 개발되어 A~D까지 발달 되었으나 현재는 연안 항해용으로 로란 C만 사용하고 있다.

정답 42. ① 43. ② 44. ③ 45. ④ 46. ①

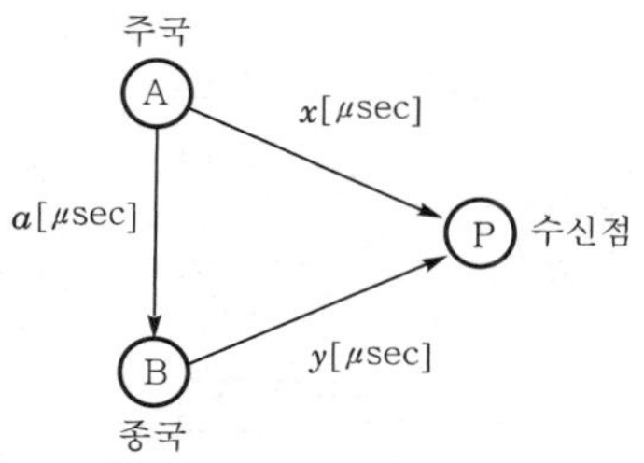

- 데카(decca) : 펄스파 대신 100[kHz]의 장파대를 사용한 중거리용 항법 장치로서, 1개의 주국과 3개의 종국에서 발사된 지속 전파의 도달 시간 차에 의한 무선 주파수의 위상차를 측정하여 데카 차드에서 자국의 위치선을 결정하는 방식으로 로란의 시간차에 의한 것보다 위치 측정의 정확도가 더 크다. 이것은 영국의 데카사에서 제조한 계기를 사용하여 항행하는 전파 항법으로, 북해·지중해 지역 등에서 이용된 것으로 2000년경에 거의 폐쇄되고 지금은 운영되지 않고 있다.

47 태양 전지에 이용되는 효과는?

① 광기전력 효과
② 광전자 방출 효과
③ 광증폭 효과
④ 펠티에 효과

해설 **광기전력 효과(photovoltaic effect)**

- 반도체의 PN 접합부나 정류 작용이 있는 반도체와 금속의 접합면에 강한 빛을 입사시키면 경계면의 접촉 전위차로 인하여 반도체 중에 생성된 전도 전자와 정공이 분리되어 양쪽 물질에서 서로 다른 종류의 전기가 발생하여 기전력이 생기는 효과이다.
- 용도 : 포토 다이오드, 포토 트랜지스터, 광전지 등에 실용화되고 있다.

48 다음 중 직류 전동기의 속도 제어 방법이 아닌 것은?

① 전압 제어법 ② 계자 제어법
③ 주파수 제어법 ④ 저항 제어법

해설 **직류 전동기의 속도 제어**

전원 전압, 주파수, 온도, 외란 등에 대하여 일정 기간 동안 속도를 지정 편차 안에서 일정하게 유지시키는 제어로서, 직류 분권 전동기가 많이 사용되고 있다.

[직류 전동기의 속도 제어 방법]

- 전압 제어(voltage control)법 : 전동기에 가해지는 인가 전원 전압의 크기를 변화시키는 방법(주전동기의 전류, 전압, 회전수 및 토크의 제어)
- 계자 제어(magnetic field control)법 : 계자 회로의 전류를 변화시켜서 속도를 제어하는 방법(주전동기의 전류, 전압, 회전수 및 토크의 제어)
- 저항 제어(therostatic control)법 : 전기자 회로의 전류를 변화시켜서 속도를 제어하는 방법(전기자 회로에 직렬로 저항을 접속하여 전동기의 속도를 제어)

49 다음 중 잔류 편차가 없는 제어 동작은?

① PI 동작
② P 동작
③ PD 동작
④ ON-OFF 동작

해설 **비례 적분 동작(PI 동작 : Proportional and Integral action)**

비례 동작에서 발생하는 잔류 편차(off-set)를 소멸시키기 위해 비례 동작에 적분 동작을 부가시킨 제어 동작이다.

50 다음 중 변위를 압력으로 변환하는 변환기는?

① 전자석
② 전자 코일
③ 유압 분사관
④ 차동 변압기

해설 **변환 요소의 종류**

변환량	변환 요소
변위 → 압력	스프링, 유압 분사관
압력 → 변위	스프링, 다이어프램
변위 → 전압	차동 변압기, 전위차계
전압 → 변위	전자 코일, 전자석
변위 → 임피던스	가변 저항기, 용량 변환기, 유도 변환기
온도 → 전압	열전대(백금 – 백금 로듐, 철 – 콘스탄탄, 구리 – 콘스탄탄)

51 슈퍼헤테로다인 수신기에서 중간 주파수가 455[kHz]일 때 710[kHz]의 전파를 수신하고 있다. 이때, 수신될 수 있는 영상 주파수는 몇 [kHz]인가?

① 910 ② 1,165
③ 1,420 ④ 1,620

해설 **영상 주파수(image frequency)**

영상 주파수(f_i)=수신 주파수(f_r)$\pm 2\times$중간 주파수

$=710+2\times455=1,620$[kHz]

정답 47. ① 48. ③ 49. ① 50. ③ 51. ④

52 출력이 500[W]인 송신기의 공중선에 5[A]의 전류가 흐를 때 복사 저항[Ω]은?

① 10　② 20
③ 30　④ 40

해설 복사 저항(방사 저항)
전파의 방사에 직접 작용하는 저항으로, 방사 전력을 크게 하려면 이 저항이 클수록 좋다.
안테나의 전력 $P=I^2R_a$[W]

복사 저항 $R_a=\dfrac{P}{I^2}=\dfrac{500}{5^2}=20[\Omega]$

53 서보 기구에 관한 일반적인 설명 중 옳지 않은 것은?

① 조작력이 강해야 한다.
② 서보 기구에서는 추종 속도가 느려야 한다.
③ 유압 서보 모터나 전기식 서보 모터가 사용된다.
④ 전기식이면 증폭부에 전자관 증폭기나 자기증폭기가 사용된다.

해설 서보 기구(servo mechanism)
제어량이 기계적 위치인 자동 제어계를 서보 기구라 한다. 이것은 물체의 위치, 방위, 자세 등의 기계적 변위를 제어량으로 하여 목푯값의 임의의 변화에 항상 추종하도록 구성된 제어계로서, 추종 제어계라고 한다.
[서보 기구의 특징]
- 조작량이 커야 한다.
- 추종 속도가 빨라야 한다.
- 서보 모터의 관성은 작아야 한다.
- 회전력에 대한 관성의 비가 커야 한다.
- 제어계 전체의 관성이 클 경우 관성의 비가 작을지라도 토크가 큰 편이 좋다.
- 유압식 서보 모터나 전기식 서보 모터가 사용된다.
- 전기식인 경우 증폭부에 전자관 증폭기나 자기 증폭기가 사용된다.

54 초음파 탐상기의 주요 구성 요소가 아닌 것은?

① 수신부
② 송신부
③ 동기부
④ 자동 방향 탐지부

해설 초음파 탐상기
탐측자를 통하여 초음파 펄스를 피측정판에 전달하여 반사파를 관측함으로써 물체 내부의 흠이나 균열 또는 불순물 등의 위치와 크기를 나타내는 것으로, 비파괴 검사에 많이 이용된다.

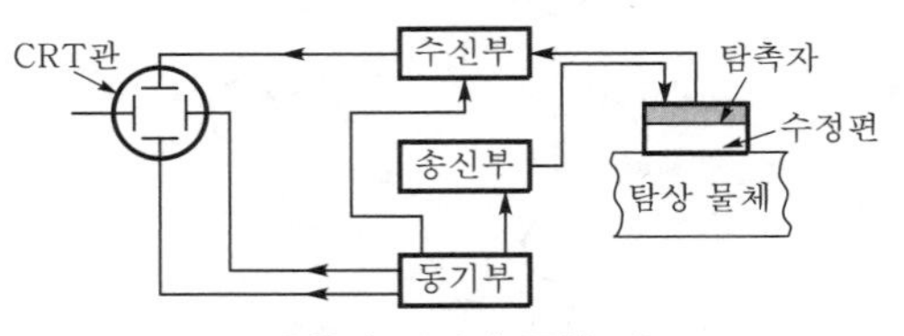

▮ 초음파 탐상기 구성도 ▮

55 항공기가 강하할 때 수직면 내에 올바른 코스를 지시하는 것으로, 90[Hz] 및 150[Hz]로 변조된 두 전파에 의해 표시되는 착륙 보조 장치는?

① PAR
② 팬 마커
③ 글라이드 패스
④ 지상 제어 진입 장치

해설 글라이드 패스 표시(glide path beacon)
항공기의 상하 진입로(수직 위치)를 지시하는 표시로서, 반송 주파수는 328.6 ~ 335.4[MHz]를 사용하며 활주로의 진입 코스 위측은 90[Hz], 아래측은 150[Hz]로 변조된 두 전파에 의해서 표시되는 계기 착륙 장치(ILS)의 착륙 보조 장치이다.

56 다음 중 화상의 질을 판단하기 위한 시험 도형으로 일반적으로 사용되는 것은?

① 고스트　② 비월 주사
③ 순차 주사　④ 테스트 패턴

해설 테스트 패턴(test pattern)
화상의 여러 가지 성질을 판정하는 데 적합하도록 특별한 선이나 원을 조합한 도형을 말한다.
* 판정 대상 : 해상도, 편향 일그러짐, 명암, 종횡비, 콘트라스트, 과도 특성, 초점 등

57 슈퍼헤테로다인 수신기에서 중간 주파 증폭을 하는 이유 중 옳지 않은 것은?

① 전압 변동을 작게 하기 위해
② 선택도를 높이기 위해
③ 충실도를 높이기 위해
④ 안정한 증폭으로 이득을 높이기 위해

해설 중간 주파(intermediate frequency) 증폭 회로
주파수 변환 회로에 의해 수신 주파수보다 낮은 중간 주파수(455[kHz])로 변환시켜 증폭하는 회로로서, 수신기 전체의 이득을 담당하고 근접 주파수 선택도

정답 52. ② 53. ② 54. ④ 55. ③ 56. ④ 57. ①

와 충실도는 이 회로의 주파수 특성으로 결정된다.
[중간 주파수로 증폭하는 이유]
- 발진할 염려가 없다.
- A급의 안정한 증폭으로 이득을 높일 수 있다.
- 선택도를 향상시키고 충실도를 높여 혼신을 감소시킨다.

58 VTR에서 테이프 구동 기구인 로딩 기구(loading mechanism)에 대한 설명으로 옳은 것은?

① 헤드 드럼에서 테이프를 끌어내어 핀치 롤러에 세트하는 기구이다.
② 비디오 카세트에서 테이프를 끌어내어 헤드 드럼에 세트하는 기구이다.
③ 빨리 보내기(FF), 되돌리기(REW) 시 테이프가 비디오 헤드에 세트하는 기구이다.
④ 빨리 보내기(FF), 되돌리기(REW) 시에 테이프가 헤드 드럼과 접촉하게 하는 기구이다.

해설 **로딩 기구(loading mechanism)**
비디오 카세트에서 테이프를 끌어내어 헤드 드럼에 감아 붙이기 위한 기구를 말한다.

59 태양 전지에 대한 설명으로 옳지 않은 것은?

① 축전 장치가 필요하다.
② 장치가 간단하고, 보수가 편하다.
③ 대전력용은 부피가 크고, 가격이 비싸다.
④ 빛의 방향에 따라 발생 출력이 변하지 않는다.

해설 **태양 전지(solar cell)**
반도체의 광기전력 효과를 이용한 광전지의 일종으로, 태양의 방사 에너지를 직접 전기 에너지로 변환하는 장치이다.
[특징]
- 연속적으로 사용하기 위해서는 축전 장치가 필요하다.
- 에너지원이 되는 태양 광선이 풍부하므로 이용이 용이하다.
- 빛의 방향에 따라 발생 출력이 변하므로 출력에 여유를 두어야 한다.
- 장치가 간단하고 보수가 편리하다.
- 대전력용으로는 부피가 크고 가격이 비싸다.
- 인공위성의 전원, 초단파 무인 중계국, 조도계 및 노출계 등에 이용된다.

60 TV 수상기의 영상 증폭 회로에서 피킹 코일에 관한 설명으로 옳은 것은?

① 수직의 동기를 제거한다.
② 고역 주파수 특성을 보상한다.
③ 저역 주파수 특성을 보상한다.
④ 4.5[MHz]의 음성 신호를 제거한다.

해설 **피킹 코일(peaking coil)**
TV 수상기의 영상 증폭 회로의 주파수 특성은 일반적으로 고역 주파수에서 표유 용량(C)의 영향으로 이득이 저하되어 해상도가 나빠진다. 따라서, 고역 주파수 특성을 보상하기 위해 증폭 회로에 직렬 또는 병렬로 코일(L)을 삽입하여 표유 용량(C)과 공진시켜 고주파 특성을 보상하는 코일이다. 이것은 회로에서 직렬 코일만을 삽입했을 경우는 직렬 피킹이라 하고 병렬 코일만을 삽입했을 때는 병렬 피킹이라 한다.

정답 58. ② 59. ④ 60. ②

2012. 07. 22. 기출문제

01 다음 중 출력 임피던스가 가장 작은 회로는?

① 베이스 접지 회로
② 컬렉터 접지 회로
③ 이미터 접지 회로
④ 캐소드 접지 회로

해설 **컬렉터 접지(이미터 폴로어) 증폭 회로의 특징**
- 전류 증폭도가 가장 높다.
- 전압 증폭도 ≤ 1이다.
- 입력 저항이 매우 크다(수백[kΩ] 이상).
- 출력 저항이 가장 작다(수 ~ 수십[Ω]).
- 입 · 출력 신호의 위상은 동위상이다.
- 임피던스 변환용 완충(buffer) 증폭단으로 사용된다.
- 전력 증폭기로도 사용된다.

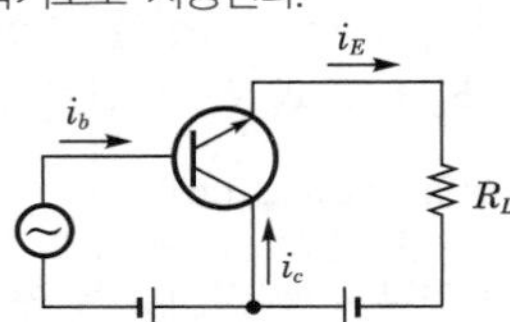

* 컬렉터 접지 회로는 접지 방식 중 출력 임피던스가 가장 낮고 전압 이득이 거의 1에 가깝다. 이것은 베이스 전압의 변동과 이미터에 있는 부하 전압의 변동이 똑같기 때문에 이미터 폴로어(emitter follower)라 하며 고임피던스 전원과 저임피던스 부하 사이의 완충 증폭단으로 널리 사용된다.

02 이상적인 연산 증폭기의 특징에 대한 설명으로 틀린 것은?

① 주파수 대역폭이 무한대이다.
② 입력 임피던스가 무한대이다.
③ 오픈 루프 전압 이득이 무한대이다.
④ 온도에 대한 드리프트(drift)의 영향이 크다.

해설 **이상적인 연산 증폭기(ideal op amp)의 특징**
- 입력 저항 $R_i = \infty$
- 출력 저항 $R_o = 0$
- 전압 이득 $A_v = -\infty$
- 동상 신호 제거비가 무한대($\mathrm{CMRR} = \infty$)
- $V_1 = V_2$일 때 V_o의 크기에 관계없이 $V_o = 0$
- 대역폭이 직류(DC)에서부터 무한대일 것
- 입력 오프셋(offset) 전류 및 전압은 0일 것
- 개방 루프(open loop) 전압 이득이 무한대일 것
- 온도에 대하여 드리프트(drift)되지 않을 것(zero drift)

03 가정용 전원의 교류 전압은 220[V]이다. 이는 무슨 값인가?

① 최댓값
② 순싯값
③ 평균값
④ 실횻값

해설 **실횻값(RMS value : Root Mean Square value)**
저항 R[Ω] 내에 동일한 값의 교류와 직류 전류를 같은 시간에 흘렸을 경우 같은 열량이 생기도록 하는 값으로, 교류의 크기를 실횻값으로 정한 값을 말한다.
정현파인 경우 순싯값의 2승을 1주기로 평균한 값의 평방근을 말하는 것으로, 실횻값은 최댓값의 $\frac{1}{\sqrt{2}} = 0.707$배가 된다.
* 우리나라에서는 가정용 전원 220[V]의 교류 전압을 실횻값으로 쓰고 있다.

04 5[V]의 입력 전압을 50[V]로 증폭했을 때 전압 이득[dB]은?

① 10 ② 20
③ 30 ④ 40

해설 전압 증폭도 $A_v = \frac{V_o}{V_i}$[dB]에서

이득 $G = 20\log\frac{V_o}{V_i}$
$= 20\log_{10} A_v$
$= 20\log_{10}\frac{50}{5}$
$= 20\log_{10}10 = 20$[dB]

정답 01. ② 02. ④ 03. ④ 04. ②

05 **다음과 같은 정류 회로에서 D_1 다이오드에 걸리는 최대 역전압(PIV)은 몇 [V]인가? (단, V_1은 정현파이다.)**

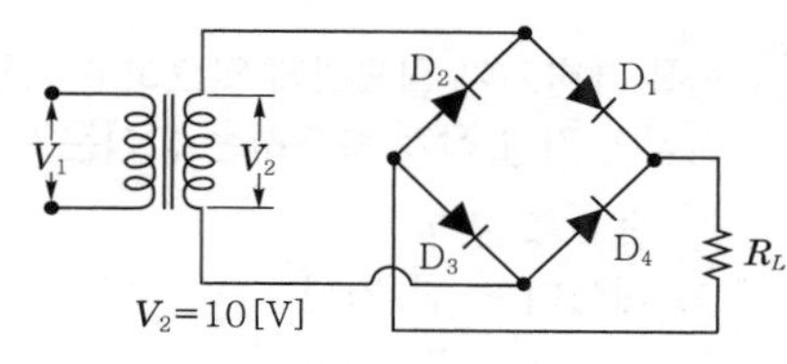

① 10 ② 20
③ $10\sqrt{2}$ ④ $20\sqrt{2}$

해설 **브리지 정류 회로**

전파 정류 회로와 거의 같으며 차이점은 각 다이오드의 최대 역전압(PIV)이 전파 정류 회로의 다이오드 전압값의 $\frac{1}{2}$이다.

PIV$=V_m$에서

∴ PIV$=V_m=V\sqrt{2}=10\sqrt{2}$

* 첨두 역전압(PIV : Peak Inverse Voltage) : 정류 다이오드에 걸리는 최대 역전압으로, 다이오드가 차단 상태에 있을 때 캐소드와 애노드 사이의 전압차를 말한다.

06 **전파 정류 회로에서 리플 전압을 나타낸 설명으로 옳은 것은? (단, 콘덴서 입력형 필터 회로의 경우이다)**

① 리플 전압은 콘덴서의 용량에만 반비례한다.
② 리플 전압은 부하 저항 및 콘덴서 용량에 반비례한다.
③ 리플 전압은 부하 저항에 무관하고 콘덴서의 용량에 비례한다.
④ 리플 전압은 부하 저항 및 콘덴서 용량에 비례한다.

해설 **전파 정류 회로(콘덴서 입력형 필터 회로)**

맥동률 $\gamma=\frac{\Delta V}{V_{dc}}=\frac{1}{4\sqrt{3}fCR_L}$

콘덴서 입력형 필터 회로의 맥동(ripple) 전압은 부하 저항 R_L 및 콘덴서 용량 C에 반비례한다. 즉, 맥동률 γ는 부하 저항 및 콘덴서의 용량이 클수록 작아진다. 따라서, 맥동과 전압 변동을 작게 하려면 용량이(수십[μF]) 큰 콘덴서를 넣어야 한다.

이 회로의 특징은 부하가 가벼울 때(R_L이 클 때) 맥동이 작고 출력 전압이 높다는 데 있다.

07 **다음 정류 회로 중 사용하는 다이오드의 수량이 가장 많은 것은?**

① 반파 정류 회로
② 전파 정류 회로
③ 브리지 정류 회로
④ 배전압 전파 정류 회로

해설 **정류 회로에 사용하는 다이오드의 수량**

- 반파 정류 회로 : 1개
- 전파 정류 회로 : 2개
- 브리지 정류 회로 : 4개
- 배전압 정류 회로 : 2개와 콘덴서 2개

08 **입력 전압이 500[mV]일 때 5[V]가 출력되었다면 전압 증폭도는?**

① 9배 ② 10배
③ 90배 ④ 100배

해설 **전압 증폭도**

$A_v=\frac{V_o}{V_i}$

여기서, V_i : 입력 전압의 실횻값
V_o : 출력 전압의 실횻값

∴ $A_v=\frac{5}{500\times10^{-3}}=10$ 배

09 **발진기의 발진 주파수를 높이기 위하여 사용되는 회로는?**

① 주파수 체배기 ② 분주기
③ 영상 증폭기 ④ 마그네트론

해설 **주파수 체배기(frequency multiplier)**

수정편의 기본 진동수보다 높은 주파수를 얻기 위하여 출력 공진 회로를 $2f$, $3f$ 등에 공진시켜서 제 2 · 3의 고조파 등을 얻는 회로를 말한다. 즉, 고조파를 출력의 공진 회로에서 얻기 때문에 체배 증폭기는 고조파 함유량이 많은 C급 증폭 방식을 사용한다.

10 **병렬 공진 회로에서 공진 주파수 $f_0=455$[kHz], $L=1$[mH], $Q=50$이면 공진 임피던스는 약 몇 [kΩ]인가?**

① 83 ② 103
③ 123 ④ 143

정답 05. ③ 06. ② 07. ③ 08. ② 09. ① 10. ④

해설 **병렬 공진(parallel resonance)**

- 전류 공진이라고도 하며 공진 시 임피던스는 최대, 전류는 최소가 된다.
- $\omega L = \frac{1}{\omega C}$일 때 공진 주파수 f_0이 존재한다.
- 공진 주파수 $f_0 = \frac{1}{2\pi\sqrt{LC}}$[Hz]
- 임피던스 $Z = \frac{1}{Y} = \frac{L}{CR}$에서 R이 0에 가까울 때 Z는 무한 값(∞)이 된다.

$\therefore\ Z = Q\omega_0 L = Q2\pi f_0 L$
$= 50 \times 6.28 \times 455 \times 1 \fallingdotseq 143[\text{k}\Omega]$

11 홀 효과(hall effect)에 대한 설명으로 옳은 것은?

① 전류와 자기장으로 기전력 발생
② 자기 저항 소자
③ 빛과 자기장으로 기전력 발생
④ 광전도 소자

해설 **홀 효과(hall effect)**

금속이나 반도체 같은 고체를 자기장 내에 놓고 자기장과 직각 방향으로 전류를 흐르게 하면 자기장과 전류의 직각 방향으로 기전력이 발생하는 현상으로, 1879년에 미국의 존스 홉킨스 대학의 대학원생인 에드윈 홀(Edwin Hall)에 의해 발견되었기 때문에 홀 효과라고 한다.

이러한 홀 효과의 물리적 성질은 반도체 내의 전하는 플레밍의 왼손 법칙에 따라 전자력의 힘을 받아 한 방향으로 치우쳐 이동하므로 전하의 기울기에 의한 전위차가 발생한다. 이 전위차를 홀 전압(hall voltage)이라 한다.

이와 같은 홀 효과는 홀 전압의 측정으로 반도체의 종류(N형과 P형)를 판별하는 데 이용된다.

12 5[μF]/150[V], 10[μF]/150[V], 20[μF]/150[V]의 콘덴서를 서로 직렬로 연결하고 그 끝에 직류 전압을 서서히 인가할 때 옳은 것은?

① 5[μF] 콘덴서가 가장 먼저 파괴된다.
② 10[μF] 콘덴서가 가장 먼저 파괴된다.
③ 20[μF] 콘덴서가 가장 먼저 파괴된다.
④ 모든 콘덴서가 동시에 파괴된다.

해설 정전 용량 $C = \frac{Q}{V}$[F]

(보조 단위 : μF$=10^{-6}$[F], pF$=10^{-12}$[F])

정전 용량(C)은 콘덴서의 모양과 절연물 종류에 따라 정해지는 값으로, 콘덴서에 같은 크기의 전압을 가했을 경우 어느 정도 전하량을 축적할 수 있는가를 나타내는 물리량을 말한다.

따라서, 재질과 두께가 같은 콘덴서를 서로 직렬 접속하고 전압을 서서히 증가시키면 정전 용량이 작은 것부터 절연이 파괴된다.

13 진폭 제한기가 필요하지 않으며 FM파의 일그러짐이 가장 작게 복조하는 방식은?

① 슬로프 검파
② 게이티드 빔 검파
③ 포스터 실리 검파
④ 비검파

해설 **비검파(ratio detector) 회로**

포스터-실리 판별 회로의 일부를 개량한 것으로, 다이오드 D_1과 D_2의 극성을 반대로 하여 신호파의 전압을 꺼내는 방법을 달리하여 입력 신호 전압의 진폭 변동에 대해 민감하지 않도록 만들어진 FM 검파기이다.

[특징]

- 판별 회로의 출력단에 대용량의 콘덴서(C_o)가 있어 진폭 제한 작용을 겸한다.
- 효율은 포스터 실리 검파기보다 $\frac{1}{2}$ 정도로 낮다.
- 회로가 간단하여 일반 방송용 수신기(FM이나 TV 수신기)에 널리 쓰인다.

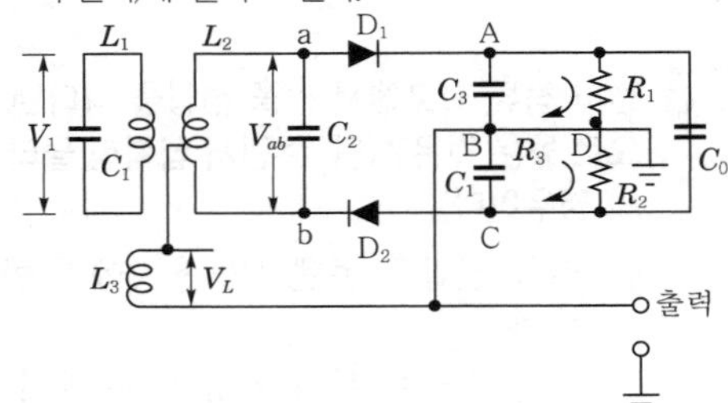

- 진폭 제한기(limiter)의 역할 : 회로에서 출력단의 콘덴서 C_o는 수[μF]의 대용량을 가지므로 C_o의 단자 전압은 입력 신호 진폭의 평균값을 유지한다. 이것은 수신 신호의 정보에 영향을 주지 않고 진폭(AM) 성분의 양쪽 부분을 일정하게 제한하여 수신 신호의 진폭 변화를 없애고 일정하게 유지시키는 것으로 진폭 제한 작용을 겸한다. 따라서, FM파의 진폭이 변동되거나 강한 충격성(펄스) 잡음이 혼입되었을 경우 C_o의 작용으로 잡음을 흡수하여 혼신을 제거한다.

14 고주파 전력 증폭기에 주로 사용되는 증폭 방식은?

① A급　　② B급
③ C급　　④ AB급

정답 11. ① 12. ① 13. ④ 14. ③

해설 **고주파 전력 증폭기(power amplifier)**
부하에 전력을 공급하는 것을 목적으로 하는 증폭기로, 보통 증폭 회로의 최종단에 두므로 종단 전력 증폭기라고도 한다. 이와같은 고주파 전력 증폭기는 일그러짐이 작고 효율적인 전력을 부하에 공급하는 것이 중요하므로, 효율을 높이기 위해 C급 증폭 방식을 사용한다.
* C급 증폭 : 입력 신호에 대한 출력 신호의 유통각이 180° 미만이며 증폭 효율 $\eta = 78.5 \sim 100$[%]이다.

15 과변조한 전파를 수신하면 어떤 현상이 생기는가?

① 음성파가 많이 일그러진다.
② 검파기가 과부하로 된다.
③ 음성파 전력이 작아진다.
④ 음성파 전력이 크게 된다.

해설 **과변조(over modulation)**
변조도 $m > 1$일 때 전파를 수신하면 신호파의 진폭이 반송파의 진폭보다 켜져서 검파(복조)해서 얻는 신호는 원래 신호파와는 달리 일그러짐이 발생하며 주파수 대역이 넓어져 인근 통신에 의한 혼신이 증가하게 된다.

16 어떤 사람의 음성 주파수 폭이 100[Hz]에서 18[kHz] 음성을 진폭 변조하면 점유 주파수 대역폭은 얼마나 필요한가?

① 9[kHz] ② 18[kHz]
③ 27[kHz] ④ 36[kHz]

해설 **진폭 변조(AM : Amplitude Modulation)**
반송파의 진폭을 신호파에 따라 변화시키는 변조 방식으로 AM 변조 시 피변조파의 성분은 반송파 및 상측파대와 하측파대의 3가지 정현파의 주파수 성분으로 구성된다. 따라서, 피변조파의 성분은 반송파를 중심으로 상 · 하측파대의 넓은 대역폭을 가진다.
* 점유 주파수 대역폭(BW : Band Wide)
$BW = f_2 - f_1 = (f_c + f_s) - (f_c - f_s) = 2f_s$에서
$\therefore\ BW = 2f_s = 2 \times 18 = 36$[kHz]

17 컴퓨터 내부에서 연산의 중간 결과를 일시적으로 기억하거나 데이터의 내용을 이송할 목적으로 사용되는 임시 기억 장치는?

① ROM ② I/O
③ Buffer ④ Register

해설 **레지스터(register)**
연산 장치뿐만 아니라 제어 장치에도 이용되며, 수 비트에서 수십 비트까지 임시로 기억할 수 있다. 그리고 연산 장치에 사용되는 데이터나 연산 결과를 일시적으로 기억하거나 어떤 내용을 시프트(shift)할 때 사용하는 기억 장치로서, 플립플롭을 병렬로 연결하여 놓은 것이다.

18 마이크로프로세서의 순서 제어 명령어로 나열된 것은?

① 로테이트 명령, 콜 명령, 리턴 명령
② 시프트 명령, 점프 명령, 콜 명령
③ 블록 서치 명령, 점프 명령, 리턴 명령
④ 점프 명령, 콜 명령, 리턴 명령

해설 **순서 제어 명령어**
- 점프 명령어(jump group) : 현재의 프로그램 카운터가 지시하는 메모리 번지의 프로그램을 수행하는 대신 Jump 명령어가 지시하는 메모리 번지로부터 프로그램 카운터의 값을 바꾸어 그 번지부터 프로그램을 수행하는 동작을 한다.
- Call과 Return 명령어(call and return group) : Call 명령어는 서브루틴(subroutine)으로 프로그램의 수행을 이동시키기 위해 사용되며 Jump 명령어와 다른 점은 주프로그램으로의 복귀 주소(return address)가 스택(stack)에 보존된다는 점이다. Return 명령어에는 서브루틴(subroutine)에 의해서 Return 명령어(RET)와 인터럽트 처리 루틴에서의 Return 명령어(RETI, RETN) 두 종류가 있다. RET 명령어는 서브루틴 Call에 의해 스택에 저장되었던 복귀 주소를 다시 프로그램 카운터로 복구시키는 동작을 한다.

19 서브루틴에서의 복귀 어드레스가 보관되어 있는 곳은?

① 프로그램 카운터
② 스택
③ 큐
④ 힙

해설 **스택(stack)**
후입 선출(LIFO : Last In First Out)의 원리로 나중에 입력된(last in) 데이터가 먼저 출력(first out)되는 자료의 구조로서, 일반적으로 주기억 장치의 일부를 스택 영역으로 할당하여 사용하며 프로그램 내에서 서브루틴 호출이나 인터럽트 서브루틴을 사용할 때 복귀할 주소를 임시 저장한다.

정답 15. ① 16. ④ 17. ④ 18. ④ 19. ②

20 C언어에서 정수형 변수를 선언할 때 사용되는 명령어는?

① int ② float
③ double ④ char

해설 C언어(C language)는 벨연구소에서 1971년에 리치(D.M Ritchie) 등에 의해 개발된 시스템 프로그래밍 언어이다. 프로그램을 간결하게 쓸 수 있고 프로그래밍하기 쉬운 편리한 언어이다.

* C언어 기본 자료형

정수형 (integral type)	int, stort, long, unsigned
실수형 (real type)	float, double, longdouble, operations
문자형 (character type)	char : 1byte → ACSII code

21 4개의 존 비트와 4개의 숫자 비트로 이루어져 있으며 영문 대문자를 포함하여 모든 문자를 표현할 수 있도록 한 범용 코드로서, 대형 컴퓨터에 주로 사용하는 코드는?

① BCD 코드
② ASCII 코드
③ 그레이 코드
④ EBCDIC 코드

해설 EBCDIC 코드(확장 2진화 10진 코드)
BCD 코드를 확장한 코드로서, 4비트 2조(set)를 1조로 하여 8비트를 한 자로 표현하는 코드로서, 8비트를 사용하여 16진수로 표기 가능하며 $2^8=256$의 문자를 표현할 수 있고, 영문자(대문자, 소문자), 한글, 특수 문자 등 넓은 범위까지 표현할 수 있다.

- 존 비트(zone bit) : 0 ~ 3비트
- 숫자 비트(digit bit) : 4 ~ 7비트(4 bit 2진수의 코드화)

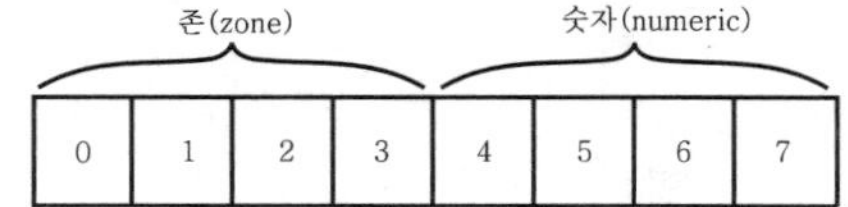

22 버스란 MPU, Memory, I/O 장치들 사이에서 자료를 상호 교환하는 공동의 전송로를 말하는데 다음 중 양방향성 버스에 해당하는 것은?

① 주소 버스(address bus)
② 제어 버스(control bus)
③ 데이터 버스(data bus)
④ 입 · 출력 버스(I/O bus)

해설 데이터 버스(data bus)
마이크로컴퓨터 내부에서 마이크로프로세스(MPU)와 기억 장치(memory) 및 입 · 출력(I/O) 장치의 모듈 간에 정보를 전달하기 위해 사용되는 공동의 전송로로서, 인터페이스 사이에서 데이터를 주고 받을 때 어느 방향으로나 데이터를 전송할 수 있으므로 양방향 버스(bidirectional bus)라고 한다.

23 주어진 수의 왼쪽으로부터 비트 단위로 대응을 시켜 서로가 1이면 결과를 1, 하나라도 0이면 결과가 0으로 연산 처리되는 명령은?

① OR
② AND
③ EX-OR
④ NOT

해설 AND 연산
레지스터 내의 원하지 않는 비트들을 '0'으로 만들어 나머지만 처리하고자 할 때 사용하는 것으로, 2개의 입력 변수에서 하나의 입력 변수가 '1'일 때 다른 변수의 값을 출력하며 '0'일 때는 무조건 '0'을 출력한다. 따라서, AND 연산은 삭제(mask) 연산으로서, 필요 없는 bit 혹은 문자는 삭제하고 원하는 bit나 문자를 가지고 연산을 행한다.

24 사용자의 요구에 따라 제조 회사에서 내용을 넣어 제조하는 롬(ROM)은?

① PROM
② MASK ROM
③ EPROM
④ EEPROM

해설 MASK ROM
제조 회사에서 필요한 프로그램을 제조 과정에서 메모리시키는 ROM으로, 사용자는 메모리된 프로그램 내용만을 사용할 수 있다.

25 산술 시프트(shift)에 관한 설명으로 옳은 것은?

① 좌측 시프트 후 유효 비트 1을 잃는 것을 오버플로(overflow)라 한다.
② n비트 우측으로 시프트하면 2^n으로 곱한 결과가 된다.
③ n비트 좌측으로 시프트하면 2^n으로 나눈 결과가 된다.
④ 논리 시프트와는 달리 시프트 후 빈자리에 새로 들어오는 비트는 항상 0이다.

정답 20. ① 21. ④ 22. ③ 23. ② 24. ② 25. ①

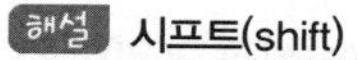

해설 시프트(shift)

- 산술 시프트 : 연산자 중 하나로서, 특수한 2의 거듭 제곱수(2, 4, 8, 16 등)와 관련한 곱셈과 나눗셈을 연산할 때 사용된다.
  - n비트를 우측으로 시프트하면 2^n으로 나눈 결과가 된다.
  - n비트를 좌측으로 시프트하면 2^n으로 곱한 결과가 된다.
  - 산술 시프트는 좌측 시프트의 경우에는 '0'으로, 우측 시프트의 경우에는 숫자의 부호 비트로 값을 채운다.
- 논리 시프트 : 피연산자의 모든 비트를 이동하는 시프트 연산으로서, 산술 시프트와는 달리 수의 부호 비트를 보존하지 않거나 가수로부터 수의 지수를 식별하지 않는다. 그리고 피연산자의 모든 비트는 주어진 수의 비트 위치로 단순히 이동하고, 비어 있는 비트 위치는 0으로 채워진다.

26 컴퓨터가 이해할 수 있는 언어로 변환 과정이 필요없는 언어는?

① Assembly
② COBOL
③ Machine language
④ LISP

해설 기계어(machine language)

2진 숫자로만 사용된 컴퓨터의 중심 언어이며, 컴퓨터가 직접 이해할 수 있는 언어로서 프로그램의 작성과 수정이 곤란하다.

27 순서도 작성 시 지키지 않아도 될 사항은?

① 기호는 창의성을 발휘하여 만들어 사용한다.
② 문제가 어려울 때는 블록별로 나누어 작성한다.
③ 기호 내부에는 처리 내용을 간단명료하게 기술한다.
④ 흐름은 위에서 아래로, 왼쪽에서 오른쪽으로 그린다.

해설 순서도(flowchart)

국제 표준화 기구(ISO)에서 제정한 기호(symbol)로서, 프로그램을 작성하기 전에 프로그램의 실행 순서를 한 단계씩 분해하여 일정한 기호의 그림으로 나타낸 것으로, 순서도의 기호는 개인의 창의성을 발휘하여 임의로 만들어 사용할 수 없다.

28 모든 명령어의 길이가 같다고 할 때 수행 시간이 가장 긴 주소 지정 방식은?

① 직접(direct) 주소 지정 방식
② 간접(indirect) 주소 지정 방식
③ 상대(relative) 주소 지정 방식
④ 즉시(immediate) 주소 지정 방식

해설 간접 주소 지정 방식(indirect addressing mode)

- 오퍼랜드(operand)가 존재하는 기억 장치 주소의 자료로 주기억 장치 내의 주소를 지정한 후 그 주소의 내용으로 한 번 더 주기억 장치의 주소를 지정하는 방식으로, 두 번의 기억 장치의 접근이 필요하며 명령어의 주소 필드에 유효 주소의 주소가 저장되어 있는 방식이다.
- 실제 데이터를 가져오기 위해서는 메모리를 2번 이상 액세스해야 하며 주소 지정 방식 중 데이터를 읽어올 때 액세스 횟수가 가장 많은 방식이다.
- 명령어 내의 오퍼랜드(operand)가 지정한 곳에 실제 데이터값이 기억 장소의 번지를 지정하는 방식으로, 명령의 주소 필드 길이가 제한되어 있어도 짧은 인스트럭션 내에서 상당히 큰 용량을 가진 기억 장치의 주소를 나타내는 데 적합하다.

29 초당 반복되는 파를 펄스로 변화하여 주파수를 측정하는 주파수계는?

① 계수형 주파수계
② 빈 브리지형 주파수계
③ 헤테로다인법 주파수계
④ 캠벨 브리지형 주파수계

해설 계수형 주파수계(frequency counter)

매 초에 반복되는 파의 수를 펄스로 변환시켜 계수한 다음 계수 표시기에 나타나도록 한 주파수계로서, 피측정 주파수가 디지털로 직접 표시되므로 측정의 확도 및 정도가 양호하여 널리 사용되고 있다.

[특징]

- 직접 계수가 가능한 주파수는 30 ~ 60[MHz] 정도이다.
- 계수 방식 특유의 ±1count의 오차가 있다.
- 게이트 펄스는 계수부에서 펄스의 수를 count하여 10진 회로로 계수하여 지시한다.
- 계측기의 사용이 편리하며 수명이 길다.
- 여러 가지 응용 측정이 가능하며 파형, 전압, 온도 등에 대한 영향이 작다.

정답 26. ③ 27. ① 28. ② 29. ①

30 내부 저항 r_a[Ω]의 전류계에 병렬로 분류기 저항 R_s[Ω]를 접속하고 이것에 I[A]의 전류를 흘릴 때 전류계에 흐르는 전류 I_a[A]는?

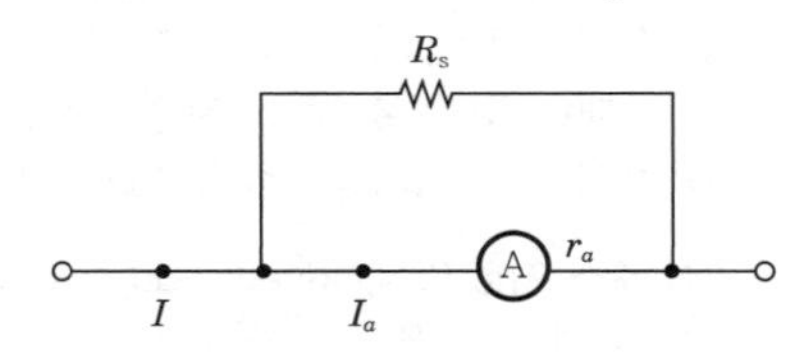

① $I_a = \frac{R_s}{R_s + r_a} I$ ② $I_a = \frac{r_a}{R_s + r_a} I$

③ $I_a = \frac{R_s + r_a}{r_a} I$ ④ $I_a = \frac{R_s + r_a}{R_s} I$

해설 **분류기(shunt)**
- 전류계의 허용 전류 이상의 전류가 전류계에 흐르지 않도록 하기 위하여 전류계와 병렬로 접속한 저항(R_s)을 말한다(단, 분류기 저항(R_s)은 내부 저항(r_a)보다 작아야 한다).
- 병렬 회로의 분로 전류는 분로 저항에 반비례하므로 전류계에 흐르는 전류 I_a는 다음과 같다.

$$I_a = \frac{R_s}{R_s + r_a} I[\text{A}]$$

31 주파수의 안정도와 파형이 좋기 때문에 저주파대의 기본 발진기로 사용되는 것은?

① RC 발진기 ② 음차 발진기
③ 수정 발진기 ④ 세라믹 발진기

해설 **RC 발진기(RC oscillator)**
저항 R과 콘덴서 C만으로 되먹임(feedback) 회로를 구성한 발진기로서, 낮은 주파수에서 출력 파형이 좋고 취급이 간편하여 보통 1[MHz] 이하의 저주파대의 기본 정현파 발진기로 널리 사용된다.

32 자기장 내에서 반도체 소자에 발생되는 기전력으로 자기장을 측정할 수 있는 효과는?

① 홀 효과(hall effect)
② 톰슨 효과(Thomson effect)
③ 피에조 효과(Piezo effect)
④ 펠티에 효과(Peltier effect)

해설 문제 11번 해설 참조

33 충전된 두 물체 간에 작용하는 정전 흡인력 또는 반발력을 이용한 계기는?

① 가동 코일형 계기
② 전류력계형 계기
③ 유도형 계기
④ 정전형 계기

해설 **정전형 계기(DC, AC 양용)**
대전된 두 도체 사이에 작용하는 정전 흡인력 또는 반발력을 이용하여 고전압만을 측정하는 계기로서, 정전 전압계 또는 전위계로 전압을 직접 측정하는 계기이다.
- 켈빈(Kelvin)형 : 양극 사이의 거리는 변화하지 않고 대향 면적만 변화하는 것(측정 범위 : 500[V] ~ 20[kV])
- 아브라함 빌라드(Abraham villard)형 : 대향 면적은 일정하고 거리가 변화하는 것(측정 범위 : 10 ~ 500[kV])
- 특징
  - 입력 임피던스가 높고 소비 전력이 전혀 없다.
  - 주파수 특성이 좋아서 직류에서 무선 주파수까지 사용한다.
  - 직류(DC)나 교류(AC)의 지시차가 거의 없기 때문에 직류, 교류 양용으로서 직 · 교류 비교기로도 이용된다.
  - 눈금은 제곱 눈금으로 교류의 실횻값 눈금으로서 파형의 오차가 없다.
  - 외부 자장의 영향은 받으나 정전계에 의한 오차가 발생한다.

34 오실로스코프에서 다음과 같은 그림을 얻었다. 이것은 무엇을 측정한 파형인가? (단, $A=3$, $B=1$)

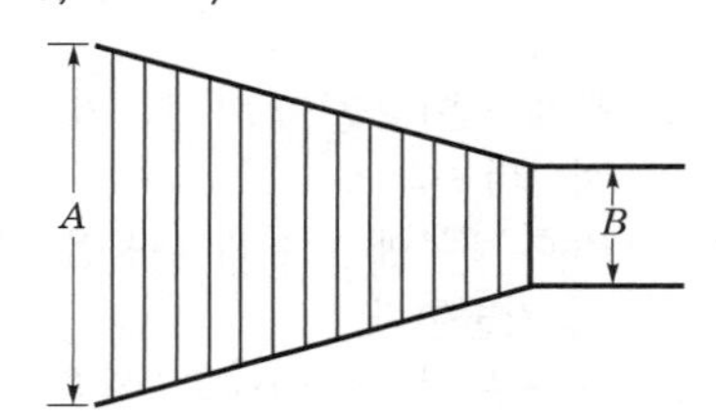

① 100[%] AM 변조파
② 100[%] FM 변조파
③ 50[%] AM 변조파
④ 50[%] FM 변조파

해설 **오실로스코프의 변조도 측정**
그림은 오실로스코프에서 AM 변조 시 피변조파를 관측한 파형이다.

변조도 $M = \frac{\text{최댓값} - \text{최솟값}}{\text{최댓값} + \text{최솟값}} \times 100[\%]$

정답 30. ① 31. ① 32. ① 33. ④ 34. ③

$$M=\frac{A-B}{A+B}\times 100[\%]$$
$$=\frac{3-1}{3+1}\times 100=50[\%]$$

35 다음 중 자동 평형 기록 계기의 측정 원리는?

① 영위법 ② 편위법
③ 직접 측정법 ④ 간접 측정법

해설 **자동 평형식 기록 계기**

기록용 펜과 용지 사이에 생기는 마찰을 피하기 위하여 만들어진 것으로, 영위법에 해당하며 피측정량을 충분히 증폭하여 사용하므로 감도가 매우 양호하다.

36 고주파 전력 측정 방법이 아닌 것은?

① 의사 부하법
② 3전력계법
③ C-C형 전력계
④ C-M형 전력계

해설 **고주파 전력 측정의 전력계**

- C-C형 전력계 : 열전대의 특성을 이용한 것으로, 임의의 부하에서 소비되는 전력을 입력 단자에서 측정하며, 부하에 보내는 통과 전력(유효 전력)만을 측정할 수 있다.
- C-M형 전력계 : 방향성 결합기의 일종으로, 통과 전력을 측정하는 전력계로서 동축 급전선과 같이 불평형 회로에 적합하다. 입사 전력, 반사 전력, 진행파 전력, 반사파 전력, 정재파비, 반사 계수를 측정할 수 있으며 부하와의 임피던스 정합 상태를 알 수 있다.
- 의사 부하법 : 전기 회로의 출력에 실제의 부하와 똑같은 가상의 전력을 소비하는 저항 부하(dummy lode)를 삽입하고, 그 저항 부하에서 소비되는 전력값을 측정하여 실제 전기 회로에서 소비되는 부하의 전력을 구하는 측정법을 말한다. 의사 부하법은 비교적 간단하게 측정할 수 있으며, 경제적 손실을 줄일 수 있는 이점이 있다.

* 3전력계법은 3개의 단상 전력계로 3상 평형 부하의 전력을 측정하는 3상 교류 전력 측정 방법이다.

37 인덕턴스를 L_1, 커패시턴스를 C라고 했을 때 흡수형 주파수계의 공진 주파수를 나타낸 식은?

① $\frac{1}{2\pi\sqrt{LC}}$ ② $\frac{1}{2\pi LC}$
③ $\frac{1}{\sqrt{LC}}$ ④ $\frac{1}{LC}$

해설 **흡수형 주파수계(absorption type frequency meter)**

RLC 직렬 공진 회로의 주파수 특성을 이용하여 무선 주파수를 측정하는 계기로서, 주로 $100[\text{MHz}]$ 이하의 고주파 측정에 사용된다. 이것은 공진 회로의 Q가 150 이하로 낮고 측정 확도가 1.5급(허용 오차 $\pm 1.5[\%]$) 정도로서 정확한 공진점을 찾기 어려우므로 정밀한 측정이 어렵다. 따라서, 공진 주파수를 개략적으로 측정할 때 사용하는 주파수계이다.

* 공진 주파수 $f=\frac{1}{2\pi\sqrt{LC}}$[Hz]

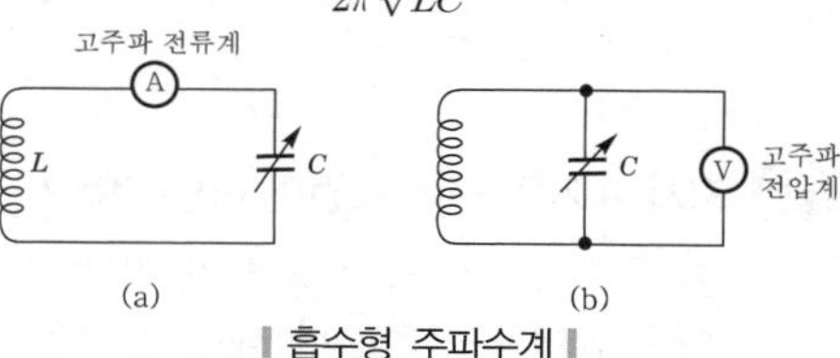

▌흡수형 주파수계▐

38 수신기의 내부 잡음 측정에서 잡음이 없는 경우 잡음 지수(F)는?

① $F=1$ ② $F>1$
③ $F<1$ ④ $F=2$

해설 **잡음 지수(nose figure)**

잡음 지수(F)는 증폭기나 수신기 등에서 발생하는 잡음이 미치는 영향의 정도를 표시하는 것으로, 수신기에서는 내부 잡음을 나타내는 합리적인 표시 방법으로서, 수신기 입력에서의 S_i/N_i비와 수신기 출력에서의 S_o/N_o비로서 수신기의 내부 잡음을 나타내는 것을 말한다.

$$F=\frac{S_i/N_i}{S_o/N_o}=\frac{S_iN_o}{S_oN_i}$$

수신기의 내부 잡음이 없으면 $F=1$, 내부 잡음이 있으면 $F>1$이 된다. 따라서, 잡음 지수(F)의 크기에 따라 수신기의 잡음의 정도를 알 수 있다.

39 헤테로다인 주파수계의 정밀도를 높이기 위해 사용되는 교정 발진기는?

① 펄스 발진기
② 수정 발진기
③ RC 발진기
④ LC 발진기

해설 **헤테로다인 주파수계(heterodyne frequency meter)**

- 이미 알고 있는 기지의 주파수를 미지의 주파수와 헤테로다인하여 제로 비트 상태까지 기지의 주파수를 조정하여 미지의 주파수를 측정하도록 한 주파수계이다.

정답 35. ① 36. ② 37. ① 38. ① 39. ②

- 측정 확도가 10^{-3}~10^{-5}으로 감도 및 확도가 높고, 주파수를 매우 정밀하게 측정할 수 있다.
- 가청 주파수뿐만 아니라 고주파 영역의 주파수도 측정할 수 있으나 고조파에 의한 오차가 발생하기 쉬운 결점이 있다.
- 미약한 전력의 주파수 측정에 적합하며 중 · 단파용 무선 송신기 등의 정확한 주파수 측정에 사용된다.
- 측정 주파수의 정밀도를 높이기 위하여 교정용 수정 발진기를 사용한다.

* 헤테로다인 주파수(heterodyne frequency) : 두 주파수에 의한 차의 주파수

40 지시 계기의 구비 조건이 아닌 것은?

① 측정확도가 높고 오차가 작을 것
② 눈금이 균등하거나 대수 눈금일 것
③ 응답도가 늦을 것
④ 절연 및 내구력이 높을 것

해설 **지시 계기의 구비 조건**
- 측정확도가 높고 오차가 작을 것
- 눈금이 균등하거나 대수 눈금일 것
- 응답도가 좋을 것
- 튼튼하고 취급이 편리할 것
- 절연 및 내구력이 높을 것

41 주파수 변별기(frequency discriminator)에 대한 설명 중 옳은 것은?

① FM파에서 원래의 신호파를 꺼내는 FM 검파기이다.
② 자동으로 출력 전압을 제어한다.
③ 다중 통신의 누화를 방지한다.
④ 잡음 감쇠기이다.

해설 **주파수 변별기(frequency discriminator)**
주파수 변화에 따른 출력 전압의 변화를 검출하는 장치로서, 주파수 변조(FM)파를 진폭 변조(AM)파로 바꾸기 위한 FM 검파 회로이다.

42 다음 중 음압의 단위는?

① [N/C] ② [μbar]
③ [Hz] ④ [Neper]

해설 **출력 음압 수준(output sound pressure level)**
1[V]의 입력 전력을 스피커에 가하여 스피커의 정면 축에서 1[m] 떨어진 점에서 생기는 음압 수준을 어떤 정해진 주파수 범위 내에서 평균한 것으로, 음압 수준은 0.002[μbar]를 기준으로 0[dB]로 정한다.

43 비디오 테이프에서 요구되는 특성으로 가장 적합한 것은?

① 대역폭이 작을 것
② 항자력이 작을 것
③ S/N비가 좋을 것
④ 잔류 자속이 작을 것

해설 **비디오 테이프(video tape)**
폴리에스테르 필름을 베이스로 하여 강자성 산화철($r-Fe_2O_3$) 가루를 입힌 강자성체로서, 투명한 테이프를 사용하여 투과하는 빛에 의하여 종단을 검출할 수 있도록 한 것이다.
이것은 VTR의 영상 신호를 자기적 변화로 인하여 기록 · 재생하는 것으로 S/N비가 좋을수록 고화질의 화상을 기록 · 재생할 수 있다.

44 VTR의 컬러 프로세스(color process)의 VHS 방식에서 사용하고 있는 색 신호 처리 방식은?

① DOS 방식
② HPF_2 방식
③ PS(Phase Shift) 방식
④ PI(Phase Invert) 방식

해설 **PS(Phase Shift) 컬러 방식**
애지머스(azimuth) 고밀도 기록 방식에서는 재생 휘도 신호에 대한 누화(cross talk)는 제거할 수 있으나 저역 주파수(629[kHz])로 변환하여 FM 변조한 컬러 신호인 반송 색 신호에 대한 누화는 제거할 수 없으므로 VHS 방식의 색 신호 처리는 PS 방식을 사용하여 인접 트랙에 의한 누화를 방지한다.

45 공항에 수색 레이더(SRE)와 정측 레이더(PAR)의 두 레이더가 설치된 항법 보조 장치는?

① ILS 장치
② 고도 측정 장치
③ 거리 측정 장치
④ 지상 제어 진입 장치(GCA)

해설 **지상 제어 진입 장치(GCA : Ground Controled Approach)**
ILS와 마찬가지로 시계가 불량할 때 사용하는 장치로서, 지상에 설치된 감시용 수색 레이더(SRE) 및 정측 진입 레이더(PAR)와 연락용 VHF 또는 UHF 대무선 전화 장치로 구성되어 있다. 이것은 두 레이더로 항공기를 유도하고 무선 통신으로 항공기의 위치를 조정하여 활주로에 착륙시키는 장치이다.

정답 40. ③ 41. ① 42. ② 43. ③ 44. ③ 45. ④

46 **선박이 A 무선 표지국이 있는 항구에 입항하려고 할 때 그 전파의 방향, 즉 진북에 대한 α도의 방향을 추적함으로써, A 무선 표지국이 있는 항구에 직선으로 도달하는 것을 무엇이라고 하는가?**

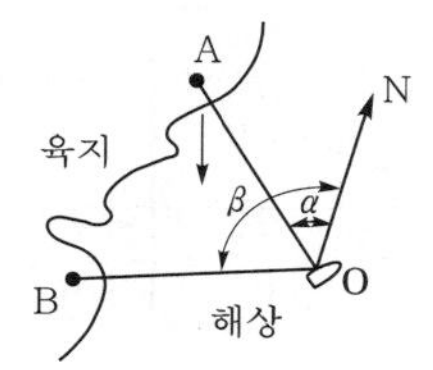

① 로란(loran)
② 데카(decca)
③ 호밍(homing)
④ 센스 결정(sense determination)

해설 **호밍 비컨(homing beacon) 또는 호머(homer)**
이 방식은 방사상 항법(지향성 수신 방식)으로, 공항이나 항구에 설치된 송신국에서 전파를 모든 방향으로 발사하여 항공기나 선박에서 지향성 안테나로 전파의 도달 방향을 탐지하는 것이며 무지향성 비컨(NDB)이라고도 한다.

47 **다음 중 자기 녹음기에서 자기 헤드의 임피던스 특성은?**

① 용량성 ② 저항성
③ 무특성 ④ 유도성

해설 **자기 헤드(magnetic head)**
고투자율의 특수 퍼멀로이(permalloy)나 페라이트(ferrite) 등의 적층 철심에 코일을 감은 일종의 전자석으로 임피던스의 특성은 유도성이다.

48 **FM 수신기의 고주파 증폭에 전계 효과 트랜지스터가 사용되는 주된 이유는?**

① 입력 임피던스가 높기 때문에
② 증폭률이 높기 때문에
③ 고주파 특성이 우수하기 때문에
④ 회로 설계가 용이하기 때문에

해설 **전계 효과 트랜지스터(FET : Field Effect Transistor)**
전류는 다수 반송자에 의해서 흐르고, 전류의 제어는 전계(전압)에 의해서 이루어지는 단일 극성(unipolar) 전압 제어 소자로서, 단극성 트랜지스터(unipolar transistor)라고 한다.

- FET는 트랜지스터의 장점만 가지고 있는 소자로서, 증폭 작용, 발진 작용, 스위칭 작용을 가지고 있어 트랜지스터와 동일한 용도로 사용된다.
- FET는 입력 임피던스가 매우 높기 때문에 입력 동조 회로의 Q가 저하되지 않으며, 고전압으로 이득 제어를 할 수 있어 AGC 회로를 설계하기 쉽다.
- FET의 결점은 양극성 트랜지스터(BJT : Bipolar Junction Transistor)에 비하여 이득-대역폭이 작다는 점이다. 따라서, 일반적으로 증폭기로는 BJT를 사용한다.
- 직류 증폭, VHF 증폭, 초퍼(chopper) 및 가변 저항 등으로 널리 이용된다.

49 **전자 냉동기의 특징으로 옳지 않은 것은?**

① 온도의 조절이 용이하다.
② 회전 부분이 없으므로 소음이 없다.
③ 대용량에서도 효율을 쉽게 해결할 수 있다.
④ 성능이 고르고 수명이 길며 취급이 간단하다.

해설 **전자 냉동기의 특징**
- 회전 부분이 없으므로 소음도 없고 배관도 필요하지 않다.
- 온도 조절이 용이하다.
- 전류의 방향만 바꾸어 냉각과 가열을 쉽게 변환할 수 있다.
- 성능이 고르며 수명이 길고 취급이 간단하다.
- 열용량이 작은 국부적인 냉각에 적합하며 대용량에서는 효율에 많은 단점이 있다.

* 전자 냉동기의 효율 $= \dfrac{\text{흡열량}}{\text{소비 전력}}$

50 **다음 중 비월 주사를 하는 주된 이유에 해당하는 것은?**

① 깜박거림(flicker)을 방지하기 위하여
② 수평 주사선수를 줄이기 위하여
③ 콘트라스트를 좋게 하기 위하여
④ 헌팅 현상을 방지하기 위하여

해설 **비월 주사**
한 칸씩 뛰어넘어 주사하고 다시 반복하여 그 사이를 주사시키는 것으로, 2회의 수직 주사로 하나의 화상이 보내어지며 순차 주사에 비하여 영상의 깜박거림이 적으므로 보통 TV에서는 이 방식을 많이 쓴다.

정답 46. ③ 47. ④ 48. ① 49. ③ 50. ①

51 VTR의 재생 화면에 하나 또는 다수의 흰 수평선이 나타나는 드롭 아웃(drop out) 현상의 원인은?

① 수평 동기가 정확히 잡히지 않기 때문에
② 영상 신호에 강한 잡음 신호가 혼입되기 때문에
③ 전원 전압이 순간적으로 불안정하기 때문에
④ 테이프와 헤드 사이에 먼지 등이 끼기 때문에

해설 **비디오(VTR : Video Tape Recorder)**
강자성체를 칠한 자기 테이프에 자기 헤드를 접촉시켜 영상과 음성을 기록하고 재생하는 장치를 말한다. 비디오 헤드(video head)는 영상 테이프 녹화기에 사용되는 회전 헤드(음성용과 원리적으로 같다)로서 내마모성이 중요한 요인이 되며 특히 자기 테이프와 헤드 사이에 먼지 등이 끼면 재생 화면이 나빠지며 드롭 아웃(drop out) 현상이 생긴다.
* 드롭 아웃(drop out) 현상 : 자기 테이프의 데이터 소실 현상

52 고주파 유도 가열에서 열 발생의 원인이 되는 현상은?

① 와류 ② 정전 유도
③ 광전 효과 ④ 동조

해설 **고주파 유도 가열(induction heating)**
금속과 같은 도전 물질에 고주파 자기장을 가할 때 도체에서 생기는 맴돌이 전류(와류)에 의하여 물질을 가열하는 방법을 말한다. 가열하고자 하는 도체에 코일을 감고 고주파 전류를 흘리면 가열 코일 내에 있는 도체에 교번 자속(고주파 자속)이 통하게 되어, 도체 내에는 전자 유도 작용에 의한 맴돌이 전류(와전류)가 흐르게 되어 전력 손실이 일어난다. 이 전력 손실을 맴돌이 전류손이라 하며 이로 인하여 열이 발생하게 된다.

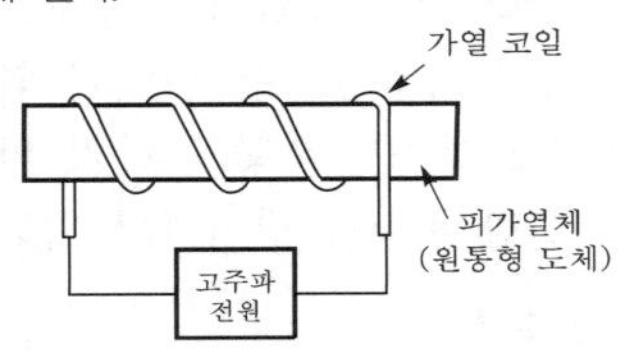

53 사이클링(cycling)을 일으키는 제어는?

① on - off 제어 ② 비례 적분 제어
③ 적분 제어 ④ 비례 제어

해설 **2위치 동작(on-off 동작)**
제어 동작이 목푯값에서 어느 이상 벗어나면 미리 정해진 일정한 조작량이 제어 대상에 가해지는 단속적인 제어 동작으로 불연속 동작에 해당한다. 이 동작 방식은 조작단이 2위치만 취하므로 목푯값 주위에서 사이클링(cycling)을 일으킨다.

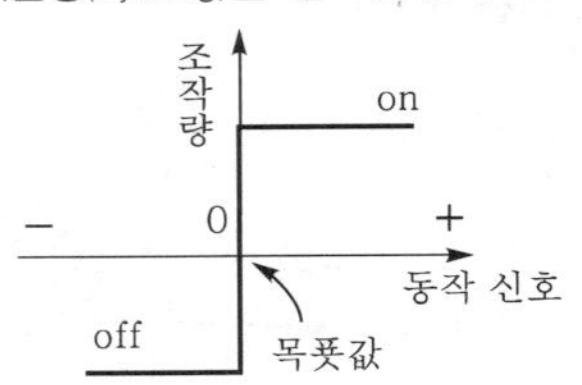

54 컬러 텔레비전 수상기 회로의 구성에서 튜너, 자동 이득 조절기는 어느 계통 회로에 구성되어 있는가?

① 영상 수신계 회로
② 영상 회로
③ 동기 및 편향 회로
④ 음성 회로

해설 **영상 수신계 회로**
우리나라 TV의 표준 방식은 미국 표준 방식(NTSC)을 사용하며 TV 수상기는 영상 신호(AM)와 음성 신호(FM)가 동시에 안테나를 통해 들어온다.
* 컬러 TV 수상기의 영상 수신계 회로는 튜너부, 영상 중간 주파 증폭부, 영상 검파부 및 음성 회로부, 자동 이득 조절 회로(AGC, AVC) 등으로 구성되어 있다.

55 녹음기에서 마스킹 효과를 이용하여 히스 잡음을 줄이기 위해 고안된 것은?

① 니들(needle)
② 캡스턴(capstan)
③ 캔틸레버(cantilever)
④ 돌비 시스템(dolby system)

해설 **돌비 방식(dolby system)**
테이프 녹음기를 사용하여 녹음 및 재생하는 경우에 고역에서의 잡음(히즈 노이즈)을 경감시키기 위해 개발된 방식으로, 인간 귀의 마스킹 효과를 이용한 것으로 고급 카세트 녹음기에서 널리 쓰인다.

56 프로세스 제어(process control)는 어느 제어에 속하는가?

① 추치 제어 ② 속도 제어
③ 정치 제어 ④ 프로그램 제어

정답 51. ④ 52. ① 53. ① 54. ① 55. ④ 56. ③

해설 프로세스 제어(process control, 공정 제어)
온도, 압력, 유량, 레벨, 액위, 혼합비, 효율, 전력 등 공업 프로세스의 대상량을 제어량으로 하는 것으로서, 프로세스 제어의 특징은 대부분의 경우 정치 제어계이다. 프로세스 제어 목푯값이 시간에 대하여 변하지 않고 일정값을 취하는 경우로서 자동 조정에 이용된다.

57 수신기의 성능에서 종합 특성이 아닌 것은?

① 감도 ② 충실도
③ 선택도 ④ 증폭도

해설 수신기의 종합 특성
- 감도 : 어느 정도까지 미약한 전파를 수신할 수 있느냐 하는 것을 표시하는 양으로, 종합 이득과 내부 잡음에 의하여 결정된다.
- 선택도 : 희망 신호 이외의 신호를 어느 정도 분리할 수 있느냐의 분리 능력을 표시하는 양으로, 증폭 회로의 주파수 특성에 의하여 결정된다.
- 충실도 : 전파된 통신 내용을 수신하였을 때 본래의 신호를 어느 정도 정확하게 재생시키느냐 하는 능력을 표시하는 것으로, 주파수 특성, 왜곡, 잡음 등으로 결정한다.
- 안정도 : 일정한 신호를 가했을 때 재조정하지 않고 얼마나 오랫동안 일정한 출력을 얻을 수 있느냐 하는 능력을 말한다.

58 S/N비가 40[dB]이라고 할 때 신호가 포함된 잡음이 신호 전압의 얼마임을 가리키는가?

① $\frac{1}{10}$ ② $\frac{1}{100}$
③ $\frac{1}{1,000}$ ④ $\frac{1}{10,000}$

해설 신호대 잡음(S/N)비

$$S/N = 20\log_{10}A = 20\log_{10}\frac{V_N}{V_S}$$

$40[\text{dB}] = 20\log_{10}\frac{V_N}{V_S}$ 에서

$$\frac{V_N}{V_S} = \text{antilog}\,2 = 100$$

$$\therefore\ A = \frac{V_N}{V_S} = \frac{1}{100}$$

59 초음파의 액체 또는 기체 중의 속도를 표시한 식으로서 옳은 것은? (단, K : 체적 탄성률, d : 물질의 밀도, C : 초음파 속도)

① $C = \sqrt{\frac{K}{d}}$ [m/sec]

② $C = \sqrt{\frac{d}{K}}$ [m/sec]

③ $C = Kd$[m/sec]

④ $C = \frac{d}{K}$[m/sec]

해설 초음파(ultrasonic wave)
초음파는 10[kHz] 이상의 진동수를 가진 음파로서, 실제로 사용되는 초음파는 10[MHz]까지이다.

초음파의 속도 $C = \sqrt{\frac{K}{d}}$ [m/sec]

* 초음파의 전파 속도는 매질의 물리적 상수로 정해지며 주파수에 관계없이 일정하다.

60 태양 전지에서 음극(-) 단자와 연결된 부분의 물질은?

① P형 실리콘판 ② N형 실리콘판
③ 셀렌 ④ 붕소

해설 태양 전지의 구조도
- 태양 전지는 반도체의 광기전력 효과를 이용한 광전지의 일종으로, 태양의 반사 에너지를 직접 전기 에너지로 변환하는 장치이다.
- 현재의 태양 전지는 실리콘판으로 되어 있는 PN 접합을 이용한 것이 실용화되고 있다.
- 구조는 두께가 0.5[mm]이고 저항률이 0.1 ~ 1[Ω · m]인 N형 실리콘 기판을 사용하여 PN층에 니켈 도금 또는 금, 알루미늄을 증착시켜 전극을 연결한다.

* 양극(+)단자 : P형 실리콘층
  음극(-)단자 : N형 실리콘판

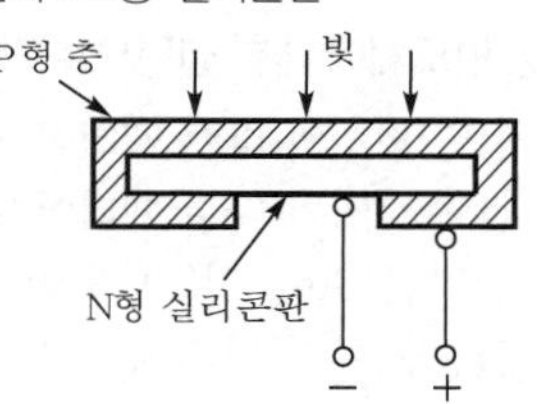

정답 57. ④ 58. ② 59. ① 60. ②

2012. 10. 20. 기출문제

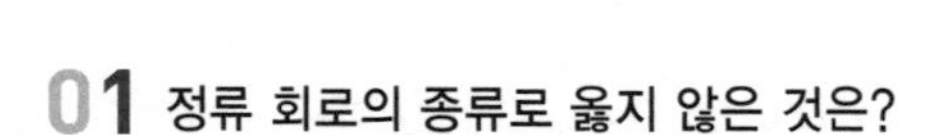

01 정류 회로의 종류로 옳지 않은 것은?

① 대파 정류 회로
② 반파 정류 회로
③ 전파 정류 회로
④ 브리지 정류 회로

해설 **정류 회로(rectifier circuit)**
반도체 다이오드(diode)를 사용하여 교류를 한쪽 방향으로만 흐르는 직류로 변환(convert)하는 회로이다. 즉, 다이오드의 정류 작용으로 교류로부터 직류를 얻는 회로를 말한다.
* 정류 회로의 종류 : 반파 정류 회로, 전파 정류 회로, 브리지 정류 회로, 배전압(반파, 전파) 정류 회로, 3상(반파, 전파) 정류 회로 등이 있다.

02 입력 신호의 정(+), 부(−)의 피크(peak)를 어느 기준 레벨로 바꾸어 고정시키는 회로는?

① 클리핑 회로(clipping circuit)
② 비교 회로(comparison circuit)
③ 클램핑 회로(clamping circuit)
④ 선택 회로(selection circuit)

해설 **클램핑 회로(clamping circuit)**
입력 신호의 (+) 또는 (−)의 피크(peak)를 어느 기준 레벨로 바꾸어 고정시키는 회로로서, 클램퍼(clamper)라고도 한다. 이것은 직류분 재생을 목적으로 할 때는 직류 재생 회로(DC restorer)라고도 한다.

03 진성 반도체에 대한 설명으로 가장 적합한 것은?

① 전도 전지의 다수 캐리어가 정공인 반도체
② 전도 전지의 다수 캐리어가 전자인 반도체
③ 안티몬(Sb), 인(P) 등이 포함된 반도체
④ 불순물이 첨가되지 않은 순수한 반도체

해설 **진성 반도체**
불순물이 첨가(doping)되지 않은 순수한 Ge, Si 결정체로서, 이 물질에는 전류를 생성할 만큼의 충분한 자유 전자와 정공이 존재하지 않는다. 전류가 절대로 흐르지 않는 절대 온도 0[K](−273[℃])에서는 절연체가 된다.

04 다음과 같은 회로의 명칭은?

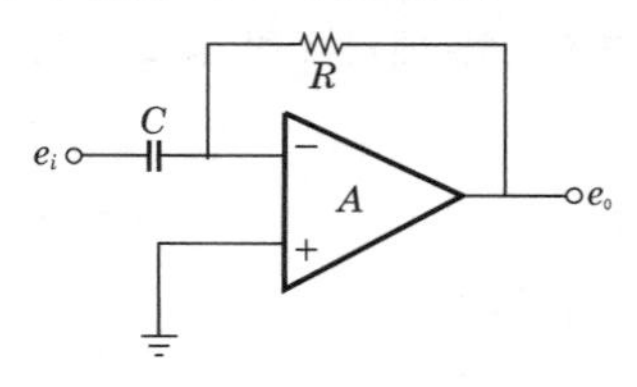

① 부호 변환기 ② 신호 검파기
③ 적분기 ④ 미분기

해설 **미분기(differentiator)**
- 그림의 연산 증폭기는 수학적인 미분 연산을 수행하는 미분기로서, 입력 경사에 비례하는 출력 전압을 산출한다. 적분기와 차이점은 되먹임 소자를 저항 R로 변경한 것으로 입력을 커패시터 C로 하고 되먹임 소자로 저항 R을 사용하면 미분기로 동작한다.
- 그림 (a)의 회로에서 입력 전압 V_i는 가상 접지로 인해 커패시터 C를 통해 나타나고 C에 흐르는 전류 i는 되먹임 저항 R을 통해 흐른다. 따라서, V_i가 변할 때 C는 충·방전을 하므로 이때 출력 전압 V_o는 그림 (b)와 같이 V_i의 경사에 비례하는 전압을 발생시킨다. 이것은 V_o가 주파수의 증가에 따라 직선적으로 증가하므로 고주파에서 높은 이득을 가지게 된다.

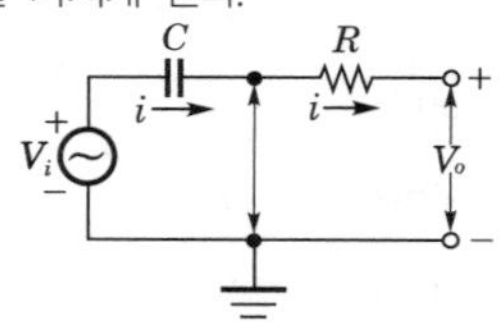

(a) 가상 접지의 등가 회로

입력 V_i T
출력 $+V_o$ $-V_o$

(b) 입력과 출력 파형

이와 같은 미분기는 구형파의 선단과 후단을 검출하거나 램프(ramp) 입력으로부터 구형파 출력을 만들어 내는데 주로 응용된다.

정답 01. ① 02. ③ 03. ④ 04. ④

05 **잡음 특성에 대한 설명 중 옳지 않은 것은?**

① 진공관 잡음에는 산탄 효과와 플리커 잡음이 있다.
② 트랜지스터 잡음은 진공관 잡음보다는 대체로 작다.
③ 트랜지스터 잡음은 주파수가 높아지면 감소하는 경향이 있다.
④ 이상적 잡음 지수 $F=1$이다.

해설 **잡음 특성**
증폭 회로의 잡음 특성은 접촉 불량으로 인한 잡음, 기계적 진동의 영향에 의해서 생기는 잡음 및 진공관이나 트랜지스터 자체에서 발생하는 잡음이 있다.
- 진공관 잡음
  - 산탄 잡음(shot nose) : 진공관의 음극에서 전자 방출의 불규칙적인 변동으로 인하여 전자의 흐름에 맥동이 있어 생기는 잡음이다. 이 잡음은 모든 주파수대에 걸쳐 일정하게 일어나므로 이용하는 주파수가 넓을수록 커진다.
  - 플리커 잡음(flicker nose) : 진공관의 음극 표면 상태가 고르지 못하여 전자 방사의 시간적 변화 때문에 열전자 방출량이 미소하게 변화해서 발생하는 잡음이다. 이 잡음은 가청 주파수대에 많고 고주파대에서는 일어나지 않는다.
- 트랜지스터 잡음
  - 산탄 잡음 : 이미터 접합 및 컬렉터 접합을 지나는 전류의 불규칙적인 변화에 의해서 생기는 잡음이다.
  - $\dfrac{1}{f}$ 잡음 : 그 크기가 주파수에 반비례하는 것으로 플리커 잡음이라고 하며, 표면에서의 반송파를 생성하고 재결합함으로써 발생하는 잡음이다.

* 증폭 회로에서 발생하는 잡음 특성은 진공관이나 트랜지스터가 동일하며, 내부 잡음이 없는 이상적인 잡음 지수 $F=1$이다.

06 **트랜지스터 증폭기의 바이어스를 안정화하기 위하여 사용되는 소자가 아닌 것은?**

① 트랜지스터　② SCR
③ 서미스터　④ 다이오드

해설 **실리콘 제어 정류 소자(SCR : Silicon Controlled Rectifier)**
- SCR은 단일 방향성 정류 소자로서, 반도체 스위칭 소자의 대표적인 사이리스터(thyristor)이다.
- 용도 : 전력 제어용 및 고압의 대전류 정류에 사용된다(전동기의 속도 제어, 조명 조정 장치, 온도 조절 장치 등).

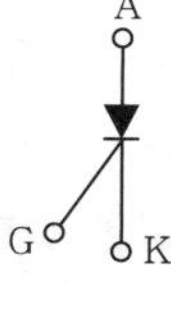

| 기호 |

07 **저항 4[Ω], 유도 리액턴스 3[Ω]을 병렬로 연결하면 합성 임피던스는 몇 [Ω]이 되는가?**

① 2.4　② 5
③ 7.5　④ 10

해설
$$Z=\frac{1}{\sqrt{\left(\frac{1}{R}\right)^2+\left(\frac{1}{X_L}\right)^2}}=\frac{RX_L}{\sqrt{R^2+X_L^{\,2}}}[\Omega]$$
$$\therefore\ Z=\frac{4\times3}{\sqrt{4^2+3^2}}=2.4[\Omega]$$

08 **전파 정류기의 입력 주파수가 60[Hz]일 경우 출력 리플 주파수는 몇 [Hz]인가?**

① 60　② 120
③ 180　④ 360

해설 **맥동 주파수(ripple frequency)**
전파 정류기는 입력의 전원 주파수 60[Hz]를 2배로 정류하는 방식으로, 출력의 맥동 주파수는 120[Hz]를 나타낸다.

09 **그림과 같은 정전압 회로의 설명으로 옳지 않은 것은?**

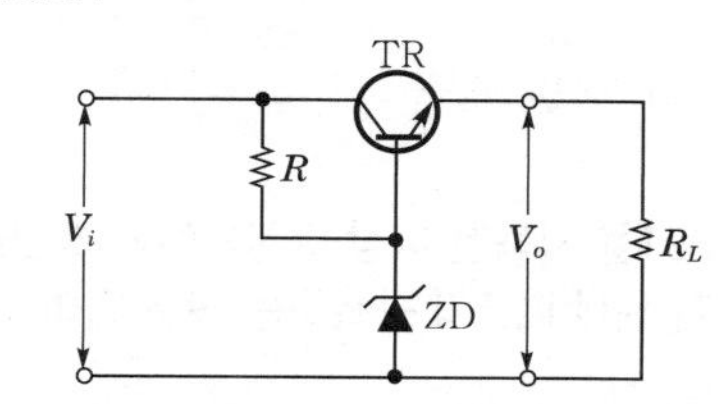

① ZD는 기준 전압을 얻기 위한 제너 다이오드이다.
② 부하 전류가 증가하여 V_o가 저하될 때에는 TR의 BE 간 순방향 전압이 낮아진다.
③ 직렬 제어형 정전압 회로이다.
④ TR은 제어석이고, R은 ZD와 함께 제어석의 베이스에 일정한 전압을 공급하기 위한 것이다.

해설 그림은 이미터 폴로어를 이용한 직렬 제어형 정전압 회로이며 널리 사용되고 있다. 출력 전압은 제너 다이오드(ZD)의 기준 전압 및 베이스-이미터 전압 V_{BE}에 의해서 결정되며, 입력 전압 V_i가 변동하거나 부하 R_L이 변동하여 V_o가 상승하면, V_{BE}의 전위차(역바이어스)가 크게 되며, 이로써 트랜지스터 E-C 사이의 내부 저항이 증대하여 V_o의 증가분을 억제시킨다.

정답 05. ② 06. ② 07. ① 08. ② 09. ②

[회로의 결점]
- 출력 전압 $V_o = V_R + V_{BE}$로서 결정되며 변화시킬 수 있다.
- V_{BE} 및 V_R의 온도 변화가 그대로 출력 쪽에 나타난다.

10 **실리콘 트랜지스터와 관련된 파라미터 중 온도에 따른 변동이 가장 적은 것은?**

① β ② I_{CO}
③ h_{ie} ④ V_{BE}

해설 **트랜지스터의 파라미터(parameter)**
- 실리콘(Si) 트랜지스터는 주위 온도가 상승하면 컬렉터 전류 I_C에 의한 컬렉터 손실($I_C V_{CE}$)로 인하여 CB 접합의 온도가 상승하여 컬렉터 차단 전류 I_{CO}가 증가하게 되므로 트랜지스터는 동작 특성이 변화한다. 따라서, 트랜지스터 바이어스 회로에서 온도 변화에 따른 안정도를 평가하는 파라미터는 컬렉터 전류 I_C에 대한 I_{CO}, V_{BE} 및 β의 함수로서 $I_C = f(I_{CO}, V_{BE}, \beta)$로 나타낸다.
- 이미터 접지 트랜지스터의 h파라미터는 컬렉터 전류 I_C의 변화에 따라 h_{ie}, h_{fe}는 비교적 일정한 크기로 변화하지만 h_{re}, h_{oe}는 크게 변화한다. 이 중에서 h_{ie}는 온도의 변화가 가장 작다.
- 모든 h파라미터들은 상온 $T=25$[℃]의 정규화 값 이상에서 대부분 온도 증가에 따라 크게 증가한다.

11 **FET를 사용한 이상 발진기에서 발진을 지속하기 위한 FET의 증폭도는 최소 얼마 이상인가?**

① 10 ② 20
③ 29 ④ 59

해설 **이상형 CR 발진기 – 위상 이동 발진기(phase-shift oscillator)**
- C와 R의 값을 3단으로 구성하여, 각 단마다 위상차가 60°가 되도록 C와 R의 값을 정하여 전체 위상차가 180°가 되도록 변화시켜서 컬렉터측의 출력 전압을 베이스측에 되먹임을 시키면 베이스 입력 전압과 되먹임 전압이 동위상(정귀환)이 되어 발진한다.
- 발진 주파수 $f = \dfrac{1}{2\pi\sqrt{6}\,CR}$[Hz], $\beta = \dfrac{1}{29}$, 위상차 180°, 루프 이득 βA는 1보다 커야 하므로 증폭단의 이득은 $\dfrac{1}{\beta}$, 즉 증폭도 이득은 $\dfrac{1}{\beta}$이다. 즉, $A > 29$로서 29보다 커야 한다.
- 이상 회로는 C와 R의 값에 의해 발진 주파수가 결정되며, 넓은 주파수 범위에서 주파수를 가변할 경우 3개의 C를 동시에 변화시킨다.

* 이상형 CR 발진기는 LC 발진기에 비하여 주파수 범위가 좁고, 발진 주파수의 가변이 어려우며 능률도 나쁘다. 발진 주파수는 대체로 1[MHz] 이하로 한다.

12 **트랜지스터(TR)가 정상적으로 증폭 작용을 하는 영역은?**

① 활성 영역
② 포화 영역
③ 차단 영역
④ 항복 영역

해설 **이상적 트랜지스터의 4가지 동작 상태**
- 포화 영역 : 스위칭(on, off) 동작 상태로 펄스 회로 및 스위칭 전자 회로에 응용된다(EB 접합 : 순바이어스, CB 접합 : 순바이어스).
- 활성 영역 : 증폭기로 사용할 때의 동작 상태이다(EB 접합 : 순바이어스, CB 접합 : 역바이어스).
- 차단 영역 : 스위칭(on, off) 동작 상태로 펄스 회로 및 스위칭 전자 회로에 응용된다(EB 접합 : 역바이어스, CB 접합 : 역바이어스).
- 역활성 영역 : 이미터와 컬렉터를 서로 바꾼 활성 동작이며 실제로 사용하는 일이 없다(EB 접합 : 역바이어스, CB 접합 : 순바이어스).

* 활성 영역에서 컬렉터 접합면은 역바이어스되고, 이미터의 접합면은 순바이어스된다.

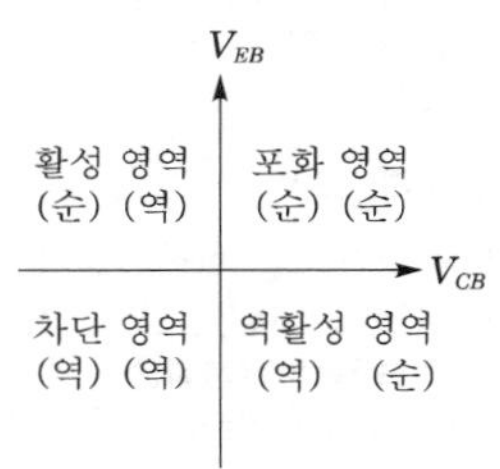

13 **다음 연산 증폭기 회로에서 $Z=50$[kΩ], $Z_f=500$[kΩ]일 때 전압 증폭도(A_v)는?**

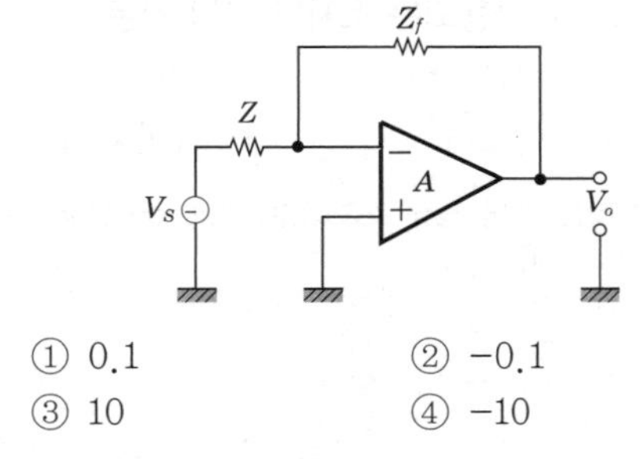

① 0.1 ② −0.1
③ 10 ④ −10

해설 **반전 연산 증폭기(inverting operational amplifier)**
상수를 곱하는 증폭 회로 중 가장 널리 사용되는 것으로, 출력 신호는 입력 신호의 위상을 반전시키고

정답 10. ③ 11. ③ 12. ① 13. ④

Z와 Z_f에 의해 주어지는 상수를 곱하여 얻는다.

출력 $V_o = -\frac{Z_f}{Z}V_s$

$\therefore A_v = \frac{V_o}{V_s} = -\frac{Z_f}{Z} = -\frac{500\times10^3}{50\times10^3} = -10$

14 100[V], 500[W]의 전열기를 90[V]에서 사용했을 때 소비 전력은 몇 [W]인가?

① 300 ② 405
③ 450 ④ 715

해설 **소비 전력**

100[V], 500[W]의 정격 저항

$R = \frac{V^2}{P} = \frac{100^2}{500} = 20[\Omega]$

소비 전력 $P' = \frac{V^2}{R} = \frac{90^2}{20} = 405[W]$

15 직류 안정화 회로에서 출력석의 역할은?

① 가변 저항기의 역할
② 증폭 역할
③ 발진 역할
④ 정류 역할

해설 **직류 안정화 회로**

직류 안정화 회로를 나타내는 직렬 제어형 정전압 회로에서 출력석은 제어용 트랜지스터로서 가변 저항기의 역할을 한다.

16 그림과 같은 연산 증폭기의 출력 전압 V_o는?

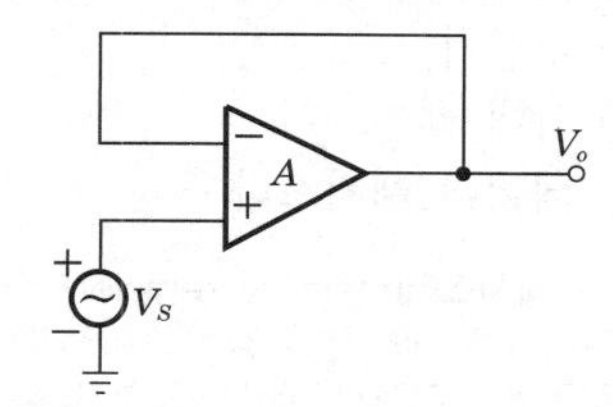

① 0 ② 1
③ $-V_s$ ④ V_s

해설 **DC 전압 폴로어(voltage follower)**

- 입력과 출력은 동위상이다.
- 입력 임피던스는 ∞, 되먹임 저항은 0이다.
- 입력 전압과 출력 전압의 크기가 같다.

* 그림의 회로에서 귀환 입력 단자는 단락되어 있으므로 출력 전압 V_o는 입력 전압 V_s에 따라서 변화한다. 따라서, 출력 전압 $V_o = V_s$이다.

17 자기 보수화 코드(self complement code)가 아닌 것은?

① Excess-3 Code
② 2421 Code
③ 51111 Code
④ Gray Code

해설 **그레이 코드(gray code)**

- 회전축과 같이 연속적으로 변화하는 양을 표시하는 데 사용하는 비가중치 코드(unweighted code)이다.
- 일반적인 코드는 0～9를 표시하지만, 그레이 코드는 사용 비트(bit)를 제한하지 않는 1비트 변환 코드로서 어떤 코드로부터 그 다음 코드로 증가하는 데 하나의 비트만 바꾸면 되므로 연산 동작으로는 부적당하다.
- 데이터의 전송, 입·출력 장치, A/D 변환기, 기타 주변 장치용 코드로 이용된다.

18 객체 지향 언어이고 웹상의 응용 프로그램에 알맞게 만들어진 언어는?

① 포트란(FORTRAN)
② C
③ 자바(JAVA)
④ SQL

해설 **자바(JAVA)**

미국 Sun microsystem사가 개발하여 1995년 5월에 발표한 인터넷용 객체 지향 프로그래밍 언어이다. JAVA를 사용하면 애니메이션과 같이 움직임이 있고, 소리가 나오는 홈페이지나 인터넷 대응의 워드프로세서 또는 표 계산 소프트웨어 등을 만들 수 있다.

19 다음 기억 장치 중 접근 시간이 빠른 것부터 순서대로 나열된 것은?

① 레지스터 – 캐시 메모리 – 보조 기억 장치 – 주기억 장치
② 캐시 메모리 – 레지스터 – 주기억 장치 – 보조 기억 장치
③ 레지스터 – 캐시 메모리 – 주기억 장치 – 보조 기억 장치
④ 캐시 메모리 – 주기억 장치 – 레지스터 – 보조 기억 장치

해설 **기억 장치의 접근 시간(access time)의 순서**

레지스터 → 캐시 메모리 → 주기억 장치 → 보조 기억 장치

정답 14. ② 15. ① 16. ④ 17. ④ 18. ③ 19. ③

20 8진수 2374를 16진수로 변환한 값은?

① 3A2 ② 3C2
③ 4D2 ④ 4FC

해설 8진수에서 16진수의 변환

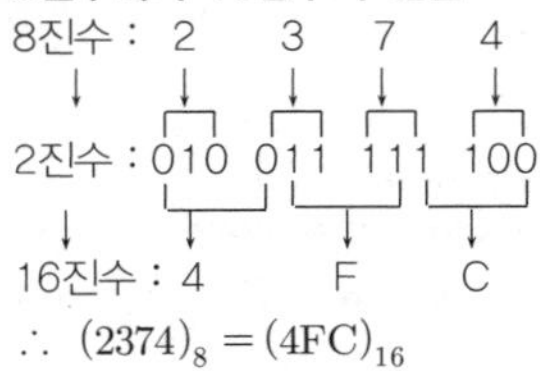

$\therefore\ (2374)_8 = (4FC)_{16}$

21 8비트로 부호와 절대치 표현 방법에 의해 27과 −27을 표현하면?

① 27 : 00011011, −27 : 10011011
② 27 : 10011011, −27 : 00011011
③ 27 : 00011011, −27 : 00011011
④ 27 : 10011011, −27 : 10011011

해설 8비트 부호와 절대치의 표현

- 8비트 부호와 절대치 0의 표현은 −0과 +0의 2개가 존재한다.
  1000 0000 → −0의 표현
  0000 0000 → +0의 표현
- 8비트 부호와 절대치 27과 −27의 표현
  27 : 00011011, −27 : 10011011

* 부호와 절대치를 이용하여 음수를 표현할 경우 어느 양수가 있을 때 그것과 절대치가 같은 음수의 변환은 부호만 0을 1로 바꾸어 주면 된다.

22 다음 중 범용 레지스터에서 이용하며, 가장 일반적인 주소 지정 방식은?

① 0−주소 지정 방식
② 1−주소 지정 방식
③ 2−주소 지정 방식
④ 3−주소 지정 방식

해설
- 0−주소 명령 : 스택(오퍼랜드 없이 OP−code부만으로 구성)
- 1−주소 명령 : 누산기(ACC)라고 하는 미리 약속된 범용 레지스터를 이용
- 2−주소 명령 : 범용 레지스터(2개의 오퍼랜드로 구성)로, 가장 흔히 사용
- 3−주소 명령 : 범용 레지스터(3개의 오퍼랜드로 구성)이고, 여러 개의 범용 레지스터를 사용할 수 있는 형식

23 다음 중 데이터 전송 명령어에 해당하는 것은?

① MOV ② ADO
③ CLR ④ JMP

해설 MOVE는 하나의 레지스터에 기억된 데이터를 다른 레지스터로 이동시키는 데이터 전송 명령어로서, 실질적으로 모든 프로그램에서 사용된다.

24 연산 장치에 대한 설명으로 옳은 것은?

① 계산기에 필요한 명령을 기억한다.
② 연산 작용은 주로 가산기에서 한다.
③ 연산은 주로 10진법으로 한다.
④ 연산 명령을 해석한다.

해설 연산 장치(ALU : Arithmetic and Logical Unit)

- 연산 장치는 외부에서 들어오는 입력 자료, 기억 장치 내에 기억되어 있는 자료, 그리고 레지스터 내에 기억되어 있는 자료 등을 실제로 처리하는 장치이다.
- 산술 연산 : 4칙 연산(가 · 감 · 승 · 제)과 산술적 시프트(shift) 등을 포함한 것이다.
- 논리 연산 : 논리적인 AND, OR, NOT을 이용한 논리 판단과 시프트 등을 포함한 것이다.
- 연산에 사용되는 데이터나 연산 결과를 기억하기 위해 레지스터를 사용한다.

* 가산기는 여러 개의 전가산기와 병렬 연결하여 덧셈 연산을 수행한다.

25 컴퓨터의 중앙 처리 장치에서 제어 장치에 해당하는 것은?

① 기억 레지스터
② 누산기
③ 상태 레지스터
④ 데이터 레지스터

해설 기억 레지스터(memory register)

- 주기억 장치와 연산 장치, 제어 장치, 입 · 출력 장치와의 사이에서 데이터를 주고받을 때 중계 역할을 하는 기억 장치로서, 기억 장치와 컴퓨터의 다른 장치 사이에서 데이터 전송 시 그것을 수용하기 위해 쓰이는 일종의 완충 레지스터를 말한다.
- 기억 레지스터는 기억 장치 내에 있는 레지스터로서, 다른 장치 내에 있는 레지스터와는 구별되며 기종에 따라서 1바이트에서 64바이트 정도의 기억 용량이 있다.

정답 20. ④ 21. ① 22. ③ 23. ① 24. ② 25. ①

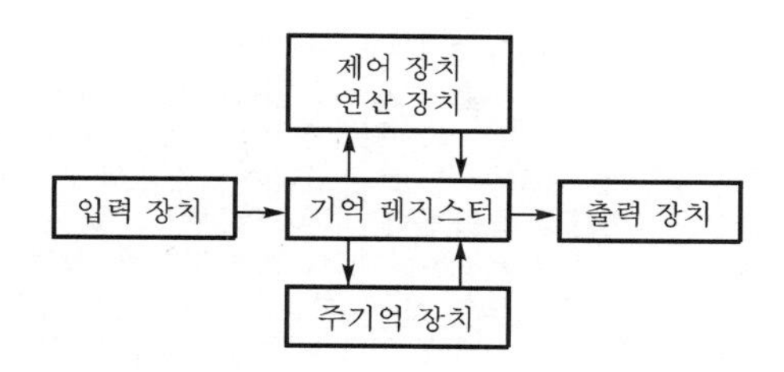

26 순서도(flowchart)의 특징이 아닌 것은?

① 프로그램 코딩(coding)의 기초 자료가 된다.
② 프로그램 보관 시 자료가 된다.
③ 오류 수정(debugging)에 용이하다.
④ 사용하는 언어에 따라 기호, 형태도 달라진다.

해설 **순서도(flowchart)의 특징**
- 프로그램 전체의 구성과 상호 관계를 쉽게 파악할 수 있다.
- 프로그램 작성을 용이하게 하며 프로그래밍의 잘못을 발견하기 쉽다.
- 프로그램 코딩(program coding)의 기초 자료가 된다.
- 프로그램을 작성하지 않은 사람도 문제 처리 과정을 쉽게 이해할 수 있다.
- 실행 결과 에러 발생 시 수정이 쉽다.

27 다음 논리 회로 중 Fan-out 수가 가장 많은 회로는?

① TTL ② RTL
③ DTL ④ CMOS

해설 **출력 분기수(fan-out)**
어떤 논리 회로에서 입력에 접속할 수 있는 출력측의 부하로서, 출력 단자를 가지고 있는 개수를 말한다.
* RTL : 5 정도, DTL : 8 정도, TTL : 10 정도
ECL : 25 정도, CMOS : 50 이상

28 연산 결과가 양수(0) 또는 음수(1), 자리 올림(carry), 넘침(overflow)이 발생했는가를 표시하는 레지스터는?

① 상태 레지스터 ② 누산기
③ 가산기 ④ 데이터 레지스터

해설 **상태 레지스터(status register)**
마이크로프로세스(MPU)에서 각종 산술 연산 결과가 양수(0) 또는 음수(1), 자리 올림(carry), 넘침(overflow)이 발생했는가를 상태를 표시하고 저장하기 위해 사용되는 레지스터이다. 이것은 여러 개의 플립플롭(flip flop)으로 구성된 플래그(flag) 비트들이 모인 레지스터로서 플래그 레지스터(flag register)라고도 한다.

29 회로 내부 검류계 전류가 0이 되도록 평형시키는 영위법을 이용해서 이지 저항을 구하는 방법으로 주로 중저항 측정에 사용되는 브리지는?

① 캠벨(Campbell) 브리지
② 맥스웰(Maxwell) 브리지
③ 휘트스톤(Wheatstone) 브리지
④ 콜라우시(Kohiraush) 브리지

해설 **휘트스톤 브리지(Wheatstone)**
브리지 회로의 내부에서 검류계(G)의 지시가 0이 되도록 평형시키는 영위법을 이용하여 미지 저항을 구하는 방법으로 중저항(1[Ω]~1[MΩ]) 측정에서 가장 널리 사용된다.
그림에서 가변 저항 R을 조정하여 평형 조건이 성립하면 검류계 G에 흐르는 전류 $I_G=0$이다. 이때, 브리지의 평형 조건은 $PX=QR$이므로 미지 저항 $X=\frac{Q}{P}R$[Ω]이다.

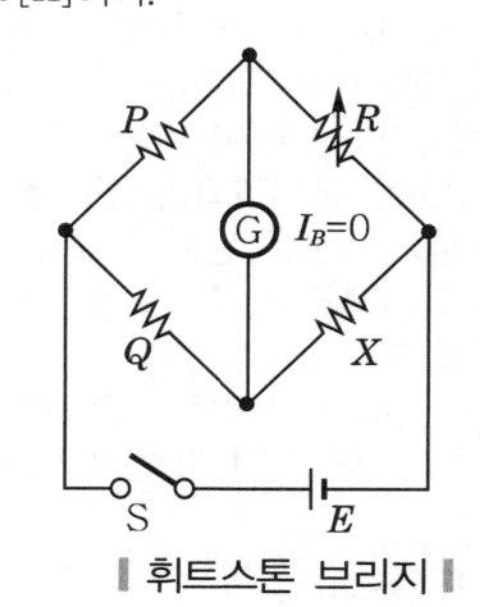

┃ 휘트스톤 브리지 ┃

30 다음 중 흡수형 주파수계의 설명으로 옳지 않은 것은?

① 100[MHz] 이하의 고주파 측정에 사용된다.
② 직렬 공진 회로의 공진 주파수는 $f_0=\frac{1}{2\pi\sqrt{LC}}$이다.
③ 공진 회로의 Q가 크지 않을 때에는 공진점을 찾기 쉬워 정밀한 측정이 가능하다.
④ 저항, 인덕턴스, 커패시턴스 등을 직렬로 연결시킨 직렬 공진 회로의 주파수 특성을 이용한 것이다.

해설 **흡수형 주파수계**
이 주파수계는 100[MHz] 이하의 고주파 측정에 사용되며, 공진 회로의 Q가 150 이하로 낮고 측정 확

정답 26. ④ 27. ④ 28. ① 29. ③ 30. ③

도가 1.5[%] 정도로 공진점을 정확히 찾기 어려우므로 정밀 측정이 어렵다.

* 흡수형 주파수계는 직렬 공진 회로의 주파수 특성을 이용한 것이다.

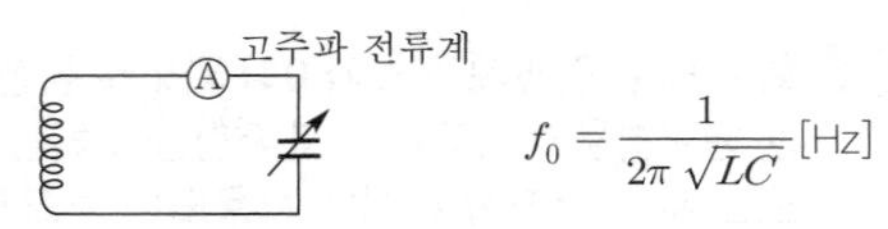

$$f_0 = \frac{1}{2\pi\sqrt{LC}}\text{[Hz]}$$

31 **증폭기의 주파수 특성을 오실로스코프로 측정하고자 할 때 입력 신호 파형은 어느 것이 이상적인가?**

① 구형파　② 정현파
③ 삼각파　④ 음성파

해설 **오실스코프의 기본 구성**

- 수직 증폭기 : CRT에 관측하려는 입력 신호 파형은 수직 증폭기 입력에 인가되며, 증폭기의 이득은 교정된 입력 감쇠기에 의해 조정된다. 그리고 증폭기의 푸시풀 출력은 지연 회로를 통해서 수직 편향판에 가해진다.
- 시간축 발진기(소인 발진기) : CRT의 수평 편향 전압으로 톱니파를 발생시킨다.
- 수평 증폭기 : 위상 반전기를 포함하고 있으며, (+)로 진행하는 톱니파와 (−)로 진행하는 톱니파의 2개의 출력 파형을 만든다. (+) 진행 톱니파는 오른쪽 수평 편향판에, (−) 진행 톱니파는 왼쪽 수평 편향판에 가해진다.

* 여기서, 톱니파 전압은 수평 편향판에, 정현파 신호는 수직 편향판에 각각 인가된다.

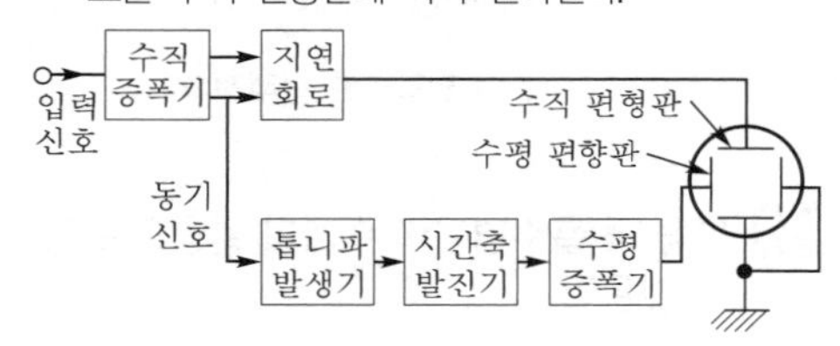

32 **수신기에 관한 측정 중 주파수 특성 및 파형의 일그러짐률에 관계되는 것은?**

① 감도 측정
② 선택도의 측정
③ 충실도의 측정
④ 잡음 지수의 측정

해설 **충실도 측정**

- 충실도(fidelity) : 수신기의 출력에서 전파된 내용을 수신하였을 때 안테나에 유기된 피변조파의 변조 파형을 어느 정도로 충실히 재생시키느냐 하는 능력을 표시하는 것으로, 주로 주파수 특성, 왜곡, 잡음 등으로 결정된다.
- 전기적 충실도 : 고주파 입력 전압의 변조 주파수에 대한 저주파 출력 전압의 관계를 표시한 것으로, 주로 수신 회로의 주파수 특성 진폭 변형, 위상 변형 및 잡음 등에 의하여 결정된다. 측정은 SW를 ㉠에다 놓고 일반적으로 상대 레벨을 사용하여 측정한다. 표준 신호 발생기를 희망 신호 주파수에 맞추고, 외부 변조로 1,000[Hz], 30[%] 변조하여 수신기를 동조시키고 표준 출력이 50[mW]가 되도록 표준 신호 발생기의 출력 레벨과 수신기의 음량을 조정한다. 이때, 수신기의 출력은 0[dB]로 하고 저주파 발진기의 발진 주파수는 1,000[Hz]를 중심으로 변화시켜 그때마다 변화량을 1,000[Hz] 때의 값과 상대 레벨로 곡선을 그리면 전기적 특성을 얻을 수 있다.
- 음향적 충실도 : 변조 주파수에 대한 음향 출력의 관계를 표시한 것으로, 주로 스피커의 성능으로 결정된다. 이것은 스피커가 양호하더라도 수신기의 출력측과 스피커 입력측이 정합되지 않으면 충실도가 저하한다. 측정은 SW를 ㉡에다 놓고 변조 주파수 1,000[Hz]일 때 출력계의 지시가 0[dBm] 되도록 보조 증폭기의 이득을 조정하여 확성기(Mic)의 기계적 진동을 포함한 종합적인 특성을 측정한다.

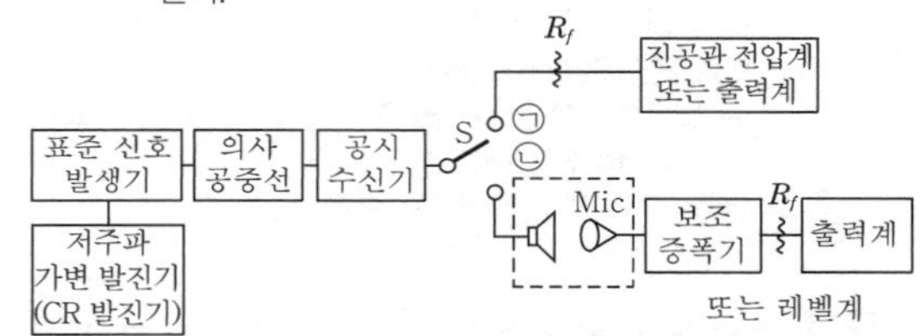

▎충실도 측정 ▎

33 **대전류로 서미스터 내부에서 소비되는 전력이 증가하면 온도 및 저항값은?**

① 온도는 높아지고, 저항값은 증가한다.
② 온도는 높아지고, 저항값은 감소한다.
③ 온도는 낮아지고, 저항값은 감소한다.
④ 온도는 낮아지고, 저항값은 증가한다.

해설 **서미스터(thermistor)**

일반적인 금속과는 달리, 온도가 높아지면 저항값이 감소하여 전도도가 크게 증가하는 것으로, 어떤 회로에서도 소자로서는 이용될 수 없으나 저항의 온도 계수가 음(−)의 값으로 부저항 온도 계수의 특성을 가지고 있어 이것을 NTC(Negative Temperature Coefficient thermistor)라고 한다. 구조적으로는 직열형, 방열형, 지연형 등으로 분류된다.

열용량이 작아서 미소한 온도 변화에도 저항 변화가 급격히 생기므로 온도 제어용 센서로 많이 이용되며, 체온계, 온도계, 습도계, 기압계, 풍속계, 마이크로파 전력계 등의 측정용이나 통신 장치의 온도에 의한

정답　31. ②　32. ③　33. ②

특성 변화의 보상, 통신 회선의 자동 이득 조정 등 이용 분야가 광범위하다.

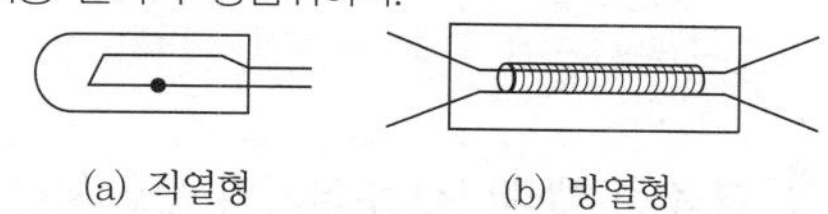

34 표준 신호 발생기의 출력을 개방했을 때 데시벨 눈금이 100[dB]이면 출력 전압은?

① 1[V]
② 0.1[V]
③ 0.01[V]
④ 1[mV]

해설 **표준 신호 발생기(SSG)**
출력 표시 방법은 전압 레벨을 [dB]로 표시하고 출력단 개방 시 기준 전압 1[μV]를 0[dB]로 한다.

$$* \ 20\log_{10}\frac{\text{출력 단자 전압}}{\text{기준 전압 } 1[\mu V]}=[dB]$$

$$100[dB]=20\log_{10}\frac{V_o}{1[\mu V]}$$

$$\frac{V_o}{1[\mu V]}=\text{antilog}\,5=100,000=10^5$$

$$\therefore \text{ 출력 전압 } V_o=1\times10^{-6}\times10^5=0.1[V]$$

35 아날로그 신호를 디지털 신호로 변환하는 과정으로 옳은 것은?

① 표본화 → 양자화 → 부호화
② 부호화 → 양자화 → 표본화
③ 부호화 → 표본화 → 양자화
④ 양자화 → 부호화 → 표본화

해설 **펄스 부호 변조(PCM : Pulse Code Modulation)**
신호의 표본값에 따라 펄스의 높이를 일정한 진폭을 갖는 펄스열로 부호화하는 과정을 PCM이라 한다. 이것은 펄스 변조의 일종으로 A/D 변환기로 아날로그 신호의 표본화된 펄스열의 높이를 부호화하여 디지털 신호로 변환시키는 변조 방식으로 아날로그 신호를 표본화 → 양자화 → 부호화의 3단계 분리 과정에 의해서 디지털 신호로 변환시킨다.

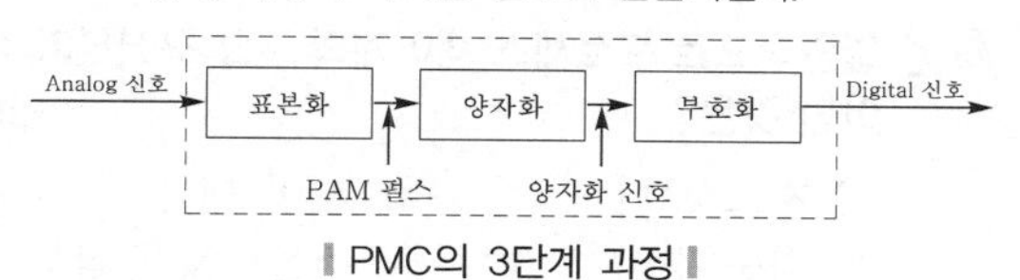

▌PMC의 3단계 과정▌

36 300[Ω]의 TV 급전선에 75[Ω]의 공중선을 접속하면 반사 계수 m은?

① +0.25 ② −0.6
③ +1.7 ④ −1.7

해설 **반사 계수**

$$m=\frac{\text{반사파}}{\text{입사파}}=\frac{Z_r-Z_o}{Z_r+Z_o}$$

여기서, Z_r : 급전선(부하) 임피던스
Z_o : 특성 임피던스

$$\therefore \ m=\frac{75-300}{75+300}=0.6$$

37 다음 설명에 가장 알맞은 계기의 명칭은?

> 회전 자장이 금속 원통과 쇄교하면 맴돌이 전류가 흐른다. 이 맴돌이 전류와 회전 자장 사이의 전자력에 의하여 알루미늄 원통에 구동 토크가 생기게 된다.

① 가동 코일형 계기
② 전류력계형 계기
③ 가동 철편형 계기
④ 유도형 계기

해설 **유도형 계기(AC 전용)**
- 회전 자장과 이동 자장에 의한 유도 전류와의 상호 작용을 이용한 것으로, 회전 자장 내에 금속편을 놓으면 맴돌이 전류가 생겨 자장이 이동하는 방향으로 금속편을 이동시키는 구동 토크가 발생하는 원리를 이용한 계기이다.
- 공간의 자장이 강하기 때문에 외부 자장의 영향이 작고 회전력이 크며 조정이 용이하다.
- 구동 토크가 크고 구조가 견고하기 때문에 내구력을 요하는 배전반용 및 기록 계기용으로 사용된다.
- 전류계, 전압계, 전력계 및 적산 전력계로 사용되며 교류 전용으로 직류에는 사용할 수 없다.
- 교류 배전반용 기록 장치와 전력계 및 이동 자장형은 적산 전력계로 사용되며, 현재 사용되는 교류용 적산 전력계는 모두 유도형이다.

38 다음 중 진폭 변조 신호의 변조도, 주파수 변조 신호의 편차, 잡음 등의 신호로부터 여러 가지 정보를 얻는 데 사용하는 계측기는?

① 오실로스코프 ② 주파수 계수기
③ 함수 발생기 ④ 스펙트럼 분석기

정답 34. ② 35. ① 36. ② 37. ④ 38. ④

해설 **스펙트럼 분석기(spectrum analyzer)**
- 변조파를 수신해 측파를 분해하여 그 주파수 스펙트럼 성분의 분포를 표시하는 브라운관(CRT)과 특수한 슈퍼헤테로다인 수신기를 조합한 측정기이다.
- 국부 발진기는 스위프(sweep) 발진기로 되어 있으며, 입력 신호의 주파수 스펙트럼이 스위프 발진기의 주파수 변화에 대응하여 차례대로 수신되고, 그 출력이 CRT의 종축에 스위프 발진기를 스위프하고 있는 스위프 반복 신호가 수평축에 가해진다.
- 용도 : AM, FM 등의 피변조 신호의 에너지 분포, 잡음의 주파수 분석, 신호의 고 · 저주파 성분, 혼 · 변조곱이나 전송 선로의 특성 등을 측정하는 데 사용된다.

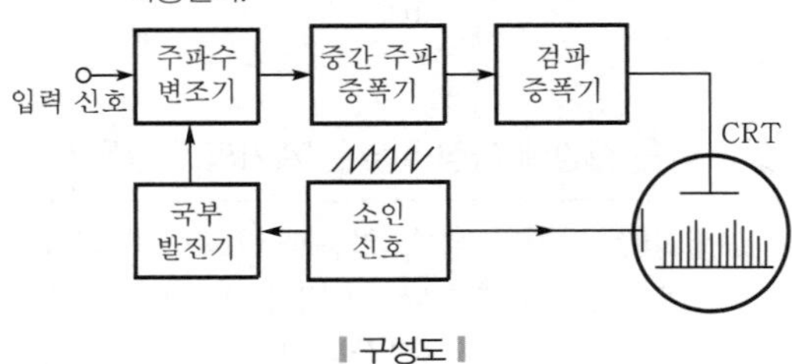

▌구성도▌

39 어느 측정량을 그것과 같은 종류의 기준량과 비교하여 똑같이 되도록 기준량을 조정한 후 기준량의 크기로부터 측정량을 구하는 방법으로 다음 측정법 중 감도가 높고 정밀 측정에 적합한 측정법은?

① 영위법　② 직편법
③ 편위법　④ 반경법

해설 **영위법**
모르는 양과 미리 알고 있는 양을 측정할 때 측정기의 지시가 0이 되도록 평형을 취하는 방법으로, 측정 감도가 높아 정밀 측정에 가장 적합한 측정법이다.

40 AC/DC 전력 측정용 디지털 멀티미터 계측기로 측정할 수 없는 것은?

① 직류 및 교류 전력
② 유효 및 피상 전력
③ 전압 및 전류
④ 주기와 주파수

해설 **디지털 멀티미터(digital multimeter) 계측기**
아날로그 양을 A/D 변환기에 의해 부호화한 펄스의 신호를 10진수의 디지털 숫자로 변환하여 표시 창(LED display panel)을 나타내는 계측기로서 아날로그 계측기보다 분해능이 훨씬 높아 고정밀도의 측정이 가능하고 대부분의 측정이 자동적으로 수행된다.
- 직류/교류(AC/DC) 측정 : 전압, 전류, 전력(유효 및 피상 전력)
- 오실로스코프 측정 : 주기와 주파수

41 다음 중 텔레비전 수상기의 신호 처리 과정으로 순서가 옳은 것은?

> ㉠ 튜너에서 원하는 채널을 선택한다.
> ㉡ 영상 신호에서 동기 신호를 분리한다.
> ㉢ 영상 신호와 음성 신호를 분리한다.
> ㉣ 안테나로 전파를 받는다.

① ㉠－㉡－㉢－㉣　② ㉣－㉡－㉢－㉠
③ ㉣－㉠－㉢－㉡　④ ㉡－㉢－㉣－㉠

해설 **텔레비전(television)**
하나의 화상과 음성을 전기 신호로 바꾸어서 전파로 변조하여 전송하고, 수신측에서는 전기 신호를 화상과 음성으로 재현시키는 통신 방식으로, 텔레비전 수상기의 신호 처리 과정은 다음과 같다.
- 안테나로부터 수신된 전파를 받는다.
  영상 신호(AM)와 음성 신호(FM)가 동시에 안테나로부터 수신되어 들어오고, 고주파 증폭 회로와 주파수 변환기에서 국부 발진 주파수와 혼합된다(영상 반송 주파수 : 45.75[MHz], 음성 중간 주파수 : 41.25[MHz]).
- 튜너에서 원하는 채널을 선택한다.
  튜너 회로는 슈퍼헤테로다인 수신 방식으로 각 채널의 입력 신호를 중간 주파수로 변환하는 회로로서, 고주파 증폭, 국부 발진, 주파수 변환 회로로 구성되어 있다.
- 영상 신호(AM)와 음성 신호(FM)를 분리한다.
  영상 검파 회로에서 영상 반송 주파수 45.75[MHz]와 음성 중간 주파수 41.25[MHz]의 비트 검파로 새로운 음성 주파수 4.5[MHz]로 만들어 음성 회로에 가한다.
- 영상 신호에서 동기 신호를 분리한다.
  송신측에서 보내온 동기 신호(수평 동기 신호와 수직 동기 신호)는 수신측 동기 분리 회로에서 분리되어 편향 회로에 가해진다.

* 우리나라 TV의 표준 방식은 미국 표준 방식(NTSC)을 사용한다.

42 일반적으로 프로세스 제어계의 주요 구성부가 아닌 것은?

① 서보 모터　② 제어 대상
③ 검출 장치　④ 조절부 및 조작부

해설 **프로세스 제어(process control, 공정 제어)**
- 온도, 유량, 압력, 레벨, 액위, 혼합비, 효율, 전력 등 공업 프로세스의 상대량을 제어량으로 하는 것으로,

정답 39. ① 40. ④ 41. ③ 42. ①

프로세스 제어의 특징은 대부분의 경우 정치 제어계이다.
- 프로세스 제어 장치는 검출부, 조절부, 조작부로 구성된다.

* 정치 제어(constant-value control) : 목푯값이 시간에 대하여 변하지 않고 일정값을 취하는 경우의 제어로서, 프로세스 제어 및 자동 조정에 이용된다.

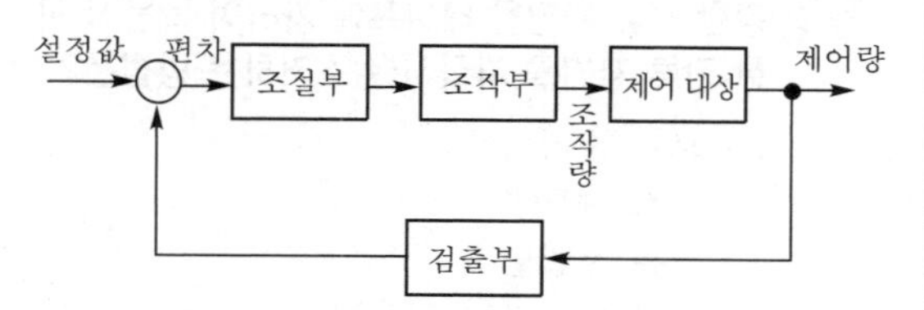

43 중간 주파수가 455[kHz]이고 수신 주파수가 900[kHz]일 때 영상 주파수는 몇 [kHz]인가?

① 1,355 ② 1,610
③ 1,810 ④ 1,955

해설 **영상 주파수(image frequency)**
영상 주파수(f_i)=수신 주파수(f_r)±2×중간 주파수
$=900+2\times455=1,810$[kHz]

44 다음 그림은 저음 전용 스피커(W)와 고음 전용 스피커(T)를 연결한 것이다. 이에 관한 설명 중 옳지 않은 것은?

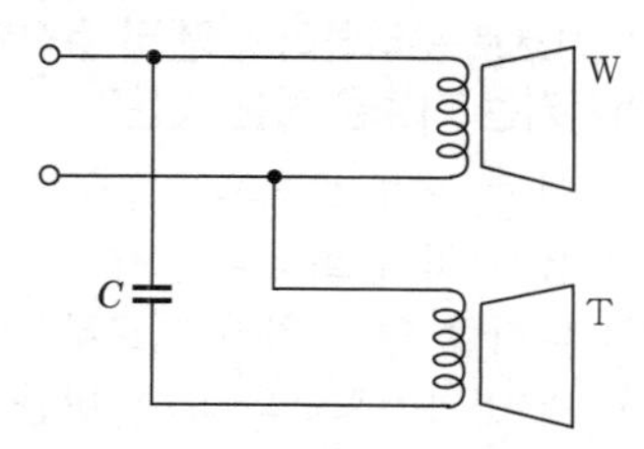

① 콘덴서는 저음만 T로 들어가도록 해준다.
② T의 구경은 W의 구경보다 보통 작게 한다.
③ 두 스피커의 위상은 같이 해주어야 한다.
④ 콘덴서 용량은 보통 2~6[μF] 정도이다.

해설 스피커는 일반적으로 구경이 큰 것일수록 출력이 크고 진폭 일그러짐이 작다. 트위터(T)의 구경은 우퍼(W)의 구경보다 작은 것이 사용되며, 콘덴서(C)는 저음을 차단하여 고음만 트위터(T)로 가도록 사용하는 것이다.
- 저역 전용(low rang) : 우퍼(W : Woofer)
- 중역 전용(medium rang) : 스쿼커(S : Squawker)
- 고역 전용(hight rang) : 트위터(T : Tweeter)

45 송신기에서 신호파는 주파수대의 어느 부분이 타부분에 비해 특히 강조되는데 이 회로의 명칭은?

① 디엠파시스 회로
② 프리엠파시스 회로
③ 스켈치 회로
④ 주파수 변별기 회로

해설 **미분(preemphasis) 회로**
FM 통신 방식에 있어서 변조 시 주파수의 높은 쪽을 특히 강하게 변조하여 높은 주파수에 대한 신호 대 잡음비(S/N)의 저하를 방지하기 위하여 사용되는 회로이다.

46 주파수 특성이 평탄하고 음질이 좋아서 현재 주로 사용되고 있는 동전형 스피커의 동작 원리로 가장 적절한 것은?

① 자기의 쿨롱력
② 압전 역효과
③ 쿨롱력
④ 전류와 자계에서 생기는 힘

해설 **동전형(dynamic type) 스피커**
자기 회로와 진동계로 구성되며, 진동판으로는 원뿔(cone) 종이를 사용하여 진동판으로부터 직접 음파를 공간에 방출하는 것으로, 주파수 특성이 평탄하고 음질이 좋아 현재 널리 사용되고 있다.

47 영상 기기에서 색의 3속성이 아닌 것은?

① 채도(saturation)
② 색상(hue)
③ 명암(contrast)
④ 명도(luminosity)

해설 **색의 3속성**
색은 착색 화면에 인간이 눈으로 느끼는 요소이다.
- 색상 : 적색(R), 녹색(G), 청색(B)
- 포화도(채도) : 색의 선명도, 즉 색의 엷고 짙음의 정도를 나타내는 농도
- 명도(휘도) : 색과 관계없는 명암의 요소로서, 화면의 밝기를 표시하는 신호

48 펠티에 효과는 어떤 장치에 이용되는가?

① 자동 제어 ② 온도 제어
③ 전자 냉동기 ④ 태양 전지

정답 43. ③ 44. ① 45. ② 46. ④ 47. ③ 48. ③

해설 **펠티에 효과(Peltier effect)**
2개의 다른 물질의 접합부에 전류를 흘리면 전류의 방향에 따라 열을 흡수하거나 발산하는 효과이다. 이 효과는 제벡 효과의 역효과로서, 반도체나 금속을 조합시킴으로써 전자 냉동 등에 응용되고 있다.

49 초음파의 감쇠율에 관한 일반적인 설명 중 옳지 않은 것은?

① 감쇠율은 물질에 따라 다르다.
② 초음파의 진동수가 클수록 감쇠율이 크다.
③ 초음파의 세기는 진폭의 제곱에 비례한다.
④ 고체가 가장 크고, 액체, 기체의 순서로 작아진다.

해설 **초음파의 성질**
- 기체나 액체 중에는 파동의 전파 방향으로 입자가 진동하는 종파만 존재한다.
- 고체 중에는 종파 및 파동의 전파 방향에 수직인 방향으로 입자가 진동하는 횡파가 존재하며, 전파의 속도는 횡파보다 종파가 느리다.
- 초음파는 파장이 짧을수록, 즉 진동수가 클수록 지향성이 커지므로 예민한 빔을 얻기 쉽다.
- 초음파는 특성 임피던스가 다른 물질의 경계면에서 반사 및 굴절을 일으킨다.
- 반사율
  - 공기와 물 사이 : 100[%]
  - 물과 강철 사이 : 88[%]
  - 물과 유리 사이 : 63[%]

* 감쇠율 : 기체, 액체, 고체 순으로 작아진다(초음파 진동수가 클수록 감쇠율이 크다).

50 다음 컬러 수상기의 협대역 방식 구성도에서 빈 부분에 들어갈 내용은?

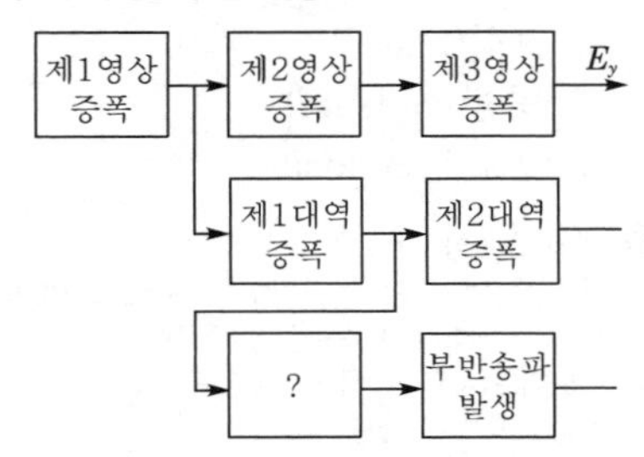

① 영상 출력　　② 버스트 증폭
③ x축 복조　　④ 수정 필터

해설 **컬러 버스트(color burst) 증폭기**
컬러 버스트 신호는 수평 동기 신호로서, 주파수는 8 ~ 12[Hz]이며, 컬러 수상기에서 만드는 색부 반송파 3.58[MHz]와 송신측의 부반송파와의 위상을 일치시키기 위한 제어 신호이다. 이것은 컬러 버스트 증폭기에서 증폭된다.

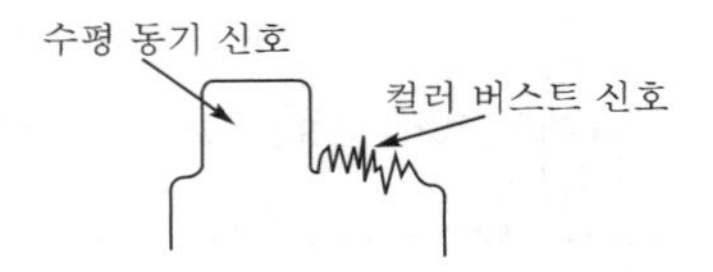

51 강한 직류 자장을 테이프에 가하여 녹음에 의한 잔류 자기를 자화시켜 소거하는 방법은?

① 교류 소거법
② 소거 헤드법
③ 직류 소거법
④ 테이프 소자기 사용법

해설 **녹음기 소거(erase)법**
녹음기의 소거 헤드를 이용하여 녹음 바이어스와 같은 강한 자기장을 자기 테이프에 가하여 녹음된 내용을 지우는 것을 소거라고 한다.
- 직류 소거법 : 강한 직류 자기장을 테이프에 가하여 녹음에 의한 잔류 자기를 포화 자기장까지 자화시켜서 소거하는 방법으로, 전자석 또는 영구 자석을 이용하여 소거한다.
- 교류 소거법 : 강한 교류 자기장을 테이프에 가하여 소거하는 방법으로, 교류 바이어스법을 이용하는 녹음기에서 사용된다.

52 디지털 텔레비전의 A/D 변환기에 입력되는 디지털 영상 데이터를 수평 동기 신호와 수직 동기 신호로 분리하여 수평 및 수직 출력단에 출력시키는 기능을 하는 것은?

① 편향 처리 회로부
② 음성 처리 회로부
③ 디지털 영상 처리 회로부
④ RGB 매트릭스와 D/A 변환기

해설 **편향(deflection) 처리 회로부**
A/D 변환기에 입력되는 송신측의 동기 신호(수평 동기 신호와 수직 동기 신호)인 디지털 영상 데이터를 동기 분리 회로에서 수평 동기 신호와 수직 동기 신호로 분리하는 것으로, 영상 신호에서 동기 신호를 꺼낸 다음 동기 신호는 동기 분리 회로에서 분리되어 편향 처리 회로부에서 수평 및 수직 출력단으로 편향 출력시킨다.

53 목푯값이 변화하지만 그 변화가 알려진 값이며, 예정된 스케줄에 따라 변화할 경우의 제어는?

① 프로그램 제어　　② 추치 제어
③ 비율 제어　　④ 정치 제어

정답 49. ④ 50. ② 51. ③ 52. ① 53. ①

해설 **프로그램 제어(program control)**
목푯값이 사전에 정해진 시간적 변화를 하는 경우의 제어를 말한다.

54 서보 기구라 함은 어느 자동 제어 장치를 나타내는 것인가?

① 속도나 전압 ② 위치나 각도
③ 온도나 압력 ④ 원격 조정

해설 **서보 기구(servo mechanism)**
제어량이 기계적 위치인 자동 제어계를 서보 기구라 한다. 이것은 물체의 위치, 방위, 자세(각도) 등의 기계적 변위를 제어량으로 하여 목푯값 임의의 변화에 항상 추종하도록 구성된 제어계로서 추종 제어계라고 한다.

55 자기 녹음기의 주파수 보상법으로 옳은 것은?

① 녹음 때에나 재생 때에 모두 고역을 보상한다.
② 녹음 때에나 재생 때에 모두 저역을 보상한다.
③ 녹음 때에는 저역을, 재생 때에는 고역을 보상한다.
④ 녹음 때에는 고역을, 재생 때에는 저역을 보상한다.

해설 **등화(equalization)**
녹음 시에 고역을, 재생 시에 저역을 각각 증폭기로 보정하여 종합 주파수 특성을 50 ~ 1,500[Hz]의 범위에 걸쳐서 평탄한 특성으로 만드는 것으로, 주파수 보상 또는 등화라고 한다.

56 제어계의 출력 신호와 입력 신호와의 비를 무엇이라 하는가?

① 전달 함수 ② 제어 함수
③ 적분 함수 ④ 미분 함수

해설 **전달 함수(transfer function)**
제어계에 가해지는 입력 신호에 대하여 출력 신호가 어떤 모양으로 나오는가 하는 신호 전달 특성을 제어 요소에 따라 수학적으로 표현하는 것으로, 모든 초기값을 0으로 한다.
전달 함수

$$= \frac{\text{초기값을 0으로 한 출력의 라플라스 변환}}{\text{초기값을 0으로 한 입력의 라플라스 변환}}$$

57 VTR의 기록 방식에서 기록 헤드와 재생 헤드의 갭을 ϕ도 만큼 기울여 재생할 때의 장점은?

① 장시간 기록, 재생된다.
② 테이프 속도가 증가한다.
③ 테이프를 좁게 사용할 수 있다.
④ 휘도 신호의 크로스토크가 제거된다.

해설 **애지머스 고밀도 기록 방식**
2개의 비디오 헤드 갭의 기울기를 θ만큼 벗어나게 하여 재생 시 인접 트랙으로부터 휘도 신호에 대한 크로스토크(crosstalk)를 제거하는 방식이다.

58 다음 중 항공기의 착륙 보조 장치는?

① VDR ② ILS
③ ADF ④ TACAN

해설 **계기 착륙 장치(ILS : Instrument Landing System)**
야간이나 안개 등의 악천후로 시계가 나쁠 때 항공기가 활주로를 따라 정확하게 착륙할 수 있도록 지향성 전파(VHF, UHF)로 항공기를 유도하여 활주로에 바르게 진입시켜주는 장치이다. 이것은 국제 표준 시설로서 로컬라이저, 글라이드 패스, 팬 마크 비컨이 1조로 구성되어 계기 착륙 방식이 이루어진다.

59 유전 가열은 어떤 원리를 이용하여 가열하는 방식인가?

① 유전체손
② 표피 작용에 의한 손실
③ 히스테리시스손
④ 맴돌이 전류손

해설 **고주파 유전 가열(dielectric heating)**
유전체를 두 전극판 사이에 넣고 고주파 전압을 극판에 가하면 유전체 내부에 고주파 전기장이 형성되며, 전기장과 유전체를 구성하는 물질 분자의 상호 작용에 의해 전력 손실이 일어난다. 이 전력 손실을 유전손이라 하며 이 유전손에 의해서 유전체가 가열된다.

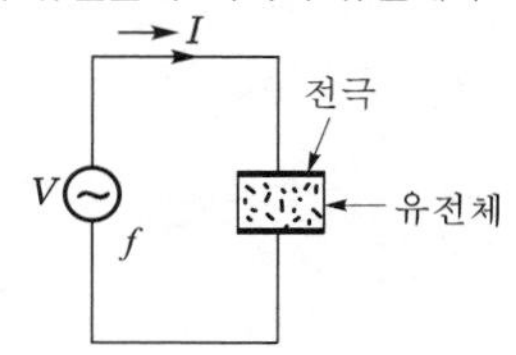

정답 54. ② 55. ④ 56. ① 57. ④ 58. ② 59. ①

60 **선박에 이용되며 방향 탐지기가 없이 보통 라디오 수신기를 이용해 방위를 측정할 수 있는 것은?**

① AN 레인지 비컨
② 무지향성 비컨
③ 회전 비컨
④ 초고주파 전방향성 비컨

해설 **회전 비컨**
지향성 안테나를 가지고 있지 않은 소형 선박을 대상으로 지향성을 가진 비컨을 회전시켜서 전방향에 지시를 할 수 있도록 한다(사용 주파수 285 ~ 325[kHz]).
* 송신 전파는 8자 지향 특성으로 빔을 만들어 최소 감도를 남과 북으로 일치시킨 다음 2°마다 단점 부호를 시계 방향으로 회전하면서 발사한다.

정답 60. ③

01 전원 주파수가 60[Hz]일 때 3상 전파 정류 회로의 리플 주파수는 몇 [Hz]인가?

① 90 ② 120
③ 180 ④ 360

해설 **맥동 주파수(ripple frequency)**
3상 전파 정류 회로는 전원 주파수 60[Hz]를 6배로 정류하는 방식으로, 출력의 맥동 주파수는 360[Hz]를 나타낸다.

02 트랜지스터 증폭기의 전압 증폭도에 대한 설명으로 옳지 않은 것은?

① 입력 전압과 출력 전압의 비이다.
② 데시벨로 나타낼 수 있다.
③ 입력 전압과 출력 전압은 항상 동위상이다.
④ 증폭기의 접지 방식에 따라 전압 증폭도가 1 정도인 경우도 있다.

해설 **데시벨(decibel)**
[dB]은 전압 증폭도나 전력 이득 또는 감쇠량의 배수를 대수로 표현하는 단위이다.
그림에서 입력 전압과 출력 전압의 실효치를 각각 V_1, V_2라고 하면 전압 증폭도 $A_v = \frac{V_2}{V_1}$이다.
이것을 [dB]로 표시하면 $A_v[\text{dB}] = 20\log\frac{V_2}{V_1}$[dB]로 정의된다.

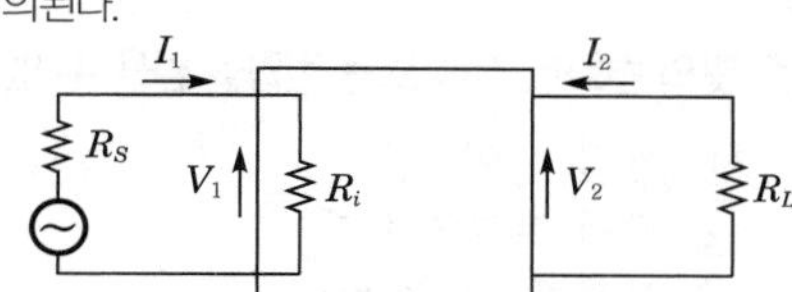

• 접지 방식에 따른 종류와 특성

종류	전압 증폭도	입·출력 위상
베이스 접지	≒1	동위상
이미터 접지	≤1	역위상
컬렉터 접지	≥1	동위상

03 펄스 폭이 2[μsec]이고, 주기가 20[μsec]인 펄스의 듀티 사이클은?

① 0.1 ② 0.2
③ 0.5 ④ 20

해설 **듀티 사이클(duty cycle)**
펄스의 점유율 또는 충격 계수(duty factor)라고 한다.
$D = \frac{\tau}{T_r}$ (여기서, τ : 펄스 폭, T_r : 반복 주기)
$\therefore\ D = \frac{2\times10^{-6}}{20\times10^{-6}} = 0.1$

04 다음 중 톱니파 발생 회로와 무관한 것은 어느 것인가?

① 멀티바이브레이터
② 블로킹 발진기
③ UJT 발진기
④ LC 발진기

해설 **펄스(pulse) 발생 회로**
외부에서 입력 신호를 가하는 일이 없이 스스로 펄스를 발생하는 경우 또는 특수 파형의 펄스를 발생하는 회로를 말한다.
• 펄스파 : 맥박같은 파형 또는 충격파(방형파, 톱니파, 계단파 등의 파형을 모두 펄스로 취급)
• 펄스 발생 회로의 종류 : 멀티바이브레이터, 블로킹 발진 회로, 톱니파 발생 회로, SCR, UJT 발진기 등이 있다.
* LC 발진기 : 되먹임(귀환) 회로가 L과 C만으로 이루어진 정현파 발진기로서, 하틀레이형과 콜피츠형 발진 회로가 있으며, L과 C의 크기에 따라서 발진 주파수가 좌우된다.

05 마스터 슬리브 JK－FF에서 클록 펄스가 들어올 때마다 출력 상태가 반전되는 것은?

① J＝0, K＝0
② J＝1, K＝0
③ J＝0, K＝1
④ J＝1, K＝1

정답 01. ④ 02. ③ 03. ① 04. ④ 05. ④

해설 **마스터 슬레이브 JK-FF**

마스터 슬레이브(master slave) 방식은 입력 신호를 기억하는 동작과 이것을 출력에 전송하는 동작을 시간적으로 어긋나게 한 것으로, 2개의 FF 사이에 전달 회로를 두고 이것을 CP(C_1, C_2)로 제어하여 레이싱(racing)을 방지한다.

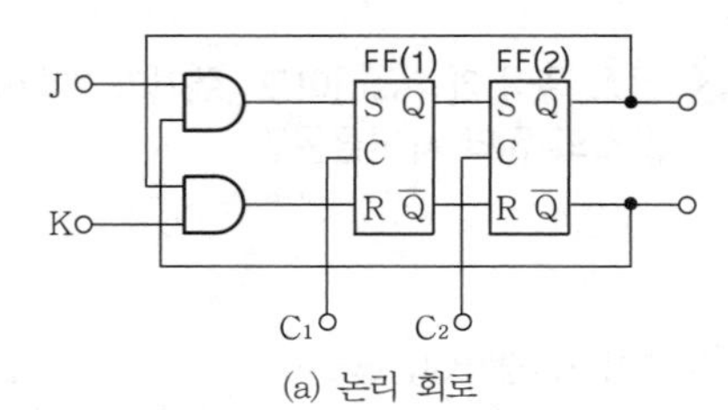

(a) 논리 회로

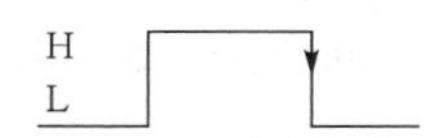

(b) 마스터 슬레이브 방식

[회로 동작]
- 그림의 논리 회로에서 시간차를 가지는 2개의 CP(C_1, C_2)를 두어 각 FF(1), FF(2)에 공급한다.
- 입력이 J = 1, K = 1의 레벨일 때 FF(1)은 CP(C_1)에 의하여 출력 상태를 반전하는데, FF(2)는 C_2가 0레벨이므로 앞의 상태를 계속 유지한다.
- CP인 C_2가 1레벨이 되면 FF(2)는 FF(1)의 상태로 반전되나 FF(1)의 상태는 CP인 C_1이 아직 0레벨이므로 반전되지 않는다. 즉, 레이싱(racing) 현상이 발생하지 않는다.

* 마스터 슬레이브 방식은 그림 (b)와 같이 클록 입력이 H에서 L로 바뀔 경우 출력이 나타난다.

06 증폭 회로에서 되먹임(귀환)의 특징으로 옳지 않은 것은?

① 증폭도는 감소한다.
② 내부 잡음이 감소한다.
③ 대역폭이 좁아진다.
④ 주파수 특성이 좋아진다.

해설 **음되먹임(부귀환) 증폭기의 특성**
- 이득이 안정된다.
- 일그러짐이 감소한다(주파수 일그러짐, 위상 일그러짐, 비직선 일그러짐).
- 잡음이 감소한다.
- 부귀환에 의해서 증폭기의 전압 이득은 감소하나, 대역폭이 넓어져서 주파수 특성이 개선된다(상한 3[dB] 주파수를 대역폭으로 사용함).
- 귀환 결선의 종류에 따라 입·출력 임피던스가 변화한다.

07 단접합 트랜지스터(UJT)의 전극을 옳게 나타낸 것은?

① 이미터 전극 1, 베이스 전극 1
② 이미터 전극 1, 베이스 전극 2
③ 이미터 전극 2, 베이스 전극 1
④ 이미터 전극 2, 베이스 전극 2

해설 **접합 트랜지스터(UJT : Uni-junction Transistor)**

UJT의 구조는 그림 (a)와 같이 N형 실리콘(Si) 단결정의 양단에 단자 B_1, B_2를 만들고 중간 부분에 P층을 형성하여 제어 전극 이미터(emitter)를 만든 것이다. 이것은 단자는 3개이나 PN 접합부가 1개인 트랜지스터로서 단자 B_1, B_2가 베이스 역할을 하므로 더블 베이스 다이오드(double base diode)라고도 한다.

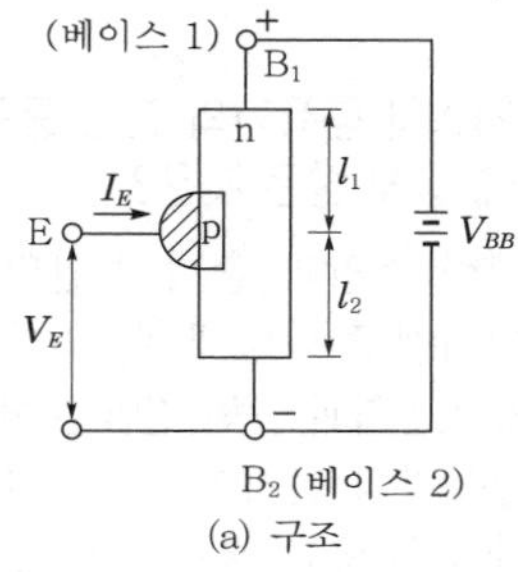

(a) 구조

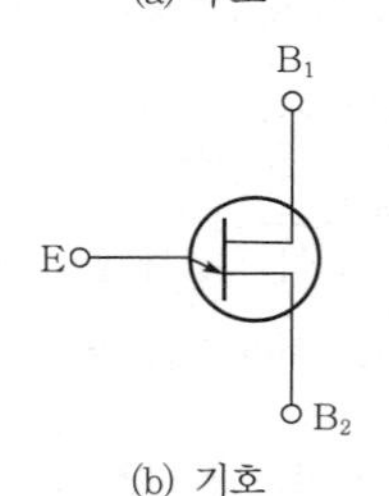

(b) 기호

08 빛의 변화로 전류 또는 전압을 얻을 수 없는 것은?

① 광전 다이오드
② 광전 트랜지스터
③ 황화카드뮴(CdS)
④ 태양 전지

해설 **황화카드뮴(CdS)**

황과 카드뮴의 화합물로서, 반도체의 일종으로 빛에너지에 의해 전기 전도율이 변화하는 대표적인 광도전체이다. CdS의 특성은 빛이 높아지면 저항값이 작아지고 빛이 낮아지면 저항값이 높아지는 성질을 이용하여 빛의 유무를 파악하는 광전도 소자로서, 가시광선 영역의 빛에 감광하여 높은 감도를 나타낸다.

* CdS 셀은 카메라의 노출계, 자동 점멸기, 광센스, 각종 검출 장치 및 계측기 등에 쓰인다.

정답 06. ③ 07. ② 08. ③

09 푸시풀(push－pull) 전력 증폭기에서 출력 파형의 찌그러짐이 작아지는 주요 원인은?

① 기본파가 상쇄되기 때문에
② 기수 고조파가 상쇄되기 때문에
③ 우수 고조파가 상쇄되기 때문에
④ 우수 및 기수 고조파가 모두 상쇄되기 때문에

해설 **B급 푸시풀(push－pull) 증폭기의 동작**

증폭 회로에 직류 바이어스가 공급되지 않으면 트랜지스터는 차단(off) 상태가 되고 교류 신호가 인가되면 트랜지스터는 도통(on) 상태가 되어 B급 푸시풀(push－pull) 증폭기로 동작한다.

그림 (a)에서 트랜지스터의 출력 전류 i_c는 교류 입력 신호의 반주기 동안에만 도통되므로 이로 인하여 발생하는 일그러짐(왜곡)을 피하기 위해서는 반주기 동안 각각 교대로 동작하는 2개의 트랜지스터를 push(high)–pull (low)로 구성하여 2개의 결합된 동작으로 전주기의 교류 출력을 얻을 수 있다. 따라서, B급 동작의 효율(약 78.5[%])은 1개의 트랜지스터를 사용하는 A급 동작 효율(50[%])보다 매우 높다.

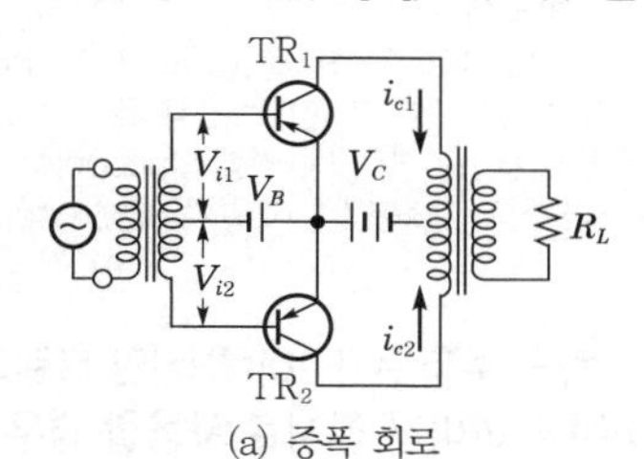

(a) 증폭 회로

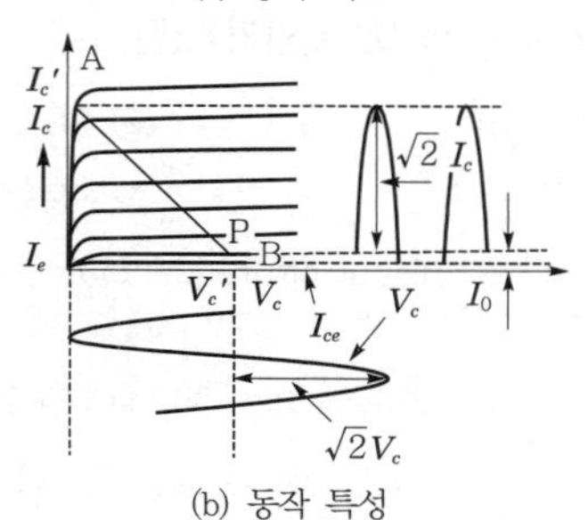

(b) 동작 특성

* 대신호 A급 증폭기의 출력은 fin, 2fin, 3fin, 4fin, 5fin 등의 고조파를 발생시키지만 B급 푸시풀(push－pull) 증폭기의 출력은 fin, 3fin, 5fin 등의 기수(홀수) 고조파만을 발생시킨다. 따라서, B급 푸시풀(push－pull) 증폭을 하게 되면 모든 우수(짝수) 고조파가 상쇄(제거)되기 때문에 출력 파형의 일그러짐(왜곡)이 작아진다.

10 그림에서 시정수가 작을 경우의 출력 파형으로 가장 적합한 것은?

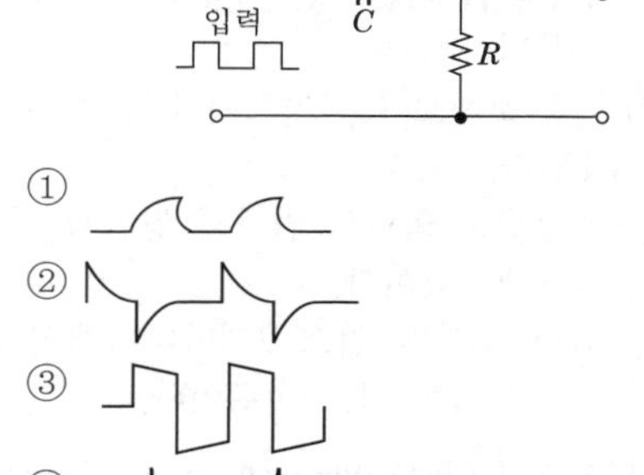

①
②
③
④

해설 그림의 회로는 미분 회로이다. 회로의 입력에 내부 임피던스가 0인 직사각형 전압의 파(구형파)를 가했을 때 이 펄스가 제거되면 입력 단자는 단락 상태이므로, R의 단자 전압은 회로의 시정수 CR의 대소에 따라 변화한다.

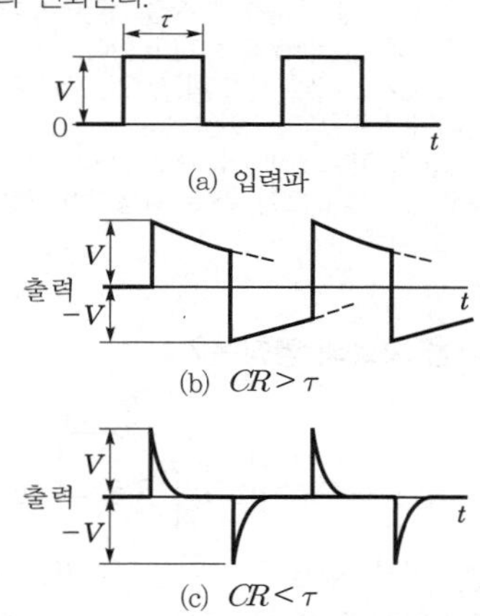

(c) $CR<\tau$

- $CR>\tau$인 경우 C에 충전된 전하가 R로 방전한다. 이 경우 R의 단자 전압이 완전히 감쇄되기 전에 다음 펄스가 가해지기 때문에 그림 (b)와 같이 된다.
- $CR<\tau$인 경우에는 펄스가 가해지거나 없어지면 R의 단자 전압은 급속히 감쇄하기 때문에 그림 (c)와 같이 날카로운 펄스가 얻어진다.

* 일반적으로 $CR<\frac{\tau}{30}$ 정도면 미분 파형으로 볼 수 있다.

정답 09. ③ 10. ②

11 쌍안정 멀티바이브레이터에 관한 설명으로 적합하지 않은 것은?

① 부귀환을 하는 2단 비동조 증폭 회로로 구성된다.
② 능동 소자로 트랜지스터나 IC가 주로 이용된다.
③ 플립플롭 회로도 일종의 쌍안정 멀티바이브레이터이다.
④ 입력 트리거 펄스 2개마다 1개의 출력 펄스가 얻어지는 회로이다.

해설 **쌍안정 멀티바이브레이터(bistable multivibrator)**

- 결합 콘덴서를 사용하지 않고 2개의 트랜지스터를 직류(DC)적으로 결합시킨 것으로, 2개의 안정 상태를 가지는 회로이다.
- 트리거 펄스가 들어올 때마다 on, off 상태가 되며, 2개의 트리거 펄스에 의해 하나의 구형파를 발생시킬 수 있다. 즉, 2개의 입력 트리거 펄스가 들어올 때 1개의 출력 펄스를 내는 회로로서 이 회로를 플립플롭(flip flop)이라 한다.
- 전자 계산기의 기억 회로, 2진 계수기 등의 디지털 기기의 분주기로 이용된다.

* 멀티바이브레이터(multivibrator)는 능동 소자로 트랜지스터나 IC가 주로 사용되며 펄스를 발생시키는 회로이다.

12 다음 회로의 명칭은?

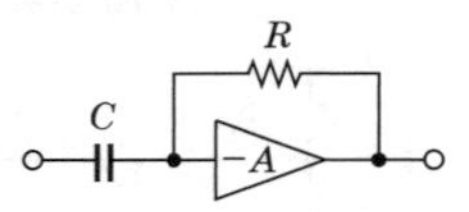

① 미분 회로　② 적분 회로
③ 정현파 발생 회로　④ 톱니파 발생 회로

해설 **미분기(differentiator)**

- 그림의 연산 증폭기는 수학적인 미분 연산을 수행하는 미분기로서, 입력 경사에 비례하는 출력 전압을 산출한다. 적분기와 차이점은 되먹임 소자를 저항 R로 변경한 것으로 입력을 커패시터 C로 하고 되먹임 소자로 저항 R을 사용하면 미분기로 동작한다.
- 그림 (a)의 회로에서 입력 전압 V_i는 가상 접지로 인해 커패시터 C를 통해 나타나고 C에 흐르는 전류 i는 되먹임 저항 R을 통해 흐른다. 따라서, V_i가 변할 때 C는 충 · 방전을 하므로 이때 출력 전압 V_o는 그림 (b)와 같이 V_i의 경사에 비례하는 전압을 발생시킨다. 이것은 V_o가 주파수의 증가에 따라 직선적으로 증가하므로 고주파에서 높은 이득을 가지게 된다.

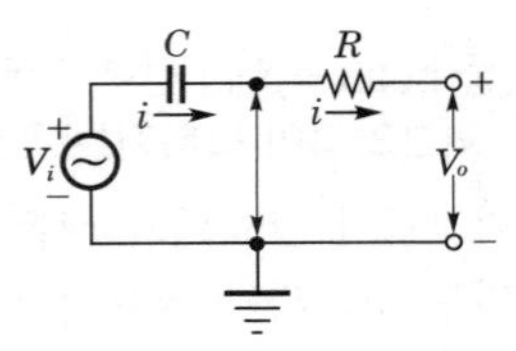

(a) 가상 접지의 등가 회로

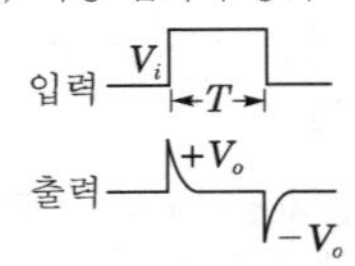

(b) 입력과 출력 파형

이와 같은 미분기는 구형파의 선단과 후단을 검출하거나 램프(ramp) 입력으로부터 구형파 출력을 만들어 내는데 주로 응용된다.

13 P형 반도체에서 정공을 만들어 주기 위해서 공급하는 불순물을 무엇이라고 하는가?

① 도너　② 베이스
③ 캐리어　④ 억셉터

해설 **P형 반도체**

진성 반도체에 3가의 불순물을 도핑(doping)한 반도체로서, 3가 원자가 만드는 정공은 재결합 중에 전자를 받아들이기 때문에 억셉터(acceptor) 원자라 한다.

* 3가 원자 : B(붕소), Al(알루미늄), Ga(갈륨), In(인듐)

14 α 차단 주파수가 10[MHz]인 트랜지스터에서 이것을 이미터 접지로 사용할 경우 β 차단 주파수는 몇 [kHz]인가? (단, $h_{fb}=0.98$)

① 49　② 98
③ 200　④ 362

해설 **차단 주파수(cut off frequency)**

- α 차단 주파수(f_α) : $f=f_\alpha$일 때 α의 최댓값이 $\frac{1}{\sqrt{2}}$(3[dB])로 되는 주파수(저주파의 전류 이득 α_0보다 3[dB] 저하 지점)를 말한다.

여기서, f_α : α 차단 주파수 또는 3[dB] 주파수

$$f_\alpha=\frac{1}{2\pi r_e c_e},\ f_\alpha=\frac{D_B}{\pi W_b^2},\ \alpha=\frac{\alpha_0}{1+j\left(\frac{f}{f_\alpha}\right)}$$

고주파 트랜지스터에서는 f_α가 클수록 좋다. 또한, 베이스 폭(W)과 베이스에서 소수 캐리어의 확산 계수(D_B)와 관련된 f_α는 베이스 폭의 자승에 반비례한다.

정답 11. ① 12. ① 13. ④ 14. ③

- β 차단 주파수 f_β : β가 직류 및 저주파의 $\frac{1}{\sqrt{2}}$ (3[dB])로 되는 주파수(이득이 h_{fe}보다 3[dB] 저하 지점)를 말한다.
  여기서, f_β를 β 차단 주파수 또는 3[dB] 주파수라 한다.
  $\beta_0 f_\beta = \alpha_0 f_\alpha$에서

  $$f_\beta = \frac{\alpha_0}{\beta_0} f_\alpha = f_\alpha (1-\alpha_0)$$

[β의 차단 주파수 f_β와 α 차단 주파수 f_α와의 관계]

- $f_\beta = f_\alpha (1-\alpha_0)$: f_β가 f_α보다 훨씬 작다($f_\beta < f_\alpha$).
- $\beta_0 f_\beta = \alpha_0 f_\alpha$: 이미터 접지의 전류 이득 β_0는 베이스 접지 전류 이득 α_0보다 훨씬 크다($\beta_0 > \alpha_0$).

$\therefore f_\beta = f_\alpha (1-\alpha_0)$
$= 10 \times 10^6 (1-0.98) = 200$[kHz]

15 증폭 회로에서 전압 증폭도가 10,000배이면 이득[dB]은?

① 10　　② 80
③ 150　　④ 10,000

해설 이득 $G = 20\log_{10} A$[dB]
$= 20\log_{10} 10{,}000$
$= 20\log_{10} 10^4 = 80$[dB]

16 트랜지스터를 증폭기로 사용하는 영역은?

① 차단 영역
② 활성 영역
③ 포화 영역
④ 차단 영역 및 포화 영역

해설 **이상적 트랜지스터의 4가지 동작 상태**

- 포화 영역 : 스위칭(on, off) 동작 상태로 펄스 회로 및 스위칭 전자 회로에 응용된다(EB 접합 : 순바이어스, CB 접합 : 순바이어스).
- 활성 영역 : 증폭기로 사용할 때의 동작 상태이다(EB 접합 : 순바이어스, CB 접합 : 역바이어스).
- 차단 영역 : 스위칭(on, off) 동작 상태로 펄스 회로 및 스위칭 전자 회로에 응용된다(EB 접합 : 역바이어스, CB 접합 : 역바이어스).
- 역활성 영역 : 이미터와 컬렉터를 서로 바꾼 활성 동작이며 실제로 사용하는 일이 없다(EB 접합 : 역바이어스, CB 접합 : 순바이어스).

* 활성 영역에서 컬렉터 접합면은 역바이어스되고, 이미터의 접합면은 순바이어스된다.

	V_{EB} ↑	
활성 영역 (순) (역)		포화 영역 (순) (순)
		→ V_{CB}
차단 영역 (역) (역)		역활성 영역 (역) (순)

17 Parity bit에 대한 설명 중 옳지 않은 것은?

① Error 검출 및 교정이 가능하다.
② 기존 코드값에 1bit를 추가하여 사용한다.
③ 기수(odd)와 우수(even) 체크법이 있다.
④ 정보의 옳고 그름을 판별하기 위해 사용한다.

해설 **패리티 체크(parity check)**

에러 검출 코드로서, 어떤 숫자나 문자를 일정한 코드의 규칙에 따라서 코드화된 내용이 정확히 표현되어 있는지 여부를 판정하기 위하여 한 자리 여분의 비트를 체크 비트(check bit)로 사용하여 정오를 판단하는 방법이다.

- 우수 패리티 체크(even parity chack) : 어떤 하나의 문자나 숫자를 코드화했을 때 1의 값을 가지는 비트의 개수가 우수(짝수)개가 되어야 한다는 규칙을 적용하는 방법이다.
  코드화한 결과 1의 값을 가지는 비트의 개수가 홀수이면 체크 비트(패리티 비트)의 값은 1이 되어 전체 1의 값을 가지는 비트의 개수가 짝수가 되도록 한다. 한편 1의 값을 가지는 비트의 개수가 짝수일 경우에는 패리티 비트의 값은 0이 된다.
- 기수 패리티 체크(odd parity chack) : 어떤 하나의 문자나 숫자를 코드화했을 때 1의 값을 가지는 비트의 개수가 반드시 기수(홀수)개가 되어야 한다는 규칙을 적용하는 방법이다.
  코드화한 결과 1의 값을 가지는 비트의 개수가 짝수일 경우에는 체크 비트(패리티 비트)의 값은 1이 되고, 홀수일 경우에는 패리티 비트의 값은 0이 된다. 따라서, 패리티 체크를 기수 · 우수 검사(odd · even chack)라고도 부른다.
- 패리티 체크 방법은 에러(error)를 검출할 수는 있지만 교정(correct)하는 기능은 없다.
- 주로 주기억 장치, 종이 테이프, 자기 테이프 등에 사용된다.

18 다음 중 논리 비교 동작과 같은 동작은?

① AND　　② OR
③ XOR　　④ NAND

해설 **XOR**

입력의 정보가 대응되는 비트(bit)가 같으면 '0'으로, 다르면 '1'로 판단하는 논리 연산으로 배타적 논리합

정답 15. ② 16. ② 17. ① 18. ③

(exclusive OR)이라고 부르며 약칭으로 XOR, EOR, EXOR 등으로 쓴다. 이것은 데이터의 특정 비트를 반전시키고자 할 때 사용하는 것으로 논리 비교 동작을 수행한다.

19 주프로그램 내에서 같은 프로그램의 반복을 피하기 위한 방법은?

① 스택
② 인터럽트
③ 서브루틴
④ 푸시(push)와 팝(pop)

해설 **서브루틴(subroutine)**
프로그램을 구성하는 기본 단위를 루틴이라고 하며, 하나의 일의 단위는 많은 루틴으로 구성되어 있다. 이 루틴 내에서 어떤 특정한 문제를 처리하기 위해 준비되어 호출 명령으로 쓰이는 루틴을 서브루틴이라고 한다.

20 중앙 처리 장치와 주기억 장치 사이의 속도 차이를 해결하기 위해 장치한 고속 버퍼 기억 장치는?

① 캐시 기억 장치 ② 주기억 장치
③ 보조 기억 장치 ④ 가상 기억 장치

해설 **캐시 기억(cache memory) 장치**
초고속 소용량의 메모리로서 주기억 장치보다 속도가 빠르고 중앙 처리 장치의 빠른 처리 속도와 주기억 장치의 느린 속도 차이를 해소하기 위해 사용한다. 효율적으로 컴퓨터의 성능을 높이기 위한 반도체 기억 장치이다. 특히 그래픽 처리 시 속도를 높이는 결정적인 역할을 하며, 시스템의 성능을 향상시킬 수 있다.

21 전원이 공급되어 있는 동안 지정된 내용을 계속 기억하고 있는 메모리 소자로서, 단위 기억 소자가 플립플롭으로 구성되어 있으며 비교적 속도가 빠르고 정보를 안전하게 보존하는 것은?

① 마스크 롬(mask ROM)
② Dynamic RAM
③ Bubble memory
④ Static RAM

해설 **정적 RAM(static RAM)**
각 비트의 내용이 플립플롭(flip flop)으로 저장되므로 기억 장치에 전원이 공급되는 동안 항상 그 내용을 유지할 수 있으나, 1비트 당 소비 전력이 많고 동적 RAM(dynamic RAM) 보다 동작 속도가 느리다. 이것은 재생 클록(refresh clock)이 필요 없으므로 주로 소용량의 메모리에 많이 사용된다.

22 마이크로프로세서의 구성 요소가 아닌 것은?

① 캐시 메모리 ② 제어 장치
③ 레지스터 ④ 제어 버스

해설 **마이크로프로세서(microprocessor)**
하나 또는 여러 개의 고밀도 집적 회로(LSI)로서 중앙 처리 장치를 실현시킨 것으로, 간단히 MPU(Micro Processor Unit)라고도 한다.
[마이크로프로세스의 구성 요소]
- 연산부 : 기억 장치(ROM, RAM)로부터 CPU로 읽어온 데이터를 산술 연산 및 논리 연산을 행하는 장치
- 제어부 : 기억 장치에서 CPU로 읽어온 명령을 수행하기 위해 각종 제어 신호를 발생시키는 장치
- 레지스터부 : MPU 장치 내에서 발생한 여러 가지 데이터를 임시적으로 보관하는 기억 장치
- 이 밖에 해독기 역할을 하는 디코더(decoder)와 버스(bus)선이 있다.

23 데이터 처리 과정 및 프로그램 결과가 출력되는 전반적인 처리 과정의 흐름을 일정한 기호를 사용하여 나타낸 것을 무엇이라 하는가?

① 순서도 ② 수식도
③ 로그 ④ 분석도

해설 **순서도(flowchart)**
국제 표준화 기구(ISO)에서 제정한 기호로서, 프로그램을 작성하기 전에 프로그램의 실행 순서를 한 단계씩 분해하여 일정한 기호를 그림으로 나타낸 것이다
* 기호 내부의 처리 내용은 간단 명료하게 작성하고, 실행 결과에 대한 에러 발생 시 수정이 쉽도록 한다.

24 실수 $(0.01101)_2$을 32비트 부동 소수점으로 표현하려고 한다. 지수부에 들어갈 알맞은 표현은? (단, 바이어스된 지수(biased exponent)는 $(01111111)_2$로 나타내며 IEEE 754 표준을 따른다)

① $(01111100)_2$
② $(01111101)_2$
③ $(01111110)_2$
④ $(10000000)_2$

해설 **부동 소수점(floating point) 표현 방식**
실수를 표현할 때 소수점의 위치를 고정하지 않고 소수점 이하 첫 번째에 유효 숫자가 오도록 표현하는 방식이다.
이것은 소수점의 위치를 변화시킬 수 있고 매우 큰 수나 작은 수를 나타낼 때 높은 정밀도로 표현할 수 있어 과학 및 공학의 수학적 응용에 주로 사용된다.
- IEEE Standard 754 규격에 의한 표현 방식은 그

정답 19. ③ 20. ① 21. ④ 22. ① 23. ① 24. ②

림과 같이 부호부(1bit), 지수부(8bit), 소수부(23bit)로서 전부 4byte(32bit)로 되어 있다.

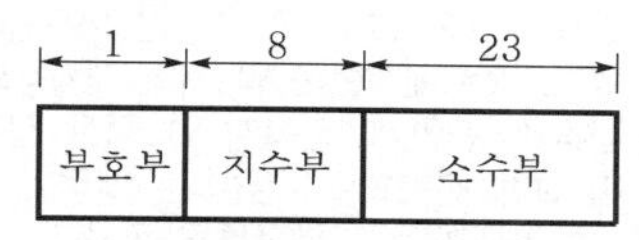

▌단정도(shert real)▌

- 지수부의 표현 방식 : 음수 지수를 표현하기 위하여 바이어스(bias) 기법을 사용하며 127의 code값을 가진다. 이것은 전체 8bit의 영역 중 음수 127개와 양수 128개를 1:1로 대응시켜 정하는 것으로 정수에 127을 더한 값이 지수부의 값이 된다.
  2^0의 지수부 : $127(01111111)_2$
  2^1의 지수부 : $128(10000000)_2$
  여기서, 2^3을 bias 기법으로 지수부로 나타내면
  3 + bias값 = 127 + 3 = 130
  $\therefore\ 2^3 = (10000010)_2$
- 실수 $(0.01101)_2 = 2^{-4}$에서 지수는 −4이므로 지수부의 표현은 −4 + 127 = 123이다.
  $\therefore\ 2^{-4} = (01111101)_2$

25 2진화 10진 코드(BCD code)의 설명 중 맞는 것은?

① 4개의 존 비트(zone bit)를 가지고 있다.
② 4개의 디짓 비트(digit bit)를 가지고 있다.
③ 영문자의 소문자, 한글 등을 나타내기 쉽다.
④ 최대 128문자까지 표현 가능하다.

해설 2진화 10진 코드(binary coded decimal code)
2진수를 사용하여 수치를 표현하는 가장 보편적인 코드로서, 4개의 디짓 비트(digital bit)를 가지고 있다. 이것은 10진수의 0~9까지의 숫자를 각 자리마다 4비트씩 할당하여 1자리씩의 값을 8, 4, 2, 1로 나타내어 2진수로 표현하는 방법이다. 이것을 2진화 10진 표기법이라 하며 이 표기법으로 표현된 코드를 BCD code라고 부른다.

26 마이크로 컴퓨터의 주소가 16비트로 구성되어 있을 때 사용할 수 있는 주기억 장치의 최대 용량 [kbyte]은?

① 8　　② 16
③ 32　　④ 64

해설 주기억 장치의 용량
2byte=16bit, 1kbyte=2^{10} byte
$\therefore\ 2^{16} = 2^{10} \times 2^6 = 64$kbyte

27 어셈블리어(assembly language)의 설명 중 틀린 것은?

① 기호 언어(symbolic language)라고도 한다.
② 언어 번역 프로그램으로 컴파일러(compiler)를 사용한다.
③ 기종 간에 호환성이 작아 전문가들만 주로 사용한다.
④ 기계어를 단순히 기호화한 기계 중심 언어이다.

해설 어셈블리어(assembly language)
기계어를 사람이 이해하기 쉽도록 알파벳 등으로 1대 1로 대응시켜 기호화한 언어(symbolic language)이다. 이것은 어셈블러(assembler)를 사용하여 기계어로 번역되어야만 실행이 가능하다.
[특징]
- 기계어를 단순히 기호화한 기계 중심 언어이다.
- 데이터가 기억된 번지를 기호로 지정한다.
- 저급 언어이나 기호화된 코드를 사용하므로 기계어보다는 프로그램 작성이나 수정이 쉽다.
- 다른 기종 간에 언어의 호환성이 없어 전문가 외에는 사용하기 어렵다.

28 4칙 연산이 이루어지는 곳은?

① 기억 장치　　② 입력 장치
③ 제어 장치　　④ 연산 장치

해설 연산 장치(ALU : Arithmetic and Logic Unit)
제어 장치의 명령에 따라 입력 자료, 기억 장치 내의 기억 자료 및 레지스터에 기억된 자료들의 산술 연산과 논리 연산을 수행하는 장치로서 연산에 사용되는 데이터나 연산 결과를 임시적으로 기억하는 레지스터(register)를 사용한다.
- 산술 연산 : 4칙 연산(가 · 감 · 승 · 제)과 산술적 시프트(shift) 등을 포함한 것
- 논리 연산 : 논리적인 AND, OR, NOT을 이용한 논리 판단과 시프트 등을 포함한 것

29 다음 중 고주파 전력 측정에 이용되는 전력계가 아닌 것은?

① C−C형 전력계
② C−M형 전력계
③ C−P형 전력계
④ 볼로미터 전력계

해설 고주파 전력 측정의 전력계
- C−C형 전력계 : 열전대의 특성을 이용한 것으로,

정답 25. ② 26. ④ 27. ② 28. ④ 29. ③

임의의 부하에서 소비되는 전력을 입력 단자에서 측정하며, 부하에 보내는 통과 전력(유효 전력)만을 측정할 수 있다.
- C－M형 전력계 : 방향성 결합기의 일종으로 통과 전력을 측정하는 전력계로서, 동축 급전선과 같이 불평형 회로에 적합하다. 입사 전력, 반사 전력, 진행파 전력, 반사파 전력, 정재파비, 반사 계수를 측정할 수 있으며 부하와의 임피던스 정합 상태를 알 수 있다.
- 방향성 결합기에 의한 전력계 : 주전송로의 분기 회로를 부전송로와 결합하여 주전송로에서 특정 방향으로 진행하는 전자파 에너지를 부전송로의 한쪽에만 결합파가 발생하도록 한 것으로, 주도파관의 부하와 도파관의 임피던스가 일치하지 않을 때 반사파가 발생하는 것을 이용한 전력계이다. 입사 전력과 반사 전력의 차로서 전송 전력을 구할 수 있으며, 반사 계수, 정재파비 그리고 부하의 정합 상태를 알 수 있다.
- 볼로미터(bolometer) 전력계 : 볼로미터 소자(서미스터, 배레터)를 이용하여 마이크로파 전력을 측정하는 전력계로서, 1[W] 이하의 소전력 측정에 사용되며 방향성 결합기와 같은 분기 회로를 사용하여 고주파 전력을 감시하는 데 사용된다.

30 기준 전압이 1[V]일 때 측정 전압이 10[V]이면 몇 [dB]인가?

① 0　② 10
③ 14　④ 20

해설 **데시벨(decibel)의 이득**

$$[\text{dB}] = 20\log_{10}\frac{\text{측정 전압}}{\text{기준 전압}}$$

$$= 20\log_{10}\frac{10}{1} = 20\log_{10}10 = 20[\text{dB}]$$

31 회전 자기장 내에 금속편을 놓으면 여기에 맴돌이 전류가 생겨서 자기장이 이동하는 방향으로 금속편을 이동시키는 토크가 발생하는데, 이 원리를 이용한 계기는?

① 유도형 계기
② 가동 코일형 계기
③ 가동 철편형 계기
④ 전류력계형 계기

해설 **유도형 계기(AC 전용)**
- 회전 자장과 이동 자장에 의한 유도 전류와의 상호 작용을 이용한 것으로, 회전 자장 내에 금속편을 놓으면 맴돌이 전류가 생겨 자장이 이동하는 방향으로 금속편을 이동시키는 구동 토크가 발생하는 원리를 이용한 계기이다.
- 공간의 자장이 강하기 때문에 외부 자장의 영향이 작고 회전력이 크며 조정이 용이하다.
- 구동 토크가 크고 구조가 견고하기 때문에 내구력을 요하는 배전반용 및 기록 계기용으로 사용된다.
- 전류계, 전압계, 전력계 및 적산 전력계로 사용되며 교류 전용으로 직류에는 사용할 수 없다.
- 교류 배전반용 기록 장치와 전력계 및 이동 자장형은 적산 전력계로 사용되며, 현재 사용되는 교류용 적산 전력계는 모두 유도형이다.

32 계측기로 측정한 입력측 S/N비와 출력측 S/N비에 대한 비를 나타내며, 단위로 [dB]을 쓰는 통신 품질의 평가 척도를 무엇이라 하는가?

① 충실도　② 변조 지수
③ 명료도　④ 잡음 지수

해설 **잡음 지수(nose figure)**
잡음 지수(F)는 증폭기나 수신기 등에서 발생하는 잡음이 미치는 영향의 정도를 표시하는 것으로, 수신기에서는 내부 잡음을 나타내는 합리적인 표시 방법이다. 수신기 입력에서의 S_i/N_i비와 수신기 출력에서의 S_o/N_o비로서 수신기의 내부 잡음을 나타내는 것을 말한다.

$$F = \frac{S_i/N_i}{S_o/N_o} = \frac{S_i N_o}{S_o N_i}$$

수신기의 내부 잡음이 없으면 $F=1$, 내부 잡음이 있으면 $F>1$이 된다.
따라서, 잡음 지수(F)의 크기에 따라 수신기의 잡음 정도를 알 수 있다.

33 헤테로다인 주파수계에 대한 설명으로 옳지 않은 것은?

① 흡수형 주파수계에 비하여 측정 확도가 높다.
② 흡수형 주파수계에 비하여 측정 범위가 넓다.
③ 흡수형 주파수계에 비하여 구조가 복잡하다.
④ 흡수형 주파수계에 비하여 감도가 양호하다.

해설
- 헤테로다인 주파수계(heterodyne frequency meter) : 비트 주파수를 이용하여 주파수를 측정하는 장치로서, 주파수를 매우 정밀하게 측정할 수 있으며 가청 주파수(20 ~ 20,000[Hz])에서부터 중·단파대 무선 송신기 등의 정확한 주파수 측정에 사용된다.

정답 30. ④ 31. ① 32. ④ 33. ②

- 흡수형 주파수계 : 공진 회로의 공진 주파수 특성을 이용한 것으로, 100[MHz] 이하의 초단파(VHF)대의 고주파 측정에 사용되는 주파수계로서, 대략의 주파수를 알기 위하여 사용하는 것으로 정밀 측정이 어렵다.

* 헤테로다인 주파수계는 흡수형 주파수계에 비하여 주파수의 측정 범위가 좁다.

34 다음은 수신기의 감도 측정 회로의 구성도이다. 빈칸의 내용이 순서대로 바르게 나열된 것은?

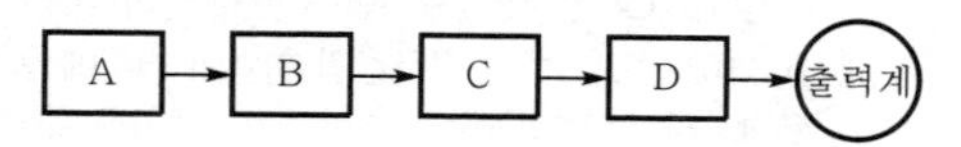

① A : 의사 안테나 → B : 표준 신호 발생기 → C : 수신기 → D : 무유도 저항
② A : 의사 안테나 → B : 수신기 → C : 표준 신호 발생기 → D : 무유도 저항
③ A : 표준 신호 발생기 → B : 의사 안테나 → C : 수신기 → D : 무유도 저항
④ A : 표준 신호 발생기 → B : 수신기 → C : 의사 안테나 → D : 무유도 저항

해설 **수신기의 감도 측정**
수신기의 최대 유효 감도는 규정된 출력을 얻는데 필요한 최소 수신 입력의 레벨을 말한다.

- 잡음 제한 감도 측정 : 수신기 신호 출력이 표준 출력으로 50[mW]이고 잡음 출력은 20[dB]로서 의사 공중선의 입력 전압 레벨([dB])로서 표시된다.

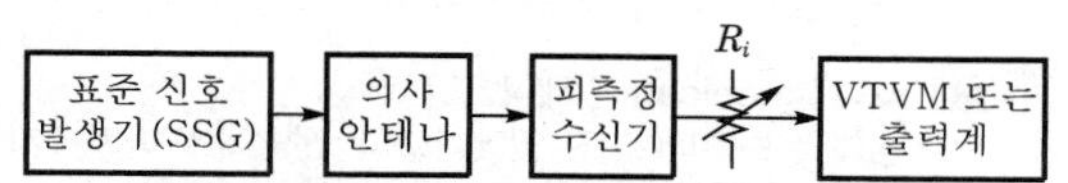

▮ AM 수신기의 감도 측정 회로의 구성도 ▮

- 표준 신호 발생기(SSG) : 수신 주파수에 해당하는 변조 주파수를 선정한다.
- 변조 주파수 : 방송용은 400[Hz], 전신인 경우는 1,000[Hz] 정도를 택하여 30[%] 변조한 출력을 의사 안테나에 가한다.
- 의사 안테나(dummy antenna) : 송신기 및 수신기의 시험 조정에 사용되는 것으로 전기적 특성은 실제 안테나와 똑같은 역할을 하며 전자파를 방사하지 않는다.
- R_i : 수신기의 출력측과 정합된 무유도 저항을 사용한다.

- 이득 제한 감도 측정 : S/N비에 관계없이 감도와 음량을 최대로 한 상태에서 SSG의 출력 레벨을 조정하여 수신기의 출력이 50[W]가 되도록 하고 이때의 SSG 출력 레벨을 의사 안테나의 입력 레벨로 하여 감도를 표시한다.

35 다음 중 저항, 인덕턴스, 정전 용량을 모두 측정할 수 있는 계기는?

① Q 미터
② 테스터
③ 오실로스코프
④ 스펙트럼 분석기

해설 **Q 미터**
고주파대에서 코일 또는 콘덴서의 Q를 측정할 수 있으며 코일의 인덕턴스와 분포 용량, 콘덴서의 정전 용량과 손실, 고주파 저항, 절연물의 유전율과 역률 등을 측정할 수 있다.

36 오실로스코프에 파형을 나타나게 하기 위해서 브라운관의 수평 편향판에 인가하는 전압 파형은?

① 구형파 ② 정현파
③ 톱니파 ④ 펄스파

해설 **오실스코프의 기본 구성**

- 수직 증폭기 : CRT에 관측하려는 입력 신호 파형은 수직 증폭기 입력에 인가되며, 증폭기의 이득은 교정된 입력 감쇠기에 의해 조정된다. 그리고 증폭기의 푸시풀 출력은 지연 회로를 통해서 수직 편향판에 가해진다.
- 시간축 발진기(소인 발진기) : CRT의 수평 편향 전압으로 톱니파를 발생시킨다.
- 수평 증폭기 : 위상 반전기를 포함하고 있으며, (+)로 진행하는 톱니파와 (−)로 진행하는 톱니파의 2개의 출력 파형을 만든다. (+) 진행 톱니파는 오른쪽 수평 편향판에, (−) 진행 톱니파는 왼쪽 수평 편향판에 가해진다.

* 여기서, 톱니파 전압은 수평 편향판에, 정현파 신호는 수직 편향판에 각각 인가된다.

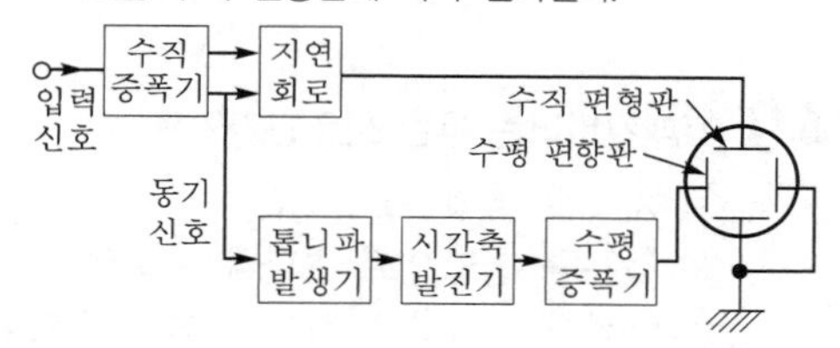

37 측정기의 지시로 나타낼 수 있는 최소의 측정량을 무엇이라 하나?

① 확도(precision) ② 감도(sensitivity)
③ 정도(accuracy) ④ 보정(correction)

정답 34. ③ 35. ① 36. ③ 37. ②

해설 **감도(sensitivity)**
측정기의 지시로 나타낼 수 있는 최소의 측정량을 말한다. 일반적으로 어떤 일정한 지시량의 변화에 따른 측정량의 변화 또는 검지할 수 있는 최소량이나 최소 변화 그리고 일정한 입력에 대한 응답의 크기를 말한다.

38 다음 중 자동 평형 기록 계기의 측정 방식에 속하는 것은?

① 영위법　② 직접 측정법
③ 간접 측법　④ 편위법

해설 **자동 평형식 기록 계기**
기록용 펜과 용지 사이에 생기는 마찰 오차를 피하기 위하여 만들어진 것으로, 영위법에 해당하며 피측정량을 충분히 증폭하여 사용하므로 감도가 매우 양호하다.

39 표준 신호 발생기의 출력은 1[μV]를 0[dB]로 기준 삼는다. 피측정 회로의 이득이 40[dB]이었다면 피측정 전압[μV]은?

① 10　② 100
③ 0.01　④ 0.1

해설 **표준 신호 발생기의 출력 표시 방법**
전압 레벨을 [dB]로 표시하고, 출력단 개방 시 기준 전압 1[μV]를 0[dB]로 한다.

$$20\log_{10}\frac{\text{출력 단자 전압}}{\text{기준 전압 }1[\mu V]}=[dB]$$

$$40[dB]=20\log_{10}\frac{V_o}{1[\mu V]}\text{에서}$$

$$\frac{V_o}{1[\mu V]}=\text{antilog}\,2=100$$

∴ 피측정 전압(출력 단자 전압)

$$V_o=1\times10^{-6}\times100=100[\mu V]$$

40 D/A 컨버터는 무슨 회로인가?

① 저항을 측정하는 회로
② 전류를 전압으로 변환하는 회로
③ 아날로그 양을 디지털 양으로 변환하는 회로
④ 디지털 양을 아날로그 양으로 변환하는 회로

해설 **D/A 변환기(Digital to Analog converter)**
디지털 양을 아날로그 양으로 변환하는 회로로서, 데이터 처리 및 계산기 수치 제어 등에 주로 쓰인다.

41 서보 기구에 관한 일반적인 조건으로 옳은 것은?

① 조작력이 강해야 한다.
② 추종 속도가 느려야 한다.
③ 서보 모터의 관성은 매우 커야 한다.
④ 유압식의 경우 증폭부에 트랜지스터 증폭기나 자기 증폭기가 사용된다.

해설 **서보 기구(servo mechanism)**
제어량이 기계적 위치인 자동 제어계를 서보 기구라 한다. 이것은 물체의 위치, 방위, 자세 등의 기계적 변위를 제어량으로 하여 목푯값의 임의의 변화에 항상 추종하도록 구성된 제어계로서 추종 제어계라고 한다.
[특징]
- 조작량이 커야 한다.
- 추종 속도가 빨라야 한다.
- 서보 모터의 관성은 작아야 한다.
- 회전력에 대한 관성의 비가 커야 한다.
- 제어계 전체의 관성이 클 경우 관성의 비가 작을지라도 토크가 큰 편이 좋다.
- 유압식 서보 모터나 전기식 서보 모터가 사용된다.
- 전기식인 경우 증폭부에 전자관 증폭기나 자기 증폭기가 사용된다.

42 다음 중 광대역 VHF 안테나는?

① 수직 안테나
② 코니컬(conical) 안테나
③ 다이폴(dipole) 안테나
④ 폴디드 다이폴(folded dipole) 안테나

해설 **코니컬(conical) 안테나**
광대역 초단파(VHF) 안테나로서, 전방에 도파기 1개를 두고 투사기는 두 도체를 부채꼴로 조합시켜 수신 안테나로 사용하며, 후방에 고역 반사기와 저역 반사기 각각 1개씩 붙여 저역과 고역에 대한 수신 감도를 높인 것으로 TV 수신용 안테나로서 널리 사용되고 있다.
- 도파기 : 전파를 끌어당김
- 투사기 : 수신 안테나로서 전파를 TV로 방사시킴
- 반사기 : 수신 감도를 올리기 위하여 전파를 반사시킴

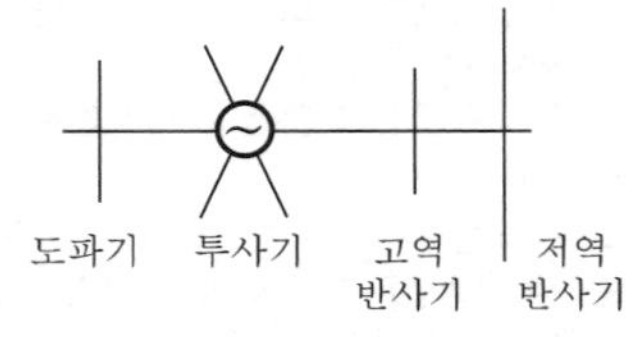

정답 38. ① 39. ② 40. ④ 41. ① 42. ②

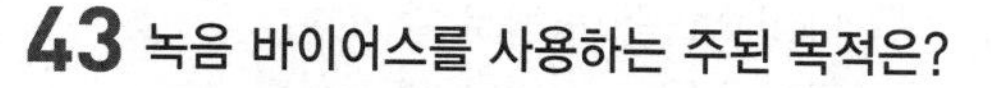

43 녹음 바이어스를 사용하는 주된 목적은?

① 와우플러터 제거 ② 감도 향상
③ 안정도 향상 ④ 일그러짐 감소

해설 녹음 바이어스(magnetic biasing)
녹음 파형의 일그러짐을 없애기 위하여 자기 테이프의 자화 곡선(히스테리시스 특성)의 직선 부분을 이용하여 녹음 헤드에 바이어스 전류를 흘려주는 것으로, 테이프의 자기 특성 점을 결정하는 바이어스이다.

44 다음 중 자동 온수 기기의 제어 관계가 옳지 않은 것은?

① 제어 대상 – 물
② 제어량 – 온도
③ 목푯값 – 희망 온도
④ 조작량 – 물의 공급량

해설 자동 온수기는 물의 온도를 자동적으로 유지시키기 위한 장치로서, 제어 대상은 물이다. 따라서, 조작량은 제어를 하기 위해 제어 대상에 가하는 양으로 연료 공급량이 되어야 한다.

45 다음 중 제너 다이오드를 이용한 회로로 가장 적합한 것은?

① 검파 회로
② 저주파 증폭 회로
③ 고주파 발진 회로
④ 정전압 회로

해설 제너 다이오드(zener diode)
전압 포화 특성을 이용하기 위해서 설계된 다이오드를 일반적으로 제너 다이오드라 한다. 전압을 일정하게 유지하기 위한 전압 제어 소자로서 전류가 변화하여도 전압이 불변하는 정전압의 성질을 가지고 있으므로 정전압 회로에 사용되며 정전압 다이오드라고도 부른다.

* Si 전압 제어용 다이오드는 8[V] 이상에서 항복을 일으키는 애벌랜치(avalanche)를 이용하고 있으며, 5[V] 이하에서 항복을 일으키는 것은 제너 효과로서 동작하고 있다.

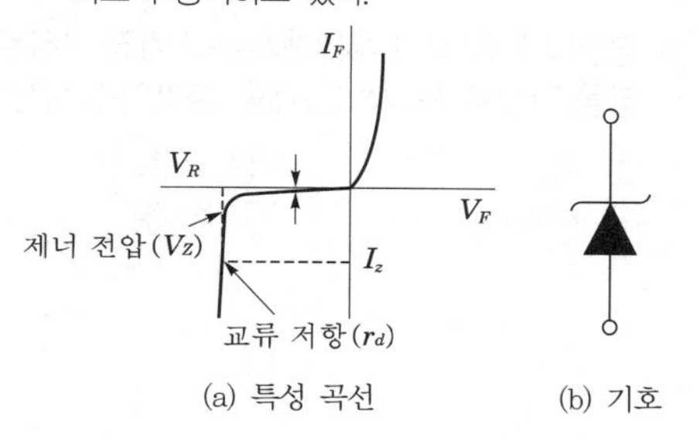

(a) 특성 곡선 (b) 기호

46 FM 수신기에서 도래 전파가 없을 때 일어나는 잡음을 제거하기 위해 자동적으로 저주파 증폭기가 열리고 입력파가 도래했을 때 닫히도록 한 회로는?

① 필터 회로 ② 리미터 회로
③ 직선 검파 회로 ④ 스켈치 회로

해설 스켈치(squelch) 회로
FM 수신기의 저주파 출력단에서는 수신 입력 신호가 없거나 약할 때 일반적으로 큰 잡음이 나타난다. 이러한 잡음을 제거하기 위하여 수신 입력 전압이 어느 정도 이하일 때 저주파 증폭기의 동작을 자동적으로 정지시키는 회로를 말하며, 자동 잡음 억제 회로라고도 한다.

* FM파의 수신 전계가 미약하거나 들어오지 않을 때 잡음을 차단시키기 위해서 사용되는 FM 수신기의 부속 회로이다.

47 수평 동기 신호 기간에만 AGC를 동작시키고 나머지 기간에는 동작하지 않도록 한 것으로 펄스성 잡음이 특히 많은 장소, 비행기에 의한 반사파의 영향을 받는 장소 또는 포터블 TV와 같이 전파의 세기가 갑자기 변동하는 경우 사용되는 AGC 방식은?

① 평균치형 AGC
② 첨두치형 AGC
③ 키드 AGC
④ 지연형 AGC

해설 키드 AGC
일정한 주기를 가진 수평 동기 신호 기간만 AGC 전압을 만들도록 한 것으로, 수평 편향 회로로부터 귀선 펄스를 빼내어서 그 진폭에 비례하는 AGC 전압을 만든다.

48 초음파 가공기의 공구로 사용되는 것은?

① 황동 ② 강철
③ 다이아몬드 ④ 베이크라이트

해설 초음파 가공기의 공구
그림과 같이 공구는 공작물을 연마할 때 가공 능률을 높이기 위하여 가공할 물체를 적당한 압력으로 밀착시켜 주는 것으로, 혼(horn)의 끝부분에 붙여서 사용한다. 여기서, 혼은 기계적 변성기로서 공구의 진폭은 가공 능률에 영향을 미치므로 혼과 자기 왜형 진동자의 고유 진동수를 일치시켜 공구의 진폭이 최대로 증대하도록 한다.

정답 43. ④ 44. ④ 45. ④ 46. ④ 47. ③ 48. ①

* 공구 재료 : 연강, 황동, 피아노선과 같이 질긴 성질의 것

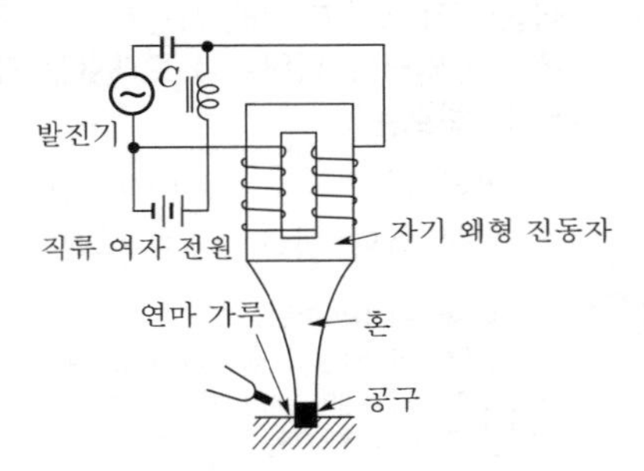

| 초음파 가공기의 구성 |

49 **다음 녹음기에 관한 일반적인 설명 중 옳지 않은 것은?**

① 소거 방법에는 직류 소거법과 교류 소거법이 있다.
② 자기 테이프를 매체로 녹음 및 재생을 한다.
③ 캡스턴은 고음과 저음의 균형을 유지시켜 준다.
④ 자기 헤드, 테이프 전송 기구 및 증폭기 등으로 되어 있다.

해설 **녹음기(tape recoder)**
자기 녹음기는 자기 테이프를 매체로 소리의 진동을 전기적 신호로 바꾸어 자기적 변화로 녹음 및 재생을 하며, 자기 헤드와 테이프의 전송 기구 및 증폭기로 구성되어 있다.
• 녹음의 소거(erase) : 자기 테이프에 녹음된 내용을 지우는 것으로, 직류 소거법과 교류 소거법이 있다.
• 등화 증폭기(EQ amp)를 사용하여 녹음 시에 고역을, 재생 시에 저역을 각각 증폭기로 보정하여 종합 주파수 특성을 50 ~ 15,000[kHz]의 범위에 걸쳐 녹음기 회로의 주파수 특성을 보상한다.
* 캡스턴(capstan) : 테이프의 주행 속도와 거의 같은 원주 속도를 가진 금속으로 된 회전축으로 테이프를 핀치 롤러와 캡스턴 사이에 끼워서 핀치 롤러를 압착시켜 테이프를 일정한 속도로 움직이게 하는 테이프의 전송 기구이다.

50 **다이오드를 사용한 정류 회로에서 과대한 부하 전류에 의해 다이오드가 파손될 우려가 있을 경우 이를 방지하기 위한 조치로 옳은 것은?**

① 다이오드를 병렬로 추가한다.
② 다이오드를 직렬로 추가한다.
③ 다이오드 양단에 적당한 값의 저항을 추가한다.
④ 다이오드 양단에 적당한 값의 콘덴서를 추가한다.

해설 정류 회로에서 과전류에 의한 다이오드의 보호는 회로에 다이오드를 병렬로 추가 접속하여 회로에 흐르는 전류가 분배되어 흐르도록 한다.

51 **AN(Arrival Notice) 레인지 비컨(range beacon)에서 등신호 방향과 관계없는 각도는?**

① 45°　② 190°
③ 135°　④ 315°

해설 **AN 레인지 비컨(AN range beacon)**
항공기의 비행 항로를 전파로 유도하는 것으로, 일종의 항공 표시 장치로서, 무선 주파수 200 ~ 415[kHz]의 중파대를 사용하며 비컨국을 중심으로 4개의 항공로를 만든다.
* 등전계 강도 방향의 각도 : 45°, 135°, 225°, 315°

52 **청력을 검사하기 위하여 가청 주파수 영역 중 여러 가지 레벨의 순음을 전기적으로 발생하는 음향 발생 장치는?**

① 심음계
② 오디오미터
③ 페이스 메이커
④ 망막 전도 측정기

해설 **오디오미터(audiometer)**
귀의 청력을 검사하기 위하여 가청 주파수 영역의 여러 가지 레벨의 순음을 전기적으로 발생하는 음향 발생 장치를 말한다.
* 신호음은 20 ~ 20,000[Hz] 범위의 가청 주파수의 사인파를 사용한다.

53 **영상의 가장 밝은 부분에서부터 가장 어두운 부분을 단계로 표시하는 것을 무엇이라 하는가?**

① 화소　② 계조
③ 비트맵　④ 추출

정답 49. ③ 50. ① 51. ② 52. ② 53. ②

해설 **계조(gradation)**
그림, 사진, 인쇄물, 팩시밀리, 영상 등의 따위에서 밝은 부분에서 어두운 부분까지 변화해가는 농도의 단계를 말한다.

54 자기 테이프와 헤드의 접촉면에 있어서 간격이 커질 경우 손실도 커지게 되는 것은?

① 두께 손실 ② 와류 손실
③ 스페이싱 손실 ④ 갭 손실

해설 **스페이싱(spacing) 손실**
자기 테이프의 자성면과 헤드면 사이가 밀착되지 않고 간격이 있기 때문에 생기는 손실이다.
* 테이프 패드(pad)를 사용하면 이 손실을 줄일 수 있다.

55 VTR용 Head의 자성 재료에 요구되는 특성으로 옳지 않은 것은?

① 실효 투자율이 높을 것
② 가공성이 좋을 것
③ 마모성이 클 것
④ 잡음 발생이 작을 것

해설 VTR용 헤드는 내마모성이 작은 것일수록 헤드의 수명을 연장할 수 있다.

56 전고조파의 실홋값과 기본파의 실홋값의 비를 무엇이라 하는가?

① 변조도 ② 신호대 잡음비
③ 역률 ④ 일그러짐률

해설 **증폭기의 일그러짐 특성**
증폭기의 설계 시 출력(전류, 전압) 파형이 입력 신호와 차이가 생기는 것으로, 출력 파형이 입력 신호와 틀릴 때 일그러짐(distortion)이 생긴다.

$$일그러짐률(K) = \frac{고조파\ 실홋값}{기본파\ 실홋값} \times 100[\%]$$
$$= \frac{\sqrt{제2고조파^2 + 제3고조파^2 + \cdots\cdots}}{기본파} \times 100[\%]$$

57 다음 중 디지털 3D 그래픽스 처리의 구성이 아닌 것은?

① 기하 처리 ② 렌더링
③ 프레임 버퍼 ④ 모델링

해설 **3차원 컴퓨터 그래픽스(3D computer graphics)**
- 3D는 3차원(Three Dimensions, Three Dimensional)의 약자로서, 컴퓨터 분야에서 3차원 컴퓨터 그래픽스를 가리킨다.
- 2차원의 그것과 달리 컴퓨터에 저장된 모델의 기하학적 데이터(각 점의 위치를 높이, 폭, 깊이의 3축으로 하는 공간 좌표)를 이용하여 3차원적으로 표현한 뒤에 2차원적 결과물로 처리하여 출력하는 컴퓨터 그래픽이다.
- 3D 그래픽스 프로그램은 모델링 기능이나 렌더링의 종류, 애니메이션 기능의 충실도 등에 의해 목적에 따라서 폭넓게 선택할 수 있다.

58 다음 중 변위－임피던스 변환기가 아닌 것은?

① 다이어프램
② 용량형 변환기
③ 슬라이드 저항
④ 유도형 변환기

해설 **변환 요소의 종류**

변환량	변환 요소
변위 → 압력	스프링, 유압 분사관
압력 → 변위	스프링, 다이어프램
변위 → 전압	차동 변압기, 전위차계
전압 → 변위	전자 코일, 전자석
변위 → 임피던스	가변 저항기, 용량 변환기, 유도 변환기
온도 → 전압	열전대(백금－백금로듐, 철－콘스탄탄, 구리－콘스탄탄)

59 라디오 수신기의 중간 주파수가 455[kHz]이고, 상측 헤테로다인 방식이라면 700[kHz] 방송을 수신할 때 국부 발진 주파수는?

① 455[kHz]
② 700[kHz]
③ 1,155[kHz]
④ 1,600[kHz]

해설 **국부 발진 주파수(local frequency)**
국부 발진 주파수=수신 주파수+중간 주파수
$= 700 + 455 = 1,155$[kHz]
* 상측 헤테로다인 방식이므로 $+455$[kHz]를 사용한다.

정답 54. ③ 55. ③ 56. ④ 57. ③ 58. ① 59. ③

60 무선 수신기의 안테나 회로에 웨이브 트랩(wave trap)을 사용하는 목적으로 가장 적절한 것은?

① 혼신을 방지하기 위하여
② 페이딩을 방지하기 위하여
③ 델린저의 영향을 방지하기 위하여
④ 지향성을 갖게 하기 위하여

해설 **웨이브 트랩(wave trap) 회로**
고주파 트랩이라고도 하며, 어느 특정 주파수의 혼신을 제거하기 위하여 공중선에 직렬 또는 병렬로 접속하는 공진 회로를 말한다.

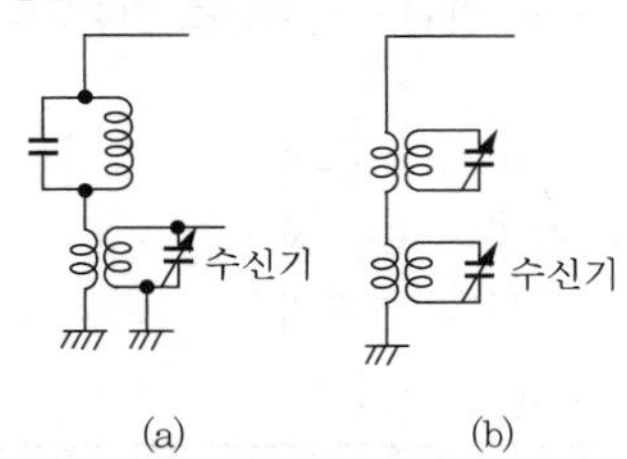

(a) (b)

- 그림 (a)는 병렬 공진 회로로서, 주파수에 대해 높은 임피던스를 갖기 때문에 수신기 입력 회로에는 주파수가 유도되지 않는다.
- 그림 (b)는 유도 병렬 공진 회로로서, 그 주파수를 유도하여 접지시킴으로써 혼신을 제거할 수 있다.

정답 60. ①

2013. 04. 14. 기출문제

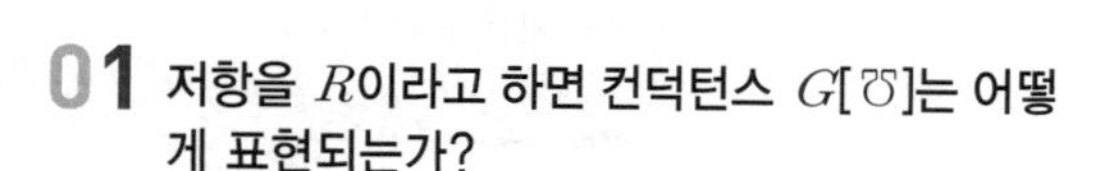

01 저항을 R이라고 하면 컨덕턴스 G[℧]는 어떻게 표현되는가?

① R^2　② R

③ $\frac{1}{R^2}$　④ $\frac{1}{R}$

해설 **컨덕턴스(conductance)**

전기 저항의 역수로서 G로 나타내며, 단위는 지멘스(Siemens, [S]) 또는 모(mho, [℧])를 사용한다.

$G = \frac{1}{R}$[℧]

02 쌍안정 멀티바이브레이터에 대한 설명 중 적합하지 않은 것은?

① 플립플롭 회로이다.

② 분주기, 2진 계수 회로 등에 많이 사용된다.

③ 입력 트리거 펄스 1개마다 1개의 출력 펄스를 얻는다.

④ 저항과 병렬로 연결되는 스피드업(speed up) 콘덴서가 2개 쓰인다.

해설 **쌍안정 멀티바이브레이터(bistable multivibrator)**

- 결합 콘덴서를 사용하지 않고 2개의 트랜지스터를 직류(DC)적으로 결합시킨 것으로, 2개의 안정 상태를 가지는 회로이다.
- 트리거 펄스가 들어올 때마다 on, off 상태가 되며, 2개의 트리거 펄스에 의해 하나의 구형파를 발생시킬 수 있다. 즉, 2개의 입력 트리거 펄스가 들어올 때 1개의 출력 펄스를 내는 회로로서 이 회로를 플립플롭(flip flop)이라 한다.
- 저항과 병렬로 연결하여 사용하는 2개의 콘덴서는 가속 콘덴서(speed up condenser)로서, 전이 속도를 높이기 위한 반전 콘덴서이다(가속 콘덴서 : 10 ~ 100[pF] 정도).
- 전자 계산기의 기억 회로, 2진 계수기 등의 디지털 기기의 분주기로 이용된다.

03 집적 회로(IC)의 특징으로 적합하지 않은 것은?

① 대전력용으로 주로 사용

② 소형 경량

③ 고신뢰도

④ 경제적

해설 **집적 회로(IC)의 특징**

- L과 C가 필요 없이 R이 극히 작은 회로이다.
- 전력 출력이 작은 회로이다.
- 회로를 초소형화 할 수 있다.
- 신뢰도가 높고 부피가 작으며 경량이다.
- 대량 생산을 할 수 있고 가격이 저렴하며 경제적이다.

04 이상적인 펄스 파형 최대 진폭 A_{max}의 90[%]되는 부분에서 10[%]되는 부분까지 내려가는 데 소요되는 시간은?

① 지연 시간　② 상승 시간

③ 하강 시간　④ 오버슈트

해설 **하강 시간(t_f, fall time)**

이상적인 펄스 파형에서 펄스의 진폭이 90[%]에서 10[%]까지 내려가는 데 걸리는 시간을 말한다.

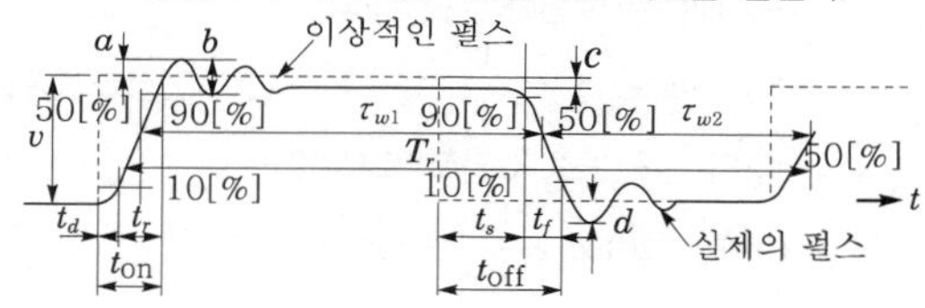

05 자기 인덕턴스가 L_1, L_2이고, 상호 인덕턴스가 M, 결합 계수가 1일 때의 관계는?

① $L_1L_2 = M$　② $L_1L_2 > M$

③ $\sqrt{L_1L_2} > M$　④ $\sqrt{L_1L_2} = M$

해설 **결합 계수(K)**

- $K = \frac{M}{\sqrt{L_1L_2}}$로서 상호 인덕턴스 M과 자기 인덕턴스 $\sqrt{L_1L_2}$ 크기의 비로서, K의 크기에 따라서 1차 코일 L_1과 2차 코일 L_2 자속에 의한 결합의 정도를 나타낸다.
- 결합 계수 $K=1$일 때 상호 인덕턴스 M은 다음과 같다.

$\therefore\ M = \sqrt{L_1L_2}$

정답 01. ④ 02. ③ 03. ① 04. ③ 05. ④

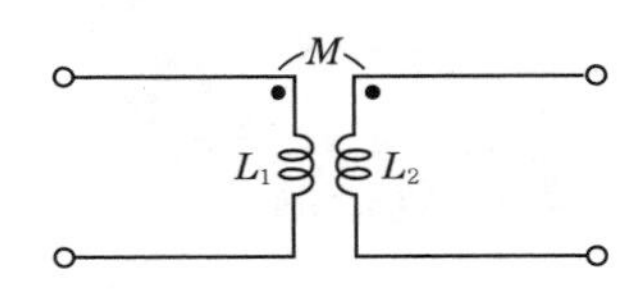

06 RL 직렬 회로의 시정수에 해당되는 것은?

① $\frac{1}{2R}$ ② $2R$

③ $\frac{R}{L}$ ④ $\frac{L}{R}$

해설 **시정수(time constant)**

시정수 $T=\frac{L}{R}$[sec]

07 40[dB]의 전압 이득을 가진 증폭기에 10[mV]의 전압을 입력에 가하면 출력 전압은 몇 [V]인가?

① 0.1 ② 1

③ 10 ④ 100

해설 **데시벨(decibel) 전압 이득**

[dB]은 전압 증폭도나 전력 이득 또는 감쇠량의 배수를 대수로 표현하는 단위이다.

전압 증폭도 $A_v=\frac{V_o}{V_i}$(V_i, V_o : 입력 전압과 출력 전압의 실횻값)를 [dB]로 표시하면

A_v[dB]$=20\log_{10}\frac{V_o}{V_i}$[dB]로 정의된다.

전압 이득 $G=20\log_{10}\frac{V_o}{V_i}$[dB]에서

$40=20\log_{10}\frac{V_o}{V_i}$

$\frac{V_o}{V_i}=\text{antilog}\,2=100$

$\therefore$ 출력 전압 $V_o=A_v V_i$

$=100\times10\times10^{-3}=1$[V]

08 다음 중 연산 증폭 회로에서 되먹임 저항을 되먹임 콘덴서로 변경한 것은?

① 미분기 회로 ② 적분기 회로

③ 가산기 회로 ④ 감산기 회로

해설 **적분기 회로(integrator circuit)**

그림의 연산 증폭 회로는 미분기와 반대로 되먹임 저항 R을 되먹임 커패시터 C로 변경한 것으로 적분기 회로를 나타낸다.

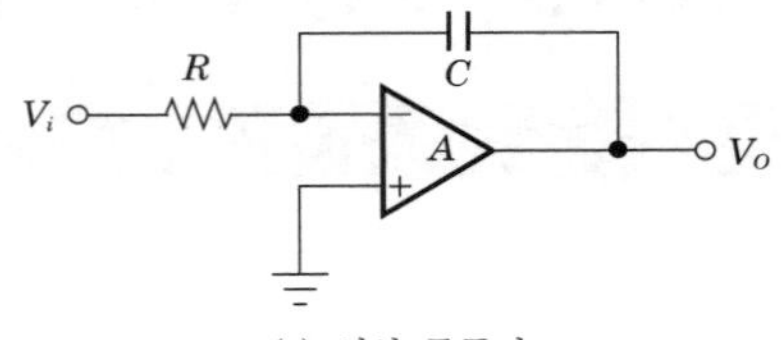

(a) 연산 증폭기

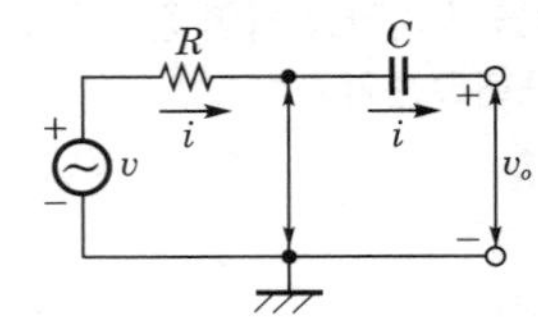

(b) 가상 접지의 등가 회로

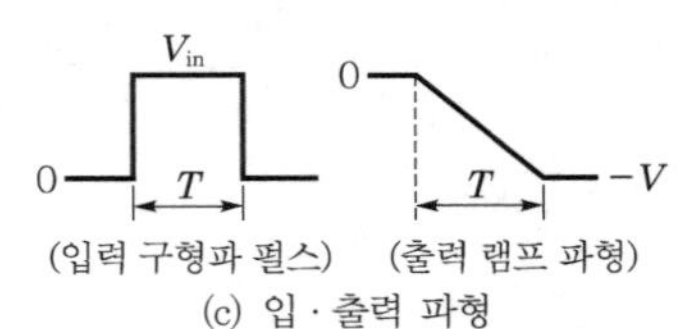

(c) 입 · 출력 파형

이와 같은 적분기는 수학적인 적분 연산을 수행하는 회로로서 적분에 비례하는 출력 전압을 산출한다.

09 어떤 정류기 부하 양단의 직류 전압이 300[V]이고, 맥동률이 2[%]이면 교류 성분의 실횻값은?

① 2[V] ② 4.24[V]

③ 6[V] ④ 8.48[V]

해설 **맥동률(ripple 함유율)**

$\gamma=\frac{\text{출력 교류 성분의 실횻값}}{\text{출력 직류 성분의 평균값}}\times100$[%]

$\gamma=\frac{\Delta V}{V_d}\times100$[%]에서

$\therefore\ \Delta V=\gamma\cdot V_d=0.02\times300=6$[V]

10 펄스의 상승 부분에서 진동의 정도를 말하며 높은 주파수 성분에 공진하기 때문에 생기는 것은?

① Sag

② Storage time

③ Under shoot

④ Ringing

해설 **링깅(b, ringing)**

펄스의 상승 부분에서 진동의 정도를 말하며, 높은 주파수 성분에 공진하기 때문에 생기는 현상을 말한다.

* 문제 4번 해설 그림 참조

정답 06. ④ 07. ② 08. ② 09. ③ 10. ④

11 다음 중 클리퍼(clipper)에 대한 설명으로 가장 옳은 것은?

① 임펄스를 증폭하는 회로이다.
② 톱니파를 증폭하는 회로이다.
③ 구형파를 증폭하는 회로이다.
④ 파형의 상부 또는 하부를 일정한 레벨로 잘라내는 회로이다.

해설 **클리퍼(clipper)**
임의의 파형에 대하여 어떤 기준 전압 레벨의 이상 또는 이하의 파형만을 잘라내는 작업을 클리핑(clipping)이라 하며, 이러한 회로를 클리핑 회로 또는 클리퍼(clipper)라고 한다.

12 다음 B급 푸시풀 증폭기에 대한 설명 중 옳은 것은?

① 최대 양극 효율은 33.6[%]이다.
② 고주파 전압 증폭용으로 널리 쓰인다.
③ 우수 고조파가 상쇄되어 찌그러짐이 작다.
④ 출력 변성기의 철심이 직류에 의해 포화된다.

해설 **A급과 비교한 B급 푸시풀 증폭 회로의 특징**
- 보다 큰 출력을 얻을 수 있다.
- 직류 바이어스 전류가 매우 작아도 된다.
- 컬렉터 효율이 높다(A급 50[%], B급 78.5[%]).
- 우수 고조파가 상쇄된다.
- 입력 신호가 없을 때 트랜지스터는 차단 상태에 있으므로 전력 손실을 무시할 수 있다.
- 동작점은 입력 신호가 없을 때 직류 전류가 거의 흐르지 않는 차단점을 선정하여 B급으로 동작시킨다.

* 대신호 A급 증폭기의 출력은 fin, 2fin, 3fin, 4fin, 5fin 등의 고조파를 발생시키지만, B급 푸시풀(push pull) 증폭기의 출력은 fin, 3fin, 5fin 등의 기수(홀수) 고조파만을 발생시킨다. 따라서, B급 푸시풀(push pull) 증폭을 하게 되면 모든 우수(짝수) 고조파가 상쇄(제거)되기 때문에 출력 파형의 일그러짐(왜곡)이 작아진다.

13 저항 $R=5[\Omega]$, 인덕턴스 $L=100[\text{mH}]$, 정전용량 $C=100[\mu\text{F}]$의 RLC 직렬 회로에 60[Hz]의 교류 전압을 가할 때 회로의 리액턴스 성분은?

① 저항 ② 유도성
③ 용량성 ④ 임피던스

해설 **RLC 직렬 회로의 합성 임피던스**

$$Z=\sqrt{R^2+(X_L-X_C)}$$
$$=\sqrt{R^2+\left(\omega L-\frac{1}{\omega C}\right)}\ [\Omega]$$

- 유도성 리액턴스

$$X_L=\omega L=2\pi fL=2\pi\times60\times100\times10^{-3}=37.6[\Omega]$$

- 용량성 리액턴스

$$X_C=\frac{1}{\omega C}=\frac{1}{2\pi fC}=\frac{1}{2\pi\times60\times100\times10^{-6}}=26.5[\Omega]$$

∴ $X_L>X_C$이므로 회로의 리액턴스 성분은 유도성이다.

14 회로에서 V_o를 구하면 몇 [V]인가? (단, $I_2\gg I_B$, $V_{BE}=0.6[\text{V}]$, $I_C\approx I_E$임)

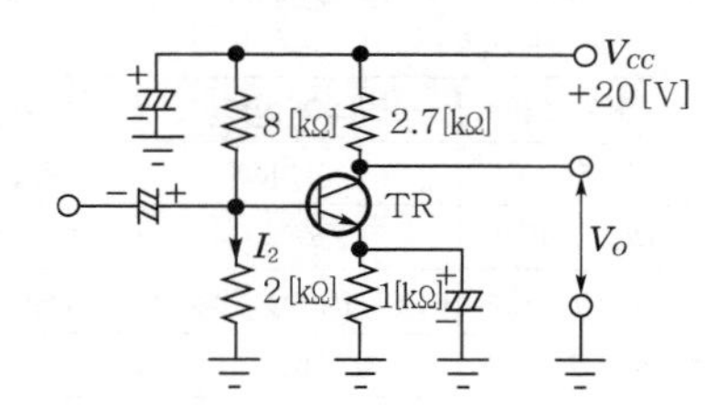

① 9.82 ② 10.82
③ 11.82 ④ 12.82

해설 **전류 되먹임 바이어스 회로**
- 첫째로 베이스 전압 V_B를 구한다.

$$V_B=\frac{R_2}{R_1+R_2}V_{CC}=\frac{2}{8+2}20=4[\text{V}]$$

- 다음은 이미터 전압 V_E를 구한다.

$$V_E=V_B-V_{BE}=4-0.6=3.4[\text{V}]$$

여기서, 이미터 전류 I_E를 구하면 다음과 같다.

$$I_E=\frac{V_E}{R_E}\approx I_C=\frac{3.4}{1\times10^3}=3.4[\text{mA}]$$

- 컬렉터와 접지 간의 전압 V_o는 다음과 같다.

$$V_o=V_{CC}-I_CR_C=20-(3.4\times10^{-3}\times2.7\times10^3)=10.82[\text{V}]$$

정답 11. ④ 12. ③ 13. ② 14. ②

15 전압 안정화 회로에서 리니어(linear) 방식과 스위칭(switching) 방식의 장단점 비교가 옳은 것은?

① 효율은 리니어 방식보다 스위칭 방식이 좋다.
② 회로 구성에서 리니어 방식은 복잡하고 스위칭 방식은 간단하다.
③ 중량은 리니어 방식은 가볍고 스위칭 방식은 무겁다.
④ 전압 정밀도는 리니어 방식은 나쁘고 스위칭 방식은 좋다.

해설 **전압 안정화 회로(regulator)**
평활 회로를 거친 직류 전압은 부하의 조건이나 입력 교류 전원의 전압 변동에 따라 변화하므로 완벽한 교류 성분의 제거는 불가능해 약간의 교류 성분(ripple noise)이 남아 있는 불안정한 전원이다. 따라서, 전압 안정화 회로는 외부의 조건과 관계없이 항상 출력 전압을 안정화하는 역할을 한다.
* 전압을 안정화하는 방식에는 리니어(linear) 방식과 스위칭(switching) 방식이 있다.

비교 내용	리니어 방식	스위칭 방식
회로의 구성	간단하다.	복잡하다.
전압 정밀도	좋다.	나쁘다.
변환 효율	나쁘다(50[%] 정도).	좋다(85[%] 정도).
전원의 구성	복잡하다.	간단하다.
중량(모양)	무겁다(대형).	가볍다(소형).

16 구형파의 입력을 가하여 폭이 좁은 트리거 펄스를 얻는 데 사용되는 회로는?

① 미분 회로　② 적분 회로
③ 발진 회로　④ 클리핑 회로

해설 아래 그림의 회로는 미분 회로이다. 회로의 입력에 전원의 내부 임피던스가 0인 직사각형 전압의 파(구형파)를 가했을 때 이 펄스가 제거되면 입력 단자는 단락 상태가 되어 R 양단의 전압은 시정수(τ)의 대소에 따라 변화한다.

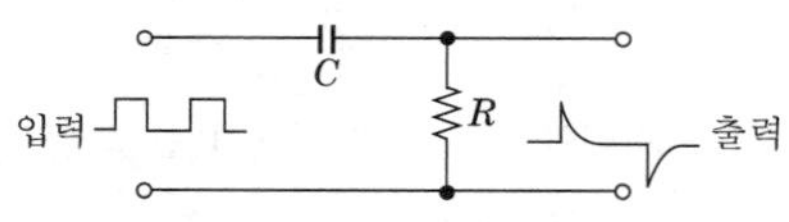

* $CR < \tau$일 때 : 펄스가 가해지거나 없어지는 경우 R의 단자 전압이 급격히 감쇠하기 때문에 날카로운 펄스 파형이 얻어진다.

17 10진수 756.5를 16진수로 옳게 표현한 것은?

① 2F4.8　② 2E4.8
③ 2F4.5　④ 2E4.5

해설 **10진수에서 16진수의 변환**
10진수 756.6를 16진수로 변환

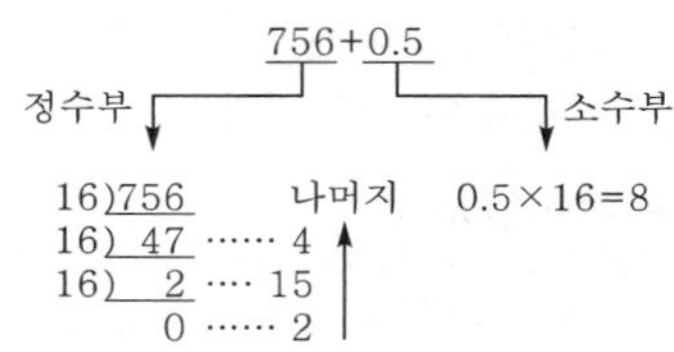

$\therefore (756.5)_{10} = (2F4.8)_{16}$

18 중앙 처리 장치 중 제어 장치의 기능으로 가장 알맞은 것은?

① 정보를 기억한다.
② 정보를 연산한다.
③ 정보를 연산하고, 기억한다.
④ 명령을 해석하고, 실행한다.

해설 **제어 장치(control unit)**
주기억 장치의 명령을 해독하고 각 장치에 제어 신호를 줌으로써 각 장치의 동작이 올바르게 수행되도록 요소들의 동작을 자동적으로 제어하는 장치이다. 입력 장치에 기억되어야 할 기억 장소의 번지 지정, 출력 장치의 지정, 연산 장치의 연산 회로 지정 등 각 장치의 동작 상태에 필요한 신호를 발생시키는 장치를 말한다.

19 기억 장치의 주소를 4비트(bit)로 구성할 경우 나타낼 수 있는 최대 경우의 수는?

① 8　② 16
③ 32　④ 64

해설 **비트(binary digit)**
정보를 나타내는 가장 작은 원소로서, 정보를 기억할 수 있는 최소 단위(0과 1을 가지는 2진값)를 말한다.
$\therefore$ 4bit $= 2^4 = 16$

20 논리 함수 (A+B)(A+C)를 불대수에 의해 간략화한 것은?

① A+BC　② AB+C
③ AC+BC　④ AB+BC

정답 15. ① 16. ① 17. ① 18. ④ 19. ② 20. ①

해설 **논리 함수**

$$
\begin{aligned}
(A+B)(A+C) &= AA+AC+BA+BC \\
&= A(1+C)+BA+BC \\
&= A(1+B)+BC \\
&= A+BC
\end{aligned}
$$

21 프로그램에 대한 설명으로 틀린 것은?

① 컴퓨터가 이해할 수 있는 언어를 프로그래밍 언어라 한다.
② 프로그램을 작성하는 일을 프로그래밍이라 한다.
③ 프로그래밍 언어에는 C, 베이직, 포토샵 등이 있다.
④ 컴퓨터가 행동하도록 단계적으로 지시하는 명령문의 집합체를 프로그램이라 한다.

해설 **프로그래밍 언어(programing language)**

- 저급 언어(low level language)
  - 기계어(machine language) : 2진 숫자로만 사용된 언어로, 프로그램의 작성과 수정이 곤란하다.
  - 어셈블리 언어(assembly language) : 기계어의 단점을 보완하여 기계어를 기호화한 언어(symbolic language)로 만들어 프로그램에 사용할 수 있도록 한 것으로, 저급 언어(기계 중심 언어)라 하며 이 언어는 컴퓨터들의 기종마다 다르다.
- 고급 언어(high level language)
  - 컴파일러 언어(compiler language) : 일상 생활에서 사용하는 언어와 유사한 형태로 된 언어로서, 고급 언어에 해당하며 COBOL, FORTRAN, PASCAL, ALGOL, PL/I, C 언어 등이 있다.
  - 고급 언어는 컴퓨터가 처리하기에는 복잡하나 사용자가 이해하고 프로그램을 작성하기에 편리하며 기종에 관계없이 사용할 수 있는 범용어이다.

22 다음 명령어 형식 중 틀린 것은?

연산자	Address 1	Address 2

① 주소부는 2개로 구성되어 있다.
② 명령어 형식은 명령 코드부와 Operand(주소)부로 되어 있다.
③ 주소부는 동작 지시뿐 아니라 주소부의 형태를 함께 표현한다.
④ 주소부는 처리할 데이터가 어디에 있는지를 표현한다.

해설 **명령어 형식(instruction format)**

- 명령어의 구성 부분을 표시하는 양식으로 하나의 명령 코드(op code)에는 연산 지정, 오퍼랜드(operand)의 주소(address) 혹은 오퍼랜드가 포함되어 있다.
- 오퍼랜드(operand)는 명령어 실행에 필요한 데이터가 저장된 주소를 나타내며 이 명령 형식은 각 컴퓨터의 고유한 것으로 하나의 컴퓨터가 몇 종류의 명령 형식을 가지는 경우가 있다.
- 주소부는 주소 지정 방식에 따라 구성된다.
  - 0주소 지정 명령 형식 : Stack

연산자

  - 1주소 지정 명령 형식 : 누산기(accumulator)

연산자	1주소

  - 2주소 지정 명령 형식 : 범용(가장 흔히 사용되는 형식)

연산자	1주소	2주소

  - 3주소 지정 명령 형식 : 범용(연산 후 입력 자료 보존)

연산자	1주소	2주소	3주소

23 제어 장치 중 다음에 실행될 명령어의 위치를 기억하고 있는 레지스터는?

① 범용 레지스터
② 프로그램 카운터
③ 메모리 버퍼 레지스터
④ 번지 해독기

해설 **프로그램 카운터(program counter)**

현재 메모리에서 읽어와 다음에 수행할 명령어의 주소를 기억하는 레지스터로서, 메모리로부터 데이터를 읽어오면 프로그램 카운터의 값은 자동적으로 1 증가하여 다음 번 메모리의 주소를 가리킨다.

24 미국 표준 코드로서 Data 통신에 많이 사용되는 자료의 표현 방식은?

① BCD 코드
② ASCII 코드
③ EBCDIC 코드
④ GRAY 코드

해설 **ASCII 코드(American Standard Code for Information Interchange)**

미국 표준 협회에서 제정한 것으로, 7비트 또는 8비트의 두 가지 형태로 한 문자를 표시한다. 이 코드는 데이터 처리 및 통신 시스템 상호 간의 정보 교환용 표준 부호로 제정한 것으로 통신의 시작과 종료, 제어 조작 등을 표시할 수 있으므로 데이터 통신에서 널리 이용되고 있다.

정답 21. ③ 22. ③ 23. ② 24. ②

25 명령어 내의 주소부에 실제 데이터가 저장된 장소의 주소를 가진 기억 장소의 주소를 표현한 방식은?

① 즉시 주소 지정 방식
② 직접 주소 지정 방식
③ 암시적 주소 지정 방식
④ 간접 주소 지정 방식

해설 **직접 주소 지정 방식(direct addressing mode)**
오퍼랜드가 기억 장치에 위치하고 있고 기억 장치의 주소가 명령어의 주소에 직접 주어지는 방식으로, 기억 장치에 정확히 한번 접근한다.

26 컴퓨터의 연산 결과를 나타내는 데 사용되며, 연산값의 부호 및 오버플로 발생 유무를 표시하는 레지스터는?

① 데이터 레지스터 ② 상태 레지스터
③ 누산기 ④ 연산 레지스터

해설 **상태 레지스터(status register)**
- 상태 레지스터는 플래그(flag)라고 하는 여러 개의 플립플롭으로 구성되어 있다.
- CPU 내에서 각종 연산 결과의 상태를 표시하고 저장하기 위해 사용되며, 플래그 레지스터(flag register)라고도 한다.
- 정보는 프로그램 수행 중에 행하는 연산에 있어서 매우 중요하며 다음에 실행할 프로그램의 위치를 결정하는 데(jump 명령을 실행할 경우 등) 사용된다.

[상태의 종류]
- 올림수 발생(carry flag)
- 범람(overflow flag)
- 누산기에 들어 있는 데이터의 zero 여부(zero flag)
- 그 외 특수한 용도로 사용되는 몇 개의 플래그

27 운영 체제의 종류가 아닌 것은?

① MS-DOS ② WINDOWS
③ UNIX ④ P-CAD

해설 **운영 체제(operating system)**
사용자와 하드웨어 사이에서 컴퓨터의 효율성을 최대로 높여주는 프로그램 집단으로, UNIX, MS-DOS, WINDOWS 등이 있으며 용량이 매우 큰 소프트웨어이므로 보조 기억 장치에 저장된다.
* P-CAD : EDA 소프트웨어

28 C 언어의 변수명으로 적합하지 않은 것은?

① KIM50 ② ABC
③ 5POP ④ E1B2U3

해설 **C 언어(C language)**
C 언어에서 변수명의 처음 시작은 숫자로 시작할 수 없다.
* 5POP : 사용할 수 없음

29 안테나의 급전선 임피던스(Z_r)가 75[Ω]이고, 여기에 특성 임피던스(Z_0)가 50[Ω]인 필터를 연결한다면 반사 계수는 얼마인가?

① 0.1 ② 0.2
③ 0.4 ④ 0.75

해설 **반사 계수**

$$m=\frac{\text{반사파}}{\text{입사파}}=\frac{Z_r-Z_0}{Z_r+Z_0}$$

$$=\frac{75-50}{75+50}=0.2$$

여기서, Z_r : 급전선(부하) 임피던스
Z_0 : 특성 임피던스

30 다음 중 회로 시험기로는 측정이 곤란한 것은?

① 직류 전압
② 교류 전압 및 저항
③ 직류 전류
④ 교류 전압의 주파수

해설 **회로 시험기(multi-circuit tester)**
정격 전류(수십[μA]~1[mA])가 작은 가동 코일형 전류계이다. 여러 개의 배율기와 분류기를 전환하여 측정 범위를 확대할 수 있도록 구성되어 있으며, 교류 측정이 되도록 정류기와 저항을 측정할 수 있는 직독 저항계를 위한 내부 전지가 들어 있다.
* 측정 범위 : 직류 전류 및 전압, 교류 전압 및 저항, 통신 기기의 레벨 측정[dBm]

31 디지털 전압계의 원리는 어느 것과 가장 유사한가?

① A/D 변환기 ② D/A 변환기
③ 변환기 ④ 비교기

해설 **디지털 전압계(DVM : Digital Volt Meter)**
피측정 전압을 수치로 직접 표시하는 전압계로서, 출력 펄스를 계수하여 디지털 표시로 나타낸다. 디지털 전압계는 함수 발생 회로, 비교 회로, 계수 회로, 표시 회로 등으로 구성된다.
* 아날로그-디지털 변환기(A/D converter)는 아날로그 신호를 디지털 신호로 변환하는 장치를 말하며 압력, 회전, 진동 등과 같은 변화를 등가인 디지털 양으로 변환하는 데 이용되는 것으로, 디지털 전압계(DVM)의 심장부에 해당한다.

정답 25. ② 26. ② 27. ④ 28. ③ 29. ② 30. ④ 31. ①

32 다음 중 자동 평형 기록계의 구성에 포함되지 않는 것은?

① DC－AC 변환기
② 증폭 회로
③ 서보모터
④ 발진기

해설 **자동 평형식 기록 계기**
기록용 펜과 용지 사이에 생기는 마찰 오차를 피하기 위하여 만들어진 것으로, 영위법에 해당하며 피측정량을 충분히 증폭하여 사용하므로 감도가 매우 양호하다.

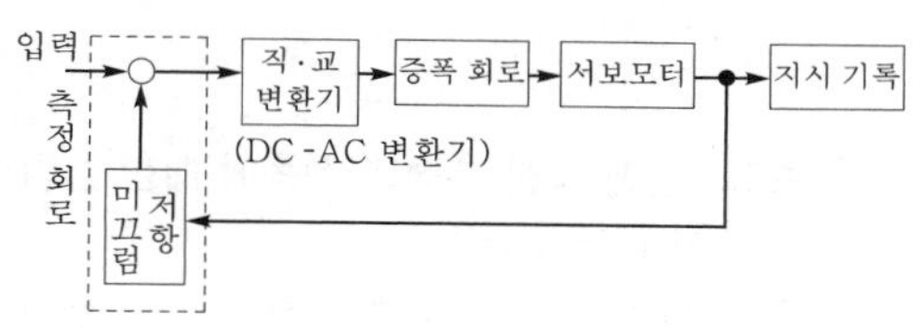

| 자동 평형식 기록 계기의 구성도 |

전위차계 및 평형 브리지 회로에 의해서 회로가 자동적으로 평형 상태가 되도록 한 후 가동 부분(서보모터)에 기록용 펜 또는 타점용 핀을 부착하여 기록하도록 한 것이다.

33 다음 중 오실로스코프로 직접 측정할 수 없는 것은?

① 주파수 ② 위상
③ 회전수 ④ 파형

해설 **오실로스코프(oscilloscope)를 이용한 측정**
- 기본 측정 : 전압 측정, 전류 측정, 시간 및 주기 측정, 위상 측정
- 응용 측정 : 영상 신호 파형, 펄스 파형, 진폭 변조 신호와 주파수 변조 신호의 파형, 오디오 파형, 과도 현상 등

34 길이의 참값이 1.2[m]인 막대의 측정값이 1.212[m]이었다. 백분율 오차는?

① 0.212[%] ② 1[%]
③ 1.2[%] ④ 2.12[%]

해설 **오차 백분율(ε_0)**

$$\varepsilon_0 = \frac{\varepsilon}{T}\times 100[\%] = \frac{M-T}{T}\times 100$$
$$= \frac{1.212-1.2}{1.2}\times 100 = 1[\%]$$

35 C－M형 전력계에 대한 설명으로 옳지 않은 것은?

① 초단파대의 전력 측정에 사용한다.
② 포유 용량 C를 통하여 전류가 흐른다.
③ 반사 전력이 없으므로 부하의 정합 상태를 알 수 없다.
④ 실제로 부하에 공급되는 전력이 측정된다.

해설 **C-M형 전력계**
- 방향성 결합기의 일종으로, 통과 전력을 측정하는 전력계이다.
- 동축 급전선과 같이 불평형형 회로에 적합하다.
- 입사 전력, 반사 전력, 진행파 전력, 반사파 전력, 정재파비, 반사 계수를 측정할 수 있으며, 부하의 정합 상태를 알 수 있다.
- 부하에 전달된 전력은 진행파 전력과 반사파 전력의 차가 부하 전력이다.
- 초단파대에서 1,000[MHz] 정도의 범위에 걸쳐 1[kW] 이하의 전력 측정 및 전력 감시용으로 많이 사용된다.

36 다음 중 1[V] 이하의 미세 직류 전압을 정밀하게 측정할 수 있는 계기는?

① 가동 코일형 ② 직류 전위차계
③ 진공관 전압계 ④ 정전장의 영향

해설 **직류 전위차계**
미지의 직류 전압을 표준 전지의 기전력과 비교하여 미지의 전압을 측정하는 계기이다. 비교 측정에서 얻어지는 결과는 피측정 전원에 전류가 흐르지 않으며 지침의 편위에 의존하지 않고 표준 전지의 확도에만 좌우되기 때문에 영위법을 이용하므로 측정 확도가 매우 높다.
* 전압계와 전류계의 교정 시험에 널리 이용되고 있고 전기적인 측정과 교정 분야에 있어서 중요한 계측기이다.

37 표준 신호 발생기의 구비 조건으로 적합하지 않은 것은?

① 변조도의 가변 범위가 작아야 할 것
② 발진 주파수가 정확하고 파형이 양호할 것
③ 안정도가 높고 주파수의 가변 범위가 넓을 것
④ 주변의 온도 및 습도 조건에 영향을 받지 않을 것

해설 **표준 신호 발생기의 구비 조건**
- 넓은 범위에 걸쳐서 발진 주파수가 가변할 것
- 발진 주파수 및 출력이 안정할 것
- 변조도가 정확하고 변조 왜곡이 작을 것

정답 32. ④ 33. ③ 34. ② 35. ③ 36. ② 37. ①

- 출력 레벨이 가변적이고 정확할 것
- 출력 임피던스가 일정할 것
- 차폐가 완전하고 출력 단자 이외로 전파가 누설되지 않을 것

* 변조도는 자유롭게 조절될 수 있어야 한다.

38 송신기의 스퓨리어스 방사를 측정하는 방법과 거리가 먼 것은?

① 전력 측정법 ② 브라운관법
③ 전구 부하 측정법 ④ 전장 강도 측정법

해설 **스퓨리어스 방사(spurious emission)**
무선 송신기에서 증폭기, 주파수 체배기, 주파수 혼합기 등에서 규정된 주파수 대역폭 이외의 발사되는 주파수 방사를 말한다. 이것은 정보 전송에 영향을 미치지 않고 그 레벨을 저감시킬 수 있는 것으로, 고조파 방사(harmonic emission), 기생 방사 (parasitic emission), 상호 변조 기생 신호(intermodulation product) 및 주파수 변환 적(frequency conversion product)이 포함된다.
이들이 방사되면 다른 통신의 방해가 될 수 있기 때문에 송신기에서 방사되는 스퓨리어스 강도의 허용값은 전파 관리법으로 정해져 있다. 단, 대역 외의 방사로서 정보의 전송을 위한 변조 과정에서 발생한 스퓨리어스 방사는 포함되지 않는다.
[스퓨리어스 방사 측정법]

- 전력 측정법
- 브라운관법
- 전장 강도 측정법

* 전구 부하 측정법 : AM 송신기의 전력을 측정하는 방법 중 하나로서, 송신기의 출력을 전구에 넣어 그 밝기와 기지의 전력을 같은 전구에 넣어 밝기를 비교 측정하는 방법이다.
* 출력 전력 $P_o = E \cdot I$[W]
  여기서, E[V] : 전압계 지시, I[A] : 전류계 지시

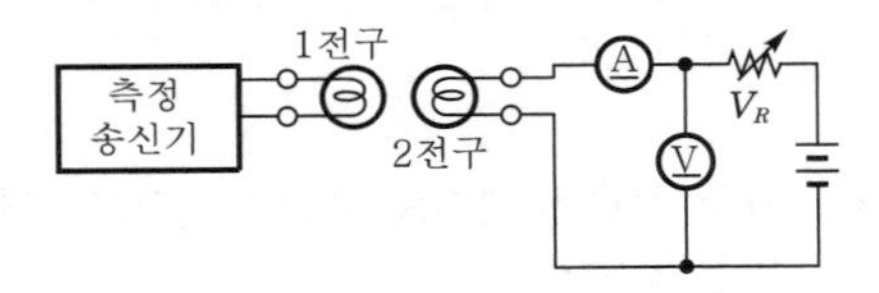

39 헤테로다인 주파수계(heterodyne frequency meter)에 대한 설명 중 옳지 않은 것은?

① 측정 범위가 넓고 구조가 간단하다.
② 헤테로다인 검파의 원리를 이용한 것이다.
③ 작은 전력의 주파수를 측정할 수 있고 감도가 좋다.
④ 100[kHz] ~ 35[MHz], 20 ~ 100[MHz] 범위의 종류가 있다.

해설 **헤테로다인 주파수계(heterodyne frequency meter)**

- 이미 알고 있는 기지의 주파수를 미지의 주파수와 헤테로다인하여 제로 비트 상태까지 기지의 주파수를 조정하여 미지의 주파수를 측정하도록 한 주파수계이다.
- 측정확도가 $10^{-3} \sim 10^{-5}$으로 감도 및 확도가 높고, 주파수를 매우 정밀하게 측정할 수 있다.
- 측정 주파수의 정밀도를 높이기 위하여 교정용 수정 발진기를 사용한다.
- 가청 주파수뿐만 아니라 고주파 영역의 주파수도 측정할 수 있으나, 고조파에 의한 오차가 발생하기 쉬운 결점이 있다.
- 미약한 전력의 주파수 측정에 적합하며, 중 · 단파용 무선 송신기 등의 정확한 주파수 측정에 사용된다.

* 헤테로다인 주파수(heterodyne frequency) : 두 주파수에 의한 차의 주파수

40 브리지법에 의한 측정의 적용에 대한 설명으로 옳지 않은 것은?

① 저저항 정밀 측정에는 켈빈 더블 브리지법을 이용한다.
② 중저항 측정에는 휘트스톤 브리지법을 이용한다.
③ 접지 저항 측정에는 콜라우시 브리지법을 이용한다.
④ 전해액의 저항 측정에는 맥스웰 브리지법을 이용한다.

해설 **전해액의 저항 측정**
전해액에 전류를 흘리면 전기 분해가 일어나며 전극 표면에 가스가 발생하여 분극 작용이 일어나므로 전해액의 저항값이 변화하게 된다. 따라서, 전해액을 U자 용기에 넣어 콜라우시 브리지로 측정한다.

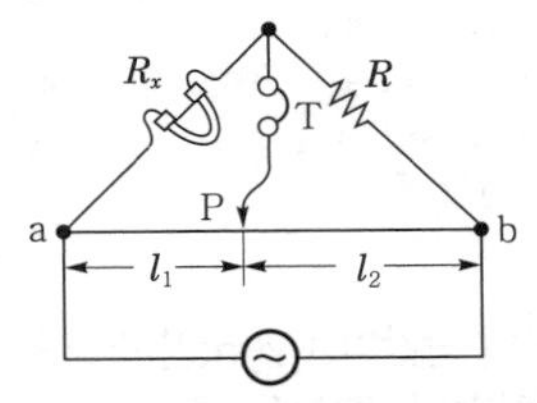

❙ 콜라우시 브리지 ❙

41 고주파 유도 가열에서 전류의 침투 깊이 S의 값은 주파수가 높아짐에 따라 어떻게 변하는가?

① 증가한다.
② 감소한다.
③ 변화하지 않는다.
④ 감소－증가 상태를 반복한다.

정답 38. ③ 39. ① 40. ④ 41. ②

해설 고주파 유도 가열(induction heating)

- 금속과 같은 도전 물질에 고주파 자기장을 가할 때 도체에서 생기는 맴돌이 전류(와류)에 의하여 물질을 가열하는 방법을 말한다. 이것은 그림과 같이 가열하고자 하는 도체에 코일을 감고 고주파 전류를 흘리면 가열 코일 내에 있는 도체에 교번 자속(고주파 자속)이 통하게 되어, 도체 내에는 전자 유도 작용에 의한 맴돌이 전류(와류)가 흐르게 되어 전력 손실이 일어난다. 이 전력 손실을 맴돌이 전류손이라 하며 이로 인하여 열이 발생하게 된다.

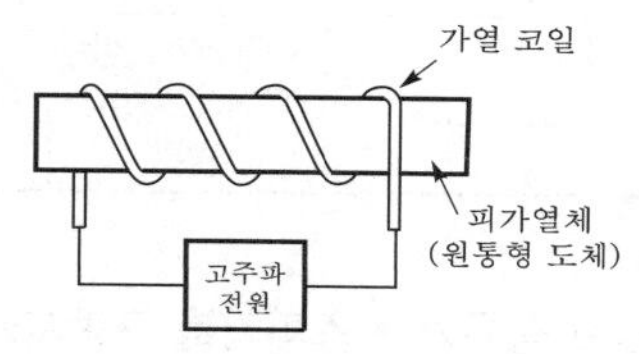

- 고주파 유도 가열은 주파수가 매우 높아지면 맴돌이 전류는 표면 가까이에만 흐르고 중심부에는 거의 흐르지 않는다. 따라서, 도체 내부의 침투 깊이 S의 값은 가열 주파수와 재료에 따라 정해지는 상수로서, 주파수가 높아짐에 따라 그 값은 감소한다.

42 방송국으로부터 직접파와 반사파가 수상될 때 수상되는 시간 차이로 인하여 다중상이 생기는 현상을 무엇이라 하는가?

① 고스트(ghost)
② 글로스(gloss)
③ 그라데이션(gradation)
④ 콘트라스트(contrast)

해설 고스트(ghost)

전파가 수신 안테나까지 도달할 때 직접파에 의해서 생기는 영상 외에 어느 반사체에서 반사되어 온 반사파가 직접파보다 늦게 주사되어 영상이 다중상으로 나타나는 현상이다.

43 비선형 증폭기에서 일그러짐률이 1[%]라면 몇 [dB]인가?

① −40
② −50
③ +60
④ +70

해설 일그러짐률

$1[\%] = \frac{1}{100} = 10^{-2}$

$[\text{dB}] = 20\log_{10}A$

$= 20\log_{10}10^{-2} = -40[\text{dB}]$

44 잡음 전압이 10[μV]이고 신호 접압이 10[V]일 때, S/N은 몇 [dB]인가?

① −40　　② −60
③ −80　　④ −120

해설 신호대 잡음비(S/N)

$[\text{dB}] = 20\log_{10}A = 20\log_{10}\frac{\text{잡음 전압}}{\text{신호 전압}}$

$= 20\log_{10}\frac{10\times10^{-6}}{10} = 20\log_{10}10^{-6}$

$= -120[\text{dB}]$

45 전자 빔이 시료를 투과할 때 속도가 다른 여러 전자가 생겨서 상이 흐려지는 현상은?

① 색 수차　　② 구면 수차
③ 라디오존데　　④ 축 비대칭 수차

해설 색 수차(chromatic aberration)

전자 빔(beam)이 시료(test piece)를 투과할 때 속도가 다른 여러 전자가 생겨서 상이 흐려지는 현상을 말한다.

46 동축 케이블(TV 수신용 급전선)에 관한 설명이 아닌 것은?

① 광대역 전송이 불가능하다.
② 고스트가 많은 시가지에 적합하다.
③ 특성 임피던스가 약 75[Ω]의 것이 많다.
④ 평행 2선식 피더보다 외부로부터의 방해를 잘 받지 않는다.

해설 동축 케이블(coaxial cable)의 특성

- 내부 도체(심선)와 외부 도체를 동심원상에 배치한 것으로, 특성 임피던스는 50[Ω] 또는 75[Ω]의 것이 많다.
- 평형 2선식 피더보다 외부 잡음의 영향을 받지 않으므로 고스트(ghost)가 많은 시가지에 적합하다.
- 고정국의 수신용 급전(feeder)으로 사용되며 지하에 매설하여 사용하는 경우가 많고 외부의 영향이 작다.
- UHF대 이하에서 사용이 가능하며 경제적인 다중 장거리 통신이 가능하다.
- 불평형성 선로이어서 저주파에서는 외부로부터 방해를 받기 쉬우나 차폐 작용이 우수하여 고주파에서는 전송 손실이 적고 내전압성이 높아 전송 케이블로서 다중화(광대역) 전송이 가능하다.
- 전송 손실은 주파수가 높아질수록 더 증가하므로 마이크로파대의 전송에서는 동축 케이블이나 도파관을 사용하므로 전송 손실을 감소시킬 수 있다.

정답 42. ① 43. ① 44. ④ 45. ① 46. ①

47 다음 중 서보 기구의 일반적인 조건으로 옳지 않은 것은?

① 조작량이 커야 한다.
② 추종 속도가 빨라야 한다.
③ 서보 모터의 관성이 작아야 한다.
④ 유압식의 경우 증폭부에 트랜지스터 증폭기나 자기 증폭기가 사용된다.

해설 **서보 기구(servo mechanism)**
제어량이 기계적 위치인 자동 제어계를 서보 기구라 한다. 이것은 물체의 위치, 방위, 자세 등의 기계적 변위를 제어량으로 하여 목푯값의 임의의 변화에 항상 추종하도록 구성된 제어계로서 추종 제어계라고 한다.
[특징]
- 조작량이 커야 한다.
- 추종 속도가 빨라야 한다.
- 서보 모터의 관성은 커야 한다.
- 회전력에 대한 관성의 비가 커야 한다.
- 제어계 전체의 관성이 클 경우 관성의 비가 작을지라도 토크가 큰 편이 좋다.
- 유압식 서보 모터나 전기식 서보 모터가 사용된다.
- 전기식인 경우 증폭부에 전자관 증폭기나 자기 증폭기가 사용된다.

48 FM 통신 방식 중 고음부를 강조하여 S/N 비를 개선하는 회로는?

① De-emphasis 회로
② Pre-emphasis 회로
③ Limiter 회로
④ Squelch 회로

해설 **미분(pre-emphasis) 회로**
FM 통신 방식에 있어서 변조 시 주파수의 높은 쪽을 특히 강하게 변조하여 높은 주파수에 대한 신호 대 잡음비(S/N)의 저하를 방지하기 위하여 사용되는 회로이다.

49 VTR의 β-max 방식과 VHS 방식에 대한 설명으로 옳지 않은 것은?

① 두 방식 모두 $\frac{1}{2}$ 인치 테이프를 이용한다.
② 두 방식의 처리 방식과 원리가 유사하다.
③ 두 방식은 서로 호환된다.
④ 현재 VHS 방식이 많이 사용된다.

해설

비디오 방식	VHS	$\beta-\mathrm{max}$
애지머스(azimuth) 고밀도 기록 방식	경사각 6°	경사각 7°
컬러 방식	PS (Phase Shift)	PI (Phase Invert)
테이프의 규격	1/2인치 (12.65[mm])	1/2인치 (12.65[mm])
자기 테이프의 자성 재료	Cor−Fe_2O_3	CrO_2
종단 검출	자성체가 없는 폴리에스테르 필름	강화 알루미늄막 테이프

50 전력 증폭기는 스피커를 구동시키는 데 요구되는 충분한 전력을 보내주는 역할을 한다. 전력 증폭기의 구성으로 옳지 않은 것은?

① 전압 증폭단 ② 전치 구동단
③ 등화 증폭단 ④ 출력단

해설 **전력 증폭기(power amplifier)**
전치 증폭기로부터 받은 작은 신호 전압을 전력 증폭하고 스피커에 출력 전력을 공급하여 규정 출력을 재생하는 증폭기로서, 오디오 앰프의 핵심이 되는 주증폭기(main amplifier)이다. 이것은 전치 구동단, 전압 증폭단, 출력 전력을 증폭하는 출력단으로 구성된다.
* 등화 증폭기(equalizing amplifier) : 고역 음과 저역 음에 대한 출력 주파수 특성이 균일하게 되도록 보정하여 전체적으로 주파수 특성을 평탄하게 만들어 주는 것으로 주파수 보상 또는 등화라고도 한다.

51 FM 수신기에서 AFC(Automatic Frequency Control circuit)가 사용되는 목적은?

① 감도 조정
② 선택도 향상
③ 충실도 향상
④ 수신기 감도 향상

해설 **자동 주파수 제어 회로(AFC : Automatic Frequency Control circuit)**
발진기의 발진 주파수를 조정하고 항상 일정한 값으로 유지시켜 높은 충실도를 얻기 위하여 사용되는 회로이다.

52 다음 중 장거리용 항법 장치는?

① ADF ② LORAN
③ TACAN ④ VOR

정답 47. ④ 48. ② 49. ③ 50. ③ 51. ③ 52. ②

- 자동 방향 탐지기(ADF : Automatic Direction Finder) : 항공기에 탑재되어 있는 ADF로 지상의 무지향성 무선 표지국(NDB)이나 비컨국(beacon station) 등에서 발사된 전파를 루프 안테나로 수신하여 자국의 방위를 자동·연속적으로 지시하는 항행 장치이다.
- 로란(loran : long range navigation) : 쌍곡선 항법 시스템의 하나로, 1쌍의 두 송신국(주국과 종국)에서 발사된 펄스파의 도착시간 차를 측정하여 로란 차트에서 자국 위치를 결정하는 방식이다. 이것은 선박에 항법상의 데이터를 제공해 주는 장거리 항법 장치이다.
- 태컨(TACAN : Tactical Air Navigation) : 항공기의 질문기와 지상국의 응답기에 의해서 항공기에 정확한 방위와 거리 정보를 제공해 주는 시스템으로, $\rho-\theta$ 항법과 같으나 사용 주파수가 962 ~ 1,213[MHz]의 UHF대를 사용하는 점이 다르다.
- 전방향 레인지 비컨(VOR : VHF Omnidirectional Range beacon) : 회전식 무선 표지의 일종으로, 항공기의 비행 코스를 제공해 주는 장치로서 108 ~ 118[MHz]대의 초단파를 사용한다. 이것은 중파대를 사용하는 무지향성 비컨(NDB)보다 정밀도가 높고 지구 공전의 방해를 덜 받는다.

53 녹음기의 녹음 특성이 저역에서 저하되므로 이 특성을 보상하는 증폭기는?

① 주증폭기
② 전력 증폭기
③ 등화 증폭기
④ DEPP와 SEPP 회로

해설 **등화 증폭기(EQ Amp : equalizing amplifier)**
자기 테이프 녹음기나 픽업에서 재생 특성을 보상하기 위해 사용하는 회로로서, 등화기라고도 한다. 이것은 녹음 시에 고역을, 재생 시에 저역을 각각 증폭기로 보정하여 종합 주파수 특성을 50 ~ 15,000[Hz]의 범위에 걸쳐서 평탄하게 만드는 것으로, 고역에 대한 이득을 낮추어 원음 재생이 실현되도록 한다.

54 초음파 발생 장치의 진동자로 사용할 수 없는 것은?

① 수정
② 니켈
③ 탄화붕소
④ 티탄산바륨

해설 **초음파 발생 장치의 진동자**
- 압전 진동자 : 수정
- 전기 왜형 진동자 : 지르콘티탄산납(PZT), 티탄산바륨
- 자기 왜형 진동자 : 니켈, 페라이트

55 테이프 리코드의 구성 중 자기 헤드의 순서는?

① 녹음 헤드 → 재생 헤드 → 소거 헤드
② 소거 헤드 → 녹음 헤드 → 재생 헤드
③ 재생 헤드 → 소거 헤드 → 녹음 헤드
④ 녹음 헤드 → 소거 헤드 → 재생 헤드

해설 **자기 헤드(magnatic head)**
- 녹음 헤드 : 녹음 과정에서 자기 테이프에서 전기 신호를 자기적 변화로 바꾸어 녹음하는 장치
- 재생 헤드 : 자기 테이프에 녹음된 자기적 변화를 전기 신호로 바꾸어 재생하는 장치
- 소거 헤드 : 자기 테이프에 녹음된 자기적 변화를 소멸시켜 녹음을 소거하는 장치
- 자기 헤드의 순서 : 소거 헤드 → 녹음 헤드 → 재생 헤드

56 초음파를 이용한 측심기로 바다 깊이를 측정한 결과 4초의 왕복 시간이 걸렸다. 바다 속의 깊이는 얼마인가? (단, 바닷물 온도 = 15[℃], 초음파 속도 = 1,527[m/sec])

① 6,108[m]　② 3,801[m]
③ 3,054[m]　④ 1,527[m]

해설 **측심기(depth finder)**
선박에 비치하여 바다의 수심을 측정하는 계기로서, 배 밑에서 초음파를 발사하여 반사파가 되돌아오는 시간을 측정하여 물의 깊이를 측정한다.

물의 깊이 $h=\frac{vt}{2}$[m]

여기서, v : 속도, t : 왕복 시간

$\therefore\ h=\frac{1,527\times4}{2}=3,054$[m]

57 두 개의 트랜지스터가 부하에 대하여 직렬로 동작하고, 직류 전원에 대해서는 병렬로 접속되는 회로는?

① SEPP 회로
② BTL 회로
③ OTL 회로
④ DEPP 회로

해설 **OTL(Output Transformer-Less) 회로**
변압기는 주파수 특성이 좋지 못하므로 변압기를 사용하지 않고 직접 부하를 결합하여 구동할 수 있는 회로를 OTL 회로라고 한다. 트랜지스터는 저전압 대전류로 동작시킬 수 있으므로 OTL 회로에 적합한 소자이다. OTL 회로의 대표적인 것이 SEPP 회로이다.

정답 53. ③ 54. ③ 55. ② 56. ③ 57. ④

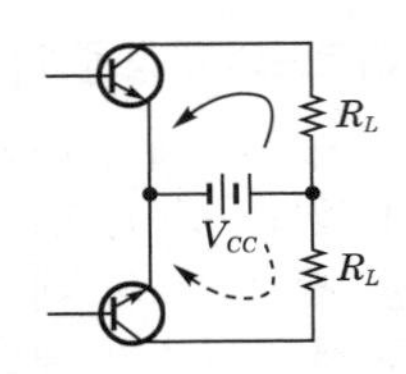

(a) DEPP

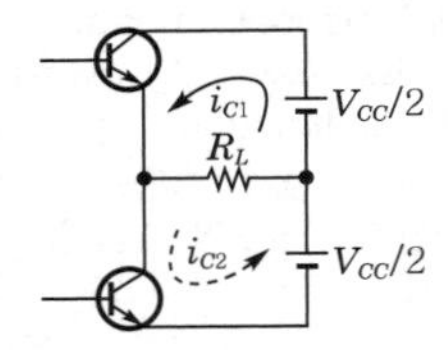

(b) SEPP(2전원 방식)

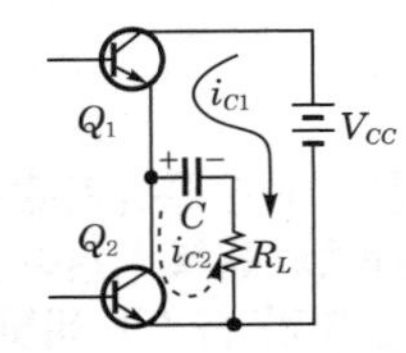

(c) SEPP(1전원 방식)

- DEPP(Double Ended Push Pull) 회로 : 2개의 트랜지스터가 부하에 대해서는 직렬로, 전원에 대해서는 병렬로 동작하는 푸시풀 회로(합성 부하 : $2R_L$)
- SEPP(Single Ended Push Pull) 회로 : 2개의 트랜지스터가 전원에 대해서는 직렬로, 부하에 대해서는 병렬로 동작하는 푸시풀 회로(합성 부하 : $R_L/2$)

* SEPP 회로를 사용하면 트랜지스터의 출력을 변압기를 거치지 않고 직접 스피커의 Voice coil에 접속할 수 있다.

58 납땜이 잘 되지 않는 알루미늄 납땜에 이용되는 초음파 성질은?

① 초음파 응집　② 초음파 굴절
③ 초음파 탐상　④ 초음파 진동

해설 **초음파 진동**
납땜이 잘 되지 않는 알루미늄 납땜에 이용되는 초음파의 성질로서, 초음파 용접에 이용된다.
* 초음파 용접 : 파동의 전자 방향에 수직인 방향으로 입자가 진동하는 횡진동을 이용하여 압력과 마찰에 의해서 용접하는 것으로, 알루미늄 표면에 납땜을 할 수 있다. 그리고 초음파 용접기가 보통 전기 용접기보다 우수한 점은 마찰력을 이용한 것이다.

59 자동 제어 장치로부터 제어 대상으로 보내지는 것을 무엇이라 하는가?

① 제어량　② 설정량
③ 목표량　④ 조작량

해설 **조작량**
- 제어를 하기 위해 제어 대상에 가하는 양을 말한다.
- 제어 대상은 기계, 프로세스, 시스템 등에서 제어 대상이 되는 전체 또는 부분을 말한다.

60 다음 중 배리스터(varistor)가 이용되지 않는 것은?

① 온도 보상 장치
② 회로의 전압 조정
③ 낙뢰로부터 통신 기기의 보호
④ 스파크를 제거함으로써 접점 보호

해설 **배리스터(varistor)**
- 배리어블(variable)과 레지스터(resistor)가 합쳐진 의미로서, 전압에 의해서 저항이 크게 변하는 소자이다. 이것은 온도에 의한 저항 변화가 서미스터보다 작지만 과부하에 강하다.
- 용도 : 송전선, 통신 선로의 피뢰침, 전자 기기, 통신 기기의 보호 회로 등에 이용

정답 58. ④ 59. ④ 60. ①

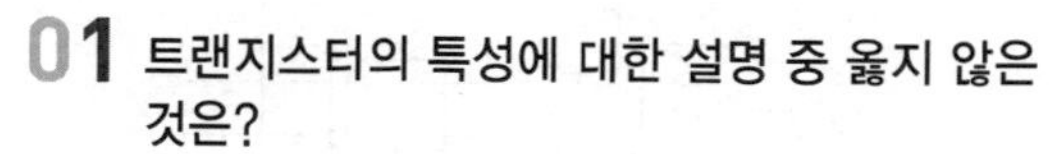

2013. 07. 21. 기출문제

01 트랜지스터의 특성에 대한 설명 중 옳지 않은 것은?

① 트랜지스터는 전류를 증폭하는 소자이다.
② 트랜지스터의 전류 이득은 h_{fe}로 일반적으로 표기한다.
③ 트랜지스터의 전류 이득은 컬렉터의 전류에 따라 변한다.
④ 트랜지스터의 전류 이득은 접합부의 온도가 증가하면 감소한다.

해설 **트랜지스터의 특성**

- 트랜지스터는 2개의 PN 접합으로 베이스, 이미터, 컬렉터의 3부분의 영역을 가지는 3단자 소자로서, 전류의 흐름이 전자와 정공의 두 전하에 의해 전도되므로 BJT(Bipolar Junction Transistor) 또는 쌍극 접합 트랜지스터라고 한다.
- 트랜지스터는 기본적으로 비선형 소자이므로 2개의 PN 접합을 외부에서 직류 전원을 사용하여 활성 모드로 바이어스(bias)시키면 선형 증폭기로서 동작한다. 따라서, 트랜지스터는 바이어스 전압에 의해 소수 캐리어의 베이스 전류로 다수 캐리어 컬렉터 전류를 제어하므로 전류 제어형 소자라고 한다. 즉, 트랜지스터는 전류를 증폭하는 소자로서 전류 이득은 컬렉터 전류에 따라 변한다.
- 이미터 접지 트랜지스터의 h파라미터는 h_{ie}, h_{fe}, h_{re}, h_{oe}로 나타낸다. 여기서, h_{fe}는 전류 이득을 나타낸 것으로, 순방향 전달 전류비 파라미터라고 한다.
- 트랜지스터는 주위 온도가 상승하면 컬렉터-베이스(CB) 접합부의 온도가 상승하여 I_C 및 I_{CO}의 증가를 초래하므로 트랜지스터의 특성이 변화하여 β의 값이 변동하므로 전류 이득(h_{fe})이 증가한다.

02 정보가 부호화되어 있는 변조 방식은?

① PAM ② PWM
③ PCM ④ PPM

해설 **펄스 부호 변조(PCM : Pulse Code Modulation)**

신호의 표본값에 따라 펄스의 높이를 일정한 진폭을 갖는 펄스열로 부호화하는 과정을 PCM이라고 한다. PCM은 펄스 변조의 일종이지만, 아날로그 신호의 표본화된 펄스열의 높이를 부호화(coding)하여 디지털 신호(A/D 변환)로 변환시키는 전송 방식이다. 즉, PCM은 A/D 변환기로 아날로그 신호를 3단계의 분리 과정(표본화 → 양자화 → 부호화)에 의하여 디지털 신호로 변환시킨다.

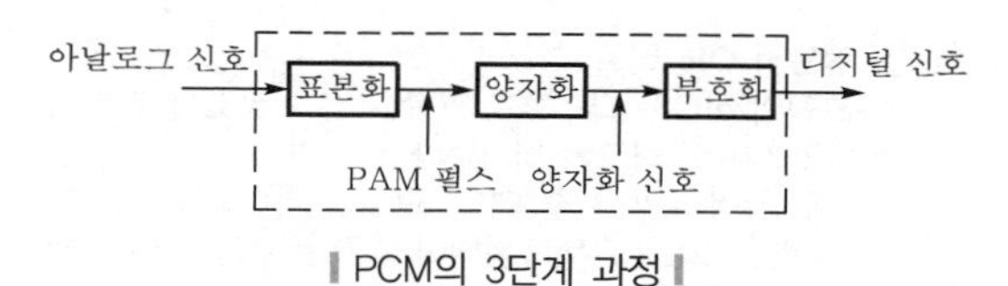

| PCM의 3단계 과정 |

03 전자 유도에 의한 유도 기전력의 방향을 정하는 법칙은?

① 렌츠의 법칙
② 패러데이 법칙
③ 앙페르의 법칙
④ 플레밍의 오른손 법칙

해설 **렌츠의 법칙**

유도 전압과 전류의 방향을 결정하는 법칙으로, 전자 유도에 의해서 코일에 발생되는 기전력은 그 기전력에 의해서 흐르는 전류가 코일 내 자속의 변화를 방해하는 방향으로 발생한다.

04 과변조(over modulation)한 전파를 수신하면 어떤 현상이 발생하는가?

① 음성파 출력이 크다.
② 음성파 전력이 작다.
③ 검파기가 과부화된다.
④ 음성파가 많이 일그러진다.

해설 **과변조(over modulation)**

변조도 $m>1$일 때 전파를 수신하면 신호파의 진폭이 반송파의 진폭보다 커져서 검파(복조)해서 얻는 신호는 원래 신호파와는 달리 일그러짐이 발생하며 주파수 대역이 넓어져 인근 통신에 의한 혼신이 증가하게 된다.

정답 01. ④ 02. ③ 03. ① 04. ④

05 그림과 같은 회로에 대한 것으로 옳은 것은?

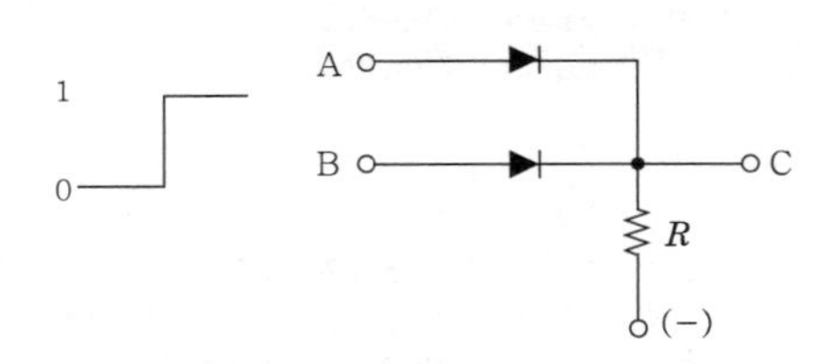

① 정논리 AND ② 부논리 AND
③ 정논리 OR ④ 부논리 OR

해설 정논리 OR 회로

그림의 회로는 다이오드 조합 논리 회로로서, 정논리 OR 게이트 회로를 나타낸다.

- 두 입력 A와 B 중 어느 하나라도 논리 '1'의 상태이면, 다이오드가 도통되어 출력은 논리 '1'의 상태가 된다.
- 두 입력 A와 B가 논리 '0'의 상태이면, 다이오드는 모두 개방 상태가 되어 출력은 논리 '0'의 상태가 된다.

* 논리식 $Y=A+B$

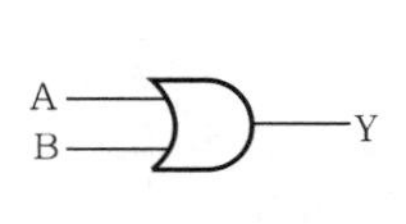

(a) 논리 기호

입력		출력
A	B	Y
0	0	0
0	1	1
1	0	1
1	1	1

(b) 진리표

06 JK 플립플롭에서 클록 펄스가 인가되고 J, K 입력이 모두 1일 때 출력은?

① 1 ② 반전
③ 0 ④ 변함없음

해설 JK 플립플롭(JK flip-flop)

- 그림 (a)와 같이 플립플롭의 입력 AND 게이트에 출력으로부터 귀환(feed back) 입력을 가해 줌으로써 JK 플립플롭을 만들 수 있다.
  S의 입력을 J 입력, R의 입력을 K 입력이라 하며 이 플립플롭을 JK 플립플롭이라 한다.
- RS 플립플롭과 마찬가지로 2개의 입력과 2개의 출력을 갖는다. RS 플립플롭에서는 $R=1$, $S=1$인 입력이 들어오면 불확실한 상태로 되나 JK 플립플롭에서는 $J=1$, $K=1$의 입력이 들어와도 확실한 출력 상태를 나타낼 수 있다. 따라서, 동시에 2개의 신호가 들어와도 상관없다.
- $J=1$, $K=1$ 입력이 동시에 가해지면 귀환 신호가 논리 '1'인 쪽만 받아들이기 때문에 플립플롭이 어떠한 상태에 있느냐에 따라서 상태가 결정된다.
  즉, $J=1$, $K=1$ 입력이 $Q=1$일 때 들어오면 $Q=0$으로 변화되고, $Q=0$일 때 들어오면 $Q=1$로 반전된다. 이와 같이 클록 펄스(CP)가 들어올 때마다 플립플롭의 상태가 반전되는 것을 토글(toggle)된다고 한다.
  따라서, $J=1$, $K=1$ 입력은 항상 플립플롭의 상태를 반전(complementing)시키는 작용을 하게 된다.

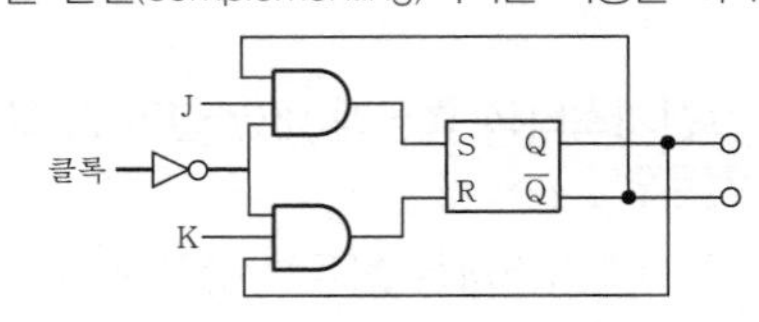

(a) 논리 회로

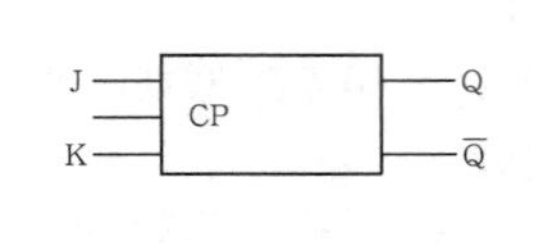

(b) 논리 기호

J	K	Q_{n+1}
0	0	Q_n
0	1	0
1	0	1
1	1	$\overline{Q}$

(c) 진리표

07 트라이액(TRIAC)에 관한 설명 중 옳지 않은 것은?

① 쌍방향성 소자이다.
② 교류 제어에 사용한다.
③ (+) 또는 (−) 전류로 통전시킬 수 있다.
④ 게이트 전압을 가변하여 부하 전류를 조절한다.

해설 트라이액(TRIAC : Bidirectional Triode Thyrister)

트라이액은 SCR을 역병렬로 접속하고 게이트(G)를 1개로 한 것과 같은 기능을 가지고 있으며 5층의 PN 접합에 의하여 3단자 교류 스위치로 교류 전력을 제어하는 쌍방향성 전력용 소자이다.

[특징]

- 제어 회로가 간단하고, 교류 전력 제어에 적합하다.
- 비교적 약한 전력으로 동작시킬 수 있다.
- 게이트가 있어 정(+), 부(−) 어느 극성의 게이트 신호라도 트리거시킬 수 있다.

* 주전극이나 게이트 전극에 가해지는 극성에 관계없이 게이트에 신호를 가하면 Turn-on되고, 신호를 제거하거나 신호의 위상이 바뀔 때 Turn-off된다.

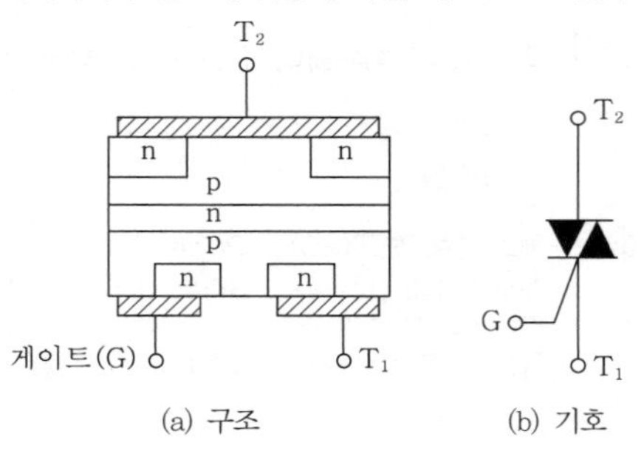

(a) 구조 (b) 기호

정답 05. ③ 06. ② 07. ④

08 다음 중 이상적인 연산 증폭기의 특성으로 적합하지 않은 것은?

① 입력 저항이 무한대이다.
② 동상 신호 제거비가 0이다.
③ 입력 오프셋 전압이 0이다.
④ 오픈 루프 전압 이득이 무한대이다.

해설 **이상적인 연산 증폭기(ideal OP Amp)의 특징**
- 입력 저항 $R_i = \infty$
- 출력 저항 $R_0 = 0$
- 전압 이득 $A_v = -\infty$
- 동상 신호 제거비가 무한대($\mathrm{CMRR} = \infty$)
- $V_1 = V_2$일 때 V_0의 크기에 관계없이 $V_0 = 0$
- 대역폭이 직류(DC)에서부터 무한대일 것
- 입력 오프셋(offset) 전류 및 전압은 0일 것
- 개방 루프(open loop) 전압 이득이 무한대일 것
- 특성은 온도에 대하여 드리프트(drift)되지 않을 것

09 그림의 파형 A, B가 AND 게이트를 통과했을 때의 출력 파형은?

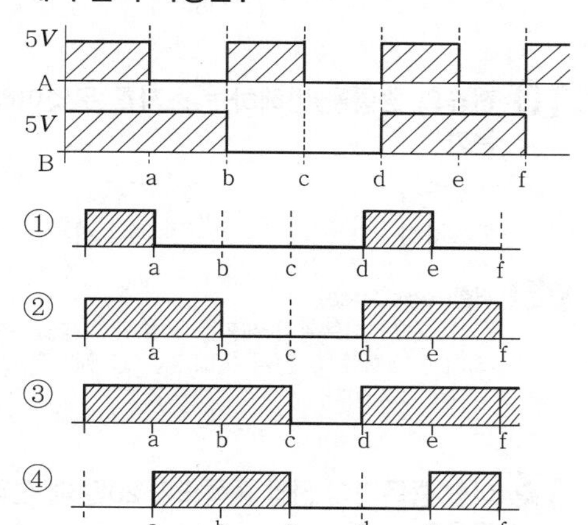

해설 **논리곱(AND) 회로**
두 입력 A와 B가 모두 논리 '1'(5[V])인 경우에만 출력이 논리 '1'(5[V])이 되는 회로로서, AND 게이트라고 한다.
* 논리식 $\mathrm{Y} = \mathrm{A} \cdot \mathrm{B}$

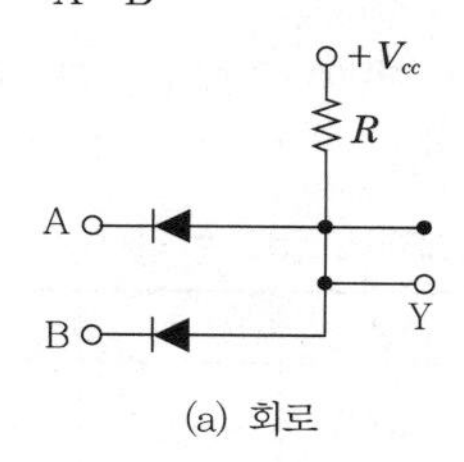

(a) 회로

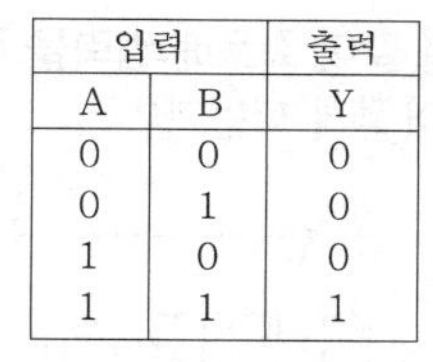

입력		출력
A	B	Y
0	0	0
0	1	0
1	0	0
1	1	1

(b) 진리표

그림의 파형에서 두 입력 A와 B의 5[V] 파형이 동시에 AND 게이트에 가해졌을 경우 다이오드가 모두 개방 상태가 되어 AND 게이트의 출력 파형은 보기 ①과 같이 A와 B가 겹쳐진 5[V]의 출력 파형을 얻을 수 있다.

10 회로에서 다음과 같은 조건일 때 동작 상태를 가장 잘 나타낸 것은? (단, $R_1 = R_2 = R_3 = R$이고, $R > R_f$이다)

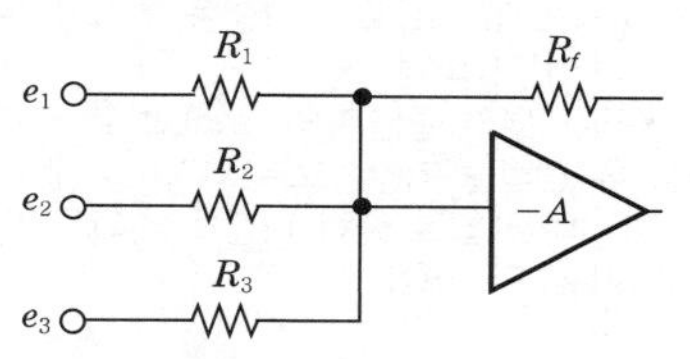

① 반전 가산 증폭기
② 반전 가산 감쇄기
③ 반전 차동 증폭기
④ 반전 차동 감쇄기

해설 **반전 가산 감쇄기**
그림의 연산 증폭 회로는 아날로그 컴퓨터에서 가장 많이 사용되는 반전 가산기 회로이다. 각각의 입력 신호(e_1, e_2, e_3)에 상수가 곱해진 다음 합해져서 출력으로 나타나므로, 더 많은 수의 입력을 가해주면 출력도 그만큼 증가하는 결과가 된다. 그리고 가상 접지 때문에 입력 신호 사이에는 상호 작용이 거의 없다.
가상 접지가 연산 증폭기의 입력에 존재하므로, 각 신호 입력에 흐르는 전류 i는

$i = \dfrac{e_1}{R_1} + \dfrac{e_2}{R_2} + \dfrac{e_3}{R_3}$에서

출력 $e_o = -R_f i = -\left(\dfrac{R_f}{R_1}e_1 + \dfrac{R_f}{R_2}e_2 + \dfrac{R_f}{R_3}e_3\right)$

만약, $R_1 = R_2 = R_3 = R_f$이면 출력 $e_o = -(e_1 + e_2 + e_3)$가 되어 부호가 반전된다.
* 여기서 조건이 $R_1 = R_2 = R_3 = R$이고 $R > R_f$이면 반전 가산 감쇄기를 나타낸다. 그리고 각 입력 신호(e_1, e_2, e_3)는 위상 반전이 일어나는 증폭기에 의해 증폭된 다음 서로 합해진 것으로, 입력 신호의 수가 증가하면 출력도 그만큼 감소하는 결과가 된다.

정답 08. ② 09. ① 10. ②

11 그림과 같이 회로에 입력을 주었을 때 출력 파형은 어떻게 되는가?

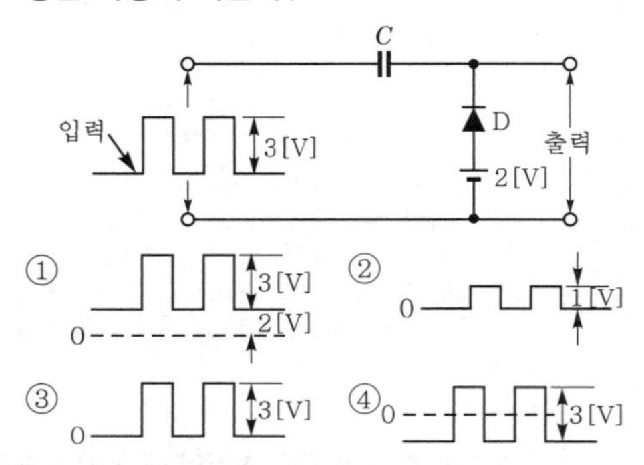

해설 **직류 부가 클램프(clamper) 회로**

- 직류 부가 클램프(순 bias) 회로 : 다이오드 D에 직류 전압을 순방향으로 부가하여 접속한 것으로, 정(+)의 레벨로 출력 파형을 추이시키는 회로이다(보기 ①의 파형).
- 직류 부가 클램프(역 bias) 회로 : 다이오드 D에 직류 전압을 역방향으로 부가하여 접속한 것으로, 부(−)의 레벨로 출력 파형을 추이시키는 회로이다(보기 ④의 파형).

12 그림과 같은 회로에서 2[Ω]의 단자 전압은 몇 [V]인가?

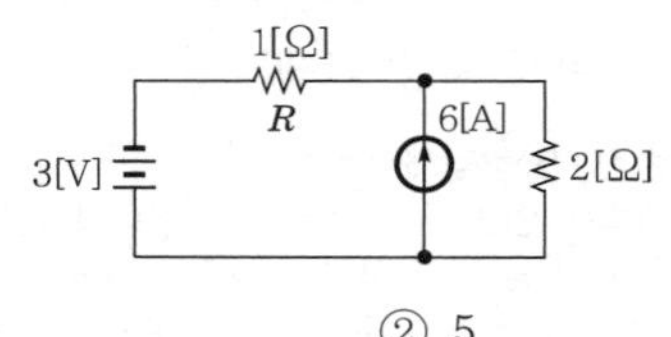

① 4　　② 5
③ 6　　④ 7

해설 **중첩의 원리(principle of superposition)**

선형 회로망에서 2개 이상의 전원을 포함하는 회로에서 각 전원을 독립적으로 취급하여 전압과 전류의 해(解)를 찾는데 사용되는 원리이다. 이것은 각 독립 전원에서 나타나는 전압과 전류를 구하고 그 결과들을 합하여 구하는 방식으로, 이 원리를 적용하기 위한 조건은 그림 (a)와 같이 전압 전원을 제거할 때는 단락시키고 전류 전원을 제거할 때는 개방시켜야 한다.

- 전원의 조건

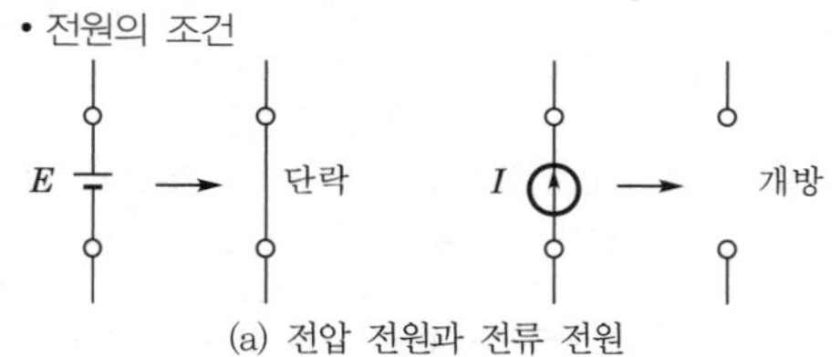

(a) 전압 전원과 전류 전원

- 회로의 해석

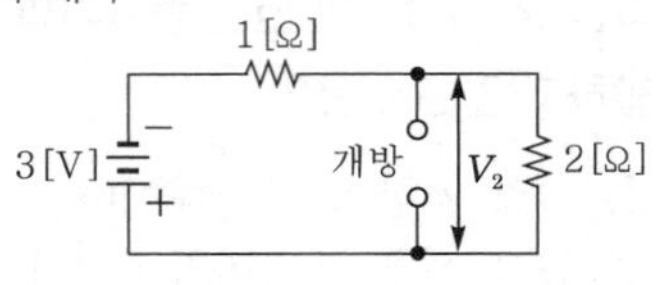

(b) 전류 전원 제거

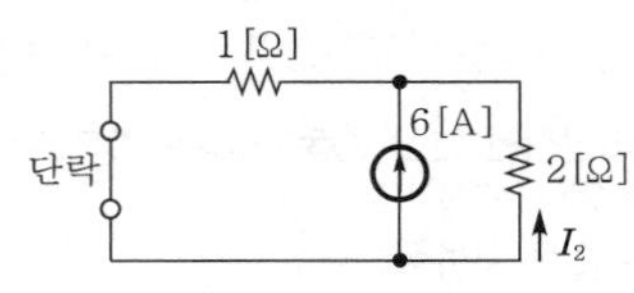

(c) 전압 전원 제거

그림 (b)에서 2[Ω]의 단자 전압

$V_2' = \frac{2}{1+2} \times 3 = 2$[V]

그림(c)에서 2[Ω]에 흐르는 전류

$I_2 = \frac{1}{1+2} \times 6 = 2$[A]

여기서, 2[Ω]의 단자 전압

$V_2'' = 2[A] \times 2[\Omega] = 4$[V]

따라서, 2[Ω]의 단자 전압은 다음과 같다.

$V_2 = V_2' + V_2'' = 2 + 4 = 6$[V]

13 전류의 흐름을 방해하는 소자를 무엇이라 하는가?

① 전압　　② 전류
③ 저항　　④ 콘덴서

해설 **저항(resistance)**

전기 · 전자 회로에서 저항은 전류의 흐름을 방해(억제)하는 소자로서, 전기 에너지를 열 에너지로 소비시키는 소자이다.

14 어떤 증폭기의 전압 증폭도가 20일 때 전압 이득은?

① 10[dB]　　② 13[dB]
③ 20[dB]　　④ 26[dB]

해설 전압 이득 $G = 20\log_{10} A$[dB]에서

$\therefore\ G = 20\log_{10} 20$

$= 20(\log_{10} 2 + \log_{10} 10) = 26$[dB]

* 20=2 × 10
↓ ↓
6[dB]+20[dB]=26[dB]

x	2	3	4	5
전압 $20\log x$	6[dB]	9.5[dB]	12[dB]	14[dB]

정답 11. ① 12. ③ 13. ③ 14. ④

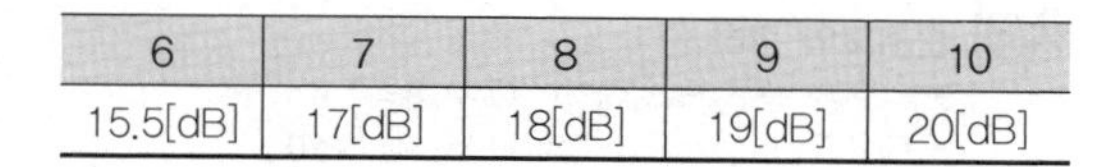

6	7	8	9	10
15.5[dB]	17[dB]	18[dB]	19[dB]	20[dB]

15 다음 그림과 같은 부귀환 증폭기의 일반적인 특성이 아닌 것은?

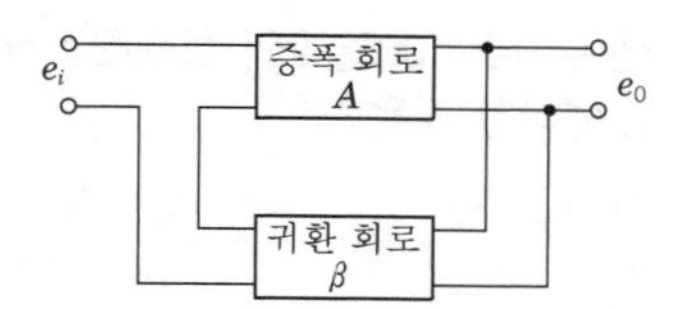

① 부귀환 증폭기의 동작은 $|1-A\beta|<1$인 때를 말한다.
② 부귀환을 충분히 시켰을 때, 즉 $A\beta \gg 1$이면 주파수 특성이 좋아진다.
③ 비직선 일그러짐을 감소시킨다.
④ 잡음을 감소시킨다.

해설 그림의 회로는 귀환 신호(β)를 입력 전압원과 직렬로 접속한 전압 직렬 귀환 회로로서, 입력 저항이 크고 출력 저항은 작다.
대부분 종속 증폭기에서는 입력 임피던스가 높고 출력 임피던스는 낮아야 한다. 따라서, 전압 직렬 귀환을 사용하면 이러한 두 가지 특성을 다 얻을 수 있다.
[부귀환(음되먹임) 증폭기의 특성]
- 이득의 안정
- 일그러짐의 감소(주파수 일그러짐, 위상 일그러짐, 비직선 일그러짐)
- 잡음의 감소
- 부귀환에 의해서 증폭기의 전압 이득은 감소하나, 대역폭이 넓어져서 주파수 특성이 개선된다(상한 3[dB] 주파수를 대역폭으로 사용한다).

* 부귀환 증폭도 $A_f = \dfrac{A}{1-\beta A}$에서 $|1-\beta A|>1$일 때 $|A_f|<|A|$로서 증폭도는 귀환에 의해서 감소한다.

16 쌍안정 멀티바이브레이터에 대한 설명으로 적합하지 않은 것은?

① 구형파 발생 회로이다.
② 2개의 트랜지스터가 동시에 ON한다.
③ 입력 펄스 2개마다 1개의 출력 펄스를 얻는 회로이다.
④ 플립플롭 회로이다.

해설 **쌍안정 멀티바이브레이터(bistable multivibrator)**
- 결합 콘덴서를 사용하지 않고 2개의 트랜지스터를 직류(DC)적으로 결합시킨 것으로, 2개의 안정 상태를 가지는 회로이다.
- 트리거 펄스가 들어올 때마다 on, off 상태가 되며 2개의 트리거 펄스에 의해 하나의 구형파를 발생시킬 수 있다. 즉, 2개의 입력 트리거 펄스가 들어올 때 1개의 출력 펄스를 내는 회로로서, 이 회로를 플립플롭(flip-flop)이라 한다.
- 전자 계산기의 기억 회로, 2진 계수기 등의 디지털 기기의 분주기로 이용된다.

17 컴퓨터의 기억 장치에서 번지가 지정된 내용은 어느 버스를 통해서 중앙 처리 장치로 가는가?

① 제어 버스
② 데이터 버스
③ 어드레스 버스
④ 입 · 출력 포트 버스

해설 **데이터 버스(data bus)**
CPU에서 기억 장치나 입 · 출력 장치의 데이터를 송출하거나 반대로 기억 장치나 입 · 출력 장치에서 CPU에 데이터를 읽어들일 때 필요한 전송로를 말한다.
이 버스는 CPU와 기억 장치 또는 입 · 출력 장치 간에 어떤 곳으로도 데이터를 전송할 수 있으므로 양방향 버스라고 한다.

18 컴퓨터의 주기억 장치와 주변 장치 사이에서 데이터를 주고 받을 때 둘 사이의 전송 속도 차이를 해결하기 위해 전송할 정보를 임시로 저장하는 고속 기억 장치는?

① Address ② Buffer
③ Channel ④ Register

해설 **버퍼(buffer)**
컴퓨터의 주기억 장치와 주변 장치 사이에서 데이터를 주고받을 때 각 장치들 사이의 전송 속도 차로 인해 발생되는 문제점을 해결할 수 있는 고속의 임시 기억 장치를 말한다. 이것은 서로 다른 두 장치 사이에서 데이터를 전송할 경우에 전송 속도나 처리 속도의 차를 보상하여 양호하게 결합할 목적으로 사용되는 임시 기억 영역을 말하며 버퍼를 이용하면 처리 속도가 빨라지므로 느린 시스템 구성 요소의 동작을 기다리는 동안 유용하게 사용된다.

19 채널(channel)의 종류로 옳게 묶인 것은?

① 다이렉트(direct) 채널과 멀티플렉서 채널
② 멀티플렉서 채널과 블록 멀티플렉서 채널
③ 실렉터 채널과 스트로브(strobe) 채널
④ 스트로브 채널과 다이렉트 채널

정답 15. ① 16. ② 17. ② 18. ② 19. ②

해설 **채널(channel)**

주기억 장치와 입·출력 장치 사이의 데이터 전송을 담당하는 특수 목적의 마이크로프로세서로서, CPU 대신에 입·출력 장치를 독립적으로 직접 제어하는 전용 처리 장치이다. 이것은 입·출력 장치의 느린 동작 속도를 CPU와 동기가 되도록 조정하여 입·출력 장치의 동작 속도와 CPU의 실행 속도 차를 줄이기 위하여 사용한다.

이러한 채널의 기능에 의해서 CPU는 입·출력을 조작하는 시간에 연산 처리를 동시에 할 수 있으므로 컴퓨팅 시스템(computing system)의 모든 구성 장치를 유용하게 이용할 수 있고 처리 능력을 대폭 향상시킬 수 있다. 따라서, 채널을 서브 컴퓨터(sub computer)라고도 부른다.

[채널의 종류]

- 선택 채널(selector channel) : 하나의 보조 채널만 가지고 있는 것으로, 한번에 1개의 입·출력 장치에만 데이터를 전송할 수 있다.
- 멀티플렉서 채널(multiplexer channel) : 여러 개의 보조 채널을 가지고 있는 것으로, 한번에 여러 개의 입·출력 장치에 데이터를 전송할 수 있다.

20 BCD 코드 0001 1001 0111을 10진수로 나타내면?

① 195　② 196
③ 197　④ 198

해설 **BCD 코드(Binary Coded Decimal : 2진화 10진 코드)**

2진수를 사용하여 10진수를 표현하는 가장 보편적인 코드로서, 2진화 10진 코드라고 한다. 이것은 10진수의 0에서 9까지의 숫자를 각 자리 마다 4비트씩 할당하여 1자리씩의 값을 8, 4, 2, 1로 나타내어 2진수로 표현하는 방법으로 각 비트가 4개의 자리 중 왼쪽부터 $2^3=8$, $2^2=4$, $2^1=2$, $2^0=1$의 자리 값(weight)을 가지므로 8421코드 또는 웨이티드 코드(weight code)라고 부른다.

BCD 코드 : 0001 1001 0111
↓ ↓ ↓
10 진수 : 1 9 7

∴ $(0001\ 1001\ 0111)_{BCD} \rightarrow (197)_{10}$

21 순서도는 일반적으로 표시되는 정도에 따라 종류를 구분하게 되는데 다음 중 순서도 종류에 해당되지 않는 것은?

① 시스템 순서도(system flowchart)
② 일반 순서도(general flowchart)
③ 세부 순서도(detail flowchart)
④ 실체 순서도(entity flowchart)

해설 **순서도의 종류**

- 시스템 순서도(system flowchart)
- 프로그램 순서도(program flowchart)
- 일반 순서도(general flowchart)
- 상세 순서도(detail flowchart)
- 진행 순서도(process flowchart)

22 2진수 100100을 2의 보수(2's complement)로 변환한 것은?

① 011100　② 011011
③ 011010　④ 010101

해설 **2진수의 2의 보수**

2진수의 1의 보수에 1을 더한 것과 같다.
(100100)의 1의 보수는 (011011)이므로

```
  011011
+      1
--------
  011100
```

∴ (100100) —2의 보수→ (011100)

23 다음 중 C언어의 관계 연산자가 아닌 것은?

① <<　② >=
③ ==　④ >

해설 **C언어의 관계 연산자**

- > : 크다.
- <= : 작거나 같다.
- >= : 크거나 같다.
- < : 작다.
- == : 같다.
- != : 같지 않다.

24 가상 기억 장치(virtual memory)의 개념으로 가장 적합한 것은?

① 기억 장치를 분할한다.
② Data를 미리 주기억 장치에 넣는다.
③ 많은 Data를 주기억 장치에서 한번에 가져오는 것을 의미한다.
④ 프로그래머가 필요로 하는 주소 공간보다 작은 주기억 장치의 컴퓨터가 큰 기억 장치를 갖는 효과를 준다.

해설 **가상 기억(virtual memory)**

디스크 장치의 메모리를 주기억 장치와 같이 사용할 수 있도록 하여 실제 메모리보다 더 큰 용량의 메모리를 구현할 수 있도록 한 메모리

정답 20. ③ 21. ④ 22. ① 23. ① 24. ④

25 다음 중 객체 지향 언어에 속하지 않는 것은?

① COBOL
② Delphi
③ Power builder
④ JAVA

해설 **객체 지향 언어**

데이터나 정보의 표현에 비중을 둔 언어로서, 절차적인 언어와는 반대적인 개념의 언어이다.
객체 지향 언어가 도입되기 전의 대부분 언어는 프로그램의 프로세스 흐름을 표현하는 데 비중을 둔 반면에 객체 지향의 언어는 점진적 프로그램 개발의 용의성이 있고 요구 사항의 변화에 대해 안정적으로 대응할 수 있는 언어이다.
대표적인 객체 지향 언어는 JAVA, C++, 닷넷, C#, 파워빌더(power builder) 등이 있다.

* COBOL(Common Business Oriented Language) : 컴퓨터의 프로그래밍을 쉽게 하기 위하여 사무 데이터 처리를 위해서 설계된 프로그램 언어이며 1959년 미국 국방성을 중심으로 결성된 프로그램 언어로서, 그룹 CODASYL(Conference on Data System Language)에 의해 탄생되어 개발하게 되었다.
COBOL을 사용하면 컴퓨터의 기종에 관계없이 처리해야 할 문제에 따라서 영어에 가까운 언어로 프로그래밍을 가능하게 하였다. 어셈블리 언어가 기계 지향 언어인 것에 대해서 문제 지향(problem oriented) 언어라는 특색을 가지고 있다.

26 다음 중 고정 소수점 표현 방식의 설명으로 옳은 것은?

① 부호, 지수부, 가수부로 구성되어 있다.
② 2의 보수 표현 방법을 많이 사용한다.
③ 매우 큰 수와 작은 수를 표시하기에 편리하다.
④ 연산이 복잡하고 시간이 많이 걸린다.

해설 **고정 소수점 표현(fixed point representation) 방식**

- 소수점의 위치가 특정 위치에 고정해서 표현하는 방식으로, 이 방법으로 표현되는 수를 고정 소수점 수(fixed point number)라 한다.
- 고정 길이 4byte를 기준으로 짧은 데이터를 감안하여 반단어(half word : 2byte) 형식과 전단어(full word : 4byte) 형식으로 나누어 표현되므로 전단어가 필요 없는 연산에서는 반단어를 사용할 수 있어 효율적이다.
- 한정된 메모리에서 부동 소수점 방식보다 좁은 범위의 수만 나타낼 수 있다.
- 10진수 연산에 비하여 속도가 빠르다.
- 고정 소수점수로 음수를 나타내려면 부호 비트(sign bit)를 1로 하고 정수는 2의 보수로 표현한다.

27 다음 카르노 맵의 표현이 바르게 된 것은?

AB \ CD	00	01	11	10
00	1	1	1	1
01	0	1	1	0
11	0	1	1	0
10	0	1	1	0

① $Y=\overline{A}\overline{B}+D$　　② $Y=A\overline{B}+\overline{D}$
③ $Y=\overline{A}\overline{B}+\overline{D}$　　④ $Y=AB+D$

해설 **카르노 맵(Karnaugh map)**

카르노 맵 또는 카르노 도표는 복잡한 논리식을 간소화하는 데 이용하는 것으로, 각 입력 상태에 따른 출력 '1'을 만드는 데 필요한 표시도를 말한다. 일반적으로 2변수, 3변수, 4변수 카르노 맵이 사용된다.

* 카르노 맵을 공통으로 묶을 때는 2^n승으로 묶는다(2, 4, 8, 16, 32). 반드시 직사각형이나 정사각형으로 묶는다. 그리고 두 변수 이상을 가진 변수는 빼 버리는 것이 카르노 맵의 규칙이다.

$\therefore Y=\overline{A}\overline{B}\overline{C}+\overline{A}\overline{B}C+D$
$=\overline{A}\overline{B}+D$

AB \ CD	00	01	11	10
00	1	1	1	1
01	0	1	1	0
11	0	1	1	0
10	0	1	1	0

D

28 다음 보기는 어떤 명령어 실행 주기인가? (단, EAC : 끝자리 올림과 누산기라는 의미)

$q_1C_2t_0$: MAR ← MBR(AD)
$q_1C_2t_1$: MBR ← M
$q_1C_2t_2$: EAC ← AC + MBR

① 덧셈(ADD)　　② 뺄셈(SUB)
③ 로드(LDA)　　④ 스토어(STA)

정답 25. ① 26. ② 27. ① 28. ①

해설 덧셈(ADD) 명령어
MBR를 MAR로 불러와서 MBR를 AC와 더한 다음 (AC+MBR) EAC로 불러오는 실행 주기이다.

29 계수형 주파수계에서 게이트의 시간이 0.02초인데 그 동안의 펄스 카운터가 1,000이라면 피측정 주파수는?

① 500[Hz] ② 5[kHz]
③ 50[kHz] ④ 500[kHz]

해설 피측정 주파수

$f_x = \frac{N}{t}$[Hz]

$\therefore\ f_x = \frac{1,000}{0.02}$=50[kHz]

여기서, N : 반복 횟수, t : 시간[sec]

30 다음 중 가장 높은 주파수를 측정할 수 있는 계기는?

① 동축 주파수계
② 흡수형 주파수계
③ 헤테로다인 주파수계
④ 전류력계형 주파수계

해설 동축 주파수계(동축 파장계)
동축선의 공진 특성을 이용한 것으로, 비교적 Q가 큰 공진기라고 할 수 있다. 구조가 간단하고 취급이 편리하며 파장 측정법의 원리를 이용하므로 파장계라고도 한다.
* 측정 범위 : 2,500[MHz] 정도까지의 UHF대(파장 10 ~ 100[cm])

31 Q미터 구성 요소가 아닌 것은?

① 발진부
② 입력 감시부
③ 동조 회로부
④ 조절부

해설 Q미터는 고주파대에서 코일 또는 콘덴서의 Q를 측정할 수 있으며 코일의 인덕턴스와 분포 용량, 콘덴서의 정전 용량과 손실, 고주파 저항, 절연물의 유전율과 역률 등을 측정할 수 있다.
[Q 미터의 구성 요소]
• 고주파 발진기(RF OSC)
• 동조 회로부
• 고주파 전류계(입력 감시부)
• 전자 전압계(V V)

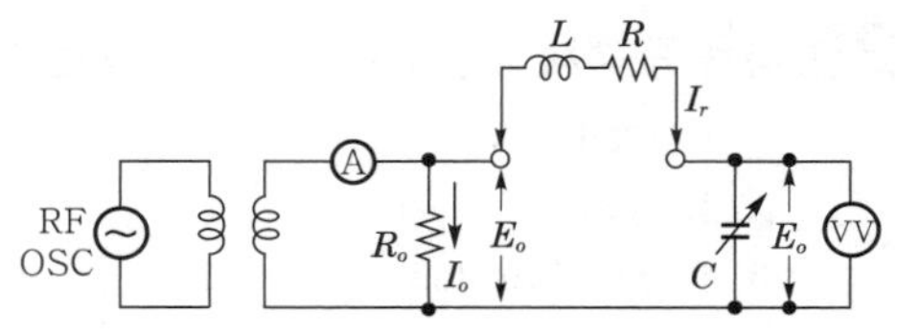

RF OSC : 고주파 발진기
A : 고주파 전류계
V V : 전자 전압계(진공관 전압계)
C : 표준 가변 콘덴서

32 큰 제동을 필요로 하는 기록 계기나 정전형 계기에 쓰이는 제동 장치는?

① 공기 제동
② 액체 제동
③ 전자 제동
④ 맴돌이 전류 제동

해설 제동 장치(damping device)
제어 토크와 구동 토크가 평행되어 정지하고자 할 때 진동 에너지를 흡수시키는 장치로서, 가동 부분이 정지하면 제동 토크는 '0'이 된다.
[제동 장치의 종류]
• 공기 제동 : 지시 계기에 사용
• 액체 제동 : 정전형 계기, 기록 계기에 사용
• 맴돌이 전류 제동 : 가동 코일형 계기, 적산 전력계에 사용

33 각종 무선 기기의 주파수 특성이나 수신기의 중간 주파 증폭기의 특성을 관측할 때 사용되는 발진기는?

① 이상 발진기 ② 음차 발진기
③ 비트 발진기 ④ 소인 발진기

해설 소인 발진기(sweep generator)
• 소인 발진기는 수신기의 중간 주파수 증폭기의 특성, 주파수 변별기 또는 광대역 증폭 회로 등 각종 무선 주파 회로의 주파수 특성을 관측하기 위하여 사용하는 발진기이다.
• 그 주파수가 주어진 주파수의 범위($f_1 \sim f_2$) 사이를 주기적으로 주파수가 일정한 시간율로 반복하여 발진 주파수를 변화시키는 시간축 발진기로서, 리액턴스관을 통하여 FM 변조시켜 톱니파를 발생시킨다.
• 소인 발진기의 출력을 검파하여 오실로스코프의 수직축에 넣고 수평축에는 톱니파 주기와 일치하는 전압을 가하면 CRT상에서 중간 주파 증폭기의 주파수 특성을 나타낼 수 있다.

정답 29. ③ 30. ① 31. ④ 32. ② 33. ④

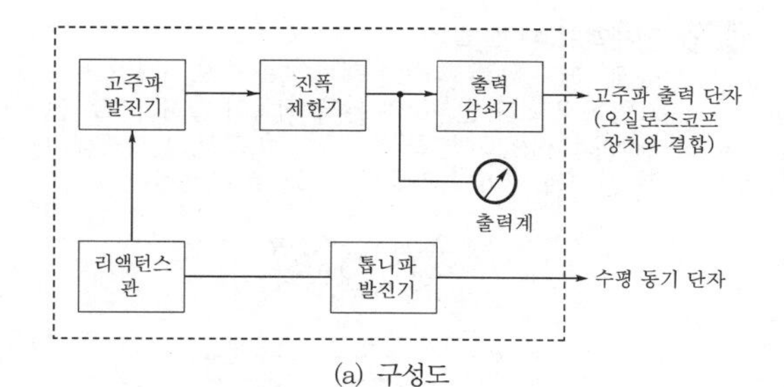

(a) 구성도

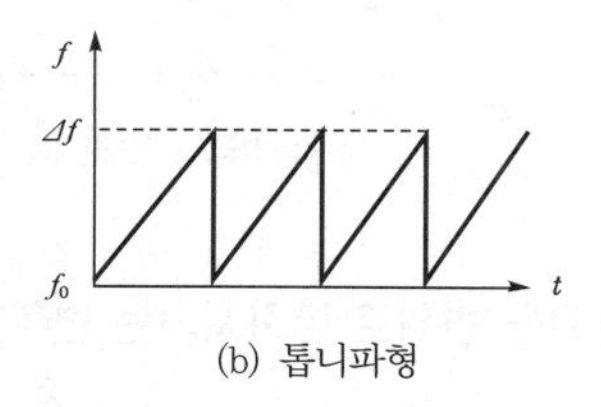

(b) 톱니파형

34 측정값을 M, 참값을 T라 할 때 오차(error)를 올바르게 표현한 것은?

① $\frac{M-T}{2}$　　② $\frac{M+T}{2}$

③ $M-T$　　④ $M+T$

해설 **오차(error)**

피측정량의 측정값 M과 참값 T의 차를 측정의 오차라 한다.

오차 $\varepsilon = M - T$

35 전압계와 전류계의 연결 방법으로 가장 적합한 것은? (단, A : 전류계, V : 전압계)

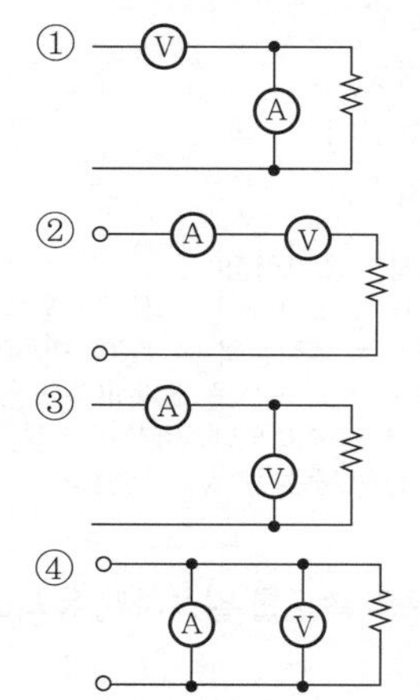

해설 ③의 그림 회로는 전압계에 손실이 있으므로 저전압 대전류(R이 작을 때)의 측정에 적합하다.

$$P = VI - \frac{V^2}{r_v} = V\left(I - \frac{V}{r_v}\right)[\text{W}]$$

- 전압 측정에서 전압계는 부하와 병렬로 연결하여 측정하고, 전류 측정에서 전류계는 부하와 직렬로 연결하여 측정한다.
- 전압 측정에서 전압계의 내부 저항이 무한대일 때 이상적인 전압을 측정할 수 있다.

36 수신기의 감도를 측정할 때 의사 안테나에 변조파를 인가하는 것은?

① 펄스 발진기(pulse generator)

② 함수 발진기(function generator)

③ 저주파 발진기(audio generator)

④ 표준 신호 발생기(standard signal generator)

해설 **수신기의 감도 측정**

- 잡음 제한 감도에 의한 측정 : 수신기의 최대 유효 감도는 규정된 출력을 얻는 데 필요한 최소 수신 입력 레벨을 말한다.
  잡음 제한 감도란 수신기 신호 출력이 표준 출력 50[mW]이고, 잡음 출력은 20[dB]이다. 높은 출력을 주는 의사 안테나(dummy Ant)의 입력 전압 레벨[dB]로서 표시된다.

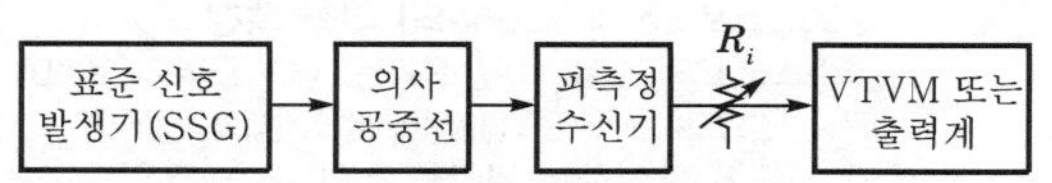

▌AM 수신기의 감도 측정 회로의 구성도▐

  – 표준 신호 발생기(SSG) : 수신 주파수에 해당하는 변조 주파수를 선정한다.
  * 변조 주파수 : 방송용은 400[Hz], 전신인 경우 1,000[Hz] 정도를 택하여 30[%] 변조한 출력을 의사 안테나에 가한다.
  – 의사 공중선(dummy antenna) : 송신기 및 수신기의 시험 조정에 사용되는 공중선으로, 전기적 특성은 실제 안테나와 같은 역할을 하며 전자파를 복사하지 않는다.
  – R_i : 수신기의 출력측과 정합된 무유도 저항을 사용한다.
- 이득 제한 감도에 의한 측정 : S/N비에 관계없이 감도와 음량을 최대로 한 상태에서 SSG의 출력 레벨을 조정하여 수신기 출력이 50[mW]가 되도록 하고, 이때의 SSG의 출력 레벨을 의사 공중선의 입력 레벨로 하여 감도를 표시한다.

37 디지털 전압계의 원리는 다음 중 어느 것과 가장 유사한가?

① D/A 변환기　　② A/D 변환기

③ 분류기　　④ 비교기

정답 34. ③ 35. ③ 36. ④ 37. ②

해설 **디지털 전압계(DVM : Digital Volt Meter)**
피측정 전압을 수치로 직접 표시하는 전압계로서, 출력 펄스를 계수하여 디지털 표시로 나타낸다. 디지털 전압계는 함수 발생 회로, 비교 회로, 계수 회로, 표시 회로 등으로 구성된다.

* 아날로그-디지털 변환기(A/D converter) : 아날로그 신호를 디지털 신호로 변환하는 장치를 말하며, 압력, 회전, 진동 등과 같은 변화를 등가인 디지털 양으로 변환하는 데 이용되는 것으로 디지털 전압계(DVM)의 심장부에 해당한다.

38 다음은 오실로스코프로 교류 전압을 측정했을 때의 파형이다. 이때, 교류 전압의 최댓값은? (단, VOLTS/DIV＝4[mV/DIV], 10 : 1 프로브 사용)

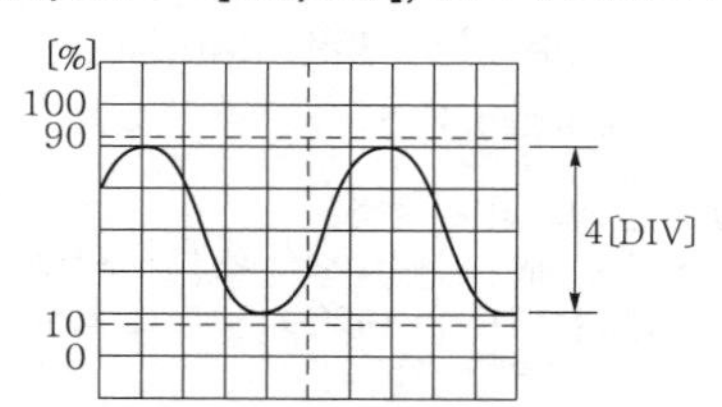

① 40[mV] ② 60[mV]
③ 80[mV] ④ 160[mV]

해설 **오실로스코프(oscilloscope)의 파형 측정**
오실로스코프에서 수직 감쇠기는 VOLTS/DIV로 표시되어 있으며 관면(CRT) 상에서 파형의 진폭이 최대가 되도록 조정하는 역할을 한다. 교류 전압 측정은 파형의 최댓값과 최저값의 폭(peak to peak)으로 나타내고 기호는 V_{P-P}로 표시한다.

* 그림에서 VOLTS/DIV=4[mV/DIV]로서 CRT 상에서 수직 파형의 진폭은 4[DIV]이므로 교류 전압의 최댓값은 16[mV/DIV]이다. 따라서, 10:1의 프로브(probe)를 사용했을 때 최댓값(V_{P-P})은 $16 \times 10 = 160[\text{mV}]$이다.

39 증폭기의 일그러짐률 측정법이 아닌 것은?

① 필터법 ② 검류계법
③ 왜율계법 ④ 공진 브리지법

해설 검류계법은 반조 검류계법과 진동 검류계법(교류용 검류계)이 사용되며, 검류계의 진동을 확대하거나 미소 전류를 증폭하여 측정하는 방법이다.

40 콜라우시 브리지의 측정 용도로 적합한 것은?

① 전해액의 저항 측정
② 저저항의 측정
③ 정전 용량의 측정
④ 인덕턴스의 측정

해설 **전해액의 저항 측정**
전해액에 전류를 흘리면 전기 분해가 일어나며 전극 표면에 가스가 발생하여 분극 작용이 일어나므로 전해액의 저항값이 변화하게 된다. 따라서, 전해액을 U자 용기에 넣어 콜라우시 브리지로 측정한다.

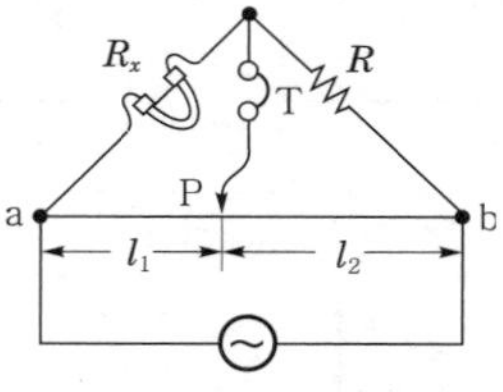

‖ 콜라우시 브리지 ‖

41 압력을 변위로 변화시키는 변환기는?

① 전자석 ② 전자 코일
③ 스프링 ④ 차동 변압기

해설 **변환 요소의 종류**

변환량	변환 요소
변위 → 압력	스프링, 유압 분사관
압력 → 변위	스프링, 다이어프램
변위 → 전압	차동 변압기, 전위차계
전압 → 변위	전자 코일, 전자석
변위 → 임피던스	가변 저항기, 용량 변환기, 유도 변환기
온도 → 전압	열전대(백금 – 백금로듐, 철 – 콘스탄탄, 구리 – 콘스탄탄)

42 증폭기를 통과하여 나온 출력 파형이 입력 파형과 닮은꼴이 되지 않는 경우의 일그러짐은?

① 과도 일그러짐
② 위상 일그러짐
③ 비직선 일그러짐
④ 파형 일그러짐

해설 **진폭 일그러짐(비직선 일그러짐)**
진공관이나 트랜지스터의 특성이 비직선일 때 생기며 입력 전압의 과대 또는 동작점의 부적당에 의하여 동작 범위가 특성 곡선의 비직선을 포함하여 발생하는 것으로, 입력 파형(기본파) 이외에 기본파의 2배, 3배, ……의 고조파 성분이 포함된 것을 말한다.

43 VTR에서 테이프의 속도를 일정하게 유지하기 위한 기구는?

① 임피던스 롤러 ② 핀치 롤러
③ 캡스턴 ④ 텐션 포스트

정답 38. ④ 39. ② 40. ① 41. ③ 42. ③ 43. ③

해설 **캡스턴(capstan)**
테이프의 주행 속도와 거의 같은 원주 속도를 가진 금속으로 된 회전축으로, 테이프를 핀치 롤러와 캡스턴 사이에 끼워서 핀치 롤러를 압착시켜 일정한 속도로 움직이게 한다.

44 **녹음기에 사용되는 자기 헤드를 기능상으로 분류한 것으로 가장 적당한 것은?**

① 녹음 · 증폭 · 재생 헤드
② 녹음 · 소거 · 발진 헤드
③ 녹음 · 발진 · 재생 헤드
④ 녹음 · 소거 · 재생 헤드

해설 **자기 헤드(magnatic head)**
- 녹음 헤드 : 녹음 과정에서 자기 테이프에서 전기 신호를 자기적 변화로 바꾸어 녹음하는 장치
- 재생 헤드 : 자기 테이프에 녹음된 자기적 변화를 전기 신호로 바꾸어 재생하는 장치
- 소거 헤드 : 자기 테이프에 녹음된 자기적 변화를 소멸시켜 녹음을 소거하는 장치

45 **자동 조정의 제어량에 해당하지 않는 것은?**

① 온도 ② 전압
③ 전류 ④ 속도

해설 **자동 제어의 되먹임(귀환) 제어계**
- 프로세스 제어(process control : 공정 제어) : 온도, 유량, 압력, 레벨(level), 액위, 혼합비, 효율 등 공업 프로세스의 상태량을 제어량으로 하는 제어
- 자동 조정(automatic regulation) : 전압, 전류, 주파수, 장력, 속도 등을 제어량으로 하는 것으로, 응답 속도가 대단히 빠르다.
- 서보 기구(servo mechanism) : 물체의 위치, 방위 자세 등의 기계적 변위를 제어량으로 하여 항상 목푯값의 임의의 변화에 따르도록 구성된 제어계로서, 추종 제어계라고 한다.

46 **초음파 가공기에서 혼(horn)의 역할로 가장 적절한 것은?**

① 진동을 약하게 하기 위해
② 공구의 진폭을 크게 하기 위해
③ 공구와 결합을 쉽게 하기 위해
④ 발진기와 임피던스 매칭을 하기 위해

해설 초음파 가공기는 발진기, 자기 왜형 진동자, 혼(horn)으로 구성되며 금속의 혼(기계적 변성기)을 진동자 끝에 붙여서 진폭을 증대시키고 혼과 진동자의 고유 진동수를 일치시켜 혼의 끝부분에 공구를 붙여 진폭이 증대되도록 한다.

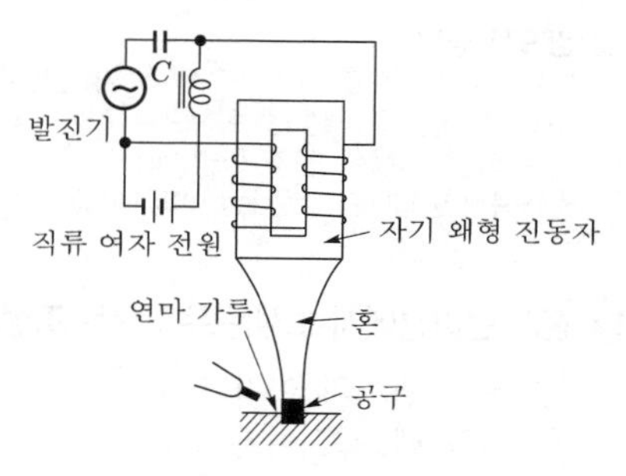

❙ 초음파 가공기의 구성 ❙

47 **오디오 시스템(audio system)에서 잡음에 대하여 가장 영향을 많이 받는 부분은?**

① 등화 증폭기 ② 저주파 증폭기
③ 전력 증폭기 ④ 주출력 증폭기

해설 **등화 증폭기(EQ Amp : Equalizing Amplifier)**
자기 테이프 녹음기나 픽업에서 재생 특성을 보상하기 위해 사용하는 회로로서, 등화기라고도 한다. 녹음 시에 고역을, 재생 시에 저역을 각각 증폭기로 보정하며, 종합 주파수 특성을 50 ~ 15,000[Hz]의 범위에 걸쳐서 평탄하게 만드는 것으로, 고역에 대한 이득을 낮추어 원음 재생이 실현되도록 한다.
* EQ Amp는 음되먹임(부귀환)으로 구성된 오디오 앰프 시스템(audio amp system) 전체의 고역과 저역에 대한 주파수 특성을 평탄하게 하기 위한 재생 증폭기로서, 잡음에 대한 영향을 가장 많이 받는다.

48 **청력 검사기(audiometer)에서 신호음으로 사용하는 신호의 파형은?**

① 삼각파 ② 톱니파
③ 사인파 ④ 펄스파

해설 **청력 검사기(audiometer)**
귀의 청력을 검사하기 위하여 가청 주파수 영역의 여러 가지 레벨의 순음을 전기적으로 발생하는 음향 발생 장치를 말한다.
* 신호음은 20 ~ 20,000[Hz] 범위의 가청 주파수의 사인파를 사용한다.

49 **두 점으로부터의 거리 차가 일정한 점의 궤적으로서, 이때 두 점은 쌍곡선의 초점이 되는 것을 이용한 전파 항법은?**

① VOR ② ILS
③ 쌍곡선 항법 ④ DME

정답 44. ④ 45. ① 46. ② 47. ① 48. ③ 49. ③

해설 **쌍곡선 항법**
어느 두 지점으로부터 거리의 차가 일정하게 되는 점의 궤적은 두 지점을 초점으로 하는 쌍곡선이 된다는 것을 이용한 전파 항법이다.
* 쌍곡선 항법에는 로란(loran)과 데카(decca)가 있다.

50 전자 현미경에서 초점은 무엇으로 조정하는가?

① 투사 렌즈의 여자 전류
② 대물 렌즈의 여자 전류
③ 집광 렌즈의 여자 전류
④ 전자총

해설 **전자 현미경(electronic microscope)**
전자총에 의하여 전자 빔(beam)을 시료(teat piece)로 주고, 시료에서 얻은 정보를 전자 렌즈로 확대하여 투영면 위에 상이 나타나게 하는 것이다.
* 전자 현미경의 초점은 자장을 강하게 하여야 초점 거리가 짧아지고 배율이 커진다.
따라서, 초점은 대물 렌즈의 여자 전류에 의해서 조절된다.

51 그림과 같은 적분 회로의 시정수는 얼마인가?

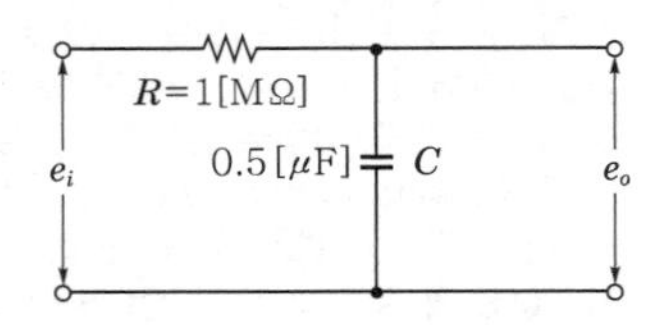

① 0.2[sec] ② 0.5[sec]
③ 2[sec] ④ 5[sec]

해설 적분 회로는 입력은 R, 출력은 C로 구성된 회로이며, RC 회로의 콘덴서 C의 단자 전압을 출력으로 한다. 그리고 시정수 $CR > \tau$와 같이 시정수를 크게 하여야 완전한 적분 파형을 얻을 수 있다.
시정수 $\tau = CR$[sec]
$= 0.5 \times 10^{-6} \times 1 \times 10^{6} = 0.5$[sec]

52 다음 중 고주파 유전 가열 장치로서 가공되는 것은?

① 금속의 용접
② 금속의 열처리
③ 강철의 표면 처리
④ 플라스틱의 접착

해설 **유전 가열의 응용**
- 목재 공업(건조, 성형, 접착)
- 플라스틱의 용접 가공
- 고주파 의료 기기
- 식품 가열
- 수산물 가공
- 합성 섬유의 열처리 가공

[플라스틱의 용접 가공]
염화비닐이나 폴리에틸렌 등을 이용하여 얇은 시트를 재단한 다음 전극 사이에 넣어 연속적으로 이동시키면 용접이 필요한 부분이 열가소성 때문에 접착이 된다.

53 반사파가 많은 경우 직접파와 반사파 사이에 간섭이 일어나 직접파에 의한 영상이 반사파에 의한 영상보다 시간적으로 벗어나기 때문에 상이 2중, 3중으로 나타나는 현상은?

① 고스트(ghost) ② 이미지 혼신
③ 해상도 ④ 색도

해설 **고스트(ghost)**
전파가 수신 안테나까지 도달할 때 직접파에 의해서 생기는 영상 외에 어느 반사체에서 반사되어 온 반사파가 직접파보다 늦게 주사되어 영상이 다중상으로 나타나는 현상이다.

54 제어하려는 양을 목표에 일치시키기 위하여 편차가 있으면 그것을 검출하여 정정 동작을 자동으로 행하는 것을 의미하는 것은?

① 제어 대상 ② 설정값
③ 제어량 ④ 자동 제어

해설 **자동 제어(automatic control)**
일반적으로 대상이 희망하는 상태에 적응하도록 필요한 조작을 가하여 그 조작이 제어 장치에 의하여 자동적으로 행해지는 것을 의미한다.
- 시퀀스 제어(sequence control) : 미리 정해진 순서(프로그램)에 따라 제어의 각 단계가 순차적으로 진행되는 제어 방식
- 되먹임 제어(feedback control) : 물리계 스스로가 제어의 필요성을 판단하여 수정 동작을 행하는 제어 방식

55 태양 전지의 특징에 대한 설명 중 옳지 않은 것은?

① 빛의 방향에 따라 발생 출력이 변한다.
② 장치가 복잡하고 보수가 어렵다.
③ 연속적으로 사용하기 위해서는 축전 장치가 필요하다.
④ 대전력용은 부피가 크고 가격이 비싸다.

해설 **태양 전지(solar cell)**
반도체의 광기전력 효과를 이용한 광전지의 일종으로, 태양의 방사 에너지를 직접 전기 에너지로 변환하는 장치이다.

정답 50. ② 51. ② 52. ④ 53. ① 54. ④ 55. ②

[특징]
- 연속적으로 사용하기 위해서는 태양 광선을 얻을 수 없는 경우를 대비하여 축전 장치가 필요하다.
- 에너지원이 되는 태양 광선이 풍부하므로 이용이 용이하다.
- 빛의 방향에 따라 발생 출력이 변하므로 출력에 여유를 두어야 한다.
- 장치가 간단하고 보수가 편리하다.
- 대전력용으로는 부피가 크고 가격이 비싸다.
- 인공위성의 전원, 초단파 무인 중계국, 조도계 및 노출계 등에 이용된다.

56 다음 중 컬러 수상기에서 흑백 방송은 정상으로 수신되나 컬러 방송을 수신할 때 색이 나오지 않는 경우 고장 회로는?

① 제2영상 증폭 회로
② 대역 증폭 회로
③ X 복조 회로
④ 매트릭스 회로

해설 **대역 증폭 회로**
합성 영상 신호로부터 3.58[MHz]를 중심으로 한 ±0.5[MHz]의 대역 여파기를 통하여 색부 반송파만 꺼내고 이것을 증폭하여 색복조 회로와 색동기 회로에 가해주는 회로이다.

57 기구에 관측 장치를 적재하여 대기로 띄워 보내는 것을 무엇이라 하는가?

① 라디오존데
② 레이더
③ 데카
④ 전파 고도계

해설 **라디오존데(radiosonde)**
대기 상층부의 기상 요소(기압, 온도, 습도)를 관측하여 지상으로 송신하는 측정 장치로서, 수소 가스를 채운 기구에 기상 관측 장비와 소형 무선 발진기를 설치하여 띄우고 결과를 무선 발진기를 통하여 전파로 발신하는 대기 탐측 기기이다.

58 단파 통신에서 다이버시티를 사용하는 주된 이유는?

① 주파수 특성을 향상시키기 위하여
② 페이딩을 방지하기 위하여
③ 이득을 높이기 위하여
④ 출력을 높이기 위하여

해설 **페이딩과 다이버시티 수신**
- 페이딩(fading) : 둘 이상의 통로를 달리하는 전파 간의 간섭 또는 전파 통로의 상태 변화 등에 의해서 수신 전장의 세기가 시간적으로 변동하는 현상으로, 수신 지점의 전장 강도가 1초 이상 수분 이내의 시간적 간격으로 커지거나 작아지거나 하며 불규칙하게 변동하는 현상을 말한다.
- 다이버시티 수신(diversity reception) : 페이딩의 영향을 줄이기 위하여 전장 강도 또는 신호 대 잡음비(S/N)가 다른 여러 개의 수신 신호를 합성하거나 바꾸어 단일 신호 출력을 얻는 수신 방식으로, 페이딩을 제거하고 항상 일정한 전장 강도로 수신할 수 있게 하는 방식을 말한다.

* 단파대 통신의 주전파는 전리층 반사파이기 때문에 전파가 전리층으로부터 반사되어 도래할 경우 전파가 서로 다른 경로를 통해 수신점에 도래하여 전파의 간섭을 일으켜 페이딩이 생긴다. 따라서, 다이버시티(diversity) 수신으로 페이딩을 방지한다.

59 다음 중 아날로그 오디오를 디지털 오디오로 변환하는 방법이 아닌 것은?

① 표본화(sampling)
② 양자화(quantization)
③ 부호화(encoding)
④ 복호화(decoding)

해설 **A/D 변환의 순서**
아날로그 신호 표본화(sampling) → 양자화(quantization) → 부호화(encoding)의 3단계 변환 순서에 의하여 디지털 신호로 변환된다.

60 전자 냉동기는 어떤 효과를 응용한 것인가?

① 줄 효과(Joule effect)
② 제벡 효과(Seebeck effect)
③ 톰슨 효과(Thomson effect)
④ 펠티에 효과(Peltier effect)

해설 **펠티에 효과(Peltier effect)**
2개의 다른 물질의 접합부에 전류를 흘리면 전류의 방향에 따라 열을 흡수하거나 발산하는 효과이다. 이 효과는 제벡 효과의 역효과로서, 반도체나 금속을 조합시킴으로써 전자 냉동 등에 응용되고 있다.

정답 56. ② 57. ① 58. ② 59. ④ 60. ④

2013. 10. 12. 기출문제

01 열전자 방출 재료의 구비 조건으로 옳지 않은 것은?

① 일함수가 작을 것
② 융점이 낮을 것
③ 방출 효율이 좋을 것
④ 가공 · 공작이 용이할 것

해설 **열전자 방출**
금속이 가열되어 어느 정도 고온이 되면 그 열에너지가 표면장력 에너지보다 크게 되어 고체 안의 전자가 전위 장벽을 넘어 자유 공간으로 탈출하는 현상을 말한다.
[열전자 방출 재료의 조건]
- 일함수가 작을 것
- 방출 효율이 좋을 것
- 융점이 높을 것
- 진공을 유지하기 위하여 증기압이 클 것
- 가공 · 공작이 용이할 것

02 다음 중 플립플롭 회로와 같은 것은?

① 클리핑 회로
② 무안정 멀티바이브레이터 회로
③ 단안정 멀티바이브레이터 회로
④ 쌍안정 멀티바이브레이터 회로

해설 **플립플롭(flip flop) 회로**
- 결합 콘덴서를 사용하지 않고 2개의 트랜지스터를 직류(DC)적으로 결합시켜, 2개의 안정 상태를 가지는 쌍안정 멀티바이브레이터(bistable multivibrator) 회로를 말한다.
- 트리거 펄스가 들어올 때마다 on, off 상태가 되며, 2개의 트리거 펄스에 의해 하나의 구형파를 발생시킬 수 있다. 즉, 2개의 입력 트리거 펄스가 들어올 때 1개의 출력 펄스를 내는 회로이다.
- 전자 계산기의 기억 회로, 2진 계수기 등의 디지털 기기의 분주기로 이용된다.

03 다음 중 제너 다이오드를 사용하는 회로는?

① 검파 회로
② 전압 안정 회로
③ 고주파 발진 회로
④ 고압 정류 회로

해설 **제너 다이오드(zener diode)**
전압 포화 특성을 이용하기 위해서 설계된 다이오드를 일반적으로 제너 다이오드라 한다. 전압을 일정하게 유지하기 위한 전압 제어 소자로서, 전류가 변화하여도 전압이 불변하는 정전압의 성질을 가지고 있으므로 정전압 회로에 사용되며 정전압 다이오드라고도 부른다.
* Si 전압 제어용 다이오드는 8[V] 이상에서 항복을 일으키는 애벌랜치(avalanche)를 이용하고 있으며, 5[V] 이하에서 항복을 일으키는 것은 제너 효과로서 동작하고 있다.

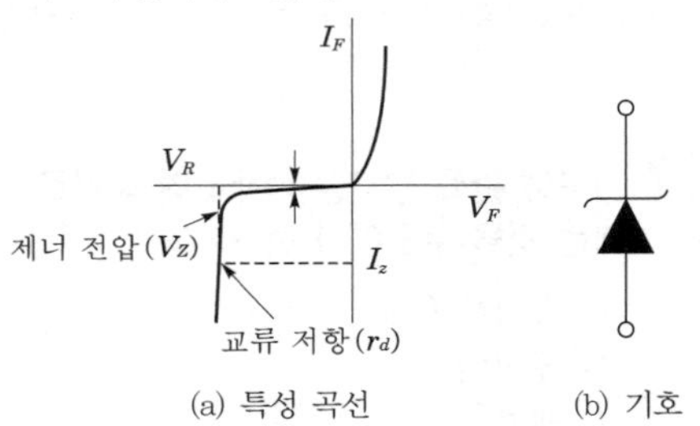

(a) 특성 곡선 (b) 기호

04 증폭기에서 바이어스가 적당하지 않으면 일어나는 현상으로 옳지 않은 것은?

① 이득이 낮다.
② 전력 손실이 많다.
③ 파형이 일그러진다.
④ 주파수 변화 현상이 일어난다.

해설 **증폭기의 바이어스(bias) 부적당의 현상**
- 이득이 낮아진다.
- 파형이 일그러진다.
- 전력 손실이 많아진다.
- $V-I$ 특성 곡선상의 동작점이 변화한다.
- 트랜지스터가 파손된다.

정답 01. ② 02. ④ 03. ② 04. ④

05 다음 그림과 같은 회로의 명칭은?

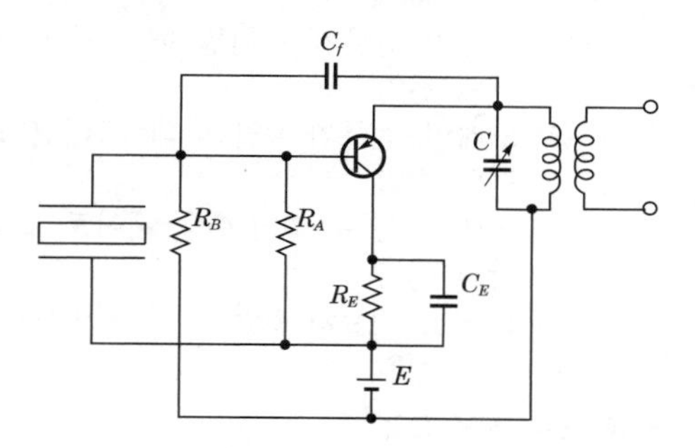

① 피어스 B-C형 발진 회로
② 피어스 B-E형 발진 회로
③ 하틀레이 발진 회로
④ 콜피츠 발진 회로

해설 **피어스 BC형 발진회로**
그림의 회로는 트랜지스터의 베이스(B)와 컬렉터(C) 사이에 수정 진동자(X-tal)를 넣은 것으로, 피어스 B-C형(콜피츠형) 발진 회로라 한다. 이것은 B-C 사이의 수정 진동자가 유도성이므로 컬렉터(C)-이미터(E) 간의 동조 회로는 용량성으로 동작한다.

06 고전압, 고전류를 얻기 위해서는 다음 중 어느 정류 회로가 좋은가?

① 반파 정류기
② 단상 양파 정류기
③ 브리지 정류기
④ 배전압 반파 정류기

해설 **브리지 정류 회로(bridge rectifier circuit)**
항상 전파 정류 출력을 만들어 내는 것으로, 회로의 동작은 전파 정류 회로와 거의 같고 반파 정류나 전파 정류 회로보다 높은 평균값을 가지므로 정류 회로에서 가장 널리 사용된다.
[전파 정류 회로와 비교했을 때의 특징]
- 전원 변압기의 2차 코일에 중간 탭이 필요 없다.
- 출력이 같은 경우 2차 코일이 절반으로 되므로 전원 변압기가 소형이다.
- 각 다이오드의 최대 역전압은 $PIV = V_m$으로 작기때문에 고압 정류 회로에 적합하다.

07 JK 플립플롭을 이용한 비동기식 계수기의 오동작에 대한 설명으로 적합한 것은?

① 오동작과 클록 주파수와는 관련 없다.
② 클록 주파수가 높을수록 오동작 가능성이 크다.
③ 클록 주파수가 낮을수록 오동작 가능성이 크다.
④ 직렬로 연결된 플립플롭의 수가 많을수록 오동작의 가능성이 작다.

해설 **비동기식 계수기(asynchronous counter)**
각 자리를 구성하는 플립플롭(flip flop)의 앞단으로부터 차례로 동작시키는 방식의 계수기로서 첫 단의 플립플롭에만 클록 펄스의 영향을 주므로, 2개의 플립플롭이 동시에 트리거되지 않는다. 이것은 입력의 클록 펄스가 마지막 플립플롭에 도달하는데 전파 지연으로 시간이 지연되어 카운터에 리플을 발생시키므로 리플 계수기(ripple counter)라고도 부른다.
따라서, 비동기식 계수기는 직렬로 연결된 플립플롭의 누적된 시간 지연과 리플의 영향으로 카운터 사용에서 손실이 작용하므로 입력 클록 펄스의 주파수가 높을수록 오작동의 가능성이 크게 된다.

08 100[Ω]의 저항에 10[A]의 전류를 1분간 흐르게 하였을 때의 발열량은?

① 36[kcal] ② 72[kcal]
③ 144[kcal] ④ 288[kcal]

해설 **열량**
$H = 0.24I^2Rt$[cal]
$= 0.24 \times 10^2 \times 100 \times 60 = 144$[kcal]

09 직렬형 정전압 회로의 특징에 대한 설명 중 옳지 않은 것은?

① 과부하 시 전류가 제한된다.
② 경부하 시 효율이 병렬에 비해 훨씬 크다.
③ 출력 전압의 안정 범위가 비교적 넓게 설계된다.
④ 증폭단을 증가시킴으로써 출력 저항 및 전압 안정 계수를 매우 작게 할 수 있다.

해설 **직렬형 정전압 회로의 특징**
- 부하가 가벼울 때의 효율은 병렬형보다 훨씬 좋다.
- 출력 전압의 넓은 범위에서 쉽게 설계될 수 있다.
- 증폭단을 증가시킴으로써 출력 저항 및 전압 안정 계수를 매우 작게 할 수 있다.
- 효율은 좋으나 과부하 시 트랜지스터가 파괴되는 결점이 있다.

정답 05. ① 06. ③ 07. ② 08. ③ 09. ①

10 다음 중 집적 회로(integrated circuit)의 장점이 아닌 것은?

① 신뢰성이 높다.
② 대량 생산할 수 있다.
③ 회로를 초소형으로 할 수 있다.
④ 주로 고주파 대전력용으로 사용된다.

해설 **집적 회로(integrated circuit)의 장점**
- L과 C가 필요 없이 R이 극히 작은 회로이다.
- 전력 출력이 작은 회로이다.
- 회로를 초소형화할 수 있다.
- 신뢰도가 높고, 부피가 작으며 경량이다.
- 대량 생산을 할 수 있고, 비교적 가격이 저렴하며 경제적이다.

11 트랜지스터와 비교하여 전계 효과 트랜지스터(FET)에 관한 설명 중 옳지 않은 것은?

① 다수 캐리어 제어 방식이다.
② 게이트 전압 제어로 드레인 전류를 제어한다.
③ 출력 임피던스가 매우 높다.
④ 열적으로 안정된 동작을 한다.

해설 **전장 효과 트랜지스터(FET : Field Effect Transistor)**
- FET는 바이폴라 접합 트랜지스터(BJT : Bipolar Junction Transistor)와 같이 3단자를 가지는 반도체 소자로서, 채널(channel)을 통해 흐르는 전류가 전자 또는 정공의 단일 전하 반송자에 의해 전도되므로 유니폴라 트랜지스터(unipolar transistor)라고도 한다.
- BJT는 소수 반송자의 베이스 전류로 다수 반송자의 컬렉터 전류를 제어하는 전류 제어형 소자인 반면에 FET는 다수 반송자에 의해서 전류가 흐르며 인가된 전압으로 전류를 제어하는 전압 제어형 소자이다.
- FET는 BJT의 장점만 가지고 있는 소자로서 증폭, 발진, 스위칭 작용을 가지므로 BJT와 동일한 용도로 사용된다.

[FET의 특징]
- 역방향 바이어스로 입력 임피던스가 수십[MΩ]으로 매우 높다.
- 열 안정성이 좋고 파괴에 강하다.
- BJT보다 저주파에서 우수한 잡음 특성을 가진다.
- 높은 입력 임피던스가 요구되는 증폭기에 주로 사용된다.
- 직류 증폭으로부터 VHF대의 증폭기와 초퍼(chopper)나 가변 저항 등으로 널리 사용된다.

12 FET의 핀치 오프(pinch-off) 전압이란?

① 드레인 전류가 포화일 때 드레인-소스 간의 전압
② 드레인 전류가 0인 때의 드레인-소스 간의 전압
③ 드레인 전류가 0인 때의 게이트-드레인 간의 전압
④ 드레인 전류가 0인 때의 게이트-소스 간의 전압

해설 **핀치 오프 전압**
입력 게이트 전압(V_{GS})이 역바이어스되어 있으므로 게이트 전류 I_G는 작고, V_{GS}를 증가시키면 공간 전하층의 폭이 넓어져서 채널이 완전히 막힌 상태로 되어 핀치 오프(pinch off)된다. 이때의 V_{GS}를 핀치 오프 전압이라고 한다.
즉, 드레인 전류 $I_D=0$일 때 게이트와 소스 간의 전압(V_{GS})을 말한다.

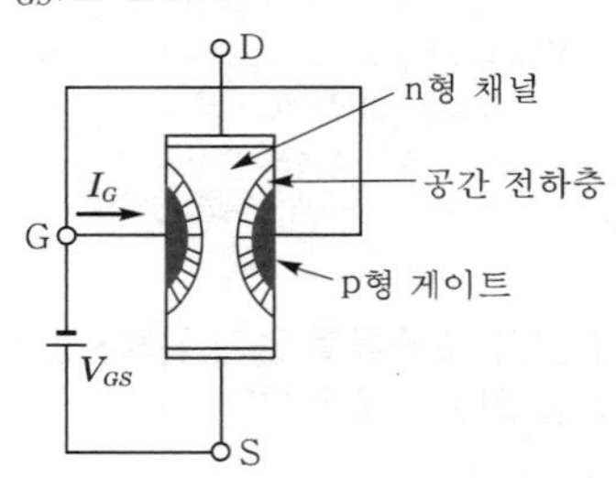

13 다음 중 저주파 발진기로 가장 적합한 것은?

① RC 발진기 ② 콜피츠 발진기
③ 수정 발진기 ④ 하틀레이 발진기

해설 **RC 발진기(RC oscillator)**
저항 R과 콘덴서 C만으로 되먹임(feedback) 회로를 구성한 발진기로서, 낮은 주파수에서 출력 파형이 좋고 취급이 간편하여 보통 1[MHz] 이하의 저주파대의 기본 정현파 발진기로 널리 사용된다.

14 이상형 병렬 저항형 CR 발진 회로의 발진 주파수는?

① $f_0=\dfrac{1}{2\pi\sqrt{6}\,CR}$ ② $f_0=\dfrac{1}{2\pi\sqrt{6CR}}$
③ $f_0=\dfrac{1}{2\pi LC}$ ④ $f_0=\dfrac{\sqrt{6}}{2\pi CR}$

해설 **이상형 CR 발진 회로**
하나의 트랜지스터 증폭 단에 C와 R을 3단 계단형으로 조합하여 양되먹임(positive feedback) 회로를

정답 10. ④ 11. ③ 12. ④ 13. ① 14. ①

구성한 발진기이다. 이것은 각 단마다 위상이 60°씩 이동되도록 C와 R의 값을 정하여 컬렉터측과 베이스측의 총 위상 편차가 180°가 되도록 하여 베이스 입력단을 구동시킨다. 따라서, 되먹임 회로를 통한 전체의 위상 편차가 180°가 되는 주파수에서 $\beta A > 1$일 때 발진이 시작된다.
이와 같은 이상형 CR 발진기는 되먹임 경로에서 3개의 CR 진상 회로를 가지므로 위상 이동 발진기(phase shift oscillator)라고도 한다.

∴ 발진 주파수 $f_0 = \dfrac{1}{2\pi\sqrt{6}\,CR}$[Hz]

15 Y결선의 전원에서 각 상의 전압이 100[V]일 때 선간 전압은?

① 약 100[V]　　② 약 141[V]
③ 약 173[V]　　④ 약 200[V]

해설 **Y-Y 결선**
선간 전압 V_l은 상전압 V_P의 $\sqrt{3}$배이고 V_l의 위상은 상전압 V_P보다 $\dfrac{\pi}{6}$[rad]만큼 앞선다.
선간 전압 $V_l = \sqrt{3}\,V_P$
$= \sqrt{3} \times 100 \fallingdotseq 173$[V]

16 다음과 같은 회로에서 출력 V_o는?

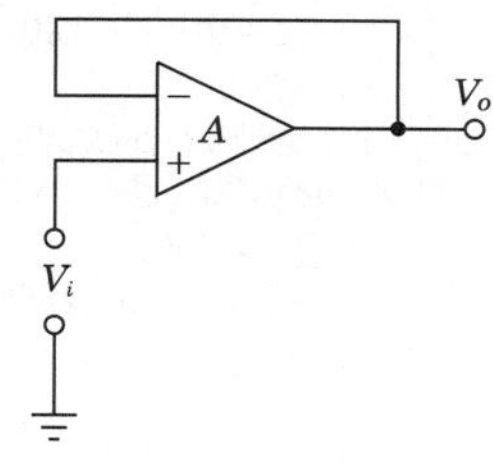

① ∞　　② 1
③ V_i　　④ $-V_i$

해설 **DC 전압 폴로어(voltage follower)**
• 입력과 출력은 동위상이다.
• 입력 임피던스는 ∞, 되먹임 저항은 0이다.
• 입력 전압과 출력 전압의 크기가 같다.
* 그림의 회로에서 귀환 입력 단자는 단락되어 있으므로 출력 전압 V_o는 입력 전압 V_i에 따라서 변화한다. 따라서, 출력 전압 $V_o = V_i$이다.

17 다음 중 제어 장치의 역할이 아닌 것은?

① 명령을 해독한다.
② 두 수의 크기를 비교한다.
③ 입 · 출력을 제어한다.
④ 시스템 전체를 감시 제어한다.

해설 **제어 장치(control unit)**
주기억 장치의 명령을 해독하고 각 장치에 제어 신호를 줌으로써 각 장치의 동작이 올바르게 수행되도록 요소들의 동작을 자동적으로 제어하는 장치이다. 따라서, 제어 장치는 입력 장치에 기억되어야 할 기억 장소의 번지 지정, 출력 장치의 지정, 연산 장치의 연산 회로 지정 및 각 장치의 동작 상태에 필요한 지시를 주어 일을 제어한다.

18 연산에 관계되는 상태와 인터럽트(interrupt) 신호를 기억하는 것은?

① 가산기
② 누산기
③ 상태 레지스터
④ 보수기

해설 **상태 레지스터(status register)**
마이크로프로세스(MPU)에서 각종 산술 연산 결과가 양수(0) 또는 음수(1), 자리올림(carry), 넘침(overflow)이 발생했는가를 상태 표시하고 저장하기 위해 사용되는 레지스터이다. 이것은 여러 개의 플립플롭(flip flop)으로 구성된 플래그(flag) 비트들이 모인 레지스터로서, 플래그 레지스터(flag register)라고도 한다.
* MPU의 전형적인 상태 레지스터는 자리올림(carry), 넘침(overflow), 부호, 제로 계수 인터럽트(zero count interrupt) 상태를 가지고 있다.

19 불대수의 기본 정리 중 틀린 것은?

① $X + X \cdot Y = Y$
② $X \cdot (X + Y) = X$
③ $\overline{(X \cdot Y)} = \overline{X} + \overline{Y}$
④ $X \cdot (Y + Z) = X \cdot Y + X \cdot Z$

해설 **불(Boole) 대수**
$X + X \cdot Y = X(1 + Y) = X$

20 다음 중 C언어의 자료형과 거리가 먼 것은?

① integer　　② double
③ char　　④ short

해설 **C언어(C language)**
벨 연구소에서 1971년에 리치(D.M Ritchie) 등에 의해 개발된 시스템 프로그래밍 언어로서, 프로그램을 간결하게 쓸 수 있고 프로그래밍하기 쉬운 편리한 언어이다.

정답 15. ③ 16. ③ 17. ② 18. ③ 19. ① 20. ①

* C언어 기본 자료형

정수형(integral type)	int, short, long, unsigned
실수형(real type)	float, double, longdouble, operations
문자형(character type)	char : 1byte → ACS II code

21 2진수 11010.11110을 8진수와 16진수로 올바르게 변환한 것은?

① $(32.74)_8$, $(D0.F)_{16}$
② $(32.74)_8$, $(1A.F)_{16}$
③ $(62.72)_8$, $(D0.F)_{16}$
④ $(62.72)_8$, $(1A.F)_{16}$

해설 **2진수에서 8진수와 16진수의 변환**

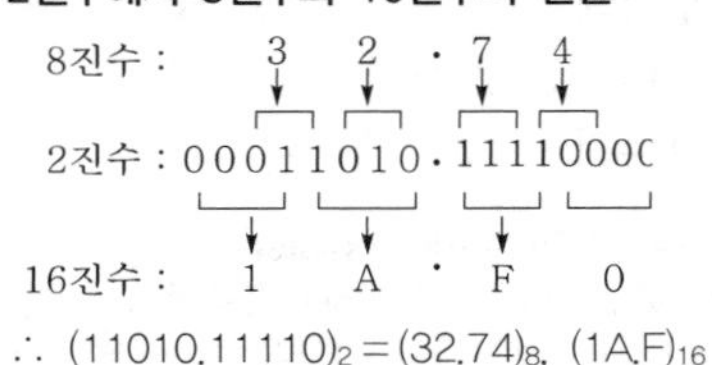

∴ $(11010.11110)_2 = (32.74)_8$, $(1A.F)_{16}$

22 마이크로프로세서의 구성 요소가 아닌 것은?

① 제어 장치 ② 연산 장치
③ 레지스터 ④ 분기 버스

해설 **마이크로프로세스(microprocessor)의 구성 요소**
마이크로프로세스는 하나의 LSI 실리콘 칩(chip) 내에 기억 장치, 연산 장치, 제어 장치 등의 CPU 기능을 집적시킨 것으로, MPU(Micro Processing Unit)라고 한다. MPU는 산술 논리 연산 장치(ALU), 레지스터, 프로그램 카운터(PC), 명령 디코드, 제어 회로 등으로 구성되어 있으며 이밖에 해독기의 역할을 하는 디코더(decoder)와 데이터를 전송하는 버스(bus)선이 있다.

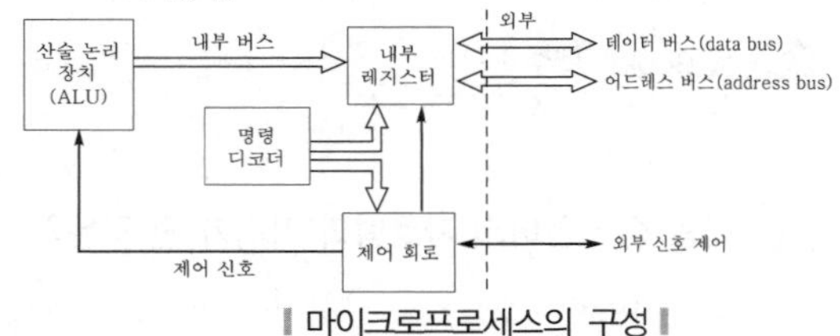

▌마이크로프로세스의 구성▐

23 ROM에 대한 설명 중 틀린 것은?

① 비휘발성 소자이다.
② 내용을 읽어내는 것만이 가능하다.
③ 사용자가 작성한 프로그램이나 데이터를 저장하고 처리할 수 있다.
④ 시스템 프로그램을 저장하기 위해 많이 사용된다.

해설 ROM(Read Only Memory)
전원 공급이 차단되어도 기억된 내용을 계속 가지고 있어 비소멸성 기억 장치라고 한다. 일단 프로그램이 저장되면 그 내용을 바꿀 수 없고 그 내용을 읽기만 하는 기억 장치로, 고정 메모리(fixed memory)라고도 한다.

24 순서도를 사용함으로써 얻을 수 있는 효과가 아닌 것은?

① 프로그램 코딩의 직접적인 자료가 된다.
② 프로그램을 다른 사람에게 쉽게 인수, 인계할 수 있다.
③ 프로그램의 내용과 일처리 순서를 한눈에 파악할 수 있다.
④ 오류가 발생하였을 때 그 원인을 찾아 수정하기가 어렵다.

해설 **순서도(flowchart)의 효과**
- 프로그램 전체의 구성과 상호 관계를 쉽게 파악할 수 있다.
- 프로그램 작성을 용이하게 하며, 프로그래밍의 잘못을 발견하기 쉽다.
- 프로그램 코딩(program coding)의 기초 자료가 된다.
- 프로그램을 작성하지 않은 사람도 문제 처리 과정을 쉽게 이해할 수 있다.
- 실행 결과에 대한 오류가 발생했을 때 그 원인을 찾아 수정하기가 쉽다.

25 8비트로 부호와 절댓값 방법으로 표현된 수 42를 한 비트씩 좌우측으로 산술 시프트하면?

① 좌측 시프트 : 42, 우측 시프트 : 42
② 좌측 시프트 : 84, 우측 시프트 : 42
③ 좌측 시프트 : 42, 우측 시프트 : 21
④ 좌측 시프트 : 84, 우측 시프트 : 21

해설 **산술 시프트(shift)**
연산자 중 하나로서 특수한 2의 거듭 제곱수(2, 4, 8, 16 등)와 관련한 곱셈과 나눗셈을 연산할 때 사용된다.
- n비트를 우측으로 시프트하면 2^n으로 나눈 결과가 된다.
- n비트를 좌측으로 시프트하면 2^n으로 곱한 결과가 된다.

정답 21. ② 22. ④ 23. ③ 24. ④ 25. ④

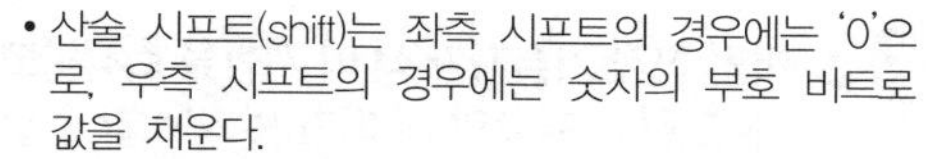
- 산술 시프트(shift)는 좌측 시프트의 경우에는 '0'으로, 우측 시프트의 경우에는 숫자의 부호 비트로 값을 채운다.

∴ 1비트의 좌측 시프트 : $2^n = 2^1$, $42 \times 2 = 84$
  1비트의 우측 시프트 : $2^n = 2^1$, $42 \div 2 = 21$

26 다음 중 설명이 바르게 된 것은?

① 자심(magnetic core)은 보조 기억 장치로 사용된다.
② 자기 디스크, 자기 테이프는 주기억 장치로 사용된다.
③ DRAM은 SRAM보다 용량이 작고 속도가 빠르다.
④ 누산기는 사칙 연산, 논리 연산 등의 중간 결과를 기억한다.

해설 **누산기(accumulator)**
사용자가 사용할 수 있는 레지스터(register) 중에서 가장 중요한 것으로, 연산 장치(ALU)에서 수행되는 산술 연산이나 논리 연산의 결과를 일시적으로 기억하는 장치이다.
- 자심 코어(magnetic core) : 작은 링(ring) 모양 형태의 자기 코어로서, 초기에 주기억 장치에 주로 사용되었던 기억 소자이다.
- 자기 디스크와 자기 테이프 : 주기억 장치의 기억 용량을 보조하기 위해 사용되었던 보조 기억 장치이다.
- DRAM은 하나하나의 비트를 전하 충전으로 저장하는 것으로, 주기적으로 재생 클록을 받아야 하는 RAM이다. 이것은 하나의 비트를 저장하기 위한 회로가 SRAM보다 간단하므로 메모리의 용량을 높일 수 있고 동작 속도가 빠르다.

27 ADD 명령을 사용하여 1을 덧셈하는 것과 같이 해당 레지스터의 내용에 1을 증가시키는 명령어는?

① DEC　② INC
③ MUL　④ SUB

해설 **INC, DEC 명령어**
어셈블리 명령을 사용하기 위해서 만든 연산자로서, C^{++}, C^{-}에서 해당하는 명령어를 8086 호환 계열에서 INC, DEC라는 어셈블리어를 지원한다.
* INC는 operand값을 '1증가'하는 명령어이고, DEC는 operand값을 '1감소'하는 명령어이다.

28 다음 중 입 · 출력 장치에 대한 설명으로 옳지 않은 것은?

① 대표적인 출력 장치로는 프린터, 모니터, 플로터 등이 있다.
② 스캐너는 그림이나 사진, 문서 등을 이미지 형태로 입력하는 장치이다.
③ 광학 마크 판독기(OMR)는 특정한 의미를 지닌 굵고 가는 막대로 이루어진 코드를 판독하는 입력 장치이며, 판매 시점 관리 시스템에 주로 사용한다.
④ 디지타이저는 종이에 그려져 있는 그림, 차트, 도형, 도면 등을 판 위에 대고 각각의 위치와 정보를 입력하는 장치이며 CAD/CAM 시스템에 사용한다.

해설 **광학 마크 판독기(OMR : Optical Mark Reader)**
입력 데이터를 카드의 특정 장소에 연필이나 사인펜 등으로 표시(mark)한 것을 직접 광학적으로 판독하여 정보를 입력하는 장치이다.

29 저항값의 측정 방법 중 중저항 1[Ω]~1[MΩ]을 측정하는 방법으로 가장 적합하지 않은 것은?

① 전류 전압계법　② 전위차계법
③ 브리지법　④ 저항계법

해설 **중저항 측정법(1[Ω]~1[MΩ])**
- 전압 강하법
  - 전압계-전류계법 : 전압계와 전류계를 사용하여 미지 저항 R_x를 구하는 방법
  - 전압계법(편위법) : 전압계나 전위차계로 미지 저항 R_x를 구하는 방법
- 브리지법
  - 휘트스톤 브리지법
  - 미끄럼줄(습동선) 브리지법

30 오실로스코프로 전압을 측정할 때 수평 편향판에 가해지는 전압의 파형은?

① 정현파　② 직류
③ 톱니파　④ 구형파

해설 오실로스코프에서 파형 관측 시 시간축 발진기(소인 발진기)의 수평 편향판에 톱니파 전압을 가하고, 수직 편향판에 정현파 신호를 각각 인가하여 시간축 톱니파를 피측정 전압에 동기시켜 파형을 정지시킨다.

정답 26. ④ 27. ② 28. ③ 29. ④ 30. ③

2016 2015 2014 2013 2012

31 3상 전력을 측정하는 방법으로 적합하지 않은 것은?

① 2전력계법
② 3전력계법
③ 고주파 전력계법
④ 멀티미터 전력계법

해설 **3상 교류 전력 측정**
- 1전력계법 : 1개의 단상 전력계로 3상 평형 부하의 전력을 측정하는 방법
- 2전력계법 : 2개의 단상 전력계로 3상 평형 부하의 전력을 측정하는 방법
- 3전력계법 : 3개의 단상 전력계로 3상 평형 부하의 전력을 측정하는 방법
- 멀티미터 전력계법 : 멀티미터를 이용해서 전력을 측정하는 방법

* 부하의 평형 또는 불평형에 관계 없이 각 전력계 지시값의 대수합이 3상 전력이 된다.

32 다음 ( ) 안에 들어갈 내용으로 옳은 것은?

> 대전류가 측정할 경우에는 열전쌍의 허용 전류가 커지므로 열선이 굵어지고, 필연적으로 (㉠)가 커져서 차단 주파수가 낮아진다. 그러므로 높은 주파수의 대전류는 철심을 사용한 (㉡)를 사용한다.

① ㉠ 우연 오차, ㉡ 분배기
② ㉠ 전위 오차, ㉡ 배율기
③ ㉠ 표피 오차, ㉡ 고주파 변류기
④ ㉠ 전위 오차, ㉡ 고주파 변류기

해설 **고주파 변류기**
대전류를 측정할 경우에 열전쌍의 허용 전류가 커지므로 열선이 굵어지고, 필연적으로 표피 효과가 커져서 차단 주파수가 낮아진다. 그러므로 높은 주파수의 대전류는 그림과 같이 압분 철심을 이용한 고주파 변류기를 사용한다.

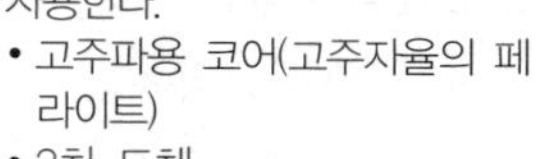

- 고주파용 코어(고주자율의 페라이트)
- 2차 도체
- 1차 도체(측정할 전류가 흐르는 도체)
- 열전형 전류계

* 변류기의 2차측 권수를 n이라 하면 피측정 전류 I의 $\frac{1}{n}$의 전류가 전류계에 흐르므로 정격 전류가 작은 계기를 사용할 수 있다.

33 어떤 전자 기술자가 색 띠 저항을 측정하고자 한다. 그런데 저항의 색 띠가 벗겨져 값을 읽을 수 없었다. 그래서 그 전자 기술자는 옆에 있는 테스터기(multi tester)를 두고, 연구실에 있는 휘트스톤 브리지(wheatstone bridge)를 가져와 저항 값을 측정하였다. 그 이유로 가장 적당한 것은?

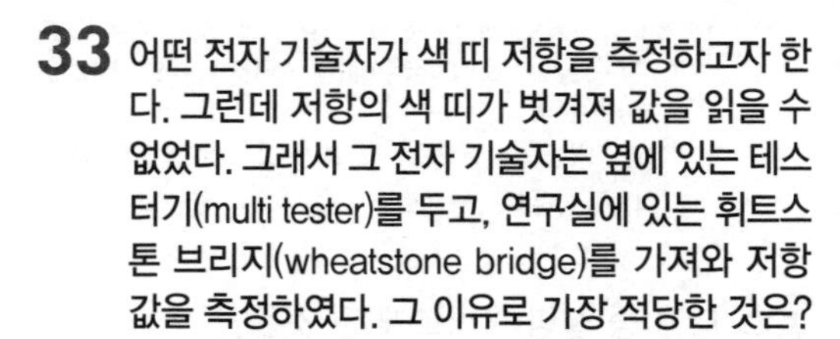

① 시간이 남아서
② 저항의 정밀한 값을 알고 싶어서
③ 저항값과 전류 용량을 알고 싶어서
④ 저항의 저항값뿐만 아니라 저항의 전력(W) 용량까지 알아보려고

해설 **휘트스톤 브리지(wheatstone bridge)**
영위법을 이용하여 미지의 저항값을 정밀하게 측정하는 방법으로, 중저항(1[Ω]~1[MΩ]) 측정에 널리 쓰이고 있으며 가장 확도가 높다.

34 참값이 25.00[V]인 전압을 측정하였더니 24.85[V]라는 값을 얻었다. 이때, 보정 백분율[%]은?

① +0.6 ② −0.6
③ +0.15 ④ −0.15

해설 **보정 백분율**

보정 $\alpha = T - M$, 보정률 $\alpha_0 = \frac{\alpha}{M}$

$$\therefore \text{ 보정 백분율 } \alpha_0 = \frac{\alpha}{M} \times 100[\%] = \frac{T-M}{M} \times 100 = \frac{25-24.85}{24.85} \times 100 = +0.6[\%]$$

35 다음은 무엇에 대한 설명인가?

> 시간적으로 연속적인 아날로그 신호에서 어느 시간 간격마다 원신호의 크기를 추출하는 조작을 말하며, 원신호에서 추출된 값을 샘플값이라 한다.

① 표본화 ② 양자화
③ 부호화 ④ 복호화

해설 **표본화(sampling)**
Shannon의 표본화 정리에서 아날로그 신호를 펄스 진폭 변조(PAM)의 펄스로 변환하는 과정으로, 아날로그 신호를 이산(digital) 신호로 변환하여 송신하는

정답 31. ③ 32. ③ 33. ② 34. ① 35. ①

것을 말한다. 즉, 연속적인 아날로그 신호를 일정한 시간 간격(T)마다 아날로그 신호로부터 표본값(원신호의 진폭)을 추출하는 조작을 말한다.
[섀넌(Shannon)의 표본화(sampling) 정리]
한정된 대역의 주파수를 갖는 어떤 신호의 최대 주파수(f_m) 2배 이상의 속도로 균일한 간격의 표본화를 실시하면 표본화된 데이터에서 원신호를 정확히 재생시킬 수 있다.

- 표본화 주파수 : $f_S \geq 2f_m$[Hz]
  여기서, $2f_m$: 나이퀴스트 주파수
- 표본화 주기 : $T_S \leq \dfrac{1}{2f_m}$[sec]
  여기서, $\dfrac{1}{2f_m}$: 나이퀴스트 시간(간격)

* 나이퀴스트(Nyquist)는 원래 신호를 재생할 수 있는 최소 표본화 주기로서, 표본화의 주파수는 Nyquist 주파수와 같거나 크게 하는 것을 원칙으로 한다.

36 기록 계기의 기록 방법에 해당하지 않는 것은?

① 실선식 ② 타점식
③ 자동 평형식 ④ 흡수식

해설 **기록 계기**
전압, 전류, 전력, 역률 및 주파수 등의 전기적 양이나 온도, 액체 등의 물리적 양의 시간적 변화 상황을 기록 용지에 자동적으로 측정하여 기록하는 계기이다.

- 기록 계기의 동작 방식
  - 직동식
  - 자동 평형식
- 기록 계기의 기록 방식
  - 실선 기록식
  - 타점식
  - 열선펜식, 전기펜식, 광점식(잉크를 사용하지 않는 방식)

37 R, L, C 등을 직렬로 연결시켜 직렬 공진 회로의 특성을 이용한 주파수계는?

① 동축 주파수계
② 흡수형 주파수계
③ 헤테로다인 주파수계
④ 공동 주파수계

해설 **흡수형 주파수계**
이 주파수계는 100[MHz] 이하의 고주파 측정에 사용되며, 공진 회로의 Q가 150 이하로 낮고 측정 확도가 1.5[%] 정도로 공진점을 정확히 찾기 어려우므로 정밀 측정이 어렵다.
* 흡수형 주파수계는 직렬 공진 회로의 주파수 특성을 이용한 것이다.

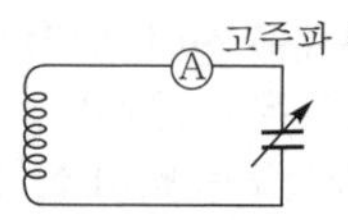

$$f_0 = \frac{1}{2\pi\sqrt{LC}}[\text{Hz}]$$

38 안테나의 실효 저항은 희망 주파수에서 공진시킨 상태에서 측정해야 한다. 실효 저항 측정법이 아닌 것은?

① 저항 삽입법
② 작도법(Pauli의 방법)
③ 치환법
④ Coil 삽입법

해설 **안테나의 실효 저항 측정법**

- 저항 삽입법
- 작도법(Pauli의 방법)
- 치환법
- Q 미터법

39 가동 코일형 전류계에서 측정하고자 하는 전류가 50[mA] 이상으로 클 때에는 계기에 무엇을 접속하여 측정하는가?

① 정류기 ② 분류기
③ 검류기 ④ 배율기

해설 가동 코일형 전류계가 측정하려고 하는 전류가 대체로 50[mA] 이하로 작을 경우 가동 코일에 직접 전류를 흐르게 할 수 있으나, 그 이상의 전류를 측정하고자 할 때에는 계기에 분류기(shunt)를 접속하여 측정하여야 한다.

40 표준 신호 발생기의 출력은 1[μV]를 기준으로 하여 0[dB]로 표시하는 것이 보통이다. 환산된 출력이 60[dB]일 때 전압은 몇 [μV]인가?

① 1 ② 10
③ 100 ④ 1,000

해설 **표준 신호 발생기의 출력 표시 방법**
전압 레벨을 [dB]로 표시하고 출력단 개방 시 기준 전압 1[μV]를 0[dB]로 한다.

$20\log_{10}\dfrac{\text{출력 단자 전압}}{\text{기준 전압}[\mu\text{V}]} = [\text{dB}]$

$60[\text{dB}] = 20\log_{10}\dfrac{V_o}{1[\mu\text{V}]}$ 에서

$\dfrac{V_o}{1[\mu\text{V}]} = \text{antilog}3 = 1{,}000$

∴ 피측정 전압 $V_o = 1\times10^{-6}\times1{,}000 = 1{,}000[\mu\text{V}]$

정답 36. ④ 37. ② 38. ④ 39. ② 40. ④

41 그림과 같이 복합 유전체를 선택 가열하는 경우 온도가 높은 순서로 옳은 것은? (단, 그림은 3개의 비커를 축이 일치하도록 하여 전극판 사이에 놓고 유전 가열하는 경우로서 주파수는 20[MHz]로 하며, 식염수는 0.1[%] NaCl임)

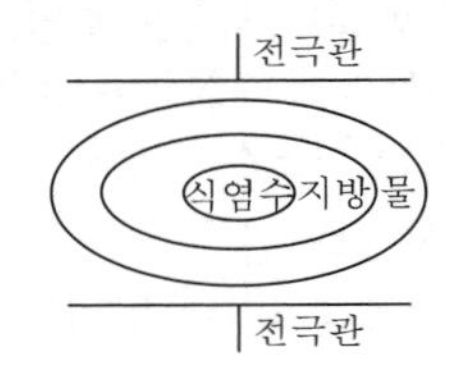

① 식염수 > 지방 > 물
② 물 > 식염수 > 지방
③ 지방 > 식염수 > 물
④ 식염수 > 물 > 지방

해설 **유전 가열의 선택 가열**
3개의 비커를 축이 일치하도록 하여 전극판 사이에 놓고 유전 가열을 할 때에는 가장 내부에 있는 비커에 0.1[%]의 식염수를 넣고 중간 비커에 지방, 외부에는 물을 넣는다.
- 1[MHz]에서 물 > 지방 > 식염수(NaCl)
- 20[MHz]에서 식염수 > 지방 > 물

42 다음 중 TV 수신 안테나가 아닌 것은?

① 반파장 다이폴 안테나
② 폴디드(folded) 안테나
③ 야기(yagi) 안테나
④ 비월 안테나

해설 **TV 수신 안테나**
- 반파장 다이폴 안테나 : 단파 이상의 송 · 수신 안테나로, 고정 통신용으로 사용한다.
- 폴디드 안테나 : 초단파용으로 TV 전파 수신용의 투사기로 사용한다.
- 야기 안테나 : 초단파용으로 TV 수신용 및 고정 통신용, 채널 전용 안테나로 사용한다.

43 전자 냉동기의 기본 원리를 나타낸 것이다. 'ㄷ'점에서 발열이 있었다면 흡열 현상이 나타나는 곳은?

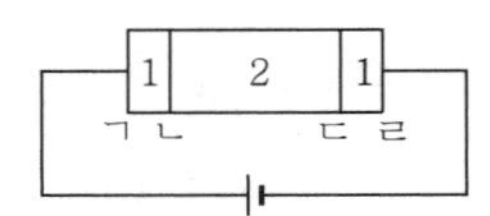

① ㄱ　　② ㄴ
③ ㄷ　　④ ㄹ

해설 그림과 같이 ㄱ과 ㄹ 사이에 직류 전압을 가하면 도체 1과 2를 통해서 전류가 흐른다. 따라서, ㄴ과 ㄷ의 접합부에서 열의 흡수 및 발산이 일어난다.
* ㄷ점에서 발열이 생기면 ㄴ점에서는 흡열이 일어나는 펠티에 효과이다.

44 초음파의 발생 소자 중 전기 왜형 진동자로 사용되는 소자는?

① 페라이트　　② 수정
③ 티탄산바륨　　④ 로셸염

해설 **초음파 발생 장치**
전기 왜형 진동자나 자기 왜형 진동자를 이용하여 진동자의 공진 작용에 의해 강한 초음파(10[kHz] 이상)를 발생시킨다.
- 전기 왜형 진동자
  - 티탄산바륨과 지르콘티탄산납(PZT) 진동자가 이용되고 있으며, 진동자의 두께, 모양, 크기에 따라서 진동 형태가 달라진다.
  - 사용 주파수 : 200[kHz] ~ 2[MHz]
- 자기 왜형 진동자
  - 니켈 진동자 : 50[kHz] 이하의 초음파 가공기에 사용한다.
  - 페라이트 진동자 : 100[kHz] 이하, 초음파 세척기에 사용한다.

45 다음 제어량 중 서보 기구에 속하는 것은?

① 압력　　② 유량
③ 위치　　④ 속도

해설 **서보 기구(servo mechanism)**
제어량이 기계적 위치인 자동 제어계를 서보 기구라 한다. 이것은 물체의 위치, 방위, 자세(각도) 등의 기계적 변위를 제어량으로 하여 목푯값의 임의의 변화에 항상 추종하도록 구성된 제어계로, 추종 제어계라고 한다.

46 태양 전지는 무슨 효과를 이용한 것인가?

① 광전자 방출 효과
② 광방전 효과
③ 광기전력 효과
④ 광증폭 효과

해설 **광기전력 효과(photovoltaic effect)**
- 반도체의 PN 접합부나 정류 작용이 있는 반도체와 금속의 접합면에 강한 빛을 입사시키면 경계면의

정답 41. ① 42. ④ 43. ② 44. ③ 45. ③ 46. ③

접촉 전위차로 인하여 반도체 중에 생성된 전도 전자와 정공이 분리되어 양쪽 물질에서 서로 다른 종류의 전기가 발생하여 기전력이 생기는 효과이다.
- 용도 : 포토 다이오드, 포토 트랜지스터, 광전지 등에 실용화되고 있다.

47 다음 중 전력 증폭기의 출력 P[W]는? (단, V : 출력되는 음성 전압, R : 스피커의 부하 저항)

① $P=\dfrac{V^2}{R}$ ② $P=\dfrac{R}{V^2}$
③ $P=\dfrac{V}{R}$ ④ $P=\dfrac{R}{V}$

해설 **전력(electric power)**
전기 에너지에 의한 일의 속도를 1[sec] 동안의 전기 에너지로 한 것으로, 단위는 [W]로 표시한다. 즉, 1[W]는 1[sec] 동안에 1[J]의 비율로 일하는 속도를 말한다. 따라서, 1[W]는 1[J/sec]와 같은 단위이다.
* V[V]의 전압을 가하여 I[A]의 전류가 t[sec] 동안 흘러서 Q[C]의 전하가 이동했을 때 전력은
$P=\dfrac{VQ}{t}=VI$[W]$\left(I=\dfrac{Q}{t}\right.$에서$\left.\right)$이다.
여기서, $R[\Omega]$의 저항에 V[V]의 전압을 가하였을 때 I[A]의 전류가 흘렀다고 하면 전력은 다음과 같이 표시된다.
$$P=VI=I^2R=\frac{V^2}{R}\text{[W]}$$

48 오디오 앰프(audio amp)에 부귀환을 걸어줄 때의 현상이 아닌 것은?

① 주파수 특성이 개선된다.
② 안정도가 향상된다.
③ 찌그러짐이 감소된다.
④ 증폭도가 증가한다.

해설 **음되먹임(부귀환)의 특성**
- 안정도가 향상된다(이득의 안정).
- 비직선 일그러짐이 감소한다.
- 잡음이 감소한다.
- 증폭도는 감소하나 대역폭이 넓어져서 주파수 특성이 개선된다.

49 펄스레이더에서 전파를 발사해 수신할 때까지 2.8[μsec]가 걸렸다면 목표물까지의 거리는?

① 14[m] ② 28[m]
③ 280[m] ④ 420[m]

해설 **레이더의 거리 측정**
$d=\dfrac{ct}{2}$[m]
여기서, c : 전파의 속도(3×10^8[m/sec])
t : 레이더와 목표물 사이를 왕복하는 데 소요되는 시간
$\therefore d=\dfrac{1}{2}\times3\times10^8\times2.8\times10^{-6}=420$[m]

50 2개의 스피커를 병렬 연결했을 때 합성 임피던스는 1개의 스피커 때보다 어떻게 되는가?

① $\dfrac{1}{4}$배 ② $\dfrac{1}{2}$배
③ 2배 ④ 4배

해설 **병렬 합성 임피던스(2개 스피커의 임피던스가 같을 때)**
$Z_0=\dfrac{Z\cdot Z}{Z+Z}=\dfrac{Z^2}{2Z}=\dfrac{1}{2}Z$배

51 흑백 방송은 정상이나 컬러 방송 수신 시 색이 전혀 안 나온다면 조사할 요소는?

① 제2영상 증폭 회로 ② X 복조 회로
③ 컨버전스 회로 ④ 컬러 킬러 회로

해설 **컬러 킬러(color killer) 회로**
컬러 TV에서 흑백 방송을 수신할 때 대역 증폭 회로의 동작을 정지시켜 색 노이즈(잡음)가 화면에 나타나는 것을 방지하며, 컬러 버스터 신호의 유무에 따라 색도 신호 증폭기의 동작을 정지시키는 회로이다.

52 광학 현미경의 광원은 전자 현미경의 어느 곳에 해당되는가?

① 전자총 ② 전자 렌즈
③ 여자 전류 전원 ④ 시료

해설 **현미경**
- 광학 현미경 : 정보 전달 매개체로 빛(광원)을 사용하며, 상의 확대 방법은 광학 렌즈를 사용한다.
- 전자 현미경 : 정보 전달 매개체로 전자 빔(전자총)을 사용하며, 상의 확대 방법은 전자 렌즈를 사용한다.

* 광학 현미경의 광원은 전자 현미경의 전자총에 해당한다.

53 녹음 때는 고역을, 재생 때는 저역을 각각의 증폭기로 보정하여 전체를 통하여 평탄한 특성으로 만드는 것을 무엇이라고 하는가?

① 등화 ② 소거
③ 증폭 ④ 재생

정답 47. ① 48. ④ 49. ④ 50. ② 51. ④ 52. ① 53. ①

해설 **등화(equalization)**
녹음 시에 고역을, 재생 시에 저역을 각각 증폭기로 보정하여 종합 주파수 특성을 50 ~ 15,000[Hz]의 범위에 걸쳐서 평탄한 특성으로 만드는 것으로, 주파수 보상 또는 등화라고 한다.

54 다음 설명 중 전장 발광과 관계없는 것은?

① 전장 발광판, 고유형 EL과 주입형 EL 등 3종류로 나눈다.
② 전장 발광 현상을 일렉트로 루미네선스라고 한다.
③ 전장 발광판은 발광 재료에 따라 발광색이 다르나 주파수에는 관계가 없다.
④ 전장 발광은 반도체의 성질을 가지고 있는 물질에 전장을 가하였을 때 생기는 발광 현상을 말한다.

해설 **전장 발광(EL : Electro Luminescence)**
도체 또는 반도체의 성질을 가지고 있는 물질(형광체 또는 형광체를 포함한 유전체)에 전장을 가하면 빛이 방출되는 현상으로서, 열방사에 의하지 않는 현상을 일반적으로 루미네선스(luminescence)라 한다.
형광체 분말을 유전체에 넣어 교류 전기장을 가하면 발광이 일어나고 직류에서는 가한 순간만 발광한다. 발광체에 사용되는 형광체는 ZnS계로서, 구리, 납, 망간 등의 활성제를 비교적 다량으로 첨가한 것이며 활성제의 종류와 주파수에 따라서 발광색이 달라진다.

55 수신기의 종합 특성에 해당되지 않는 것은?

① 감도 ② 충실도
③ 선택도 ④ 변조도

해설 **수신기의 종합 특성**
- 감도 : 어느 정도까지 미약한 전파를 수신할 수 있느냐 하는 것을 표시하는 양으로, 종합 이득과 내부 잡음에 의하여 결정된다.
- 선택도 : 희망 신호 이외의 신호를 어느 정도 분리할 수 있느냐의 분리 능력을 표시하는 양으로, 증폭 회로의 주파수 특성에 의하여 결정된다.
- 충실도 : 전파된 통신 내용을 수신하였을 때 본래의 신호를 어느 정도 정확하게 재생시키느냐 하는 능력을 표시하는 것으로, 주파수 특성, 왜곡, 잡음 등으로 결정한다.
- 안정도 : 일정한 신호를 가했을 때 재조정하지 않고 얼마나 오랫동안 일정한 출력을 얻을 수 있느냐 하는 능력을 말한다.
- 변조도(modulation degree) : 무선 송신 시스템에서 안테나에서 효율적인 신호의 복사를 위하여 저주파(가청 주파) 신호를 100[kHz] 이상의 고주파에 합성시키는 과정을 변조(modulation)라 한다. 이것을 진폭 변조(AM) 시 신호파(저주파)의 진폭을 반송파(고주파)의 진폭으로 나누어 백분율로 나타낸 것을 변조도라고 한다.

56 다음 중 공정 제어에 속하지 않는 것은?

① 온도 제어 ② 전압 제어
③ 액면 제어 ④ 압력 제어

해설 **공정 제어(process control)**
온도, 유량, 압력, 레벨, 액위, 혼합비, 효율, 전력 등을 공업 프로세스의 상태량을 제어량으로 제어하는 것으로, 공정 제어(프로세서 제어)의 특징은 대부분의 경우 정치 제어계이다.
* 전압 제어는 자동 조정에 해당한다.

57 다음 중 산란 효과를 보안하여 X-선 영상의 해상도를 높이기 위해 사용되는 것은?

① 필터 ② 셔터
③ 그리드 ④ 증감지

해설 **그리드(grid)**
음극에서 양극으로 흐르는 전자 빔(beam)을 제어하며, 그리드로부터의 2차 전자 방사를 방지한다. 보통은 니켈 선에 일함수가 큰 금 또는 지르코늄을 도금하여 만들어지며, 그리드의 기능에 따라 제어 그리드, 차폐 그리드, 억제 그리드 등이 있다.
* 제어 그리드(control grid) : 음극에서 나온 전자 빔(beam)의 세기를 조절하는 것으로, 빛의 밝기는 빔의 세기에 의하며 빔은 제어 그리드에 의해서 조정된다. 즉, 제어 그리드는 영상이나 모니터의 화면을 구현하는데 해상도(resolution)를 높일 수 있다.

58 다음 그림은 동작 신호량(Z)과 조작량(Y)의 관계를 나타낸 것이다. 그림의 ( ) 안에 알맞은 것은?

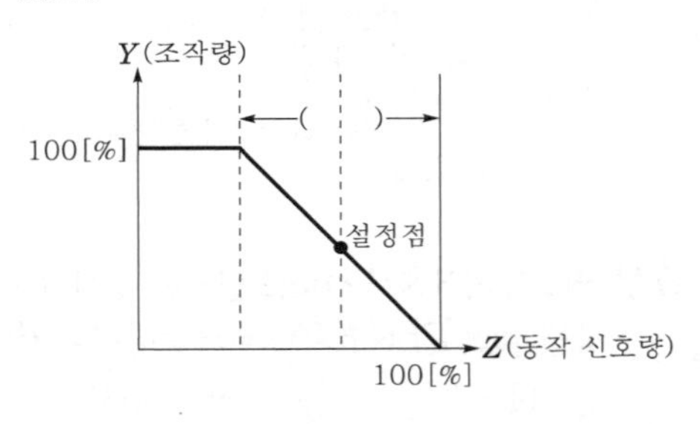

① 적분 시간 ② 미분 시간
③ 동작 범위 ④ 비례대

정답 54. ③ 55. ④ 56. ② 57. ③ 58. ④

해설 **비례대(proportional band)**
비례 동작(P동작)을 하는 조작단의 전체 조작 범위에 대응하는 동작 신호값의 범위를 말한다.
* 비례 동작은 조작량이 동작 신호의 현재 값에 비례하는 동작으로, 어느 하나의 부하 조건에서는 정확한 정정 동작을 하지만 부하가 변화하면 제어량이 설정점과 불일치하는 잔류 편차(off-set)가 생긴다. 이것은 조절부가 비례적인 전달 특성을 가진 제어계로 서보(servo)에서의 이득 조정과 본질적으로 같다.

59 다음 중 자동 온수기에서 제어 대상은?

① 온도 ② 물
③ 연료 ④ 조절 밸브

해설 자동 온수기는 물의 온도를 자동적으로 유지시키기 위한 장치로서, 제어 대상은 물이다.

60 FM 수신기에서 스켈치(squelch) 회로의 사용 목적은?

① 입력 신호가 없을 때 수신기 내부 잡음을 제거한다.
② FM 전파 수신 시 수신기 내부 잡음을 증폭한다.
③ 국부 발진 주파수의 변동을 막는다.
④ 안테나로부터 불필요한 복사를 제거한다.

해설 **스켈치(squelch) 회로**
FM 수신기의 저주파 출력단에서는 반송파 입력이 없거나 약할 때에는 일반적으로 큰 잡음이 나타난다. 이러한 잡음을 제거하기 위하여 수신 입력 전압이 어느 정도 이하일 때 저주파 증폭기의 동작을 자동적으로 정지시키는 회로를 말한다.
* 스켈치 회로는 저주파 출력단에서 일어나는 잡음을 제거하므로 저주파 증폭기의 출력을 차단시킨다.

정답 59. ② 60. ①

전자기기기능사

2014. 01. 26. 기출문제

01 단상 전파 정류기의 DC 출력 전압은 단상 반파 정류기 DC 출력 전압의 몇 배인가?

① 2배 ② 3배
③ 4배 ④ 5배

해설 **반파 정류기와 전파 정류기의 비교**

- 반파 정류기의 직류 출력 전압 : $V_{DC}=\dfrac{V_m}{\pi}$
- 전파 정류기의 직류 출력 전압 : $V_{DC}=\dfrac{2}{\pi}V_m$

단상 전파 정류기의 DC 출력 전압은 단상 반파 정류기의 DC 출력 전압의 2배가 된다.

02 공진 회로에 있어서 선택도 Q를 표시하는 식은? (단, RLC 직렬 공진 회로임)

① $\dfrac{\omega_0 L}{R}$ ② $\dfrac{\omega_0 C}{R}$
③ $\dfrac{R}{\omega_0 C}$ ④ $\dfrac{R}{\omega_0 L}$

해설 **선택도(quality factor) Q**

그림 (a)의 회로에서 공진 시 $X_L=X_C$ 의 조건에서 $V_L=V_C$ 이므로 다음과 같은 식이 성립한다.

$$V_L=V_C=\frac{\omega L}{R}V=\frac{1}{\omega CR}V[\mathrm{V}]$$

$$\therefore\ \frac{V_L}{V}=\frac{V_C}{V}=\frac{\omega L}{R}=\frac{1}{\omega CR}=Q$$

여기서, Q는 직렬 공진 때의 V_L 또는 V_C와 전원전압 V와의 비이며, 회로 상수 RLC에 의해서 정해지는 값으로 공진의 Q 또는 선택도라고 하며 그림 (b)와 같이 공진 곡선의 뾰족한 정도를 나타낸다.

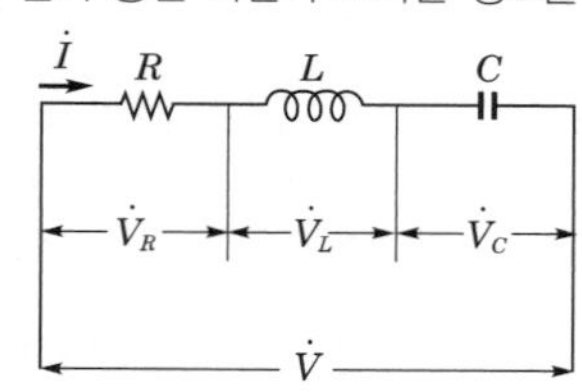

(a) RLC 직렬 회로

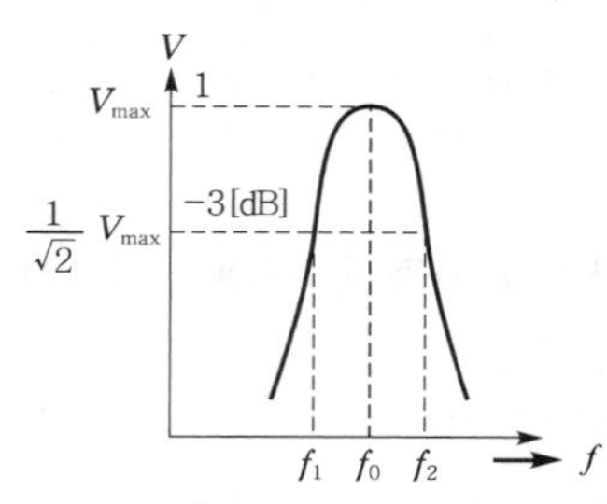

(b) 공진 특성 곡선

따라서, 그림 (a)의 회로에서 L과 C 단자에는 $V_L=\dfrac{\omega L}{R}V$, $V_C=\dfrac{1}{\omega CR}V$로서 전원 전압 V보다 Q배 만큼 높은 전압이 나타나므로, 이때 선택도 Q를 전압 확대율이라고도 하며 직렬 공진을 전압 공진이라고 한다.

03 그림과 같은 연산 증폭기의 완전한 평형 조건은?

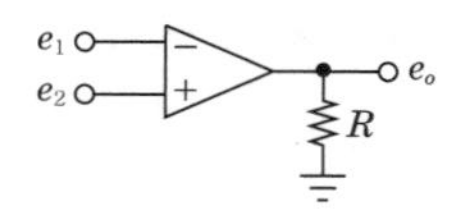

① $e_1=e_2=e_o$
② $e_1=e_2,\ e_o=0$
③ $e_1\neq e_2,\ e_o=\infty$
④ $e_1=e_2,\ e_o=-\infty$

해설 **연산 증폭기(operational amplifier)**

그림은 기본적인 연산 증폭기를 나타낸 것으로, 두 입력 전압 e_1과 e_2는 각각 반전(−) 및 비반전(+) 단자에 인가할 수 있는 차동 입력을 가진다.

- e_1 : 전압 이득 $\dfrac{e_o}{e_1}$는 출력 전압(e_o)이 입력 전압(e_1)과 역위상(−)으로 반전 입력이라 한다.
- e_2 : 전압 이득 $\dfrac{e_o}{e_2}$는 출력 전압(e_o)이 입력 전압(e_2)과 동위상(+)으로 비반전 입력이라 한다.

* 연산 증폭기의 차동 입력 전압 $e_d=e_2-e_1$로서 완전한 평형 조건일 때는 $e_1=e_2$이므로 $e_o=0$이다.

정답 01. ① 02. ① 03. ②

04 **콘덴서 입력형 전파 정류 회로의 입력 전압이 실횻값으로 12[V]일 경우 정류 다이오드의 최대 역전압은?**

① 약 12[V] ② 약 17[V]
③ 약 24[V] ④ 약 34[V]

해설 **콘덴서 입력형 전파 정류 회로**
전파 브리지 배전압 정류 회로로서, 정류 다이오드의 최대 역전압 PIV(Peak Inverse Voltage)는 $2V_m$이다.
$\therefore \ \mathrm{PIV} = 2V_m = 2\sqrt{2}\ V = 2\sqrt{2} \times 12 \fallingdotseq 34[\mathrm{V}]$

05 **진성 반도체에 대한 설명으로 가장 적합한 것은?**

① As를 함유한 n형 반도체
② In을 함유한 p형 반도체
③ 과잉 전자를 만드는 도너 불순물
④ 불순물을 첨가하지 않은 순수한 반도체

해설 **진성 반도체**
불순물이 첨가(doping)되지 않은 순수한 Ge, Si 반도체의 결정체로서, 4개의 가전자를 포함하는 4족의 원소를 가지고 있으며 이 물질에는 전류를 생성할 만큼의 충분한 자유 전자와 정공이 존재하지 않는다. 전류가 흐르지 않는 절대온도 0[K](-273[℃])에서는 절연체가 된다.

06 **압전기(piezo effect) 현상을 이용하여 발진하는 회로는?**

① 콜피츠 발진 ② 하틀레이 발진
③ LC 발진 ④ 수정 발진

해설 **수정 발진기(crystal oscillator)**
- 수정편의 압전기 현상을 이용한 발진기로서, LC 발진기 회로에 수정 진동자를 넣어서 높은 주파수에 대한 안정도를 유지하기 위한 발진기이다.
- 수정 진동자는 고유 진동수가 공진 주파수에 가깝기 때문에 Q가 매우 높고 안정한 발진을 유지한다. 그 반면에 발진 주파수를 가변(variable)으로 할 수 없다.
- 용도 : 측정기, 송·수신기, 표준용 기기 등의 정밀도(정확도)가 높은 주파수 측정 장치에 사용된다.

* 압전기 효과(piezolectric effect) : 그림 (a)와 같이 특수하게 자른 판 모양의 수정편에 압력이나 장력을 가하면 수정편의 표면에 전하가 나타난다. 이것을 그림 (b)와 같이 수정편에 금속판 전극을 만들어 전극 간에 전압을 가하면 전압의 극성에 따라 두 가지 방향으로 기계적 일그러짐(신장 혹은 압축)이 발생한다. 이러한 전기-기계적 상호 작용을 압전기 효과 또는 압전기 현상이라고 한다.

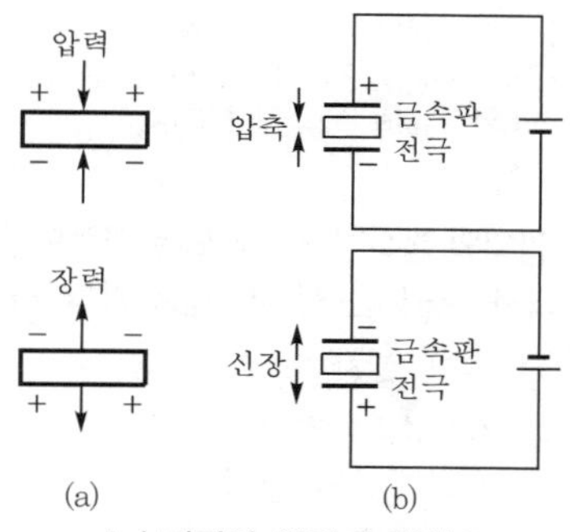

| 수정편의 압전기 현상 |

07 **연산 증폭기의 정확도를 높이기 위한 조건으로 적합하지 않은 것은?**

① 높은 안정도가 필요하다.
② 좋은 차단 특성을 가져야 한다.
③ 증폭도는 가능한 한 작아야 한다.
④ 많은 양의 부귀환을 안정하게 걸 수 있어야 한다.

해설 **연산 증폭기의 정확도를 높이기 위한 조건**
- 큰 증폭도와 높은 안정도가 필요하다.
- 차단 특성이 좋아야 한다.
- 많은 양의 음되먹임을 안정하게 걸 수 있어야 한다.
- 되먹임에 대한 안정도를 높이기 위해 특정한 주파수에서 주파수 보상 회로를 사용해야 한다.

08 **브리지 정류 회로에서 교류 200[V]를 정류시킨다면 최대 출력 전압은?**

① 141[V] ② 246[V]
③ 282[V] ④ 314[V]

해설 **브리지 정류 회로**
최대 출력 전압은 입력 전압의 최댓값과 같다.
최대 출력 전압 $V_m = \sqrt{2}\,V$에서
$\therefore \ V_m = \sqrt{2} \times 200 = 282[\mathrm{V}]$

09 **전류계 회로에서 전류를 측정하고자 할 때 고려해야 할 사항 중 옳지 않은 것은?**

① 전류계는 반드시 회로와 직렬로 연결해야 한다.
② 전류계의 내부 저항은 무시할 정도로 작아야 한다.
③ 전류계의 내부 저항은 전류를 못 흐르게 할 만큼 커야 한다.
④ 전류계에는 분배 저항이 들어 있다.

정답 04. ④ 05. ④ 06. ④ 07. ③ 08. ③ 09. ③

해설 전류계 회로에서 전류를 측정하려면 전류계의 내부 저항은 무시할 정도로 작아야 하며, 전류계는 반드시 회로와 직렬로 연결해야 한다.

10 "임의의 접속점에 유입되는 전류의 합은 접속점에서 유출되는 전류의 합과 같다."라는 법칙은?

① 옴의 법칙
② 가우스의 법칙
③ 패러데이의 법칙
④ 키르히호프의 법칙

해설 **키르히호프의 제1법칙(전류 법칙 $\Sigma I = 0$)**
전류의 평형을 나타내는 법칙으로, 회로망 중의 임의의 1접속점에서 유입하는 전류의 총합과 유출하는 전류의 총합은 서로 같다.

11 송신기 등에 사용하는 고주파 전력 증폭기로 가장 많이 사용되는 증폭 방식은?

① A급 ② B급
③ C급 ④ AB급

해설 **C급 증폭 방식**
송신기 등의 고주파 전력 증폭기에서 출력의 효율을 높이기 위하여 가장 많이 사용되는 증폭 방식으로, 부하로서는 LC 공진 회로를 이용하여 공진 주파수 근처의 주파수만을 선택 증폭한다. 이 방식은 출력 신호가 입력 신호의 반주기보다 작은 범위(유통각이 180° 이하)에서 변화하는 것으로, 효율은 78.5[%] 이상으로 증폭 방식 중 가장 효율이 높다.

12 귀환 증폭기에서 귀환을 시켰을 때의 증폭도 $A = \dfrac{A_0}{1 - A_0\beta}$ 라면 이 식에서 $|1 - A_0\beta| > 1$ 일 때 나타나는 특성 중 옳지 않은 것은?

① 증폭도가 감소된다.
② 출력 임피던스가 커진다.
③ 주파수 특성이 양호하다.
④ 증폭기의 잡음이 감소된다.

해설 $|1 - A_0\beta| > 1$은 부귀환(음되먹임)일 때의 조건이다.
[부귀환 증폭기의 특성]
- 주파수 특성이 좋아진다(대역폭이 증가).
- 안정도가 개선된다(이득의 안정).
- 일그러짐과 잡음이 감소한다.
- $|A_f| < |A|$이므로 증폭기의 이득은 되먹임에 의해 감소한다.

13 트랜지스터 증폭 회로에 대한 설명으로 옳지 않은 것은?

① 베이스 접지 회로의 입력은 이미터가 된다.
② 컬렉터 접지 회로의 입력은 베이스가 된다.
③ 베이스 접지 회로의 입력은 컬렉터가 된다.
④ 이미터 접지 회로의 입력은 베이스가 된다.

해설 **접지 방식에 따른 입력과 출력**
- 베이스 접지 회로 : 입력 이미터, 출력 컬렉터
- 이미터 접지 회로 : 입력 베이스, 출력 컬렉터
- 컬렉터 접지 회로 : 입력 베이스, 출력 이미터

14 최고 주파수가 8[kHz]인 신호파를 펄스 변조할 경우 표본화 주파수의 최저값과 이때의 표본화 주기는 각각 얼마인가?

① 8[kHz], 125[μsec]
② 10[kHz], 160[μsec]
③ 13[kHz], 120[μsec]
④ 16[kHz], 62.5[μsec]

해설 **섀넌(Shannon)의 표본화(sampling) 정리**
한정된 대역의 주파수를 갖는 어떤 신호의 최대 주파수 f_m을 2배 이상의 속도로 균일한 간격의 표본화를 실시하면 표본화된 데이터에서 원신호를 정확하게 재생시킬 수 있다.
- 표본화 주파수 : $f_s \geq 2f_m$[Hz]
  여기서, $2f_m$: 나이퀴스트 주파수
  $\therefore\ f_s = 2f_m = 2 \times 8 = 16$[kHz]
- 표본화 주기 : $T_s \leq \dfrac{1}{2f_m}$[sec]
  여기서, $\dfrac{1}{2f_m}$: 나이퀴스트 시간 간격
  $\therefore\ T_s = \dfrac{1}{2f_m} = \dfrac{1}{2 \times 8 \times 10^3} = 62.5[\mu\text{sec}]$

* 나이퀴스트(Nyquist)는 원신호를 재생할 수 있는 최소 표본화 주기로서, 표본화 주파수는 나이퀴스트 주파수와 같거나 크게 하는 것을 원칙으로 한다.

15 푸시풀 증폭 회로의 이점이 아닌 것은?

① 비교적 큰 출력이 얻어진다.
② 출력 변압기의 직류 여자가 상쇄된다.
③ 전원 전압에 함유되는 험(hum)이 상쇄된다.
④ 기수 고조파가 제거된다.

정답 10. ④ 11. ③ 12. ② 13. ③ 14. ④ 15. ④

해설 **A급과 비교한 B급 푸시풀 증폭 회로의 특징**

- 보다 큰 출력을 얻을 수 있다.
- 직류 바이어스 전류가 매우 작아도 된다.
- 컬렉터 효율이 높다(A급 50[%], B급 78.5[%]).
- 우수 고조파가 상쇄된다.
- 입력 신호가 없을 때 트랜지스터는 차단 상태에 있으므로 전력 손실을 무시할 수 있다.
- 동작점은 입력 신호가 없을 때 직류 전류가 거의 흐르지 않는 차단점을 선정하여 B급으로 동작시킨다.

* 대신호 A급 증폭기의 출력은 fin, 2fin, 3fin, 4fin, 5fin 등의 고조파를 발생시키지만, B급 푸시풀(push pull) 증폭기의 출력은 fin, 3fin, 5fin 등의 기수(홀수) 고조파만을 발생시킨다. 따라서, B급 푸시풀(push pull) 증폭을 하게 되면 모든 우수(짝수) 고조파가 상쇄(제거)되기 때문에 출력 파형의 일그러짐(왜곡)이 작아진다.

16 신호파의 진폭과 반송파의 진폭의 비를 m이라 할 때, $m>1$이면 어떤 상태인가?

① 무변조 ② 100[%] 변조
③ 과변조 ④ 얕은 변조

해설 **과변조(over modulation)**
과변조란 $m>1$로서, 변조도 $m=1$(100[%] 변조)보다 커질 때를 말하며, 이때 전파를 수신하면 신호파의 진폭이 반송파의 진폭보다 커져서 검파(복조)해서 얻는 신호는 원래 신호파와는 달리 일그러짐이 발생하며, 주파수 대역이 넓어져 인근 통신에 의한 혼신이 증가하게 된다.

17 컴퓨터가 직접 인식하여 실행할 수 있는 언어로 0과 1만을 사용하여 명령어와 데이터를 나타내는 것은?

① 기계어
② 어셈블리어
③ 컴파일 언어
④ 인터프리터 언어

해설 **기계어(machine language)**
2진 숫자로만 사용된 컴퓨터의 중심 언어이며 컴퓨터가 직접 이해할 수 있는 언어로서, 프로그램의 작성과 수정이 곤란하다.

18 컴퓨터의 중앙 처리 장치 내부에서 기억 장치 내의 정보를 호출하기 위하여 그 주소를 기억하고 있는 제어용 레지스터는?

① 명령 레지스터
② 프로그램 카운터
③ 메모리 데이터 레지스터
④ 메모리 어드레스 레지스터

해설 **메모리 어드레스 레지스터(MAR : Memory Address Register)**
CPU 내부에서 기억 장치의 정보를 호출하기 위하여 그 주소를 기억하고 있는 레지스터를 말한다. 일반적으로 명령어의 오퍼랜드에 있는 피연산자의 주소가 저장되며 각 주소부 내용이 이 레지스터에 넣어진다. 기억 장치의 주소 선은 MAR에 연결되어 있으며 기억 장치와 외부 사이의 데이터 선들은 MBR을 통해 이루어진다.

19 입 · 출력 장치와 메모리 사이에서 CPU의 도움 없이 직접 데이터가 전달되도록 관리하는 것은?

① PPI
② PIO
③ DMA
④ Control unit

해설 **직접 메모리 액세스(DMA : Direct Memory Access)**
자기 디스크, 자기 테이프 그리고 시스템 메모리와 같은 대용량의 저장 장치들 사이의 데이터 전송은 마이크로프로세서(CPU)를 통하여 전송 작업을 하면 프로세서의 속도 때문에 제한을 받는다. 따라서, 전송 동안에 CPU를 거치지 않고 주변 장치가 직접 메모리에 전송하는 방식을 말한다.
* DMA 제어기는 주변 장치와 메모리 사이에서 직접 전송을 담당하도록 버스 제어권을 인계받는다.

20 4개의 입력과 2개의 출력으로 구성된 회로에서 4개의 입력 중 하나가 선택되면 그에 해당하는 2진수가 출력되는 논리 회로는?

① 디코더 ② 인코더
③ 전가산기 ④ 플립플롭

해설 **부호기(encoder)**
해독기(decoder)의 반대 기능을 수행하는 회로로서, 여러 개의 입력을 가지고 그 중 하나만이 '1'일 때 이로부터 N비트의 코드를 발생시키는 장치이다.

21 다음 논리 함수를 최소화하면?

$$X(\overline{X}+Y)$$

① X ② Y
③ $\overline{X}Y$ ④ XY

정답 16. ③ 17. ① 18. ④ 19. ③ 20. ② 21. ④

해설 **논리 함수**

$X(\overline{X}+Y)=X\overline{X}+XY=XY$

여기서, $X\overline{X}=0$ (상보 법칙)

22 다음 메모리 중 가장 빠르게 액세스되는 메모리는?

① 가상 메모리
② 주기억 메모리
③ 캐시 메모리
④ 보조 기억 메모리

해설 **캐시 기억(cache memory) 장치**

초고속 소용량의 메모리로서 중앙 처리 장치의 빠른 처리 속도와 주기억 장치의 느린 속도 차이를 해소하기 위해 사용하는 것으로, 효율적으로 컴퓨터의 성능을 높이기 위한 반도체 기억 장치이다. 이것은 특히 그래픽 처리 시 속도를 높이는 결정적인 역할을 하므로 시스템의 성능을 향상시킬 수 있다.

23 C언어에서 정형화된 입 · 출력(formatted I/O)에 사용하는 입력문과 출력문을 나타낸 것은?

① getchar, putchar
② max, min
③ scanf, printf
④ static, extern

해설 **C언어에서 사용되는 입력문과 출력문**

- 입력문 : scanf( ), getchar( ), gets( ) 등
  정형화된 입력문 형식 : scanf('입력 형식 변환 문자', & 변수, …… & n변수) ;
  * scanf( ) 안에 들어가는 모든 변수 앞에는 &를 붙여야만 해당 변수에 입력한 자료가 저장된다.
- 출력문 : printf( ), putchar( ), puts( ) 등
  정형화된 출력문 형식 : printf('화면에 출력될 문자', 변수명 1, 변수명 2) ;
  * 프로그램을 실행하게 되면 실행 프로그램의 결과치를 출력하는 출력 수행 명령문이다.

24 다음 내용이 설명하는 프로그래밍 언어는?

> ㉠ UNIX 시스템 프로그래밍 언어
> ㉡ 수식이나 시스템 제어 및 자료 구조를 간편하게 표현
> ㉢ 연산자가 풍부
> ㉣ 범용 프로그래밍 언어

① C언어
② BASIC 언어
③ COBOL 언어
④ JAVA 언어

해설 **C언어(C Language)**

- 미국 벨 연구소의 리치(Ritchie)가 설계하여 1972년 PDP-11에 구현시킨 언어이다.
- C언어는 유닉스(UNIX) 운영 체제 작성을 위한 시스템 프로그램 작성용 언어로 설계되었으며 기능적인 면보다 신뢰성, 규칙성, 간소성 등의 사용상 편리함을 내포하고 있고 프로그램을 읽기 쉽고 작성하기 쉽도록 하는 구조화 프로그램 기법을 채택하고 있다.
- 저급 언어와 유사한 기능뿐만 아니라 융통성과 이식성이 높으며 풍부한 연산자와 데이터형 및 제어 구조를 갖고 있어 범용 고급 프로그래밍 언어로서 응용 소프트웨어 개발 속도를 급속화시키고 있다.

25 출력 장치로 사용할 수 있는 것은?

① 카드 판독기
② 광학 마크 판독기
③ 자기 잉크 판독기
④ 디스플레이 장치

해설 **디스플레이 장치(display unit)**

출력 장치로만 사용되는 것으로, 액정 디스플레이와 플라스마 디스플레이 등이 있다.

26 플립플롭의 종류에 해당되지 않는 것은?

① RS 플립플롭
② T 플립플롭
③ D 플립플롭
④ K 플립플롭

해설 **플립플롭(flip flop)의 종류**

- RS 플립플롭 : RS-FF는 Reset-Set Flip Flop의 약자로서, 일반적으로 래치(latch) 회로라고도 하며 2개의 입력 단자 R(Reset)과 S(Set)를 가지고 있다.
- T 플립플롭 : T-FF는 J-K 플립플롭의 입력 J와 K를 묶어 1개의 입력 T(Toggle)의 형태로 변경한 것으로, T에 클록 펄스가 들어올 때마다 출력의 위상이 반전되어 나타나므로 토글 플립플롭(toggle flip flop)이라고 부른다. 이것은 분주 회로 또는 2진 계수 회로에 많이 사용된다.
- D 플립플롭 : D-FF의 D는 Data(정보) 또는 Delay(지연)형의 플립플롭을 의미하며 RS-FF의 출력이

정답 22. ③ 23. ③ 24. ① 25. ④ 26. ④

불확정 상태가 되지 않도록 하기 위하여 입력 D에 인버터(NOT) 게이트를 연결하여 반전(toggle) 작용이 일어나지 않도록 한 플립플롭 회로이다.
- JK 플립플롭 : JK-FF는 디지털 시스템에서 가장 널리 사용되고 있는 플립플롭으로서, 입력 단자는 J(Jack), K(King) 및 클록 펄스(CP)와 출력 단자는 Q, $\overline{Q}$로서 2개의 입력단과 2개의 출력단을 가진다. 특징은 J = 1, K = 1의 상태를 유지하고 CP가 계속 들어오면 Q = 1일 때는 Q = 0으로, Q = 0일 때는 Q = 1로 반복하여 반전(toggle)되므로 항상 플립플롭의 상태를 반전(complementing)시키는 작용을 하게 된다.

27 다음 Diagram에서 A와 B의 값이 입력될 때 최종 결과 X는? (단, A=0101, B=1011)

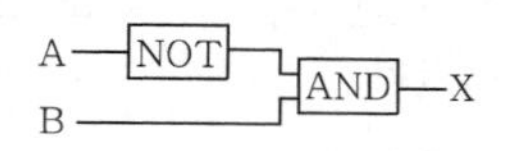

① 1010 ② 1110
③ 1101 ④ 0101

해설 **조합 논리 회로**

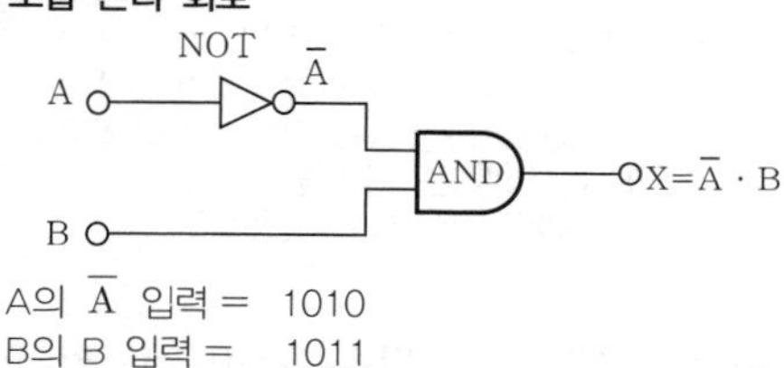

A의 $\overline{A}$ 입력 = 1010
B의 B 입력 = 1011
∴ AND 출력 → 1010

28 다음 중 반복 구간으로 설정된 프로그램을 정해진 횟수만큼 반복 실행시키는 분기 명령어는?

① JMP 명령 ② JNP 명령
③ MOV 명령 ④ LOOP 명령

해설 **루프(loop) 명령**

루프는 어떤 조건이 만족되어 있는 동안 순환하여 반복 실행될 수 있는 명령어의 집합으로서, 루프 명령은 순환되도록 반복 구간으로 설정된 프로그램을 횟수만큼 반복 실행시키는 명령어를 말한다.

그림과 같이 조건에서 비교 판단하여 맞으면 Yes로 분기하고 조건에 맞지 않으면 No로 되돌아가는 루프(loop)를 나타낸다.

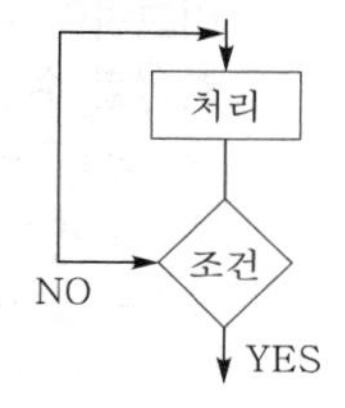

29 지시 계기의 3대 요소가 아닌 것은?

① 구동 장치 ② 제어 장치
③ 출력 장치 ④ 제동 장치

해설 **지시 계기의 3대 요소**
- 구동 장치(driving device) : 측정하고자 하는 전기적 양에 비례하는 회전력(토크) 또는 가동 부분을 움직이게 하는 구동 토크를 발생시키는 장치
- 제어 장치(controlling device) : 구동 토크가 발생되어서 가동 부분이 이동되었을 때 되돌려 보내려는 작용을 하는 제어 토크 또는 제어력을 발생시키는 장치

* 가동부의 정지는 구동 토크=제어 토크의 점에서 정지
- 제동 장치(damping device) : 제어 토크와 구동 토크가 평행되어 정지하고자 할 때 진동 에너지를 흡수시키는 장치

* 가동 부분이 정지하면 제동 토크는 '0'이다.

30 헤테로다인 주파수 측정기의 교정용 발진기로는 어떤 것을 쓰는가?

① LC 발진기 ② RC 발진기
③ 음차 발진기 ④ 수정 발진기

해설 **헤테로다인 주파수계(heterodyne frequency meter)**
- 이미 알고 있는 기지의 주파수를 미지의 주파수와 헤테로다인하여 제로 비트 상태까지 기지의 주파수를 조정하여 미지의 주파수를 측정하도록 한 주파수계이다.
- 측정 확도가 $10^{-3} \sim 10^{-5}$으로 감도 및 확도가 높고, 주파수를 매우 정밀하게 측정할 수 있다.
- 측정 주파수의 정밀도를 높이기 위하여 교정용 수정 발진기를 사용한다.
- 가청 주파수뿐만 아니라 고주파 영역의 주파수도 측정할 수 있으나, 고조파에 의한 오차가 발생하기 쉬운 결점이 있다.
- 미약한 전력의 주파수 측정에 적합하며, 중 · 단파용 무선 송신기 등의 정확한 주파수 측정에 사용된다.

* 헤테로다인 주파수(heterodyne frequency) : 두 주파수에 의한 차의 주파수

31 대전류로 서미스터 내부에서 소비되는 전력이 증가하면 온도 및 저항값은?

① 온도는 높아지고, 저항값은 변동없다.
② 온도는 높아지고, 저항값은 감소한다.
③ 온도는 낮아지고, 저항값은 감소한다.
④ 온도는 낮아지고, 저항값은 증가한다.

정답 27. ① 28. ④ 29. ③ 30. ④ 31. ②

해설 서미스터(thermistor)

일반적인 금속과는 달리 온도가 높아지면 저항값이 감소하여 전도도가 크게 증가하는 것으로, 어떤 회로에서도 소자로서는 이용될 수 없으나 저항의 온도 계수가 음(−)의 값으로 부저항 온도 계수의 특성을 가지고 있어 이것을 NTC(Negative Temperature Coefficient thermistor)라고 한다. 구조적으로는 직열형, 방열형, 지연형 등으로 분류된다.

열용량이 작아서 미소한 온도 변화에도 저항 변화가 급격히 생기므로 온도 제어용 센서로 많이 이용되며 체온계, 온도계, 습도계, 기압계, 풍속계, 마이크로파 전력계 등의 측정용이나 통신 장치의 온도에 의한 특성 변화의 보상, 통신 회선의 자동 이득 조정 등 이용 분야가 광범위하다.

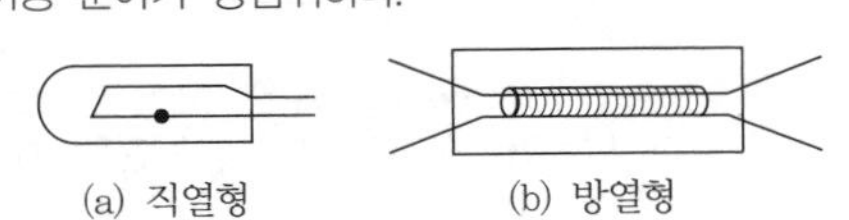

(a) 직열형　　(b) 방열형

32 무선 수신기의 랜덤 잡음(random noise)을 측정하기 위하여 레벨 미터(level meter) 앞에 설치하는 필터는?

① 저역 필터　② 소거 지역 필터
③ 고역 필터　④ 통과 대역 필터

해설 랜덤 잡음(random noise)

- 일정한 시간 동안 파형의 진폭과 위상에 규칙성이 없는 불규칙성 잡음으로서, 연속성 잡음과 충격성 잡음 등이 있다.
- 무선 수신기에서 랜덤 잡음의 측정은 레벨 미터(level meter) 전단에 고역 필터(high pass filter)를 설치하여 차단 주파수 이상의 주파수는 통과시키고 그 이하의 주파수는 감쇠를 주어 측정한다.

33 다음 중 오실로스코프로 직접 관측하지 못하는 것은?

① 변조도　② 주파수
③ 왜곡률　④ 임피던스

해설 오실로스코프(oscilloscope)

시시각각으로 대단히 빠르게 변화하는 전기적 변화를 파형으로 브라운관에 직시하도록 한 장치로서, 과도 현상의 관측 및 다른 현상들을 측정 · 분석하는 데 사용하며 수백[MHz]의 고주파까지 사용할 수 있다.

[오실로스코프를 이용한 측정]

- 기본 측정 : 전압 측정, 전류 측정, 시간 및 주기 측정, 위상 측정
- 응용 측정 : 영상 신호 파형, 펄스 파형, 진폭 변조(AM) 신호와 주파수 변조(FM) 신호의 파형, 오디오 파형, 과도 현상 등

34 참값이 50[V]인 전압을 측정하였더니 51.4[V]였다. 이때의 오차 백분율은?

① 1.3[%]　② 1.4[%]
③ 1.5[%]　④ 2.8[%]

해설 오차 백분율

$$\varepsilon = \frac{M-T}{T} \times 100[\%]$$
$$= \frac{51.4-50}{50} \times 100 = 2.8[\%]$$

35 디지털 전압계의 원리는 어느 것과 가장 유사한가?

① A/D 변환기　② D/A 변환기
③ 변환기　④ 비교기

해설 디지털 전압계(DVM : Digital Volt Meter)

피측정 전압을 수치로 직접 표시하는 전압계로서, 출력 펄스를 계수하여 디지털 표시로 나타낸다. 디지털 전압계는 함수 발생 회로, 비교 회로, 계수 회로, 표시 회로 등으로 구성된다.

* 아날로그–디지털 변환기(A/D converter) : 아날로그 신호를 디지털 신호로 변환하는 장치를 말하며 압력, 회전, 진동 등과 같은 변화를 등가인 디지털 양으로 변환하는 데 이용되는 것으로 디지털 전압계(DVM)의 심장부에 해당한다.

36 1차 코일의 인덕턴스 3[mH], 2차 코일의 인덕턴스 11[mH]를 직렬로 연결했을 때 합성 인덕턴스가 24[mH]이었다면, 이들 사이의 상호 인덕턴스는?

① 2[mH]　② 5[mH]
③ 10[mH]　④ 19[mH]

해설 $L = L_1 + L_2 + 2M$[H]
$24 = 3 + 11 + 2M$
$\therefore M = 5$[mH]

37 표준 전지의 기전력과 미지 전지의 기전력을 비교하여 1[V] 이하의 직류 전압을 정밀하게 측정할 수 있는 직류용 전압계는?

① 직류 전위차계
② 계기용 변압기(PT)
③ 변류기(CT)
④ 교류 전위차계

정답 32. ③　33. ④　34. ④　35. ①　36. ②　37. ①

해설 직류 전위차계(potentiometer)

- 미지의 직류 전압을 표준 전지의 기전력과 비교하여 1[V] 이하의 직류 전압을 정밀하게 측정할 수 있는 직류용 전압계이다.
- 비교 측정에서 얻어지는 결과는 피측정 전원에 전류가 흐르지 않으며 지침의 편위에 의존하지 않고 표준 전지의 확도로 좌우되기 때문에 영위법을 이용하므로 측정 확도가 매우 높다.
- 전압계와 전류계의 교정 시험에 널리 이용되고 있으며 전기적인 측정과 교정 분야에 있어서 중요한 계측기이다.

38 볼로미터 전력계의 구성 소자 중 서미스터의 용도는?

① 전류 감지용 ② 전압 감지용
③ 온도 감지용 ④ 습도 감지용

해설 볼로미터(bolometer) 전력계
반도체 또는 금속이 마이크로파의 전력을 흡수하여 온도가 상승하고, 그 저항값이 변화하는 것을 이용하여 마이크로파의 전력을 측정하는 계기로서, 볼로미터 소자에는 서미스터(thermistor), 배러터(barretter)가 있다.

- 서미스터(thermistor) : 저항의 온도 계수 부(−)
- 배러터(barretter) : 저항의 온도 계수 정(+)

* 서미스터는 부저항 온도 계수의 특성을 가진 소자로서, 고주파 전류를 흘렸을 때 마이크로파 전력을 흡수함으로써 온도가 상승하면 저항값이 감소하여 전도도가 크게 증가하는 것을 이용한 마이크로파의 고주파 전력 측정용 소자이다. 서미스터는 열용량이 적어서 미소한 온도 변화에도 저항 변화가 급격히 생기므로 온도 제어용 센서로도 많이 이용된다.

39 다음 중 펜과 기록 용지에서 생기는 마찰 오차를 피하기 위하여 고안된 것으로, 영위법에 의한 측정 원리를 이용한 기록 계기는?

① 직동식 기록 계기
② 실선식 기록 계기
③ 타점식 기록 계기
④ 자동 평형식 기록 계기

해설 자동 평형식 기록 계기

- 기록용 펜과 용지 사이에 생기는 마찰 오차를 피하기 위하여 만들어진 것으로, 영위법에 해당하며 피측정량을 충분히 증폭하여 사용하므로 감도가 매우 양호하다.
- 전위차계식과 브리지식이 있으며 평형용 전동기(서보 모터)를 이용하여 측정값과 표준값의 차를 검출한다.

40 Q 미터(Q meter)는 무엇을 측정하는 것인가?

① 코일의 리액턴스와 저항의 비
② 코일에 유기되는 전계 강도
③ 반도체 소자의 정수
④ 공진 회로의 주파수

해설 Q 미터(meter)
고주파대에서 코일 또는 콘덴서의 Q를 측정할 수 있으며 코일의 인덕턴스와 분포 용량, 콘덴서의 정전 용량과 손실, 고주파 저항, 절연물의 유전율과 역률 등을 측정할 수 있다.

$Q = \frac{\omega L}{R}$ (코일의 리액턴스와 저항의 비)

41 태양 전지를 연속적으로 사용하기 위하여 필요한 장치는?

① 변조 장치
② 정류 장치
③ 축전 장치
④ 검파 장치

해설 태양 전지(solar cell)
반도체의 광기전력 효과를 이용한 광전지의 일종으로, 태양의 방사 에너지를 직접 전기 에너지로 변환하는 장치이다. 이러한 태양 전지는 태양 광선의 풍부한 에너지원으로 이용되므로 연속적으로 사용하기 위해서는 태양 광선을 얻을 수 없는 경우를 대비하여 축전 장치가 필요하다.

42 컬러 킬러(color killer) 회로에 대한 설명으로 옳은 것은?

① 컬러 화면에 나오는 색 잡음을 없애는 것이다.
② 컬러 화면을 흑백 화면으로 전환시키는 것이다.
③ 강한 컬러를 부드럽게 하는 일종의 색 콘트라스트이다.
④ 흑백 방송 수신 시 색 노이즈가 화면에 나오는 것을 방지하는 것이다.

해설 컬러 킬러(color killer) 회로
컬러 TV에서 흑백 방송을 수신할 때 대역 증폭 회로의 동작을 정지시켜 색 노이즈(잡음)가 화면에 나타나는 것을 방지하며 컬러 버스터 신호의 유무에 따라 색도 신호 증폭기의 동작을 정지시키는 회로이다.

정답 38. ③ 39. ④ 40. ① 41. ③ 42. ④

43 스피커의 감도 측정에 있어서 표준 마이크로폰이 받는 음압이 4[μbar]이면 스피커의 전력 감도는? (단, 스피커의 압력에는 1[W]를 가한 것으로 함)

① 약 9[dB]
② 약 12[dB]
③ 약 16[dB]
④ 약 20[dB]

해설 **스피커의 전력 감도**
스피커에 가해지는 전기 입력 중 어느 정도가 음향 에너지로 방사되는가를 표시하는 비율이다.

전력 감도 $S = 20\log_{10}\frac{P}{\sqrt{W}}$[dB]

$\therefore\ S = 20\log_{10}\frac{4}{\sqrt{1}}$

$= 20\log_{10}4 \fallingdotseq 12$[dB]

44 테이프를 헤드에 밀착시켜 레벨 변동이나 고역 저하의 원인이 되는 스페이싱 손실을 줄이는 것은?

① 캡스턴(capstan)
② 압착 패드(pressure pad)
③ 핀치 롤러(pinch roller)
④ 테이프 가이드(tape guide)

해설 스페이싱(spacing) 손실은 자기 테이프의 자성면과 헤드면 사이가 밀착되지 않고 간격이 있기 때문에 생기는 손실로, 압착 패드(pressure pad)를 사용하면 이 손실을 줄일 수 있다.

45 항공기가 강하할 때 수직면 내에서의 올바른 코스를 지시하는 것은?

① 팬 마커
② 로컬라이저
③ 로란
④ 글라이드 패스

해설 **글라이드 패스 표시(glide path beacon)**
항공기의 상 · 하 진입로(수직 위치)를 지시하는 표시로서, 반송 주파수는 328.6 ~ 335.4[MHz]를 사용하며, 활주로의 진입 코스 위측은 90[Hz], 아래측은 150[Hz]로 변조된 두 전파에 의해서 표시되는 계기 착륙 장치(ILS)의 착륙 보조 장치이다.

46 다음 그림은 슈퍼헤테로다인 수신기의 구성도이다. ㉠과 ㉢의 내용으로 옳은 것은?

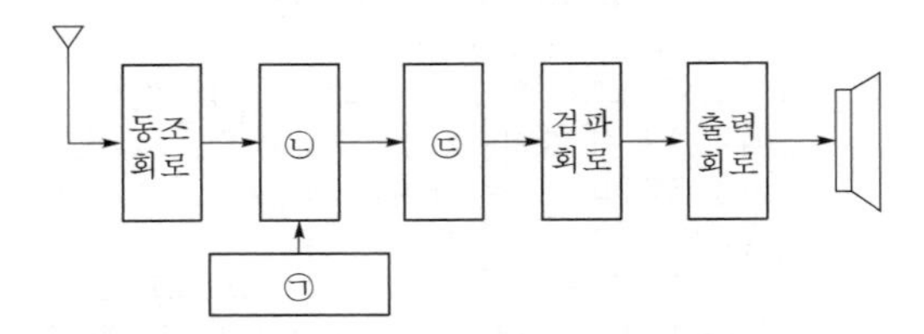

① ㉠ 국부 발진 회로, ㉢ 중간 주파 증폭 회로
② ㉠ 혼합 회로, ㉢ 중간 주파 증폭 회로
③ ㉠ 혼합 회로, ㉢ 저주파 증폭 회로
④ ㉠ 국부 발진 회로, ㉢ 혼합 회로

해설 **슈퍼헤테로다인 수신기의 구성도**
㉠ 국부 발진 회로
㉡ 주파수 변환 회로
㉢ 중간 주파 증폭 회로

47 전자 현미경에 대한 짝이 옳지 않은 것은?

① 매질 – 진공
② 상 관찰 수단 – 형광 막상의 상 또는 사진
③ 초점 조절 – 대물 렌즈와 시료의 거리를 조절
④ 콘트라스트가 생기는 이유 – 산란 또는 흡수

해설 전자 현미경의 초점 거리는 자장을 강하게 하여야 짧아지고 배율이 커진다. 따라서, 초점은 대물 렌즈의 여자 전류에 의해서 조절된다.
* 대물 렌즈와 시료의 거리를 조절하는 방법은 광학 현미경에서 사용한다.

48 포마드, 크림 등 화장품이나 도료의 제조에 이용되는 초음파는 어떤 작용을 응용한 것인가?

① 소나 작용
② 응집 작용
③ 확산 작용
④ 분산 에멀션화 작용

해설 **에멀션(emulsion)화 작용**
20[kHz] 정도의 초음파를 사용하여 화장품이나 도료의 제조 및 기름의 탈색, 탈취 등에 이용된다.

정답 43. ② 44. ② 45. ④ 46. ① 47. ③ 48. ④

49 그림과 같은 수상관 회로에서 콘덴서 C가 단락되었을 때의 고장 증상은?

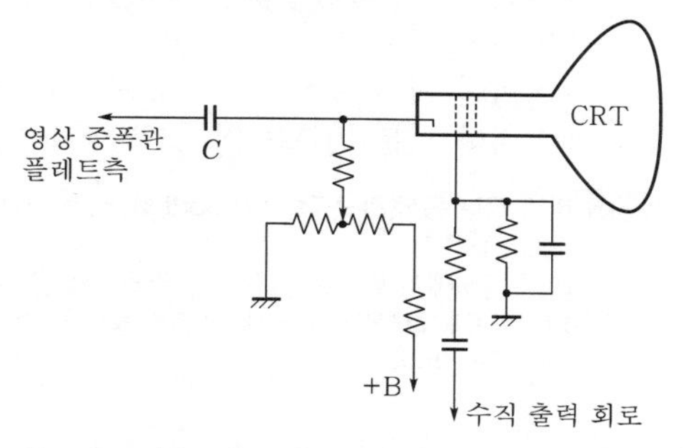

① 라스터는 나오나 화면이 나오지 않는다.
② 라스터가 나오지 않는다.
③ 밝아진 채로 어두워지지 않는다.
④ 수평, 수직 동기가 불안정하다.

해설 **TV 수상관 회로**
- 수상관 회로는 일반적으로 휘도 조정 회로, 귀선 소거 신호, 초점 조정 회로, 스포트 컬러 회로 등으로 구성된다.
- 회로에서 C는 결합 콘덴서로서, C가 단락되면 영상 증폭 회로의 컬렉터 전압이 그대로 수상관의 캐소드에 가해지므로 휘도의 바이어스가 깊어져서 라스터가 나오지 않는다. C와 병렬 연결된 가변 저항기는 휘도 조정 회로로서, 바이어스 전압이 크면 수상관의 밝기가 어두워지고, 작을수록 밝아진다.

50 센서의 명명법에서 X형 센서로 표시하지 않는 것은?

① 변위 센서
② 속도 센서
③ 열 센서
④ 반도체형 가스 센서

해설 **반도체형 가스 센서**
가스를 포획하면 반도체의 저항값이 변한다. 이 변한 저항값을 기준 저항과 비교하여 그 차이로 발생한 전압차를 전화선, 인터넷, 전력선 등으로 송신한다. 가스 검출값은 아날로그 신호이기 때문에 디지털화하기 위해 A/D 변환으로 값을 변환시킨다.

51 초음파 가공에서 사용되는 연마 가루에 적합하지 않은 것은?

① 강한 철분 ② 탄화실리콘
③ 산화알루미늄 ④ 탄화붕소

해설 **초음파 가공**
초음파에 의하여 진동하는 막대나 판 모양의 공구를 가공할 물체에 적당한 압력으로 밀착시키고 그 사이에 고운 연마 가루를 물 또는 기름에 섞어서 주입하면 초음파 진동에 의하여 연마 가루는 공작물의 표면을 조금씩 연마하고, 물과 기름은 씻어내는 작용을 한다.
* 연마 가루 : 알런덤(산화알루미늄, alundum), 보론 카바이드(탄화붕소, boron carbide), 카보런덤(탄화실리콘, carborundum), 다이아몬드 등의 고운 가루

52 자동 제어의 제어 목적에 따른 분류 중 어떤 일정한 목푯값을 유지하는 것에 해당하는 것은?

① 비율 제어 ② 정치 제어
③ 추종 제어 ④ 프로그램 제어

해설 **정치 제어(constant value control)**
목푯값이 시간에 대하여 변화하지 않고 일정한 값을 취하는 경우의 제어로서, 프로세스 제어, 자동 조정에 이용된다.

53 콘트라스트(contrast)에 대한 설명으로 옳은 것은?

① 잡음 지수를 말한다.
② 음성 신호의 이득을 말한다.
③ 국부 발진기의 주파수 조정 정도를 나타낸다.
④ 화면의 가장 밝은 부분과 가장 어두운 부분에 대한 밝기의 비를 말한다.

해설 **콘트라스트(contrast)**
텔레비전 수상 화면의 화질을 평가하는 경우의 요소가 되는 것으로, 화면의 가장 밝은 부분과 가장 어두운 부분과의 밝기 비율을 말한다.

54 다음 중 초음파 성질에서 파동과 속도의 설명으로 옳지 않은 것은?

① 파동의 전파 속도는 횡파가 종파보다 느리다.
② 기체 중에서는 파동의 전파 방향으로 입자가 진동하는 종파만 존재한다.
③ 고체 중에서는 파동의 전파 방향에 수직 방향으로 입자가 진동하는 횡파만 존재한다.
④ 액체 중에서는 파동의 전파 방향으로 입자가 진동하는 횡파만 존재한다.

정답 49. ② 50. ④ 51. ① 52. ② 53. ④ 54. ④

해설 **초음파의 성질**
- 기체나 액체 중에는 파동의 전파 방향으로 입자가 진동하는 종파만 존재한다.
- 고체 중에는 종파 및 파동의 전파 방향에 수직인 방향으로 입자가 진동하는 횡파가 존재하며, 전파의 속도는 횡파보다 종파가 느리다.
- 초음파는 파장이 짧을수록, 즉 진동수가 클수록 지향성이 커지므로 예민한 빔을 얻기 쉽다.
- 초음파는 특성 임피던스가 다른 물질의 경계면에서 반사 및 굴절을 일으킨다.
- 반사율
  - 공기와 물 사이 : 100[%]
  - 물과 강철 사이 : 88[%]
  - 물과 유리 사이 : 63[%]

* 감쇠율 : 기체, 액체, 고체 순으로 작아진다(초음파 진동수가 클수록 감쇠율이 크다).

55 **다음 중 전자 냉동에 대한 설명으로 가장 옳지 않은 것은?**

① 온도 조절이 용이하다.
② 대용량에 더욱 효율이 좋다.
③ 소음이 없고 배관도 필요 없다.
④ 전류 방향만 바꾸어 냉각과 가열을 쉽게 변환할 수 있다.

해설 **전자 냉동기의 특징**
- 회전 부분이 없으므로 소음도 없고, 배관도 필요하지 않다.
- 온도 조절이 용이하다.
- 전류의 방향만 바꾸어 냉각과 가열을 쉽게 변환할 수 있다.
- 성능이 고르며 수명이 길고 취급이 간단하다.
- 열용량이 작은 국부적인 냉각에 적합하며, 대용량에서는 효율에 많은 단점이 있다.

* 전자 냉동기의 효율 = $\frac{\text{흡열량}}{\text{소비 전력}}$

56 **마스킹 효과를 이용하여 히스 잡음을 줄이는 방식을 무엇이라 하는가?**

① 돌비 시스템
② 녹음 시스템
③ 서라운드 시스템
④ 재생 시스템

해설 **돌비 방식(dolby system)**
테이프 녹음기를 사용하여 녹음, 재생하는 경우에 고역에서의 잡음(히즈 노이즈)을 경감시키기 위해 개발된 방식으로, 인간 귀의 마스킹 효과를 이용한 것이며 고급 카세트 녹음기에서 널리 쓰인다.

57 **다음 중 PI 동작이란?**

① 온 · 오프 동작
② 비례 미분 동작
③ 비례 적분 동작
④ 비례 적분 미분 동작

해설 **비례 적분 동작(PI 동작 : Proportional and Integral action)**
비례 동작에서 발생하는 잔류 편차(off set)를 소멸시키기 위해 비례(P) 동작에 적분(I) 동작을 부가시킨 제어 동작이다.

58 **3웨이(three-way) 스피커 시스템의 구조에 포함되지 않는 것은?**

① 트위터　② 스쿼커
③ 리미터　④ 우퍼

해설 **3웨이 스피커 시스템**
- 저음 전용(low rang) : 우퍼(woofer)
- 중음 전용(midum rang) : 스쿼커(squawker)
- 고음 전용(high rang) : 트위터(tweeter)

59 **텔레비전 화면을 구성하는 3요소는?**

① 화소, 주사, 동기
② 주사, 동기, 휘점
③ 화소, 동기, 휘점
④ 화소, 휘점, 편향

해설 **텔레비전 화면의 구성 3요소**
- 화소(pixel) : 화상을 형성하는 최소의 단위로서, 화상은 명암이 있는 색의 점 배열에 의해 형성되어 있다. 화면 전체의 화소수가 많을수록 해상도가 높은 영상을 얻을 수 있다.
- 주사(scanning) : 보내고자 하는 화상을 많은 화소로 분해하여 그 화소를 순차적으로 명암에 의한 전기 에너지로 변화시키는 과정을 말한다.
- 동기(synchronism) : 송상측과 수상측의 주사를 일치시키기 위한 것을 말한다.

60 **측심기로 물속으로 초음파를 발사하여 0.8초 후에 반사파를 받았다면 물의 깊이는 몇 [m]인가? (단, 바닷물 속의 초음파 속도는 1,500 [m/sec]임)**

① 100　② 300
③ 600　④ 1,000

정답 55. ② 56. ① 57. ③ 58. ③ 59. ① 60. ③

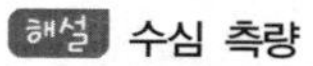 **수심 측량**

배 밑에서 초음파를 발사하여 수심에서 반사되어 오는 시간을 측정하여 물의 깊이를 측정하는 것

* 물의 깊이 $h=\frac{vt}{2}$[m]

$\therefore\ h=\frac{1,500\times0.8}{2}=600$[m]

여기서, v : 속도, t : 왕복 시간

2014. 04. 06. 기출문제

01 멀티바이브레이터의 비안정, 다안정, 쌍안정이라고 말하는 것은 무엇으로 결정하는가?

① 전원의 크기
② 바이어스 전압의 크기
③ 저항의 크기
④ 결합 회로의 구성

해설 **멀티바이브레이터(multivibrator)**
2개의 트랜지스터를 사용하여 RC 결합 증폭기의 출력을 양되먹임시켜 2개의 트랜지스터를 교대로 on과 off하여 두 상태를 반복하여 펄스를 발생시키는 회로이다. 멀티바이브레이터는 C와 R의 결합 형태에 따라서 그 종류가 구분되고, 시정수 C와 R로써 주기(T)가 결정된다.

02 정현파의 파고율은 얼마인가?

① $\sqrt{2}$　② $\frac{2}{\pi}$
③ $\frac{\pi}{2\sqrt{2}}$　④ $\frac{\pi}{2}$

해설 $$\text{파고율} = \frac{\text{최댓값}}{\text{실효값}} = \frac{\text{최댓값}}{\frac{1}{\sqrt{2}} \times \text{최댓값}} = \sqrt{2} = 1.414$$

03 다음 사이리스터 중 단방향성 소자는?

① TRIAC　② DIAC
③ SSS　④ SCR

해설 **실리콘 제어 정류 소자(SCR : Silicon Controlled Rectifier)**
그림 (a)와 같이 PNPN 구조를 가진 역저지 3단자 사이리스터(reverse blocking triode thyristor)로서, 다이오드의 P_2 반도체 영역에 게이트(gate) 전극을 붙여서 게이트 전류 I_G로서 off 상태에서 on 상태로 들어가기 위한 브레이크오버(breakover) 전압을 제어할 수 있도록 한 정류 소자이다. 이것은 사이리스터 중에서 가장 대표적인 단방향성 스위칭 소자이다.

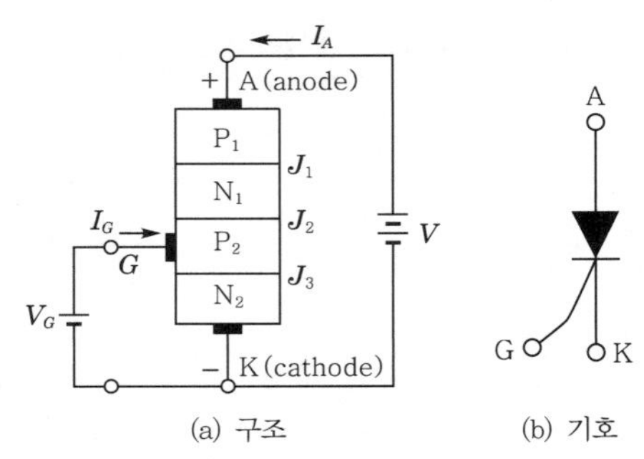

(a) 구조　(b) 기호

- 다이액(DIAC : Diode AC switch, trigger diode) : 2극 다이오드의 교류 스위치의 뜻으로, 역방향으로 통전 상태와 차단 상태를 가지는 쌍방향 2단자 사이리스터(bidirectional diode thyristor)이다. 이것은 상품명으로 SSS(Silicon Symmetric Switch) 혹은 bi-switch라고도 부른다.
- 트라이액(TRIAC) : 다이액(DIAC) 소자에 게이트(gate)를 붙인 3단자 교류 스위치이다. 이것은 쌍방향 3단 사이리스터(thyristor)로서, FLS(Fine Layer Switch)라고도 한다.

04 도체에 전압이 가해졌을 때 흐르는 전류의 크기는 가해진 전압에 비례한다는 법칙은?

① 줄의 법칙
② 옴의 법칙
③ 중첩의 법칙
④ 키르히호프의 전류의 법칙

해설 **옴의 법칙(Ohm's law)**
전기 회로에 흐르는 전류는 전압(전위차)에 비례하고, 도체의 저항(R)에 반비례한다.
$I = \frac{V}{R}$[A]
여기서, R : 회로에 따라서 정해지는 상수

05 저역 통과 RC 회로에서 시정수가 의미하는 것은?

① 응답의 상승 속도를 표시한다.
② 응답의 위치를 결정해준다.
③ 입력의 진폭 크기를 표시한다.
④ 입력의 주기를 결정해준다.

정답 01. ④ 02. ① 03. ④ 04. ② 05. ①

해설 ***RC* 회로의 시정수(time constant)**
- $\tau = CR$[sec]
- 입력 신호가 변화했을 때 출력 신호가 정상 상태에 도달하기까지의 입력 신호에 대한 응답의 상응 속도를 말한다(최종값의 63.2[%]).

06 다음 중 이상적인 연산 증폭기의 특징으로 적합하지 않은 것은?

① 입력 임피던스가 무한대이다.
② 출력 임피던스가 무한대이다.
③ 주파수 대역폭이 무한대이다.
④ 오픈 루프 이득이 무한대이다.

해설 **이상적인 연산 증폭기(ideal OP Amp)의 특징**
- 입력 저항 $R_i = \infty$
- 출력 저항 $R_o = 0$
- 전압 이득 $A_v = -\infty$
- 동상 신호 제거비가 무한대(CMRR $= \infty$)
- $V_1 = V_2$일 때 V_o의 크기에 관계없이 $V_o = 0$
- 대역폭이 직류(DC)에서부터 무한대(∞)일 것
- 입력 오프셋(offset) 전류 및 전압은 0일 것
- 개방 루프(open loop) 전압 이득이 무한대(∞)일 것
- 온도에 대하여 변하지 않을 것(zero drift)

07 다음 중 FET에 대한 설명으로 적합하지 않은 것은?

① 입력 임피던스가 매우 높다.
② 전압 제어형 트랜지스터이다.
③ BJT보다 잡음 특성이 양호하다.
④ 베이스, 드레인, 게이트 전극이 있다.

해설 **전장효과 트랜지스터(FET : Field Effect Transistor)**
FET는 쌍극 접합 트랜지스터(BJT)와 같이 3단자를 가지는 반도체 소자로서, 채널(channel)을 통해 흐르는 전류는 전자 또는 정공의 단일 반송자에 의해 전도되므로 단극성 트랜지스터(unipolar transistor)라고도 한다.
FET의 특성은 전압 제어형 소자로서, 전류 제어형 소자인 BJT의 장점만 가지고 있는 것으로 증폭, 발진, 스위칭작용을 하므로 BJT와 동일한 용도로 사용된다.
[FET의 특징]
- 입력 임피던스가 수십[MΩ]으로 매우 높다.
- 열 안정성이 좋고 파괴에 강하다.
- BJT보다 저주파에서 우수한 잡음 특성을 가진다.
- 높은 입력 임피던스가 요구되는 증폭기에 주로 사용된다.
- 직류 증폭으로부터 VHF대의 증폭기와 초퍼(chopper)나 가변 저항 등으로 널리 사용된다.

[n채널 JFET의 전극]

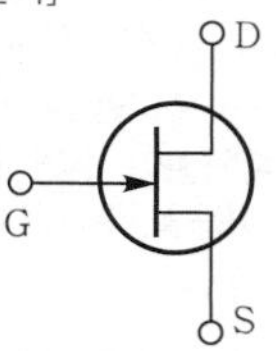

▌n채널 JFET의 기호▐

- 게이트(Gate) : 불순물로 도핑(doping)되어 있는 제어 전극이다.
- 소스(Source) : 다수 캐리어의 전자가 내부로 유입되는 방향의 전극으로 BJT의 베이스에 해당한다.
- 드레인(Drain) : 다수 캐리어의 전자가 외부로 유출되는 방향의 전극으로 BJT의 컬렉터에 해당한다.

08 쌍안정 멀티바이브레이터의 결합 저항에 병렬로 접속한 콘덴서의 목적은?

① 증폭도를 높이기 위한 것이다.
② 스위칭 속도를 높이는 동작을 한다.
③ 트랜지스터의 이미터 전위를 일정하게 한다.
④ 트랜지스터의 베이스 전위를 일정하게 한다.

해설 **쌍안정 멀티바이브레이터(bistable multivibrator)**
2개의 트랜지스터를 결합 콘덴서 C를 사용하지 않고 모두 저항 R을 사용하여 직류(DC) 결합시킨 것으로, 결합 저항 R과 병렬로 연결된 2개의 가속 콘덴서(speed up condenser)가 사용된다. 이것은 스위칭 속도를 높이기 위해 부가한 콘덴서로서, 반전(commutating) 콘덴서 또는 전이(transpose) 콘덴서라고도 부른다.

09 고정 바이어스 회로를 사용한 트랜지스터의 β가 50이다. 안정도 S는 얼마인가?

① 49　② 50
③ 51　④ 52

해설 **고정 바이어스 회로의 안정도 평가**
$I_C = \beta I_B + (1+\beta) I_{CO}$에서
여기서, β : 이미터 접지 증폭률
안정 지수 $S = \dfrac{\Delta I_C}{\Delta I_{CO}} = 1 + \beta = 1 + 50 = 51$
* 안정 계수 S가 클수록 ΔI_C의 변화가 커지므로 트랜지스터 증폭 회로의 특성 곡선상의 동작점이 불안정해진다. 그러므로 S의 값이 작을수록 안정도가 높다고 할 수 있는데 S=5 ~ 10이 가장 적당하다.

정답 06. ② 07. ④ 08. ② 09. ③

* 고정 바이어스 회로에서는 안정 계수 S가 크기 때문에 I_{CO}가 큰 G_e 트랜지스터를 사용하기 곤란하므로 S_i 트랜지스터를 사용하여 β의 온도 변화 및 품질 불균일이 주어진 허용 범위 안에 들어갈 경우에만 이용될 수 있다.

10 수정 진동자의 직렬 공진 주파수를 f_s, 병렬 공진 주파수를 f_p라 할 때 수정 진동자가 안정한 발진을 하기 위한 리액턴스 성분의 주파수 f의 범위는?

① $f_s < f < f_p$
② $f_s < f_p < f$
③ $f_p < f < f_s$
④ $f = f_p = f_s$

해설 **수정 발진기(crystal oscillator)**
수정편에 수정편의 고유 진동 주파수와 같은 주파수의 교류 전압을 가하면, 수정편의 진동은 매우 커지고 회로에 흐르는 전류는 최대가 되어 전기적으로 직렬 공진을 일으키며 수정 자체에 수정편을 유전체로 하는 전극 간의 정전 용량이 있어 전기적으로 병렬 공진을 일으킨다. 그러므로 수정 진동자를 2개의 공진 주파수를 갖는 전기적 공진 회로로 등가시킬 수 있다. 따라서, 수정 진동자는 직렬 공진 주파수 f_s와 병렬 공진 주파수 f_p 사이의 유도성 리액턴스 범위에서 동작하게 된다.

- 직렬 공진 주파수 $f_s = \dfrac{1}{2\pi\sqrt{L_0 C_0}}$[Hz]
- 병렬 공진 주파수 $f_p = \dfrac{1}{2\pi\sqrt{L_0 \dfrac{C_0 C_1}{C_0 + C_1}}}$[Hz]

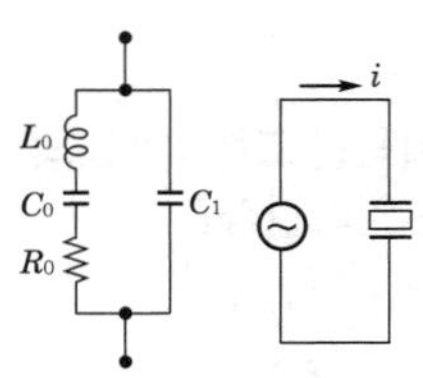

(a) 등가 회로 (b) 수정 진동자의 공진 회로

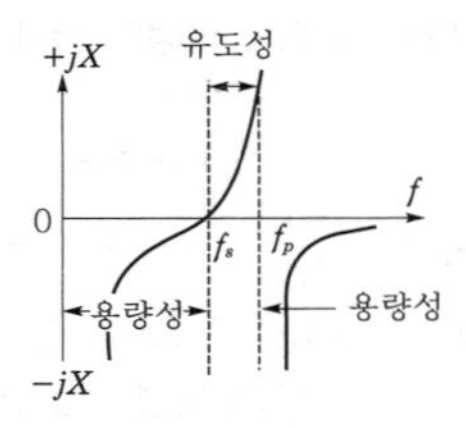

(c) 리액턴스의 특징

수정 진동자가 발진 소자로 사용되는 이유는 리액턴스가 유도성으로 되는 범위 $f_s < f < f_p$인 주파수 범위가 좁아 수정 발진기의 발진 주파수가 매우 안정하기 때문이다. 따라서, 수정 진동자의 발진 주파수의 범위는 $f_s < f < f_p$이며 유도성의 범위가 좁을수록 안정도가 좋다.

11 다음 중 저주파 증폭기의 핵심 능동 소자로 알맞은 것은?

① 저항 ② 콘덴서
③ 코일 ④ 트랜지스터

해설 **능동 소자와 수동 소자**
- 능동 소자(active element) : 에너지의 발생이 있는 소자를 능동 소자라 한다. 이것은 전원으로부터 신호 에너지를 발생시켜서 에너지 변환을 하는 소자로서, 신호의 증폭 및 주파수 변환 등에 적용된다. 이러한 능동 소자는 전류나 전압이 인가되어야 동작 상태가 결정되는 것으로, 수동 소자와 같이 사용되며 단독으로는 사용되지 않는다. 부하 저항과 전원을 포함한 전자관이나 트랜지스터, IC 등이 이에 속한다.

* 트랜지스터(transistor) : 바이어스 전압과 같은 Operation power가 인가되어야 증폭기로 동작하는 능동 소자

- 수동 소자(passive element) : 능동 소자와는 반대로 에너지를 소비하는 소자로서, 수동적으로 작용하며 단독으로 기능을 구현할 수 있다. 만들어진 후에는 입력 조건에 의한 소자의 특성 변화가 불가능하고 전류나 전압이 인가되지 않은 상태에서 결정되어 있는 소자이다. 대표적인 수동 소자로는 저항 R(Resistance), 인덕터 L(Inductor), 커패시터 C(Capacitor)가 있으며, 이들은 각각 서로 다른 직류 및 교류 특성을 가지고 있으며 개별적 소자로 공유하여 사용함으로써 다양한 기능을 수행할 수 있다.

12 다음 회로에서 $R_1 = R_f$일 때 적합한 명칭은?

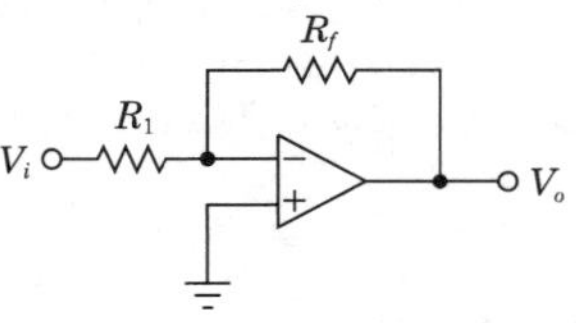

① 적분기 ② 감산기
③ 부호 변환기 ④ 전류 증폭기

해설 **반전 연산 증폭기(inverting operational amplifier)**
상수를 곱하는 증폭 회로 중 가장 널리 사용되는 것으로, 출력 신호는 입력 신호의 위상을 반전시키고 R_1과 R_f에 의해 주어지는 상수를 곱하여 얻는다.

출력 $y = -\dfrac{R_f}{R_1}x$ ($A_v = \infty$로 가정)

정답 10. ① 11. ④ 12. ③

$\therefore \ \frac{y}{x} = -\frac{R_f}{R_1}$

만일, $R_1 = R_f$라면 전압 이득 $A_v = -\frac{R_f}{R_1} = -1$, $y = -x$이므로 증폭 회로는 전압 이득의 크기가 1이어서 신호의 위상만 반전시키며, 입력 신호의 부호를 바꾸어 주는 부호 변환기의 역할을 한다.

13 일반적으로 크로스오버 일그러짐은 증폭기를 어느 급으로 사용했을 때 생기는가?

① A급 증폭기 ② B급 증폭기
③ C급 증폭기 ④ AB급 증폭기

해설 크로스오버 일그러짐(crossover distortion)

B급 푸시풀(push－pull) 증폭기에서 발생하는 일그러짐으로서, 바이어스가 이미터 다이오드에 인가되지 않았을 경우 입력 교류 전압이 전위 장벽을 극복하기 위해서는 이미터 접합의 순방향 전압이 약 0.7[V]까지 상승하여야 한다. 입력 신호가 0.7[V] 미만일 때는 베이스 전류가 흐르지 않으므로 트랜지스터는 차단 상태에 있다. 이 경우는 다른 반주기의 동작에서도 마찬가지이다.
따라서, 바이어스가 공급되지 않은 상태에서 정현파 입력 신호를 가하면 출력 신호 파형에 일그러짐이 발생한다. 이 일그러짐은 한 트랜지스터의 차단되는 시간과 다른 트랜지스터가 동작하는 시간 사이에 파형이 교차할 때 발생하기 때문에 크로스오버 일그러짐이라 한다.

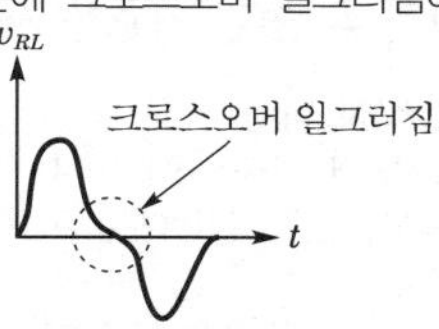

* 크로스오버 일그러짐을 최소로 하려면 이미터 다이오드에 약간의 순방향 바이어스를 인가하여야 한다.

14 반송파 전력이 100[W]이고, 변조도 60[%]로 진폭 변조시키면 피변조파의 전력[W]은?

① 50 ② 100
③ 118 ④ 136

해설 피변조파 전력

$P_m = P_c\left(1+\frac{m^2}{2}\right)$[W]

여기서, P_c : 반송파 전력
m : 변조도

$\therefore \ P_m = 100\left(1+\frac{0.6^2}{2}\right) = 118$[W]

15 연산 증폭기에서 차동 출력을 0[V]가 되도록 하기 위하여 입력 단자 사이에 걸어주는 것은?

① 입력 오프셋 전압
② 출력 오프셋 전압
③ 입력 오프셋 전류
④ 입력 오프셋 전류 드리프트

해설 입력 오프셋(offset) 전압

이상적인 연산 증폭기의 경우 차동 입력 전압이 0[V]일 때 그 출력도 0[V]이어야 하지만 능동 소자의 특성 불균일, 저항의 특성 차이 등으로 출력 전압이 0[V]가 되지 않고 약간의 오프셋 전압이 발생한다. 따라서, 출력에 나타나는 오프셋 전압을 0[V]로 하기 위하여 입력 단자 사이에 공급하는 전압을 말한다.

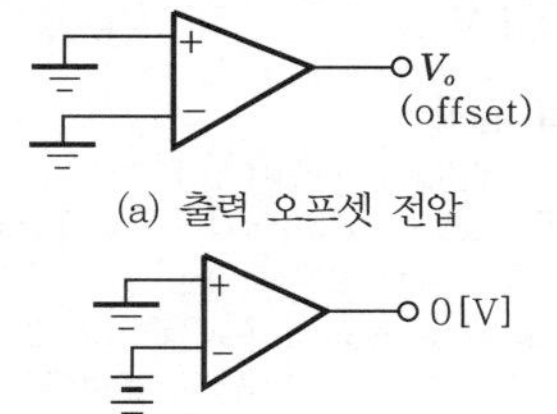

(a) 출력 오프셋 전압

(b) 출력 오프셋 전압을 0[V]로 해주기 위한 방법

출력에 나타나는 오프셋(offset) 전압은 입력 신호에 따른 것이 아니라 회로 자체에서 발생하는 잡음이다.

* 이와 같은 입력 오프셋 전압은 제조 회사에서 정하며 출력 오프셋 전압은 회로에 따라 입력 오프셋 전압과 증폭기의 전압 이득에 의해 정해진다.

16 ( ) 안에 들어갈 내용으로 알맞은 것은?

D 플립플롭은 1개의 S－R 플립플롭과 1개의 ( ) 게이트로 구성할 수 있다.

① AND ② OR
③ NOT ④ NAND

해설 D 플립플롭(D flip flop)

D는 Data(정보) 또는 Delay(지연)형의 플립플롭을 의미하며, 클록 RS 플립플롭에 단순히 인버터(NOT)를 추가한 것으로, 단일 입력 D가 클록(clock)에 따라 일시적으로 기억하는 플립플롭이다.
R＝S＝1의 상태일 경우는 플립플롭 회로의 동작에서는 일어날 수 없는 금지 입력으로 D－FF에서는 허용되지 않는다.
따라서, 불확정 상태가 되지 않도록 하기 위하여 입력 D와 1개의 인버터(NOT)를 클록 RS 플립플롭의 입력 단자에 연결하여 'Set'과 'Reset'의 입력이 서로 반대가 되도록 한 것이다.

정답 13. ② 14. ③ 15. ① 16. ③

* 클록 펄스(CP)가 인가되면 D = 0일 때 Q = 0(reset), D = 1일 때 Q = 1(set)이 된다.

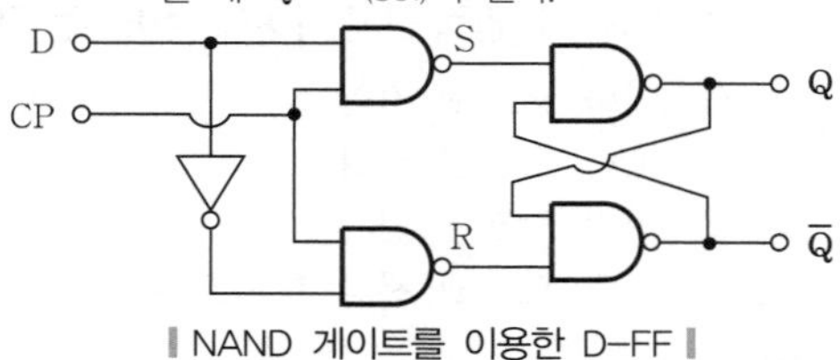

‖ NAND 게이트를 이용한 D-FF ‖

17 다음 중 후입 선출(LIFO) 동작을 소행하는 자료 구조는?

① RAM ② ROM
③ STACK ④ QUEUE

해설 **스택(stack)**
후입 선출(LIFO : Last In First Out)의 원리로 나중에 입력된(last in) 데이터가 먼저 출력(first out)되는 자료의 구조로서, 일반적으로 주기억 장치의 일부를 스택 영역으로 할당하여 사용하며 프로그램 내에서 서브루틴 호출이나 인터럽트 서브루틴을 사용할 때 복귀할 주소를 임시 저장한다.
스택(stack)은 프로그램 내에서 서브루틴을 호출할 경우 서브루틴 호출 명령어 바로 다음 번에 있는 명령어의 메모리 주소를 스택에 일시 저장한 후 서브루틴 프로그램으로 점프한다.

18 중앙 처리 장치(CPU)를 구성하는 주요 요소로 올바르게 짝지어진 것은?

① 연산 장치와 보조 기억 장치
② 입 · 출력 장치와 보조 기억 장치
③ 연산 장치와 제어 장치
④ 제어 장치와 입 · 출력 장치

해설 **중앙 처리 장치(CPU : Central Processing Unit)**
전자 계산기 전체에 대한 제어와 관리, 데이터에 대한 논리 연산을 담당하는 장치로서, 주기억 장치에 저장되어 있는 프로그램 명령어를 호출 · 해석하고 그 결과에 따라 자료의 이동과 연산 및 입 · 출력을 실행하도록 제어하는 기능을 가지고 있다.
* 핵심적 기능 부분은 연산 장치와 제어 장치로 구성된다.

19 명령어는 전자 계산기의 동작을 수행시키기 위한 비트들의 집합으로 나누어진다. 각 명령은 어떻게 구성되는가?

① 오퍼레이션 코드와 실행 프로그램
② 오퍼랜드와 목적 프로그램
③ 오퍼레이션 코드와 소스 코드
④ 오퍼레이션 코드와 오퍼랜드

해설 **명령어의 기본 형식**
명령어는 명령 코드(OP-code)와 오퍼랜드(operand)로 구성된다.
- 명령 코드(operation code) : 덧셈, 뺄셈, 읽기, 쓰기 등 무엇을 할 것인가를 지시하는 부분
- 오퍼랜드(operand)
  - 주기억 장치에서 데이터나 명령어의 어드레스 기억
  - 보조 기억 장치 내에서 데이터나 프로그램의 어드레스 기억
  - 입 · 출력 장치의 어드레스 기억

20 다음 중 순서도를 작성하는 방법으로 옳지 않은 것은?

① 처리 순서의 방향은 아래에서 위로, 오른쪽에서 왼쪽 화살표로 표시한다.
② 논리적 타당성을 확보할 수 있도록 작성한다.
③ 처리 과정을 간단 명료하게 표시한다.
④ 순서도가 길거나 복잡할 경우 기능별로 분할한 후 연결 기호를 사용하여 연결한다.

해설 **순서도 작성 방법**
- 위에서부터 아래로 내려가며 작성한다.
- 분기점이 있는 경우에는 왼쪽에서 오른쪽으로 작성한다.
- 기호와 기호 사이는 흐름선(→)으로 연결한다.
- 기호 내부에는 그 내용을 표시한다.
- 반드시 흐름도의 시작과 끝을 표시하는 기호를 그려야 한다.
- 통일된 기호를 사용하여 누가 보아도 전체 흐름을 쉽고 명확하게 알아볼 수 있도록 작성하여야 한다.

21 컴퓨터 기억 용량의 1킬로바이트는 몇 바이트인가?

① 1,000 ② 1,001
③ 1,024 ④ 1,212

해설 **기억 용량**
$1[\text{kbyte}] = 2^{10}[\text{byte}] = 1,024[\text{byte}]$

정답 17. ③ 18. ③ 19. ④ 20. ① 21. ③

22 데이터 처리 과정 및 프로그램 결과가 출력되는 전반적인 처리 과정의 흐름을 일정한 기호를 사용하여 나타낸 것을 무엇이라 하는가?

① 순서도 ② 수식도
③ 로그 ④ 분석도

해설 **순서도(flowchart)**
국제 표준화 기구(ISO)에서 제정한 기호로서, 프로그램을 작성하기 전에 프로그램의 실행 순서를 한 단계씩 분해하여 일정한 기호를 그림으로 나타낸 것이다.
* 기호 내부의 처리 내용은 간단 명료하게 작성하고, 실행 결과에 대한 에러 발생 시 수정이 쉽도록 한다.

23 다음 스위치 회로를 불 대수로 표현하면?

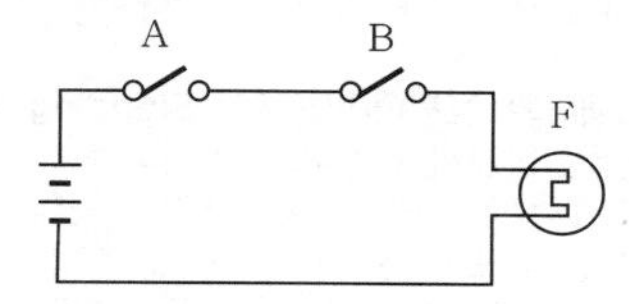

① $F=A+B$
② $F=A\cdot\overline{B}$
③ $F=A\cdot B$
④ $F=\overline{A}\cdot B$

해설 스위치 A와 스위치 B가 모두 닫혀 있을 때 램프가 ON이 된다. 즉, 입력이 모두 '1'인 경우에만 출력이 '1'이 되는 회로로서 AND 회로라 한다.
$\therefore F=A\cdot B$

24 다음 중 일반적으로 가장 적은 bit로 표현 가능한 데이터는?

① 영상 데이터
② 문자 데이터
③ 숫자 데이터
④ 논리 데이터

해설 **논리 데이터(logic data)**
논리적인 AND, OR, NOT를 이용한 논리 판단과 시프트 등을 포함한 논리 연산을 행할 수 있는 것으로, 정보를 나타내는 가장 작은 자료의 원소인 비트(binary digit)로 데이터의 표현이 가능하다.

25 10진수 0.375를 2진수로 변환하면?

① $(0.11)_2$ ② $(0.011)_2$
③ $(0.110)_2$ ④ $(0.111)_2$

해설 **10진수에서 2진수로의 변환**

$$\begin{array}{r}0.375\\ \times\ \ 2\\ \hline 0.750\\ \downarrow\\ 0\end{array}\qquad\begin{array}{r}0.75\\ \times\ \ 2\\ \hline 1.50\\ \downarrow\\ 1\end{array}\qquad\begin{array}{r}0.5\\ \times\ 2\\ \hline 1.0\\ \downarrow\\ 1\end{array}$$

$\therefore (0.375)_{10}=(0.011)_2$

26 논리식 $F=\overline{A}BC+A\overline{B}\,\overline{C}+ABC+AB\overline{C}$를 카르노 맵에 의해 간소화시킨 식은?

① $F=AB+\overline{B}C$
② $F=A+A\overline{C}$
③ $F=\overline{A}B+B\overline{C}$
④ $F=BC+A\overline{C}$

해설

C \ AB	00	01	11	10
0			1	1
1		1	1	

- $AB\overline{C}+A\overline{B}\,\overline{C}=A\overline{C}$
- $\overline{A}BC+ABC=BC$

$\therefore F=BC+A\overline{C}$

27 상태 레지스터 중 2진 연산의 수행 결과 나타난 자리올림 또는 내림 상태를 판별하는 것은?

① Z(zero) 비트 ② C(carry) 비트
③ S(sign) 비트 ④ P(parity) 비트

해설 **상태 레지스터(status register)**
상태 레지스터는 플래그(flag)라고 하는 여러 개의 플립플롭(flip flop)으로 구성되어 있다. CPU 내에서 각종 연산 결과의 상태를 표시하고 저장하기 위해 사용되며, 플래그 레지스터(flag register)라고도 한다.
[상태의 종류]
- 올림수 발생(carry flag)
- 범람(overflow flag)
- 누산기에 들어 있는 데이터의 zero 여부(zero flag)
- 그 외 특수한 용도로 사용되는 몇 개의 플래그

28 데이터 처리를 위하여 연산 능력과 제어 능력을 가지도록 하나의 칩 안에 연산 장치와 제어 장치를 집적시킨 것은?

① 컴퓨터
② 레지스터
③ 누산기
④ 마이크로프로세서

정답 22. ① 23. ③ 24. ④ 25. ② 26. ④ 27. ② 28. ④

해설 **마이크로프로세서(microprocessor)**
하나 또는 여러 개의 고밀도 집적 회로(LSI)로서 중앙 처리 장치를 실현시킨 것으로, 간단히 MPU(Micro Processor Unit)라고도 한다. 이와 같은 MPU는 연산 장치(ALU)와 제어 회로 및 데이터를 임시적으로 저장하는 레지스터들로 구성되어 있으며 이 밖에 해독기 역할을 하는 디코드(decoder)와 버스(bus)선이 있다.

29 지시 계기는 고정 부분과 가동 부분으로 구성되어 있는데 기능상 지시 계기의 3대 요소에 속하지 않는 것은?

① 구동 장치　② 가동 장치
③ 제어 장치　④ 제동 장치

해설 **지시 계기의 3대 요소**
- 구동 장치(driving device) : 측정하고자 하는 전기적 양에 비례하는 회전력(토크) 또는 가동 부분을 움직이게 하는 구동 토크를 발생시키는 장치
- 제어 장치(controlling device) : 구동 토크가 발생되어서 가동 부분이 이동되었을 때 되돌려 보내려는 작용을 하는 제어 토크 또는 제어력을 발생시키는 장치

* 가동 부분의 정지는 구동 토크=제어 토크의 점에서 정지

- 제동 장치(damping device) : 제어 토크와 구동 토크가 평행되어 정지하고자 할 때 진동 에너지를 흡수시키는 장치

* 가동 부분이 정지하면 제동 토크는 '0'이다.

30 다음 그림은 오실로스코프상에 나타난 정현파이다. 주파수는 몇 [Hz]인가?

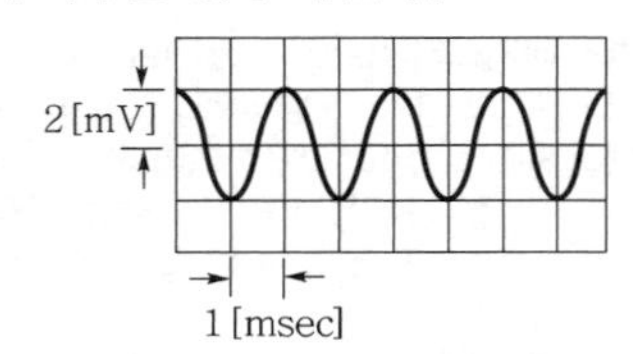

① 500　② 1,000
③ 5　④ 1

해설 주기 $T=2\times1\times10^{-3}$
$=2\times10^{-3}$[sec]
주파수 $f=\frac{1}{T}$[Hz]에서
$\therefore\ f=\frac{1}{2\times10^{-3}}=500$[Hz]

31 지침형 주파수계의 동작 원리에 따른 분류에 속하지 않는 것은?

① 진동편형　② 가동 철편형
③ 편위형　④ 전류력계형

해설 지침형 주파수계는 상용 주파수 측정에 이용되며 진동편형 주파수계, 가동 철편형 주파수계, 전류력계형 주파수계가 있다.

32 마이크로파 측정에서 정재파비가 2일 때 반사계수는?

① $\frac{1}{2}$　② $\frac{1}{3}$
③ 1　④ 2

해설 **정재파와 정재파비(SWR : Standing Wave Ratio)**
급전선상에서 진행파와 반사파가 간섭을 일으켜 전압 또는 전류의 기복이 생기는 것을 정재파라 하며, 그 전압 또는 전류의 기복이 생기는 최댓값과 최솟값의 비를 정재파비(SWR)라고 한다.

* $\text{SWR}=\frac{V(I)_{\max}}{V(I)_{\min}}=\frac{\text{입사파}+\text{반사파}}{\text{입사파}-\text{반사파}}$
$=\frac{1+m}{1-m}$

여기서, m : 반사파
- SWR은 $1\sim\infty$의 값을 취하며 1에 가까워지도록 안테나와 송신기를 조정한다.
- SWR=1일 때 완전 정합으로 진행파만 존재하며 효율이 최상이다($m=0$).
- SWR>1일 때 반사파가 많다($m>0$).

* 반사 계수(m) $=\frac{\text{반사파}}{\text{입사파}}=\frac{S-1}{S+1}$에서
$\therefore\ m=\frac{S-1}{S+1}=\frac{2-1}{2+1}=\frac{1}{3}$

33 분류기 없이 상당히 큰 전류까지 측정할 수 있고, 취급이 용이하지만 감도가 높은 것은 제작하기 어려운 계기는?

① 가동 코일형 전류계
② 전류력계형 전류계
③ 가동 철편형 전류계
④ 유도형 전류계

해설 **가동 철편형 계기(AC 전용)**
- 고정 코일에 흐르는 전류에 의해 발생한 자기장으로 연철편을 흡인 또는 반발하는 힘을 이용한 계기이다.
- 분류기를 사용하지 않고 중전류 측정용 전류계를 만들 수 있으며 상용 주파수의 전류계나 전압계로 가장 많이 사용된다.

정답 29. ② 30. ① 31. ③ 32. ② 33. ③

34 디지털 주파수계에서 입력 주파수가 너무 높아서 계수가 어려울 경우 입력 회로와 게이트 사이에 추가하는 회로로 적합한 것은?

① 분주 회로
② 변조 회로
③ 복조 회로
④ 체배 회로

해설 **디지털 주파수계(digital frequency counter)**
피측정 전압을 펄스로 변환하여 기준 시간 내에 발생한 반복 펄스의 수를 계수기를 통해 계수하여 디지털 표시기로 나타내는 방식의 주파수계이다. 이것은 기준 시간 발생기에서 단위 시간 펄스가 계수기에 보내어지면 반복 펄스의 수 N을 계수하여 디지털 표시기로 직접 읽을 수 있다. 여기서, 기준 시간 발생기의 성능은 카운터(counter) 측정의 정밀도에 직접 영향을 미치므로 주위 온도나 전원 전압의 변동으로 인한 안정도를 향상시키기 위해 수정 발진자를 항온조에 넣어 사용한다.

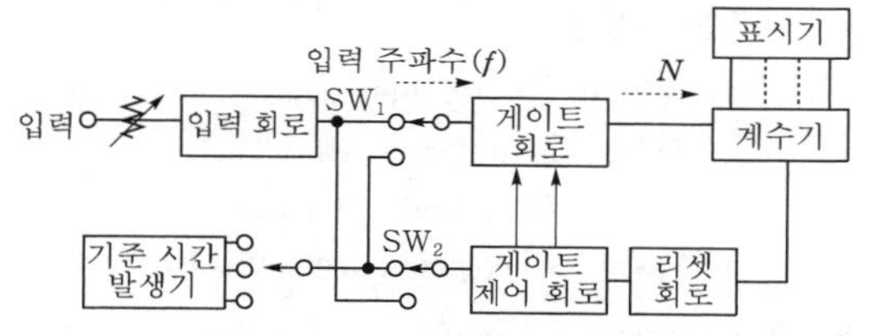

▌디지털 주파수계의 구성도▐

* 입력 주파수가 너무 높아서 반복 펄스의 수를 계수하기가 어려울 경우에는 입력 회로와 게이트 회로 사이에 추가로 분주기 회로를 넣어 높은 주파수를 낮은 주파수로 분주하여 낮은 주파수를 측정하고, 그것을 높은 주파수로 다시 환산하여 출력하게 할 수 있다.

35 1차 coil의 인덕턴스가 10[mH]이고, 2차 coil의 인덕턴스가 20[mH]인 변성기를 직렬로 접속하고 측정하니, 합성 인덕턴스가 36[mH]이었다. 이들 사이의 상호 인덕턴스는?

① 6[mH] ② 4[mH]
③ 3[mH] ④ 2[mH]

해설 자기 인덕턴스 L_1, L_2, 상호 인덕턴스 M인 두 코일을 동일 방향으로 직렬로 연결한 경우의 합성 인덕턴스는 다음과 같다.

$L = L_1 + L_2 + 2M$

$36 = 10 + 20 + 2M$

$\therefore M = \dfrac{36-30}{2} = 3$[mH]

36 발진 주파수가 주기적인 변화를 갖는 주파수 발진기로서 각종 무선 주파수 회로의 주파수 특성을 관측, 수신기 중간 주파 증폭기의 특성, 주파수 변별기 또는 증폭 회로 등의 조정에 사용되는 발진기는?

① 이상 발진기
② 비트 발진기
③ 음차 발진기
④ 소인 발진기

해설 **소인 발진기(sweep generator)**
- 소인 발진기는 수신기의 중간 주파수 증폭기의 특성, 주파수 변별기 또는 광대역 증폭 회로 등 각종 무선 주파 회로의 주파수 특성을 관측하기 위하여 사용하는 발진기이다.
- 그 주파수가 주어진 주파수의 범위($f_1 \sim f_2$) 사이를 주기적으로 주파수가 일정한 시간 비율로 반복하여 발진 주파수를 변화시키는 시간축 발진기로서, 리액턴스 관을 통하여 FM 변조시켜 톱니파를 발생시킨다.
- 소인 발진기의 출력을 검파하여 오실로스코프의 수직축에 넣고, 수평축에는 톱니파 주기와 일치하는 전압을 가하면 CRT 상에서 중간 주파 증폭기의 주파수 특성을 나타낼 수 있다.

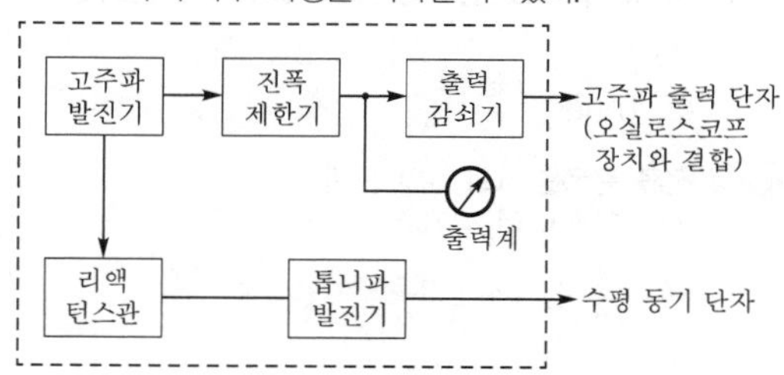

(a) 구성도

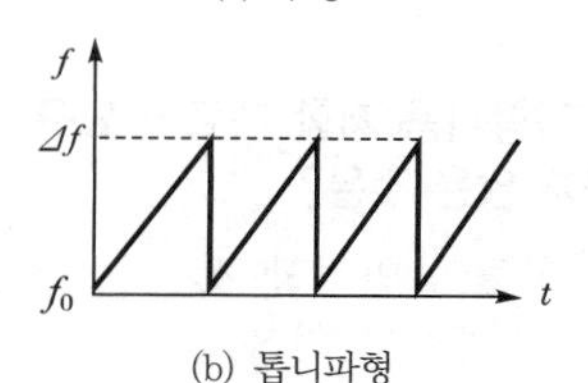

(b) 톱니파형

37 가동 코일형 계기로 교류 전압을 측정하고자 할 때 필요한 것은?

① 정류기 ② 분류기
③ 배율기 ④ 공중선계

정답 34. ① 35. ③ 36. ④ 37. ①

해설 가동 코일형 계기(DC 전용)
영구 자석의 자장 내에 코일을 두고 이 코일에 전류를 흘려 자석의 자속과 전류의 상호 작용력을 이용한 것으로, 직류용 전압계 및 전류계의 단일 계기로 사용한다.
* 직류 전용으로 교류 측정 시 정류기나 열전쌍을 조합하여 이용한다.

38 참값이 100[mA]이고, 측정값이 102[mA]일 때 오차율은?

① −2[%]
② 2[%]
③ −1.96[%]
④ 1.96[%]

해설 오차 백분율

$$\varepsilon = \frac{M-T}{T} \times 100[\%]$$
$$= \frac{102-100}{100} \times 100 = 2[\%]$$

39 이미터 접지 회로를 이용하여 β를 측정하였더니 49가 되었다. 트랜지스터의 α는 얼마인가?

① 1 ② 0.9
③ 0.96 ④ 0.98

해설 전류 증폭률 α와 β의 관계
$I_E = I_B + I_C$의 식에서

$$\alpha = \frac{\beta}{1+\beta},\ \beta = \frac{\alpha}{1-\alpha}$$
$$\therefore\ \alpha = \frac{49}{1+49} = 0.98$$

40 표준 저항기용 저항 재료의 요구되는 조건으로 옳지 않은 것은?

① 저항값이 안정할 것
② 온도 계수가 작을 것
③ 고유 저항이 클 것
④ 구리에 대한 열기전력이 클 것

해설 표준 저항기 재료의 조건
• 고유 저항이 클 것
• 저항의 온도 계수가 작을 것
• 저항값이 안정할 것
• 구리에 대한 열기전력이 작을 것

41 다음 중 초음파의 전파에 있어서 캐비테이션(cavitation)에 대한 설명으로 옳은 것은?

① 액체인 매질에서 기포의 생성과 소멸 현상
② 액체인 매질에서 기포의 생성과 횡파 현상
③ 액체인 매질에서 종파에 의한 협대역 잡음
④ 액체인 매질에서 횡파에 의한 광대역 잡음

해설 캐비테이션(cavitation, 공동 현상)
강력한 초음파가 액체 내를 전파할 때에 소밀파(종파)의 소부에서 공기 또는 증기의 기포가 생기고 다음 순간에는 소밀파의 소부가 밀부로 되어 기포가 없어지며, 주위의 액체가 말려들어 충돌을 일으키므로 수백에서 수천 기압의 커다란 충격이 일어나는 것. 즉 기포의 생성과 소멸 현상을 말한다. 이때, 광대역의 잡음(캐비테이션 잡음)이 생기며 '쏴아' 하는 소음이 울린다.

42 다음 중 온도의 예정 한도를 검출하는 데 사용되는 것은?

① 레벨미터(level meter)
② 서모스탯(thermostat)
③ 리밋 스위치(limit switch)
④ 압력 스위치(pressure switch)

해설 서모스탯(thermostat)
온도 센서로서 온도계로 온도를 읽고 설정 온도에 이르면 히터가 꺼지는 것이 Thermostat이다. 다리미, 보일러, 온풍기 등 온도를 제어하는 모든 기구에 사용된다.

43 사이클링과 오프셋(offset)이 제거되고 응답 속도가 빠르며 안정성이 좋은 제어 동작은?

① 온·오프 동작
② P 동작
③ PI 동작
④ PID 동작

해설 비례 적분 미분 동작(PID 동작)
PI 동작에 D 동작을 부가한 것으로, 각각의 결점을 제거할 목적으로 결합시킨 것이다.
• D 동작 : 과도 특성이 개선된다(오버슈트를 감소시키고 응답이 빨라진다).
• I 동작 : 정상 특성이 제거된다(잔류 편차(offset)를 없앨 수 있다).
* PID 동작은 연속 동작 중 가장 고급의 제어 동작에 해당한다.

정답 38. ② 39. ④ 40. ④ 41. ① 42. ② 43. ④

44 라디오존데로서 측정할 수 없는 사항은?

① 풍속
② 온도
③ 기압
④ 습도

해설 **라디오존데(radiosonde)**
대기 고층 상층부의 기상(기압, 온도, 습도)을 관측하여 지상으로 송신하는 측정 장치로서, 수소 가스를 채운 기구에 기상 관측기를 장치하여 대기 상층부의 기상 상태를 관측하여 결과를 소형 무선 발진기를 통하여 전파로 발신하는 대기 탐측 기기이다. 측정값은 모스 부호식이나 주파수 변조 방식을 사용하여 발신하며 지상의 자동 추적 장치로 그 위치(방위각과 고도각 또는 직선 거리)를 추적하여 측정한다.
* 기상 관측 측정 센서
- 기압 감지기 : 아네로이드 기압계
- 온도 감지기 : 바이메탈 온도계
- 습도 감지기 : 모발 습도계

45 서미스터(thermistor)와 관계없는 것은?

① 온도 측정
② 자동 이득 조정
③ 마이너스의 온도 계수
④ 전압에 의하여 저항값 변화

해설 **서미스터(thermistor)**
온도의 증가에 따라 반도체의 전도도가 크게 증가하는 것으로, 어떤 회로에서도 소자로 이용될 수 없으나 전도도가 온도에 따라 증가하는 현상이 장점인 장치이다. 저항의 온도 계수는 음(−)의 값이고 매우 크다.
* 용도 : 저항 온도 변화의 보상, 전력계, 차동 제어 온도계 등

46 녹음기에 녹음 바이어스 회로를 사용하는 주된 이유는?

① 증폭을 높이기 위하여
② 대역폭을 넓히기 위하여
③ 신호를 없애기 위하여
④ 일그러짐을 없애기 위하여

해설 **녹음 바이어스(magnetic biasing) 회로**
자기 테이프의 자화 곡선(히스테리시스 특성)의 직선 부분을 이용하여 일그러짐을 없애기 위하여 녹음 헤드에 적당한 바이어스 전류를 흘려주는 것으로, 테이프의 자기 특성점을 결정하는 바이어스 회로를 말한다.

47 귀의 청력을 검사하기 위하여 가청 주파수 영역의 여러 가지 레벨의 순음을 전기적으로 발생하는 음향 발생 장치는?

① 심전계 ② 뇌파계
③ 근전계 ④ 오디오미터

해설 **오디오미터(audiometer)**
귀의 청력을 검사하기 위하여 가청 주파수 영역의 여러 가지 레벨의 순음을 전기적으로 발생하는 음향 발생 장치를 말한다.

48 AM/FM 수신기의 성능 특성을 표시하는 것으로 가장 관련이 작은 것은?

① 감도 ② 변조도
③ 충실도 ④ 선택도

해설 **수신기의 종합 특성**
- 감도 : 어느 정도까지 미약한 전파를 수신할 수 있느냐 하는 것을 표시하는 양으로, 종합 이득과 내부 잡음에 의하여 결정된다.
- 선택도 : 희망 신호 이외의 신호를 어느 정도 분리할 수 있느냐의 분리 능력을 표시하는 양으로, 증폭 회로의 주파수 특성에 의하여 결정된다.
- 충실도 : 전파된 통신 내용을 수신하였을 때 본래의 신호를 어느 정도 정확하게 재생시키느냐 하는 능력을 표시하는 것으로, 주파수 특성, 왜곡, 잡음 등으로 결정한다.
- 안정도 : 일정한 신호를 가했을 때 재조정하지 않고 얼마나 오랫동안 일정한 출력을 얻을 수 있느냐 하는 능력을 말한다.
- 변조도(modulation degree) : 무선 송신 시스템에서 안테나에서 효율적인 신호의 복사를 위하여 저주파(가청주파) 신호를 100[kHz] 이상의 고주파에 합성시키는 과정을 변조(modulation)라 한다. 이것을 진폭 변조(AM) 시 신호파(저주파)의 진폭을 반송파(고주파)의 진폭으로 나누어 백분율로 나타낸 것을 변조도라고 한다.

49 초음파 세척은 무슨 작용을 이용한 것인가?

① 반사 ② 굴절
③ 진동 ④ 간섭

해설 **초음파 세척**
강력한 초음파가 액체 내를 전파할 때 세척액 중에서 기포가 발생하고 소멸되는 현상을 되풀이하며 기포가 소멸할 때에는 약 1,000[atm] 정도의 압력이 생긴다. 따라서, 기포가 파괴될 때 세척물에 부착된 먼지가 흡인 또는 분리되어 물리 · 화학적 반응 촉진 작용에 의해서 세척이 행해진다.

정답 44. ① 45. ④ 46. ④ 47. ④ 48. ② 49. ③

* 초음파 세척은 초음파 진동자의 공진 작용에 의해서 발생한 초음파의 캐비테이션 현상을 이용한 것으로, 캐비테이션을 일으키는 음압의 세기는 진동수, 액체의 종류, 압력, 온도에 따라 달라진다.

50 그림과 같은 정전압 회로의 동작을 옳게 설명한 것은?

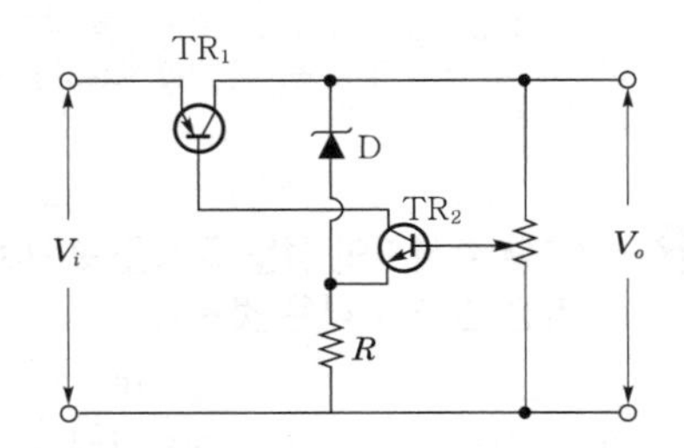

① V_i가 커지면 TR_1의 내부 저항이 작아진다.
② V_i가 커지면 D 양단의 전위차는 거의 변동이 없다.
③ V_i가 작아지면 D 양단의 전위차가 작아진다.
④ V_i가 작아지면 TR_2의 Base 전압은 커진다.

해설 **정전압 회로(voltage stabilizer circuit)**
그림의 회로는 높은 직류 안정화 전원을 얻기 위해 직렬 제어형 정전압 기본 회로에 증폭단을 증가시켜 출력 전압을 가변할 수 있도록 설계한 정전압 회로이다.
회로에서 TR_1은 직렬 제어용 트랜지스터로서, C-E 사이의 내부 저항은 TR_1의 V_{BE}의 함수로서 TR_2에 흐르는 컬렉터 전류에 따라 변화하므로 가변 저항기의 역할을 한다. TR_2는 증폭용 트랜지스터로서, 출력 전압의 일부를 제너 다이오드 D의 기준 전압과 비교하여 차 신호를 증폭한다. 여기서, 제너 다이오드 D 양단의 전위차는 TR_2에 기준 전압을 공급하여 출력 전압 V_o를 일정하게 유지해 주는 역할을 한다. 따라서, 입력 전압 V_i의 변화에 관계없이 D 양단의 전위차는 변동이 없다.

51 비월 주사의 이점으로 가장 옳은 것은?

① 고압 발생이 용이하다.
② 색상 재현이 용이하다.
③ 임피던스 매칭이 용이하다.
④ 일정 주파수 대역에 대해서 플리커를 감소시킬 수 있다.

해설 **비월 주사(interlaced scanning)**
영상의 깜박거림(flicker)을 방지하기 위하여 수평 주사선을 한 칸씩 뛰어 넘어 주사하고 다시 반복하여 그 사이를 주사시키는 것으로, 2회의 주사로 하나의 화상이 보내진다.
* 비월 주사는 순차 주사에 비하여 영상의 깜박거림(flicker)이 작으므로 보통 TV에서는 이 방식이 사용된다.

52 유전 가열의 공업 제품에 대한 응용에 해당하지 않는 것은?

① 목재의 세척
② 목재의 접착
③ 합성수지의 접착
④ 합성수지의 예열 및 성형 가공

해설 **유전 가열의 응용**
- 목재 공업(건조, 성형, 접착)
- 플라스틱의 용접 가공
- 고주파 의료 기기
- 식품 가열(전자레인지)
- 수산물 가공
- 합성수지의 열처리 가공

53 무지향성 비컨, 호밍 비컨은 어떤 전파 항법 방식을 사용하는 것인가?

① $\rho-\theta$ 항법
② 극좌표 항법
③ 방사상 항법
④ 쌍곡선 항법

해설
- 방사상 항법(1) – 지향성 수신 방식
  - 공항이나 항구에 설치된 송신국에서는 전파를 모든 방향으로 발사하며 항공기나 선박에서는 지향성 공중선으로 전파의 도래 방향을 탐지한다.
  - 무지향성 비컨은 항공기 착륙에 필요한 진입로 형성에 사용될 때 호밍 비컨(homing beacon)이라고 한다.
- 방사상 항법(2) – 지향성 송신 방식
  - 지상국에서 전파를 발사할 때 방위를 표시하는 신호를 포함시켜 지향적으로 발사한다.
  - 회전 비컨, AN 레인지 비컨, VOR 등이 있다.

정답 50. ② 51. ④ 52. ① 53. ③

54 다음 블록도는 FM 수신기의 계통도이다. 빈칸 A, B에 해당하는 명칭은?

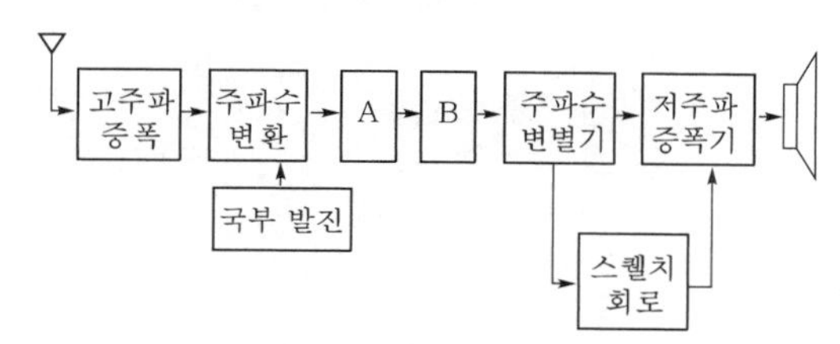

① A=중간 주파 증폭기, B=저주파 증폭기
② A=고주파 증폭기, B=진폭 제한기
③ A=중간 주파 증폭기, B=진폭 제한기
④ A=고주파 증폭기, B=검파기

해설
- A(중간 주파 증폭기) : 희망하는 선택도와 증폭 이득을 얻기 위해서 사용된다(중간 주파수 10.7[MHz]).
- B(진폭 제한기) : 증폭된 수신 신호의 진폭을 일정하게 하는 것이다.

55 항법 보조 장치의 ILS란?

① 계기 착륙 시스템
② 회전 비컨
③ 무지향성 무선 표지
④ 호우머

해설 **계기 착륙 장치(ILS : Instrument Landing System)**
야간이나 안개 등의 악천후로 시계가 나쁠 때 항공기가 활주로를 따라 정확하게 착륙할 수 있도록 지향성 전파(VHF, UHF)로 항공기를 유도하여 활주로에 바르게 진입시켜주는 장치이다. 이것은 국제 표준 시설로서, 로컬 라이저(localizer), 글라이드 패스(glide path), 팬 마크 비컨(fan maker beacon)이 1조로 구성되어 계기 착륙 방식이 이루어진다.

56 다음 중 초음파 속도가 1,500[m/sec]일 때 반사파의 도달 시간이 1.5초이면 물속의 깊이는 몇 [m]인가?

① 1,125　　② 1,527
③ 2,000　　④ 2,250

해설 **수심 측량**
선박에 비치된 측심기로 배 밑에서 초음파를 발사하여 수심에서 반사파가 되돌아 오는 시간을 측정하여 물의 깊이를 측정한다.

* 물의 깊이 $h=\frac{vt}{2}$[m]

여기서, v : 속도, t : 왕복 시간

$\therefore\ h=\frac{1{,}500\times1.5}{2}=1{,}125$[m]

57 다음 녹음기의 녹음 헤드(head)의 특징이 아닌 것은?

① 투자율이 높은 합금의 박막을 사용한다.
② 공극의 형상에 따라 녹음 주파수 특성이 달라진다.
③ 공극의 길이는 녹음 파장에 비하여 충분히 넓은 것이 요망된다.
④ 특수 퍼멀로이나 페라이트 등의 자성 합금을 이용한다.

해설 **녹음 헤드(magnetic head)**
녹음 장치에서 자기 테이프에서 전기 신호를 자기적 변화로 녹음하는 장치로서, 고투자율의 퍼멀로이(permalloy)나 페라이트(ferrite) 등의 적층 철심에 코일을 감은 일종의 전자석이다.
* 녹음 헤드의 코일에 음성 전류를 흘리면 공극 부분에 자기장이 생기며 공극 밑에 압착하여 이동하는 테이프 면의 자성체를 자화시키므로 공극의 길이는 녹음 파장에 비하여 좁아야 한다.

58 오디오 시스템에서 마이크로폰 신호가 입력되는 증폭기는?

① 주증폭기(main-amplifier)
② 전치 증폭기(pre-amplifier)
③ 전력 증폭기(power amplifier)
④ 등화 증폭기(equalizing amplifier)

해설 **전치 증폭기(pre-amplifier, 톤 증폭기)**
오디오 시스템에서 미소 전압을 증폭하여 주증폭기로 보내어 규정 출력을 낼 수 있게 하는 증폭기로서, 마이크로폰이나 테이프 헤드 등으로부터 나오는 비교적 작은 신호 전압을 증폭한다.

59 인간의 영상 인식 과정 중 가시광선의 반사 패턴 또는 발광 패턴을 인식하는 과정을 무엇이라 하는가?

① 패턴 매칭　　② 특징 추출
③ 전처리　　④ 영상의 입력

해설 **영상 인식(vision recognition)**
인간이 눈으로 감지할 수 있는 빛의 파장은 380~760[nm]의 전자기파이다. 이것을 가시광선이라 한다. 색을 띠는 물체는 가시광선의 일부 파장의 빛은 흡수하고, 나머지 파장의 빛은 반사시킬 때 나타난다.
인간이 물체를 보고 색을 감지하는 것은 반사된 빛이 망막에 있는 빨강, 초록, 파랑(빛의 삼원색)의 빛에 감응하는 세 가지 세포에 들어 있는 색소 물질에 화학 반응을 일으키고, 세포에 대한 자극값에 따라

정답 54. ③ 55. ① 56. ① 57. ③ 58. ② 59. ④

서로 다른 색을 분간하게 된다.
이것은 망막에서 물리적 신호로 변환되어 뇌신경에 전달되므로 영상의 입력으로 인식되기 때문이다.

60 다음 중 음압의 단위는?

① [N/C]　　② [kcal]
③ [μbar]　　④ [Neper]

해설 **출력 음압 수준(output sound pressure level)**
1[V]의 입력 전력을 스피커에 가하여 스피커의 정면 축에서 1[m] 떨어진 점에서 생기는 음압 수준을 어떤 정해진 주파수 범위 내에서 평균한 것으로, 음압 수준은 0.002[μbar]를 기준으로 0[dB]로 정한다.

정답 60. ③

전자기기기능사

2014. 07. 20. 기출문제

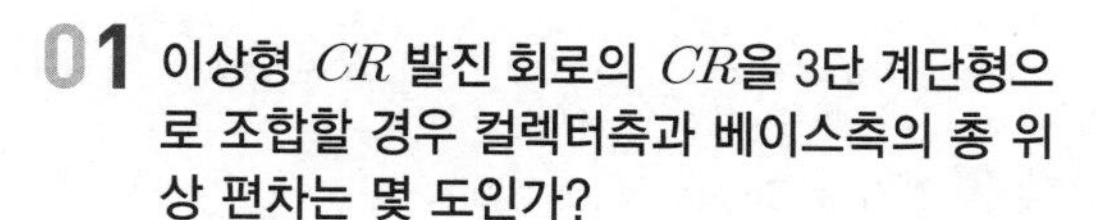

01 이상형 CR 발진 회로의 CR을 3단 계단형으로 조합할 경우 컬렉터측과 베이스측의 총 위상 편차는 몇 도인가?

① 90°　② 120°
③ 180°　④ 360°

해설 **이상형 CR 발진기(위상 이동 발진기, phase-shift oscillator)**

- C와 R의 값을 3단으로 구성하여, 각 단마다 위상차가 60°가 되도록 C와 R의 값을 정하여 전체 위상차가 180°가 되도록 변화시켜서 컬렉터측의 출력 전압을 베이스측에 되먹임시키면 베이스 입력 전압과 되먹임 전압이 동위상(정귀환)이 되어 발진한다.
- 이상 회로는 C와 R의 값에 의해 발진 주파수가 결정되며, 넓은 주파수 범위에서 주파수를 가변할 경우 3개의 C를 동시에 변화시킨다.

02 PN 접합 다이오드에 가한 역방향 전압이 증가할 때 옳은 것은?

① 저항이 감소한다.
② 공핍층의 폭이 감소한다.
③ 공핍층 정전 용량이 감소한다.
④ 다수 캐리어의 전류가 증가한다.

해설 PN 접합 다이오드에 역바이어스를 가하면 다음과 같은 현상이 일어난다.

- 공핍층 영역이 증대된다.
- 정전 용량은 공핍 영역에 반비례한다.
- 정전 용량은 역전압의 제곱근에 반비례한다.

* $C_T \propto \frac{K}{\sqrt{V}}$에서 접합부의 정전 용량 C_T는 역바이어스 전압[V]의 제곱근에 반비례한다. 따라서, PN 접합 다이오드에 가한 역방향 전압이 증가하면 공핍층의 정전 용량은 감소한다.

03 RC 결합 저주파 증폭 회로의 이득이 높은 주파수에서 감소되는 이유는?

① 증폭기 소자의 특성이 변화하기 때문에
② 결합 커패시턴스의 영향 때문에
③ 부성 저항이 생기기 때문에
④ 출력 회로의 병렬 커패시턴스 때문에

해설 **고역 주파수대**
주파수가 높은 영역에서 증폭이 저하하기 시작하는 주파수 이상을 말한다.
* 이 대역에서서는 C_C와 C_E의 리액턴스는 무시할 수 있으나 분포 용량의 영향을 고려하여야 한다.

04 720[kHz]인 반송파를 3[kHz]의 변조 신호로 진폭 변조했을 때 주파수 대역폭 B는 몇 [kHz]인가?

① 3　② 6
③ 8　④ 10

해설 **진폭 변조(AM : Amplitude Modulation)**
반송파의 진폭을 신호파에 따라 변화시키는 변조 방식으로, AM 변조 시 피변조파의 성분은 반송파를 중심으로 상 · 하측파대가 발생한다. 따라서, 점유 주파수 대역은 $720[\text{kHz}] \pm 3[\text{kHz}]$의 상 · 하측파대의 폭을 가진다.
* 점유 주파수 대역폭(BW : Band Wide)

$BW = f_2 - f_1 = (f_c + f_s) - (f_c - f_s)$
$= 2f_s$에서
$\therefore\ BW = 2f_s = 2 \times 3 = 6[\text{kHz}]$

05 다음과 같은 회로의 명칭은?

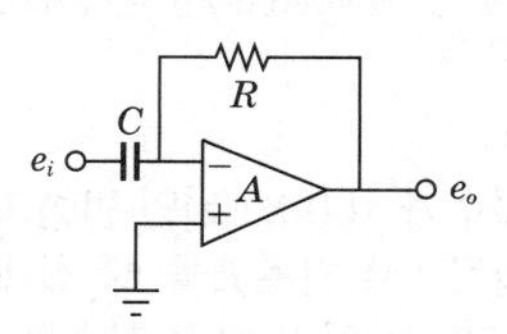

① 부호 변환기　② 전류 증폭기
③ 적분기　④ 미분기

해설 **미분기(differentiator)**

- 그림의 연산 증폭기는 수학적인 미분 연산을 수행하는 미분기로서, 입력 경사에 비례하는 출력 전압을 산출한다. 적분기와 차이점은 되먹임 소자를 저항 R로 변경한 것으로 입력을 커패시터 C로 하고 되먹임 소자로 저항 R을 사용하면 미분기로 동작한다.

정답 01. ③ 02. ③ 03. ④ 04. ② 05. ④

- 그림 (a)의 회로에서 입력 전압 V_i는 가상 접지로 인해 커패시터 C를 통해 나타나고 C에 흐르는 전류 i는 되먹임 저항 R을 통해 흐른다. 따라서, V_i가 변할 때 C는 충·방전을 하므로 이때 출력 전압 V_o는 그림 (b)와 같이 V_i의 경사에 비례하는 전압을 발생시킨다. 이것은 V_o가 주파수의 증가에 따라 직선적으로 증가하므로 고주파에서 높은 이득을 가지게 된다.

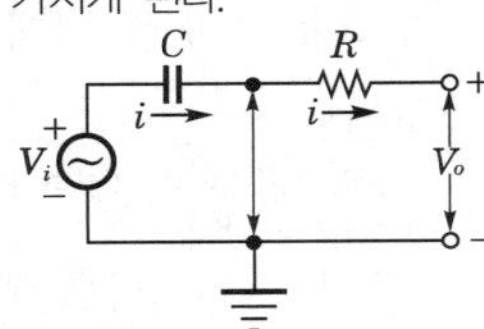

(a) 가상 접지의 등가 회로

입력 V_i T

출력 $+V_o$ $-V_o$

(b) 입력과 출력 파형

이와 같은 미분기는 구형파의 선단과 후단을 검출하거나 램프(ramp) 입력으로부터 구형파 출력을 만들어 내는데 주로 응용된다.

06 N형 반도체의 다수 반송자는?

① 정공 ② 도너
③ 전자 ④ 억셉터

해설 **N형 반도체**

4가에 속하는 진성 반도체(Ge, Si)에 5가의 불순물을 첨가(doping)시킨 것으로, 5가의 불순물을 도너(donor)라 한다.

- 5가의 원자(불순물) : As(비소), Sb(안티몬), P(인), Bi(비스무트)
- 다수 반송자(carrier)는 전자이고, 소수 반송자는 정공이다.

07 주파수가 100[MHz]인 반송파를 3[kHz]의 신호파로 FM 변조했을 때 최대 주파수 편이가 ±15[kHz]이면 변조 지수는?

① 3 ② 5
③ 10 ④ 15

해설 **FM의 변조 지수**

$$m_f = \frac{\Delta f}{f_s}$$

여기서, f_s : 신호 주파수, Δf : 최대 주파수 편이

$$\therefore\ m_f = \frac{15}{3} = 5$$

08 굵기가 균일한 전선의 단면적이 S[m²]이고, 길이가 l[m]인 도체의 저항은 몇 [Ω]인가? (단, ρ는 도체의 고유 저항임)

① $R=\rho\dfrac{S}{l}$ ② $R=\rho\dfrac{l}{S}$
③ $R=l\dfrac{S}{\rho}$ ④ $R=lS\rho$

해설 **전기 저항(electric resistance)**

전류가 흐르는 도체의 단면적 S에 반비례하고 길이 l에 비례한다.

$$R=\rho\frac{l}{S}[\Omega]$$

* 일반적으로 물질 내에 흐르는 전류는 그 통로의 수직인 단면적이 증가하면 흐르기 쉽고 거리가 길어지면 흐르기가 어렵다.

09 10[V]의 전압이 100[V]로 증폭되었다면 증폭도는?

① 20[dB] ② 30[dB]
③ 40[dB] ④ 50[dB]

해설 전압 증폭도 $A_v = \dfrac{V_o}{V_i}$

$$G = 20\log_{10}\frac{V_o}{V_i} = 20\log_{10}A_v\,[\text{dB}]$$

$$\therefore\ G = 20\log_{10}\frac{100}{10} = 20\log_{10}10 = 20[\text{dB}]$$

10 반도체 소자 중 정전압 회로에서 전압 조절(VR)과 같은 동작 특성을 갖는 것은?

① 서미스터 ② 바리스터
③ 제너 다이오드 ④ 트랜지스터

해설 **제너 다이오드(zener diode)**

전압 포화 특성을 이용하기 위해서 설계된 다이오드를 일반적으로 제너 다이오드라 한다. 이것은 전압을 일정하게 유지하기 위한 전압 제어 소자로서, 전류가 변화하여도 전압이 불변하는 정전압의 성질을 가지고 있으므로 정전압 회로에 사용되며 정전압 다이오드라고도 부른다.

* Si 전압 제어용 다이오드는 8[V] 이상에서 항복을 일으키는 애벌란시(avalanche)를 이용하고 있으며, 5[V] 이하에서 항복을 일으키는 것은 제너 효과로서 동작하고 있다.

정답 06. ③ 07. ② 08. ② 09. ① 10. ③

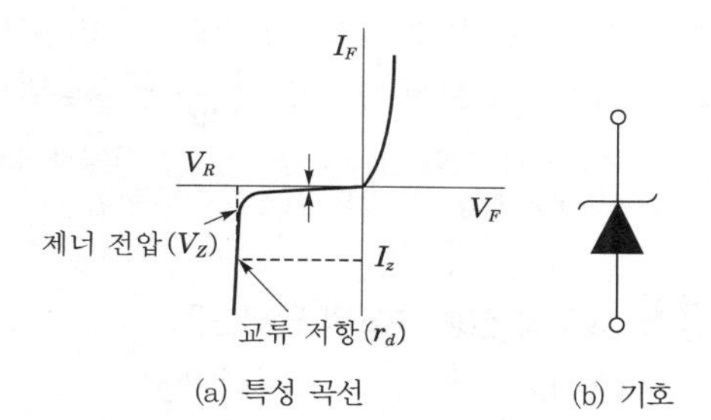

(a) 특성 곡선 (b) 기호

11 크로스오버 일그러짐은 어디에서 생기는 증폭 방식인가?

① A급 ② B급
③ C급 ④ AB급

해설 **크로스오버 일그러짐(crossover distortion)**

B급 푸시풀(push-pull) 증폭기에서 발생하는 일그러짐으로서, 바이어스가 이미터 다이오드에 인가되지 않았을 경우 입력 교류 전압이 전위 장벽을 극복하기 위해서는 이미터 접합의 순방향 전압이 약 0.7[V]까지 상승하여야 한다. 입력 신호가 0.7[V] 미만일 때는 베이스 전류가 흐르지 않으므로 트랜지스터는 차단 상태에 있다. 이 경우는 다른 반주기의 동작에서도 마찬가지이다.

따라서, 바이어스가 공급되지 않은 상태에서 정현파 입력 신호를 가하면 출력 신호 파형에 일그러짐이 발생한다.

이 일그러짐은 한 트랜지스터의 차단되는 시간과 다른 트랜지스터가 동작하는 시간 사이에 파형이 교차할 때 발생하기 때문에 크로스오버 일그러짐이라 한다.

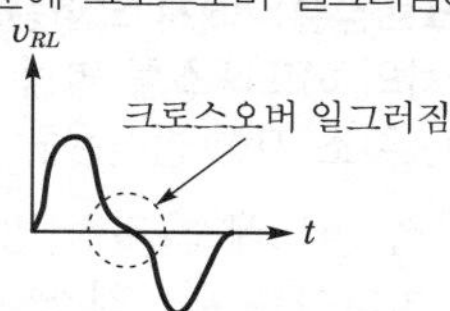

* 크로스오버 일그러짐을 최소로 하려면 이미터 다이오드에 약간의 순방향 바이어스를 인가하여야 한다.

12 슈미트 트리거 회로의 입력에 정현파를 넣었을 경우 출력 파형은?

① 톱니파 ② 삼각파
③ 정현파 ④ 구형파

해설 **슈미트 트리거(schmitt trigger) 회로**

이미터 결합 쌍안정 멀티바이브레이터의 일종으로, 입력 전압의 크기가 회로의 포화, 차단 상태를 결정해준다.

* 입력에 정현파를 가하면 출력에서 구형파를 얻을 수 있다.

13 트랜지스터의 컬렉터 역포화 전류가 주위 온도의 변화로 12[μA]에서 112[μA]로 증가되었을 때 컬렉터 전류의 변화가 0.71[mA]이었다면 이 회로의 안정도 계수는?

① 1.2 ② 6.3
③ 7.1 ④ 9.7

해설 **안정 지수(stability factor) S**

트랜지스터 바이어스 회로에서 주위 온도의 변화로 컬렉터 차단 전류 I_{CO}가 컬렉터 전류 I_C에 얼마나 영향을 미치는가를 나타내는 비율로서, 다음과 같이 나타낸다.

$$S=\frac{\Delta I_C}{\Delta I_{CO}}$$

$$\therefore\ S=\frac{0.71\times10^{-3}}{(112-12)\times10^{-6}}=7.1$$

* 트랜지스터 바이어스 회로에서 동작점이 불안정하게 되는 가장 큰 원인은 온도 변화에 따른 특성의 변화이다.
  따라서, 바이어스 회로를 설계할 때에 주로 고려해야 할 대상은 I_{CO}에 관한 안정 지수 S이다. 보통 안정 지수 또는 안정 계수라고 할 때는 I_{CO}에 관한 S를 의미하는 것으로, S의 값이 작을수록 좋은 안정도를 나타낸다.

14 그림의 회로에서 결합 계수가 K일 때 상호 인덕턴스 M은?

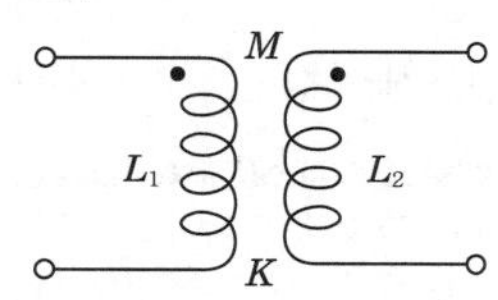

① $M=K\sqrt{L_1L_2}$ ② $M=KL_1L_2$
③ $M=\frac{K}{\sqrt{L_1L_2}}$ ④ $M=\frac{K}{L_1L_2}$

해설 **결합 계수(K)**

$K=\frac{M}{\sqrt{L_1L_2}}$으로서 상호 인덕턴스 M과 자기 인덕턴스 $\sqrt{L_1L_2}$ 크기의 비로서 K의 크기에 의해서 1차 코일 L_1과 2차 코일 L_2 자속에 의한 결합의 정도를 나타낸다.

$K=\frac{M}{\sqrt{L_1L_2}}$에서

$M=K\sqrt{L_1L_2}$ ($K=1$일 때)
$=\sqrt{L_1L_2}$

정답 11. ② 12. ④ 13. ③ 14. ①

15 다음 중 최댓값이 I_m[A]인 전파 정류 정현파의 평균값은?

① $\sqrt{2}I_m$[A] ② $\frac{I_m}{\pi}$[A]
③ $\frac{2I_m}{\pi}$[A] ④ $\frac{I_m}{2}$[A]

해설 **전파 정류 회로의 평균값**
$I_{av} = \frac{2}{\pi}I_m = \frac{2}{\pi}\sqrt{2}I$[A]

16 펄스의 주기 등은 일정하고 그 진폭을 입력 신호 전압에 따라 변화시키는 변조 방식은?

① PAM ② PFM
③ PCM ④ PWM

해설 **펄스 진폭 변조(PAM : Pulse Amplitude Modulation)**
신호의 표본값에 따라 펄스의 주기와 폭 등은 일정하게 하고, 펄스의 진폭만을 변화시키는 변조 방식이다. 이것은 펄스 열의 진폭을 정보 신호의 표본값에 비례하게 변화시킨다.

17 데이터의 입 · 출력 전송이 중앙 처리 장치의 간섭 없이 직접 메모리 장치와 입 · 출력 장치 사이에서 이루어지는 인터페이스는?

① DMA ② FIFO
③ 핸드셰이킹 ④ I/O 인터페이스

해설 **직접 메모리 액세스(DMA : Direct Memory Access)**
자기 디스크, 자기 테이프 그리고 시스템 메모리와 같은 대용량의 저장 장치들 사이의 데이터 전송은 마이크로프로세서(CPU)를 통하여 전송 작업을 하면 프로세서의 속도 때문에 제한을 받는다. 따라서, 전송 동안에 CPU를 거치지 않고 주변 장치가 직접 메모리에 전송하는 방식을 말한다.
* DMA 제어기는 주변 장치와 메모리 사이에서 직접 전송을 담당하도록 버스 제어권을 인계받는다.

18 기억 장치의 성능을 평가할 때 가장 큰 비중을 두는 것은?

① 기억 장치의 용량과 모양
② 기억 장치의 크기와 모양
③ 기억 장치의 용량과 접근 속도
④ 기억 장치의 모양과 접근 속도

해설 기억 장치의 기억 용량의 단위는 주로 바이트(byte)를 사용하고 있으며 현재 사용되고 있는 기억 용량의 단위는 kB, MB, GB 정도이다. 반도체 메모리에 기억된 데이터 액세스는 나노세컨드$\left(\frac{1}{10^9}\right)$로 측정된다.
* 따라서, 기억 장치의 성능은 기억 용량과 호출 시간에 따라 컴퓨터의 성능이 좌우된다.

19 데이터 전송 속도의 단위는?

① bit ② byte
③ baud ④ binary

해설 **보(baud)**
baud는 데이터 전송 속도의 단위로서, 1초 동안에 0에서 1 혹은 1에서 0으로 상태가 변환되는 횟수를 가리키는 말이다.

20 누산기(accumulator)에 대한 설명으로 올바른 것은?

① 상태 신호를 발생시킨다.
② 제어 신호를 발생시킨다.
③ 주어진 명령어를 해독한다.
④ 연산의 결과를 일시적으로 기억한다.

해설 **누산기(accumulator)**
사용자가 사용할 수 있는 레지스터(register) 중 가장 중요한 레지스터로서, 산술 논리부에서 수행되는 산술 논리 연산 결과를 일시적으로 저장하는 장치이다.

21 마이크로컴퓨터에서 오퍼랜드가 존재하는 기억 장치의 어드레스를 명령 속에 포함시켜 지정하는 주소 지정 방식은?

① 직접 어드레스 지정 방식
② 이미디어트 어드레스 지정 방식
③ 간접 어드레스 지정 방식
④ 레지스터 어드레스 지정 방식

해설 **직접 주소 지정 방식(direct addressing mode)**
오퍼랜드가 기억 장치에 위치하고 있고 기억 장치의 주소가 명령어의 주소에 직접 주어지는 방식으로 기억 장치에 정확히 한 번 접근한다.

22 가상 기억 장치(virtual memory)에서 주기억 장치의 내용을 보조 기억 장치로 전송하는 것을 무엇이라 하는가?

① 로드(load) ② 스토어(store)
③ 롤아웃(roll-out) ④ 롤인(roll-in)

정답 15. ③ 16. ① 17. ① 18. ③ 19. ③ 20. ④ 21. ① 22. ③

해설 **롤아웃(roll-out)**
여러 가지 크기의 파일이나 컴퓨터 프로그램과 같은 데이터의 집합을 주기억 장치에서 보조 기억 장치로 전송하는 것으로, 다중 프로그램의 구조를 갖는 컴퓨터 시스템에서 우선순위가 높은 작업이 들어오면 우선순위가 낮은 작업을 주기억 장치에서 외부의 보조 기억 장치로 전송하는 것을 말한다.

23 다음 중 8421 코드는?

① BCD 코드 ② Gray 코드
③ Biquinary 코드 ④ Excess-3 코드

해설 **BCD 코드(8421 코드)**
4자리의 2진수 표시로서 1개의 10진수를 표시하는 것으로 8421 코드에 의한 2진화 10진 부호를 나타낸다.
8421 코드는 0 ~ 9까지는 2진 4비트로 구성되며 그 이상의 10진수 표시는 다시 2진 4비트로 구성된 그룹을 더 사용해야 한다. 그리고 각 비트가 4개 자리 중 왼쪽부터 $2^3=8$, $2^2=4$, $2^1=2$, $2^0=1$의 자릿값(weight)을 가지므로 8421 코드 또는 웨이티드 코드(weighted code)라고 부른다.

24 명령어의 기본적인 구성 요소 2가지를 옳게 짝지은 것은?

① 기억 장치와 연산 장치
② 오퍼레이션 코드와 오퍼랜드
③ 입력 장치와 출력 장치
④ 제어 장치와 논리 장치

해설 **명령어의 기본 형식**
명령어는 명령 코드(OP-code)와 오퍼랜드(operand)로 구성된다.
- 명령 코드(operation code) : 덧셈, 뺄셈, 읽기, 쓰기 등 무엇을 할 것인가를 지시하는 부분
- 오퍼랜드(operand)
  - 주기억 장치에서 데이터나 명령어의 어드레스 기억
  - 보조 기억 장치 내에서 데이터나 프로그램의 어드레스 기억
  - 입 · 출력 장치의 어드레스 기억

25 비가중치 코드이며 연산에는 부적합하지만 어떤 코드로부터 그 다음의 코드로 증가하는데 하나의 비트만 바꾸면 되므로 데이터의 전송, 입 · 출력 장치 등에 많이 사용되는 코드는?

① BCD 코드 ② Gray 코드
③ ASCII 코드 ④ Excess-3 코드

해설 **그레이 코드(gray code)**
회전축과 같이 연속적으로 변화하는 양을 표시하는 데 사용하는 웨이트가 없는 비가중치 코드(unweighted code)이다.
일반적인 코드는 0 ~ 9를 표시하지만 그레이 코드는 사용 비트(bit)를 제한하지 않는 1비트 변환 코드로서, 어떤 코드로부터 그 다음 코드로 증가하는 데 하나의 비트만 바꾸면 되므로 연산 동작으로는 부적당하다.
* 데이터의 전송, 입 · 출력 장치, A/D 변환기, 기타 주변 장치용 코드로 이용된다.

26 다음 논리 회로에서 출력이 0이 되려면, 입력 조건은?

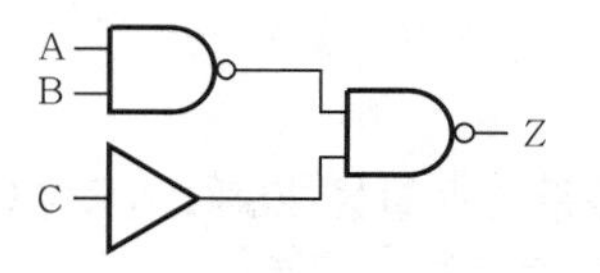

① A=1, B=1, C=1
② A=1, B=1, C=0
③ A=0, B=0, C=0
④ A=0, B=1, C=1

해설 **NAND 게이트(부정 논리곱 회로)**
두 입력이 동시에 '1'일 때 출력이 '0'이 되는 것으로, A=0, B=1, C=1일 때 출력 Z가 '0'의 상태가 된다.

27 컴퓨터 회로에서 Bus line을 사용하는 가장 큰 목적은?

① 정확한 전송
② 속도 향상
③ 레지스터수의 축소
④ 결합선수의 축소

해설 **CPU의 버스선(bus line)**
마이크로컴퓨터의 CPU에서는 데이터선과 주소선이 나오는데(8비트 CPU에서는 데이터선 8개, 주소선은 16개이다), 이들 선이 필요한 기억 장치와 입 · 출력 장치에 독립적으로 연결할 경우에 시스템이 복잡해지므로 버스선을 사용하여 데이터선과 주소선을 공통으로 사용하면 시스템을 간단화할 수 있다.
* CPU는 항상 클록에 의해서 동기되어 동작하므로 버스선을 통해서 데이터를 쉽게 주고받을 수 있다.

28 단항(unary) 연산을 행하는 것은?

① OR ② AND
③ Shift ④ 4칙 연산

정답 23. ① 24. ② 25. ② 26. ④ 27. ④ 28. ③

해설 • 단항(unary) 연산 : Move, Shift, Complement, Rotate
• 이항(binary) 연산 : AND, OR, NOT

29 저항 2[kΩ]에서 소비되는 전력이 1[W] 이내로 하기 위해서 전류는 약 몇 [mA] 이내로 되어야 하는가?

① 20.4　② 22.4
③ 26.2　④ 30.5

해설 **소비 전력**
$P = I^2 R$[W]에서
$\therefore I = \sqrt{\dfrac{P}{R}} = \sqrt{\dfrac{1}{2\times10^3}} = 22.4$[mA]

30 표준 신호 발생기(SSG)가 갖추어야 할 조건으로 옳지 않은 것은?

① 불필요한 출력을 내지 않을 것
② 출력 임피던스가 크고, 가변적일 것
③ 주파수가 정확하고, 파형이 양호할 것
④ 변조도가 자유롭게 조절될 수 있을 것

해설 **표준 신호 발생기의 구비 조건**
• 넓은 범위에 걸쳐서 발진 주파수가 가변일 것
• 발진 주파수 및 출력이 안정할 것
• 변조도가 정확하고 변조 왜곡이 작을 것
• 출력 레벨이 가변적이고 정확할 것
• 출력 임피던스가 일정할 것
• 차폐가 완전하고 출력 단자 이외로 전자파가 누설되지 않을 것

31 고주파 전력을 측정하는 방법 중 콘덴서를 사용하여 부하 전력의 전압 및 전류에 비례하는 양을 구하고, 열전쌍의 제곱 특성을 이용하여 부하 전력에 비례하는 직류 전류를 가동 코일형 계기로 측정하도록 한 전력계는?

① C-C형 전력계
② C-M형 전력계
③ 볼로미터 전력계
④ 의사 부하법

해설 **C-C형 전력계**
열전대의 특성을 이용한 것으로 부하에 보내는 통과 전력만을 측정할 수 있다. 단파대 이하에서 보통 100[W] 정도의 전력 측정에 이용된다.

32 다음 중 흡수형 주파수계의 설명으로 옳지 않은 것은?

① 50[MHz] 정도의 고주파 측정에 사용할 수 있다.
② 직렬 공진 회로의 공진 주파수는 $\dfrac{1}{2\pi\sqrt{LC}}$이다.
③ 공진 회로의 Q가 크지 않을 때에는 공진점을 찾기가 쉬워 정밀한 측정이 가능하다.
④ 저항, 인덕턴스, 커패시턴스 등을 직렬로 연결시킨 직렬 공진 회로의 주파수 특성을 이용한 것이다.

해설 **흡수형 주파수계**
이 주파수계는 100[MHz] 이하의 고주파 측정에 사용되며, 공진 회로의 Q가 150 이하로 낮고 측정 확도가 1.5[%] 정도로 공진점을 정확히 찾기 어려우므로 정밀 측정이 어렵다.
* 흡수형 주파수계는 직렬 공진 회로의 주파수 특성을 이용한 것이다.

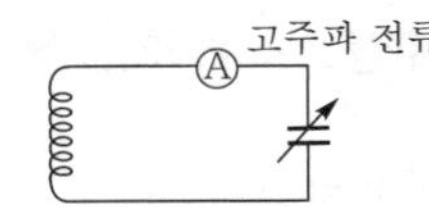

$$f_0 = \frac{1}{2\pi\sqrt{LC}}\text{[Hz]}$$

33 무부하 시 단자 전압이 100[V]이고, 부하가 연결됐을 때 단자 전압이 80[V]이면, 이때의 전원 전압 변동률은?

① 15[%]　② 20[%]
③ 25[%]　④ 35[%]

해설 **전압 변동률**
출력 전압이 부하의 변동에 대하여 어느 정도 변화하는지를 나타내는 것
전압 변동률(ε)
$= \dfrac{\text{무부하 시 출력 전압} - \text{부하 시 출력 전압}}{\text{부하 시 출력 전압}} \times 100[\%]$
$\therefore \varepsilon = \dfrac{V_o - V_L}{V_L} \times 100$
$= \dfrac{100-80}{80} \times 100 = 25[\%]$

정답 29. ② 30. ② 31. ① 32. ③ 33. ③

34 수신기에 관한 측정 중 주파수 특성 및 파형의 일그러짐률에 관계되는 것은?

① 감도 측정 ② 선택도의 측정
③ 충실도의 측정 ④ 명료도의 측정

해설 **충실도 측정**

- 충실도(fidelity) : 수신기의 출력에서 전파된 내용을 수신하였을 때 안테나에 유기된 피변조파의 변조 파형을 어느 정도로 충실히 재생시키느냐 하는 능력을 표시하는 것으로, 주로 주파수 특성, 왜곡, 잡음 등으로 결정된다.
- 전기적 충실도 : 고주파 입력 전압의 변조 주파수에 대한 저주파 출력 전압의 관계를 표시한 것으로, 주로 수신 회로의 주파수 특성 진폭 변형, 위상 변형 및 잡음 등에 의하여 결정된다. 측정은 SW를 ㉠에다 놓고 일반적으로 상대 레벨을 사용하여 측정한다. 표준 신호 발생기를 희망 신호 주파수에 맞추고, 외부 변조로 1,000[Hz], 30[%] 변조하여 수신기를 동조시키고 표준 출력이 50[mW]가 되도록 표준 신호 발생기의 출력 레벨과 수신기의 음량을 조정한다. 이때, 수신기의 출력은 0[dB]로 하고 저주파 발진기의 발진 주파수는 1,000[Hz]를 중심으로 변화시켜 그때마다 변화량을 1,000[Hz] 때의 값과 상대 레벨로 곡선을 그리면 전기적 특성을 얻을 수 있다.
- 음향적 충실도 : 변조 주파수에 대한 음향 출력의 관계를 표시한 것으로, 주로 스피커의 성능으로 결정된다. 이것은 스피커가 양호하더라도 수신기의 출력측과 스피커 입력측이 정합되지 않으면 충실도가 저하한다. 측정은 SW를 ㉡에다 놓고 변조 주파수 1,000[Hz]일 때 출력계의 지시가 0[dBm] 되도록 보조 증폭기의 이득을 조정하여 확성기(Mic)의 기계적 진동을 포함한 종합적인 특성을 측정한다.

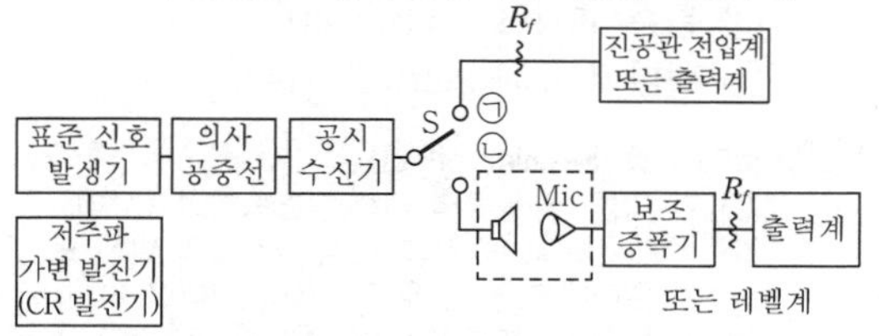

❙ 충실도 측정 ❙

35 다음 중 가청 주파수의 측정에 사용되는 것이 아닌 것은?

① 빈 브리지 ② 공진 브리지
③ 캠벌 브리지 ④ 동축 주파수계

해설 **동축 주파수계(동축 파장계)**

동축 선의 공진 특성을 이용한 것으로, 비교적 Q가 큰 공진기로 할 수 있으며, 구조가 간단하고 취급이 편리하며, 파장 측정법의 원리를 이용하므로 파장계라고도 한다.

* 측정 범위 : 2,500[MHz] 정도까지의 UHF대(파장(λ) 10 ~ 100[cm])

36 표본화된 연속적인 샘플값을 디지털양으로 하기 위해서 소구간으로 분할하여 유한의 자릿수를 가지는 수치를 할당하는 것은?

① 표본화 ② 구체화
③ 부호화 ④ 양자화

해설 **양자화(quantization)**

표본화된 PAM 신호를 진폭 영역에서 이산(digital)적인 양자화 레벨(2^n)값으로 변환하는 것을 양자화라고 한다.

[양자화의 종류]

- 직선(균일) 양자화(linear quantization) : 입력 진폭의 모든 범위에 걸쳐 양자화 레벨 간격을 균일하게 등급한 양자화
- 비직선(불균일) 양자화(non-linear quantization) : 양자화 레벨 간격이 불균일한 양자화

* 이와 같은 양자화는 입력 진폭의 크기에 의해 양자화 레벨 간격을 변화시키는 것으로, 입력 신호가 크면 양자화 간격을 넓게 하고 입력 신호가 작으면 양자화 간격을 좁게 한다.

37 직동식 기록 계기의 동작 원리 방식은?

① 영위법 ② 편위법
③ 치환법 ④ 반경법

해설 **기록 계기(recording instrument)**

전압, 전류, 전력, 역률 및 주파수 등의 전기적 양이나 온도, 액체 등의 물리적 양의 시간적 변화 상황을 기록 용지에 자동적으로 측정 기록하는 계기이다.

- 직동식 : 지시 계기의 지침 끝에 달린 기록용 펜을 직접 움직여 지면 위에 기록하도록 한 것으로, 편위법을 이용한 것이다.
- 자동 평형식 : 기록용 펜과 용지 사이에 생기는 마찰 오차를 피하기 위하여 만들어진 것으로, 영위법에 해당하며 피측정량을 충분히 증폭하여 사용하므로 감도가 매우 양호하다.

38 다음 중 정전 용량의 측정에 적합한 브리지는?

① 셰링 브리지
② 휘트스톤 브리지
③ 콜라우시 브리지
④ 켈빈 더블 브리지

정답 34. ③ 35. ④ 36. ④ 37. ② 38. ①

해설 **셰링 브리지(schering bridge)**
고주파 교류용 브리지로서, 정전 용량과 유전체 손실각을 정밀하게 측정할 수 있으며, 측정 범위가 넓어 미소 용량에서 대용량까지 측정할 수 있다.
* 측정용 전원 주파수 : 60, 120, 1,000[Hz]±10[%], 1[MHz]±10[%]

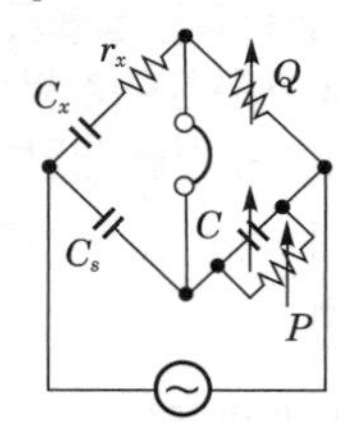

▌셰링 브리지▐

39 전류계의 측정 범위를 넓히기 위해서 계기와 병렬로 연결해주는 저항을 무엇이라 하는가?

① 분류기 저항 ② 분압기 저항
③ 전류 저항 ④ 전압 저항

해설 **분류기(shunt) 저항**
전류계의 측정 범위를 넓히기 위하여, 즉 전류계의 동작 전류를 허용 전류 이상의 전류가 흐르지 않도록 하기 위하여 전류계와 병렬로 접속한 저항으로, 전류계의 내부 저항보다 매우 작은 저항을 말한다.

40 오실로스코프로 측정할 수 없는 것은?

① 교류 전압 ② 주파수
③ 위상차 ④ 코일의 Q

해설 **오실로스코프(oscilloscope)**
시시각각으로 대단히 빠르게 변화하는 전기적 변화를 파형으로 브라운관에 직시하도록 한 장치로서, 과도 현상의 관측 및 다른 현상들을 측정·분석하는 데 사용하며 수백[MHz]의 고주파까지 사용할 수 있다.
[오실로스코프를 이용한 측정]
• 기본 측정 : 전압 측정, 전류 측정, 시간 및 주기 측정, 위상 측정
• 응용 측정 : 영상 신호 파형, 펄스 파형, 진폭 변조(AM) 신호와 주파수 변조(FM) 신호의 파형, 오디오 파형, 과도 현상 등

41 전자 냉동은 무슨 효과를 이용한 것인가?

① 제벡 효과(Seebeck effect)
② 톰슨 효과(Thomson effect)
③ 펠티에 효과(Peltier effect)
④ 줄 효과(Joule effect)

해설 **펠티에 효과(Peltier effect)**
2개의 다른 물질의 접합부에 전류를 흘리면 전류의 방향에 따라 열을 흡수하거나 발산하는 효과이다. 이 효과는 제벡 효과의 역효과로서, 반도체나 금속을 조합시킴으로서 전자 냉동 등에 응용되고 있다.

42 다음 중 태양 전지를 연속적으로 사용하기 위하여 필요한 장치는?

① 변조 장치
② 정류 장치
③ 검파 장치
④ 축전 장치

해설 **태양 전지(solar cell)**
반도체의 광기전력 효과를 이용한 광전지의 일종으로, 태양의 방사 에너지를 직접 전기 에너지로 변환하는 장치이다. 이러한 태양 전지는 태양 광선의 풍부한 에너지원으로 이용되므로 연속적으로 사용하기 위해서는 태양 광선을 얻을 수 없는 경우를 대비하여 축전 장치가 필요하다.

43 비스무트(Bi)와 안티몬(Sb)을 접합하여 전류를 흘리면 접촉점에서 흡열 또는 발열 현상이 일어난다. 다음 중 이와 관계 있는 것은?

① 줄 효과(Joule effect)
② 핀치 효과(Pinch effect)
③ 톰슨 효과(Thomson effect)
④ 펠티에 효과(Peltier effect)

해설 **펠티에 효과(Peltier effect)**
종류가 다른 두 종류의 금속을 접속하여 전류를 통하면 줄(Juole)열 외에 그 접점에서 열의 발생 또는 흡수가 일어나고 또 전류의 방향을 반대로 하면 이 현상은 반대로 되어 열의 발생은 흡수로 되고 열의 흡수는 발생으로 변한다.
그림과 같이 안티몬(Sb)과 비스무트(Bi)의 경계면을 통하여 안티몬쪽에서 비스무트쪽으로 전류를 통하면 경계면에 열이 발생되고 전류를 반대 방향으로 통하면 열의 흡수가 발생한다.

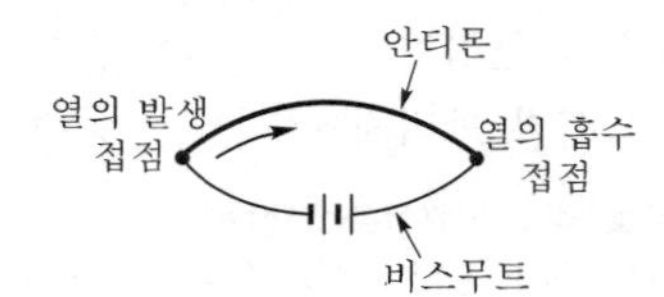

정답 39. ① 40. ④ 41. ③ 42. ④ 43. ④

44 변위 신호가 가해지면 출력 단자에는 변위에 비례한 크기를 가진 교류 신호가 나오는 것은?

① 리졸버
② 저항식 서보 기구
③ 차동 변압기
④ 싱크로

해설 **차동 변압기(differential transformer)**
동일 축 상의 1차 측에 1개의 코일과 2차 측에 2개의 코일을 차동 접속하여 코일 내에 가동 철심을 넣은 변압기로서, 1차 측에 교류 전압을 인가하면 2차 측에서 발생한 유도 전압에 의해서 철심의 변위에 비례한 교류 출력 전압을 얻을 수 있다. 이것은 일종의 변위 측정 센서로서 측정의 정확도(1[μm]), 직선성(수십[mm]) 및 감도, 내구성 등이 변위 변환용으로 가장 유효하므로 서보 기구의 교류 편차 검출기로서 널리 사용된다.
* 서보 기구에서 편차 검출기는 목푯값과 제어량을 비교하여 그 차를 만들어 내는 부분으로, 신호 변환부의 주역을 담당하는 것으로 전위차계형((습동 저항을 사용), 싱크로(synchro), 리졸버(resolver), 차동 변압기 등이 있다.

45 계기 착륙 방식이라고도 하며 로컬라이저, 글라이드 패스 및 팬 마커로 구성되는 것은?

① ILS ② NDB
③ VOR ④ DME

해설 **계기 착륙 장치(ILS : Instrument Landing System)**
야간이나 안개 등의 악천후로 시계가 나쁠 때 항공기가 활주로를 따라 정확하게 착륙할 수 있도록 지향성 전파(VHF, UHF)로 항공기를 유도하여 활주로에 바르게 진입시켜주는 장치이다. 이것은 국제 표준 시설로서 로컬라이저, 글라이드 패스, 팬 마크 비컨이 1조로 구성되어 계기 착륙 방식이 이루어진다.
- 무지향성 무선 표지(NDB : Non Directional Beacon) : 무선항행 보조 방식으로 고정된 비컨국에서 무지향성으로 발사된 전파를 항공기와 선박에서 방향 탐지기로 측정하여 자국의 위치를 결정하도록 하는 지향성 수신 방식이다.
- 전방향 레인지 비컨(VOR : VHF Omnidirectional Range beacon) : 회전식 무선 표지의 일종으로, 108 ~ 118[MHz]대의 초단파를 사용하여 항공기의 비행 코스를 제공해 주는 장치이다.
- 거리 측정 장치(DME : Distance Measurement Equipment) : VOR 기지국과의 항공기의 거리를 알려주는 시스템으로, VOR은 기지국과 방위 차이를 알려주고 DME는 거리를 알려 주므로 자국의 위치를 측정할 수 있다. 이것은 VOR/DME라고도 불리며 사용 주파수는 국제 표준 주파수로서 VOR 주파수를 선택하면 DME에서는 자동적으로 주파수를 선택하는 기능이 내장되고 있다.

46 항공기나 선박이 전파를 이용하여 자기 위치를 탐지할 때 무지향성 비컨 방식이나 호밍 비컨 방식을 이용하는 항법은?

① 쌍곡선 항법 ② $\rho-\theta$ 항법
③ 방사상 항법 (1) ④ 방사상 항법 (2)

해설
- 방사상 항법 (1) – 지향성 수신 방식
  - 공항이나 항구에 설치된 송신국에서는 전파를 모든 방향으로 발사하며 항공기나 선박에서는 지향성 공중선으로 전파의 도래 방향을 탐지한다.
  - 무지향성 비컨은 항공기 착륙에 필요한 진입로 형성에 사용될 때 호밍 비컨(homing beacon)이라고 한다.
- 방사상 항법 (2) – 지향성 송신 방식
  - 지상국에서 전파를 발사할 때 방위를 표시하는 신호를 포함시켜 지향적으로 발사한다.
  - 회전 비컨, AN 레인지 비컨, VOR 등이 있다.

47 VTR에 사용되는 자기 테이프에 기록되는 신호의 파장을 λ[cm], 자기 테이프 주행 속도를 V[cm/sec], 신호의 주파수를 f[Hz]라 할 때 이들의 관계식으로 옳은 것은?

① $\lambda = \dfrac{f}{\sqrt{V}}$[cm] ② $\lambda = \dfrac{V^2}{f}$[cm]
③ $\lambda = \dfrac{f}{V}$[cm] ④ $\lambda = \dfrac{V}{f}$[cm]

해설 **비디오(VTR : Video Tape Recorder)**
강자성체를 칠한 자기 테이프에 자기 헤드를 접촉시켜 영상과 음성을 기록하고 재생하는 장치를 말한다.
* 기록 신호 파장

$$\lambda = \frac{\text{자기 테이프 주행 속도 } V[\text{cm/sec}]}{\text{신호 주파수 } f[\text{Hz}]}[\text{cm}]$$

48 그림과 같은 회로의 1차측에서 본 임피던스 Z_p를 구하는 식은?

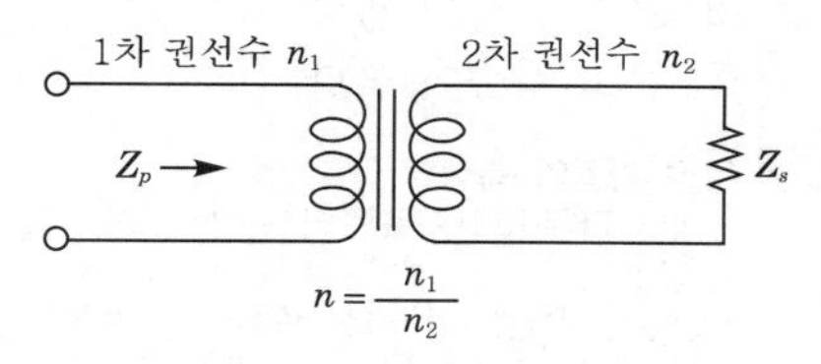

① $Z_p = nZ_s$ ② $Z_p = n^2 Z_s$
③ $Z_p = \dfrac{Z_s}{n}$ ④ $Z_p = \dfrac{Z_s}{n^2}$

정답 44. ③ 45. ① 46. ③ 47. ④ 48. ②

해설 임피던스와 권선비

권선비 $n = \frac{n_1}{n_2} = \sqrt{\frac{Z_p}{Z_s}}$ 에서

$n^2 = \frac{Z_p}{Z_s}$

* 1차측에서 본 임피던스 $Z_p = n^2 Z_s$

49 다음 중 초음파의 성질에 대한 설명으로 옳은 것은?

① 지향성은 진동수가 많을수록 작아진다.
② 기체나 액체 중에서는 종파로 전파된다.
③ 감쇠율은 고체, 액체, 기체 순으로 작아진다.
④ 특성 임피던스가 같은 물질의 경계면에서 반사 및 굴절을 한다.

해설 초음파의 성질
- 기체나 액체 중에는 파동의 전파 방향으로 입자가 진동하는 종파만 존재한다.
- 고체 중에는 종파 및 파동의 전파 방향에 수직인 방향으로 입자가 진동하는 횡파가 존재하며, 전파의 속도는 횡파보다 종파가 느리다.
- 초음파는 파장이 짧을수록, 즉 진동수가 클수록 지향성이 커지므로 예민한 빔을 얻기 쉽다.
- 초음파는 특성 임피던스가 다른 물질의 경계면에서 반사 및 굴절을 일으킨다.
- 반사율
  - 공기와 물 사이 : 100[%]
  - 물과 강철 사이 : 88[%]
  - 물과 유리 사이 : 63[%]

* 감쇠율 : 기체, 액체, 고체 순으로 작아진다(초음파 진동수가 클수록 감쇠율이 크다).

50 유전 가열의 특징으로 옳지 않은 것은?

① 가열이 골고루 된다.
② 전원을 끌 때 과열이 적다.
③ 표면 손상이 없다.
④ 온도 상승이 늦다.

해설 유전 가열의 특징
- 내부 가열이므로 표면의 손상이 없고 국부적인 가열이 된다.
- 발열은 전압의 제곱에 비례하기 때문에 온도 상승이 빠르고, 상승 온도의 속도를 제어할 수 있다.
- 열전도율이 나쁜 물체나 두께가 두꺼운 물체 등도 단시간에 골고루 가열된다.
- 전원을 끊으면 가열이 즉시 정지되어 열의 이용이 쉽다.
- 설비 비용이 비싸고 고주파 발생 장치의 효율(50[%] 정도)이 나쁘다.

51 디지털 오디오 테이프란 디지털 오디오 신호를 저장하기 위한 테이프 형식이다. 3가지 샘플링 주파수[kHz]가 아닌 것은?

① 32 ② 44.1
③ 48 ④ 55

해설 오디오 신호의 샘플링 주파수

구분	샘플링 주파수	주파수 대역	양자화 비트수
구형 음향 장치	32[kHz]	20 ~ 16,000[Hz]	–
mp3 포맷, CD	44.1[kHz]	20 ~ 20,000[Hz]	16bit
디지털 방송	48[kHz]	20 ~ 22,000[Hz]	20, 40bit

* 샘플링 주파수(sampling frequency) : A/D 변환을 위해 원신호를 1초간 몇 번 샘플링하는가를 나타내는 수치(단위는 [Hz])

52 초음파 측심기로 수심을 측정하고자 초음파를 발사하였다. 이때, 물의 깊이(h)를 계산하는 식은 어떻게 되는가? (단, 물속에서 초음파 속도는 v[m/sec], 초음파가 발사된 후 다시 돌아올 때까지의 시간은 t[sec]이다)

① $h = \frac{vt}{2}$[m] ② $h = vt$[m]
③ $h = 2vt$[m] ④ $h = \frac{2}{vt}$[m]

해설 측심기

초음파가 배와 바다 밑 사이를 왕복하는 시간을 측정하여 수심을 측정한다.

$h = \frac{vt}{2}$[m]

여기서, h : 물의 깊이[m]
v : 물속에서 초음파 속도[m/sec]
t : 왕복 시간[sec]

53 컬러 TV 수상기에서 특정 채널만이 흑백으로 나올 때의 고장은?

① 위상 검파 회로 불량
② 컬러 킬러의 동작 상태 불량
③ 국부 발진기 세밀 조정 불량
④ 3.58[MHz] 발진 주파수의 발진 정지

정답 49. ② 50. ④ 51. ④ 52. ① 53. ③

해설 컬러 TV 수상기에서 어느 특정한 채널만 흑백으로 나오는 것은 수상기 회로 내의 국부 발진 주파수가 어긋나거나 튜너에 이상이 있는 경우로서, 파인 튜닝을 하여 점검하거나 안테나의 방향이 정상적인가를 확인 점검한다.

54 **무선 수신기의 공중선 회로를 밀결합했을 때 생길 수 있는 현상은?**

① 발진을 일으킨다.
② 동조점이 2개 나온다.
③ 내부 잡음이 많아진다.
④ 영상 혼신이 없어진다.

해설 무선 수신기의 공중선 회로를 밀결합하면 쌍봉 특성 곡선이 되어 동조점이 2개 나오고, 선택 특성이 나빠져서 중간 주파 증폭기는 정해진 주파수를 증폭하므로 보통 임계 결합(단봉 특성)으로 한다.

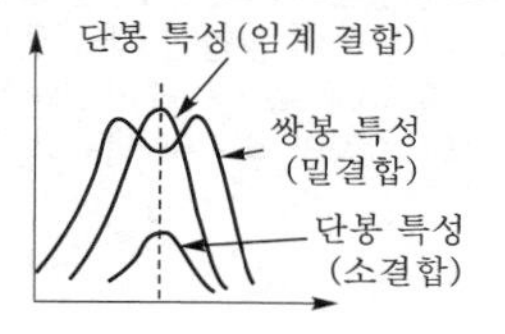

55 **자기 녹음기의 교류 바이어스에 사용되는 주파수는?**

① 약 60 ~ 100[Hz]
② 약 100 ~ 200[Hz]
③ 약 30 ~ 200[kHz]
④ 약 200 ~ 2,000[kHz]

해설 **녹음 바이어스법**
녹음 바이어스(magnetic biasing)는 녹음 파형의 일그러짐을 없애주기 위해 녹음 헤드에 적당한 바이어스 전류를 흘려주는 것으로 바이어스 방법에는 직류 바이어스법과 교류 바이어스법이 있으나 현재는 교류 바이어스법만 사용한다.
* 교류 바이어스법 : 녹음할 음성 전류에 30 ~ 200[kHz]의 고주파 전류를 중첩시켜서 바이어스 자기장을 가하는 방법이다.

56 **다음 중 VOR의 설명으로 옳지 않은 것은?**

① AN 레인지 비컨보다 정밀도가 높다.
② VHF를 사용한 전방향식 AN 레인지 비컨이다.
③ 사용 주파수는 108 ~ 118[MHz]의 초단파를 사용한다.
④ 일종의 라디오 비컨으로 90°의 방향에서는 항공기와 수신하고 다른 90° 방향에서는 비행 코스를 알려준다.

해설 **VOR(VHF Ommin-directional Range, 전방향 AN 레인지 비컨)**
VOR은 회전식 무선 표지의 일종으로, 항공기의 비행 코스를 제공해 주는 장치로서, 초단파 108 ~ 118[MHz]를 사용하며, 중파를 사용하는 무지향성 비컨(NDB)보다 정밀도가 높고 지구 공전의 방해를 덜 받는다.

57 **전자 현미경에서 배기 장치(펌프)가 필요한 이유는?**

① 시료를 압축하기 위해서
② 전자 렌즈의 압력을 높이기 위해서
③ 현미경 내부를 진공으로 하기 위해서
④ 전자 빔을 한 곳으로 집중시키기 위해서

해설 **전자 현미경**
전자 현미경의 배기 장치(펌프)는 현미경 내부를 진공으로 하기 위한 장치이다.

58 **다음 중 DVD(Digital Versatile Disc)의 설명으로 옳지 않은 것은?**

① 콤팩트 디스크와 같은 지름의 디스크에 고화질의 정보를 저장할 수 있다.
② 광 저장 매체이며 1매의 기록 용량은 일반 CD의 6 ~ 8배 정도이다.
③ 광원으로는 적외선 반도체 레이저(파장 780[nm] 정도)를 사용하였다.
④ 영상 데이터는 국제 표준 방식인 MPEG 2로 압축한다.

해설 **DVD(Digital Versatile Disc)**
DVD는 영상과 음성을 디지털화하여 지름 12[cm]의 크기에 저장하는 광디스크로서, 종류는 기존 CD(Compact Disk)와의 호환성이 높은 멀티미디어 CD(MMCD) 방식과 기록 용량을 높이기에 용이한 초밀도(SD) 방식이 있다.
MMCD 방식은 일본의 소니사(社)와 네덜란드의 필립스사(社)가 공동 제안한 것으로 기존의 CD와 호환화시켰고, SD 방식은 일본의 도시바 등 7개사가 공동으로 제안하여 기록 용량을 높였다. 따라서, 디스크 구조는 SD 방식으로 하고 변조 방식은 MMCD 방식을 채용함으로써 DVD의 규격을 통일화하였다.
DVD 1매의 기록 용량은 일반 CD의 6 ~ 8배 정도이며, 약 4.9[GB] 정도의 용량이 기본이다. 광원으로는 일반 CD용 적외선 반도체 레이저(파장 780[nm] 정도)보다도 파장이 짧은 적색 반도체 레이저(파장

정답 54. ② 55. ③ 56. ④ 57. ③ 58. ③

635 ~ 650[nm])를 사용하며, 영상 데이터는 국제 표준 방식인 MPEG 2로 압축한다.
DVD는 고화질의 영화를 담을 수 있는 영상 매체로서 뿐만 아니라 판독 전용 컴퓨터 기억 장치인 CD-ROM과 DVD-ROM으로도 사용된다.

59 변위-임피던스 변환기에 해당하지 않는 것은?

① 스프링
② 슬라이드 저항
③ 용량형 변환기
④ 유도형 변환기

해설 **변환 요소의 종류**

변환량	변환 요소
변위 → 압력	스프링, 유압 분사관
압력 → 변위	스프링, 다이어프램
변위 → 전압	차동 변압기, 전위차계
전압 → 변위	전자 코일, 전자석
변위 → 임피던스	가변 저항기, 용량 변환기, 유도 변환기
온도 → 전압	열전대(백금 – 백금로듐, 철 – 콘스탄탄, 구리 – 콘스탄탄)

60 다음 중 초음파를 이용한 것이 아닌 것은?

① 기포를 발생시킨다.
② 급속 냉동에 이용한다.
③ 물건의 세척에 이용한다.
④ 용접한 곳의 균열을 검사한다.

해설 **초음파의 응용**

• 캐비테이션(cavitation, 공동 현상) : 강력한 초음파가 액체 내를 전파할 때 수백 또는 수천 기압의 충격에 의해 기포의 생성과 소멸 현상이 발생하는 것으로, 초음파의 세척, 분산, 유화(에멀션화) 등에 이용된다.
• 초음파 탐상기 : 탐측자를 통하여 초음파 펄스를 피측정 판에 전달하여 반사파를 관측함으로써 물체 내부의 흠이나 균열 또는 불순물 등의 위치와 크기를 알아내는 것으로 비파괴 검사에 많이 이용된다.
* 전자 냉동은 2개의 다른 물질의 접합부에 전류를 흘리면 전류의 방향에 따라 열을 흡수하거나 발산하는 펠티에 효과(Peltier effect)를 이용한 것으로, 전류의 방향만 바꾸어 냉각과 가열을 쉽게 할 수 있다.

정답 59. ① 60. ②

전자기기기능사

2014. 10. 11. 기출문제

01 T 플립플롭의 설명으로 옳지 않은 것은?

① 클록 펄스가 가해질 때마다 출력 상태가 반전한다.

② 출력 파형의 주파수는 입력 주파수의 $\frac{1}{2}$ 이 되기 때문에 2 분주 회로 및 계수 회로에 사용된다.

③ JK 플립플롭의 두 입력을 묶어서 하나의 입력으로 만든 것이다.

④ 어떤 데이터의 일시적인 보존이나 디지털 신호의 지연 작용 등의 목적으로 사용되는 회로이다.

해설 **T형 플립플롭(Toggle flip flop)**

- JK 플립플롭의 JK 입력을 묶어서 하나의 입력 신호 T를 이용하는 플립플롭으로서, 1개의 클록 펄스 입력과 출력 Q, $\overline{Q}$를 갖는 회로이다.
- T에 매번 클록 펄스가 들어올 때마다 출력 Q와 $\overline{Q}$의 위상이 서로 반대로 상태가 반전되므로 토글 플립플롭(toggle flip flop)이라고도 한다.
- 출력 파형의 주파수는 입력 클록 신호 주파수의 $\frac{1}{2}$을 얻는 회로가 되므로 $\frac{1}{2}$ 분주 회로 또는 2진 계수 회로에 많이 사용된다.

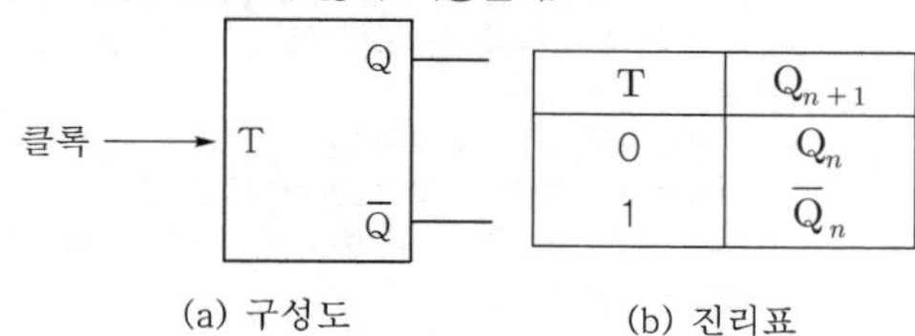

T	Q_{n+1}
0	Q_n
1	$\overline{Q}_n$

(a) 구성도 (b) 진리표

02 트랜지스터가 정상 동작(전류 증폭)을 하는 영역은?

① 포화 영역(saturation region)

② 항복 영역(breakdown region)

③ 활성 영역(active region)

④ 차단 영역(cutoff region)

해설 **이상적 트랜지스터의 4가지 동작 상태**

- 포화 영역 : 스위칭(on, off) 동작 상태로 펄스 회로 및 스위칭 전자 회로에 응용된다(EB 접합 : 순바이어스, CB 접합 : 순바이어스).
- 활성 영역 : 증폭기로 사용할 때의 동작 상태이다(EB 접합 : 순바이어스, CB 접합 : 역바이어스).
- 차단 영역 : 스위칭(on, off) 동작 상태로 펄스 회로 및 스위칭 전자 회로에 응용된다(EB 접합 : 역바이어스, CB 접합 : 역바이어스).
- 역활성 영역 : 이미터와 컬렉터를 서로 바꾼 활성 동작이며 실제로 사용하는 일이 없다(EB 접합 : 역바이어스, CB 접합 : 순바이어스).

* 활성 영역에서 컬렉터 접합면은 역바이어스되고, 이미터의 접합면은 순바이어스된다.

V_{EB}

활성 영역 (순) (역) | 포화 영역 (순) (순)

V_{CB}

차단 영역 (역) (역) | 역활성 영역 (역) (순)

03 다음과 같은 연산 증폭기의 출력 e_o는?

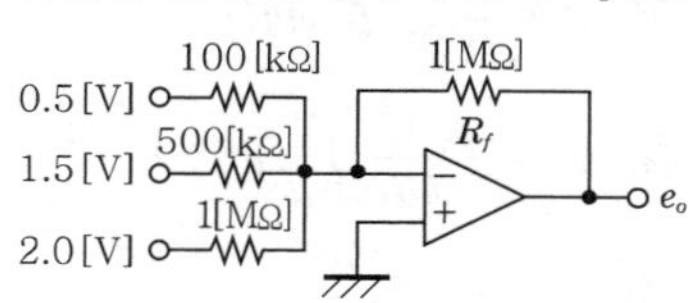

① −5[V] ② −10[V]

③ −15[V] ④ −20[V]

해설 그림의 연산 증폭 회로는 아날로그 컴퓨터에서 가장 많이 사용되는 반전 가산기 회로이다. 각각의 입력 신호에 상수가 곱해진 다음 합해져서 출력으로 나타난다. 가상 접지가 연산 증폭기의 입력에 존재하므로, 각 신호 입력에 흐르는 전류 i는

$$i = \frac{e_1}{R_1} + \frac{e_2}{R_2} + \frac{e_3}{R_3}$$

$$e_o = -R_f i = -\left(\frac{R_f}{R_1}e_1 + \frac{R_f}{R_2}e_2 + \frac{R_f}{R_3}e_3\right)$$

만약, $R_1 = R_2 = R_3 = R_f$이면 출력

$e_o = -(e_1 + e_2 + e_3)$가 되어 부호가 반전된다.

* 출력 전압

$$e_o = -R_f i = -\left(\frac{R_f}{R_1}e_1 + \frac{R_f}{R_2}e_2 + \frac{R_f}{R_3}e_3\right)$$

$$= -\left(\frac{1}{0.1}\times 0.5 + \frac{1}{0.5}\times 1.5 + \frac{1}{1}\times 2\right) = -10[\text{V}]$$

정답 01. ④ 02. ③ 03. ②

04 4[Ω]의 저항과 8[mH]의 인덕턴스가 직렬로 접속된 회로에 60[Hz], 100[V]의 교류 전압을 가하면 전류는 약 몇 [A]인가?

① 20 ② 25
③ 30 ④ 35

해설 **RL 직렬 회로**
유도성 리액턴스 $X_L = 2\pi f_L[\Omega]$에서
$X_L = 2\times 3.14\times 60\times 8\times 10^{-3} = 3[\Omega]$
임피던스 $Z=\sqrt{R^2+{X_L}^2}=\sqrt{4^2+3^2}=5[\Omega]$
$\therefore$ 전류 $I=\dfrac{V}{Z}=\dfrac{100}{5}=20[A]$

05 그림은 연산 회로의 일종이다. 출력을 바르게 표시한 것은?

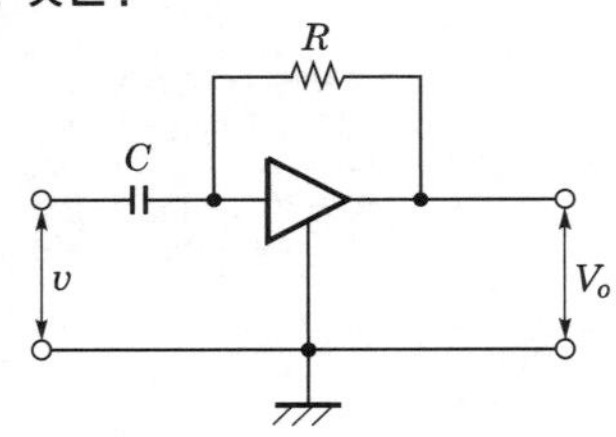

① $V_o = \dfrac{1}{CR}\displaystyle\int_0^t v dt$

② $V_o = -\dfrac{1}{CR}\displaystyle\int_0^t v dt$

③ $V_o = -RC\dfrac{dv}{dt}$

④ $V_o = RC\dfrac{dv}{dt}$

해설 **미분 회로(differential circuit)**
그림은 수학적인 미분 연산을 수행하는 미분 회로를 나타낸 것으로, 입력 커패시터 C에 구형파를 가하면 되먹임 저항 R을 통해서 입력 경사에 비례하는 출력 전압을 얻을 수 있다.
따라서, 출력 V_o를 나타내는 방정식은 다음과 같다.
$V_o = -Ri = -RC\dfrac{dv}{dt}$

06 다음 중 억셉터에 속하지 않는 것은?

① 붕소(B) ② 인듐(In)
③ 게르마늄(Ge) ④ 알루미늄(Al)

해설 **P형 반도체(positive type semiconductor)**
4가에 속하는 진성 반도체(Ge, Si)에 3가의 불순물을 첨가(doping)시킨 것으로, 3가의 불순물을 억셉터(accepter)라 한다.
- 3가의 원자(불순물) : B(붕소), Al(알루미늄), Ga(갈륨), In(인듐)
- 다수 반송자(carrier)는 정공이고, 소수 반송자는 전자이다.

07 PN 접합 다이오드의 기본 작용은?

① 증폭 작용 ② 발진 작용
③ 발광 작용 ④ 정류 작용

해설 **PN 접합 다이오드(PN junction diode)**
그림 (a)와 같이 P형 반도체와 N형 반도체의 결정이 서로 접합을 이루어 하나의 단일 실리콘 결정체로 형성된 2단자 소자를 다이오드라 한다. 이것은 P형쪽 반도체 단자를 애노드(anode), N형쪽 반도체 단자를 캐소드(cathode)라 하며 기호는 각각 A와 K로 표시한다. 그림 (b)는 다이오드의 기호도를 나타낸 것으로, 화살 표시는 순방향 바이어스일 때 전류의 방향을 나타낸다.

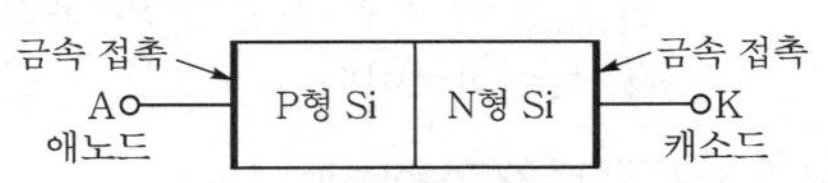

(a) PN 접합 다이오드의 모델

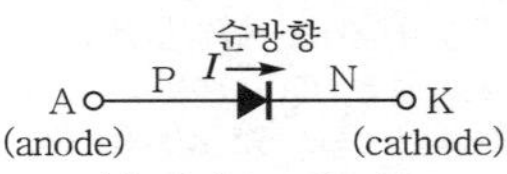

(b) 다이오드의 기호

이와 같은 PN 접합 다이오드를 근사화하면 순방향으로는 애노드(A)에서 캐소드(C)쪽으로 많은 전류를 흘릴 수 있지만 역방향으로는 전류가 흐르지 못한다. 이것은 회로에서 볼 때 스위치와 같은 동작을 하므로 순방향으로는 단락 회로처럼 동작하고 역방향으로는 개방 회로처럼 동작하므로 단일 방향성의 정류 소자로 사용된다.
* 다이오드의 전기적 특성은 정류 작용(rectifying action)으로 한쪽 방향으로만 전류를 흘릴 수 있으므로 교류 신호를 단일 방향의 직류 신호로 변환시킬 수 있다.

08 다음과 같은 연산 증폭기의 기능으로 가장 적합한 것은? (단, $R_i = R_f$이고, 연산 증폭기는 이상적이다)

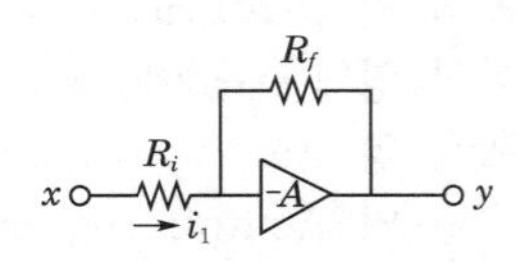

① 적분기 ② 미분기
③ 배수기 ④ 부호 변환기

정답 04. ① 05. ③ 06. ③ 07. ④ 08. ④

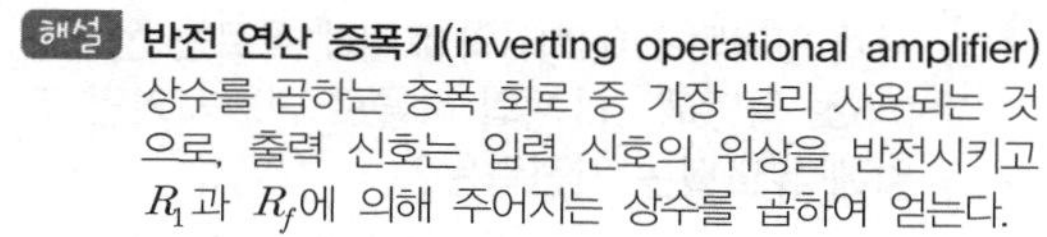

해설 **반전 연산 증폭기(inverting operational amplifier)**
상수를 곱하는 증폭 회로 중 가장 널리 사용되는 것으로, 출력 신호는 입력 신호의 위상을 반전시키고 R_1과 R_f에 의해 주어지는 상수를 곱하여 얻는다.

출력 $y=-\dfrac{R_f}{R_i}x$ ($A_v=\infty$로 가정)

$\therefore\ \dfrac{y}{x}=-\dfrac{R_f}{R_i}$

만일, $R_i=R_f$라면 전압 이득 $A_v=-\dfrac{R_f}{R_i}=-1$, $y=-x$이므로 증폭 회로는 전압 이득의 크기가 1이어서 신호의 위상만 반전시키며 입력 신호의 부호를 바꾸어 주는 부호 변환기의 역할을 한다.

09 이상적인 연산 증폭기에 대한 설명으로 옳지 않은 것은?

① 대역폭은 일정하다.
② 출력 저항은 0이다.
③ 전압 이득은 무한대이다.
④ 입력 저항은 무한대이다.

해설 **이상적인 연산 증폭기(ideal op amp)의 특징**
- 입력 저항 $R_i=\infty$
- 출력 저항 $R_o=0$
- 전압 이득 $A_v=-\infty$
- 동상 신호 제거비가 무한대($CMRR=\infty$)
- $V_1=V_2$일 때 V_o의 크기에 관계없이 $V_o=0$
- 대역폭이 직류(DC)에서부터 무한대(∞)일 것
- 입력 오프셋(offset) 전류 및 전압은 0일 것
- 개방 루프(open loop) 전압 이득이 무한대(∞)일 것
- 특성은 온도에 대하여 변하지 않을 것(zero drift)

* 이상적인 연산 증폭기는 주파수 특성은 평탄하고 이득과 대역폭은 무한대(∞)이다.

10 A급 저주파 증폭기의 최대 효율은 몇 [%]인가?

① 25　② 50
③ 78.5　④ 100

해설 **A급 증폭기(class A amplifier)**
- A급 동작은 트랜지스터가 활성 영역에서 동작하므로 교류 입력에 대한 컬렉터 출력 전류는 입력 신호의 전주기 동안 흐른다(유통각 360°).
- 증폭기의 동작점은 정특성 곡선 직선부의 중앙부에 잡는다.
- 정특성 곡선의 직선 부분을 이용하므로 일그러짐이 작다.
- 직류 바이어스되어 있는 A급 증폭기는 입력 신호가 인가되지 않더라도 바이어스를 유지하기 위해 많은 전력을 소모한다. 따라서, 작은 입력 신호로 작은 교류 전력이 부하에 전달될 때 효율이 매우 떨어진다.
- 증폭기의 최대 효율은 직결 혹은 직렬 공급 부하일 때 25[%]이며 부하에 변압기가 연결되는 경우는 50[%]이다.
- A급 증폭기는 전력 효율이 매우 나쁘기 때문에 대신호 증폭기로는 부적당하다.

11 JK flip-flop에서 입력이 J=1, K=1일 때 Clock pulse가 계속 들어오면 출력의 상태는?

① Toggle　② Set
③ Reset　④ 동작 불능

해설 **JK 플립플롭(JK flip-flop)**
- 그림 (a)와 같이 플립플롭의 입력 AND 게이트에 출력으로부터 귀환(feed back) 입력을 가해 줌으로써 JK 플립플롭을 만들 수 있다.
  S의 입력을 J 입력, R의 입력을 K 입력이라 하며, 이 플립플롭을 JK 플립플롭이라 한다.
- RS 플립플롭과 마찬가지로 2개의 입력과 2개의 출력을 갖는다. RS 플립플롭에서는 $R=1$, $S=1$인 입력이 들어오면 불확실한 상태로 되나, JK 플립플롭에서는 $J=1$, $K=1$의 입력이 들어와도 확실한 출력 상태를 나타낼 수 있다. 따라서, 동시에 2개의 신호가 들어와도 상관없다.
- $J=1$, $K=1$ 입력이 동시에 가해지면 귀환 신호가 논리 '1'인 쪽만 받아들이기 때문에 플립플롭이 어떠한 상태에 있느냐에 따라서 상태가 결정된다. 즉, $J=1$, $K=1$ 입력이 $Q=1$일 때 들어오면 $Q=0$으로 변화되고, $Q=0$일 때 들어오면 $Q=1$로 반전된다. 이와 같이 클록 펄스(CP)가 들어올 때마다 플립플롭의 상태가 반전되는 것을 토글(toggle)된다고 한다.
  따라서, $J=1$, $K=1$ 입력은 항상 플립플롭의 상태를 반전(complementing)시키는 작용을 하게 된다.

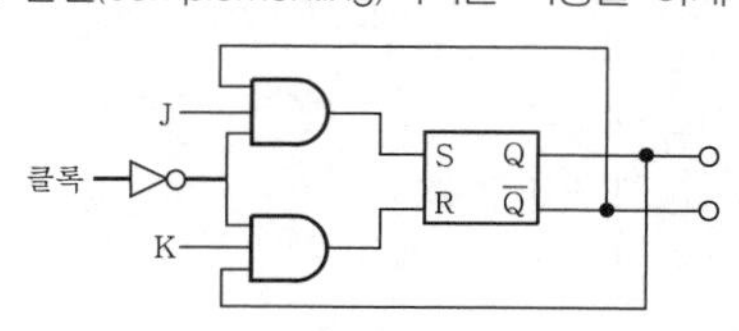

(a) 논리 회로

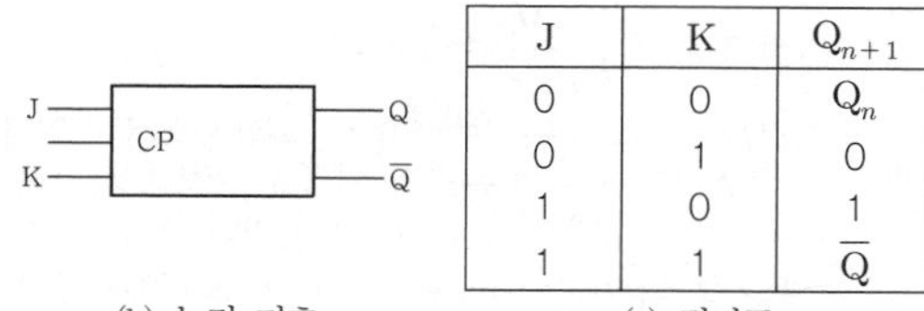

J	K	Q_{n+1}
0	0	Q_n
0	1	0
1	0	1
1	1	$\overline{Q}$

(b) 논리 기호　(c) 진리표

정답 09. ① 10. ② 11. ①

12 변조도 '$m>1$'일 때 과변조(over modulation) 전파를 수신하면 어떤 현상이 생기는가?

① 검파기가 과부하된다.
② 음성파 전력이 커진다.
③ 음성파 전력이 작아진다.
④ 음성파가 많이 일그러진다.

해설 **과변조(over modulation)**
과변조란 $m>1$로서 변조도 $m=1$(100[%] 변조)보다 커질 때를 말하며, 이때 전파를 수신하면 신호파의 진폭이 반송파의 진폭보다 커져서 검파(복조)해서 얻는 신호는 원래 신호파와는 달리 일그러짐이 발생하며, 주파수 대역이 넓어져 인근 통신에 의한 혼신이 증가하게 된다.

13 정류 회로의 직류 전압이 300[V]이고, 리플 전압이 3[V]이었다. 이 회로의 리플률은 몇 [%]인가?

① 1 ② 2
③ 3 ④ 5

해설 **맥동률(ripple 함유율)**

$$\gamma=\frac{\text{출력 교류 성분의 실횻값}}{\text{출력 직류 성분의 평균값}}\times 100[\%]$$

$$\gamma=\frac{\Delta V}{V_d}\times 100[\%]$$

$$\therefore\ \gamma=\frac{3}{300}\times 100=1[\%]$$

14 이미터 접지 증폭 회로에서 바이어스 안정 지수 S는 얼마인가? (단, 고정 바이어스이다)

① β
② $1+\beta$
③ $1-\beta$
④ $1-\alpha$

해설 **고정 바이어스 회로의 안정 지수**

안정 지수 $S=\dfrac{\Delta I_C}{\Delta I_{CO}}=1+\beta$

* 안정 지수(stability factor) S : 트랜지스터 바이어스 회로에서 주위 온도의 변화로 컬렉터 차단 전류 I_{CO}가 컬렉터 전류 I_C에 얼마나 영향을 미치는가를 나타내는 것으로, 바이어스 회로에서 동작점이 불안정하게 되는 가장 큰 원인이 된다. 이와 같은 안정 지수 S의 값은 작을수록 좋은 안정도를 나타내는 것으로 $S=5\sim10$이 가장 적합하다.

15 자체 인덕턴스 0.2[H]의 코일에 흐르는 전류를 0.5초 동안에 10[A]의 비율로 변화시키면 코일에 유도되는 기전력은?

① 2[V] ② 3[V]
③ 4[V] ④ 5[V]

해설 **유도 기전력**

$$v=L\frac{\Delta I}{\Delta t}=0.2\times\frac{10}{0.5}=4[\text{V}]$$

16 직렬형 정전압 회로의 특징에 대한 설명으로 틀린 것은?

① 경부하 시 효율이 병렬에 비해 훨씬 크다.
② 과부하 시 전류가 제한된다.
③ 출력 전압의 안정 범위가 비교적 넓게 설계된다.
④ 증폭단을 증가시킴으로써 출력 저항 및 전압 안정 계수를 매우 작게 할 수 있다.

해설 **직렬형 정전압 회로의 특징**
- 부하가 가벼울 때의 효율은 병렬형보다 훨씬 크다.
- 출력 전압의 넓은 범위에서 쉽게 설계될 수 있다.
- 증폭단을 증가시킴으로써 출력 저항 및 전압 안정 계수를 매우 작게 할 수 있다.
- 효율은 좋으나 과부하 시에 트랜지스터가 파괴되는 결점이 있다.

17 다음 그림은 순서도의 기호를 나타낸 것이다. 무엇을 나타내는 기호인가?

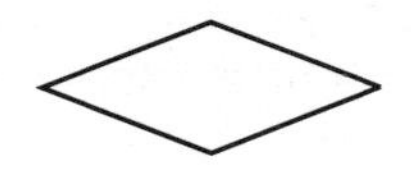

① 처리 ② 판단
③ 터미널 ④ 준비

해설 **비교/판단(decision)**
변수의 조건에 따라서 변경될 수 있는 흐름을 나타내는 데 사용하는 판단 기능이다.

18 정적인 기억 소자 SRAM은 무슨 회로로 구성되어 있는가?

① Counter ② Mosfet
③ Encoder ④ Flipflop

정답 12. ④ 13. ① 14. ② 15. ③ 16. ② 17. ② 18. ④

해설 SRAM(Static RAM)
각 비트의 내용이 플립플롭(flip flop)으로 저장되는 메모리로서, 기억 장치에 전원이 공급되는 동안 항상 그 내용을 기억 · 유지할 수 있으나 1비트당 소비 전력이 많고 동작 속도가 느리다. 재생 클록(refresh clock)이 필요 없으므로 주로 소용량의 메모리에 많이 사용된다.

19 다음 회로의 출력 결과로 맞는 것은? (단, A, B는 입력, Y는 출력이다)

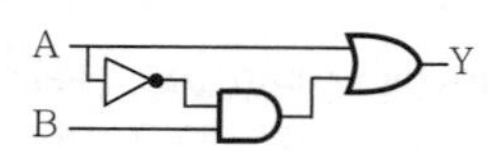

① $Y=\overline{A}+\overline{B}$
② $Y=A+(\overline{A}+B)$
③ $Y=\overline{A+B}$
④ $Y=A+B$

해설 조합 논리 회로
흡수 법칙 $Y=A+\overline{A}B=A+B$
[증명] $Y=A+\overline{A}B$
$=A(1+B)+\overline{A}B$
$=A+AB+\overline{A}B$
$=A+B(A+\overline{A})$
$=A+B$

20 프로그램에서 자주 반복하여 사용되는 부분을 별도로 작성한 후 그 루틴이 필요할 때마다 호출하여 사용하는 것으로, 개방된 서브루틴이라고도 하는 것은?

① 매크로
② 레지스터
③ 어셈블러
④ 인터럽트

해설 매크로(macro)
매크로 명령어(macro instruction)의 줄임말로서, 어셈블리 언어에서 주로 사용된다. 여러 개의 명령에 동일한 작업을 반복할 경우 하나의 블록으로 명령어들을 묶어 특정 명령키로 정의한 후, 필요할 때 호출하여 일괄적으로 실행되도록 하는 컴퓨터 응용 프로그램의 한 기능이다. 즉, 프로그램 속에 같은 처리의 반복이 여러 번 있을 때 그것을 동일한 원시 언어로 매크로 정의를 하여 같은 처리가 반복된다는 것을 지시하는 것을 말한다. 이를 통해 자주 수행하는 여러 단계의 과정으로 이루어진 복잡한 작업을 자동화하여 불필요한 소요 시간을 줄일 수 있다.

* 열린 서브루틴(open subroutine) : 하나의 프로그램 중에서 정의를 주어 그 프로그램 내에서만 사용되는 서브루틴

21 16진수 D27을 2진수로 변환하면?

① 110101110010
② 110100100111
③ 011111010010
④ 011100101101

해설 16진수를 2진수로 변환
16진수 : D 2 7
2진수 : 1101 0010 0111
∴ $(D27)_{16} \rightarrow (110100100111)_2$

22 마이크로프로세서의 내부 구성 요소 중 산술 연산과 논리 연산 동작을 수행하는 것은?

① PC ② MAR
③ IR ④ ALU

해설 연산 장치(ALU : Arithmetic Logic Unit)
연산 장치는 외부에서 들어오는 입력 자료, 기억 장치 내의 기억 자료 및 레지스터에 기억되는 자료들의 산술 연산과 논리 연산을 수행하는 장치이다.

23 컴퓨터에서 보수(complement)를 사용하는 가장 큰 이유는?

① 가산과 승산을 간단히 하기 위해
② 감산을 가산의 방법으로 처리하기 위해
③ 가산의 결과를 정확히 하기 위해
④ 감산의 결과를 정확히 하기 위해

해설 보수(complement)를 사용하는 이유
보수는 뺄셈을 간단히 하고 논리 조작을 하기 위해 컴퓨터에서 음수의 연산을 양수로 바꾸어 계산하기 위해 사용하는 것으로, 컴퓨터에는 음수의 연산이 없으므로 음수일 경우에만 더해서 '1'이 되는 수를 만들어 덧셈으로 뺄셈 연산을 구현하기 위하여 보수를 사용한다.

24 컴퓨터 시스템에서 자료를 처리하는 최소 단위는?

① 바이트(byte) ② 비트(bit)
③ 워드(word) ④ 니블(Nibble)

정답 19. ④ 20. ① 21. ② 22. ④ 23. ② 24. ②

해설 **비트(binary digit)**
가장 작은 자료 원소는 비트(bit)로서, 정보를 기억할 수 있는 최소의 단위로 0과 1을 가지는 2진값이다(단, 0과 1 중에서 어느 하나를 기억한다).

25 다음 중 '0'에서부터 '9'까지의 10진수를 4비트의 2진수로 표현하는 코드는?

① 아스키 코드
② 3-초과 코드
③ 그레이 코드
④ BCD 코드

해설 **BCD 코드(8421 코드)**
4자리의 2진수 표시로서 1개의 10진수를 표시하는 것으로, 8421 코드에 의한 2진화 10진 부호를 나타낸다.
8421 코드는 0～9까지는 2진 4비트로 구성되며 그 이상의 10진수 표시는 다시 2진 4비트로 구성된 그룹을 더 사용해야 한다. 그리고 각 비트가 4개 자리 중 왼쪽부터 $2^3=8$, $2^2=4$, $2^1=2$, $2^0=1$의 자릿값(weight)을 가지므로 8421 코드 또는 웨이티드 코드(weighted code)라고 부른다.

26 다음 중 컴퓨터를 구성하는 기본 소자의 발전 과정을 순서대로 옳게 나열한 것은?

① Tube → TR → IC
② Tube → IC → TR
③ TR → IC → Tube
④ IC → TR → Tube

해설 **전자계산기(EDPS)의 세대별 발전**
- 제1세대(1946년～1958년) : 최초의 범용 전자식 디지털 전자계산기(UNIVAC Ⅰ)로 진공관을 사용하였다.
- 제2세대(1950년대 후반～1960년대 중반) : 진공관이 트랜지스터와 반도체 소자로 대체되었다. 전자계산기를 소형화하여 IBM 650과 UNIVAC Ⅱ 등이 제작되었다.
- 제3세대(1960년대 중반 이후) : 트랜지스터 대신 집적 회로(IC) 소자를 사용하여 기계가 소형화되었고, 그 결과 더욱 고속화되어서 성능과 신뢰도가 향상되었다.
- 제4세대(1970년대 후반) : 반도체 산업의 발달로 인해 전자계산기의 논리 소자로 고밀도 집적 회로(LSI)를 사용하여 더욱 소형화, 고성능화되었으며, 미니 전자계산기 및 마이크로컴퓨터가 출현하였다.
- 제5세대(1990년 초반) : 통신 회선을 이용한 시분할 시스템에 의한 단말기로 대형 전자계산기를 이용하여 모든 정보를 단말기를 통하여 자동적으로 처리하는 인공 지능을 갖춘 컴퓨터가 등장하였다.

27 다음 ( ) 안에 들어갈 용어로 알맞은 것은?

> 마이크로프로세서에서 버스 요구 사이클(bus request cycle)은 주변 장치가 CPU로부터 버스 사용을 허락받아 CPU의 간섭 없이 독자적으로 메모리와 데이터를 주고받는 방식인 ( ) 동작에 필요하다.

① interrupt ② polling
③ DMA ④ MAR

해설 **직접 메모리 액세스(DMA : Direct Memory Access)**
자기 디스크, 자기 테이프 그리고 시스템 메모리와 같은 대용량의 저장 장치들 사이의 데이터 전송은 마이크로프로세서(CPU)를 통하여 전송 작업을 하면 프로세서의 속도 때문에 제한을 받는다. 따라서, 전송 동안에 CPU를 거치지 않고 주변 장치가 직접 메모리에 전송하는 방식을 말한다.

28 다음 중 인간 중심 언어인 고급 언어가 아닌 것은?

① Basic ② Cobol
③ Fortran ④ Assembly

해설 **어셈블리 언어(assembly language)**
기계어의 단점을 보완하여 기계어를 기호화한 언어(symbolic language)로 만들어 프로그램에 사용할 수 있도록 한 것으로, 저급 언어(기계 중심 언어)라 하며 이 언어는 컴퓨터의 기종마다 다르다.

29 자동 평형 기록기는 어느 측정법에 속하는가?

① 영위법 ② 변위법
③ 직접 측정법 ④ 간접 측정법

해설 **자동 평형식 기록 계기**
기록용 펜과 용지 사이에 생기는 마찰 오차를 피하기 위하여 만들어진 것으로, 영위법에 해당하며 피측정량을 충분히 증폭하여 사용하므로 감도가 매우 양호하다.

30 표준 신호 발생기의 필요 조건으로 옳지 않은 것은?

① 주파수가 정확하고 가변 범위가 넓을 것
② 변조도가 자유롭게 조절될 수 있을 것
③ 출력 임피던스가 크고 가변적일 것
④ 불필요한 출력을 내지 않을 것

정답 25. ④ 26. ① 27. ③ 28. ④ 29. ① 30. ③

해설 **표준 신호 발생기의 구비 조건**
- 넓은 범위에 걸쳐서 발진 주파수가 가변일 것
- 발진 주파수 및 출력이 안정할 것
- 변조도가 정확하고 변조 왜곡이 작을 것
- 출력 레벨이 가변적이고 정확할 것
- 출력 임피던스가 일정할 것
- 차폐가 완전하고 출력 단자 이외로 전자파가 누설되지 않을 것

31 다음 중 흡수형 주파수계의 구성으로 필요하지 않은 것은?

① 발진기　② 검파기
③ 직류 전류계　④ 공진 회로

해설 **흡수형 주파수계**
주로 100[MHz] 이하의 고주파 측정에 사용되는 것으로, 공진 회로의 Q가 150 이하로 낮고 측정 확도가 1.5급(허용 오차 ±1.5[%]) 정도로서 정확한 공진점을 찾기 어려우므로 정밀한 측정이 어렵다. 이것은 그림과 같이 LC로 구성된 공진 회로의 주파수 특성을 이용하여 대략의 주파수를 측정하기 위해 사용되는 주파수계이다.

$$f_0 = \frac{1}{2\pi\sqrt{LC}}\text{[Hz]}$$

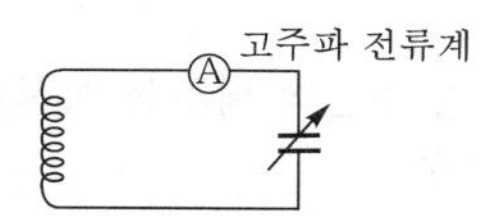

32 정전 용량이나 유전체 손실각의 측정에서 사용되는 브리지는?

① 맥스웰 브리지　② 셰링 브리지
③ 헤이 브리지　④ 하트슨 브리지

해설 **셰링 브리지(Schering bridge)**
고주파 교류용 브리지로서, 정전 용량과 유전체 손실각을 정밀하게 측정할 수 있으며 측정 범위가 넓어 미소 용량에서 대용량까지 측정할 수 있다.

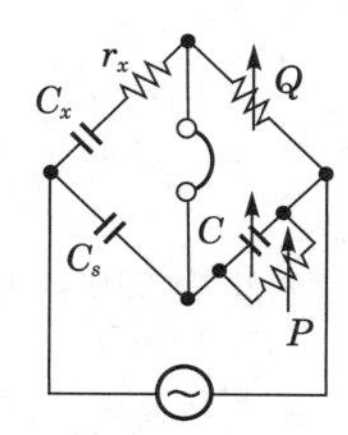

▌셰링 브리지▐

* 측정용 전원의 주파수 : 60, 120, 1,000[Hz]±10[%], 1[MHz]±10[%]

33 가장 높은 주파수를 측정할 수 있는 계기는?

① 동축형 주파수계
② 흡수형 주파수계
③ 헤테로다인 주파수계
④ 전력계형 주파수계

해설 **동축 주파수계(coaxial frequency meter)**
- 동축선의 공진 특성을 이용한 것으로, 비교적 Q가 큰 공진기로 할 수 있다. 이것은 동축 공간 내의 파장 측정법의 원리를 이용하므로 동축 파장계(coaxial wavemeter)라고도 한다.
- 측정 주파수의 범위 : 2.5[GHz]까지의 극초단파대(UHF)

* 헤테로다인 주파수계 : 20~20,000[Hz]의 가청 주파수대에서부터 단파대(HF)까지
흡수형 주파수계 : 100[MHz] 이하의 초단파대(VHF)

34 그림에서 $a=15$[mm], $b=13$[mm]라 하면 수직 수평 두 전압의 위상차는?

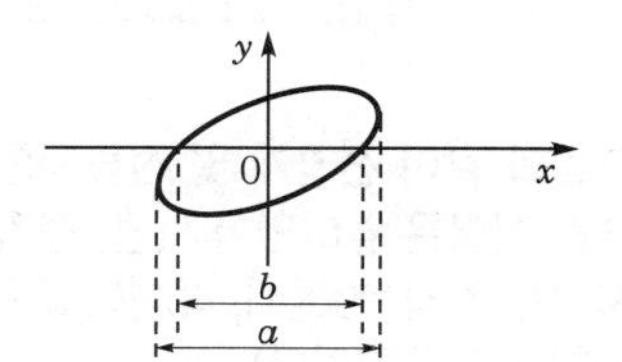

① 약 30°
② 약 45°
③ 약 60°
④ 약 75°

해설 **오실로스코프(oscilloscope)의 위상 측정**
위상 $\theta = \sin^{-1}\frac{b}{a}$에서

$$\theta = \sin^{-1}\frac{13}{15} = 0.866\left(\frac{\sqrt{3}}{2}\right)$$

$$\therefore\ \theta = \sin^{-1}\frac{\sqrt{3}}{2} = 60^\circ$$

35 다음 중 캠벨 브리지(Campbell bridge)는 주로 무엇을 측정하는가?

① 고저항
② 컨덕턴스
③ 정전 용량
④ 상호 인덕턴스

정답 31. ① 32. ② 33. ① 34. ③ 35. ④

해설 **캠벨 브리지(Campbell bridge)**

상호 인덕턴스와 주파수 측정에 사용되고 L_1, L_2는 상호 인덕턴스 M을 형성하며, L_1, L_2의 결합을 조절함으로써 M을 변화시킬 수 있다.

* 가변 콘덴서 C와 M을 조정하여 T의 수화음이 소멸하면 T에는 전류가 흐르지 않는다.

$$\frac{1}{j\omega C}\cdot I=-j\omega M\cdot I$$

여기서, I : OSC의 출력 전류

$$M=\frac{1}{\omega^2 C}=\frac{1}{4\pi^2 f^2 C}$$

∴ OSC의 주파수 $f=\frac{1}{2\pi\sqrt{MC}}$[Hz]

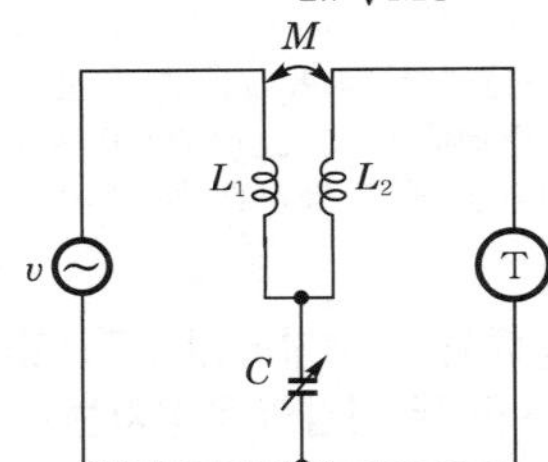

36 그림과 같이 전압계 및 전류계를 연결하였다. 부하 전력은 얼마인가? (단, 전압계, 전류계의 지시는 각각 100[V], 4[A]이고 전류계의 내부 저항은 0.5[Ω]이다)

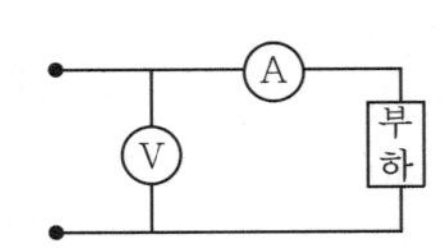

① 400[W] ② 398[W]
③ 392[W] ④ 384[W]

해설 **직류 전력 측정**

그림의 회로는 전류계에 손실이 있으므로 고전압 소전류(부하가 클 때) 측정에 적당하다.

부하 전력 $P=VI-I^2r$
$=I(V-Ir)$[W]에서

∴ $P=4(100-4\times0.5)=392$[W]

37 중저항 측정 방법이 아닌 것은?

① 편위법
② 직편법
③ 미끄럼줄 브리지법
④ 휘트스톤 브리지법

해설 **중저항 측정법(1[Ω]~1[MΩ])**

- 전압 강하법
  - 전압계－전류계법 : 전압계와 전류계를 사용하여 미지 저항 R_x를 구한다.
  - 전압계법(편위법) : 전압계나 전위차계로 미지 저항 R_x를 구한다.
- 브리지법
  - 휘트스톤 브리지법
  - 미끄럼줄(습동선) 브리지법

38 다음 중 펄스형 주파수와 전압을 측정하는 데 가장 적합한 것은?

① VTVM
② 헤테로다인 주파수계
③ 회로 시험기
④ 오실로스코프

해설 **오실로스코프(oscilloscope)를 이용한 측정**

- 기본 측정 : 전압 측정, 전류 측정, 시간 및 주기 측정, 위상 측정
- 응용 측정 : 영상 신호 파형, 펄스 파형, 진폭 변조 신호와 주파수 변조 신호 파형, 오디오 파형, 과도 현상 등

39 다음 중 시간에 따라서 직선적으로 증가하는 전압은?

① 비교 전압 ② 계수 전압
③ 직류 전압 ④ 램프 전압

해설 **램프 전압(ramp voltage)**

어떤 값에서 다른 값으로 미리 정해진 기울기를 가지고 시간의 변화에 따라 직선적으로 증가하는 전압을 말한다.

40 내부 저항 4[kΩ], 최대 눈금 50[V]의 전압계로 300[V]의 전압을 측정하기 위한 배율기 저항은 몇 [Ω]인가?

① 670 ② 800
③ 20,000 ④ 24,000

해설 **배율기(multimeter)**

전압의 측정 범위를 확대하기 위하여 전압계와 직렬로 접속하는 저항을 말한다.

배율 $m=\frac{V}{V_v}=\frac{300}{50}=6$

배율기 저항 $R_m=(m-1)r_v$[Ω]에서

∴ $R_m=(6-1)4\times10^3=20\times10^3=20{,}000$[Ω]

정답 36. ③ 37. ② 38. ④ 39. ④ 40. ③

41 공기 중에 떠 있는 먼지나 가루를 제거하는 장치는 초음파의 어느 작용을 응용한 것인가?

① 응집 작용 ② 캐비테이션
③ 확산 작용 ④ 에멀션화 작용

해설 **응집 작용**
강력한 초음파가 기체나 액체 내를 전파할 때 매질은 진동하게 되며, 이때 매질 속의 고체의 미립자는 유체 매질과 같은 속도로 진동하지 못하고 미립자끼리 서로 뭉쳐지게 되는 현상을 말한다.
* 이와 같은 초음파의 응집 작용은 기체 중에 떠도는 미립자나 공기 중에 떠 있는 먼지나 가루, 액체 속의 고체 미립자를 제거하는 데 이용되며 시멘트의 침전, 폐수 처리, 매연, 가스의 정화 장치 등에 사용된다.

42 캐비테이션(공동 작용)을 이용한 것은?

① 소나 ② 초음파 세척
③ 초음파 납땜 ④ 고주파 가열

해설 **캐비테이션(cavitation, 공동 현상)**
- 강력한 초음파가 액체 내를 전파할 때 소밀파(종파)의 소부에서 공기 또는 증기의 기포가 생기고 다음 순간에는 소밀파의 소부가 밀부로 되어 기포가 없어지며 주위의 액체가 말려들어 충돌을 일으켜 수백에서 수천 기압의 커다란 충격이 일어나는 것으로, 기포의 생성과 소멸 현상을 말한다. 이러한 캐비테이션 현상은 초음파의 세척, 분산, 유화(에멀션화) 등에 이용된다.
- 초음파 세척의 원리 : 캐비테이션 효과를 이용하여 강력한 초음파가 액체 내를 전파할 때 세척액 중에서 기포가 발생하고 소멸되는 현상을 되풀이하며 기포가 소멸할 때에는 약 1,000[atm] 정도의 큰 압력이 생긴다. 따라서, 기포가 파괴될 때 세척 물에 부착된 먼지가 흡인 또는 분리되어 물리적 · 화학적 반응 촉진 작용에 의해서 세척이 행해진다.

43 제어 요소의 동작 중 연속 동작이 아닌 것은?

① D 동작
② P+D 동작
③ P+I 동작
④ on-off 동작

해설 **2위치 동작(on-off 동작)**
제어 동작이 목푯값에서 어느 이상 벗어나면 미리 정해진 일정한 조작량이 제어 대상에 가해지는 단속적인 제어 동작으로 불연속 동작에 해당한다. 이 동작 방식은 조작단이 2위치만 취하므로 목푯값 주위에서 사이클링(cycling)을 일으킨다.

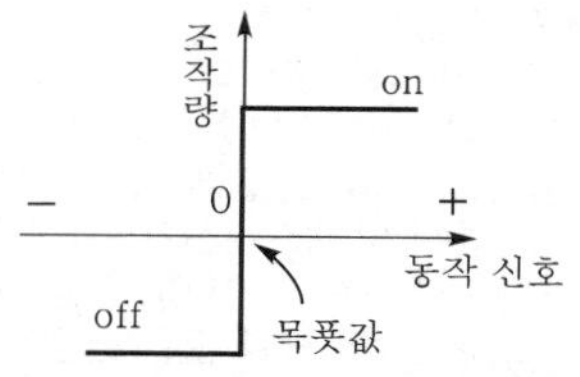

* 연속 동작 : 비례 동작(P 동작), 미분 동작(D 동작), 적분 동작(I 동작), 비례 적분 동작(PI 동작), 비례 적분 미분 동작(PID 동작)

44 790[kHz]의 중파 방송을 수신하려 할 때 슈퍼헤테로다인 수신기의 국부 발진 주파수는 얼마로 조정해야 하는가? (단, 중간 주파수는 450[kHz]이다)

① 340[kHz] ② 450[kHz]
③ 790[kHz] ④ 1,240[kHz]

해설 **국부 발진 주파수(local frequency)**
국부 발진 주파수(f_l)=수신 입력 주파수(f_i)±2×중간 주파수
$= 790 + 450 = 1,240$[kHz]
* 상측 헤테로다인 방식이므로 +450[kHz]를 사용한다.

45 태양 전지의 축전 장치가 필요한 이유로 옳은 것은?

① 빛의 반사를 위해서
② 빛의 굴절을 위해서
③ 연속적인 사용을 위해서
④ 광전자를 방출하기 위해서

해설 **태양 전지(solar cell)**
반도체의 광기전력 효과를 이용한 광전지의 일종으로, 태양의 방사 에너지를 직접 전기 에너지로 변환하는 장치이다. 이러한 태양 전지는 태양 광선의 풍부한 에너지원으로 이용되므로 연속적으로 사용하기 위해서는 태양 광선을 얻을 수 없는 경우를 대비하여 축전 장치가 필요하다.

46 FM 통신 방식의 특징으로 옳은 것은?

① S/N 비가 나쁘다.
② 혼신 방해를 작게 할 수 있다.
③ 수신기의 출력 준위 변동이 많다.
④ 송신 시의 효율을 높일 수 있고, 일그러짐이 많다.

정답 41. ① 42. ② 43. ④ 44. ④ 45. ③ 46. ②

해설 **FM 통신 방식의 특징**

FM 통신 방식은 초단파대를 사용하는 직접파 통신으로, 단파대에서 전리층 반사파를 이용하는 AM 통신 방식에 비하여 잡음에 강한 통신 방식이다. 이러한 FM 통신 방식은 수신기에서 진폭 제한기(limiter)의 사용으로 진폭의 변화를 일정하게 제한할 수 있으므로 수신기의 출력 준위 변동이 없고 진폭 변조(AM)파에 대한 충격성 잡음을 제거할 수 있으므로 혼신 방해를 작게 할 수 있다.

47 초음파 진동자에서 자기 왜형 진동자에 적합한 진동자는?

① 니켈 ② 연강
③ 수정 ④ 압전 결정체

해설 **자기 왜형 진동자**

강자성체를 자화하여 자기장의 방향으로 길이가 변화하는 자기 왜형 현상(줄 효과)을 이용한 것으로, 니켈과 페라이트 진동자가 사용된다.

* 니켈은 자기장 방향으로 길이가 줄고, 알페로(13[%]의 알루미늄과 철의 합금)는 늘어난다.

48 다음 중 마이크로폰의 종류가 아닌 것은?

① 가동 코일형 마이크로폰
② 트랜지스터 마이크로폰
③ 일렉트리트형 마이크로폰
④ 콘덴서 마이크로폰

해설 **마이크로폰(microphone)의 종류**

- 카본형 마이크로폰(carbon microphone) : 마이크로폰 중에서 가장 오래된 것으로, 탄소 가루를 절연체 속에 봉입한 구조로 되어 있으며 가격이 저렴하고 구조가 간단하여 전화기 및 무선 통신기용으로 많이 사용된다.
- 다이내믹 마이크로폰(dynamic microphone) : 음향에너지에 의해 자기장 내의 도체가 진동하여 도체에 전자 유도 작용으로 유기되는 기전력을 이용한 것으로, 구조적으로 튼튼하고 가격이 저렴하여 보급용으로 많이 사용된다.
- 리본 마이크로폰(ribbon microphone) : 리본 양면으로부터 음파를 받아서 그 압력차에 의해서 리본이 진동하여 자속을 끊음으로써 기전력이 발생하는 원리를 이용한 것으로, 방송 스튜디오와 같이 마이크로폰을 고정하는 곳에 사용된다.
- 콘덴서 마이크로폰(condenser microphone) : 음파에 따라 진동판이 변화하면 정전 용량이 변화된다. 이 정전 용량의 변화를 이용하여 출력을 얻는 것으로, 진동판은 극히 얇은 티타늄막이나 특수 고분자 필름에 도전막 처리를 한 것으로, 음질이 좋고 잡음이 작아서 표준 마이크로폰으로 사용된다.
- 와이어리스 마이크로폰(wireless microphone) : 콘덴서 마이크로폰이 주로 사용되며, 수정 발진 자로 고주파 발진을 하고 이것을 음성으로 주파수 변조(FM)하여 전파를 송신하는 간단한 FM 송신 회로가 내장되어 있다. 코드가 없으므로 이동용으로 사용하기에 편리하다.
- 크리스털 마이크로폰(crystal microphone) : 로셸염(rochelle salt) 또는 티탄산바륨 등의 결정체에 압전 효과를 이용한 것으로, 음파로 압전 소자를 진동시키면 기계적인 일그러짐이 생겨서 음압에 비례하는 전압이 발생한다. 출력 전압이 크므로 감도가 높고 주파수 특성이 비교적 좋으나 기계적으로 약하고 가격이 저렴하여 보급용으로 많이 사용된다.

49 색의 3요소에 해당하지 않는 것은?

① 색상 ② 채도
③ 투명도 ④ 명도

해설 **색의 3요소**

- 착색 화면에 인간이 눈으로 느끼는 요소
- 색상 : 적색(R), 녹색(G), 청색(B)
- 채도(포화도) : 색의 선명도, 즉 색의 엷고 짙음의 정도를 나타내는 농도
- 명도(휘도) : 색과 관계없는 명암의 요소로서, 화면의 밝기를 표시하는 신호

50 다음 제어계 블록 선도에서 전달 함수 C/R은?

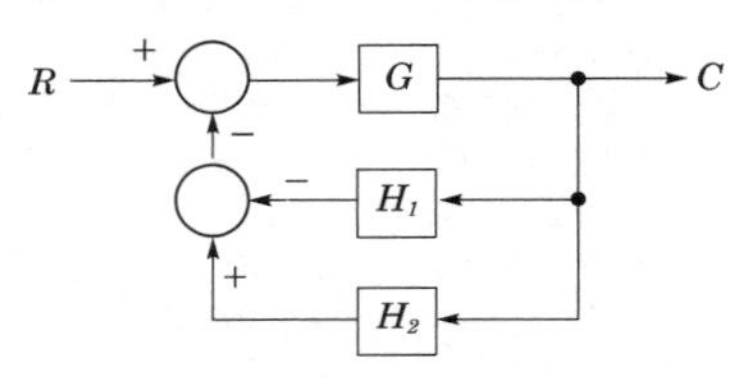

① $\dfrac{C}{R}=\dfrac{G}{1+H_1+H_2G}$

② $\dfrac{C}{R}=\dfrac{G}{1-G(H_1+H_2)}$

③ $\dfrac{C}{R}=\dfrac{GH_1H_2}{1+G(H_1+H_2)}$

④ $\dfrac{C}{R}=\dfrac{G}{1+G(H_1+H_2)}$

해설 **전달 함수(transfer function)**

그림의 블록 선도는 전달 함수의 되먹임 결합으로 C는 H_1과 H_2를 통하여 입력측에 되먹임하는 접속이다.

$$C=\{R-(H_1+H_2)C\}G$$
$$=RG-(H_1+H_2)CG$$
$$=\frac{G}{1+(H_1+H_2)G}R$$

정답 47. ① 48. ② 49. ③ 50. ④

$\therefore$ 종합 전달 함수 $G = \frac{C}{R}$

$= \frac{G}{1+G(H_1+H_2)}$

51 유전 가열의 공업상 응용에 있어서 옳지 않은 것은?

① 고무의 가황
② 섬유류의 염색
③ 목재의 건조
④ 섬유류의 건조

해설 **유전 가열의 응용**
- 목재 공업(건조, 성형, 접착)
- 플라스틱의 용접 가공
- 고주파 의료 기기
- 식품 가열(전자레인지)
- 수산물 가공
- 합성 섬유의 열처리 가공

52 전축 바늘이 레코드판 음구의 벽을 밀기 때문에 생기는 잡음을 제거하기 위하여 사용하는 필터(filter)는?

① 수정 필터 ② 스크래치 필터
③ RC 필터 ④ CL 필터

해설 **스크래치 필터(scratch filter)**
픽업 카트리지의 바늘이 레코드판의 음구를 밀어서 음구의 벽을 긁기 때문에 발생하는 잡음을 제거하기 위해 사용하는 필터를 말한다.

53 수신기의 성능에서 종합 특성이 아닌 것은?

① 감도 ② 충실도
③ 선택도 ④ 증폭도

해설 **수신기의 종합 특성**
- 감도 : 어느 정도까지 미약한 전파를 수신할 수 있느냐 하는 것을 표시하는 양으로, 종합 이득과 내부 잡음에 의하여 결정된다.
- 선택도 : 희망 신호 이외의 신호를 어느 정도 분리할 수 있느냐의 분리 능력을 표시하는 양으로, 증폭 회로의 주파수 특성에 의하여 결정된다.
- 충실도 : 전파된 통신 내용을 수신하였을 때 본래의 신호를 어느 정도 정확하게 재생시키느냐 하는 능력을 표시하는 것으로, 주파수 특성, 왜곡, 잡음 등으로 결정한다.
- 안정도 : 일정한 신호를 가했을 때 재조정하지 않고 얼마나 오랫동안 일정한 출력을 얻을 수 있느냐 하는 능력을 말한다.

54 전장 발광 장치의 설명으로 옳지 않은 것은?

① 형광체의 미소한 결정을 유전체와 혼합하여 여기에 높은 직류 전압을 가하면 지속적으로 발광한다.
② 전극으로부터 전자나 정공이 직접 결정에 유입되지 않는다.
③ 반도체의 성질을 가지고 있는 물질(형광체를 포함)에 전장을 가하면 발광 현상이 생긴다.
④ 발광은 결정 내부의 인가 전압에 따라 높은 전장이 유기되어서 생기므로 고유형 EL이라 한다.

해설 **전장 발광(EL : Electro Luminescence)**
반도체의 성질을 가지고 있는 물질(형광체 또는 형광체를 포함한 유전체)에 전장을 가하면 발광 현상이 일어나는 것이다.

55 공정 제어에서 제어량의 종류에 속하지 않는 것은?

① 온도 ② 장력
③ 유량 ④ 압력

해설 **공정 제어(process control)**
온도, 유량, 압력, 레벨, 액위, 혼합비, 효율, 전력 등을 공업 프로세스의 상태량을 제어량으로 제어하는 것으로, 공정 제어(프로세서 제어)의 특징은 대부분의 경우 정치 제어계이다.
* 장력은 자동 조정에 해당한다.

56 다음 각 항법 장치에 대한 설명 중 옳은 것은?

① TACAN : 전파의 도래 방향을 자동적으로 측정한다.
② ADF : 두 국 A, B의 전파의 도래 시간차를 측정한다.
③ VOR : 사용 주파수는 108 ~ 118[MHz]의 초단파를 사용한다.
④ 로란(loran) : 지상국으로부터 방위와 거리를 측정하는 시스템이다.

해설 • TACAN(Tactical Air Navigation) : 항공기상의 질문기와 지상국의 응답기에 의해서 지상국으로부터 방위와 거리를 측정하는 시스템으로, $\rho-\theta$ 항법과 같으나 UHF 전파 962 ~ 1,213[MHz]를 사용하는 점이 다르다.

정답 51. ② 52. ② 53. ④ 54. ① 55. ② 56. ③

- ADF(Automatic Direction Finder) : 자동 방향 탐지기로, 항공기에서 사용되는 ADF는 항공기의 기수 방향에 대한 전파의 도래 방향을 루프 안테나가 갖는 8자 지향성 특성을 이용하여 자동적으로 측정한다.
- VOR(VHF Omni-directional Rangbeacon) : 전방향성 레인지 비컨으로, VOR은 회전식 무선 비컨의 일종이며, 비행 코스를 제공해주는 장치이다(사용 주파수 : 108 ~ 118[MHz]의 초단파). NDB보다 정밀도가 높고 지구 공전의 방해를 덜 받는다.
- 로란(loran) : 서로 다른 두 송신국에서 발사되는 펄스파의 도착 시간을 측정하여 거리를 구하는 방식으로, 수신기의 브라운관에 나타나는 도형에 의하여 자기의 위치를 측정하고, 선박 및 항공기용의 원거리 항법 장치이다(쌍곡선 항법).

57 다음 중 소나(SONAR)와 관계없는 것은?

① 수중 레이더
② 어군 탐지기
③ 물의 깊이와 수위
④ 물속에 녹아 있는 염분의 농도 측정

해설 **소나(SONAR : Sound Navigation And Ranging)**
물속에 초음파를 발사하고 그 반사파를 측정하여 표적의 유무 및 거리와 방향을 알아내는 장치로서, 선박이 물속의 암초 및 장애물의 발견, 또는 해안으로부터의 거리를 측정하여 자국의 위치나 해저의 상태를 알기 위해 전자파를 사용할 수 없는 곳에서 사용한다.

58 컬러 TV(수상기) 회로에서 색동기 회로의 링잉(ringing)에 관한 설명으로 옳은 것은?

① 주파수 선택도가 높은 수정 필터에 간헐파의 버스트 신호를 직접 가하여 연속파의 3.58[MHz]를 재생하는 회로 방식이다.
② 제1대역 증폭 회로에 의해 증폭된 반송색신호에 포함된 컬러 버스트 신호를 분리하여 증폭하는 회로이다.
③ 3.58[MHz]의 자려 발진 회로에 수정 필터를 통한 정확한 3.58[MHz]의 신호를 가하여 자려 발진기의 발진 주파수를 강제적으로 컬러 버스트에 동기를 취하게 하는 방식이다.
④ 컬러 버스트와 수상기측의 3.58[MHz]의 발진기의 위상차를 검출하여 3.58[MHz] 발진기의 위상을 제어하여 부반송파를 얻을 수 있도록 한 회로이다.

해설 **색동기 회로**
컬러 텔레비전 수상기 내의 3.58[MHz]를 사용한 색부반송파 발진 회로를 버스트 신호의 주파수나 위상에 동기시켜 일치된 부반송파를 만드는 회로를 말한다.
- 자동 위상 제어 방식(APC : Automatic Phase Control) : 위상 검파기에서 색부 반송파의 발진 출력으로 버스트 신호의 위상차를 검출하여 그 출력 신호로 발진 주파수를 제어하는 방식
- 링잉(ringing) : 컬러 버스트 신호 3.58[MHz]를 주파수 선택도가 높은 수정 공진 회로에서 공진시켜 연속적인 3.58[MHz]를 만들어내는 방식
- 버스트 주입 로크 방식 : 색부 반송파의 발진 출력을 버스트 신호의 위상에 동기시키는 방식

59 수신 안테나의 특성으로 사용하지 않는 것은?

① 종횡비 ② 대역폭
③ 지향성 ④ 이득

해설 **수신 안테나**
송신 안테나로부터 전달된 전자파 에너지를 다시 전기적 신호로 변화시켜 수신하는 장치로서, 수신 안테나의 특성은 이득, 지향 특성, 감도, 대역폭 등으로 결정된다.

60 등화 증폭기의 역할로서 거리가 먼 것은?

① 고역에 대한 이득을 낮추어 원음 재생이 실현되도록 한다.
② 고음역의 잡음을 감쇠시킨다.
③ 라디오의 음질을 좋게 한다.
④ 미약한 신호를 증폭한다.

해설 **등화 증폭기(EQ Amp : EQualizing Amplifier)**
자기 테이프 녹음기나 픽업에서 재생 특성을 보상하기 위해 사용하는 증폭기로서, 등화기라고도 한다. 이것은 녹음 시에 고역을, 재생 시에 저역을 각각 증폭기로 보정하여 종합 주파수 특성을 50 ~ 15,000[Hz]의 범위에 걸쳐서 평탄하게 만드는 것으로 고역에 대한 이득을 낮추어 원음 재생이 실현되도록 한다.

정답 57. ④ 58. ① 59. ① 60. ③

2015. 01. 25. 기출문제

01 다이오드-트랜지스터 논리 회로(DTL)의 특징이 아닌 것은?

① 소비 전력이 작다.
② 잡음 여유도가 크다.
③ 응답 속도가 비교적 빠르다.
④ 저속도 및 중속도에서 동작이 안정하다.

해설 **DTL(Diode Transistor Logic)**
- 기본 동작 : NAND의 기능
- Fan-out : 비교적 크다(8).
- 소비 전력[mW]이 작다.
- TTL이나 ECL에 비하여 응답 속도가 늦다.

02 전동기에서 전기자에 흐르는 전류와 자속, 회전 방향의 힘을 나타내는 법칙은?

① 렌츠의 법칙
② 플레밍 왼손 법칙
③ 플레밍 오른손 법칙
④ 앙페르의 오른손 법칙

해설 **플레밍의 왼손 법칙(Fleming's left-handed rule)**
자장 내 도체에 전류가 흐르면 그 전류의 방향에 의해서 자장과 전류 사이에 작용하는 힘(전자력)의 방향을 알 수 있는 법칙이다.

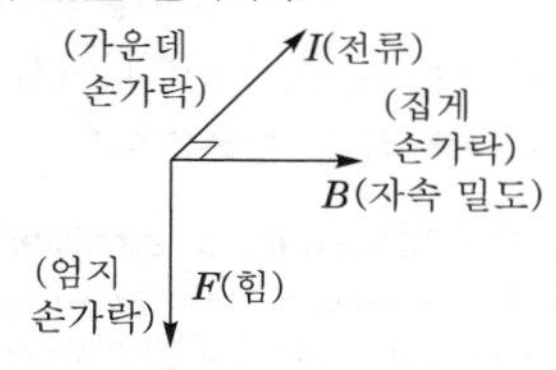

- 자장의 방향에서 θ 각도에 있는 도체에 작용하는 힘 $F=BIl\sin\theta$[N]
- $F \cdot B \cdot I$가 서로 직각일 때
  $F=BIl$[N]

03 다음 중 이미터 접지 회로에서 $I_B=10[\mu A]$, $I_C=1[mA]$일 때 전류 증폭률 β는 얼마인가?

① 10 ② 50
③ 100 ④ 120

해설 **이미터 접지 전류 증폭률(β)**
베이스 전류 변화량에 대한 컬렉터 전류 변화량의 비를 말한다.

$\beta=\left|\dfrac{\Delta I_C}{\Delta I_B}\right|$ (V_{CE} : 일정)

$\therefore\ \beta=\dfrac{\Delta I_C}{\Delta I_B}=\dfrac{1\times10^{-3}}{10\times10^{-6}}=100$

04 5[μF]의 콘덴서에 1[kV]의 전압을 가할 때 축적되는 에너지[J]는?

① 1.5 ② 2.5
③ 5.5 ④ 10

해설 **정전 에너지**
평행한 콘덴서의 전극 사이의 전장에 전원에서 공급된 전력량(에너지) W가 축적되는 에너지이다.

정전 에너지 $W=\dfrac{1}{2}VIt=\dfrac{QV}{2}=\dfrac{1}{2}CV^2$[J]에서

$\therefore\ W=\dfrac{1}{2}CV^2=\dfrac{1}{2}\times5\times10^{-6}\times(1\times10^3)^2$
$=2.5$[J]

05 펄스 증폭 회로의 설명으로 틀린 것은?

① 저역 특성이 양호하면 새그가 감소한다.
② 결합 콘덴서를 크게 하면 새그가 감소한다.
③ 고역 특성이 양호하면 입상의 기울기가 개선된다.
④ 고역 보상이 지나치면 언더슈트가 발생한다.

해설 펄스 증폭 회로의 트랜지스터 스위칭 작용에 의한 펄스 파형에서 고역 보상이 지나치면 이상적인 펄스파의 진폭에 오버 슈트가 발생하여 펄스 파형의 왜곡 현상이 생긴다.
* 오버 슈트(over shoot) : 상승 파형에서 이상적 펄스파의 진폭 V 보다 높은 부분의 높이(그림의 a)를 말한다.

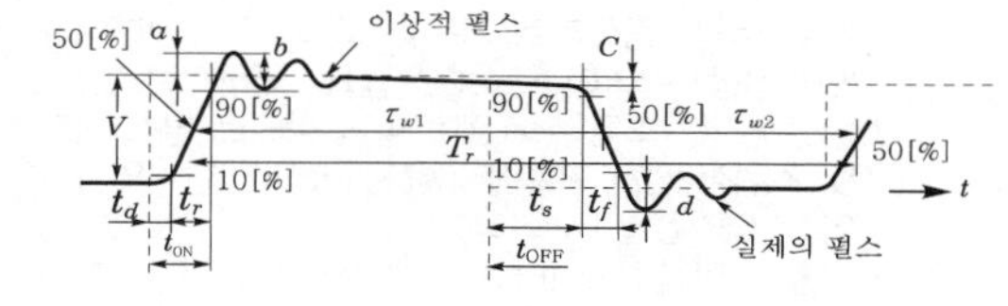

정답 01. ③ 02. ② 03. ③ 04. ② 05. ④

06 이상적인 연산 증폭기의 주파수 대역폭으로 가장 적합한 것은?

① 0 ~ 100[kHz]
② 100 ~ 1,000[kHz]
③ 1,000 ~ 2,000[kHz]
④ 무한대(∞)

해설 **이상적 연산 증폭기(ideal OP amp)**

- 입력 저항 $R_i = \infty$
- 출력 저항 $R_o = 0$
- 전압 이득 $A_v = -\infty$
- 동상 신호 제거비가 무한대(CMRR = ∞)
- $V_1 = V_2$일 때 V_o의 크기에 관계없이 $V_o = 0$
- 대역폭이 직류(DC)에서부터 무한대(∞)일 것
- 입력 오프셋(offset) 전류 및 전압은 0일 것
- 개방 루프(open loop) 전압 이득이 무한대(∞)일 것
- 특성은 온도에 대하여 변하지 않을 것(zero drift)

* 이상적인 연산 증폭기는 주파수 특성이 평탄하고 이득과 대역폭이 직류(0[Hz])에서부터 무한대(∞)이다.

07 9[μF]의 같은 콘덴서 3개를 병렬로 접속하면 콘덴서의 합성 용량[μF]은?

① 3 ② 9
③ 27 ④ 81

해설 **병렬 합성 정전 용량**

$C_P = 3C$[F]에서

$\therefore \ C_P = 3 \times 9[\mu F] = 27[\mu F]$

08 TR을 A급 증폭기(활성 영역)로 사용할 때 바이어스 상태를 옳게 표현한 것은?

① B-E : 순방향 Bias, B-C : 순방향 Bias
② B-E : 역방향 Bias, B-C : 역방향 Bias
③ B-E : 순방향 Bias, B-C : 역방향 Bias
④ B-E : 역방향 Bias, B-C : 순방향 Bias

해설 **이상적 트랜지스터의 4가지 동작 상태**

- 포화 영역 : 스위칭(on, off) 동작 상태로 펄스 회로 및 스위칭 전자 회로에 응용된다(EB 접합 : 순바이어스, CB 접합 : 순바이어스).
- 활성 영역 : 증폭기로 사용할 때의 동작 상태이다(EB 접합 : 순바이어스, CB 접합 : 역바이어스).
- 차단 영역 : 스위칭(on, off) 동작 상태로 펄스 회로 및 스위칭 전자 회로에 응용된다(EB 접합 : 역바이어스, CB 접합 : 역바이어스).
- 역활성 영역 : 이미터와 컬렉터를 서로 바꾼 활성 동작이며 실제로 사용하는 일이 없다(EB 접합 : 역바이어스, CB 접합 : 순바이어스).

* 활성 영역에서 컬렉터 접합면은 역바이어스되고, 이미터의 접합면은 순바이어스된다.

V_{EB}

활성 영역 (순) (역)	포화 영역 (순) (순)
차단 영역 (역) (역)	역활성 영역 (역) (순)

V_{CB}

09 자체 인덕턴스가 10[H]인 코일에 1[A]의 전류가 흐를 때 저장되는 에너지[J]는?

① 1 ② 5
③ 10 ④ 20

해설 **코일 축적 에너지**

자기 인덕턴스 L[H]의 코일에 전류가 흐를 때 코일이 만드는 자장 내에 축적되어 있는 전자 에너지

전자 에너지 $W = \frac{1}{2}LI^2$[J]

$\therefore \ W = \frac{1}{2}LI^2 = \frac{1}{2} \times 10 \times 1^2 = 5$[J]

10 연산 증폭기의 설명으로 틀린 것은?

① 직렬 차동 증폭기를 사용하여 구성한다.
② 연산의 정확도를 높이기 위해 낮은 증폭도가 필요하다.
③ 차동 증폭기에서 TR 특성의 불일치로 출력에 드리프트가 생긴다.
④ 직류에서 특정 주파수 사이의 되먹임 증폭기를 구성, 일정한 연산을 할 수 있도록 한 직류 증폭기이다.

해설 **연산 증폭기(operational amplifier)**

직류에서 수[MHz]의 주파수까지 종합 응답 특성이 요구되는 범위에서 되먹임(feed back) 증폭기를 구성하여 일정한 연산을 할 수 있도록 한 고이득 직류 증폭기로서, 직결합 차동 증폭기를 여러 단으로 구성하여 입력단으로 사용한다.

[연산 증폭기의 정확도를 높이기 위한 조건]

- 큰 증폭도와 높은 안정도가 필요하다.
- 차단 특성이 좋아야 한다.
- 많은 양의 음되먹임을 안정하게 걸 수 있어야 한다.
- 되먹임에 대한 안정도를 높이기 위해 특정한 주파수에서 주파수 보상 회로를 사용해야 한다.

정답 06. ④ 07. ③ 08. ③ 09. ② 10. ②

11 진공관에서 음극 표면의 상태가 고르지 못해 전자의 방사가 시간적으로 일정하지 않아 발생하는 잡음으로 가청 주파수대에서만 일어나는 잡음은?

① 열잡음
② 산탄 잡음
③ 플리커 잡음
④ 트랜지스터 잡음

해설 **플리커 잡음(flicker noise)**
진공관에서 음극 표면의 상태가 고르지 못하면 전자의 방사가 시간적으로 일정하지 않으므로 잡음이 발생하는데 이 잡음은 가청 주파수대에 많고 고주파대에서는 일어나지 않는다. $\frac{1}{f}$ 잡음이라고도 한다.

12 N형 반도체를 만드는 불순물은?

① 붕소(B) ② 인듐(In)
③ 갈륨(Ga) ④ 비소(As)

해설 **N형 반도체(negative type semiconductor)**
전도대 전자를 얻기 위하여 4가에 속하는 진성 반도체(Ge, Si)에 5가의 불순물을 첨가시킨 것으로, 5가의 불순물을 도너(donor)라 한다.
• 5가의 불순물 원자 : As(비소), Sb(안티몬), P(인), Bi(비스무트)
• 다수 반송자(carrier)는 전자이고 소수 반송자는 정공이다.

13 주파수 변조 방식에 대한 설명으로 가장 적절한 것은?

① 반송파의 주파수를 신호파의 크기에 따라 변화시킨다.
② 신호파의 주파수를 반송파의 크기에 따라 변화시킨다.
③ 반송파와 신호파의 위상을 동시에 변화시킨다.
④ 신호파의 크기에 따라 반송파의 크기를 변화시킨다.

해설 **주파수 변조(FM : Frequency Modulation) 방식**
반송파의 주파수를 신호파의 진폭(크기)에 따라 변화시키는 것으로, 반송파의 진폭은 일정하게 하고 반송파의 주파수를 평상시를 중심으로 하여 신호파의 모양대로 증감시키는 변조 방식을 말한다.

14 다음 회로에서 공진을 하기 위해 필요한 조건으로 옳은 것은?

L C

① $\omega L = \frac{1}{\omega C^3}$ ② $\omega L = \frac{1}{\omega C}$
③ $\omega L = \omega C$ ④ $\frac{1}{\omega L} = \omega C^2$

해설 **LC 직렬 공진 회로의 조건**
$\omega L = \frac{1}{\omega C}$일 때 공진 주파수 f_0가 존재하며 전압(V)과 전류(I)가 동위상이 된다.
* 직렬 공진 주파수 $f_0 = \frac{1}{2\pi\sqrt{LC}}$[Hz]

15 평활 회로의 출력 전압을 일정하게 유지시키는 데 필요한 회로는?

① 안정화(정전압) 회로
② 브리지 정류 회로
③ 전파 정류 회로
④ 정류 회로

해설 **안정화(정전압) 회로**
역바이어스된 다이오드의 정전압 특성(다이오드 전류에 관계없이 전압이 일정하게 유지되는 특성)을 이용한 전원 안정화 회로를 말한다.

16 다음 연산 증폭기 회로에서 $Z = 50$[kΩ], $Z_f = 500$[kΩ]일 때 전압 증폭도(A_v)는?

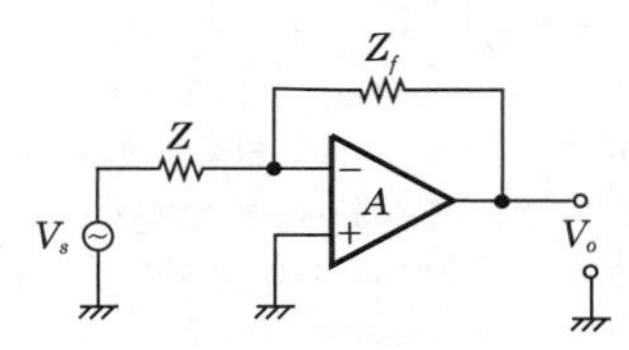

① 0.5 ② −0.5
③ 10 ④ −10

해설 그림의 회로는 반전 연산 증폭기(inverting operational amplifier)로서 상수를 곱하는 증폭 회로 중 가장 널리 사용되는 회로이다. 출력 신호는 입력 신호의 위상을 반전시키고 Z과 Z_f에 의해 주어지는 상수를 곱하여 얻는다.

출력 $V_o = -\frac{Z_f}{Z} V_s$ ($A_v = \infty$로 가정)

정답 11. ③ 12. ④ 13. ① 14. ② 15. ① 16. ④

$$\therefore \text{ 전압 증폭도 } A_v = \frac{V_o}{V_s} = -\frac{Z_f}{Z} = -\frac{500\times10^3}{50\times10^3} = -10$$

17 읽기 전용 메모리로서, 전원이 끊어져도 기억된 내용이 소멸되지 않는 비휘발성 메모리는?

① ROM
② I/O
③ Control unit
④ Register

해설 **ROM(Read Only Memory)**
전원 공급이 차단되어도 기억된 내용을 계속 가지고 있어 비소멸성 기억 장치라고 한다. 이것은 일단 프로그램이 저장되면 그 내용을 바꿀 수 없고 읽기만 하는 기억 장치로서, 고정 메모리(fixed memory)라고도 한다.

18 마이크로프로세서(microprocessor)를 이용하여 컴퓨터를 설계할 때의 장점이 아닌 것은?

① 소비 전력의 증가
② 제품의 소형화
③ 시스템 신뢰성 향상
④ 부품의 수량 감소

해설 **마이크로프로세서(microprocessor)**
컴퓨터의 CPU 기능을 하나 또는 여러 개의 고밀도 집적 회로(LSI)로 집약하여 중앙 처리 장치를 실현시킨 것으로, MPU(Micro Processor Unit)라고도 한다. 마이크로(micro)란 각 부품의 물리적인 크기가 작음을 뜻하며 프로세서(processor)란 처리기 혹은 중앙 처리 장치(central processor unit)를 줄인 말로서, 마이크로프로세서와 기억 장치, 입·출력 장치가 모여서 마이크로컴퓨터(microcomputer)가 된다.
[장점]
- 한 개 또는 소수의 칩에 전체 CPU를 집적함으로써, 제품을 소형화시키고 소비 전력을 줄일 수 있다.
- 집적 회로의 프로세서는 자동화된 과정에 따라 대량 생산되기 때문에 생산 비용이 적게 든다.
- 단일 칩의 프로세서는 오류 발생의 가능성이 있는 전기 배선의 수를 줄일 수 있기 때문에 신뢰성을 향상시킬 수 있다.

19 데이터를 중앙 처리 장치에서 기억 장치로 저장하는 마이크로 명령어는?

① load ② store
③ fetch ④ transfer

해설 **저장(store)**
동일한 정보를 시간이 지난 후 다시 얻기 위하여 연산 장치에서 기억 장치로 이동시키는 연산 논리의 명령어로서, 레지스터의 내용을 주기억 장치로 이동시키는 것을 말한다.

20 서브루틴의 복귀 주소(return address)가 저장되는 곳은?

① Stack
② Program counter
③ Data bus
④ I/O Bus

해설 **스택(stack)**
후입 선출(LIFO : Last In First Out)의 원리로, 나중에 입력된(last in) 데이터가 먼저 출력(first out)되는 자료의 구조로서, 일반적으로 주기억 장치의 일부를 스택 영역으로 할당하여 사용하며 프로그램 내에서 서브루틴 호출이나 인터럽트 서브루틴을 사용할 때 복귀할 주소를 임시 저장한다.

21 다음 C 프로그램의 실행 결과는?

```
void main(   )
{
  int a, b, tot;
  a = 200 ;
  b = 400 ;
  tot = a + b ;
  printf("두 수의 합 = %dWn", tot);
}
```

① tot
② 600
③ 두 수의 합 = 600
④ 두 수의 합 = tot

해설 tot = a + b;의 실행 결과는 a와 b를 더해 넣는 것으로서 두 수의 합 tot = a + b = 200 + 400
∴ 두 수의 합 = 600

정답 17. ① 18. ① 19. ② 20. ① 21. ③

22 마이크로프로세서에서 누산기(accumulator)의 용도는?

① 연산 결과를 일시적으로 삭제
② 오퍼레이션 코드를 인출
③ 오퍼레이션의 주소를 저장
④ 연산 결과를 일시적으로 저장

해설 **누산기(accumulator)**
연산 장치에 있어서 산술 연산(사칙 연산)이나 논리 연산의 결과를 일시적으로 저장하는 레지스터(register)이다.

23 플립플롭으로 구성되는 레지스터는 어떤 기능을 수행하는가?

① 기억 ② 연산
③ 입력 ④ 출력

해설 **레지스터(register)**
연산 장치뿐만 아니라 제어 장치에도 이용되며 수비트에서 수십비트까지 임시로 기억할 수 있다. 그리고 연산 장치에 사용되는 데이터나 연산 결과를 일시적으로 기억하거나 어떤 내용을 시프트(shift)할 때 사용하는 기억 장치로서 플립플롭을 병렬로 연결해 놓은 것이다.

24 자료의 단위가 작은 크기에서 큰 크기순으로 나열된 것은?

① 니블 < 비트 < 바이트 < 워드 < 풀워드
② 비트 < 니블 < 바이트 < 하프워드 < 풀워드
③ 비트 < 바이트 < 하프워드 < 풀워드 < 니블
④ 풀워드 < 더블워드 < 바이트 < 니블 < 비트

해설 **자료 단위의 크기 순서**
비트 < 니블 < 바이트 < 하프워드 < 풀워드
- 비트(binary digit) : 정보를 기억할 수 있는 최소의 단위로, 0과 1을 가지는 2진 값을 말한다.
- 니블(nibble) : 4비트(1/2바이트)
- 바이트(byte) : 자료의 기본 단위로서, 8비트의 모임을 1바이트라고 한다.
- 반단어(half ward) : 2바이트(16비트)
- 전단어(full ward) : 4바이트(32비트)

25 명령어의 오퍼랜드 부분과 프로그램카운터의 내용이 더해져 실제 데이터의 위치를 찾는 주소 지정 방식을 무엇이라 하는가?

① 직접 주소 지정 방식
② 간접 주소 지정 방식
③ 상대 주소 지정 방식
④ 레지스터 주소 지정 방식

해설 **상대 주소 지정 방식(relative addressing mode)**
계산에 의한 주소 지정 방식의 하나로 어떤 특정 레지스터값에 오퍼랜드(operand)의 값을 더하여 유효 주소를 계산하는 방식이다. 이것은 분기 명령에 많이 사용되는 주소 방식으로, 명령어의 오퍼랜드+프로그램 카운터(PC)의 내용으로 실제의 위치를 찾는 주소 지정 방식으로 주어진 주소를 다음 실행될 주소에 더한 주소의 내용을 누산기로 보낸다.

26 컴퓨터의 주변 장치에 해당되는 것은?

① 연산 장치 ② 제어 장치
③ 주기억 장치 ④ 보조 기억 장치

해설 **보조 기억 장치(secondary storage)**
외부 기억 장치라고도 하며 주기억 장치의 용량을 보충할 목적으로 사용하는 것으로, 대량의 데이터를 기억시키는 파일(file)과 같은 역할을 한다.

27 코드 내 패리티 비트(parity bit)가 있어 전송 시에 오류 검사가 가능한 코드는?

① ASCII 코드
② Gray 코드
③ EBCDIC 코드
④ BCD 코드

해설 **ASCII 코드(American Stand Code of Information Interchange)**
미국 표준 협회에서 제정한 것으로, 7개 또는 8개의 비트로 한 문자를 표시하는 것이다. 데이터 통신에 널리 이용되며 통신의 시작과 종료, 제어 조작 등을 표시할 수 있다.
- 7비트 ASCII 코드 : 3개의 존 비트와 4개의 숫자 비트로 구성된다.
- 8비트 ASCII 코드 : 패리티 비트가 추가된 것으로, 자료 전송 시 발생하는 오류 검색을 위해 사용한다.

* 7비트 ASCII 코드의 표현 : 2^7 = 128개(영문자, 숫자의 표기)

정답 22. ④ 23. ① 24. ② 25. ③ 26. ④ 27. ①

28 2진수 $(11001)_2$에서 1의 보수는?

① 00110　② 00111
③ 10110　④ 11110

해설 **2진수의 1의 보수**
2진수의 1은 0으로, 0은 1로 바꾸어 주면 된다.
∴ $(11001)_2$의 1의 보수 → 00110

29 측정자의 부주의에 의하여 발생하는 것으로서, 측정기의 눈금을 잘못 읽거나 부정확한 조정, 부적당한 적용 및 계산의 실수 등에 의하여 발생하는 오차는?

① 개인 오차
② 계통 오차
③ 우연 오차
④ 측정 오차

해설 **개인 오차(과오 오차)**
측정자의 부주위로 인하여 발생하는 것으로, 측정자의 눈금 오독, 부정확한 조정, 계산의 실수, 측정 데이터의 기록을 잘못 적는 것 등으로 생기는 오차를 말한다.

30 볼로미터(bolometer) 전력계의 저항 소자는?

① 서미스터
② 바리스터
③ 트랜지스터
④ 터널 다이오드

해설 **볼로미터(bolometer) 전력계**
반도체 또는 금속이 마이크로파의 전력을 흡수하여 온도가 상승하고, 그 저항값이 변화하는 것을 이용하여 마이크로파의 전력을 측정한다.
- 볼로미터 소자는 서미스터(thermistor), 버레터(barretter)가 있다.
  - 서미스터(thermistor) : 온도 계수(−)
  - 버레터(barretter) : 온도 계수(+)
- 0.1[μW] ~ 1[W] 정도의 소전력 측정에 사용되며, 미소 전력 측정에도 감도가 매우 높다.
- 볼로미터 소자는 매우 작게 만들 수 있어 도파관이나 전송선에 용이하게 장치할 수 있다(직경 2[μm] 정도, 길이 수[mm]의 가는 백금선).
- 방향성 결합기와 같은 분기 회로를 사용하여 대전력을 감시하는 데 사용된다.

31 표준 저항기의 실효 저항을 R, 실효 인덕턴스를 L이라 했을 때 시상수를 나타내면?

① $\frac{L}{R}$　② $\frac{L^2}{R}$
③ $\frac{R}{L}$　④ $\frac{R^2}{L}$

해설 **RL 회로의 시상수(time constant)**
$T=\frac{L}{R}$[sec]

32 전력 증폭기에서 저항을 측정하는 이유로 옳은 것은?

① 전류 이득을 계산하기 위해서
② 전압 이득을 계산하기 위해서
③ 부하 저항과의 정합을 이루기 위해서
④ 주파수 응답 특성을 알기 위해서

해설 **전력 증폭기(power amplifier)**
부하에 전력을 공급하는 증폭기로서, 보통 증폭 회로의 최종단에 두므로 종단 전력 증폭기라고도 한다. 이러한 전력 증폭기는 일그러짐이 작고 효율적으로 전력을 부하에 공급할 수 있는 것이 중요하므로 부하 저항과의 정합을 이루기 위해 저항을 측정한다.

33 오실로스코프로 다음과 같은 도형이 얻어졌다. 이 회로의 위상은?

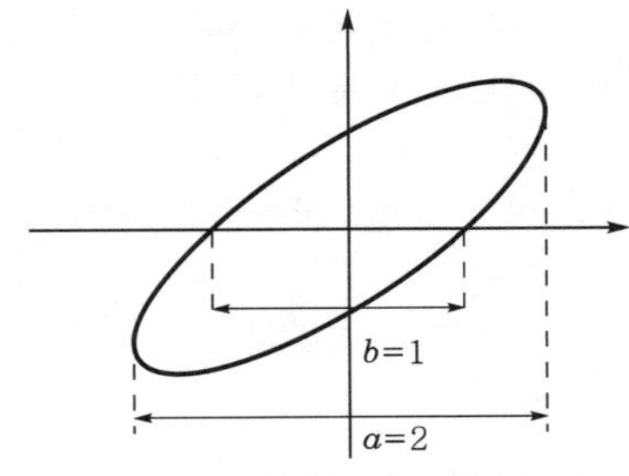

① 10°　② 20°
③ 30°　④ 40°

해설 **오실로스코프(oscilloscope)의 위상 측정**
위상 $\theta=\sin^{-1}\frac{b}{a}$에서
∴ $\theta=\sin^{-1}\frac{1}{2}=30°$

정답 28. ① 29. ① 30. ① 31. ① 32. ③ 33. ③

34 다음 중 지시 계기의 3대 요소에 해당되지 않는 것은?

① 구동 장치 ② 지시 장치
③ 제동 장치 ④ 제어 장치

해설 **지시 계기의 3대 요소**
- 구동 장치(driving device) : 측정하고자 하는 전기적 양에 비례하는 회전력(토크) 또는 가동 부분을 움직이게 하는 구동 토크를 발생시키는 장치이다.
- 제어 장치(controlling device) : 구동 토크가 발생되어서 가동 부분이 이동되었을 때 되돌려 보내려는 작용을 하는 제어 토크 또는 제어력을 발생시키는 장치이다.

* 가동부의 정지는 구동 토크=제어 토크의 점에서 정지
- 제동 장치(damping device) : 제어 토크와 구동 토크가 평행되어 정지하고자 할 때 진동 에너지를 흡수시키는 장치이다.

* 가동 부분이 정지하면 제동 토크는 '0'이다.

35 다음 디지털 측정에 널리 이용되는 샘플 홀드 회로(sample-hold circuit)에 대한 설명 중 틀린 것은?

① A/D 변환기와 함께 사용된다.
② 스위치와 콘덴서로 간단히 실현할 수 있다.
③ 홀드 모드 동안에는 하나의 연산 증폭기이다.
④ 샘플 모드 동안에는 콘덴서에 전하를 방전한다.

해설 **샘플 홀드 회로(sample hold circuit)**
A/D 변환기를 사용하여 표본화(sampling)된 아날로그 신호를 양자화하는 경우에 변환 시간이 충분히 짧지 않을 때는 파형의 변화가 빠른 고주파 신호의 변환이 불가능하므로 처리에 필요한 시간까지 신호를 연장할 필요가 있다. 따라서, A/D 변환기 입력단에 샘플 홀드(sample hold) 회로를 부가하여 신호를 변환하는 기간 동안에 아날로그 신호 입력 전압을 일정하게 유지(hold)시키는 회로이다.

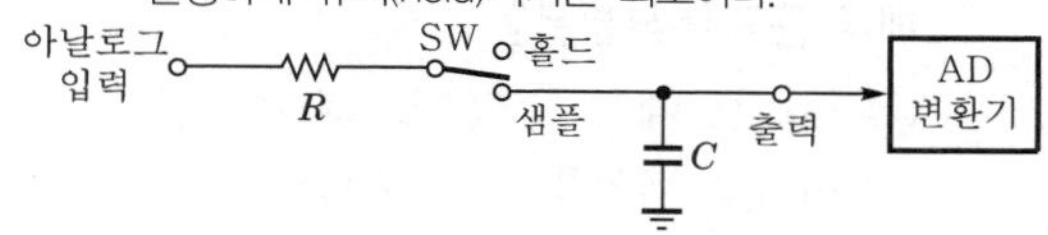

- 샘플 동작 : SW가 아래쪽으로 들어가는 기간의 샘플 시간으로 아날로그 입력 전압을 출력으로 전달하는 동작이다. 이 기간에는 콘덴서 C가 충전하여 입력 전압의 값을 기억한다.
- 홀드 동작 : SW가 위쪽으로 들어가는 기간의 홀드 시간으로 아날로그 입력이 차단되고 콘덴서 C에 기억된 아날로그 전압을 일정하게 유지하는 동작을 한다.

36 편위법을 이용한 기록 계기는?

① 타점식 기록 계기
② 펜식 기록 계기
③ 브리지형 기록 계기
④ 자동 평형식 기록 계기

해설 **펜식 기록 계기**
지시 계기의 지침 끝에 달린 기록용 펜을 직접 움직여서 지면 위에 측정값을 기록하는 직동식 기록 계기이다. 이것은 편위법을 이용한 것으로 기록 계기의 계급이 1.5급으로 공업 측정에 해당한다.

37 다음 중 일반적으로 지시 계기의 구비 조건으로 옳은 것은?

① 절연 내력이 낮아야 한다.
② 눈금이 균등하든가 대수 눈금이어야 한다.
③ 확도가 낮고, 외부의 영향을 받지 않아야 한다.
④ 지시가 측정값의 변화에 불확정 응답이어야 한다.

해설 **지시 계기의 구비 조건**
- 측정 확도가 높고 오차가 작을 것
- 눈금이 균등하거나 대수 눈금일 것
- 응답도가 좋을 것
- 튼튼하고 취급이 편리할 것
- 절연 및 내구력이 높을 것

38 주파수 특성 측정에 사용되는 발진기로, 소요 주파수 대역 내에서 발진 주파수가 자동적으로 걸려 연속적으로 변화하는 발진기는?

① 비트 발진기
② LC 발진기
③ 음파 발진기
④ 소인 발진기

해설 **소인 발진기(sweep generator)**
- 소인 발진기는 수신기의 중간 주파수 증폭기의 특성, 주파수 변별기 또는 광대역 증폭 회로 등 각종 무선 주파 회로의 주파수 특성을 관측하기 위하여 사용하는 발진기이다.
- 그 주파수가 주어진 주파수의 범위($f_1 \sim f_2$) 사이를 주기적으로 주파수가 일정한 시간율로 반복하여 발진 주파수를 변화시키는 시간축 발진기로서, 리액턴스관을 통하여 FM 변조시켜 톱니파를 발생시킨다.

정답 34. ② 35. ④ 36. ② 37. ② 38. ④

- 소인 발진기의 출력을 검파하여 오실로스코프의 수직축에 넣고 수평축에는 톱니파 주기와 일치하는 전압을 가하면 CRT상에서 중간 주파 증폭기의 주파수 특성을 나타낼 수 있다.

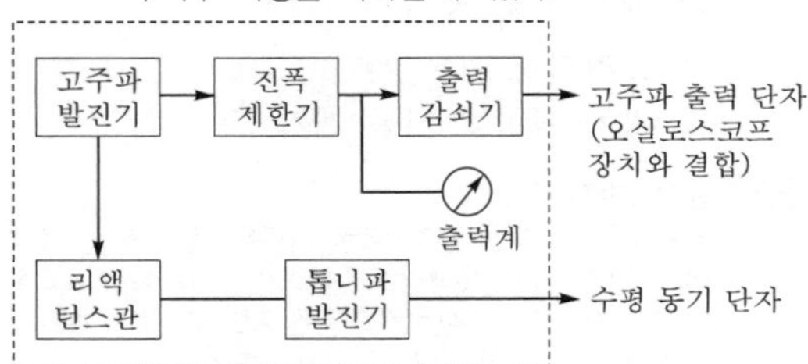

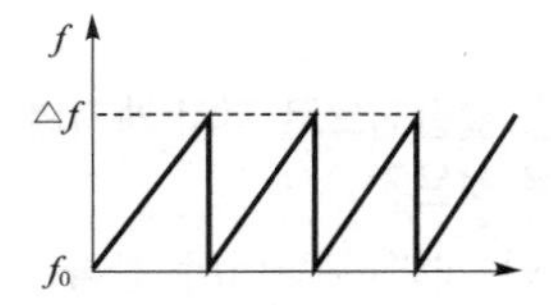

39 보기의 계기와 관련있는 측정 계기는?

공진 브리지, 캠벨 브리지, 빈 브리지

① 고주파수 측정 계기
② 반송 주파수 측정 계기
③ 상용 주파수 측정 계기
④ 가청 주파수 측정 계기

해설 공진 브리지, 캠벨 브리지, 빈 브리지는 교류 브리지의 평형 조건을 이용한 주파수 측정용 브리지로서, 가청 주파수(20 ~ 20,000[Hz])를 측정하는 계기이다.

40 기본파의 전압이 40[V]이고, 고조파의 전압이 80[V]라 하면 이때의 일그러짐률은 약 몇 [dB]인가?

① −3 ② −6
③ 3 ④ 6

해설 **일그러짐률**

- $K = \dfrac{\text{고조파의 실횻값}}{\text{기본파의 실횻값}} \times 100[\%]$
$= \dfrac{80}{40} \times 100 = 200[\%]$
- 일그러짐률 $200[\%] = \dfrac{200}{100} = 2$

$\therefore$ [dB] $= 20\log A$
$= 20\log_{10} 2 = 6$[dB]

41 서보 기구에 사용되지 않는 것은?

① 싱크로 ② 차동 변압기
③ 리졸버 ④ 단상 전동기

해설 **서보 기구의 편차 검출기(중요 성능 : 직선성, 감도)**
- 전위 차계형 편차 검출기 : 위치 편차 검출기(습동 저항 사용)로서 직류 서보계에 사용한다.
- 싱크로(synchro) : 싱크로 발진기, 싱크로 제어 변압기로 사용하며 교류 서보계에 사용한다.
- 리졸버(resolver) : 싱크로와 같이 각도 전달에 사용되는 것으로, 싱크로에 비해 고정밀도이다.
- 차동 변압기 : 교류 편차 검출기를 말한다.

* 서보 기구의 조작부에 쓰이는 서보 전동기는 2상 전동기를 사용한다.

42 수신기에서 주파수 다이버시티(frequency diversity)의 주된 사용 목적은?

① 페이딩(fading) 방지
② 주파수 편이 방지
③ S/N 저하 방지
④ 이득 저하 방지

해설 **주파수 다이버시티(frequency diversity)**
단파대 통신의 주전파는 전리층 반사파로서 전파가 전리층으로부터 반사되어 수신기에 도래할 경우 서로 다른 경로를 통해 수신점에 도래하므로 전파 간의 간섭으로 수신점의 전장의 세기가 수분 또는 수초 동안에 불규칙하게 변동하는 현상을 페이딩(fading)이라 한다.
따라서, 주파수 다이버시티는 페이딩의 영향을 경감시키는 수신 방식으로 전장의 세기 또는 S/N비가 각각 다른 2개 이상의 안테나에서 수신 신호를 합성하여 강한 신호를 단일 신호 출력으로 선택하여 수신하는 방식을 말한다.

43 비디오 신호를 기록 · 재생하는 장치로, 해상도나 화상의 아름답기를 결정하는 성능에서 매우 중요한 부분은?

① 비디오 헤드 ② 헤드 드럼
③ 비디오 테이프 ④ 로딩 기구

해설 VTR의 영상 신호(video signal)는 0 ~ 4[MHz]의 넓은 주파수 대역을 가지고 있으며, 영상 신호는 자기적 변화로 인하여 테이프상에 기록되고 비디오 헤드로써 녹화(기록) 재생할 수 있다. 따라서, 비디오 헤드는 VTR의 양부를 결정하는 성능상 매우 중요한 것으로, 내마모성이 작은 것일수록 헤드의 수명을 연장할 수 있다.

정답 39. ④ 40. ④ 41. ④ 42. ① 43. ①

44 VTR의 컬러 프로세스(color process)의 VHS 방식에서 사용하고 있는 색 신호 처리 방식은?

① DOS 방식
② HPF_2 방식
③ PS(Phase Shift) 방식
④ PI(Phase Invert) 방식

해설 **PS(Phase Shift) 방식**
애지머스(azimuth) 고밀도 기록 방식에서는 재생 휘도 신호에 대한 누화(cross talk)는 제거할 수 있으나 저역 주파수(629[kHz])로 변환하여 FM 변조한 컬러 신호인 반송 색 신호에 대한 누화는 제거할 수 없으므로 VHS 방식의 색 신호 처리는 PS 방식을 사용하여 인접 트랙에 의한 누화를 방지한다.

45 의용 전자 장치 중 치료에 이용되는 것은?

① 오디오미터
② 심전계
③ 망막 전도 측정기
④ 심장용 페이스메이커

해설 **심장용 페이스메이커(cardiac pacemaker)**
심장에 장애가 일어나면 맥박수가 감소하거나 일정하지 않게 되는 경우가 있다. 이로인해 신경이나 경련의 발작을 일으키거나 활동력의 저하가 생긴다. 이것을 정상으로 되돌리기 위하여 전기적인 자극을 주어 심박수를 정상으로 되게 하는 의용 전자 장치이다.

46 태양 전지의 용도가 아닌 것은?

① 조도계나 노출계
② 인공위성의 전원
③ 광전자 방출 효과
④ 초단파 무인 중계국

해설 **태양 전지(solar cell)**
- 반도체의 광기전력 효과를 이용한 광전지의 일종으로, 태양의 방사 에너지를 직접 전기 에너지로 변환하는 장치이다.
- 용도 : 인공위성의 전원, 초단파 무인 중계국, 조도계 및 노출계 등에 이용된다.

47 선박에 이용되며 방향 탐지기가 없이 보통 라디오 수신기를 이용해 방위를 측정할 수 있는 것은?

① 회전 비컨
② 무지향성 비컨
③ AN 레인지 비컨
④ 초고주파 전방향성 비컨

해설 **회전 비컨(rotary beacon)**
방향 탐지기(루프 안테나)를 가지고 있지 않은 소형 선박을 대상으로 비컨국에서 송신 전파를 8자 지향 특성으로 빔을 만들어 최소 감도를 남북으로 일치시킨 다음 단점 부호를 2°마다 시계 방향으로 회전시켜서 전 방향으로 지시하도록 한 것으로 선박에서는 보통 라디오 수신기(사용 주파수 285 ~ 325[kHz])를 이용하여 비컨국으로부터 발사된 전파를 수신하여 방위 측정한다. 이것은 측정 시간이 너무 길어 항공기에서는 사용되지 않으며 주로 소형 선박에서만 사용된다.

48 공항에 수색 레이더(SRE)와 정측 레이더(PAR)의 두 레이더가 설치된 항법 보조 장치는?

① ILS 장치
② 고도 측정 장치
③ 거리 측정 장치
④ 지상 제어 진입 장치(GCA)

해설 **지상 제어 진입 장치(GCA : Ground Controled Approach)**
ILS와 마찬가지로 시계가 불량할 때 사용하는 장치로서, 지상에 설치된 감시용 수색 레이더(SRE) 및 정측 진입 레이더(PAR)와 연락용 VHF 또는 UHF 대무선 전화 장치로 구성되어 있다. 이것은 두 레이더로 항공기를 유도하고 무선 통신으로 항공기의 위치를 조정하여 활주로에 착륙시키는 장치이다.

49 스피커의 감도 측정에 있어서 표준 마이크로폰이 받는 음압이 4[μbar]이면 스피커의 전력 강도[dB]는? (단, 스피커의 입력에는 1[W]를 가한 것으로 한다)

① 약 9
② 약 12
③ 약 16
④ 약 20

해설 **스피커의 전력 감도**
스피커에 가해지는 전기 입력 중 어느 정도가 음향 에너지로 방사되는가를 표시하는 비율이다.

전력 감도 $S = 20\log_{10}\dfrac{P}{\sqrt{W}}$[dB]

$\therefore\ S = 20\log_{10}\dfrac{4}{\sqrt{1}} = 20\log_{10}4 \fallingdotseq 12$[dB]

정답 44. ③ 45. ④ 46. ③ 47. ① 48. ④ 49. ②

50 녹음기에서 테이프를 일정한 속도로 움직이게 하는 것은?

① 핀치 롤러와 캡스턴
② 핀치 롤러와 텐션암
③ 캡스턴과 테이프 가이드
④ 테이프 가이드와 테이프 패드

해설 **캡스턴과 핀치 롤러**

- 캡스턴(capstan) : 테이프의 주행 속도와 거의 같은 원주 속도를 가진 금속으로 된 회전축으로, 테이프를 핀치 롤러와 캡스턴 사이에 끼워 핀치 롤러를 압착시켜 일정한 속도로 움직이게 한다.
- 핀치 롤러(pinch roller) : 원형으로 된 고무바퀴이다.

51 FM 변조에서 변조 지수가 6이고, 신호 주파수가 3[kHz]일 때 최대 주파수 편이[kHz]는?

① 6　② 9
③ 18　④ 36

해설 **FM의 변조 지수**

$$m_f = \frac{\Delta f}{f_s}$$

여기서, f_s : 신호 주파수, Δf : 최대 주파수 편이

$\therefore\ \Delta f = m_f \cdot f_s = 6 \times 3 = 18$[kHz]

52 다음 회로의 전달 함수는?

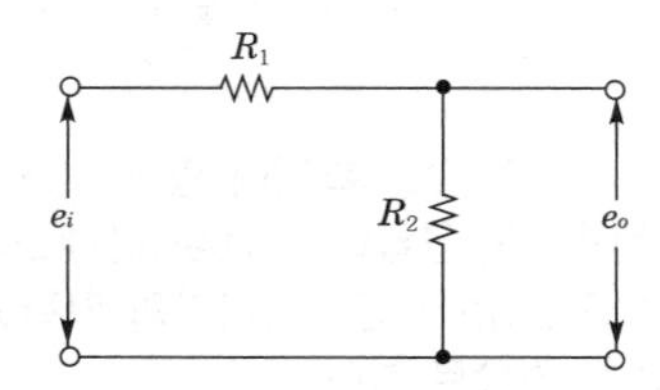

① $R_1 + R_2$　② $\dfrac{R_2}{R_1 + R_2}$
③ $\dfrac{R_1 + R_2}{R_2}$　④ $\dfrac{R_1 R_2}{R_1 + R_2}$

해설 **전달 함수(transfer function)**

$G = \dfrac{e_o}{e_i}$ 에서

$e_i = R_1 + R_2$, $e_o = R_2$이므로

$\therefore\ G = \dfrac{R_2}{R_1 + R_2}$

53 광학 현미경과 전자 현미경의 차이점에 대한 설명으로 가장 옳은 것은?

① 광학 현미경에서는 시료 위의 정보를 전하는 매개체로 빛과 전자를 동시에 사용한다.
② 광학 현미경은 매개체로 빛과 광학 렌즈를, 전자 현미경은 매개체로 전자 빔과 전자 렌즈를 사용한다.
③ 전자 현미경은 전자선을 오목렌즈에 이용하고, 광학 현미경은 볼록렌즈를 사용한다.
④ 전자 현미경은 볼록렌즈에 전자선을 사용하고, 광학 현미경은 오목렌즈에 전자선을 이용한다.

해설 **광학 현미경과 전자 현미경**

- 광학 현미경 : 정보 전달의 매개체로 빛을 사용하며 상의 확대 방법은 광학 렌즈를 사용한다.
- 전자 현미경 : 정보 전달의 매개체로 전자 빔을 사용하며 상의 확대 방법은 전자 렌즈를 사용한다.

54 다음 중 60[Hz] 4극 3상 유도 전동기의 동기 속도[rpm]는?

① 1,200　② 1,800
③ 2,400　④ 3,600

해설 **유도 전동기(induction motor)**

회전하지 않는 고정자와 회전할 수 있는 회전자로 구성된 전동기로서, 보통 정류자를 갖지 않고 정상 운전 상태에서는 동기 속도보다 느린 속도로 회전한다. 종류에는 단상 유도 전동기와 3상의 유도 전동기가 있다.

* 3상 유도 전동기의 동기 속도

$$N_s = \frac{f}{P} \times 120[\text{rpm}]$$

여기서, f : 주파수, P : 극수

$\therefore\ N_s = \dfrac{f \times 120}{P} = \dfrac{60 \times 120}{4} = 1{,}800$[rpm]

55 무선 기기의 음성 신호 표본화 주파수를 8[kHz]를 사용할 경우에 채널이 2개일 때 펄스 간격 $T[\mu\text{sec}]$는 얼마인가?

① 62.5　② 125
③ 250　④ 500

정답　50. ①　51. ③　52. ②　53. ②　54. ②　55. ①

해설 **섀넌(Shannon)의 표본화(sampling) 정리**

한정된 대역의 주파수를 갖는 어떤 신호의 최대 주파수 f_m 을 2배 이상의 속도로 균일한 간격의 표본화를 실시하면 표본화된 데이터에서 원신호를 정확하게 재생시킬 수 있다.

- 표본화 주파수 : $f_s \geq 2f_m$[Hz]
  ($2f_m$: 나이퀴스트 주파수)
  $\therefore\ f_s = 2f_m = 2 \times 8 = 16$[kHz]
- 표본화 주기 : $T_s \leq \dfrac{1}{2f_m}$[sec]
  $\left(\dfrac{1}{2f_m}\right.$: 나이퀴스트 시간 간격$\left.\right)$
  $\therefore\ T_s = \dfrac{1}{2f_m} = \dfrac{1}{2\times8\times10^3} = 62.5[\mu\text{sec}]$

* 나이퀴스트(Nyquist)는 원신호를 재생할 수 있는 최소 표본화 주기로서, 표본화 주파수는 나이퀴스트 주파수와 같거나 크게 하는 것을 원칙으로 한다.

56 수평 해상도 340, 수직 해상도 350인 경우 해상비(resolution ratio)는?

① 0.49 ② 0.76
③ 0.83 ④ 0.97

해설 **해상도(resolution)**

화상이 세밀하게 표현되는 정도를 나타내는 것으로, 해상력이라고도 하며 화상의 세밀성은 화소의 수에 따라 결정된다.

* 해상비(resolution ration) : 수평 해상도와 수직 해상도의 비

$$\text{해상비} = \frac{\text{수평 해상도}}{\text{수직 해상도}} = \frac{340}{350} = 0.97$$

57 소나의 원리 응용과 거리가 먼 것은?

① 측심기 ② 어군 탐지기
③ 액면계 ④ 수중 레이더

해설 **소나(SONAR : Sound Navigation And Ranging)**

물속에 초음파를 발사하고 그 반사파를 측정하여 표적의 유무 및 거리와 방향을 알아내는 장치로서, 이것은 선박에서 물속의 암초 및 장애물의 발견 또는 해안으로부터의 거리를 측정하여 자국의 위치나 해저의 상태를 알기 위하여 전자파를 사용할 수 없는 곳에서 사용한다.

- 응용 : 측심기(수심 측량), 어군 탐지기, 수중 레이더, 수평 소나(PPI 소나) 등이 있다.

* 액면계 : 초음파를 액면에 발사하여 액표면으로부터 반사되어 오는 시간을 측정하여 액면 위치를 알아내는 계기를 말한다.

58 슈퍼헤테로다인 수신기에서 중간 주파 증폭을 하는 이유 중 옳지 않은 것은?

① 안정한 증폭으로 이득을 높이기 위해
② 전압 변동을 작게 하기 위해
③ 충실도를 높이기 위해
④ 선택도를 높이기 위해

해설 **중간 주파 증폭 회로**

주파수 변환 회로에 의해서 수신 주파수보다 낮은 중간 주파수로 변환시켜 증폭하는 회로로서, 안정한 증폭을 위해 A급을 사용한다.

* 중간 주파 증폭의 이유
- 높은 주파수는 발진의 영향으로 증폭에 영향을 초래하므로 일정한 중간 주파수로 바꾸어 주기 위해서이다.
- 용이하게 증폭도를 높일 수 있으며 선택도를 높여 혼신을 감소시킨다.
- 안정도를 높이고 감도를 좋게 한다.

59 다음 중 유전 가열이 이용되지 않는 것은?

① 목재의 건조 ② 고주파 치료기
③ 고주파 납땜 ④ 비닐 제품 접착

해설 **유전 가열의 응용**

- 목재 공업(건조, 성형, 접착)
- 플라스틱의 용접 가공
- 고주파 의료 기기
- 식품 가열(전자레인지)
- 수산물 가공
- 합성 섬유의 열처리 가공

60 다음 중 전자 기기에 사용되는 평판 디스플레이의 동작 방식이 발광형인 것은?

① ECD(전자 변색 디스플레이)
② LCD(액정 디스플레이)
③ TBD(착색 입자 회전형 디스플레이)
④ FED(전계 방출 디스플레이)

해설 **전계 방출 디스플레이(FED : Field Emission Display)**

- TV 브라운관이나 컴퓨터 모니터로 사용되었던 CRT와 유사한 새로운 형태의 자체 발광형 평판 디스플레이로서, 화질이 우수한 CRT와 평면 화면 구현이 가능한 PDP의 장점을 동시에 갖기 때문에 차세대 평판 브라운관이라고도 한다.
- FED 상용화의 핵심 기술은 전자 발사체의 성능에 달려 있으며 특히 디스플레이 크기에 구애받지 않고 제조가 가능하다. 두께는 LCD보다 얇고 브라운관보다 선명한 화면을 만들 수 있어 전력 소모량이 LCD의 4분의 1이며 PDP의 6분의 1 정도에 불과하다. 또 제조 과정에서 기존 LCD보다 가격이 저렴할 것으로 예상된다.

정답 56. ④ 57. ③ 58. ② 59. ③ 60. ④

2015. 04. 04. 기출문제

01 수정 발진기의 특징 중 가장 큰 장점은?

① 발진이 용이하다.
② 주파수 안정도가 높다.
③ 발진 세력이 강하다.
④ 소형이며 잡음이 작다.

해설 **수정 발진기(crystal oscillator)의 특징**

- 수정편의 압전기 현상을 이용한 발진기로서, LC 발진기 회로에 수정 진동자를 넣어서 높은 주파수에 대한 안정도를 유지하기 위한 발진기이다.
- 수정 진동자는 고유 진동수가 공진 주파수에 가깝기 때문에 $Q(10^4 \sim 10^6$ 정도)가 매우 높고 발진 주파수의 안정도($10^{-3} \sim 10^{-6}$ 정도)가 매우 높아 안정한 발진을 유지한다. 그 반면에 발진 주파수를 가변(variable)으로 할 수 없다.
- 용도 : 측정기, 송· 수신기, 표준용 기기 등의 정밀도(정확도)가 높은 주파수를 필요로 하는 장치에 사용된다.

02 다음 중 증폭 회로를 구성하는 수동 소자에서 자유전자의 온도에 의하여 발생하는 잡음은?

① 산탄 잡음
② 열잡음
③ 플리커 잡음
④ 트랜지스터 잡음

해설 **열잡음(thermal noise)**

주로 저항기 내부에서 자유전자가 온도의 상승으로 열운동(랜덤 동작)을 일으킬 때 발생하는 잡음이다. 이것은 온도가 높을수록 잡음 전압이 커지며 대역의 넓은 주파수 분포의 범위를 가지므로 증폭기에서 내부 잡음의 주요한 원인이 된다.

03 그림과 같은 4개의 콘덴서 회로의 합성 정전 용량[μF]은? (단, 각 콘덴서의 값$=4[\mu\text{F}]$)

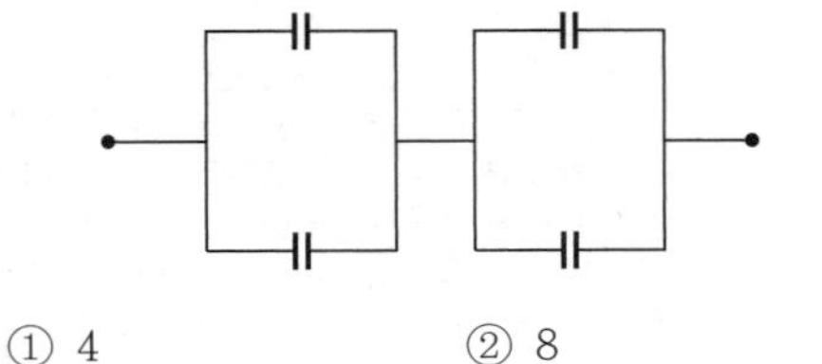

① 4　　② 8
③ 12　　④ 16

해설 **합성 정전 용량**

회로를 등가 해석하면 합성 정전 용량은 다음과 같다.

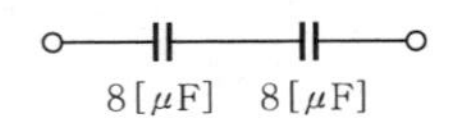

$C_s = \dfrac{C}{n}$에서

$\therefore\ C_s = \dfrac{8}{2} = 4[\mu\text{F}]$

04 저항 20[Ω]인 도체에 100[V]의 전압을 가할 때 그 도체에 흐르는 전류는 몇 [A]인가?

① 0.2　　② 0.5
③ 2　　④ 5

해설 **전류**

$I = \dfrac{V}{R}$[A]에서

$\therefore\ I = \dfrac{100}{20} = 5$[A]

05 회로에서 입력 단자와 출력 단자가 도통되는 상태는?

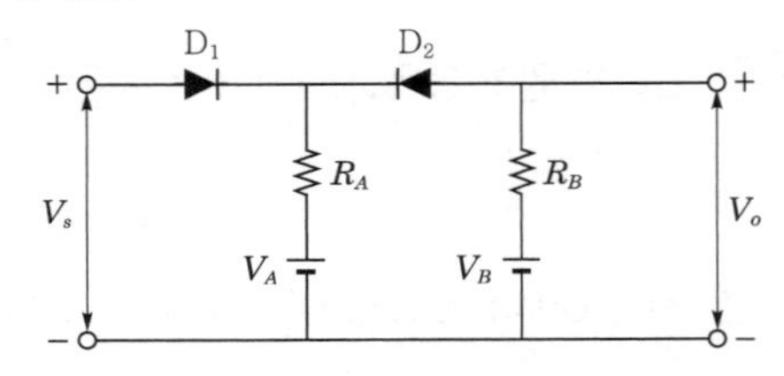

① $V_s > V_A,\ V_s < V_B$
② $V_s > V_A,\ V_s > V_B$
③ $V_s < V_A,\ V_s > V_B$
④ $V_s < V_A,\ V_s < V_B$

해설 **다이오드(diode)의 특성**

- 입력 단자 : $V_s > V_A$일 때 D_1이 순방향으로 되어 도통 상태가 된다.
- 출력 단자 : $V_s < V_B$일 때 D_2가 순방향으로 되어 도통 상태가 된다.

정답　01. ②　02. ②　03. ①　04. ④　05. ①

06 전원 주파수가 60[Hz]일 때 3상 전파 정류 회로의 리플 주파수[Hz]는?

① 90 ② 120
③ 180 ④ 360

해설 **3상 전파 정류 회로**
전원 주파수 60[Hz]를 6배로 정류하는 방식으로 출력의 맥동(ripple) 주파수는 360[Hz]를 나타낸다.

07 입력 전압이 500[mV]일 때 5[V]가 출력되었다면 전압 증폭도는?

① 9배
② 10배
③ 90배
④ 100배

해설 전압 증폭도 $A_v = \frac{V_o}{V_i}$[dB]

이득 $G = 20\log\frac{V_o}{V_i} = 20\log_{10} A_v$[dB]

$= 20\log_{10}\frac{5}{500\times10^{-3}} = 20\log_{10}10$

=20[dB]

∴ 20[dB]=10배
(0[dB]=1, 20[dB]=10, 40[dB]=100, 60[dB]=1,000, 80[dB]=10,000)

* 전압 이득이 10의 인수로 증가하면 데시벨 전압 이득은 20[dB]씩 증가한다.

08 트랜지스터가 스위치로 on/off 기능을 하고 있다면 어떤 영역을 번갈아 가면서 동작하는가?

① 포화 영역과 차단 영역
② 활성 영역과 포화 영역
③ 포화 영역과 항복 영역
④ 활성 영역과 차단 영역

해설 **이상적인 트랜지스터의 동작 영역**
- 활성 영역(active region) : 트랜지스터의 동작점이 정해지는 영역으로 선형 동작을 유지하며 증폭기로서 동작한다.
- 포화 영역(saturation region)과 차단 영역(cutoff region) : 트랜지스터를 논리 회로 등에서 스위치로 사용할 때 동작점을 갖는 영역으로, 주로 펄스 및 디지털 전자 회로에서 응용된다. 여기서, 역활성 영역은 실제로 사용되지 않는다.

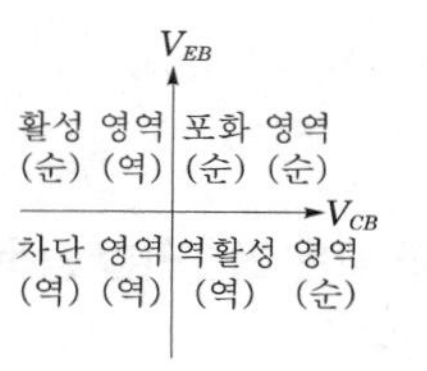

▌트랜지스터의 동작 영역▐

09 3단자 레귤레이터의 특징이 아닌 것은?

① 입력 전압이 출력 전압보다 높다.
② 방열이 필요없다.
③ 회로의 구성이 간단하다.
④ 전력 손실이 높다.

해설 **3단자 레귤레이터(three terminal regulator)**
시리즈 레귤레이터를 1칩(chip)으로 구성하여 입·출력 단자가 도합 3단자(3pin)를 지닌 전압 조정기로서, 원하는 출력 전압에 따라 5[V]에서 24[V]까지 여러 종류가 있다. 3단자에서 핀 1은 비조정 입력 전압, 핀 2는 출력 전압, 핀 3은 접지를 나타낸다. 이것은 아날로그 동작에 의해 전원을 맞추기 때문에 출력 전압에 대한 리플이나 잡음이 작고 회로가 간단하나 전압의 변환 효율이 낮고 발열이 많은 편이므로 안전하게 사용하는 방법은 입·출력의 전압차를 2[V]로 명시하고 있는 데이트 시트를 기준해서 사용해야 한다.
[특징]
- 입력 전압이 출력 전압보다 높다.
- 회로의 구성이 간단하며 발진 방지용 커패시터가 필요하다.
- 소비 전류가 작은 전원 회로에서 사용한다.
- 전력 손실이 높아 많은 전력이 필요한 경우에는 적합하지 않다.
- 발열을 낮추고 안전하게 사용하기 위해서는 방열 대책이 필요하다.

10 어떤 정류 회로의 무부하 시 직류 출력 전압이 12[V]이고, 전부하 시 직류 출력 전압이 10[V]일 때 전압 변동률[%]은?

① 5 ② 10
③ 20 ④ 40

해설 **전압 변동률**
출력 전압이 부하의 변동에 대하여 어느 정도 변화하는지를 나타내는 것이다.

$\varepsilon = \frac{\text{무부하 시 출력 전압} - \text{부하 시 출력 전압}}{\text{부하 시 출력 전압}} \times 100[\%]$

정답 06. ④ 07. ② 08. ① 09. ② 10. ③

$\therefore\ \varepsilon=\dfrac{V_o-V_L}{V_L}\times 100=\dfrac{12-10}{10}\times 100=20[\%]$

11 그림과 같은 2단 귀환 증폭 회로에서 귀환 전압 V_f는?

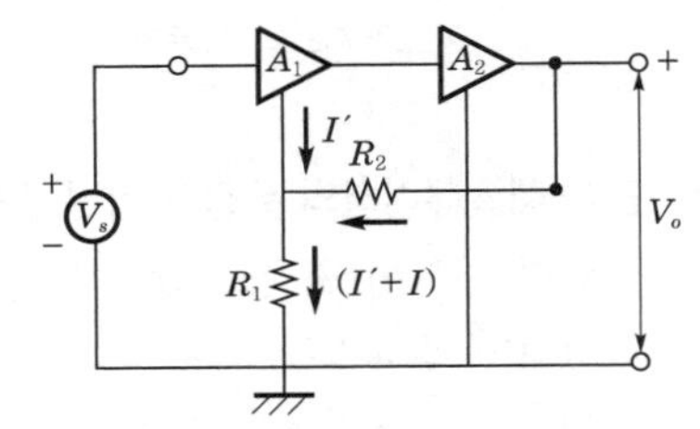

① $V_f=\dfrac{R_2}{R_1+R_2}V_o$

② $V_f=\dfrac{R_1\cdot R_2}{R_1+R_2}V_o$

③ $V_f=\dfrac{R_1}{R_2}V_o$

④ $V_f=\dfrac{R_1}{R_1+R_2}V_o$

해설 **전압 되먹임(귀환) 회로**

출력 전압의 일부 또는 전부를 입력쪽으로 되먹임하는 방식으로 병렬 되먹임이라고 하며 출력 전압에 추종하는 되먹임을 말한다.

그림의 회로는 전압 이득 A_{v_1}과 A_{v_2}를 가지는 2단 증폭기로서 둘째 단 증폭기의 출력이 R_1과 R_2의 저항을 통하여 R_1에 분배된 전압이 입력쪽으로 되먹임되므로 귀환 전압 V_f는 다음과 같다.

$V_f=\dfrac{R_1}{R_1+R_2}V_o$

12 다음 중 반도체의 다수 캐리어로 옳게 짝지어진 것은?

① P형의 정공, N형의 전자
② P형의 정공, N형의 정공
③ P형의 전자, N형의 전자
④ P형의 전자, N형의 정공

해설 **불순물 반도체의 분류**

- P형 반도체 : 4가에 속하는 진성 반도체(Ge, Si)에 3가의 불순물을 첨가(doping)시킨 것으로, 3가의 불순물을 억셉터(accepter)라 한다.
  - 3가의 원자(불순물) : B(붕소), Al(알루미늄), Ga(갈륨), In(인듐)
  - 다수 캐리어는 정공이고 소수 캐리어는 전자이다.
- N형 반도체 : 4가에 속하는 진성 반도체(Ge, Si)에 5가의 불순물을 첨가(doping)시킨 것으로, 5가의 불순물을 도너(donor)라 한다.
  - 5가의 원자(불순물) : As(비소), Sb(안티몬), P(인), Bi(비스무트)
  - 다수 캐리어는 전자이고 소수 캐리어는 정공이다.

13 JK 플립플롭의 J 입력과 K 입력을 묶어 1개의 입력 형태로 변경한 것은?

① RS 플립플롭
② D 플립플롭
③ T 플립플롭
④ 시프트 레지스터

해설 **T형 플립플롭(toggle flip flop)**

- JK 플립플롭의 JK 입력을 묶어서 하나의 입력 신호 T를 이용하는 플립플롭으로서, 1개의 클록 펄스 입력과 출력 Q, $\overline{Q}$를 갖는 회로이다.
- T에 클록 펄스가 들어올 때마다 출력 Q와 $\overline{Q}$의 위상이 서로 반대로 상태가 반전되므로 토글 플립플롭(toggle flip flop)이라고도 한다.
- 출력 파형의 주파수는 입력 클록 신호 주파수의 $\frac{1}{2}$을 얻는 회로가 되므로 $\frac{1}{2}$ 분주 회로 또는 2진 계수 회로에 많이 사용된다.

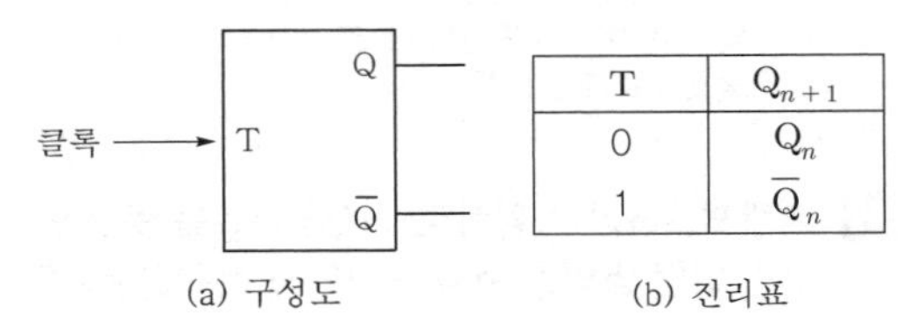

T	Q_{n+1}
0	Q_n
1	$\overline{Q}_n$

(a) 구성도 (b) 진리표

14 그림과 같은 발진기에서 A점과 B점의 파형을 옳게 나타낸 것은?

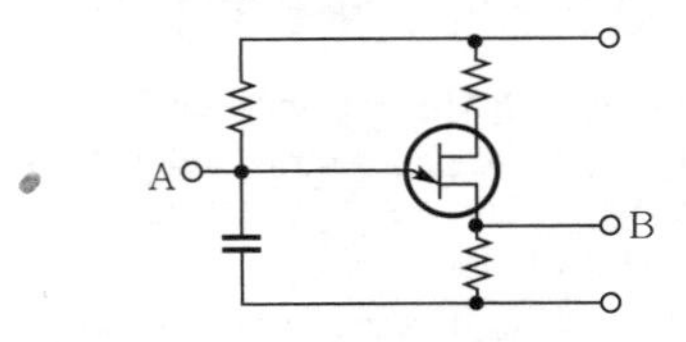

① A : 펄스, B : 펄스
② A : 톱니파, B : 펄스
③ A : 톱니파, B : 톱니파
④ A : 펄스, B : 톱니파

정답 11. ④ 12. ① 13. ③ 14. ②

해설 UJT 발진기

그림의 회로는 UJT를 이용한 발진기로서, 공급 전압에 의해 A점의 이미터(E) 단자와 연결된 콘덴서 C는 저항 R을 통하여 충전된다. 이때, 이미터(E)에는 정(+)의 전압이 공급되므로 이미터의 PN 접합은 순방향으로 이미터 전류가 흘러 UJT는 도통 상태(on)가 된다. 이때, 이미터 전류에 의해 B 양단의 저항이 감소하므로 C는 다시 부(−)로 증가하여 R을 통하여 방전하므로 이미터(E)는 역방향으로 되어 UJT는 개방 상태(off)로 된다. 따라서, UJT는 이미터(E)를 기준으로 C의 충·방전에 의해 시정수 RC에 따라 A점에서 톱니파를 발생시키고 B점에서는 주기적으로 펄스파를 발생시킨다.

15 다음 중 펄스의 시간적 관계의 기본 조작이 아닌 것은?

① 정형 ② 선택
③ 비교 ④ 변이

해설 펄스(pulse)

시간적으로 불연속적이고 충분히 짧은 시간에 전압과 전류의 진폭이 급격히 변화하는 파형으로서, 시간축상의 펄스폭과 진폭축상의 높이를 가지고 있으므로 펄스의 폭(넓이)을 이용하여 여러 가지 조작을 행할 수 있다.

[펄스의 시간적 관계의 기본 조작]

- 변이(shifting) : 그림 (a)와 같이 입력의 파형을 그대로 두고 진폭축상에서 파형의 기준 레벨을 바꾸고 시간적으로 지연시키는 조작을 말한다(클램핑, 지연 회로, 단안정 MV, 분주 회로).
- 선택(selection) : 그림 (b)와 같이 입력파의 어느 특정한 부분만을 진폭축상과 시간축상에서 빼내는 조작을 말한다(클리핑, 슬라이스).
- 비교(comparison) : 그림 (c)와 같이 입력파의 진폭을 기준 레벨과 비교하여 일치되는 레벨의 시각에 펄스를 발생하고 그림 (d)와 같이 일정의 시각에 입력파의 진폭을 지시하는 조작을 말한다.

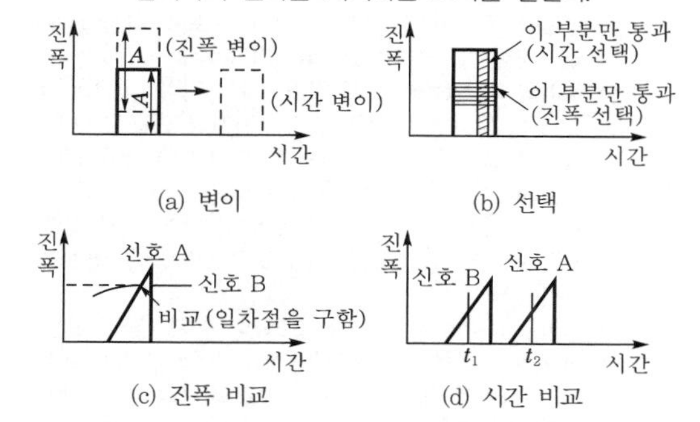

(a) 변이 (b) 선택

(c) 진폭 비교 (d) 시간 비교

16 UJT를 이용한 기본 발진 회로일 때 발진 주기 T는? (단, η : 스탠드 오프비)

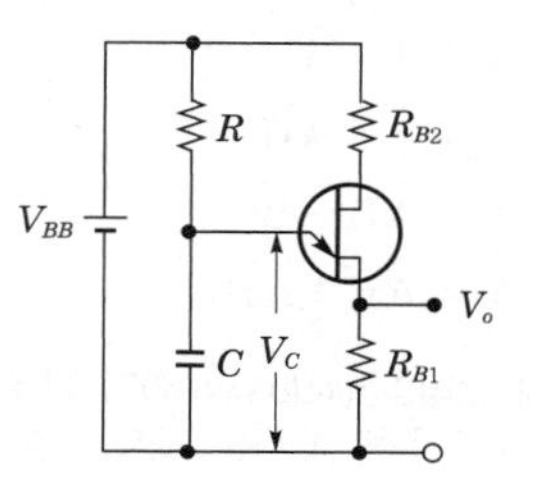

① $T = RC$

② $T = 0.69RC$

③ $T = 2.3RC \cdot \log\left(\dfrac{1}{1-\eta}\right)$

④ $T = RC \cdot \log\left(\dfrac{1}{1-\eta}\right)$

해설 UJT 발진기

- 그림의 회로는 UJT를 사용한 펄스 발생 회로이다. 회로에서 공급 전압 V_{BB}에 의해 콘덴서 C는 저항 R을 통하여 V_C로 충전된다. 이때, 이미터(E)에는 정(+)의 전압이 공급되므로 충전 전압 V_C가 스탠드오프 전압 V_P(R_{B1} 전압)에 도달하면 이미터 전류 I_E가 흘러 E−B₁ 사이의 도전율이 증가하므로 도통 상태(on)가 된다. 이때, I_E의 증가에 따라 동시에 베이스 R_{B1}의 저항이 감소하므로 V_C가 V_P보다 작아지면 이미터는 역방향으로 개방 상태(off)가 된다. 이때, C는 다시 부(−)로 증가하여 R을 통해 방전하므로 시정수 RC에 따라 R_{B1} 양단의 V_o에서 주기적으로 톱니파가 발생한다.
- 스탠드 오프비(intrinsic standoff ratio, 개방 전압비, η) : η는 이미터(E) 개방 시 직류 전원 V_{BB}에 의해 베이스 B_1과 B_2의 전압이 2개의 직렬 저항 R_{B1}과 R_{B2}에 의해 분할된 전압비로서, η의 양은 고유의 분리 비율을 말한다. 이것은 전압 분할기의 계수를 뜻하는 것으로 그 범위는 0.5 ~ 0.8 사이이다.

* 발진 주기 $T = RC\log\left(\dfrac{1}{1-\eta}\right)$

17 데이터의 구성 체계에 속하지 않는 것은?

① 비트 ② 섹터
③ 필드 ④ 레코드

해설 섹터(sector)

자기 디스크를 표현하는 데 일반적으로 쓰이는 하나의 단위로서, 자기 디스크에서 하나의 트랙을 여러 구획으로 나누어 자료들을 단위별로 수록하는 것을 말한다.

정답 15. ① 16. ④ 17. ②

18 배타적(exclusive) OR 게이트를 나타내는 논리식은?

① $Y = A \cdot \overline{B}$

② $Y = \overline{A} \cdot A\overline{B}$

③ $Y = \overline{A}B + \overline{B}$

④ $Y = \overline{A}B + A\overline{B}$

해설 **배타 논리합(exclusive OR) 회로**

두 개의 입력 A, B를 가지는 경우 두 입력이 서로 같을 때는 출력이 '0'이 되고, 다를 때에는 출력이 '1'이 된다.

* 논리식 $Y = A \oplus B = A\overline{B} + \overline{A}B$

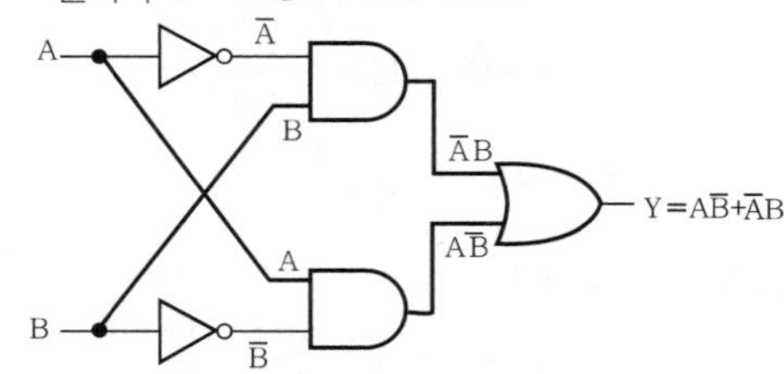

(a) 회로

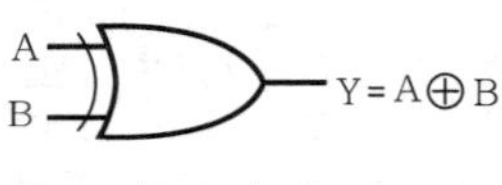

(b) 논리 기호

19 F=(A, B, C, D)= Σ(0, 1, 4, 5, 13, 15)이다. 간략화하면?

① $F = \overline{A}\,\overline{C} + B\overline{C}D + ABD$

② $F = AC + \overline{B}CD + ABD$

③ $F = \overline{A}\,\overline{C} + ABD$

④ $F = AC + \overline{A}\,\overline{B}\,\overline{D}$

해설

진리표

	A	B	C	D	F		A	B	C	D	F
0	0	0	0	0	1	8	1	0	0	0	0
1	0	0	0	1	1	9	1	0	0	1	0
2	0	0	1	0	0	10	1	0	1	0	0
3	0	0	1	1	0	11	1	0	1	1	0
4	0	1	0	0	1	12	1	1	0	0	0
5	0	1	0	1	1	13	1	1	0	1	1
6	0	1	1	0	0	14	1	1	1	0	0
7	0	1	1	1	0	15	1	1	1	1	1

4변수로 된 진리표에서 출력 F가 '1'인 0, 1, 4, 5, 13, 15번째 줄을 최소항의 형식으로 전개하면 $F = \Sigma(0, 1, 4, 5, 13, 15)$이다.

따라서, 이들을 대수식으로 표시하면 다음과 같다.

$$F = \overline{A}\,\overline{B}\,\overline{C}\,\overline{D} + \overline{A}\,\overline{B}\,\overline{C}D + \overline{A}B\overline{C}\,\overline{D} + \overline{A}B\overline{C}D + AB\overline{C}D + ABCD$$

$$= \overline{A}\,\overline{B}\,\overline{C}(\overline{D}+D) + \overline{A}B\overline{C}(\overline{D}+D) + ABD(\overline{C}+C)$$

$$= \overline{A}\,\overline{C}(\overline{B}+B) + ABD$$

$$\therefore\ F = \overline{A}\,\overline{C} + ABD$$

‖ 진리표에 대한 카르노도 표시 ‖

CD \ AB	00	01	11	10
00	1	1		
01	1	1	1	
11			1	
10				

20 불 대수의 표현이 올바른 것은?

① A+1=1 ② A · 1=1

③ A · A=1 ④ A+A=1

해설 ② A · 1 = A

③ A · A = A

④ A + A = A

21 마이크로프로세서를 구성하고 있는 버스에 해당하지 않는 것은?

① 데이터 버스

② 번지 버스

③ 제어 버스

④ 상태 버스

해설 **버스(bus)의 종류**

- 주소 버스(address bus) : CPU가 메모리나 입·출력 장치의 주소를 지정할 때 사용되는 전송로를 말한다. 이 버스는 CPU에서만 주소를 지정할 수 있기 때문에 단일 방향 버스라 한다.
- 데이터 버스(data bus) : CPU에서 기억 장치나 입·출력 장치의 데이터를 송출하거나 반대로 기억 장치나 입·출력 장치에서 CPU에 데이터를 읽어 들일 때 필요한 전송로를 말한다. 이 버스는 CPU와 기억 장치 또는 입·출력 장치 간에 어떤 곳으로도 데이터를 전송할 수 있으므로 양방향 버스라고 한다.
- 제어 버스(control bus) : CPU의 현재 상태 또는 상태의 변경을 기억 장치나 입·출력 장치에 알리는 전송로를 말한다. 단일 방향의 기능을 가지며 시스템에 필요한 동기와 제어 정보를 운반한다.

정답 18. ④ 19. ③ 20. ① 21. ④

22 CPU의 내부 동작에서 실행하고자 하는 명령의 번지를 지정한 후 명령 레지스터에 불러오기까지의 기간은?

① 명령 사이클(instruction cycle)
② 기계 사이클(machine cycle)
③ 인출 사이클(fetch cycle)
④ 실행 사이클(execution cycle)

해설 **인출 사이클(fetch cycle)**
CPU가 하나의 명령어를 수행하기 위해서 기억 장치에 들어 있는 명령어를 꺼내는 일을 말하며 명령 인출(instruction fetch)이라고도 한다. 이것은 프로그램 카운터에서 초기 번지를 지정한다.

23 어떤 마이크로프로세서가 1100 0110 0101 1110의 주소 버스를 점하고 있다. 이 상태는 메모리의 몇 page에 출입하고 있는 것인가?

① 37 ② 124
③ B53C ④ C65E

해설 **메모리 출입 페이지**
마이크로프로세스가 점하고 있는 2진 4비트의 주소 버스를 8421코드에 의한 2진화 10진 코드로 변환하면 다음과 같다.
$(1100)_2=C$, $(0110)_2=6$, $(0101)_2=5$, $(1110)_2=E$
에서 메모리의 출입 페이지는 C65E이다.

24 불 대수에서 하나의 논리식과 다른 논리식 사이에서 AND는 OR로, OR은 AND로, 0은 1로, 1은 0으로 변환하는 원리는?

① 쌍대의 원리
② 불 대수의 원리
③ 드모르간의 원리
④ 교환 법칙의 원리

해설 **쌍대(duality)의 원리**
불(Boole) 대수에서는 논리식 사이에서 상수 0과 1, +와 •을 동시에 교환하는 식은 반드시 성립한다는 원리를 말한다.
- 모든 •을 +로, +를 •로 바꾼다.
- 모든 상수 1은 0으로, 0은 1로 바꾼다.
- 모든 변수는 보수로 만들지 않고 그대로 둔다.

예 $0+A=A \rightarrow 1 \cdot A=A$
$A+A=A \rightarrow A \cdot A=A$
$1 \cdot A+\overline{B} \cdot C+0 \rightarrow (0+A) \cdot (\overline{B}+C) \cdot 1$

25 16진수 5C를 10진수로 변환하면?

① 72 ② 86
③ 92 ④ 96

해설 16진수를 10진수로 변환하면 다음과 같다.
$(5C)_{16} = 5\times16^1 + C\times16^0$
$= 80+12$
$= 92$
$\therefore (5C)_{16} = (92)_{10}$

26 전자계산기의 특징이 아닌 것은?

① 기억하는 능력이 크다.
② 창의적 능력이 있다.
③ 계산은 빠르고 정확하다.
④ 논리적 판단 및 비교 능력이 있다.

해설 **전자계산기의 특징**
처리의 신속성, 정확성, 신뢰성, 기록 보관 및 이용의 편의성, 대용량 자료 처리의 시스템, 이동성 등

27 사칙 연산 명령이 내려지는 장치는?

① 입력 장치 ② 제어 장치
③ 기억 장치 ④ 연산 장치

해설 **제어 장치(control unit)**
주기억 장치의 명령을 해독하고 각 장치에 제어 신호를 줌으로써 각 장치의 동작이 올바르게 수행되도록 요소들의 동작을 자동적으로 제어하는 장치이다. 즉, 입력 장치에 기억되어야 할 기억 장소의 번지 지정, 출력 장치의 지정, 연산 장치의 연산 회로 지정 및 각 장치의 동작 상태에 필요한 지시를 주어 일을 제어한다.

28 연산 결과가 양인지 음인지, 또는 자리올림(carry)이나 오버플로(overflow)가 발생했는지를 기억하는 장치는?

① 가산기(adder)
② 누산기(accumulator)
③ 데이터 레지스터(data register)
④ 상태 레지스터(status register)

해설 **상태 레지스터(status register)**
상태 레지스터는 플래그(flag)라고 하는 여러 개의 플립플롭(flip flop)으로 구성되어 있다. CPU 내에서 각종 연산 결과의 상태를 표시하고 저장하기 위해 사용되며 플래그 레지스터(flag register)라고도 한다.

정답 22. ③ 23. ④ 24. ① 25. ③ 26. ② 27. ② 28. ④

[상태의 종류]
- 올림수 발생(carry flag)
- 범람(overflow flag)
- 누산기에 들어 있는 데이터의 zero 여부(zero flag)
- 그 외 특수한 용도로 사용되는 몇 개의 플래그

29 균등 눈금을 갖고 상용 주파수에 주로 사용하며 두 코일의 전류 사이에 전자력을 이용하여 단상 실효 전력의 직접 측정에 많이 사용되는 전력계는?

① 직류 적산 전력계
② 교류 적산 전력계
③ 진공관 전력계
④ 전류력계형 전력계

해설 **전류력계형 계기(AC, DC 양용)**
- 가동 코일형 계기의 영구 자석 대신에 고정 코일로 바꾸어 놓은 것으로, 고정 코일과 가동 코일에 흐르는 전류 사이에 작용하는 전자력을 이용한 계기이다.
- 눈금이 i^2의 평방근으로 교류의 실횻값(rms)을 지시하며, 직류로 눈금 교정을 할 수 있으므로 상용 주파수 교류의 부표준용으로 사용된다.
- 전류계, 전압계 및 전력계가 있으나 주로 단상 전력계에 많이 사용된다.

30 Q미터를 사용하여 측정하는 데 적당하지 않은 것은?

① 절연 저항
② 코일의 실효 저항
③ 코일의 분포 용량
④ 콘덴서의 정전 용량

해설 **Q미터(meter)**
고주파대에서 코일 또는 콘덴서의 Q를 측정할 수 있으며 코일의 인덕턴스와 분포 용량, 콘덴서의 정전 용량과 손실, 고주파 저항, 절연물의 유전율과 역률 등을 측정할 수 있다.

* $Q=\frac{\omega L}{R}$ (코일의 리액턴스와 저항의 비)

31 고주파수 측정에서 직렬 공진 회로의 주파수 특성을 이용한 것은?

① 동축 주파수계
② 공동 주파수계
③ 흡수형 주파수계
④ 헤테로다인 주파수계

해설 **흡수형 주파수계**
주로 100[MHz] 이하의 고주파 측정에 사용되는 것으로, 공진 회로의 Q가 150 이하로 낮고 측정 확도가 1.5급(허용 오차 ±1.5[%]) 정도로서 정확한 공진점을 찾기 어려우므로 정밀한 측정이 어렵다. 이것은 그림과 같이 LC로 구성된 공진 회로의 주파수 특성을 이용하여 대략의 주파수를 측정하기 위해 사용되는 주파수계이다.

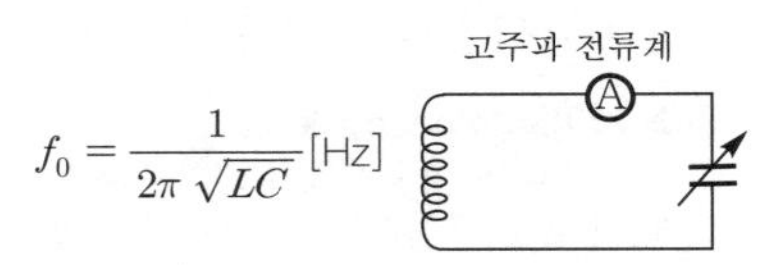

32 클램프 미터(훅 미터)의 주된 특징은?

① 임피던스 측정이 가능하다.
② 절연 저항 측정이 가능하다.
③ 교류 전류의 측정이 가능하다.
④ 직류 전류의 측정이 가능하다.

해설 **클램프 미터(clamp meter) = 훅 미터(hook meter)**
전기 회로를 열거나 분리하지 않고 전류를 측정하기 위하여 훅 미터를 사용한다. 교류나 직류를 측정할 때 Range를 맞추어 놓고 전선로에 측정 헤드(hook)를 넣어 그 값을 측정한다.

* 교류 전류 측정 : 전류가 흐르는 도체에 자장이 형성되는 것을 이용하여 전류를 측정하는 것으로, 전류가 흐르는 도선에 클램프 미터의 측정 헤드(hook)를 넣어 그 값을 측정한다. 측정 헤드는 클램프(clamp)형으로 열고 닫을 수 있다. 현재 훅 미터(hook meter)는 0.1[mA]에서부터 1,000[A]까지 다양한 제품이 공급되고 있다.

33 1[kW]의 출력을 갖는 신호 발생기의 출력에 10[dB]의 감쇠기 2대를 연결하여 사용하면 최종 출력은?

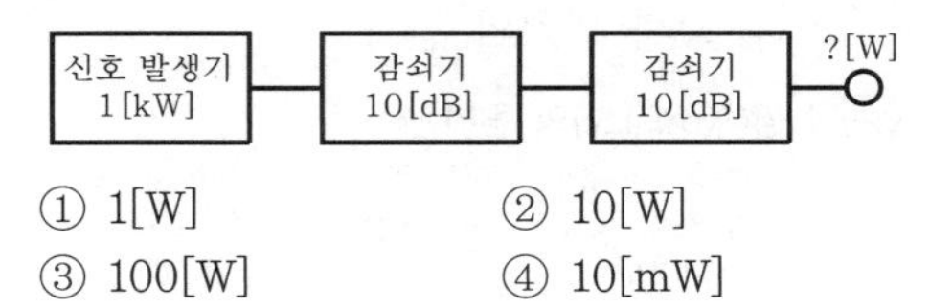

① 1[W]　② 10[W]
③ 100[W]　④ 10[mW]

해설 **신호 발생기(signal generator)**
전력 $G=10\log_{10}\frac{P_2}{P_1}$[dB]

$20=10\log_{10}A$

$\therefore\ A=10^2=100$

따라서, 20[dB]은 100배의 감쇠에 해당하므로 최종 출력은 1[kW]=$10^3\times10^{-2}$=10[W]이다.

정답 29. ④ 30. ① 31. ③ 32. ③ 33. ②

34 오실로스코프에서 측정하고자 하는 신호를 인가하는 단자로 맞는 것은?

① 수평축 단자
② 수직축 단자
③ 외부 동기 신호 단자
④ $X-Y$축 단자

해설 오실로스코프에서 CRT에 측정하고자 하는 신호의 전압이 충분히 커서 증폭할 필요가 없을 경우에는 측정하고자 하는 신호를 수직축 단자에 직접 인가하여 파형을 관측한다.

35 지시 계기의 구비 조건의 설명으로 틀린 것은?

① 절연 내력이 낮을 것
② 튼튼하고 취급이 편리할 것
③ 눈금이 균등하든가 대수 눈금일 것
④ 확도가 높고, 외부의 영향을 받지 않을 것

해설 **지시 계기의 구비 조건**
- 측정 확도가 높고 오차가 작을 것
- 눈금이 균등하거나 대수 눈금일 것
- 응답도가 좋을 것
- 튼튼하고 취급이 편리할 것
- 절연 및 내구력이 높을 것

36 지시 계기의 제어 장치 중 교류용 적산 전력계에 대표적으로 사용되는 제어 방법은?

① 스프링 제어　② 중력 제어
③ 전기적 제어　④ 맴돌이 전류 제어

해설 **적산 전력계**
- 유도형 계기(AC 전용)로서 회전 자장과 이동 자장에 의한 유도 전류와의 상호 작용을 이용한 것으로, 회전 자장이 금속 원통과 쇄교하면 맴돌이 전류가 흐른다. 이 맴돌이 전류와 회전 자장 사이의 전자력에 의하여 알루미늄 원통에 구동 토크가 발생하는 원리를 이용한 계기이다.
- 교류 배전반용 기록 장치와 전력계 및 이동 자장형은 적산 전력계로 사용되며 현재 사용되는 교류(AC)용 적산 전력계는 모두 유도형이다.

37 정전 용량이나 유전체 손실각의 측정에 사용되는 브리지는?

① 맥스웰 브리지
② 헤비사이드 브리지
③ 헤이 브리지
④ 셰링 브리지

해설 **셰링 브리지(Schering bridge)**
고주파 교류용 브리지로서, 정전 용량과 유전체 손실각을 정밀하게 측정할 수 있으며, 측정 범위가 넓어 미소 용량에서 대용량까지 측정할 수 있다.
* 측정용 전원 주파수 : 60, 120, 1,000[Hz]±10[%], 1[MHz]±10[%]

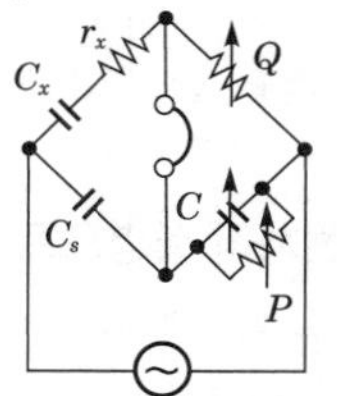

▎셰링 브리지▎

38 충전된 두 물체 간에 작용하는 정전 흡인력 또는 반발력을 이용한 계기는?

① 정전형 계기　② 유도형 계기
③ 전류력계형 계기　④ 가동 코일형 계기

해설 **정전형 계기(DC, AC 양용)**
대전된 두 도체 사이에 작용하는 정전 흡인력 또는 반발력을 이용하여 고전압만을 측정하는 계기로서, 정전 전압계 또는 전위계로 전압을 직접 측정하는 계기이다.

39 250[V]인 전지의 전압을 어떤 전압계로 측정하여 보정 백분율을 구하였더니 0.2이었을 때 전압계의 지시값은?

① 250.5　② 250.2
③ 249.5　④ 249.8

해설 **보정 백분율**

$$\alpha_0=\frac{\alpha}{M}\times100[\%]=\frac{T-M}{M}\times100[\%]$$

$$\therefore\ T=M\left(1+\frac{\alpha_0}{100}\right)=250\left(1+\frac{0.2}{100}\right)=250.5[\text{V}]$$

40 디지털 측정에서 파형의 변화가 빠른 고주파 신호의 변환을 필요로 할 때 A/D 변환기와 함께 사용되는 것은?

① 파형 정형 회로
② 샘플 홀드 회로
③ 시미트 트리거 회로
④ 입력 파형 비교 회로

정답 34. ② 35. ① 36. ④ 37. ④ 38. ① 39. ① 40. ②

해설 **샘플 홀드(sample/hold) 회로**
아날로그 스위치, 콘덴서, 버퍼 등으로 구성되며, ADC(Analog to Digital Converter)가 아날로그 신호를 디지털 데이터로 변환하는 동안 입력 전압이 변동하면 출력에 불확실성이 발생한다. 따라서, ADC 입력단에는 샘플 홀드 회로를 사용한다. 특히 Converter는 변환 기간 중에 아날로그 입력 전압이 일정하게 유지되므로 샘플 홀드 사용의 필요성이 높다.

41 적외선 센서의 설명으로 옳지 않은 것은?

① 자동 이득 제어 장치는 자동으로 에코를 조절한다.
② 리젝션은 강한 에코의 자동 조절을 하여 경계면을 선명하게 하는 회로이다.
③ 아웃풋은 초음파를 출력하는 곳이다.
④ 게인 컨트롤은 에코 증폭량을 조절한다.

해설 **적외선(infrared ray)**
가시광선보다 파장이 긴 광선(전자파)으로서, 태양이 방출하는 빛을 프리즘으로 분산시켜 보았을 때 적색광 바로 아래 범위의 전자파 스펙트럼 내의 주파수를 갖는 전자파를 말한다.
적외선은 가시광선이나 자외선에 비하여 강한 열작용을 가지고 있어 열선이라고도 부르며 태양이나 발열체로부터 공간으로 전달되는 복사열은 주로 적외선에 의한 것이다.
[적외선 파장의 분류]
- 근적외선 : 750 ~ 1,500[nm]
- 중적외선 : 1,500 ~ 6,000[nm]
- 원적외선 : 6,000 ~ 40,000[nm]

적외선 센서는 일정한 주파수의 빛을 발산하는 발광부와 발산된 빛을 받아들이는 수광부로 이루어져 있으며 발광부에서 발산된 적외선의 빛은 물체에 부딪혀 반사되고 수광부는 반사된 적외선의 빛을 감지하여 물체의 유무 또는 거리 등을 알 수 있다.
적외선의 증폭이나 발진에는 적외선 영역의 메이저를 사용하는 데 저잡음이고 주파수 안정도가 좋으며 단일 방향성으로 강력한 방사를 할 수 있는 이점이 있다.
* 리젝션(rejection) : 사전에 설정한 에코(진폭) 레벨 이하의 모든 지시를 제거하여 잡음(noise)을 억제시키는 것을 말한다.

42 원거리용에 사용되는 레이더(radar)의 주파수는 몇 [GHz]인가?

① 3　　② 9
③ 25　　④ 30

해설 **레이더(RADAR : Radio Detection And Ranging)**
전파의 직진성과 정속도성 및 반사성을 이용하여 전자파를 먼 거리에 있는 물체나 목표물에 발사한 후에 그 반사파를 수신 분석하여 목표물에 대한 정보(거리, 방향, 종류)를 얻는 장치이다.
레이더에 사용되는 주파수는 1~30[GHz]대의 펄스형의 초단파(SHF)를 사용하며 전파의 파장이 30[cm] 이하의 마이크로파(microwave)로서 파장이 짧을수록 예리한 지향성을 얻을 수 있다.

‖ 레이더에 사용되는 주파수 대역 ‖

밴드	주파수 범위[GHz]
UHF	0.3 ~ 1
L	1 ~ 1.5
S	1.5 ~ 3.9
C	3.9 ~ 8.0
X	8.0 ~ 12.5
Ku	12.5 ~ 18
K	18 ~ 26.5
Ka	26.5 ~ 40

* 원거리용에 사용되는 레이더의 주파수는 1.5 ~ 3.9[GHz]대의 S밴드 레이더를 사용한다. 일반적으로 선박(상선)의 경우 원거리용 S밴드의 레이더와 근거리 정밀용으로 X밴드의 레이더 두 가지를 모두 탑재하여 운항하며 보통 S밴드의 레이더로 선박을 운항한다.

43 오디오미터(audiometer)는 어떤 의료 기기에 이용되는가?

① 청력계(귀) 사용
② 맥파계(맥동) 사용
③ 안진계(눈) 사용
④ 심음계(청진기) 사용

해설 **오디오미터(audiometer)**
귀의 청력을 검사하기 위하여 가청 주파수 영역의 여러 가지 레벨의 순음을 전기적으로 발생하는 음향 발생 장치를 말한다.

44 콘(cone)형 다이내믹 스피커의 특성에 대한 설명으로 옳은 것은?

① 현재 중·고음용으로 가장 널리 사용된다.
② 비교적 넓은 주파수대를 재생할 수 있다.
③ 능률이 높고 지향성이 강하나 저음 특성이 나쁘다.
④ 재생음이 투명하고 섬세하나 큰 소리 재생에는 불합리하다.

해설 **콘(cone)형 다이내믹 스피커**
스피커의 기본 형식은 가동 코일형으로서, 자기 회로와 진동계로 구성되며 진동판으로는 원뿔(cone) 종

정답 41. ② 42. ① 43. ① 44. ②

이를 사용하여 진동판으로부터 직접 음파를 공간에 방출하는 것으로 주파수 특성이 평탄하여 넓은 주파수대를 재생할 수 있으며 음질이 좋아 현재 가장 널리 사용되고 있다.

45 다음 중 그림과 같은 되먹임계의 관계식 중 옳은 것은?

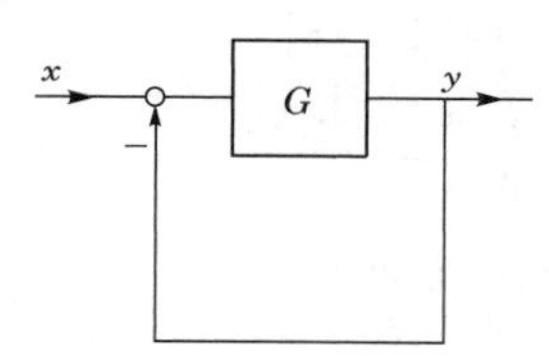

① $y=\frac{G}{1+G}x$ ② $y=\frac{1}{1+G}x$
③ $y=\frac{G}{1-G}x$ ④ $y=\frac{1}{1-G}x$

해설 **전달 함수(transfer function)**
그림의 블록 선도는 되먹임 전달 함수 $H(S)=1$인 직렬 결합 되먹임 접속이다.
$y=(x-y)G=xG-yG$
$G=\frac{y}{x}=\frac{G}{1+G}$에서
$y=\frac{G}{1+G}x$

46 다음 그림에서 LR 회로의 입 · 출력 전압비 (V_o/V_i)는? $\left(단,\ S=\frac{d}{dt},\ T=\frac{L}{R}\right)$

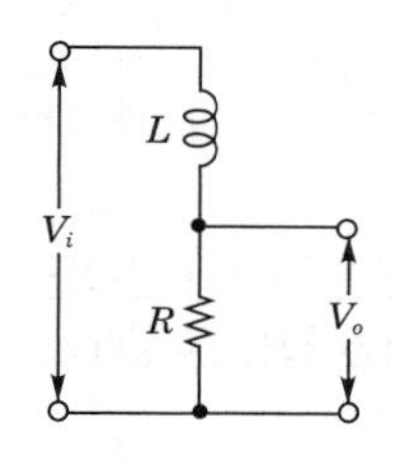

① $G(S)=(1+ST)K$ ② $G(S)=\frac{1}{1+ST}$
③ $G(S)=1-ST$ ④ $G(S)=\frac{1+ST}{K}$

해설 $\frac{\dot{V}_o}{\dot{V}_i}=\frac{R\dot{I}}{R\dot{I}+SL\dot{I}}=\frac{1}{1+S\frac{L}{R}}=\frac{1}{1+ST}$

$\left(V_i=R+L\frac{di}{dt},\ V_o=Ri,\ \frac{d}{dt}=S,\ \frac{L}{R}=T\right)$

$\therefore\ G(S)=\frac{1}{1+ST}$

47 전력 증폭기 출력 단자에서 출력되는 음성 전압이 10[V]이고 스피커 부하 저항이 8[Ω]일 때 출력은 몇 [W]인가?

① 10 ② 12.5
③ 15 ④ 17.5

해설 **출력 전력**
$P=\frac{V^2}{R}[W]=\frac{10^2}{8}=12.5[W]$

48 유기 발광 다이오드(OLED)에 대한 설명 중 잘못된 것은?

① 자연광에 가까운 빛을 내고, 에너지 소비량도 작다.
② 전자 냉동기는 펠티에 효과를 이용한 것이다.
③ 화질 반응 속도가 TFT-LCD보다 느려, 동영상 구현 시 잔상이 거의 없다.
④ 두께와 무게를 LCD의 3분의 1로 줄일 수 있는 차세대 평판 디스플레이다.

해설 **유기 발광 다이오드(OLED : Organic Light Emitting Diode)**
유기 EL이라고 불리다가 현재의 공식 명칭은 올레드 또는 오엘이디라고 부른다. 이것은 주로 조명과 디스플레이를 목적으로 개발되었고 넓은 시야각, 고효율, 색의 구현, 응답 속도, 자발광, 초박막 기술 등의 다양한 장점을 가지고 있으며 차세대 평판 디스플레이로 손꼽히고 있다.
OLED TV는 능동형 유기 발광 다이오드 패널을 장착한 TV로서, 백라이트에 의해 빛을 생성하는 LCD TV와 LED TV와는 달리 패널 자체에서 빛을 내는 영상 디스플레이이다. 이것은 형광성 유기 화합물에 전류가 흐르게 되면 스스로 빛을 발산하기 때문에 LCD TV처럼 백라이트가 필요없어 에너지 소비량이 작고 유닛이나 액정, 컬러 필터 등이 없어 패널이 얇고 가벼우며 색의 재현성과 명암비, 시야각, 응답 속도 등이 뛰어나다.
TFT-LCD는 박막 트랜지스터 기술을 이용하여 액정 디스플레이를 만든 LCD의 한 종류로서, TFT- LCD 기술에는 TN, IPS, MVA, PVA, CPA 등의 방식이 있으며 동작 속도가 빠르고 선명한 TFT 방식의 LCD가 주로 사용된다.
LED TV의 조명인 LED와 OLED TV의 OLED는 기본적으로 발광의 원리가 같다. 단, OLED TV는 전하의 주입 · 이동 · 재결합 등이 유기물(organic) 층에서 발광하기 때문에 OLED라고 부른다.

정답 45. ① 46. ② 47. ② 48. ③

49 **초음파 가습기, 초음파 세척기는 초음파의 어떤 현상을 이용하여 만든 것인가?**

① 응집
② 소나(SONAR)
③ 히스테리시스
④ 캐비테이션(cavitation)

해설 **캐비테이션(cavitation, 공동 현상)**
강력한 초음파가 액체 내를 전파할 때 소밀파(종파)의 소부에서 공기 또는 증기의 기포가 생기고 다음 순간에는 소밀파의 소부가 밀부로 되어 기포가 없어지며 주위의 액체가 말려들어 충돌을 일으켜 수백에서 수천기압의 커다란 충격이 일어나는 것으로, 기포의 생성과 소멸 현상을 말한다. 이러한 캐비테이션 현상은 초음파의 세척 · 분산 · 유화(에멀션화) 등에 이용된다.
- 초음파 가습기 : 강력한 초음파가 액체 내를 전파할 때 소밀파(종파)의 소부에서 공동 현상이 생겨나 아주 작은 입자나 분자로 나누어지는 분산 작용 현상이 발생하여 공기 또는 증기의 기포가 생기고, 분사 현상이 공기 중에 분출되어 안개 모양이 발생하는 것을 이용한 것이다.
- 초음파 세척기 : 강력한 초음파가 액체 내를 전파할 때 세척액 중에서 기포가 발생하고 소멸되는 현상을 되풀이 하며 기포가 소멸할 때에는 약 1,000[atm] 정도의 압력이 생긴다. 따라서, 기포가 파괴될 때 세척물에 부착된 먼지가 흡인 또는 분리되어 물리 · 화학적 반응 촉진 작용에 의해서 세척이 행해지는 것을 이용한 것이다.

50 **디지털 LCD TV에서 전체 화면이 무지개 색으로 나올 경우 그 고장 증상은?**

① 인버터 회로 불량
② 영상 보드 회로 불량
③ 백라이트 불량
④ 패널 TAP 칩 불량

해설 **LCD TV(LCD : Liquid Crystal Display)**
LCD 패널을 장착해 픽셀 하나하나를 액정을 이용해서 영상을 구현하는 TV를 말한다.
LCD란 액체와 고체의 중간적인 특성을 가지는 액정의 전기 · 광학적 성질을 표시 장치에 응용한 것으로, 분자 배열이 외부 전계에 의해 변화되는 성질을 이용하여 표시 소자로 만든 액정 디스플레이(LCD)이다. LCD 패널은 디스플레이를 구현하는 장치로서 모니터 화면에 해당한다.
* 패널 TAP 칩 불량 : LCD 패널의 상단 및 좌우측에는 영상을 전달받아 할당하는 TAP이 붙어 있는데 이 TAP이 손상되면 가로줄과 세로줄이 생기며 화면이 깨지는 현상이 나타난다. 패널의 TAP은 필름 재질로 되어 있어 손상 및 파손이 쉽다. TAP 칩이 불량일 경우 무지개색 잡음과 백화 현상이 생기며 색만 나타난다.

51 **테이프 레코더 구성 요소에서 모터에 의해 일정한 스피드로 회전하는 축은 어느 것인가?**

① 테이크업 릴
② 가이드 롤러
③ 핀치 롤러
④ 캡스턴

해설 **캡스턴(capstan)**
테이프의 주행 속도와 거의 같은 원주 속도를 가진 금속으로 된 회전축으로, 테이프를 핀치 롤러와 캡스턴 사이에 끼워서 핀치 롤러를 압착시켜 일정한 속도로 움직이게 한다.
여기서, 핀치 롤러(pinch roller)는 원형으로 된 고무바퀴를 말한다.

52 **전자 편향형 브라운관의 전자빔 진행 방향을 수정하여 라스터의 위치를 조절하기 위한 링 모양의 자석을 무엇이라고 하는가?**

① 센터링 마그넷
② 편향 코일
③ AGC 전압
④ 튜너

해설 **센터링 마그넷(centering magnet)**
TV 수상기에 사용하는 전자 편향형 브라운관의 편향 코일의 전자총측에 부착된 링 모양의 자석으로, 전자총에서 나오는 전자빔(beam)의 진행 방향을 수정하여 래스터의 위치를 조절하기 위하여 사용된다.

53 **TV 송신 안테나의 전력을 100[W]에서 200[W]로 올리면 같은 지점에서 전계 강도는 얼마로 변하는가?**

① 약 1.4배 ② 약 1.5배
③ 약 1.6배 ④ 약 1.7배

해설 **전계 강도**
$E = \frac{\sqrt{P}}{d}$ [V/m]
여기서, P : 방사 전력[W], d : 거리[m]
* 같은 송신 지점에서의 전계 강도이므로 거리 d를 무시하면
$E = \sqrt{P}$ [V/m]이다.
$\therefore\ E = \frac{\sqrt{200}}{\sqrt{100}} \fallingdotseq 1.4$배

정답 49. ④ 50. ④ 51. ④ 52. ① 53. ①

54 **목푯값이 변화하나 그 변화가 알려진 값이며 예정된 스케줄에 따라 변화하는 제어 방식은?**

① 정치 제어 ② 추치 제어
③ 수동 제어 ④ 프로그램 제어

해설 프로그램 제어는 목푯값이 사전에 정해진 시간적 변화를 하는 경우의 제어를 말한다.

55 **CD-ROM, DVD-ROM 등의 광학 드라이브 장치에서 디스크면에 기록된 부분이 일정한 시간에 일정한 거리를 움직이도록 하는 방식은?**

① 헤드 일정(CHV)
② 각속도 일정(CAV)
③ 선속도 일정(CLV)
④ 회전 속도 일정(CRV)

해설 **디스크 저장 매체의 저장 방식**
- 각속도 일정(CAV : Constant Angular Velocity) 방식 : 디스크의 회전 속도가 고정되어 있으며 동심원 형태의 트랙을 지닌 디스크가 일정한 속도로 회전하여 정보를 저장하는 방식이다. 하드 디스크와 플로피 디스크가 이 방식을 채택한다.
이와 같은 CAV는 모터의 회전 속도를 일정하게 동작시키면 되므로 데이터를 접근할 때 헤드를 해당 트랙에 위치시키고 해당 섹터가 회전하여 헤드 아래에 올 때까지만 기다리면 데이터를 즉시 접근시킬 수 있는 장점이 있다. 따라서, 헤드의 위치에 따라 조절해야 하는 CLV 방식에 비하여 이점이 된다.
- 선속도 일정(CLV : Constant Linear Velocity) 방식 : CD, DVD, SACD 등과 같은 광기록 매체를 기록하는 방식이다.
CLV는 CAV의 단점인 공간의 낭비를 보완하기 위해 나선형 꼴로 정보를 저장하며 헤드의 위치에 따라 모터의 속도를 조절하여 디스크의 중심 부분에서 더 빨리 디스크의 외각에서는 더 느리게 회전하도록 함으로써 데이터를 읽고 쓰는 속도가 일정하게 되어 각 트랙은 최대한 데이터를 저장할 수 있다. 이것은 저장 용량이 큰 반면에 데이터의 접근 시간이 느린 단점이 있으므로 연속적인 오디오 또는 비디오 트랙에는 적합한 반면 임의 접근(random access)을 요구하는 응용에는 부적합하다.

56 **물질에 빛을 비춤으로써 기전력이 발생하는 현상은?**

① 광 방전 효과
② 광 전도 효과
③ 광 전자 방출 효과
④ 광 기전력 효과

해설 **광 기전력 효과(photovoltaic effect)**
- 반도체의 PN 접합부나 정류 작용이 있는 반도체와 금속의 접합면에 강한 빛을 입사시키면 경계면의 접촉 전위차로 인하여 반도체 중에 생성된 전도 전자와 정공이 분리되어 양쪽 물질에서 서로 다른 종류의 전기가 발생하여 기전력이 생기는 효과이다.
- 용도 : 포토다이오드, 포토트랜지스터, 광전지 등에 실용화되고 있다.

57 **유도 가열은 어떤 원리를 이용하여 가열하는 방식인가?**

① 전압손
② 유전체손
③ 맴돌이 전류손
④ 히스테리시스손

해설 **유도 가열(induction heating)**
금속과 같은 도전 물질에 고주파 자기장을 가할 때 도체에서 생기는 맴돌이 전류(와류)에 의하여 물질을 가열하는 방법을 말한다.
* 원리 : 그림과 같이 가열하고자 하는 도체에 코일을 감고 고주파 전류를 흘리면 가열 코일 내에 있는 도체에 교번 자속(고주파 자속)이 통하게 되어 도체 내에는 전자 유도 작용에 의한 맴돌이 전류가 흐르게 되어 전력 손실이 일어난다. 이 전력 손실을 맴돌이 전류손이라 하며 이로 인하여 열이 발생하게 된다.

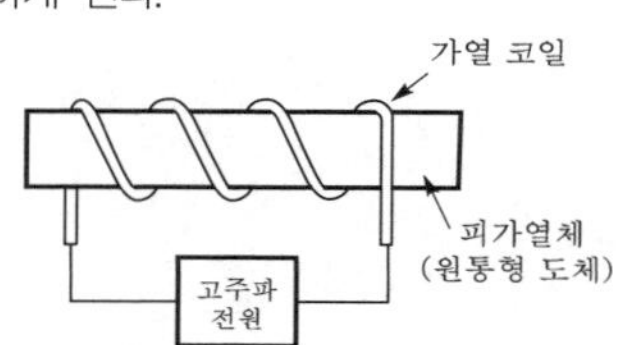

58 **제어계의 방식에 따른 제어용 증폭기에 속하지 않는 것은?**

① 전기식 ② 유압식
③ 기계식 ④ 공기식

해설 제어계의 조작 기기의 조작 장치의 형식으로는 공기식, 유압식, 전기식 및 이러한 것들을 조합시킨 방법 등이 사용된다.

59 **다음 중 가로 800픽셀, 세로 600픽셀, 픽셀당 16비트인 디지털 영상의 크기[kB]는?**

① 480 ② 960
③ 21 ④ 12

정답 54. ④ 55. ③ 56. ④ 57. ③ 58. ③ 59. ②

해설 **디지털 영상의 크기**
[kB]=(가로 픽셀수)×(세로 픽셀수)×(비트수)
=800×600×2byte(16bit)
=960[kB]

60 **회로의 어떤 부분에 있어서 신호 전력과 잡음 전력의 크기의 비를 무엇이라고 하는가?**

① Noise factor
② SNR
③ Distion rate
④ Modulation rate

해설 **신호 대 잡음비(S/N ratio)**
동일한 잡음량이라도 신호가 약할 때와 강할 때의 경우 그 영향력이 다르므로 신호 입력이 충분히 크다 하더라도 잡음 입력이 그에 수반하여 크다면 만족한 수신을 바랄수가 없다. 한편 신호 입력이 어느 한도까지 작아도 잡음 입력이 그 이하로 작다면 만족한 수신은 가능하게 된다. 그러므로 신호와 잡음의 관계는 양자를 상대적인 크기로서 생각할 수 있다. 이것을 신호 전력 대 잡음 전력비(signal power to noise power ratio) 또는 SNR이라고 하며 보통은 S/N으로서 표시한다.
* 무선 수신기의 입력 단자에 있어서 신호 전력 P_s[W]와 잡음 전력 P_n[W]의 비를 말하며 [dB]을 단위로 하여 다음과 같은 식으로 표시한다.

$$S/N[\text{dB}] = 10\log\frac{P_s}{P_n}[\text{dB}]$$
$$= 20\log\frac{V_s}{V_n}[\text{dB}]$$
$$= 20\log\frac{I_s}{I_n}[\text{dB}]$$

이와 같은 S/N비는 통신에 미치는 영향이 대단히 크며 같은 잡음이라도 잡음 주파수에 따라 방해의 정도가 현저하게 다르다.

정답 60. ②

2015. 07. 19. 기출문제

01 음성 신호를 펄스 부호 변조 방식(PCM)을 통해 송신측에서 디지털 신호로 변환하는 과정으로 옳은 것은?

① 표본화 → 양자화 → 부호화
② 부호화 → 양자화 → 표본화
③ 양자화 → 부호화 → 표본화
④ 양자화 → 표본화 → 부호화

해설 **펄스 부호 변조(PCM : Pulse Code Modulation)**
신호의 표본 값에 따라 펄스의 높이를 일정한 진폭을 갖는 펄스열로 부호화하는 과정을 PCM이라 한다. 이것은 펄스 변조의 일종으로 A/D 변환기로 아날로그 신호의 표본화된 펄스열의 높이를 부호화하여 디지털 신호로 변환시키는 변조 방식으로, 아날로그 신호를 표본화 → 양자화 → 부호화의 3단계 분리과정에 의해서 디지털 신호로 변환시킨다.

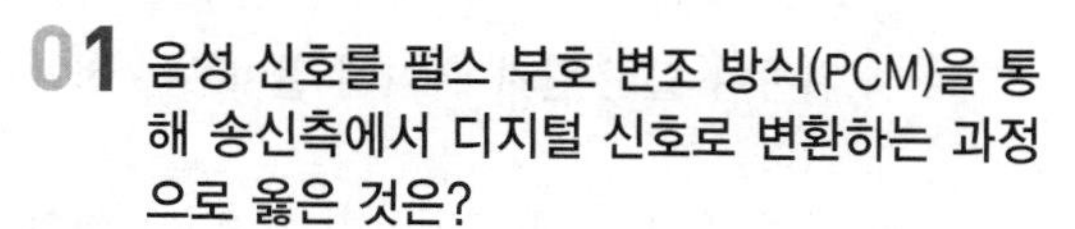

‖ PCM의 3단계 과정 ‖

02 다음 회로의 명칭은 무엇인가?

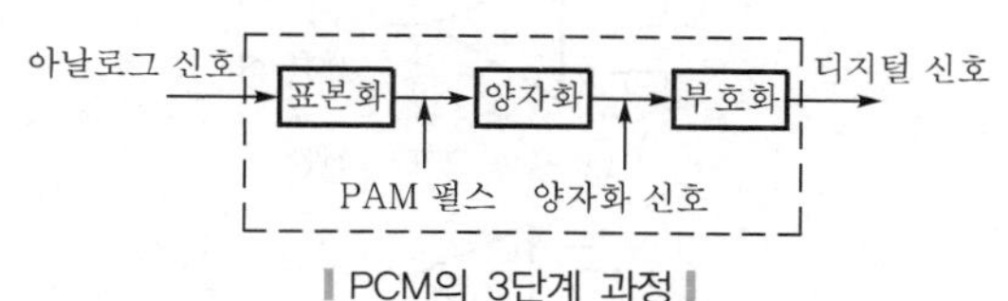

① 직렬 제어형 정전압 회로
② 병렬 제어형 정전압 회로
③ 직렬형 정전류 회로
④ 병렬형 정전류 회로

해설 **병렬 제어형 정전압 회로**
제어용 트랜지스터와 부하 R_L이 병렬로 접속되어 있는 정전압 회로로서, 저항 R_1은 제너 다이오드 Z_D를 적당한 동작점에서 바이어스하기 위한 직렬 안정 저항으로서, 출력 전압의 변동분을 분담하여 보상한다.

만일, 입력 전압 V_i 또는 R_L 변화에 의하여 출력 전압 V_o가 감소한다면 B－C 사이의 전압은 Z_D에 의하여 일정하게 유지되므로 V_{BE} 전압(순방향 바이어스)이 감소되어 베이스 전류 I_B가 감소한다. 이때문에 이미터 전류 I_E가 감소하며, 따라서 R_1의 전압이 감소하여 V_o의 감소를 보상하므로 출력 전압을 일정하게 유지한다.
[특징]
- 회로 구성이 간단하고 출력 단자가 단락되더라도 제어용 트랜지스터가 파괴되는 일이 없음으로 과부하에 대한 보호 회로가 필요 없다.
- 전력 소비가 커서 직렬 제어형보다 효율이 나쁘다.
- 제어할 수 있는 출력 전류의 범위가 Z_D에 의하여 결정되며 I_L의 변동폭은 Z_D의 최소 전류를 넘지 못한다.
- 출력 전압은 Z_D에 의하여 결정되며 가변으로 할 수 없다.
- 부하 전류의 변동이 작은 경우에 R_1의 값을 작게 할 수 있어 유효하다.

03 다음과 같은 회로의 명칭은?

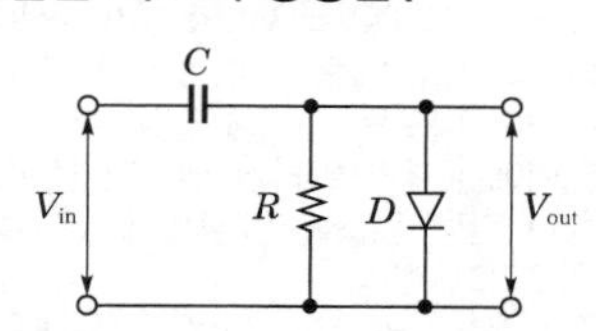

① 클램퍼(clamper) 회로
② 슬라이서(slicer) 회로
③ 클리퍼(clipper) 회로
④ 리미터(limiter) 회로

해설 **클램퍼 회로(clamper circuit)**
입력 신호의 (+) 또는 (－)의 피크(peak)를 어느 기준 레벨로 바꾸어 고정시키는 회로를 말하며 클램핑(clamping)이라고도 한다. 또 직류분 재생을 목적으로 할 때는 직류 재생 회로(DC restorer)라고도 한다.
* 그림의 회로는 부(－)의 클램퍼 회로로서, 입력의 펄스 파형이 정(+)의 피크값에서 다이오드가 단락되어 0 레벨을 기준으로 하는 출력 파형이 (－)측에 나타난다.

정답 01. ① 02. ② 03. ①

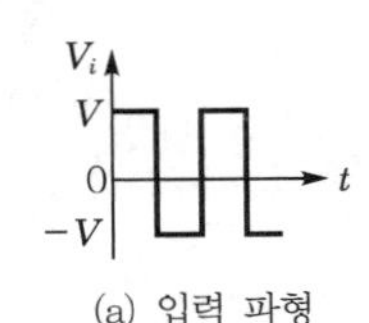

(a) 입력 파형

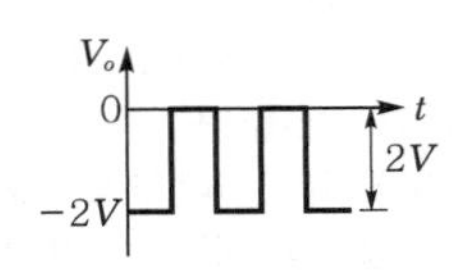

(b) 출력 파형

▌부(−) 클램핑의 입 · 출력 파형▐

04 입력 상태에 따라 출력 상태를 안정하게 유지하는 멀티바이브레이터는?

① 비안정 멀티바이브레이터
② 단안정 멀티바이브레이터
③ 쌍안정 멀티바이브레이터
④ 모든 형식의 멀티바이브레이터

해설 **쌍안정 멀티바이브레이터(bistable multivibrator)**

- 2개의 트랜지스터를 결합 콘덴서 C를 사용하지 않고 모두 저항 R을 사용하여 직류(DC) 결합시킨 것으로, 2개의 안정 상태를 가지는 회로이다. 이것은 스스로 발진하지 않고 외부로부터 트리거(trigger) 펄스가 들어올 때마다 2개의 트랜지스터가 교대로 on, off 상태로 바뀌므로 어느 상태에서나 안정하다. 따라서, 입력 신호에 따라 2개의 안정 상태가 바뀌어 나오는 출력을 얻을 수 있다.
- 입력에 2개의 트리거 펄스가 들어올 때 1개의 구형파 출력 펄스를 발생시키므로 플립플롭(flip flop) 회로라고 한다.
- 전자계산기의 기억 회로, 2진 계수기 등의 디지털 기기들의 분주기로 이용된다.

05 JK 플립플롭을 이용하여 10진 카운터를 설계할 때 최소로 필요한 플립플롭의 수는?

① 1개　② 2개
③ 3개　④ 4개

해설 **N진 카운터 설계**

- 요구되는 플립플롭(flip flop)의 수를 결정한다.
  - 식 : $2^{n-1} \le N \le 2^n$
  - n : 플립플롭의 수
- 먼저 n개의 플립플롭으로 2^n 카운터를 구성한 다음 $(N-1)$에 대한 2진수를 구한다.

* 10진 카운터의 설계
$2^{n-1} \le 10 \le 2^n$에서 $n=4$
∴ 4개의 플립플롭이 필요하다.

06 연산 증폭기의 입력 오프셋 전압에 대한 설명으로 가장 적합한 것은?

① 차동 출력을 0[V]가 되도록 하기 위하여 입력 단자 사이에 걸어주는 전압이다.
② 출력 전압이 무한대(∞)가 되도록 하기 위하여 입력 단자 사이에 걸어주는 전압이다.
③ 출력 전압과 입력 전압이 같게 될 때의 증폭기의 입력 전압이다.
④ 두 입력 단자가 접지되었을 때 두 출력 단자 사이에 나타나는 직류 전압의 차이다.

해설 **입력 오프셋(offset) 전압**

이상적인 연산 증폭기의 경우 차동 입력 전압이 0[V]일 때 그 출력도 0[V]이어야 하지만 능동 소자의 특성 불균일, 저항의 특성 차이 등으로 출력 전압이 0[V]가 되지 않고 약간의 오프셋 전압이 발생한다. 따라서, 출력에 나타나는 오프셋 전압을 0[V]로 하기 위하여 입력 단자 사이에 공급하는 전압을 말한다.

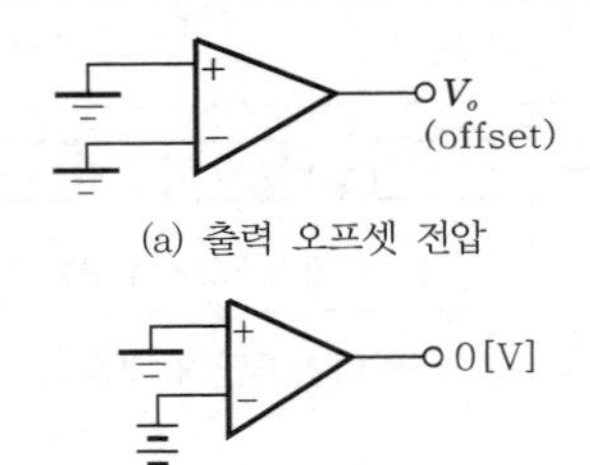

(a) 출력 오프셋 전압

(b) 출력 오프셋 전압을 0[V]로 해주기 위한 방법

출력에 나타나는 오프셋(offset) 전압은 입력 신호에 따른 것이 아니라 회로 자체에서 발생하는 잡음이다.

* 이와 같은 입력 오프셋 전압은 제조 회사에서 정하며 출력 오프셋 전압은 회로에 따라 입력 오프셋 전압과 증폭기의 전압 이득에 의해 정해진다.

07 전원 회로의 구조가 순서대로 바른 것은?

① 정류 회로 → 변압 회로 → 평활 회로 → 정전압 회로
② 변압 회로 → 평활 회로 → 정류 회로 → 정전압 회로
③ 변압 회로 → 정류 회로 → 평활 회로 → 정전압 회로
④ 정류 회로 → 평활 회로 → 변압 회로 → 정전압 회로

정답 04. ③　05. ④　06. ①　07. ③

해설 **전원 회로의 구조 순서**

변압 회로 → 정류 회로 → 평활 회로→ 정전압 회로

- 변압 회로 : 철심이나 코일을 사용한 변압기의 권선비를 이용하여 2차측에 실효 전압을 공급하는 회로이다.
- 정류 회로 : 다이오드 정류 소자를 사용하여 교류를 한쪽 방향의 직류로 변환하는 회로이다.
- 평활 회로 : 정류 회로의 출력에 포함된 교류 성분(ripple)을 줄이기 위하여 정류 회로와 필터(filter)를 조합한 회로이다.
- 정전압 회로 : 정류 회로에서 평활 회로를 거친 출력 전압은 전원 전압이나 부하의 변동에 따라 변화된다. 따라서, 출력 전압을 안정화시키는 동시에 맥동률을 줄이기 위해 LC 여파기(filter)를 포함한 정류 회로와 부하 사이에 넣은 안정화 회로이다.

08 증폭 회로에서 되먹임의 특징으로 옳지 않은 것은? (단, 음되먹임(negative feedback) 증폭 회로라 가정한다)

① 이득의 감소
② 주파수 특성의 개선
③ 잡음 증가
④ 비선형 왜곡의 감소

해설 **음되먹임(부귀환) 증폭기의 특성**

- 이득이 안정된다.
- 일그러짐이 감소한다(주파수 일그러짐, 위상 일그러짐, 비직선 일그러짐).
- 잡음이 감소한다.
- 부귀환에 의해서 증폭기의 전압 이득은 감소하나, 대역폭이 넓어져서 주파수 특성이 개선된다(상한 3[dB] 주파수를 대역폭으로 사용한다).
- 귀환 결선의 종류에 따라 입 · 출력 임피던스가 변화한다.

09 어떤 도체에 4[A]의 전류를 10분간 흘렸을 때 도체를 통과한 전하량 Q는 얼마인가?

① 150
② 300
③ 1200
④ 2,400

해설 **전하량**

$Q = It$[C]
$= 4 \times 10 \times 60 = 2,400$[C]

10 다음 회로의 명칭은 무엇인가?

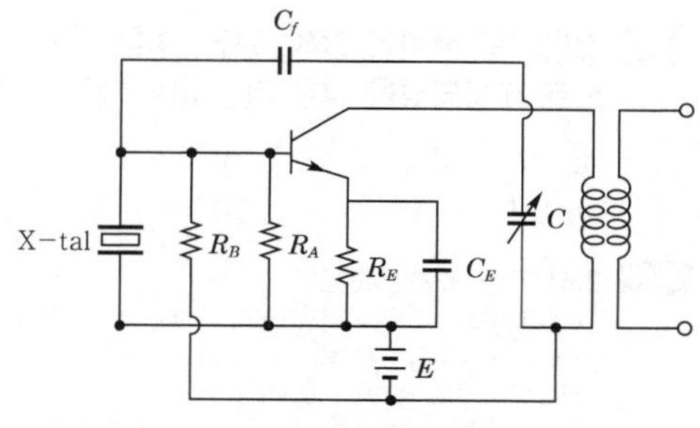

① 피어스 BC형 발진 회로
② 피어스 BE형 발진 회로
③ 하틀리 발진 회로
④ 콜피츠 발진 회로

해설 그림의 회로는 수정 진동자가 트랜지스터의 베이스와 이미터 사이에 있으므로 피어스 BE형(하틀리형) 발진 회로라 한다. 여기서, 수정 진동자(X-tal)는 유도성으로 동작하므로 컬렉터와 이미터 간의 동조 회로는 유도성으로 동작한다.

11 다음 중 빈 브리지 발진 회로에 대한 특징으로 틀린 것은?

① 고주파에 대한 임피던스가 매우 낮아 발진 주파수의 파형이 좋다.
② 잡음 및 신호에 대한 왜곡이 작다.
③ 저주파 발진기 등에 많이 사용된다.
④ 사용할 수 있는 주파수 범위가 넓다.

해설 **빈 브리지(Wien bridge) 발진기**

- RC 결합 2단 증폭기에 양 · 음의 되먹임이 가해지는 발진기로서, 이상형 RC 발진기에 비하여 안정도가 좋고 주파수 가변이 용이하며 저주파용 발진기의 대표적인 것으로 상업용 오디오 발진기나 다른 저주파 응용에서 많이 사용된다.
- 음되먹임(부귀환)을 사용하여 정현파를 발생하는 발진을 일으키고 발진 주파수와 진폭을 결정하며 출력의 포화되는 것을 막아준다. 발진의 조건은 양되먹임(정귀환) 상태에서 위상차가 없는 주파수가 된다.
- 발진 주파수의 범위는 5[Hz] ~ 1[MHz]로서, R과 C의 성분과 전압 분할 회로로 결정되며 증폭기의 전압 이득이 3 이상이면 발진한다.

  ∴ 발진 주파수 $f = \dfrac{1}{2\pi CR}$[Hz]
- 발진 소자인 R과 C를 직렬 또는 병렬로 결합하여 양되먹임(정귀환) 접속 회로를 구성하며 음되먹임(부귀환) 회로에서는 서미스터(thermister)를 사용하여 발진을 더욱 안정화시킨다.

정답 08. ③ 09. ④ 10. ② 11. ①

12 저항기의 색띠가 갈색, 검정, 주황, 은색의 순으로 표시되었을 경우 저항값[kΩ]은?

① 27 ~ 33　　② 9 ~ 11
③ 0.9 ~ 1.1　　④ 18 ~ 22

해설 **컬러 코딩 표준 저항값**

고정 저항은 그 종류가 다양하기 때문에 저항값을 표면에 4가지나 5가지 색띠로 그림과 같이 컬러 코팅을 지정하여 한쪽 끝부터 표시한다.

- 색띠의 첫 번째 값과 두 번째 값은 총저항값의 첫째와 둘째 숫자를 나타낸다.
- 세 번째의 값은 지수값을 나타내며 금색과 은색에 의해서 정해지는 배율을 나타낸다.
- 네 번째의 값은 생산자에 의해서 정해지는 정밀도를 나타낸다.
- 다섯 번째의 값은 1,000시간 사용 시 불량률을 나타내는 퍼센트값이다.

색띠 1 ~ 3	색띠 3
0 흑(black) 1 갈(brown) 2 적(red) 3 주황(orange) 4 노랑(yellow) 5 녹(green) 6 청(blue) 7 자(violet) 8 회(gray) 9 백(white)	0.1 금(gold) 0.01 은(silver)
색띠 4	**색띠 5**
5[%] 금(gold) 10[%] 은(silver) 20[%] 색띠 없음	1[%] 갈(brown) 0.1[%] 적(red) 0.01[%] 주황(orange) 0.001[%] 노랑(yellow)

* 저항의 색띠가 갈색, 검정, 주황, 은색순의 저항값은 $10 \times 10^3 = 10$[kΩ] (오차 10[%])

1 색띠	2 색띠	3 색띠	4 색띠	5 색띠
갈 (brown)	흑 (black)	주황 (orange)	은 (silver)	No color
1	0	10^3	10[%]	20[%]

13 다음 중 공통 컬렉터 증폭기에 대한 설명으로 적합하지 않은 것은?

① 전압 이득은 대략 1이다.
② 입력 저항이 높아 버퍼로 많이 사용된다.
③ 입력과 출력의 위상은 동상이다.
④ 입력은 결합 커패시터를 통하여 이미터에 인가한다.

해설 **컬렉터 접지 증폭 회로(이미터 폴로어)의 특징**

- 전류 증폭도가 가장 높다.
- 전압 증폭도 ≤ 1이다.
- 입력 저항이 매우 크다(수백[kΩ] 이상).
- 출력 저항이 가장 작다(수~수십[Ω]).
- 입 · 출력 신호의 위상은 동위상이다.
- 임피던스 변환용 완충(buffer) 증폭단으로 사용된다.
- 전력 증폭기로도 사용된다.

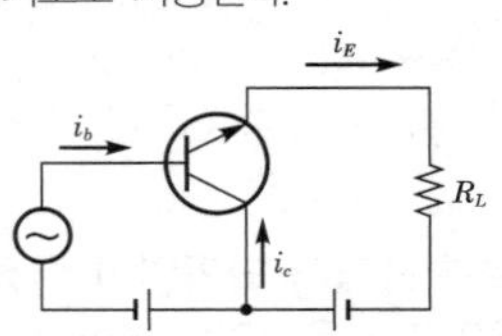

* 컬렉터 접지 증폭기는 접지 방식 중 출력 임피던스가 가장 낮고 전압 이득이 거의 1에 가깝다. 베이스 전압의 변동과 이미터에 있는 부하 전압의 변동이 똑같기 때문에 이미터 폴로어(emitter follower)라 하며 고임피던스 전원과 저임피던스 부하 사이의 완충 증폭단으로 널리 사용된다.

14 모놀리식(monolithic) 집적 회로(IC)의 특징으로 적합하지 않은 것은?

① 제조 단가가 저렴하다.
② 높은 신뢰도를 가진다.
③ 대량 생산이 가능하고 소형화, 경량화 등의 특징을 가진다.
④ 높은 정밀도가 요구되는 아날로그 회로에 사용된다.

해설 **집적 회로(IC)의 특징**

- L과 C가 필요 없이 R이 극히 작은 회로이다.
- 전력 출력이 작은 회로이다.
- 회로를 초소형화할 수 있다.
- 신뢰도가 높고 부피가 작으며 경량이다.
- 대량 생산을 할 수 있고 가격이 저렴하며 경제적이다.

15 다음 중 1[μF]을 [F]으로 표시하면 얼마인가?

① 10^{-3}[F]
② 10^{-6}[F]
③ 10^{-9}[F]
④ 10^{-12}[F]

정답 12. ② 13. ④ 14. ④ 15. ②

해설 정전 용량(electrostatic capacity)
콘덴서가 전하를 축적할 수 있는 능력을 표시하는 양으로서, 단위는 패럿(farad[F])을 사용한다. 즉, 1[V]의 전압을 가하여 1[C]의 전하를 축적하는 콘덴서의 정전 용량은 1[F]이다.
- 1[μF]=10^{-6}[F]
- 1[pF]=10^{-12}[F]

16 실제 펄스 파형에서 이상적인 펄스 파형의 상승하는 부분이 기준 레벨보다 높은 부분을 무엇이라 하는가?

① 새그(sag)
② 링잉(ringing)
③ 오버슈트(overshoot)
④ 지연 시간(delay time)

해설 오버슈트(overshoot)
펄스의 상승 파형에서 이상적 펄스파의 진폭 V보다 높은 부분의 높이 a를 말한다.

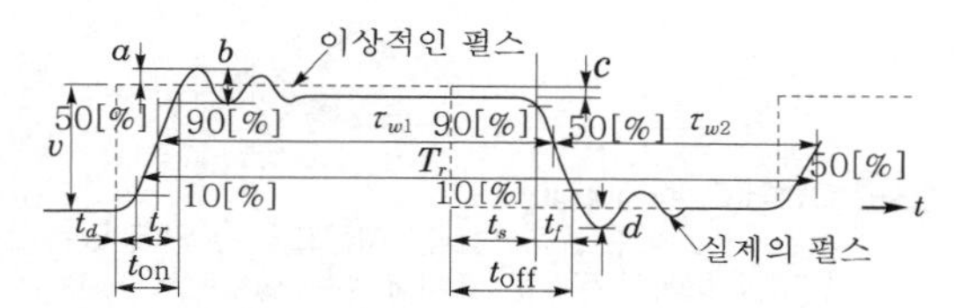

17 주기억 장치로 사용되는 반도체 기억 소자 중에서 읽기, 쓰기를 자유롭게 할 수 있는 것은?

① RAM ② ROM
③ EP-ROM ④ PAL

해설 RAM(Random Access Memory)
전원 공급이 차단되면 기억 내용을 읽게 되는 소멸성 기억 장치로서, 기억된 내용을 읽거나 변경시킬 수 있다. 이것은 주기억 장치에 사용되며 처리 과정 중의 자료나 명령을 임시로 기억하는 장치이다.

18 컴퓨터 내의 입·출력 장치들 중 입·출력 성능이 높은 것에서 낮은 순으로 바르게 나열된 것은?

① 인터페이스-채널-DMA
② DMA-채널-인터페이스
③ 채널-DMA-인터페이스
④ 인터페이스-DMA-채널

해설 입·출력 성능의 순서
채널 → DMA → 인터페이스
- 채널(channel) : 중앙 처리 장치(CPU) 대신에 입·출력 장치 및 입·출력 제어 장치를 직접 제어하는 장치
- 직접 메모리 엑세스(DMA) : 주변 장치가 CPU로부터 버스 사용의 허락을 받아 CPU를 거치지 않고 독자적으로 메모리와 데이터를 주고받는 방식
- 인터페이스(interface) : 컴퓨터의 내부 장치나 구성 요소 간의 상호 접속을 위한 송·수신 방법(프로토콜)

19 디코더(decoder)는 일반적으로 어떤 게이트를 사용하여 만들 수 있는가?

① NAND, NOR
② AND, NOT
③ OR, NOR
④ NOT, NAND

해설 해독기(decoder)
2진수로 표시된 입력의 조합에 따라 1개의 출력만 동작하도록 한 것으로, AND와 NOT 게이트의 조합으로 표준적인 NAND 회로를 구성할 수 있다.

20 다음 문자 데이터 코드들이 표현할 수 있는 데이터의 개수가 잘못 연결된 것은? (단, 패리티 비트는 제외한다)

① 2진화 10진수(BCD) 코드 : 64개
② 아스키(ASCII) 코드 : 128개
③ 확장 2진화 10진(EBCDIC) 코드 : 256개
④ 3-초과(3-excss) 코드 : 512개

해설 ① 2진화 10진(BCD) 코드 : 2진수를 사용하는 가장 보편화된 코드로서, 4자리의 2진수 표시로 1개의 10진수를 표시한다.
6비트의 코드에서 $2^6=64$의 문자를 표현할 수 있다.
② ASCⅡ 코드 : 미국 표준 협회에서 제정한 것으로, 8비트로 구성되어 있으나 대부분 7비트만을 사용하고 1비트는 패리티 비트(parity bit)로 사용한다.
7비트 코드에서 $2^7=128$의 문자를 표현할 수 있다.
③ 확장 2진화 10진(EBCDIC) 코드 : BCD 코드를 확장한 코드로서, 4비트 2조를 1조로 하여 8비트를 한 자로 표현하는 코드이다. 8비트를 사용하여 16진수로 표기 가능하며 $2^8=256$의 문자를 표현할 수 있다.

정답 16. ③ 17. ① 18. ③ 19. ② 20. ④

④ 3-초과 코드(3-excess) : 각 자리에 특정한 값이 부여되지 않은 코드 비가중값 코드(non-weighted code)의 대표적인 코드로서, 8421코드 표현의 2진화 10진법에 3을 더한 것과 같은 원리의 코드이다. 즉, 2진법 3에서 12까지를 10진법 0에서 9까지로 각각 대응시킨 것으로, 각 자릿수의 1, 0을 바꾸는 것만으로 9의 보수를 간단히 만들 수 있는 장점이 있다.

21 마이크로프로세서의 주소 지정 방식 중 짧은 길이의 오퍼랜드로 긴 주소에 접근할 때 사용되는 방식은?

① 직접 주소 지정 방식
② 간접 주소 지정 방식
③ 레지스터 주소 지정 방식
④ 즉치 주소 지정 방식

해설 **간접 주소 지정 방식(indirect addressing mode)**
오퍼랜드가 존재하는 기억 장치 주소의 자료로 주기억 장치 내의 주소를 지정한 후 그 주소의 내용으로 한번 더 주기억 장치의 주소를 지정하는 방식이다. 기억 장치를 두 번 읽어서 오퍼랜드를 얻고 짧은 인스트럭션 내에서 상당히 큰 용량을 가진 기억 장치의 주소를 나타내는 데 적합하다.

22 데이터의 크기를 작은 것부터 큰 순서로 바르게 나열한 것은?

① bit < word < byte < field
② bit < byte < field < word
③ bit < byte < word < field
④ bit < word < field < byte

해설 **데이터 크기 순서**
bit < byte < word < field
- 비트(bit) : binary digit의 약자로서, 2진수 0과 1의 값을 가지는 데이터의 최소 기본 단위를 말한다.
- 바이트(byte) : 자료의 기본 단위로서, 8bit의 모임을 말한다.
- 단어(word) : 2진 숫자나 byte의 기본적인 집합으로 2byte 이상의 조합으로 구성된 정보의 단위를 말한다.
- 항목(field) : 1byte 이상의 조합으로 된 정보의 기본 단위로서, 어떠한 정보를 전달할 수 있는 최소한의 문자 집단을 말한다.

23 1024×8bit의 용량을 가진 ROM에서 Address bus와 Data bus의 필요한 선로수는?

① Address bus=8선, Data bus=8선
② Address bus=8선, Data bus=10선
③ Address bus=10선, Data bus=8선
④ Address bus=1,024선, Data bus=8선

해설 **버스선(bus line)**
ROM 용량이 1,024×8bit일 때
- 주소 버스(address bus) : $2^{10}=1{,}024$이므로 10선
- 데이터 버스(data bus) : 8bit이므로 8선

24 다음 표준 C언어로 작성한 프로그램의 연산 결과는?

```
#include <stdio.h>
void main( )
{
        printf("%d",10^12);
}
```

① 6 ② 8
③ 24 ④ 14

해설 **C언어(C language)**
printf( ) 함수 문장 형식은 따옴표(" ") 안에 있는 일정한 형식의 문장을 표시해 주는 함수로서, %d는 정수(int)를 담을 수 있으며 출력의 형태는 부호 있는 10진 정수이다.
* ^의 연산자는 논리합(OR) 연산자 반대의 결과를 출력하는 XOR 연산자로, 반논리합 연산자이다.
∴ 10^12의 XOR 출력은 (0110)=6

25 원시 언어로 작성한 프로그램을 동일한 내용의 목적 프로그램으로 번역하는 프로그램을 무엇이라 하는가?

① 기계어
② 파스칼
③ 컴파일러
④ 소스 프로그램

해설 **컴파일러(compiler)**
원시 프로그램 명령들을 기계어 명령들로 변환시켜 목적 프로그램을 생성시키는 프로그램으로서, 고급 언어를 기계어로 바꾸는 것으로 프로그램을 전부 다 읽어 들이고 나서 각 프로그래밍 언어의 문법에 맞는지 번역해 준다. 즉, 컴파일러 언어를 기계어로 번역하는 언어 번역자를 말한다. 대부분 컴퓨터에서 컴파일러 프로그램은 디스크에 저장되어 있다.

정답 21. ② 22. ③ 23. ③ 24. ① 25. ③

26 다음 중 10진수 −7을 부호화 절댓값법에 의한 2진수 표현으로 옳은 것은?

① 10000111 ② 10000110
③ 10000101 ④ 10000100

해설 **음의 2진수 표현**
음의 2진수를 표현하는 방법에는 부호화 절댓값, 1의 보수, 2의 보수의 3가지가 있다.
* 10진수 −7을 8비트의 부호화 절댓값으로 표현하면 1000 0111로서, 맨 앞의 최상위 비트(MSB)가 1이면 음수를 나타낸다.

27 컴퓨터의 중앙 처리 장치와 주기억 장치 간에 발생하는 속도차를 보완하기 위해 개발된 것은?

① 입 · 출력 장치
② 연산 장치
③ 보조 기억 장치
④ 캐시 기억 장치

해설 **캐시 기억(cache memory) 장치**
초고속 소용량의 메모리로서, 중앙 처리 장치의 빠른 처리 속도와 주기억 장치의 느린 속도 차이를 해소하기 위해 사용하는 것으로 효율적으로 컴퓨터의 성능을 높이기 위한 기억 장치이다. 이것은 특히 그래픽 처리 시 속도를 높이는 결정적인 역할을 하며 시스템의 성능을 향상시킬 수 있다.

28 지정 어드레스로 분기하고, 분기한 후에 그 명령으로 되돌아오는 명령은?

① 강제 인터럽트 명령
② 조건부 분기 명령
③ 서브루틴 분기 명령
④ 분기 명령

해설 **서브루틴 분기 명령(subroutine branch instruction)**
서브루틴은 독립된 명령으로 프로그램의 수행 도중에 주프로그램의 여러 곳에서 그 기능을 수행하기 위해 호출되고 호출될 때마다 처음으로 분기가 일어나며 서브루틴의 수행이 완료된 후에는 다시 주프로그램으로 분기가 일어난다. 이러한 서브루틴 분기와 주프로그램의 귀환은 공동으로 작용하므로 모든 처리 과정은 분기를 위해 특별한 명령을 가진다. 이것을 서브루틴 분기 명령이라 하며 특정한 조건에 따라 분기를 지시하는 조건적 분기 명령과 무조건적 분기 명령이 있다.

29 오실로스코프 프로브(probe) 교정을 위해서 어떠한 파형을 이용하는가?

① 삼각파 ② 정현파
③ 구형파 ④ 스텝파

해설 **프로브(probe)**
측정점으로부터의 신호를 오실로스코프에 전달하는 중요한 역할을 하는 것으로, 프로브의 종류에는 전압 프로브(passive 프로브라 함), FET 프로브(active 프로브라 함), 전류 프로브 등이 있다.
전압 프로브는 수동 소자인 저항과 콘덴서를 중요한 구성 소자로 하고 있기 때문에 패시브(passive) 프로브라고 부르며 입력 임피던스, 감쇠량 측정 가능 전압 및 주파수 대역에 의해 몇 가지 종류가 있다. 감쇠비(10 : 1, 100 : 1, 1,000 : 1)를 가지는 프로브는 사용 전에 교정 전압 출력으로 사용되는 약 1[kHz]의 직사각형파(구형파)로 보상용 콘덴서(C_c)를 조절하여야 한다. 이 경우 오실로스코프의 입력 용량에 적합한 프로브가 아니면 보정되지 않는 일이 있으므로 주의가 필요하다.

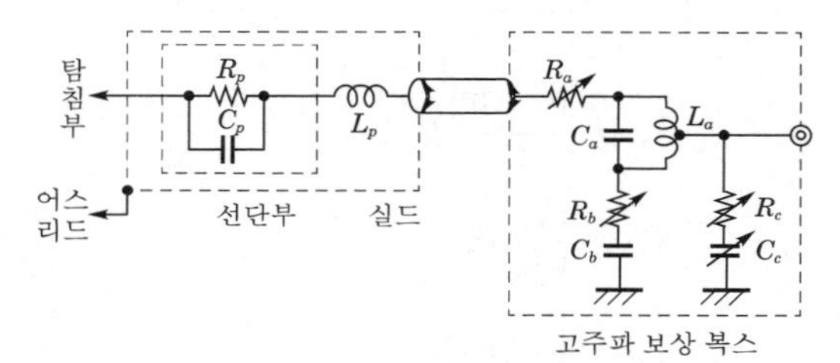

| 고주파용 전압 프로브의 구성 |

* 그림에서 고주파용 전압 프로브의 보정은 C_c를 돌려서 하고, R_a, R_b, R_c로 고주파부분을 각각의 시상수로 보정한다.

30 다음 중 계통적 오차에 속하는 것으로 옳지 않은 것은?

① 우연 오차 ② 이론적 오차
③ 기기적 오차 ④ 개인적 오차

해설 **오차의 종류**
- 계통적 오차 : 어떤 일정한 원인에 의하여 발생하는 오차이다. 측정자에 대한 환경의 영향 또는 측정기 자체가 가지고 있는 결함이나 측정 장치의 온도 변화, 외부 자장, 진동 등에 의하여 발생하는 오차로서, 측정자의 교체, 측정기의 교정, 온도 계수의 산출 등으로 측정 오차를 줄일 수 있다.
- 우연 오차 : 측정 조건의 변화나 측정자의 주의력이 갑자기 동요하였을 때 발생하는 우발적 오차로서, 측정을 여러 번 되풀이하여 얻은 결과를 수학적 계산을 하여 측정 오차를 줄일 수 있다.

정답 26. ① 27. ④ 28. ③ 29. ③ 30. ①

- 오차
  - 계통적 오차
    - 개인적 오차
    - 기기적 오차
    - 이론적 오차
  - 우발적 오차
    - 과오(과실) 오차
    - 우연 오차

31 다음과 같은 회로에서 스위치(SW)를 열었을 때 전압계의 지시를 V_1, 닫았을 때 지시를 V_2라고 하면 전지의 내부 저항 r_B을 구하는 식은? (단, 전압계의 전류는 무시한다)

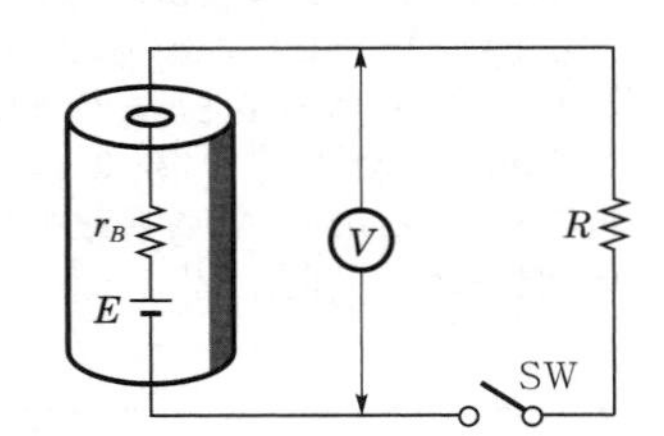

① $r_B = \dfrac{V_1 - V_2}{V_1} R[\Omega]$

② $r_B = \dfrac{V_1}{V_2} R[\Omega]$

③ $r_B = \dfrac{V_2}{V_1} R[\Omega]$

④ $r_B = \dfrac{V_1 - V_2}{V_2} R[\Omega]$

해설 **전지의 내부 저항 측정**
그림의 회로는 전압계법으로 전지의 내부 저항은 전극의 성극 작용으로 전지로부터 빼내는 전류의 크기에 따라 달라지므로 직류에 의하여 측정할 경우 성극 작용이 일어나지 않을 정도로 신속히 측정하여야 한다.

* $V_1 > V_2$, $(V_1 - V_2)$[V]가 전지의 내부 저항 r에 의한 전압 강하 rI[V]이다.
SW를 닫았을 때 R 양단 전압을 V_2라 하면 회로에 흐르는 전류 $I = \dfrac{V_2}{R}$이다.
전지의 내부 저항 $r_B = \dfrac{V_1 - V_2}{I}$[Ω]이므로
$\therefore\ r_B = \dfrac{V_1 - V_2}{V_2} R[\Omega]$

32 오실로스코프를 이용하여 전자 회로에서 전압 및 파형을 측정하였더니 파형의 반주기가 2.5[msec]였다. 이때, 측정된 주파수[Hz]는?

① 50 ② 100
③ 150 ④ 200

해설 주파수 $f = \dfrac{1}{T}$[Hz]에서
주기 $T = 2 \times 2.5 \times 10^{-3} = 5 \times 10^{-3}$
$\therefore\ f = \dfrac{1}{5 \times 10^{-3}} = 200[\text{Hz}]$

33 디지털 계측 방식 중의 하나인 비교법에 의한 측정에서 시간에 따라 직선적으로 증가하는 전압을 무엇이라고 하는가?

① 램프 전압 ② 기준 전압
③ 정형 전압 ④ 비교 전압

해설 **램프 전압(lamp voltage)**
입력 신호가 시간적 변화에 따라 미리 정해진 기울기를 가지고 일정한 비율로 직선적으로 증가하는 전압을 말한다.

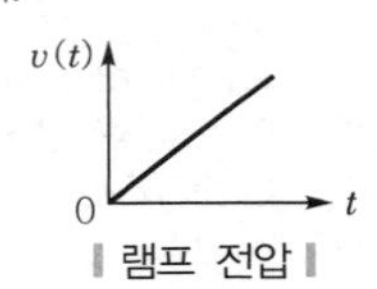

‖ 램프 전압 ‖

34 다음은 수신기의 감도 측정 회로의 구성도이다. 빈칸 A, B에 들어갈 내용으로 옳은 것은?

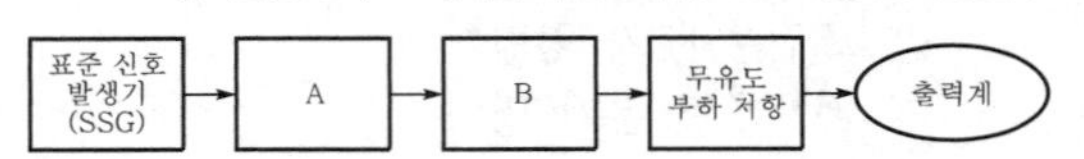

① A : 수신기, B : 감쇠기
② A : 감쇠기, B : 수신기
③ A : 수신기, B : 의사 안테나
④ A : 의사 안테나, B : 수신기

해설 **수신기의 감도 측정**
수신기의 최대 유효 감도는 규정된 출력을 얻는데 필요한 최소 수신 입력의 레벨을 말한다.
- 잡음 제한 감도 측정 : 수신기 신호 출력이 표준 출력으로 50[mW]이고 잡음 출력은 20[dB]로서 의사 공중선의 입력 전압 레벨([dB])로서 표시된다.

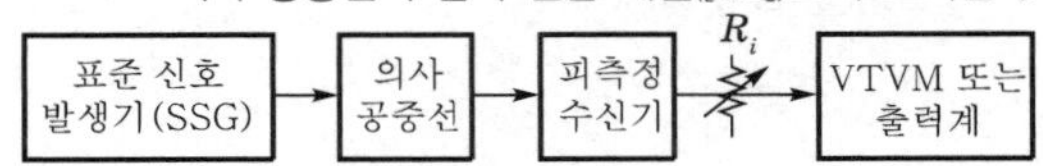

‖ AM 수신기의 감도 측정 회로의 구성도 ‖

정답 31. ④ 32. ④ 33. ① 34. ④

- 표준 신호 발생기(SSG) : 수신 주파수에 해당하는 변조 주파수를 선정한다.
- 변조 주파수 : 방송용은 400[Hz], 전신인 경우는 1,000[Hz] 정도를 택하여 30[%] 변조한 출력을 의사 안테나에 가한다.
- 의사 안테나(dummy antenna) : 송신기 및 수신기의 시험 조정에 사용되는 것으로, 전기적 특성은 실제 안테나와 똑같은 역할을 하며 전자파를 방사하지 않는다.
- R_i : 수신기의 출력측과 정합된 무유도 저항을 사용한다.

• 이득 제한 감도 측정 : S/N비에 관계없이 감도와 음량을 최대로 한 상태에서 SSG의 출력 레벨을 조정하여 수신기의 출력이 50[W]가 되도록 하고, 이때의 SSG 출력 레벨을 의사 안테나의 입력 레벨로 하여 감도를 표시한다.

35 3상 평형 회로에서 운전하고 있는 3상 유도 전동기에 2전력계법을 이용하여 전력을 측정하였더니 각각 5.96[kW]와 2.36[kW]이었다면 전동기의 역률은 얼마인가? (단, 2전력계법으로 측정하였을 때 선간 전압은 200[V], 선전류는 30[A]이다)

① 0.6　　② 0.7
③ 0.8　　④ 0.9

해설 **2전력계법**
2개의 단상 전력계로 3상 전력을 측정하는 것으로, 부하의 평형 또는 불평형에 상관없이 사용할 수 있다.
$P = W_1 + W_2 = \sqrt{3}\, VI\cos\theta$에서
$P = 5.96 + 2.36 = 8.32$[kW]
$\therefore\ \cos\theta = \dfrac{P}{\sqrt{3}\, VI} = \dfrac{8.32\times10^3}{\sqrt{3}\times200\times30} = 0.8$

36 다음 변조 파형에 대한 설명으로 옳은 것은? (단, I_c : 반송파 전류, I_m : 변조파 전류)

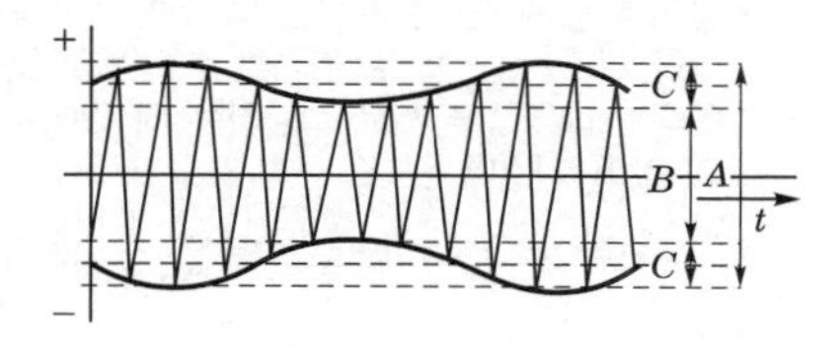

① 변조도는 $m = \dfrac{I_c}{I_m}$로 표시한다.
② 변조도는 $m = \dfrac{A-B}{A+B}$로 표시한다.
③ 주파수 변조(frequency modulation) 파형이다.
④ 변조가 잘 되었는지의 여부는 오실로스코프 화면상에 파형 관측만으로 알아보기 쉽다.

해설 그림의 파형은 AM 송신기의 변조파를 오실로스코프의 수평축 입력에 가하고 피변조파를 수직축 입력에 가했을 때 나타나는 포락선 파형으로서, 변조도는 다음 식으로 나타낸다.
변조도 $m = \dfrac{A-B}{A+B}\times100[\%]$

37 증폭기에서 증폭도의 크기는 어떤 값으로 환산하여 표시하는가?

① 전압　　② 전류
③ 데시벨　　④ 절대 온도

해설 **데시벨(decibel)**
[dB]은 보통 전압 증폭도나 전력 이득 또는 감쇠량의 배수를 대수로 표현하는 단위이다.
그림에서 입력 전압과 출력 전압의 실횻값을 각각 V_1, V_2라고 하면 전압 증폭도 $A_v = \dfrac{V_2}{V_1}$이다.
이것을 [dB]로 표시하면 $A_v[\text{dB}] = 20\log\dfrac{V_2}{V_1}$[dB]로 정의된다.

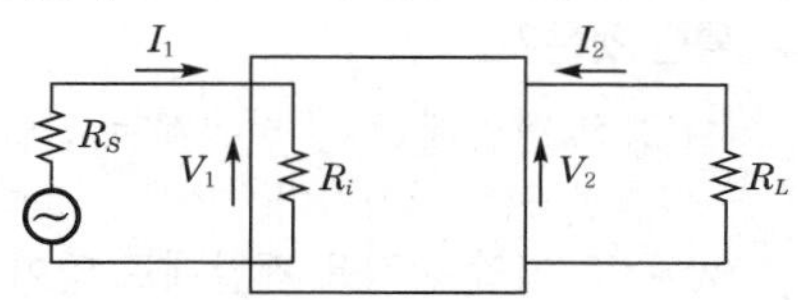

38 그림과 같은 가동 코일(coil)형 계기에서 미터의 축에 아래위로 인청동으로 된 스프링이 장치되어 있을 때 스프링의 역할은 무엇인가?

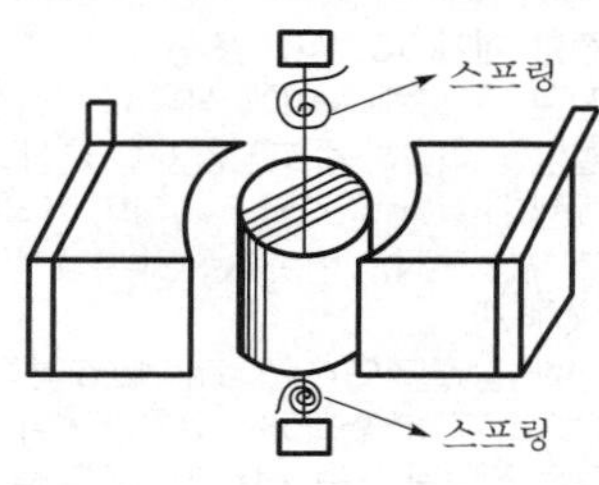

① 구동력　　② 제어력
③ 제동력　　④ 가동력

정답 35. ③ 36. ② 37. ③ 38. ②

해설 **가동 코일형 계기**
인청동으로 된 스프링 장치는 제어력을 발생시키기 위한 것으로, 구동 토크=제어 토크일 때 미터의 바늘이 정지된다.

39 다음 중 콜라우시 브리지의 측정 용도로 적합한 것은?

① 전해액 저항 측정
② 저저항 측정
③ 정전 용량 측정
④ 인덕턴스 측정

해설 **전해액의 저항 측정**
전해액에 전류를 흘리면 전기 분해가 일어나고 전극 표면에 가스가 발생하여 분극 작용이 일어나므로 전해액의 저항값이 변화하게 된다. 이것은 전해액을 U자 용기에 넣어 콜라우시 브리지로 측정한다.

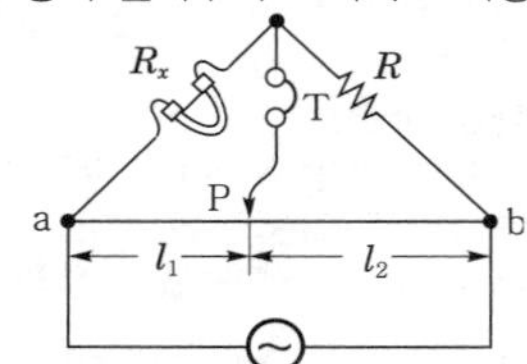

▮ 콜라우시 브리지 ▮

40 다음 중 정전 전압계의 특징에 대한 설명으로 틀린 것은?

① 정전 전압계 또는 전위계는 전압을 직접 측정하는 계기이다.
② 주로 저압 측정용 전압계로 많이 쓰인다.
③ 정전 전압계의 제동은 공기 제동이나 액체 제동 또는 전자 제동을 사용한다.
④ 대표적인 예로는 아브라함 빌라드형과 캘빈형의 정전 전압계가 있다.

해설 **정전형 계기(DC, AC 양용)**
대전된 두 도체 사이에 작용하는 정전 흡인력 또는 반발력을 이용하여 고전압만을 측정하는 계기이다.
- 켈빈형(Kelvin)형 : 양극 사이의 거리는 변화하지 않고 대향 면적만 변화하는 것(측정 범위 : 500[V] ~ 20[kV])
- 아브라함 빌라드(Abraham villard)형 : 대향 면적은 일정하고 거리가 변화하는 것(측정 범위 : 10 ~ 500[kV])
- 정전 전압계 또는 전위계로 전압을 직접 측정하는 계기이다.
- 사용 전압의 범위 : 고압용 1 ~ 5×10^5[V]

41 초음파의 진동수가 가장 높은 것은?

① 초음파 가공 ② 소나
③ 초음파 탐상 ④ 에멀션화

해설 **초음파(ultrasonic waves)**
초음파는 10[kHz] 이상의 진동수를 가진 음파를 말하며 실제로 사용되는 초음파는 10[MHz]까지이다.
[사용 주파수]
- 초음파의 가공 : 16 ~ 30[kHz]
- 소나(SONAR) : 15 ~ 100[kHz]
- 초음파 탐상 : 5 ~ 15[MHz]
- 에멀션(emulsion) : 20[kHz]

42 다음 중 디지털 3D 그래픽스 처리의 구성이 아닌 것은?

① 기하 처리 ② 렌더링
③ 프레임버퍼 ④ 모델링

해설 **3차원 컴퓨터 그래픽스(3D computer graphics)**
- 3D는 3차원(three dimensions, three dimensional)의 약자로서, 컴퓨터 분야에서 3차원 컴퓨터 그래픽스를 가리킨다.
- 2차원의 그것과 달리, 컴퓨터에 저장된 모델의 기하학적 데이터(각 점의 위치를 높이, 폭, 깊이의 3축으로 하는 공간 좌표)를 이용하여 3차원적으로 표현한 뒤에 2차원적 결과물로 처리하여 출력하는 컴퓨터 그래픽이다.
- 3D 그래픽스 프로그램은 모델링 기능이나 렌더링의 종류, 애니메이션 기능의 충실도 등에 의해 목적에 따라서 폭넓게 선택할 수 있다.

43 CR 결합 증폭 회로에서 대역폭을 2배로 늘리려면 전압 증폭 이득을 몇 [dB]로 내려야 하는가?

① $\frac{1}{2}$ ② −3
③ −6 ④ 4

해설 **이득–대역폭 적([G · B])**
- 광대역 증폭기를 설계하는 데 있어서 이득과 대역폭을 서로 독립적으로 결정할 수 없음을 뜻하며, 또 이득과 대역폭을 서로 절충하는 데 있어서 [G · B]의 값이 기준이 된다.
- [G · B]=constant이므로 이득은 $\frac{1}{2}$이어야 한다.

$$\therefore\ G = 20\log_{10}A = 20\log_{10}\frac{1}{2}$$
$$= 20(\log 1 - \log 2)$$
$$= 20(0 - 0.3) = -6[\text{dB}]$$

정답 39. ① 40. ② 41. ③ 42. ③ 43. ③

44 도래 전파가 8[mV]이고, 정재파비(SWR)가 3.0이다. 입력 회로에서 반사되는 전압[mV]은?

① 2　② 4
③ 6　④ 8

해설 정재파비(SWR : Standing Wave Ratio)
급전선상에서 진행파와 반사파가 간섭을 일으켜 전압 또는 전류의 기복이 생기는 것을 정재파라 하며 그 전압 또는 전류의 기복이 생기는 최댓값과 최솟값의 비를 정재파비(SWR)라고 한다.

$$SWR=\frac{V(I)_{\max}}{V(I)_{\min}}=\frac{\text{입사파}+\text{반사파}}{\text{입사파}-\text{반사파}}=\frac{1+m}{1-m}$$

반사 계수 $m=\frac{\text{반사파}}{\text{입사파}}=\frac{S-1}{S+1}$에서

$$m=\frac{S-1}{S+1}=\frac{3-1}{3+1}=0.5$$

∴ 반사파 전압 $=m\times$입사파 전압$=0.5\times8$[mV]
$=4$[mV]

45 전력 증폭기는 스피커를 구동시키는 데 요구되는 충분한 전력을 보내주는 역할을 한다. 전력 증폭기의 구성으로 옳지 않은 것은?

① 전압 증폭단
② 전치 구동단
③ 등화 증폭단
④ 출력단

해설 등화기(equalizer)는 일반적으로 전송 선로나 증폭기에서 신호 전압 및 전류의 주파수 특성에 대하여 감쇠량을 보상하여 전체의 종합 주파수 특성을 평탄하게 하기 위해 사용하는 회로망으로서, 오디오의 재생 주파수는 그래픽 이퀄라이저로 주파수 특성을 조절할 수 있다.

46 청력을 검사하기 위하여 가청 주파수 영역 중 여러 가지 레벨의 순음을 전기적으로 발생하는 음향 발생 장치는?

① 심음계
② 오디오미터
③ 페이스메이커
④ 망막 전도 측정기

해설 오디오미터(audiometer)
귀의 청력을 검사하기 위하여 가청 주파수 영역의 여러 가지 레벨의 순음을 전기적으로 발생하는 음향 발생 장치를 말한다.

47 표준 12[cm] 오디오 CD 규격의 재생 및 녹음 가능한 최대 시간[min]은?

① 37　② 74
③ 120　④ 240

해설 CD(Compact Disc)의 세계 표준 직경은 12[cm]이며 재생 및 녹음 가능한 시간은 74[min]으로 약 680[Mbyte](표준 모드 경우)의 데이터를 저장할 수 있다. 현재는 700[Mbyte], 80[min] 길이의 CD가 가장 많이 사용된다.

48 FM 스테레오 수신기에서 19[kHz] 파일럿(pilot) 신호의 목적은 무엇인가?

① 스테레오 신호 복조기에서 좌우 신호를 분리시키는 스위칭 신호이다.
② 스테레오 차신호용 서브캐리어(subcarrier)이다.
③ FM 전파 속의 잡음 펄스 성분을 제거한다.
④ 스테레오 신호인 좌우와의 합성 신호를 만든다.

해설 파일럿 신호(19[kHz])
FM 스테레오 방송 수신을 위하여 보내지는 제어용 주파수 신호로서, 수신기에서는 이 신호를 수신하여 주파수 체배기에 의해서 38[kHz]로 만든 다음 증폭하여 스위칭 회로에 가하여 좌(L) 신호 성분과 우(R) 신호 성분으로 분리시킨다.

49 귀환 제어계(feedback control)에서 공정 제어 제어량에 해당하지 않는 것은?

① 유량
② 전압
③ 압력
④ 온도

해설 자동 제어의 되먹임(귀환) 제어계
- 프로세스 제어(process control : 공정 제어) : 온도, 유량, 압력, 레벨(level), 액위, 혼합비, 효율 등 공업 프로세스의 상태량을 제어량으로 하는 제어를 말한다.
- 자동 조정(automatic regulation) : 전압, 전류, 주파수, 장력, 속도 등을 제어량으로 하는 것으로, 응답 속도가 대단히 빠르다.
- 서보 기구(servo mechanism) : 물체의 위치, 방위 자세 등의 기계적 변위를 제어량으로 하여 항상 목푯값의 임의의 변화에 따르도록 구성된 제어계로서, 추종 제어계라고 한다.

정답　44. ②　45. ③　46. ②　47. ②　48. ①　49. ②

50 음색 조절이 가능한 음향 장치는?

① 턴테이블 ② 보이스레코더
③ 이퀄라이저 ④ 안티앰프

해설 **이퀄라이저(equalizer)**
음향 신호 내에 포함된 가청 범위 대역(20 ~ 20,000[Hz])의 주파수대를 분할하여 각각의 주파수대로 레벨 강도를 조정함으로써 음색을 보정할 수 있는 기기로서, PA(Public Address)의 모든 부분에서 사용되는 필수 음향 기기이다.

51 다음과 같은 N/S를 갖는 수신기 중에서 잡음이 가장 큰 수신기는?

① $N/S = 2[\mu V]/5[V]$
② $N/S = 1[\mu V]/1[V]$
③ $N/S = 2[\mu V]/15[V]$
④ $N/S = 2[\mu V]/20[V]$

해설 **신호대 잡음비(S/N비 : SNR(Signal Noise Ratio)**
수신기 및 증폭기를 비롯한 일반 전송계에서 취급하는 신호와 잡음에 대한 에너지비로서, 다음과 같이 표시한다.

$$S/N[\text{dB}] = 10\log\frac{P_s}{P_n}[\text{dB}] = 20\log\frac{V_s}{V_n}[\text{dB}]$$
$$= 20\log\frac{I_s}{I_n}[\text{dB}]$$

이와 같은 S/N비는 정보가 실린 신호 레벨이 잡음 레벨에 비하여 얼마나 높은 전력 레벨을 가지고 있는가를 나타내는 것으로, 측정 단위는 데시벨(dB)을 사용하여 시스템 성능 측정용 품질 레벨로 사용된다.
* S/N비는 클수록 상대적으로 잡음은 작아지므로 N/S비를 갖는 수신기에서는 N/S비가 작을수록 잡음은 커진다.

52 선박이 A 무선 표지국이 있는 항구에 입항하려고 할 때 그 전파의 방향, 즉 진북에 대한 α도의 방향을 추적함으로써, A 무선 표지국이 있는 항구에 직선으로 도달하는 것을 무엇이라고 하는가?

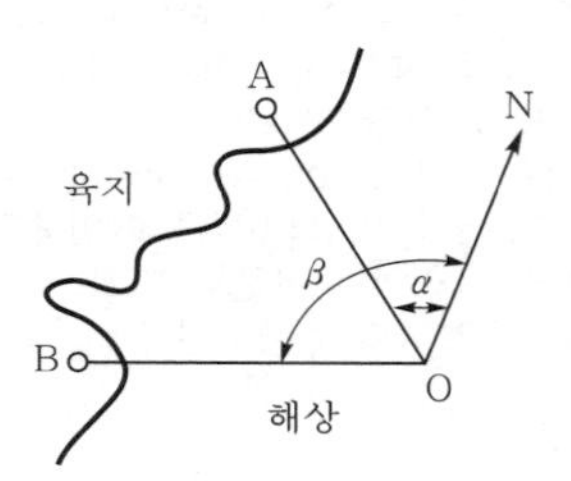

① 로란(Loran)
② 데카(Decca)
③ 호밍(Homing)
④ 센스 결정(Sense determination)

해설 **호밍 비컨(homing beacon) 또는 호머(homer)**
이 방식은 방사상 항법(지향성 수신 방식)으로, 공항이나 항구에 설치된 송신국에서 전파를 모든 방향으로 발사하여 항공기나 선박에서 지향성 안테나로 전파의 도달 방향을 탐지하는 것이며, 무지향성 비컨(NDB)이라고도 한다.

53 광학 현미경에서 시료 위의 정보를 전하는 매개체로서는 빛을 사용한다. 전자 현미경에서는 무엇을 매개체로 하는가?

① 전자선 ② 전자 렌즈
③ 전자총 ④ 정전 렌즈

해설 **전자 현미경**
정보 전달 매개체로 전자빔(전자총)을 사용하며, 상의 확대 방법은 전자 렌즈를 사용한다.

54 증폭 회로에 1[mW]를 공급하였을 때 출력으로 1[W]가 얻어졌다면, 이때 이득[dB]은?

① 40 ② 30
③ 20 ④ 10

해설 **데시벨(decibel) 전력 이득**

$$G_p = 10\log\frac{\text{출력 전력}(W_o)}{\text{입력 전력}(W_i)}[\text{dB}]$$
$$= 10\log\frac{1}{1\times10^{-3}} = 10\log 10^3$$
$$= 30[\text{dB}]$$

55 2개의 종류가 다른 금속 또는 합금으로 하나의 폐회로를 만들고 두 접점을 다른 온도로 유지하면 이 회로에 일정 방향의 전류가 흐르는 현상은?

① 제벡 효과 ② 펠티에 효과
③ 스킨 효과 ④ 볼츠만 효과

해설 **제벡 효과(Seeback effect)**
2개의 다른 금속 A, B를 환상으로 접속하고 접속점 J_1과 J_2를 각각 다른 온도로 유지하면 J_1, J_2 두 접점 사이의 온도차에 의해서 생긴 열기전력에 의해 회로에 일정 방향으로 열전류가 흐르는 현상이다.
* 열전쌍(열전대) : 동 - 콘스탄탄, 백금 - 백금로듐 등이 있으며, 온도 측정이나 온도 제어에 응용된다.

정답 50. ③ 51. ② 52. ③ 53. ③ 54. ② 55. ①

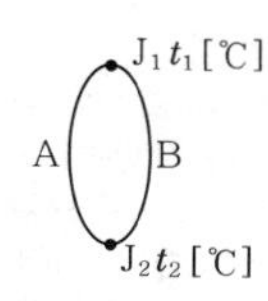

56 자동 제어의 서보 기구가 제어를 수행하는 요소는?

① 온도
② 유량이나 압력
③ 위치나 각도
④ 시간

해설 **서보 기구(servo mechanism)**
제어량이 기계적 위치인 자동 제어계를 서보 기구라 한다. 이것은 물체의 위치, 방위, 자세 등의 기계적 변위를 제어량으로 하여 목푯값의 임의 변화에 항상 추종하도록 구성된 제어계로서 추종 제어계라고 한다.

57 전달 함수 G_1, G_2, H를 갖고 있는 요소를 아래와 같이 접속할 때 등가 전달 함수 $\frac{y}{x}$는?

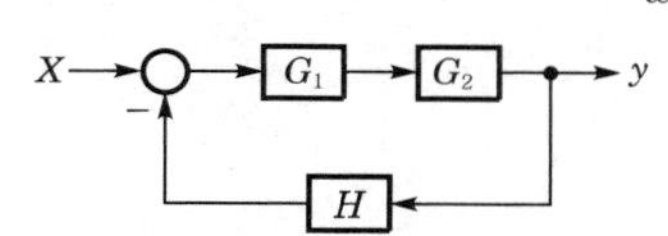

① $\frac{G_1 G_2}{1+G_1 G_2 H}$

② $\frac{H}{1+G_1 G_2 H}$

③ $\frac{1}{1+G_1 G_2 H}$

④ $\frac{G_1 G_2}{1-G_1 G_2 H}$

해설 **전달 함수(transfer function)**
그림의 블록 선도는 전달 요소 G_1과 G_2가 직렬로 결합되어 있는 방식으로, 전달 요소 H를 통하여 출력 y를 입력측에 되먹임하는 접속이다.

$$y=(x-Hy)G_1 G_2$$
$$=G_1 G_2 x - G_1 G_2 H y$$
$$y=\frac{G_1 G_2}{1+G_1 G_2 H}x$$

∴ 전달 함수 $G=\frac{y}{x}=\frac{G_1 G_2}{1+G_1 G_2 H}$

58 태양전지를 연속적으로 사용하기 위하여 필요한 장치는?

① 변조 장치
② 정류 장치
③ 축전 장치
④ 검파 장치

해설 **태양전지(solar cell)**
반도체의 광기전력 효과를 이용한 광전지의 일종으로, 태양의 방사 에너지를 직접 전기 에너지로 변환하는 장치이다.
* 태양광선을 얻을 수 없는 경우를 대비하여 연속적으로 사용하기 위한 축전 장치가 필요하다.

59 HDTV에 관한 설명으로 틀린 것은?

① 가로 : 세로 화면 비율은 16 : 9이다.
② CD급의 하이파이 음질의 방송이 가능하다.
③ 아날로그 TV에서는 셋톱박스가 필요하다.
④ 주사선의 수는 525 ~ 625선 정도이다.

해설 **HDTV(High Definition Tele Vision)**
- 현 미국 표준인 NTSC 방식의 TV는 주사선수가 525 ~ 625개인 데 반해 HDTV의 주사선은 1,050 ~1,250개로 2배 이상 높아져 수평 해상도와 수직 해상도가 두 배 이상 향상되어 정밀한 픽셀을 통해 높은 해상도와 선명한 화질의 영상을 구현할 수 있다.
- HDTV의 화면비(aspect ratio)는 기존 NTSC 방식의 종횡비 3 : 4보다 넓은 와이드 화면으로 35[mm] 영화 화면과 같은 16 : 9의 비율을 갖는다. 따라서, 구현할 수 있는 색상의 스펙트럼이 크게 개선되어 색에 윤기가 있고 밝기가 있으므로 자연을 그대로 재현할 수 있으며 음질은 디지털 CD 수준으로 제공되는 멀티 채널 음향이다.
- NTSC 방식의 컬러 TV 방송의 영상 신호는 AM, 음성 신호는 FM으로 변조하여 송신하는데 HDTV 방송에서는 영상은 FM 방식, 음성 신호는 PCM 방식으로 송신된다. PCM 방식은 디지털 전송 방식이기 때문에 CD급 수준의 멀티 채널 음향으로 고품질의 음향을 들을 수 있으며 MPEG-2파일 형식과 압축 표준을 사용한다.
- HDTV는 NTSC 방식의 TV보다 수배의 채널을 필요로 하기 때문에 디지털 방식을 채용하고 다채널 방송이 가능한 위성 방송이나 광섬유를 이용하는 케이블 TV 방송에 적합하다.
- HDTV 방송은 2001년 10월 26일부터 본격적으로 서비스가 시작되었다.

정답 56. ③ 57. ① 58. ③ 59. ④

60 **자기 녹음기의 교류 바이어스에 사용되는 주파수는 대략 얼마의 범위가 사용되는가?**

① 30 ~ 200[kHz]
② 100 ~ 2,000[Hz]
③ 100 ~ 200[Hz]
④ 60 ~ 100[Hz]

해설 **녹음 바이어스법**

녹음 바이어스(magnetic biasing)는 녹음 파형의 일그러짐을 없애주기 위해 녹음 헤드에 적당한 바이어스 전류를 흘려주는 것으로, 바이어스 방법에는 직류 바이어스법과 교류 바이어스법이 있으나 현재는 교류 바이어스법만 사용한다.

* 교류 바이어스법 : 녹음할 음성 전류에 30 ~ 200[kHz]의 고주파 전류를 중첩시켜서 바이어스 자기장을 가하는 방법이다.

정답 60. ①

2015. 10. 10. 기출문제

01 전류와 전압의 비례 관계를 갖는 법칙은?

① 키르히호프의 법칙
② 줄의 법칙
③ 렌츠의 법칙
④ 옴의 법칙

해설 **옴의 법칙(Ohm's law)**
전기 회로에 흐르는 전류는 전압(전위차)에 비례하고, 도체의 저항(R)에 반비례한다.

$I=\frac{V}{R}$[A]

여기서, R : 회로에 따라서 정해지는 상수

02 그림 (a)의 회로에서 출력 전압 V_2와 입력 전압 V_1과의 비와 주파수의 관계를 조사하면 그림 (b)와 같을 경우에 저역 차단 주파수 f_L은?

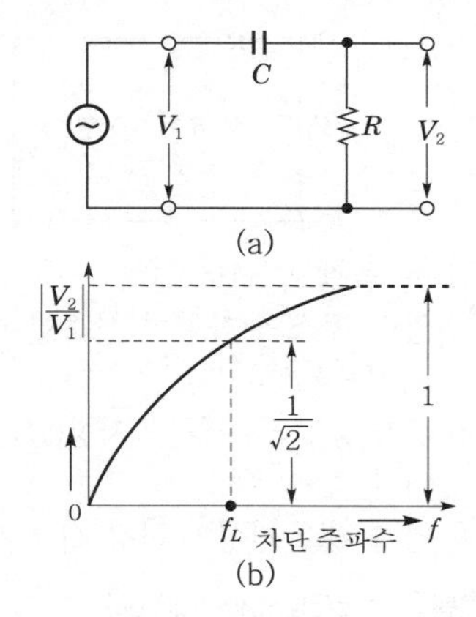

(a)

(b)

① $f_L=\frac{1}{2\pi RC}$　② $f_L=\frac{1}{2\pi R\sqrt{C}}$

③ $f_L=\frac{1}{2\pi R^2C}$　④ $f_L=\frac{1}{2\pi\sqrt{RC}}$

해설 **저역 차단 주파수(low cutoff frequency)**
증폭기의 저주파 영역에서의 차단 주파수는 그림 (a)와 같은 RC 결합 회로에 의해서 결정된다.

• 리액턴스 $X_C=R$인 경우

$$V_2=\frac{RV_1}{\sqrt{R^2+X_C{}^2}}=\frac{RV_1}{\sqrt{R^2+R^2}}=\frac{RV_1}{\sqrt{2R^2}}$$

$$=\frac{RV_1}{\sqrt{2}R}=\frac{1}{\sqrt{2}}V_1 \text{ 에서}$$

$\therefore$ 증폭도 $A_L=\frac{V_o}{V_1}=\frac{1}{\sqrt{2}}=0.707$

• 저역 차단 주파수(f_L) : $\frac{1}{\omega C}=R$이 되는 주파수에서 V_1와 V_2의 비가 $\frac{1}{\sqrt{2}}(-3[\text{dB}])$이 되는 주파수를 말한다.

$\therefore f_L=\frac{1}{2\pi RC}$[Hz]

이와 같은 저역 차단 주파수는 그림 (b)와 같이 $f=f_L$일 때 중간 대역으로부터 이득이 –3[dB]만큼 감소하는 것으로 하한 3[dB] 주파수라고 부른다.

03 다음 중 정현파 발진기가 아닌 것은?

① LC 반결합 발진기
② CR 발진기
③ 멀티바이브레이터
④ 수정 발진기

해설 **멀티바이브레이터(multivibrator)**
2개의 트랜지스터를 사용하여 RC 결합으로 구성된 2단 증폭기로서, 출력을 양되먹임(정귀환)시킨 발진기의 일종으로 2개의 트랜지스터를 교대로 on, off의 상태를 반복 유지하여 펄스를 발생시키는 회로이다.
* 시정수 $\tau=CR$로서 펄스파의 주기(T)가 결정된다.

발진기의 종류	파형
LC 발진기	정현파
RC 발진기	정현파
수정 발진기	정현파
멀티바이브레이터	펄스파

04 단측파대(single side band) 통신에 사용되는 변조 회로는?

① 컬렉터 변조 회로
② 베이스 변조 회로
③ 주파수 변조 회로
④ 링 변조 회로

정답 01. ④ 02. ① 03. ③ 04. ④

해설 **링 변조기(ring modulator)**

4개의 다이오드를 사용하여 브리지형으로 구성된 변조 회로이며, 평형 변조기의 결점을 개량한 변조기로서 널리 사용된다.

링 변조기에 반송파와 신호파를 각각 가하면 반송파는 제거되고, 상·하측 파대($f_c \pm f_s$)만을 꺼낼 수 있다. 여기에서 단측파대(SSB)를 꺼낼 경우 변조 회로의 출력에 여파기(BPF filter)를 두어 상·하측 파대 중에서 한쪽 측파대를 선택하면 된다.

* 링(ring) 변조기는 반송파 또는 신호파의 어느 한쪽만 인가될 경우에는 출력에는 아무것도 나타나지 않는다.

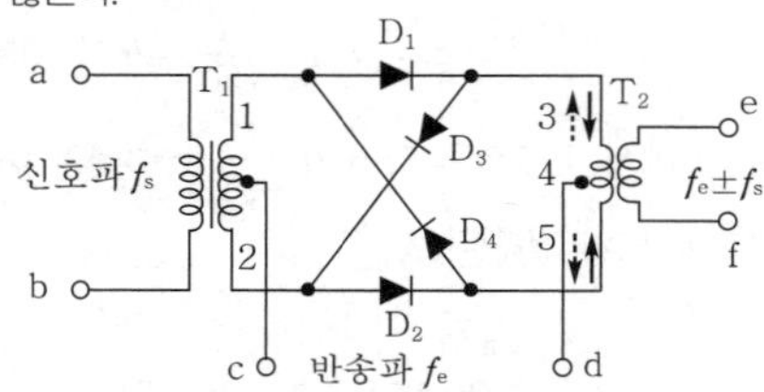

(a) 링 변조 회로

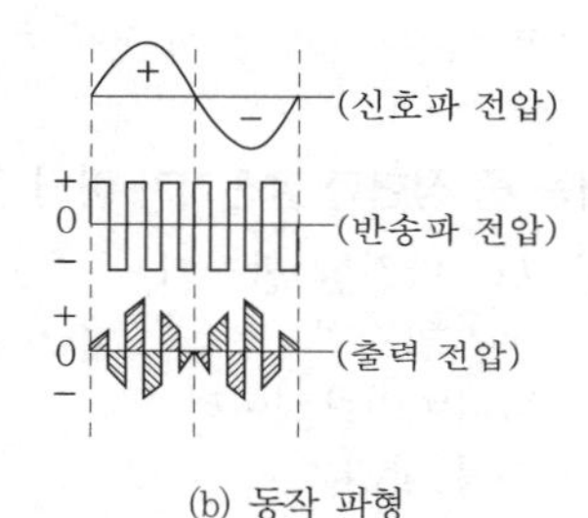

(b) 동작 파형

05 평활 회로에서 리플을 줄이는 방법은?

① R과 C를 작게 한다.
② R과 C를 크게 한다.
③ R을 크게, C를 작게 한다.
④ R을 작게, C를 크게 한다.

해설 **리플 함유율 개선책**

- 교류 입력 전원의 주파수를 높게 한다.
- 평활용 초크 코일(CH)과 용량(C)을 크게 한다.
- 부하 임피던스(R_L)를 높게 한다.
- L과 C의 용량이 감소하면 리플 함유율이 증가한다.

06 실리콘 제어 정류기(SCR)의 게이트는 어떤 형의 반도체인가?

① N형 반도체 ② P형 반도체
③ PN형 반도체 ④ NP형 반도체

해설 **실리콘 제어 정류 소자(SCR : Silicon Controlled Rectifier)**

- SCR은 단일 방향성 정류 소자로서, 반도체 스위칭 소자의 대표적인 사이리스터(thyristor)이다.
- 실리콘 PNPN 다이오드의 4층 구조로 P_2 영역에 게이트(gate) 전극을 붙여 게이트 전류 I_G 로써 브레이크오버(breakover) 전압을 제어할 수 있도록 한 것을 실리콘 제어 정류 소자(SCR)라고 한다.
- 순방향으로 부성 저항 특성을 가지며 on 상태에서는 PN 접합의 순방향과 같이 저항이 매우 작고, off 상태의 저항은 매우 크다.
- 허용 전류 : 수백[A], 내압 : 2 ~ 3[kV]
- 전력 제어용 및 고압의 대전류 정류에 사용된다.
- 용도 : 전동기 속도 제어, 조명 조정 장치, 온도 조절 장치 등

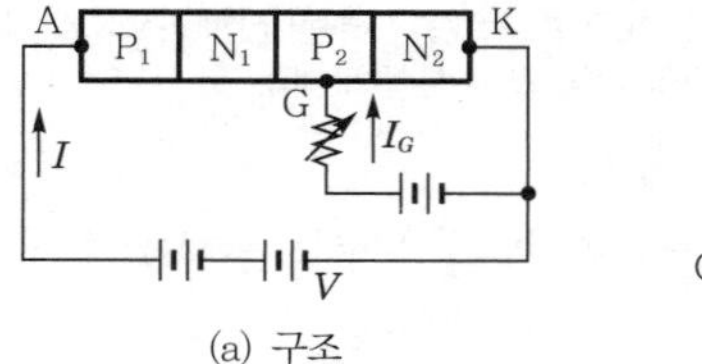

(a) 구조

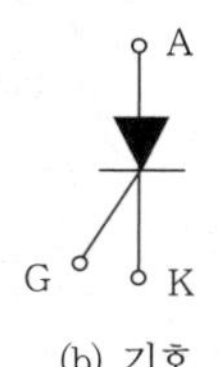

(b) 기호

07 다음 회로의 설명 중 틀린 것은?

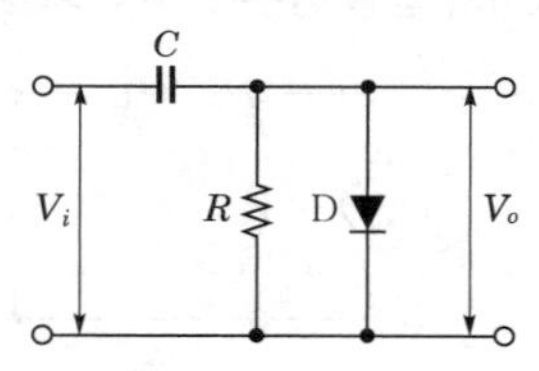

① 음 클램프 회로이다.
② 입력 펄스의 파형이 상승할 때 다이오드가 동작한다.
③ C가 충전되는 동안 저항(R)값은 무한대이다.
④ 입력 펄스 파형이 하강 시 C가 충전된다.

해설 **클램퍼 회로(clamper circuit)**

입력 신호의 (+) 또는 (−)의 피크(peak)를 어느 기준 레벨로 바꾸어 고정시키는 회로를 말하며 클램핑(clamping)이라고도 한다. 또 직류분 재생을 목적으로 할 때는 직류 재생 회로(DC restorer)라고도 한다.

- 그림의 회로는 부(−)의 클램퍼 회로로서, 입력의 펄스 파형이 정(+)의 피크값에서 다이오드가 단락되어 0레벨을 기준으로 하는 출력 파형이 (−)측에 나타난다.

정답 05. ② 06. ② 07. ④

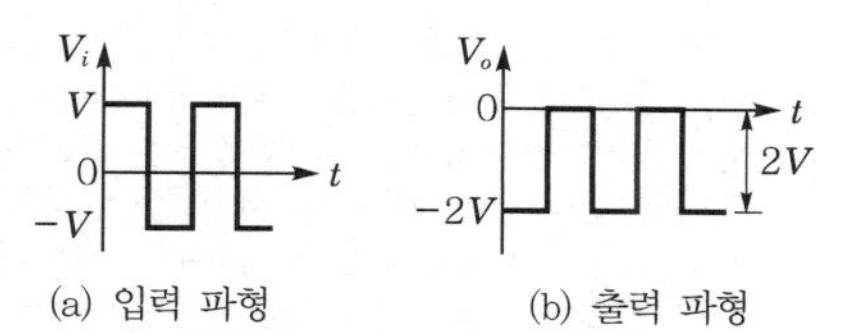

(a) 입력 파형 (b) 출력 파형

▮ 부(−) 클램퍼의 입 · 출력 파형 ▮

- 입력 펄스 파형이 상승 시 콘덴서 C가 충전하여 C의 단자 전압에 의하여 다이오드 D가 도통되어 출력 전압은 0이 된다.
- 입력 펄스의 파형이 하강 시 콘덴서 C는 방전하고 다이오드 D가 개방되어 출력에 입력과 같은 부(−)의 펄스 파형이 나타난다.

08 슈미트 트리거(schmitt trigger) 회로는?

① 톱니파 발생 회로
② 계단파 발생 회로
③ 구형파 발생 회로
④ 삼각파 발생 회로

해설 **슈미트 트리거 회로(schmitt trigger circuit)**
이미터 결합 쌍안정 멀티바이브레이터의 일종으로, 입력 전압의 크기가 회로의 포화 · 차단 상태를 결정해 준다.
* 입력에 정현파를 가하면 출력에서 구형파를 얻을 수 있다.

09 베이스 접지 시 전류 증폭률이 0.89인 트랜지스터를 이미터 접지 회로에 사용할 때 전류 증폭률은?

① 8.1 ② 6.9
③ 0.99 ④ 0.89

해설 **전류 증폭률 α와 β의 관계**
$I_E = I_B + I_C$의 식에서

$$\alpha = \frac{\beta}{1+\beta},\ \beta = \frac{\alpha}{1-\alpha}$$

$$\therefore\ \beta = \frac{0.89}{1-0.89} = 8.1$$

10 전계 효과 트랜지스터(FET)에 대한 설명으로 틀린 것은?

① BJT보다 잡음 특성이 양호하다.
② 소수 반송자에 의한 전류 제어형이다.
③ 접합형의 입력 저항은 MOS형보다 낮다.
④ BJT보다 온도 변화에 따른 안정성이 높다.

해설 **전장 효과 트랜지스터(FET : Field Effect Transistor)**
- FET는 바이폴라 접합 트랜지스터(BJT)와 같이 3단자를 가지는 반도체 소자로서, 채널(channel)을 통해 흐르는 전류가 전자 또는 정공의 단일 전하 반송자에 의해 전도되므로 유니폴라 트랜지스터(unipolar transistor)라고도 한다.
- BJT는 소수 반송자의 베이스 전류로 다수 반송자의 컬렉터 전류를 제어하는 전류 제어형 소자인 반면에 FET는 다수 반송자에 의해서 전류가 흐르며 인가된 전압으로 전류를 제어하는 전압 제어형 소자이다.
- BJT의 장점만 가지고 있는 소자로서 증폭, 발진, 스위칭 작용을 하므로 BJT와 동일한 용도로 사용된다.
- BJT보다 저주파에서 우수한 잡음 특성을 가지며 열 안정성이 좋고 파괴에 강하다.
- 접합형 FET(JFET)의 입력 임피던스는 MOS형 FET보다 낮다.
- 입력 임피던스가 수십[MΩ]으로 매우 높아 높은 입력 임피던스가 요구되는 증폭기에 주로 사용된다.
- 직류 증폭으로부터 VHF대의 증폭, 초퍼(chopper) 및 가변 저항 등으로 널리 사용된다.

11 회로의 전원 V_S가 최대 전력을 전달하기 위한 부하 저항 R_L의 값[Ω]은?

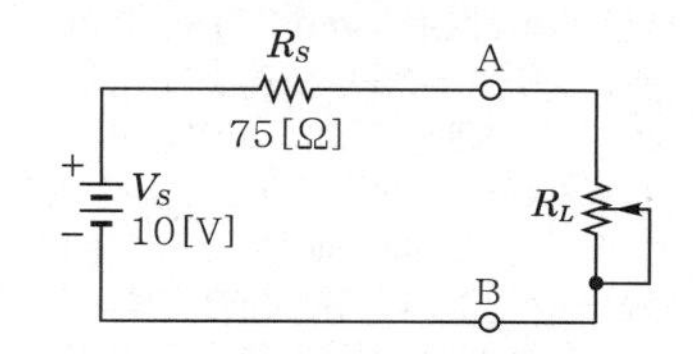

① 25 ② 50
③ 75 ④ 100

해설 **임피던스 정합(impedance matching)**
전원 회로의 부하에 최대 전력을 공급하기 위한 조건은 전원의 내부 저항과 부하 저항이 같아야 한다.
$R_S = R_L$의 조건에서
$R_L = 75[\Omega]$

12 쌍안정 멀티바이브레이터에 관한 설명으로 틀린 것은?

① 부귀환을 하는 2단 비동조 증폭 회로로 구성된다.
② 능동 소자로 트랜지스터나 IC가 주로 이용된다.
③ 플립플롭 회로도 일종의 쌍안정 멀티바이브레이터이다.
④ 입력 트리거 펄스 2개마다 1개의 출력 펄스가 얻어지는 회로이다.

정답 08. ③ 09. ① 10. ② 11. ③ 12. ①

해설 **쌍안정 멀티바이브레이터(bistable multivibrator)**

- 결합 콘덴서를 사용하지 않고 2개의 트랜지스터를 직류(DC)적으로 결합시킨 것으로, 2개의 안정 상태를 가지는 회로이다.
- 트리거 펄스가 들어올 때마다 on, off 상태가 되며 2개의 트리거 펄스에 의해 하나의 구형파를 발생시킬 수 있다. 즉, 2개의 입력 트리거 펄스가 들어올 때 1개의 출력 펄스를 내는 회로로서, 플립플롭(flip flop)이라 한다.
- 전자계산기의 기억 회로, 2진 계수기 등의 디지털 기기의 분주기로 이용된다.

* 멀티바이브레이터(multivibrator)는 능동 소자로 트랜지스터나 IC가 주로 사용되며 펄스를 발생시키는 회로이다.

13 다음 중 연산 증폭기의 응용 회로로 옳지 않은 것은?

① 멀티플렉서
② 미분기
③ 가산기
④ 적분기

해설 **연산 증폭기(OP Amp : OPerational Amplifier)**

종합 응답 특성을 조절하기 위하여 되먹임(feed back)이 가해진 직결합 고이득 직류 증폭기로서, 파라미터(parameter)의 영향을 받지 않고 외부에 접속된 되먹임 소자에 의해서만 결정된다.

연산 증폭기는 다양한 선형 연산 또는 비선형 동작을 수행하는 데 사용되고 있으며 미 · 적분 대수 등의 연산 처리 회로용으로 사용되었기 때문에 연산 증폭기라고 한다.

[연산 증폭 회로의 응용]

- 부호 변환기
- 가산기
- 고입력 저항 차동 증폭기
- 미분기와 적분기
- 가변 표준 전원 회로

14 PLL 회로에서 전압의 변화를 주파수로 변화하는 회로를 무엇이라 하는가?

① 공진 회로
② 신시싸이저 회로
③ 슈미트 트리거 회로
④ 전압 제어 발진기(VCO)

해설 **PLL 회로(Phase Locked Loop Circuit)**

기본적으로는 입력된 주파수와 같은 주파수로 전압 제어 발진(VCO)하는 회로로서, 입력 신호와 출력 신호의 위상차를 검출하고 이것에 비례한 전압으로 출력 신호 발생기의 위상을 제어하며 출력 신호의 위상과 입력 신호의 위상을 같게 하는 회로를 말한다. 그림과 같이 위상 비교기, 저역 필터, 증폭기, 전압 제어 발진기로 구성되는 자동 위상 제어 루프이다. 입력 신호의 주파수 및 위상과 전압 제어 발진기의 발진 주파수 및 위상이 위상 비교기에 의해 비교되어서 그 오차에 비례한 직류 전압이 발생한다. 이 오차 전압은 저역 필터를 통하여 증폭되고, 전압 제어 발진기에 가해져서 입력 신호와 전압 제어 발진기의 발진 주파수 및 위상차를 저감시키는 방향으로 전압 제어 발진기의 주파수를 변화시키도록 되어 있다.

PLL은 서보 모터의 제어 회로나 주파수 합성기 또는 각종 무선 송 · 수신기의 주파수 발진원으로 많이 사용된다.

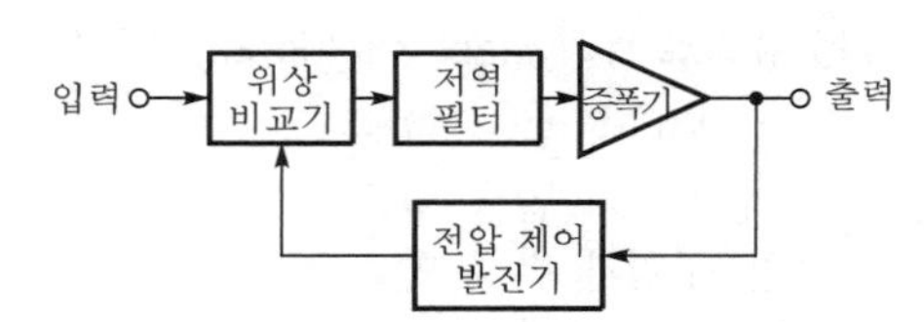

* 전압 제어 발진기(VCO : Voltage Controlled Oscillator) : 입력에 인가되는 전압에 의해서 발진 주파수를 조정할 수 있는 발진기로서, 주파수를 $\frac{1}{n}$로 하는 분주기를 넣으면 VCO는 입력 주파수의 n배로 발진한다(VCO의 출력 주파수=기준 주파수×분주값).

15 전압 증폭도가 30[dB]과 50[dB]인 증폭기를 직렬로 연결시켰을 때 종합 이득은?

① 20
② 80
③ 1,500
④ 10,000

해설 **종속 접속 증폭기의 데시벨 전압 이득**

각 단의 전압 이득을 [dB]로 구하고 이들을 합산한 값으로 나타낸다.

$G_T = 20\log_{10} A_{vT}$

$= 20\log_{10} A_{v1} + 20\log_{10} A_{v2} + \cdots 20\log_{10} A_{vn}$[dB]

$G_T = G_1 + G_2 + \cdots G_n$[dB]

종합 이득 $G = G_1 + G_2$

$= 30 + 50 = 80$[dB]

$80 = 20\log_{10} A$

$\therefore\ A = 10^4 = 10,000$배

정답 13. ① 14. ④ 15. ④

16 이상적인 다이오드를 사용하여 그림에 나타낸 기능을 수행할 수 있는 클램프 회로를 만들 수 있는 것은? (단, V_i : 입력 파형, V_o : 출력 파형)

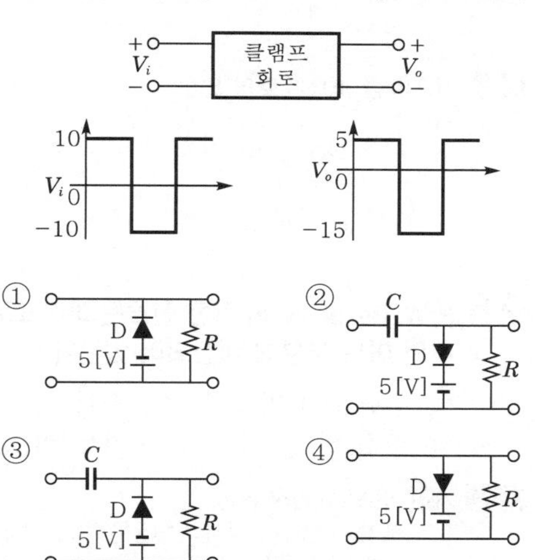

해설 **직류부가 클램프 회로**

다이오드 D에 직류 전압을 접속한 것으로, 출력 파형을 임의의 레벨로 추이시키는 것이다.

- 직류부가 순bias 회로 : 직류 전압이 다이오드 D와 순방향으로 접속된 회로
- 직류부가 역bias 회로 : 직류 전압이 다이오드 D와 역방향으로 접속된 회로

* 직류부가(순bias) 부(−) 클램프 회로 : 그림의 파형은 입력 펄스의 파형이 정(+)의 피크값에서 다이오드가 단락되어 0레벨을 기준으로 하는 파형이 부(−)측에 나타나는 클램프 회로의 출력 파형을 나타낸 것이다. 이것은 다이오드 D에 직류 5[V]의 전압을 부가한 것으로 출력 파형의 진폭을 전압 5[V]만큼 부(−)의 레벨로 추이시킬 수 있다.

17 논리식 $F = A + \overline{A} \cdot B$와 같은 기능을 갖는 논리식은?

① $A \cdot B$ ② $A + B$
③ $A - B$ ④ B

해설 **불(boole) 대수의 흡수 법칙**

$Y = A + \overline{A}B$
$= A + B$

[증명] $Y = A + \overline{A}B$
$= A(1+B) + \overline{A}B$
$= A + AB + \overline{A}B$
$= A + B(A + \overline{A})$
$= A + B$

18 반도체 기반 저장 장치가 아닌 것은?

① Solid state drive ② Micro SD
③ Floppy disk ④ Compact flash

해설 **플로피 디스크(floppy disk)**

원형의 폴리에스테르 필름에 산화철 화합물을 입혀 만든 것으로, 휴대하기가 편리하며 기억 용량은 보통 360[kB], 720[kB], 1.2[MB], 1.44[MB] 등이 있으며, 먼지나 자기 등에 약하므로 보관에 주의하여야 한다.

19 ALU(Arithmetic and Logical Unit)의 기능은?

① 산술 연산 및 논리 연산
② 데이터의 기억
③ 명령 내용의 해석 및 실행
④ 연산 결과의 기억될 주소 산출

해설 **연산 장치(ALU : Arithmetic and Logical Unit)**

연산 장치는 외부에서 들어오는 입력 자료, 기억 장치 내에 기억되어 있는 자료, 그리고 레지스터 내에 기억되어 있는 자료 등을 실제로 처리하는 장치이다.

- 산술 연산 : 4칙 연산(가·감·승·제)과 산술적 시프트(shift) 등을 포함한 것이다.
- 논리 연산 : 논리적인 AND, OR, NOT를 이용한 논리 판단과 시프트 등을 포함한 것이다.
- 연산에 사용되는 데이터나 연산 결과를 기억하기 위해 레지스터를 사용한다.

20 데이터를 스택에 일시 저장하거나 스택으로부터 데이터를 불러내는 명령은?

① STORE/LOAD
② ENQUEUE/DEQUEUE
③ PUSH/POP
④ INPUT/OUTPUT

해설 **스택(stack)**

후입 선출(LIFO : Last In First Out)의 원리로 동작하는 자료의 구조로서, 나중에 입력된(last in) 데이터가 먼저 출력(first out)된다.

[스택의 조작 명령]

- POP : 스택에서 데이터를 읽어내는 과정
- PUSH : 스택에서 데이터를 저장하는 과정

21 2^n개의 입력 중에 선택 입력 n개를 이용하여 하나의 정보를 출력하는 조합 회로는?

① 디코더 ② 인코더
③ 멀티플렉서 ④ 디멀티플렉서

정답 16. ② 17. ② 18. ③ 19. ① 20. ③ 21. ③

해설 멀티플렉서(multiplexer)
다중 변환기로서, 여러 개의 입력 데이터 중에서 1개의 입력만 선택하여 단일 정보를 출력하는 조합 회로를 말한다.

22 2진수 10111을 그레이 코드(gray code)로 변환하면 그 결과는?

① 11101 ② 11110
③ 11100 ④ 10110

해설 그레이 코드(gary code)
회전축과 같이 연속적으로 변화하는 양을 표시하는 데 사용하는 웨이트가 없는 비가중치 코드(unweighted code)로서, 일반적인 코드는 0 ~ 9를 표시하지만 그레이 코드는 사용 비트(bit)를 제한하지 않는 1비트 변환 코드로서 어떤 코드로부터 그 다음 코드로 증가하는데 하나의 비트만 바꾸면 되므로 연산 동작으로는 부적당하다. 데이터의 전송, 입·출력 장치, A/D 변환기, 기타 주변 장치용 코드로 이용된다.
[2진수에서 그레이 코드로의 변환]

2진수 1 – ⊕ → 0 – ⊕ → 1 – ⊕ → 1 – ⊕ → 1
↓ ↓ ↓ ↓ ↓
그레이 코드 1 1 1 0 0

$\therefore\ (10111)_2 = (11100)_G$

* 그레이 코드의 가장 왼쪽 2진 숫자는 가장 왼쪽의 2진수 비트와 같다. 다음 가장 왼쪽에 있는 2진 숫자를 그 다음 비트에 더하고 그다음도 이웃하는 한 쌍의 2진수를 차례대로 더하고 Carry는 버린다.

23 어셈블리어(assembly language)의 설명 중 틀린 것은?

① 기호 언어(symbolic language)라고도 한다.
② 번역 프로그램으로 컴파일러(compiler)를 사용한다.
③ 기종 간에 호환성이 작아 전문가들만 주로 사용한다.
④ 기계어를 단순히 기호화한 기계 중심 언어이다.

해설 어셈블리어(assembly language)
어셈블리어는 기계어의 단점을 보완하여 기계어를 기호화한 언어(symbolic language)로 만들어 프로그램에 사용할 수 있도록 한 것으로, 보통 마이크로 컴퓨터의 제어나 데이터의 입·출력을 위한 프로그램 작성에 많이 사용한다.
* 컴파일러(compiler) : 컴파일러 언어를 기계어로 번역하는 언어 번역자를 말한다.

24 다음 중 16진수 1B7을 10진수로 변환한 것으로 옳은 것은?

① 339 ② 340
③ 438 ④ 439

해설 16진수를 10진수로의 변환

$$(1B7)_{16} = 1\times16^2 + 11\times16^1 + 7\times16^0 = 256 + 176 + 7 = (439)_{10}$$

$\therefore\ (1B7)_{16} = (439)_{10}$

25 R/W, Reset, INT와 같은 신호는 마이크로 컴퓨터의 어느 부분에 내장되어 있는가?

① 주변 I/O 버스 ② 제어 버스
③ 주소 버스 ④ 자료 버스

해설 제어 버스(control bus)
CPU의 현재 상태나 상태의 변경을 기억 장치나 입·출력 장치에 알리는 제어 신호를 싣는 데 사용하는 전송로로서, 단일 방향성의 기능을 가지며 시스템에 필요한 동기와 제어 정보를 운반한다.
* 제어 신호의 예 : 판독, 기록(명령), 인터럽터, 정지, 동기 신호 등

26 여러 하드디스크 드라이브를 하나의 저장 장치처럼 사용 가능하게 하는 기술은?

① CD-ROM ② SCSI
③ EIDE ④ RAID

해설 RAID(Redundant Array of Inexpensive Disks)의 기술
- 여러 개의 하드디스크를 하나의 Virtual disk로 구성하여 대용량의 저장 장치로 사용할 수 있으며 데이터를 분할 저장하여 전송 속도를 향상시킬 수 있다.
- 시스템 가동 중에 생길 수 있는 하드디스크의 에러를 시스템의 정지 없이 교체나 데이터를 자동 복구할 수 있다.

27 다음 중 기억 장치의 계층 구조에서 캐시 메모리(cache memory)가 위치하는 곳은?

① 입력 장치와 출력 장치 사이
② 주기억 장치와 보조 기억 장치 사이
③ 중앙 처리 장치와 보조 기억 장치 사이
④ 중앙 처리 장치와 주기억 장치 사이

정답 22. ③ 23. ② 24. ④ 25. ② 26. ④ 27. ④

해설 **캐시 기억(cache memory) 장치**
초고속 소용량의 메모리로서, 중앙 처리 장치의 빠른 처리 속도와 주기억 장치의 느린 속도 차이를 해소하기 위해 사용하는 것으로 효율적으로 컴퓨터의 성능을 높이기 위한 반도체 기억 장치이다. 이것은 특히 그래픽 처리 시 속도를 높이는 결정적인 역할을 하므로 시스템의 성능을 향상시킬 수 있다.

28 다음 중 C언어에서 사용되는 관계 연산자가 아닌 것은?

① =　　② !=
③ >　　④ <=

해설 **C언어의 관계 연산자**
- > : 크다.
- <= : 작거나 같다.
- >= : 크거나 같다.
- < : 작다.
- == : 같다.
- != : 같지 않다.

29 다음 설명에 가장 알맞은 계기의 명칭은?

> 회전 자장이 금속 원통과 쇄교하면 맴돌이 전류가 흐른다. 이 맴돌이 전류와 회전 자장 사이의 전자력에 의하여 알루미늄 원통에 구동 토크가 생기게 된다.

① 가동 코일형 계기
② 전압계형 계기
③ 가동 철편형 계기
④ 유도형 계기

해설 **유도형 계기(AC 전용)**
회전 자장과 이동 자장에 의한 유도 전류와의 상호 작용을 이용한 것으로, 회전 자장 내에 금속편을 놓으면 맴돌이 전류가 생겨 자장이 이동하는 방향으로 금속편을 이동시키는 구동 토크가 발생하는 원리를 이용한 계기이다.
- 공간의 자장이 강하기 때문에 외부 자장의 영향이 작고 회전력이 크며 조정이 용이하다.
- 전류계, 전압계, 전력계 및 적산 전력계로 사용되며 교류(AC) 전용으로 직류(DC)용으로는 사용할 수 없다.
- 구동 토크가 크고 구조가 견고하기 때문에 내구력을 요하는 배전반용 및 기록 계기용으로 사용된다.
- 교류 배전반용 기록 장치와 전력계 및 이동 자장형은 적산 전력계로 사용되며 현재 사용되는 교류(AC)용 적산 전력계는 모두 유도형이다.

30 수신기의 감도를 올리기 위하여 사용되고, 신호대 잡음비 및 선택도의 향상에 도움이 되는 회로는?

① 검파 회로
② 고주파 증폭 회로
③ 주파수 변환 회로
④ 중간 주파 증폭 회로

해설 **고주파(RF) 증폭 회로의 작용**
고주파 증폭부의 성능은 수신기 전체를 좌우하며 S/N비에 크게 영향을 미치므로 초단관에는 저잡음의 것을 사용해야 한다.
- 영상 주파수 선택도의 개선(Q가 높은 것이 좋다)
- 수신기 전체의 S/N비 개선(RF 동조 회로의 Q를 높인다)
- 수신기의 감도 향상
- 불요 전파 발사의 억제(국부 발진 에너지가 안테나를 통하여 외부로 방사되지 않는다)
- 미약한 전파의 효율 좋은 수신을 위해 안테나(공중선) 회로와의 정합이 필요하다.

31 60[Hz]의 주파수와 8 V_{p-p}의 직사각형파를 입력 공급 전압으로 사용하는 표시기는?

① LED 표시기
② LCD 표시기
③ 디지털 표시관
④ 브라운관

해설 **LCD(Liquid Crystal Display) 표시기**
액체와 고체의 중간적인 특성을 가지는 액정의 전기·광학적 성질을 표시 장치에 응용한 것이다. 이것은 액체와 같은 유동성을 갖는 유기 분자인 액정이 결정처럼 규칙적으로 배열된 상태를 갖는 것으로서, 분자 배열이 외부 전계에 의해 변화되는 성질을 이용하여 표시 소자로 만든 것이 액정 디스플레이(LCD)이다.

32 출력 임피던스가 50[Ω]인 표준 신호 발생기의 출력 레벨을 40[dB]에 고정시키고 50[Ω]의 임피던스를 가진 부하를 연결하였을 때 부하 양단의 단자 전압[μV]은?

① 50　　② 100
③ 150　　④ 200

해설 **표준 신호 발생기(SSG : Standard Signal Generator)**
표준 신호 발생기는 출력단 개방 시 기준 전압 1[μV]를 0[dB]로 한다.
40[dB]$=10^2$이므로 신호 발생기의 개방 전압 $E_o=100$[μV]이다.

정답 28. ① 29. ④ 30. ② 31. ② 32. ①

$\therefore$ 출력 단자 전압 $E_l = \dfrac{Z_l}{Z_i + Z_l} E_o$

$= \dfrac{50}{50+50} \times 100 \times 10^{-6}$

$= 50[\mu V]$

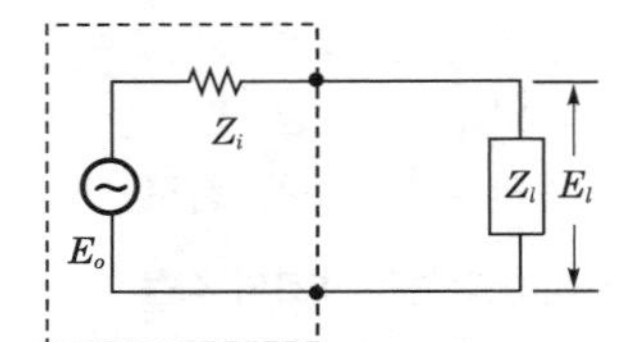

여기서, E_o : 신호 발생기의 개방 전압
Z_i : 부하측에서 내부를 본 임피던스
E_l : 부하 임피던스에 가해지는 전압
Z_l : 부하 임피던스

33 자동 평형 기록기에서 직류 입력 전압을 교류로 바꾸는 장치로서, 기계적인 부분이 없으므로 수명이 긴 것은?

① 초퍼　② 서보 모터
③ 자기 변조기　④ 자기 초퍼

해설 **자동 평형식 기록 계기**
기록용 펜과 용지 사이에 생기는 마찰 오차를 피하기 위하여 만들어진 것으로, 영위법에 해당하며 피측정량을 충분히 증폭하여 사용하므로 감도가 매우 양호하다.

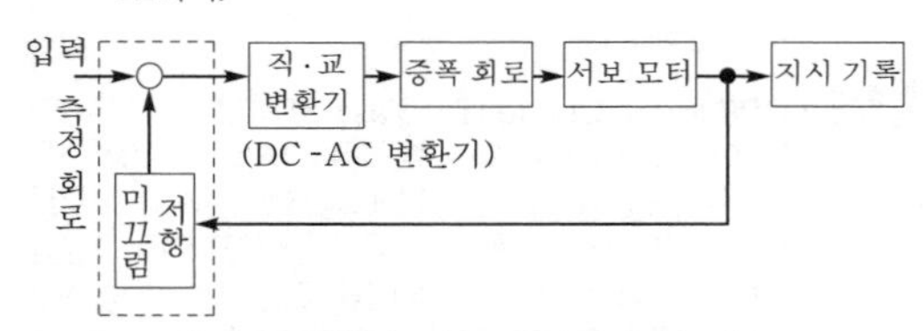

‖ 자동 평형식 기록 계기의 구성도 ‖

전위차계 및 평형 브리지 회로에 의해서 회로가 자동적으로 평형 상태가 되도록 한 후 가동 부분(서보 모터)에 기록용 펜 또는 타점용 핀을 부착하여 기록하도록 한 것이다.
* 직교 변환기(DC–AC 변환기, 초퍼) : 미약한 직류 변화를 일정 주기로 세분하여 교류의 진폭 변화에 변환시키는 장치를 말한다.

34 다음 중 회로 시험기를 사용할 때 극성을 구분해서 측정해야 하는 것은?

① 저항　② 교류 전압
③ 직류 전압　④ 통전 시험

해설 **회로 시험기(multi–circuit tester)**
정격 전류(수십[μA] ~ 1[mA])가 작은 가동 코일형 전류계이다. 여러 개의 배율기와 분류기를 전환하여 측정 범위를 확대할 수 있도록 구성되어 있으며, 교류 측정이 되도록 정류기와 저항을 측정할 수 있는 직독 저항계를 위한 내부 전지가 들어 있다.
* 측정 범위 : 직류 전류, 전압, 교류 전압 및 저항, 통신 기기의 레벨 측정(dBm)
* 직류 전압을 측정할 때에는 반드시 극성을 구분하여 측정하여야 한다.

35 오실로스코프의 X축에 미지 신호를 가하고, Y축에 100[Hz]의 신호를 가했더니 그림과 같은 리사주 도형이 얻어졌을 때 미지 주파수[Hz]는?

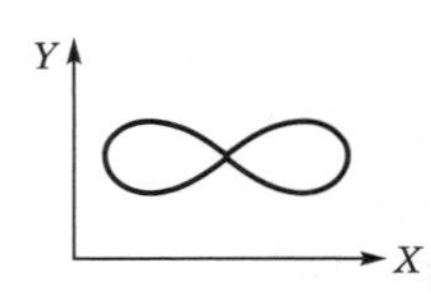

① 50　② 100
③ 150　④ 200

해설 **오실로스코프의 리사쥬 도형 측정**
주파수비는 수평(f_x) : 수직(f_y)=1 : 2에서

$f_x = \dfrac{1}{2} f_y$

$= \dfrac{1}{2} \times 100 = 50[\text{Hz}]$

36 주파수 측정 브리지의 일종일 때 어떤 종류의 브리지인가? (단, M : 상호 인덕턴스)

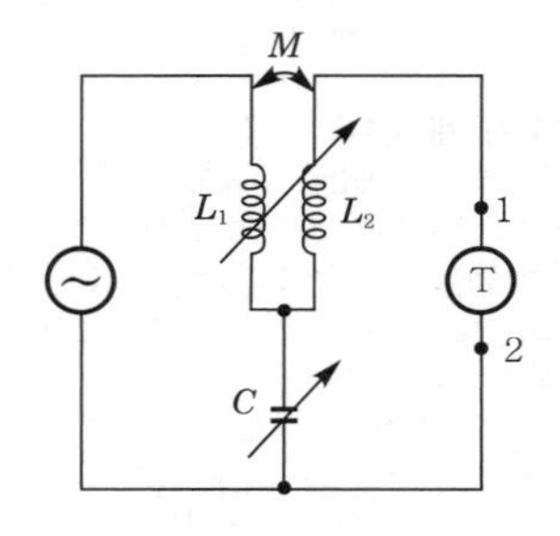

① 빈 브리지(Wien bridge)
② 공진 브리지(Resonance bridge)
③ 캠벨 브리지(Campbell bridge)
④ 휘트스톤 브리지(Wheatstone bridge)

정답 33. ①　34. ③　35. ①　36. ③

해설 **캠벨 브리지(Campbell bridge)**

가청 주파수 측정에 사용되는 교류 브리지의 일종으로 L_1, L_2의 결합에 의한 상호 인덕턴스 M과 표준 가변 콘덴서 C로 구성된다. 회로에서 C와 M을 조정하여 수화기 T에 음이 들리지 않을 때 평형을 잡으면 T에는 전류가 흐르지 않는다.

$$\frac{1}{j\omega C}\cdot I = -j\omega M\cdot I$$

여기서, I : OSC의 출력 전류

$$M=\frac{1}{\omega^2 C},\ \omega^2=\frac{1}{MC}$$

$\therefore$ 전원(OSC)의 주파수 $f=\dfrac{1}{2\pi\sqrt{MC}}$ [Hz]

* 가청 주파수 측정용 브리지 : 캠벨 브리지, 빈 브리지, 공진 브리지 회로 등이 있다.

37 다음은 브라운관 회로의 블록 다이어그램을 나타내었을 때 빈칸에 들어갈 알맞은 것은?

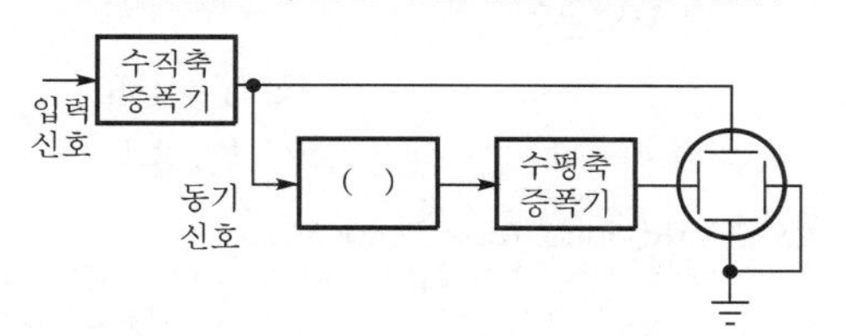

① 톱니파 발생기 ② 정현파 발생기
③ 구형파 발생기 ④ 직류 발생기

해설 **오실로스코프의 기본 구성**

- 수직 증폭기 : CRT에 관측하려는 입력 신호 파형은 수직 증폭기 입력에 인가되며, 증폭기의 이득은 교정된 입력 감쇠기에 의해 조정된다. 그리고 증폭기의 푸시풀 출력은 지연 회로를 통해서 수직 편향판에 가해진다.
- 시간축 발진기(소인 발진기) : CRT의 수평 편향 전압으로 톱니파를 발생시킨다.
- 수평 증폭기 : 위상 반전기를 포함하고 있으며, (+)로 진행하는 톱니파와 (−)로 진행하는 톱니파 2개의 출력 파형을 만든다. (+) 진행 톱니파는 오른쪽 수평 편향판에, (−) 진행 톱니파는 왼쪽 수평 편향판에 가해진다.

* 여기서, 톱니파 전압은 수평 편향판에, 정현파 신호는 수직 편향판에 각각 인가된다.

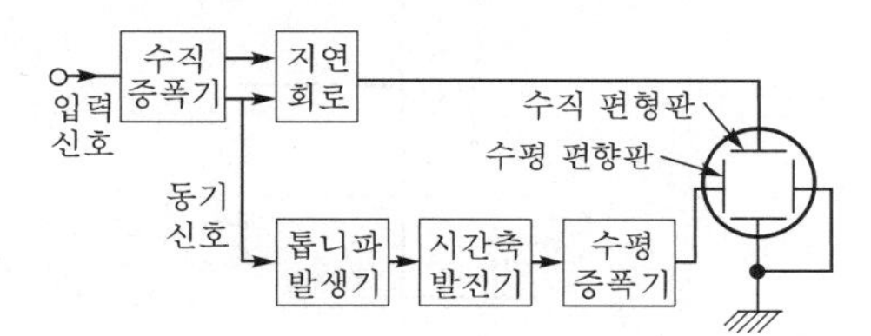

38 다음 빈 브리지(Wien bridge) 회로에서 R_2를 구하면?

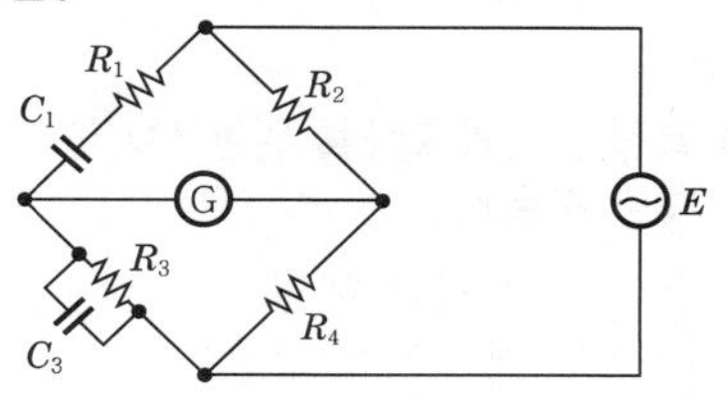

① $R_2=\dfrac{R_1}{R_3R_4}+\dfrac{C_3}{C_1}$

② $R_2=\dfrac{R_1R_4}{R_3}+\dfrac{R_4C_3}{C_1}$

③ $R_2=\dfrac{R_1C_1}{R_3}+\dfrac{R_4C_1}{C_1}$

④ $R_2=\dfrac{R_1R_4}{R_3}+\dfrac{R_4C_1}{C_1}$

해설 **빈 브리지(Wien bridge)**

교류 브리지의 평형 조건으로부터 가청 주파수를 측정한다.

빈 브리지 회로에서 저항 R_1, R_3 및 C_1, C_3를 조정하여 브리지가 평형이 되었다면

$$R_4\left(R_1+\frac{1}{j\omega C_1}\right)=R_2\left(\frac{\dfrac{R_3}{j\omega C_3}}{R_3+\dfrac{1}{j\omega C_3}}\right)$$ 의 식으로부터

$$\frac{C_3}{C_1}=\frac{R_2}{R_4}-\frac{R_1}{R_3}$$

$$\therefore R_2=\left(\frac{R_1}{R_3}+\frac{C_3}{C_1}\right)R_4=\frac{R_1R_4}{R_3}+\frac{R_4C_3}{C_1}$$

39 가청 주파수 측정에 사용되는 주파수계에 해당되지 않는 것은?

① 주파수 브리지
② 헤테로다인 파장계
③ 오실로스코프
④ 흡수형 주파수계

해설 **가청 주파수 측정용 주파수계**

- 주파수 브리지
  - 교류 브리지의 평형 조건으로부터 주파수를 측정하는 것
  - 공진 브리지, 빈 브리지, 캠벨 브리지
- 헤테로다인 파장계 : 기지 주파수와 피측정 주파수를 비트(beat) 주파수를 이용하여 측정하는 것
- 오실로스코프 : 리사주 도형(lissajous figure)을 이용하여 주파수를 측정하는 것

정답 37. ① 38. ② 39. ④

* 흡수형 주파수계 : RLC 직렬 공진 회로의 주파수 특성을 이용하여 무선 주파수를 측정하는 계기로서, 주로 100[MHz] 이하의 고주파 측정에 사용된다.

40 측정 범위의 확대를 위한 장치에 대한 연결로 틀린 것은?

① 변류기 – 교류 전류
② 배율기 – 직류 전압
③ 분류기 – 직류 전류
④ 계기용 변압기 – 교류 전류

해설 **계기용 변압기(PT : Potential Transformer)**
교류의 전압을 직접 측정할 수 없을 때 이것을 낮은 전압으로 내려서 측정하기 위한 변압기로 일반적으로 PT라고 한다.
교류 전압의 측정 범위 확대를 위한 변성기로서 2차 표준 전압은 100[V] 또는 110[V]로 권선비가 정해진다.

- V_1, V_2 : 1차 및 2차 단자 전압[V]
- E_1, E_2 : 1차 및 2차의 기전력[V]
- n_1, n_2 : 1차 및 2차의 권선수

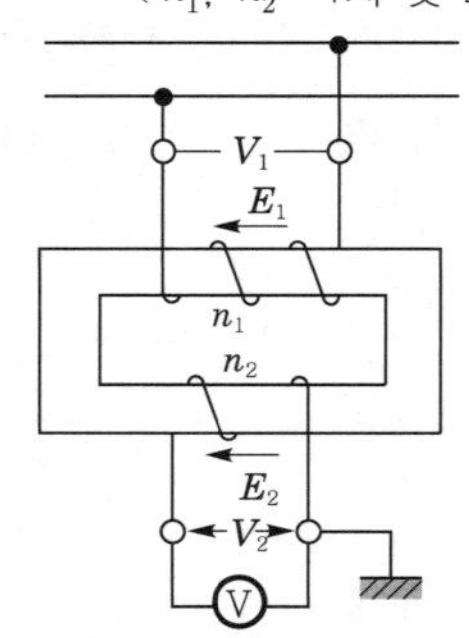

(a) 원리도

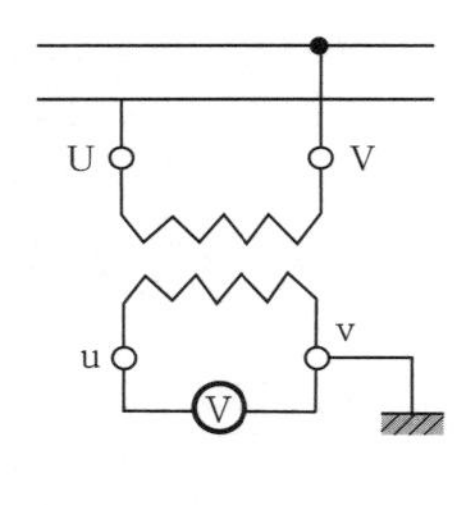

(b) 극성 부호와 접속

이상적인 변압기는 단자 전압비와 기전력비가 각각 권선비와 같다.

$$\frac{V_2}{V_1}=\frac{E_1}{E_2}=\frac{n_1}{n_2}$$

41 심장의 박동에 따르는 혈관의 맥동 상태를 측정하고 기록하는 의용 전자 기기는?

① 맥파계(sphygmograph)
② 근전계(electromyograph)
③ 심음계(phonocardiograph)
④ 심전계(electrocardiograph)

해설 **맥파계(sphygmograph)**
심장 박동에 수반하여 일어나는 혈관의 박동은 차례로 말초 부분으로 전달하는데, 이 박동 상태를 혈관 위에서 점으로 측정하는 것이 맥파이다. 맥파는 압력 변화를 기록하는 압력 맥파와 혈관의 팽창, 즉 용적 변화를 기록하는 용적 맥파(plethysmograph)가 있다.

42 반도체의 성질을 가지고 있는 물질(형광체를 포함)에 전장을 가하였을 때 생기는 현상은?

① 광전 효과
② 줄 효과
③ 전장 발광
④ 톰슨 효과

해설 **전장 발광(EL : Electro Luminescence)**
도체 또는 반도체의 성질을 가지고 있는 물질(형광체 또는 형광체를 포함한 유전체)에 전장을 가하면 빛이 방출되는 현상으로서, 열방사에 의하지 않는 현상을 일반적으로 루미네선스(luminescence)라 한다.

43 VTR로 기록된 테이프를 재생할 때 VHF 출력의 채널은?

① 2 ~ 3ch　② 3 ~ 4ch
③ 4 ~ 5ch　④ 1 ~ 2ch

해설 **VTR(Video Tape Recorder)**
영상 신호는 0 ~ 4[MHz]의 넓은 주파수 대역을 가지고 있으며 영상 신호는 자기적 변화로 인하여 테이프상에 기록되고 비디오 헤드로서 녹화 · 재생할 수 있다. 기록된 테이프를 재생할 때 VHF 출력의 채널은 3 ~ 4 ch을 사용하였다.

44 제어 요소의 동작 중 연속 동작이 아닌 것은?

① D동작
② on–off 동작
③ P+D 동작
④ P+I 동작

해설 **2위치 동작(on–off 동작)**
제어 동작이 목푯값에서 어느 이상 벗어나면 미리 정해진 일정한 조작량이 제어 대상에 가해지는 단속적인 제어 동작으로 불연속 동작에 해당한다. 이 동작 방식은 조작단이 2위치만 취하므로 목푯값 주위에서 사이클링(cycling)을 일으킨다.

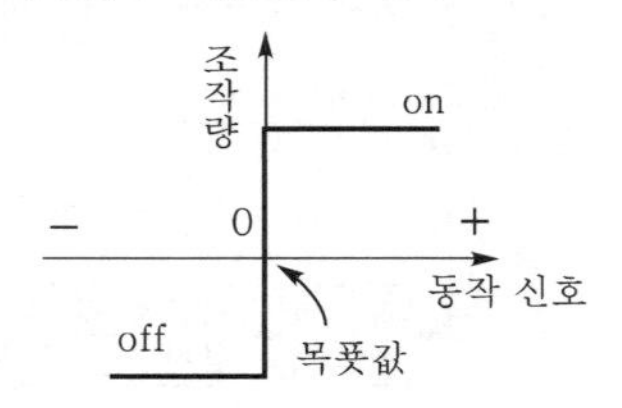

정답 40. ④ 41. ① 42. ③ 43. ② 44. ②

* 연속 동작 : 비례 동작(P동작), 미분 동작(D동작), 적분 동작(I동작), 비례 적분 동작(PI 동작), 비례 적분 미분 동작(PID 동작)

45 야기(YAGI) 안테나의 특성에 대한 설명으로 옳지 않은 것은?

① 소자수가 많을수록 이득이 증가하고 지향성이 예민해진다.
② 소자수가 많을수록 반사기나 도파기에 의한 영향으로 안테나 급전점 임피던스가 저하된다.
③ 도파기는 투사기보다 짧게 하여 용량성으로 동작한다.
④ 반사기는 투사기보다 짧게 하여 용량성으로 동작한다.

해설 **야기(YAGI) 안테나**
TV 수신용 및 고정 통신용 채널 전용 단일 방향성 안테나이다.

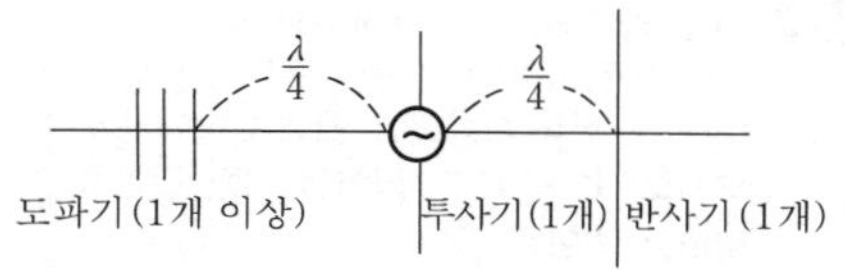

- 도선의 길이는 도파기, 투사기, 반사기의 순으로 길어진다.
- 도파기는 $\frac{\lambda}{2}$보다 짧으므로 용량성으로 동작한다
- 반사기는 $\frac{\lambda}{2}$보다 길게 하여 유도성으로 동작한다.
- 소자수가 많을수록 지향성이 예민하고 이득이 증가한다.
- 소자수가 많을수록 안테나 급전점의 임피던스가 낮아진다.
- 반사파의 방해가 심한 지역일수록 다소자의 안테나가 좋다.

46 원통형 도체를 유도 가열할 때 주파수를 높게 하여 가열하면 맴돌이 전류 밀도는 어떻게 되는가?

① 축의 위치에서 가장 크다.
② 표면에 가까워질수록 작아진다.
③ 단면 전체가 거의 같다.
④ 표면에 가까워질수록 커진다.

해설 **고주파 유도 가열(induction heating)**
금속과 같은 도전 물질에 고주파 자기장을 가할 때 도체에서 생기는 맴돌이 전류(와류)에 의하여 물질을 가열하는 방법을 말한다.
그림과 같이 원통형 도체에 가열 코일을 감고 고주파 전류를 흘리면 원통형 도체에 교번 자속(고주파 자속)이 통하게 된다. 이 교번 자속에 의하여 전자 유도 작용에 의한 맴돌이 전류(와류)가 흐르게 되어 전력 손실이 일어나는데 이 전력 손실을 맴돌이 전류손이라 하며 이로 인하여 열이 발생한다.

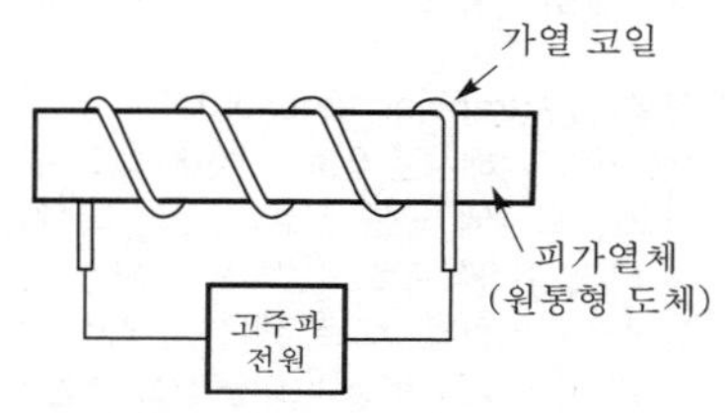

- 고주파 전원은 주파수가 높아질수록 표피 효과 때문에 맴돌이 전류 밀도는 중심부(원의 축 위치)에 가장 작고 표면에 가까워질수록 커진다.
- 주파수가 매우 높아지면 맴돌이 전류는 표면 가까이에만 흐르고 중심부에는 거의 흐르지 않는다.

47 자기 녹음기에서 테이프를 일정한 속도로 구동시키기 위한 금속 롤러는?

① 핀치 롤러
② 캡스턴 롤러
③ 릴 축
④ 아이들러

해설 **캡스턴 롤러(capstan roller)**
테이프의 주행 속도와 거의 같은 원주 속도를 가진 금속으로 된 회전축으로 테이프를 핀치 롤러와 캡스턴 사이에 끼워서 핀치 롤러를 압착시켜 테이프를 일정한 속도로 움직이게 한다.
* 핀치 롤러(pinch roller) : 원형으로 된 고무바퀴

48 방송국으로부터 직접파와 반사파가 수상될 때 수상되는 시간 차이로 인하여 다중상이 생기는 현상을 무엇이라 하는가?

① 고스트(ghost)
② 글로스(gloss)
③ 그라데이션(gradation)
④ 콘트라스트(contrast)

해설 **고스트(ghost)**
전파가 수신 안테나까지 도달할 때 직접파에 의해서 생기는 영상 외에 어느 반사체에서 반사되어 온 반사파가 직접파보다 늦게 주사되어 영상이 다중상으로 나타나는 현상이다.

정답 45. ④ 46. ④ 47. ② 48. ①

49 제어계의 출력 신호와 입력 신호와의 비를 무엇이라 하는가?

① 전달 함수
② 미분 함수
③ 적분 함수
④ 제어 함수

해설 **전달 함수(transfer function)**
제어계에 가해지는 입력 신호에 대하여 출력 신호가 나오는 모양에 의한 신호의 전달 특성을 제어 요소에 따라 수학적으로 표현하는 것으로, '선형 미분 방정식의 초기값을 0으로 했을 때 입력 변수의 라플라스 변환과 출력 변수의 라플라스 변환의 비'로 정의된다.
전달 함수 $G(S)$
$$= \frac{\text{초기값을 0으로 한 출력의 라플라스 변환}}{\text{초기값을 0으로 한 입력의 라플라스 변환}}$$

50 전자빔이 시료를 투과할 때 속도가 다른 여러 전자가 생겨서 상이 흐려지는 현상은?

① 색 수차
② 구면 수차
③ 라디오존데
④ 축 비대칭 수차

해설 **색 수차(chromatic aberration)**
전자 빔(beam)이 시료(test piece)를 투과할 때 속도가 다른 여러 전자가 생겨서 상이 흐려지는 현상을 말한다.

51 다음 그림은 저음 전용 스피커(W)와 고음 전용 스피커(T)를 연결한 것이다. 이에 관한 설명 중 옳지 않은 것은?

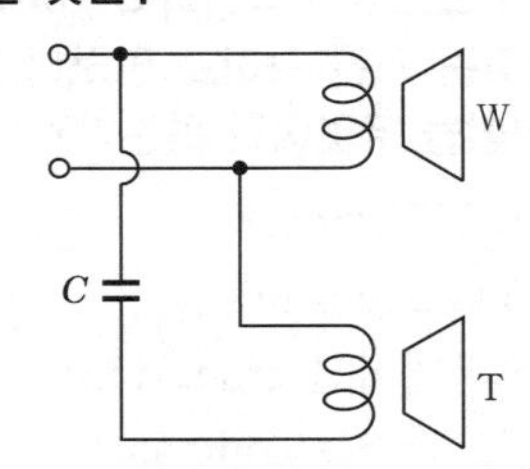

① 콘덴서는 저음만 T로 들어가도록 해준다.
② T의 구경은 W의 구경보다 보통 작게 한다.
③ 두 스피커의 위상은 같이 해주어야 한다.
④ 콘덴서 용량은 보통 $2 \sim 6[\mu F]$ 정도이다.

해설 **스피커의 구경**
스피커는 일반적으로 구경이 큰 것일수록 출력이 크고 진폭 일그러짐이 작다. 따라서, 트위트(T)의 구경은 우퍼(W)의 구경보다 작은 것이 사용된다. 여기서, W와 T 사이에 연결된 콘덴서 C는 고역 필터로서 W의 저음을 차단하고 고음만 T로 들어가도록 해준다.
- 저음 전용(low rang) : 우퍼(W : woofer)
- 고음 전용(hight rang) : 트위트(T : tweeter)

52 다음 회로에서 출력 전압은 얼마인가?

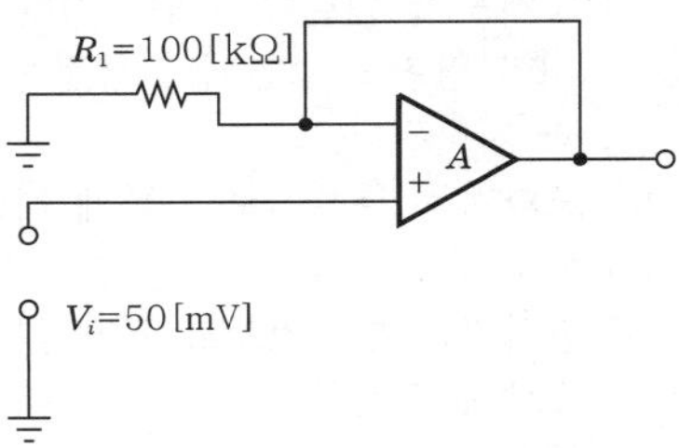

① 0[V] ② 50[mV]
③ −50[mV] ④ 500[mV]

해설 **전압 폴로어(voltage follower)**
단순 이득이 1인 비반전 증폭기를 말하며 입력 저항이나 되먹임 저항없이 입력의 2단자가 단락되어 있으므로 $V_i = V_o$가 되어서 입력 전압을 출력으로 전달하는 역할을 한다.
$\therefore\ V_o = 50[\text{mV}]$
* OP Amp는 입력 임피던스가 매우 크고 출력 임피던스가 매우 낮기 때문에 이득이 1인 비반전 증폭기를 구성하여 이미터 폴로어나 FET 대용으로 사용할 수 있도록 고안된 것이 전압 폴로어이다.

53 펄스 변조의 종류에 해당되지 않는 것은?

① PAM ② PWM
③ PSM ④ PPM

해설 **펄스 변조 방식의 종류**
- 펄스 진폭 변조(PAM : Pulse Amplitude Modulation) : 신호의 표본값에 따라 펄스의 주기와 폭 등은 일정하게 하고 펄스의 진폭만을 변화시키는 변조 방식이다.
- 펄스 폭 변조(PWM : Pulse Width Modulation or PDM : Pulse Duration Modulation) : 신호의 표본값에 따라 펄스의 진폭과 주기 등은 일정하게 하고 펄스의 폭만 변화시키는 변조 방식이다.
- 펄스 위상 변조(PPM : Pulse Phase Modulation) : 신호의 표본값에 따라 펄스의 진폭과 폭 등은 일정하게 하고 펄스의 위상(또는 위치)을 변화시키는 변조 방식이다. 이것은 펄스의 위치가 신호파의 순싯값에 따라 변화하므로 펄스가 발생하는 위치나

정답 49. ① 50. ① 51. ① 52. ② 53. ③

시각이 변화하는 것으로 보면 펄스 위치 변조(PPM : Pulse Position Modulation) 또는 펄스 시 변조(PTM : Pulse Time Modulation)라고도 한다.
- 펄스 주파수 변조(PFM : Pulse Frequency Modulation) : 신호의 표본값에 따라 펄스의 진폭과 폭 등은 일정하게 하고 신호파의 크기에 따라서 펄스의 주파수를 변화시키는 변조 방식이다. PWM, PPM, PFM은 원래 펄스의 시간이 변화하므로 펄스 시 변조(PTM)로 총칭되고 있다.
- 펄스 수 변조(PNM : Pulse Number Modulation) : 신호파의 크기에 따라서 펄스의 진폭과 폭이 일정한 단위 펄스를 일정 시간 내에 그 수를 변화시켜서 변조하는 방식이다. 이것은 펄스 주파수 변조(PFM)에 비해 펄스 상호 간의 위치가 변화하지 않는 점이 다르다.
- 펄스 부호 변조(PCM : Pulse Code Modulation) : 신호의 표본값에 따라 펄스의 높이를 일정한 진폭을 갖는 펄스열로 부호화하는 과정을 PCM이라고 한다. 즉, PCM은 A/D 변환기로 아날로그 신호를 3개의 분리 과정(표본화 → 양자화 → 부호화)에 의하여 디지털 신호로 변환시킨다.

54 주파수 50[MHz]인 전파의 1/4 파장에 대한 값은?

① 1.5[m] ② 3[m]
③ 15[m] ④ 30[m]

해설 **주파수 f와 파장 λ의 관계**

$f=\frac{C}{\lambda}$[Hz], $\lambda=\frac{C}{f}$[m]

여기서, 빛의 속도 $C \fallingdotseq 3\times10^8$[m/sec])

$\therefore\ \lambda=\frac{3\times10^8}{50\times10^{-6}}\times\frac{1}{4}=1.5[\text{m}]$

55 다음 중 서보 기구에 사용되지 않는 것은?

① 리졸버
② 카보런덤
③ 싱크로
④ 저항식 서보 기구

해설 **서보 기구의 편차 검출기(중요 성능 : 직선성, 감도)**
- 전위 차계형 편차 검출기 : 위치 편차 검출기(습동 저항 사용)로서, 직류 서보계에 사용한다.
- 싱크로(synchro) : 싱크로 발진기, 싱크로 제어 변압기로 사용하며 교류 서보계에 사용한다.
- 리졸버(resolver) : 싱크로와 같이 각도 전달에 사용되는 것으로, 싱크로에 비해 고정밀도이다.
- 차동 변압기 : 교류 편차 검출기를 말한다.

56 가청 증폭기에 부귀환 회로를 인가하는 목적으로 옳지 않은 것은?

① 비직선 일그러짐을 감소하기 위하여
② 주파수 특성을 개선하기 위하여
③ 잡음을 작게 하기 위하여
④ 출력을 크게 하기 위하여

해설 **부귀환 증폭기의 특성**
- 이득이 안정된다.
- 일그러짐이 감소한다(주파수 일그러짐, 위상 일그러짐, 비직선 일그러짐).
- 잡음이 감소한다.
- 부귀환에 의해서 증폭기의 전압 이득은 감소하나 대역폭이 넓어져서 주파수 특성이 개선된다(상한 3[dB] 주파수를 대역폭으로 사용).
- 귀환 결선의 종류에 따라 입 · 출력 임피던스가 변화한다.

57 수직 해상도 350, 수평 해상도 340인 경우 해상비는 약 얼마인가?

① 0.86 ② 0.89
③ 0.94 ④ 0.97

해설 **해상도(resolution)**

화상이 세밀하게 표현되는 정도를 나타내는 것으로, 해상력이라고도 하며 화상의 세밀성은 화소수에 따라 결정된다.

* 해상비(resolution ration) : 수평 해상도와 수직 해상도의 비

$$\text{해상비}=\frac{\text{수평 해상도}}{\text{수직 해상도}}=\frac{340}{350}=0.97$$

58 잡음 전압이 10[μV]이고 신호 전압이 10[V]일 때 S/N은 몇 [dB]인가?

① −40 ② −60
③ −80 ④ −120

해설 **신호대 잡음비(S/N ratio)**

$S/N[\text{dB}]=20\log_{10}A=20\log_{10}\frac{V_s}{V_n}$[dB]에서

$$\therefore\ S/N[\text{dB}]=20\log_{10}\frac{10\times10^{-6}}{10}=20\log_{10}10^{-6}=-120[\text{dB}]$$

정답 54. ① 55. ② 56. ④ 57. ④ 58. ④

59 다음 중 초음파 세척은 초음파의 무슨 작용을 이용한 것인가?

① 진동 ② 반사
③ 굴절 ④ 간섭

해설 **초음파 세척**
강력한 초음파가 액체 내를 전파할 때 세척액 중에서 기포가 발생하고 소멸되는 현상을 되풀이 하며 기포가 소멸할 때에는 약 1,000[atm] 정도의 압력이 생긴다. 따라서, 기포가 파괴될 때 세척물에 부착된 먼지가 흡인 또는 분리되어 물리 · 화학적 반응 촉진 작용에 의해서 세척이 행해진다.
* 초음파 세척은 초음파 진동자의 공진 작용에 의해서 발생한 초음파의 캐비테이션 현상을 이용한 것으로 캐비테이션을 일으키는 음압의 세기는 진동수 · 액체의 종류 · 압력 · 온도에 따라 달라진다.

60 자동 제어의 요소 분류 중 사람의 두뇌에 해당되는 부분은?

① 제어 요소
② 조작부
③ 조절부
④ 검출부

해설 **자동 제어계의 제어 요소**
- 조절부 : 제어 장치의 핵심이 되는 부분으로, 기준 입력 신호와 검출기의 출력 신호를 기준으로 하여 제어계가 요소를 작용하는 데 필요한 신호를 만들어 조작부로 보낸다.
- 조작부 : 조절부의 신호를 조작량으로 바꾸어 제어 대상(기계, 프로세스, 시스템 등)에 적용시키는 부분이다.

정답 59. ① 60. ③

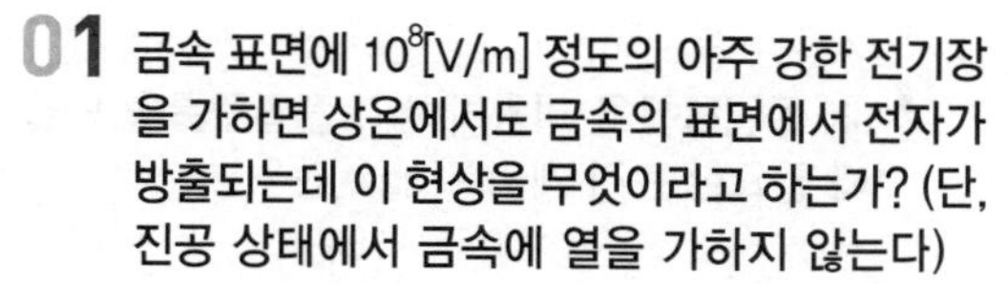

2016. 01. 24. 기출문제

01 금속 표면에 10^8[V/m] 정도의 아주 강한 전기장을 가하면 상온에서도 금속의 표면에서 전자가 방출되는데 이 현상을 무엇이라고 하는가? (단, 진공 상태에서 금속에 열을 가하지 않는다)

① 전계 방출　　② 열전자 방출
③ 광전자 방출　　④ 2차 전자 방출

해설 **전계 방출(field emission)**
금속 표면에 전장의 세기가 10^8[V/m] 정도의 강한 전장을 가하면 상온에서도 금속 표면에 전자가 방출하는 현상을 말하며, 고전장 방출(high field emission) 또는 냉음극 방출(cold cathode emission)이라고도 한다.
* 금속 표면의 전장이 강해짐에 따라 전위 장벽이 낮아질 뿐만 아니라 그 폭도 좁아진다. 이때, 전자의 방출량은 전장의 강도에 따라 변하며 온도와는 관계가 없다.

02 그림과 같은 비안정 멀티바이브레이터의 반복 주기 T는 몇 [msec]인가? (단, $C_1 = C_2 = 0.02[\mu$F], $RB_1 = RB_2 = 30$[kΩ])

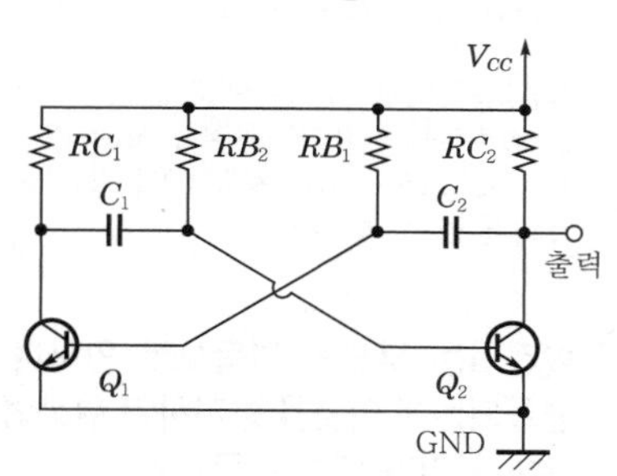

① 0.632　　② 0.828
③ 1.204　　④ 2.484

해설 **비안정 멀티바이브레이터(astable multivibrator)**
외부의 트리거 펄스 없이 2개의 트랜지스터 Q_1과 Q_2가 on, off를 반복하여 컬렉터 출력에서 구형파의 펄스 전압을 얻는 회로이다. 회로의 콘덴서 C_1, C_2에 의해서 Q_1 : on $-$ Q_2 : off, Q_1 : off $-$ Q_2 : on 상태의 주기적 변환이 발생하여, 트랜지스터 Q_1, Q_2가 차단 상태를 계속 유지하지 못하고 안정 상태가 하나도 존재하지 않는 2개의 준안정 상태를 가진다.
따라서, Q_1과 Q_2의 on, off 반복으로 인하여 펄스의 폭과 주기가 반복되는 펄스를 발생시킨다.
* 반복 주기 $T_r = 0.69(C_1RB_2 + C_2RB_1)$

$\therefore\ T_r = 0.69\times(0.02\times10^{-6}\times30\times10^3 + 0.02\times10^{-6}\times30\times10^3)$
$= 0.69\times(0.6+0.6)\times10^{-3}$
$= 0.828$[msec]

03 어떤 사람의 음성 주파수 폭이 100[Hz]에서 18[kHz]인 음성을 진폭 변조하면 점유 주파수 대역폭은 얼마나 필요한가?

① 9[kHz]　　② 18[kHz]
③ 27[kHz]　　④ 36[kHz]

해설 진폭 변조(AM) 시 피변조파의 성분은 반송파를 중심으로 상측 파대와 하측 파대의 3가지 정현파 성분으로 구성되며, 점유 주파수 대역폭은 반송파를 중심으로 상 · 하측 파대의 2개의 측파대가 발생한다.
∴ 점유 주파수 대역폭 $\mathrm{BW} = 2f_s = 2\times18 = 36$[kHz]

04 그림과 같은 논리 회로에 입력되는 값 A, B, C에 따른 출력 Y의 값으로 옳은 것은?

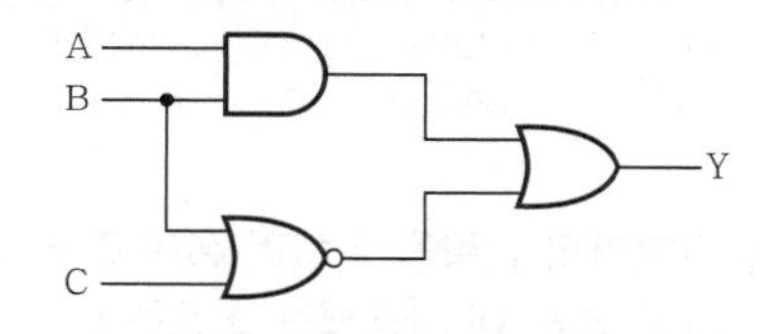

①

입력			출력
A	B	C	Y
0	0	0	0

②

입력			출력
A	B	C	Y
0	1	1	1

③

입력			출력
A	B	C	Y
1	0	0	1

④

입력			출력
A	B	C	Y
1	1	1	0

정답 01. ① 02. ② 03. ④ 04. ③

해설 **논리합(OR) 회로**
두 개의 입력 중 어느 하나라도 '1'인 경우에 출력이 '1'이 되는 것으로 A=1, B=0, C=0일 때 AND 게이트 출력은 '0', NOR 게이트 출력은 '1'로서 OR 게이트의 입력을 만족하므로 OR 게이트의 출력 Y=1이 된다.

05 다음 중 변압기 결합 증폭 회로에 대한 설명으로 적합하지 않은 것은?

① 다음 단과의 임피던스 정합을 용이하게 시킬 수 있다.
② 직류 바이어스 회로를 교류 신호 회로와 무관하게 설계할 수 있다.
③ 주파수 특성이 RC 결합 증폭 회로보다 더 좋다.
④ 부피가 크고 값이 비싸다.

해설 **변압기 결합(transformer coupling) 증폭 회로**
- 결합 커패시터 대신 트랜스를 사용한 것으로서 트랜스의 1 · 2차 권선비로 임피던스를 변환시켜 주어진 부하를 트랜지스터의 출력 임피던스와 정합시키는 증폭 회로이다.
- 대신호 증폭단의 입력 회로와 출력 회로에 사용되는 것이 보통이다.
- 신호 전력이 큰 경우 RC 결합보다 전력 이득 및 전력 효율은 좋게 할 수 있으나 주파수 특성이 좋지 못한 결점이 있다.
- 일그러짐이 발생하기 쉽고 자기 유도의 방해를 받기 쉽다.
- 좋은 저주파 특성을 얻으려면 인덕턴스를 크게 해야 하므로 부피가 커지고 무거워지며 가격이 비싸다.
- 가청 주파수(20 ~ 20,000[Hz])대의 오디오 증폭기에 널리 사용된다.

06 구형파의 입력을 가하여 폭이 좁은 트리거 펄스를 얻는 데 사용되는 회로는?

① 미분 회로　② 적분 회로
③ 발진 회로　④ 클리핑 회로

해설 **미분 회로**
파형의 상승 시와 하강 시의 변화분을 추출하는 회로로서 입력 신호가 변하는 시간에 비해서 시정수가 매우 작은 $CR \ll \tau$일 때 입력의 구형파로부터 출력 R의 단자 전압 V_R이 급격히 감쇠하기 때문에 폭이 매우 좁은 트리거(trigger) 펄스 파형을 얻을 수 있다.

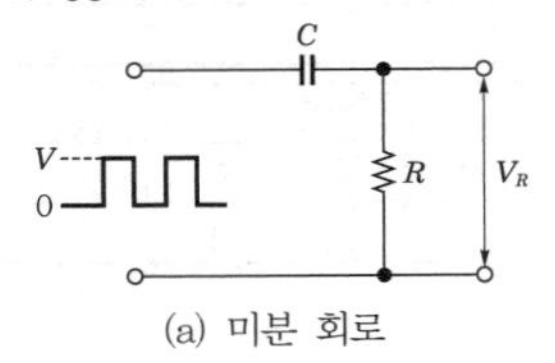

(a) 미분 회로

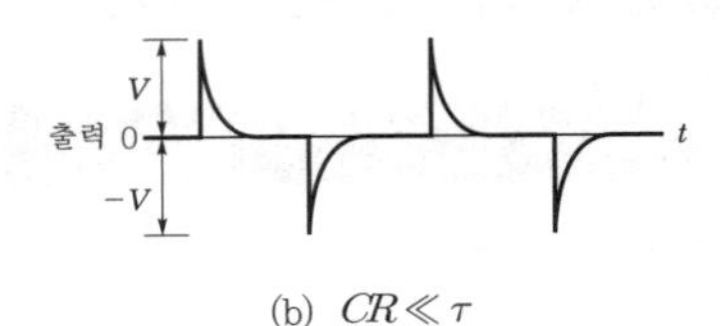

(b) $CR \ll \tau$

07 JK 플립플롭을 이용하여 D 플립플롭을 만들 때 필요한 논리 게이트(gate)는?

① AND　② NOT
③ NAND　④ NOR

해설 **JK-FF에서 D-FF으로의 변환**
JK 플립플롭을 사용하여 D 플립플롭을 만들려면 JK-FF의 Set 입력을 D 입력으로 하여 J의 입력에 인버터(NOT)를 부가하여 K에 연결시켜 외부 결선하면 된다.

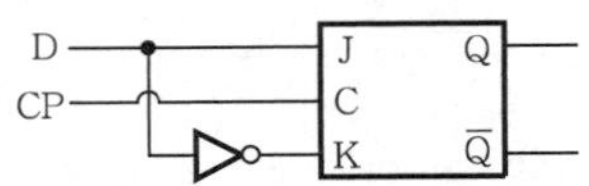

08 정류기의 평활 회로 구성으로 적합한 것은?

① 저역 통과 여파기
② 고역 통과 여파기
③ 대역 통과 여파기
④ 고역 소거 여파기

해설 정류기의 평활 회로는 맥동(ripple)을 감소시키기 위한 회로로서, 저역 통과 여파기(LPF)를 사용한다. 평활용 초크 코일(L)과 용량(C)을 크게 함으로써 맥동률을 줄일 수 있다.

09 발진기는 부하의 변동으로 인하여 주파수가 변화되는데 이것을 방지하기 위하여 발진기와 부하 사이에 넣는 회로는?

① 동조 증폭기　② 직류 증폭기
③ 결합 증폭기　④ 완충 증폭기

해설 **완충 증폭기(buffer amplification)**
AM 송신기에서 부하의 변동으로 발진 주파수가 변화되는 것을 방지하기 위하여 발진기와 다음 단의 증폭기 사이에 두는 것으로, 뒤에 있는 증폭기나 전건 조작 등으로 인한 부하의 변동이 발진기에 미치는 영향을 방지한다.
* 완충 증폭기는 증폭이 목적이 아니므로 각 단과 반결합하여 A급으로 안정하게 동작시킨다.

정답 05. ③ 06. ① 07. ② 08. ① 09. ④

10 주파수 변조 방식의 특징이 아닌 것은?

① 주파수 변별기를 이용하여 복조한다.
② 점유 주파수 대역폭이 좁다.
③ S/N이 개선된다.
④ 페이딩 영향이 작고 신호 방해가 작다.

해설 **주파수 변조(FM : Frequency Modulation) 방식**
반송파의 주파수를 신호파의 진폭에 비례하여 변화시키는 것으로, 반송파의 진폭은 일정하게 하고 반송파의 주파수를 평상시를 중심으로 하여 신호파의 모양대로 증감시키는 변조 방식을 말한다.
[FM의 특징]
- FM파는 많은 측파대를 함유하므로 점유 주파수 대역폭이 넓다.
- 수신측에 진폭 제한기(limiter) 회로가 있어 S/N비가 개선되며 페이딩의 영향을 줄일 수 있다.
- 충실도와 왜율을 좋게 할 수 있다.
- 수신측에서 주파수 변별기를 이용하여 원래의 신호를 검파(복조)한다.
- 송신기가 소형으로 저전력 변조가 가능하다.
- 초단파(VHF)대의 국부적인 통신 및 방송에 적합하다.

11 다음 중 RS 플립플롭(flip flop)에서 진리표가 R = 1, S = 1일 때 출력은? (단, 클록 펄스는 1이다)

① 0 ② 1
③ 불변 ④ 불능

해설 **RS 플립플롭(RS-FF)**
- RS-FF는 Reset-Set flip flop의 약자로서 'Set' 및 'Reset'의 2개의 안정 상태를 갖는 플립플롭이다.
- 2개의 입력(Set(S), Reset(R))과 2개의 출력(Q, $\overline{Q}$)을 가진다.
- Q는 플립플롭의 정상 출력, $\overline{Q}$는 부정 출력이라고 한다.
- Q의 상태는 플립플롭이 높은 상태일 때 '1', 낮은 상태일 때 '0'을 가리킨다.
- $Q=0$일 때 $\overline{Q}=1$, $Q=1$일 때 $\overline{Q}=0$의 상태로 다음 신호가 가해질 때까지 안정된 기억을 하는 특성을 가지고 있다.
- 2개의 입력 중 S에 신호를 가하면 출력은 '1', R에 신호를 가하면 출력은 '0'으로 나타난다. 그리고 R과 S에 신호를 가하지 않으면 출력은 변하지 않고 전상태를 유지한다.
- 클록 펄스(CP)는 RS-FF를 클록 펄스 신호에 맞추어 동기화시키기 위한 것으로, $CP=1$일 때 $S=1$, $R=1$의 입력이 동시에 가해지면 출력 $Q=1$, $\overline{Q}=1$로서 불확정 상태가 되므로 금지 입력이라 한다.

* 금지 입력은 Q와 $\overline{Q}$의 2진 논리 상태에 위배되며 1개의 플립플롭 회로의 동작에서는 일어날 수 없는 것으로 허용되지 않는다.

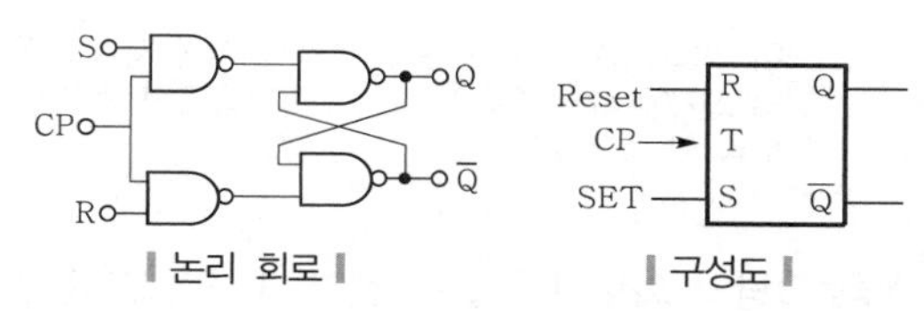

▎논리 회로▎ ▎구성도▎

▎진리표▎

R	S	Q_{n+1}	
0	0	Q_n	불변
0	1	0	Set(Q = 1)
1	0	1	Reset($\overline{Q}$ = 1)
1	1	불확정	금지 입력

12 다음 회로는 수정 발진기의 가장 기본적인 회로이다. 발진 회로에 A에 들어갈 부품은?

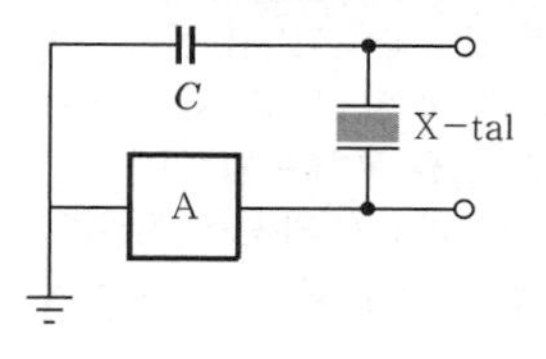

① 저항 ② 코일
③ TR ④ 커패시터

해설 **수정 발진기(crystal oscillator)**
그림의 회로에서 수정편(X-tal) 전극과 연결된 커패시터(capacitor) C는 정전 용량을 가지는 콘덴서로서 정전 에너지를 축적하는 소자이다. 따라서, A에 전자 에너지를 축적하는 코일(inductor) L을 넣으면 이들 사이에는 에너지 교환이 발생하므로 복합 에너지 회로가 구성된다.
따라서, 회로 내에는 전력량 W에 해당하는 에너지가 저장되므로 C와 L의 에너지 교환으로 수정편(X-tal)의 금속판 전극에 전압이 가해지므로 수정편을 진동자로 하는 기본적인 수정 발진 회로를 구성한다.

13 증폭기의 가장 이상적인 잡음 지수는? (단, 증폭기 내에서 잡음 발생이 없음을 의미한다)

① 0 ② 1
③ 100 ④ ∞(무한대)

해설 **잡음 지수(nose figure)**
- 증폭기나 수신기 등에서 발생하는 잡음이 미치는 영향의 정도를 표시하는 것이다.
  잡음 지수(NF)
  $$= \frac{\text{입력에서의 신호 전압과 잡음 전압의 비}}{\text{출력에서의 신호 전압과 잡음 전압의 비}}$$
- 잡음 지수(NF)는 잡음을 나타내는 합리적인 표시 방법으로서, 잡음이 없는 이상적인 $NF=1$, 잡음

정답 10. ② 11. ④ 12. ② 13. ②

이 있으면 $NF > 1$이 된다. 따라서, 잡음 지수 NF의 크기에 따라 증폭기나 수신기의 잡음 발생의 정도를 알 수 있다.

14 그림의 회로에서 출력 전압 V_o의 크기는? (단, V는 실횻값이다)

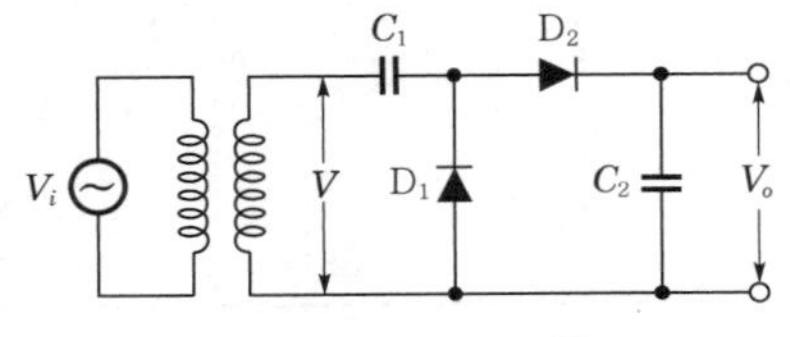

① $2V$　② $\sqrt{2}\,V$
③ $2\sqrt{2}\,V$　④ V^2

해설 그림은 반파 배전압 정류 회로이다. 입력 V_i가 가해지면 처음 반주기 동안은 D_1을 통하여 V_i의 최댓값이 C_1에 충전되고, 다음 반주기는 C_1의 충전 전압이 D_2를 통하여 방전된다. 콘덴서 C_2는 입력 V_i의 최댓값과 C_2의 충전 전압을 합한 것이 충전된다.
∴ 출력 전압 $V_o = 2V_m = 2\sqrt{2}\,V$[V]

15 발진 회로 중에서 각 특성을 비교하였을 때 바르게 연결한 것은?

① RC 발진 회로는 가격이 저가이다.
② LC 발진 회로는 안정성이 양호하다.
③ 수정 발진 회로는 Q값이 작다.
④ 세라믹 발진 회로는 저주파 측정용 발진기 용도로 쓰인다.

해설 **RC 발진기(RC oscillator)**
콘덴서 C와 저항 R만으로 양되먹임(정귀환) 회로를 구성한 발진기로서, 회로 내에 LC 동조 회로를 포함하고 있지 않으므로 낮은 주파수에서 능률이 좋은 발진기를 경제적으로 만들 수 있다. 이와 같은 RC 발진기는 저주파(가청 주파수 ~ 1[MHz] 이하)대의 기본 정현파 발진기로 널리 사용된다.

16 이상적인 펄스 파형에서 최대 진폭 $A_{\max}$의 90[%]가 되는 부분에서 10[%]가 되는 부분까지 내려가는 데 소요되는 시간은?

① 지연 시간
② 상승 시간
③ 하강 시간
④ 오버슈트 시간

해설 **하강 시간(t_f, fall time)**
펄스의 진폭이 90[%]에서 10[%]까지 내려가는 데 걸리는 시간이다.

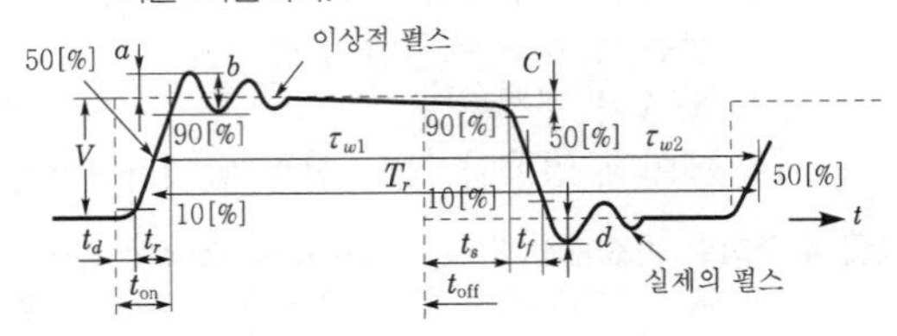

17 Von Neumann형 컴퓨터 연산자의 기능이 아닌 것은?

① 제어 기능
② 기억 기능
③ 전달 기능
④ 함수 연산 기능

해설 폰 노이만(Von Neumann) 박사는 프로그램 내장 방식의 개념을 최초로 고안하였다. 프로그램 내장 방식은 컴퓨터의 주기억 장치에 프로그램을 저장시켜 놓고 실행시키기 위한 방식으로, 이 개념을 이용하여 만든 컴퓨터는 모리스 윌리스의 에드삭(EDSAC)이다.
* 연산자의 기능 : 함수 연산 기능, 제어 기능, 전달 기능

18 주기억 장치에 대한 설명이 아닌 것은?

① 최종 결과 기억
② 데이터 연산
③ 중간 결과 기억
④ 프로그램 기억

해설 **주기억 장치(main memory)**
중앙 처리 장치(CPU)와 직접 데이터를 교환할 수 있는 장치로서, 현재 수행될 프로그램이나 데이터를 기억하는 장치이다.
* 이것은 입력 장치에 들어온 초기 정보 및 처리 과정에서 생긴 중간 정보, 처리 후의 최종 결과에 대한 정보를 기억한다.

19 반가산기의 합과 자리 올림에 대한 논리식으로 옳은 것은? (단, 입력은 A와 B이고, 합은 S, 자리 올림은 C이다)

① $S = \overline{A}B \cdot AB$, $C = A + B$
② $S = \overline{A}B + A\overline{B}$, $C = AB$
③ $S = \overline{A}B + A\overline{B}$, $C = \overline{AB}$
④ $S = \overline{AB} + AB$, $C = \overline{AB}$

정답 14. ③ 15. ① 16. ③ 17. ② 18. ② 19. ②

해설 **반가산기(half adder)**

2개의 2진수 A와 B를 더한 경우 합(sum) S와 자리 올림수(carry) C가 발생하는데, 이때 이 두 출력을 동시에 나타내는 회로로서 베타 논리합(EOR) 회로와 논리곱(AND) 회로의 조합으로 구성된다.

[논리 회로의 기능]

- EOR 회로의 합(sum) : $S = \overline{A}B + A\overline{B}$
- AND 회로의 자리 올림수(carry) : $C = AB$

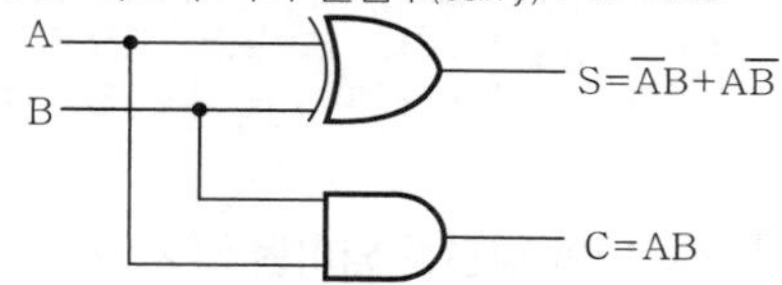

20 마이크로프로세서에서 누산기의 용도는?

① 명령의 해독
② 명령의 저장
③ 연산 결과의 일시 저장
④ 다음 명령의 주소 저장

해설 **누산기(accumulator)**

사용자가 사용할 수 있는 레지스터(register) 중 가장 중요한 레지스터로서, 산술 논리부에서 수행되는 산술 논리 연산 결과를 일시적으로 저장하는 장치이다.

21 다음 프로그래밍 언어 중 가장 단순하게 구성되어 처리 속도가 가장 빠른 것은?

① 기계어
② 베이직
③ 포트란
④ C

해설 **기계어(machine language)**

2진수(0과 1)의 조합으로 구성된 컴퓨터의 중심 언어로서, 컴퓨터 시스템이 직접 인식하고 실행할 수 있는 기계어 명령으로 저장되어 있어 프로그램의 작성과 수정이 어렵다.

* 기계어는 프로그램의 수행 시간이 프로그래밍 언어 중 가장 빠르다.

22 다음 중 가상 기억 장치를 가장 올바르게 설명한 것은?

① 직접 하드웨어를 확장시켜 기억 용량을 증가시킨다.
② 자기 테이프 장치를 사용하여 주소 공간을 확대한다.
③ 보조 기억 장치를 사용하여 주소 공간을 확대한다.
④ 컴퓨터의 보안성을 확보하기 위한 차폐 시스템이다.

해설 **가상 기억 장치(virtual memory)**

보조 기억 장치를 사용하여 주기억 장치의 실제 메모리보다 더 큰 용량의 메모리를 구현할 수 있도록 한 기억 장치를 말한다. 즉, 주기억 장치의 용량을 보다 더 크게 사용하기 위하여 하드 디스크 장치의 용량을 주기억 장치와 같이 사용할 수 있도록 한 메모리 장치이다.

23 연산될 데이터의 값을 직접 오퍼랜드에 나타내는 주소 지정 방식은?

① 직접 주소 지정 방식
② 상대 주소 지정 방식
③ 간접 주소 지정 방식
④ 레지스터 방식

해설 **직접 주소 지정 방식(direct addressing mode)**

오퍼랜드가 기억 장치에 위치하고 있고 기억 장치의 주소가 명령어의 주소에 직접 주어지는 방식으로, 기억 장치에 정확히 한번만 접근한다.

24 다음은 중앙 처리 장치에 있는 레지스터를 설명한 것이다. 명칭에 맞게 기능을 바르게 설명한 것은?

① 명령 레지스터(PC) – 주기억 장치의 번지를 기억한다.
② 기억 레지스터(MAR) – 중앙 처리 장치에서 현재 수행 중인 명령어의 내용을 기억한다.
③ 번지 레지스터(MBR) – 주기억 장치에서 연산에 필요한 자료를 호출해 저장한다.
④ 상태 레지스터 – CPU의 각종 상태를 표시하며 각 비트별로 할당하여 플래그 상태를 나타낸다.

해설 **상태 레지스터(status register)**

CPU에서 각종 산술 연산 결과의 상태를 표시하고 저장하기 위해 사용되는 레지스터이다. 이것은 여러 개의 플립플롭(flip flop)으로 구성된 플래그(flag) 비트들이 모인 레지스터로서, 플래그 레지스터(flag register)라고도 한다.

정답 20. ③ 21. ① 22. ③ 23. ① 24. ④

25 다음 그림과 같은 형식은 어떤 주소 지정 형식인가?

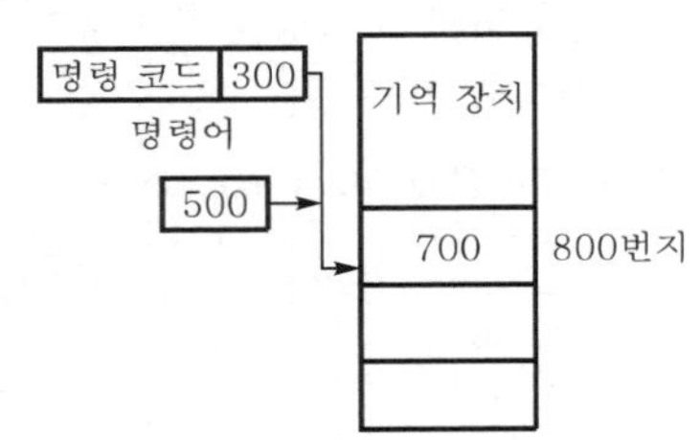

① 직접 데이터 형식
② 상대 주소 형식
③ 간접 주소 형식
④ 직접 주소 형식

해설 **상대 주소 지정 방식(relative addressing mode)**
계산에 의한 주소 지정 방식의 하나로, 어떤 특정 레지스터값에 오퍼랜드(operand)의 값을 더하여 유효 주소를 계산하는 방식이다. 이것은 분기 명령에 많이 사용되는 방식으로 주어진 주소를 다음 실행될 주소에 더한 주소의 내용을 누산기로 보낸다.
* 명령어의 오퍼랜드 + 프로그램 카운터(PC)

26 다음 중 스택(stack)을 필요로 하는 명령 형식은?

① 0-주소 ② 1-주소
③ 2-주소 ④ 3-주소

해설 **0-주소 명령**
Operation 부분만 있고 Operand 부분인 주소가 없는 형식으로, 모든 연산은 스택(stack)에 있는 피연산자를 이용하여 수행하고 그 결과도 스택에 저장한다.

27 다음 중 주기억 장치는?

① RAM ② FDD
③ SSD ④ HDD

해설 **RAM(Random Access Memory)**
전원 공급이 차단되면 기억 내용을 잃게 되는 소멸성 기억 장치로서, 기억된 내용을 읽거나 변경시킬 수 있다. 주기억 장치에 사용되며 처리 과정 중의 자료나 명령을 임시로 기억하는 장치이다.

28 다음 프로그램 언어 중 인간 중심의 고급 언어로서 컴파일러 언어만으로 짝지어진 것은 어느 것인가?

① 코볼, 베이식
② 포트란, 코볼
③ 베이식, 어셈블리 언어
④ 기계어, 어셈블리 언어

해설 **컴파일러 언어(compiler language)**
일상 생활에서 사용하는 언어와 유사한 형태로 된 언어로서, 고급 언어(high level language)에 해당하며 COBOL, FORTRAN, PASCAL, ALGOL, PL/C, C언어 등이 있다. 고급 언어는 컴퓨터가 처리하기에는 복잡하나 사용자가 이해하고 프로그램을 작성하기에 편리하며 기종에 관계없이 사용할 수 있는 범용어이다.

29 안테나의 급전선 임피던스(Z_r)가 75[Ω]이고, 여기에 특성 임피던스(Z_0)가 50[Ω]인 필터를 연결한다면 반사 계수는?

① 0.1 ② 0.2
③ 0.4 ④ 0.75

해설 **반사 계수**

$$m=\frac{\text{반사파}}{\text{입사파}}=\frac{Z_r-Z_0}{Z_r+Z_0}$$
$$=\frac{75-50}{75+50}=0.2$$

30 금속성의 도전성 피가열 재료에 코일을 감고 교류 전류를 흘리면 코일 주변에 전자기 유도에 의해 유도된 2차 전류가 피가열 재료에 흐르는 경우에 발생하는 줄열(Joule's heat)을 이용하는 방식은?

① 유도 가열 ② 유전 가열
③ 초음파 가열 ④ 적외선 가열

해설 **유도 가열(induction heating)**
금속과 같은 도전 물질에 고주파 자기장을 가할 때 도체에서 생기는 맴돌이 전류(와류)에 의하여 물질을 가열하는 방법을 말한다. 다음 그림과 같이 원통형 도체에 가열 코일을 감고 고주파 전류를 흘리면 원통형 도체에 교번 자속(고주파 자속)이 통하게 된다. 이 교번 자속에 의하여 전자 유도 작용에 의한 맴돌이 전류(와류)가 흐르게 되어 전력 손실이 일어나는데 이 전력 손실을 맴돌이 전류손이라 하며 이로 인하여 발생하는 줄열(Joule's heat)을 이용하여 가열하는 방식을 말한다.

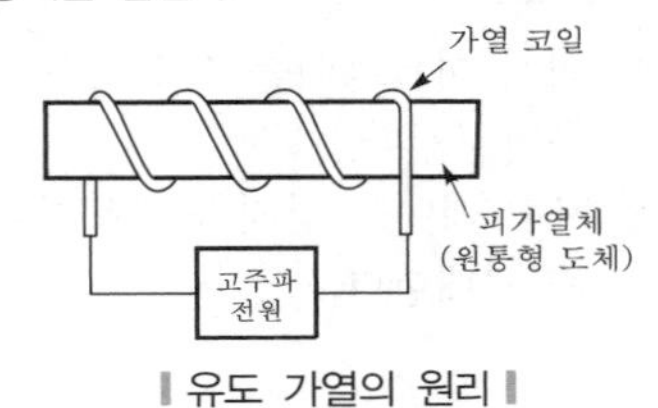

┃유도 가열의 원리┃

정답 25. ② 26. ① 27. ① 28. ② 29. ② 30. ①

31 **실제 이득을 측정하기 위해서 회로를 구성할 시에 LPF 앞단에 필요한 것은?**

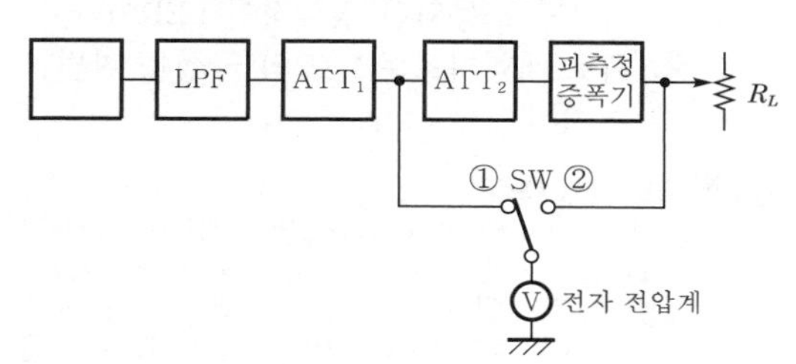

① A/D 변환기
② 저주파 발진기
③ 고역 통과 필터
④ 비교 검출기

해설 그림은 증폭기의 이득 측정 구성도로서, 저역 필터(LPF) 앞단에 저주파 발진기(AF Generator)를 입력으로 사용한다. 저역 여파기(LPF : Low Pass Filter)는 저주파 발진기(AF : Audio Frequency, 가청 주파수)에 포함되어 있는 고조파 성분을 제거하기 위해 사용된다.

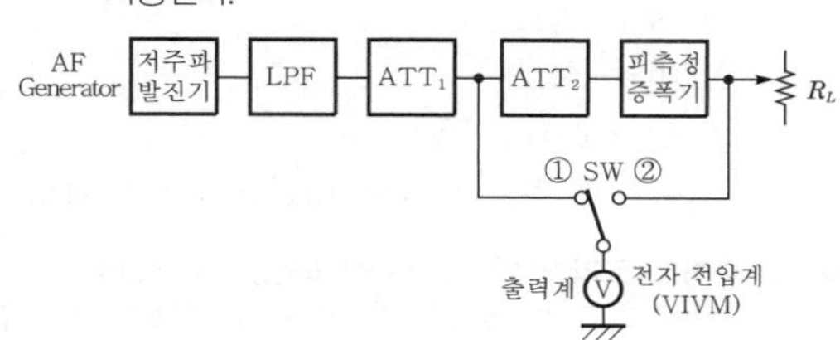

▌이득 측정의 구성도▐

32 **다음과 같은 특징을 가지는 측정 계기는?**

> ㉠ 저항, 인덕턴스, 커패시턴스 등을 직렬로 연결시킨 직렬 공진 회로의 주파수 특성을 이용
> ㉡ RLC로 구성된 회로의 공진 주파수를 개략적으로 측정
> ㉢ 대체로 100[MHz] 이하의 고주파 측정에 사용

① 동축 주파수계
② 공동 주파수계
③ 계수형 주파수계
④ 흡수형 주파수계

해설 흡수형 주파수계는 직렬 공진 회로의 주파수 특성을 이용한 것이다.

공진 주파수 $f_0 = \frac{1}{2\pi\sqrt{LC}}$[Hz]

이 주파수계는 100[MHz] 이하의 고주파 측정에 사용되며 공진 회로의 Q가 150 이하로 낮고 측정 확도가 1.5[%] 정도로 공진점을 정확히 찾기 어려우므로 정밀한 측정이 어렵다.

33 **오실로스코프로 직접 측정할 수 없는 것은?**

① 주파수
② 위상
③ 회전수
④ 파형

해설 **오실로스코프(oscilloscope)의 측정**

오실로스코프는 전기 신호의 파형을 CRT 상에 직시하여 눈으로 직접 볼 수 있도록 한 측정 장치로서, 전자 현상의 관측이나 파형의 측정, 분석 등에 사용된다. 이것은 전자 장비를 수리할 때 사용하는 테스터의 일종으로 저주파로부터 수백[MHz]의 고주파 신호까지 관측할 수 있어 전기 · 전자 계측의 모든 분야에서 사용된다.

- 기본 측정 : 전압, 전류, 시간 및 주기 측정, 위상 측정, 주파수 측정
- 응용 측정 : 영상 신호 파형, 펄스 파형, 오디오 파형, 변조도 측정, 과도 현상 측정 등

34 **수신기의 내부 잡음 측정에서 잡음이 없는 경우 잡음 지수 F는 얼마인가?**

① $F=1$
② $F>1$
③ $F<1$
④ $F=2$

해설 **잡음 지수(nose figure) 측정**

- 잡음 지수는 증폭기나 수신기 등에서 발생하는 잡음이 미치는 영향의 정도를 표시하는 것으로, 수신기 입력에서의 S_i/N_i비와 수신기 출력에서의 S_o/N_o비로서 내부 잡음을 나타내는 것을 말한다.

잡음 지수(F) $= \frac{S_i/N_i}{S_o/N_o} = \frac{S_iN_o}{S_oN_i}$

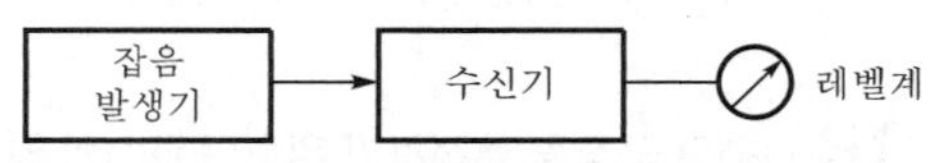

▌잡음 지수 측정▐

- 잡음 지수(F)는 내부 잡음을 나타내는 합리적인 표시 방법으로서, 잡음이 없으면 $F=1$, 잡음이 있으면 $F>1$이 된다. 따라서, 잡음 지수(F)의 크기에 따라 증폭기나 수신기의 내부 잡음의 정도를 알 수 있다.

정답 31. ② 32. ④ 33. ③ 34. ①

35 가동 코일형 계기로 교류 전압을 측정하고자 한다. 어떤 장치를 필요로 하는가?

① 증폭기
② 혼합기
③ 정류기
④ 발진기

해설 **가동 코일형 계기(DC 전용)**
영구 자석의 자장 내에 코일을 두고 이 코일에 전류를 흘려 자석의 자속과 전류의 상호 작용력을 이용한 것으로, 직류용 전압계 및 전류계의 단일 계기로 사용한다.
* 직류 전용으로 교류 측정 시 정류기나 열전쌍을 조합하여 이용한다.

36 인덕턴스의 측정에 사용되는 브리지의 종류가 아닌 것은?

① 맥스웰 브리지
② 윈 브리지
③ 헤이 브리지
④ 헤비사이드 브리지

해설 **인덕턴스의 측정**
맥스웰 브리지, 캠벨 브리지, 헤이 브리지, 헤비사이드 브리지가 사용된다.
* 윈 브리지는 정전 용량 및 저주파 측정에 사용된다.

37 주파수 측정 계기로 측정하였을 때 1분 동안에 반복 횟수가 72,000회이었다면 주파수는 몇 [Hz]인가?

① 300 ② 600
③ 900 ④ 1,200

해설 **피측정 주파수**

$f_x = \frac{N}{t}$[Hz]에서

$f_x = \frac{72,000}{60} = 1,200$[Hz]

여기서, N : 반복 횟수, t : 시간[sec]

38 LED의 극성을 측정하기 위하여 LED의 양 리드 단자에 회로 시험기의 테스트봉을 교대로 접속했을 때의 설명으로 옳은 것은?

① 한쪽에서는 LED가 점등되고, 다른 방향에서는 소등되면 정상적인 LED이다.
② 한쪽에서는 LED가 점등되고, 다른 방향에서도 점등되면 정상적인 LED이다.
③ 한쪽에서는 LED가 소등되고, 다른 방향에서도 소등되면 정상적인 LED이다.
④ 회로 시험기로는 LED의 극성을 판별할 수 없다.

해설 **LED 극성 측정**
LED는 Light Emitting Diode의 약자로서, 발광 다이오드를 의미한다. 이것은 Ga(갈륨), P(인), As(비소)를 재료로 하여 만들어진 반도체로서, 다이오드의 특성을 가지고 있으며 적색, 녹색, 황색으로 빛을 발산한다.
* 측정 : 회로 시험기의 측정 레인지를 $R\times10$에 놓고 테스트의 적색(+)봉과 흑색(−)봉을 LED의 양쪽 리드 단자에 번갈아 접속하여 한쪽으로는 LED가 점등되고 다른 방향에서는 소등되면 정상적인 LED이다.

39 정현파와 구형파 발진기에서 정현파가 만들어진 상태에서 구형파를 출력하기 위하여 사용되는 회로는?

① 적분 회로
② 미분 회로
③ 필터(filter) 회로
④ 슈미트 트리거(schmitt trigger) 회로

해설 **슈미트 트리거 회로(schmitt trigger circuit)**
이미터 결합 쌍안정 멀티바이브레이터의 일종으로, 입력 전압의 크기가 회로의 포화 · 차단 상태를 결정해 준다.
* 입력에 정현파를 가하면 출력에서 구형파를 얻을 수 있다.

40 전류계와 전압계를 연결하여 직류 전력을 측정하고자 할 때 측정 계기의 지시값이 12[V], 2[A]이고 전압계 내부 저항 r_v=48[Ω]일 때 저항 R의 소비 전력은 몇 [W]인가?

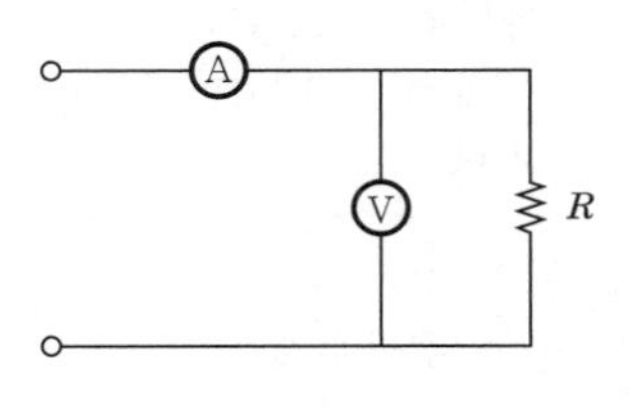

① 12 ② 18
③ 21 ④ 24

정답 35. ③ 36. ② 37. ④ 38. ① 39. ④ 40. ③

해설 직류 전력 측정

그림의 회로는 전압계에 손실이 있으므로 저전압 대전류(R이 작을 때)의 측정에 적합하다.

부하 전력 $P = VI - \frac{V^2}{r_v}$

$= V\left(I - \frac{V}{r_v}\right)$

$= 12\left(2 - \frac{12}{48}\right) = 21[\text{W}]$

41 태양전지에서 음극(−) 단자와 연결된 부분의 물질은?

① P형 실리콘판
② 셀렌
③ N형 실리콘판
④ 붕소

해설 태양전지의 구조

- 태양전지는 반도체의 광기전력 효과를 이용한 광전지의 일종으로, 태양의 반사 에너지를 직접 전기 에너지로 변환하는 장치이다.
- 현재 사용되고 있는 태양전지는 실리콘으로 되어 있는 PN 접합을 이용한 것이 실용화되고 있다.
- 두께가 0.5[mm]이고, 저항률이 0.1 ~ 1[Ω · cm]인 N형 실리콘 기판을 사용하여 PN층에 니켈 도금 또는 금, 알루미늄을 증착시켜 전극을 연결한다.

* (+)전극 : P형 실리콘층
(−)전극 : N형 실리콘판

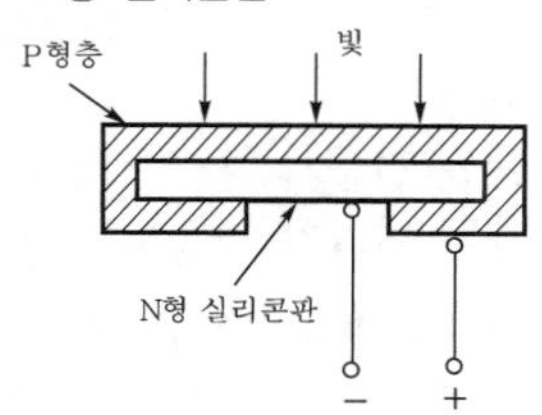

42 다이오드를 사용한 정류 회로에서 과다한 부하 전류에 의하여 다이오드가 파손될 우려가 있을 경우 이를 방지하기 위한 조치로 옳은 것은?

① 다이오드를 병렬로 추가한다.
② 다이오드를 직렬로 추가한다.
③ 다이오드 양단에 적당한 값의 저항을 추가한다.
④ 다이오드 양단에 적당한 값의 콘덴서를 추가한다.

해설 정류 회로에서 과전류에 의한 다이오드의 보호는 회로에 다이오드를 병렬로 추가 접속하여 회로에 흐르는 전류가 분배되어 흐르도록 한다.

43 오디오 시스템의 주증폭기에 사용되는 회로로 2개의 트랜지스터가 부하에 대하여 직렬로 동작하고, 직류 전원에 대해서는 병렬로 접속되는 회로는?

① DEPP 회로
② SEPP 회로
③ OTL 회로
④ Equalizer 회로

해설 DEPP(Double Ended Push Pull) 회로

그림과 같이 2개의 트랜지스터가 부하 R_L에 대해서는 직렬로 동작하고 전원 V_{cc}에 대해서는 병렬로 접속되는 푸시풀(push pull) 회로(합성 부하 : $2R_L$)를 말한다.

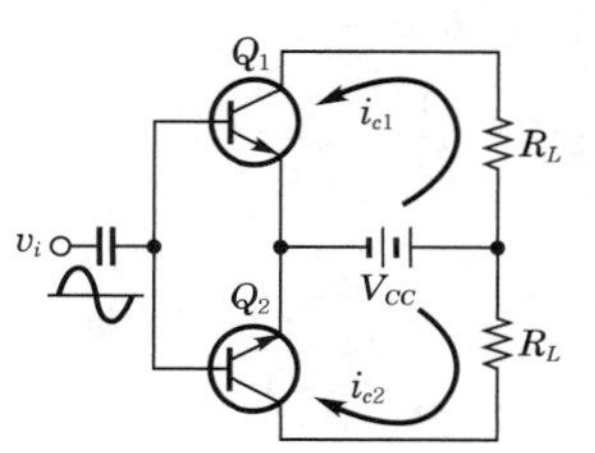

44 캐비테이션에 관한 설명 중 틀린 것은?

① 강력한 초음파를 기체에 방사했을 때 생긴다.
② 진동자의 진동면 부근에 안개 모양의 기포가 생긴다.
③ 공동 작용이라고도 하며 독특한 소음을 낸다.
④ 초음파가 더욱 강해지면 분사 현상이 공기 중에 분출된다.

해설 캐비테이션(cavitation, 공동 현상)

강력한 초음파가 액체 내를 전파할 때에 소밀파(종파)의 소부에서 공기 또는 증기의 기포가 생기고 다음 순간에는 소밀파의 소부가 밀부로 되어 기포가 없어지며 주위의 액체가 말려들어 충돌을 일으켜 수백에서 수천 기압의 커다란 충격이 일어나는 것으로 기포의 생성과 소멸 현상을 말한다. 이때, 광대역의 잡음(캐비테이션 잡음)이 생기며 '쏴아'하는 소음이 울린다.

정답 41. ③ 42. ① 43. ① 44. ①

45 그림의 회로에서 $C=1[\mu F]$, $R=1[M\Omega]$일 때 전달 함수 $G(s)$는?

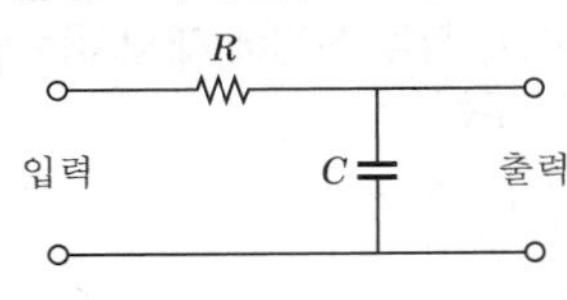

① $\frac{1}{s}$ ② $\frac{1}{1+10s}$

③ s ④ $\frac{1}{1+s}$

해설 **전달 함수(transfer function)**

$G(s)=\frac{출력}{입력}$에서

- 입력 : $R+\frac{1}{j\omega C}$
- 출력 : $\frac{1}{j\omega C}$, $s=j\omega$

$$\therefore\ G(s)=\frac{\frac{1}{Cs}}{R+\frac{1}{Cs}}=\frac{1}{1+RCs}$$
$$=\frac{1}{1+1\times10^{6}\times1\times10^{-6}\times s}$$
$$=\frac{1}{1+s}$$

46 주국과 종국의 전파 도래 시간차를 측정하는 방식은?

① 로란(loran) 방식
② 데카(decca) 방식
③ $\rho-\theta$ 방식
④ 방사상 방식

해설 **로란 방식**

쌍곡선 항법을 이용한 것으로, 주국(A), 종국(B)의 두 지점에서 발사하는 전파에 일정한 시간을 편이시켜 두 지점 간에 수신 전파의 일정한 시간차 위치선이 1개만 존재하도록 하여 주국과 종국의 시간차를 구하여 자국의 위치선을 찾는 방법이다.

- 로란 A : 주파수 1,750, 1,850, 1,950[kHz] 등을 사용(태평양과 대서양 지역의 지상국)한다.
- 로란 C : 주파수 100[kHz]의 장파(현재 20여 개의 지상국이 세계 각지에 설치)를 사용한다.

47 소리의 3요소에 포함되지 않는 것은?

① 소리의 세기 ② 소리의 고저
③ 소리의 음색 ④ 소리의 가락

해설 **소리의 3요소**

- 소리의 세기(강약) : 진폭(데시벨[dB])
- 소리의 고저(높낮이) : 진동수(16 ~ 20,000[Hz])
- 소리의 음색(맵시) : 음의 파형

48 Full-HD 해상도를 나타내는 1,080p에서 p의 의미는?

① 프로토 타입(proto type)
② 프로그램(program)
③ 프로테크닉(protechnic)
④ 프로그레시브(progressive)

해설 **Full-HD 해상도**

HD급 해상도보다 화소가 2배 많은 것으로, 인터넷이나 VOD를 통해 MP3에서 동영상을 재생할 수 있으며 고해상도의 깨끗한 화면을 볼 수 있다.

[해상도별 화소수]

- SD : 약 35만 화소(해상도 : 720×480)
- HD : 약 100만 화소(해상도 : 1,366×768)
- Full HD : 약 200만 화소(해상도 : 1,920×1,080)

* 1,080p는 Full-HD의 해상도를 나타내는 것으로, 1,080은 세로 픽셀수를 의미하며, p는 프로그레시브(progressive)의 약자로 영상의 주사 방식을 의미한다.

49 서보 기구에 사용되지 않는 것은?

① 싱크로
② 리졸버
③ 단상 전동기
④ 차동 변압기

해설 **서보 기구의 편차 검출기(중요 성능 : 직선성, 감도)**

- 전위차계형 편차 검출기 : 위치 편차 검출기(습동 저항 사용)로서 직류 서보계에 사용한다.
- 싱크로(synchro) : 싱크로 발진기, 싱크로 제어 변압기로 사용하며 교류 서보계에 사용한다.
- 리졸버(resolver) : 싱크로와 같이 각도 전달에 사용되는 것으로, 싱크로에 비해 고정밀도이다.
- 차동 변압기 : 교류 편차 검출기를 말한다.

* 서보 기구의 조작부에 쓰이는 서보 전동기는 2상 전동기를 사용한다.

50 다이내믹 스피커에 들어 있지 않은 부품은?

① 영구 자석
② 댐퍼(damper)
③ 가동 전극
④ 가동 코일

정답 45. ④ 46. ① 47. ④ 48. ④ 49. ③ 50. ③

해설 **다이내믹(동전형) 스피커**
- 주파수 특성이 평탄하고 음질이 좋아 현재 널리 사용되고 있다.
- 자기 회로와 진동계로 구성되며, 진동판으로는 원뿔(cone) 종이를 사용하여 진동판으로부터 직접 음파를 공간에 방출한다.

51 원래 사운드의 잔향 효과를 나타내기 위해 사용하는 사운드 이펙터(effector)는?

① 디스토션(distortion)
② 리버브(reverb)
③ 오버드라이브(overdrive)
④ 컴프레서(compressor)

해설 **리버브(reverb)**
여러 가지 지연 시간을 가진 다수의 반사음(에코)이 합성되어 얻어지는 잔향 효과로서, 음에 현장감이 있는 입체적 효과를 주어 마치 넓은 공간의 연주홀 등에서 연주하는 것과 같은 공간감을 표현할 수 있는 효과를 말한다. 특히 음악에서는 음의 두께와 깊이를 더해주는 중요한 요소로서, 대중음악의 녹음 시에는 반드시 리버브가 들어간다.

52 자동차 내비게이션 등에 일반적으로 사용되는 위치 인식 장치 명칭은?

① GIS ② GNS
③ GAS ④ GPS

해설 **GPS(Global Positioning System)**
인공위성을 이용한 위성 항법 시스템으로, GPS 위성에서 보내는 신호를 수신하여 사용자의 현재 위치를 인식하는 항법 시스템이다. GPS는 항공기, 선박, 자동차 등의 내비게이션 장치에 널리 사용되고 있으며, 현재는 휴대폰, 스마트폰, 태블릿 PC 등을 활용하여 관공서, 은행, 유명 음식점 등의 위치 정보를 검색하거나 교통 정보, 지도 정보 등을 찾을 때에도 유용하게 쓰이고 있다.

53 IPTV를 이용하기 위한 장치 중 반드시 필요한 장치가 아닌 것은?

① TV 수상기 ② 컴퓨터
③ 인터넷 회선 ④ 세트톱 박스

해설 **IPTV(Internet Protocol Television)**
초고속 인터넷망을 이용하여 시청자 자신이 편리한 시간에 맞추어 정보 서비스 및 실시간 방송과 VOD를 볼 수 있는 양방향 텔레비전 서비스이다. IPTV를 이용하기 위한 장치는 TV 수상기, 세트톱 박스나 전용 모뎀, 인터넷 회선 등으로 연결되어 있으면 된다. 기존의 인터넷 TV와 다른 점은 컴퓨터 모니터 대신에 TV 수상기를 이용하며, 마우스 대신으로 리모컨을 사용한다. 현재 국내에는 SK의 BTV, KT의 올레 TV, LG의 U+ TV G 등의 3가지 IPTV가 서비스를 제공하고 있다.

54 다음 회로의 시정수는 몇 [sec]인가?

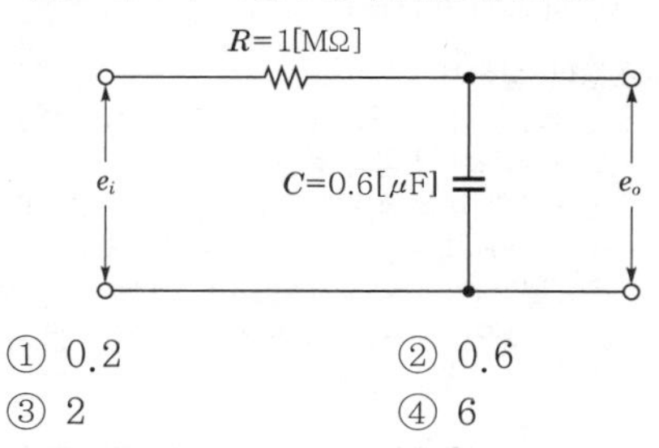

① 0.2 ② 0.6
③ 2 ④ 6

해설 그림의 회로는 입력은 R, 출력은 C로 구성된 적분 회로로서, RC 회로의 콘덴서 C의 단자 전압을 출력으로 한다. 시정수의 값은 $CR \gg \tau$와 같이 크게 하여야 완전한 적분 파형을 얻을 수 있다.
시정수 $\tau = CR$[sec]
$= 0.6 \times 10^{-6} \times 1 \times 10^{6} = 0.6$[sec]

55 다음 중 디지털 비디오에 대한 설명으로 틀린 것은?

① 고해상도 구현이 가능하다.
② 별도의 디코더 없이 재생 가능하다.
③ 복제, 배포가 용이하다.
④ 영상의 추출 편집이 용이하다.

해설 **디지털 비디오(digital video)**
일정하게 연속된 파형으로 기록되는 아날로그 방식이 아닌 바이너리(binary) 코드로 표현되는 0과 1의 디지털 정보를 기록하는 방식의 녹화 시스템을 말한다.
- 디지털 비디오는 사운드와 영상의 요소들을 재생 시 잡음이나 왜곡에도 화질에 손상이 없이 원래의 모습으로 재구성이 가능하며, 여러 번 복제해도 음질의 변화나 화면의 떨림이 없이 고해상도의 구현이 가능하다.
- 비디오 영상의 이미지를 디지털 데이터로 저장했다가 컴퓨터로 재생할 수 있는 동화상 압축, 복원 처리 기술로 영상의 추출 편집이 용이하다.
- 디지털 비디오를 녹화하고 재생하는 영상 압축 포맷의 공식 이름은 IEC61834이다. 미국의 애플사와 텍사스 인스트루먼트사가 공동으로 개발한 디지털 인터페이스 표준 규격인 IEEE1394, 파이어와이어(fire wire), 아이 링크(i. link)를 통해 디지털 캠코더와 컴퓨터가 직접적으로 연결되어 고해상도의 영상을 입 · 출력할 수 있다.

정답 51. ② 52. ④ 53. ② 54. ② 55. ②

56 초음파 집진기는 초음파의 어떤 작용을 이용한 것인가?

① 응집 작용
② 분산 작용
③ 확산 작용
④ 에멀션화 작용

해설 **초음파 집진기**
초음파의 응집 작용을 이용하여 기체 중에 떠도는 미립자를 포집하는 초음파 응용 기기이다.
* 초음파의 응집 작용은 기체 중에 떠도는 미립자나 공기 중에 떠 있는 먼지나 가루, 액체 속의 고체 미립자를 제거하는 데 이용되며, 시멘트의 침전, 폐수 처리, 매연, 가스의 정화 장치 등에 사용된다.

57 영상 편집을 위해 캠코더와 컴퓨터를 연결하기 위한 인터페이스는?

① RS-232C ② RS-485C
③ IEEE1394 ④ IEEE1284

해설 **IEEE1394**
USB와 같은 새로운 시리얼 버스 규격으로, 고속 데이터 통신을 실행하기 위한 직렬 버스 방식의 디지털 인터페이스로서 파이어 와이어(fire wire)라고도 한다. 미국의 애플사와 텍사스 인스트루먼트사가 공동으로 디자인한 파이어 와이어(fire wire)를 미국의 전기 전자 기술자 협회(IEEE : Institute of Electrical and Electronics Engineers)에서 표준화한 것이다. 이 표준은 데이터를 전송하는 장치 간의 정보 교환용으로 고안된 것으로, 차세대 데이터 전송 표준으로 주목받고 있는 홈네트워킹 기술이다. PC와 디지털 캠코더, VCR 같은 큰 크기의 데이터를 전송하는 관련 장비에서는 사실상 표준으로 사용되고 있다. USB의 속도는 12[Mbps]인 데 반해 IEEE1394는 100[Mbps], 200[Mbps], 400[Mbps]의 속도를 가진다. 따라서, USB는 저속 주변 장치를 위한 인터페이스로 사용되며, IEEE1394는 하드 디스크와 그래픽 카드 같은 고속 주변 장치까지 포함하고 있다.

58 자기 테이프의 녹음 바이어스(recording bias)에 대한 설명으로 옳은 것은?

① 초단 증폭기의 동작점을 결정하는 바이어스
② 녹음 헤드에 전류를 가하여 테이프에 자기 특성점을 결정하는 바이어스
③ 재생 헤드에 전압을 가하여 출력 주파수 특성점을 결정하는 바이어스
④ 녹음 입력 회로의 특성을 결정하는 바이어스

해설 **녹음 바이어스(recording bias)**
자기 테이프의 자화 곡선(히스테리시스 특성)의 직선 부분을 이용하여 일그러짐을 없애기 위해 녹음 헤드에 적당한 바이어스 전류를 흘려주는 것으로, 테이프에 자기 특성점을 결정하는 바이어스이다.

59 전자 현미경의 배율을 크게 하려면?

① 전자총의 길이를 길게 한다.
② 전자 렌즈의 크기를 줄인다.
③ 전자 렌즈에 자기장을 강하게 한다.
④ 전자 렌즈가 오목 렌즈의 역할을 하도록 한다.

해설 **전자 현미경(electronic microscope)**
전자총에 의하여 전자빔(beam)을 시료(teat piece)로 주고 시료에서 얻은 정보를 전자 렌즈로 확대하여 투영면 위에 상이 나타나게 하는 것으로서, 전자 렌즈의 세기는 자장을 이용한 것으로 자장의 세기를 강하게 하면 초점 거리가 짧아지고 배율이 커진다.

60 주파수 변조를 진폭 변조와 비교 설명한 것으로 틀린 것은?

① 점유 주파수 대역폭이 넓다.
② 초단파 내의 통신에 적합하다.
③ S/N비가 좋아진다.
④ 잡음을 제거하기가 어렵다.

해설 **AM 방식과 비교한 FM 방식의 특징**
- 반송파의 주파수를 가청 주파 신호로 변화시키므로 대역이 넓어져 점유 주파수 대역폭이 넓다.
- 신호대 잡음비(S/N비)가 개선되며 충실도와 왜율을 좋게 할 수 있다.
- 수신측에 진폭 제한기(limiter)를 사용할 수 있어 잡음이 제거된다.
- 송신기가 소형으로 저전력 변조가 가능하다.
- 초단파(VHF)대의 국부적인 통신 및 방송에 적합하다.

정답 56. ① 57. ③ 58. ② 59. ③ 60. ④

2016. 04. 02. 기출문제

01 10진수 0 ~ 9를 식별해서 나타내고 기억하는 데에는 몇 비트의 기억 용량이 필요한가?

① 2비트 ② 3비트
③ 4비트 ④ 7비트

해설 **BCD코드(Binary Code Decimal : 2진화 10진 코드)**
2진수를 사용하는 가장 보편화된 코드로서, '0'에서 '9'까지의 10진수를 4비트의 2진수로 표현하는 코드이다.
* 2진수의 4비트가 각 비트의 자리값(weight)을 갖는데, 4개의 자리 중 왼쪽부터 $2^3=8$, $2^2=4$, $2^1=2$, $2^0=1$의 값을 가지므로 8421코드라 부른다.

02 연산 증폭기의 연산의 정확도를 높이기 위해 요구되는 사항이 아닌 것은?

① 좋은 차단 특성을 가져야 한다.
② 큰 증폭도와 좋은 안정도를 필요로 한다.
③ 많은 양의 부귀환을 안정하게 걸 수 있어야 한다.
④ 높은 주파수의 발진 출력을 지속적으로 내야 한다.

해설 **연산 증폭기의 정확도를 높이기 위한 조건**
- 큰 증폭도와 높은 안정도가 필요하다.
- 차단 특성이 좋아야 한다.
- 많은 양의 음되먹임을 안정하게 걸 수 있어야 한다.
- 되먹임에 대한 안정도를 높이기 위해 특정한 주파수에서 주파수 보상 회로를 사용해야 한다.

03 정격 전압에서 100[W]의 전력을 소비하는 전열기에 정격 전압의 60[%] 전압을 가할 때의 소비 전력은 몇 [W]인가?

① 36 ② 40
③ 50 ④ 60

해설 **소비 전력**
정격 전압의 소비 전력 $P=\frac{V^2}{R}=100$[W]에서 60[%]의 전압을 가할 때 소비 전력은 다음과 같다.
소비 전력 $P'=\frac{(0.6V)^2}{R}=0.36\frac{V^2}{R}$[W]
$\therefore\ P'=0.36P=0.36\times100=36$[W]

04 LC 발진기에서 일어나기 쉬운 이상 현상이 아닌 것은?

① 기생 진동(parasitic oscillation)
② 자왜(磁歪) 현상
③ 블로킹(blocking) 현상
④ 인입 현상(pull-in phenomenon)

해설 **LC 발진기의 이상 현상**
- 기생 진동(parasitic oscillation) : 발진 조건이 만족되어 목적으로 하는 주파수와 관계없이 주공진 회로 이외의 다른 부분에서 주파수의 발진이 일어나는 현상이다.
- 블로킹(blocking) 현상 : 발진 회로의 시정수 CR로 정해지는 반복 주기($T\fallingdotseq CR$)로서 발진이 되풀이 되는 현상이다.
- 인입 현상(pull-in phenomenon) : LC 발진기에 다른 주파수 전원의 출력이 결합하면 LC 발진기의 주파수가 그 영향을 받아서 LC 발진기의 발진 주파수를 변화시키려 해도 변화되지 않고 외부의 주파수에 끌려가게 되는 현상이다.

05 3단자 레귤레이터 정전압 회로의 특징이 아닌 것은?

① 발진 방지용 커패시터가 필요하다.
② 소비 전류가 적은 전원 회로에 사용한다.
③ 많은 전력이 필요한 경우에는 적합하지 않다.
④ 전력 소모가 적어 방열 대책이 필요 없는 장점이 있다.

해설 **3단자 레귤레이터(three terminal regulator)**
시리즈 레귤레이터를 1칩으로 구성하며 입·출력 단자가 도합 3단자(3pin)인 것으로, 하나는 비조정 입력 전압에 대한 것이고, 또 하나는 안정된 출력 전압에 대한 것이며, 나머지 하나는 접지에 대한 것이다. 그리고 바이어스 콘덴서 결합을 제외하고는 다른 외부 성분을 필요하지 않고 전류 용량은 100[mA]~10[A] 정도까지이며 외형은 전류 용량에 따라 다르다. 전압은 +, -용, 고정 전압용, 가변 전압용 등이 있다. 레귤레이터는 아날로그 동작에 의해 전원을 맞추기 때문에 출력 전압에 대한 리플이나 잡음이 작고 회로가 간단하나 전압 변환 효율이 낮고 발열이 많은 편이다. 따라서, 열이 덜 나고 안전하게 사용하는 방

정답 01. ③ 02. ④ 03. ① 04. ② 05. ④

법은 입력과 출력의 전압차를 2[V]로 명시하고 있는 데이터 시트를 기준해서 사용하면 된다.

* 레귤레이터는 입력과 출력의 전압차(입력 전압 > 출력 전압+2[V])가 모두 열로 발생하기 때문에 발열을 줄이려면 전압 차이가 작아야 한다.

06 다음 정전압 안정화 회로에서 제너 다이오드 Z_D의 역할은? (단, 입력 전압은 출력 전압보다 높다)

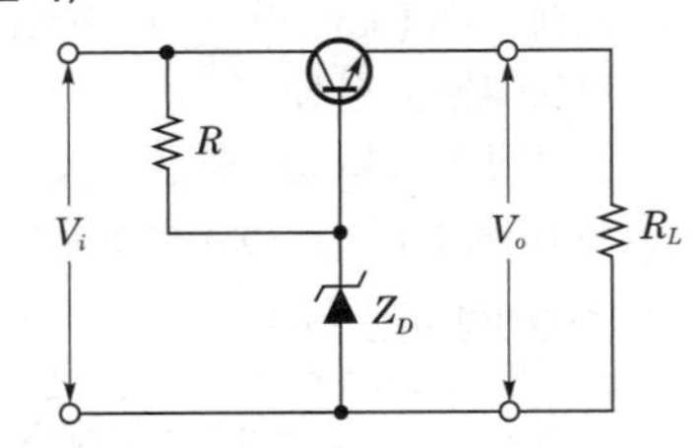

① 정류 작용
② 기준 전압 유지 작용
③ 제어 작용
④ 검파 작용

해설 **정전압 회로**

제너 다이오드를 기준 전압으로 하여 이것을 출력 전압과 비교하여 전원이나 부하의 변동에 의하여 출력 전압이 변동하는 것을 제너 다이오드의 기준 전압으로 제어하여 일정한 전압을 공급하는 회로를 말한다. 그림의 회로는 가장 널리 사용되는 직렬 제어형 정전압 회로로서, 제너 다이오드(Z_D)는 기준 전압을 유지하기 위해 사용된다. 출력 전압 V_o은 Z_D의 기준 전압 및 베이스-이미터 전압 V_{BE}에 의해서 결정되며, 입력 전압 V_i가 변동하거나 부하 R_L이 변동하여 V_o가 상승하면 V_{BE}의 전위차(역바이어스)가 크게 되며, 이로써 부하와 직렬로 접속된 제어형 트랜지스터 E-C 사이의 내부 저항이 증대하여 V_o의 증가분을 억제시킨다.

[회로의 결점]

- 출력 전압 $V_o = V_R + V_{BE}$ 로서 결정되며 변화시킬 수 있다.
- V_{BE} 및 V_R의 온도 변화가 그대로 출력쪽에 나타난다.

07 집적 회로(integrated circuit)의 장점이 아닌 것은?

① 신뢰성이 높다.
② 대량 생산할 수 있다.
③ 회로를 초소형으로 할 수 있다.
④ 주로 고주파 대전력용으로 사용된다.

해설 **집적 회로(IC : Integrated Circuit)의 장점**

- L과 C가 필요 없이 R이 극히 작은 회로이다.
- 전력 출력이 작은 회로이다.
- 회로를 초소형화할 수 있다.
- 신뢰도가 높고 부피가 작으며 경량이다.
- 대량 생산을 할 수 있고 비교적 가격이 저렴하며 경제적이다.

08 적분기 회로를 구성하기 위한 회로는?

① 저역 통과 RC 회로
② 고역 통과 RC 회로
③ 대역 통과 RC 회로
④ 대역 소거 RC 회로

해설 **적분기 회로(저역 통과 RC 회로)**

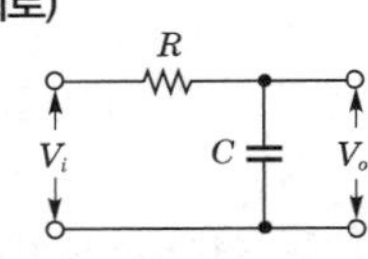

그림과 같이 입력은 R, 출력은 C로 구성된 회로로서, C의 단자 전압 V_o를 출력으로 하여 고역 주파수를 차단하고 저역 주파수를 통과시키는 저역 통과 여파기(LPF)의 기능을 한다.

- $X_C = R$인 주파수에서 고역 차단 주파수(f_H)

$$X_C = \frac{1}{\omega C} = \frac{1}{2\pi f_H C} = R \quad \therefore\ f_H = \frac{1}{2\pi RC}[\text{Hz}]$$

- 주파수 f가 매우 높을 때

$$X_C = \frac{1}{\omega C} = \frac{1}{2\pi fC} \cong 0[\Omega] \quad (\text{교류 단락})$$

- 주파수 $f = 0[\text{Hz}]$일 때

$$X_C = \frac{1}{\omega C} = \frac{1}{2\pi fC} = \infty[\Omega] \quad (\text{직류 개방})$$

* 출력측의 콘덴서 C는 주파수 f가 높을 때는 리액턴스 X_C가 작아져서 단락 스위치처럼 동작하므로 낮은 주파수를 차단하고, 주파수 f가 낮을 때는 리액턴스 X_C가 커져서 개방 스위치처럼 동작하므로 높은 주파수를 차단시킨다. 따라서, 주파수 f가 낮을 때 C의 단자 전압 V_o를 출력으로 하여 고역 주파수를 차단하고 저역 주파수를 통과시킬 수 있다.

09 전자기파에 대한 설명 중 틀린 것은?

① 전자기파는 수중의 표면에서 일어나는 현상을 관찰하는 데 이용된다.
② 전자기파란 주기적으로 세기가 변화하는 전자기장이 공간으로 전파해 나가는 것을 말한다.
③ 전자기파는 우주 공간에서 전파의 전달이 불가능하다.
④ 전자기파는 매질 없어도 진행할 수 있다.

정답 06. ② 07. ④ 08. ① 09. ③

해설 **전자기파(electromagnetic wave, 전자파, 전파)**

- 전장(E)과 자장(H)이 서로 직각을 이루어 주기적으로 그 크기를 변화하면서 공간을 전파하는 횡파이다.
- 전장에 의한 파동(전자파)과 자장의 의한 파동(자기파)은 각각 단독으로 존재할 수 없고 반드시 동시에 존재하며, 이들의 진동면은 서로 수직(직각 방향)이다.
- 회절, 굴절, 반사, 간섭을 한다.
- 자유 공간에서 직진하고 그 속도는 빛의 속도($C \fallingdotseq 3\times10^8$[m/sec])와 같다.
- 속도 $v=\dfrac{3\times10^8}{\sqrt{\varepsilon_s\mu_s}}$[m/sec]

  주파수(f)와 파장(λ)의 관계

  $f=\dfrac{C}{\lambda}$[Hz], $\lambda=\dfrac{C}{f}$[m]

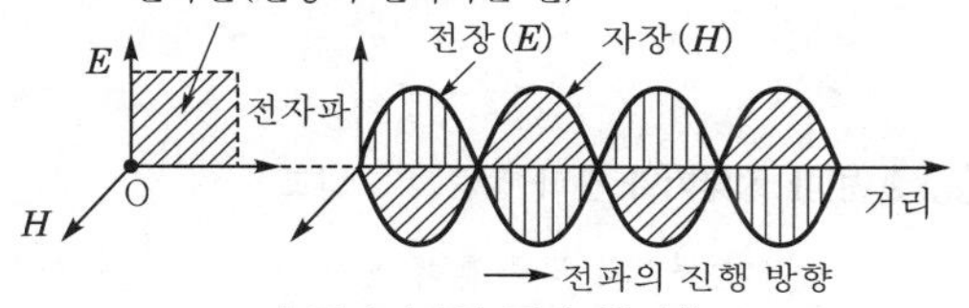

‖ 전자기파의 전파 원리 ‖

10 다음과 같은 회로의 명칭은?

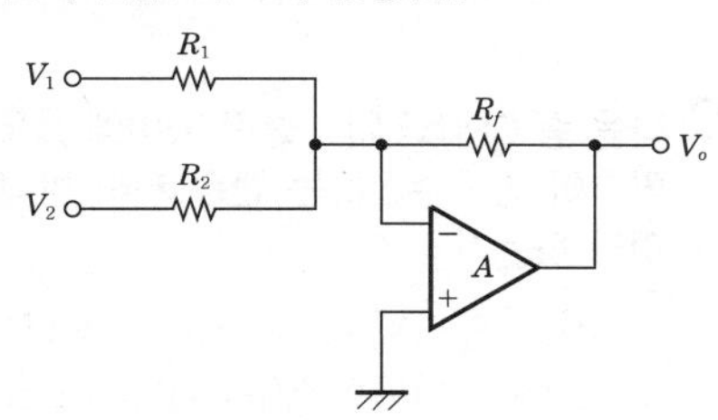

① 미분 회로
② 적분 회로
③ 가산기형 D/A 변환 회로
④ 부호 변환 회로

해설 **반전 가산기**

그림의 연산 증폭 회로는 아날로그 컴퓨터에서 가장 많이 사용되는 반전 가산기로서, 각각의 입력 신호에 상수가 곱해진 다음 합해져서 출력으로 나타난다. 회로에서 가상 접지는 연산 증폭기의 입력에 존재하므로 각 입력 신호에 흐르는 전류는 다음과 같다.

$i=\dfrac{V_1}{R_1}+\dfrac{V_2}{R_2}$

출력 전압 $V_o=-R_f i=-\left(\dfrac{R_f}{R_1}V_1+\dfrac{R_f}{R_2}V_2\right)$[V]

만일, $R_1=R_2=\cdots=R_f$ 이면

$V_o=-\dfrac{R_f}{R_1}(V_1+V_2+\cdots+V_n)$가 되어 출력은 입력의 합에 비례하므로 여러 입력을 가산하여 출력을 나타낼 수 있다. 이 방식은 추가되는 각 입력에 대하여 오직 하나의 저항이 추가되므로 많은 수의 입력으로 확장할 수 있다는 장점을 가지고 있다. 따라서 각 입력은 위상 반전이 일어나는 증폭기에 의해 증폭된 다음 서로 합해진 것으로 많은 수의 입력을 가해주면 출력도 그만큼 증가하는 결과가 된다.

11 커패시터 중 고주파 회로와 바이패스(bypass) 용도로 많이 사용되며 비교적 가격이 저렴한 커패시터는?

① 세라믹 커패시터
② 마일러 커패시터
③ 탄탈 커패시터
④ 전해 커패시터

해설 **세라믹 콘덴서(ceramic capacitor)**

- 산화티탄의 자기를 유전체로 사용한 콘덴서로서, 고주파(RF) 회로의 전원단에 실린 수백[kHz]~수백[MHz]의 높은 주파수의 잡음을 제거하기 위한 바이패스(bypass)용 콘덴서로 많이 사용된다.
- 고주파 특성이 우수하고 정전 용량은 수[pF]~2[μF]까지 5,000[V] 이상의 내압을 가지며 직류와 교류 회로에 모두 사용할 수 있다.
- 낮은 주파수의 경우에는 전해 콘덴서나 탄탈 콘덴서를 사용하여 잡음을 제거한다.

12 다음 중 광전 변환 소자가 아닌 것은?

① 포토 트랜지스터
② 태양 전지
③ 홀 발전기
④ CCD(Charge Coupled Device) 센서

해설 **광전 변환 소자**

- 포토 트랜지스터(photo transistor) : 포토 다이오드의 PN 접합을 트랜지스터의 베이스-이미터 접합에 이용해 빛 에너지를 전기 에너지로 변환하는 광센서의 일종이다. 즉, 빛의 세기에 따라 전류가 변화하는 광기전력 효과를 이용한 것으로, 빛의 세기에 따라 흐르는 광전류를 증폭시킨 트랜지스터이다.
- 태양전지(solar cell) : 반도체의 광기전력 효과를 응용한 광전지의 일종으로서, 태양의 방사 에너지를 직접 전기 에너지로 변환하는 장치이다.

정답 10. ③ 11. ① 12. ③

- CCD(Charge Coupled Device) 센서 : 카메라의 아날로그 신호인 화상을 전기 신호로 변환하여 저장하거나 전송하는 전하 결합 소자로서 사진이 촬영되는 센서이다. 아날로그 카메라에서 필름이 담당하는 역할을 디지털 카메라에서는 CCD 센서가 담당한다. 디지털 카메라 센서의 크기는 0.43″, 1/2.7″ 같은 수치로 나타내며, 숫자가 클수록 CCD가 큰 센서로서 화질이 뛰어난 사진을 촬영할 수 있다.

13 실제적인 RLC 병렬 공진 회로에서 R이 2[Ω], L은 400[μH], C는 250[pF]일 경우에 공진 주파수는 약 몇 [kHz]인가?

① 200 ② 300
③ 450 ④ 500

해설 RLC **병렬 공진**
병렬 공진은 $I_L = I_C$일 때이며 전류 공진이라고도 한다.

$$\omega C - \frac{\omega L}{R^2 + (\omega L)^2} = 0$$

공진 주파수 $f_r = \frac{1}{2\pi\sqrt{LC}}$[Hz]에서

$$\therefore\ f_r = \frac{1}{2\pi\sqrt{400\times10^{-6}\times250\times10^{-12}}} = 500\text{[kHz]}$$

14 다음 중 N형 반도체를 만드는 데 사용되는 불순물의 원소는?

① 인듐(In) ② 비소(As)
③ 갈륨(Ga) ④ 알루미늄(Al)

해설 **N형 반도체(negative type semiconductor)**
4가에 속하는 진성 반도체(Ge, Si)에 5가의 불순물을 첨가(doping)시킨 것으로, 5가의 불순물을 도너(donor)라 한다.
- 5가의 원자(불순물) : As(비소), Sb(안티몬), P(인), Bi(비스무트)
- 다수 반송자(carrier)는 전자이고 소수 반송자는 정공이다.

15 B급 푸시풀 증폭기에 대한 설명으로 옳은 것은?

① 효율이 낮은 대신 왜곡이 거의 없다.
② 무선 통신에서 고주파인 반송파 전력 증폭 회로에 사용된다.
③ A급 전력 증폭 회로에 비해 전력 효율이 좋다.
④ 교차 일그러짐 현상이 없다.

해설 **B급 푸시풀(push pull) 증폭 회로의 특징**
- 동작점은 직류 전류가 거의 흐르지 않는 차단점을 선정하여 B급으로 동작시킨다.
- 컬렉터 전류의 유통각은 180°이다.
- 직류 바이어스 전류가 매우 작아도 된다.
- A급보다 컬렉터 효율이 높다(A급 50[%], B급 78.5[%]).
- A급보다 큰 출력을 얻을 수 있다.
- 우수(짝수) 고조파가 상쇄된다.
- 입력 신호가 가해지지 않을 때 트랜지스터는 차단(off) 상태이므로 전력 손실은 매우 작으며 무시할 수 있다.

16 단상 전파 정류기의 DC 출력 전압은 단상 반파 정류기 DC 출력 전압의 몇 배인가?

① 2 ② 3
③ 4 ④ 5

해설 **반파 정류기와 전파 정류기의 비교**
- 반파 정류기의 직류 출력 전압 $V_{DC} = \frac{V_m}{\pi}$
- 전파 정류기의 직류 출력 전압 $V_{DC} = \frac{2}{\pi}V_m$

* 단상 전파 정류기의 DC 출력 전압은 단상 반파 정류기의 DC 출력 전압의 2배가 된다.

17 다음 중 CPU와 입 · 출력 사이에 클록 신호에 맞추어 송 · 수신하는 전송 제어 방식을 무엇이라 하는가?

① 직렬 인터페이스(serial interface)
② 병렬 인터페이스(parallel interface)
③ 동기 인터페이스(synchronous interface)
④ 비동기 인터페이스(asynchronous interface)

해설 **동기 인터페이스(synchronous interface)**
중앙 처리 장치(CPU)와 입 · 출력 장치 간에 데이터 전송을 할 때 클록 신호에 맞추어 송 · 수신하는 전송 제어 방식으로, 데이터의 전송 시점을 미리 알고 있고 CPU와 입 · 출력 장치 간의 속도가 거의 같을 때 사용된다.

18 컴퓨터의 주기억 장치와 주변 장치 사이에서 데이터를 주고받을 때 둘 사이의 전송 속도 차이를 해결하기 위해 전송할 정보를 임시로 저장하는 고속 기억 장치는?

① address ② buffer
③ channel ④ register

정답 13. ④ 14. ② 15. ③ 16. ① 17. ③ 18. ②

해설 **버퍼(buffer)**
컴퓨터의 주기억 장치와 주변 장치 사이에서 데이터를 주고받을 때 각 장치들 사이의 전송 속도 차로 인해 발생되는 문제점을 해결할 수 있는 고속의 임시 기억 장치를 말한다. 즉, 서로 다른 두 장치 사이에서 데이터를 전송할 경우에 전송 속도나 처리 속도의 차를 보상하여 양호하게 결합할 목적으로 사용되는 임시 기억 영역을 말하며 버퍼를 이용하면 처리 속도가 빨라지므로, 느린 시스템 구성 요소의 동작을 기다리는 동안 유용하게 사용된다.

19 비수치적 연산에서 하나의 레지스터에 기억된 데이터를 다른 레지스터로 옮기는 데 사용되는 연산은?

① OR ② AND
③ SHIFT ④ MOVE

해설 **MOVE 연산**
MOVE(이동) 연산은 컴퓨터 내부에 있는 하나의 레지스터에 기억된 데이터를 다른 레지스터로 이동할 때 사용하는 연산이다.

20 다음 중 제어 장치의 역할이 아닌 것은?

① 명령을 해독한다.
② 두 수의 크기를 비교한다.
③ 입·출력을 제어한다.
④ 시스템 전체를 감시 제어한다.

해설 **제어 장치(control unit)**
주기억 장치의 명령을 해독하고 각 장치에 제어 신호를 줌으로써 각 장치의 동작이 올바르게 수행되도록 요소들의 동작을 자동적으로 제어하는 장치이다.

21 $(1011010)_2$를 8진수와 16진수로 변환하면?

① $(132)_8$, $(5A)_{16}$
② $(132)_8$, $(5B)_{16}$
③ $(131)_8$, $(5A)_{16}$
④ $(131)_8$, $(50)_{16}$

해설 **2진수를 8진수와 16진수로의 변환**
- 2진수를 8진수로 변환 : 8진수의 기수 8은 2진수의 기수 2의 3승배($2^3=8$)이다. 따라서, 2진수를 3자리가 8진수의 1자리와 같은 크기를 나타내므로, 2진수를 오른쪽에서 왼쪽으로 3자리수로 각각 분할하여 이를 각각에 해당하는 1개의 8진수의 값으로 바꾸어 놓으면 된다.
  $\therefore (1011010)_2 \rightarrow (132)_8$
- 2진수를 16진수로 변환 : 16진수의 기수 16은 2진수의 기수 2의 4승배($2^4=16$)이다. 따라서, 2진수를 오른쪽에서 왼쪽으로 4자리수로 분할하여 이를 각각에 해당하는 1개의 16진수의 값으로 바꾸어 놓으면 된다.
  $\therefore (1011010)_2 \rightarrow (5A)_{16}$
- 2진수를 8진수, 16진수로의 변환

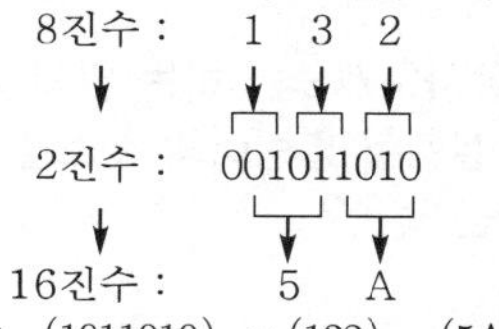

$\therefore (1011010)_2 = (132)_8,\ (5A)_{16}$

22 데이터베이스를 사용할 때 데이터베이스에 접근할 수 있는 하부 언어로 구조적 질의어라고도 하는 언어는?

① 포트란(FORTRAN)
② C
③ 자바(java)
④ SQL

해설 **SQL 언어(Structured Query Language)**
데이터베이스를 구축하고 활용하기 위해 사용하는 데이터베이스 하부 언어로서, 구조화 질의어(structured query language)라고 한다. 데이터 정의 언어(DDL)와 데이터 조작 언어(DML)를 포함한 데이터베이스용 질의 언어로 단순한 질의 기능뿐만 아니라 완전한 데이터 정의 기능과 조작 기능을 갖추고 있다. IBM에 의해 개발되었고 미국 국립 표준 협회가 표준으로 제정하였으며 관계형 데이터 모델로 표현되는 데이터베이스를 다루는 언어로 가장 널리 사용되고 있다. SQL은 영어 문장과 유사한 구문을 갖고 있으므로 초보자들도 비교적 쉽게 사용할 수 있다.

23 입·출력 장치와 CPU 사이에 존재하는 속도 차를 줄이기 위해 사용하는 것은?

① bus ② channel
③ buffer ④ device

해설 **채널(channel)**
- 주기억 장치와 입·출력 장치 사이의 데이터 전송을 담당하는 특수 목적의 마이크로프로세서로서, CPU 대신에 입·출력 장치를 독립적으로 직접 제어하는 전용 처리 장치이다. 이것은 입·출력 장치의 느린 동작 속도를 CPU와 동기가 되도록 조정하여 입·출력 장치의 동작 속도와 CPU의 실행 속도 차를 줄이기 위하여 사용한다.

정답 19. ④ 20. ② 21. ① 22. ④ 23. ②

• 채널의 기능은 CPU가 입·출력을 조작하는 시간에 연산 처리를 동시에 할 수 있으므로 컴퓨팅 시스템(computing system)의 모든 구성 장치를 유용하게 이용할 수 있고 처리 능력을 대폭 향상시킬 수 있다. 따라서, 채널을 서브 컴퓨터(sub computer)라고도 부른다.

24 레지스터와 유사하게 동작하는 임시 저장 장소로써 다음 실행할 명령어의 주소를 기억하는 기능을 하는 것은?

① 레지스터
② 프로그램 카운터
③ 기억 장치
④ 플립플롭

해설 **프로그램 카운터(program counter)**
현재 메모리에서 읽어와 다음에 수행할 명령어의 주소를 기억하는 레지스터로서, 메모리로부터 데이터를 읽어 오면 프로그램 카운터의 값은 자동적으로 1 증가하여 다음 번 메모리의 주소를 가리킨다.

25 주변 장치의 입·출력 방법이 아닌 것은?

① 데이지 체인 방법
② 트랩 방법
③ 인터럽트 방법
④ 폴링 방법

해설 • 데이지 체인(daisy chain) : CPU의 주변 장치를 하나의 입·출력 버스에 직렬로 연결하고 버스를 통하여 순차적으로 데이터를 전송하는 방법으로, 신호를 요구하고 있는 최초의 장치에 오면 그 동작을 수행하는 동시에 다음 장치에 대한 접속을 끊는다. 이 방식은 둘 이상의 장치가 동시에 신호를 필요로 하더라도 CPU에 가까운 장치가 접속의 우선권을 갖는다. 데이지 체인은 인터럽트 처리에 많이 쓰이는 방식으로, 각 주변 장치로부터 CPU에 가까운 쪽의 인터럽트를 우선적으로 실행한다.
• 인터럽트(interrupt) : CPU와 입·출력 장치 사이의 데이터 전달에 중요한 역할을 하는 것으로, CPU가 어떤 작업을 하고 있는 도중에 외부로부터의 요구가 있으면 진행 중인 작업을 잠시 중단하고 요구된 일을 처리한 후 다시 원래의 작업으로 되돌아오는 기능으로서 컴퓨터 내부의 상태나 프로그램 상태를 보존하기 위하여 사용된다.
• 폴링(polling) : CPU와 입·출력 장치 간의 데이터 교환의 타이밍을 잡는 방법의 하나로, CPU가 여러 개의 입·출력 장치 중 어느 장치로부터 인터럽트가 발생되었는지 하나씩 순차적으로 점검하여 인터럽트를 요구한 입·출력 장치를 찾아내어 CPU에 접속되도록 하는 방식을 말한다.
* 트랩(trap) : 하드웨어나 운영 체계 또는 이들의 조합에 의해 동작되는 특별한 형태의 조건적 전달점으로, 하드웨어에 의해 자동적으로 미리 알려진 위치에 조건적으로 점프(jump)하는 것을 말한다. 트랩은 컴퓨터 내부에 존재하며 발생하는 시점이 프로그램의 일정한 지점에서 예측할 수 없는 상황에 의해서 발생된다.

26 순서도(flowchart)의 특징이 아닌 것은?

① 프로그램 코딩(coding)의 기초 자료가 된다.
② 프로그램 코딩 전 기초 자료가 된다.
③ 오류 수정(debugging)이 용이하다.
④ 사용하는 언어에 따라 기호, 형태도 달라진다.

해설 순서도는 프로그램을 작성하기 전에 프로그램의 실행 순서를 한 단계씩 분해하여 일정한 기호를 그림으로 나타낸 것으로, 통일된 기호를 사용하기 때문에 누가 보아도 전체의 흐름을 쉽고 명확하게 알아볼 수 있다. 따라서, 실행 결과에 대한 에러 발생 시 수정이 쉽다.

27 2진수 10101에 대한 2의 보수는?

① 11001
② 01010
③ 01011
④ 11000

해설 **2진수의 2의 보수**
2진수의 1의 보수에 1을 더한 것과 같다.
* (10101)의 1의 보수는 (01010)이므로

$$\begin{array}{r} 01010 \\ +\quad 1 \\ \hline 01011 \end{array}$$

∴ (10101) $\xrightarrow[\text{2의 보수}]{}$ (01011)

28 마이크로프로세서에서 가산기를 주축으로 구성된 장치는?

① 제어 장치
② 입·출력 장치
③ 산술 논리 연산 장치
④ 레지스터

해설 **연산 장치(ALU : Arithmetic and Logic Unit)**
제어 장치의 명령에 따라 입력 자료, 기억 장치 내의 기억 자료 및 레지스터에 기억된 자료들의 산술 연산과 논리 연산을 수행하는 장치로서, 연산에 사용되

정답 24. ② 25. ② 26. ④ 27. ③ 28. ③

는 데이터나 연산 결과를 임시적으로 기억하는 레지스터(register)를 사용한다.
- 산술 연산 : 4칙 연산(가 · 감 · 승 · 제)과 산술적 시프트(shift) 등을 포함한 것
- 논리 연산 : 논리적인 AND, OR, NOT을 이용한 논리 판단과 시프트 등을 포함한 것

* 연산 장치는 가산기(adder)를 주축으로 구성된 것으로, 여러 개의 전가산기(full adder)와 병렬 연결하여 덧셈 연산을 수행한다.

29 다음 중 측정자의 눈금 오독, 부주의로 발생하는 오차는?

① 이론 오차　② 우연 오차
③ 계기 오차　④ 개인 오차

해설 **과오 오차(개인 오차)**
측정자의 부주의로 인하여 발생하는 오차로서, 측정기의 눈금을 잘못 읽거나 부정확한 조정, 측정 데이터의 기록을 잘못 적는 경우 등의 실수를 말한다.

30 직류 전기 에너지를 지속적인 교류 전기 에너지로 변환시키는 장치를 무엇이라 하는가?

① 복조기　② 변조기
③ 발진기　④ 증폭기

해설 **발진기(oscillator)**
직류에서 교류로 바꾸어 주는 회로나 장치로서, 직류 전기 에너지를 교류 전기 에너지로 변환시켜 교류 전기를 발생시키는 장치를 말한다.

31 아날로그 계측기와 비교 시 디지털 계측기에만 반드시 필요한 것은?

① 비교기　② 증폭기
③ A/D 변환기　④ D/A 변환기

해설 **디지털 계측기(digital testers)**
측정값이 계측기에 내장된 A/D 변환기에 의해 디지털(digit) 숫자로 변환되어 표시 창(LED display panel)에 일련의 숫자로 직접 표시하여 나타내는 계측기이다. 이것은 아날로그 계측기보다 분해능이 훨씬 높아 고정밀도의 측정이 가능하며 대부분의 측정이 자동적으로 수행된다.

* A/D 변환기(Analog to Digital converter) : 전압이나 전류 등과 같이 연속적으로 변화하는 아날로그양을 디지털 양으로 변환하여 그 크기를 숫자로 표시하는 장치로서, 디지털 계측기의 핵심이 되는 장치이다.

32 다음 그림의 변조도 m은?

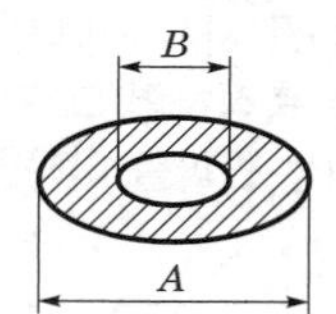

① $m = \dfrac{A-B}{A+B} \times 100$

② $m = \dfrac{A+B}{A-B} \times 100$

③ $m = \dfrac{A-B}{A \times B} \times 100$

④ $m = \dfrac{A+B}{A \times B} \times 100$

해설 **오실로스코프의 변조도 측정**
그림은 오실로스코프의 리사쥬 도형의 하나인 타원 도형이다.

* 변조도$(m) = \dfrac{\text{긴 것} - \text{짧은 것}}{\text{긴 것} + \text{짧은 것}} \times 100[\%]$
$= \dfrac{A-B}{A+B} \times 100[\%]$

33 가장 높은 주파수를 측정할 수 있는 것은?

① 헤테로다인 주파수계
② 공동 주파수계
③ 흡수형 주파수계
④ 동축 주파수계

해설 **고주파 주파수의 측정계**
- 흡수형 주파수계 : 100[MHz] 이하의 고주파 측정에 사용되며, RLC로 구성된 직렬 공진 회로의 주파수 특성을 이용한 주파수계이다.
- 헤테로다인 주파수계 : 비트(beat) 주파수를 이용하여 주파수를 매우 정밀하게 측정(측정 확도 : $10^{-3} \sim 10^{-5}$)하는 주파수계로서, 가청 주파수에서부터 단파(HF) 무선 송신기의 고주파 영역의 주파수도 측정할 수 있다.
- 동축 주파수계 : 동축선의 공진 특성을 이용한 것으로, 2,500[MHz]까지의 초고주파(UHF) 주파수를 측정할 수 있다.
- 공동 주파수계 : 방형 또는 원형 도파관 내에 형성된 공동의 용적으로 피측정 파장(λ)이 공진되는 특성을 이용한 것으로, 2 ~ 20[GHz]의 마이크로파대의 주파수를 측정할 수 있다.

정답 29. ④　30. ③　31. ③　32. ①　33. ②

34 그림과 같은 맥동 전류를 열전대로 측정하였더니 5[A]를 지시하였다. 이것을 가동 코일형 전류계로 측정하면 그 지시값은 몇 [A]인가? (단, 계기는 반파를 이용한 것으로 한다)

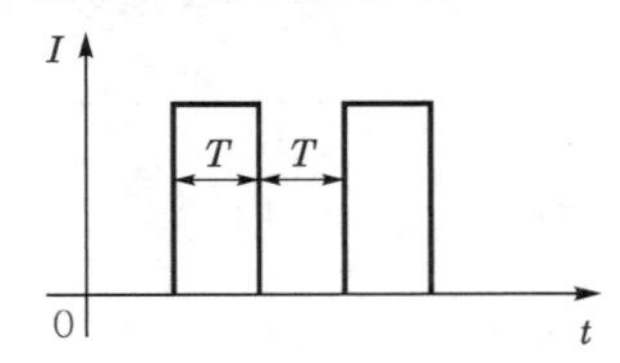

① 35.4 ② 3.54
③ 2.54 ④ 4.54

해설 열전형 계기의 지시는 실횻값을 나타내고, 가동 코일형 계기는 평균값을 지시한다.

열전형 계기의 실횻값 $I = \frac{I_m}{\sqrt{2}}$

$I_m = \sqrt{2}I = \sqrt{2} \times 5 = 7.07$[A]

가동 코일형 계기의 평균값 $I_a = \frac{I_m}{2} = \frac{1}{2} \times \sqrt{2}I$

$\therefore\ I_a = \frac{1}{2} \times 5\sqrt{2} = 3.54$[A]

35 수신기에서 잡음을 측정할 때 300[Hz] 이상을 차단시키는 경우에 사용하는 필터는?

① 랜덤 필터
② 고역 필터
③ 증역 필터
④ 저역 필터

해설 **저역 필터(LPF : Low Pass Filter)**
무선 수신기에서 300[Hz] 이상의 주파수를 차단시키고 그 이하의 주파수를 통과시킬 경우 레벨 미터(level meter) 전단에 저역 필터(low pass filter)를 설치하여 잡음을 측정한다.

36 고주파 영역에서 전력을 측정하는 방법이 아닌 것은?

① 의사 부하법
② C-C형 전력계
③ 볼로미터 전력계
④ 전류력계형 전력계

해설 **고주파 영역의 전력 측정**
- C-C형 전력계 : 열전대의 특성을 이용한 것으로, 임의의 부하에서 소비되는 전력을 입력 단자에서 측정하며 부하에 보내는 통과 전력(유효 전력)만을 측정할 수 있다. 단파대 이하에서 보통 100[W] 정도의 전력 측정에 사용된다.
- C-M형 전력계 : 방향성 결합기의 일종으로, 통과 전력을 측정하는 전력계로서 동축 급전선과 같은 불평형 회로에 적합하다. 초단파대에서 1,000[MHz] 정도의 범위에 걸쳐 1[kW] 이하의 전력 측정 및 전력 감시용으로 많이 사용된다.
- 의사 부하법 : 전기 회로의 출력에 실제의 부하와 똑같은 가상의 전력을 소비하는 저항 부하(dummy lode)를 삽입하고 그 저항 부하에서 소비되는 전력값을 측정하여 실제 전기 회로에서 소비되는 부하의 전력을 구하는 측정법을 말한다.
- 볼로미터(bolometer) 전력계 : 반도체 또는 금속이 마이크로파의 전력을 흡수하여 온도가 상승하고 그 저항값이 변화하는 것을 이용하여 1 ~ 3[GHz]까지의 마이크로파의 전력을 측정한다.

* 전류력계형 계기(AC, DC 양용) : 가동 코일형 계기의 영구 자석 대신에 고정 코일로 바꾸어 놓은 것으로 고정 코일과 가동 코일에 흐르는 전류 사이에 작용하는 전자력을 이용한 계기로서 전류계, 전압계 및 전력계가 있으나 주로 단상 전력계에 많이 사용된다.

37 영위 측정법의 원리를 이용하여 측정량을 전기적인 양으로 변환하여 브리지 또는 전위차계를 연결시켜 측정하는 계기는?

① 열전형 계기
② 자동 평형 계기
③ 가동 코일형 검류 계기
④ 진동편형 주파수 계기

해설 **자동 평형식 기록 계기(automatic balancing recorder)**
- 기록용 펜과 용지 사이에 생기는 마찰 오차를 피하기 위하여 만들어진 것으로, 영위법에 해당하며 피측정량을 충분히 증폭하여 사용하므로 감도가 매우 양호하다.
- 측정하고자 하는 양을 전기적 관계가 있는 양으로 변환해서 증폭시킨다.
- 전위차계 및 평형 브리지 회로에 의해서 회로가 자동적으로 평형 상태가 되도록 한 후 가동 부분에 기록용 펜 또는 타점용 핀을 부착하여 기록하도록 한다.
- 평형용 전동기(서보 모터)를 이용하여 측정값과 표준값의 차를 검출한다.
- 되먹임 회로를 가지고 있으므로 직동식에 비하여 고정밀 측정이 가능하다.

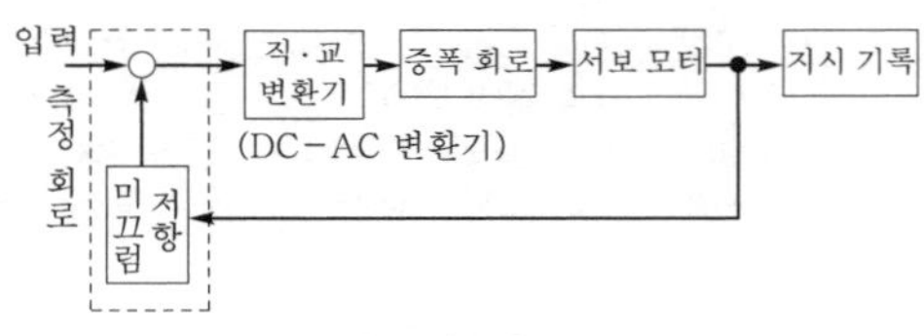

구성도

정답 34. ② 35. ④ 36. ④ 37. ②

38 다음 중 소인 발진기의 측정 용도로 가장 적합한 것은?

① 전자 회로의 출력 전압
② 전자 회로의 전류 특성
③ 전자 회로의 주파수 특성
④ 전자 회로의 전압 특성

해설 **소인 발진기(sweep generator)**
수신기의 중간 주파 증폭기의 특성과 주파수 변별기 또는 광대역 증폭 회로 등 각종 무선 주파 회로의 주파수 특성을 관측하기 위하여 사용하는 발진기이다.

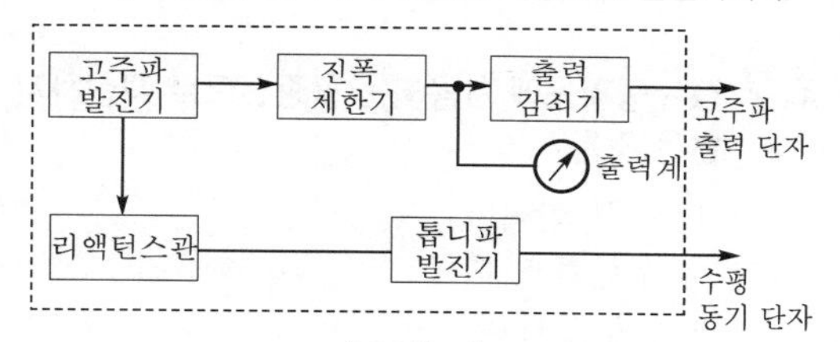

▌구성도▐

[발진 주파수의 범위]
- 일반용 수신기 : 100 ~ 1,500[kHz]
- 초단파 수신기 : 1.5 ~ 25[MHz], 20 ~ 80[MHz]

39 직류 출력 전압이 무부하 시 250[V]이고, 전부하 시 출력 전압이 200[V]이었다. 전압 변동률은 몇 [%]인가?

① 10 ② 15
③ 20 ④ 25

해설 **전압 변동률(ε)**
출력 전압이 부하의 변동에 대하여 어느 정도 변화하는지를 나타내는 것이다.

$$\varepsilon = \frac{\text{무부하 시 출력 전압} - \text{부하 시 출력 전압}}{\text{부하 시 출력 전압}} \times 100[\%]$$

$$\therefore \ \varepsilon = \frac{V_0 - V_L}{V_L} \times 100$$

$$= \frac{250-200}{200} \times 100 = 25[\%]$$

40 저항과 전류를 측정하여 전력을 구하는 간접 측정에서 저항계의 계급이 1.0급이다. 전류계의 측정 정도는 얼마가 되는 것이 가장 적당한가?

① 0.5[%] ② 1[%]
③ 2[%] ④ 4[%]

해설 **간접 측정**
- 측정할 양과 어떤 관계가 있는 독립된 양을 직접 측정한 다음, 그 결과로부터 계산에 의하여 측정량의 값을 결정하는 방법이다.
- 간접 측정 : 측정하고자 하는 양과 일정한 관계가 있는 다른 독립된 양을 직접 측정한 다음 그 결과를 계산에 의해서 측정값을 구하는 방법이다.

* 저항계의 계급이 1.0급은 일반 측정용 계기에 해당하는 것으로, 허용 오차가 ±1.0[%]로서 오차의 범위가 크다. 따라서, 전류계는 0.5급에 해당하며 허용 오차가 정격값의 ±0.5[%] 범위에 속하는 정밀 측정용 계기를 사용하여 허용 오차 범위를 줄이는 것이 좋다.

41 파장이 1[m]인 전파의 주파수는 몇 [MHz]인가? (단, 빛의 속도는 3×10^8[m/sec]이다)

① 0.3 ② 3
③ 30 ④ 300

해설 **전파의 파장과 주파수의 관계**
파장 $\lambda = \frac{C}{f}$[m]
여기서, C : 빛의 속도 3×10^8[m/sec]

$$\therefore \ \text{주파수} \ f = \frac{C}{\lambda}$$

$$= \frac{3\times10^8}{1} = 300[\text{MHz}]$$

42 다음 그림은 VHS 방식 카세트테이프의 후면 모양을 나타내었다. 구멍 H의 역할은?

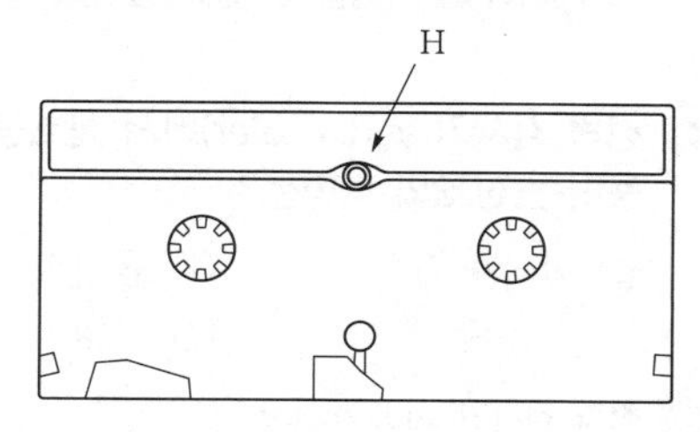

① 오소거 방지
② 종단 검출용 램프 장착
③ 릴 브레이크 해제
④ 테이프 사용 시간 구분

해설 **VHS 카세트테이프**
그림에서 H는 릴 브레이크 해제용 구멍으로, 감길 릴(take up reel)과 공급 릴(supply reel)의 브레이크를 해제하는 것이다.

정답 38. ③ 39. ④ 40. ① 41. ④ 42. ③

43 VTR에서 테이프의 속도를 일정하게 유지하기 위한 기구는?

① 임피던스 롤러
② 핀치 롤러
③ 캡스턴
④ 텐션 포스트

해설 **캡스턴(capstan)**
테이프의 주행 속도와 거의 같은 원주 속도를 가진 금속으로 된 회전축으로, 테이프를 핀치 롤러와 캡스턴 사이에 끼워서 핀치 롤러를 압착시켜 일정한 속도로 움직이게 한다.

44 VTR용 Head의 자성 재료에 요구되는 특성으로 틀린 것은?

① 실효 투자율이 높을 것
② 가공성이 좋을 것
③ 잡음 발생이 작을 것
④ 마모성이 클 것

해설 **VTR용 헤드(head)**
비디오 신호를 기록 · 재생하기 위해 사용되는 것으로, VTR의 해상도나 화상의 아름답기를 결정하는 성능상 매우 중요한 부분이며 VTR의 심장부라 할 수 있다. 이와 같은 헤드는 내마모성이 작은 것일수록 VTR의 수명을 연장할 수 있다.
[헤드 자성 재료의 구비 조건]
- 기계 · 전기적으로 안정하고 실효 투자율이 높을 것
- 가공성이 좋고 내마모성이 작을 것
- 보자력이 크고 잡음 발생이 작을 것

45 청력 검사기(audiometer)에서 신호음으로 사용하는 신호의 파형은?

① 삼각파 ② 톱니파
③ 사인파 ④ 구형파

해설 **청력 검사기(audiometer)**
귀의 청력을 검사하기 위하여 가청 주파수 영역의 여러 가지 레벨의 순음을 전기적으로 발생하는 음향 발생 장치를 말한다.
* 신호음은 20 ~ 20,000[Hz] 범위의 가청 주파수의 사인파를 사용한다.

46 다음 중 라디오존데(radiosonde)로 측정할 수 없는 것은?

① 온도 측정 ② 습도 측정
③ 기압 측정 ④ 주파수 측정

해설 **라디오존데(radiosonde)**
대기 고층 상층부의 기상(기압, 온도, 습도)을 관측하여 지상으로 송신하는 측정 장치로서, 수소 가스를 채운 기구에 기상 관측기를 장치하여 대기 상층부의 기상 상태를 관측하고 결과를 소형 무선 발진기를 통하여 전파로 발신하는 대기 탐측 기기이다. 측정값은 모스 부호식이나 주파수 변조 방식을 사용하여 발신하며 지상의 자동 추적 장치로 그 위치(방위각과 고도각 또는 직선 거리)를 추적하여 측정한다.
* 기상 관측 측정 센서
  - 기압 감지기 : 아네로이드 기압계
  - 온도 감지기 : 바이메탈 온도계
  - 습도 감지기 : 모발 습도계

47 장 · 중파용에 사용되는 공중선으로 적합하지 않은 것은?

① 수직 안테나
② 우산형 안테나
③ T형 안테나
④ 반파장 다이폴 안테나

해설 **반파장 다이폴 안테나**
- 도선을 $\frac{\lambda}{2}$의 길이로 하여 대지와 수평 또는 수직으로 펼쳐 놓은 비접지 안테나로서, 단파대 이상에서 사용한다.
- 수평 안테나에 의한 수평 편파의 전파를 방사하므로 잡음 등의 방해가 작으며 도선상에는 정재파가 존재한다.
- 8자형 지향 특성을 가지며 방사 저항은 73[Ω]이다.
- 실제 안테나의 길이는 반파장$\left(\frac{\lambda}{2}\right)$보다 약 5[%]로 짧게 한다(파장의 단축률(말단 효과) : 5 ~ 10[%]).

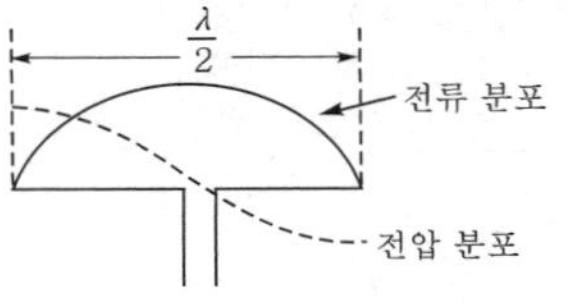

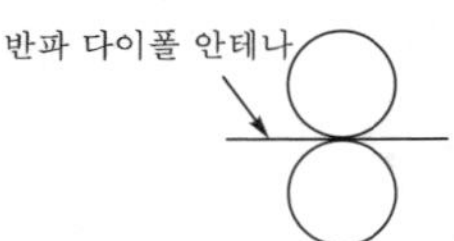

▌수평면 내의 지향 특성▐

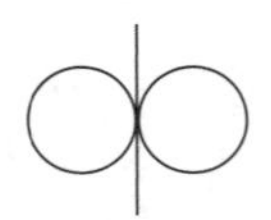
▌수직면 내의 지향 특성▐

48 영상의 가장 밝은 부분에서부터 가장 어두운 부분을 단계로 표시하는 것을 무엇이라 하는가?

① 화소 ② 계조
③ 비트맵 ④ 추출

정답 43. ③ 44. ④ 45. ③ 46. ④ 47. ④ 48. ②

해설 **계조(gradation)**
그림, 사진, 인쇄물, 팩시밀리, 영상 등의 따위에서 밝은 부분에서 어두운 부분까지 변화해 가는 농도의 단계를 말한다.

49 다음과 같은 전달 함수를 합성할 때 $G(S)$는?

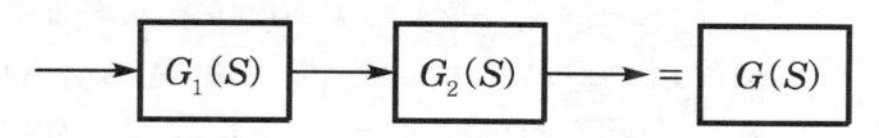

① $G_1(S) \cdot G_2(S)$ ② $G_1(S) + G_2(S)$
③ $G_1(S) - G_2(S)$ ④ $G_2(S) - G_1(S)$

해설 **전달 함수(transfer function)**
제어계에 가해진 입력 신호에 대하여 출력 신호가 어떤 모양으로 나오는가 하는 신호의 전달 특성을 제어 요소에 따라 수식적으로 표현한 것으로, '선형 미분 방정식의 초기값을 0으로 했을 때 입력 변수의 라플라스 변환과 출력 변수의 라플라스 변환의 비'로 정의된다.

$$전달\ 함수 = \frac{초기값을\ 0으로\ 한\ 출력의\ 라플라스\ 변환}{초기값을\ 0으로\ 한\ 입력의\ 라플라스\ 변환}$$

* 그림의 블록 선도는 전달 요소가 2개가 직렬로 결합되어 있는 방식이다.
∴ 전달 함수 $G(S) = G_1(S) \cdot G_2(S)$

50 제어 대상에 속하는 양, 제어 대상을 제어하는 것을 목적으로 하는 양은 무엇인가?

① 목푯값 ② 제어량
③ 외란 ④ 조작량

해설 **제어량**
제어 대상에 속하는 양 중에서 제어하는 것을 목적으로 하는 양으로서, 보통 출력이라고 한다.

51 다음 중 출력의 전력이 500[W]인 송신기의 공중선에 5[A]의 전류가 흐를 때 복사 저항은 몇 [Ω]인가?

① 10 ② 20
③ 30 ④ 40

해설 **복사 저항(방사 저항)**
전파의 방사에 직접 작용하는 저항으로, 방사 전력을 크게 하려면 이 저항이 클수록 좋다.
* 안테나의 전력 $P = I^2 R_a$ [W]
∴ 복사 저항 $R_a = \frac{P}{I^2} = \frac{500}{5^2} = 20[\Omega]$

52 서보 기구에 관한 일반적인 조건으로 옳은 것은?

① 조작력이 강해야 한다.
② 추종 속도가 느려야 한다.
③ 서보 모터의 관성은 매우 커야 한다.
④ 유압식의 경우 증폭부에 트랜지스터 증폭부나 자기 증폭기가 사용된다.

해설 **서보 기구(servo mechanism)의 조건**
- 조작량이 커야 한다.
- 추종 속도가 빨라야 한다.
- 서보 모터의 관성은 작아야 한다.
- 회전력에 대한 관성의 비가 커야 한다.
- 제어계 전체의 관성이 클 경우에는 관성의 비가 작을 지라도 토크가 큰 것이 좋다.
- 전기식의 경우 증폭부에 전자관 또는 트랜지스터 증폭기나 자기 증폭기가 사용된다.
- 유압식 서보 모터나 전기식 서보 모터가 사용된다.

53 뇌파의 신호 형태가 아닌 것은?

① ψ파 ② α파
③ δ파 ④ θ파

해설 **뇌파(brain wave)**
뇌에서 나오는 미약한 주기성 전류로서, 뇌 속의 신경 세포가 활동하면서 발산하는 전파를 뇌파라고 한다. 대뇌 피질의 신경 세포에서 일어나는 흥분의 전위 변화를 증폭해서 오실로그래프(oscillograph)로 나타내면 뇌의 기능 상태를 알 수 있으며, 파동형의 곡선을 이룬 사인파 모양의 규칙성 파형을 기록할 수 있다. 이 기록을 뇌전도라고 한다. 뇌파는 개인적인 차이가 매우 크고 연령, 정신 활동, 의식(수면) 등에 의해서 뇌전도가 달라진다.
[뇌파의 종류]
- α파(8 ~ 13[Hz]) : 정상인이 눈을 감고 명상을 하는 등 안정되어 있을 때 나오는 파형이다.
- β파(14 ~ 25[Hz]) : 사람이 활동을 하거나 흥분되었을 때 나오는 불규칙성 파형이다.
- θ파(4 ~ 7[Hz]), δ파(0.5 ~ 3.5[Hz]) : 뇌기능 저하 상태 시에 나타나는 파형으로, 뇌종양 및 뇌혈관 장애 등에서 볼 수 있다.

54 다음 중 컬러 텔레비전 수상기의 구성 요소가 아닌 것은?

① 변조 회로 ② 영상 회로
③ 음성 회로 ④ 편향 회로

정답 49. ① 50. ② 51. ② 52. ① 53. ① 54. ①

해설 **컬러 TV 수상기의 구성 요소**
안테나, 튜너부, 영상 중간 주파 증폭부, 영상 검파부 및 음성 회로부, 편향 회로부 등으로 구성된다. 컬러 TV 방송의 영상 신호는 AM, 음성 신호는 FM으로 변조하여 송신하며 TV 수상기는 AM과 FM이 동시에 수신 안테나를 통해 들어온다.

55 초음파를 이용한 응용 분야로 틀린 것은?

① 세척기 ② 구멍 뚫기 가공
③ GPS ④ 의학적 치료

해설
- 세척기 : 초음파 진동자의 공진 작용에 의해서 발생한 캐비테이션 현상을 이용하여, 세척물에 부착된 먼지를 물리·화학적 반응 촉진 작용에 의해서 흡인 또는 분리되도록 하여 세척이 행해지는 것을 이용한 것이다.
- 초음파 가공 : 초음파에 의하여 진동하는 공구와 공작물 사이에 물 또는 기름의 혼합액을 넣고 공구에 초음파 진동을 주어 공작물의 표면 연마, 구멍 뚫기, 연삭, 절단 등을 행하는 가공법이다.
- 의료 분야의 응용 : 강력한 초음파를 인체 내부에 전파하여 각종 암이나 종양 등의 치료 분야에 이용되고 있으며 초음파를 실시간 영상화하는 방식으로 검사를 진행하는 초음파 검사를 통하여 인체 내의 질병 등을 정확하게 진단할 수 있다.

* GPS(Global Positioning System) : 인공위성을 이용한 위성 항법 시스템으로, GPS 위성에서 보내는 신호를 수신하여 사용자의 현재 위치를 인식하는 항법 시스템이다.

56 유도 가열(induction heating)의 특징에 대한 설명으로 틀린 것은?

① 내부 가열이 가능하며, 표피층만 가열이 가능하다.
② 효율을 높이기 위해서 저주파가 필요하다.
③ 비접촉 가열이 가능하다.
④ 국부 및 균열 가열이 쉽다.

해설 **고주파 유도 가열의 특징**
- 무접촉 가열이 가능하며 금속의 표면 가열이 쉽게 이루어진다.
- 가열을 정밀하게 조절할 수 있고, 가열 효율이 높다.
- 가열 속도가 빠르며(급속 가열), 발열을 필요한 부분에 집중시킬 수 있다.
- 가열 목적에 따라 피열물을 거의 균일한 온도로 내부 가열할 수 있다.
- 단시간에 큰 에너지를 얻을 수 있다.
- 가열 준비 작업이 불필요하며, 작업 환경을 깨끗이 유지할 수 있어 제품의 질을 높일 수 있다.
- 가열 장치의 설비 비용이나 전력 요금이 비싸다.

57 대화형 입력 장치가 아닌 것은?

① 디지타이저 ② 라이터 펜 방식
③ 터치 패널 ④ 리피터

해설 **리피터(repeater)**
여러 대의 컴퓨터를 하나로 연결하는 네트워크 장비의 일종으로, 디지털 통신 방식의 선로에서 전송한 신호를 증폭시키거나 감쇠된 전송 신호를 새롭게 재생시켜 목적지까지 신호가 도달할 수 있도록 전송 거리를 확장시켜 주는 전송 신호 재생 중계 장치를 말한다. 디지털 신호는 전송하는 거리가 멀어지면 신호가 감쇠하는 성질이 있으므로, 리피터는 장거리 전송 시 감쇠 현상을 방지하기 위하여 일정한 간격마다 설치하여 전송 신호를 재생시키거나 출력 전압을 높여주는 네트워크 장비를 말한다.

58 강한 직류 자장을 자기 테이프에 가하여 녹음에 의한 잔류 자기를 자화시켜 소거하는 방법은?

① 교류 소거법
② 소거 헤드법
③ 직류 소거법
④ 직류 바이어스법

해설 **소거(erase)**
자기 테이프에 녹음된 내용을 지우는 것을 말한다.
- 직류 소거법 : 강한 직류 자기장을 테이프에 가하여 녹음에 의한 잔류 자기를 포화 자기장까지 자화시켜서 소거하는 방법(전자석 또는 영구 자석을 이용)이다.
- 교류 소거법 : 교류 바이어스법을 사용하는 녹음기에 사용되며, 강한 교류 자기장을 테이프에 가하여 소거하는 방법이다.

59 다음 중 광기전력 효과를 이용한 것은?

① 태양 전지 ② 전자 냉동
③ 전장 발광 ④ 루미네선스

해설 **광기전력 효과(photovoltaic effect)**
- 반도체의 PN 접합부나 정류 작용이 있는 반도체와 금속의 접합면에 강한 빛을 입사시키면 경계면의 접촉 전위차로 인하여 반도체 중에 생성된 전도 전자와 정공이 분리되어 양쪽 물질에서 서로 다른 종류의 전기가 발생하여 기전력이 생기는 효과이다.
- 용도 : 포토다이오드, 포토트랜지스터, 광전지 등에 실용화되고 있다.

* 태양 전지(solar cell) : 반도체의 광기전력 효과를 이용한 광전지의 일종으로, 태양의 방사 에너지를 직접 전기 에너지로 변환하는 장치이다.

정답 55. ③ 56. ② 57. ④ 58. ③ 59. ①

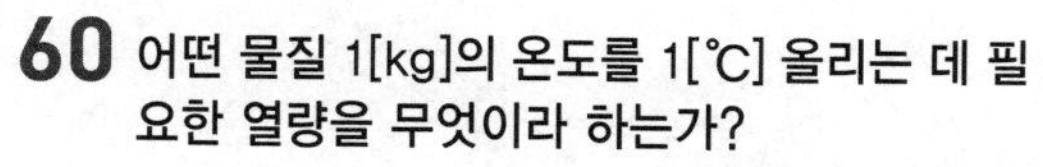

60 어떤 물질 1[kg]의 온도를 1[℃] 올리는 데 필요한 열량을 무엇이라 하는가?

① 대기압　　② 응축
③ 비열　　④ 압력

해설 **비열(specific heat)**
어떤 물질 1[kg]의 온도를 1[℃] 높이는 데 필요한 열량을 말한다.

정답 60. ③

전자기기기능사

2016. 07. 10. 기출문제

01 오실로스코프에 연결하여 파형을 측정하였을 때 측정 파형이 다음 그림과 같았다. 최고점 간(peak to peak) 전압(V_{P-P})은 몇 [V]인가? (단, 프로브는 10 : 1을 사용하였다)

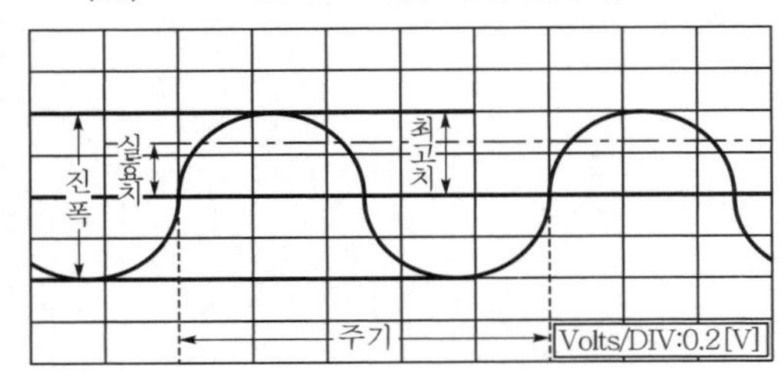

① 0.2　② 0.4　③ 4　④ 8

해설 오실로스코프의 감쇠기는 Volts/DIV로 표시되어 있으며 관면의 진폭을 조절하는 역할을 한다. 오실로스코프의 표시는 최댓값(peak to peak)으로 나타낸다.
* 증폭기의 감도가 0.2[V/DIV]로서 관면의 진폭을 4[DIV] 진동시키는 데 필요한 입력 신호는 0.8[V]이다. 따라서, 10 : 1의 프로브를 사용하므로 최댓값(V_{P-P})은 $0.8\times10=8$[V]이다.

02 LC 발진 회로에서 귀환 회로에 3소자의 연결 형태에 따라 발진 회로를 구분할 수 있다. 다음 발진 회로의 발진 조건은? (단, 항상 Z_1, Z_2, Z_3 소자는 부호가 같다고 가정한다)

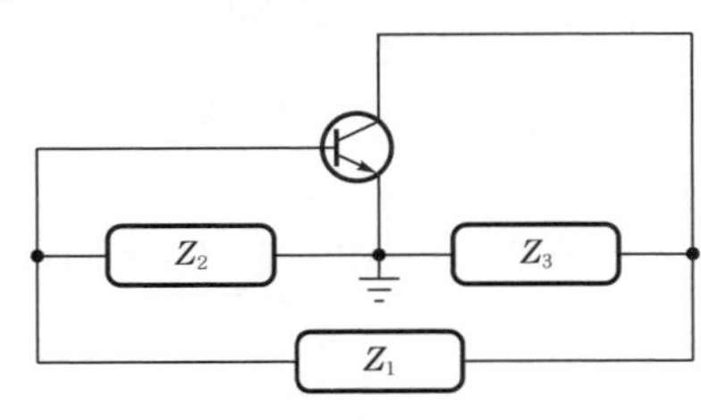

① Z_1 : 용량성, Z_2 : 용량성, Z_3 : 유도성
② Z_1 : 용량성, Z_2 : 유도성, Z_3 : 용량성
③ Z_1 : 유도성, Z_2 : 용량성, Z_3 : 용량성
④ Z_1 : 유도성, Z_2 : 용량성, Z_3 : 유도성

해설 3소자 발진기
LC 3소자 발진기는 하틀리(hartley)형과 콜피츠(colpitts)형이 있으며, L과 C의 크기에 따라 발진 주파수가 좌우된다. 그림의 3소자 발진기는 Z_2, Z_3가 용량성(C)일 때 Z_1이 유도성(L)의 조건으로 콜피츠(colpitts)형 발진기에 해당한다.
* 3소자 발진기의 리액턴스 조건
  - Z_2, Z_3 : 유도성일 때 Z_1 : 용량성(하틀리형)
  - Z_2, Z_3 : 용량성일 때 Z_1 : 유도성(콜피츠형)

03 저항 5[Ω], 용량성 리액턴스 4[Ω]이 병렬로 접속된 회로의 임피던스는 약 몇 [Ω]인가?

① 0.32　② 0.67　③ 1.49　④ 3.12

해설 RC 병렬 회로의 임피던스

$$Z=\frac{1}{\sqrt{\left(\frac{1}{R}\right)^2+(\omega C)^2}}=\frac{R\cdot\left(\frac{1}{\omega C}\right)}{\sqrt{R^2+\left(\frac{1}{\omega C}\right)^2}}$$

$$=\frac{R\cdot X_C}{\sqrt{R^2+(X_C)^2}}[\Omega]$$

$$\therefore\ Z=\frac{R\cdot X_C}{\sqrt{R^2+(X_C)^2}}=\frac{5\times4}{\sqrt{5^2+4^2}}=\frac{20}{6.4}=3.12[\Omega]$$

04 동조 회로에서 최대 이득을 얻기 위한 조건으로 옳은 것은? (단, k : 코일의 결합 계수, Q : 선택도)

① $k<\frac{1}{Q}$　② $k=\frac{1}{Q}$
③ $k>\frac{1}{Q}$　④ $k=Q$

해설 동조 회로의 결합 계수

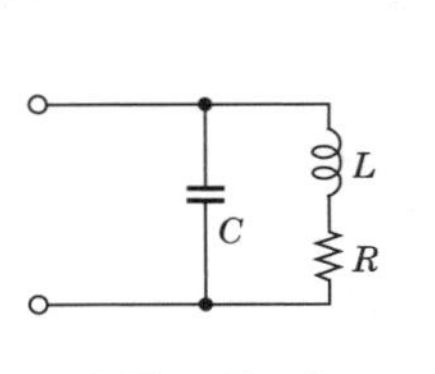

▎동조 회로▎

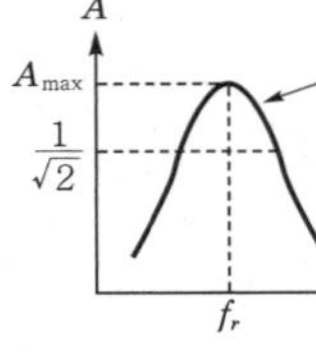

▎주파수 응답▎

정답 01. ④ 02. ③ 03. ④ 04. ②

단일 동조 회로에서 결합 계수 $k=\frac{1}{Q}$일 때 임계 결합으로 단봉 특성 곡선을 가지며 회로가 공진 주파수$\left(f=\frac{1}{2\pi\sqrt{LC}}[\text{Hz}]\right)$에 동조되었을 때 출력은 최대의 전압 이득을 얻는다.

05 정현파(사인파) 발진 회로가 아닌 것은?

① RC 발진 회로
② LC 발진 회로
③ 수정 발진 회로
④ 블로킹 발진 회로

해설 **블로킹(blocking) 발진 회로**
입력과 출력을 1개의 능동 소자(TR)와 대역이 넓은 트랜스 결합으로 이루어진 되먹임(귀환)형 펄스 발진기로서, 재생 스위칭 동작이 일어나도록 하여 상승 및 하강이 예민하고 시간 폭이 좁은 펄스파를 발생시킨다.
* 펄스(pulse)파 : 시간적으로 불연속적이고 충분히 짧은 시간에만 존재하는 전류, 전압의 파로서 구형파(방형파), 미분파, 적분파(톱니파), 계단파, 임펄스파 등의 파형을 모두 펄스파로 취급한다.

06 7세그먼트 표시 장치(seven-segment display)의 용도로 적합한 것은?

① 10진수 표시
② 신호 전송
③ 레벨 이동
④ 잡음 방지

해설 **7세그먼트 표시 장치(seven-segment display)**
그림과 같이 LED 조명을 사각형으로 배치하고 A ~ G까지 표시된 7개의 LED가 각각 숫자의 한 부분을 구성하고 있으므로 7세그먼트(seven-segment)라 불린다. 7개의 LED 저항을 한 개 또는 여러 개로 조합하여 접지시키면 0 ~ 9까지의 디짓(digit)을 구성할 수 있으므로 7세그먼트로 10진수를 표시할 수 있도록 한 장치를 말한다.

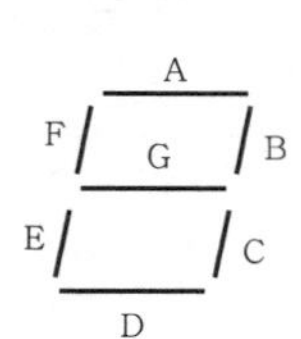

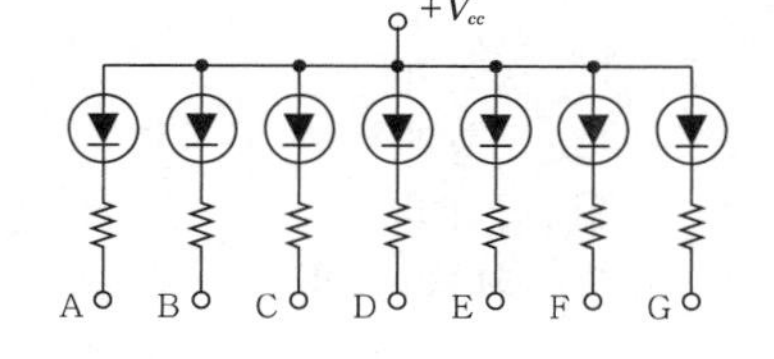

07 정류기의 평활 회로는 어떤 종류의 여파기에 속하는가?

① 대역 통과 여파기
② 고역 통과 여파기
③ 저역 통과 여파기
④ 대역 소거 여파기

해설 정류기의 평활 회로는 맥동(ripple)을 감소시키기 위한 회로로서, 저역 통과 여파기(LPF)를 사용하며 평활용 초크 코일(L)과 용량(C)을 크게 함으로써 맥동률을 줄일 수 있다.

08 하나의 집적 회로(IC : Integrated Circuits) 속에 들어 있는 집적 소자의 개수가 10개 이하 범위에 속하는 집적 회로는?

① VLSI ② SSI
③ LSI ④ MSI

해설 **집적도에 의한 IC의 분류**
- SSI(Small Scale Integration) : 소자수가 10개 이하이며, 집적도가 100 이하의 소규모 IC
- MSI(Medium Scale Integration) : 소자수가 100 ~ 1,000개 정도이며, 집적도가 300 ~ 500 정도의 중규모 IC
- LSI(Large Scale Integration) : 소자수가 1,000 ~ 10,000개 정도이며, 집적도가 1,000 이상의 대규모 IC
- VLSI(Very Large Scale Integration) : 소자수가 10,000개 이상이며, 집적도가 수십 ~ 수백만의 최대 규모 IC

09 주파수 안정도가 가장 높은 발진 회로는?

① 수정 발진 회로
② 클랩 발진 회로
③ 하틀리 발진 회로
④ 콜피츠 발진 회로

해설 **수정 발진기(crystal oscillator)**
- 수정편의 압전기 현상을 이용한 발진기로서, LC 발진기 회로에 수정 진동자를 넣어서 높은 주파수에 대한 안정도를 유지하기 위한 발진기이다.
- 수정 진동자는 고유 진동수가 공진 주파수에 가깝기 때문에 $Q(10^4 \sim 10^6$ 정도)가 매우 높고 발진 주파수의 안정도($10^{-3} \sim 10^{-6}$ 정도)가 매우 높아 안정한 발진을 유지한다. 그 반면에 발진 주파수를 가변(variable)으로 할 수 없다.
- 용도 : 측정기, 송 · 수신기, 표준용 기기 등의 정밀도(정확도)가 높은 주파수 측정 장치에 사용된다.

정답 05. ④ 06. ① 07. ③ 08. ② 09. ①

10 위상 천이(이상형) 발진 회로의 발진 주파수는? (단, $R_1 = R_2 = R_3 = R$이고, $C_1 = C_2 = C_3 = C$이다)

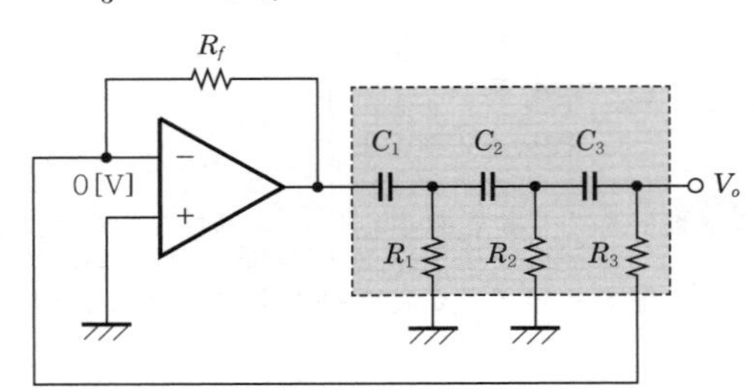

① $f_0 = \dfrac{1}{2\pi\sqrt{6}\,RC}$ ② $f_0 = \dfrac{1}{2\pi\sqrt{6RC}}$

③ $f_0 = \dfrac{1}{2\pi LC}$ ④ $f_0 = \dfrac{\sqrt{6}}{2\pi RC}$

해설 **위상 천이(이상형) 발진기(phase-shift oscillator)**

- 이상 회로는 C와 R의 값을 변화시키면 발진 주파수를 변화시킬 수 있으며 넓은 주파수 범위에서 주파수를 가변할 경우 3개의 C를 동시에 변화시킨다.
- CR 회로를 3단으로 조합시켜 각 단마다 위상차가 60°가 되도록 C와 R의 값을 정하여 전체 위상차가 180°가 되도록 출력 전압을 변화시켜서 입력측에 되먹임시키면 입력 전압과 되먹임 전압이 동위상이 되어 발진한다.
- LC 발진기에 비하여 주파수 범위가 좁고 발진 주파수의 가변이 어려우며 능률도 나쁘다.
- 발진 주파수는 대체로 1[MHz] 이하로 한다.
- 발진 주파수 $f_0 = \dfrac{1}{2\pi\sqrt{6}\,CR}$[Hz]

11 JK 플립플롭을 이용한 동기식 카운터 회로에서 어떻게 동작하는가?

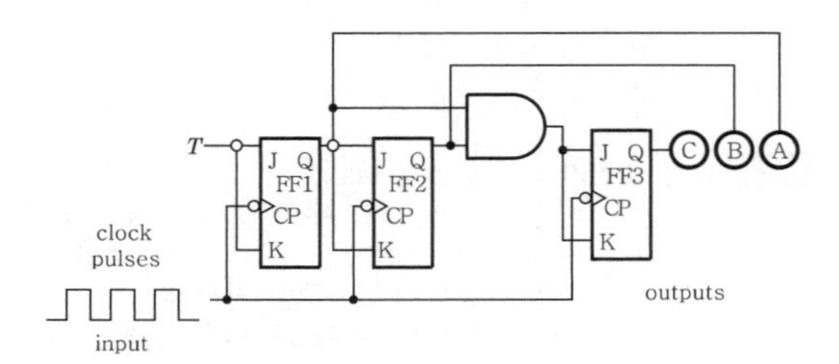

① 10진 증가(down) 카운터
② 3비트 Mod-8 카운터
③ 16진 감소(down) 카운터
④ 10비트 Mod-8 카운터

해설 **카운터(counter)**

펄스의 수를 세어서 누적해 가는 기능을 가지는 회로로서, T-FF와 JK-FF가 있으며 동작 방식에 따라 비동기식 카운터와 동기식 카운터로 분류한다.

- 비동기식 카운터 : 각 플립플롭의 클록 펄스(CP) 입력 단자에 다른 플립플롭의 출력 단자가 연결되어 출력 변이에 의해 플립플롭이 동작된다. 이것은 클록 펄스가 카운터 내의 각 플립플롭의 클록 입력이나 트리거 입력으로 직접 연결되지 않기 때문에 카운터 내의 각 플립플롭이 동시에 정확히 트리거되지 않는 것을 의미한다. 카운터되는 속도는 각 플립플롭 내부의 통과하는 고유의 전파 지연 시간에 의존하므로 2진 카운터 각 플립플롭은 결코 동시에 트리거될 수 없다.
- 동기식 카운터 : 각 플립플롭의 클록 펄스(CP) 단자에 하나의 공통된 입력선이 카운터 내의 각 플립플롭의 클록 입력에 직접 연결되어 이루어진 것이다. 이것은 2진 카운터 각 플립플롭이 같은 시간에 트리거되는 것으로, 클록 펄스가 가해지는 순간에만 카운터의 기능을 수행하므로 클록선이 각 플립플롭에 병렬로 연결되어 있어 병렬 카운터라고도 한다.

* 그림은 3개의 JK-FF 플립플롭을 사용한 3단 동기식 2진 카운터 회로로서, 3개의 플립플롭은 8가지의 카운터 동작 상태를 나타낼 수 있으며, 0 ~ 7까지 클록 펄스를 카운터하기 위하여 사용된다. 회로에서 카운터로 나타낼 수 있는 2진 상태의 최대수는 그 카운터에 사용된 플립플롭의 수에 관계되므로 카운터 상태의 최대수 $N = 2^n$에서 $N = 2^3 = 8$이다. 따라서, 그림의 회로는 출력 3비트 Mod-8 카운터를 나타낸다.

12 다음 회로의 입력(V_i)에 구형파를 가하면 출력 파형(V_o)은?

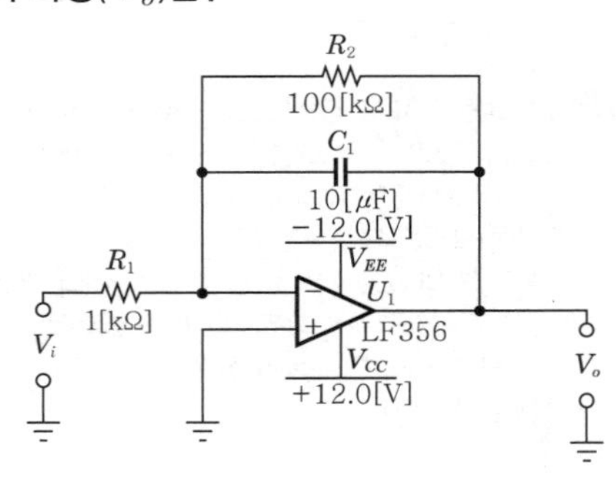

① 정현파
② 구형파
③ 삼각파
④ 사다리꼴파

정답 10. ① 11. ② 12. ③

해설 **적분 연산 회로**

- 그림은 적분 연산 회로로서 입력 오프셋(offset)의 영향을 감소시키기 위하여 적분기에 사용하는 콘덴서 C_1에 저항 R_2를 병렬로 연결하여 낮은 주파수에서 전압을 롤 오프(rolling off)하는 것이다.
- 회로에서 저항 R_2는 콘덴서의 절연 저항으로서 입력 저항 R_1보다 10배 이상은 커야 하며, R_2의 저항값이 $10R_1$이면 폐루프 이득도 10이 되어 출력 오프셋 전압을 크게 감소시켜 연산의 정밀도를 높일 수 있다.
- 출력 전압 $V_o = -\frac{1}{CR}\int V_i dt$에서 V_o는 입력 전압 V_i를 적분한 값에 비례하는 출력 신호(삼각파)를 나타낸다.

13 다음 연산 증폭기의 전압 증폭도 A_V는?

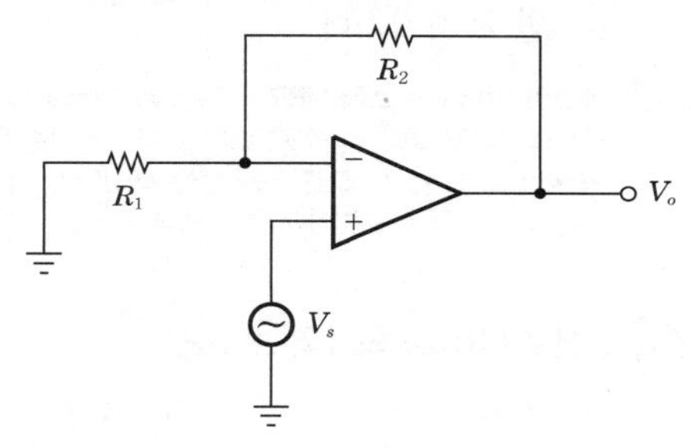

① $\frac{R_1+R_2}{R_1}$ ② $\frac{R_1}{R_1+R_2}$

③ $\frac{R_1}{R_2}$ ④ $\frac{R_2}{R_1}$

해설 비반전 연산 증폭기(noninverting operational amplifier)는 출력과 입력의 위상이 동위상이고 폐루프 이득이 항상 1보다 크다. 비반전 전압 귀환 증폭기는 높은 입력 임피던스, 낮은 출력 임피던스 및 안정된 전압 이득 때문에 근사적으로 이상적인 전압 증폭기이다.

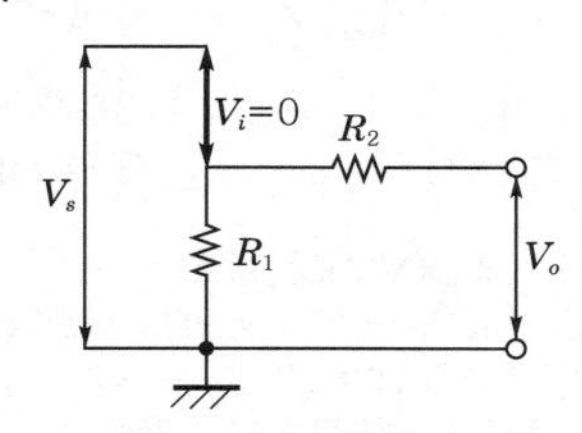

‖ 가상 접지의 등가 회로 ‖

가상 접지에서 $V_i \approx 0$[V]이기 때문에 R_1에 걸리는 전압은 V_s이며, R_1에 걸리는 전압은 V_o가 R_1과 R_2에 의해 분압되어 나타난 전압이다.

$$V_s = \frac{R_1}{R_1+R_2}V_o$$

$$V_o = \frac{R_1+R_2}{R_1}V_s = \left(1+\frac{R_2}{R_1}\right)V_s$$

$$\therefore A_V = \frac{V_o}{V_s} = \frac{R_1+R_2}{R_1} = 1+\frac{R_2}{R_1}$$

* 폐루프(closed loop) : 연산 증폭기에서 음되먹임(부귀환)을 사용하는 경우의 동작

* 개루프(open loop) : 연산 증폭기를 음되먹임(부귀환)없이 개방 상태로 동작시키는 경우의 동작

14 다음 회로에 대한 설명으로 틀린 것은?

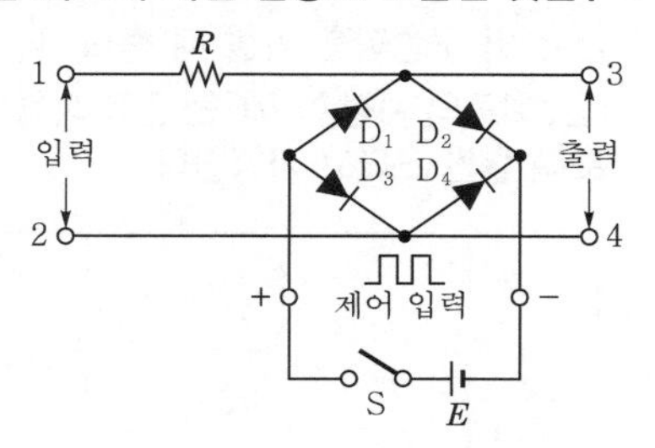

① 회로는 브리지형 게이트 회로이다.
② 스위치 S에 무관하게 입력한 전압이 그대로 출력측의 전압으로 나타난다.
③ 스위치 S를 닫으면 $D_1 \sim D_4$가 도통되므로 단자 1 ~ 2에 가해지는 전압은 출력단자에 나타나지 않는다.
④ 스위치 S가 개방되면 단자 3 ~ 4 사이의 다이오드 임피던스는 높으므로 입력 전압은 출력에 그대로 나타난다.

해설 **브리지형 게이트 회로**

그림의 회로는 4개의 다이오드를 연결한 브리지형 게이트 회로로서, 어떠한 극성의 전압이 입력되더라도 동일한 극성 전압을 출력하며 가장 큰 특징은 입력되는 전압과 동일한 전압이 출력된다.

- 스위치 S가 on 상태일 때 다이오드 $D_1 \sim D_4$는 순방향으로 도통 상태가 되어 단자 1 ~ 2에 가해지는 입력 전압은 출력 단자에 나타나지 않는다.
- 스위치 S가 off 상태일 때 출력 단자 3 ~ 4 사이의 다이오드 D_2, D_4는 역방향으로 개방 상태가 되어 입력 전압이 출력측에 그대로 나타난다.

15 다음 중 빛의 변화로 전류 또는 전압을 얻을 수 없는 것은?

① 광전 다이오드
② 광전 트랜지스터
③ 황화카드뮴(CdS) 셀
④ 태양 전지

정답 13. ① 14. ② 15. ③

해설 **황화카드뮴(CdS)**
황과 카드뮴의 화합물로서, 반도체의 일종으로 빛 에너지에 의해 전기 전도율이 변화하는 대표적인 광도전체이다. CdS의 특성은 빛이 높아지면 저항값이 작아지고 빛이 낮아지면 저항값이 높아지는 성질을 이용하여 빛의 유무를 파악하는 광전도 소자로서, 가시광선 영역의 빛에 감광하여 높은 감도를 나타낸다.
* CdS 셀은 카메라의 노출계, 자동 점멸기, 광센스, 각종 검출 장치 및 계측기 등에 쓰인다.

16 다음 회로에 입력 V_i 파형으로 펄스폭이 Δt[sec]인 구형파를 가할 때 출력 V_o 파형은? (단, 회로의 시정수 RC는 입력 파형의 펄스폭보다 훨씬 크다고 가정한다)

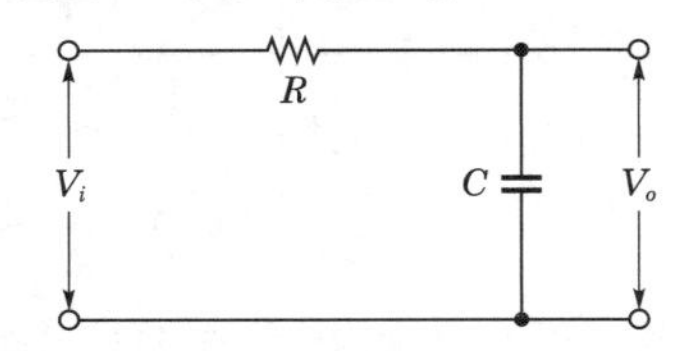

① 정현파 ② 구형파
③ 계단파 ④ 삼각파

해설 그림의 회로는 입력은 R, 출력은 C로 구성된 RC 적분 회로로서, C의 단자 전압 V_o를 출력으로 한다. 적분 회로의 출력 파형은 시정수 $RC \gg \tau$일 때 직선적으로 변화하는 톱니파(삼각파) 전압을 얻을 수 있다. 따라서, 시정수 RC가 클수록 완전한 적분 파형을 얻을 수 있다.

17 중앙 처리 장치(CPU)의 구성 요소에 해당하지 않는 것은?

① 연산 장치 ② 입력 장치
③ 제어 장치 ④ 레지스터

해설 중앙 처리 장치(CPU)를 구성하는 요소는 주기억 장치, 연산 장치, 제어 장치, 레지스터 등으로 구성되며 입·출력 장치는 데이터를 입력하거나 처리 결과 등을 내보내는 외부 장치로서, 컴퓨터 시스템의 주변 장치에 해당되는 요소이다. 따라서, 컴퓨터를 구성하는 요소를 크게 2부분으로 분류하면 중앙 처리 장치와 입·출력 장치로 분류할 수 있다.

18 다음 중 고급 언어로 작성된 프로그램을 한꺼번에 번역하여 목적 프로그램을 생성하는 프로그램은?

① 어셈블리어 ② 컴파일러
③ 인터프리터 ④ 로더

해설 **컴파일러(compiler)**
원시 프로그램 명령들을 기계어 명령들로 변환시켜 목적 프로그램을 생성시키는 프로그램으로서, 고급 언어를 기계어로 바꾸는 것으로 프로그램을 전부 다 읽어 들이고 나서 각 프로그래밍 언어의 문법에 맞는지 번역해 준다. 즉, 컴파일러는 컴파일러 언어(compiler language)를 기계어로 번역하는 언어 번역자로서, 대부분 컴퓨터에서 컴파일러 프로그램은 디스크에 저장되어 있다.

19 메모리로부터 읽어낸 데이터나 기억 장치에 쓸 데이터를 임시 보관하는 레지스터는?

① 인덱스 레지스터
② 메모리 어드레스 레지스터
③ 메모리 버퍼 레지스터
④ 범용 레지스터

해설 **메모리 버퍼 레지스터(MBR : Memory Buffer Register)**
메모리로부터 읽게 해낸 자료를 넣어두기 위한 일시 기억 회로로서, 기억 장치를 출입하는 데이터가 잠시 기억되는 레지스터를 말한다(기억 장소의 내용을 기억).

20 2진수 $(1010)_2$의 1의 보수는?

① 0101 ② 1010
③ 1011 ④ 1101

해설 **2진수의 보수**
2진수의 1의 보수는 1은 0으로, 0은 1로 바꾸어 주면 된다.
∴ $(1010)_2$의 1의 보수 → (0101)

21 다음 그림과 같이 2개의 게이트를 상호 접속할 때 결과로 얻어지는 논리 게이트는?

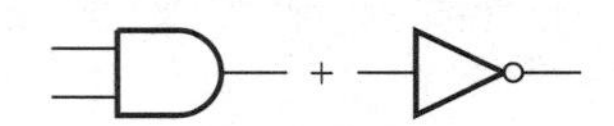

① OR ② NOT
③ NAND ④ NOR

해설 **부정 논리곱(NAND) 회로**
AND 회로와 NOT 회로의 순서로 결합된 회로로서, 두 입력 A와 B가 모두 '1'인 경우 출력이 '0'이 되는 것으로 AND 회로의 부정 출력을 나타낸다.

A, B → AND + NOT = A, B → NAND → $Y = \overline{A \cdot B}$

▌논리 기호▐

정답 16. ④ 17. ② 18. ② 19. ③ 20. ① 21. ③

| 진리표 |

입력		출력
A	B	Y
0	0	1
0	1	1
1	0	1
1	1	0

22 주소 지정 방식 중 명령어의 피연산자 부분에 데이터의 값을 저장하는 주소 지정 방식은?

① 즉시 주소 지정 방식
② 절대 주소 지정 방식
③ 상대 주소 지정 방식
④ 간접 주소 지정 방식

해설 **즉시 주소 지정 방식(immediate addressing mode)**
사용자가 원하는 임의의 오퍼랜드(immediate data)를 직접 지정하는 방식으로, 데이터를 기억 장치에서 읽어야 할 필요가 없으므로 다른 주소 방식들보다 신속하다.

23 자료 전송에 발생하는 에러(error) 검출을 위하여 추가된 bit는?

① 3-초과 ② gray
③ parity ④ error

해설 **패리티 비트(parity bit)**
2진수를 사용하는 디지털 시스템에서 자료 전송 시에 '1'과 '0'의 에러(error)가 생길 경우에 데이터의 오류를 검출하는 데 사용하는 방법으로, 정확한 데이터의 판독을 하기 위해서는 자기 테이프나 디스크에 패리티 검출용 코드('0'이나 '1')를 넣어서 전체의 비트수가 홀수(odd)이면 홀수 패리티, 전체의 '1'의 비트수가 짝수(even)이면 짝수 패리티가 된다.

24 다음 중 선입 선출(FIFO) 동작을 하는 것은?

① RAM ② ROM
③ STACK ④ QUEUE

해설 **큐(QUEUE)**
선입 선출(FIFO : First In First Out)의 원리로 동작하는 자료의 구조이다.

- 자료를 차례로 저장하고(스택 역시 자료를 차례로 저장은 하지만) 자료를 차례로 꺼낼 수 있는 구조로서, 자료의 삽입은 끝(rear)에서만 가능하고 자료의 반환은 앞(front)에서만 일어난다.
- 스택(STACK)과 마찬가지로 동일한 자료의 집합을 다루는 점은 동일하지만 먼저 들어온 값이 먼저 나간다는 점이 다르다.
- 큐에서는 스택의 push나 pop처럼 enqueue(삽입 과정), dequeue(반환 과정)가 있다.
  - front : 다음 dequeue 할 위치를 가리킨다(데이터의 시작 부분).
  - rear : 다음 enqueue 할 위치를 가리킨다(데이터가 새로 들어갈 부분).

25 컴퓨터에서 2[kB]의 크기를 [byte] 단위로 표현하면?

① 512[byte]
② 1,024[byte]
③ 2,048[byte]
④ 4,096[byte]

해설 1[kbyte]=2^{10}[byte]=1,024[byte]
∴ 2[kbyte]=2×1,024[byte]=2,048[byte]

26 주기억 장치(RAM)와 중앙 처리 장치(CPU)의 속도 차이를 해소하기 위한 기억 장치의 명칭은?

① 가상 기억 장치
② 캐시 기억 장치
③ 자기 코어 기억 장치
④ 하드 디스크 기억 장치

해설 **캐시 기억(cache memory) 장치**
초고속 소용량의 메모리로서, 중앙 처리 장치의 빠른 처리 속도와 주기억 장치의 느린 속도 차이를 해소하기 위해 사용하는 것으로, 효율적으로 컴퓨터의 성능을 높이기 위한 반도체 기억 장치이다. 이것은 특히 그래픽 처리 시 속도를 높이는 결정적인 역할을 하며 시스템의 성능을 향상시킬 수 있다.

27 산술 및 논리 연산의 결과를 일시적으로 기억하는 레지스터는?

① 기억 레지스터(storage register)
② 누산기(accumulator)
③ 인덱스 레지스터(index register)
④ 명령 레지스터(instruction register)

해설 **누산기(accumulator)**
사용자가 사용할 수 있는 레지스터(register) 중 가장 중요한 레지스터로서, 산술 논리부에서 수행되는 산술 논리 연산 결과를 일시적으로 저장하는 장치이다.

정답 22. ① 23. ③ 24. ④ 25. ③ 26. ② 27. ②

28 **순서도 사용에 대한 설명 중 틀린 것은?**

① 프로그램 코딩의 직접적인 기초 자료가 된다.
② 오류 발생 시 그 원인을 찾아 수정하기 쉽다.
③ 프로그램의 내용과 일처리 순서를 파악하기 쉽다.
④ 프로그램 언어마다 다르게 표현되므로 공통적으로 사용할 수 없다.

해설 순서도는 프로그램을 작성하기 전에 프로그램의 실행 순서를 한 단계씩 분해하여 일정한 기호를 그림으로 나타낸 것으로, 통일된 기호를 사용하기 때문에 누가 보아도 전체의 흐름을 쉽고 명확하게 알아볼 수 있다. 따라서, 실행 결과에 대한 에러 발생 시 수정이 쉽다.

29 **표준 신호 발생기(SSG)가 갖추어야 할 조건 중 옳지 않은 것은?**

① 불필요한 출력을 내지 않을 것
② 발진 주파수가 정확하고, 파형이 양호할 것
③ 출력이 가변될 수 있고, 정확한 값을 알 수 있을 것
④ 출력 임피던스가 작고, 가변적일 것

해설 **표준 신호 발생기의 구비 조건**
- 넓은 범위에 걸쳐서 발진 주파수가 가변일 것
- 발진 주파수 및 출력이 안정할 것
- 변조도가 정확하고 변조 왜곡이 작을 것
- 출력 레벨이 가변적이고 정확할 것
- 출력 임피던스가 일정할 것
- 차폐가 완전하고 출력 단자 이외로 전자파가 누설되지 않을 것

30 **1[MΩ] 이상의 고저항 또는 절연 저항의 측정에서 사용되는 방법으로 틀린 것은?**

① 직편법
② 전압계법
③ 충격 검류계법
④ 헤비사이드 브리지법

해설 **고저항 측정**
절연 재료의 고유 저항이나 전기 기기의 권선과 철심 사이의 절연 저항 등은 그 자체에 흐르는 전류가 극히 작으므로 1[MΩ] 이상의 고저항을 측정할 때는 고전압을 걸어서 측정한다.
- 측정법 : 직접 편위법과 전압계법 및 콘덴서의 충·방전을 이용하는 방법 등이 있다.

* 헤비사이드 브리지법은 인덕턴스 측정에 사용된다.

31 **오실로스코프에서 다음과 같은 파형을 얻었다. 이것은 무엇을 측정한 파형인가? (단, $A=3$, $B=1$)**

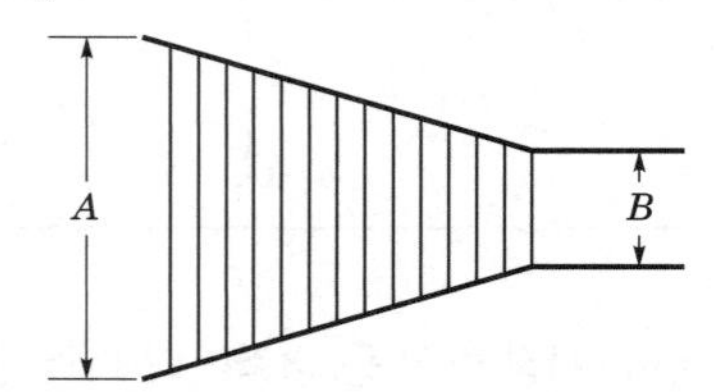

① 100[%] AM 변조파
② 100[%] FM 변조파
③ 50[%] AM 변조파
④ 50[%] FM 변조파

해설 **오실로스코프의 변조도 측정**

$$\text{변조도 } M=\frac{\text{최댓값}-\text{최솟값}}{\text{최댓값}+\text{최솟값}}\times 100[\%]$$
$$=\frac{A-B}{A+B}\times 100=\frac{3-1}{3+1}\times 100=50[\%]$$

32 **정재파에 의하여 마이크로파의 임피던스를 측정하고자 한다. 싱크로스코프에 의한 정재파형이 그림과 같을 때 전압 정재파비는?**

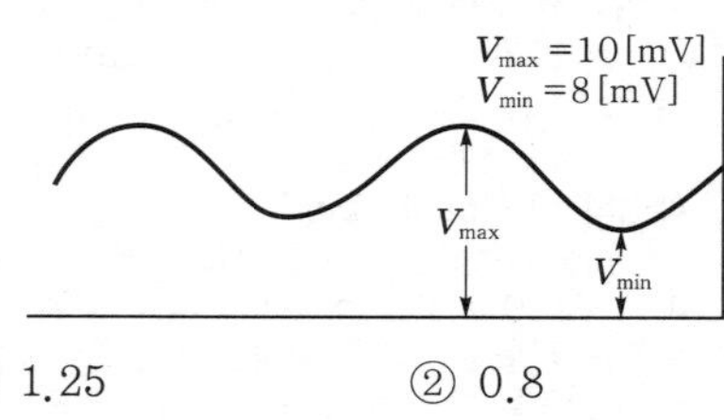

① 1.25　　② 0.8
③ 80　　④ 18

해설 **정재파와 정재파비(SWR : Standing Wave Ratio)**
급전선상에서 진행파와 반사파가 간섭을 일으켜 전압 또는 전류의 기복이 생기는 것을 정재파라 하며 그 전압 또는 전류의 기복이 생기는 최댓값과 최솟값의 비를 정재파비(SWR)라고 한다.

$$* \ \text{SWR}=\frac{V(I)_{max}}{V(I)_{min}}=\frac{\text{입사파}+\text{반사파}}{\text{입사파}-\text{반사파}}=\frac{1+m}{1-m}$$

여기서, m : 반사파
- SWR은 1~∞의 값을 취하며 1에 가까워지도록 안테나와 송신기를 조정한다.
- SWR=1일 때 완전 정합으로 진행파만 존재하며 효율이 최대이다($m=0$).
- SWR>1일 때 반사파가 많다($m>0$).

$$\therefore \ \text{전압 정재파비 SWR}=\frac{V_{max}}{V_{min}}=\frac{10}{8}=1.25$$

정답 28. ④ 29. ④ 30. ④ 31. ③ 32. ①

33 고주파 전류를 측정하는 데 사용하는 계기는?

① 계기용 변류기
② 열전형 전류계
③ 직류 변류기
④ 훅 미터

해설 **열전형 전류계**
고주파 전류 측정용 계기로서 측정할 전류를 열전쌍에 의해 전압으로 변환하며 이 전압을 측정하도록 한 계기로서, 열전쌍 전류계라고도 한다. 측정 가능한 주파수 범위는 100[MHz]까지이며, 전류의 사용 범위는 $10^{-3} \sim 5$[A] 정도이다.

34 고주파 전류 측정에 적합한 계기는?

① 열전형
② 가동 코일형
③ 정류형
④ 가동 철편형

해설 **열전형 계기(AC, DC 양용)**
- 측정할 전류를 열선(저항선)에 흘렸을 때 발생하는 열로, 열전쌍의 온도가 상승하여 발생하는 열기전력을 가동 코일형 계기로 측정하는 계기이다.
- 열선의 발열량은 직류에서나 교류에서나 같기 때문에 직·교류 양용 계기이다.
- 열전쌍의 열선은 짧기 때문에 인덕턴스가 작고 표피 효과가 무시되기 때문에 100[MHz] 정도의 무선 주파수(RF)까지 측정이 가능하다.
- 열선의 열용량 때문에 온도 상승에 0.5 ~ 30[sec] 정도의 지시 시간이 걸려 계기의 지시 응답도가 낮다.
- 고주파 전류 측정용 계기로서 뛰어난 주파수 특성을 가지고 있으나 급격한 변동에 추종할 수 없는 결점을 가지고 있다.

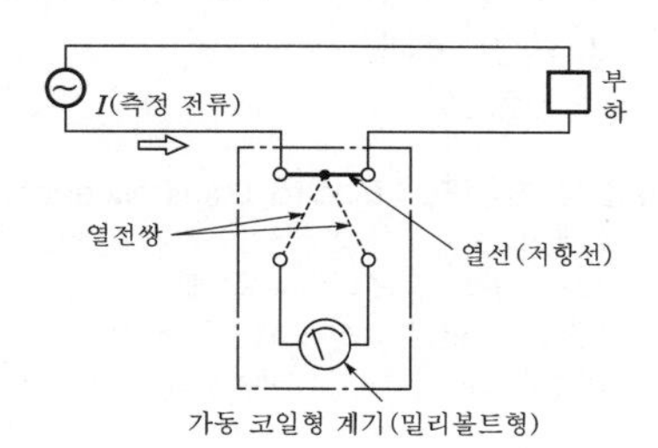

35 전류 측정 시 참값이 100[mA]이고, 측정값이 102[mA]일 때 오차율은 몇 [%]인가?

① −2 ② 2
③ −1.96 ④ 1.96

해설 2차 백분율

오차율 $\varepsilon = \dfrac{M-T}{T} \times 100[\%]$

$= \dfrac{102-100}{100} \times 100 = 2[\%]$

36 다음은 검류계의 내부 저항 측정 그림이다. 검류계의 내부 저항 R_g의 값을 구하는 계산식으로 옳은 것은?

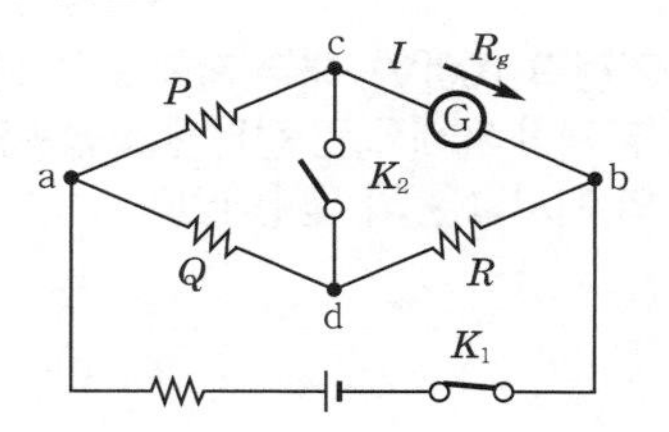

① $R_g = \dfrac{Q}{P}R$ ② $R_g = \dfrac{P}{Q}R$
③ $R_g = \dfrac{P}{R}Q$ ④ $R_g = \dfrac{Q}{R}$

해설 **검류계의 내부 저항 측정**
브리지의 평형 조건에서

$\dfrac{P}{R_g} = \dfrac{Q}{R}$, $PR = QR_g$

$\therefore R_g = \dfrac{P}{Q}R$

37 아날로그 회로 시험기와 비교한 디지털 멀티미터의 장점이 아닌 것은?

① 입력 임피던스가 높아 피측정량에 미치는 영향이 작다.
② 측정 결과를 읽을 때 개인 오차가 없다.
③ 대부분의 측정이 수동으로 수행된다.
④ 측정 정밀도가 좋다.

해설 **디지털 계측기(digital multimeter)**
물리량이나 화학량 등의 각종 아날로그양을 직류 전압에 의해 변환하여 이 직류 전압을 A/D 변환기에 의해서 디지털양으로 부호화한 펄스 신호를 10진수로 변환하여 계수기로 표시하는 계기이다.
[장점]
- 조작이 간단하여 측정하기가 매우 쉽고, 신속히 이루어진다.
- 대부분의 측정이 자동적으로 수행되므로, 사용이 편리하며 수명이 길다.

정답 33. ② 34. ① 35. ② 36. ② 37. ③

- 측정 결과를 계수기를 통하여 숫자로 직접 알아낼 수 있어 측정값을 읽을 때 개인적 오차가 발생하지 않는다.
- 잡음 및 외부 영향에 덜 민감하고 정확도가 높기 때문에 소수점까지도 정확하게 읽을 수 있다.
- 측정 결과에서 얻어진 정보를 직접 컴퓨터에 입력하여 데이터 처리를 할 수 있다.
- 파형, 전압에 의한 영향이 작고 응용 측정이 가능하며 온도에 의한 영향이 없다.

38 기전력 100[V], 내부 저항 33[Ω]인 전지에 내부 저항 300[Ω]인 전압계를 접속할 때 전압계의 지시값은 약 몇 [V]인가?

① 90 ② 93
③ 96 ④ 100

해설 $E=I(r+R_v)$에서

$I=\frac{E}{r+R_v}=\frac{100}{33+300}=0.3$[A]

∴ 전압계의 지시값 $V_R=IR_v$
$=0.3\times300=90$[V]

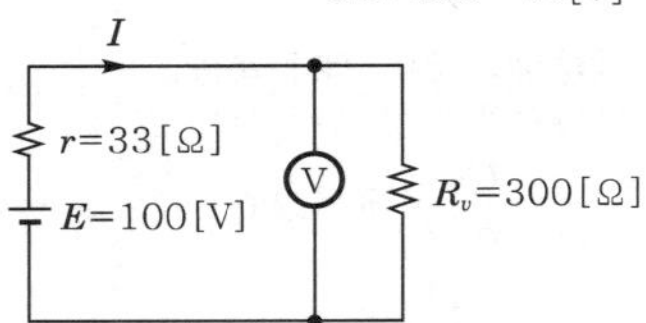

39 테스트 패턴 발생기(test pattern generator)의 용도로 옳은 것은?

① 정현파 발생용
② 전자 회로 도면 작성용
③ 라디오의 주파수 복조용
④ 텔레비전의 송 · 수신기의 조정용

해설 **테스트 패턴 발생기(test pattern generator)**
TV 방송 수신이 없을 때 사용하는 진단용 기기로서, TV 수상기의 편향 회로의 직선성을 시험하고, 영상 증폭기의 주파수 특성 및 색동기 분리, 색복조, 컬러 킬러, 매트릭스 회로 등의 조정에 필요한 컬러 바(color bar) 및 테스터 패턴을 발생하는 장치를 조합한 TV 전용 발진기이다.

40 오실로스코프 측정 시 파형이 정지하지 않고 움직일 때 조정해야 하는 것은?

① 수평축 제어
② 포지션 제어
③ 트리거 제어
④ 수직축 제어

해설 **오실로스코프의 트리거 기능**
오실로스코프의 조작에서 가장 중요한 것은 트리거의 기능 조작이다. 측정 시 신호 파형이 정지하지 않고 움직일 때는 트리거 기능을 선택하여 조정하여야 한다. 이상적으로는 신호의 종류에 관계없이 자동적으로 파형이 정지하는 것이 바람직하나 현재로서는 신호 파형의 특성에 따라 트리거의 기능을 선택, 조작하여 사용하여야 한다. 트리거의 신호원은 내부 트리거(INT), 외부 트리거(EXT), 전원 트리거(LINE)의 3종류를 선택할 수 있다.

41 다음 중 녹음기 헤드 사용상의 주의 사항으로 틀린 것은?

① 헤드에 충격을 주지 말 것
② 헤드면을 때때로 알코올을 가제에 적셔 가볍게 닦는 것
③ 자성체를 헤드에 접근시키지 말 것
④ 헤드가 자화되면 강한 자석을 헤드에 접근시켜 소자(消磁)하는 것

해설 **녹음기 헤드(head)**
녹음기 헤드는 장시간 사용하거나 자성체가 접근하면 자화된다. 따라서, 헤드가 자화되면 재생 시 테이프가 직류적으로 자화하게 되어 잡음이 증가하고 고역 주파수의 특성이 나빠진다.

42 다음 중 반도체에 전기장을 가하면 생기는 현상은?

① 열전 효과
② 전장 발광
③ 광전 효과
④ 홀효과

해설 **전장 발광(EL : Electro Luminescence)**
도체 또는 반도체의 성질을 가지고 있는 물질(형광체 또는 형광체를 포함한 유전체)에 전장을 가하면 빛이 방출되는 현상으로서, 열방사에 의하지 않는 현상을 일반적으로 루미네선스(luminescence)라 한다.

43 안테나의 전력이 100[W]에서 400[W]로 증가하면 동일 지점의 전계 강도는 몇 배로 변하는가?

① 0.5 ② 0.25
③ 2 ④ 4

정답 38. ① 39. ④ 40. ③ 41. ④ 42. ② 43. ③

해설 **전계 강도**

$E = \frac{\sqrt{P}}{d}$[V/m]

여기서, P : 방사 전력[W], d : 거리[m]
동일 지점의 전계 강도이므로 거리 d를 무시하면,
전계 강도 $E = \sqrt{P}$[V/m]

$\therefore \ E = \frac{\sqrt{400}}{\sqrt{100}} = \frac{20}{10} = 2$배

44 VTR의 재생 화면에 하나 또는 다수의 흰 수평선이 나타나는 드롭 아웃(drop out) 현상의 원인은?

① 수평 동기가 정확히 잡히지 않기 때문에
② 영상 신호에 강한 잡음 신호가 혼입되기 때문에
③ 전원 전압이 순간적으로 불안정하기 때문에
④ 테이프와 헤드 사이에 먼지 등이 끼기 때문에

해설 **비디오(VTR : Video Tape Recorder)**
강자성체를 칠한 자기 테이프에 자기 헤드를 접촉시켜 영상과 음성을 기록하고 재생하는 장치를 말한다. 비디오 헤드(video head)는 영상 테이프 녹화기에 사용되는 회전 헤드(음성용과 원리적으로 같다)로서 내마모성이 중요한 요인이 되며 특히 자기 테이프와 헤드 사이에 먼지 등이 끼면 재생 화면이 나빠지며 드롭 아웃(drop out) 현상이 생긴다.
* 드롭 아웃(drop out) 현상 : 자기 테이프의 데이터 소실 현상

45 태양 전지에 축전 장치가 필요한 이유는?

① 연속적인 사용을 위해서
② 빛의 반사를 위해서
③ 빛의 굴절을 위해서
④ 위 3가지 모두를 위해서

해설 **태양 전지(solar cell)**
태양 전지는 태양의 방사 에너지를 직접 전기 에너지로 변환하는 장치로서, 태양 광선을 얻을 수 없는 경우에 대비해 연속적으로 사용하기 위하여 축전 장치가 필요하다.

46 음압의 단위를 올바르게 표현한 것은?

① [N/C] ② [μbar]
③ [Hz] ④ [Neper]

해설 **출력 음압 수준(output sound pressure level)**
1[V]의 입력 전력을 스피커에 가하여 스피커의 정면 축에서 1[m] 떨어진 점에서 생기는 음압 수준을 어떤 정해진 주파수 범위 내에서 평균한 것으로, 음압 수준은 0.002[μbar]를 기준으로 0[dB]로 정한다.

47 AN(Arrival Notice) 레인지 비컨(range beacon)에서 등신호 방향과 관계없는 각도는?

① 45° ② 135°
③ 190° ④ 315°

해설 **AN 레인지 비컨(AN range beacon)**
- 항공기의 비행 항로를 전파로 유도하는 일종의 항공 표시 장치로서, 무선 주파수 200 ~ 415[kHz]의 중파대를 사용하며 비컨국을 중심으로 4개의 항공로를 만든다.
- 등전계 강도 방향의 각도 : 45°, 135°, 225°, 315°

48 전자 현미경에서 초점은 무엇으로 조정하는가?

① 투사 렌즈의 여자 전류
② 대물 렌즈의 여자 전류
③ 집광 렌즈의 여자 전류
④ 드림 렌즈의 여자 전류

해설 **전자 현미경(electronic microscope)**
전자총에 의하여 전자빔(beam)을 시료(teat piece)로 주고, 시료에서 얻은 정보를 전자 렌즈로 확대하여 투영면 위에 상이 나타나게 하는 것이다.
* 전자 현미경의 초점 거리는 자장을 강하게 하여야 초점 거리가 짧아지고 배율이 커진다. 따라서, 초점은 대물 렌즈의 여자 전류에 의해서 조절된다.

49 오디오 시스템(audio system)에서 잡음에 대하여 가장 영향을 많이 받는 부분은?

① 등화 증폭기 ② 저주파 증폭기
③ 전력 증폭기 ④ 주출력 증폭기

해설 **등화 증폭기(EQ Amp : EQualizing Amplifier)**
자기 테이프 녹음기나 픽업에서 재생 특성을 보상하기 위해 사용하는 회로로서, 등화기라고도 한다. 녹음 시에 고역을, 재생 시에 저역을 각각 증폭기로 보정하며, 종합 주파수 특성을 50 ~ 15,000[Hz]의 범위에 걸쳐서 평탄하게 만드는 것으로, 고역에 대한 이득을 낮추어 원음 재생이 실현되도록 한다.
* EQ Amp는 음되먹임(부귀환)으로 구성된 오디오 앰프 시스템(audio amp system)의 전체의 고역과 저역에 대한 주파수 특성을 평탄하게 하기 위한 재생 증폭기로서, 잡음에 대한 영향을 가장 많이 받는다.

정답 44. ④ 45. ① 46. ② 47. ③ 48. ② 49. ①

50 라디오 수신기의 중간 주파수가 455[kHz]이고, 상측 헤테로다인 방식이라면 700[kHz] 방송을 수신할 때 국부 발진 주파수는 몇 [kHz]인가?

① 455 ② 700
③ 1,155 ④ 1,600

해설 국부 발진 주파수=수신 주파수+중간 주파수
=700+455
=1,155[kHz]
* 상측 헤테로다인 방식이므로 +455[kHz]를 사용한다.

51 TV 수상기 고스트(ghost)의 경감 대책에 관계가 없는 것은?

① 안테나 높이를 바꾼다.
② 지향성이 예민한 안테나를 사용한다.
③ 안테나와 급전선의 거리를 멀리 떼어야 한다.
④ 동축 케이블을 사용한다.

해설 **고스트(ghost)**
전파가 수신 안테나까지 도달할 때 직접파에 의해 생기는 영상 외에 어느 반사체에서 반사되어 온 반사파가 직접파보다 늦게 주사되어 영상이 다중상으로 나타나는 현상을 말한다.
[고스트의 경감 대책]
- 안테나의 방향과 높이를 바꾸어 본다.
- 지향성이 예민한 다소자 안테나를 사용한다.
- 피더는 동축 케이블을 사용한다.

52 CD 플레이어의 구조에서 광학부의 역할은?

① 모터를 구동하는 부분
② 디스크의 정해진 위치에 레이저를 비추어 그 반사광을 픽업하는 부분
③ 수록된 음악 소스의 연주 시간과 재생되는 부분을 나타내고 표시하는 부분
④ D/A 컨버터 및 리샘플링 회로에 의해 좌우로 분리된 아날로그 신호를 LPF를 통해서 증폭되어 아날로그 스테이지를 거쳐 프리 앰프로 출력하는 부분

해설 **CD 플레이어(compact disc player)**
레이저 광선을 이용해서 콤팩트디스크(CD)상에 녹음된 소리를 재생하는 장치를 말한다. CD 음반에는 소리의 신호가 PCM에 의한 디지털 신호로 기록되어 있으며 재생 시에는 광학계의 레이저 광선(빔)을 이용한 픽업을 사용한다. 따라서, CD 플레이어는 기계적 접촉이 없는 비접촉 방식으로 레이저빔에 의해 디지털 방식으로 CD 음반의 소리가 재생된다.

53 2헤드 방식의 VTR에서 한 장의 재생 화면(1frame)을 완성하려면 헤드 드럼은 몇 회전을 해야 하는가?

① 0.5 ② 1
③ 30 ④ 60

해설 **경사 주사 방식(헬리컬 주사 방식)**
2개의 회전 헤드를 가진 VTR로서, 테이프를 헤드의 회전과는 역방향으로 원통의 갭에 대해서 비스듬하게 경사지게 하여 주행시키는 방식이다.
* 비디오 트랙은 1초 동안에는 60개가 형성되며 1트랙에 1필드의 영상 신호가 수록되고, 2개의 트랙에 의해서 1프레임(2회의 필드)이 얻어진다. 즉, 비디오 헤드는 헤드바 양단에 180° 간격으로 붙어 있으며 1초간 30번 회전시키므로 1/30초간에 실린더를 1회전시키는 것으로 영상 신호의 1필드분의 시간에 해당한다.

54 스트레이트 수신기가 슈퍼 헤테로다인 수신기에 비해 다른 특징이 아닌 것은?

① 조정이 복잡하다.
② 감도가 나쁘다.
③ 인접 주파수 선택도가 나쁘다.
④ 구성이 간단하다.

해설 **AM 수신기**
- 스트레이트 수신기 : 초기에 사용되던 수신기로서, 안테나에 수신된 전파를 그대로 증폭 검파하여 수신하는 방식으로, 구성 회로는 간단하나 감도와 안정도 및 선택도가 양호하지 못하여 현재는 사용되지 않는다.
- 슈퍼 헤테로다인 수신기 : 안테나에 수신된 고주파 신호 중 필요한 주파수만을 동조 회로로 선택한 다음 고주파 증폭부에서 증폭하고 수신 주파수와 국부 발진 주파수를 주파수 변환관에서 혼합하여 중간 주파수(455[kHz])로 헤테로다인하여 검파 수신하는 방식이다.

* 슈퍼 헤테로다인 수신기는 주파수 변환부에서 잡음이 많고, 영상 혼신을 받기 쉬우며 회로가 복잡하고 조정이 어렵다.

55 다음 중 압력을 변위로 변환할 수 있는 것은?

① 스프링
② 전자석
③ 전자 코일
④ 유도형 변환기

정답 50. ③ 51. ③ 52. ② 53. ② 54. ① 55. ①

해설 변환 요소의 종류

변환량	변환 요소
변위 → 압력	스프링, 유압 분사관
압력 → 변위	스프링, 다이어프램
변위 → 전압	차동 변압기, 전위차계
전압 → 변위	전자 코일, 전자석
변위 → 임피던스	가변 저항기, 용량 변환기, 유도 변환기
온도 → 전압	열전대(백금 – 백금로듐, 철 – 콘스탄탄, 구리 – 콘스탄탄)

56 주파수가 1[MHz]인 전자기파의 파장은 몇 [m]인가? (단, $C=3\times10^8$[m/sec])

① 30 ② 100
③ 300 ④ 450

해설 주파수 f와 파장 λ의 관계

$f=\dfrac{C}{\lambda}$[Hz]

$\lambda=\dfrac{C}{f}$[m]

$\therefore\ \lambda=\dfrac{3\times10^8}{1\times10^6}=300$[m]

57 다음 중 초음파의 감쇠율에 관한 설명으로 틀린 것은?

① 감쇠율은 물질에 따라 다르다.
② 초음파의 진동수가 클수록 감쇠율이 크다.
③ 초음파의 세기는 진폭의 제곱에 비례한다.
④ 고체가 가장 크고 액체, 기체의 순서로 작아진다.

해설 초음파의 감쇠율
초음파의 세기는 단위 면적을 통과하는 힘(power)을 말하는 것으로, 초음파의 세기는 진폭의 제곱에 비례하고 매질 속을 지나감에 따라 감쇠한다. 초음파의 감쇠율은 기체, 액체, 고체의 순으로 작아지며, 진동수가 클수록 감쇠율이 커진다.

58 셀렌에 빛을 쬐면 기전력이 발생하는 원리를 이용하여 만든 계기는?

① 조도계 ② 체온계
③ 압축계 ④ 풍속계

해설 조도계
반도체의 광기전력 효과를 이용하여 셀렌에 빛을 쬐면 기전력이 발생하는데, 이 기전력의 크기로 빛의 입사량을 검출할 수 있는 계기를 말한다.

59 프로세스 제어(process control)는 어느 제어에 속하는가?

① 추치 제어 ② 속도 제어
③ 정치 제어 ④ 프로그램 제어

해설 프로세스 제어(process control, 공정 제어)
온도, 유량, 압력, 레벨, 액위, 혼합비, 효율, 전력 등 공업 프로세스의 상대량을 제어량으로 하는 것으로, 프로세스 제어의 특징은 대부분의 경우 정치 제어계이다.
* 정치 제어(constant-value control) : 목푯값이 시간에 대하여 변하지 않고 일정값을 취하는 경우의 제어로서, 프로세스 제어 및 자동 조정에 이용된다.

60 FM 검파 회로에서 비검파(ratio) 회로가 사용되는 주된 이유는?

① 동조가 간단하므로
② 검파 출력 전압이 크므로
③ 출력 임피던스가 낮으므로
④ 진폭 제한 작용을 하므로

해설 비검파(ratio detector) 회로
포스터 실리 회로의 일부를 개량한 것으로, 진폭 변동에 대하여 민감하지 않도록 만들어진 것이다.
[특징]
- 비검파는 효율이 포스터 실리보다 $\frac{1}{2}$ 정도 낮다.
- 출력측에 큰 용량의 콘덴서가 있어 진폭 제한 회로의 작용을 겸한다.
- 회로가 간단하여 일반 방송 수신기에 많이 쓰인다.

정답 56. ③ 57. ④ 58. ① 59. ③ 60. ④

MEMO

III

CBT 모의고사

CBT 모의고사는 CBT 시험 출제문제를 집중 분석하여 적중률 높은 문제들만을 선별하여 3회분의 모의고사로 구성하였다. CBT 모의고사를 실전 시험처럼 풀어보고 최종 점검한다면 반드시 자격 시험에 합격할 수 있다고 확신한다.

전자기기기능사

제1회 CBT 모의고사

01 리플 전압이란 어떤 전압을 말하는가?

① 정류된 직류 전압
② 부하 시의 전압
③ 무부하 시의 전압
④ 정류된 전압의 교류분

해설 **맥동 전압(ripple voltage)**
다이오드 정류 회로의 직류 출력 전압 속에 포함된 교류 성분을 리플(ripple) 전압이라 한다. 이러한 리플 성분은 LC 필터(filter)를 조합한 평활 회로를 사용하여 감소시킨다.

02 피어스 B-E형 수정 발진 회로는 컬렉터-이미터 간의 임피던스가 어떻게 될 때 가장 안정한 발진을 지속하는가?

① 용량성 혹은 유도성
② 저항성
③ 용량성
④ 유도성

해설 **피어스 B-E형 수정 발진 회로**
트랜지스터의 베이스(B)와 이미터(E) 사이에 수정 진동자(X-tal)를 넣은 발진 회로로서, 수정 진동자는 유도성으로 동작한다. 따라서, 컬렉터(C)-이미터(E) 간의 LC 공진 회로가 공진일 때 L의 인덕티브 분압기에서 분리된 귀환 전압이 얻어지므로 베이스(B)로 귀환하는 신호의 임피던스는 유도성으로 발진의 조건을 만족하므로 가장 안정한 발진을 지속한다.

03 제너 다이오드를 사용하는 회로는?

① 검파 회로
② 고압 정류 회로
③ 고주파 발진 회로
④ 전압 안정 회로

해설 **제너 다이오드(zener diode)**
소신호 다이오드나 정류용 다이오드와는 달리 항복 영역에서 잘 동작할 수 있도록 설계된 특수 목적용 다이오드로서, 항복 다이오드(breakdown diode)라고도 한다. 이와 같은 제너 다이오드는 그림 (b)와 같이 항복 영역에서 $I-V$ 특성이 전류와 무관하게 거의 일정한 전압 강하의 특성을 가지므로 항복 전압 V_Z로 유지된다. 따라서, 그림 (a)와 같이 제너 다이오드의 전압 V_Z를 기준 전압으로 하여 부하 전압 V_L을 일정하게 유지시키는 전압 조정기(voltage regulator)의 역할을 하므로 정전압 다이오드라고도 부르며 전압을 안정화시키는 정전압 회로에 주로 사용된다.

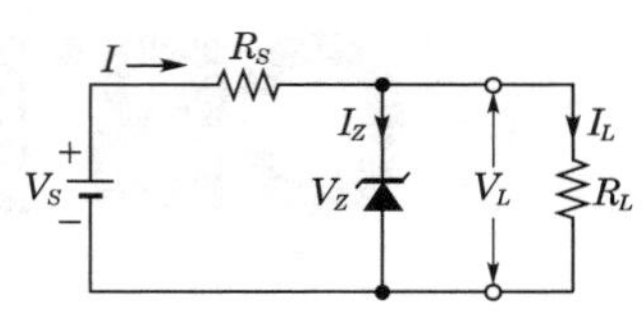

(a) 정전압 회로

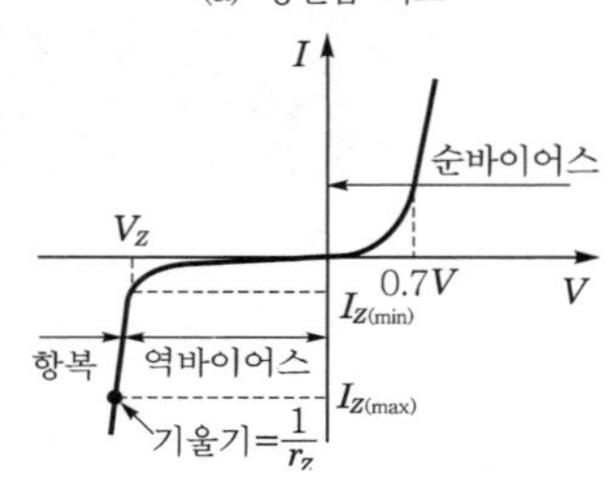

(b) $I-V$의 특성 곡선

04 주파수 변조 방식의 특징이 아닌 것은?

① 주파수 변별기를 이용하여 복조한다.
② 점유 주파수 대역폭이 좁다.
③ S/N이 개선된다.
④ 페이딩 영향이 작고 신호 방해가 작다.

해설 **주파수 변조(FM : Frequency Modulation) 방식**
반송파의 주파수를 신호파의 진폭에 비례하여 변화시키는 것으로, 반송파의 진폭은 일정하게 하고 반송파의 주파수를 평상시를 중심으로 하여 신호파의 모양대로 증감시키는 변조 방식을 말한다.
[FM의 특징]
- FM파는 많은 측파대를 함유하므로 점유 주파수 대역폭이 넓다.
- 수신측에 진폭 제한기(limiter) 회로가 있어 S/N비가 개선되며 페이딩의 영향을 줄일 수 있다.
- 충실도와 왜율을 좋게 할 수 있다.
- 수신측에서 주파수 변별기를 이용하여 원래의 신호를 검파(복조)한다.
- 송신기가 소형으로 저전력 변조가 가능하다.
- 초단파(VHF)대의 국부적인 통신 및 방송에 적합하다.

정답 01. ④ 02. ④ 03. ④ 04. ②

05 트랜지스터가 정상적으로 증폭 작용을 하는 영역은?

① 활성 영역　　② 포화 영역
③ 항복 영역　　④ 차단 영역

해설 이상적인 트랜지스터의 동작 영역

- 활성 영역(active region) : 트랜지스터의 동작점이 정해지는 영역으로, 선형 동작을 유지하며 증폭기로서 동작한다.
- 포화 영역(saturation region)과 차단 영역(cutoff region) : 트랜지스터를 논리 회로 등에서 스위치로 사용할 때 동작점을 갖는 영역으로, 주로 펄스 및 디지털 전자 회로에서 응용된다. 여기서, 역할성 영역은 실제로 사용되지 않는다.

V_{EB}

활성 영역 (순) (역)	포화 영역 (순) (순)
차단 영역 (역) (역)	역활성 영역 (역) (순)

V_{CB}

* 트랜지스터는 기본적으로 비선형(nonlinear) 소자이므로 선형(linear) 동작을 시키는 데 필요한 조건은 활성 영역에서 EB 접합은 순방향으로, CB 접합은 역방향으로 바이어스(bias)시켜야 한다. 이 조건에서 트랜지스터는 선형 증폭기(linear amplifier)로서 증폭 작용을 한다.

06 보통 발진 회로에 많이 사용되는 수정의 전기적 등가 회로는?

①
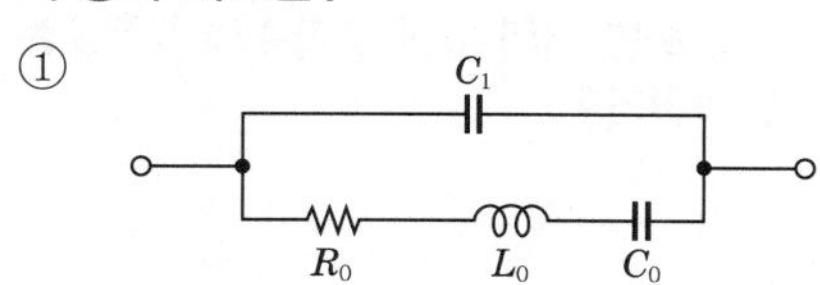

②
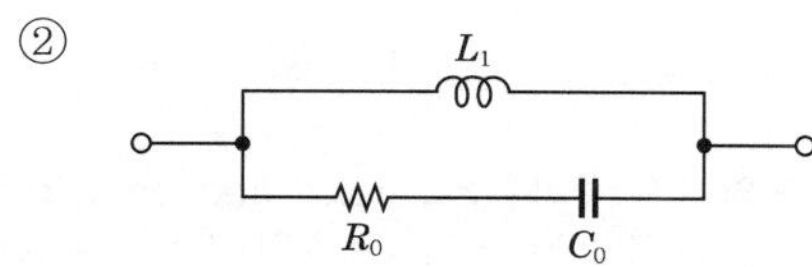

③
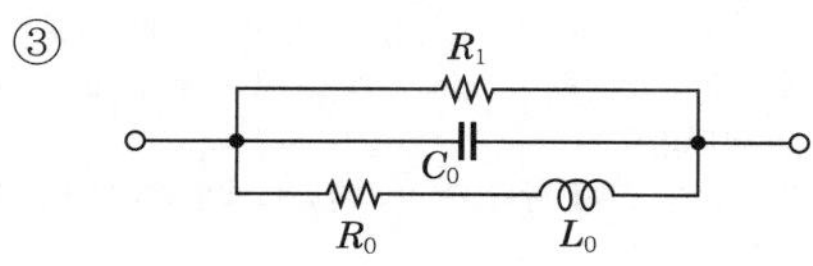

④
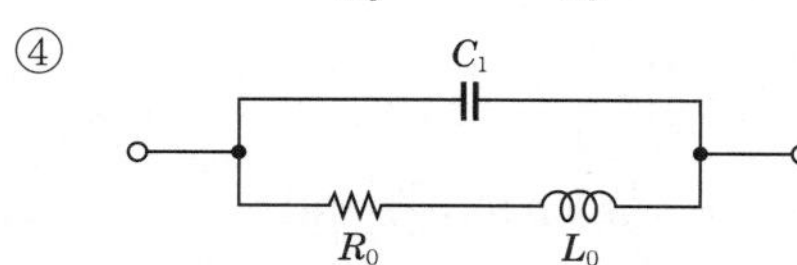

해설 수정 진동자(crystal resonator)

전자 회로에서 수정편은 그림 (a)와 같이 2개의 금속판 사이에 끼워져서 사용되므로 수정편 양단에 교류(AC) 전압을 가하면 압전기 현상에 의해 교류 전압의 주파수에 따라 진동한다. 이것을 전기 회로의 소자로 해석하면 $R_0L_0C_0$가 되는 등가 회로로 바꾸어 놓을 수 있다. 이때, 수정편에 인가된 교류 전압을 변화시켜 수정 진동자의 고유 진동수와 일치시키면 전기적으로 직렬 공진을 일으키고, 수정편을 유전체로 하는 2개의 금속판 전극 간의 정전 용량에 의해 병렬 공진을 일으킨다. 따라서, 수정 진동자는 그림 (b)와 같이 직렬과 병렬 공진 특성을 가지는 2개의 전기적 공진 회로로 등가시킬 수 있다.

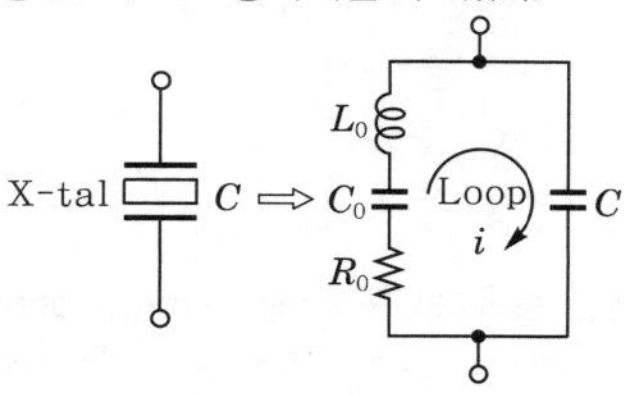

(a) 수정 진동자의 등가 회로

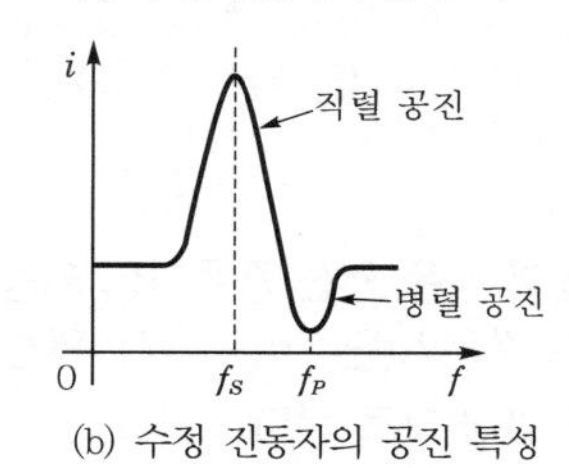

(b) 수정 진동자의 공진 특성

07 $V_1=100$[V], $V_2=50$[V], $R_1=R_2=1{,}000$[Ω], $R_3=200$[Ω], $R_4=800$[Ω]일 때 단자 1-2 사이의 전위차는 몇 [V]인가?

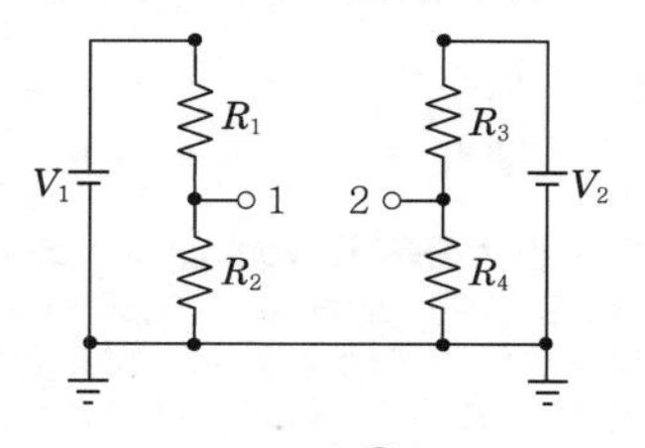

① 10　　② 20
③ 40　　④ 50

해설 전위차

단자 1 · 2는 각각 대지 전위보다 높은 전위에 있다(대지 전위=0).

- 단자 1의 전위 $V_{R_2}=\dfrac{R_2}{R_1+R_2}V_1$

$$=\frac{1{,}000}{1{,}000+1{,}000}\times 100$$

$$=50[\text{V}]$$

정답 05. ① 06. ① 07. ①

• 단자 2의 전위 $V_{R_4} = \frac{R_4}{R_3 + R_4} V_2$

$= \frac{800}{200+800} \times 50 = 40[\text{V}]$

∴ 전위차 $V = V_{R_2} - V_{R_4} = 50 - 40 = 10[\text{V}]$

08 IC 연산 증폭기의 입력은 일반적으로 무엇으로 되어 있는가?

① 임피던스 증폭기
② 전류 증폭기
③ 차동 증폭기
④ 전압 증폭기

해설 **연산 증폭기(OP-Amp : Operational Amplifier)**
직류에서 수[MHz]의 주파수까지 종합 응답 특성이 요구되는 범위에서 되먹임(feed back) 증폭기를 구성하여 일정한 연산을 할 수 있도록 한 고이득 직류 증폭기로서, 일반적으로 직접 결합 차동 증폭기를 입력단으로 사용한다.

09 그림과 같은 연산 증폭기의 기능으로 가장 적합한 것은? (단, $R_i = R_f$, 연산 증폭기는 이상적인 것으로 본다)

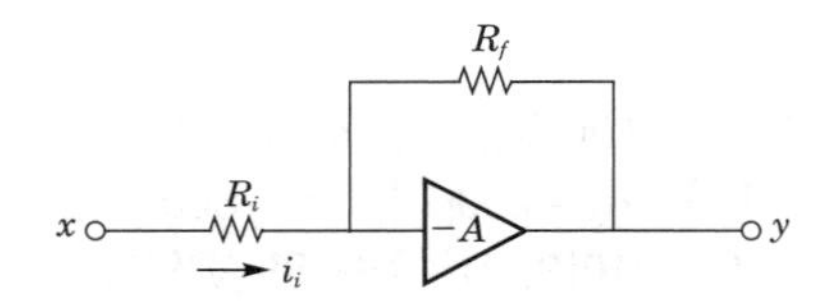

① 상배수기 ② 부호 변환기
③ 곱셈기 ④ 미분기

해설 **반전 연산 증폭기(inverting operational amplifier)**
상수를 곱하는 연산 증폭기 중에서 가장 널리 사용되는 것으로, 출력 신호 y는 입력 신호 x의 위상을 반전시키고 R_i와 R_f에 의해 주어지는 상수를 곱하여 얻는다.

$i_i = \frac{x}{R_i} + \frac{y}{R_f}$, $i_i = \frac{x}{R_i} = -\frac{y}{R_f}$

여기서, 전압 이득 $A_v = \frac{y}{x} = -\frac{R_f}{R_i}$ 이므로

출력 전압 $y = -\frac{R_f}{R_i}x$

이 식에서 $R_f = R_i$일 때 $A_v = -\frac{R_f}{R_i} = -1$ 이므로

전압 이득의 크기는 1이며 출력 $y = -x$로서 신호의 위상만을 반전시키므로 입력 신호 x의 부호를 바꾸어 주는 부호 변환기의 역할을 한다.

10 반도체 정류기에서 1[V] 순바이어스 전압에 대해 10[mA]의 전류가 흐르고, 1[V] 역바이어스 전압에 대해 4[μA]의 전류가 흘렀다면 정류비는?

① 250 ② 350
③ 2,500 ④ 3,500

해설 **정류기의 정류비**

정류비 $= \frac{\text{순방향 전류}}{\text{역방향 전류}}$

$= \frac{10 \times 10^{-3}}{4 \times 10^{-6}} = 2{,}500$

11 반송파 f_c와 신호파 f_s인 두 신호를 링(ring) 변조시켰을 때 출력 주파수 성분은?

① $f_c + f_s$ ② $f_c - f_s$
③ $f_c \pm f_s$ ④ $2(f_c \pm f_s)$

해설 **링(ring) 변조기**
• 4개의 다이오드를 브리지형으로 접속하여 구성한 변조기로서, 평형 변조기를 개량한 것이다.
• 증폭 소자를 사용하지 않기 때문에 링 변조기를 역방향으로 동작시키면 복조기로도 사용할 수 있다.
• 단측파대(single side band) 통신에 사용되는 변조기로서, 출력의 주파수 성분은 $f_c \pm f_s$를 얻는다.

12 라디오 수신기의 증폭기에서 중역대 증폭도를 A라 하면 저역 차단 주파수의 증폭도는 A의 몇 배인가?

① 2 ② $\frac{1}{2}$
③ $\sqrt{2}$ ④ $\frac{1}{\sqrt{2}}$

해설 **저역 차단 주파수(low cutoff frequency)의 증폭도**
중간 대역으로부터 이득이 하한 3[dB]만큼 감소하는 주파수를 저역 차단 주파수라 하며 이때 차단 주파수의 이득은 중간 대역 이득(mid band gain)의 70.7[%]이다.
따라서, 입력 주파수 $f = f_L$일 때 증폭기의 이득은 다음과 같다.

$A_L = \frac{V_o}{V_i}$

$= \frac{1}{\sqrt{2}} = 0.707(-3[\text{dB}])$

정답 08. ③ 09. ② 10. ③ 11. ③ 12. ④

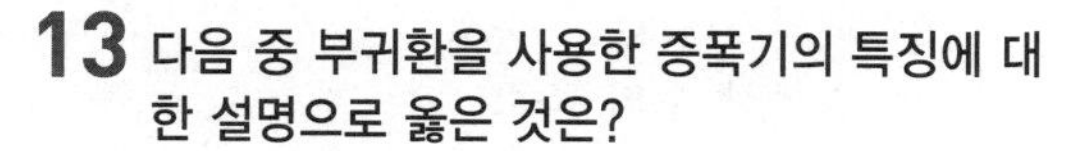

13 **다음 중 부귀환을 사용한 증폭기의 특징에 대한 설명으로 옳은 것은?**

① 이득이 증가한다.
② 대역폭이 감소한다.
③ 주파수 특성이 개선된다.
④ 발진 회로에 주로 사용된다.

해설 **부귀환(음되먹임) 증폭기의 특징**
- 이득의 안정
- 일그러짐 및 잡음의 감소
- 귀환 증폭기의 이득은 감소하지만 주파수 특성이 개선되고 대역폭이 증가한다(상한 및 하한 3[dB]주파수를 갖는다).

14 **2개의 트랜지스터가 부하에 대하여 직렬로 동작하고, 직류 전원에 대해서는 병렬로 접속되는 회로는?**

① SEPP 회로　② BTL 회로
③ OTL 회로　④ DEPP 회로

해설 **DEPP(Double Ended Push Pull) 회로**
그림과 같이 2개의 트랜지스터가 부하 R_L에 대해서는 직렬로 동작하고 전원 V_{CC}에 대해서는 병렬로 접속되는 푸시풀(push pull) 회로를 DEPP 회로라 한다.

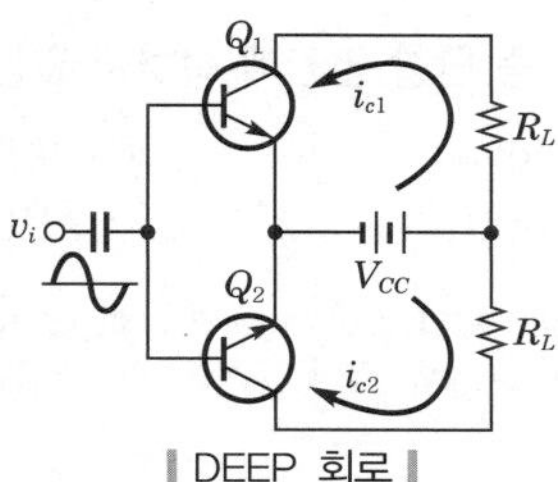

| DEEP 회로 |

15 **그림과 같은 적분 회로의 시정수는?**

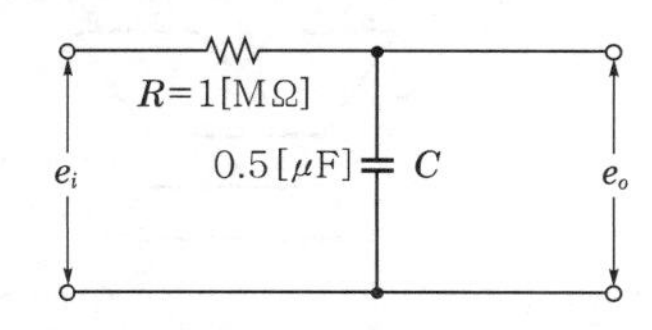

① 0.2[sec]　② 2[sec]
③ 0.5[sec]　④ 5[sec]

해설 **적분 회로(integration circuit)**
그림은 RC 적분 회로를 나타낸 것으로, 콘덴서 C의 단자 전압 e_o를 출력으로 하여 시간에 비례하는 톱니파 전압 또는 전류의 파형을 발생하거나 신호를 지연시키는 회로에 사용된다. 이러한 적분기는 시정수가 매우 클 때($CR \gg \tau$) 완전한 톱니파의 적분 파형을 얻을 수 있다.
시정수 $\tau = CR$[sec]에서
$\therefore\ \tau = 0.5 \times 10^{-6} \times 1 \times 10^{6} = 0.5$[sec]

16 **그림과 같은 논리 회로에 입력되는 값 A, B, C에 따른 출력 Y의 값으로 옳은 것은?**

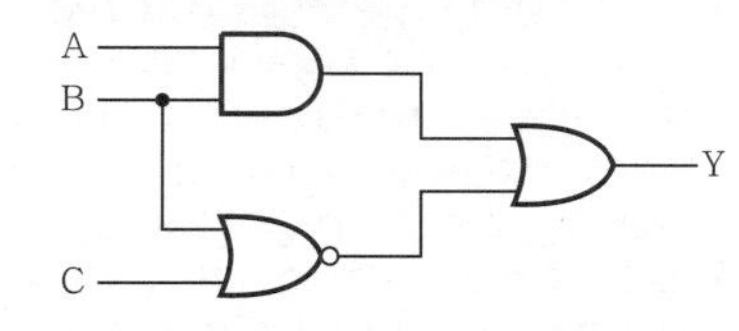

①

입력			출력
A	B	C	Y
0	0	0	0

②

입력			출력
A	B	C	Y
0	1	1	1

③

입력			출력
A	B	C	Y
1	0	0	1

④

입력			출력
A	B	C	Y
1	1	1	0

해설 **논리합(OR) 회로**
두 개의 입력 중 어느 하나라도 '1'인 경우에 출력이 '1'이 되는 것으로 A=1, B=0, C=0일 때 AND 게이트 출력은 '0', NOR 게이트 출력은 '1'로서 OR 게이트의 입력을 만족하므로 OR 게이트의 출력 Y=1이 된다.

17 **8진수 37.54를 16진수로 변환하면?**

① 1F.A　② 1F.A4
③ 1F.B4　④ 1F.B

해설 **8진수를 16진수로의 변환**

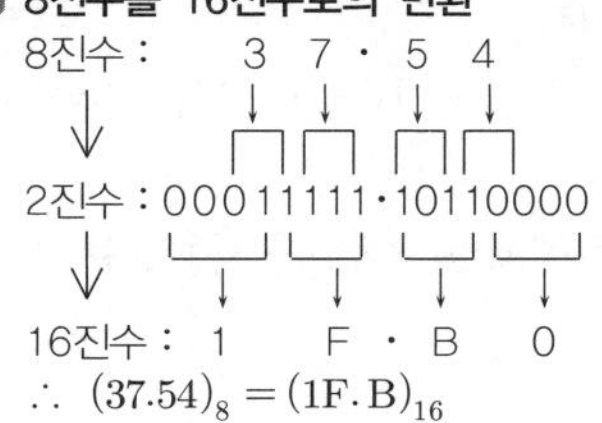

$\therefore\ (37.54)_8 = (1\text{F}.\text{B})_{16}$

정답 13. ③ 14. ④ 15. ③ 16. ③ 17. ④

18 플립플롭이라고도 하며 데이터 기억 소자로 많이 사용되는 것은?

① 슈미트 트리거
② 비안정 멀티바이브레이터
③ 단안정 멀티바이브레이터
④ 쌍안정 멀티바이브레이터

해설 **쌍안정 멀티바이브레이터(bistable multivibrator)**
- 2개의 트랜지스터를 결합 콘덴서 C를 사용하지 않고 모두 저항 R을 사용하여 직류(DC) 결합시킨 것으로 외부로부터 트리거 펄스가 들어올 때마다 2개의 트랜지스터가 교대로 on, off 상태로 되어 2개의 안정 상태를 가지는 회로이다.
- 입력에 2개의 트리거 펄스가 들어올 때 1개의 구형파 출력 펄스를 발생시키므로 플립플롭(flip flop) 회로라고 한다.
- 전자계산기의 기억 회로, 2진 계수기 등의 디지털 기기의 분주기로 이용된다.

19 2진수 '1011'의 1의 보수를 10진수로 올바르게 나타낸 것은?

① 3　　② 4
③ 5　　④ 6

해설 **2진수의 1의 보수**
2진수의 1은 0으로, 0은 1로 바꾸어 주면 된다.
(1011)의 1의 보수는 (0100)이다.
$\therefore (0100)_2=(4)_{10}$

20 그림에서 출력 Y는?

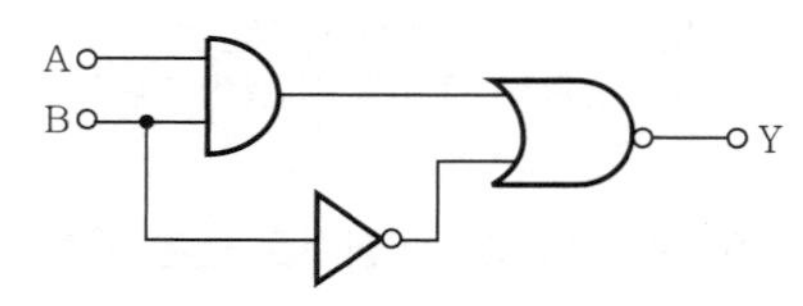

① $\overline{A}B$　　② $AB+\overline{B}$
③ $\overline{AB}+B$　　④ $\overline{A}+BB$

해설 **조합 논리 회로**
$Y=\overline{\overline{A\cdot B}+\overline{\overline{B}}}=(\overline{A}+\overline{B})\cdot B=\overline{A}B+B\overline{B}=\overline{A}B$

21 컴퓨터 회로에서 Bus line을 사용하는 가장 큰 목적은?

① 정확한 전송
② 속도 향상
③ 레지스터 수의 축소
④ 결합선 수의 축소

해설 **CPU의 버스선(bus line)**
마이크로컴퓨터 내부에는 CPU와 기억 장치 및 입·출력(I/O) 장치의 모듈 간에 정보 전달을 위해 사용되는 단일 방향의 주소 버스(address bus)와 양방의 데이터 버스(data bus)가 있다. 이러한 버스는 8비트 CPU 내부에서는 8개의 데이터선과 16개의 주소선이 나온다. 따라서, 이들의 버스선을 기억 장치와 입·출력 장치 사이에 독립적으로 연결할 경우 시스템이 복잡해지므로 버스를 이용하여 데이터선과 주소선을 공동으로 사용하면 결합선수를 축소시킬 수 있으므로 시스템을 간략화할 수 있다.

22 잘못된 정보를 패리티 체크에 의해 착오를 검출하고 이를 교정할 수 있는 코드는?

① 아스키 코드　　② 해밍 코드
③ 그레이 코드　　④ EBCDIC

해설 **해밍 코드(hamming code)**
오류 검출 코드에서는 오류(error)를 검출할 수 있지만 오류에 대한 교정(detecting)은 불가능하다. 이러한 불합리한 점을 보완하여 오류의 검출은 물론이고 교정도 할 수 있는 원리의 코드를 해밍 코드라고 한다.

23 다음 중 단항 연산에 속하지 않는 것은?

① move　　② shift
③ rotate　　④ AND

해설
- 단항(unary) 연산 : move, shift, complement, rotate
- 이항(binary) 연산 : AND, OR, NOT

24 다음 그림의 연산 결과를 올바르게 나타낸 것은?

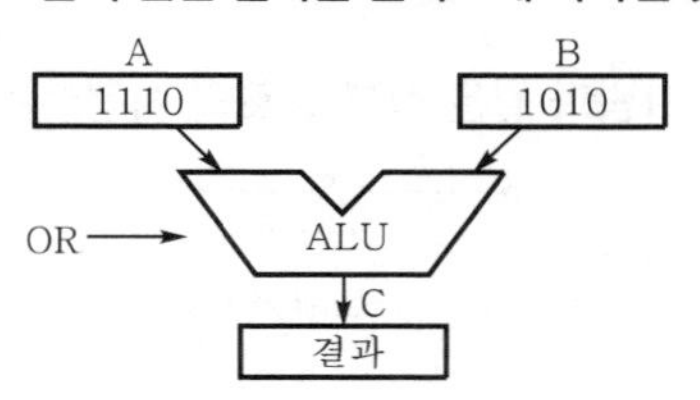

① 1000　　② 1010
③ 1110　　④ 1001

해설 **ALU의 OR 연산**
AND 연산과 반대로 2개의 입력 변수 A, B 중 어느 하나라도 '1'이면 '1'을 출력하고 두 입력이 모두 '0'일 때는 '0'을 출력한다.

정답 18. ④　19. ②　20. ①　21. ④　22. ②　23. ④　24. ③

```
       1110
OR →   1010
       ----
       1110
```

25 어셈블리어의 특징에 대한 설명으로 틀린 것은?

① 기계어에 비해 프로그램 작성이나 수정이 어렵다.
② 호환성이 없으므로 전문가 외에는 사용하기 어렵다.
③ 컴퓨터 동작 원리에 대한 전문 지식이 필요하다.
④ 기계어보다 사용하기 편리하다.

해설 어셈블리 언어(assembly language)의 특징
- 기계어를 단순히 기호화한 기계 중심 언어이다.
- 데이터가 기억된 번지를 기호(symbol)로 지정한다.
- 저급 언어나 기계어보다는 프로그램 작성이나 수정이 쉽다.
- 기종 간의 호환성이 작아 전문가 외에는 사용하기 어렵다.
- 컴퓨터의 제어나 데이터의 입 · 출력을 위한 프로그램 작성에 많이 사용한다.

26 객체 지향 언어에 해당하지 않는 것은?

① 기계어
② 비주얼 C++
③ 델파이(Delphi)
④ 자바(JAVA)

해설 객체 지향 언어
- 데이터나 정보의 표현에 비중을 둔 언어로서, 절차적인 언어와는 반대적인 개념의 언어이다. 객체 지향의 언어가 도입되기 전의 대부분 언어는 프로그램의 프로세스 흐름을 표현하는 데 비중 둔 반면에 객체 지향의 언어는 점진적 프로그램 개발의 용의성이 있고 요구 사항의 변화에 대해 안정적으로 대응할 수 있는 언어이다.
- 대표적 객체 지향 언어 : JAVA, C++, C#, 닷넷, 델파이(delphi), 파워빌더(power builder) 등

27 C언어에 대한 설명으로 옳지 않은 것은?

① 이식성이 높은 언어이다.
② 강력하고 융통성이 많다.
③ 범용 프로그래밍 언어이다.
④ 대 · 소문자를 구별하지 않는다.

해설 C언어(C language)
- 미국 벨 연구소의 리치(Ritchie)가 설계하여 1972년 PDP-11에 구현시킨 언어이다.
- C언어는 유닉스(UNIX) 운영 체제 작성을 위한 시스템 프로그램 작성용 언어로 설계되었으며 기능적인 면보다 신뢰성, 규칙성, 간소성 등의 사용상 편리함을 내포하고 있고, 프로그램을 읽기 쉽고 작성하기 쉽도록 하는 구조화 프로그램 기법을 채택하고 있다.
- 저급 언어와 유사한 기능뿐만 아니라 융통성과 이식성이 높으며 풍부한 연산자와 데이터형 및 제어 구조를 갖고 있어 범용 고급 프로그래밍 언어로서 응용 소프트웨어 개발 속도를 급속화시키고 있다.
- C언어의 프로그램 형식은 대문자와 소문자가 구별되며, 주로 소문자에 기초하여 작성한다.

28 정해진 데이터를 입력하여 원하는 출력 정보를 얻기 위하여 처리할 방법과 순서를 설계하는 것을 무엇이라 하는가?

① 문제 분석
② 입 · 출력 설계
③ 프로그래밍 작성
④ 순서도 작성

해설 순서도(flowchart) 작성
순서도는 문제 해결을 위한 논리를 나타내고 프로그램 내에 쓰여진 명령어의 상호 관계를 나타내기 위해 기호를 그림으로 나타낸 것으로, 문제 해결을 위한 처리 방법과 순서를 설계하는 과정을 말한다.

29 다음 중 산술 및 논리 연산을 행하는 장치는?

① 어큐뮬레이터(accumulator)
② 스택 포인터(stack pointer)
③ 프로그램 카운터(program counter)
④ ALU(Arithmetic Logic Unit)

해설 연산 장치(ALU : Arithmetic and Logic Unit)
제어 장치의 명령에 따라 입력 자료, 기억 장치 내의 기억 자료 및 레지스터에 기억된 자료들의 산술 연산과 논리 연산을 수행하는 장치로서, 연산에 사용되는 데이터나 연산 결과를 임시적으로 기억하는 레지스터(register)를 사용한다.

30 서브루틴 호출 시 데이터나 주소의 임시 저장이 가능한 것은?

① 스택
② 번지 해독기
③ 프로그램 카운터
④ 메모리 주소 레지스터

정답 25. ① 26. ① 27. ④ 28. ④ 29. ④ 30. ①

해설 **스택(stack)**
후입 선출(LIFO : Last In First Out)의 원리로 동작하는 것으로, 나중에 입력된 데이터가 먼저 출력되는 자료의 구조이다. 이것은 일반적으로 주기억 장치의 일부를 스택 영역으로 할당하여 사용하는 것으로 프로그램 내에서 서브루틴(subroutine) 호출이나 인터럽트 서브루틴을 사용할 때 복귀 주소(return address)를 임시 저장한 후 서브루틴 프로그램으로 점프(jump)한다.

31 다음 중 일반적으로 가장 작은 bit로 표현 가능한 데이터는?

① 영상 데이터
② 문자 데이터
③ 숫자 데이터
④ 논리 데이터

해설 **논리 데이터(logic data)**
논리적인 AND, OR, NOT을 이용한 논리 판단과 시프트 등을 포함한 논리 연산을 행할 수 있는 것으로, 정보를 나타내는 가장 작은 자료의 원소인 비트(binary digit)로 데이터의 표현이 가능하다.

32 측정 계기의 원리상 분류를 한 것이다. 서로 연관되지 않은 것은?

① 가동 철편형 계기－전자 작용 이용
② 전류력계형 계기－코일의 자계 이용
③ 유도형 계기－정전 작용 이용
④ 가동 코일형 계기－자장과 전류 사이의 전자력 이용

해설 **유도형 계기(AC 전용)**
회전 자장과 이동 자장에 의한 유도 전류와의 상호 작용을 이용한 것으로, 전압계, 전류계, 전력계 및 적산 전력계로 사용된다.

33 다음 중 자동 평형식 기록 계기의 특징에 대한 설명으로 옳지 않은 것은?

① 펜과 기록 용지에서 생기는 마찰에 의한 오차를 피하기 위한 것이다.
② 구동 에너지로 움직이게 하는 자동 평형 서보 기구를 사용한다.
③ 영위법에 의한 측정 원리를 이용한 것이다.
④ 마찰과 관성이 증가하는 결점이 생긴다.

해설 **자동 평형식 기록 계기**
기록용 펜과 용지 사이에 생기는 마찰 오차를 피하기 위하여 만들어진 것으로, 영위법에 해당하며 피측정량을 충분히 증폭하여 사용하므로 감도가 매우 양호하다.
* 전위차계식과 브리지식이 있으며, 평형용 전동기(서보 모터)를 이용하여 측정값과 표준값의 차를 검출한다.

34 피측정 신호에 포함된 전 주파수 성분을 분석하여 진폭의 크기로써 표시하는 계측기는?

① 회로 시험기(multi tester)
② 오실로스코프(oscilloscope)
③ 스펙트럼 분석기(spectrum analyzer)
④ 프로토콜 분석기(protocol analyzer)

해설 **오실로스코프(oscilloscope)의 측정**
오실로스코프는 전기 신호의 파형을 브라운관(braun tube)에 직시하여 눈으로 직접 볼 수 있도록 한 측정 장치로서, 전자 현상의 관측이나 파형의 측정 · 분석 등에 사용된다. 이것은 전자 장비를 수리할 때 사용하는 테스터의 일종으로 저주파로부터 수백[MHz]의 고주파 신호까지 관측할 수 있어 전기 · 전자 계측의 모든 분야에서 사용된다.
• 기본 측정 : 전압, 전류, 시간 및 주기 측정, 위상 측정, 주파수 측정
• 응용 측정 : 영상 신호 파형, 펄스 파형, 오디오 파형, 변조도 측정, 과도 현상 측정 등

35 전압계와 전류계의 연결 방법으로 옳은 것은? (단, A : 전류계, V : 전압계)

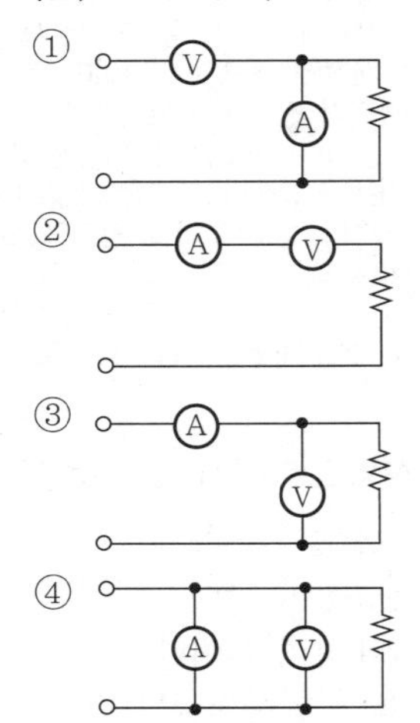

해설 **전류계와 전압계의 측정 방식**
회로망에서 회로의 동작 상태를 점검하거나 예측에 대한 효과 등을 알아내기 위해서 전류의 값을 측정

정답 31. ④ 32. ③ 33. ④ 34. ② 35. ③

하는 계기를 전류계(ammeter)라 하며 전압의 값을 측정하는 계기를 전압계(voltmeter)라 한다.

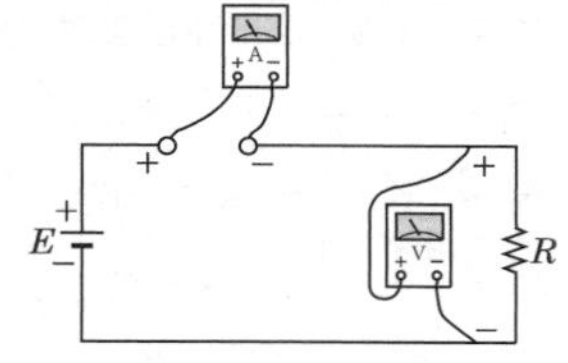

▍전류와 전압 측정▍

- 그림과 같이 전류계 Ⓐ는 전하의 흐름이 계기를 통하도록 하여 전류를 측정해야 하므로 회로의 도선을 열어 전원의 단자가 회로와 분리되도록 하여 연결해야 한다. 따라서, 전류계 Ⓐ는 (+)와 (−)의 두 도선 사이에 연결하고 부하에 대해서는 직렬로 접속하여 사용한다.
- 전압계는 (+)와 (−)의 두 점 간의 전압의 차를 측정하는데 사용되므로 측정 단자를 (+)점과 (−)점의 극성에 맞추어 접촉함으로서 측정할 수 있다. 따라서, 전압계 Ⓥ는 부하에 대하여 병렬로 접속하여 사용한다.

36 **전압계와 전류계를 그림과 같이 접속하여 부하 전력을 측정할 때 각각 계기의 지시가 100[V], 2[A]였다. 부하 전력은? (단, 전압계의 저항은 2,000[Ω]이다)**

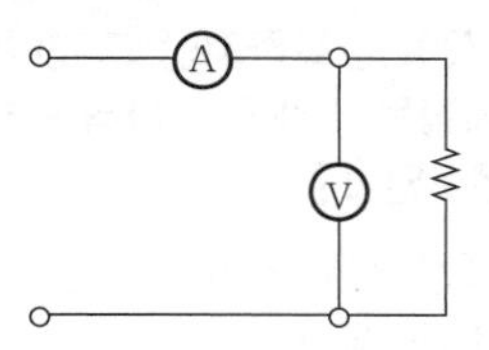

① 100[W] ② 125[W]
③ 195[W] ④ 220[W]

해설 **직류 전력 측정**
그림의 회로는 전압계에 손실이 있으므로 저전압 대전류(R이 작을 때)의 측정에 적합하다.

$$* \ P = VI - \frac{V^2}{r_v} = V\left(I - \frac{V}{r_v}\right)[\text{W}]$$

$$\therefore \ P = 100\left(2 - \frac{100}{2,000}\right) = 195[\text{W}]$$

37 **정전 용량에서 유전체 손실각의 측정에 사용되는 것은?**

① 셰링 브리지(Schering bridge)
② 맥스웰 브리지(Maxwell bridge)
③ 헤이 브리지(Hay bridge)
④ 휘트스톤 브리지(Whealstone bridge)

해설 **셰링 브리지(schering bridge)**
정전 용량과 유전체 손실각을 정밀하게 측정할 수 있는 고주파 교류용 브리지로서 측정 범위가 넓어 미소 용량에서 대용량까지 측정할 수 있는 특징이 있다.

38 **헤테로다인 주파수계에서 더블 비트(double beat)법이 싱글 비트(single beat)법보다 좋은 이유는?**

① 오차가 작다.
② 취급이 용이하다.
③ 구조가 간단하다.
④ 측정 주파수 범위가 넓다.

해설 **헤테로다인 주파수계(heterodyne frequency meter)**
두 주파수의 차에 해당하는 비트 주파수(beat frequency)를 이용하여 주파수를 측정하는 계기로서, 단일 비트(single beat)법과 2중 비트(double beat)법이 있다.

- 단일 비트법 : 측정 신호의 주파수와 가변 주파 발진기의 주파수를 합성하여 헤테로다인 검파를 하고 두 주파수의 차인 비트(beat)음을 수화기로 들을 수 있도록 한 방법이다.
- 2중 비트법 : 실제적으로 가청 능력은 20[Hz] 이상으로 그 이하의 비트음은 들을 수 없기 때문에 오차를 야기시키므로 단일 비트법을 사용하면 정확한 제로 비트를 구하기 어렵다. 따라서, 단일 비트법으로 일단 20[Hz] 이하로 한 다음, 이것을 다시 변조기에 넣어 가청 주파수(500 또는 1,000[Hz])로 변조시킨 다음 가변 주파 발진기로 조정하여 완전 제로 비트로 만들어 가청 주파수만 들리게 하는 방법이다. 이것은 단일 비트법보다 오차가 작다.

39 **피측정 주파수를 계수형 주파수계로 측정하였더니 1분 동안에 반복 횟수가 72,000회였다면 피측정 주파수는 몇 [Hz]인가?**

① 300 ② 600
③ 900 ④ 1,200

해설 **피측정 주파수**

$$f_x = \frac{N}{t}[\text{Hz}]$$

여기서, N : 반복 횟수, t : 시간[sec]

$$\therefore \ f_x = \frac{72,000}{60} = 1,200[\text{Hz}]$$

정답 36. ③ 37. ① 38. ① 39. ④

40 스위프 발진기의 발진 주파수 소인에 사용되는 전압 파형으로 옳은 것은?

① 사인파 ② 톱니파
③ 구형파 ④ 펄스파

해설 **소인 발진기(sweep oscillator)**
각종 무선기기의 주파수 특성이나 수신기의 중간 주파 증폭기의 특성을 관측할 때 사용되는 발진기이다. 이것은 발진 주파수가 주어진 주파수의 범위 내에서 주기적으로 어느 일정한 시간 비율로 되풀이를 반복하도록 변화시키는 시간축(time base) 발진기로서 톱니파 전압을 발생시킨다.

41 오디오 시스템(audio system)에서 잡음에 대하여 가장 영향을 많이 받는 부분은?

① 등화 증폭기
② 저주파 증폭기
③ 전력 증폭기
④ 주출력 증폭기

해설 **등화 증폭기(EQ Amp : Equalizing Amplifier)**
음되먹임(부귀환)으로 구성된 오디오 시스템에서 고역음과 저역음에 대한 음향 특성이 균일하게 재생되도록 보정하여 전체 주파수 특성을 평탄하게 만들어 주는 재생 증폭기로서, 잡음에 대한 영향을 가장 많이 받는다.
이것은 저역음은 강조하고 고역음에 대한 이득은 낮추어 원음 재생이 실현되도록 하는 것으로 주파수 보상 또는 등화(equalization)라고도 한다.

42 섬유 제품의 염색에 주로 이용되는 초음파 작용은?

① 분산 작용 ② 확산 작용
③ 에멀션화 작용 ④ 응집 작용

해설 **확산 작용**
액체 중에 있는 고체를 용해시킬 때 초음파를 가하면 반응 속도가 빨라져서 액체 중에 있는 고체 입자의 확산을 촉진시키므로 섬유 제품의 염색에 이용된다.

43 초음파를 이용하여 강물의 깊이를 측정하려고 한다. 반사파가 도달하기까지 0.5초 걸렸을 때 강물의 깊이는 몇 [m]인가? (단, 강물에서 초음파의 속도는 1,400[m/sec]이다)

① 70 ② 230
③ 350 ④ 700

해설 **수심 측량**
배 밑에서 초음파를 발사하여 수심에서 반사파가 되돌아 오는 시간을 측정하여 물의 깊이를 측정한다.
물의 깊이 $h=\frac{vt}{2}$[m]
여기서, v : 속도, t : 왕복 시간
$\therefore\ h=\frac{1,400\times0.5}{2}=350$[m]

44 유도 가열의 특징으로 거리가 먼 것은?

① 가열 속도가 빠르다.
② 가열을 정밀하게 조절할 수 있다.
③ 필요한 부분에 발열을 집중시킬 수 있다.
④ 금속의 표면 가열이 매우 어렵게 이루어진다.

해설 **유도 가열의 특징**
- 무접촉 가열이 가능하며 금속의 표면 가열이 쉽게 이루어진다.
- 가열을 정밀하게 조절할 수 있고 가열 효율이 높다.
- 가열 속도가 빠르며(급속 가열), 발열을 필요한 부분에 집중시킬 수 있다.
- 단시간에 큰 에너지를 얻을 수 있다.
- 가열 장치의 설비 비용이나 전력 요금이 비싸다.

45 목푯값이 변화하지만 그 변화가 알려진 값이며, 예정된 스케줄에 따라 변화할 경우의 제어는 무엇인가?

① 프로그램 제어 ② 추치 제어
③ 비율 제어 ④ 정치 제어

해설 **프로그램 제어(program control)**
목푯값이 사전에 정해진 시간적 변화를 하는 경우의 제어를 말한다.

46 다음 그림에서 종합 전달 함수는 어떻게 표시되는가?

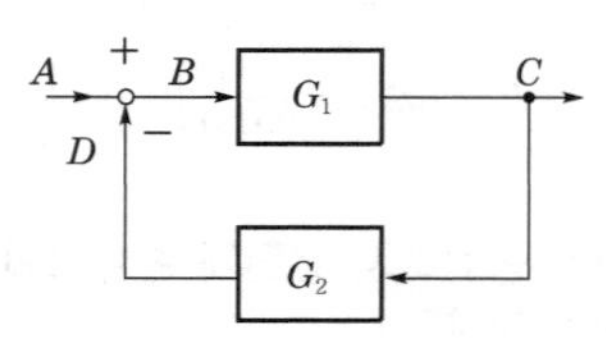

① $G_1\cdot G_2$ ② G_1+G_2
③ $\frac{G_1}{1+G_1\cdot G_2}$ ④ $\frac{G_1\cdot G_2}{G_1+G_2}$

정답 40. ② 41. ① 42. ② 43. ③ 44. ④ 45. ① 46. ③

해설 **전달 함수(transfer function)**
블록 선도는 전달 함수의 되먹임 결합으로 출력 C는 G_2를 통하여 입력측에 되먹임하는 접속이다.

$$C=(A-G_2C)G_1$$
$$=AG_1-G_1G_2C$$
$$C=\frac{G_1}{1+G_1G_2}A$$

∴ 종합 전달 함수 $G=\frac{C}{A}=\frac{G_1}{1+G_1G_2}$

47 두 점으로부터의 거리 차가 일정한 점의 궤적으로서, 이때 두 점은 쌍곡선의 초점이 되는 것을 이용한 전파 항법의 종류는?

① VOR ② ILS
③ 쌍곡선 항법 ④ DME

해설 **쌍곡선 항법(hyperbolic navigation)**
"어느 두 지점으로부터 거리의 차가 일정하게 되는 점의 궤적은 두 지점을 초점으로 하는 쌍곡선이 된다."는 것을 이용한 전파 항법이다.
* 항법 방식에는 로란(loran)과 데카(decca)가 있다.

48 태양 전지에서 음극 단자가 연결된 부분의 구성 물질은?

① P형 실리콘
② N형 실리콘
③ 셀렌
④ 붕소

해설
- (+)전극 : P형 실리콘층
- (−)전극 : N형 실리콘층

49 항법 보조 장치의 ILS란?

① 계기 착륙 시스템
② 회전 비컨
③ 무지향성 무선 표식
④ 호머

해설 **계기 착륙 시스템(ILS : Instrument Landing System)**
야간이나 안개 등의 악천후로 시계가 나쁠 때 항공기가 활주로를 따라 정확하게 착륙할 수 있도록 지향성 전파(VHF, UHF)로 항공기를 유도하여 활주로에 바르게 진입시켜주는 장치를 말한다. 이것은 국제 표준 시설로서 로컬라이저, 글라이드 패스, 팬 마크 비컨이 1조로 구성되어 계기 착륙 방식이 이루어진다.

50 전자 냉동은 무슨 효과를 이용한 것인가?

① 제벡 효과(Seebeck effect)
② 톰슨 효과(Thomson effect)
③ 펠티에 효과(Peltier effect)
④ 줄 효과(Joule effect)

해설 **펠티에 효과(Peltier effect)**
2개의 다른 물질의 접합부에 전류를 흘리면 전류의 방향에 따라 열을 흡수하거나 발산하는 효과이다. 이 효과는 제벡 효과의 역효과로서, 반도체나 금속을 조합시킴으로써 전자 냉동 등에 응용되고 있다.

51 어떤 사람의 음성 주파수 폭이 100[Hz]에서 18[kHz]인 음성을 진폭 변조하면 점유 주파수 대역폭은 얼마나 필요한가?

① 9[kHz] ② 18[kHz]
③ 27[kHz] ④ 36[kHz]

해설 진폭 변조(AM) 시 피변조파의 성분은 반송파를 중심으로 상측 파대와 하측 파대의 3가지 정현파 성분으로 구성되며, 점유 주파수 대역폭은 반송파를 중심으로 상·하측 파대의 2개의 측파대가 발생한다.
∴ 점유 주파수 대역폭 $BW=2f_s=2\times18=36$[kHz]

52 청력 검사기(audiometer)에서 신호음으로 사용하는 신호의 파형은?

① 삼각파 ② 톱니파
③ 사인파 ④ 구형파

해설 **청력 검사기(audiometer)**
귀의 청력을 검사하기 위하여 가청 주파수 영역의 여러 가지 레벨의 순음을 전기적으로 발생하는 음향 발생 장치를 말한다.
* 신호음은 20 ~ 20,000[Hz] 범위의 가청 주파수의 사인파를 사용한다.

53 단파 수신기에서 리미터를 사용하는 주된 이유는?

① 주파수 특성을 향상시키기 위하여
② 페이딩을 방지하기 위하여
③ 이득을 높이기 위하여
④ 출력을 높이기 위하여

해설 **진폭 제한기(limiter)**
FM파에 있어서 불균형한 진폭 및 충격성 잡음에 대한 영향을 제거하기 위해 사용하는 것으로, 수신기의 입력 레벨보다 큰 수신 신호에 대한 진폭을 제한하

정답 47. ③ 48. ② 49. ① 50. ③ 51. ④ 52. ③ 53. ②

여 증폭된 수신 신호의 진폭의 레벨을 일정하게 함으로써 수신기의 전장 강도가 불규칙하게 변동하는 페이딩 현상을 방지하기 위하여 사용한다.

* 페이딩(fading)은 둘 이상의 통로를 달리하는 전파 간의 간섭 또는 전파 통로의 상태 변화 등에 의해서 수신점의 전장 강도가 수초 또는 수분 이내의 시간적 간격으로 커졌다 작아졌다 하여 불규칙하게 변동하는 현상을 말한다.

54 출력이 500[W]인 송신기의 공중선에 5[A]의 전류가 흐를 때 복사 저항은?

① 10[Ω] ② 20[Ω]
③ 30[Ω] ④ 40[Ω]

해설 복사 저항(방사 저항)

전파의 방사에 직접 작용하는 저항으로, 방사 전력을 크게 하려면 이 저항이 클수록 좋다.

* 안테나의 전력 $P = I^2 R_a$ [W]

∴ 복사 저항 $R_a = \dfrac{P}{I^2} = \dfrac{500}{5^2} = 20[\Omega]$

55 수신기의 내부 잡음 측정에서 잡음이 없는 경우 잡음 지수 F는 얼마인가?

① $F=1$ ② $F>1$
③ $F<1$ ④ $F=2$

해설 잡음 지수(nose figure) 측정

• 잡음 지수는 증폭기나 수신기 등에서 발생하는 잡음이 미치는 영향의 정도를 표시하는 것으로, 수신기 입력에서의 S_i/N_i비와 수신기 출력에서의 S_o/N_o 비로서 내부 잡음을 나타내는 것을 말한다.

잡음 지수(F) $= \dfrac{S_i/N_i}{S_o/N_o} = \dfrac{S_i N_o}{S_o N_i}$

‖ 잡음 지수 측정 ‖

• 잡음 지수(F)는 내부 잡음을 나타내는 합리적인 표시 방법으로서, 잡음이 없으면 $F=1$, 잡음이 있으면 $F>1$이 된다. 따라서, 잡음 지수(F)의 크기에 따라 증폭기나 수신기의 내부 잡음의 정도를 알 수 있다.

56 서보 기구에 사용되지 않는 것은?

① 싱크로
② 리졸버
③ 단상 전동기
④ 차동 변압기

해설 서보 기구의 편차 검출기(중요 성능 : 직선성, 감도)

• 전위차계형 편차 검출기 : 위치 편차 검출기(습동 저항 사용)로서 직류 서보계에 사용한다.
• 싱크로(synchro) : 싱크로 발진기, 싱크로 제어 변압기로 사용하며 교류 서보계에 사용한다.
• 리졸버(resolver) : 싱크로와 같이 각도 전달에 사용되는 것으로, 싱크로에 비해 고정밀도이다.
• 차동 변압기 : 교류 편차 검출기를 말한다.

* 서보 기구의 조작부에 쓰이는 서보 전동기는 2상 전동기를 사용한다.

57 파장이 1[m]인 전파의 주파수는 몇 [MHz]인가? (단, 빛의 속도는 3×10^8[m/sec]이다)

① 0.3 ② 3
③ 30 ④ 300

해설 전파의 파장과 주파수의 관계

파장 $\lambda = \dfrac{C}{f}$[m]

여기서, C : 빛의 속도 3×10^8[m/sec]

∴ 주파수 $f = \dfrac{C}{\lambda} = \dfrac{3\times10^8}{1} = 300$[MHz]

58 다음 중 유전 가열이 이용되지 않는 것은 무엇인가?

① 목재의 건조
② 고주파 치료기
③ 고주파 납땜
④ 비닐 제품 접착

해설 유전 가열의 응용

• 목재 공업(건조, 성형, 접착)
• 플라스틱의 용접 가공
• 고주파 의료 기기
• 식품 가열(전자레인지)
• 수산물 가공
• 합성 섬유의 열처리 가공

정답 54. ② 55. ① 56. ③ 57. ④ 58. ③

59 실제 이득을 측정하기 위해서 회로를 구성할 시에 LPF 앞단에 필요한 것은?

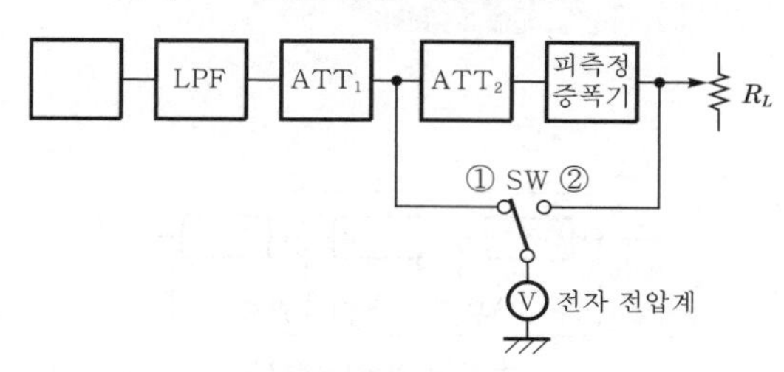

① A/D 변환기
② 저주파 발진기
③ 고역 통과 필터
④ 비교 검출기

해설 그림은 증폭기의 이득 측정 구성도로서, 저역 필터(LPF) 앞단에 저주파 발진기(AF Generator)를 입력으로 사용한다. 저역 여파기(LPF : Low Pass Filter)는 저주파 발진기(AF : Audio Frequency, 가청 주파수)에 포함되어 있는 고조파 성분을 제거하기 위해 사용된다.

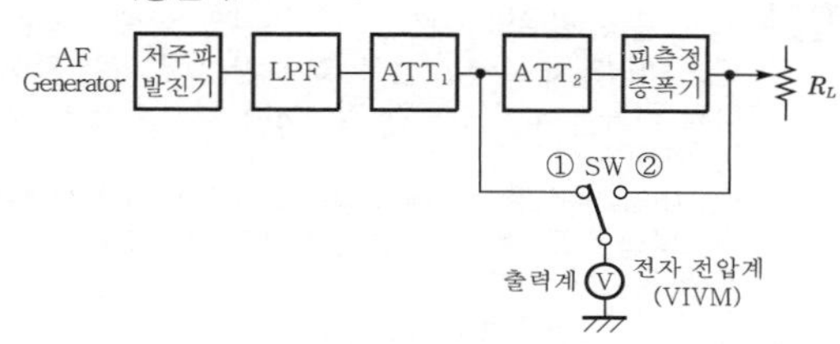

❙ 이득 측정의 구성도 ❙

60 포마드, 크림 등의 화장품이나 도료의 제조에 이용되는 초음파는 어떠한 작용을 응용한 것인가?

① 소나 작용
② 응집 작용
③ 확산 작용
④ 분산 에멀션화 작용

해설 **에멀션(emulsion)화 작용**
20[kHz] 정도의 초음파를 사용하여 화장품이나 도료의 제조 및 기름의 탈색, 탈취 등에 이용된다.

정답 59. ② 60. ④

전자기기기능사

제2회 CBT 모의고사

01 **누산기(accumulator)에 대한 설명으로 올바른 것은?**

① 상태 신호를 발생시킨다.
② 제어 신호를 발생시킨다.
③ 주어진 명령어를 해독한다.
④ 연산의 결과를 일시적으로 기억한다.

해설 **누산기(accumulator)**
사용자가 사용할 수 있는 레지스터(register) 중에서 가장 중요한 것으로 연산 장치(ALU)에서 수행되는 산술 연산이나 논리 연산의 결과를 일시적으로 기억하는 장치이다.

02 **컴퓨터가 직접 인식하여 실행할 수 있는 언어로 0과 1만을 사용하여 명령어와 데이터를 나타내는 것은?**

① 기계어
② 어셈블리어
③ 컴파일 언어
④ 인터프리터 언어

해설 **기계어(machine language)**
2진 숫자로만 사용된 컴퓨터의 중심 언어이며 컴퓨터가 직접 이해할 수 있는 언어로서, 프로그램의 작성과 수정이 곤란하다.

03 **정보가 부호화되어 있는 변조 방식은?**

① PAM ② PWM
③ PCM ④ PPM

해설 **펄스 부호 변조(PCM : Pulse Code Modulation)**
신호의 표본값에 따라 펄스의 높이를 일정한 진폭을 갖는 펄스열로 부호화하는 과정을 PCM이라고 한다. 이것은 펄스 변조의 일종으로 A/D 변환기로 아날로그 신호의 표본화된 펄스열의 높이를 부호화하여 디지털 신호로 변환시키는 변조 방식으로, 아날로그 신호를 표본화 → 양자화 → 부호화의 3단계 분리 과정에 의해서 디지털 신호로 변환시킨다.

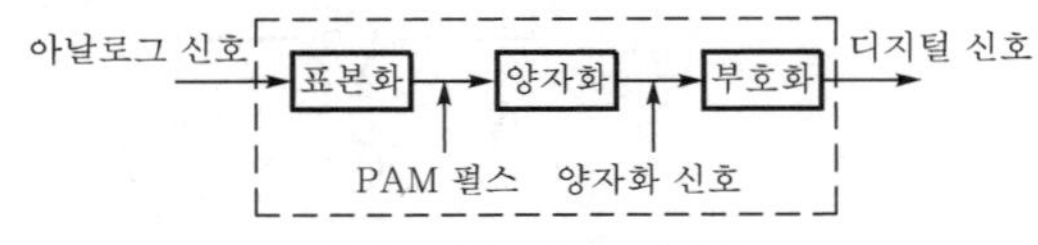

∥ PCM의 3단계 과정 ∥

04 **펄스 증폭 회로의 설명으로 틀린 것은?**

① 저역 특성이 양호하면 새그가 감소한다.
② 결합 콘덴서를 크게 하면 새그가 감소한다.
③ 고역 특성이 양호하면 입상의 기울기가 개선된다.
④ 고역 보상이 지나치면 언더슈트가 발생한다.

해설 펄스 증폭 회로의 트랜지스터 스위칭 작용에 의한 펄스 파형에서 고역 보상이 지나치면 이상적인 펄스파의 진폭에 오버 슈트가 발생하여 펄스 파형의 왜곡 현상이 생긴다.
* 오버 슈트(over shoot) : 상승 파형에서 이상적 펄스파의 진폭 V 보다 높은 부분의 높이(그림의 a)를 말한다.

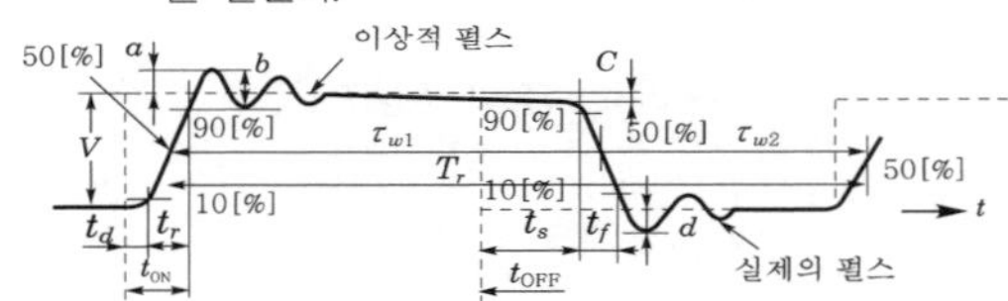

05 **다이오드를 사용한 정류에서 과대한 부하 전류에 의하여 다이오드가 파손될 우려가 있을 경우 이를 방지하기 위해서는 어떻게 해야 하는가?**

① 다이오드를 병렬로 추가한다.
② 다이오드를 직렬로 추가한다.
③ 다이오드 양단에 적당한 값의 저항을 추가한다.
④ 다이오드 양단에 적당한 값의 콘덴서를 추가한다.

해설 **다이오드 정류 회로**
정류 회로에서 2개의 다이오드를 병렬로 연결하여

정답 01. ④ 02. ① 03. ③ 04. ④ 05. ①

사용하면 전류 용량이 증가하므로 과전류로부터 다이오드를 보호할 수 있다.

㉠ 규격 250[V] 2[A]용량 다이오드의 경우 전류의 용량은 2[A]+2[A]=4[A]로 증가하므로 과전류로부터 다이오드를 보호할 수 있다.

* 실제적으로 다이오드의 정전압 특성(실리콘은 0.7[V], 게르마늄 0.3[V] 정도)은 다이오드마다 일정하지 않으므로 다이오드를 병렬로 연결하여 사용하면 통전 전압이 낮은 쪽으로 더 많은 전류가 흐르므로 열 폭주 현상이 발생하여 결국 다이오드는 파손된다. 따라서, 다이오드의 접속은 직렬 접속의 사용은 가능하지만 병렬 접속의 사용은 불가능하다.

06 그림의 회로에서 직렬 공진 조건은?

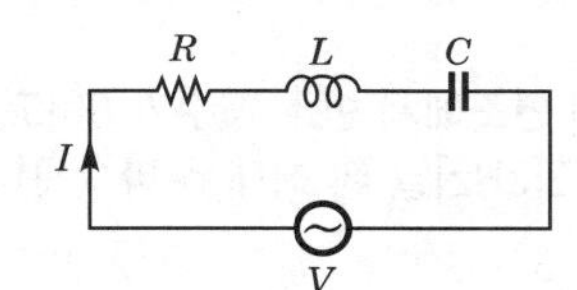

① $\omega L = \omega C$

② $R = \omega L - \dfrac{1}{\omega C}$

③ $\omega L = \dfrac{1}{\omega C}$

④ $R = \omega L - \omega C$

해설 ***RLC* 직렬 공진 회로**

공진 조건이 $\omega L = \dfrac{1}{\omega C}$일 때 공진 주파수 f_0가 존재하며 전압과 전류는 동위상이 된다.

직렬 공진 주파수 $f_0 = \dfrac{1}{2\pi\sqrt{LC}}$[Hz]

07 R=10[kΩ], C=0.5[μF]인 RC 직렬 회로에 10[V]를 인가할 때 시상수 τ는 몇 [msec]인가?

① 1 ② 5

③ 10 ④ 50

해설 ***RC* 직렬 회로의 시상수**

$\tau = RC$[sec]

$\therefore \ \tau = 10\times10^3 \times 0.5\times10^{-6} = 5$[msec]

08 그림과 같은 콘덴서 회로의 합성 정전 용량은 몇 [F]인가?

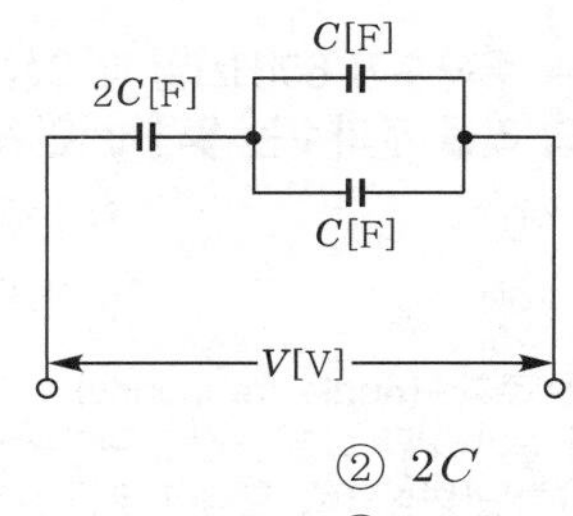

① C ② $2C$

③ $3C$ ④ $4C$

해설 **합성 정전 용량**

회로를 등가 해석하면 다음 그림과 같다.

합성 정전 용량 $C_T = \dfrac{2C\times2C}{2C+2C} = \dfrac{4C^2}{4C} = C$[F]

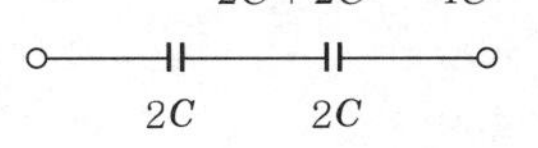

09 다음 중 연산 증폭기의 특징에 대한 설명으로 적합하지 않은 것은?

① 전압 이득이 매우 크다.

② 출력 저항이 매우 작다.

③ 주파수 대역폭이 매우 작다.

④ 동상 신호 제거비(CMRR)가 매우 크다.

해설 **이상적인 연산 증폭기(ideal OP amp)의 특징**

- 입력 저항 $R_i = \infty$
- 출력 저항 $R_o = 0$
- 전압 이득 $A_v = -\infty$
- 동상 신호 제거비가 무한대(CMRR=∞)
- $V_1 = V_2$일 때 V_o의 크기에 관계없이 $V_o = 0$
- 대역폭이 직류(DC)에서부터 무한대(∞)일 것
- 입력 오프셋(offset) 전류 및 전압은 0일 것
- 개방 루프(open loop) 전압 이득이 무한대(∞)일 것
- 특성은 온도에 대하여 변하지 않을 것(zero drift)

10 2[μF] 콘덴서에 60[V]를 인가할 때 저장되는 에너지는?

① 3.6×10^{-3}[J] ② 4.0×10^{-3}[J]

③ 4.5×10^{-4}[J] ④ 6.5×10^{-4}[J]

해설 **정전 에너지(electrostatic energy)**

콘덴서 전극 사이의 전장에 축적되는 에너지

축적 에너지 $W = \dfrac{1}{2}CV^2$[J]에서

$\therefore \ W = \dfrac{1}{2}\times10\times10^{-6}\times(60)^2 = 3.6\times10^{-3}$[J]

정답 06. ③ 07. ② 08. ① 09. ③ 10. ①

11 전원 주파수가 60[Hz]일 때 3상 전파 정류 회로의 리플 주파수는 몇 [Hz]인가?

① 90 ② 120
③ 180 ④ 360

해설 **맥동 주파수(ripple frequency)**
3상 전파 정류 회로는 전원 주파수 60[Hz]를 6배로 정류하는 방식으로, 출력의 맥동 주파수는 360[Hz]를 나타낸다.

12 100[V], 500[W]의 전열기를 90[V]에서 사용했을 때 소비 전력은 몇 [W]인가?

① 300 ② 405
③ 450 ④ 715

해설 **소비 전력**
100[V], 500[W]의 정격 저항 다음과 같다.

$$R=\frac{V^2}{P}=\frac{100^2}{500}=20[\Omega]$$

$$\therefore\ P'=\frac{V^2}{R}=\frac{90^2}{20}=405[\text{W}]$$

13 트랜지스터 증폭 회로에 대한 설명으로 옳지 않은 것은?

① 베이스 접지 회로의 입력은 이미터가 된다.
② 컬렉터 접지 회로의 입력은 베이스가 된다.
③ 베이스 접지 회로의 입력은 컬렉터가 된다.
④ 이미터 접지 회로의 입력은 베이스가 된다.

해설 **트랜지스터 증폭 회로의 접지 방식**
- 베이스 접지(CB) : 입력 이미터, 출력 컬렉터
- 이미터 접지(CE) : 입력 베이스, 출력 컬렉터
- 컬렉터 접지(CC) : 입력 베이스, 출력 이미터

14 어떤 전류의 기본파 진폭이 50[mA], 제2고조파 진폭이 4[mA], 제3고조파 진폭이 3[mA]라면 이 전류의 왜형률[%]은?

① 5 ② 10
③ 15 ④ 20

해설 $$\text{왜형률}(K)=\frac{\text{고조파 실횻값}}{\text{기본파 실횻값}}\times100[\%]$$

$$=\frac{\sqrt{\text{제2고조파}^2+\text{제3고조파}^2+\cdots\cdots}}{\text{기본파}}\times100$$

$$\therefore\ K=\frac{\sqrt{I_2{}^2+I_3{}^2}}{I}\times100[\%]$$

$$=\frac{\sqrt{4^2+3^2}}{50}\times100=10[\%]$$

15 증폭 회로에서 전압 증폭도가 10,000배이면 이득[dB]은?

① 10 ② 80
③ 150 ④ 10,000

해설 이득 $G=20\log_{10}A[\text{dB}]$
$=20\log_{10}10{,}000$
$=20\log_{10}10^4=80[\text{dB}]$

16 FM 변조에서 변조 지수가 6이고, 신호 주파수가 3[kHz]일 때 최대 주파수 편이[kHz]는?

① 6 ② 9
③ 18 ④ 36

해설 **FM의 변조 지수**

$$m_f=\frac{\Delta f}{f_s}$$

여기서, f_s : 신호 주파수, Δf : 최대 주파수 편이
$\therefore\ \Delta f=m_f\cdot f_s=6\times3=18[\text{kHz}]$

17 과변조(over modulation)한 전파를 수신하면 어떤 현상이 발생하는가?

① 음성파 출력이 크다.
② 음성파 전력이 작다.
③ 검파기가 과부화된다.
④ 음성파가 많이 일그러진다.

해설 **과변조(over modulation)**
변조도 $m>1$일 때 전파를 수신하면 신호파의 진폭이 반송파의 진폭보다 커져서 검파(복조)해서 얻는 신호는 원래 신호파와는 달리 일그러짐이 발생하며 주파수 대역이 넓어져 인근 통신에 의한 혼신이 증가하게 된다.

18 일반적으로 크로스오버 일그러짐은 증폭기를 어느 급으로 사용했을 때 생기는가?

① A급 증폭기 ② B급 증폭기
③ C급 증폭기 ④ AB급 증폭기

정답 11. ④ 12. ② 13. ③ 14. ② 15. ② 16. ③ 17. ④ 18. ②

해설 **크로스오버 일그러짐(crossover distortion)**
B급 푸시풀(push-pull) 증폭기에서 발생하는 일그러짐으로서, 바이어스가 이미터 다이오드에 인가되지 않았을 경우 입력 교류 전압이 전위 장벽을 극복하기 위해서는 이미터 접합의 순방향 전압이 약 0.7[V]까지 상승하여야 한다. 입력 신호가 0.7[V] 미만일 때는 베이스 전류가 흐르지 않으므로 트랜지스터는 차단 상태에 있다. 이 경우는 다른 반주기의 동작에서도 마찬가지이다.
따라서, 바이어스가 공급되지 않은 상태에서 정현파 입력 신호를 가하면 출력 신호 파형에 일그러짐이 발생한다. 이 일그러짐은 한 트랜지스터의 차단되는 시간과 다른 트랜지스터가 동작하는 시간 사이에 파형이 교차할 때 발생하기 때문에 크로스오버 일그러짐이라 한다.

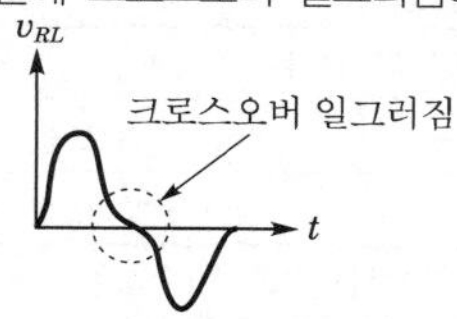

* 크로스오버 일그러짐을 최소로 하려면 이미터 다이오드에 약간의 순방향 바이어스를 인가하여야 한다.

19 슈미트 트리거 회로의 입력에 정현파를 넣었을 경우 출력 파형은?

① 톱니파 ② 삼각파
③ 정현파 ④ 구형파

해설 **슈미트 트리거(schmitt trigger) 회로**
이미터 결합 쌍안정 멀티바이브레이터의 일종으로, 입력 전압의 크기가 회로의 포화, 차단 상태를 결정해준다.
* 입력에 정현파를 가하면 출력에서 구형파를 얻을 수 있다.

20 다음 스위치 회로를 불 대수로 표현하면?

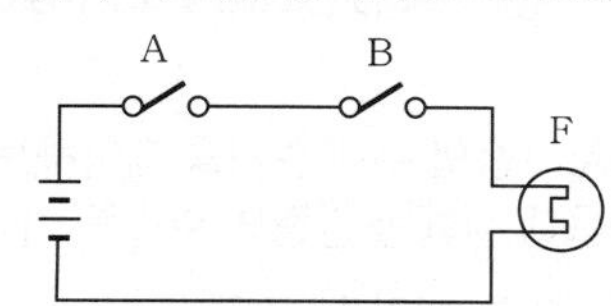

① $F = A + B$
② $F = A \cdot \overline{B}$
③ $F = A \cdot B$
④ $F = \overline{A} \cdot B$

해설 스위치 A와 스위치 B가 모두 닫혀 있을 때 램프가 ON이 된다. 즉, 입력이 모두 '1'인 경우에만 출력이 '1'이 되는 회로로서 AND 회로라 한다.
∴ $F = A \cdot B$

21 RS-FF에서 R = 1, S = 1일 때 출력은?

① 리셋 ② 세트
③ 불확정 ④ Q_n

해설 **RS 플립플롭(RS-FF)**
RS-FF는 Reset-Set 플립플롭의 약자로서 'Set' 및 'Reset'의 두 개의 안정 상태를 갖는다. 따라서, 동시에 R과 S에 '1'을 넣으면 출력이 불확실하게 되므로 금지 입력이라 한다.

22 중앙 처리 장치를 크게 두 부분으로 분류하면?

① 연산 처리 장치와 기억 장치
② 제어 장치와 기억 장치
③ 연산 장치와 논리 장치
④ 연산 장치와 제어 장치

해설 **중앙 처리 장치(CPU : Central Processing Unit)**
컴퓨터의 핵심 부분으로 제어 장치와 연산 장치로 분류된다. 여기에 기억 장치를 넣어서 3개의 장치를 CPU라고도 한다.

23 출력 장치로 사용할 수 있는 것은?

① 카드 판독기
② 광학 마크 판독기
③ 자기 잉크 판독기
④ 디스플레이 장치

해설 **디스플레이 장치(display unit)**
출력 장치로만 사용되는 것으로, 액정 디스플레이와 플라스마 디스플레이 등이 있다.

24 다음 중 반도체 기억 소자 ROM에 대한 설명으로 틀린 것은?

① 정보의 쓰기는 불가능하고 읽기만 가능하다.
② 기억 내용을 수시로 바꾸어야 하는 곳에는 사용이 불가능하다.
③ 전원이 나가면 기록된 정보는 소멸된다.
④ 비휘발성 메모리이다.

해설 **ROM(Read Only Memory)**
전원 공급이 차단되어도 기억된 내용을 계속 가지고 있어 비소멸성 기억 장치라고 하며, 저장된 내용을 불러내어 판독(읽어내기)만 할 수 있고, 일단 프로그램이 쓰여지면 그 내용이 고정되어 버리므로 고정 메모리(fixed memory)라고도 한다.

정답 19. ④ 20. ③ 21. ③ 22. ④ 23. ④ 24. ③

25 기억 장치의 성능을 평가할 때 가장 큰 비중을 두는 것은?

① 기억 장치의 용량과 모양
② 기억 장치의 크기와 모양
③ 기억 장치의 용량과 접근 속도
④ 기억 장치의 모양과 접근 속도

해설 기억 장치의 기억 용량의 단위는 주로 바이트(byte)를 사용하고 있으며 현재 사용되고 있는 기억 용량의 단위는 kB, MB, GB 정도이다. 반도체 메모리에 기억된 데이터 액세스는 나노세컨드$\left(\frac{1}{10^9}\right)$로 측정된다.

* 따라서, 기억 장치의 성능은 기억 용량과 호출 시간에 따라 컴퓨터의 성능이 좌우된다.

26 비가중치 코드이며 연산에는 부적합하지만 어떤 코드로부터 그 다음의 코드로 증가하는 데 하나의 비트만 바꾸면 되므로 데이터의 전송, 입·출력 장치 등에 많이 사용되는 코드는?

① BCD 코드
② Gray 코드
③ ASCII 코드
④ Excess－3 코드

해설 **그레이 코드(gray code)**
- 일반적인 코드는 0 ~ 9를 표시하지만 그레이 코드는 사용 비트(bit)를 제한하지 않는 1비트 변환 코드로서 연산 동작으로는 부적당하다.
- 이용 : 입·출력 장치, A/D 변환기, 기타 주변 장치용 코드로 이용된다.

27 그림의 연산 장치에서 C레지스터에 저장되는 값은?

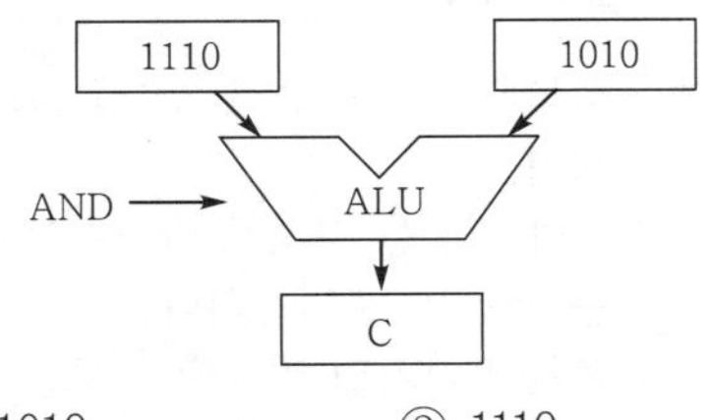

① 1010　② 1110
③ 1101　④ 1001

해설 **ALU의 AND 연산**
레지스터 내의 원하지 않는 비트들을 '0'으로 만들어 나머지만 처리하고자 할 때 사용하는 것으로, 2개의 입력 변수에서 하나의 입력 변수가 '1'일 때 다른 입력 변수값을 출력하며 '0'일 때는 무조건 '0'을 출력한다.

```
         1110
∴ AND → 1010
        ──────
         1010
```

28 C언어에서 'i++' 명령의 설명으로 가장 적합한 것은?

① i 변수를 계속 덧셈한다.
② i 변수를 1씩 증가시킨다.
③ i 변수를 2씩 증가시킨다.
④ i 변수를 계속 곱셈한다.

해설 **증감 연산자**

연산자	의미
++	++a 또는 a++(a=a+1)
−−	−−b 또는 b−−(b=b−1)

증가 연산자는 그 변수값을 1씩 증가시키고, 감소 연산자는 그 변수값을 1씩 감소시킨다. ++연산자가 뒤에 나오는 경우는 값을 증가시키지 않고 사용하여 연산식을 연산한 후에 변수의 값을 증가시키는 것이고, 연산자가 변수 앞에 나오는 경우는 먼저 값을 증가시켜 연산하는 것이다.

29 데이터의 흐름을 중심으로 시스템 전체의 작업 내용을 종합적으로 나타낸 순서도는?

① 개략 순서도
② 세부 순서도
③ 시스템 순서도
④ 프로그램 순서도

해설 **시스템 순서도(system flowchart)**
데이터(data)의 흐름을 중심으로 시스템 전체 또는 부분 시스템의 작업 내용을 총괄적으로 표시한 순서도로, 진행 순서도(process flowchart)라 한다.

30 프로그램의 수행 순서를 제어하는 레지스터로 다음에 실행할 명령의 주소를 기억하는 것은?

① 명령 레지스터(IR)
② 프로그램 카운터(PC)
③ 기억 장치 주소 레지스터(MAR)
④ 기억 장치 버퍼 레지스터(MBR)

해설 **프로그램 카운터(program counter)**
현재 메모리에서 읽어와 다음에 수행할 명령어의 주소를 기억하는 레지스터로서, 메모리로부터 데이터를 읽어오면 프로그램 카운터의 값은 자동적으로 1이 증가하여 다음 번 메모리의 주소를 가리킨다.

정답 25. ③ 26. ② 27. ① 28. ② 29. ③ 30. ②

31 컴퓨터의 기억 장치로부터 명령이나 데이터를 읽을 때 제일 먼저 하는 일은?

① 명령 지정 ② 명령 출력
③ 어드레스 지정 ④ 어드레스 인출

해설 **어드레스(address) 지정**
각종 명령어에 사용되는 데이터는 CPU 내의 레지스터나 기억 장치 또는 입·출력 포트에 들어 있다. 따라서, 주소 지정은 각종 데이터가 들어 있는 주소를 정하기 위한 방식으로 부여되어 있는 주소를 오퍼랜드(operand)로부터 얻는 방식이다.

32 1차 코일의 인덕턴스 3[mH], 2차 코일의 인덕턴스 11[mH]를 직렬로 연결했을 때 합성 인덕턴스가 24[mH]이었다면, 이들 사이의 상호 인덕턴스는?

① 2[mH] ② 5[mH]
③ 10[mH] ④ 19[mH]

해설 **가동 접속**
1차 코일의 인덕턴스 L_1과 2차 코일의 인덕턴스 L_2를 동일 방향으로 직렬 연결한 접속이다.
합성 인덕턴스 $L_T = L_1 + L_2 + 2M$[H]에서
$24 = 3 + 11 + 2M$
$\therefore M = \frac{24-14}{2} = 5$[mH]

33 다음 중 정류형 계기의 정류기 접속 방식으로 옳은 것은?

①
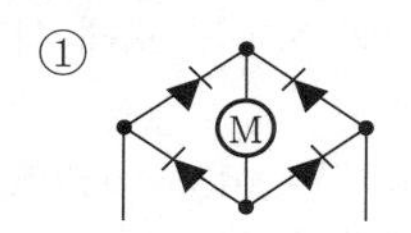
②
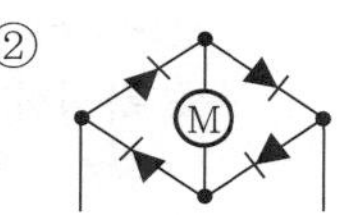
③
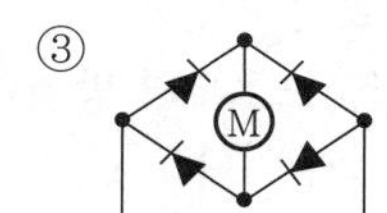
④
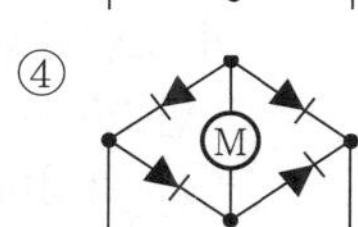

해설 **정류형 계기(AC 전용)**
가동 코일형 계기에 정류기를 접속하여 교류를 직류로 정류한 다음 가동 코일형 계기로 측정하도록 한 것으로, 전류계 및 전압계로 사용된다.
* 정류기의 접속 방법 : 다이오드의 결선이 브리지형으로 서로 마주보는 쪽에서 접속 방향이 같도록 접속하고, 가동 코일형 계기(M)에 전류가 흐르도록 구성되어야 한다.

34 적산 전력계의 알루미늄 원판에 유기되는 전류는?

① 여자 전류 ② 맴돌이 전류
③ 자화 전류 ④ 최대 전류

해설 **적산 전력계**
- 유도형 계기(AC 전용)로서 회전 자장과 이동 자장에 의한 유도 전류와의 상호 작용을 이용한 것으로, 회전 자장이 금속 원통과 쇄교하면 맴돌이 전류가 흐른다. 이 맴돌이 전류와 회전 자장 사이의 전자력에 의하여 알루미늄 원통에 구동 토크가 발생하는 원리를 이용한 계기이다.
- 교류 배전반용 기록 장치와 전력계 및 이동 자장형은 적산 전력계로 사용되며, 현재 사용되는 교류(AC)용 적산 전력계는 모두 유도형이다.

35 Q-미터를 사용하여 측정하는 데 적당하지 않은 것은?

① 절연 저항
② 코일의 실효 저항
③ 코일의 분포 용량
④ 콘덴서의 정전 용량

해설 **Q-미터**
고주파대에서 코일 또는 콘덴서의 Q를 측정할 수 있으며 코일의 인덕턴스와 분포 용량, 콘덴서의 정전 용량과 손실, 고주파 저항, 절연물의 유전율과 역률 등을 측정할 수 있다.
* 절연 저항계(megger) : 전기, 전자 및 통신 기기나 선로의 절연 저항을 측정하는 계기이다.

36 가장 높은 주파수를 측정할 수 있는 것은?

① 헤테로다인 주파수계
② 공동 주파수계
③ 흡수형 주파수계
④ 동축 주파수계

해설 **고주파 주파수의 측정계**
- 흡수형 주파수계 : 100[MHz] 이하의 고주파 측정에 사용되며, RLC로 구성된 직렬 공진 회로의 주파수 특성을 이용한 주파수계이다.
- 헤테로다인 주파수계 : 비트(beat) 주파수를 이용하여 주파수를 매우 정밀하게 측정(측정 확도 : $10^{-3} \sim 10^{-5}$)하는 주파수계로서, 가청 주파수에서부터 단파(HF) 무선 송신기의 고주파 영역의 주파수도 측정할 수 있다.
- 동축 주파수계 : 동축선의 공진 특성을 이용한 것으로, 2,500[MHz]까지의 초고주파(UHF) 주파수를 측정할 수 있다.

정답 31. ③ 32. ② 33. ① 34. ② 35. ① 36. ②

- 공동 주파수계 : 방형 또는 원형 도파관 내에 형성된 공동의 용적으로 피측정 파장(λ)이 공진되는 특성을 이용한 것으로, 2 ~ 20[GHz]의 마이크로파대의 주파수를 측정할 수 있다.

37 주파수계 중 초당 반복되는 파를 펄스로 변환하여 주파수를 측정하는 주파수계는?

① 계수형 주파수계
② 캠벨 브리지형 주파수계
③ 빈 브리지형 주파수계
④ 헤테로다인법 주파수계

해설 **계수형 주파수계(frequency counter)**
매초 반복되는 파의 수를 펄스로 변환시켜 계수한 다음 나타내도록 한 것으로, 피측정 주파수가 디지털로 직접 표시되므로 측정 확도 및 정도가 양호하여 현재 널리 사용되고 있다.

38 디지털 계측기에 대한 설명 중 옳지 않은 것은?

① 측정하기 매우 쉽고, 신속히 이루어진다.
② 측정값을 읽을 때 개인적인 읽음 오차가 발생하지 않는다.
③ 잡음에 대하여 아주 민감하여 측정 정도를 높일 수 있다.
④ 측정에서 얻어진 디지털 정보를 직접 전자 계산기에 넣어서 데이터 처리를 할 수 있다.

해설 **디지털 계측기의 특징**
- 측정이 쉽고 신속하다.
- 조작이 간단하고 결과가 숫자로 나타난다.
- 파형, 전압에 의한 영향이 작다.
- 측정 시 개인 오차가 발생하지 않는다.
- 사용이 편리하며 수명이 길다.
- 응용 측정이 가능하며 온도에 의한 영향이 없다.

39 표준 신호 발생기의 구비 조건으로 적합하지 않은 것은?

① 변조도의 가변 범위가 작아야 할 것
② 발진 주파수가 정확하고 파형이 양호할 것
③ 안정도가 높고 주파수의 가변 범위가 넓을 것
④ 주변의 온도 및 습도 조건에 영향을 받지 않을 것

해설 **표준 신호 발생기의 구비 조건**
- 넓은 범위에 걸쳐서 발진 주파수가 가변할 것
- 발진 주파수 및 출력이 안정할 것
- 변조도가 정확하고 변조 왜곡이 작을 것
- 출력 레벨이 가변적이고 정확할 것
- 출력 임피던스가 일정할 것
- 차폐가 완전하고 출력 단자 이외로 전파가 누설되지 않을 것

40 마이크로파 측정에서 정재파비가 2일 때 반사계수는?

① $\frac{1}{2}$　② $\frac{1}{3}$
③ 1　④ 2

해설 **정재파비(SWR : Standing Wave Ratio)**
급전선상에서 진행파와 반사파가 간섭을 일으켜 전압 또는 전류의 기복이 생기는 것을 정재파라 하며 그 전압 또는 전류의 기복이 생기는 최댓값과 최솟값의 비를 정재파비(SWR)라고 한다.

$$SWR=\frac{V(I)_{\max}}{V(I)_{\min}}=\frac{\text{입사파}+\text{반사파}}{\text{입사파}-\text{반사파}}=\frac{1+m}{1-m}$$

반사 계수 $m=\frac{\text{반사파}}{\text{입사파}}=\frac{S-1}{S+1}$에서

$$\therefore\ m=\frac{S-1}{S+1}=\frac{2-1}{2+1}=\frac{1}{3}$$

41 다음 각 항법 장치의 설명 중 옳은 것은?

① TACAN : 전파의 도래 방향을 자동적으로 측정한다.
② ADF : 두 국 A, B의 전파의 도래 시간차를 측정한다.
③ VOR : 사용 주파수는 108 ~ 118[MHz]의 초단파를 사용한다.
④ 로란(loran) : 지상국으로부터 방위와 거리를 측정하는 시스템이다.

해설
- 태컨(TACAN : Tactical Air Navigation) : 항공기의 질문기와 지상국의 응답기에 의해서 항공기에 정확한 방위와 거리 정보를 제공해 주는 시스템으로 $\rho-\theta$ 항법과 같으나 사용 주파수가 962 ~ 1,213[MHz]의 UHF대를 사용하는 점이 다르다.
- 자동 방향 탐지기(ADF : Automatic Direction Finder) : 항공기에 탑재되어 있는 ADF로 지상의 무지향성 무선 표지국(NDB)이나 비컨국(beacon station) 등에서 발사된 전파를 루프 안테나로 수신하여 자국의 방위를 자동 · 연속적으로 지시하는 항행 장치이다.
- 전방향 레인지 비컨(VOR : VHF Omnidirectional Range beacon) : 108 ~ 118[MHz]의 초단파(VHF)

정답 37. ① 38. ③ 39. ① 40. ② 41. ③

대를 사용하는 회전식 무선 표지의 일종으로 항공기의 비행 코스를 제공해 주는 장치이다. 이것은 중파대를 사용하는 무지향성 비컨(NDB)보다 정밀도가 높고 지구 공전의 방해를 작게 받는다.

- 로란(loran : long range navigation) : 쌍곡선 항법 시스템의 하나로, 1쌍의 두 송신국(주국과 종국)에서 발사된 펄스파의 도착 시간 차를 측정하여 로란 차트에서 자국 위치를 결정하는 방식이다. 이것은 선박에 항법상의 데이터를 제공해 주는 장거리 항법 장치이다.

42 VHS 방식 VTR의 설명으로 옳지 않은 것은?

① 병렬(parallel) 로딩 기구에 의한 M자형 로딩
② 큰 헤드 드럼에 낮은 테이프 속도
③ 리드 테이프에 의한 종단 검출 방식
④ 1모터에 의한 안정된 구동 방식

해설 VTR은 강자성체를 칠한 자기 테이프에 자기 헤드를 접촉시켜 영상과 음성을 기록하고 재생하는 장치로서, 헤드 드럼에 테이프가 U자 형태로 로딩된다고 U−Matic이라고 이름을 붙였다.

43 CD에 관한 설명으로 틀린 것은?

① Compact Disc의 줄임말로, 처음 필립스사와 소니사에 의해 개발되었다.
② 피트(음구)의 크기는 소리의 강약에 비례하도록 설계되어 있다.
③ 기계적 접촉 없이 레이저 빔에 의해 디지털 방식으로 소리가 재생된다.
④ 녹음 후 재생 시에는 음성 신호로 고치는 펄스 신호 변조(PCM) 방식을 사용한다.

해설 **콤팩트디스크(CD : Compact Disk)**
- 소니사와 필립스사가 공동으로 개발하여 만든 오디오 규격으로 아날로그 신호를 녹음한 음반에서 발생하는 접촉 잡음 및 와우 플러터의 결점을 제거한 비접촉 방식이다.
- CD 음반은 소리의 신호가 PCM에 의한 디지털 신호로 기록되어 있으며 광학계의 레이저 광선(빔)을 이용한 픽업을 사용하여 재생하므로 음악 신호의 대부분은 왜곡 없이 그대로 담아내어 선명한 음질을 재생할 수 있다.

44 청력을 검사하기 위하여 가청 주파수 영역 중 여러 가지 레벨의 순음을 전기적으로 발생하는 음향 발생 장치는?

① 심음계
② 오디오미터
③ 페이스 메이커
④ 망막 전도 측정기

해설 **오디오미터(audiometer)**
귀의 청력을 검사하기 위하여 가청 주파수 영역의 여러 가지 레벨의 순음을 전기적으로 발생하는 음향 발생 장치를 말한다.
* 신호음은 20 ~ 20,000[Hz] 범위의 가청 주파수의 사인파를 사용한다.

45 다음 중 음압의 단위는?

① [N/C] ② [dB]
③ [μbar] ④ [Neper]

해설 **출력 음압 수준(output sound pressure level)**
1[V]의 입력 전력을 스피커에 가하여 스피커의 정면 축에서 1[m] 떨어진 점에서 생기는 음압 수준을 어떤 정해진 주파수 범위 내에서 평균한 것으로, 음압 수준은 0.002[μbar]를 기준으로 0[dB]로 정한다.

46 다음 중 변위−임피던스 변환기가 아닌 것은?

① 다이어프램
② 용량형 변환기
③ 슬라이드 저항
④ 유도형 변환기

해설 **변환 요소의 종류**

변환량	변환 요소
변위 → 압력	스프링, 유압 분사관
압력 → 변위	스프링, 다이어프램
변위 → 전압	차동 변압기, 전위차계
전압 → 변위	전자 코일, 전자석
변위 → 임피던스	가변 저항기, 용량 변환기, 유도 변환기
온도 → 전압	열전대(백금 − 백금로듐, 철 − 콘스탄탄, 구리 − 콘스탄탄)

47 태양 전지에 관한 설명으로 옳지 않은 것은?

① 광기전력 효과를 이용한다.
② 장치가 간단하고, 보수가 편하다.
③ 빛 에너지를 전기 에너지로 변환한다.
④ 축전 기능이 있어 축전지로도 사용할 수 있다.

정답 42. ① 43. ② 44. ② 45. ③ 46. ① 47. ④

해설 **태양 전지(solar cell)**
반도체의 광기전력 효과를 이용한 광전지의 일종으로, 태양의 방사 에너지를 직접 전기 에너지로 변환하는 장치이다.
[특징]
- 연속적으로 사용하기 위해서는 축전 장치가 필요하다.
- 에너지원이 되는 태양 광선이 풍부하므로 이용이 용이하다.
- 빛의 방향에 따라 발생 출력이 변하므로 출력에 여유를 두어야 한다.
- 장치가 간단하고 보수가 편리하다.
- 대전력용으로는 부피가 크고 가격이 비싸다.
- 인공위성의 전원, 초단파 무인 중계국, 조도계 및 노출계 등에 이용된다.

48 다음 중 장거리용 항법 장치는?

① ADF ② LORAN
③ TACAN ④ VOR

해설
- 자동 방향 탐지기(ADF : Automatic Direction Finder) : 항공기에 탑재되어 있는 ADF로 지상의 무지향성 무선 표지국(NDB)이나 비컨국(beacon station) 등에서 발사된 전파를 루프 안테나로 수신하여 자국의 방위를 자동 · 연속적으로 지시하는 항행 장치이다.
- 로란(loran : long range navigation) : 쌍곡선 항법 시스템의 하나로, 1쌍의 두 송신국(주국과 종국)에서 발사된 펄스파의 도착시간 차를 측정하여 로란 차트에서 자국 위치를 결정하는 방식이다. 이것은 선박에 항법상의 데이터를 제공해 주는 장거리 항법 장치이다.
- 태컨(TACAN : Tactical Air Navigation) : 항공기의 질문기와 지상국의 응답기에 의해서 항공기에 정확한 방위와 거리 정보를 제공해 주는 시스템으로, $\rho-\theta$ 항법과 같으나 사용 주파수가 962 ~ 1,213[MHz]의 UHF대를 사용하는 점이 다르다.
- 전방향 레인지 비컨(VOR : VHF Omnidirectional Range beacon) : 회전식 무선 표지의 일종으로, 항공기의 비행 코스를 제공해 주는 장치로서 108 ~ 118[MHz]대의 초단파를 사용한다. 이것은 중파대를 사용하는 무지향성 비컨(NDB)보다 정밀도가 높고 지구 공전의 방해를 덜 받는다.

49 오디오 시스템(audio system)에서 잡음에 대하여 가장 영향을 많이 받는 부분은?

① 등화 증폭기
② 저주파 증폭기
③ 전력 증폭기
④ 주출력 증폭기

해설 **등화 증폭기(EQ Amp : Equalizing Amplifier)**
자기 테이프 녹음기나 픽업에서 재생 특성을 보상하기 위해 사용하는 회로로서, 등화기라고도 한다. 녹음 시에 고역을, 재생 시에 저역을 각각 증폭기로 보정하며, 종합 주파수 특성을 50 ~ 15,000[Hz]의 범위에 걸쳐서 평탄하게 만드는 것으로, 고역에 대한 이득을 낮추어 원음 재생이 실현되도록 한다.
* EQ Amp는 음되먹임(부귀환)으로 구성된 오디오 앰프 시스템(audio amp system) 전체의 고역과 저역에 대한 주파수 특성을 평탄하게 하기 위한 재생 증폭기로서, 잡음에 대한 영향을 가장 많이 받는다.

50 전자 냉동기의 특징으로 옳지 않은 것은?

① 온도의 조절이 용이하다.
② 회전 부분이 없으므로 소음이 없다.
③ 대용량에서도 효율을 쉽게 해결할 수 있다.
④ 성능이 고르고 수명이 길며 취급이 간단하다.

해설 **전자 냉동기의 특징**
- 회전 부분이 없으므로 소음도 없고 배관도 필요하지 않다.
- 온도 조절이 용이하다.
- 전류의 방향만 바꾸어 냉각과 가열을 쉽게 변환할 수 있다.
- 성능이 고르며 수명이 길고 취급이 간단하다.
- 열용량이 작은 국부적인 냉각에 적합하며 대용량에서는 효율에 많은 단점이 있다.

* 전자 냉동기의 효율 $=\dfrac{\text{흡열량}}{\text{소비 전력}}$

51 측심기로 물속으로 초음파를 발사하여 0.8초 후에 반사파를 받았다면 물의 깊이는 몇 [m]인가? (단, 바닷물 속의 초음파 속도는 1,500 [m/sec]임)

① 100 ② 300
③ 600 ④ 1,000

해설 **수심 측량**
배 밑에서 초음파를 발사하여 수심에서 반사되어 오는 시간을 측정하여 물의 깊이를 측정하는 것
* 물의 깊이 $h=\dfrac{vt}{2}$[m]

$\therefore\ h=\dfrac{1,500\times0.8}{2}=600$[m]

여기서, v : 속도, t : 왕복 시간

정답 48. ② 49. ① 50. ③ 51. ③

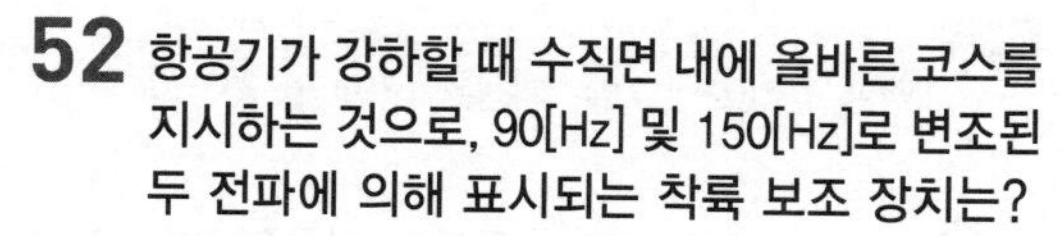

52 항공기가 강하할 때 수직면 내에 올바른 코스를 지시하는 것으로, 90[Hz] 및 150[Hz]로 변조된 두 전파에 의해 표시되는 착륙 보조 장치는?

① PAR
② 팬마커
③ 글라이드 패스
④ 지상 제어 진입 장치

해설 **글라이드 패스(glide path)**
항공기가 강하할 때 수직면 내에서 올바른 코스를 지시하는 장치로서, 사용 반송 주파수는 328.6 ~ 335.4[MHz]의 UHF대이며 출력은 10[W] 정도이다. 이때, 진입 코스는 로컬라이저와 마찬가지로 윗측은 90[Hz], 아랫측은 150[Hz]의 변조된 두 주파수로 표시된다.
이것은 국제 표준 시설로서 로컬라이저, 글라이드 패스, 팬 마크 비컨이 1조로 구성되어 계기 착륙 방식이 이루어진다.

53 펄스레이더에서 전파를 발사해 수신할 때까지 2.8[μsec]가 걸렸다면 목표물까지의 거리[m]는?

① 14　② 28
③ 280　④ 420

해설 **레이더의 거리 측정**
$d = \frac{ct}{2}$[m]
여기서, c : 전파의 속도(3×10^8[m/sec])
t : 전파가 레이더와 목표물 사이를 왕복하는 데 소요되는 시간
$\therefore\ d = \frac{1}{2} \times 3 \times 10^8 \times 2.8 \times 10^{-6} = 420$[m]

54 선박에 이용되며 방향 탐지기가 없이 보통 라디오 수신기를 이용하여 방위를 측정할 수 있는 것은?

① AN 레인지 비컨
② 무지향성 비컨
③ 회전 비컨
④ 초고주파 전방향성 비컨

해설 **회전 비컨(rotary beacon)**
지향성 안테나를 가지고 있지 않는 소형 선박을 대상으로 지향성을 가진 비컨을 회전시켜서 전 방향에 지시하도록 한 것으로, 사용 주파수는 285 ~ 325[kHz]이며 송신 전파는 8자 지향 특성으로 빔을 만들어 최소 감도를 남북으로 일치시킨 다음 2° 마다 단점 부호를 시계 방향으로 회전하면서 발사한다. 이것은 측정 시간이 너무 길어 항공기에서는 사용되지 않으며 주로 소형 선박에서만 사용된다.

55 서보 기구라 함은 다음 중 어느 자동 제어 장치를 나타내는 것인가?

① 온도
② 유량이나 압력
③ 위치나 각도
④ 시간

해설 **서보 기구(servo mechanism)**
제어량이 기계적 위치인 자동 제어계를 서보 기구라 한다. 이것은 물체의 위치, 방위, 자세(각도) 등의 기계적 변위를 제어량으로 하여 목푯값의 임의의 변화에 항상 추종하도록 구성된 제어계로서 추종 제어계라고 한다.

56 다음 그림에서 전달 함수는?

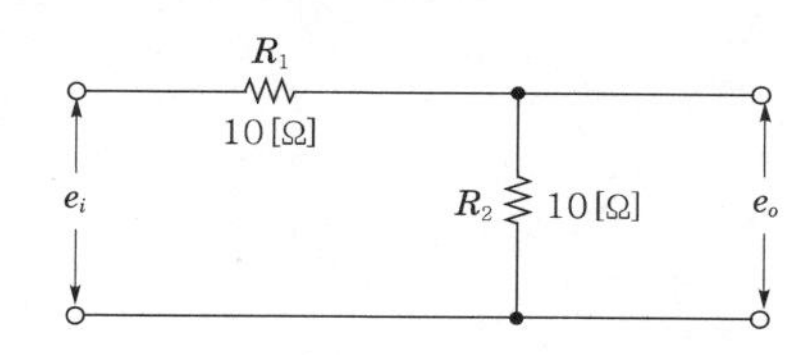

① 0.5　② 1
③ 2　④ 10

해설 $G = \frac{e_o}{e_i}$ (여기서, $e_i = R_1 + R_2$, $e_o = R_2$)에서
$\therefore\ G = \frac{R_2}{R_1 + R_2} = \frac{10}{10+10} = 0.5$

57 2개의 스피커를 병렬 연결했을 때 합성 임피던스는 1개의 스피커 때보다 어떻게 되는가?

① $\frac{1}{4}$배　② $\frac{1}{2}$배
③ 2배　④ 4배

해설 **병렬 합성 임피던스(2개 스피커의 임피던스가 같을 때)**
$Z_0 = \frac{Z \cdot Z}{Z+Z} = \frac{Z^2}{2Z} = \frac{1}{2}Z$ 배

정답 52. ③ 53. ④ 54. ③ 55. ③ 56. ① 57. ②

58 고주파 유도로에서 도가니 용량의 10배 정도의 용량을 가진 콘덴서를 병렬로 넣어서 사용하는 이유는?

① 열효율 개선
② 역률 개선
③ 감쇠 개선
④ 발생 주파수 개선

해설 **고주파 유도로**
고주파 유도 가열의 유도로(용해로)는 1 ~ 450[kHz] 정도의 고주파 교류로 만들어 사용하며 역률 개선을 위하여 도가니 용량의 10배 정도의 용량을 가진 콘덴서를 병렬 접속하여 사용한다.

59 다음 중 자동 온수기에서 제어 대상은?

① 온도 ② 물
③ 연료 ④ 조절 밸브

해설 자동 온수기는 물의 온도를 자동적으로 유지시키기 위한 장치로서, 제어 대상은 물이다.

60 수신기 내부 잡음 측정에서 잡음이 없는 경우 잡음 지수 F는?

① $F=1$ ② $F>1$
③ $F<1$ ④ $F=2$

해설 **잡음 지수(nose figure)**
수신기나 증폭기의 내부 잡음의 정도를 나타내는 평가 지수로서, 입력측의 신호 대 잡음(S_i/N_i)비와 출력측의 신호 대 잡음(S_o/N_o)비로 나눈 비로 나타내며 단위는 데시벨[dB]을 사용한다.

잡음 지수 $F=10\log_{10}\dfrac{S_i/N_i}{S_o/N_o}=\dfrac{S_i/N_o}{S_o/N_i}$ [dB]

이와 같은 잡음 지수는 시스템의 성능을 평가하는 지수로서 잡음이 없는 이상적인 경우는 $F=1$, 잡음이 있으면 $F>1$이 된다.

정답 58. ② 59. ② 60. ①

전자기기기능사

제3회 CBT 모의고사

01 쌍안정 멀티바이브레이터에 대한 설명으로 적합하지 않은 것은?

① 구형파 발생 회로이다.
② 2개의 트랜지스터가 동시에 ON한다.
③ 입력 펄스 2개마다 1개의 출력 펄스를 얻는 회로이다.
④ 플립플롭 회로이다.

해설 **쌍안정 멀티바이브레이터(bistable multivibrator)**
- 결합 콘덴서 C를 사용하지 않고 모두 저항 R을 사용하여 2개의 트랜지스터를 직류(DC)적으로 결합시킨 것으로, 외부로부터 트리거 펄스가 들어올 때마다 2개의 트랜지스터가 교대로 on, off 상태로 되어 2개의 안정 상태를 가지는 회로이다.
- 입력에 2개의 트리거 펄스가 들어올 때 1개의 구형파 출력 펄스를 발생시키므로 플립플롭(flip flop) 회로라고도 한다.
- 전자계산기의 기억 회로, 2진 계수기 등의 디지털 기기의 분주기로 이용된다.

02 저주파 회로에서 직류 신호를 차단하고 교류 신호를 잘 통과시키는 소자로 가장 적합한 것은?

① 커패시터(capacitor)
② 코일(coil)
③ 저항(R)
④ 다이오드(diode)

해설 **커패시터(capacitor)**
2개의 도체판 사이에 절연판을 넣어서 만든 기본 회로 소자로서, 두 판 사이에 전하를 저장할 수 있는 충전용 소자이다. 저주파 회로에서 직류 신호(낮은 주파수)는 차단하고 교류 신호(높은 주파수)를 통과시킨다.

03 어떤 도체에 4[A]의 전류를 10분간 흘렸을 때 도체를 통과한 전하량 Q[C]는 얼마인가?

① 150　　② 300
③ 1,200　　④ 2,400

해설 **전하량 Q**
$Q=It$이므로
$Q=4\times10\times60=2,400[\text{C}]$

04 차동 증폭기에 대한 설명으로 옳은 것은?

① 공통 성분 제거비(CMRR)가 작을수록 잡음 출력이 작다.
② 교류 증폭에서는 사용하지 않으며 직류 증폭에만 사용한다.
③ 두 입력의 차에 의한 출력과 합에 의한 출력을 동시에 얻는 방식이다.
④ 차동 이득이 크고 동상 이득이 작을수록 공통 성분 제거비(CMRR)가 크다.

해설 **차동 증폭기(differential amplifier)**
- 차동 증폭기는 모놀리틱 IC 증폭단으로 측로 커패시터(bypass capacitor)를 사용하지 않고 직결합(direct coupled) 시켜서 사용하는 가장 우수한 증폭기 중 하나로 연산 증폭기의 입력단으로 널리 사용된다.
- 특징은 2개의 입력 단자에 공통으로 들어오는 신호를 제거하고 위상이 반대인 신호의 차를 증폭하는 것으로 직결합으로 인해 입력 신호의 주파수는 직류(0[Hz])에서 수[MHz]까지 증폭이 가능하다.
- 동상 신호 제거비(CMRR : Common Mode Rejection Ratio)
  차동 증폭기의 성능을 평가하는 파라미터로, 공통 모드 제거 능력을 숫자로 표시한 값이다.
  $$CMRR=\frac{\text{차동 이득}}{\text{동상 이득}}=\frac{A_d}{A_c}$$
  이것은 2개의 입력 단자에 동일한 신호를 가했을 때 출력 신호에 영향을 받지 않는 정도를 나타내는 것으로, 차동 이득(A_d)이 크고 동상 이득(A_c)이 작을수록 우수한 평형 특성을 가지므로 CMRR이 클수록 동상 신호에 대한 공통 모드 제거는 더 잘 된다. 따라서, 이상적인 차동 증폭기가 되려면 A_d는 대단히 크고 A_c는 0이어야 하며 $CMRR=\infty$이어야 한다.

05 트랜지스터의 전류 증폭률 α와 β의 관계는?

① $\alpha=\dfrac{\beta}{1+\beta}$　　② $\alpha=\dfrac{\beta}{1-\beta}$
③ $\alpha=\dfrac{1+\beta}{\beta}$　　④ $\alpha=\dfrac{1-\beta}{\beta}$

정답 01. ② 02. ① 03. ④ 04. ④ 05. ①

해설 **전류 증폭률 α와 β의 관계**

$I_E = I_B + I_C$ 에서

위 식의 양변을 I_C로 나누어 정리하면

$\frac{I_E}{I_C} = 1 + \frac{I_B}{I_C}$, $\frac{1}{\alpha} = 1 + \frac{1}{\beta}$ 에서

$\alpha = \frac{\beta}{\beta+1}$, $\beta = \frac{\alpha}{1-\alpha}$

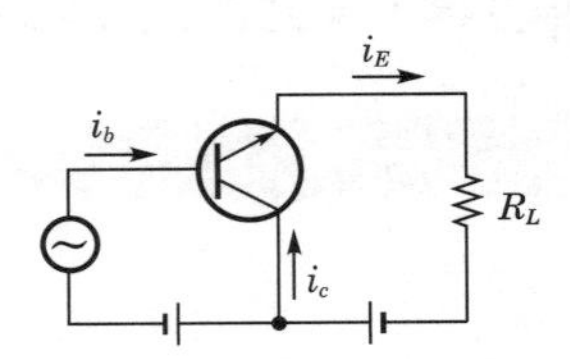

06 다음 연산 증폭기 회로의 입력 전압 V_i의 값으로 옳은 것은? (단, 이상적인 연산 증폭기이다)

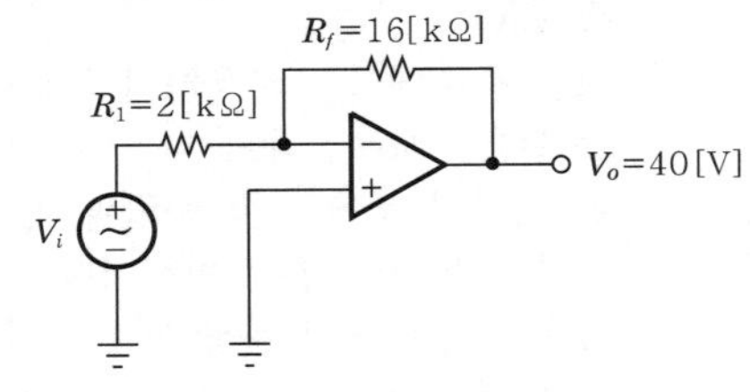

① −5[V] ② 7.5[V]
③ −10[V] ④ 12.5[V]

해설 **반전 연산 증폭기(inverting operational amplifier)**

상수를 곱하는 증폭 회로 중 가장 널리 사용되는 것으로, 출력 신호는 입력 신호의 위상을 반전시키고 R_1과 R_f에 의해 주어지는 상수를 곱하여 얻는다.

전압 증폭도 $A_v = \frac{V_o}{V_i} = -\frac{R_f}{R_1}$ 에서

$\therefore\ V_i = -\frac{R_1}{R_f} V_o = -\frac{2}{16} \times 40 = -5[\text{V}]$

07 다음 중 출력 임피던스가 가장 작은 회로는?

① 베이스 접지 회로
② 컬렉터 접지 회로
③ 이미터 접지 회로
④ 캐소드 접지 회로

해설 **컬렉터 접지(이미터 폴로어) 증폭 회로의 특징**

- 전류 증폭도가 가장 높다.
- 전압 증폭도 ≤ 1이다.
- 입력 저항이 매우 크다(수백[kΩ] 이상).
- 출력 저항이 가장 작다(수 ~ 수십[Ω]).
- 입 · 출력 신호의 위상은 동위상이다.
- 임피던스 변환용 완충(buffer) 증폭단으로 사용된다.
- 전력 증폭기로도 사용된다.

08 다음 중 입력 신호의 정(+), 부(−)의 피크(peak)를 어느 기준 레벨로 바꾸어 고정시키는 회로는?

① 클리핑 회로(clipping circuit)
② 비교 회로(comparison circuit)
③ 클램핑 회로(clamping circuit)
④ 선택 회로(selection circuit)

해설 **클램핑 회로(clamping circuit)**

입력 신호의 (+) 또는 (−)의 피크(peak)를 어느 기준 레벨로 바꾸어 고정시키는 회로를 말하며, 클램퍼(clamper)라고도 한다. 또 직류분 재생을 목적으로 할 때는 직류 재생 회로(DC restorer)라고도 한다.

09 펄스폭이 2[μsec]이고, 주기가 20[μsec]인 펄스의 듀티 사이클은?

① 0.1 ② 0.2
③ 0.5 ④ 20

해설 **듀티 사이클(duty cycle)**

펄스의 점유율 또는 충격 계수(duty factor)라고 한다.

$D = \frac{\tau}{T_r}$

여기서, τ : 펄스 폭, T_r : 반복 주기

$\therefore\ D = \frac{2\times10^{-6}}{20\times10^{-6}} = 0.1$

10 저항을 R이라고 하면 컨덕턴스 G[℧]는 어떻게 표현되는가?

① R^2 ② R
③ $\frac{1}{R^2}$ ④ $\frac{1}{R}$

해설 **컨덕턴스(conductance)**

전기 저항의 역수로서, G로 나타내며, 단위는 지멘스(Siemens, [S]) 또는 모(mho, [℧])를 사용한다.

$\therefore\ G = \frac{1}{R}$[℧]

정답 06. ① 07. ② 08. ③ 09. ① 10. ④

11 자기 인덕턴스가 L_1, L_2이고, 상호 인덕턴스가 M, 결합 계수가 1일 때의 관계는?

① $L_1L_2 = M$ ② $L_1L_2 > M$
③ $\sqrt{L_1L_2} > M$ ④ $\sqrt{L_1L_2} = M$

해설 **결합 계수 K**

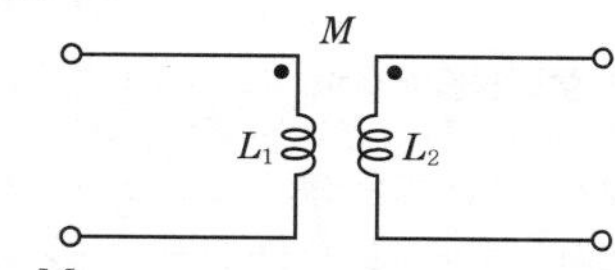

$K = \dfrac{M}{\sqrt{L_1L_2}}$로서, 상호 인덕턴스 M과 자기 인덕턴스 $\sqrt{L_1L_2}$ 크기의 비로서 K의 크기에 의해 1차 코일 L_1과 2차 코일 L_2 자속에 의한 결합의 정도를 나타낸다.

$K = \dfrac{M}{\sqrt{L_1L_2}}$에서

$M = K\sqrt{L_1L_2}$ (단, $K=1$일 때)

$\therefore\ M = \sqrt{L_1L_2}$

12 전원 주파수가 60[Hz]일 때 3상 전파 정류 회로의 리플 주파수는 몇 [Hz]인가?

① 90 ② 120
③ 180 ④ 360

해설 **맥동 주파수(ripple frequency)**
3상 전파 정류 회로는 전원 주파수 60[Hz]를 6배로 정류하는 방식으로, 출력의 맥동 주파수는 360[Hz]를 나타낸다.

13 그림에서 시정수가 작을 경우의 출력 파형으로 가장 적합한 것은?

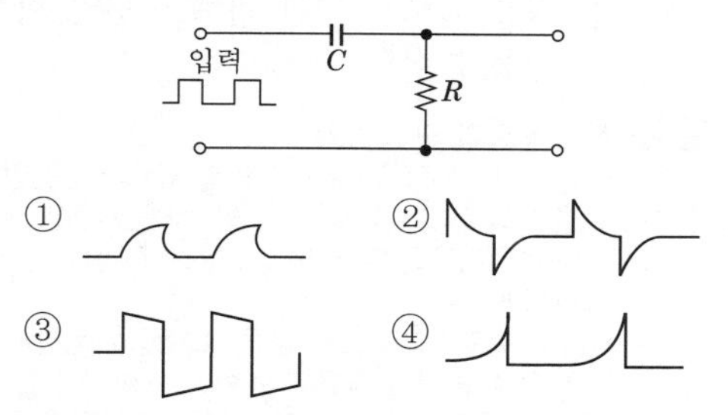

해설 그림의 회로는 미분 회로이다. 회로의 입력에 내부 임피던스가 0인 직사각형 전압의 파(구형파)를 가했을 때 이 펄스가 제거되면 입력 단자는 단락 상태이므로, R의 단자 전압은 회로의 시정수 CR의 대소에 따라 변화한다.

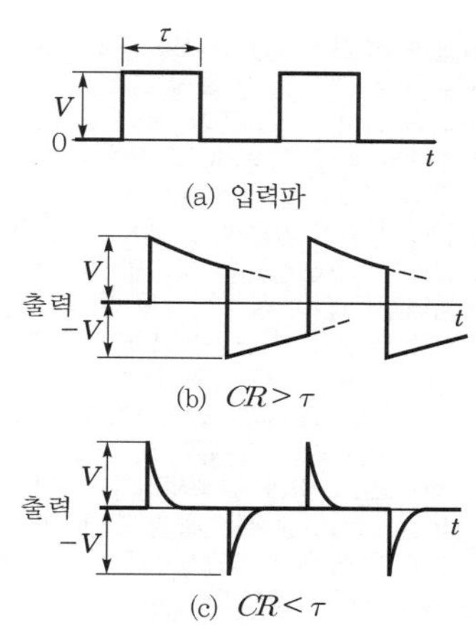

(a) 입력파

(b) $CR > \tau$

(c) $CR < \tau$

- $CR > \tau$인 경우 C에 충전된 전하가 R로 방전한다. 이 경우 R의 단자 전압이 완전히 감쇄되기 전에 다음 펄스가 가해지기 때문에 그림 (b)와 같이 된다.
- $CR < \tau$인 경우에는 펄스가 가해지거나 없어지면 R의 단자 전압은 급속히 감쇄하기 때문에 그림 (c)와 같이 날카로운 펄스가 얻어진다.

* 일반적으로 $CR < \dfrac{\tau}{30}$ 정도면 미분 파형으로 볼 수 있다.

14 다음 중 진성 반도체에 대한 설명으로 가장 적합한 것은?

① As를 함유한 n형 반도체
② In을 함유한 p형 반도체
③ 과잉 전자를 만드는 도너 불순물
④ 불순물을 첨가하지 않은 순수한 반도체

해설 **진성 반도체(intrinsic semiconductor)**
불순물이 첨가(doping)되지 않은 순수한 4가의 Ge이나 Si 결정체로서 4개의 가전자를 포함하는 4족의 원소를 가지므로 공유 결합이 완전하여 절연체와 비슷한 구조를 가진다. 이것은 결정체 내에 전류를 생성할 수 있는 충분한 자유전자와 정공이 존재하지 않으므로 전류가 흐르지 않는 절대 온도 0[K](−273[°C])에서는 절연체가 된다.

15 푸시풀 증폭 회로의 이점이 아닌 것은?

① 비교적 큰 출력이 얻어진다.
② 출력 변압기의 직류 여자가 상쇄된다.
③ 전원 전압에 함유되는 험(hum)이 상쇄된다.
④ 기수 고조파가 제거된다.

정답 11. ④ 12. ④ 13. ② 14. ④ 15. ④

해설 **A급과 비교한 B급 푸시풀 증폭 회로의 특징**

- 보다 큰 출력을 얻을 수 있다.
- 직류 바이어스 전류가 매우 작아도 된다.
- 컬렉터 효율이 높다(A급 50[%], B급 78.5[%]).
- 우수 고조파가 상쇄된다.
- 입력 신호가 없을 때 트랜지스터는 차단 상태에 있으므로 전력 손실을 무시할 수 있다.
- 동작점은 입력 신호가 없을 때 직류 전류가 거의 흐르지 않는 차단점을 선정하여 B급으로 동작시킨다.

* 대신호 A급 증폭기의 출력은 fin, 2fin, 3fin, 4fin, 5fin 등의 고조파를 발생시키지만, B급 푸시풀(push pull) 증폭기의 출력은 fin, 3fin, 5fin 등의 기수(홀수) 고조파만을 발생시킨다. 따라서, B급 푸시풀(push pull) 증폭을 하게 되면 모든 우수(짝수) 고조파가 상쇄(제거)되기 때문에 출력 파형의 일그러짐(왜곡)이 작아진다.

16 다음 중 증폭 회로를 구성하는 수동 소자에서 자유전자의 온도에 의하여 발생하는 잡음은?

① 산탄 잡음
② 열잡음
③ 플리커 잡음
④ 트랜지스터 잡음

해설 **열잡음(thermal noise)**

주로 저항기 내부에서 자유전자가 온도의 상승으로 열운동(랜덤 동작)을 일으킬 때 발생하는 잡음이다. 이것은 온도가 높을수록 잡음 전압이 커지며 대역의 넓은 주파수 분포의 범위를 가지므로 증폭기에서 내부 잡음의 주요한 원인이 된다.

17 입력 전압이 500[mV]일 때 5[V]가 출력되었다면 전압 증폭도는?

① 9배
② 10배
③ 90배
④ 100배

해설 전압 증폭도 $A_v = \dfrac{V_o}{V_i}$[dB]

이득 $G = 20\log \dfrac{V_o}{V_i} = 20\log_{10} A_v$[dB]

$= 20\log_{10} \dfrac{5}{500\times10^{-3}} = 20\log_{10}10$

$=20$[dB]

∴ 20[dB]=10배
(0[dB]=1, 20[dB]=10, 40[dB]=100, 60[dB]=1,000, 80[dB]=10,000)

* 전압 이득이 10의 인수로 증가하면 데시벨 전압 이득은 20[dB]씩 증가한다.

18 JK 플립플롭의 J입력과 K입력을 묶어 1개의 입력 형태로 변경한 것은?

① RS 플립플롭
② D 플립플롭
③ T 플립플롭
④ 시프트 레지스터

해설 **T형 플립플롭(toggle flip flop)**

- JK 플립플롭의 JK 입력을 묶어서 하나의 입력 신호 T를 이용하는 플립플롭으로서, 1개의 클록 펄스 입력과 출력 Q, $\overline{Q}$를 갖는 회로이다.
- T에 클록 펄스가 들어올 때마다 출력 Q와 $\overline{Q}$의 위상이 서로 반대로 상태가 반전되므로 토글 플립플롭(toggle flip flop)이라고도 한다.
- 출력 파형의 주파수는 입력 클록 신호 주파수의 $\frac{1}{2}$을 얻는 회로가 되므로 $\frac{1}{2}$ 분주 회로 또는 2진 계수 회로에 많이 사용된다.

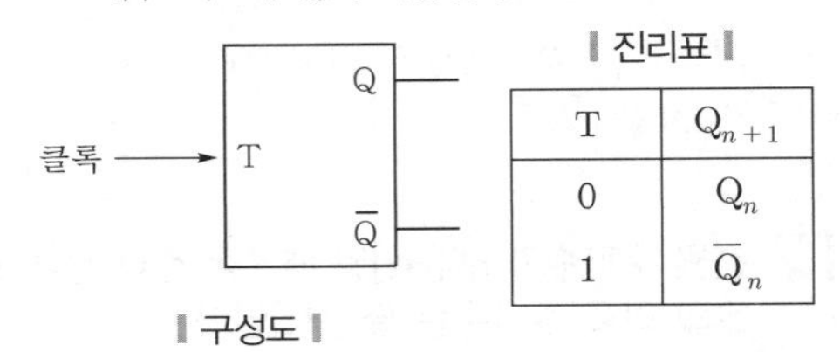

▎구성도▕

▎진리표▕

T	Q_{n+1}
0	Q_n
1	$\overline{Q}_n$

19 전원 회로의 구조가 순서대로 바른 것은?

① 정류 회로 → 변압 회로 → 평활 회로 → 정전압 회로
② 변압 회로 → 평활 회로 → 정류 회로 → 정전압 회로
③ 변압 회로 → 정류 회로 → 평활 회로 → 정전압 회로
④ 정류 회로 → 평활 회로 → 변압 회로 → 정전압 회로

해설 **전원 회로의 구조 순서**

변압 회로 → 정류 회로 → 평활 회로→ 정전압 회로

- 변압 회로 : 철심이나 코일을 사용한 변압기의 권선비를 이용하여 2차측에 실효 전압을 공급하는 회로이다.
- 정류 회로 : 다이오드 정류 소자를 사용하여 교류를 한쪽 방향의 직류로 변환하는 회로이다.
- 평활 회로 : 정류 회로의 출력에 포함된 교류 성분(ripple)을 줄이기 위하여 정류 회로와 필터(filter)를 조합한 회로이다.
- 정전압 회로 : 정류 회로에서 평활 회로를 거친 출력 전압은 전원 전압이나 부하의 변동에 따라 변화

정답 16. ② 17. ② 18. ③ 19. ③

된다. 따라서, 출력 전압을 안정화시키는 동시에 맥동률을 줄이기 위해 LC 여파기(filter)를 포함한 정류 회로와 부하 사이에 넣은 안정화 회로이다.

20 평활 회로에서 리플을 줄이는 방법은?

① R과 C를 작게 한다.
② R과 C를 크게 한다.
③ R을 크게, C를 작게 한다.
④ R을 작게, C를 크게 한다.

해설 **리플 함유율 개선책**
- 교류 입력 전원의 주파수를 높게 한다.
- 평활용 초크 코일(CH)과 용량(C)을 크게 한다.
- 부하 임피던스(R_L)를 높게 한다.
- L과 C의 용량이 감소하면 리플 함유율이 증가한다.

21 슈미트 트리거(schmitt trigger) 회로는?

① 톱니파 발생 회로
② 계단파 발생 회로
③ 구형파 발생 회로
④ 삼각파 발생 회로

해설 **슈미트 트리거 회로(schmitt trigger circuit)**
이미터 결합 쌍안정 멀티바이브레이터의 일종으로, 입력 전압의 크기가 회로의 포화 · 차단 상태를 결정해 준다.
* 입력에 정현파를 가하면 출력에서 구형파를 얻을 수 있다.

22 연산될 데이터의 값을 직접 오퍼랜드에 나타내는 주소 지정 방식은?

① 직접 주소 지정 방식
② 상대 주소 지정 방식
③ 간접 주소 지정 방식
④ 레지스터 방식

해설 **직접 주소 지정 방식(direct addressing mode)**
오퍼랜드가 기억 장치에 위치하고 있고 기억 장치의 주소가 명령어의 주소에 직접 주어지는 방식으로, 기억 장치에 정확히 한번만 접근한다.

23 논리식 $F = A + \overline{A} \cdot B$와 같은 기능을 갖는 논리식은?

① $A \cdot B$ ② $A + B$
③ $A - B$ ④ B

해설 흡수 법칙 $Y = A + \overline{A}B = A + B$
[증명] $Y = A + \overline{A}B$
$= A(1+B) + \overline{A}B$
$= A + AB + \overline{A}B$
$= A + B(A + \overline{A})$
$= A + B$

24 마스터 슬레이브 JK-FF에서 클록 펄스가 들어올 때마다 출력 상태가 반전되는 것은?

① J=0, K=0 ② J=1, K=0
③ J=0, K=1 ④ J=1, K=1

해설 **마스터 슬레이브 JK-FF**
마스터 슬레이브(master slave) 방식은 입력 신호를 기억하는 동작과 이것을 출력에 전송하는 동작을 시간적으로 어긋나게 한 것으로, 2개의 FF 사이에 전달 회로를 두고 이것을 CP로 제어하여 레이싱(racing)을 방지한다.
* J=1, K=1의 입력은 항상 FF의 상태를 반전시킨다.

25 다음 중 일반적으로 가장 작은 bit로 표현 가능한 데이터는?

① 영상 데이터 ② 문자 데이터
③ 숫자 데이터 ④ 논리 데이터

해설 **논리 데이터(logic data)**
논리적인 AND, OR, NOT을 이용한 논리 판단과 시프트 등을 포함한 논리 연산을 행할 수 있는 것으로, 정보를 나타내는 가장 작은 자료의 원소인 비트(binary digit)로 데이터의 표현이 가능하다.

26 마이크로프로세서의 발달로 중앙 처리 장치와 주기억 장치의 속도 차이가 커지고 있다. 이를 해소하기 위해 사용하며, 특히 그래픽 처리 시 속도를 높이는 결정적인 역할을 하기도 하는 메모리이다. 주기억 장치보다 속도가 빠르며, 소용량의 메모리를 무엇이라 하는가?

① 주기억 장치
② 보조 기억 장치
③ 롬
④ 캐시 기억 장치

해설 **캐시 기억 장치(cache memory)**
초고속 소용량의 메모리로서 중앙 처리 장치의 빠른 처리 속도와 주기억 장치의 느린 속도 차이를 해소하기 위해 사용하는 것으로, 효율적으로 컴퓨터의 성능을 높이기 위한 반도체 기억 장치이다. 이것은 특

정답 20. ② 21. ③ 22. ① 23. ② 24. ④ 25. ④ 26. ④

히 그래픽 처리 시 속도를 높이는 결정적인 역할을 하므로 시스템의 성능을 향상시킬 수 있다.

27 레지스터와 유사하게 동작하는 임시 저장 장소로써 다음 실행할 명령어의 주소를 기억하는 기능을 하는 것은?

① 레지스터
② 프로그램 카운터
③ 기억 장치
④ 플립플롭

해설 **프로그램 카운터(program counter)**
현재 메모리에서 읽어와 다음에 수행할 명령어의 주소를 기억하는 레지스터로서, 메모리로부터 데이터를 읽어 오면 프로그램 카운터의 값은 자동적으로 1 증가하여 다음 번 메모리의 주소를 가리킨다.

28 I/O 장치와 주기억 장치를 연결하는 역할을 담당하는 부분은?

① Bus ② Buffer
③ Channel ④ Device

해설 **채널(channel)**
- 주기억 장치와 입·출력 장치 사이의 데이터 전송을 담당하는 특수 목적의 마이크로프로세서로서, CPU 대신에 입·출력 장치를 독립적으로 직접 제어하는 전용 처리 장치이다. 이것은 입·출력 장치의 느린 동작 속도를 CPU와 동기가 되도록 조정하여 입·출력 장치의 동작 속도와 CPU의 실행 속도 차를 줄이기 위하여 사용한다.
- 채널의 기능은 CPU가 입·출력을 조작하는 시간에 연산 처리를 동시에 할 수 있으므로 컴퓨팅 시스템(computing system)의 모든 구성 장치를 유용하게 이용할 수 있고 처리 능력을 대폭 향상시킬 수 있다. 따라서, 채널을 서브 컴퓨터(sub computer)라고도 부른다.

29 마이크로컴퓨터의 주소가 16비트로 구성되어 있을 때 사용할 수 있는 주기억 장치의 최대 용량은?

① 8kB ② 16kB
③ 32kB ④ 64kB

해설 **주기억 장치의 용량**
2byte=16bit
∴ $2^{16}=2^{10}\times 2^{6}=64$[kB]
* 1kbyte=2^{10}byte=1,024byte
1Mbyte=2^{20}byte=1,048,576byte

30 10진수 0 ~ 9를 식별해서 나타내고 기억하는 데에는 몇 비트의 기억 용량이 필요한가?

① 2비트 ② 3비트
③ 4비트 ④ 7비트

해설 **BCD코드(Binary Code Decimal : 2진화 10진 코드)**
2진수를 사용하는 가장 보편화된 코드로서, '0'에서 '9'까지의 10진수를 4비트의 2진수로 표현하는 코드이다.
* 2진수의 4비트가 각 비트의 자리값(weight)을 갖는데, 4개의 자리 중 왼쪽부터 $2^3=8$, $2^2=4$, $2^1=2$, $2^0=1$의 값을 가지므로 8421코드라 부른다.

31 기준 전압이 1[V]일 때 측정 전압이 10[V]이면 몇 [dB]인가?

① 0 ② 10
③ 14 ④ 20

해설 **데시벨(decibel)의 이득**

$$[\text{dB}]=20\log_{10}\frac{\text{측정 전압}}{\text{기준 전압}}$$
$$=20\log_{10}\frac{10}{1}=20\log_{10}10=20[\text{dB}]$$

32 오실로스코프에 파형을 나타나게 하기 위해서 브라운관의 수평 편향판에 인가하는 전압 파형은?

① 구형파 ② 정현파
③ 톱니파 ④ 펄스파

해설 **오실스코프의 기본 구성**
- 수직 증폭기 : CRT에 관측하려는 입력 신호 파형은 수직 증폭기 입력에 인가되며, 증폭기의 이득은 교정된 입력 감쇠기에 의해 조정된다. 그리고 증폭기의 푸시풀 출력은 지연 회로를 통해서 수직 편향판에 가해진다.
- 시간축 발진기(소인 발진기) : CRT의 수평 편향 전압으로 톱니파를 발생시킨다.
- 수평 증폭기 : 위상 반전기를 포함하고 있으며, (+)로 진행하는 톱니파와 (−)로 진행하는 톱니파의 2개의 출력 파형을 만든다. (+) 진행 톱니파는 오른쪽 수평 편향판에, (−) 진행 톱니파는 왼쪽 수평 편향판에 가해진다.

* 여기서, 톱니파 전압은 수평 편향판에, 정현파 신호는 수직 편향판에 각각 인가된다.

정답 27. ② 28. ③ 29. ④ 30. ③ 31. ④ 32. ③

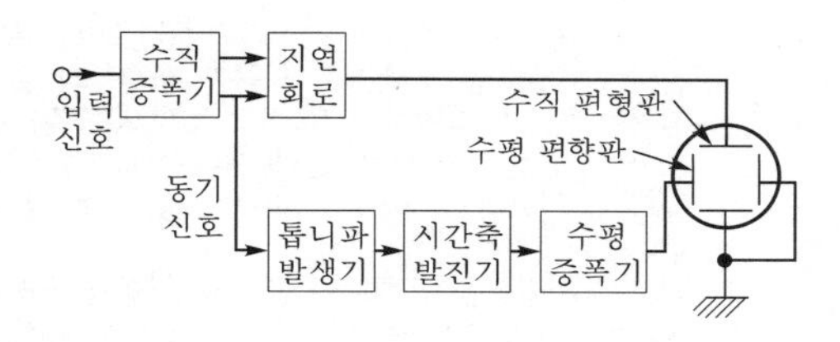

33 논리식 $F=\overline{A}BC+A\overline{B}\overline{C}+ABC+AB\overline{C}$를 카르노 맵에 의해 간소화시킨 식은?

① $F=AB+\overline{B}C$
② $F=A+A\overline{C}$
③ $F=\overline{A}B+B\overline{C}$
④ $F=BC+A\overline{C}$

해설 **3변수 카르노 맵**

C \ AB	00	01	11	10
0			1	1
1		1	1	

$AB\overline{C}+A\overline{B}\overline{C}=A\overline{C}$
$\overline{A}BC+ABC=BC$
$\therefore F=BC+A\overline{C}$

34 유도형 계기의 특징에 대한 설명 중 옳지 않은 것은?

① 가동부에 전류를 흘릴 필요가 없으므로 구조가 간단하고, 견고하다.
② 공극이 좁고 자장이 강하므로 외부 자장의 영향이 작고, 구동 토크가 크다.
③ 주파수의 영향이 다른 계기에 비하여 크므로 정밀급 계기에는 부적합하다.
④ DC 전용 계기로 주로 사용된다.

해설 **유도형 계기의 특징**
- 회전력이 크며 조정이 용이하다.
- 공간 자장이 강하기 때문에 외부 자장의 영향을 작게 받는다.
- 주파수, 파형, 온도의 영향이 커서 정밀용 계기로는 부적당하다.
- 교류(AC) 전용으로 직류(DC)에는 사용할 수 없다.
- 구동 토크가 크고 구조가 견고하기 때문에 내구력을 요하는 배전반용 및 기록 계기용으로 사용된다.
- 교류 배전반용 기록 장치와 전력계 및 이동 자장형은 적산 전력계로 이용된다.

* 현재 쓰이는 교류(AC) 적산 전력계는 모두 유도형 계기이다.

35 저주파 증폭기의 출력측에서 기본파의 전압이 50[V], 제2고조파의 전압이 4[V], 제3고조파의 전압이 3[V]임을 측정으로 알았다면, 이때 일그러짐률[%]은?

① 5　② 6
③ 8　④ 10

해설 일그러짐률(K)

$$=\frac{\text{고조파의 실횻값}}{\text{기본파의 실횻값}}\times 100[\%]$$
$$=\frac{\sqrt{\text{제2고조파}^2+\text{제3고조파}^2}}{\text{기본파}}\times 100$$
$$=\frac{\sqrt{V_2{}^2+V_3{}^2}}{V}\times 100$$
$$=\frac{\sqrt{4^2+3^2}}{50}\times 100=10[\%]$$

36 전압 측정 시 계측기에 흐르는 미소 전류에 의한 전압 강하로 발생되는 오차를 줄이는 방법은?

① 계측기의 입력 저항을 크게 한다.
② 미끄럼 줄의 마찰에 의한 저항 변화를 줄인다.
③ 전압 분압기로 1[V] 정도 전압을 낮춰 측정한다.
④ 계측기에 배율기를 사용하여 측정 범위를 넓힌다.

해설 **전압 측정**
피측정 전압원에 계기나 측정기를 접속하면 미소한 전류가 흐르는데, 이 전류가 전압원의 내부 저항에 의한 전압 강하의 원인이 되어 실제의 전압보다 낮은 전압이 측정되어 오차가 발생한다.
따라서, 전압 측정 시 계측기의 입력 저항을 크게 함으로써 계측기에 흐르는 미소 전류에 의한 전압 강하로 발생하는 오차를 줄일 수 있다.

37 대전류로 서미스터 내부에서 소비되는 전력이 증가하면 온도 및 저항값은?

① 온도는 높아지고, 저항값은 증가한다.
② 온도는 높아지고, 저항값은 감소한다.
③ 온도는 낮아지고, 저항값은 감소한다.
④ 온도는 낮아지고, 저항값은 증가한다.

해설 **서미스터(thermistor)**
일반적인 금속과는 달리, 온도가 높아지면 저항값이 감소하여 전도도가 크게 증가하는 것으로, 어떤 회로

정답　33. ④　34. ④　35. ④　36. ①　37. ②

에서도 소자로서는 이용될 수 없으나 저항의 온도 계수가 음(−)의 값으로 부저항 온도 계수의 특성을 가지고 있어 이것을 NTC(Negative Temperature Coefficient thermistor)라고 한다. 구조적으로는 직열형, 방열형, 지연형 등으로 분류된다.
열용량이 작아서 미소한 온도 변화에도 저항 변화가 급격히 생기므로 온도 제어용 센서로 많이 이용되며, 체온계, 온도계, 습도계, 기압계, 풍속계, 마이크로파 전력계 등의 측정용이나 통신 장치의 온도에 의한 특성 변화의 보상, 통신 회선의 자동 이득 조정 등 이용 분야가 광범위하다.

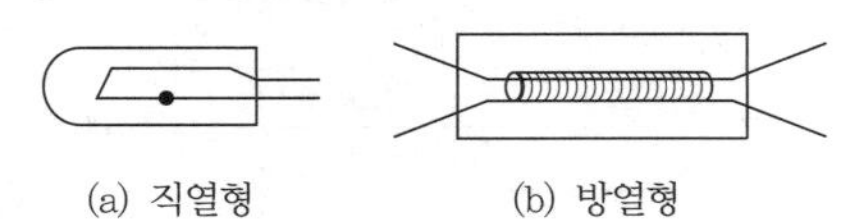

(a) 직열형　　(b) 방열형

38 오실로스코프에서 다음과 같은 그림을 얻었다. 이것은 무엇을 측정한 파형인가? (단, $A=3$, $B=1$)

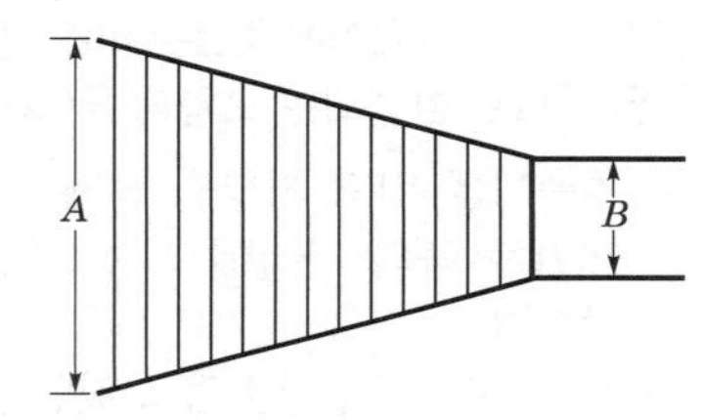

① 100[%] AM 변조파
② 100[%] FM 변조파
③ 50[%] AM 변조파
④ 50[%] FM 변조파

해설 **오실로스코프의 변조도 측정**
그림은 오실로스코프에서 AM 변조 시 피변조파를 관측한 파형이다.

변조도 $M=\dfrac{\text{최댓값}-\text{최솟값}}{\text{최댓값}+\text{최솟값}}\times 100[\%]$

$M=\dfrac{A-B}{A+B}\times 100[\%]$

$=\dfrac{3-1}{3+1}\times 100=50[\%]$

39 고주파 전력 측정 방법이 아닌 것은?

① 의사 부하법　② 3전력계법
③ C-C형 전력계　④ C-M형 전력계

해설 **고주파 전력 측정의 전력계**
- C-C형 전력계 : 열전대의 특성을 이용한 것으로, 임의의 부하에서 소비되는 전력을 입력 단자에서 측정하며, 부하에 보내는 통과 전력(유효 전력)만을 측정할 수 있다.
- C-M형 전력계 : 방향성 결합기의 일종으로, 통과 전력을 측정하는 전력계로서 동축 급전선과 같이 불평형 회로에 적합하다. 입사 전력, 반사 전력, 진행파 전력, 반사파 전력, 정재파비, 반사 계수를 측정할 수 있으며 부하와의 임피던스 정합 상태를 알 수 있다.
- 의사 부하법 : 전기 회로의 출력에 실제의 부하와 똑같은 가상의 전력을 소비하는 저항 부하(dummy lode)를 삽입하고, 그 저항 부하에서 소비되는 전력값을 측정하여 실제 전기 회로에서 소비되는 부하의 전력을 구하는 측정법을 말한다. 의사 부하법은 비교적 간단하게 측정할 수 있으며, 경제적 손실을 줄일 수 있는 이점이 있다.

* 3전력계법은 3개의 단상 전력계로 3상 평형 부하의 전력을 측정하는 3상 교류 전력 측정 방법이다.

40 인덕턴스를 L_1, 커패시턴스를 C라고 했을 때 흡수형 주파수계의 공진 주파수를 나타낸 식은?

① $\dfrac{1}{2\pi\sqrt{LC}}$　② $\dfrac{1}{2\pi LC}$
③ $\dfrac{1}{\sqrt{LC}}$　④ $\dfrac{1}{LC}$

해설 **흡수형 주파수계(absorption type frequency meter)**
RLC 직렬 공진 회로의 주파수 특성을 이용하여 무선 주파수를 측정하는 계기로서, 주로 $100[\text{MHz}]$ 이하의 고주파 측정에 사용된다. 이것은 공진 회로의 Q가 150 이하로 낮고 측정 확도가 1.5급(허용 오차 $\pm 1.5[\%]$) 정도로서 정확한 공진점을 찾기 어려우므로 정밀한 측정이 어렵다. 따라서, 공진 주파수를 개략적으로 측정할 때 사용하는 주파수계이다.

* 공진 주파수 $f=\dfrac{1}{2\pi\sqrt{LC}}$[Hz]

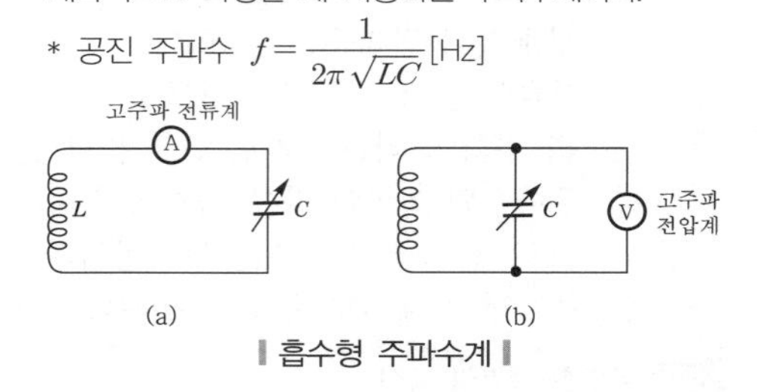

▌흡수형 주파수계▐

41 오실로스코프 측정 시 파형이 정지하지 않고 움직일 때 조정해야 하는 것은?

① 수평축 제어　② 포지션 제어
③ 트리거 제어　④ 수직축 제어

정답 38. ③ 39. ② 40. ① 41. ③

해설 **오실로스코프의 트리거(trigger) 기능**

오실로스코프의 조작에서 가장 중요한 것은 트리거 제어 조작으로 파형 측정 시 신호 파형이 정지하지 않고 움직일 때는 트리거 기능을 선택하여 조정하여야 한다. 이상적으로는 신호의 종류에 관계없이 자동적으로 파형이 정지하는 것이 바람직하나 신호 파형의 특성에 따라 트리거의 기능을 선택하고 조작하여 사용하여야 한다. 이때, 트리거의 신호원은 내부 트리거(INT), 외부 트리거(EXT), 전원 트리거(LINE)의 3 종류를 선택할 수 있다.

42 측심기로 물속에 초음파를 방사하여 2초 후에 반사파를 받았다면 물의 깊이[m]는 얼마인가? (단, 바닷물 속의 초음파 속도＝1,527[m/sec])

① 763.5 ② 1,527
③ 3,054 ④ 6,108

해설 **측심기(depth finder)**

선박에 비치하여 바다의 수심을 측정하는 계기로서, 배 밑에서 초음파를 발사하여 반사파가 되돌아오는 시간을 측정하여 물의 깊이를 측정한다.

물의 깊이 $h=\frac{vt}{2}$[m]

여기서, v : 속도, t : 왕복 시간

$\therefore\ h=\frac{1,527\times 2}{2}=1,527$[m]

43 고주파 유도 가열에서 열발생의 원인이 되는 현상은?

① 와류 ② 정전 유도
③ 광전 효과 ④ 동조

해설 **고주파 유도 가열**

금속과 같은 도전 물질에 고주파 자기장을 가할 때 도체에서 생기는 맴돌이(와류) 전류에 의하여 물질을 가열하는 방법이다.

44 뇌파의 신호 형태가 아닌 것은?

① ψ파 ② α파
③ δ파 ④ θ파

해설 **뇌파(brain wave)**

뇌에서 나오는 미약한 주기성 전류로서, 뇌 속의 신경 세포가 활동하면서 발산하는 전파를 뇌파라고 한다. 대뇌 피질의 신경 세포에서 일어나는 흥분의 전위 변화를 증폭해서 오실로그래프(oscillograph)로 나타내면 뇌의 기능 상태를 알 수 있으며, 파동형의 곡선을 이룬 사인파 모양의 규칙성 파형을 기록할 수 있다. 이 기록을 뇌전도라고 한다. 뇌파는 개인적인 차이가 매우 크고 연령, 정신 활동, 의식(수면) 등에 의해서 뇌전도가 달라진다.

[뇌파의 종류]

- α파(8 ~ 13[Hz]) : 정상인이 눈을 감고 명상을 하는 등 안정되어 있을 때 나오는 파형이다.
- β파(14 ~ 25[Hz]) : 사람이 활동을 하거나 흥분되었을 때 나오는 불규칙성 파형이다.
- θ파(4 ~ 7[Hz]), δ파(0.5 ~ 3.5[Hz]) : 뇌기능 저하 상태 시에 나타나는 파형으로, 뇌종양 및 뇌혈관 장애 등에서 볼 수 있다.

45 일반적으로 프로세스 제어계의 주요 구성부가 아닌 것은?

① 서보 모터
② 제어 대상
③ 검출 장치
④ 조절부 및 조작부

해설 **프로세스 제어(process control, 공정 제어)**

- 온도, 유량, 압력, 레벨, 액위, 혼합비, 효율, 전력 등 공업 프로세스의 상대량을 제어량으로 하는 것으로, 프로세스 제어의 특징은 대부분의 경우 정치 제어계이다.

* 정치 제어(constant-value control) : 목푯값이 시간에 대하여 변하지 않고 일정값을 취하는 경우의 제어로서, 프로세스 제어 및 자동 조정에 이용된다.

- 프로세스 제어 장치는 검출부, 조절부, 조작부로 구성된다.

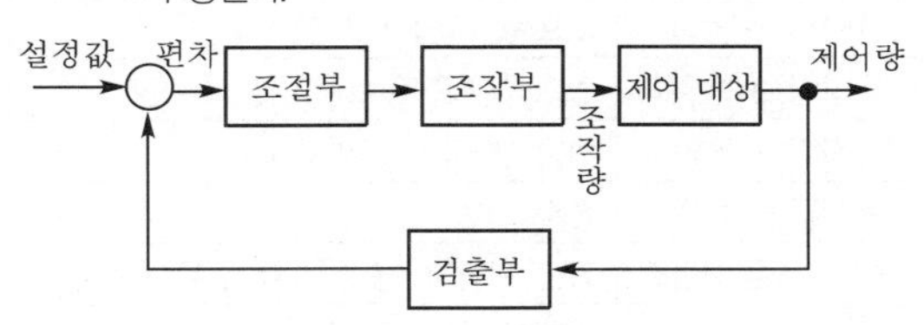

46 다음 중 초음파의 감쇠율에 관한 설명으로 틀린 것은?

① 감쇠율은 물질에 따라 다르다.
② 초음파의 진동수가 클수록 감쇠율이 크다.
③ 초음파의 세기는 진폭의 제곱에 비례한다.
④ 고체가 가장 크고 액체, 기체의 순서로 작아진다.

해설 **초음파의 감쇠율**

초음파의 세기는 단위 면적을 통과하는 힘(power)을 말하는 것으로, 초음파의 세기는 진폭의 제곱에 비례하고 매질 속을 지나감에 따라 감쇠한다. 초음파의 감쇠율은 기체, 액체, 고체의 순으로 작아지며, 진동수가 클수록 감쇠율이 커진다.

정답 42. ② 43. ① 44. ① 45. ① 46. ④

47 FM 검파 회로에서 비검파(ratio) 회로가 사용되는 주된 이유는?

① 동조가 간단하므로
② 검파 출력 전압이 크므로
③ 출력 임피던스가 낮으므로
④ 진폭 제한 작용을 하므로

해설 **비검파(ratio detector) 회로**
포스터 실리 회로의 일부를 개량한 것으로, 진폭 변동에 대하여 민감하지 않도록 만들어진 것이다.
[특징]

- 비검파는 효율이 포스터 실리보다 $\frac{1}{2}$ 정도 낮다.
- 출력측에 큰 용량의 콘덴서가 있어 진폭 제한 회로의 작용을 겸한다.
- 회로가 간단하여 일반 방송 수신기에 많이 쓰인다.

48 다음 중 압력을 변위로 변환할 수 있는 것은?

① 스프링
② 전자석
③ 전자 코일
④ 유도형 변환기

해설 **변환 요소의 종류**

변환량	변환 요소
변위 → 압력	스프링, 유압 분사관
압력 → 변위	스프링, 다이어프램
변위 → 전압	차동 변압기, 전위차계
전압 → 변위	전자 코일, 전자석
변위 → 임피던스	가변 저항기, 용량 변환기, 유도 변환기
온도 → 전압	열전대(백금 – 백금로듐, 철 – 콘스탄탄, 구리 – 콘스탄탄)

49 오디오 시스템(audio system)에서 잡음에 대하여 가장 영향을 많이 받는 부분은?

① 등화 증폭기
② 저주파 증폭기
③ 전력 증폭기
④ 주출력 증폭기

해설 **등화 증폭기(EQ Amp : EQualizing Amplifier)**
자기 테이프 녹음기나 픽업에서 재성 특성을 보상하기 위해 사용하는 회로로서, 등화기라고도 한다. 녹음 시에 고역을, 재생 시에 저역을 각각 증폭기로 보정하며, 종합 주파수 특성을 50 ~ 15,000[Hz]의 범위에 걸펴서 평탄하게 만드는 것으로, 고역에 대한 이득을 낮추어 원음 재생이 실현되도록 한다.
* EQ Amp는 음되먹임(부귀환)으로 구성된 오디오 앰프 시스템(audio amp system)의 전체의 고역과 저역에 대한 주파수 특성을 평탄하게 하기 위한 재상 증폭기로서, 잡음에 대한 영향을 가장 많이 받는다.

50 무지향성 비컨, 호밍 비컨은 어떤 전파 항법 방식을 사용하는 것인가?

① $\rho-\theta$ 항법
② 극좌표 항법
③ 방사상 항법
④ 쌍곡선 항법

해설 **방사상 항법**
- 방사상 항법(1)(지향성 수신 방식)
  - 공항이나 항구에 설치된 송신국에서는 전파를 모든 방향으로 발사하며 항공기나 선박에서는 지향성 공중선으로 전파의 도래 방향을 탐지한다.
  - 무지향성 비컨은 항공기 착륙에 필요한 진입로 형성에 사용될 때 호밍 비컨(homing beacon)이라고 한다.
- 방사상 항법(2)(지향성 송신 방식)
  - 지상국에서 전파를 발사할 때 방위를 표시하는 신호를 포함시켜 지향적으로 발사한다.
  - 회전 비컨, AN 레인지 비컨, VOR 등이 있다.

51 다음 그림은 동작 신호량(Z)과 조작량(Y)의 관계를 나타낸 것이다. 그림의 ( ) 안에 알맞은 것은?

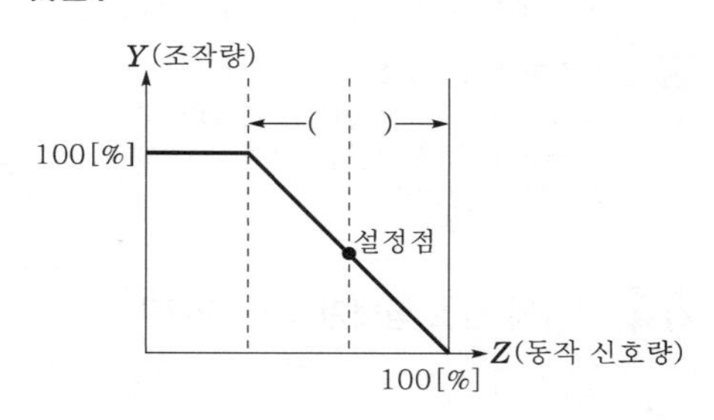

① 적분 시간　　② 미분 시간
③ 동작 범위　　④ 비례대

해설 **비례대(proportional band)**
비례 동작(P동작)을 하는 조작단의 전체 조작 범위에 대응하는 동작 신호값의 범위를 말한다.
* 비례 동작은 조작량이 동작 신호의 현재 값에 비례하는 동작으로, 어느 하나의 부하 조건에서는 정확한 정정 동작을 하지만 부하가 변화하면 제어량이 설정점과 불일치하는 잔류 편차(off-set)가 생

정답 47. ④ 48. ① 49. ① 50. ③ 51. ④

긴다. 이것은 조절부가 비례적인 전달 특성을 가진 제어계로 서보(servo)에서의 이득 조정과 본질적으로 같다.

52 **태양 전지의 이점은?**

① 연속적으로 사용하기 위해서는 태양 광선을 얻을 수 없는 경우에 대비하여 축전 장치가 필요하다.
② 빛의 방향에 따라서 발생 출력이 변하므로 출력에 여유를 두어야 한다.
③ 종래에 이용되지 않는 풍부한 에너지원이 이용된다.
④ 대전력용으로 가격, 용적 등이 좋은 조건이다.

해설 **태양 전지(solar cell)**
반도체의 광기전력 효과를 이용한 광전지의 일종으로, 태양의 방사 에너지를 직접 전기 에너지로 변환하는 장치이다. 이러한 태양 전지의 이점은 태양 광선의 풍부한 에너지원으로 이용된다.

53 **제어하려는 양을 목표에 일치시키기 위하여 편차가 있으면 그것을 검출하여 정정 동작을 자동으로 행하는 것을 의미하는 것은?**

① 제어 대상
② 설정값
③ 제어량
④ 자동 제어

해설 **자동 제어(automatic control)**
일반적으로 대상이 희망하는 상태에 적응하도록 필요한 조작을 가하여 그 조작이 제어 장치에 의하여 자동적으로 행해지는 것을 의미한다.
- 시퀀스 제어(sequence control) : 미리 정해진 순서(프로그램)에 따라 제어의 각 단계가 순차적으로 진행되는 제어 방식
- 되먹임 제어(feedback control) : 물리계 스스로가 제어의 필요성을 판단하여 수정 동작을 행하는 제어 방식

54 **기구에 관측 장치를 적재하여 대기로 띄워 보내는 것을 무엇이라 하는가?**

① 라디오존데
② 레이더
③ 데카
④ 전파 고도계

해설 **라디오존데(radiosonde)**
대기 상층부의 기상 요소(기압, 온도, 습도)를 관측하여 지상으로 송신하는 측정 장치로서, 수소 가스를 채운 기구에 기상 관측 장비와 소형 무선 발진기를 설치하여 띄우고 결과를 무선 발진기를 통하여 전파로 발신하는 대기 탐측 기기이다.

55 **펠티에 효과는 어떤 장치에 이용되는가?**

① 자동 제어
② 온도 제어
③ 전자 냉동기
④ 태양 전지

해설 **펠티에 효과(Peltier effect)**
2개의 다른 물질의 접합부에 전류를 흘리면 전류의 방향에 따라 열을 흡수하거나 발산하는 효과이다. 이 효과는 제벡 효과의 역효과로서, 반도체나 금속을 조합시킴으로써 전자 냉동 등에 응용되고 있다.

56 **다음 그림은 저음 전용 스피커(W)와 고음 전용 스피커(T)를 연결한 것이다. 이에 관한 설명 중 옳지 않은 것은?**

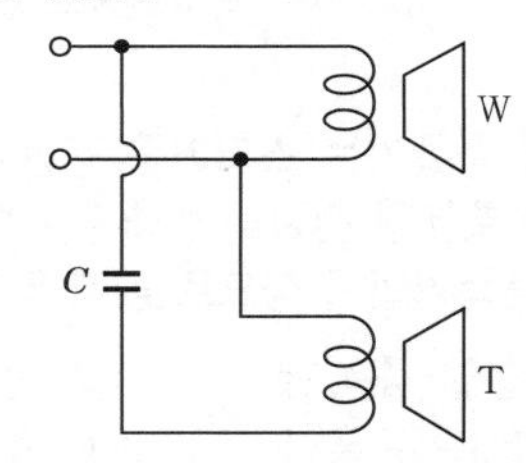

① 콘덴서는 저음만 T로 들어가도록 해준다.
② T의 구경은 W의 구경보다 보통 작게 한다.
③ 두 스피커의 위상은 같이 해주어야 한다.
④ 콘덴서 용량은 보통 $2 \sim 6[\mu F]$ 정도이다.

해설 **스피커의 구경**
스피커는 일반적으로 구경이 큰 것일수록 출력이 크고 진폭 일그러짐이 작다. 따라서, 트위트(T)의 구경은 우퍼(W)의 구경보다 작은 것이 사용된다. 여기서, W와 T 사이에 연결된 콘덴서 C는 고역 필터로서 W의 저음을 차단하고 고음만 T로 들어가도록 해준다.
- 저음 전용(low rang) : 우퍼(W : woofer)
- 고음 전용(hight rang) : 트위트(T : tweeter)

정답 52. ③ 53. ④ 54. ① 55. ③ 56. ①

57 주파수 변별기(frequency discriminator)에 대한 설명 중 옳은 것은?

① FM파에서 원래의 신호파를 꺼내는 FM 검파기이다.
② 자동으로 출력 전압을 제어한다.
③ 다중 통신의 누화를 방지한다.
④ 잡음 감쇠기이다.

해설 **주파수 변별기(frequency discriminator)**
주파수 변화에 따른 출력 전압의 변화를 검출하는 장치로서, 주파수 변조(FM)파를 진폭 변조(AM)파로 바꾸기 위한 FM 검파 회로이다.

58 다음 중 음압의 단위는?

① [N/C] ② [μbar]
③ [Hz] ④ [Neper]

해설 **출력 음압 수준(output sound pressure level)**
1[V]의 입력 전력을 스피커에 가하여 스피커의 정면 축에서 1[m] 떨어진 점에서 생기는 음압 수준을 어떤 정해진 주파수 범위 내에서 평균한 것으로, 음압 수준은 0.002[μbar]를 기준으로 0[dB]로 정한다.

59 전력 증폭기는 스피커를 구동시키는 데 요구되는 충분한 전력을 보내주는 역할을 한다. 전력 증폭기의 구성으로 옳지 않은 것은?

① 전압 증폭단 ② 전치 구동단
③ 등화 증폭단 ④ 출력단

해설 **전력 증폭기(power amplifier)**
전치 증폭기로부터 받은 작은 신호 전압을 전력 증폭하고 스피커에 출력 전력을 공급하여 규정 출력을 재생하는 증폭기로서, 오디오 앰프의 핵심이 되는 주증폭기(main amplifier)이다. 이것은 전치 구동단, 전압 증폭단, 출력 전력을 증폭하는 출력단으로 구성된다.
* 등화 증폭기(equalizing amplifier) : 고역 음과 저역 음에 대한 출력 주파수 특성이 균일하게 되도록 보정하여 전체적으로 주파수 특성을 평탄하게 만들어 주는 것으로 주파수 보상 또는 등화라고도 한다.

60 오디오의 재생 주파수 대역을 몇 개의 대역으로 나누어 각각의 대역 내의 주파수 특성을 자유자재로 바꿀 수 있는 기능은?

① 믹싱 앰프
② 채널 디바이더
③ 그래픽 이퀄라이저
④ 라우드니스 컨트롤

해설 **그래픽 이퀄라이저(graphic equalizer)**
오디오의 재생 주파수(가청 주파수 20~20,000[Hz]) 범위를 몇 개의 주파수의 대역으로 분할하여 각각의 음역 대역의 주파수를 그래픽 레벨로 만들어 시각적으로 음향 효과를 추가시킨 이퀄라이저이다. 이것은 대역 내의 주파수 특성을 자유롭게 조정하여 음색을 보정하는 기기로서, PA(Public Address)의 모든 부분에서 사용되는 필수 음향 장치이다.

정답 57. ① 58. ② 59. ③ 60. ③

2022. 3. 2. 초 판 1쇄 인쇄
2022. 3. 10. 초 판 1쇄 발행

지은이 | 권승경
펴낸이 | 이종춘
펴낸곳 | BM ㈜도서출판 성안당
주소 | 04032 서울시 마포구 양화로 127 첨단빌딩 3층(출판기획 R&D 센터)
10881 경기도 파주시 문발로 112 파주 출판 문화도시(제작 및 물류)
전화 | 02) 3142-0036
031) 950-6300
팩스 | 031) 955-0510
등록 | 1973. 2. 1. 제406-2005-000046호
출판사 홈페이지 | **www.cyber.co.kr**
ISBN | 978-89-315-2759-9 (13560)
정가 | 22,000원

이 책을 만든 사람들
기획 | 최옥현
진행 | 박경희
교정·교열 | 이은화
전산편집 | J디자인
표지 디자인 | 박현정
홍보 | 김계향, 이보람, 유미나, 서세원
국제부 | 이선민, 조혜란, 권수경
마케팅 | 구본철, 차정욱, 나진호, 이동후, 강호묵
마케팅 지원 | 장상범, 박지연
제작 | 김유석

이 책의 어느 부분도 저작권자나 BM ㈜도서출판 성안당 발행인의 승인 문서 없이 일부 또는 전부를 사진 복사나 디스크 복사 및 기타 정보 재생 시스템을 비롯하여 현재 알려지거나 향후 발명될 어떤 전기적, 기계적 또는 다른 수단을 통해 복사하거나 재생하거나 이용할 수 없음.

※ 잘못된 책은 바꾸어 드립니다.